中国国家标准汇编

391

GB 22278～22320

（2008年制定）

中国标准出版社　编

中国标准出版社

北　京

图书在版编目（CIP）数据

中国国家标准汇编：2008年制定．391：GB 22278～22320/中国标准出版社编．—北京：中国标准出版社，2009

ISBN 978-7-5066-5313-8

Ⅰ．中… Ⅱ．中… Ⅲ．国家标准-汇编-中国-2008
Ⅳ．T-652.1

中国版本图书馆 CIP 数据核字（2009）第082097号

中国标准出版社出版发行
北京复兴门外三里河北街16号
邮政编码：100045

网址 www.spc.net.cn
电话：68523946 68517548
中国标准出版社秦皇岛印刷厂印刷
各地新华书店经销

*

开本 880×1230 1/16 印张 48.5 字数 1 445 千字
2009年6月第一版 2009年6月第一次印刷

*

定价 200.00 元

ISBN 978-7-5066-5313-8

出 版 说 明

1.《中国国家标准汇编》是一部大型综合性国家标准全集。自1983年起，按国家标准顺序号以精装本、平装本两种装帧形式陆续分册汇编出版。它在一定程度上反映了我国建国以来标准化事业发展的基本情况和主要成就，是各级标准化管理机构，工矿企事业单位，农林牧副渔系统，科研、设计、教学等部门必不可少的工具书。

2.《中国国家标准汇编》收入我国每年正式发布的全部国家标准，分为"制定"卷和"修订"卷两种编辑版本。

"制定"卷收入上一年度我国发布的、新制定的国家标准，顺延前年度标准编号分成若干分册，封面和书脊上注明"20××年制定"字样及分册号，分册号一直连续。各分册中的标准是按照标准编号顺序连续排列的，如有标准顺序号缺号的，除特殊情况注明外，暂为空号。

"修订"卷收入上一年度我国发布的、被修订的国家标准，视篇幅分设若干分册，但与"制定"卷分册号无关联，仅在封面和书脊上注明"20××年修订-1，-2，-3，……"字样。"修订"卷各分册中的标准，仍按标准编号顺序排列(但不连续)；如有遗漏的，均在当年最后一分册中补齐。需提请读者注意的是，个别非顺延前年度标准编号的新制定的国家标准没有收入在"制定"卷中，而是收入在"修订"卷中。

读者配套购买《中国国家标准汇编》"制定"卷和"修订"卷则可收齐上一年度我国制定和修订的全部国家标准。

3. 由于读者需求的变化，自1996年起，《中国国家标准汇编》仅出版精装本。

4. 2008年我国制修订国家标准共5946项。本分册为"2008年制定"卷第391分册，收入国家标准GB 22278～22320的最新版本。

中国标准出版社

2009年5月

目　录

ICS 03.120.20
A 00

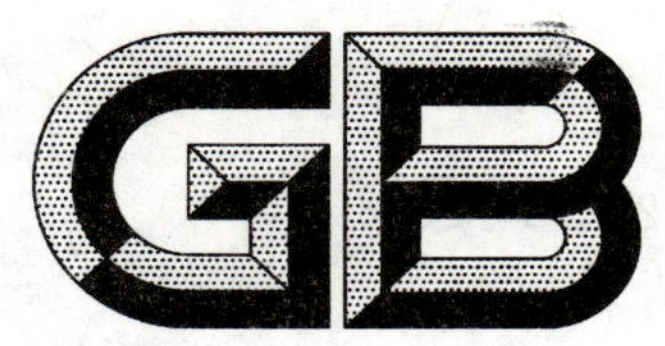

中华人民共和国国家标准

GB/T 22278—2008

良好实验室规范原则

Principles of Good Laboratory Practice

2008-08-04 发布 2009-04-01 实施

中华人民共和国国家质量监督检验检疫总局
中国国家标准化管理委员会 发布

前　言

本标准等同采用经济合作与发展组织(OECD)良好实验室规范(GLP)原则和符合性监督系列文件No. 1:《OECD GLP 原则》[ENV/MC/CHEM(98)17]。

本标准做了下列编辑性修改:

——删除了原文中的:(1) OECD 的背景介绍;(2) 前言和引言;(3) 第 2 部分:与 GLP 原则及符合性监督有关的 OECD 理事会法案。

本标准由全国危险化学品管理标准化技术委员会(SAC/TC 251)提出并归口。

本标准的起草单位:山东出入境检验检疫局。

本标准的主要起草人:张少岩、陶强、刘学惠、由瑞华、车礼东、万敏、黄红花。

良好实验室规范原则

1 范围

本标准规定了良好实验室规范(Good Laboratory Practice,以下简称 GLP)的相关术语和定义,以及主要技术规范,包括试验机构的组织和人员,质量保证计划,设施,仪器、材料及试剂,试验系统,试验样品和参照物,标准操作程序,研究的实施,研究结果的报告,记录和材料的存储与保管。

本标准所规定的 GLP 原则涵盖的非临床健康和环境安全研究,包括在实验室、温室与田间进行的工作。除了国家立法的明确豁免,本标准所规定的 GLP 原则适用于法规所要求的所有非临床健康和环境安全研究,包括医药、农药、食品添加剂与饲料添加剂、化妆品、兽药和类似产品的注册或申请许可证,以及工业化学品管理。

2 术语和定义

下列术语和定义适用于本标准。

2.1 良好实验室规范

2.1.1

良好实验室规范 Good Laboratory Practice (GLP)

是有关机构运行以及非临床健康和环境安全研究的计划、实施、监督、记录、存档和报告的运行条件的一套质量体系。

2.2 关于试验机构组织的术语

2.2.1

试验机构 test facility

实施非临床健康和环境安全研究所需的人员、场所和操作单元。对多场所研究来说,试验机构包括项目负责人所在场所和其他全部的单独试验场所,这些场所,从个体上看或从整体上看,都能称之为试验机构。

2.2.2

试验场所 test site(s)

研究中一个或多个阶段的执行场所。

2.2.3

试验机构管理者 test facility management

依据 GLP 原则对试验机构的组织和运行具有管理权并正式负责的人员。

2.2.4

试验场所管理者 test site management

(如果任命这一职位)确保其所负责的试验场所中的研究阶段依照 GLP 原则执行的人员。

2.2.5

委托方 sponsor

委托、支持和(或)提交非临床健康和环境安全研究的实体。

2.2.6

项目负责人 study director

负责某项非临床健康和环境安全研究的全面实施的人。

2.2.7

项目代表　principal investigator

在多场所研究中代表项目负责人对被委派的研究阶段负有明确责任的人员。项目负责人全面负责研究实施的职责不能委派给项目代表，包括批准和修改研究计划、批准最终报告以及确保遵循所有适用的 GLP 原则。

2.2.8

质量保证计划　quality assurance programme

是指一个独立于研究执行的明确体系（包括人员），用以确保试验机构的管理能够遵循 GLP 原则。

2.2.9

标准操作程序　standard operating procedures(SOPs)

描述如何执行在研究计划或试验指南中没有详细说明的试验或活动的书面程序。

2.2.10

主进度表　master schedule

在试验机构内帮助评估工作量和跟踪研究进程的信息汇编。

2.3　关于非临床健康和环境安全研究的术语

2.3.1

非临床健康和环境安全研究　non-clinical health and environmental safety study

以下简称“研究”。是指在实验室条件下或某种环境中，对试验样品进行的一个或一组检查，以获取数据并提交给有关国家管理部门。

2.3.2

短期研究　short-term study

使用广泛应用的常规技术进行的短时间研究。

2.3.3

研究计划　study plan

用于详细说明研究目标及实验设计的文件，并包括对这些内容的任何修改。

2.3.4

研究计划修改　study plan amendment

研究启动日期之后对研究计划的有意更改。

2.3.5

研究计划偏离　study plan deviation

研究启动日期之后对研究计划的非有意地偏离。

2.3.6

试验系统　test system

一项研究中使用的任何生物、化学、物理性系统或其组合。

2.3.7

原始数据　raw data

试验机构全部的原始记录与文件，或其经过核实的副本，这些资料都是研究中最初观察和活动的结果。原始数据也包括照片、微缩胶卷或微缩胶片拷贝、计算机可读的存储介质、口述观察记录、自动化设备所记录的数据，或能在一段时期内（见 3.10）安全保存以上资料的其他数据存储介质。

2.3.8

样本　specimen

采自试验系统的用于检查、分析或留存的材料。

2.3.9

实验开始日期　experimental starting date

收集到首批具体研究数据的日期。

2.3.10

实验完成日期　experimental completion date

收集到研究数据的最后日期。

2.3.11

研究启动日期　study initiation date

项目负责人签署研究计划的日期。

2.3.12

研究完成日期　study completion date

项目负责人签署最终报告的日期。

2.4　关于试验样品的术语

2.4.1

试验样品　test item

作为研究对象的物品。

2.4.2

参照物　reference item

对照物　control item

提供与试验样品对比依据的物质。

2.4.3

批次　batch

是指特定数量的试验样品或参照物质，源于预期可得到具有均一特性产品的特定生产周期。这些物质被认定为同一批次。

2.4.4

介质　vehicle

是指一种具有载体作用的试剂，通过混合、分散或溶解试验样品或参照物以便于给药和(或)施用于试验系统。

3　主要技术规范

3.1　试验机构的组织和人员

3.1.1　试验机构管理者的职责

3.1.1.1　试验机构管理者应确保其机构遵循 GLP 原则。

3.1.1.2　试验机构管理者至少应做到：

a)　确保有一份声明，其中明确试验机构内履行 GLP 原则所规定的管理职责的人员；

b)　确保有足够的有资质的人员、适当的设施、设备及材料，以正确、及时地开展研究；

c)　确保维持每位专业技术人员的资质、培训、经历和工作描述的记录；

d)　确保人员能清楚理解自己需履行的职责，必要时进行相关培训；

e)　确保建立并遵循合适的、技术可行的标准操作程序，批准全部标准操作程序的首次版本和修订版本；

f)　确保建立由指定人员负责的质量保证计划，并保证其按照 GLP 原则履行质量保证的职责；

g)　确保每项研究启动前由管理者指定具有适当资质、培训和经验的人员作为项目负责人，项目负责人的替换应按照既定程序进行并予以记录；

h) 确保在多场所研究中，如果需要，指定一名项目代表，该项目代表应有适当的培训、资质和经验以监督被委派的研究阶段，项目代表的替换应按照既定程序进行并予以记录；

i) 确保研究计划有项目负责人的书面批准；

j) 确保项目负责人使质量保证人员能得到已批准的研究计划；

k) 确保维持所有标准操作程序的历史档案；

l) 确保指定专人负责档案管理；

m) 确保维持主进度表；

n) 确保试验机构的供给能够满足相应研究的需要；

o) 确保多场所研究时，在项目负责人、项目代表、质量保证计划人员和研究人员之间有明确的沟通渠道；

p) 确保试验样品和参照物被适当地标明了特性；

q) 建立程序以确保计算机化的系统适用于预期用途，并按照GLP原则进行确认、操作和维护。

3.1.1.3 当在某试验场所进行某一阶段或某几个阶段的研究时，该试验场所管理者(如果已经任命)将承担3.1.1.2中除g)，i)，j)和o)外的其他职责。

3.1.2 项目负责人的职责

3.1.2.1 项目负责人是研究的唯一控制者并对整个研究的执行和最终报告负责。

3.1.2.2 项目负责人的职责应包括，但不仅限于下列责任。项目负责人应：

a) 以签署姓名和日期的方式来批准研究计划及其任何修改；

b) 确保在研究过程中，质量保证人员及时得到研究计划及其任何修订文件的副本，并根据需要与他们保持有效的沟通；

c) 确保研究人员得到研究计划及其修订文件和标准操作程序；

d) 确保在多场所研究的研究计划和最终报告里，明确规定了实施研究涉及到的项目代表、试验机构、试验场所的作用；

e) 确保研究计划中的既定程序被遵循；评估和记录与研究计划的任何偏离对于研究质量和完整性的影响，必要时采取适当的纠正措施；认定研究实施中对标准操作程序的偏离；

f) 确保所有生成的原始数据被完整记录；

g) 确保研究中使用的计算机化的系统已经过确认；

h) 在最终报告上签署姓名和日期，以表示对数据的有效性负责，并表明研究对于GLP原则的符合程度；

i) 确保研究结束(包括终止)后，研究计划、最终报告、原始数据和支持性材料都被归档。

3.1.3 项目代表职责

项目代表应确保其被委派的研究阶段都遵循适用的GLP原则。

3.1.4 研究人员职责

a) 参与研究执行的所有人员应掌握与其研究相关的GLP原则要求；

b) 研究人员应可得到研究计划和与其从事研究相关的标准操作程序，他们有责任遵守这些文件的规定，记录对这些规定的任何偏离，并直接与项目负责人和(或)项目代表(如有委派)进行沟通；

c) 所有研究人员有责任遵循GLP原则及时准确地记录原始数据，并对数据的质量负责；

d) 研究人员应采取健康防护措施以最大限度地降低自身风险，并确保研究的完整性，他们应将任何已知的健康或体检状况告知相关人员，以便被排除于可能影响研究的操作之外。

3.2 质量保证计划

3.2.1 总则

3.2.1.1 试验机构应有一个书面的质量保证计划，以确保实施的研究遵循GLP原则。

3.2.1.2　质量保证计划应由管理者指定的并直接向管理者负责的一个或几个熟悉试验程序的人执行。

3.2.1.3　质量保证人员不能参与其负责质量保证的研究的执行。

3.2.2　质量保证人员的责任

质量保证人员的责任应包括，但不仅限于下列责任。他们应：

a) 持有试验机构使用的所有被批准的研究计划和标准操作程序副本，并且能够得到主进度表的最新版本的副本；

b) 核查研究计划中是否包含 GLP 原则所要求的信息，核查应予以记录；

c) 对所有研究进行检查，以确定其是否遵循 GLP 原则执行，检查也应确定研究人员是否持有并遵循研究计划和标准操作程序；

依照质量保证计划的标准操作程序说明，核查可分为三种类型：

——基于研究的检查；

——基于设施的检查；

——基于过程的检查；

应保留这些检查的记录；

d) 检查最终报告以核实是否准确和完整地描述了方法、程序、观察结果，同时确认所报告的结果准确、完整地反映了研究的原始数据；

e) 及时向管理者、项目负责人，适用时还有项目代表及各个场所的管理者书面报告检查结果；

f) 在最终报告里，编写并且签发声明，说明检查的类型和日期，包括被检查研究的阶段，以及将这些检查结果报告给管理者、项目负责人和项目代表（如有委派）的日期。这份声明也用来确认最终报告反映了原始数据。

3.3　设施

3.3.1　总则

3.3.1.1　试验设施应具有适当的面积、结构和场所以满足研究需求，并将影响研究有效性的干扰因素降到最低。

3.3.1.2　试验设施的设计应为不同活动提供适当的隔离，以确保每项研究的正确执行。

3.3.2　试验系统设施

3.3.2.1　试验机构应有足够数量的房间或足够的空间以确保隔离试验系统和隔离单独的项目，包括已知或怀疑具有生物危害性的物质或生物。

3.3.2.2　有用于与诊断、治疗和控制疾病相匹配的房间或空间，以免试验系统恶化到不可接受的程度。

3.3.2.3　供给和设备应有必要的存储房间或区域。存储房间或区域应与安置试验系统的房间或区域分隔开，并且应采取适当的保护措施以防止感染、污染和（或）变质。

3.3.3　试验样品和参照物的处理设施

3.3.3.1　为防止污染和混淆，应有独立的房间或区域供接收和存储试验样品和参照物，以及进行介质与试验样品的混合操作。

3.3.3.2　应将存储试验样品和容纳试验系统的房间或区域分隔开。这些房间或区域应能保持物质的特性、浓度、纯度和稳定性，并确保危险物质的安全存储。

3.3.4　档案设施

档案设施应能保证安全地存取研究计划、原始数据、最终报告、试验样品的留样和样本。档案库的设计和存放条件应能防止其过早的损坏。

3.3.5　废物处理

废物的处理应在不影响研究完整性的情况下进行。这包括提供适当的收集、存储和处理设施，以及制定净化和运输的程序。

3.4 仪器、材料及试剂

3.4.1 用来生成、存储和提取数据以及控制与研究相关环境因素的仪器(包括经确认的计算机化的系统),应安置妥善、设计合理,并有足够的能力。

3.4.2 研究使用的仪器应根据标准操作程序定期检查、清洁、保养和校准。这些活动的记录应保留。只要适当,校准应可溯源到国家或者国际测量基准。

3.4.3 研究使用的仪器和材料不应对试验系统有不良干扰。

3.4.4 化学药品、试剂和溶液的标签上应包括品名(适用时,标上浓度)、有效期和详细的存储说明;还应包括有关来源、制备日期和稳定性的信息。在已记录的评估或分析的基础上,有效期可以延长。

3.5 试验系统

3.5.1 物理性/化学性

3.5.1.1 产生数据的仪器应安置妥善、设计合理,并有足够的能力。

3.5.1.2 应确保物理-化学性试验系统的完整性。

3.5.2 生物性

3.5.2.1 应为生物性试验系统的存储、安置、处理和管理建立并维持适当的环境条件,以确保数据的质量。

3.5.2.2 新接收的动、植物试验系统应在其健康状况评估完成前进行隔离。如果死亡率或发病率异常,则该批试验系统不能用于研究,适当时候应采用人道方式销毁。实验开始日期后试验系统应远离疾病或可能影响研究效果或研究执行的环境。如需保持研究完整性,则研究过程中的试验系统在染病或受伤后应被隔离和治疗。研究前或过程中的诊断和治疗应予以记录。

3.5.2.3 应保留有关试验系统来源、收到日期和到达情况的记录。

3.5.2.4 试验样品或参照物首次给药和(或)施用于生物性试验系统前,该系统应有足够的时间适应试验环境。

3.5.2.5 正确识别试验系统所需的所有信息应标明于其培养环境或容器上。如果在研究进行期间应将单个试验系统从其培养环境或容器里移出,只要有可能,应标有适当的鉴别信息。

3.5.2.6 试验系统在使用过程中其培养环境或容器应保持卫生并定期清洁。任何接触试验系统的材料应不含可能干扰研究的剂量的污染物。动物的垫料应依照可靠的农畜质量管理规范的要求更换。使用杀虫剂应予以记录。

3.5.2.7 现场研究的试验系统应确保不受杀虫剂喷雾飘移和已使用的杀虫剂的干扰。

3.6 试验样品和参照物

3.6.1 接收、处理、留样和存储

3.6.1.1 应保留研究中有关试验样品和参照物特性、接收日期、有效期、接收数量及使用数量的记录。

3.6.1.2 应制定处理、留样和存储的程序,以确保样品的均一性和稳定性,并避免污染和混淆。

3.6.1.3 存储容器上应标注识别信息、有效期和特殊存储要求。

3.6.2 特性

3.6.2.1 每个试验样品和参照物都应适当地标记,如代码、化学文摘登记号(CAS 号)、品名、生物学参数。

3.6.2.2 对于每一项研究,能适当定义每批次试验样品和参照物的识别信息应被列明,包括:批次号、纯度、成分、浓度以及其他特性。

3.6.2.3 当由委托方提供试验样品时,委托方与试验机构之间应建立一种合作机制,以验证用于研究的试验样品的属性。

3.6.2.4 所有研究中试验样品和参照物在存储和试验条件下的稳定性应被了解。

3.6.2.5 需要使用介质来给药和(或)施用的试验样品,其在介质中的均一性、浓度和稳定性应被确定。对现场研究中的试验样品,例如罐装混合物,这些性质可另外在实验室实验中测定。

3.6.2.6 除短期研究外，所有研究都应保留有从每批次试验样品中提取的、用于分析目的的留样。

3.7 标准操作程序

3.7.1 试验机构应有经试验机构管理者批准的书面标准操作程序，以确保试验机构数据的质量和完整性。对标准操作程序的修改应得到试验机构管理者的批准。

3.7.2 每个单独的试验机构单元或区域都应能及时获得与其当前实施研究活动有关的现行版本的标准操作程序。已出版的教科书、分析方法、论文和手册也可作为标准操作程序的补充使用。

3.7.3 研究中偏离标准操作程序的情况应予以记录并报告项目负责人，适用时，也报告给项目代表。

3.7.4 标准操作程序应至少适用于以下几种试验机构的活动，但不仅限于此。每个标题下面的细节可作为范例参考：

3.7.4.1 试验样品和参照物

接收、鉴别、标记、处理、留样、存储。

3.7.4.2 仪器、材料和试剂

a) 仪器

使用、保养、清洁和校准。

b) 计算机化的系统

确认、运行、维护、安全、更改控制和备份。

c) 材料、试剂和溶液

配制与标记。

3.7.4.3 记录的保存、报告、存储和取阅

研究编号，数据收集，报告编写，索引系统制作，数据处理，包括计算机化的系统的使用。

3.7.4.4 试验系统(适用时)

a) 试验系统的房间准备和房间环境条件；

b) 试验系统的接收、转移、适当安置、描述、识别和管理程序；

c) 研究开始前、进行期间和结束时，试验系统的准备、观察和检验；

d) 研究期间试验系统的濒死或已死个体的处理；

e) 包括尸检和组织病理学检查在内的对样本的收集、鉴别和处理；

f) 试验区域内试验系统的安置与布局。

3.7.4.5 **质量保证程序**

质量保证人员检查活动的计划、时间安排、实施、记录及报告。

3.8 研究的实施

3.8.1 研究计划

3.8.1.1 对每项研究来说，在研究启动之前应准备好书面的研究计划。这一研究计划应由项目负责人通过签署姓名和日期来批准，还应经过质量保证人员的 GLP 符合性核查[见 3.2.2b)]。如果研究实施所在国家的法律法规有要求，研究计划还应得到试验机构管理者和委托方的批准。

3.8.1.2

a) 研究计划的修改应由项目负责人通过签署姓名和日期来证明其合理性并予以批准，与研究计划一起存档；

b) 对于研究计划的偏离，项目负责人和(或)项目代表应及时地描述、解释、认定并注明日期；这些偏离应随研究原始数据一同保留。

3.8.1.3 对短期研究来说，通用研究计划可能会附有具体的补充研究计划。

3.8.2 研究计划的内容

研究计划应包括，但不仅限于以下信息：

3.8.2.1 **研究、试验样品和参照物的识别信息**

a) 描述性的标题；

b) 研究性质和目的的声明；

c) 通过编号或名称(如 IUPAC 编号、CAS 编号、生物学参数等)对试验样品进行识别；

d) 拟使用的参照物。

3.8.2.2 **委托方和试验机构的信息**

a) 委托方的名称和地址；

b) 涉及的试验机构和试验场所的名称与地址；

c) 项目负责人的姓名和地址；

d) 项目代表的姓名和地址，由项目负责人分配并由项目代表负责的各个试验阶段。

3.8.2.3 **日期**

a) 项目负责人签名批准研究计划的日期，如果研究所在国家的法律法规有要求，还应有试验机构管理者和委托方签名批准研究计划的日期；

b) 预定的实验开始和完成日期。

3.8.2.4 **试验方法**

拟参考使用的 OECD 试验指南、其他试验指南或试验方法。

3.8.2.5 **相关问题(适用时)**

a) 试验系统的选用理由；

b) 试验系统的特性，如物种、品系、亚品系、供应来源、数量、体重范围、性别、年龄及其他相关信息；

c) 给药或施药的方法及其选用理由；

d) 给药和(或)施药的剂量水平和(或)浓度、频率和持续时间；

e) 关于实验设计的详细信息，包括下列信息的描述：研究时序、所有方法、材料和条件、需进行的分析、测量、观察和检验的类型和频率、拟采用的统计方法(如有)。

3.8.2.6 **记录**

需要保留的记录清单。

3.8.3 **研究的实施**

3.8.3.1 每一项研究都应有一个唯一标识，该研究的所有样品都应有这个标识。研究中得到的样本应被标识以确定其来源。这种标识应具有可追溯性，并适合于样本和研究。

3.8.3.2 应按照研究计划实施研究。

3.8.3.3 研究人员应直接、及时、准确和清楚地记录研究实施期间产生的所有数据，签名(全名或简称)并注明日期。

3.8.3.4 对原始数据的任何更改都不能擦涂掉先前的记录，应说明更改的原因并由更改人签名(全名或简称)并注明日期。

3.8.3.5 对于直接录入计算机的数据，应由录入人员在录入过程中进行核对。计算机化的系统的设计应能保留所有的审核痕迹以显示所有的数据更改，且不能删除原始信息。应能将所有的数据更改与更改人关联起来，例如，可以使用标有时间和日期的(电子化的)签名。应给出数据更改的理由。

3.9 **研究结果的报告**

3.9.1 **总则**

3.9.1.1 每项研究都应有最终报告。对于短期研究，标准化的最终报告可能还需附上研究的具体范围。

3.9.1.2 研究中涉及到的项目代表或技术专家的报告应由他们签署姓名和日期。

3.9.1.3 最终报告应由项目负责人签署姓名和日期，以表示其对数据的有效性负责。研究符合GLP原则的程度应被说明。

3.9.1.4 最终报告的校正和补充应以修订文件的形式给出。修订文件应清楚地说明这些校正和补充的原因，并由项目负责人签署姓名和日期。

3.9.1.5 为符合国家注册或国家管理部门的提交要求而对最终报告的格式作出调整时，不应构成对最终报告内容的修正、补充或修改。

3.9.2 最终报告的内容

最终报告应包括，但不仅限于以下信息：

3.9.2.1 研究、试验样品和参照物的识别信息

a) 描述性的标题；

b) 通过编号或名称（如IUPAC编号、CAS编号、生物学参数等）对试验样品的识别；

c) 通过名称对参照物的识别；

d) 试验样品的特性，包括纯度、稳定性和均一性。

3.9.2.2 与委托方和试验机构有关的信息

a) 委托方的姓名和地址；

b) 涉及的试验机构和试验场所的名称与地址；

c) 项目负责人的姓名和地址；

d) 项目代表的姓名和地址；以及所承担的各研究阶段（如有委派）；

e) 对最终报告作出贡献的专家的姓名和地址。

3.9.2.3 日期

实验开始日期和实验完成的日期。

3.9.2.4 声明

列有已完成的检查类型及检查日期的质量保证计划声明，包括被检查的研究阶段，以及将任何检查结果报告给管理者、项目负责人及项目代表（如有委派）的日期。该声明也将用来确认最终报告反映了原始数据。

3.9.2.5 材料和试验方法的描述

a) 方法和使用材料的描述；

b) 拟参考使用的OECD试验指南、其他试验指南或试验方法。

3.9.2.6 结果

a) 结果摘要；

b) 研究计划要求的所有信息和数据；

c) 结果陈述，包括统计显著性的计算和判定；

d) 结果的评价与讨论；适用时，做出结论。

3.9.2.7 存储

研究计划、试验样品和参照物的留样、样本、原始数据和最终报告将被存放的地点。

3.10 记录和材料的存储与保管

3.10.1 以下资料应依照有关部门规定的期限，保存于档案库中：

a) 每项研究的研究计划、原始数据、试验样品和参照物的留样、样本以及最终报告；

b) 依照质量保证计划所执行的所有检查的记录，以及主进度表；

c) 人员资质、培训、经历和工作描述的记录；

d) 仪器维护和校准的记录和报告；

e) 计算机化的系统的确认文件；

f) 所有标准操作程序的历史档案；

g) 环境监测记录。

3.10.2 如没有保留期限要求，任何研究材料的最终处理都应予以记录。出于某种原因需在要求的保留期限前对试验样品、参照物的留样和样本进行处理的，应判定其合理性并予以记录。试验样品、参照物的留样和样本应在它们的配制品的质量能够被评估的期限内保存。

3.10.3 档案库内保留的材料应编制索引以便于有序的存储和取阅。

3.10.4 只有经管理者授权的人员才能进入档案库。从档案库中取出或放回材料应被完全地记录。

3.10.5 如果一个试验机构或签约档案机构即将停业，且没有法定的继任者时，档案应转交至研究委托方的档案库里。

ICS 73.040
D 21

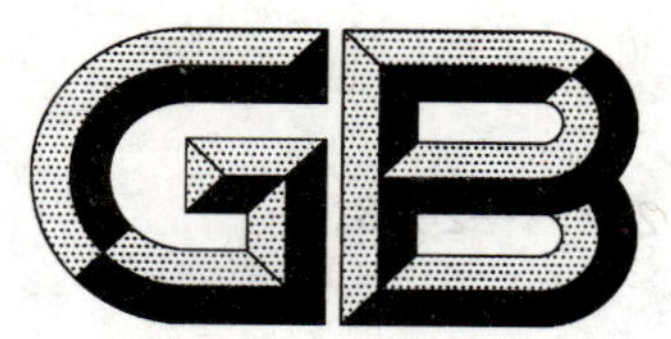

中华人民共和国国家标准

GB/T 22279—2008

煤炭成分分析和物理特性测量标准物质研制导则

Guide for development of certified reference materials for the composition analysis and the physical property measurements of coal

2008-08-07 发布　　2009-03-01 实施

中华人民共和国国家质量监督检验检疫总局
中国国家标准化管理委员会　发布

前　言

本标准为首次制定。

本标准由中国煤炭工业协会提出。

本标准由全国煤炭标准化技术委员会(SAC/TC 42)归口。

本标准起草单位:煤炭科学研究总院煤炭分析实验室(国家煤炭质量监督检验中心)。

本标准主要起草人:李英华、张克芮、孙刚、王文亮。

煤炭成分分析和物理特性测量标准物质研制导则

1 范围

本标准规定了煤炭成分分析和物理特性测量标准物质的制备、均匀性检验、稳定性检验、定值以及不确定度评估程序和标准物质的包装、保存和标准物质证书的编写要求。

本标准适用于煤炭成分分析和物理特性测量标准物质的研制和复制。

2 规范性引用文件

下列文件中的条款通过本标准的引用而成为本标准的条款。凡是注日期的引用文件，其随后所有的修改单（不包括勘误的内容）或修订版均不适用于本标准，然而，鼓励根据本标准达成协议的各方研究是否可使用这些文件的最新版本。凡是不注日期的引用文件，其最新版本适用于本标准。

GB 474 煤样的制备方法（GB 474—1996，eqv ISO 1988:1975）

GB 8170 数字修约规则

JJG 1006—1994 一级标准物质

3 标准物质的制备

3.1 候选煤样的选择

3.1.1 候选煤样应适合预期用途，容易获得和复制，其基本特征（含量、煤种或基体成分等）与应用领域日常被测对象相似，且待定特性量值有较长期的稳定性。复制候选煤样的品种和主要特性量值应与原标准物质尽量相近。

3.1.2 系列煤炭成分分析和物理特性测量标准物质的候选煤样的待定量值应有合理的、满足使用要求的含量梯度，尽可能覆盖较大的测量范围。

3.1.3 一般应从同一矿点的同一煤种或同一批商品煤中采取一种候选煤样；必要时也可由不同含量，但煤种和基体都相似的两种煤样配制。

3.1.4 候选煤样应有足够的数量，以满足在有效期内的使用量和市场的需求。

3.1.5 候选煤样在制备前或制备到所需粒度前，应抽取1～2个试样进行待定特性量值的预检，若测定值与预期目标值相近，可进行后续样品制备步骤；若测定值与预期目标值相差很大，应采取措施（重新采取候选煤样，或配入相同基体的煤样）使候选煤样的待定特性量值与预期目标值相近。

3.2 样品制备

3.2.1 样品制备和分装应在符合GB 474要求、且环境温度不超过30 ℃、相对湿度不超过75%的制样室内进行。

3.2.2 根据所选煤样的性质和数量，以及待定量值的特性，选择合理的破碎、干燥、筛分、混和和缩分程序。水分过高的煤样应适当干燥后制备；有粒度范围要求的样品应采取逐级破碎法制备。

3.2.3 样品粒度应符合待定量值测量方法的要求。

3.2.4 制备到合适粒度的煤样，应采取有效的掺合方式，如在球磨机中转动一定时间或反复堆掺若干次而使其充分混匀，并在室温下放置足够的时间，达到空气干燥状态后再分装至最小包装单元。对于待定特性量值受煤样氧化变质影响显著的样品，应尽可能在同一天内、最多不超过两天内完成分装。

3.2.5 人工分装样品，通常包装量不少于 100 g 时，可使用二分器缩分样品至最小包装单元；最小包装量少于 100 g 且粒度小于 0.2 mm 时，可先用二分器缩分至最小包装量的 5～8 倍后摊平在盘中，用多点取样法分装样品至每一最小包装单元中。也可使用经过试验证明缩分精度满足要求的方法进行样品分装。

3.2.6 机械缩分样品时，应先按 GB 474 规定的方法检验缩分机的缩分精度和偏倚(系统误差)，证明其缩分精度满足要求且无偏倚后才能使用。

3.2.7 在样品加工的全过程中，应注意防止样品污染而导致待定量值变化。

3.2.8 当候选煤样制备量大时，可采取分批分装成最小包装单元的方式。每批分装的样品都应按第 4 章规定进行均匀性检验。原则上，分批分装的样品应分别进行定值。在相隔很短的时间内完成分装的两批样品，可从各批中随机抽取 5～8 个包装单元进行全部特性量值的测定，若两批样品所有项目的试验数据有良好的一致性(通过方差一致性和平均值一致性检验)，两批样品可合并共同定值；否则，应分批定值。最小包装应以适当方式注明制备日期或批号。

3.2.9 制备到所需粒度的煤样应放置陈化至少半年后才能进行定值，以确保煤标准物质充分的稳定性。

4 均匀性检验

4.1 基本要求

不论制备过程中是否经过均匀性初检，凡成批制备并分装成最小包装单元的标准物质，都需进行均匀性检验，以保证每一最小包装单元的特性量值在规定的不确定度范围内。

4.2 取样方式和取样数目

4.2.1 均匀性检验的样品应从分装成最小包装单元后的样品中随机抽取。

4.2.2 样品最小包装单元数不大于 500 个时，抽取单元数不少于 15 个；最小包装单元数大于 500 个时，抽取单元数不少于 25 个。

4.3 检验项目和检测方法

4.3.1 均匀性检验项目应为待定特性量。对具有多个待定特性量值的标准物质，应选择不易均匀的和有代表性的特性量作为均匀性检验项目。

4.3.2 采用不低于定值方法精密度且有足够灵敏度的测量方法进行均匀性检验。

4.3.3 均匀性检验应在重复性条件下(同一操作者，同一台仪器，同一测量方法，于短期内)完成。每一最小包装单元内至少称取 2 份试样进行测定，测量次序应随机化，以避免测量系统在不同时间的变差干扰对样品均匀性的评价。

4.3.4 为防止煤样在放置过程中可能产生的粒度离析，称取样品前应混匀每一单元内的煤样。

4.4 最小取样量的确定

待定特性量的均匀性与所用测量方法的取样量有关，均匀性检验时应注明测量方法的最小取样量。对于有多个特性量值的标准物质，以均匀性检验中最不易均匀的待定特性量的取样量为该标准物质的最小取样量；或分别给出各特性量的最小取样量。

4.5 检验结果的处理和评价

4.5.1 按以下步骤对均匀性检验中的试验结果进行 F 检验：

计算单元内方差和单元间方差：

假定均匀性检验抽取 m 个包装单元，每个包装单元都进行了 n 次重复测定。

单元内方差的计算见式(1)：

$$s_{e}^{2}=\frac{\sum_{i=1}^{m}\sum_{j=1}^{n}(X_{ij}-\overline{X}_{i})^{2}}{m(n-1)} \qquad \cdots\cdots(1)$$

式中：

s_{e}^{2}——均匀性检验中所得的单元内方差；

n——每一单元内重复测定的次数；

m——均匀性检验抽取的单元数；

X_{ij}——第 i 个单元内的第 j 个测定值；

$\overline{X}_{i}$——第 i 个单元内的测定平均值。

单元间方差的计算见式(2)：

$$s_{m}^{2}=\frac{n\sum(\overline{X}_{i}-\overline{\overline{X}})^{2}}{(m-1)} \qquad \cdots\cdots(2)$$

式中：

s_{m}^{2}——均匀性检验中所得的单元间方差；

$\overline{\overline{X}}$——m 个单元测量结果的总平均值；

其余符号，意义同前。

计算统计量 F 见式(3)：

$$F=\frac{s_{m}^{2}}{s_{e}^{2}} \qquad \cdots\cdots(3)$$

查 F 分布表，得临界值 $F_{0.05,(m-1),m(n-1)}$。

若 $F \leqslant F_{0.05,(m-1),m(n-1)}$，单元间方差与单元内方差无显著性差异，样品均匀；若 $F > F_{0.05,(m-1),m(n-1)}$，单元间方差与单元内方差有显著性差异，样品不均匀。

4.5.2 当 F 检验表明样品不均匀时，应将所有包装单元内的样品倒出，查找原因并解决问题后对样品重新进行处理，分装成最小包装单元，按上述要求和方法再次进行均匀性检验。

5 稳定性检验

5.1 基本要求

煤炭成分分析和物理特性测量标准物质的稳定性应在一年以上。标准物质应在规定的保存或使用条件下，定期进行待定特性量值的稳定性检验。稳定性检验应在均匀性检验证明样品充分均匀后进行。

5.2 时间间隔

稳定性检验的时间间隔可以按照先密后疏的原则安排，在预期的有效期内至少应安排 3 次。

5.3 样品的抽取

稳定性检验的样品应从最小包装单元中随机抽取。根据样品特性量值的易变性每次抽取 1～3 个单元。

5.4 检验项目

易变特性量值或所有待定特性量值。

5.5 检验方法和数据处理

5.5.1 每一项目选用一种定值方法测定待定(或已定)特性量。

5.5.2 稳定性检验中每一项目的测定应尽可能在相同的仪器状态和试验条件下，由同一操作人员完成；并注意尽可能与定值时的试验和操作条件一致。每一特性量至少做两次重复测定。

5.5.3 当待定特性量值的标准值未知时，采用平均值一致性检验法评价稳定性。

计算统计量 t 见式(4)：

$$t=\frac{|\overline{X}_1-\overline{X}_2|}{\sqrt{\frac{(n_1-1)s_1^2+(n_2-1)s_2^2}{n_1+n_2-2}}\times\sqrt{\frac{n_1+n_2}{n_1 n_2}}} \quad \cdots\cdots(4)$$

式中：

$\overline{X}_1$——第一次稳定性检验时测量结果的平均值；

s_1——第一次稳定性检验时测量结果的标准差；

n_1——第一次稳定性检验时的重复测定次数；

$\overline{X}_2$——第二次稳定性检验时测量结果的平均值；

s_2——第二次稳定性检验时测量结果的标准差；

n_2——第二次稳定性检验时的重复测定次数。

比较 t 计算值与临界值：

查 t 分布表，得临界值 $t_{0.05,(n_1+n_2-2)}$，

若 $t\leqslant t_{0.05,(n_1+n_2-2)}$，该特性量值在被比较的时间段内没有显著性变化；

若 $t>t_{0.05,(n_1+n_2-2)}$，该特性量值在被比较的时间段内有显著性变化。

5.5.4 当待定特性量值的标准值已知时，采用与标准值比较的方法评价稳定性。

稳定性检验中的测量值满足式(5)要求时，测量值与标准值一致，该特性量的标准值在被比较的时间段内没有显著性变化；否则，测量值与标准值不一致，该特性量的标准值在被比较的时间段内有显著性变化。

$$|\overline{X}-X_{CRM}|\leqslant k\times\sqrt{u_{CRM}^2+s^2/n} \quad \cdots\cdots(5)$$

式中：

$\overline{X}$——某一时间间隔后的稳定性检验测量结果的平均值；

X_{CRM}——标准物质特性量的标准值；

u_{CRM}——标准物质标准值的合成标准不确定度；

s——稳定性检验时测量结果的标准差；

n——稳定性检验时的重复测定次数；

k——标准值总不确定度的扩展因子。

5.6 有效期限的确定

5.6.1 当稳定性检验结果表明待定特性量值没有显著性变化，或其变化值在标准值的不确定度范围内波动时，以被比较的时间段为标准物质的有效期限。对于包含多个特性量值的标准物质，以最不稳定的特性量的稳定期限作为该标准物质的有效期限。

5.6.2 标准物质使用期间应不断积累稳定性检验数据，以便确认延长有效期限的可能性。

5.6.3 煤炭成分分析和物理特性测量标准物质应注明有效期限。超过有效期限的标准物质应按照5.5规定的程序重新检验确认。若检验结果表明标准值无显著变化，可延长有效期限；若检验结果表明标准值有显著变化或有较明显的系统性变化，应组织重新定值。

5.7 重新定值

5.7.1 重新定值的方法原则上与初次定值相同，每一独立数据组的重复测定次数不少于4次。

5.7.2 已确定有效期限的标准物质的重新定值应安排在临近有效期限时进行，以便能在有效期限结束时发布重新确定的标准值。

6 标准物质的定值

6.1 定值方法

6.1.1 煤炭成分分析和物理特性测量标准物质采用多个实验室合作、独立使用一个或多个可靠的试验

方法的方式定值。

注：对于需用专门仪器设备和国际标准物质进行量值传递的工艺特性指标，可由一个有资质的权威实验室单独定值。

6.1.2 对于可溯源到SI单位的特性量(如煤中各种常量和微量元素，煤的发热量等)，可使用一种或两种以上不同原理的测量方法进行定值。

6.1.3 对于溯源到国际或国内公认的、并经过充分确定了的测量方法的特性量(如煤的灰分、挥发分、哈氏可磨性、焦化指标等，其测量结果与试验条件紧密相关)，应使用规定的方法进行定值。国家标准中有几种方法时应采用公认的仲裁方法。

6.1.4 定值中使用的所有测量方法都应经过理论分析和大量试验研究，证明其对煤炭样品有充分的适用性，准确可靠，测量精密度满足标准物质预期的定值不确定度的要求。

6.1.5 采用多个试验方法定值时，应对方法间差异进行研究，确认方法间没有显著性差异。

6.1.6 当使用一种试验方法定值时，独立测定组数不少于8个，当使用多种试验方法定值时，独立测定组数不少于6个。

6.2 定值过程的质量控制

6.2.1 参加合作定值的实验室必须具备检验该类标准物质待定特性量值的必备条件和具有较强的提供准确结果的技术能力和丰富的试验经验。

6.2.2 定值负责单位应按上述原则选取参加合作定值的实验室。在定值试验开始之前，分发作业指导书，明确试验方法和试验条件，规定仪器设备的校准方式，阐明操作注意事项，要求的重复测定次数和结果报告方式等。

6.2.3 对于可溯源到SI单位的特性量，各实验室可选择一种或两种准确可靠的方法进行试验；对于溯源到国际或国内公认的、并经过充分确定了的测量方法的特性量(条件值)，各实验室应严格按照作业指导书规定的方法和条件进行试验。

6.2.4 定值试验前，各实验室应按照作业指导书的要求校准或核验仪器设备，指派有经验的试验人员进行测定；可能时，应利用同类有证标准物质监控试验过程。发现任何异常，应及时通报负责单位，共同研究并解决问题后重新试验，保证报出结果的准确性。

6.2.5 定值试验中，各实验室对每一样品的每一特性量的重复测定次数不得少于4次，通常对两个包装单元各测定2次；其重复性应在测量方法的精密度范围内。

6.3 定值数据的统计处理和标准值的确定

6.3.1 试验结果汇总

收集各实验室的单次测定结果，按独立测定组数汇总。审查各独立测定组的数据，如有疑问，通知有关实验室查找原因后重测。

6.3.2 数据的正态性检验

采用夏皮罗-威尔克(Shapiro-Wilk)方法或达戈斯提诺(D'Agostino)方法检验数据的正态性。

6.3.3 数据组的等精度检验

用科克伦(Cochran)法检验各独立数据组是否等精度。删除在99%置信概率($\alpha=0.01$)下检出的方差异常大的一组数据。

6.3.4 数据组的平均值检验

将每组数据的平均值视作单次测量值，构成一组新的数据。用格拉布斯法(Grubbs)或狄克逊法(Dixon)检验可疑值。剔除99%置信概率($\alpha=0.01$)下检出的异常值。对于在95%置信概率($\alpha=0.05$)和99%置信概率之间检出的异常值，如无明确原因，应予保留。

当数据离散度较大或异常值多于2个时，应检查各定值实验室的分析方法、试验条件、仪器设备及操作过程等，查明原因，解决问题后重新试验。

注：格拉布斯(Grubbs)法适用于测量结果中只发现一个异常值；狄克逊(Dixon)法适用于测量结果中发现多个异常值。

6.3.5 标准值的确定

当原始数据服从正态分布或近似正态分布时，以保留数据的总算术平均值作为标准值。

初次检验为非正态分布的数据，可在剔除异常值后再进行一次正态性检验，若此时为正态分布，按上述方法确定标准值；若仍为非正态分布，应检查测量方法和试验条件，找出各实验室可能存在的系统误差，解决问题后重新定值。

6.4 不确定度的评估

6.4.1 概述

煤炭成分分析和物理特性测量标准物质的定值不确定度为合成相关分量后的扩展不确定度。通常由以下部分构成：

a) 定值试验结果的重复性；

b) 样品不均匀性引起的不确定度；

c) 稳定性引起的不确定度；

d) 未包含在A类不确定度评定中的测量影响因素引起的不确定度。

注：通常上述第一项称为不确定度的A类评定，后三项包含在B类不确定度评定中。

6.4.2 定值试验结果的重复性(A类标准不确定度)

定值试验结果的重复性测量不确定度按式(6)计算：

$$u_r = \sqrt{\frac{\sum(\overline{X}_i - \overline{\overline{X}})^2}{m(m-1)}} \qquad (6)$$

式中：

u_r——定值试验结果的重复性测量不确定度；

$\overline{X}_i$——第 i 个数据组的平均值；

$\overline{\overline{X}}$——m 个 $\overline{X}_i$ 的算术平均值；

m——舍弃异常值后的数据组数。

6.4.3 样品不均匀性引起的标准不确定度

根据均匀性检验中计算的单元间和单元内的方差，按照公式(7)计算样品不均匀性引起的标准不确定度 u_H：

$$u_H = \sqrt{u_H^2} = \sqrt{\frac{1}{n}(s_m^2 - s_e^2)} \qquad (7)$$

式中：

n——均匀性检验中单元内重复测定次数；

s_m^2——均匀性检验中所得的单元间方差；

s_e^2——均匀性检验中所得的单元内方差。

原则上，应将 u_H 合成到标准值的不确定度中，除非样品的均匀性引起的不确定度可忽略不计。

6.4.4 稳定性引起的标准不确定度

假定稳定性检验中进行了 m 次不同时间的测量，每一时间的测量进行了 n 次重复测定，按与均匀性检验相同的方法[式(1)和式(2)]计算同一时间内重复测量结果的方差(单元内方差)和不同时间测量结果的方差(单元间方差)，由稳定性引起的标准不确定度 u_T 按式(8)计算：

$$u_T = \sqrt{u_T^2} = \sqrt{\frac{1}{n}(s_{wm}^2 - s_{we}^2)} \qquad (8)$$

式中：

n——稳定性检验中同一时间内(单元内)重复测定的次数；

s_{wm}^2——稳定性检验中不同时间测量结果的方差；

s_{we}^2——稳定性检验中同一时间内重复测量结果的方差。

通常，应将 u_T 合成到标准值的不确定度中，除非由稳定性引起的不确定度 u_T 可忽略不计。

6.4.5 未包含在A类不确定度评定中的其他测量影响因素引起的不确定度 u_x

未包含在A类不确定度评定中的其他测量影响因素引起的不确定度 u_x，可根据试验研究或经验值确定。

6.4.6 总不确定度的计算

按式(9)计算合成标准不确定度，按式(10)计算扩展不确定度：

$$u_c=\sqrt{u_r^2+u_H^2+u_T^2+u_x^2} \qquad \cdots\cdots(9)$$

$$U=k\times u_c \qquad \cdots\cdots(10)$$

式中：

u_c——合成标准不确定度；

U——标准值的总不确定度(指定概率下的扩展不确定度)；

k——指定概率下的扩展因子。

其余符号意义同上。

6.5 定值结果的表示

6.5.1 定值结果由标准值和不确定度组成，即标准值±不确定度。它表示“真值”在一定置信概率下所处的量值范围。

6.5.2 标准值有限定条件时，应清晰明确的给出限定条件，如量值的确切名称、基准和温度限制等。

6.5.3 不确定度的含义和相应的置信概率或扩展因子应明确指出。

6.5.4 总不确定度的有效数字一般不超过两位数，通常采用只进不舍的原则。标准值的有效数字位数根据其最后一位数与总不确定度相应的位数对齐决定。标准值的数值修约按GB 8170进行。

6.5.5 对于定值不确定度未达到规定要求，或无法给出不确定度确切数值的特性量，可以给出参考值(加括号，以与标准值区别)。

6.5.6 定值结果的表示单位应符合国家颁布的法定计量单位的要求，且与相关国家标准或行业标准的规定一致。

7 标准物质的包装与保存

7.1 煤炭成分分析和物理特性测量标准物质应使用密封性好、使用方便的玻璃瓶或塑料瓶包装。当玻璃瓶包装时，外加一层塑料瓶包装。

7.2 最小包装单元的样品量，应根据实际测定的取样量和样品开封后的稳定性确定。每一最小单元的实际包装量与标称的量应基本相符(不少于标称量的10%)。

7.3 最小包装单元的内、外瓶都应贴有煤炭成分分析和物理特性测量标准物质的专用标签。标签内容和格式应符合JJG 1006—1994的有关要求。

7.4 煤炭成分分析和物理特性测量标准物质应保存在阴凉、干燥和洁净的环境中。入库的和出库的标准物质都应有完整的记录。

8 标准物质证书

8.1 标准物质证书是描述标准物质的技术文件。是研制单位对用户的质量保证书和使用说明，必须随同标准物质提供给用户。

8.2 标准物质证书应提供如下信息:标准物质编号、名称、用途、制备方法,定值和测量方法,定值日期,标准值及其限定条件,不确定度,均匀性及稳定性说明,最小取样量、使用中注意事项及保存要求,研制单位等。

8.3 标准物质证书封面上应有“制造计量器具许可证”标志,封面格式应符合 JJG 1006—1994 的有关要求。

参 考 文 献

[1] JJF 1001—1998 通用计量术语和定义
[2] JJF 1059—1999 测量不确定度评定和表示
[3] JJF 1005—2005 标准物质常用术语和定义
[4] ISO 导则 31:2000 标准物质证书及标签内容的编写通则
[5] ISO 导则 33:2000 有证标准物质的使用
[6] ISO 导则 34:2000 标准物质生产者能力的通用要求
[7] ISO 导则 35:2006 标准物质定值的通用原则和统计学原理

ICS 79.20
B 69

中华人民共和国国家标准

GB 22280—2008

防腐木材生产规范

Specification for production of preservative-treated wood

2008-08-07 发布　　　　2009-02-01 实施

中华人民共和国国家质量监督检验检疫总局
中国国家标准化管理委员会　发布

前　言

本标准的第 11 章、第 12 章为强制性的，其余为推荐性的。

本标准的附录 A 为资料性附录。

本标准由中华人民共和国商务部提出。

本标准负责起草单位：木材节约发展中心、铁道部鹰潭木材防腐厂。

本标准参加起草单位：广州丰胜德高建材有限公司、上海大不同木业科技有限公司、东莞市天保木材防护科技有限公司、江西东源投资发展有限公司、苏州中瑞嘉珩景观木业有限公司、无锡市锦绣前程木业有限公司。

本标准主要起草人：喻迺秋、钱晓航、范良森、金重为、方务新、王友平、陶以明、马守华。

防腐木材生产规范

1 范围

本标准规定了防腐木材生产的防腐设备机组，木材防腐剂，木材在防腐处理前的准备，防腐处理工艺，质量检验，防腐木材贮存，产品标识、包装与质量合格证，环境保护，劳动保护，人员资质培训的要求。

本标准适用于防腐木材及其制品的生产企业。

2 规范性引用文件

下列文件中的条款通过本标准的引用而成为本标准的条款。凡是注日期的引用文件，其随后所有的修改单(不包括勘误的内容)或修订版均不适用于本标准，然而，鼓励根据本标准达成协议的各方研究是否可使用这些文件的最新版本。凡是不注日期的引用文件，其最新版本适用于本标准。

GB/T 14019—1992 木材防腐术语

GB/T 22102 防腐木材

LY/T 1294—1999 直接用原木 电杆

SB/T 10383 商用木材及其制品标志

SB/T 10440 真空和(或)压力浸注(处理)用木材防腐设备机组

压力容器安全技术监察规程 国家质量技术监督局(1999 版)

3 术语和定义

GB/T 14019—1992 和 SB/T 10440 确立的以及下列术语和定义适用于本标准。

3.1

防腐木材 Preservative-treated wood

经木材防腐剂处理的木材及其制品。

3.2

滴液区 dripping area

存放刚从处理罐中取出的仍处于滴液状态的新处理木材，直至不再滴液为止的区域。

3.3

固着型水载防腐剂 fixed type water-borne preservatives

渗入木材后，会发生固着作用的水载型防腐剂。

4 防腐设备机组

4.1 真空压力设备机组应符合 SB/T 10440 的要求。

4.2 防腐设备机组应安装在有防渗漏的混凝土地面基础上。

5 木材防腐剂

5.1 生产企业可根据防腐木材的不同用途选用防腐剂。常用的防腐剂主要有硼化合物(SBX)、铜氨(胺)季铵盐(ACQ)、铜铬砷(CCA)、氨溶砷酸铜(ACA)、铜硼唑—A 型(CBA—A)、铜唑—B 型(CA—B)，以及煤焦杂酚油(CR)、8-羟基喹啉铜(Cu8)、环烷酸铜(CuN)等。

5.2 防腐剂应合格，标识应清楚并附质量检测报告。生产企业应对防腐剂进行复检。

5.3 防腐剂应分类单独存放，不可与其他物品混放。防腐剂仓库应封闭上锁，建立进出库制度，落实防火、防雨、防潮、防流失等措施。

6 木材在防腐处理前的准备

6.1 生产企业应按要求对木材进行检尺。

6.2 木材需要进行刨、锯、切、钻等加工的，宜在防腐处理前按要求加工到最终规定形状和尺寸。

注：如果要对防腐木材进行上述加工，应使用原防腐剂的浓缩液或其他适当的防腐剂在新暴露的木材表面进行涂覆处理，以封闭新暴露的木材表面。

6.3 对难浸注的木材宜进行刻痕或打孔处理。

6.4 木材用固着型水载防腐剂进行真空/压力法处理前的含水率应控制在30%以下。

7 防腐处理工艺

7.1 处理工艺方法

木材防腐处理可选择满细胞法、半空细胞法、空细胞法、频压法等方法。木材满细胞法防腐处理流程参见附录A。

7.2 防腐处理技术要求

7.2.1 生产企业应根据树种及规格、木材含水率、防腐剂、设备等情况，制定防腐工艺作业规程，指导防腐处理作业，确保防腐木材产品符合质量要求。

7.2.2 压力浸注罐浸注压力不应超过设计允许使用的压力。

7.2.3 在生产过程中，应对防腐剂处理液活性成分的总浓度及各活性成分间的比例进行定期检测，如不符合要求应进行调整。

7.2.4 生产时应按防腐工艺作业规程实施浸注作业，并填报日常生产记录。

7.2.5 防腐浸注处理后的木材应在防腐剂完全固着后方能投入使用，在固着期间应防止曝晒和雨淋。

8 质量控制及检验

8.1 人员配备

防腐木材生产企业应有专人负责质量检测。

8.2 质量要求

防腐木材质量应符合GB 22102的规定和要求。

8.3 质量控制

8.3.1 批次规定

防腐木材质量检验应以一罐产品为一检验批次，进行抽样检测。

8.3.2 防腐木材中防腐剂保持量检查时间

防腐木材中防腐剂保持量检测应在出罐后立即取样，其他项目的检测应在出罐当天进行。

8.3.3 防腐木材中防腐剂吸液量监控

防腐木材中防腐剂吸液量应以每罐木材为单位，用重量法或其他适宜的方法检测，应达到作业规程要求。

8.3.4 透入度检测

每罐防腐木材应从上、中、下位置各钻取一个样品，取样应距木材端头30 cm以上处锯切或钻孔。钻孔时应垂直窄面，取样深度不小于材面宽度的一半，用显色法检查防腐剂浸入木材的深度。钻取木芯后，洞孔应用相同种类的防腐木栓堵紧。

8.4 质量检验

按GB/T 22102相关规定执行。

8.5 返罐处理

达不到质量要求的可进行返罐处理。

8.6 质量分析

生产企业应对当月产品质量及存在的问题进行简要分析，如发生重大质量事故，应附专题报告并作出技术工艺的改进措施。

9 防腐木材贮存

9.1 经检验合格的防腐木材方可入库，并应按规定堆放于成品库区，堆码整齐，易于搬运、捆扎。每批产品都应明显标注生产日期、产品名称、所使用防腐剂名称、规格、数量及检验结果。

9.2 成品管理员应定期巡回检查，发现发霉、变色、腐朽、开裂等情况，应进行分离和标注，严禁不合格品出厂。

10 产品标识、质量合格证

10.1 产品标识

商用防腐木材应按 SB/T 10383 要求进行标识。

10.2 质量合格证

每批防腐木材应附产品质量合格证，合格证上应注明产品名称、树种、规格、防腐剂名称、使用分类代码、生产企业名称、生产日期及检验员印章或编号等。

11 环境保护

11.1 污水处理

生产企业生产中产生的废水应全部回收，循环利用。

11.2 地面环境

防腐处理车间和滴液区地面应进行防渗漏处理，并设立防腐处理液和废水收集装置，进行循环利用。

11.3 废渣

生产企业应设立防腐废渣收集装置，并采取安全可靠的处理措施，按规定集中收集处理。

11.4 除尘

对防腐木材进行机械加工，应按环保要求设立除尘装置，对加工粉尘集中收集，按规定处理。

11.5 防腐剂包装物

11.5.1 清洗

包装物返还生产商前，应用合适的溶剂清洗干净，不应残留原液。清洗液应回收利用。

11.5.2 回收与处置

包装物宜循环使用，不应用于其他用途，不能循环使用的，应按有关规定处理。

12 劳动保护

生产企业内凡直接接触防腐木材和防腐剂的人员，作业时应穿戴好防护服、胶皮手套、口罩等劳动保护用品，避免皮肤直接接触和吸入有害物质。下班时，应进行洗浴、更衣、换鞋。

13 人员资质培训

木材防腐处理工艺操作人员和防腐木材质量检测人员应经过职业技能资格培训。

附　录　A
（资料性附录）
木材满细胞法防腐处理流程

木材满细胞法防腐处理流程图见图 A.1。

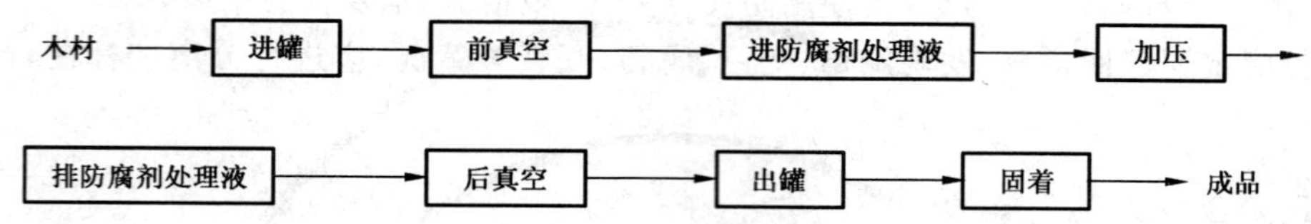

图 A.1　木材满细胞法防腐处理流程图

ICS 25.040.40
N 18

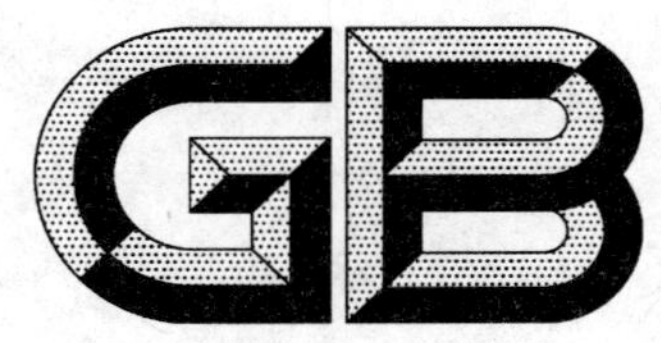

中华人民共和国国家标准

GB/T 22281.1—2008/ISO 13374-1:2003

机器的状态监测和诊断 数据处理、通信和表达 第1部分:总则

Condition monitoring and diagnostics of machines—Data processing, communication and presentation—Part 1:General guidelines

(ISO 13374-1:2003,IDT)

2008-07-28 发布　　2009-03-01 实施

中华人民共和国国家质量监督检验检疫总局
中国国家标准化管理委员会　发布

前　　言

GB/T 22281/ISO 13374《机器的状态监测和诊断　数据处理、通信和表达》由四部分组成：

——第1部分：总则；

——第2部分：数据处理要求；

——第3部分：通信要求；

——第4部分：表达的要求。

本部分是GB/T 22281/ISO 13374《机器的状态监测和诊断　数据处理、通信和表达》的第1部分。

本部分等同采用ISO 13374-1:2003《机器的状态监测和诊断　数据处理、通信和表达　第1部分：总则》(英文版)。

本部分的技术内容和组成结构与ISO 13374-1:2003《机器的状态监测和诊断　数据处理、通信和表达　第1部分：总则》(英文版)相一致，做了如下编辑性修改：

——将"ISO 13374-1:2003"改为"GB/T 22281的第1部分或GB/T 22281的本部分"；

——删除了ISO 13374-1:2003的前言，按照我国国家标准重新起草了前言；

——将本标准中出现的已转化为国家标准的国际标准编号改为国家标准编号，并将相应的国家标准采用的国际标准版本号放在国家标准编号后的括弧内，便于使用和查阅。未转化的国际标准保留。

本部分的附录A为资料性附录。

本部分由中国机械工业联合会提出。

本部分由全国工业自动化系统与集成标准化技术委员会(SAC/TC 159)归口。

本部分起草单位：北京机械工业自动化研究所。

本部分主要起草人：黎晓东、杨书评、高雪芹。

本部分为首次发布。

引　　言

在没有广泛集成的情况下，目前为机器状态监测和诊断编写的各种计算机软件程序，还无法以即插即用方式简单易行地进行数据交换或运行。这便难以将各个系统集成，并且难以为用户提供一个机器状态的统一视图。GB/T 22281的目的在于提供若干开放软件规范的基本要求，以便在没有专门平台或硬件协议的情况下，机器状态监测数据和信息也能够通过各种软件包得以处理、传送和显示。

可扩展标记语言(XML)是万维网联盟(W3C)的一个项目，该规范的开发目前由XML工作组负责管理。XML是以标准通用置标语言(SGML)(详见GB/T 14814—1993[1])编写的一种公共格式，用以定义对不同类型电子文档结构的描述。1.0版规范已于1998年被W3C接纳，并成为W3C的“推荐标准”。成为W3C推荐标准意味着一个规范可以长期不变，且有助于网络的互通性，同时已经通过了W3C全体成员的严格审查；这些成员支持学术界、工业界和研究领域广泛采用这一规范。本规范通过提供更灵活和适应性更强的信息识别方法，从而加强网络的功能性。

机器的状态监测和诊断
数据处理、通信和表达　第1部分:总则

1　范围

GB/T 22281 的第 1 部分是有关机器状态监测和诊断信息的数据处理、通信和表达方面的软件规范总则。

注：GB/T 22281 的后续部分(编制中)将说明对数据处理、通信和表达方面的具体软件规范要求。

2　数据处理

2.1　概述

为解释来自机器监测活动的数据,需要对有关数据进行处理和分析。应该综合利用各种技术确定可能出现故障的原因和严重性,并通过这些技术积极主动地为运行和维护活动的合理性提供证明。

为成功实施状态监测,推荐如图 1 所示的人工或自动的数据处理过程和信息流。数据流自顶部开始,最终转换成为运行和维护人员采取的行动。在顶部的监测配置数据专门用于各种设备监测传感器。在从数据采集到提出建议这一信息流过程中,需要将数据从前一个处理块转向下一个处理块,并且还需要从外部系统采集或向外部系统送出补充信息。同样,随着数据演变为信息,需要有标准的显示技术和更为简化的图表说明格式。信息流过程从数据采集开始到复杂的预后任务,直到提出警示报告和推荐措施(这些报告和推荐措施可能包含对监测过程自身的改进)为止。

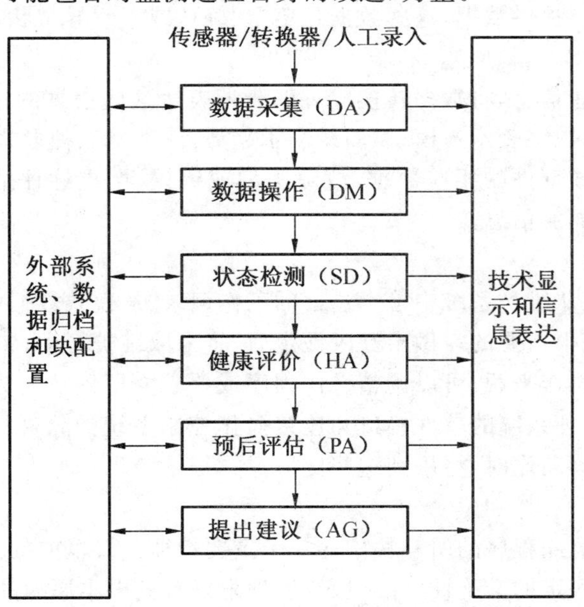

图 1　数据处理和信息流块

2.2　数据处理块

2.2.1　机器状态评价的处理块

机器状态评价可以分成 6 个不同的分层处理块。前 3 个处理块与特定技术相关,需要基于特定技术的信号处理和数据分析功能。下述是一些最为常用的机械状态监测和诊断技术：

——轴位移监测；

——轴承振动监测；

——摩擦监测；
——红外热像监测；
——性能监测；
——声学监测；
——电机电流监测。

利用特定技术的信息流块及其功能如下：

a) 数据采集(DA)块：将转换器的输出值转换为代表物理量和相关信息(如：时间、校准、数据质量、使用的收集装置、传感器配置)的数字参数。
b) 数据操作(DM)块：进行信号分析，计算重要的描述符，将原始测量值转换为有效的传感器读数。
c) 状态检测(SD)块：促使原始正常资料的生成和保持，无论何时得到新数据均搜索异常现象，并确定数据归属哪个异常区域(如："警惕"或"报警")。

通常，后面3个块将利用各种监测技术对机械的健康现状进行评定，并预测今后的故障，为运行和维护人员推荐操作步骤。这3个块及其功能为：

d) 健康评价(HA)块：诊断任何故障；评定设备或过程当前的健康状况；考虑所有的状态信息。
e) 预后评估(PA)块：根据当前的健康评价以及设备和/或过程的设计使用荷载，确定今后的健康状态和故障模式，并预测有效寿命。
f) 提出建议(AG)块：提供可用信息，这些信息涉及为优化过程和/或增加设备寿命对维护或运行方面所做的改变。

2.2.2 技术显示

为了便于有资质的工作人员进行分析，有必要提供相关的技术数据，例如趋势及有关的异常区域。显示的内容宜能为分析人员提供数据，这些数据是鉴定、确认或了解异常状态所必需的。

2.2.3 信息表达

制定正确决定必备一些信息，将数据转换成可以清晰表达这些信息的格式是很重要的。信息表达可以采用书面形式，可以用数字表示规模，以曲线表示趋势，或者把三种形式组合使用。

信息应包括描述设备或部件的相应数据、故障类型或错误、严重性评估、状态预测以及推荐操作。或许还需要费用和风险方面的信息。

2.2.4 外部系统

为评定机械健康状态，从维护系统中检索过去的工作记录，从模式数据的记载中检索过去的运行数据(开始/停止/荷载)，这是很重要的。做出健康评定后，将采取维护行动，包括增加检查次数、修理或更换损坏的机器或部件。就操作来说，可以调整操作程序或要求立即停机。为保证与维护和操作系统的迅速通信，需要连接维护管理系统的软件接口和连接操作控制系统的软件接口。以发出维护请求和改变操作请求的方式显示推荐动作时，将用到这些接口。

2.2.5 数据归档

数据归档是机器状态监测程序的所有块中的一个重要特征。对以前的数据趋势可施以统计关联性分析。建议检查以前健康评定的准确性，并对检查发现附以有关根本原因的信息。

2.2.6 信息配置

每一个数据处理块均需要配置信息，其中一些可能是静态信息，另一些则是运行时由系统改变的动态数据。例如：数据采集块的配置信息可以包括对测量监测位置、方向和相关转换器位置、监测查询率、传感器设置数据和校准参数的确定。

2.3 概念性信息模式的准则

2.3.1 概述

概念性信息模式(conceptual information schema)是有关机器和状态监测信息的一个专一综合定

义,不偏于任何一个单独的数据应用程序,并与数据怎样进行物理存储或访问无关。此概念性模式的主要目标是对数据的含义以及数据之间的相互关系进行统一定义;该模式可用来集成、共享和管理数据的完整性。该信息模式是各种数据元素位置的蓝图。信息模式有各种形式。

在科学编程领域,文件描述模式格式(file description schema format)已使用多年。它映射为 ASCⅡ或二进制数据文件格式,这些文件可以输出或输入计算机系统。发布的一个完整的记录格式描述详细说明了文件所包含的数据区、这些数据区相对于其他数据区的准确位置、数据区是 ASCⅡ码格式还是二进制格式、以及每一数据区的确切数据格式(科学浮点、整数、字符、可变字符串)。

关系信息模式格式(relational information schema format)是关系数据库管理系统的定义语言。关系描述法类似于定义了下述各项的蓝图:

——存放数据的各种"空间的名称"(或数据库表名);

——表内数据的"内容"(或列);

——每个数据列准确的数据类型(科学浮点、整数、可变字符串等);

——数据列是否可以为空(并非 null);

——每个数据行的唯一标识键(主键)。

通过包含"引用"(外键),一个表单便可与另一表单相关联。

可扩展标记语言(XML)是万维网联盟(W3C)的一个项目,其技术规范的开发受 XML 工作组的监督。XML 是以标准通用标注语言(SGML)(详见 GB/T 14814[1])写成的一个公用格式,用于不同类型电子文件结构的描述。称其为"可扩展"是因为它不像超文本标注语言(HTML)那样为固定格式,HTML是一种专一预定标注语言。而 XML 实际是一种"元语言"(描述其他语言的语言),可为无限多不同类型的文件设计定制标注语言。XML 使用 ISO 10646[2]规定的国际标准 31-bit 字符指令表,该表包括大多数人类语言(及一些非人类语言)。目前,这和统一字符编码标准一致,并计划成为统一字符编码标准的超集。XML 的目的是要在网上能简单直接地使用 SGML:以使定义文档类型、编辑和管理 SGML 定义的文档、以及在网上传送和共享这些文档均简便易行。XML 是一种极为简单的 SGML 语言,完全以 XML 技术标准进行描述。其目标是要让通用的 SGML 在网上如 HTML 那样进行使用、接收和处理。因此,人们对 XML 进行了设计,以便能够易于实现,并能与 SGML 和 HTML 进行互操作。

2001 年,W3C 发布了 XML 模式(XML Schema),并将其作为 W3C 的一项推荐。XML 模式定义了共享的标注词汇和使用这些词汇的 XML 文档的结构,并提供了钩子(hook)以使语义和这些词汇产生关联。通过将数据类型引入 XML,XML 模式提高了 XML 在数据交互系统开发者中的使用率。XML 模式可使编程者决定文档的哪些部分是有效的,或使编程者确定适于一个模式的文档部分。此外,由于 XML 模式自身也是 XML 文档,所以可由 XML 创作工具管理。

目前,软件对象信息模式(software object information schema)在计算机产业广泛应用。软件"对象"是通过对象定义语言进行定义的,包括其外部特征和运行、唯一键、有效的数据属性、数据类型、关系等。统一建模语言(UML)已成为软件业的主要建模语言。对象管理组(OMG)采用 UML 作为其标准的建模语言。

注:OMG 已向 ISO 提交了 UML 规范,作为可公开获得的规范(PAS)。

2.3.2 信息模式要求

不论选择哪种信息模式格式,该模式将定义一个最小的数据元素集,为保持一致,这些数据元素应该包含在该模式内。此外,该模式还将包括一组可选元素。

为支持各家厂商的多个状态监测模块之间的数据通信,需要一个独立于任何厂商的开放的机器状态监测信息模式体系结构作为基础框架。这一框架可用来进行各种通信。

独立于任何厂商是核心问题。很多厂商和用户已采用了不同的机器状态监测数据存储方法。一个开放的信息模式可以集成多种来源的机器信息,并支持对等的数据库,可以有用户定义的查找条目,以及使用标准的时间戳和工程单位。该模式应支持唯一的站点标识符和站点数据库或数据源标识符,以区分从不同物理位置获取的数据。该模式宜支持父-子分层结构中包括机器的设施段(服务段位置)的全系统唯一标识符。同时,该模式宜支持资产专用唯一标识符,以便在部分分层结构中监测和追踪个体部件。该模式宜规定存储位置的基本框架、站点数据库、生产过程或机械段信息、资产标牌数据、模型或部件信息、量测位置、数据测量源、转换器、排序列表、警报。在数据层,该模式可支持下列格式:对历史单值数字数据的传输、快速付里叶变换(FFT)频谱数据、固定百分比频带(CPB)频谱、时域波型、样品试验数据、温度记录图像和二进制大对象。通过 Gregorian 日历(公元历纪元)和 GB/T 7408[3] 词法表示法,该模式宜支持一个引用了特定时间实例的日期/时间符号。

为了传送通用机械设备类型、量测位置类型、方位等,一组标准引用表应包括一组通用码和需要的以各种语言写成的相关文本。该体系结构可使每一个数据库建立并维护附加引用表,以达到最大的灵活性。附录 A 提供了支持该体系结构的可公开获取的 XML 模式的一个示例。

3 交换信息的数据通信格式和方法

3.1 通信方法

3.1.1 概述

根据上述讨论的信息模式,可利用各种通信方法分配格式化的数据。采用的方法应符合应用程序的要求。

3.1.2 数据文件输入/输出的处理程序(Data file export/import processors)

数据通信的数据文件输出处理程序方法,需要数据提供者按照专用信息模式格式生成数据文件,此格式采用用户定义的一组过滤器和选项。如果采用文件描述信息模式格式,则无需附加文件语法规范。如果采用关系或对象信息模式,应对输出数据文件的语法做出规定。然后,需要数据文件输入处理程序把数据输入另一目标系统。

3.1.3 远程数据库访问的客户/服务器模式(Remote Database Access client/server)

远程数据库访问(RDA)是一个用于访问远程关系数据库或者访问和关系数据库相像的数据库的通信协议(详见 ISO/IEC 9579[4])。RDA 用于访问在遍及网络的许多不同平台上分布的数据。RDA 使用了客户/服务器模式,在这一模式中客户端通过已发布的 RDA 语言监控或控制服务器。

3.1.4 结构化查询语言的客户/服务器模式(Structured Query Language client/server)

结构化查询语言(SQL)是一个关系数据库访问语言(详见 ISO/IEC 9075[5])。SQL 把数据库构建为一组表。表就是数据的集合,数据在表中构成固定数目的列和不定数目的行。SQL 标准定义了将 SQL 语句嵌入几种计算机程序语言的语法。数据源可以建立一个 SQL 服务器,允许客户应用程序用 SQL 语言查询。

3.1.5 制造报文规范的客户/服务器模式(Manufacturing Message Specification client/server)

制造报文规范(MMS)(详见 GB/T 16720[6])为分布式计算机系统的实时监控提供了大量服务。它为从一台计算机向另一台计算机近实时地传输加工数据定义了编码规则、文法和语法。MMS 采用客户端监测或控制服务器的客户/服务器模式。服务器的行为由虚拟制造设备(VMD)(抽象)来模拟。因为本标准与数据存取有关,因而就会提及 MMS 的可变存取服务和作为这些服务的基础的数据模型。

3.1.6 可扩展标记语言的客户/服务器模式(Extensible Markup Language client/server)

可扩充的标注语言(XML)是 ISO 的标准通用标注语言(SGML)的子集,目前在因特网上广泛使用。XML 提供了一个标准,通过这一标准,可以将从简单到复杂的各种信息的内容结构标注出来,使利用各种计算机平台的信息在因特网/内部网上的传递易于实施。

基于同一 XML 模式的 XML 文档,可以从一个应用程序传输给另一个应用程序,即使传输发生在不同的操作系统和机器之间。运行在一台机器上的XML客户应用程序,可以在网络中将一个XML查询发送到运行在另一台计算机上的XML信息服务程序中,并以计算机可读格式接收需要的信息。

用XML描述的既有数据,无需再做改变即可通过局域网或因特网传递。数据一旦传到客户端上,便可在各种视图中对数据进行编辑、处理和显示,而不必返回到服务器上。

XML能够使商务信息在因特网上进行公开交换。由于不依赖于厂商并且符合GB/T 22281的XML模式和协议获得了认可,XML也能够用来在计算机网络中交换维护信息和可靠性信息。有关状态监测和诊断的一组可公开获取的XML客户/服务器规范的一个实例,见附件A。

3.1.7 通用对象请求代理体系结构和接口定义语言

通用对象请求代理体系结构(CORBA)互用性平台,是一个被国际接受的对象之间的软件通信标准(详见ISO/IEC 19500-2[7]),包括对象请求代理(ORB)。这一规范符合ISO/IEC 10746[8]有关开放分布式处理(Open Distributed Processing)的规定。

CORBA通信规范以ISO/IEC 14750[9]规定的接口定义语言(IDL)编写,IDL可以不依赖于任何一个编程语言而独立编写接口。IDL规定的组件发布其提供的服务和支持的方法、有关参数、属性、错误处理例程以及与其他组件的继承关系。

3.2 选择通信方法的指导原则

3.2.1 数据存取方法

数据文件(data file)的数据通信方法,要求文件服务器和客户端处理专用信息模式格式的物理数据文件,此格式带有一组用户定义的过滤器和选项。该方法适用于需将大量信息从一个系统传递到另一系统的情况,或者目标系统离线的情况。

关系查询客户/服务器模式(relational query client/server)的数据通信方法,如RDA和SQL,要求数据提供者支持调用级接口,该数据提供者最低需要支持用户定义的结构化查询语言(SQL)的"选择"查询。关系模式直接支持这一数据通信方法。为支持这一关系查询方法,文件描述模式格式需要通过重新映射以关系模式描述文件数据。对象信息模式也需要转换为关系模式,以支持关系查询语言。

驻存通信服务器(memory-resident communication server)的数据通信方法,如MMS,要求数据提供者建立一个通信服务器,该服务器需理解已定义的有关协议,即有关确认数据请求并将结果数据包发送至请求方的协议。在文件描述模式格式中,每一个要传送的数据应该分配有一个标识符,并且数据过滤方法也应确定。在关系模式中,被请求的表的名称和列的名称应能和行过滤信息一道被传送。在对象模式格式中,被请求的对象类和对象属性应该与对象类和属性的过滤信息一道被传送。

基于XML的客户/服务器模式(XML-based client/server)数据通信方法,要求建立XML模式或若干文档类型定义(DTD);XML模式或DTD支持基于标准词汇的客户和服务器之间的信息处理,这些标准词汇源自概念性信息模式。为支持这一方法,文件描述、关系模式和对象模式均需重新进行映射,以XML要素方式描述其内容。

最后,软件对象客户/服务器模式(software object client/server)的数据通信方法,要求数据提供者建立能响应远程对象调用级接口的软件对象,该数据提供者至少可支持预定的对象查询语言。为支持对象查询服务器,文件描述和关系模式需要重新进行映射,以对象模型方式描述其内容。软件对象模式格式直接支持该数据通信方法。

3.2.2 其他问题

选择数据通信和数据存取准则,还有几个问题需要考虑:

——网络通信对错误的检测与恢复、不活动定时器、再传输、校验和、重排序和运行时限的要求;

——向较高层的通信块报告错误;

——进行分析所需的状态监测数据源扫描速度和时间分辨率;

——操作系统环境和网络平台。

4 表达和显示数据的格式

4.1 概述

用户接口需要一个直观、易于理解和具备适应性的方式，存取来自分布式数据源的设备状态监测数据。分析人员需要使用用户接口，用户接口将增强他们的诊断分析能力，协助其确定设备未来的健全状况，并助其制定和传输推荐措施。操作员和管理人员需要信息显示，信息显示可帮助他们对下一步采取的运行和维护活动做出最佳决定。

4.2 作业流程的确定

为了确定向最终用户表达和显示的数据的格式，需要确定状态监测每一阶段的工作流和信息要求。

机器状态监测收集有关振动、温度、压力、电气特性和声发射的数据，以及反映机器运行状态的其他任何参数。这些数据被记录下来，并与先前记录的"基准"数据、预置报警或自动跳闸限度进行比较。需仔细观察数据的任何变化，因为数据变化通常表明对机械正常运行有不利影响的某些异常正在形成。同时，参数的变化速率也表示机械状态的危急程度。

确定参数水平的确在发生变化后，下一步就要确定机器的健康状态，包括机器的健康指标、可能存在的诱因或引发任何问题的原因。

机械的健康评定包括对所有现有信息的深入调查，以及采用规定方法确定某些参数变化的原因。各参数之间的相互关系也十分重要，如轴承异常过热和润滑油中磨损颗粒增加。通常，分析人员从对振动信号进行更为复杂和完善的分析着手，此方法可以提供有关机器行为的大量信息。这些分析包括但不限于：进行频率分析以确定峰值振动频率；建立相位关系；调查轴心轨迹；建立因果相关性。这些信息通常会揭示转子不平衡、轴线不重合度、部件松动、轴承或齿轮磨损或共振频率等状况。一份完整的诊断分析还可包括过程参数，如：负荷水平、速度、流体流量、周期波动等。诊断结果要资料丰富而且表达清晰，这十分重要。诊断分析包括各种分析手段(如振动分析、温度记录分析、基于摩擦学的分析)。振动分析采用不同的方法，诸如：时域波形、固定百分比频带(CPB)频谱、快速付里叶变换(FFT)、轨道分析、滑行上升/下降分析、小波分析以及传递和相干函数分析。同样，基于摩擦学的分析可以包括磨损颗粒、光谱和铁粉试验。

一旦诊断分析提出问题的原因，即可进行预后评价，预测机械的预期寿命。预后是对与机器现状相关的数据和诊断信息做出的说明，以便预测其将来可能出现的状态、行为和性能。由于过程发生变化(如荷载水平、运行温度、压力和其他过程参数)，预后可以修改。

预后评估包括对设计、可靠性、可用性和可维修性的估计，因而要求收集相关数据。同时，与故障原因的诊断不同，预测未来故障的发展，需要事先了解机器将要或可能承担的运行任务。这就要求在推断和预测前，收集先前的运行参数和累计的运行参数，以及状态和性能参数。以下是一些预后分析的实例：

——轴承剩余寿命(L10)的分析；

——锅炉蠕变疲劳损坏的预测；

——故障的动态应力-强度平均时间。

最后，所有这些信息对制定有效的推荐措施很有帮助，因为这些措施依据的数据包含着丰富的信息。

4.3 一般的信息显示结构

4.3.1 概述

三层模式体系结构(three-schema architecture)广泛应用在开发多数据库应用程序的多用户表达上。应用程序中的数据和其他对象存在着逻辑关系，这一体系结构的目的就是要把对此逻辑关系怎样定义同特定数据库管理数据的方式,以及同应用程序和用户之间的相互作用方式区分开来。此体系结构所用的三个模式为内部模式、概念模式和外部模式,如图 2 所示。内部模式相当于各种数据源的本机格式,外部模式相当于数据的用户视图。可开发多个外部模式来克服二层模式方法的映射缺陷。如 2.3 所述,概念模式是对企业内部数据的专一综合定义,不偏于任何单一应用程序,且与数据的物理存储或访问无关。

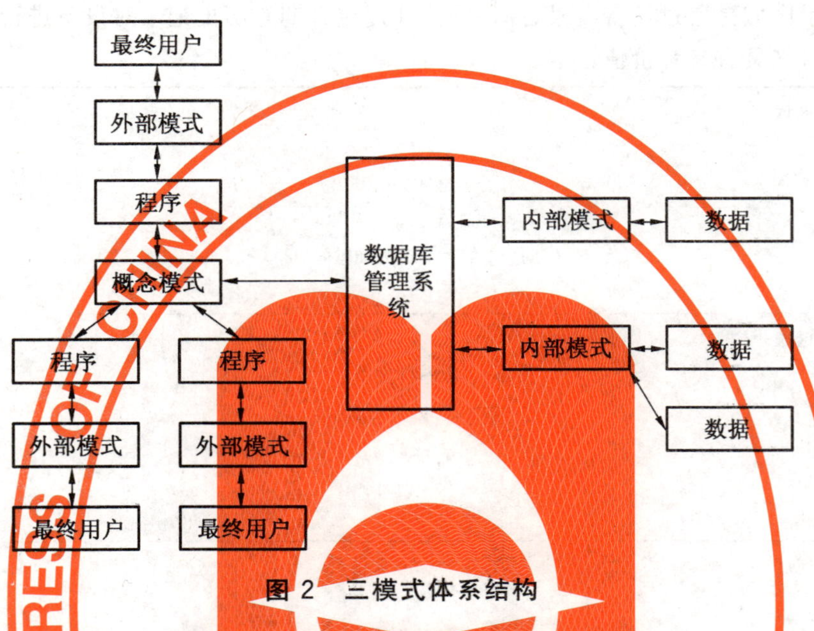

图 2 三模式体系结构

4.3.2 显示格式

显示格式宜对应各个应用程序进行定制。对于许多用户来说,显示可分为 5 个不同的区域,以向最终用户快速提供状态概览。随后的屏幕可以详细显示更多的数据。图 3 为飞机发动机显示的实例,图 4为蒸汽锅炉的显示。5 个区域简述如下:

a) 状态检测(State detection)

此区域用来显示观测到的监测状况的相应信息。趋势数据(如飞机发动机的振幅与飞行时间的关系、过程性能与时间的关系,或锅炉的累积损坏与累计运行时间的关系)可以和相应的异常区域一同显示出来。所有信息的显示方式,均可以使观察者对每种情况的异常程度迅速做出评价。

b) 健康评价(Health assessment)

根据人工或自动分析的结果,这一显示区域概括了机械健康状态与诊断结果。可显示从 0(完全失效)到 10(如新机械一样)的健康指数。例如,对往复或旋转机械,可由振动分析来评价和显示偏移、不平衡、轴承损坏(如碎裂)等现象。对于压力容器,除了由锅炉损坏分析来评价传感器不精确程度外,还可检查蠕变疲劳损坏积累百分率及其速率。

c) 预后(Prognosis)

这一显示区域包含特定的预后信息。如果设备在现有状态下连续运行,达到了预定的运行小时数,就有可能发生故障。但是,如果设备并非这样运行,拟定的安全运行小时数可能增加。对于其他设备,可提供若干运行方案(如:设置不同百分比的缓变率)。每一缓变率各有优缺点。例如,较高百分比的缓变率,会使设备承受最大的不利应力或出现不应有的损坏,这些因素由企业的维修和运行方案决定。同样,了解了运行条件,如:触点受荷角度、润滑、每分钟转速、负荷循环,可以进行寿命统计分析(L10),以确定推力轴承的剩余寿命。如前所述,通过改变某些运行条件(如润滑或降低荷载水平),可延长剩余寿命。

d) 建议措施(Recommended actions)

这一显示区域列出推荐采用的措施。建议是根据设备部件的临界状态、运行费用、维护费、备件可用性和其他一些因素做出的。问题的严重性也会影响要采取的措施。这些建议包括“降低功率”和“更换或修复部件”,以及“换油”或“降低负荷”等。

e) 识别(Identification)

这一显示区域是通过设备编号、部件编号和评定日期等历史记录对设备进行的识别,这些历史记录对将来具有参考价值。

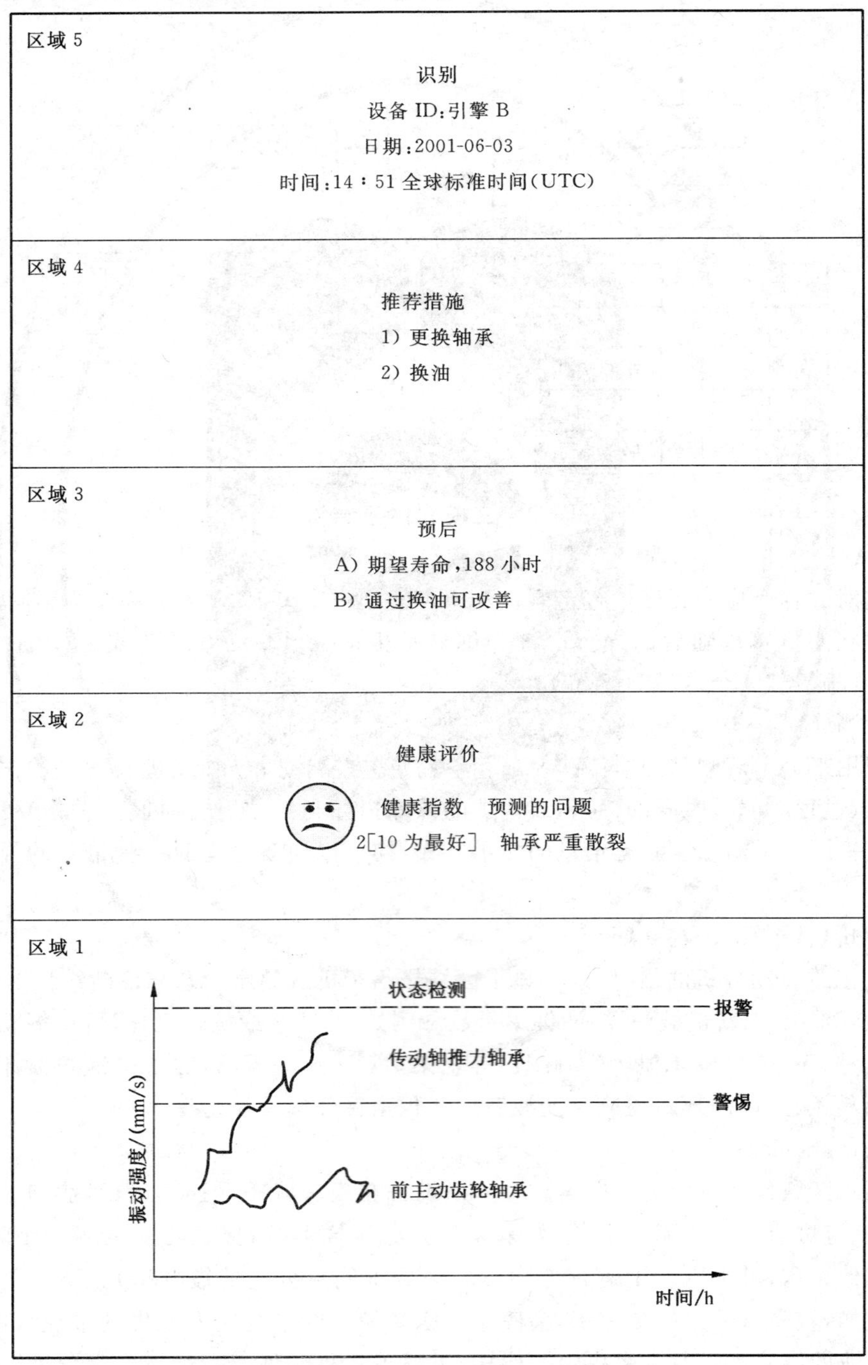

图3 飞机引擎显示实例

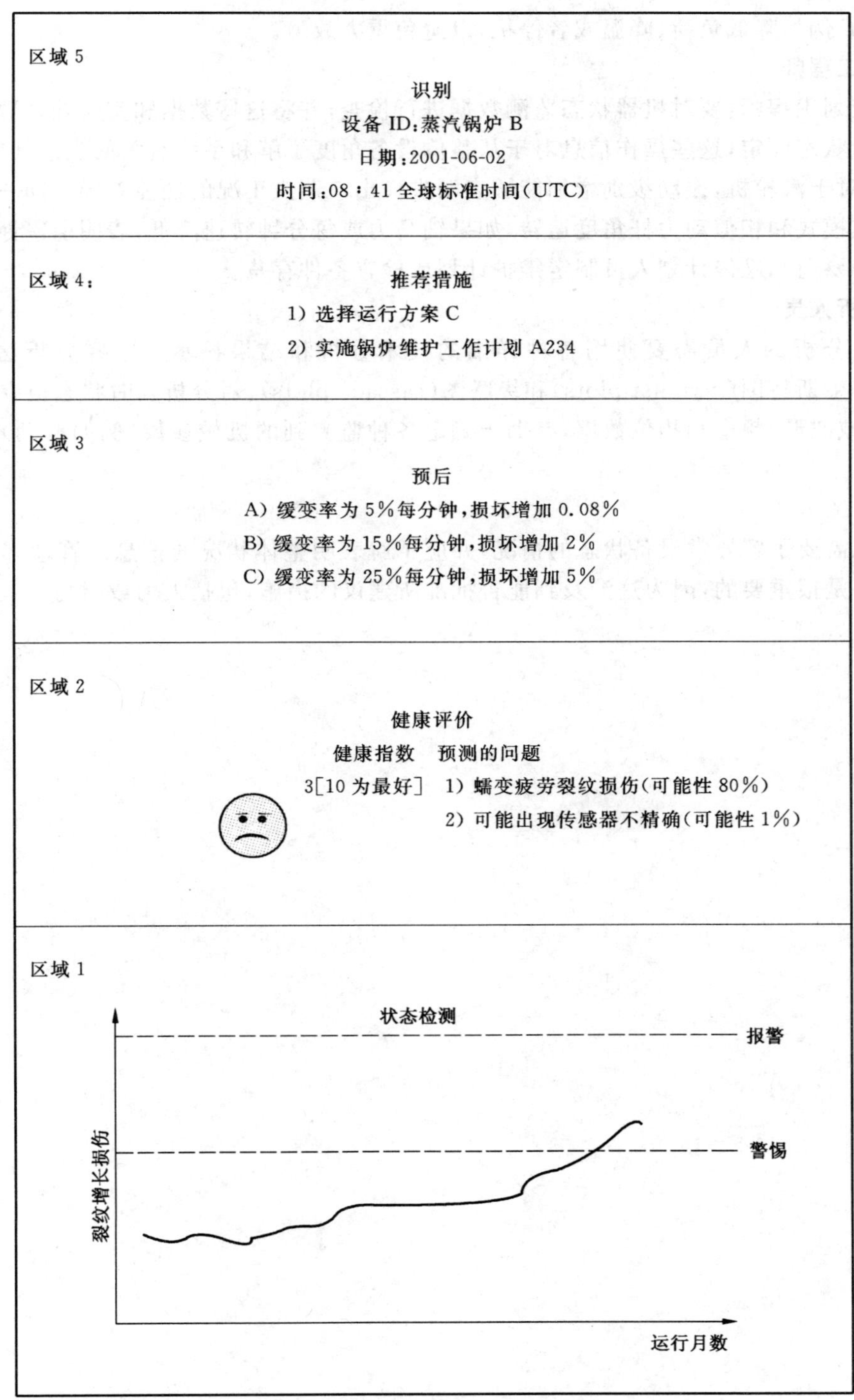

图 4 蒸汽锅炉显示实例

5 责任人

5.1 概述

对状态监测和诊断信息的表达,应该适合承担不同责任的专门人员。多数情况下,使用这些显示信息的人员分为四类,如 5.2 至 5.5 所述。

5.2 操作者

对于操作者,只需显示最为危急和紧迫的警报信息。这些显示向设备操作者或操作管理者指示如何采取紧急行动,例如降低负荷、降温或者停机,以避免重大故障。

5.3 操作策划工程师

对于操作策划工程师,要对机器状态监测数据进行检查,并将这些数据和实时处理数据库的信息进行综合。为进行状态评定,这些操作信息对于从整体设备角度了解和系统有关的当前问题的后果,是很重要的。例如,对于汽轮机,振动级别增加能够表明进口出口蒸汽工况的性能差异。同一台机器在两个时段以相同操作模式和相似动力杆角度运转,如果轴马力或每分钟转速降低,表明引擎性能下降。操作策划工程师还需要通知维修计划人员制定维护计划或检查备件存货。

5.4 可靠性分析人员

进行可靠性分析的人员需要使用各种详细的技术分析和结果显示。一些分析法,例如波特图(Bode plots)、奈奎斯特图(Nyquist plots)和级联图(cascade plots),对分析瞬时状态很有用。各种荷载条件的轨迹、时域波形、频谱和相位数据,有助于确定各种监测到的机械参数(例如振动)偏离正常特性的根本原因。

5.5 管理部门

管理部门也需要了解异常设备状态的情况,并应了解表明整体状况的信息。管理部门了解不采取行动的可能后果是很重要的,因为这涉及到能否批准所建议的措施,包括人力或财力。

附 录 A
(资料性附录)
机械信息管理开放系统联盟(MIMOSA)规范

A.1 概况

机械信息管理开放系统联盟(MIMOSA)是一个非赢利性机构,其成员包括工业生产、加工和制造设备的用户和供应商、系统集成商、操作、控制和维护信息的技术和服务提供商。

A.2 通用关系信息模式(CRIS)规范

本联盟主要致力于提出建议和协定,以统一来自状态监控系统、计算机维护管理系统、控制系统和运行记录的机械数据,以便使企业能够建立机械信息管理系统。MIMOSA 发布的概念性模式称为通用关系信息模式(Common Relational Information Schema(CRIS)),可以从 MIMOSA 的网页 http://www.mimosa.org 免费下载。CRIS 版本 1 和版本 2 的内容符合 GB/T 22281 本部分的指导原则,并且已经成功地用于状态监控领域。

A.3 Tech-XML 规范

MIMOSA 为基于 CRIS 的客户和服务程序发布了一套 XML 模式的接口定义,称为 Tech-XML 客户程序和 Tech-XML 服务程序规范(Tech-XML Client and Tech-XML Server specifications)。这些规范可以使机器信息计算机系统之间通过 XML 相互通信,而不需要专用协议。这些规范也可以从 MIMOSA 的网页 http://www.mimosa.org 免费下载。

参 考 文 献

[1] GB/T 14814—1993 信息处理 文本和办公系统 标准通用置标语言(SGML)(idt ISO 8879:1986).

[2] ISO 10646 (all parts),Information technology—Universal Multiple-Octet Coded Character Set (UCS) 信息技术 通用多八位编码字符集(UCS).

[3] GB/T 7408—2005 数据元和交换格式 信息交换 日期和时间表示法(ISO 8601:2000,IDT)

[4] ISO/IEC 9579:2000 Information technology—Remote database access for SQL with security enhancement (信息技术 对具有安全增强的 SQL 的远程数据库访问).

[5] ISO/IEC 9075 (all parts),Information technology—Database languages—SQL(信息技术 数据库语言 SQL).

[6] GB/T 16720 工业自动化系统 制造报文规范(idt ISO/IEC 9506).

[7] ISO/IEC 19500-2,Information technology—Open Distributed Processing—Part 2:General Inter-ORB Protocol (GIOP)/Internet Inter-ORB Protocol (IIOP) (信息技术 开放分布式处理 第二部分:通用 ORB 间协议(GIOP)/互连网 ORB 间协议(IIOP)).

[8] ISO/IEC 10746(all parts) information technology—Open Distributed Processing—Reference Model(信息技术 开放分布式处理 参考模型).

[9] ISO/IEC 14750:1999,Information technology—Open Distributed Processing—Interface Definition Language(信息技术 开发分布式处理 接口定义语言).

状态检测和诊断标准

[10] GB/T 20921 机器状态监测与诊断 词汇(GB/T 20921—2007,ISO 13372:2004,IDT).

[11] GB/T 19873.1 机器状态监测与诊断 振动状态监测 第1部分:总则(GB/T 19873.1—2005,ISO 13373-1:2002,IDT).

[12] ISO 13379,Condition monitoring and diagnostics of machines—General guidelines on data interpretation and diagnostic techniques(机器状态监测与诊断 数据解释和诊断技术的一般导则).

[13] GB/T 20471 机器状态监测与诊断 基于应用性能参数的一般指南(GB/T 20471—2006,ISO 13380:2002,IDT).

[14] ISO 13381-1,Condition monitoring and diagnostics of machines—Prognostics—Part 1:General guidelines(机器状态监测和诊断 预测 第1部分:通则).

[15] ISO 14830-1,Condition monitoring and diagnostics of machines—Tribology-based monitoring and diagnostics—Part 1:General guidelines (机器状态监测和诊断 基于摩擦的监测和诊断 第1部分:通则).

[16] ISO 17359,Condition monitoring and diagnostics of machines—General guidelines (机器状态监测和诊断 总则).

[17] ISO 18436-1,Condition monitoring and diagnostics of machines—Accreditation of organizations and training and certification of personnel—Part 1:General requirements for training and certification (机器状态监测和诊断 组织委托和人员培训与认证 第1部分:培训与认证的一般有求).

[18] ISO 18436-2,Condition monitoring and diagnostics of machines—Accreditation of organizations and training and certification of personnel—Part 2:Vibration analysis(机器状态监测和诊断 组织委托和人员培训与认证 第2部分:振动分析).

ICS 59.080.01
W 04

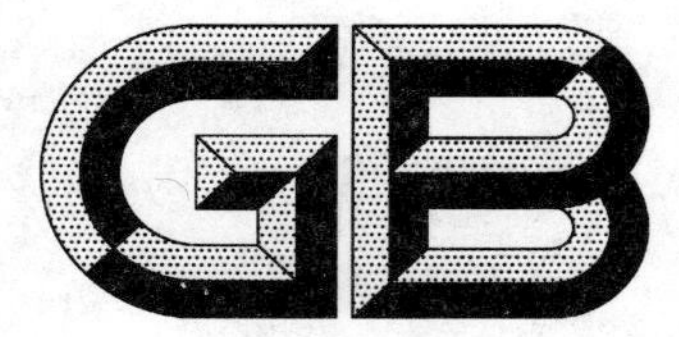

中华人民共和国国家标准

GB/T 22282—2008

纺织纤维中有毒有害物质的限量

Limitation of toxic and hazardous substances in textile fibers

2008-08-06 发布　　2009-06-01 实施

中华人民共和国国家质量监督检验检疫总局
中国国家标准化管理委员会　发布

前　　言

本标准由中国纺织工业协会提出。

本标准由全国纺织品标准化技术委员会基础分会(SAC/TC 209/SC 1)归口。

本标准由国家纺织制品质量监督检验中心负责起草。

本标准主要起草人:李治恩、朱缨。

本标准首次发布。

引　言

本标准参照欧盟指令 2002/371/EC“纺织品生态标签规范”的有关条款制定，目的在于促进在纺织生产加工全过程的关键工序(包括原料加工、纺纱、织造、印染、后整理加工和服装制成品加工等)中减少有毒有害物质的产生和排放，从纺织工业的源头控制有害物质的产生，为提高最终产品的安全健康性奠定基础。本标准所设置的限量指标将纺织原料对环境及人体健康的影响控制在一个较低水平。

纺织纤维中有毒有害物质的限量

1 范围

本标准规定了纺织纤维中有毒有害物质的限量要求和检测方法。

本标准适用于聚丙烯腈纤维、人造纤维素纤维、棉和其他天然纤维素种子纤维、聚氨酯弹性纤维、原毛及其他动物毛纤维、聚酯纤维和聚丙烯纤维。

2 规范性引用文件

下列标准文件中的条款通过本标准的引用而成为本标准的条款。凡是注日期的引用文件，其随后所有的修改单(不包括勘误的内容)或修订版均不适用于本标准，然而，鼓励根据本标准达成协议的各方研究是否可使用这些文件的最新版本。凡是不注日期的引用文件，其最新版本适用于本标准。

GB/T 16340 食品中灭幼脲残留量的测定

GB/T 17593.1 纺织品 重金属的测定 第1部分:原子吸收分光光度法

GB/T 17593.2 纺织品 重金属的测定 第2部分:电感耦合等离子体原子发射光谱法

GB/T 18412.2 纺织品 农药残留量的测定 第2部分:有机氯农药

GB/T 18412.3 纺织品 农药残留量的测定 第3部分:有机磷农药

GB/T 18412.4 纺织品 农药残留量的测定 第4部分:拟除虫菊酯农药

GB/T 18412.7 纺织品 农药残留量的测定 第7部分:毒杀芬

GB/T 20385 纺织品 有机锡化合物的测定

GB/T 20389 腈纶纤维中丙烯腈残留量的测定

ISO 11480 纸浆、纸和纸板 总氯和有效氯的测定

3 要求

纺织纤维中有毒有害物质的限量要求见表1。

表 1

纤维名称	有毒有害物质名称	单位	限量
聚丙烯腈纤维	丙烯腈	mg/kg	≤1.5
聚酯纤维	锑	mg/kg	≤260
聚丙烯纤维	铅	mg/kg	≤1.0
聚氨酯弹性纤维	有机锡[a]	mg/kg	≤1.0
人造纤维素纤维(含粘胶纤维、莱赛尔纤维、醋酯纤维、铜氨纤维和三醋酯纤维)	可吸附有机卤化物(AOX)	mg/kg	≤250
棉和其他天然纤维素种子纤维	杀虫剂[b](总量)	mg/kg	≤0.05

表 1（续）

<table>
<tr><th>纤维名称</th><th colspan="2">有毒有害物质名称</th><th>单位</th><th>限量</th></tr>
<tr><td rowspan="4">含脂原毛和其他蛋白质纤维（包括绵羊毛、山羊毛、驼毛、兔毛、羊驼毛、牦牛毛和马海毛）</td><td rowspan="4">杀虫剂（总量）</td><td>有机氯类[c]</td><td rowspan="4">mg/kg</td><td>≤0.5</td></tr>
<tr><td>有机磷类[d]</td><td>≤2.0</td></tr>
<tr><td>拟除虫菊酯类[e]</td><td>≤0.5</td></tr>
<tr><td>几丁质合成抑制剂类[f]</td><td>≤2.0</td></tr>
<tr><td colspan="5">a 有机锡化合物指二丁基锡。
b 包括：艾氏剂、敌菌丹、氯丹、DDT、狄氏剂、异狄氏剂、七氯、六氯代苯、六氯代环己烷（包括所有异构体）、2，4，5-T、克死螨、地乐酚、久效磷、五氯苯酚、毒杀芬、甲胺磷、甲基对硫磷、对硫磷和磷胺。
c 包括：γ-六六六、狄氏剂、异狄氏剂、p，p′-DDT、p，p′-DDD。
d 包括：二嗪农、烯虫磷、杀螟威、除线磷、毒死蜱、皮蝇磷。
e 包括：氯氰菊酯、溴氰菊酯、杀灭菊酯、(RS)-氯氟氰菊酯、氟氯苯菊酯。
f 包括：氟脲杀、杀虫隆。</td></tr>
</table>

4 取样

4.1 按有关标准规定或双方协议执行，否则按 4.2～4.3 执行。

4.2 从每批产品中随机抽取有代表性的样品，试样数量应满足第 5 章中规定的试验项目要求。

4.3 样品抽取后，应妥善放置，不应进行任何处理。

5 试验方法

5.1 丙烯腈残留量的测定按 GB/T 20389 执行。

5.2 锑、铅等可萃取重金属的测定按 GB/T 17593.1 或 GB/T 17593.2 执行。

5.3 有机氯杀虫剂残留量的测定按 GB/T 18412.2 执行；有机磷杀虫剂残留量的测定按 GB/T 18412.3 执行；拟除虫菊酯杀虫剂残留量的测定按 GB/T 18412.4 执行；毒杀芬残留量的测定按 GB/T 18412.7 执行；几丁质合成抑制剂类杀虫剂残留量的测定参照 GB/T 16340 执行。

5.4 有机锡残留量的测定按 GB/T 20385 执行。

5.5 可吸附有机卤化物（AOX）的测定按 ISO 11480 执行。

6 判定规则

如果测试结果超出表 1 规定的限量值，则判定该批产品不合格。

ICS 65.020.30
B 43

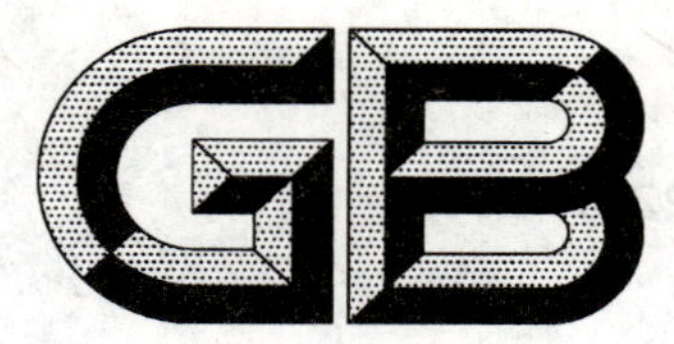

中华人民共和国国家标准

GB 22283—2008

长白猪种猪

Landrace breeding pig

2008-08-12 发布　　2008-12-01 实施

中华人民共和国国家质量监督检验检疫总局
中国国家标准化管理委员会　发布

前　言

本标准的全部技术内容为强制性。

本标准由中华人民共和国农业部提出。

本标准由全国畜牧业标准化技术委员会归口。

本标准起草单位：中国农业大学、广东省中山食品进出口公司白石猪场、浙江省杭州市种猪试验场、天津市宁河原种猪场和湖北省畜牧良种场。

本标准主要起草人：王爱国、陈健雄、李振宽、王家圣、赵大川。

长 白 猪 种 猪

1 范围

本标准规定了长白猪种猪的外貌特征、生产性能、种用价值和种猪出场要求。

本标准适用于长白猪种猪的评定和销售。

2 规范性引用文件

下列文件中的条款通过本标准的引用而成为本标准的条款。凡是注日期的引用文件，其随后所有的修改单(不包括勘误的内容)或修订版均不适用于本标准，然而，鼓励根据本标准达成协议的各方研究是否可使用这些文件的最新版本。凡是不注日期的引用文件，其最新版本适用于本标准。

GB 16567 种畜禽调运检疫技术规范

NY/T 820—2004 种猪登记技术规范

NY/T 822—2004 种猪生产性能测定规程

3 术语和定义

下列术语和定义适用于本标准。

3.1

估计育种值 estimated breeding value; EBV

个体育种值的一个估计，表示该个体的种用价值，是一个数量性状表型值中可真实传递给下一代的部分，即个体加性效应值。

4 外貌特征

长白猪体躯长，被毛白色，允许偶有少量暗黑斑点；头小颈轻，鼻嘴狭长，耳较大向前倾或下垂；背腰平直，后躯发达，腿臀丰满，整体是前轻后重，外观清秀美观，体质结实，四肢坚实。

5 性能测定

5.1 生长发育性能、胴体品质测定按 NY/T 822—2004 执行。

5.2 繁殖性能测定按 NY/T 820—2004 执行。

6 生产性能

6.1 繁殖性能

母猪初情期 170 日龄～200 日龄，适宜配种日龄 230 d～250 d，体重 122 kg 以上。母猪总产仔数初产 9 头以上，经产 10 头以上；21 日窝龄重初产 40 kg 以上，经产 45 kg 以上。

6.2 生长发育

达 100 kg 体重日龄为 180 d 以下，饲料转化率 2.8 以下，100 kg 时活体背膘厚 15 mm 以下，100 kg 体重眼肌面积 30 cm^2 以上。

6.3 胴体品质

100 kg 体重屠宰时，屠宰率 72%以上，眼肌面积 35 cm^2 以上，后腿比例 32%以上，胴体背膘厚 18 mm以下，胴体瘦肉率 62%以上。肉质优良，无灰白、柔软、渗水、暗黑、干硬等劣质肉。

7 种用价值

7.1 体形外貌符合本品种特性。

7.2 外生殖器发育正常，无遗传疾患和损征，有效乳头数6对以上，排列整齐。

7.3 种猪个体或双亲经过性能测定，主要经济性能，即总产仔数、达100 kg体重日龄、100 kg体重活体背膘厚的EBV值，资料齐全。

7.4 种猪来源及血缘清楚，档案系谱记录齐全。

7.5 健康状况良好。

8 种猪出场要求

8.1 符合种用价值的要求。

8.2 有种猪合格证，耳号清楚可辨，档案准确齐全，质量鉴定人员签字。

8.3 按照GB 16567要求出具检疫证书。

ICS 65.020.30
B 43

中华人民共和国国家标准

GB 22284—2008

大约克夏猪种猪

Large yorkshire breeding pigs

2008-08-12 发布　　　　2008-12-01 实施

中华人民共和国国家质量监督检验检疫总局
中国国家标准化管理委员会　发布

前 言

本标准的全部技术内容为强制性。

本标准由中华人民共和国农业部提出。

本标准由全国畜牧业标准化技术委员会归口。

本标准起草单位：华南农业大学、北京市农业局、农业部种猪质量监督检验测试中心（广州）、广东省东莞食品进出口公司塘厦猪场、广东省中山食品进出口公司白石猪场。

本标准主要起草人：陈瑶生、梅克义、李加琪、吴秋豪、孙奕南、陈健雄。

大约克夏猪种猪

1 范围

本标准规定了大约克夏猪种猪的外貌特征、生产性能、种用价值和种猪出场要求。

本标准适用于大约克夏猪种猪的评定和销售。

2 规范性引用文件

下列文件中的条款通过本标准的引用而成为本标准的条款。凡是注日期的引用文件，其随后所有的修改单(不包括勘误的内容)或修订版均不适用于本标准，然而，鼓励根据本标准达成协议的各方研究是否可使用这些文件的最新版本。凡是不注日期的引用文件，其最新版本适用于本标准。

GB 16567 种畜禽调运检疫技术规范

NY/T 820—2004 种猪登记技术规范

NY/T 822—2004 种猪生产性能测定规程

3 术语和定义

下列术语和定义适用于本标准。

3.1

估计育种值 estimated breeding value; EBV

个体育种值的一个估计，表示该个体的种用价值，是一个数量性状表型值中可真实传递给下一代的部分，即个体加性效应值。

4 外貌特征

大约克夏猪全身皮毛白色，允许偶有少量暗黑斑点，头大小适中，鼻面直或微凹，耳竖立，背腰平直。肢蹄健壮、前胛宽、背阔、后躯丰满，呈长方形体型等特点。

5 性能测定

5.1 生长发育性能、胴体品质测定按 NY/T 822—2004 执行。

5.2 繁殖性能测定按 NY/T 820—2004 执行。

6 生产性能

6.1 繁殖性能

母猪初情期 165 日龄～195 日龄，适宜配种日龄 220 d～240 d，体重 120 kg 以上。母猪总产仔数初产 9 头以上，经产 10 头以上；21 日龄窝重初产 40 kg 以上，经产 45 kg 以上。

6.2 生长发育

达 100 kg 体重日龄 180 天以下，饲料转化率 2.8 以下，100 kg 体重活体背膘厚 15 mm 以下，100 kg 体重眼肌面积 30 cm^2 以上。

6.3 胴体品质

100 kg 体重屠宰时，屠宰率 70% 以上，眼肌面积 30 cm^2 以上，后腿比例 32% 以上，胴体背膘厚 18 mm以下，胴体瘦肉率 62% 以上。肉质优良，无灰白、柔软、渗水、暗黑、干硬等劣质肉。

7 种用价值

7.1 体型外貌符合本品种特征。

7.2 外生殖器发育正常，无遗传疾患和损征，有效乳头数6对以上，排列整齐。

7.3 种猪个体或双亲经过性能测定，主要经济性状，即总产仔数、达100 kg体重日龄、100 kg体重活体背膘厚的EBV值，资料齐全。

7.4 种猪来源及血缘清楚，档案系谱记录齐全。

7.5 健康状况良好。

8 种猪出场要求

8.1 符合种用价值的要求。

8.2 有种猪合格证，耳号清楚可辨，档案准确齐全，质量鉴定人员签字。

8.3 按照GB 16567种畜禽调运检疫技术规范要求出具检疫证书。

ICS 65.020.30
B 43

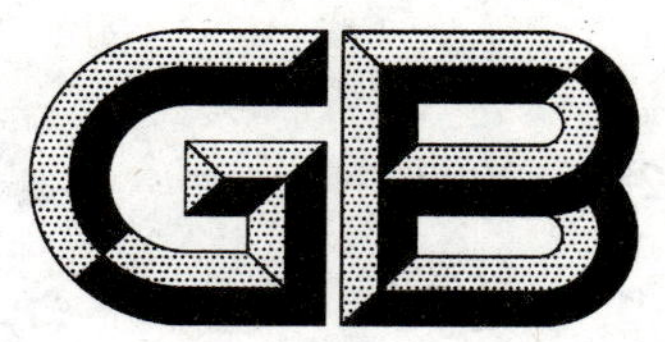

中华人民共和国国家标准

GB 22285—2008

杜洛克猪种猪

Duroc breeding pig

2008-08-12 发布　　　　2008-12-01 实施

中华人民共和国国家质量监督检验检疫总局
中国国家标准化管理委员会　发布

前　言

本标准的全部技术内容为强制性。

本标准由中华人民共和国农业部提出。

本标准由全国畜牧业标准化技术委员会归口。

本标准起草单位：中国农业大学、北京养猪育种中心、河南省国营正阳种猪场、广东省板岭原种猪场和湖北省三湖种畜育种公司。

本标准主要起草人：王爱国、马振强、张建远、李炳坤、何信龙。

杜洛克猪种猪

1 范围

本标准规定了杜洛克猪种猪的外貌特征、生产性能、种用价值和种猪出场要求。

本标准适用于杜洛克猪种猪的评定和销售。

2 规范性引用文件

下列文件中的条款通过本标准的引用而成为本标准的条款。凡是注日期的引用文件，其随后所有的修改单(不包括勘误的内容)或修订版均不适用于本标准，然而，鼓励根据本标准达成协议的各方研究是否可使用这些文件的最新版本。凡是不注日期的引用文件，其最新版本适用于本标准。

GB 16567 种畜禽调运检疫技术规范

NY/T 820—2004 种猪登记技术规范

NY/T 822—2004 种猪生产性能测定规程

3 术语和定义

下列术语和定义适用于本标准。

3.1

估计育种值 estimated breeding value; EBV

个体育种值的一个估计，表示该个体的种用价值，是一个数量性状表型值中可真实传递给下一代的部分，即个体加性效应值。

4 外貌特征

杜洛克猪全身被毛棕色，允许体侧或腹下有少量小暗斑点，头中等大小，嘴短直，耳中等大小、略向前倾，背腰平直，腹线平直，体躯较宽，肌肉丰满，后躯发达，四肢粗壮结实。

5 性能测定

5.1 生长发育性能、胴体品质测定按 NY/T 822—2004 执行。

5.2 繁殖性能测定按 NY/T 820—2004 执行。

6 生产性能

6.1 繁殖性能

母猪初情期 170 日龄～200 日龄，适宜配种日龄 220 d～240 d，体重 120 kg 以上。母猪总产仔数初产 8 头以上，经产 9 头以上；21 日龄窝重初产 35 kg 以上，经产 40 kg 以上。

6.2 生长发育

达 100 kg 体重的日龄为 180 d 以下，饲料转化率 2.8 以下，100 kg 体重活体背膘厚 15 mm 以下，100 kg 体重眼肌面积 30 cm^2 以上。

6.3 胴体品质

100 kg 体重屠宰时，屠宰率 70%以上，眼肌面积 33 cm^2 以上，后腿比例 32%，胴体背膘厚 18 mm 以下，胴体瘦肉率 62%以上。肉质优良，无灰白、柔软、渗水、暗黑、干硬等劣质肉。

7 种用价值

7.1 体型外貌符合本品种特征。

7.2 外生殖器发育正常，无遗传疾患和损征，有效乳头数 5 对以上，排列整齐。

7.3 种猪个体或双亲经过性能测定，主要经济性状，即总产仔数、达 100 kg 体重日龄、100 kg 体重活体背膘厚的 EBV 值，资料齐全。

7.4 种猪来源及血缘清楚，档案系谱记录齐全。

7.5 健康状况良好。

8 种猪出场要求

8.1 符合种用价值的要求。

8.2 有种猪合格证，耳号清楚可辨，档案准确齐全，质量鉴定人员签字。

8.3 按照 GB 16567 要求出具检疫证书。

ICS 67.120.30
B 50

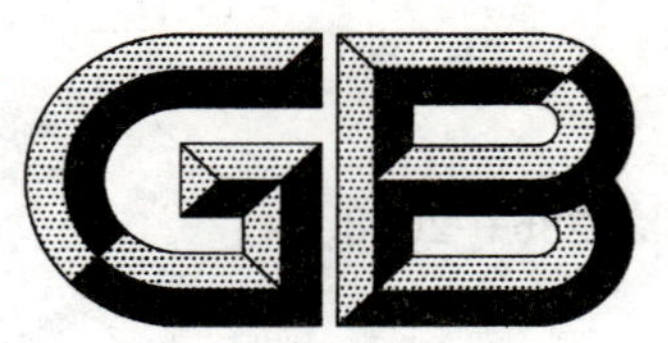

中华人民共和国国家标准

GB/T 22286—2008

动物源性食品中多种β-受体激动剂残留量的测定　液相色谱串联质谱法

Determination of β-agonists residues in foodstuff of animal origin—Liquid chromatography with tandem-mass spectrometric method

2008-08-12 发布　　　　2008-12-01 实施

中华人民共和国国家质量监督检验检疫总局
中国国家标准化管理委员会　发布

前　　言

本标准的附录A为资料性附录。

本标准由国家认证认可监督管理委员会提出并归口。

本标准起草单位：中华人民共和国上海出入境检验检疫局、上海市疾病预防控制中心、上海水产大学、中华人民共和国浦江出入境检验检疫局。

本标准主要起草人：郭德华、汪国权、金玉娥、李波、王锡昌、钟一亮、邓晓军、靳海彤、杨景贤。

动物源性食品中多种β-受体激动剂残留量的测定 液相色谱串联质谱法

1 范围

本标准规定了动物源性食品中沙丁胺醇(salbutamol)、特布他林(terbutaline)、塞曼特罗(cimaterol)、塞布特罗(cimbuterol)、莱克多巴胺(ractompamine)、克仑特罗(clenbuterol)、溴布特罗(brombuterol)、苯氧丙酚胺(isoxsuprine)、马布特罗(mabuterol)、马贲特罗(mapenterol)、溴代克仑特罗(bromchlorbuterol)残留量的液相色谱-串联质谱的测定方法。

本标准适用于猪肝和猪肉中沙丁胺醇、特布他林、塞曼特罗、塞布特罗、莱克多巴胺、克仑特罗、溴布特罗、苯氧丙酚胺、马布特罗、马贲特罗、溴代克仑特罗残留量的检验。

本方法中沙丁胺醇、特布他林、塞曼特罗、塞布特罗、莱克多巴胺、克仑特罗、溴布特罗、苯氧丙酚胺、马布特罗、马贲特罗、溴代克仑特罗的检出限均为 0.5 μg/kg。

2 规范性引用文件

下列文件中的条款通过本标准的引用而成为本标准的条款。凡是注日期的引用文件,其随后所有的修改单(不包括勘误的内容)或修订版均不适用于本标准,然而,鼓励根据本标准达成协议的各方研究是否可使用这些文件的最新版本。凡是不注日期的引用文件,其最新版本适用于本标准。

GB/T 6682 分析实验室用水规格和试验方法(GB/T 6682—2008,ISO 3696:1987,MOD)

3 原理

试样中的残留物经酶解,用高氯酸调节 pH 值,沉淀蛋白后离心,上清液用异丙醇-乙酸乙酯提取,再用阳离子交换柱净化,液相色谱-串联质谱法测定,内标法定量。

4 试剂和材料

除另有规定外,所有试剂均为分析纯,试验用水应符合 GB/T 6682 一级水的标准。

4.1 甲醇:液相色谱纯。

4.2 乙酸钠($CH_3COONa \cdot 3H_2O$)。

4.3 0.2 mol/L 乙酸钠缓冲液:称取 13.6 g 乙酸钠,溶解于 500 mL 水中,用适量乙酸调节 pH 至 5.2。

4.4 高氯酸:70%~72%。

4.5 0.1 mol/L 高氯酸:移取 8.7 mL 高氯酸,用水稀释至 1 000 mL。

4.6 氢氧化钠。

4.7 10 mol/L 氢氧化钠溶液:称取 40 g 氢氧化钠,用适量水溶解冷却后,用水稀释至 100 mL。

4.8 饱和氯化钠溶液。

4.9 异丙醇-乙酸乙酯:(6+4,体积比)。

4.10 甲酸水溶液:2%。

4.11 氨水甲醇溶液:5%。

4.12 0.1%甲酸水溶液-甲醇溶液:(95+5,体积比)。

4.13 β-葡萄糖醛甙酶/芳基硫酸酯酶(β-Glucuronidase/aryl sulfatase):10 000 units/mg。

4.14 Oasis MCX 阳离子交换柱:60 mg/3 mL,使用前依次用 3 mL 甲醇和 3 mL 水活化。

注:Oasis MCX 阳离子交换柱是由 Waters 公司提供的产品的商品名。给出这一信息是为了方便本标准的使用者,并不表示对该产品的认可。如果其他产品能有相同的效果,则可使用这些等效的产品。

4.15 沙丁胺醇(CAS:18559-94-9)、特布他林半硫酸盐(CAS:23031-32-5)、塞曼特罗(CAS:54239-37-1)、塞布特罗(CAS:54239-37-1)、莱克多巴胺盐酸盐(CAS:90274-24-1)、克仑特罗盐酸盐(CAS:37148-27-9)、溴布特罗(CAS:41937-02-4)、苯氧丙酚胺盐酸盐(CAS:579-56-6)、马布特罗(CAS:54240-36-7)、马贲特罗(CAS:95656-68-1)、溴代克仑特罗(CAS:37153-52-9)标准品:纯度大于98%。

4.16 标准储备溶液:准确称取适量的沙丁胺醇、特布他林、塞曼特罗、塞布特罗、莱克多巴胺、克仑特罗、溴布特罗、苯氧丙酚胺、马布特罗、马贲特罗、溴代克仑特罗标准品,用甲醇分别配制成100 μg/mL的标准贮备液,保存于−18℃冰箱内,可使用1年。

4.17 混合标准储备溶液(1 μg/mL):分别准确吸取1.00 mL沙丁胺醇、特布他林、塞曼特罗、塞布特罗、莱克多巴胺、克仑特罗、溴布特罗、苯氧丙酚胺、马布特罗、马贲特罗、溴代克仑特罗至100 mL容量瓶中,用甲醇稀释至刻度,−18℃避光保存。

4.18 同位素内标物:克仑特罗-D9,沙丁胺醇-D3,纯度大于98%。

4.19 同位素内标储备溶液:准确称取适量的克仑特罗-D9、沙丁胺醇-D3,用甲醇配制成100 μg/mL的标准贮备液,保存于−18℃冰箱内,可使用1年。

4.20 同位素内标工作溶液(10 ng/mL):将上述同位素内标储备溶液用甲醇进行适当稀释。

5 仪器和设备

5.1 高效液相色谱-串联质谱联用仪:配有电喷雾离子源(ESI)。

5.2 均质器。

5.3 旋涡混合器。

5.4 离心机:5 000 r/min和15 000 r/min。

5.5 氮吹仪。

5.6 水平振荡器。

5.7 真空过柱装置。

5.8 pH计。

5.9 超声波发生器。

6 样品制备

6.1 提取

称取2 g(精确到0.01 g)经捣碎的样品于50 mL离心管中,加入8 mL乙酸钠缓冲液,充分混匀,再加50 μL β-葡萄糖醛甙酶/芳基硫酸酯酶,混匀后,37℃水浴水解12 h。

添加100 μL 10 ng/mL的内标工作液于待测样品中。加盖置于水平振荡器振荡15 min,离心10 min(5 000 r/min),取4 mL上清液加入0.1 mol/L高氯酸溶液5 mL,混合均匀,用高氯酸调节pH值到1±0.3。5 000 r/min离心10 min后,将全部上清液(约10 mL)转移到50 mL离心管中,用10 mol/L的氢氧化钠溶液调节pH值到11。加入10 mL饱和氯化钠溶液和10 mL异丙醇-乙酸乙酯(6+4)混合溶液,充分提取,在5 000 r/min下离心10 min。

转移全部有机相,在40℃水浴下用氮气将其吹干。加入5 mL乙酸钠缓冲液,超声混匀,使残渣充分溶解后备用。

6.2 净化

将阳离子交换小柱连接到真空过柱装置。将上述残渣溶液上柱,依次用2 mL水、2 mL 2%甲酸水溶液和2 mL甲醇洗涤柱子并彻底抽干,最后用2 mL的5%氨水甲醇溶液洗脱柱子上的待测成分。流速控制在0.5 mL/min。洗脱液在40℃水浴下氮气吹干。

准确加入200 μL 0.1%甲酸/水-甲醇溶液(95+5),超声混匀。将溶液转移到1.5 mL离心管中,15 000 r/min离心10 min。

上清液供液相色谱串联质谱测定。

7 液相串联质谱测定

7.1 液相色谱-串联质谱条件

a) 色谱柱：Waters ATLANTICS C_{18}柱，150 mm×2.1 mm(内径)，粒度 5 μm；

b) 流动相：A：0.1%甲酸/水，B：0.1%甲酸/乙腈，梯度淋洗见表 1；

表 1 梯度淋洗表

时间/min	A/%	B/%
0	96	4
2	96	4
8	20	80
21	77	23
22	5	95
25	5	95
25.5	96	4

c) 流速：0.2 mL/min；

d) 柱温：30℃；

e) 进样量：20 μL；

f) 离子源：电喷雾(ESI)，正离子模式；

g) 扫描方式：多反应监测(MRM)；

h) 脱溶剂气、锥孔气、碰撞气均为高纯氮气或其他合适的高纯气体；使用前应调节各气体流量以使质谱灵敏度达到检测要求；

i) 毛细管电压、锥孔电压、碰撞能量等电压值应优化至最优灵敏度；

j) 监测离子：监测离子见表 2。

表 2 被测物的母离子和离子参数表

被测物	母离子(m/z)	子离子(m/z)	定量子离子(m/z)	被测物	母离子(m/z)	子离子(m/z)	定量子离子(m/z)
沙丁胺醇	240	148、222	148	特布他林	226	152、125	152
塞曼特罗	202	160、143	160	塞布特罗	234	160、143	160
莱克多巴胺	302	164、284	164	克仑特罗	277	203、259	203
溴代克仑特罗	323	249、168	249	溴布特罗	367	293、349	293
苯氧丙酚胺	302	150、284	150	马布特罗	311	237、293	237
马贲特罗	325	237、217	237	克仑特罗-D9	286	204	204
沙丁胺醇-D3	243	151	151				

注：方法中所列色谱柱仅供参考，给出这一信息是为了方便本标准的使用者，并不表示对该产品的认可。如果其他产品能有相同的效果，则可使用这些等效的产品。

7.2 液相色谱-串联质谱测定

按照 6.1 液相色谱-串联质谱条件测定样品和混合标准工作溶液，以色谱峰面积按内标法定量。在上述色谱条件下沙丁胺醇、特布他林、塞曼特罗、塞布特罗、莱克多巴胺、克仑特罗、溴代克仑特罗、溴布特罗、苯氧丙酚胺、马布特罗、马贲特罗和同位素内标沙丁胺醇-D3、克仑特罗-D9 的参考保留时间分别为 6.16 min、6.24 min、7.01 min、11.07 min、14.65 min、15.66 min、16.52 min、17.47 min、18.72 min、18.77 min、23.11 min、6.10 min 和 15.60 min，标准溶液的液相色谱串联质谱图参见附录 A 中图 A.1。

7.3 液相色谱-串联质谱确证

按照 7.1 液相色谱-串联质谱条件测定样品和标准工作溶液，如果检出的质量色谱峰保留时间与标准样品一致，并且在扣除背景后的样品谱图中，各定性离子的相对丰度与浓度接近的同样条件下得到的标准溶液谱图相比，误差不超过表 3 规定的范围，则可判定样品中存在对应的被测物。

表 3 定性确证时相对离子丰度的最大允许误差

相对离子丰度	>50%	>20%～50%	>10%～20%	≤10%
允许的相对误差	±20%	±25%	±30%	±50%

7.4 空白试验

除不加试样外，均按上述测定步骤进行。

8 计算

8.1 按式(1)计算样品中沙丁胺醇、特布他林、塞曼特罗、塞布特罗、莱克多巴胺、克仑特罗、溴布特罗、苯氧丙酚胺、马布特罗、马贲特罗或溴代克仑特罗残留量。计算结果需扣除空白值。

沙丁胺醇-D3 作为沙丁胺醇、特布他林和莱克多巴胺的内标物质，克仑特罗-D9 作为其余 β-受体激动剂的内标物质。

$$X = \frac{c \times c_i \times A \times A_{si} \times V}{c_{si} \times A_i \times A_s \times m} \quad \cdots\cdots(1)$$

式中：

X——样品中被测物残留量，单位为微克每千克(μg/kg)；

c——沙丁胺醇、特布他林、塞曼特罗、塞布特罗、莱克多巴胺、克仑特罗、溴布特罗、苯氧丙酚胺、马布特罗、马贲特罗或溴代克仑特罗标准工作溶液的浓度，单位为微克每升(μg/L)；

c_{si}——标准工作溶液中内标物的浓度，单位为微克每升(μg/L)；

c_i——样液中内标物的浓度，单位为微克每升(μg/L)；

A_s——沙丁胺醇、特布他林、塞曼特罗、塞布特罗、莱克多巴胺、克仑特罗、溴布特罗、苯氧丙酚胺、马布特罗、马贲特罗或溴代克仑特罗标准工作溶液的峰面积；

A——样液中沙丁胺醇、特布他林、塞曼特罗、塞布特罗、莱克多巴胺、克仑特罗、溴布特罗、苯氧丙酚胺、马布特罗、马贲特罗或溴代克仑特罗的峰面积；

A_{si}——标准工作溶液中内标物的峰面积；

A_i——样液中内标物的峰面积；

V——样品定容体积，单位为毫升(mL)；

m——样品称样量，单位为克(g)。

8.2 计算结果小于本标准检出限 0.5 μg/kg 时，视为未检出。

9 精密度

在重复性条件下获得的两次独立测定结果的绝对差值不得超过算术平均值的 30%。

附 录 A
（资料性附录）
11 种 β-受体激动剂标准物质的多反应监测（MRM）色谱图

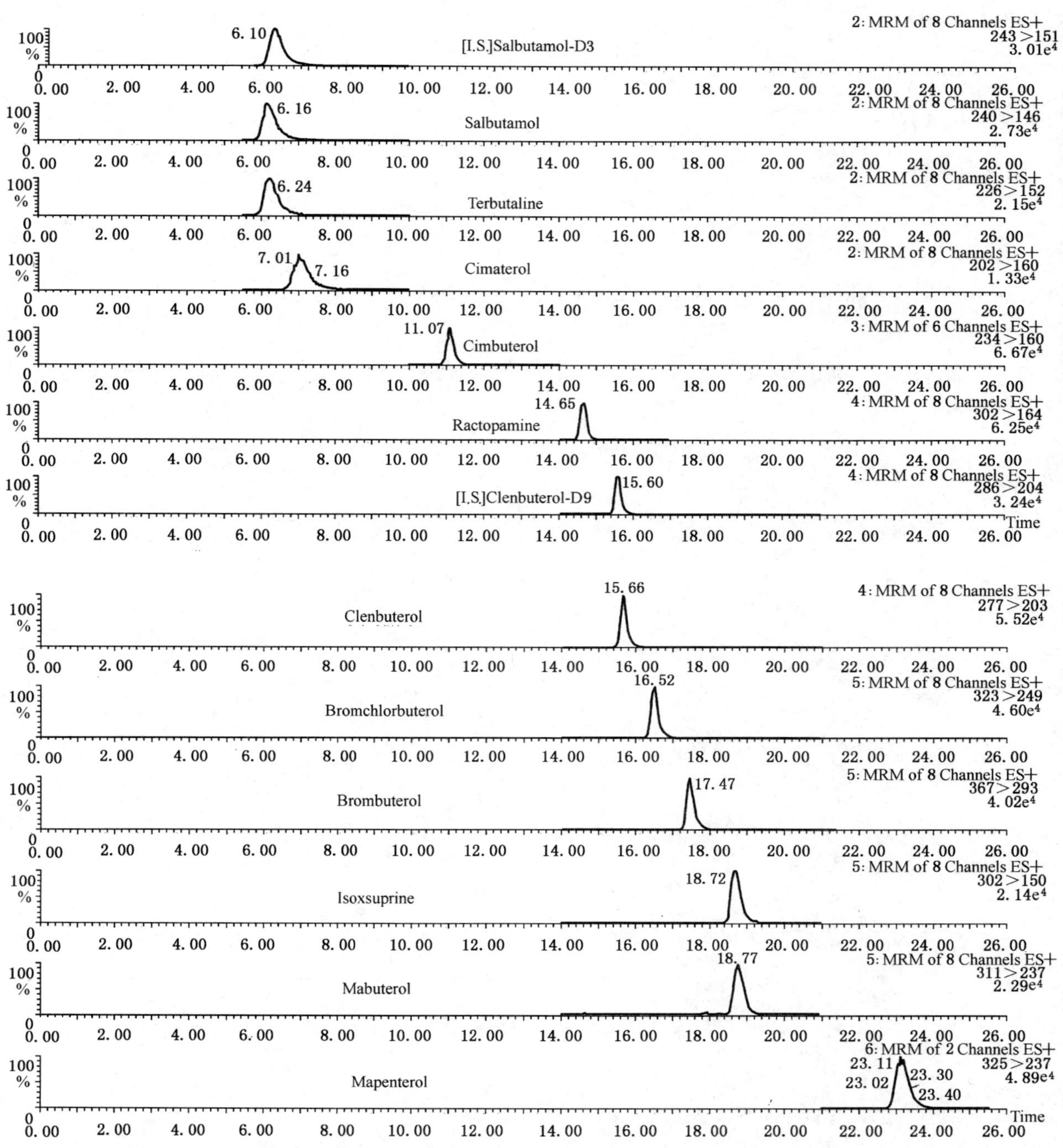

图 A.1 沙丁胺醇、特布他林、塞曼特罗、塞布特罗、莱克多巴胺、克仑特罗、溴布特罗、苯氧丙酚胺、马布特罗、马贲特罗和溴代克仑特罗标准物质的多反应监测（MRM）色谱图

ICS 67.100
X 04

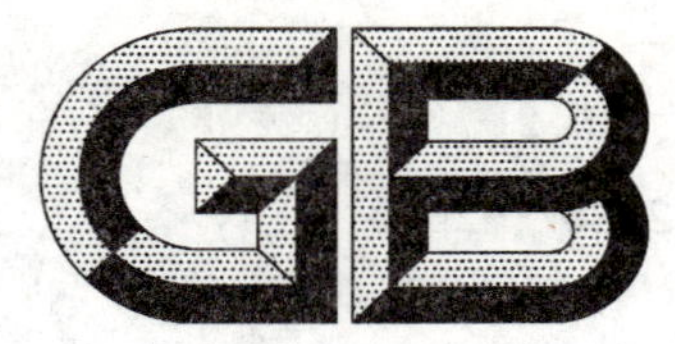

中华人民共和国国家标准

GB/T 22287—2008

贝类中甲型肝炎病毒检测方法 普通RT—PCR方法和 实时荧光RT—PCR方法

Detection of hepatitis a virus in shellfish—
Contentional RT—PCR and real-time fluorescence RT—PCR

2008-08-12 发布　　　　2008-12-01 实施

中华人民共和国国家质量监督检验检疫总局
中国国家标准化管理委员会　发布

前　言

本标准的附录A为规范性附录。

本标准由国家认证认可监督管理委员会提出并归口。

本标准起草单位：中华人民共和国北京出入境检验检疫局、中华人民共和国江苏出入境检验检疫局。

本标准主要起草人：陈广全、饶红、段洪安、冯骞、付溥博、张惠媛、汪琦、曾静、张睿、李金华。

贝类中甲型肝炎病毒检测方法 普通 RT—PCR 方法和 实时荧光 RT—PCR 方法

1 范围

本标准规定了贝类中甲型肝炎病毒的普通 RT—PCR 和荧光 RT—PCR 检测方法。

本标准适用于贝类中甲型肝炎病毒核酸的检测。

2 规范性引用文件

下列文件中的条款通过本标准的引用而成为本标准的条款。凡是注日期的引用文件，其随后所有的修改单(不包括勘误的内容)或修订版均不适用于本标准，然而，鼓励根据本标准达成协议的各方研究是否可使用这些文件的最新版本。凡是不注日期的引用文件，其最新版本适用于本标准。

GB/T 6682 分析实验室用水规格和试验方法(GB/T 6682—2008,ISO 3696:1987,MOD)

GB 19489 实验室生物安全通用要求

SN/T 1193 基因分析检测实验室技术要求

3 术语和定义

下列术语和定义适用于本标准。

3.1

聚合酶链式反应 polymerase chain reaction,PCR

DNA 模板先经高温变性为单链，在适宜的温度下和缓冲液中，两条引物分别与模板 DNA 两条链上的一段互补序列发生退火，接着在 DNA 聚合酶的催化下以四种 dNTP 为底物，使退火引物得以延伸，如此反复变性、退火和延伸，使位于两段引物序列之间的 DNA 片段呈几何倍数扩增。

3.2

反转录-聚合酶链式反应 reverse transcription polymerase chain reaction,RT—PCR

RNA 在逆转录酶的作用下，适宜反应条件下，被逆转录成 cDNA，以 cDNA 作为模板进行 PCR。

3.3

实时荧光 RT—PCR real-time fluorescence RT—PCR

实时荧光 RT—PCR 方法是在常规 RT—PCR 的基础上，加入一条特异性的荧光探针。该探针为一段寡核苷酸，两端分别标记一个报告荧光基团和一个淬灭荧光基团。探针完整时，报告基团发射的荧光信号被淬灭基团吸收；PCR 扩增时，*Taq* 酶的 5’-3’外切酶活性将探针酶切降解，使报告荧光基团和淬灭荧光基团分离，从而荧光监测系统可以接收到荧光信号，即每扩增一条 DNA 链，就有一个荧光分子形成，实现了荧光信号的累积与 PCR 产物形成完全同步。

3.4

Ct 值 cycle threshold

每个反应管内的荧光信号达到设定的域值时所经历的循环数。

4 缩略语

下列缩略语适用于本标准。

4.1 HAV:甲型肝炎病毒。

4.2 $TCID_{50}$:组织培养半数感染量,是病毒感染一半组织细胞时的病毒稀释度,一般使用 Reed-Muench 方法计算。

5 试剂

除有特殊说明外,所有实验用试剂均为分析纯;实验用水均为去离子水,规格符合 GB/T 6682 相关规定。

5.1 甘氨酸缓冲液:见附录 A 中的 A.1.1。

5.2 PEG8000 沉降液:见附录 A 中的 A.1.2。

5.3 裂解液:Trizol-reagent 或其他等效产品。

5.4 Poly(dt)磁珠:Dynalbeads-oligo(dt)25 或其他等效产品。

注:给出这一信息是为了方便本标准使用者,并不表示对该产品的认可。如果其他等效产品具有相同的效果,则可使用这些等效产品。

5.5 1×RNA 吸附缓冲液:见附录 A 中的 A.2.5。

5.6 2×RNA 吸附缓冲液:见附录 A 中的 A.2.6。

5.7 洗涤缓冲液:见附录 A 中的 A.2.7。

5.8 QIAamp Viral RNA Mini Kit (Qiagen 529004)[1] 或其他等效产品。

5.9 Superscript™ one-step RT—PCR with platinum Taq (Invitrogen Cat. No. 10928-034)[1] 或其他等效产品。

5.10 Superscript™ first-strand syhthesis system for RT—PCR(Invitrogen Cat. No. 18080-051)[1] 或其他等效产品。

5.11 Universal PCR Master Mix(ABI 4304437)[1] 或其他等效产品。

5.12 普通 RT—PCR 检测引物序列(5'-3')

正义引物(No. P1)	CAGCACATCAGAAAGGTGAG
反义引物 (No. P2)	CTCCAGAATCATCTCCAAC

引物位于 HAV 基因组中编码 VP1—VP3 壳蛋白的区域,目的片段长度为 192 bp。

加无 RNase 的去离子水配制成 100 μmol/L 储备液。

5.13 实时荧光 RT—PCR 检测的引物和探针

	引物或探针序列(5'-3')
正义引物(HAV1)	TTTCCGGAGCCCCTCTTG
反义引物(HAV2)	AAAGGGAAATTTAGCCTATAGCC
反义引物(HAV3)	AAAGGGAAAATTTAGCCTATAGCC
探针	FAM—ACTTGATACCTCACCGCCGTTTGCCT—TAMRA

加无 RNase 的去离子水配制成 100 μmol/L 储备液。

5.14 DNA 分子量标记:100 bp～2 000 bp。

5.15 50×TAE 或其他等效缓冲液:见附录 A 中的 A.1.3。

5.16 10×上样缓冲液:见附录 A 中的 A.1.6。

5.17 甲肝减毒活疫苗:作为阳性对照添加于已知的阴性贝类样品中制成阳性质控样品。

5.18 三氯甲烷:每次使用时注意防止 Rnase 污染。

5.19 异丙醇:每次使用时注意防止 Rnase 污染。

---

1) 给出这一信息是为了方便本标准使用者,并不表示对该产品的认可。如果其他等效产品具有相同的效果,则可使用这些等效产品。

5.20　75%乙醇：见附录 A 中的 A.2.4。

5.21　无 RNase 的去离子水：见附录 A 中的 A.2.3。

5.22　溴化乙锭(10 μg/μL)：见附录 A 中的 A.1.4。

5.23　焦碳酸二乙酯。

6　仪器与设备

6.1　组织匀浆器(0 r/min～20 000 r/min)。

6.2　PCR 仪(PE9600 或其他等效设备)。

6.3　实时荧光 PCR 仪(ABI7000 或其他等效设备)。

6.4　凝胶成像系统。

6.5　恒温水浴(10 ℃～95 ℃)。

6.6　涡旋混匀器(200 r/min～2 500 r/min)。

6.7　电泳仪(0 V～300 V)。

6.8　酸度计(0～14.00pH，最小显示单位 0.01pH，1 mV)。

6.9　高速冷冻离心机(Meckman model J2-21 或其他等效设备)。

6.10　微量加样器(0.1 μL～2 μL，1 μL～10 μL，20 μL～100 μL，100 μL～1 000 μL，1 000 μL～5 000 μL)。

6.11　超低温冰箱(－80 ℃)。

6.12　带滤心的无 Rnase 的微量加样器吸头(10 μL，100 μL，200 μL，1 mL)。

6.13　无 RNase 的离心管和 PCR 反应管(20 μL，1.5 mL，2 mL)。

6.14　磁力搅拌器。

6.15　电子天平(最小精度值 0.01 g)。

7　样品处理

7.1　样品的运输与保存

样品至少应在 4 ℃以下的环境中进行运输。实验室接到样品后应尽快进行检测，如果暂时不能检测应将样品保存于－80 ℃冰箱中。

7.2　取样

用灭菌蒸馏水将贝壳表面的污泥清洗干净，打开贝壳后，倒掉腔内的液体，使用灭菌消毒的剪刀和镊子取贝的消化道组织 10 g。

8　病毒的富集

10 g 贝类消化道组织中加入 70 mL 甘氨酸缓冲液(样品质量与缓冲液体积之比为 1∶7)，组织匀浆器中充分破碎混匀 2 min。取出匀浆液 30 mL，置 37 ℃孵育 30 min。于 4 ℃，15 000*g*，离心 20 min。收集上清液，加入等体积三氯甲烷，涡旋混匀 1 min，室温放置 5 min，1 700*g*，4 ℃，离心 30 min。从上层液相取出 15 mL 上清液，加入等体积的 PEG8000 溶液(PEG 终浓度为 8%)，于 4 ℃过夜沉降病毒。10 000*g*，4 ℃，离心 5 min。弃上清，保留沉淀。选择下列两种方法之一进行 RNA 提取。

9　病毒 RNA 提取

9.1　硅胶膜法

向沉淀中加入 6 mol/L 的异硫氰酸胍溶液 1 mL 尽量使沉淀充分溶解，涡旋混匀，使用 Qiagen 的 QIAamp Viral RNA Mini Kit 或其他等效产品进行 RNA 提取。按照厂家的试剂盒使用说明进行操作。

9.2 磁珠法

于沉淀中加入 5 mL Trizol-reagent ,涡旋混匀使沉淀充分溶解。4 ℃放置 1 h。转移至 10 mL 或 15 mL 的离心管中,加入 1.2 mL 三氯甲烷,剧烈涡旋混匀 1 min,室温放置 5 min。4 ℃,12 000g 离心 5 min,取上清液。加入 0.5 倍体积异丙醇,室温放置 5 min。4 ℃,5 000g 离心 10 min。弃上清液,用 75%乙醇(4 ℃) 洗涤沉淀。11 000g, 4 ℃,离心 10 min。弃上清液,倒置于吸水纸上,尽量吸干液体。3 000g,4 ℃,离心 10 s,将管壁上的残余液体甩到管底,用微量加样器尽量将其吸干,冰上干燥 5 min～10 min。用 300 μL 无 RNA 酶的水重悬沉淀,加热至 90 ℃,涡旋混匀使沉淀溶解。按照 Dynalbeads-oligo(dt)25 或其他等效产品使用说明进行 RNA 纯化。

9.3 RNA 的保存

制备好的 RNA 应尽快进行反转录。若暂时不能进行反转录,应于－80 ℃保存备用。

10 核酸扩增

10.1 普通 RT—PCR 方法

10.1.1 Superscript™ one-step RT—PCR with platinum Taq (Invitrogen)方法:RT 与 PCR 在一个反应体系中一次完成,反应体系包含:

2×反应混合物	25 μL
正义引物(No. P1)(10 pmol/μL)	1 μL
反义引物 (No. P2) (10 pmol/μL)	1 μL
酶混合物	1 μL
模板	20 μL
水	2 μL

反应条件:50 ℃,30 min;94 ℃,2 min。变性(94 ℃,3 min)。94 ℃,1 min,49 ℃,1 min 20 s,72 ℃,1 min,40 个循环;延伸(72 ℃,10 min)。

注:可使用其他等效的一步法或两步法 RT—PCR 检测试剂盒进行,反应体系浓度和反应条件可做相应调整。

10.1.2 琼脂糖凝胶电泳检测扩增产物

用 1×电泳缓冲液配制 1.5%的琼脂糖凝胶。在电泳槽中加入电泳缓冲液,使液面刚刚没过凝胶。将 10 μL PCR 扩增产物分别与适量加样缓冲液混合,点样。5 V/cm 恒压,电泳 20 min。凝胶成像仪下观察电泳结果,拍照并记录结果。

10.1.3 阳性产物的确认

10.1.3.1 在阴、阳对照均成立的前提下,如果扩增出与目的片段大小相符的扩增条带,可初步判断为 RT—PCR 扩增阳性。将 PCR 产物用快速纯化试剂盒纯化后,连接质粒后进行测序,并与 GeneBank 数据库中的序列进行比对。

10.1.3.2 使用 10.2 方法进行检测和确认。

10.2 实时荧光 RT—PCR 方法

10.2.1 反转录反应

RNA	2 μL
dNTP	1 μL
随机引物(10 μmol/μL)	1 μL
无 RNase 的去离子水	6 μL

上述混合物于 65 ℃孵育 5 min,放于冰上 1 min 后,加入下列反应混合物:

10×缓冲液	2 μL
氯化镁($MgCl_2$)	4 μL
DTT	2 μL

Rnase out	1 μL
反转录酶	1 μL

反转录反应条件:42 ℃,30 min,75 ℃,15 min,4 ℃。

10.2.2 **实时荧光 PCR 反应体系**

2×PCR 反应缓冲液	25 μL
反义引物(HAV2 和 HAV3 均 10 pmol/μL)	4.5 μL(HAV2 和 HAV3 等体积,共 4.5 μL)
正义引物(HAV1)(10 pmol/μL)	4.5 μL
探针(10 pmol/μL)	1.25 μL
cDNA	2 μL
加灭菌去离子水至	50 μL

实时荧光 RT—PCR 反应参数:

50 ℃,2 min;95 ℃,10 min;95 ℃,15 s,60 ℃,1 min,50 个循环。

注:可使用其他等效的一步法或两步法 RT—PCR 检测试剂盒进行,反应体系浓度和反应条件可做相应调整。

11 质量控制

11.1 阳性对照:将 100 个 $TCID_{50}$的甲肝疫苗添加于 10 g 已知的阴性贝类消化道组织中,与待检样品进行相同的处理。阳性对照的目的是测试样品中的核酸是否被有效的提取出来。如果阳性对照出现阴性结果,说明病毒 RNA 提取失败,应重新对样品进行检测。

11.2 阴性对照:取已知的阴性贝类消化道组织 10 g,与待检样品进行相同的处理。若阴性对照出现阳性结果,可能是试剂、反应体系有污染,应查找原因,重新进行检测。

11.3 试剂空白对照:进行普通 PCR 及实时荧光 PCR 需设立试剂对照,以检测 PCR 反应混合物中是否存在污染。若试剂空白对照出现阳性结果,应更换试剂后重新进行检测。

12 结果判断及表述

12.1 结果判断

12.1.1 普通 RT—PCR 方法

12.1.1.1 对待测样品进行 RT—PCR 检测,如果阴性对照和空白对照未出现条带,阳性对照出现预期大小的扩增条带,而样品未出现预期大小的扩增条带,则可判定样品甲型肝炎病毒核酸检测阴性。

12.1.1.2 如果阴性对照和空白对照未出现条带,阳性对照和样品出现预期大小的扩增条带,并且对 PCR 产物序列分析证实与甲型肝炎病毒序列一致,则可判断样品甲型肝炎病毒核酸检测阳性;若两者序列不一致,则可判断样品甲型肝炎病毒核酸检测阴性。

12.1.2 实时荧光 RT—PCR 方法

待检样品的 Ct 值≥43 时,则判断为甲型肝炎病毒核酸检测阴性。

待检样品的 Ct 值≤40 时,则判断为甲型肝炎病毒核酸检测阳性。

待检样品的 40<Ct 值<43 时,应重新进行检测。若重新检测的 Ct 值≥43 时,则判断甲型肝炎病毒核酸检测阴性。若重新检测的 40≤Ct 值<43 时,则判断甲型肝炎病毒核酸检测阳性。

12.2 结果表述

甲型肝炎病毒核酸检测阳性/5 g 肠道组织。

甲型肝炎病毒核酸检测阴性/5 g 肠道组织。

13 安全

13.1 实验室安全防护按 GB 19489 中的规定执行。

13.2 实验中使用的焦碳酸二乙酯、溴化乙锭具有致癌作用,应戴乳胶或 PE 手套进行操作。焦碳酸二乙酯具有挥发性，应在通风橱或通风良好的环境中配制和使用；所有使用过的器皿应于121 ℃高压30 min后再进行清洗。Trizol-reagent对皮肤具有极强的腐蚀性，操作时应戴乳胶手套。

13.3 实验中产生的废弃物和器皿(除配制焦碳酸二乙酯的器皿外)应于121 ℃高压20 min后再丢弃或进行清洗。

13.4 操作三氯甲烷、异丙醇时应佩戴一次性手套并在通风橱或通风良好的环境中配制和使用。

14 防污染措施

检测过程中防污染措施按照SN/T 1193中的规定执行。

附 录 A
(规范性附录)
溶液的配制

A.1 普通溶液的配制

A.1.1 甘氨酸缓冲液:含 0.1 mol/L 甘氨酸,0.3 mol/L NaCl,pH9.5

甘氨酸(优级纯) 7.5 g
氯化钠(NaCl) 17.5 g
去离子水 800 mL
5 mol/L 氢氧化钠溶液(NaOH) 调 pH 至 9.5

加去离子水至 1 000 mL,121 ℃,15 min 灭菌备用。此溶液可于 4 ℃保存 9 个月。

A.1.2 PEG8000 溶液:含 16%(质量浓度)PEG 8000,0.525 mol/L NaCl

PEG 8000(优级纯) 16 g
氯化钠(NaCl) 3.07 g

加去离子水至 100 mL,于磁力搅拌器上混匀后,121 ℃,15 min 灭菌备用。此溶液可于 4 ℃保存 9 个月。

A.1.3 50×TAE 缓冲液:

A.1.3.1 0.5 mol/L $EDTA\text{-}Na_2$(乙二铵四乙酸二钠)溶液,pH8.0

$EDTA\text{-}Na_2 \cdot H_2O$ 186.1 g
灭菌去离子水 800 mL
5 mol/L 氢氧化钠溶液 调 pH 至 8.0

灭菌去离子水加至 1 000 mL,121 ℃,15 min 灭菌备用。

A.1.3.2 TAE 电泳缓冲液(50×)配制

羟基甲基氨基甲烷(Tris) 242 g
冰乙酸 57.1 mL
0.5 mol/L EDTA 溶液,pH8.0 100 mL

灭菌去离子水加至 1 000 mL,121 ℃,15 min 灭菌备用。

用时用灭菌去离子水稀释至 1×使用。

A.1.4 溴化乙锭(EB)溶液(10 μg/μL)

溴化乙锭 20 mg
灭菌去离子水 20 mL

A.1.5 含 0.5 μg/mL 溴化乙锭的 1.5%琼脂糖凝胶的配制

琼脂糖 1.5 g
1×TAE 电泳缓冲液 加至 100 mL

混合后加热至完全融化,待冷至 50 ℃～55 ℃时,加溴化乙锭(EB)溶液 5 μL,轻轻晃动摇匀,避免产生气泡,将梳子置入电泳槽中,然后将琼脂糖溶液倒入电泳板上,待凝固后(需约 40 min),取下梳子备用。

A.1.6 10×加样缓冲液:

聚蔗糖 25 g
灭菌去离子水 100 mL
溴酚蓝 0.1 g

二甲苯青　　0.1 g

A.2　RNase 的去除和无 RNase 溶液的配制

配置溶液用的酒精、异丙醇、Tris、EDTA、LiCl、NaOH 等应采用未开封的新品。配制溶液所用的去离子水、玻璃容器、微量加样器吸头、药勺等塑料用具应无 RNase。操作过程中应自始至终戴一次性橡胶或乳胶手套，并经常更换，以避免将皮肤上的细菌和真菌以及人体自身分泌的 RNA 酶污染用具或带入溶液。

A.2.1　玻璃容器应在 240 ℃烘烤 4 h 以去除 RNase。

A.2.2　离心管、微量加样器吸头、药勺等塑料用具应用 0.1%的 DEPC（焦碳酸二乙酯）水室温浸泡过夜，然后灭菌，烘干；或直接购买无 RNase 的相应规格离心管、微量加样器吸头。

A.2.3　无 RNase 去离子水

去离子水　　100 mL

焦碳酸二乙酯(DEPC)　　50 μL

室温过夜，121 ℃，15 min 灭菌，或直接购买无 RNase 去离子水。

A.2.4　75%乙醇

无水乙醇　　7.5 mL

无 RNase 去离子水　　2.5 mL

现用现配。

A.2.5　1×RNA 吸附缓冲液(Tris，LiCl，$EDTA\text{-}Na_2 \cdot H_2O$ 为优级纯)

A.2.5.1　1 mol/L Tris-HCl pH7.5

Tris　　1.21 g

无 RNase 去离子水　　6 mL

36.5%盐酸　　0.75 mL

1 mol/L 盐酸　　调 pH 至 7.5

加无 RNase 去离子水至 10 mL，分装到 1.5 mL 无 RNase 离心管中，－20 ℃保存。

A.2.5.2　0.5 mol/L $EDTA\text{-}Na_2$(乙二铵四乙酸二钠)，pH7.5

$EDTA\text{-}Na_2 \cdot H_2O$　　1.86 g

无 RNase 去离子水　　6 mL

10 mol/L 氢氧化钠溶液　　调 pH 至 7.5

加无 RNase 去离子水至 10 mL，分装到 1.5 mL 无 RNase 离心管中，－20 ℃保存。

A.2.5.3　5 mol/L LiCl

LiCl　　2.12 g

无 RNase 去离子水　　8 mL

加无 RNase 去离子水至 10 mL，分装到 1.5 mL 无 RNase 离心管中，－20 ℃保存。

A.2.5.4　1×RNA 吸附缓冲液：含 20 mmol/L Tris-HCl (pH 7.5)，1.0 mol/L LiCl，2 mmol/L $EDTA\text{-}Na_2$，pH 7.5

1 mol/L Tris-HCl　　200 μL

5 mol/L LiCl　　2 000 μL

0.5 mol/L $EDTA\text{-}Na_2$(pH 7.5)　　40 μL

无 RNase 去离子水　　7 760 μL

总体积　　10 mL

现配现用。

A.2.6　2×RNA 吸附缓冲液(Tris，LiCl，$EDTA\text{-}Na_2 \cdot H_2O$ 为优级纯)：含 40 mmol/L Tris-HCl (pH 7.5),2.0 mol/L LiCl,4 mmol/L EDTA-Na_2,pH 7.5

1 mol/L Tris-HCl	400 μL
5 mol/L LiCl	4 000 μL
0.5 mol/L EDTA-Na_2(pH 7.5)	80 μL
无 RNase 去离子水	5 520 μL
总体积	10 mL

现配现用。

A.2.7 洗涤缓冲液(Tris,LiCl,EDTA-Na_2 · H_2O 为优级纯):含 10 mmol/L Tris-HCl (pH 7.5),0.15 mol/L LiCl,1 mmol/L EDTA-Na_2,pH 7.5

1 mol/L Tris-HCl	100 μL
5 mol/L LiCl	300 μL
0.5 mol/L EDTA-Na_2(pH 7.5)	20 μL
无 RNase 去离子水	9 580 μL
总体积	10 mL

现配现用。

参 考 文 献

［1］ Costa—Mattioli,M. ,et al. (2002). Quantification and duration of viraemia during hepatitis A infection as determined by real-time RT—PCR. J. Viral Hepatitis. 9:101-106.

［2］ Loisy, F. , et al. (2005). Real-time RT—PCR for norovirus screening in shellfish. J. Virological Methods. 123: 1-7.

［3］ Cristina Ribao, et al. (2004). Assement of different commercial RNA-exrraction and RT—PCR kits for detection of hepatitis A Virus in mussel tissues. J. Virological Methods. 115: 177-182.

［4］ Narayanan Jothikumar, et al. (2005). Rapid and sensitive detection of Noroviruses by using TaqMan-based One—Step Reverse Transcription—PCR assays and application to naturally contaminated shellfish samples. Appl. Environ. Microbiol. Apr: 1870-1875.

［5］ Y. —S. Carol shieh ,et al. (1999)A method to detect low levels of enteric viruses in contaminated oysters[J]. Appl. Environ. Microbiol. 4709-4714.

［6］ Alissa B. Dix, Lee-ann Jaykus. (1998). Virion concentration method for the detection of human enteric viruses in extracts of hard-shelled clams. J. Food Protection. 4:458-465.

ICS 67.120
X 04

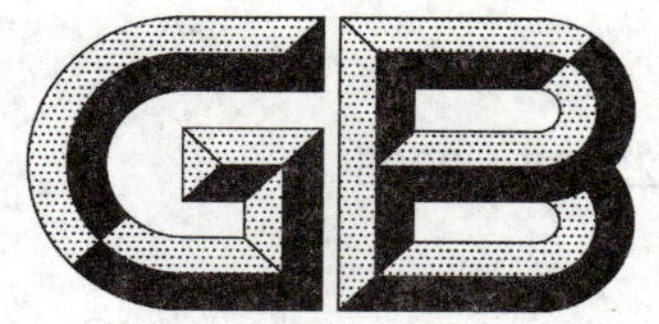

中华人民共和国国家标准

GB/T 22288—2008

植物源产品中三聚氰胺、三聚氰酸一酰胺、三聚氰酸二酰胺和三聚氰酸的测定 气相色谱-质谱法

Determination of melamine, ammeline, ammelide and cyanuric acid in original plant products—GC-MS method

2008-08-12 发布　　2008-12-01 实施

中华人民共和国国家质量监督检验检疫总局
中国国家标准化管理委员会　发布

前　言

本标准附录A、附录B和附录C均为资料性附录。

本标准由国家认证认可监督管理委员会提出并归口。

本标准起草单位：中国检验检疫科学研究院、中华人民共和国江苏出入境检验检疫局。

本标准主要起草人：李淑娟、李刚、李建中、安娟、陈冬东、蔡会霞、丁涛、蒋原、彭涛、代汉慧、唐英章。

植物源产品中三聚氰胺、三聚氰酸一酰胺、三聚氰酸二酰胺和三聚氰酸的测定 气相色谱-质谱法

1 范围

本标准规定了植物源产品中三聚氰胺、三聚氰酸一酰胺、三聚氰酸二酰胺和三聚氰酸测定的气相色谱/质谱检测方法。

本标准适用于小麦粉、玉米粉、大米粉中三聚氰胺、三聚氰酸一酰胺、三聚氰酸二酰胺和三聚氰酸含量的测定。

2 原理

试样用溶剂提取，提取液经氮吹仪浓缩后用硅烷化试剂衍生，使用 GC-MS 在选择监测离子模式下对三聚氰胺、三聚氰酸一酰胺、三聚氰酸二酰胺和三聚氰酸进行检测和确证，外标法定量。

3 试剂与材料

除非另有说明，所用试剂均为分析纯，水为蒸馏水或相当纯度的水。

3.1 二乙胺。

3.2 乙腈：色谱纯。

3.3 吡啶：纯度≥99%。

3.4 硅烷化试剂：含有 1% 三甲基一氯硅烷(TMCS)的 *N*,*O*-双三甲基硅基三氟乙酰胺(BSTFA)。

3.5 提取溶剂：二乙胺-水-乙腈(10＋40＋50，体积比)。

3.6 三聚氰胺：纯度≥99.0%，CAS 编号：108-78-1。

3.7 三聚氰酸二酰胺：纯度≥99.0%，CAS 编号：645-93-2。

3.8 三聚氰酸一酰胺：纯度≥99.5%，CAS 编号：645-92-1。

3.9 三聚氰酸：纯度≥99.0%，CAS 编号：108-80-5。

3.10 标准储备溶液：分别称量 10.0 mg（精确到 0.1 mg）的标准品，用二乙胺-水(20＋80，体积比)。超声溶解并分别定容于 100 mL 容量瓶中，－18 ℃以下冷冻避光保存，有效期 3 个月。

3.11 混合标准中间溶液：分别移取 1.0 mL 四种标准储备液于同一 10 mL 容量瓶中，用提取溶剂(3.5)定容，充分摇匀，得到浓度为 10.0 μg/mL 的混合标准工作液。0 ℃～4 ℃冷藏避光保存，有效期 1 个月。

4 仪器和设备

4.1 气相色谱-质谱联用仪：配有电子轰击(EI)源。

4.2 天平：感量为 0.1 mg 和 0.001 g。

4.3 超声波清洗器。

4.4 氮吹仪。

4.5 离心机。

4.6 涡旋混合器。

4.7 样品粉碎机：配 40 目样品筛。

4.8 恒温培养箱。

5 试样制备和保存

取有代表性的样品，用密封袋或样品瓶封装后于 0 ℃～4 ℃保存，每份样品量应大于 100 g，并标明标记。如果样品颗粒较大，应用样品粉碎机将其粉碎并使其全部通过 40 目的样品筛后再保存。制样操作过程中应防止样品受到污染或发生含量的变化。

6 分析步骤

6.1 提取

称取试样 0.5 g(精确至 0.001 g)于 50 mL 具塞离心管中，加入 20 mL 提取溶剂(3.5)涡旋 1 min，超声提取 30 min。然后于 4 000 r/min 下离心 5 min，取 200 μL 上层清液于 10 mL 尖底具塞玻璃比色管中，在 70 ℃下经氮气吹干。

6.2 衍生化

向吹干后的比色管中加入 300 μL 吡啶(3.3)和 200 μL 硅烷化试剂(3.4)，超声 1 min，涡旋 1 min 后于 70 ℃下衍生 45 min，衍生化溶液供气相色谱-质谱测定。

6.3 测定

6.3.1 气相色谱-质谱条件

a) 色谱柱：HP-5MS 毛细管柱(30 m×0.25 mm ×0.25 μm，5%-苯基-甲基聚硅氧烷)或相当者；

b) 程序升温：初始温度为 70 ℃，保持 1 min；先以 15 ℃/min 的速率升至 250 ℃；再以 30 ℃/min 的速率升至 300℃ 并保持 5 min；

c) 进样口温度：280 ℃；

d) 色谱/质谱接口温度：280 ℃；

e) 载气：氦气；

f) 流速：1.0 mL/min；

g) 电离方式：EI；

h) 电离能量：70 eV；

i) 离子源温度：230 ℃；

j) 四级杆温度：150 ℃；

k) 监测方式：选择离子监测(SIM)方式；

l) 进样方式：不分流方式，溶剂延迟 6 min；

m) 进样量：1 μL；

n) 待测物保留时间、监测离子及相对丰度参见附录 A。

6.3.2 标准工作曲线

将混合标准中间溶液(3.11)逐级稀释至 20 ng/mL、40 ng/mL、100 ng/mL、200 ng/mL、400 ng/mL 的混合标准工作溶液，分别移取各浓度混合标准溶液 0.5 mL，于 70 ℃经氮气吹干后，按照 6.2 进行衍生化，供气相色谱-质谱分析测定。以标准工作溶液浓度为横坐标，色谱峰面积为纵坐标，绘制标准工作曲线。

6.3.3 定性测定

在 6.3.1 仪器条件下，如果样品中三聚氰胺、三聚氰酸一酰胺、三聚氰酸二酰胺和三聚氰酸的选择离子质量色谱图的保留时间与标准工作液相同，并且在扣除背景后的样品质谱图中，所选离子均出现，并且所选择离子的丰度比与标准品对应离子的丰度比在允许范围内(所选范围见表 1)，则可判定样品中存在对应的待测物。相关标准物质谱图参见附录 B。

表 1 定性确证时相对离子丰度的最大允许相对偏差

相对离子丰度	>50%	>20%～50%	>10%～20%	≤10%
允许的相对偏差	±10%	±15%	±20%	±50%

6.3.4 定量测定

根据样液中被测物的含量情况，选定浓度相近的混合标准工作溶液。标准工作溶液和样液中被测物的浓度均应在标准曲线线性范围内。如果样液中被测物的浓度超出标准曲线线性范围，应按比例提高 6.1 中提取溶剂的体积。在 6.3.1 仪器条件下，三聚氰酸、三聚氰酸二酰胺、三聚氰酸一酰胺和三聚氰胺的保留时间依次为 9.9 min、10.7 min、11.4 min 和 11.9 min。

6.3.5 空白实验

除不称取试样外，均按上述分析步骤进行。

7 结果计算

试样中待测物的含量按式(1)计算：

$$X_i = \frac{(c_i - c_0) \cdot V}{m \times 1\,000} \times s \qquad \cdots\cdots(1)$$

式中：

X_i——试样中待测物含量，单位为毫克每千克(mg/kg)；

c_i——从标准工作曲线上得到的样液中待测物含量，单位为纳克每毫升(ng/mL)；

c_0——从标准工作曲线上得到的空白实验中待测物的含量，单位为纳克每毫升(ng/mL)；

V——样品溶液最终定容体积，单位为毫升(mL)；

s——稀释倍数；

m——所称样品的质量，单位为克(g)。

8 测定低限

本方法中三聚氰胺、三聚氰酸一酰胺、三聚氰酸二酰胺和三聚氰酸的测定低限均为 2.0 mg/kg。

9 回收率与精密度

回收率及精密度数据参见附录 C。

附 录 A
（资料性附录）
三聚氰胺、三聚氰酸一酰胺、三聚氰酸二酰胺和三聚氰酸保留时间、选择监测离子及相对丰度

表 A.1 各待测物保留时间、选择监测离子及相对丰度

组分	开始监测时间/min	保留时间/min	定量离子（相对丰度）/%	定性离子（相对丰度）/%		
三聚氰酸	6.0	9.9	345(100)	346(28)	347(13)	330(32)
三聚氰酸二酰胺	10.4	10.7	344(100)	345(26)	346(13)	329(49)
三聚氰酸一酰胺	11.2	11.4	328(100)	329(28)	343(75)	344(20)
三聚氰胺	11.7	11.9	327(100)	328(31)	342(57)	343(18)

附　录　B
（资料性附录）
三聚氰胺、三聚氰酸一酰胺、三聚氰酸二酰胺和三聚氰酸的衍生物的总离子流色谱图，各衍生产物在全扫描模式下的质谱图

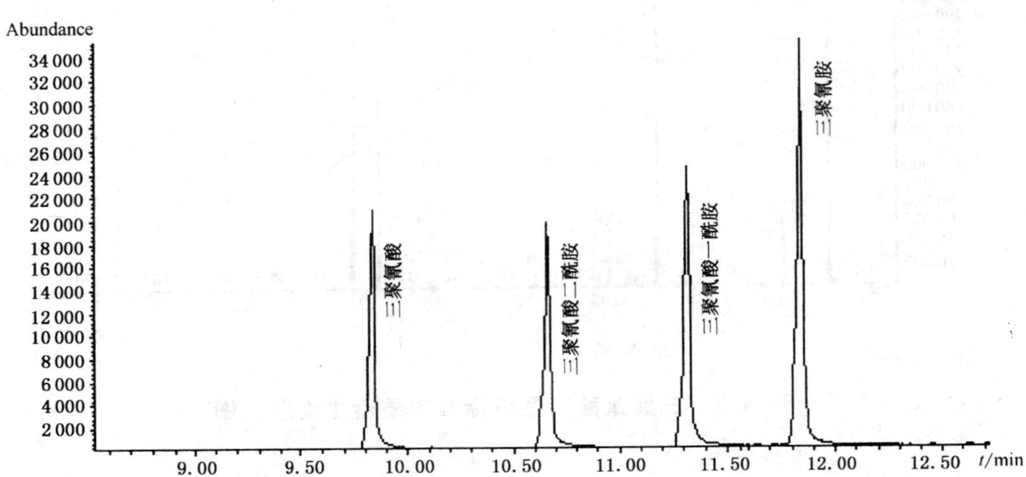

图 B.1　标准物质衍生物总离子流色谱图

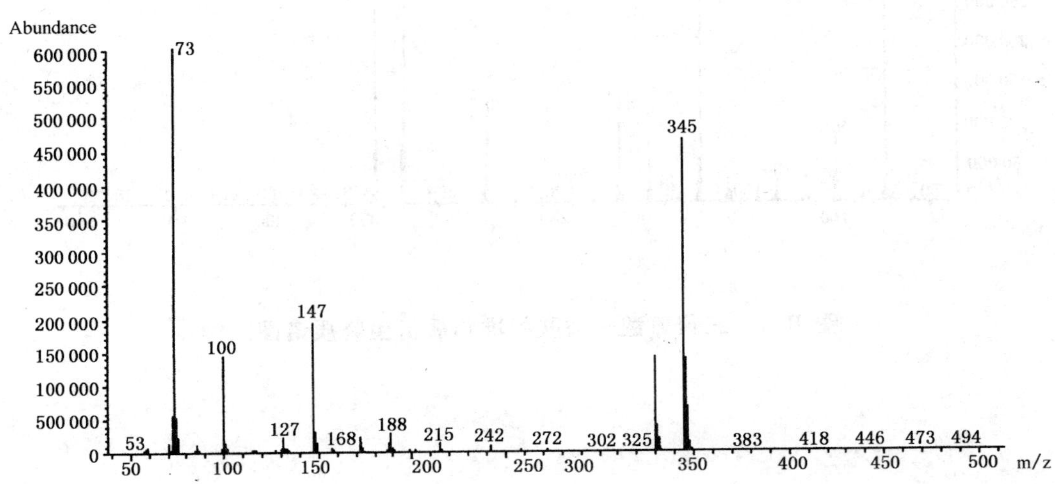

图 B.2　三聚氰酸标准物质衍生物质谱图

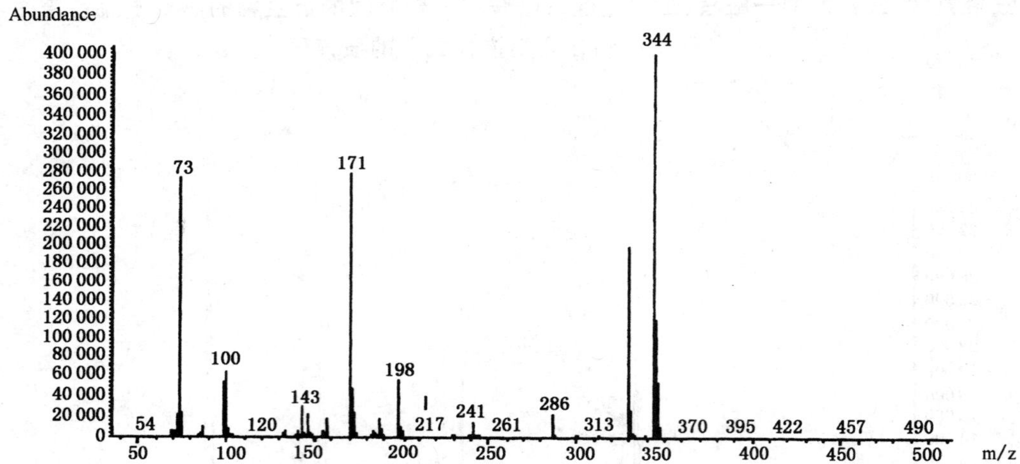

图 B.3 三聚氰酸二酰胺标准物质衍生物质谱图

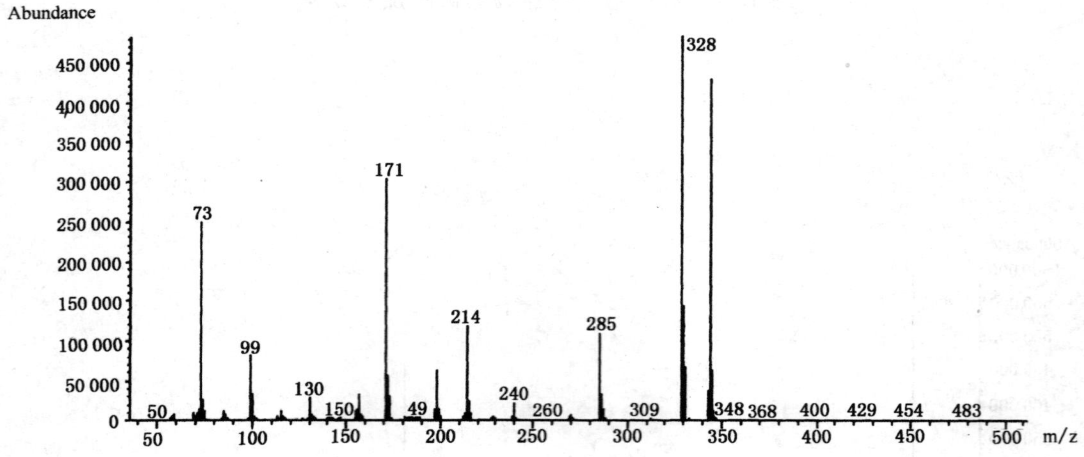

图 B.4 三聚氰酸一酰胺标准物质衍生物质谱图

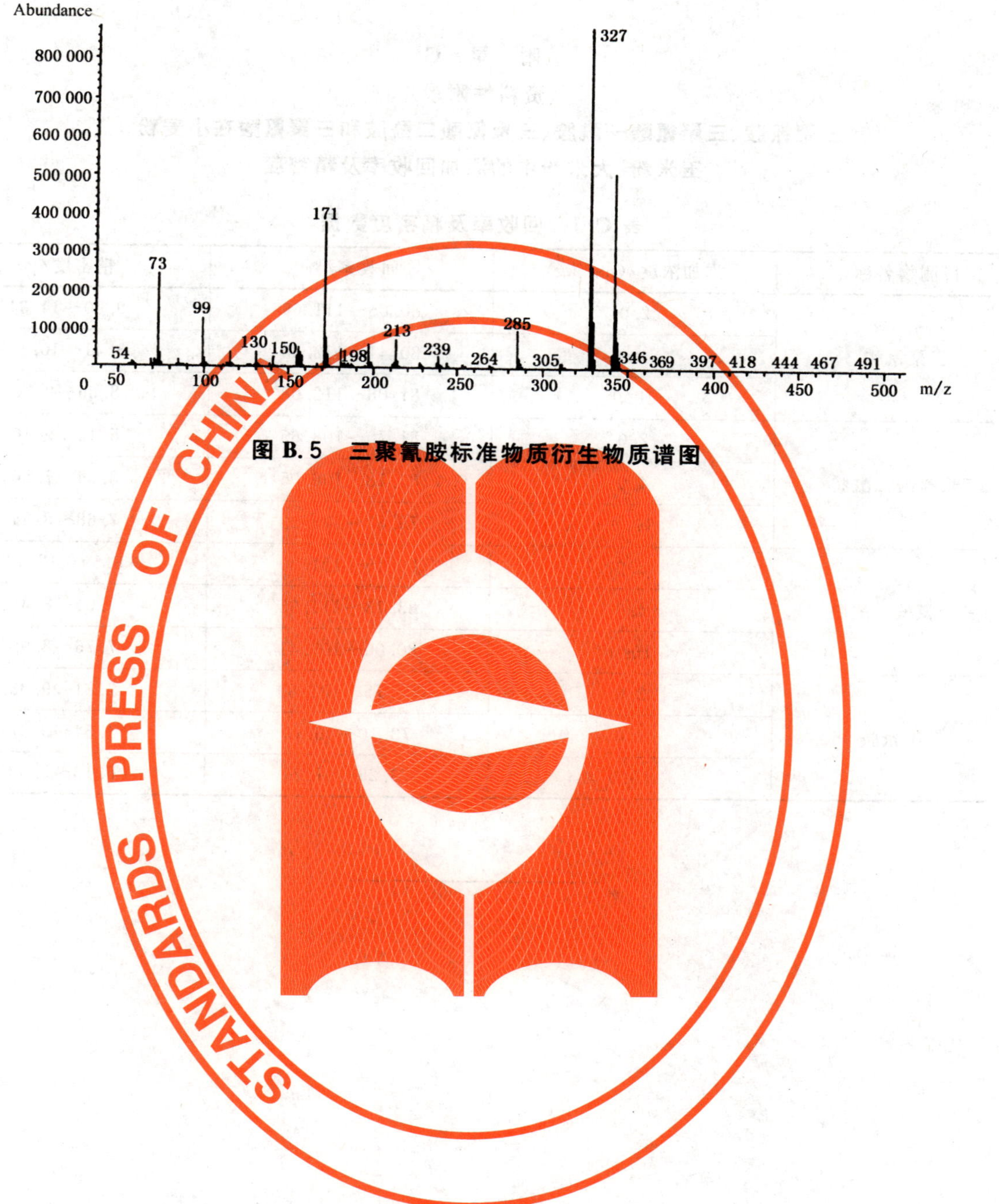

图 B.5　三聚氰胺标准物质衍生物质谱图

附 录 C
（资料性附录）
三聚氰胺、三聚氰酸一酰胺、三聚氰酸二酰胺和三聚氰酸在小麦粉、玉米粉、大米粉中的添加回收率及精密度

表 C.1 回收率及精密度数据

待测物名称	添加浓度/(mg/kg)	回收率/%	精密度/%
三聚氰酸	2.0	80.05～111.65	9.00～14.34
	4.0	80.41～112.53	8.41～10.14
	10.0	81.08～112.08	8.36～9.90
三聚氰酸二酰胺	2.0	81.50～108.65	5.14～9.46
	4.0	83.18～106.05	3.64～7.86
	10.0	79.88～106.23	7.68～8.84
三聚氰酸一酰胺	2.0	80.15～111.80	8.59～12.16
	4.0	83.13～111.95	5.04～8.68
	10.0	80.00～107.41	7.76～8.99
三聚氰胺	2.0	75.75～102.80	7.81～9.33
	4.0	73.10～96.10	4.54～9.27
	10.0	73.29～97.21	6.16～9.02

ICS 67.120.01
X 22

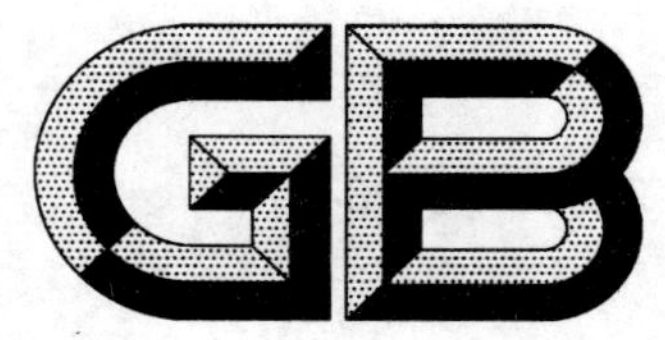

中华人民共和国国家标准

GB/T 22289—2008

冷却猪肉加工技术要求

Requirement for processing chilled pork

2008-08-12 发布　　2008-10-01 实施

中华人民共和国国家质量监督检验检疫总局
中国国家标准化管理委员会　发布

前　言

本标准由中华人民共和国商务部提出并归口。

本标准起草单位：商务部屠宰技术鉴定中心、河南省漯河市双汇实业集团有限责任公司。

本标准主要起草人：王玉芬、王永林、陈松、王继鹏、王巧玲、张新玲、胡新颖。

冷却猪肉加工技术要求

1 范围

本标准规定了冷却猪肉的相关术语和定义、加工技术要求、标志、标签、包装、贮存和运输要求。

本标准适用于冷却猪肉的生产与加工。

2 规范性引用文件

下列文件中的条款通过本标准的引用而成为本标准的条款。凡是注日期的引用文件，其随后所有的修改单(不包括勘误的内容)或修订版均不适用于本标准，然而，鼓励根据本标准达成协议的各方研究是否可使用这些文件的最新版本。凡是不注日期的引用文件，其最新版本适用于本标准。

GB/T 191 包装储运图示标志

GB 5749 生活饮用水卫生标准

GB 7718 预包装食品标签通则

GB 9959.1 鲜、冻片猪肉

GB 9959.2 分割鲜、冻猪瘦肉

GB 16548 病害动物和病害动物产品生物安全处理规程

GB/T 17236 生猪屠宰操作规程

GB/T 17996 生猪屠宰产品品质检验规程

GB/T 19480 肉与肉制品术语

GB/T 20575 鲜、冻肉生产良好操作规范

GB/T 20799 鲜、冻肉运输条件

NY/T 632 冷却猪肉

《肉品卫生检验试行规程》 (59)农牧委字第113号、(59)卫防字第556号、(59)检一联字第231号和(59)商卫联字第399号文

3 术语和定义

GB/T 19480 确立的以及下列术语和定义适用于本标准。

3.1

猪肉 pork

生猪屠宰后所得可食部分的统称。包括胴体(骨除外)、头、蹄、尾、内脏。

3.2

冷却猪肉 chilled pork

冷鲜肉 cold meat

严格执行检疫、检验制度屠宰后的生猪胴体，经锯(劈)半后迅速进行冷却处理，使胴体深层肉温(一般为后腿中心温度)在24 h内迅速降为−1 ℃～7 ℃，并在后续的分割加工、流通和销售过程中始终保持在冷链条件下的新鲜猪肉。

3.3

片猪肉 half carcass

白条 half carcass

在良好操作规范和良好卫生条件下，将宰后的整只猪胴体沿脊椎中线，纵向锯(劈)成两分体的猪

肉。包括带皮片猪肉、无皮片猪肉。

3.4

冷剔骨　cold deboning

片猪肉在冷却后进行分割剔骨。

3.5

冷却片猪肉　chilled half carcass

严格执行检疫、检验制度屠宰后的生猪胴体，在良好操作规范和良好卫生条件下，沿脊椎中线纵向锯(劈)半，迅速进行冷却处理，使深层肉温(一般为后腿中心温度)在 24 h 内迅速降为－1 ℃～7 ℃的两分体。

3.6

非清洁区　non-hygienic area

待宰、致昏、放血、烫毛、脱毛、剥皮和白脏加工处理的场所。

3.7

清洁区　hygienic area

胴体加工，修整，红脏加工，头、蹄、尾加工(脱毛除外)，暂存发货间，分割、分级和计量等场所。

3.8

PSE 肉　pale, soft and exudative muscle

受到应激反应的猪屠宰后产生色泽苍白、灰白或粉红、质地软和肉汁渗出的肉。

3.9

DFD 肉　dark, firm and dry muscle

受到应激反应的猪屠宰后产生的色暗、坚硬和发干的肉。

4　加工技术要求

4.1　原料

4.1.1　生猪应来自非疫区，并持有产地动物防疫监督机构出具的检疫证明。公、母种猪及晚阉猪不应用于加工冷却猪肉。

4.1.2　用于加工分割肉的片猪肉原料，应符合 GB 9959.1 的要求，且原料表面微生物菌落总数应小于 5×10^4 CFU/cm^2，在生猪屠宰、冷却后，后腿中心温度降到 7 ℃以下时方可出冷却间分割。严禁使用 PSE 片猪肉、DFD 片猪肉作为加工冷却猪肉的原料。

4.2　屠宰加工

宰前要求、致昏、刺杀放血、清洗、剥皮、浸烫脱毛、预干燥、燎毛、清洗抛光、开膛、净腔、割头蹄尾、劈半(锯半)等工序应按 GB/T 17236 规定操作。

4.3　修整

冷却片猪肉的加工要求应符合 GB 9959.1 规定。

4.4　喷淋减菌

用有机酸溶液(如压力为 0.3×10^6 Pa～0.5×10^6 Pa，浓度为 1.5%～2.0%的乳酸)对加工后的胴体进行喷淋减菌。

4.5　冷却

片猪肉应使用吊挂方式冷却，采用一段式冷却法或二段式冷却法工艺。副产品冷却间设计温度宜为－3 ℃～0 ℃。

4.5.1　一段式冷却法

片猪肉冷却间相对湿度应为 75%～95%，温度应为－1 ℃～4 ℃，胴体间距 3 cm～5 cm，冷却时间 16 h～24 h。

4.5.2 二段式冷却法

快速冷却：修整合格的分割片猪肉进入环境温度－15 ℃以下的快速冷却间进行冷却，冷却时间1.5 h～2 h，然后进入预冷间预冷。

预冷：预冷间温度应为－1 ℃～4 ℃，胴体间距 3 cm～5 cm，预冷时间 14 h～20 h。

4.6 分割

用于分割加工的片猪肉，应采用冷剔骨工艺，按 GB 9959.2 的要求分段、分割、修整。

分割或包装后的产品，应及时送入环境温度－1 ℃～4 ℃的预冷间冷却贮存。

4.7 检验检疫

4.7.1 用于冷却猪肉加工的原料应由兽医人员按《肉品卫生检验试行规程》、GB/T 17996 进行宰前、宰后检验检疫和处理；病害肉尸按 GB 16548 进行生物安全处理。

4.7.2 如在胴体、头部、内脏发现一、二类疫病，应立即会同兽医人员挑出同一头猪的其他部位肉，作相应的生物安全处理。

4.8 感官指标

冷却猪肉的感官要求应符合 NY/T 632 规定。

4.9 理化指标

冷却猪肉的理化指标应符合 NY/T 632 规定。

4.10 微生物指标

冷却猪肉的微生物指标应符合 NY/T 632 规定。

4.11 生产加工过程温度

4.11.1 环境温度

冷却片猪肉专用加工间、冷却肉加工间应不高于 12 ℃；包装间应不高于 10 ℃。快速冷却间应在－15 ℃ 以下；预冷间应为－1 ℃～4 ℃。

4.11.2 产品温度

用于加工冷却分割猪肉的片猪肉，后腿中心温度应不高于 7 ℃；分割、包装环节加工合格的分割猪肉产品中心温度应不高于 10 ℃；冷却猪肉装车配货时中心温度应在 0 ℃～4 ℃之间。

4.12 生产加工过程周转时间

从片猪肉出库、分割到产品入－1 ℃～4 ℃库的时间应控制在 1.5 h 内；产品在分割生产线上积压时间不得超过 10 min；包装好的产品应及时入库存放，在包装现场存放时间不得超过 30 min。

4.13 生产各加工阶段卫生(仅限于清洁区)

生产各加工阶段应采取适当的消毒方式确保卫生达到以下要求。

注：工器具、机器设备、操作台面等接触面洁净度以及空气卫生状况应以经过消毒后采样检测数据为准。

4.13.1 清洁区空气菌落总数应不高于 30 CFU/(皿·5 min)(Φ90 mm 平皿静置 5 min)。

4.13.2 工器具、机器设备、操作台面、操作手等表面微生物菌落总数应不高于 100 CFU/cm^2。

4.13.3 经 82 ℃热水冲淋后，胴体体表微生物菌落总数应不高于 1×10^4 CFU/cm^2。

4.13.4 经有机酸溶液冲洗后，胴体体表微生物菌落总数应不高于 1×10^3 CFU/cm^2。

4.13.5 其他卫生要求应符合 GB/T 20575 的规定。

4.14 水的卫生要求

生产过程中用水应符合 GB 5749 的要求。

5 标志、标签、包装、贮存和运输

5.1 标志、标签

冷却猪肉的标志和标签应符合 GB/T 191 和 GB 7718 及国家相关法规、标准的规定。

5.2 包装

宜采用真空包装、气调包装及其他包装形式。允许有定量或不定量等包装规格。包装材料应符合国家相关法规、标准的规定。

5.2.1 真空包装

产品应按工艺要求抽真空、封口。热收缩包装宜包装后立即浸入82 ℃～84 ℃的热水中1 s～2 s，进行热收缩或其他工艺处理，然后再浸入0 ℃～4 ℃冰水中冷却，冷却时间不低于2 min。

5.2.2 气调包装

包装袋应采用空气透过率低的薄膜，允许使用氧气、二氧化碳、氮气等气体。

5.2.3 其他包装

应符合国家相关法规、标准规定。

5.3 贮存

5.3.1 冷却猪肉贮存时应按标识要求，置于－1 ℃～4 ℃贮存库中，产品中心温度应保持在0 ℃～4 ℃之间。

5.3.2 贮存库应保持清洁、整齐、通风，应防霉、除霉、定期除霜，并应符合国家有关卫生要求，库内有防霉、防鼠、防虫设施，定期消毒。

5.3.3 贮存库内不应存放有碍卫生的物品；同一库内不得存放可能造成相互污染或者串味的食品。

5.3.4 贮存库内肉品码垛与墙壁距离应不少于30 cm，与地面距离应不少于10 cm，与天花板应保持一定距离，分类、分批、分垛存放，标识清楚。

5.4 运输

应按GB/T 20799的规定执行。

ICS 67.140.10
X 04

中华人民共和国国家标准

GB/T 22290—2008

茶叶中稀土元素的测定 电感耦合等离子体质谱法

Determination of rare earth in tea by inductively coupled plasma mass spectrometry

2008-08-12 发布　　　　2009-03-01 实施

中华人民共和国国家质量监督检验检疫总局
中国国家标准化管理委员会　发布

前　言

本标准由中华全国供销合作总社提出。

本标准由全国茶叶标准化技术委员会归口。

本标准起草单位:福建省中心检验所。

本标准主要起草人:郑小严、黄红霞、林松、邱秀玉、陈湘君、李邦进。

茶叶中稀土元素的测定
电感耦合等离子体质谱法

1 范围

本标准规定了用电感耦合等离子体质谱(ICP-MS)法测定茶叶中稀土元素的方法。

本标准适用于茶叶中稀土元素钪(Sc)、钇(Y)、镧(La)、铈(Ce)、镨(Pr)、钕(Nd)、钐(Sm)、铕(Eu)、钆(Gd)、铽(Tb)、镝(Dy)、钬(Ho)、铒(Er)、铥(Tm)、镱(Yb)、镥(Lu)的测定。

在试样取样量为 2 g,定容体积为 25 mL 时,本标准方法各稀土元素最低检测质量浓度(ng/g)分别为:Sc,0.9;La,0.3;Y、Ce、Pr、Nd、Sm、Eu、Gd、Tb、Dy、Ho、Er、Tm、Yb、Lu 均为 0.1。

2 规范性引用文件

下列文件中的条款通过本标准的引用而成为本标准的条款。凡是注日期的引用文件,其随后所有的修改单(不包括勘误的内容)或修订版均不适用于本标准,然而,鼓励根据本标准达成协议的各方研究是否可使用这些文件的最新版本。凡是不注日期的引用文件,其最新版本适用于本标准。

GB/T 6682 分析实验室用水规格和试验方法(GB/T 6682—2008,ISO 3696:1987,MOD)

GB/T 8302 茶 取样

GB/T 8303 茶 磨碎试样的制备及其干物质含量测定(GB/T 8303—2002,eqv ISO 1572:1980)

3 术语和定义

下列术语和定义适用于本标准。

3.1

稀土 rare earth

元素周期表第Ⅲ类副族元素钪、钇及镧系元素的总称。

4 原理

试样经处理后,待测液进入电感耦合等离子体质谱仪,在等离子体的高温作用下,经去溶剂化、原子化、离子化后进入质谱检测器,其 CPS(count per second)值与样品中被测物的浓度成正比,通过测定 CPS 值来测定样品待测液中各稀土元素含量。

5 试剂

5.1 所用的玻璃器皿均需用 20%硝酸浸泡过夜,用水反复冲洗干净。所有试验用水均为 GB/T 6682 规定的一级水。

5.2 硝酸:优级纯。

5.3 硝酸溶液(体积分数为 2%):取 20 mL 硝酸(5.2),用水稀释至 1 000 mL。

5.4 硝酸溶液(1+1):取 50 mL 硝酸(5.2)加入到 50 mL 水中。

5.5 盐酸:优级纯。

5.6 盐酸溶液(1+1):取 50 mL 盐酸(5.5)加入到 50 mL 水中。

5.7 16 种稀土元素(Sc、Y、La、Ce、Pr、Nd、Sm、Eu、Gd、Tb、Dy、Ho、Er、Tm、Yb、Lu)混合标准储备液(10 mg/L),选用相应浓度的持证混合标准溶液。

5.8 铟(In)标准溶液(1 000 mg/L),选用相应浓度的持证标准溶液。

5.9 铑(Rh)标准溶液(1 000 mg/L),选用相应浓度的持证标准溶液。

5.10 铼(Re)标准溶液(1 000 mg/L),选用相应浓度的持证标准溶液。

5.11 In、Rh、Re 混合内标储备液(10.0 mg/L):分别吸取 1.00 mL In 标准溶液(5.8)、Rh 标准溶液(5.9)、Re 标准溶液(5.10),置于 100 mL 容量瓶中,同时加入 4 mL 的硝酸溶液(5.4),用水稀释至刻度,摇匀。

5.12 16 种稀土元素标准使用液(1.00 mg/L):吸取 10.0 mL 稀土元素混合标准溶液(5.7),置于 100 mL容量瓶中,同时加入 4 mL 的硝酸溶液(5.4),用水稀释至刻度,摇匀。

5.13 In、Rh、Re 混合内标使用液(1.00 mg/L):吸取 10.0 mL 混合内标储备液(5.11),置于 100 mL 容量瓶中,同时加入 4 mL 的硝酸溶液(5.4),用水稀释至刻度,摇匀。

5.14 质谱调谐液:推荐选用锂(Li)、钇(Y)、铈(Ce)、铊(Tl)、钴(Co)为质谱调谐液,混合溶液 Li、Y、Ce、Tl、Co 的浓度为 10 ng/mL。

6 仪器与设备

6.1 电感耦合等离子体质谱仪。

6.2 高温马弗炉。

6.3 可调式电热板。

6.4 样品粉碎设备。

7 取样及试样制备

7.1 取样按 GB/T 8302 规定执行。

7.2 试样制备按 GB/T 8303 规定执行。

8 分析步骤

8.1 试样处理

准确称取 1.00 g~2.00 g 试样于瓷坩埚中,在可调式电热板上炭化至无烟后,移入马弗炉 550 ℃ 灰化 6 h~8 h,冷却后取出,加 1 mL 盐酸溶液(5.6)在可调式电热板上加热、小火蒸干,取下冷却后,用硝酸溶液(5.4)1 mL 溶解,将试样消化液洗入 25 mL 容量瓶中,加入 1.00 mL 混合内标使用液(5.13),用水稀释至刻度,摇匀,待测。同时做试剂空白。

8.2 标准系列的制备

吸取 0,0.20,0.50,1.00,2.00,5.00,10.00,20.00 mL 稀土标准使用液(5.12),分别置于 100 mL 容量瓶中,同时加入 4.00 mL 混合内标使用液(5.13),用 2%硝酸溶液(5.3)稀释至刻度,混匀。根据待测元素的实际含量,可在 0.002 μg/mL~0.200 μg/mL 范围内选取合适的工作曲线范围。

8.3 测定

使用调谐液调整仪器各项指标,使灵敏度、氧化物、双电荷、分辨率等各项指标达到测定要求后,编辑测定方法、选择测定元素及内标元素,将空白溶液、标准系列、样品待测液分别测定。选择各元素内标,输入各参数,绘制标准曲线、计算回归方程。根据样品待测液中各稀土元素的信号强度 CPS,计算出样品待测液中各稀土元素的含量。待测元素及内标元素测定推荐质量数见表 1,仪器工作参考条件见表 2。

表 1　元素测定推荐质量数

稀土元素	Sc	Y	La	Ce	Pr	Nd	Sm	Eu
质量数	45	89	139	140	141	146	147	153
选用内标元素	Rh^{103}	Rh^{103}	In^{115}	In^{115}	In^{115}	In^{115}	In^{115}	In^{115}
稀土元素	Gd	Tb	Dy	Ho	Er	Tm	Yb	Lu
质量数	157	159	163	165	166	169	172	175
选用内标元素	In^{115}	In^{115}	In^{115}	Re^{185}	Re^{185}	Re^{185}	Re^{185}	Re^{185}

表 2　电感耦合等离子体质谱仪(ICP-MS)的参考工作条件及参数

参数	数值	参数	数值
等离子体流量	15.0 L/min	采样深度	7.0 mm
载气流速	1.10 L/min	测定点数	3
射频功率	1 350 W	分析时间	0.1 s
雾化室温度	2 ℃	重复次数	3

9　结果计算

样品中第 i 个稀土元素含量的计算见式(1)：

$$X_i = \frac{(c_i - c_{i0}) \times V \times 1\ 000}{m \times 1\ 000} \quad \cdots\cdots(1)$$

式中：

X_i——样品中第 i 个稀土元素含量，单位为毫克每千克(mg/kg)；

c_i——样品待测液中第 i 个稀土元素的含量，单位为微克每毫升(μg/mL)；

c_{i0}——试剂空白液中第 i 个稀土元素的含量，单位为微克每毫升(μg/mL)；

V——样品待测液的定容体积，单位为毫升(mL)；

m——样品的质量，单位为克(g)。

样品中所测稀土元素的氧化物含量的计算见式(2)：

$$Y_i = K_i \times X_i \quad \cdots\cdots(2)$$

式中：

Y_i——样品中所测稀土元素的氧化物含量，单位为毫克每千克(mg/kg)；

K_i——第 i 个稀土元素与该元素氧化物的换算系数(各稀土元素 K 值见表 3)。

计算结果保留三位有效数字。

表 3　稀土元素 K 值表

稀土元素	Sc	Y	La	Ce	Pr	Nd	Sm	Eu
K 值	1.533	1.270	1.173	1.229	1.208	1.167	1.160	1.158
稀土元素	Gd	Tb	Dy	Ho	Er	Tm	Yb	Lu
K 值	1.153	1.176	1.148	1.145	1.144	1.142	1.139	1.137

10　精密度

在重复性条件下获得的两次独立测定结果的绝对差值，稀土元素含量在 0.010 mg/kg～0.100 mg/kg范围，不得超过算术平均值的 20%；稀土元素含量在 0.101 mg/kg～1.00 mg/kg范围，不得超过算术平均值的 15%。

ICS 67.140.10
X 55

中华人民共和国国家标准

GB/T 22291—2008

白　　茶

White tea

2008-08-12 发布　　2009-03-01 实施

中华人民共和国国家质量监督检验检疫总局
中国国家标准化管理委员会　发布

前　言

本标准根据我国白茶现有的主要品种和产品质量制定。

本标准由中华全国供销合作总社提出。

本标准由全国茶叶标准化技术委员会归口。

本标准起草单位：中华全国供销合作总社杭州茶叶研究院、福建省福鼎市茶业协会、福建天湖茶叶有限公司、福建省政和县稻香茶叶有限公司和白牡丹茶业有限公司。

本标准主要起草人：翁昆、沈红、赵玉香、蔡良绥、林有希、余步贵、黄礼灼。

白　　茶

1　范围

本标准规定了白茶的要求、试验方法、检验规则、标志标签、包装、运输和贮存。

本标准适用于以茶树的芽、叶、嫩茎为原料，经萎凋、干燥、拣剔等特定工艺过程制成的白茶。

2　规范性引用文件

下列文件中的条款通过本标准的引用而成为本标准的条款。凡是注日期的引用文件，其随后所有的修改单（不包括勘误的内容）或修订版均不适用于本标准，然而，鼓励根据本标准达成协议的各方研究是否可使用这些文件的最新版本。凡是不注日期的引用文件，其最新版本适用于本标准。

GB/T 191　包装储运图示标志（GB/T 191—2008，ISO 780:1997，MOD）

GB 2762　食品中污染物限量

GB 2763　食品中农药最大残留限量

GB 7718　预包装食品标签通则

GB/T 8302　茶　取样

GB/T 8303　茶　磨碎试样的制备及其干物质含量测定（GB/T 8303—2002，eqv ISO 1572:1980）

GB/T 8304　茶　水分测定（GB/T 8304—2002，eqv ISO 1573:1980）

GB/T 8306　茶　总灰分测定（GB/T 8306—2002，eqv ISO 1575:1987）

GB/T 8311　茶　粉末和碎茶含量测定

SB/T 10035　茶叶销售包装通用技术条件

SB/T 10157　茶叶感官审评方法

定量包装商品计量监督管理办法　国家质量监督检验检疫总局（2005）第75号令

3　分类与实物标准样

3.1　白茶根据茶树品种和原料要求的不同，分为白毫银针、白牡丹和贡眉三种产品。

3.2　每种产品的每一等级均设实物标准样，每三年更换一次。

4　要求

4.1　基本要求

具有正常的色、香、味，不含有非茶类物质和添加剂，无异味，无异嗅，无劣变。

4.2　感官品质

4.2.1　白毫银针的感官品质应符合表1的要求。

表1　白毫银针的感官品质要求

级别	项目							
	外形				内质			
	叶态	嫩度	净度	色泽	香气	滋味	汤色	叶底
特级	芽针肥壮、匀齐	肥嫩、茸毛厚	洁净	银灰白富有光泽	清纯、毫香显露	清鲜醇爽、毫味足	浅杏黄、清澈明亮	肥壮、软嫩、明亮
一级	芽针瘦长、较匀齐	瘦嫩、茸毛略薄	洁净	银灰白	清纯、毫香显	鲜醇爽、毫味显	杏黄、清澈明亮	嫩匀明亮

4.2.2　白牡丹的感官品质应符合表2的规定。

表 2 白牡丹的感官品质要求

级别	项目							
	外形				内质			
	叶态	嫩度	净度	色泽	香气	滋味	汤色	叶底
特级	芽叶连枝叶缘垂卷匀整	毫心多肥壮、叶背多茸毛	洁净	灰绿润	鲜嫩、纯爽毫香显	清甜醇爽毫味足	黄、清澈	毫心多，叶张肥嫩明亮
一级	芽叶尚连枝叶缘垂卷尚匀整	毫心较显尚壮、叶张嫩	较洁净	灰绿尚润	尚鲜嫩、纯爽有毫香	较清甜、醇爽	尚黄、清澈	毫心尚显、叶张嫩，尚明
二级	芽叶部分连枝叶缘尚垂卷、尚匀	毫心尚显叶张尚嫩	含少量黄绿片	尚灰绿	浓纯、略有毫香	尚清甜、醇厚	橙黄	有毫心、叶张尚嫩、稍有红张
三级	叶缘略卷、有平展叶、破张叶	毫心瘦稍露、叶张稍粗	稍夹黄片蜡片	灰绿稍暗	尚浓纯	尚厚	尚橙黄	叶张尚软有破张、红张稍多

4.2.3 贡眉的感官品质应符合表 3 的规定。

表 3 贡眉的感官品质要求

级别	项目							
	外形				内质			
	叶态	嫩度	净度	色泽	香气	滋味	汤色	叶底
特级	芽叶部分连技、叶态紧卷、匀整	毫尖显、叶张细嫩	洁净	灰绿或墨绿	鲜嫩，有毫香	清甜醇爽	橙黄	有芽尖、叶张嫩亮
一级	叶态尚紧卷、尚匀	毫尖尚显、叶张尚嫩	较洁净	尚灰绿	鲜纯，有嫩香	醇厚尚爽	尚橙黄	稍有芽尖、叶张软尚亮
二级	叶态略卷稍展、有破张	有尖芽、叶张较粗	夹黄片铁板片少量蜡片	灰绿稍暗、夹红	浓纯	浓厚	深黄	叶张较粗、稍摊、有红张
三级	叶张平展、破张多	小尖芽稀露叶张粗	含鱼叶蜡片较多	灰黄夹红稍葳	浓、稍粗	厚、稍粗	深黄微红	叶张粗杂、红张多

4.3 理化指标

应符合表 4 的规定。

表 4 理化指标

项目	指标
水分(质量分数)/%	≤7.0
总灰分(质量分数)/%	≤6.5
粉末(限白牡丹和贡眉)(质量分数)/%	≤1.0

4.4 卫生指标

4.4.1 污染物限量应符合 GB 2762 的规定。

4.4.2 农药残留限量应符合 GB 2763 的规定。

4.5 净含量

应符合《定量包装商品计量监督管理办法》的规定。

5 试验方法

5.1 取样方法按 GB/T 8302 的规定执行。

5.2 感官品质检验按 SB/T 10157 的规定执行。

5.3 试样的制备按 GB/T 8303 的规定执行。

5.4 水分检验按 GB/T 8304 的规定执行。

5.5 总灰分检验按 GB/T 8306 的规定执行。

5.6 粉末检验按 GB/T 8311 的规定执行。

5.7 污染物限量检验按 GB 2762 的规定执行。

5.8 农药残留限量检验按 GB 2763 的规定执行。

6 检验规则

6.1 取样

6.1.1 取样以“批”为单位，同一批投料生产、同一班次加工过程中形成的独立数量的产品为一个批次，同批产品的品质和规格一致。

6.1.2 取样按 GB/T 8302 的规定执行。

6.2 检验

6.2.1 出厂检验

每批产品均应做出厂检验，经检验合格签发合格证后，方可出厂。出厂检验项目为感官品质、水分和净含量负偏差。

6.2.2 型式检验

型式检验项目为本标准第 4 章要求中的全部项目，检验周期每年一次。有下列情况之一时，应进行型式检验：

a) 如原料有较大改变，可能影响产品质量时；

b) 出厂检验结果与上一次型式检验结果有较大出入时；

c) 国家法定质量监督机构提出型式检验要求时。

6.2.3 型式检验时，应按第 4 章要求全部进行检验。

6.3 判定规则

6.3.1 凡有劣变、异气味严重的或添加任何化学物质的产品，均判为不合格产品。

6.3.2 按第 4 章要求的项目，任一项不符合规定的产品均判为不合格产品。

6.4 复验

对检验结果有争议时，应对留存样或在同批产品中重新按 GB/T 8302 规定加倍取样进行不合格项目的复验，以复验结果为准。

7 标志标签、包装、运输和贮存

7.1 标志标签

产品的标志应符合 GB/T 191 的规定，标签应符合 GB 7718 的规定。

7.2 包装

包装应符合 SB/T 10035 的规定。

7.3 运输

运输工具应清洁、干燥、无异味、无污染。运输时应有防雨、防潮、防曝晒措施。严禁与有毒、有害、有异味、易污染的物品混装、混运。

7.4 贮存

产品应在包装状态下贮存于清洁、干燥、无异气味的专用仓库中。严禁与有毒、有害、有异味、易污染的物品混放。仓库周围应无异气污染。

ICS 67.140.10
X 55

中华人民共和国国家标准

GB/T 22292—2008

茉莉花茶

Jasmine tea

2008-08-12 发布 2009-03-01 实施

中华人民共和国国家质量监督检验检疫总局
中国国家标准化管理委员会 发布

前　言

本标准的附录A为资料性附录。

本标准由中华全国供销合作总社提出。

本标准由全国茶叶标准化技术委员会归口。

本标准起草单位：中华全国供销合作总社杭州茶叶研究院、浙江省杭州茶厂、湖南省长沙茶厂。

本标准主要起草人：沈红、赵玉香、翁昆、毛新国、余世建。

茉 莉 花 茶

1 范围

本标准规定了茉莉花茶的要求、试验方法、检验规则、标志标签、包装、运输和贮存。

本标准适用于以绿茶为原料，经加工成级型坯后，由茉莉鲜花窨制（含白兰鲜花打底）而成的茉莉花茶。

2 规范性引用文件

下列文件中的条款通过本标准的引用而成为本标准的条款。凡是注日期的引用文件，其随后所有的修改单（不包括勘误的内容）或修订版均不适用于本标准，然而，鼓励根据本标准达成协议的各方研究是否可使用这些文件的最新版本。凡是不注日期的引用文件，其最新版本适用于本标准。

GB/T 191 包装储运图示标志（GB/T 191—2008，ISO 780:1997，MOD）

GB 2762 食品中污染物限量

GB 2763 食品中农药最大残留限量

GB 7718 预包装食品标签通则

GB/T 8302 茶 取样

GB/T 8304 茶 水分测定（GB/T 8304—2002，eqv ISO 1573:1980）

GB/T 8306 茶 总灰分测定（GB/T 8306—2002，eqv ISO 1575:1987）

GB/T 8311 茶 粉末和碎茶含量测定

SB/T 10035 茶叶销售包装通用技术条件

SB/T 10037 红茶、绿茶、花茶运输包装

SB/T 10157 茶叶感官审评方法

定量包装商品计量监督管理办法 国家质量监督检验检疫总局（2005）第75号令

3 分类与实物标准样

3.1 茉莉花茶根据绿茶的原料不同，分为烘青茉莉花茶和炒青（含半烘炒）茉莉花茶两类。

3.2 产品的每一等级应设置实物标准样。

4 要求

4.1 基本要求

品质正常，无劣变、无异味，无异嗅，不得含有任何添加剂。各等级产品窨制过程中的配花量参见附录A。

4.2 感官品质

4.2.1 烘青茉莉花茶各等级的感官品质应符合表1的规定。

表 1 烘青茉莉花茶各等级感官品质要求

级别	项目							
	外形				内质			
	条索	整碎	净度	色泽	香气	滋味	汤色	叶底
特级	细紧或肥壮，有锋苗，有毫	匀整	净	黄绿润	鲜浓醇持久	浓醇爽	黄绿明亮	嫩软匀齐，黄绿明亮
一级	紧结，有锋苗	匀整	尚净	黄绿尚润	鲜浓	浓醇	黄绿尚明亮	嫩匀黄绿明亮
二级	尚紧结	尚匀整	稍有嫩茎	黄绿	尚鲜浓	尚浓醇	黄绿尚明	嫩尚匀，黄绿亮
三级	尚紧	尚匀整	有嫩茎	尚黄绿	尚浓	醇和	黄绿稍明	尚嫩匀黄绿
四级	稍松	尚匀	有茎梗	绿黄	香薄	尚醇和	黄绿	稍有摊张尚黄绿
五级	稍粗松	尚匀	有梗朴	绿黄稍枯	香弱	稍粗	黄稍暗	稍粗大黄绿稍暗
六级	粗松，轻飘	欠匀	多梗多朴片	黄稍枯	香粗	粗淡略涩	黄暗	粗稍硬，稍黄暗

4.2.2 炒青（含半烘炒）茉莉花茶各等级的感官品质应符合表 2 的规定。

表 2 炒青（含半烘炒）茉莉花茶各等级感官品质要求

级别	项目							
	外形				内质			
	条索	整碎	净度	色泽	香气	滋味	汤色	叶底
特级	紧结显锋苗	匀整	洁净	绿黄润	鲜浓纯	浓醇	黄绿亮	嫩匀黄绿明亮
一级	紧结	匀整	净	绿黄尚润	浓尚鲜	浓尚醇	黄绿尚亮	尚嫩匀黄绿尚亮
二级	紧实	匀整	稍有嫩茎	绿黄	浓	沿浓醇	黄明	尚匀黄绿
三级	尚紧实	尚匀整	有筋梗	尚绿黄	尚浓	尚浓	黄尚明	欠匀绿黄
四级	粗实	尚匀整	带梗朴	绿黄稍暗	香弱	平和	黄欠亮	稍有摊张黄
五级	稍粗松	尚匀	多梗朴	黄稍枯	香浮	稍粗	黄较暗	稍粗黄稍暗
六级	粗松	尚匀	多梗朴片	黄枯	香粗	粗略涩	黄稍浊	较粗硬黄暗

4.3 **理化指标**

应符合表 3 的规定。

表 3 茉莉花茶理化指标

项目	指标	
	特级、一级～二级	三级～六级
水分(质量分数)/%	≤8.5	
总灰分(质量分数)/%	≤6.5	
粉末(质量分数)/%	≤1.0	≤1.2
茉莉花干(花干应洁净)(质量分数)/%	≤1.0	≤1.5

4.4 **卫生指标**

4.4.1 污染物限量应符合 GB 2762 的规定。

4.4.2 农药残留限量应符合 GB 2763 的规定。

4.5 **净含量**

应符合《定量包装商品计量监督管理办法》的规定。

5 试验方法

5.1 **感官品质检验**

按 SB/T 10157 的规定执行。

5.2 **理化指标检验**

5.2.1 水分检验按 GB/T 8304 的规定执行。

5.2.2 总灰分检验按 GB/T 8306 的规定执行。

5.2.3 粉末检验按 GB/T 8311 的规定执行。

5.2.4 净含量负偏差检验采用感量为 1 g 的秤、去包装后称重。

5.3 **卫生指标检验**

5.3.1 污染物限量检验按 GB 2762 的规定执行。

5.3.2 农药残留限量检验按 GB 2763 的规定执行。

6 检验规则

6.1 **抽样**

6.1.1 抽样以"批"为单位，在生产和加工过程中形成的独立数量的产品为一个批次，同批产品的品质和规格一致。

6.1.2 抽样按 GB/T 8302 的规定执行。

6.2 **检验分类**

6.2.1 **出厂检验**

每批产品均应做出厂检验，经检验合格签发合格证后，方可出厂。出厂检验项目为感官品质、水分、粉末和净含量。

6.2.2 **型式检验**

型式检验项目为本标准第 4 章要求的全部项目，检验周期每年一次。有下列情况之一时，应进行型式检验：

a) 如原料有较大改变，可能影响产品质量时；

b) 出厂检验结果与上一次型式检验结果有较大出入时；

c) 国家法定质量监督机构提出型式检验要求时。

6.3 判定规则

按第4章要求的项目，任一项不符合规定的产品均判为不合格产品。

6.4 复验

对检验结果有争议时，应对留存样或在同批产品中重新按GB/T 8302规定加倍取样进行不合格项目的复验，以复验结果为准。

7 标志标签、包装、运输和贮存

7.1 标志标签

产品的标志应符合GB/T 191的规定，标签应符合GB 7718的规定。

7.2 包装

销售包装应符合SB/T 10035的规定。运输包装应符合SB/T 10037的规定。

7.3 运输

运输工具应清洁、干燥、无异味、无污染。运输时应有防雨、防潮、防曝晒措施。严禁与有毒、有害、有异味、易污染的物品混装、混运。

7.4 贮存

产品应贮存于清洁、干燥、无异气味的专用仓库中，严禁与有毒、有害、有异味、易污染的物品混放。仓库周围应无异气污染。

附　录　A
（资料性附录）
茉莉花茶窨制过程中的配花量

茉莉花茶各级别窨制过程中的配花量见表 A.1。

表 A.1　茉莉花茶各级别配花量　　单位：%茶坯（质量分数）

级别	窨制工艺	一窨	二窨	三窨	四窨	提花	合计
特级	四窨一提	36	32	26	20	7	121
一级	三窨一提	36	30	22	—	7	95
二级	二窨一提	36	26	—	—	8	70
三级	一窨一提	34	—	—	—	8	42
四级	一窨一提	22	—	—	—	8	30
五级	一窨一提	17	—	—	—	8	25
六级	一窨一提	12	—	—	—	8	20

ICS 67.220.10
B 36

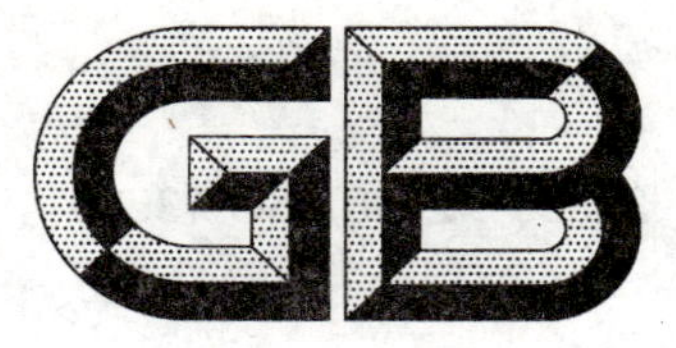

中华人民共和国国家标准

GB/T 22293—2008/ISO 13685:1997

姜及其油树脂主要刺激成分测定 HPLC法

Ginger and its oleoresins—Determination of the main pungent components—Method using high-performance liquid chromatography

[ISO 13685:1997, Ginger and its oleoresins—Determination of the main pungent components(gingerols and shogaols)—Method using high-performance liquid chromatography, IDT]

2008-08-12 发布　　　　2009-03-01 实施

中华人民共和国国家质量监督检验检疫总局
中国国家标准化管理委员会　发布

前　言

本标准等同采用 ISO 13685:1997《姜及其油树脂　主要刺激性成分(姜醇和姜酚)测定　HPLC 法》(英文版)。本标准等同翻译 ISO 13685:1997。

为便于使用,本标准做了下列编辑性修改:

a)　"本国际标准"一词改为本标准;

b)　用小数点"."代替作为小数点的逗号",";

c)　将 ISO 13685 中的部分脚注和警示语融入本标准条文中。

本标准的附录 A、附录 B、附录 C、附录 D、附录 E 均为资料性附录。

本标准由中华全国供销合作总社提出。

本标准由中华全国供销合作总社南京野生植物综合利用研究院归口。

本标准起草单位:中华全国供销合作总社南京野生植物综合利用研究院。

本标准主要起草人:陈仕荣、张卫明。

姜及其油树脂
主要刺激成分测定　HPLC 法

1　范围

本标准规定了测定干姜及姜油树脂中姜醇、姜酚(简写为[6]-G、[8]-G、[10]-G、[6]-S、[8]-S、[10]-S)的反相 HPLC 测定方法。

本标准适用于干姜和姜油树脂中姜醇、姜酚的测定。

注:姜醇和姜酚化学结构式参见附录 A。

2　规范性引用文件

下列文件中的条款通过本标准的引用而成为本标准的条款。凡是注日期的引用文件,其随后所有的修改单(不包括勘误的内容)或修订版均不适用于本标准,然而,鼓励根据本标准达成协议的各方研究是否可使用这些文件的最新版本。凡是不注日期的引用文件,其最新版本适用于本标准。

GB/T 12729.3　香辛料和调味品　分析用粉末试样的制备(GB/T 12729.3—2008,ISO 2825:1981,MOD)

GB/T 12729.6　香辛料和调味品　水分含量的测定(蒸馏法)(GB/T 12729.6—2008,ISO 939:1980,NEQ)

3　原理

在常温、常压下,用甲醇萃取干姜粉中的刺激性成分,减压浓缩萃取物,所得浓缩液直接用反相 HPLC 法进行分析。用壬酸香草酰胺(NVA)作外标进行定量。

4　试剂

分析纯试剂,除特别说明外,均用 HPLC 级纯水。

4.1　外标

壬酸香草酰胺(NVA)的熔点为 42 ℃～44 ℃之间,在本标准规定条件下,用 HPLC 分析时,得到单一色谱峰(出峰时间在 3 min～8 min 之间,峰面积至少为总面积的 98%)。

4.2　溶剂

4.2.1　甲醇:HPLC 级。

4.2.2　甲醇:分析纯。

4.2.3　乙腈:HPLC 级。

4.2.4　冰乙酸。

5　仪器

通用实验室仪器,其他仪器如下。

5.1　色谱仪

可用于 HPLC 分析的色谱仪,其配置如下:

a)　进样系统:能准确进样 20 μL 的样品;

b)　固定波长(280 nm)紫外检测器;

c) 具有基线校正功能、灵敏度为 0.25 a.u.f.s～0.5 a.u.f.s，能精确测量峰面积的记录仪或积分仪。

5.2 不锈钢柱：250 mm×ϕ4.6 mm、内充填 5 μmC_{18}(ODS)。

5.3 旋转式真空蒸发器。

5.4 真空过滤器。

5.5 FH 型微膜过滤器：孔径 0.5 μm，用于有机溶剂。

5.6 HA 型微膜过滤器：孔径 0.45 μm，用于含水溶剂。

5.7 移液管：容量 20 mL。

5.8 巴士德吸管。

5.9 容量瓶：5 mL、25 mL、100 mL。

5.10 圆底烧瓶：100 mL。

5.11 分析天平：感量±0.001 g。

6 样品的制备

6.1 干姜

按 GB/T 12729.3 规定方法将干姜研磨成粉，能过 1 mm 孔径的筛，粉状样品水分含量的测定按 GB/T 12729.6 的规定执行。

6.2 姜油树脂

取样前应将姜油充分搅拌均匀。

7 检测方法

7.1 NVA 标准溶液的配制

称取 0.1 g±0.001 g 的 NVA(4.1)，溶于甲醇(4.2.1)中，并稀释至 100 mL，在 −10 ℃下保存该溶液(浓度约 1.0 mg/mL)。使用时将原液(5 mL 和 10 mL 分别稀释至 25 mL)用甲醇稀释来配制标准溶液(约 0.2 mg/mL)，标明实际浓度。

7.2 NVA 样品溶液的配制

7.2.1 干姜

称取 1.000 g 姜粉于 100 mL 容量瓶中，加甲醇至刻度，盖上后剧烈振摇，2 h 后再次剧烈振摇，然后放置 12 h 以上，用吸管吸取 20 mL 上层清液(不能触及底部沉淀)，放入 100 mL 圆底烧瓶(5.10)中，用旋转式真空蒸发器于 40 ℃水浴上浓缩至 2 mL。

用巴士德吸管(5.8)转移浓缩液及冲洗用的甲醇至 50 mL 容量瓶(5.9)中，用甲醇(4.2.2)稀释至刻度，盖好容量瓶后剧烈振摇。制备两份萃取物(一份浓缩、另一份不浓缩)用于 HPLC 分析。

对每一样品，均制备萃取物一式两份，以“mg/mL”标明实际浓度。

7.2.2 姜油树脂

称取 0.500 g 姜油于 100 mL 容量瓶(5.9)中，注明准确质量，用甲醇(4.2.2)稀至刻度，盖好并剧烈振摇。对每个样品均制备两份溶液，以“mg/mL”标明实际浓度。

7.3 色谱分析

7.3.1 流动相(乙腈与含 1%乙酸的水、除气前的比例 65：35)

用真空过滤装置(5.4)将 520 mL 乙腈(4.2.3)经 FH 型微膜过滤器过滤，将水和冰乙酸按 99：1(体积比)的比例混合，将此混合液 280 mL 经 HA 型微膜过滤器(5.6)过滤到已过滤的乙腈溶液中；将流动相在磁力搅拌下减压(压力 30 kPa)除气 5 min，然后将流动相转移至色谱仪贮液池中，设定流速为 1.0 mL/min。

7.3.2 响应因子的测定

调整记录仪/积分仪直至进样时基线不波动，此时开始记录积分信号(通常为进样后 3 min)，将检测器和记录仪调节至合适灵敏度。每份 NVA 标准溶液重复进样 20 μL,记录运行时间为 NVA 保留时间(通常为 4 min~5 min)外加 4 min 范围内的色谱图(参见附录 B),每份标准溶液至少进样三次。

标明各个色谱图上的 NVA 的峰面积,计算不同 NVA 浓度下(约 0.2 mg/mL 和 0.4 mg/mL)的平均峰面积,按式(1)计算 NVA 的响应因子:

$$K_{NVA} = \frac{c_{NVA} \times 100}{A_{NVA}} \qquad \cdots\cdots(1)$$

式中:

c_{NVA}——NVA 的浓度,单位为毫克每毫升(mg/mL);

A_{NVA}——在相应浓度下 NVA 的平均峰面积。

为了确保线性,两个浓度下测得的 K_{NVA} 值相差不得大于 2%,标准曲线参见附录 C。然后按式(2)~式(7)分别计算每个姜醇和姜酚的 K 值:

$$K_{[6]\text{-G}} = K_{NVA} \times \frac{294.38}{293.41} = K_{NVA} \times 1.003 \qquad \cdots\cdots(2)$$

式中:

294.38——姜醇[6]的相对分子质量;

293.41——NVA 的相对分子质量。

同理:

$$K_{[8]\text{-G}} = K_{NVA} \times 1.099 \qquad \cdots\cdots(3)$$

$$K_{[10]\text{-G}} = K_{NVA} \times 1.194 \qquad \cdots\cdots(4)$$

$$K_{[6]\text{-S}} = K_{NVA} \times 0.942 \qquad \cdots\cdots(5)$$

$$K_{[8]\text{-S}} = K_{NVA} \times 1.037 \qquad \cdots\cdots(6)$$

$$K_{[10]\text{-S}} = K_{NVA} \times 1.133 \qquad \cdots\cdots(7)$$

7.3.3 样品分析

7.3.3.1 干姜

将各个浓度下按 7.2.1 制备的萃取物注入色谱仪,按 7.3.2 调节仪器,将记录时间延长至 17 min,按保留时间顺序记录得到[6]-G、[8]-G、[6]-S 和[10]-G 相应的峰面积(典型色谱图参见附录 D)。

化合物[8]-S 和[10]-S 通常在干姜中很少出现,而保留时间接近于 NVA 的[6]-G 峰,在色谱图中通常是最高的。

对于样品而言,其浓缩萃取物给出的[6]-G 峰的面积大于浓度为 0.4 mg/mL 的外标物 NVA 的峰面积,将按 7.2.1 得到的未浓缩萃取物注入色谱系统,采用色谱图来测定[6]-G。

7.3.3.2 姜油树脂

将由 7.2.2 制备的各姜油树脂溶液导入色谱系统,仪器调节同 7.3.2,维持更长的操作时间(约 40 min),按保留时间长短顺序记录得到对应于[6]-G、[8]-G、[6]-S、[10]-G、[8]-S、[10]-S 的峰面积(典型色谱图见附录 D)。

[6]-G 和[6]-S 通常是最高的色谱峰,[6]-G 的保留时间接近于 NVA 峰。

对于[6]-G 峰面积大于浓度为 0.4 mg/mL 的标准 NVA 峰面积的样品,制备并向色谱系统中导入合适稀释度的溶液,便可利用色谱图测定[6]-G。

8 结果表示

按式(8)分别计算干姜和姜油树脂中姜醇和姜酚的浓度,其样品中[6]-G 的含量 X 以质量分数计,数值以%表示:

$$X = \frac{A_{[6]\text{-G}} \times K_{[6]\text{-G}}}{c} \qquad \cdots\cdots(8)$$

式中：

$A_{[6]\text{-}G}$——样品色谱图中[6]-G的峰面积；

$K_{[6]\text{-}G}$——[6]-G的响应因子；

c——样品溶液中干姜或姜油树脂的浓度，单位为毫克每毫升(mg/mL)。

9 重现性

相同操作者，用同样的仪器在同一实验室、在较短的时间间隔内，用相同的测定材料和测定方法，测得的两个平行结果之间的绝对误差不得大于2%(干姜以[6]-G的误差为参照；姜油树脂以[6]-G或[6]-S的误差为参照)。

注：实验室间测定结果参见附录E。

附　录　A
（资料性附录）
姜醇和姜酚化学结构

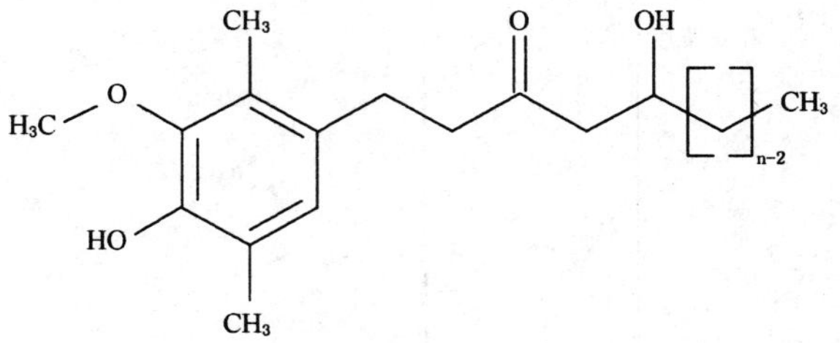

图 A.1　姜醇化学结构

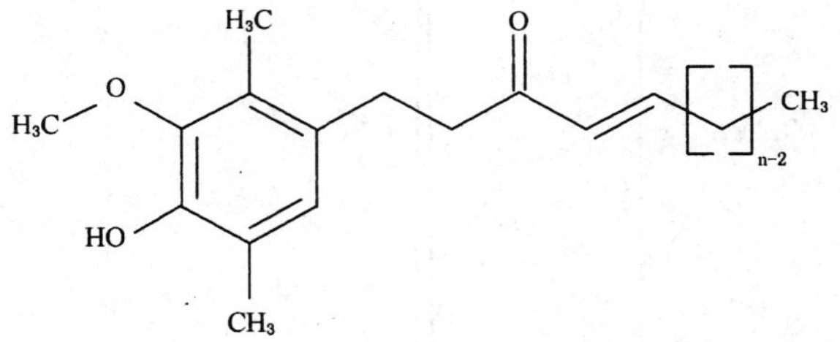

图 A.2　姜酚化学结构

附 录 B
（资料性附录）
NVA 典型色谱图

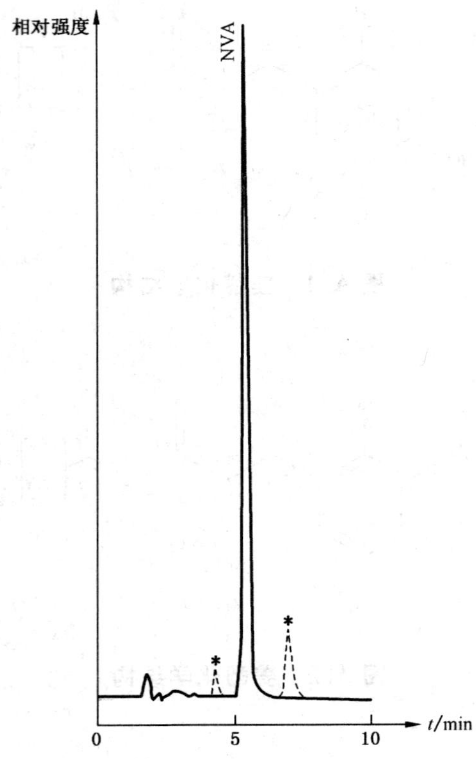

图 B.1 NVA 典型色谱图

附 录 C
（资料性附录）
姜醇、姜酚标准曲线

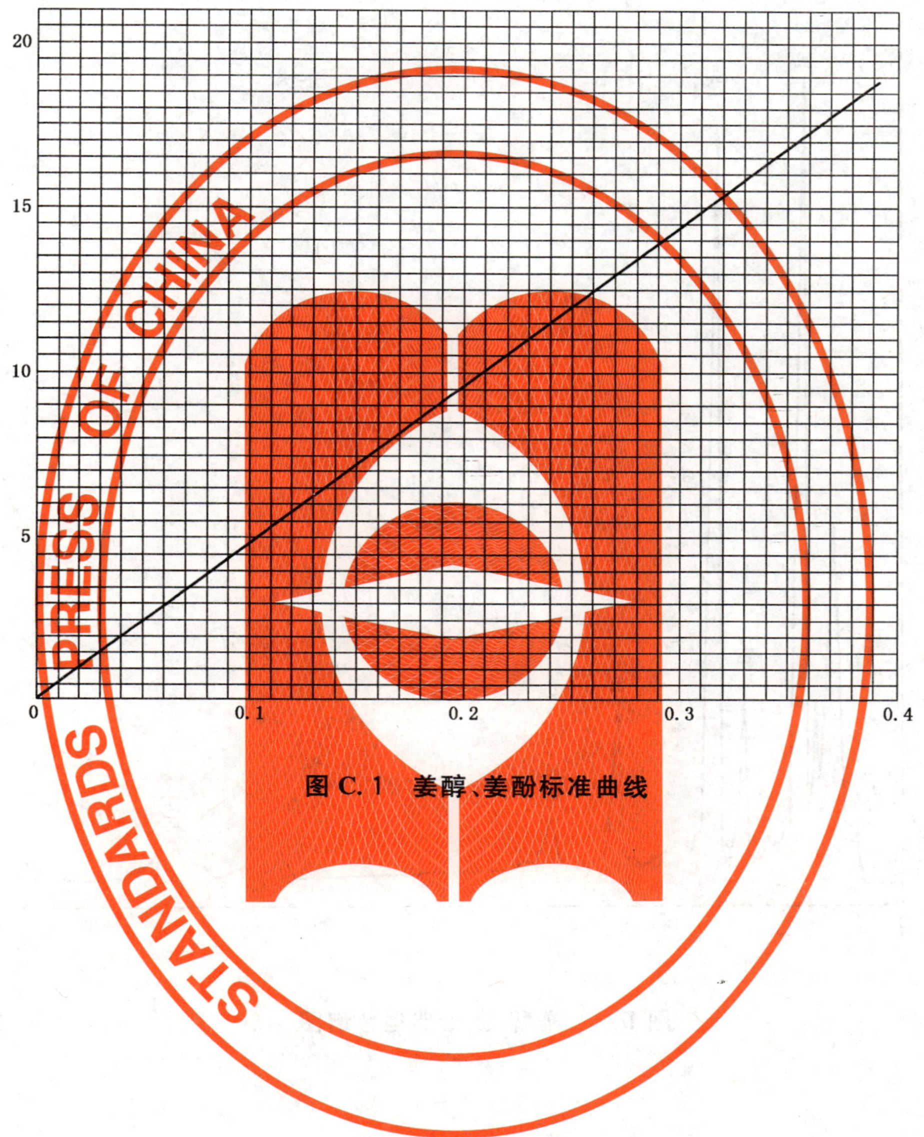

图 C.1 姜醇、姜酚标准曲线

附 录 D
（资料性附录）
姜醇、姜酚典型色谱图

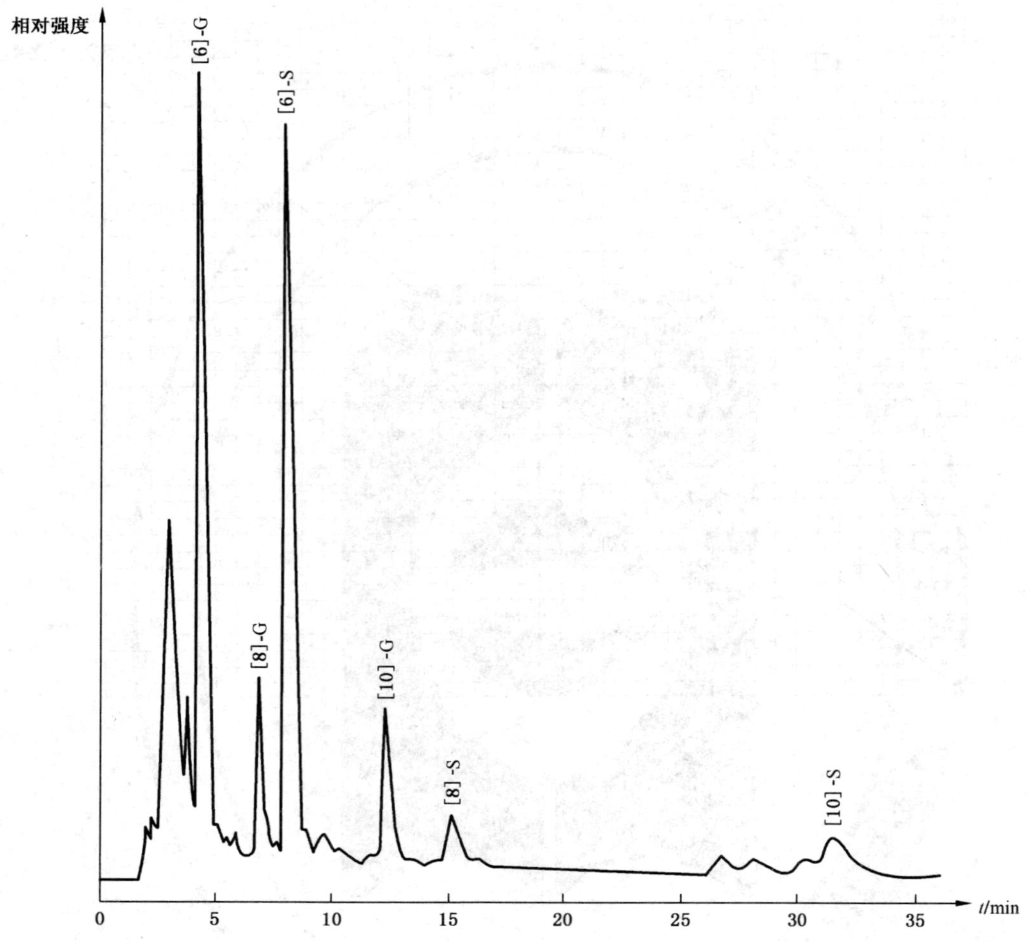

图 D.1 姜醇、姜酚典型色谱图

附 录 E
（资料性附录）
姜油树脂不同实验室测定结果

表 E.1 测定 1：用二氧化碳(CO_2)萃取的姜油树脂

实验室	[6]-G	[8]-G	[10]-G	总姜醇	[6]-S	[8]-S	[10]-S	总姜酚
1	11.6	2.5	3.6	17.7	4.5	1.2	1.5	7.2
2	15.8	3.9	5.4	25.1	5.6	0.8	6.4	6.4
3	18.6	4.6	4.5	27.7	6.8	1.5	8.3	8.3
4	13.7	1.9	1.9	17.5	3.2	0.3	0.2	3.7
5	13.1	2.2	3.2	18.5	4.4	0.7	—	5.1
6	15.4	2.2	2.0	18.5	3.9	0.3	0.6	4.8
7	13.3	2.4	1.1	16.8	4.4	<0.2	<0.2	4.8
平均值	14.5	2.8	3.0	20.3	4.7	0.7	2.9	5.8
最大偏差	4.1	1.8	2.4	7.4	2.1	0.8	5.4	2.5

表 E.2 测定 1：姜油树脂 A

实验室	[6]-G	[8]-G	[10]-G	总姜醇	[6]-S	[8]-S	[10]-S	总姜酚
1	5.1	1.4	2.3	8.8	4.4	1.0	1.5	6.9
2	8.8	2.4	2.4	13.6	5.3	1.1	—	6.6
3	10.1	2.3	2.8	15.2	5.5	1.1	—	6.6
4	5.6	0.9	1.2	7.7	2.9	0.3	0.3	3.5
5	6.4	1.2	2.0	9.6	4.5	0.8	—	5.3
6	6.4	1.2	1.0	8.1	3.5	0.5	1.0	5.0
7	6.2	1.3	0.5	8.0	4.0	0.8	0.5	5.3
平均值	6.9	1.5	1.7	10.1	4.3	0.8	0.8	5.6
最大偏差	3.2	0.9	1.2	5.1	1.4	0.5	0.7	2.1

表 E.3 测定 1：姜油树脂 B

实验室	[6]-G	[8]-G	[10]-G	总姜醇	[6]-S	[8]-S	[10]-S	总姜酚
1	4.5	1.1	2.1	7.7	4.2	1.0	1.2	6.4
2	6.4	1.3	2.3	10	4.3	1.2	—	5.5
3	6.6	1.3	2.3	10.2	4.4	1.1	—	5.5
4	4.8	0.8	0.9	6.5	2.8	0.3	0.3	3.4
5	4.3	0.8	1.3	6.4	3.5	0.9	—	4.4
6	4.6	1	0.9	6.2	3.3	0.4	1.0	4.7
7	5.1	1.1	0.7	6.9	4.0	0.7	0.9	5.6
平均值	5.2	1.1	1.5	7.7	3.8	0.8	0.9	5.1
最大偏差	1.2	0.3	0.8	2.5	1.0	0.5	0.6	1.7

表 E.4 测定 2:用二氧化碳(CO_2)萃取的姜油树脂

实验室	[6]-G	[8]-G	[10]-G	总姜醇	[6]-S	[8]-S	[10]-S	总姜酚
1	11.8	3.0	1.8	16.6	2.4	0.2	0.3	2.9
2	12.4	3.1	1.8	17.3	2.4	0.3	0.3	2.7
3	14.6	2.7	4.2	21.5	3.2	0.6	—	3.8
4	14.5	3.5	4.3	22.3	3.5	0.6	—	4.1
5	13.9	1.8	1.6	17.3	2.2	0.2	0.2	2.6
平均值	13.44	2.82	2.74	19.0	2.74	0.38	0.26	4.34
最大偏差	1.64	1.02	1.56	3.3	0.76	0.22	0.6	1.74

表 E.5 测定 2:姜油树脂 C

实验室	[6]-G	[8]-G	[10]-G	总姜醇	[6]-S	[8]-S	[10]-S	总姜酚
1	3.7	0.9	1.0	5.6	3.3	0.4	0.9	4.6
2	4.0	1.0	1.6	6.6	3.3	0.5	0.9	4.7
3	4.2	0.7	1.5	6.4	4.1	0.8	—	4.9
4	5.4	1.5	1.4	8.3	4.2	0.8	—	5.0
5	4.0	0.7	0.7	5.4	3.0	0.4	0.3	3.7
平均值	4.26	0.96	1.24	6.46	3.58	0.58	0.70	4.58
最大偏差	1.14	0.54	0.54	1.84	0.58	0.22	0.40	0.88

ICS 67.060
B 20

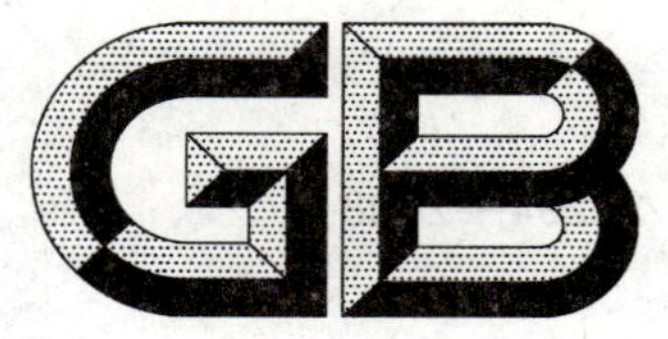

中华人民共和国国家标准

GB/T 22294—2008

粮油检验　大米胶稠度的测定

Inspection of grain and oil—Determination of rice adhesive strength

2008-08-04 发布　　2008-12-01 实施

中华人民共和国国家质量监督检验检疫总局
中国国家标准化管理委员会　发布

前　言

本标准的附录 A 为规范性附录，附录 B 为资料性附录。

本标准由国家粮食局提出。

本标准由全国粮油标准化技术委员会归口。

本标准起草单位：国家粮食储备局成都粮食储藏科学研究所。

本标准主要起草人：何学超、兰盛斌、姜涛、肖学彬、冯永建、张蓉健。

粮油检验　大米胶稠度的测定

1　范围

本标准规定了大米胶稠度测定方法的术语和定义、原理、试剂、仪器和设备、测定步骤、结果表述，以及精密度要求。

本标准适用于糙米和大米胶稠度的测定。

2　规范性引用文件

下列文件中的条款通过本标准的引用而成为本标准的条款。凡是注日期的引用文件，其随后所有的修改单(不包括勘误的内容)或修订版均不适用于本标准，然而，鼓励根据本标准达成协议的各方研究是否可使用这些文件的最新版本。凡是不注日期的引用文件，其最新版本适用于本标准。

GB 1354　大米

GB 5491　粮食、油料检验　扦样、分样法

GB/T 5497　粮食、油料检验　水分测定法

GB/T 6682　分析实验室用水规格和试验方法(GB/T 6682—2008，neq ISO 3696:1987，MOD)

3　术语和定义

下列术语和定义适用于本标准。

3.1

胶稠度　adhesive strength

在规定条件下，一定量大米粉糊化、回生后的胶体，在水平状态流动的长度(mm)。

4　原理

大米淀粉经稀碱糊化、回生形成米胶，利用米胶流动性的差异，反映大米胶稠度。

5　试剂

除非另有规定外，所有试剂均为分析纯，实验用水应符合 GB/T 6682 中三级水的规格。

5.1　0.025%麝香草酚蓝乙醇溶液：称取 125 mg 麝香草酚蓝溶于 500 mL 95%乙醇中。

5.2　0.200 mol/L 氢氧化钾溶液：配制方法按附录 A 执行。

6　仪器和设备

6.1　高速样品粉碎机：粉碎样品两次，应达到 95%以上通过孔径为 0.15 mm(100 目)筛。

6.2　分析天平：感量 0.000 1 g。

6.3　圆底试管：内径为 13 mm，长度为 150 mm。

6.4　旋涡混合器。

6.5　沸水浴(或 2 kW 电炉，d=22 cm～24 cm 蒸锅，试管架)。

6.6　冰水浴。

6.7　水平操作台(铺有毫米格纸)、水平尺。

6.8　米胶长度测定箱：参见附录 B，带水平支架，可控温、计时，直接读数。或培养箱，带可调节水平的样品架。

6.9　玻璃弹子球：d=15 mm。

7 测定步骤

7.1 样品的扦取和分样

按 GB 5491 执行。

7.2 试样的制备

按 GB 1354 的规定将分取的样品制备成精度为国家标准三级的精米，分取约 10 g 样品磨碎为米粉，样品米粉至少 95%以上通过孔径为 0.15 mm(100 目)筛，取筛下物充分混合均匀后，装于广口瓶中备用。

7.3 制备样品水分的测定

制备好的样品(7.2)按 GB/T 5497 测定水分。

7.4 溶解样品

精确称取备用的米粉样品(7.2)100 mg±1 mg(按含水量 12%计，如含水量不是 12%，则进行折算，相应增加或减少试样的称样量)于试管(6.3)中，加入 0.2 mL0.025%麝香草酚蓝乙醇溶液(5.1)，并轻轻摇动试管或用旋涡混合器(6.4)加以振荡，使米粉充分分散；再加 2.0 mL 0.200 mol/L 氢氧化钾溶液(5.2)，并摇动试管，使米粉充分混合均匀。

7.5 制胶

立即将试管放入沸水浴(6.5)中，用玻璃弹子球(6.9)盖好试管口，在沸水浴中加热 8 min(从试管放入沸水浴开始计时)。控制样品加热程度，使试管内米胶溶液液面在加热过程中保持在试管高度的二分之一至三分之二。取出试管，拿去玻璃弹子球，静置冷却 5 min 后，再将试管放在 0 ℃左右的冰水浴(6.6)中冷却 20 min。

7.6 测量米胶长度

将试管从冰水浴中取出，立即水平放置在标有刻度并事先调好的水平操作台(6.7)或米胶长度测定箱或培养箱(6.8)的样品架上，使试管底部与标记的起始线对齐，在 25 ℃±2 ℃条件下静置 1 h 后，立即测量米胶在试管内流动的长度。

8 结果表述

8.1 胶稠度的测定结果以米胶在试管内流动的长度表示，单位为毫米(mm)。

8.2 两个平行样品测定结果的绝对差值不应超过 7 mm，以平均值作为测定结果，保留整数位。

9 精密度

在同一实验室，由同一操作者使用相同设备，按相同的测试方法，并在短时间内对同一被测对象相互独立进行测试，获得的两次独立测试结果的绝对差值不大于 7 mm，大于 7 mm 的情况不应超过 5%。

附 录 A
（规范性附录）
0.200 mol/L 氢氧化钾溶液的配制

A.1 1.0 mol/L 氢氧化钾标准储备液的配制

称取 56 g 氢氧化钾，置于聚乙烯容器中，先加入少量无二氧化碳蒸馏水（约 20 mL）溶解，再将其稀释至 1 000 mL，密闭放置 24 h。吸取上层清液至另一聚乙烯容器中备用。

A.2 1.0 mol/L 氢氧化钾标准储备液的标定

称取在 105 ℃烘 2 h 并在干燥器中冷却后的邻苯二甲酸氢钾 4.08 g（精确至 0.000 1 g）于 150 mL 锥形瓶中，加入 50 mL 不含二氧化碳蒸馏水溶解，滴加酚酞-95%乙醇指示液 3 滴～5 滴，用配制的氢氧化钾标准储备液滴定至微红色，以 30 s 不褪色为终点，记下所耗氢氧化钾标准储备液的毫升数（V_1），同时作空白试验（不加邻苯二甲酸氢钾，同上操作），记下所耗氢氧化钾标准储备液的毫升数（V_0），按式（A.1）计算氢氧化钾标准储备液浓度。

$$c(\mathrm{KOH}) = \frac{m \times 1\,000}{(V_1 - V_0) \times 204.22} \qquad \text{(A.1)}$$

式中：

$c(\mathrm{KOH})$——氢氧化钾标准储备液浓度，单位为摩尔每升（mol/L）；

m——称取邻苯二甲酸氢钾的质量，单位为克（g）；

1 000——换算系数；

V_1——滴定所耗氢氧化钾标准储备液体积，单位为毫升（mL）；

V_0——空白试验所耗氢氧化钾标准储备液体积，单位为毫升（mL）；

204.22——邻苯二甲酸氢钾的摩尔质量，单位为克每摩尔（g/mol）。

注：氢氧化钾标准储备溶液在 15 ℃～25 ℃条件下保存时间一般不超过两个月。当溶液出现浑浊、沉淀、颜色变化等现象时，应重新制备。

A.3 0.200 mol/L 氢氧化钾溶液的配制

按式（A.2）计算出的结果准确移取体积为 V_3（单位为毫升）标定好的 1.0 mol/L 氢氧化钾标准储备液，用无二氧化碳蒸馏水稀释定容至 V_4（单位为毫升），摇匀后盛放于聚乙烯塑料瓶中。临用前稀释。

$$V_3 = \frac{0.200 \times V_4}{c(\mathrm{KOH})} \qquad \text{(A.2)}$$

式中：

V_3——需量取 1.0 mol/L 氢氧化钾标准储备液的体积，单位为毫升（mL）；

V_4——需配制 0.200 mol/L 氢氧化钾标准溶液的体积，单位为毫升（mL）；

$c(\mathrm{KOH})$——氢氧化钾标准储备液浓度，单位为摩尔每升（mol/L）。

附 录 B
（资料性附录）
米胶长度测定箱

B.1 米胶长度测定箱的结构图

米胶长度测定箱的结构图见图 B.1。

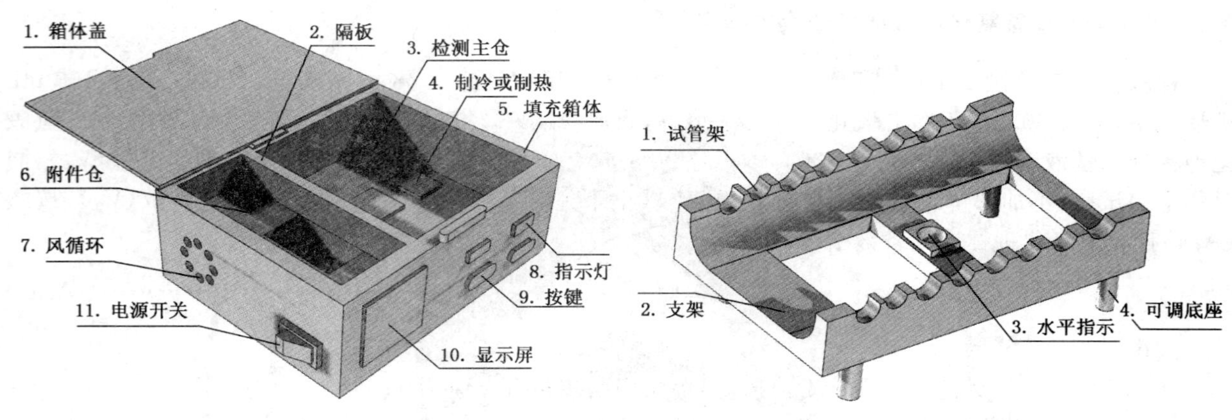

(a) 米胶长度测定箱箱体　　(b) 水平支架

图 B.1 米胶长度测定箱

B.2 米胶长度测定箱的操作

B.2.1 将仪器装置放置在平稳的实验台上，连接电源，调整水平支架的支脚，直到水准泡位于中心，确保仪器水平。打开电源，按“功能”键设置温度功能，通过“选择”键设定所需要的温度值(或设定为“自动”，这时设定的温度是 25 ℃)，让装置预热运转。

B.2.2 从附件仓中取出计时器，通过“分”和“秒”按键，按方法的规定设定米胶静置流动所需时间。

B.2.3 当温度显示为设定温度值时，将从冰水浴中取出的试管水平放置在米胶长度测定箱的水平支架上，将试管底部与检测主仓内标记的起始线对齐。盖上米胶长度测定箱的透明隔仓盖，按下计时器，在设定的温度条件下水平静置。

B.2.4 设定时间达到后，计时报警，观察并记录下米胶在试管内流动的长度。

B.2.5 将试管取出，关闭电源。用干毛巾将测试仓内的滴洒液体擦干，防止腐蚀表面，维持检测主仓内的清洁。使用后的刻度试管、计时器和电源线应及时放回附件仓中。水平试管架使用后，应取出擦干残液，拧紧支脚螺丝，放入检测主仓。

ICS 83.080.10
G 31

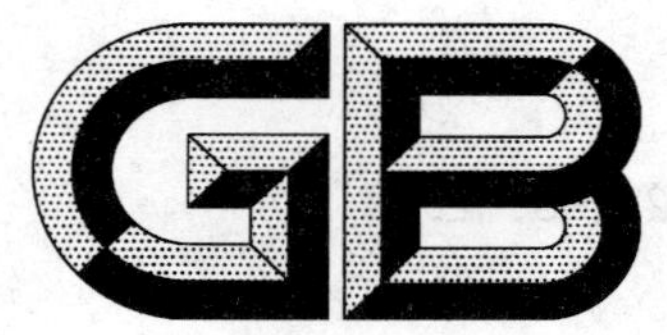

中华人民共和国国家标准

GB/T 22295—2008
代替 GB/T 12007.1—1989

透明液体颜色测定方法(加德纳色度)

Standard test method for color of transparent liquids(Gardner color scale)

2008-08-04 发布　　2009-04-01 实施

中华人民共和国国家质量监督检验检疫总局
中国国家标准化管理委员会　发布

前　言

本标准修改采用 ASTM D1544-2004《透明液体颜色测定方法(加德纳色度)》(英文版)。

本标准与 ASTM D1544-2004 相比主要变化如下：

——为便于使用，本标准做了一些编辑性的修改；

——本标准增加了原理一章；

——本标准删除了 ASTM D1544 的意义及用途，将其内容放入范围中；

——本标准未提供精密度数据，ASTM D1544-2004 提供了精密度数据；

——本标准增加了试验报告一章。

本标准代替 GB/T 12007.1—1989《环氧树脂颜色测定方法　加德纳色度法》。

本标准与 GB/T 12007.1—1989 相比主要变化如下：

——更改了标准名称；

——增加了前言；

——颜色标准由原来的液体标准改为现在的玻璃标准；

——对试样与标准的排列放置做出了要求；

——对观察视野做出了要求。

本标准的附录 A 和附录 B 为资料性附录。

本标准由中国石油和化学工业协会提出。

本标准由全国塑料标准化技术委员会 (SAC/TC 15)归口。

本标准负责起草单位：国家合成树脂质量监督检验中心。

本标准参加起草单位：蓝星化工新材料股份有限公司无锡树脂厂、安徽恒远化工有限公司。

本标准主要起草人：王永桂、王琰、毛尽艳、程振朔。

本标准所代替标准的历次版本发布情况为：

——GB/T 12007.1—1989。

透明液体颜色测定方法(加德纳色度)

1 范围

本标准规定了干性油、清漆、脂肪酸、聚合脂肪酸、树脂溶液等透明液体颜色的测量方法,通过与适宜的玻璃标准色号相比较,以进行颜色测定。

本标准的使用者应当具有正常的颜色观察力。

本标准未涉及与使用有关的任何安全问题。在使用前,使用者有责任建立适宜的安全和健康措施并符合相关管理条例。

2 规范性引用文件

下列文件中的条款通过本标准的引用而成为本标准的条款。凡是注日期的引用文件,其随后所有的修改单(不包括勘误的内容)或修订版均不适用于本标准,然而,鼓励根据本标准达成协议的各方研究是否可使用这些文件的最新版本。凡是不注日期的引用文件,其最新版本适用于本标准。

ASTM D1545-1998　用起泡时间法测定透明液体黏度的试验方法。

ASTM D6166-1997(2003)　松脂制品及相关产品颜色的标准试验方法(加德纳色度法)。

ASTM E308-2006　用 CIE 体系估计物体颜色的试验方法。

3 原理

将试样置于内径符合标准的玻璃试管中,与加德纳玻璃色标进行目测比较,以与试样颜色最接近的某色标号表示试样的颜色。

4 仪器

4.1 玻璃标准:18 个,每个都有编号,表 1 中列出了各色号的色度坐标与透光系数。这些颜色标准只能用玻璃制成。现在使用的一些玻璃标准并不符合表 1 列出的值。在使用前应对玻璃标准进行校准。在附录 A 中列出了校准的方法步骤。

表 1　参照标准的颜色规格

加德纳色度标准号	色度坐标[a]		透光系数 Y/%	透射公差,±
	x	y		
1	0.317 7	0.330 3	80	7
2	0.323 3	0.335 2	79	7
3	0.332 9	0.345 2	76	6
4	0.343 7	0.364 4	75	5
5	0.355 8	0.384 0	74	4
6	0.376 7	0.406 1	71	4
7	0.404 4	0.435 2	67	4
8	0.420 7	0.449 8	64	4
9	0.434 3	0.464 0	61	4

表 1（续）

加德纳色度标准号	色度坐标[a]		透光系数 Y/%	透射公差，±
	x	y		
10	0.450 3	0.476 0	57	4
11	0.484 2	0.481 8	45	4
12	0.507 7	0.463 8	36	5
13	0.539 2	0.445 8	30	6
14	0.564 6	0.427 0	22	6
15	0.585 7	0.408 9	16	2
16	0.604 7	0.392 1	11	1
17	0.629 0	0.370 1	6	1
18	0.647 7	0.352 1	4	1

[a] 颜色标准的色度坐标与参照标准的色度坐标之差不大于两个相邻参照标准的 x 或 y 之差的 1/3。一套标准中，两个颜色标准坐标之差应大于相应的参照标准的 x 或 y 之差的 2/3。

4.2 玻璃试管：干净，内径为 10.65 mm，外壁长度约为 114 mm。（测试方法 D1545 所用黏度试管也满足该条件。）

4.3 将试样与标准进行比较的适宜仪器——比色计。比色计可能有不同的设计，但应具有下列特性：

a) 照明——国际发光照明委员会(CIE)光源 C；

b) 周围环境——环境应该是黑暗的；

c) 视野——试样对一个或多个标准的视觉角度应约为 2°，而且是同时、同地观察；

d) 标准和试样的排列——标准与试样之间要有看得见的间隙，但此间隙要尽可能小。

5 操作步骤

5.1 将试样倒满玻璃试管，如果试样浑浊，需经过滤。

5.2 将装有试样的玻璃试管与玻璃标准进行比较，确定在颜色的亮度与饱和度上最接近于试样的标准号。忽略色相的差别。

6 结果的表示

6.1 记录与试样颜色最接近的标准号数。如需更精确的表示时，则应记录与标准号匹配，或比标准号浅，或比标准号深。如颜色 5 和 6 之间，表示为 5，5^+，6^- 和 6 几档。

6.2 应记录试样与最接近的标准之间在色相上的重要差别。

7 精密度

由于尚未得到实验室间的试验数据，故未知本试验方法的精密度。如果得到上述数据，则在下次修订时加上精密度说明。ASTM D1544-2004 的精密度数据参见附录 B。

8 试验报告

试验报告应包括下列内容：

a) 注明采用本标准；

b) 标明受试物料的全部资料；

c) 试验结果；

d) 试验日期；

e) 任何其他的相关信息。

附 录 A
（资料性附录）
玻璃参照标准的校正

A.1 选取一个双光束的分光光度计，此光度计有一足够小的光束对着样品的位置，以致于全部光线都能透过要校准的标准，另一种方法是给分光光度计配备一个聚光透镜以达到这一目的。

A.2 将要校准的标准依次放到分光光度计的试样位置上，如果在比色计光源前面安装一个可卸的绿色滤光器，那么在校准每一个标准时，应将滤光器放到双光束分光光度计的参照光束中。

A.3 通过实验 E308，测得每个玻璃参照标准的光谱透射率数据。

A.4 通过每一个参照标准的光谱透射率数据计算在 CIE 光源 C 下的 CIE 三色值 X,Y,Z，以及色度坐标 x,y。

附　录　B
（资料性附录）
ASTM D1544-2004 的精密度和偏差

B.1　在 80 个实验室，用 4 个试样做同样的实验，在这个研究基础上得出：实验室间和实验室内标准分别偏差 0.5 和 0.1 个色号，基于这些离群标准，下列准则可以用来判定结果达到 95％置信水平。

B.2　重复性——同一个操作者得到的两个单次实验结果的绝对差如果大于一个标准色号的 2/3，则认为试验结果不可信。

B.3　再现性——在不同实验室所测得的两个结果（每一测试结果为重复测定的平均值）的绝对差大于一个色标号的 4/3，则认为试验结果不可信。

注 1：如果需要，表 1 中列出的液体色标，与试样比色用试管采用同一规格。氯铂酸钾用作浅色标准，三氯化铁和氯化钴盐酸溶液用作深色标准。这些溶液的规格及大致成分在测试方法 D1544-58T 中列出。当前应用的许多玻璃试管不符合表 1 中列出的值。

注 2：精密度值是两个标准在一个仪器中同时观察而得到的。另外一些颜色测定仪也许能够得到相似的结果，但是关于这些应用的阐述只限于仪器检测。

ICS 59.120.30
W 94

中华人民共和国国家标准

GB/T 22296—2008

纺织机械　高精度分段整经机

Textile machinery—High precision sectional warping machine

2008-08-19 发布　　2009-06-01 实施

中华人民共和国国家质量监督检验检疫总局
中国国家标准化管理委员会　发布

前 言

本标准由中国纺织工业协会提出。

本标准由全国纺织机械与附件标准化技术委员会(SAC/TC 215)归口。

本标准由常州市第八纺织机械有限公司、江阴第四纺织机械制造有限公司、常德纺织机械有限公司、中国纺织机械器材工业协会负责起草。

本标准起草人:谈昆伦、谢雪松、王静怡、冯雪良、毕亚新。

本标准系首次发布。

纺织机械　高精度分段整经机

1　范围

本标准规定了高精度分段整经机的术语和定义、型式与基本参数、要求、试验方法、检验规则、标志、包装、运输、贮存。

本标准适用于锦纶长丝、涤纶长丝、粘胶丝、棉纱、混纺纱等整绕于分段整经轴上的高精度分段整经机。

2　规范性引用文件

下列文件中的条款通过本标准的引用而成为本标准的条款。凡是注日期的引用文件，其随后所有的修改单(不包括勘误的内容)或修订版均不适用于本标准，然而，鼓励根据本标准达成协议的各方研究是否可使用这些文件的最新版本。凡是不注日期的引用文件，其最新版本适用于本标准。

GB/T 191　包装储运图示标志

GB 5226.1　机械安全　机械电气设备　第1部分：通用技术条件

GB/T 7111.1—2002　纺织机械噪声测试规范　第1部分：通用要求

GB/T 7111.5—2002　纺织机械噪声测试规范　第5部分：机织和针织准备机械

FZ/T 90001　纺织机械产品包装

FZ/T 90074—2004　纺织机械产品涂装

FZ/T 90084　经编机用分段整经轴术语及主要尺寸

FZ/T 96002—1991　纺织用特种瓷件

3　术语和定义

下列术语和定义适用于本标准。

3.1

高精度分段整经机　high precision sectional warping machine

具有同组经轴拷贝功能、张力罗拉伺服控制功能，能对同组经轴的圈数、外圆周长、米数差异和张力波动精确控制的分段整经机。

4　型式与基本参数

4.1　型式

4.1.1　车头传动型式：直接传动式。

4.1.2　纱架型式：外取单式纱架、开启式纱架、台车开启式纱架、旋转开启式纱架。

4.1.3　张力器型式：液态阻尼补偿式。

4.2　基本参数

4.2.1　经轴规格(边盘直径×总长度)：ϕ535 mm×535 mm、ϕ765 mm×535 mm。

4.2.2　卷绕线速度：50 m/min～1 000 m/min。

4.2.3　可设置纱线卷绕长度：50 m～99 999 m。

4.2.4　可设置经轴卷绕圈数：50圈～99 999圈。

4.2.5　贮纱时的卷绕线速度：≤15 m/min。

4.2.6　贮纱装置的贮纱量：≥10 m。

4.2.7 上油辊线速度:0～1.2 m/min。

4.2.8 纱架筒子数:680个(可根据用户需要定置,纱架筒子数不得少于200个)。

4.2.9 总装机功率:≤15 kW。

4.3 正常工作条件

电压波动范围±10%,频率波动范围±5%,环境温度22 ℃～27 ℃,相对湿度60%～70%。

5 要求

5.1 整经成品质量

5.1.1 经纱卷装表面平整光滑。

5.1.2 同组经轴(纱)外圆周长差异值不大于0.1%。

5.1.3 同组经轴(纱)圈数相等,整经长度在3 000 m以上时,米数差异值不大于3 m。

5.1.4 纱线张力自动控制时,同组经轴的纱线张力均匀,片纱张力波动值允许误差±30%。

5.1.5 经纱圆柱面锥度差异值不大于0.1∶100。

5.1.6 无毛丝、绊丝、断头、松纱现象。

5.2 功率消耗

负载功率消耗不大于5 kW。

5.3 噪声

5.3.1 全机噪声声功率级不大于90 dBA。

5.3.2 全机发射声压级不大于75 dBA。

5.4 电气装置

5.4.1 电气控制装置布线整齐,线号清晰,反应灵敏可靠。

5.4.2 当纱线卷绕至预定长度或出现断纱、毛羽等纱疵时,电气自停装置反应灵敏,并发出停车指示信号。

5.4.3 当自停装置发出指示信号时,经轴等各转动部件应快速制动,在线速度1 000 m/min时,ϕ765 mm空经轴制动过程中经轴转数不大于6 r,挂纱时,制动过程中经轴转数不大于5 r。

5.4.4 主轴和罗拉能同步制动,保证停机后纱线无松纱、崩纱现象。

5.4.5 调速性能良好,经轴卷绕线速度波动值不大于0.5%。

5.4.6 PLC输入、输出动作灵敏可靠,触摸屏人机界面触摸灵敏、反应迅速。屏幕显示清晰、正确。

5.4.7 电气设备和线路绝缘良好,绝缘电阻≥1 MΩ。高精度分段整经机应有可靠的接地标志和接地装置,金属外壳保护性接地准确。

5.4.8 全部电气设备应能经受至少1 s时间的耐压试验,试验电压≥1 000 V。对于不能承受上述高压的元器件进行试验时应断开。

5.4.9 行程开关动作灵敏、可靠。

5.5 PLC基本功能

5.5.1 具有线速度设置、定长设置、定转数设置、参数复位、参数累计、停电自动保存参数功能。

5.5.2 具有张力调节边界设定功能。

5.5.3 具有调节偏差超限时停车功能。

5.5.4 机器应具有较强的抗干扰性能,当电焊机或行车等工业设备运行时,电脑控制系统能稳定、可靠地工作。

5.6 纱架

5.6.1 当所选用的液态阻尼补偿张力器型号与纱线的细度相适合时,张力器应能正常工作。

5.6.2 纱架具有跌落式自停装置,在跌落式自停装置的出纱口张力波动不大于20%。

5.7 张力罗拉装置

5.7.1 采用电机单独驱动。

5.7.2 张力罗拉辊转动灵活,运转平稳,无异常声响。

5.7.3 张力罗拉辊径向跳动公差值0.03 mm。

5.7.4 张力罗拉游动分经筘上下游动轻松、灵活,运转平稳,无异常声响。

5.8 静电消除仪

静电消除仪功能正常。

5.9 毛丝、断丝检测器

5.9.1 毛丝检测器具有液晶显示毛羽的设置参数,且检测准确。

5.9.2 断纱自停灵敏、可靠,对毛丝、断丝检测成功率不小于95%,且具有自停指示功能。

5.10 贮纱装置

5.10.1 各贮纱辊间相互平行度公差值1.5 mm。

5.10.2 贮纱过程中张力应保持一致。

5.11 加油装置

5.11.1 带油辊电子调速稳定、可靠。

5.11.2 运行中自动加油,油箱无渗漏现象。

5.12 车头部分

5.12.1 尾座轴头和主轴轴头同轴度公差值应≤0.05 mm。

5.12.2 主电机转速为1 000 r/min时,经轴应转动平稳,无异常声响。

5.12.3 尾座轴套伸缩灵活,顶紧力恒定。

5.12.4 自动定心轴头退出经轴孔后,复位灵活,无卡阻现象。

5.12.5 经轴托架在经轴上限位置定位时,保证ϕ765 mm×535 mm和ϕ535 mm×535 mm经轴孔与轴头保持同轴。满经轴升降运动平稳,无异常声响。

5.12.6 人字筘幅宽调节、左右横移调节灵活,上下、左右游动平稳。

5.12.7 测速罗拉部件

5.12.7.1 测速罗拉辊径向跳动公差值≤0.03 mm。

5.12.7.2 测速罗拉辊轴向窜动允差≤0.20 mm。

5.12.7.3 测速罗拉辊转动灵活,运转平稳,无异常声响。

5.12.8 气动单元

5.12.8.1 减压阀调压功能正常,输出压力稳定。

5.12.8.2 制动回路中电磁阀动作准确可靠。

5.12.8.3 气路中无漏气现象。

5.13 外观质量

5.13.1 全机纱路上所用瓷件符合FZ/T 96002—1991中4.6规定的要求。

5.13.2 产品的涂装符合FZ/T 90074—2004中3级规定的要求。

6 试验方法

6.1 5.1.2、5.1.3、5.1.5用卷尺测量及计算检验。

6.2 5.2用1级精度电功率表检测。

6.3 5.3按GB/T 7111.1—2002,GB/T 7111.5—2002的规定检验,应符合本标准5.3.1、5.3.2规定。

6.3.1 根据测试环境选择工程法或简易法及对应精度(Ⅰ型或Ⅱ型)的积分声级计或普通声级计。

6.3.2 在距机器包络面2 m范围内不应有对噪声结果产生明显影响的障碍物,若在此范围内障碍物无法移去，可用合适的材料作吸声处理，以减少声反射对测量结果的影响。

6.3.3　5.3.2的检测，测点布置按GB/T 7111.5—2002中6.2方案c)。

6.4　5.4.5用线速度表读数检验。在500 m/min～1 000 m/min范围内任取三点测其波动值，应符合5.4.5规定。

6.5　5.4.7、5.4.8的测量按GB 5226.1的规定。

6.6　5.5.4在离电脑控制系统3 m处放置电焊机，电焊机工作时控制系统的抗干扰性能应符合5.5.4的规定。

6.7　检测5.8时，接上电源，指示灯亮，取一绝缘导线，一端与电极管接地体相连，另一端向针尖靠近，当距离为5 mm时，即出现放电火花，并听到"吱吱"放电声。

6.8　5.9.1用模拟故障的方法检验。

6.9　5.9.2用模拟故障20次及计算方法检验其成功率。

6.10　5.1.4、5.6.2、5.10.2在跌落式自停的出纱口处用手持便携式张力仪检测。

6.11　5.7.3、5.10.1、5.12.1、5.12.7.1、5.12.7.2，用百分表、游标卡尺、塞尺及芯棒检验。

6.12　其余用手感和目测检测。

7　空车运转试验

7.1　车头空车运转试验

装上经轴后，用纱带拖动测速罗拉，进行空车运转试验，运行时间连续2 h，测速罗拉的线速度1 000 m/min。应符合5.4.1、5.4.6～5.4.9、5.12规定的要求。

7.2　车头-张力罗拉空车运转试验

装上经轴后，用纱带拖动张力罗拉，进行空车运转试验，运行时间连续2 h，张力罗拉的线速度1 000 m/min。应符合5.7规定的要求。

7.3　车头-储纱装置空车试验

用纱带经过储纱辊卷到经轴上，作储纱过程试验。应符合5.10规定的要求。

8　工作负荷试验

8.1　试验条件

8.1.1　环境温度(25±1)℃，相对湿度60%～70%，应在空车运转试验正常后方能进行。

8.1.2　试验用纱：4.4 cN/dtex(12F)锦纶长丝一等品。

8.1.3　分段整经轴符合FZ/T 90084的规定。

8.1.4　卷绕线速度：1 000 m/min，或按现场的工艺要求。

8.1.5　室内清洁，导纱元件表面无污垢。

8.1.6　试验时间：正常运转一组经轴8个。

8.2　检验项目：5.1～5.3、5.4.2～5.4.5、5.5、5.6、5.8、5.9、5.11、5.13。

9　检验规则

9.1　出厂检验

9.1.1　每台产品出厂前均应进行空车运转试验，经制造厂质量检验部门检验合格后方可出厂，并附有产品质量合格证。

9.1.2　出厂检验项目为5.4.1、5.4.4～5.4.6、5.4.8、5.4.9、5.5.1、5.7、5.10～5.13，出厂前逐项检验。各项全部合格为该台产品合格。

9.2　型式检验

9.2.1　型式检验按本标准第5章全部内容。

9.2.2　连续生产三年或停产两年再生产时应进行型式检验。

9.2.3 型式检验如有不合格项目，则应加倍抽样对该项目进行检验，如仍有不合格项，则判该型式检验结果为不合格。

9.2.4 使用厂在产品安装、调试、试验中发现有不符合本标准要求时，由制造厂负责会同使用厂进行处理。

10 标志、包装、运输、贮存

10.1 标志

10.1.1 包装、储运的图示按 GB/T 191 的规定。

10.1.2 产品铭牌应有以下标志：产品型号和名称、生产厂名、厂址、商标、生产日期和产品编号。

10.1.3 产品包装应有产品型号和名称、生产厂名、厂址、执行标准号、生产日期和编号。

10.2 包装

产品的包装按 FZ/T 90001 的规定。

10.3 运输

产品在运输过程中，应按规定的起吊位置起吊，包装箱应按规定朝向安置，不得倾倒或改变方向。

10.4 贮存

产品应储存在有良好防雨及干燥通风的仓库内，包装箱内的零件应有防潮、防锈措施，防锈有效期自生产之日起一年。

ICS 59.120.50
W 90

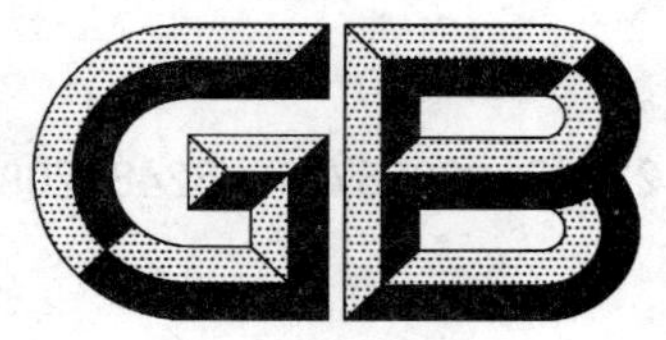

中华人民共和国国家标准

GB/T 22297—2008/ISO 5248:2003

纺织机械与附件 染整机器辅助装置 词汇

Textile machinery and accessories—Dyeing and finishing machinery—Vocabulary of ancillary devices

(ISO 5248:2003,IDT)

2008-08-19 发布　　　　2009-06-01 实施

中华人民共和国国家质量监督检验检疫总局
中国国家标准化管理委员会　发布

前　言

本标准等同采用国际标准 ISO 5248:2003《纺织机械与附件　染整机器辅助装置　词汇》(英文版)。

为便于使用,本标准做了下列编辑性修改:

a) "本国际标准"一词改为"本标准"。

b) 删除了国际标准的前言。

c) 增加了国家标准的前言。

d) 将国际标准表述改为适用于国家标准的表述:

——根据 GB/T 1.1—2000 的要求将 ISO 5248:2003 中未编号的"范围"一章编为第 1 章,"术语和定义"一章编为第 2 章。本标准第 2 章的术语条目编号在 ISO 5248:2003 章条编号的基础上依次顺延。例如,ISO 5248:2003 中的 1.1,在本标准中编号为 2.1.1;

——按照 GB/T 1.1—2000 的要求对 ISO 5248:2003 的"范围"作了编辑性修改,使其更明确表明标准的对象和所涉及的方面;

——取消了 ISO 5248:2003 范围中对语种使用的注解和术语表达形式的注解。

e) 增加了"中文索引"。

本标准由中国纺织工业协会提出。

本标准由全国纺织机械与附件标准化技术委员会(SAC/TC 215)归口。

本标准起草单位:郑州纺织机械股份有限公司、中原工学院。

本标准主要起草人:亓国红、王清、邓大立。

本标准系首次发布。

纺织机械与附件
染整机器辅助装置　词汇

1　范围

本标准规定了染整机器之间和前、后使用的辅助装置的术语和定义。

2　术语和定义

2.1　进布

2.1.1

退卷装置　debatcher

退绕布卷的装置。

2.1.1.1

布卷　roll

卷有织物的布辊，见图1。

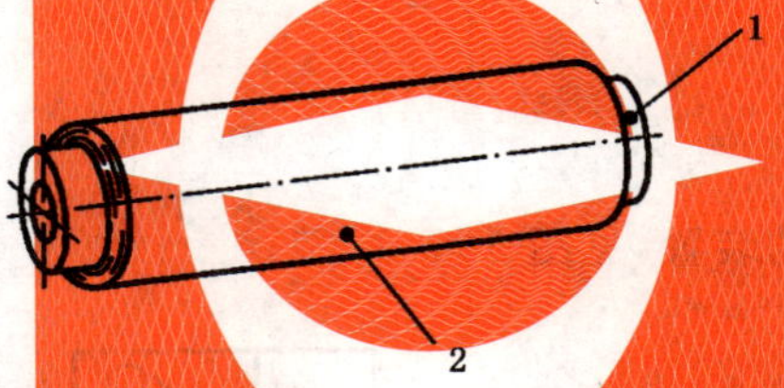

1——布辊；

2——织物。

图1

2.1.1.2

布辊　box

卷织物用的可以转动的圆柱体，见图2。

图2

2.1.2

退布装置　take-off device

将布从布堆中取出或从布卷上退下，形成绳状或平幅形式织物的装置。

2.2　导布

2.2.1

导布机架　frame for guiding devices

支撑导布机件的装置。

2.2.1.1

进布机架　entry frame

在机器进布处支撑导布机件的装置，见图3。

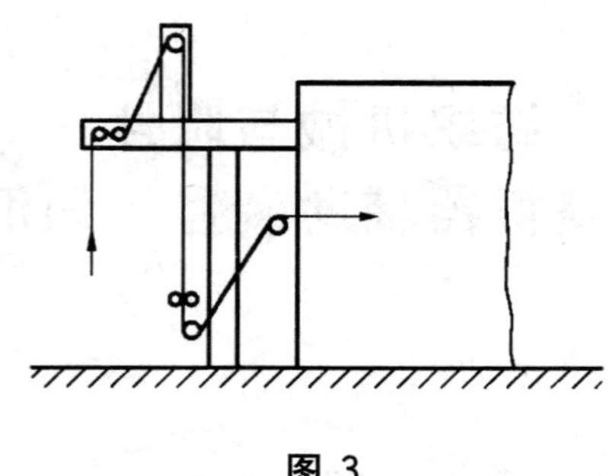

图 3

2.2.1.2

中间导布机架　intermediate guider frame

在机器之间支撑导布机件的装置,见图 4。

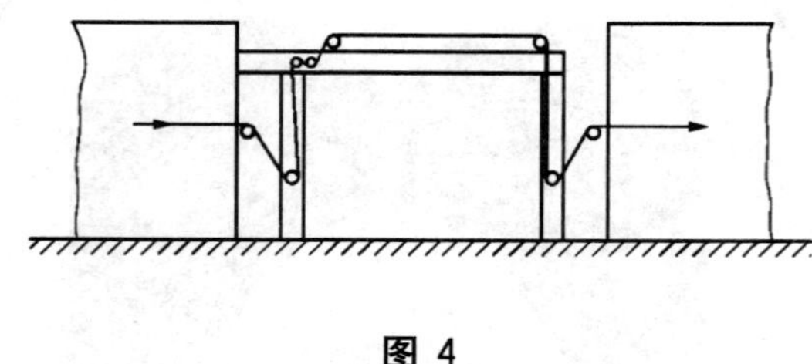

图 4

2.2.1.3

出布机架　delivery frame

在机器出布处支撑导布机件的装置,见图 5。

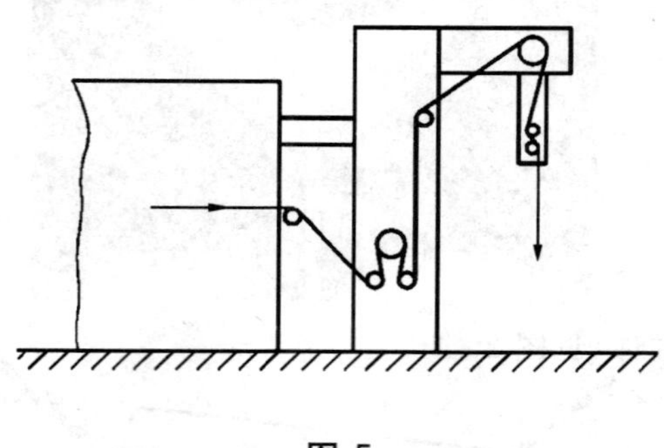

图 5

2.2.2

导布辊　roller

引导或支撑织物的主动或被动回转的圆柱体。

2.2.2.1

被动导布辊　guide roller

引导、支撑织物,且由织物带动转动的辊,见图 6。

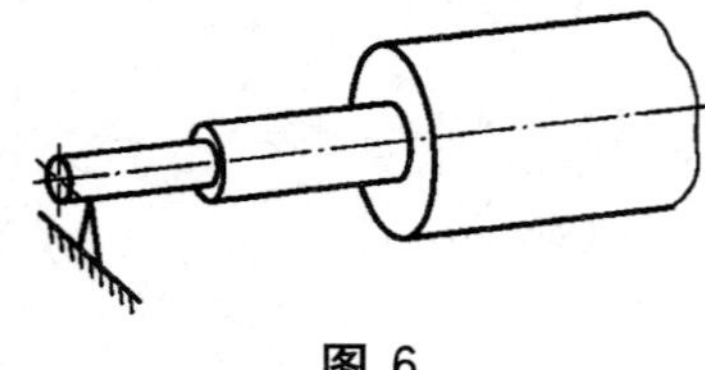

图 6

2.2.2.2

主动导布辊　driven roller

带动织物运动，且由回转轴带动转动的辊，见图7。

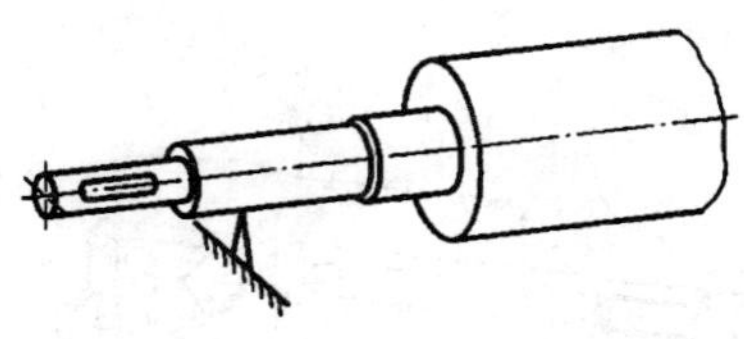

图 7

2.2.3

织物导向装置　fabric guiding system

将织物引向规定方向的装置，见图8。

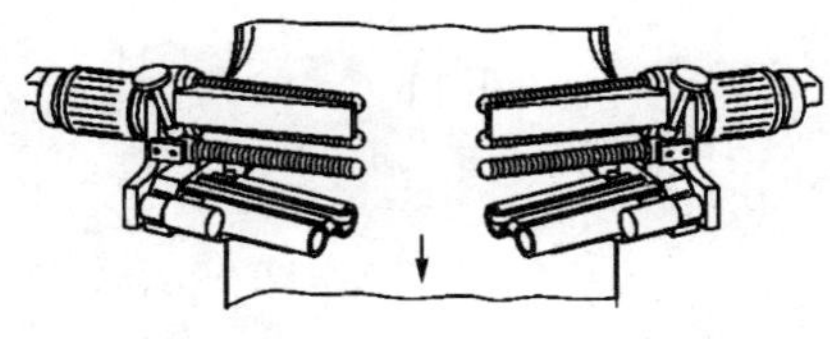

图 8

2.2.3.1

吸边器　fabric guiders

一对倾斜于织物运行方向的辊子，通过夹持布边进行回转，使织物调整到正确的运行方向，见图9。

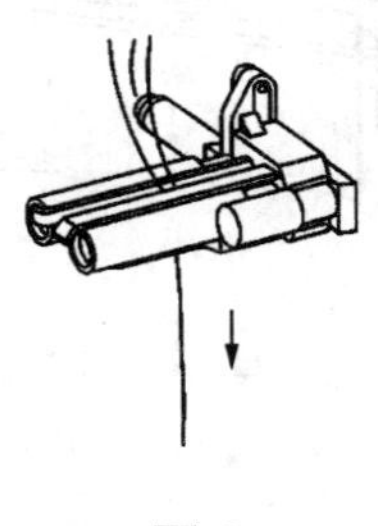

图 9

2.2.3.2

纠偏辊　pivoting roller

能够按所需的角度在织物运行平面内进行回转、使织物调整到正确的运行方向的辊筒，见图10。

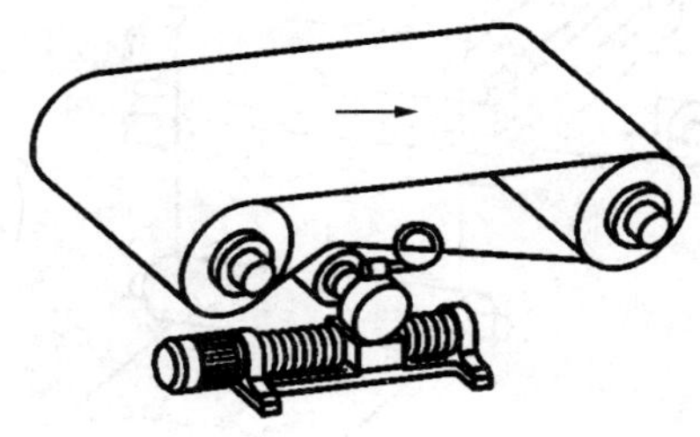

图 10

2.2.3.3

对中/对边装置 pivoting/sliding roller

能够按所需的角度在织物运行平面内进行回转、使织物产生横向位移,并调整到正确的运行方向的辊筒,见图 11。

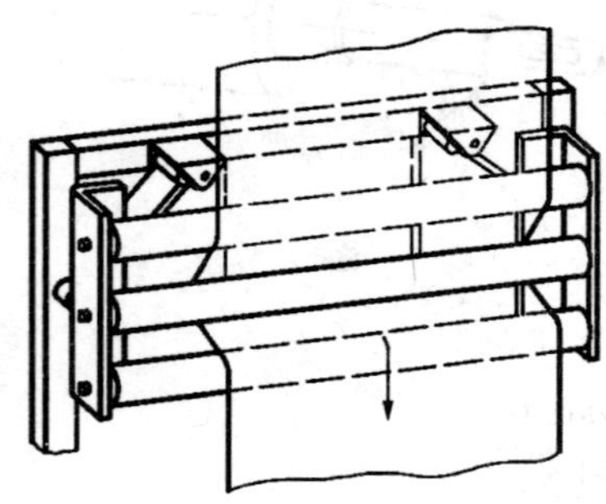

图 11

2.2.3.4

板条式纠偏辊 slatted roller

通过表面板条的移动、使织物产生横向位移,并调整到正确的运行方向的辊筒,见图 12。

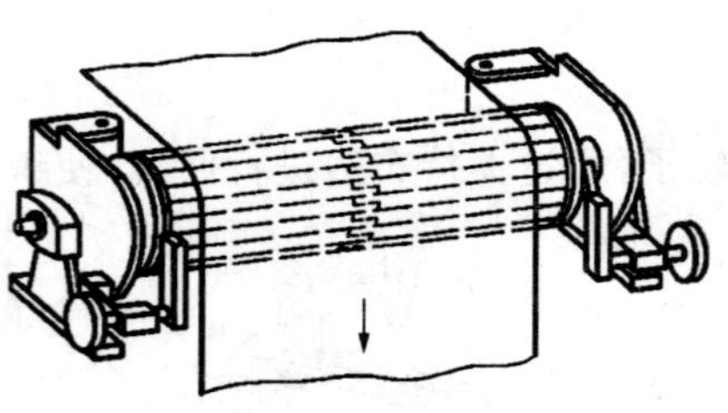

图 12

2.2.3.5

旋转式辊筒架 slewable roller frame

通过改变辊筒支撑架的旋转方向,能够使织物调整到正确的运行方向的装置,见图 13。

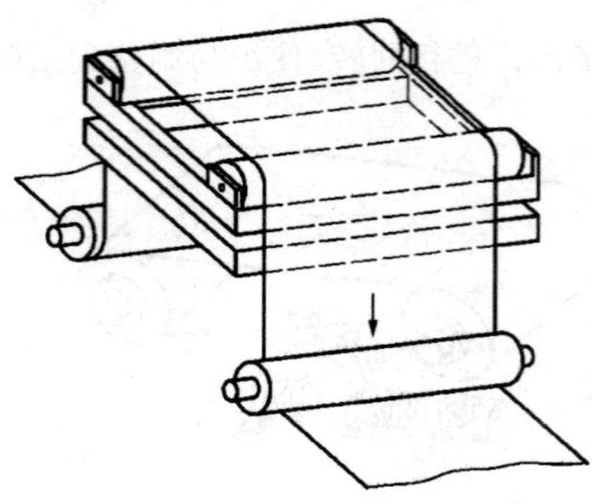

图 13

2.2.3.6

卷绕辊移动装置　winding roll displacing device

能够通过动力调节进行横向移动，使正在卷绕或退绕的织物布边对齐的装置，见图14。

图 14

2.2.4

导杆　guide rod

用于导布的杆，见图15。

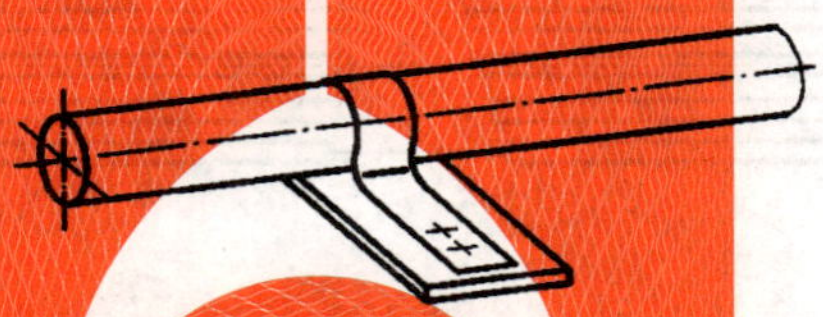

图 15

2.2.5

扩幅装置　spreading device; expanding device

在织物运行中，防皱、去皱和消除卷边，保持织物纬向平整的装置。

2.2.5.1

扩幅辊　spreading roller; expanding roller

辊面螺纹自中间分开，按相反旋向对称分布的辊筒，见图16。

图 16

2.2.5.2

扩幅弯辊　curved spreading roller

挠性套筒内装有滚珠轴承的弯辊，见图17。

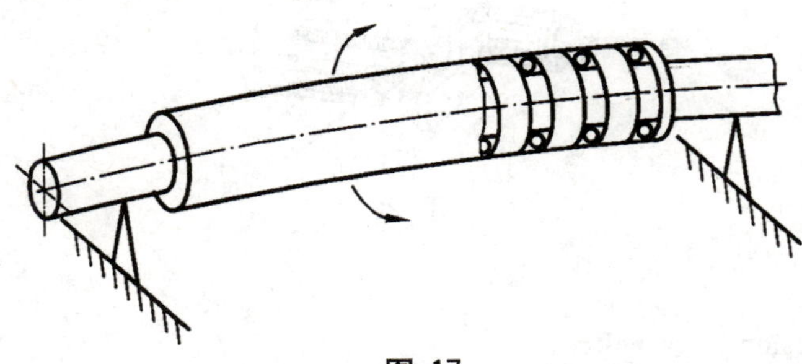

图 17

2.2.5.3

扩幅弯管　curved spreading rod

固定安装的用于扩幅的弯管，见图 18。

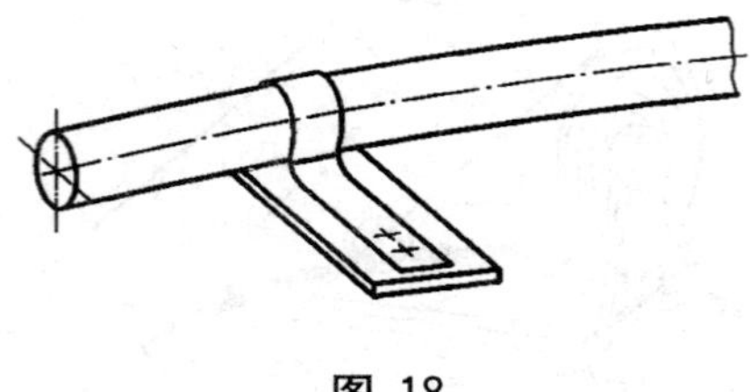

图 18

2.2.5.4

板条式扩幅器　spreading roller with surface elements, movable parallel to axis

见图 19。

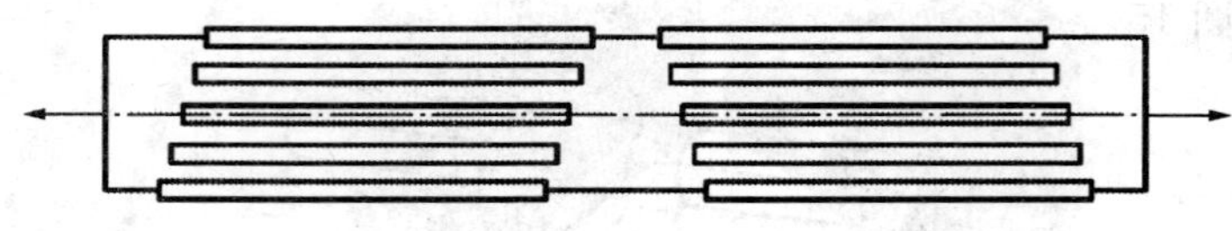

图 19

2.2.5.4.1

固定板条式扩幅辊　segmented roller

工作板条数固定的辊。

2.2.5.4.2

可调板条式扩幅辊　segmented steering roller

工作板条数可调或可控制的辊。

2.2.5.5

布边张紧装置　selvedge straightener

剥边器　selvedge uncurler

布边张紧装置、布边平直装置型式如：

——辊子式（如图 20 所示）；

——型板式；

——气流式。

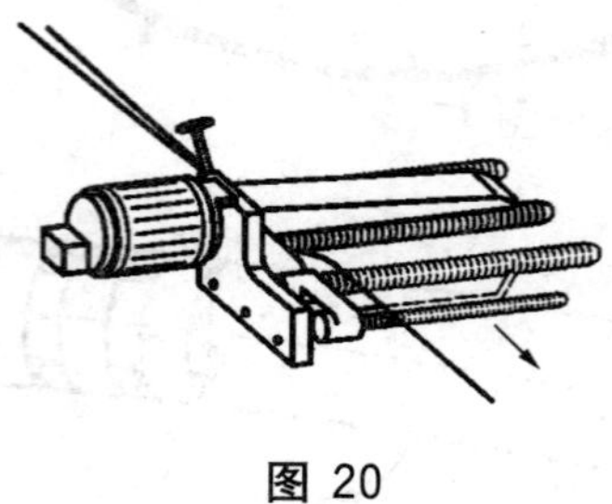

图 20

2.2.6

紧布架　variable tension rails/roller

用改变导杆或导布辊与织物的接触角度来调节织物张力的装置，见图 21。

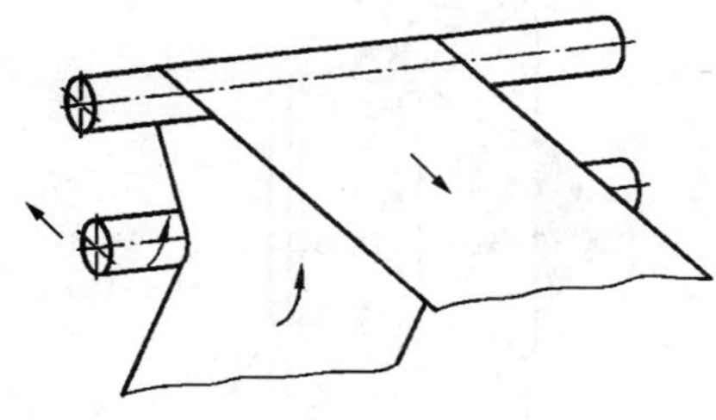

图 21

2.2.7

绞盘辊　slat roller

用于引导或支撑织物的板条辊，其结构可以是漏空的或实心的，见图 22。

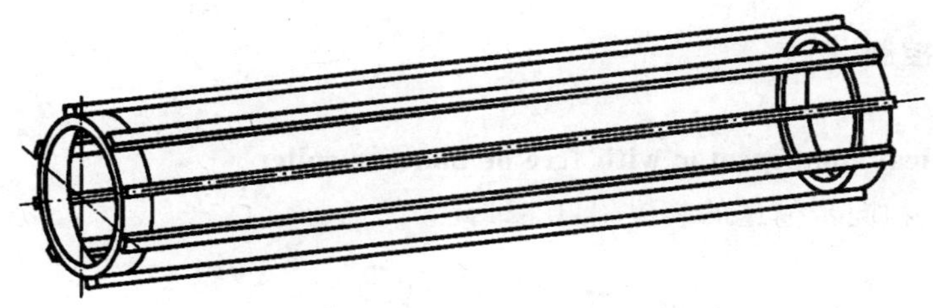

图 22

2.2.8

输送带　conveyor belt

用于输送不受张力织物的环行带。

2.2.9

绳状织物导布器　rope guider

输送绳状织物的装置。

2.2.9.1

导布圈　pot-eye

输送和支撑绳状织物的环形机件。

2.2.9.2

导布轮　guide wheel

引导和支撑绳状织物，能带动织物运动或由织物带动转动的装置。

2.2.9.3

绳状织物退捻器　rope untwister

用于对绳状织物退捻的驱动式装置，见图 23。

2.2.9.4

绳状织物开幅器　rope opener

将绳状织物扩展开的装置。

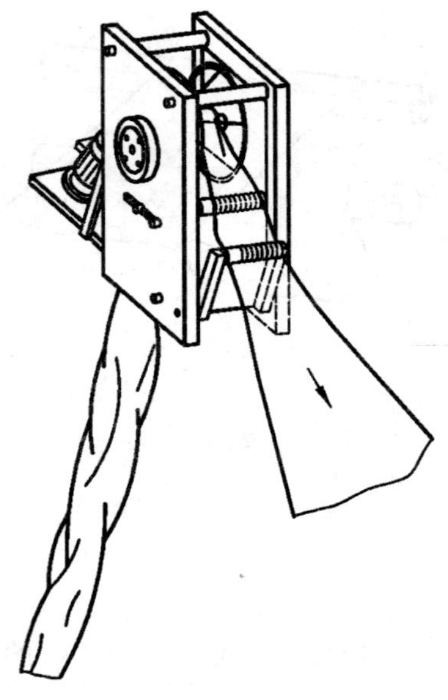

图 23

2.3 织物速度的同步控制

2.3.1

立式松紧架　vertical compensator with free or dancing roller

利用升降辊实现织物同步输送的装置，见图 24。

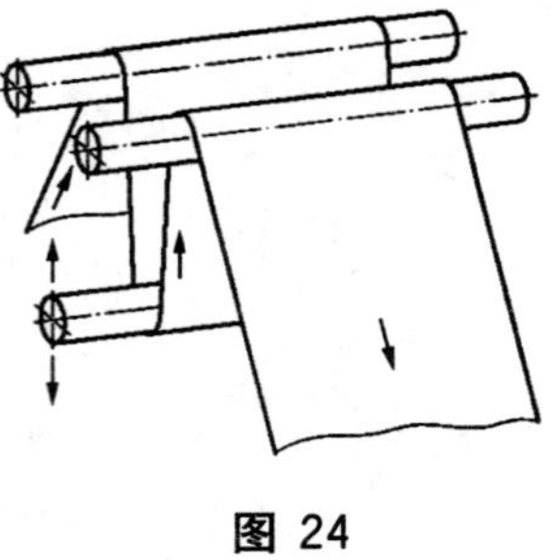

图 24

2.3.2

摆式松紧架　pivoting compensator

利用摆动辊实现织物同步输送的装置，见图 25。

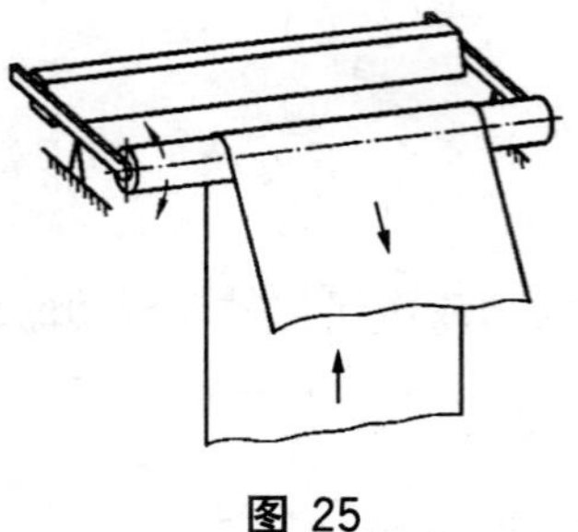

图 25

2.3.3

光电松紧架　light barrier control

利用光电信号实现织物同步输送的装置，见图 26。

图 26

2.4 织物贮存

2.4.1

导布辊贮布装置　roller accumulator

由一系列导布辊组成的，以穿布方式贮存织物的装置，见图 27。

注：贮布量取决于升降辊的垂直动程和辊筒的数量。

图 27

2.4.2

贮布槽　reserve scray

J 型堆布箱　slide-down scray

织物以折叠方式堆置在其槽状面或斜面上的贮布装置，见图 28。

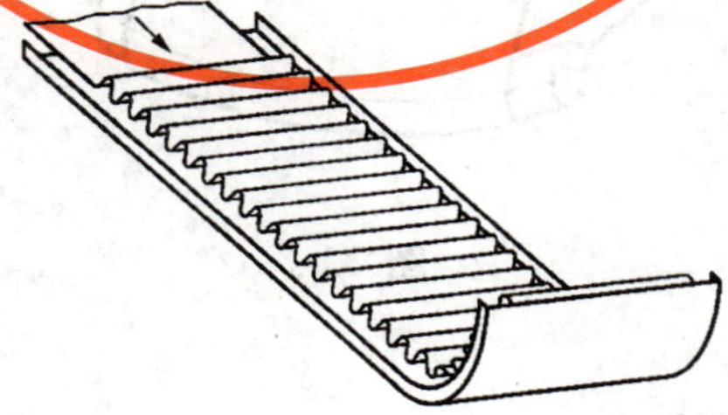

图 28

2.4.3

输送带堆布装置　conveyor-belt accumulator

织物以折叠方式堆置在环形输送带上的装置，见图 29。

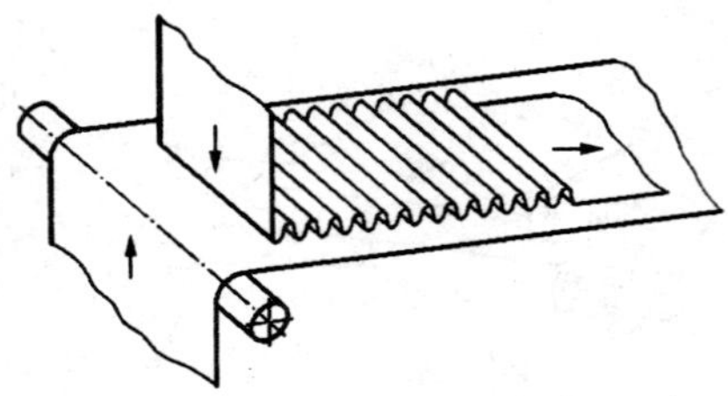

图 29

2.5 织物的整理

2.5.1

纬斜整纬器 weft skew straightener

消除纬斜的装置,见图 30。

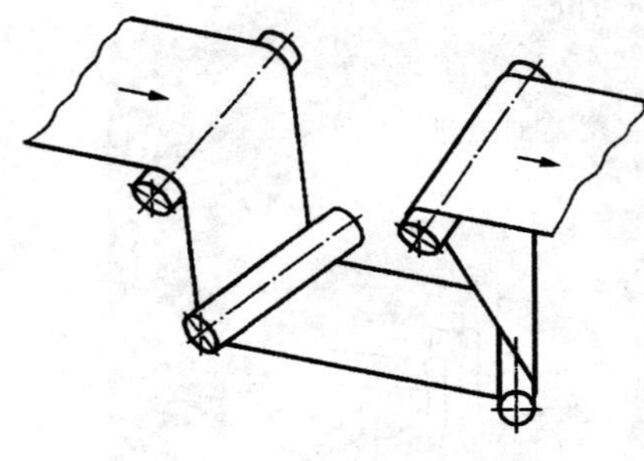

图 30

2.5.2

纬弧整纬器 weft bow straightener

消除纬弧的装置,见图 31。

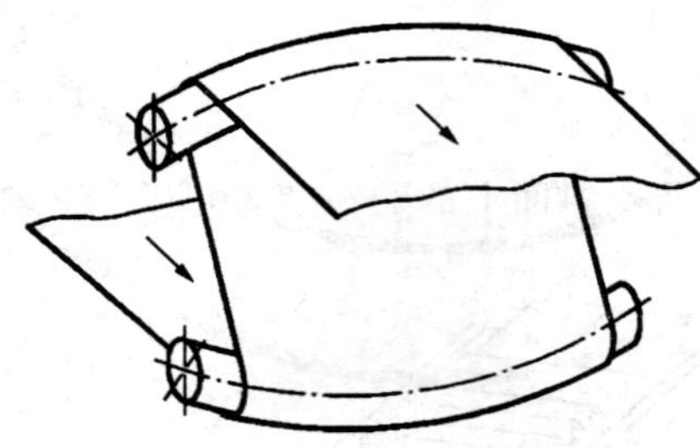

图 31

2.5.3

气味消除装置 odour-removal device

除去织物气味的装置。

2.5.4

冷却装置 cooling device

冷却织物的装置。

2.5.5

检验装置　inspection device

在加工过程中能检验织物的装置。

2.5.6

上胶装置　glueing devices

2.5.6.1

布边上胶装置　selvedge glueing devices

对布边做挺、硬整理的装置。

2.5.6.2

布中上胶装置　centre glueing devices

对布的中部做挺、硬整理的装置。

2.5.7

切断装置　cutting devices

2.5.7.1

切边装置　selvedge trmming device

修剪布边的装置。

2.5.7.2

布中切割装置　centre-cutting devices

从织物中部切割织物的装置。

2.5.7.3

织物分切装置　web-cutting device

沿着织物方向把织物切成数条的装置。

2.5.8

蒸汽给湿装置　steaming device

用蒸汽给织物给湿的装置。

2.5.9

加湿装置　moistening device

给织物加湿的装置，如使用水雾加湿。

2.6　出布

2.6.1

落布装置　machines for folding/plaiting

折叠堆放织物的装置，见图 32。

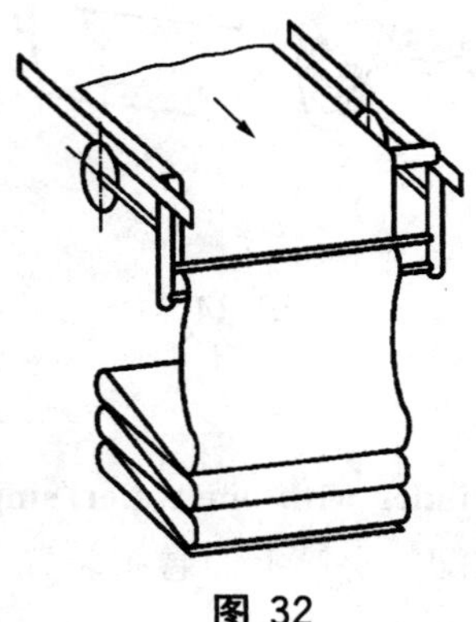

图 32

2.6.2

卷布装置　batchers

把织物卷绕成卷的装置。

2.6.2.1

环形带式卷布装置　winder with endless belts

能够不停机更换布卷的装置。该装置由带有传动带的主动布辊和运转过程中直接支撑布卷的两个横向交换支撑架组成,见图 33。

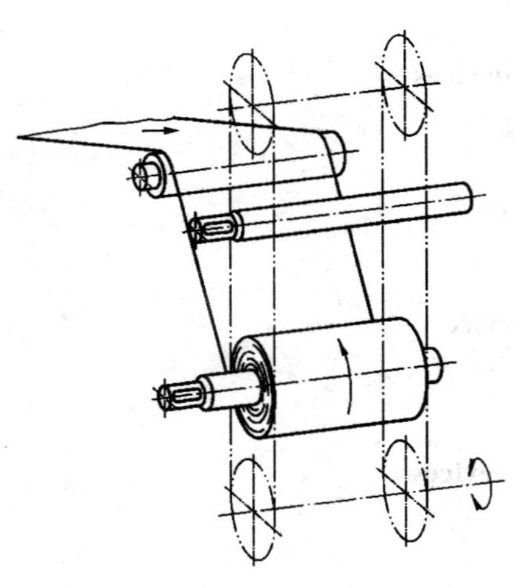

图 33

2.6.2.2

旋转式卷布装置　swivel winder

两个布辊围绕一个轴线互为主动、交替使用的卷布装置,见图 34。

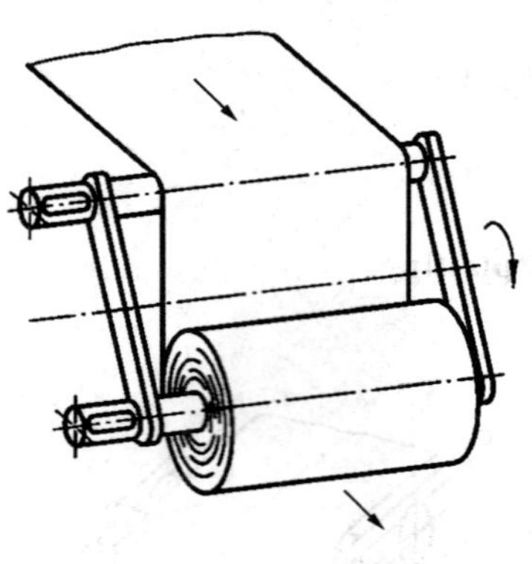

图 34

2.6.2.3

单辊上升式卷布装置　ascending winder with one roller/single-roller ascending winder

把布辊支撑在一根和织物速度相匹配的辊筒上的卷布装置。随着卷绕直径的增大,布卷的中心沿导槽而升高,见图 35。

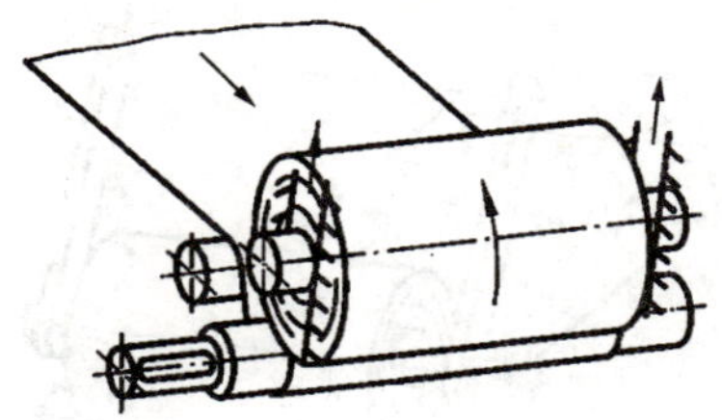

图 35

2.6.2.4

双辊上升式卷布装置　ascending winder with two rollers/two-roller ascending winder

把布辊支撑在两根辊筒上，且至少其中一根辊筒和织物速度相匹配的的卷布装置。随着卷绕直径的增大，布卷的中心沿导槽而升高，见图 36。

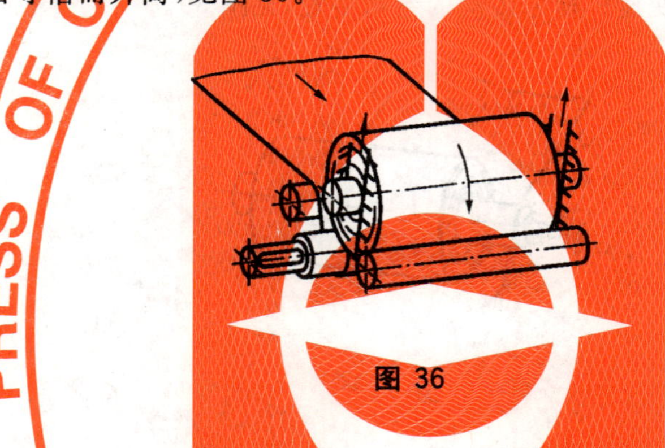

图 36

2.6.2.5

摆臂式表面传动卷布装置　batcher with pivoting driven roller

用摆臂支撑的主动辊来带动布辊的卷布装置。随着布卷直径的增大，摆臂辊升高，见图 37。

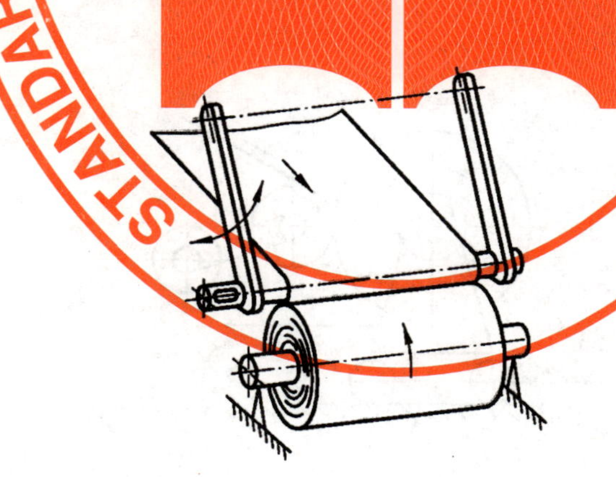

图 37

2.6.2.6

摆臂式主动卷布装置　mobile (pivoting) batcher with centre drive batch

布辊支撑在一根辊筒上、由两个摆臂握持且由变速机构来传动的卷布装置。随着卷绕直径的增大，布卷的中心升高，见图 38。

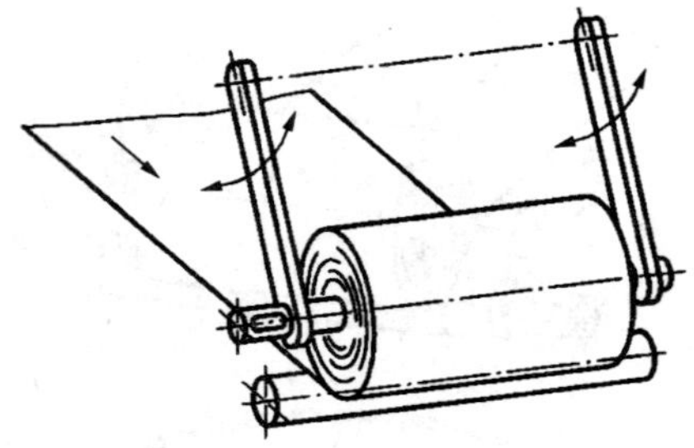

图 38

2.6.2.7

中心卷布装置 centre winder

布辊的中心位置固定,且由变速机构来传动的卷布装置,见图 39。

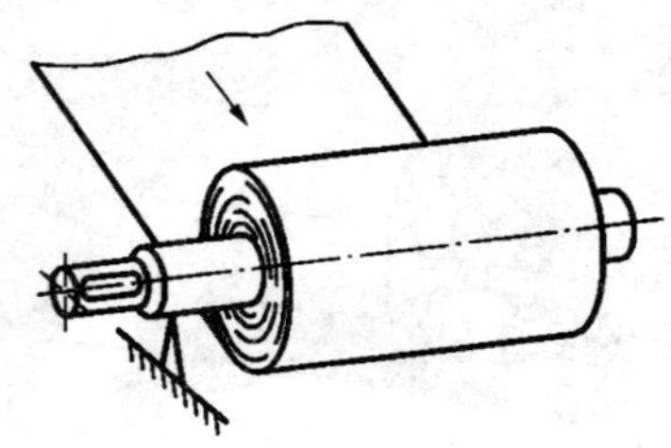

图 39

2.6.2.8

水平移动式卷布装置 traversing winder/winder on traversing platform

布辊紧贴牵引辊的装置,见图 40。

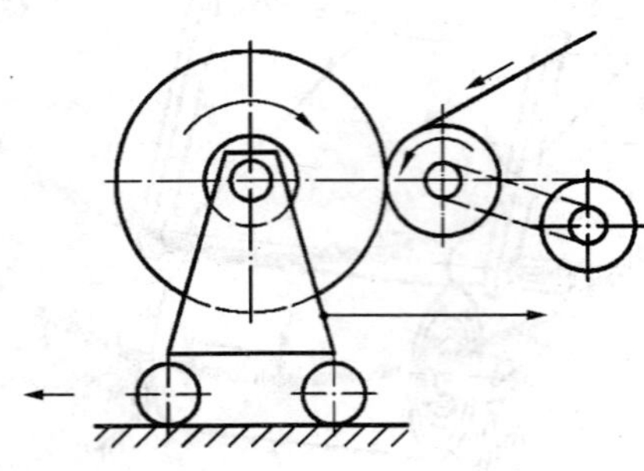

图 40

2.6.2.9

自动切断式卷布装置 automatic winder with cutter

能够横向切断卷布的自动卷绕装置。

注:当达到规定的布卷直径时,自动控制的横向切断器能够在不停机状态下使布辊和布分离,然后,把布自动喂入一个新的卷布辊。

2.7 织物的运输

2.7.1

布车 **wagon**;truck

用于输送平幅或绳状织物的小车。

2.7.2

移动式布卷架 **portable batch-carrier**

接受和运送布卷的移动架。

中文索引

英文索引

参 考 文 献

[1] GB/T 6002.12—2005《纺织机械术语 第12部分:染整机械及相关机械 分类和名称》

ICS 59.120.30
W 90

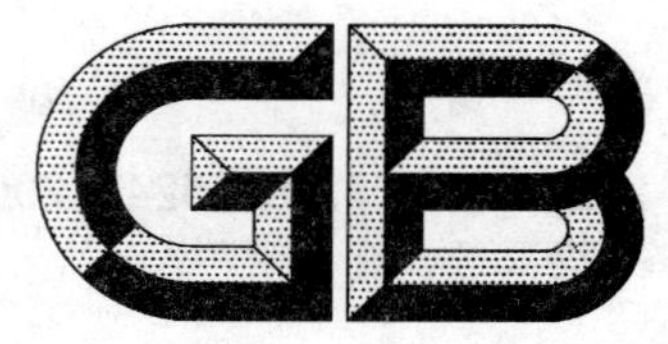

中华人民共和国国家标准

GB/T 22298—2008/ISO 5243:2004

纺织机械与附件
织机综框和停经条的编号

Textile machinery and accessories—Numbering of heald frames and drop wire bars in a loom

(ISO 5243:2004,IDT)

2008-08-19 发布　　2009-06-01 实施

中华人民共和国国家质量监督检验检疫总局
中国国家标准化管理委员会　发布

前　　言

本标准等同采用 ISO 5243:2004《纺织机械与附件　织机综框和停经条的编号》(英文版)。

为便于使用,本标准作了以下编辑性修改:

a) “本国际标准”一词改为“本标准”;

b) 删除国际标准的前言。

本标准由中国纺织工业协会提出。

本标准由全国纺织机械与附件标准化技术委员会(SAC/TC 215)归口。

本标准起草单位:太平洋机电(集团)有限公司、上海纺织综架厂、扬州申江纺织器材厂、常熟常新纺织器材有限公司。

本标准主要起草人:周骏彦、崔孝章、施元钢、陈玉升、邱静云。

本标准为首次发布。

纺织机械与附件
织机综框和停经条的编号

1 范围

本标准规定了织机综框和停经装置中停经条的编号。

2 综框和停经条的编号

综框和停经条的编号是从织机的布匹输出端起始的(见图 1)。

图 1 综框和停经条的编号

ICS 67.220.10
B 36

中华人民共和国国家标准

GB/T 22299—2008/ISO 7541:1989

辣椒粉　天然着色物质总含量的测定

Ground paprika—Determination of total natural colouring matter content

(ISO 7541:1989,IDT)

2008-08-01 发布　　2008-11-01 实施

中华人民共和国国家质量监督检验检疫总局
中国国家标准化管理委员会　发布

前　言

本标准等同采用ISO 7541:1989《辣椒粉　天然着色物质总含量的测定》(英文版)。本标准等同翻译ISO 7541:1989。

为便于使用,本标准做了下列编辑性修改:

a) “本国际标准”一词改为本标准;

b) 用小数点“.”代替作为小数点的逗号“,”。

本标准由中华全国供销合作总社提出并归口。

本标准起草单位:中华全国供销合作总社南京野生植物综合利用研究院。

本标准主要起草人:陈仕荣、张卫明。

辣椒粉　天然着色物质总含量的测定

1 范围

本标准规定了测定辣椒粉天然着色物质总含量的方法。

本标准适用于辣椒粉中天然着色物质总含量的测定。

2 规范性引用文件

下列文件中的条款通过本标准的引用而成为本标准的条款。凡是注日期的引用文件，其随后所有的修改单(不包括勘误的内容)或修订版均不适用于本标准，然而，鼓励根据本标准达成协议的各方研究是否可使用这些文件的最新版本。凡是不注日期的引用文件，其最新版本适用于本标准。

GB/T 12729.2　香辛料和调味品　取样方法(GB/T 12729.2—2008,ISO 948:1980,NEQ)

GB/T 12729.3　香辛料和调味品　分析用粉末试样的制备(GB/T 12729.3—2008,ISO 2825:1981,MOD)

GB/T 12729.6　香辛料和调味品　水分含量的测定(蒸馏法)(GB/T 12729.6—2008,ISO 939:1980,NEQ)

3 原理

用丙酮萃取辣椒粉中的天然着色物质，用分光光度计在 460 nm 波长处测量所得溶液的吸收值。

4 试剂

所有试样均为合格的分析纯，水为蒸馏水或相当纯度的水。

4.1　丙酮。

4.2　硫酸溶液：5%(体积分数)。

4.3　标准显色溶液：称取 1.350 0 g 的六水氯化钴和 0.012 5 g 重铬酸钾(精确至±0.000 2 g)，置于锥瓶中，加入 20 mL 5%(体积分数)硫酸溶液(4.2)，将此溶液定量移入 100 mL 容量瓶中[该容量瓶已预先用 5%(体积分数)硫酸溶液(4.2)洗净，再用少量硫酸溶液(4.2)洗涤三遍]，用硫酸溶液(4.2)稀释至刻度。

5 仪器

通用实验室仪器，其他仪器如下：

5.1　分光光度计：适于波长 460 nm、165 nm 和 477 nm 的测量，配 1 cm 比色杯。

5.2　分样筛：孔径 0.63 mm。

5.3　分析天平。

5.4　振荡机：每分钟振荡 270 次～300 次。

5.5　容量瓶：250 mL(琥珀玻璃制)。

5.6　刻度吸管：5 mL。

5.7　彩色玻璃滤光片：可采用美国标准滤光片 NBSSRM2030。

6 取样

按 GB/T 12729.2 的规定执行。

7 试样制备

按照 GB/T 12729.3 制备试样，仔细充分研磨样品，以使其能全部通过规定的筛孔(5.2)，混合均匀。

8 方法

8.1 分光光度计校正

8.1.1 用标准显色溶液校正

用 1 cm 厚比色杯在 477 nm 处测定标准显色溶液相对于硫酸溶液(4.2)的吸光度，该显色溶液的理论吸收值为 0.315，测得的值与此有差异，可用式(1)计算校正因子 f：

$$f=\frac{0.315}{A_{477}} \qquad (1)$$

式中：

A_{477}——测得的吸收值。

8.1.2 用彩色玻璃滤光片校正

在 465 nm 彩色玻璃滤光片的最大吸收波长处，测定滤光片(5.7)的吸收值，如果测得值与制造商给出的值有差异，用式(2)计算校正因子 f：

$$f=\frac{A_i}{A_m} \qquad (2)$$

式中：

A_i——制造商给出的吸收值；

A_m——测得的滤光片吸收值。

8.2 试样水分含量

按 GB/T 12729.6 的规定执行。

8.3 试样及试液的制备

称取 0.1 g 样品(第 7 章)(精确至±0.000 2 g)，将试样移入 250 mL 容量瓶(5.5)中，加 200 mL 丙酮(4.1)，将容量瓶置于带避光装置的振荡机上，振荡 4 h 后取下容量瓶，将瓶身稍微倾斜，使上部内壁的辣椒粉微粒能回到底部，再用丙酮(4.1)稀释至刻度，充分振摇，然后放置 10 min。

8.4 测定

用刻度吸管(5.6)将 8.3 中制得的适量清澈溶液移入比色杯(5.1)，用丙酮作参比在 460 nm 处测定其吸收值。吸收值应在 0.3～0.5 范围内，若测得的吸收值不在此范围，应重新取样测定。

8.5 测定次数

同一样品，进行两次平行测定。

9 结果表示

9.1 计算方法

辣椒粉天然着色物质总含量 c，以每千克干态样品中辣椒红的克数表示，如式(3)：

$$c=\frac{A\times f\times 2.5\times 10^{5}}{2\,250\times(100-H)\times m} \qquad (3)$$

式中：

A——试液的吸收值；

f——分光光度计校正因子(若需要，见 8.1)；

2.5×10^{5}——换算系数；

2 250——辣椒红的吸光系数；

H——试样水分含量(质量分数),%;

m——试样质量,单位为克(g)。

若重复性(9.2.1)符合要求,则取两次测定(8.5)的算术平均值作为测定结果,保留一位小数。

注:着色物质含量也可用式(4)表示为 ASTA 色度。

$$\text{ASTA 色度} = \frac{A \times (250/100) \times f}{m} \times 16.4 \quad \cdots\cdots(4)$$

式中:

250/100——将本标准中采用的稀释倍数换算为 ASTA 标准稀释倍数的换算因子;

16.4——ASTA 采用的随机因子。

9.2 精密度

9.2.1 重复性

相同样品、相同仪器由同一分析人员进行两次连续平行测定,其测定结果之间的差异,不得超过 0.1 g/kg(每千克样品着色物质含量)。

9.2.2 重现性

同一实验样品,用本法进行分析,在两个不同实验室中得到的最终测定值之间的差异,不得超过 0.3 g/kg(每千克样品着色物质含量)。

10 检验报告

检验报告应说明所用测定方法和测定结果,也应提及本标准未规定的或可选的其他操作细节,以及可能影响测定结果的因素。

检验报告应包括完全鉴别样品所需的一切信息。

ICS 67.220.10
B 36

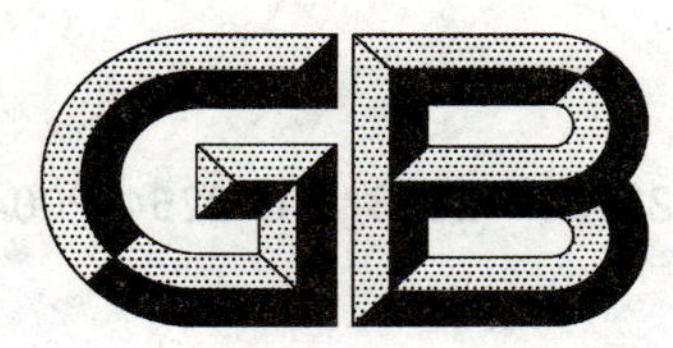

中华人民共和国国家标准

GB/T 22300—2008/ISO 2254:2004

丁香

Clove

[ISO 2254:2004,Cloves,whole and ground (powdered)—Specification,IDT]

2008-08-01 发布 2008-11-01 实施

中华人民共和国国家质量监督检验检疫总局
中国国家标准化管理委员会 发布

前　言

本标准等同采用 ISO 2254:2004《丁香和丁香粉　规格》(英文版)。本标准等同翻译 ISO 2254:2004。

为便于使用,本标准做了下列编辑性修改:

a) “本国际标准”一词改为本标准;

b) 用小数点“.”代替作为小数点的逗号“,”。

本标准由中华全国供销合作总社提出并归口。

本标准起草单位:中华全国供销合作总社南京野生植物综合利用研究院。

本标准主要起草人:陈仕荣、张卫明。

丁　　　香

1　范围

本标准规定了丁香[*Eugenia caryophyllus*(C. Sprengle)Bullock and Harrison](整的或粉状)的技术要求及贮运条件。

本标准适用于丁香的质量评定及其贸易。

2　规范性引用文件

下列文件中的条款通过本标准的引用而成为本标准的条款。凡是注日期的引用文件,其随后所有的修改单(不包括勘误的内容)或修订版均不适用于本标准,然而,鼓励根据本标准达成协议的各方研究是否可使用这些文件的最新版本。凡是不注日期的引用文件,其最新版本适用于本标准。

GB/T 12729.2　香辛料和调味品　取样方法(GB/T 12729.2—2008,ISO 948:1980,NEQ)

GB/T 12729.3　香辛料和调味品　分析用粉末试样的制备(GB/T 12729.3—2008,ISO 2825:1981,MOD)

GB/T 12729.5　香辛料和调味品　外来物含量的测定(GB/T 12729.5—2008,ISO 927:1982,NEQ)

GB/T 12729.6　香辛料和调味品　水分含量的测定(蒸馏法)(GB/T 12729.6—2008,ISO 939:1980,NEQ)

GB/T 12729.7　香辛料和调味品　总灰分的测定(GB/T 12729.7—2008,ISO 928:1997,NEQ)

GB/T 12729.9　香辛料和调味品　酸不溶性灰分的测定(GB/T 12729.9—2008,ISO 930:1997,MOD)

GB/T 12729.13　香辛料和调味品　污物的测定(GB/T 12729.13—2008,ISO 1208:1982,MOD)

ISO 5498　农产食品　粗纤维含量的测定　通用法

ISO 6571　香辛料、调味品和香草　挥发油含量的测定(蒸馏法)

3　术语和定义

下列术语和定义适用于本标准。

3.1

整丁香　whole clove

丁香[*Eugenia caryophyllus*(C. Sprengle)Bullock and Harrison]的干燥花蕾,上部花托中有子房2室,内含胚珠,4片分开的尖花萼片成冠状包裹着圆顶柱头,柱头由4个尚未绽放的膜质鳞状花瓣重叠而成,花瓣含有内曲、呈直立状的雄蕊。

3.2

无头丁香　headless clove

没有柱头,仅剩花托和萼片的丁香。

3.3

有瑕疵的丁香　khoker clove

由于干燥不完全而发酵,外观呈淡棕色,带粉白色斑点,表面有皱褶的丁香。

3.4

母丁香　mother clove

丁香[*Eugenia caryophyllus*(C. Sprengle)Bullock and Harrison]的果实，为棕色卵形浆果，顶部有4个内曲花萼片。

3.5

丁香梗　clove stem

丁香花柄的干燥碎片。

3.6

丁香粉　ground(powdered) clove

丁香研磨后得到的不含其他添加物的粉末。

4　要求

4.1　外观和感官特性

整丁香或丁香粉应具有浓烈刺激性芳香味和特有的滋味；不得有异味、霉变。整丁香应呈红棕至黑棕色。丁香粉应呈淡紫罗兰棕色。丁香中不得带有活虫、死虫、昆虫肢体及其排泄物。按GB/T 12729.13的规定测定丁香粉中的污物。

4.2　外来物

外来物包括以下物质：

a)　污物、灰尘、石子、木屑等；

b)　除丁香以外的植物碎片、藤蔓、花梗；

c)　废丁香。

按GB/T 12729.5的规定，测定丁香中外来物含量，应符合表1的规定。

4.3　整丁香的分级

整丁香分级如表1所示。

表1　整丁香的分级

等　级	无头丁香/% ≤	藤蔓、母丁香/% ≤	有瑕疵的丁香/% ≤	外来物/% ≤
1级	2	0.5	0.5	0.5
2级	5	4	3	1
3级	不规定	6	5	1

4.4　理化指标

4.4.1　整丁香

整丁香理化指标应符合表2的规定。

表2　整丁香理化指标

项　目		指　标	检验方法
水分(质量分数)/%	≤	12	GB/T 12729.6
挥发油(干态)/(mL/100 g)	1级、2级　≥	17	ISO 6571
	3级　≥	15	

4.4.2　丁香粉

丁香粉应符合表3的规定。

表 3 丁香粉理化指标

项目		指标			检验方法
		1 级	2 级	3 级	
水分(质量分数)/%	≤	10	10	10	GB/T 12729.6
总灰分(质量分数,干态)/%	≤	7	7	7	GB/T 12729.7
酸不溶性灰分(质量分数,干态)/%	≤	0.5	0.5	0.5	GB/T 12729.9
挥发油(干态)/(mL/100 g)	≥	16	16	14	ISO 6571
粗纤维(质量分数)/%	≤	13	13	13	ISO 5498

5 取样方法

整丁香和丁香粉的取样按 GB/T 12729.2 的规定执行。

实验室最小取样量为 200 g。

6 试验方法

丁香(整的和粉状)样品按第 4 章、表 2 和表 3 规定的方法检验,以确定其是否符合本标准要求。

分析用粉末样品的制备按 GB/T 12729.3 的规定执行。

总灰分按 GB/T 12729.7 的规定执行,但灰化温度应为 600 ℃±2.5 ℃。

7 包装、标志、贮存和运输

7.1 包装

整丁香或丁香粉应包装在洁净、完好的容器里,包装材料不得影响其质量、应能防潮和防止挥发性物质的散失。

7.2 标志

下列各项应标志在每一个包装或标签上:

a) 产品名称、商品名或商标名称;

b) 制造者或包装者姓名、地址;

c) 批号、代号;

d) 净重;

e) 等级。

7.3 贮存

丁香应贮存在通风、干燥的库房中,地面要有垫仓板并能防虫、防鼠。堆垛要整齐,堆间要有适当的通道以利于通风。严禁与有毒、有害、有污染、有异味的物品混放。

7.4 运输

丁香在运输中应注意避免日晒、雨淋。严禁与有毒、有害、有异味的物品混运。禁用受污染的运输工具装载。

ICS 67.220.10
B 36

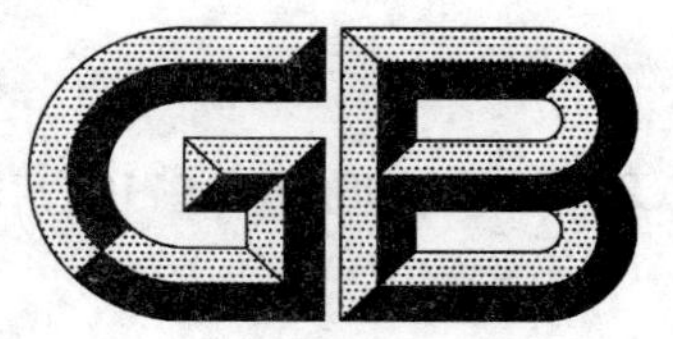

中华人民共和国国家标准

GB/T 22301—2008/ISO 11164:1995

干迷迭香

Dried rosemary

[ISO 11164:1995,Dried rosemary(*Rosmarinus officinalis* L.)—Specification,IDT]

2008-08-01 发布 2008-11-01 实施

中华人民共和国国家质量监督检验检疫总局
中国国家标准化管理委员会 发布

前　言

本标准等同采用ISO 11164:1995《干迷迭香 规格》(英文版)。本标准等同翻译ISO 11164:1995。

为便于使用,本标准做了下列编辑性修改:

a) “本国际标准”一词改为本标准;

b) 用小数点“.”代替作为小数点的逗号“,”;

c) 把ISO 11164:1995中的4.2和4.3合并成本标准的4.2。

本标准由中华全国供销合作总社提出并归口。

本标准起草单位:中华全国供销合作总社南京野生植物综合利用研究院。

本标准主要起草人:陈仕荣、张卫明。

干 迷 迭 香

1 范围

本标准规定了切碎干迷迭香叶的技术要求及相应贮运条件。

本标准适用于干迷迭香的质量评定及其贸易。

2 规范性引用文件

下列文件中的条款通过本标准的引用而成为本标准的条款。凡是注日期的引用文件，其随后所有的修改单(不包括勘误的内容)或修订版均不适用于本标准，然而，鼓励根据本标准达成协议的各方研究是否可使用这些文件的最新版本。凡是不注日期的引用文件，其最新版本适用于本标准。

GB/T 12729.2 香辛料和调味品 取样方法(GB/T 12729.2—2008,ISO 948:1980,NEQ)

GB/T 12729.5 香辛料和调味品 外来物含量的测定(GB/T 12729.5—2008,ISO 927:1982,NEQ)

GB/T 12729.6 香辛料和调味品 水分含量的测定(蒸馏法)(GB/T 12729.6—2008,ISO 939:1980,NEQ)

GB/T 12729.7 香辛料和调味品 总灰分的测定(GB/T 12729.7—2008,ISO 928:1997,NEQ)

GB/T 12729.9 香辛料和调味品 酸不溶性灰分的测定(GB/T 12729.9—2008,ISO 930:1997,MOD)

ISO 6571 香辛料、调味品和香草 挥发油含量的测定

3 描述

干迷迭香由唇形科植物 *Rosmarinus officinalis* L. 的干叶组成，新鲜迷迭香叶子上部呈浅灰绿色，下部有白色绒毛，叶细长，硬而无叶柄，长约 1 cm～3 cm，与鲜叶相比干迷迭香具有较柔和的颜色。

4 要求

4.1 气味、滋味

干迷迭香略有樟脑和桉树脑的特征气味。其滋味芬芳、宜人、清新略苦，有桉叶油和樟脑的滋味。干迷迭香不得带有活虫、长霉，更不得带有死虫、虫尸碎片和昆虫排泄物。

4.2 外来物

按本标准规定，不属迷迭香的所有物质，包括动植物和矿物质都视为外来物。

干迷迭香中外来物含量，按 GB/T 12729.5 的规定测定，不得超过 1%(质量分数)；干迷迭香中碎茎含量不得超过 3%(质量分数)；棕色叶子含量不得超过 10%(质量分数)。

4.3 理化指标

干迷迭香理化指标应符合表 1 的规定。

表 1 切碎干迷迭香理化指标

项 目		指 标	检验方法
水分含量(质量分数)/%	≤	11	GB/T 12729.6
总灰分(质量分数，干态)/%	≤	8	GB/T 12729.7
酸不溶性灰分(质量分数，干态)/%	≤	1	GB/T 12729.9
挥发油含量(干态)/(mL/100 g)	≥	0.8	ISO 6571

5 取样方法

取样按 GB/T 12729.2 的规定执行。

6 检验方法

按 4.2～4.3 规定的理化分析方法，测定干迷迭香样品以确定其是否符合本标准要求。

分析用试样应先经研碎，使其绝大多数能通过孔径为 315 μm 的筛。

7 包装、标志、贮存和运输

7.1 包装

干迷迭香应包装在洁净、完好和干燥的容器中，包装材料不得影响其质量，包装应能防止外来污染，阻断水分增减和挥发性物质的损失。包装也应符合国家有关环保法规要求。

7.2 标志

下列各项应直接标注在每一个包装或标签上：

a) 品名和商标名；

b) 制造商或包装者的姓名、地址、商标；

c) 批号、代号；

d) 净重；

e) 购买者要求的其他信息（如收获年份、包装时间）；

f) 本标准的参考资料。

7.3 贮存

干迷迭香应贮存在通风、干燥的库房中，地面要有垫仓板并能防虫、防鼠。堆垛要整齐，堆间要有适当的通道以利于通风。严禁与有毒、有害、有污染、有异味的物品混放。

7.4 运输

干迷迭香在运输中应注意避免日晒、雨淋。严禁与有毒、有害、有异味的物品混运。禁用受污染的运输工具装载。

ICS 67.220.10
B 36

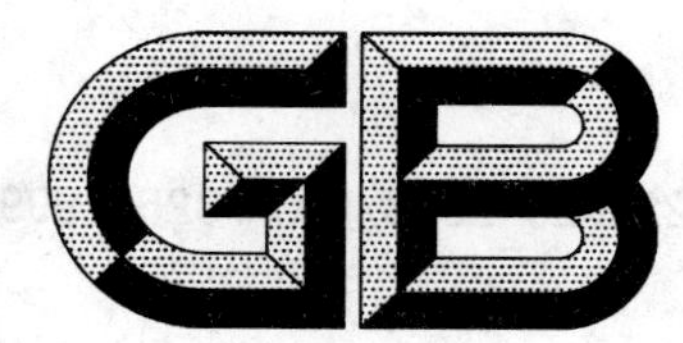

中华人民共和国国家标准

GB/T 22302—2008/ISO 7925:1999

干 牛 至

Dried oregano

[ISO 7925:1999, Dried oregano(*Origanum vulgare* L.)—Whole or ground leaves—Specification, IDT]

2008-08-01 发布 2008-11-01 实施

中华人民共和国国家质量监督检验检疫总局
中国国家标准化管理委员会 发布

前　言

本标准等同采用 ISO 7925:1999《干牛至(整的或碎叶)规格》(英文版)。本标准等同翻译 ISO 7925:1999。

为便于使用,本标准做了下列编辑性修改:

a) "本国际标准"一词改为本标准;

b) 用小数点"."代替作为小数点的逗号","。

本标准由中华全国供销合作总社提出并归口。

本标准起草单位:中华全国供销合作总社南京野生植物综合利用研究院。

本标准主要起草人:陈仕荣、张卫明。

干 牛 至

1 范围

本标准规定了干牛至(*Origanum vulgare* L.)的技术要求及有关贮运条件。

本标准适用于干牛至的质量评定及其贸易。

2 规范性引用文件

下列文件中的条款通过本标准的引用而成为本标准的条款。凡是注日期的引用文件,其随后所有的修改单(不包括勘误的内容)或修订版均不适用于本标准,然而,鼓励根据本标准达成协议的各方研究是否可使用这些文件的最新版本。凡是不注日期的引用文件,其最新版本适用于本标准。

GB/T 12729.2 香辛料和调味品 取样方法(GB/T 12729.2—2008,ISO 948:1980,NEQ)

GB/T 12729.3 香辛料和调味品 分析用粉末试样的制备(GB/T 12729.3—2008,ISO 2825:1981,MOD)

GB/T 12729.5 香辛料和调味品 外来物含量的测定(GB/T 12729.5—2008,ISO 927:1982,NEQ)

GB/T 12729.6 香辛料和调味品 水分含量的测定(蒸馏法)(GB/T 12729.6—2008,ISO 939:1980,NEQ)

GB/T 12729.7 香辛料和调味品 总灰分的测定(GB/T 12729.7—2008,ISO 928:1997,NEQ)

GB/T 12729.9 香辛料和调味品 酸不溶性灰分的测定(GB/T 12729.9—2008,ISO 930:1997,MOD)

GB/T 12729.13 香辛料和调味品 污物的测定(GB/T 12729.13—2008,ISO 1208:1982,MOD)

ISO 6571 香辛料、调味品和香草 挥发油含量的测定

3 术语和定义

下列术语和定义适用于本标准。

3.1

加工牛至 processed oregano

经清洗、制备、研碎等加工处理,符合本标准要求的干牛至。

3.2

半加工牛至 semi-processed oregano

经简单除杂而未进行制备、研碎等加工处理,符合本标准要求的干牛至。

4 外观特性

干牛至由唇形科牛至属(包括种和亚种)植物的干叶构成。干牛至中不得带有黄色或棕色叶子,无灰尘和细微颗粒,干牛至叶应为浅灰绿色至橄榄绿色。

5 要求

5.1 感官特性

干牛至应具有浓烈芳香气味,且具有芬芳、清新、宜人的滋味,不得有异味、霉变。整的或粉状干牛

至不得带有活虫、死虫、昆虫肢体及其排泄物。

按 GB/T 12729.13 的规定测定干牛至粉中的污物。

5.2 外来物

5.2.1 除牛至属(包括种和亚种)以外的所有动植物和矿物质均视为外来物,不包括花头(花顶)。按 GB/T 12729.5 的规定测定,加工牛至外来物含量不得大于 1%(质量分数),半加工牛至不得大于 3%(质量分数)。

5.2.2 干牛至中碎果梗和其他植物部分的含量不得超过 3%(质量分数)。

5.3 理化要求

干牛至粉应能通过 500 μm 孔径的筛。

干牛至(整的、切碎或磨碎的)的理化指标应符合表 1 的规定。

表 1 干牛至理化指标

项目		指标			检验方法
		整的或切碎的叶子		粉状	
		加工	半加工		
水分含量(质量分数)/%	≤	12	12	12	GB/T 12729.6
总灰分(质量分数,干态)/%	≤	10	12	12	GB/T 12729.7
酸不溶性灰分(质量分数,干态)/%	≤	2	2	2	GB/T 12729.9
挥发油含量(干态)/(mL/100 g)	≥	1.8	1.5	1.5	ISO 6571

6 取样方法

按 GB/T 12729.2 的规定执行。

7 试验方法

7.1 按 GB/T 12729.3 的规定制备分析用粉末试样。

7.2 按 5.2、5.3 和表 1 中的规定,对整的、切碎或磨碎的干牛至样品进行测定,以确定其是否符合本标准要求。

8 包装、标志、贮存和运输

8.1 包装

干牛至应包装在洁净、完好和干燥的容器中,包装材料不得影响其质量,包装应能防止污染,阻断水分增减和挥发性物质的损失。包装应符合国家环保法规要求。

8.2 标志

下列各项应直接标志在每一个包装或标签上:

a) 品名、商标名;

b) 制造商或包装者姓名、地址;

c) 批号、代号;

d) 净重;

e) 产品所经过的处理(如熏蒸或辐照)。

8.3 贮存

干牛至应贮存在通风、干燥的库房中,地面要有垫仓板,并能防虫、防鼠。堆垛要整齐,堆间要有适当的通道以利于通风。严禁与有毒、有害、有污染、有异味的物品混放。

8.4 运输

干牛至在运输中应注意避免日晒、雨淋。严禁与有毒、有害、有异味的物品混运。禁用受污染的运输工具装载。

ICS 67.220.10
B 36

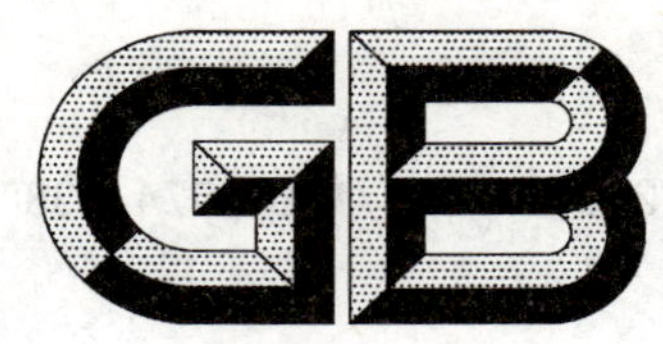

中华人民共和国国家标准

GB/T 22303—2008/ISO 6574:1986

芹 菜 籽

Celery seed

[ISO 6574:1986, Celery seed (*Apium graveolens* Linnaeus)—Specification, IDT]

2008-08-01 发布　　　　2008-11-01 实施

中华人民共和国国家质量监督检验检疫总局
中国国家标准化管理委员会　发布

前　　言

本标准等同采用ISO 6574:1986《芹菜籽　规格》(英文版)。本标准等同翻译ISO 6574:1986。

为便于使用,本标准做了下列编辑性修改:

a) "本国际标准"一词改为本标准;

b) 用小数点"."代替作为小数点的逗号","。

本标准由中华全国供销合作总社提出并归口。

本标准起草单位:中华全国供销合作总社南京野生植物综合利用研究院。

本标准主要起草人:陈仕荣、张卫明。

芹　菜　籽

1　范围

本标准规定了用作香辛料的整芹菜籽(*Apium graveolens* Linnaeus)的技术要求以及贮运条件。

本标准适用于芹菜籽的质量评定及其贸易。

本标准不适用于农用芹菜籽的质量评定及其贸易。

2　规范性引用文件

下列文件中的条款通过本标准的引用而成为本标准的条款。凡是注日期的引用文件,其随后所有的修改单(不包括勘误的内容)或修订版均不适用于本标准,然而,鼓励根据本标准达成协议的各方研究是否可使用这些文件的最新版本。凡是不注日期的引用文件,其最新版本适用于本标准。

GB/T 12729.2　香辛料和调味品　取样方法(GB/T 12729.2—2008,ISO 948:1980,NEQ)

GB/T 12729.3　香辛料和调味品　分析用粉末试样的制备(GB/T 12729.3—2008,ISO 2825:1981,MOD)

GB/T 12729.5　香辛料和调味品　外来物含量的测定(GB/T 12729.5—2008,ISO 927:1982,NEQ)

GB/T 12729.6　香辛料和调味品　水分含量的测定(蒸馏法)(GB/T 12729.6—2008,ISO 939:1980,NEQ)

GB/T 12729.7　香辛料和调味品　总灰分的测定(GB/T 12729.7—2008,ISO 928:1997,NEQ)

GB/T 12729.9　香辛料和调味品　酸不溶性灰分的测定(GB/T 12729.9—2008,ISO 930:1997,MOD)

ISO 6571　香辛料、调味品和香草　挥发油含量的测定

3　特征描述

芹菜籽是植物 *Apium graveolens* L. 的干燥、成熟果实,呈淡棕或灰棕色,外形椭圆呈半球状,长约 1 mm～1.5 mm,宽 0.5 mm～1 mm,沿纵轴方向有几条隆起的淡色条纹。

4　要求

4.1　气味、滋味

具有该品种特有的新鲜气味、滋味,微苦。无霉变和其他外来气味。芹菜籽中不应带活虫、虫尸及昆虫排泄物。

4.2　外来物

按本标准规定,除芹菜籽外的所有动植物及矿物质均视为外来物。

用 GB/T 12729.5 规定的方法测定,外来物的质量分数应符合表 1 的规定。

表 1　芹菜籽的分级

级　别	外来物含量(质量分数)/% ≤
1 级(特级)	1.0
2 级(优级)	2.0
3 级(良级)	4.0

4.3 芹菜籽的分级

按外来物含量和理化指标，芹菜籽可分成与表1、表2相对应的3个级别。

4.4 理化指标

各等级芹菜籽理化指标应符合表2的要求。

表2 芹菜籽理化指标

项目		指标		检验方法
		1级	2级、3级	
水分含量(质量分数)/%	≤	10	11	GB/T 12729.6
总灰分(质量分数，干态)/%	≤	10	12	GB/T 12729.7
酸不溶性灰分(质量分数，干态)/%	≤	2.0	3.0	GB/T 12729.9
挥发油含量(干态)/(mL/100 mg)	≥	2.0	1.5	ISO 6571

5 取样方法

取样按GB/T 12729.2的规定执行。

6 检验方法

按照4.3和表2中的规定，测定芹菜籽是否符合本标准要求。分析用的样品应磨碎，以便能通过500 μm孔径的筛，粉末样品的制备应符合GB/T 12729.3的规定。

7 包装、标志、贮存和运输

7.1 包装

芹菜籽应包装在密封、洁净、不影响其质量、防潮、防挥发油损失的材料制成的容器里，包装应符合各国有关环保法规要求。

7.2 标志

下列各项应标志在每一个包装或标签上：

a) 产品名称、贸易名、商标名；

b) 生产者或包装者的姓名、地址；

c) 批号或代号；

d) 净重；

e) 分级；

f) 购买者需要的其他信息，如收获年份和包装日期。

7.3 贮存

芹菜籽应贮存在通风、干燥的库房中，地面要有垫仓板并能防虫、防鼠。堆垛要整齐，堆间要有适当的通道以利于通风。严禁与有毒、有害、有污染、有异味的物品混放。

7.4 运输

芹菜籽在运输中应注意避免日晒、雨淋。严禁与有毒、有害、有异味的物品混运。禁用受污染的运输工具装载。

ICS 67.220.10
B 36

中华人民共和国国家标准

GB/T 22304—2008/ISO 11163:1995

干甜罗勒

Dried sweet basil

[ISO 11163:1995, Dried sweet basil (*Ocimum basilicum* L.)—Specification, IDT]

2008-08-01 发布 2008-11-01 实施

中华人民共和国国家质量监督检验检疫总局
中国国家标准化管理委员会 发布

前　　言

本标准等同采用ISO 11163:1995《干甜罗勒　规格》(英文版)。本标准等同翻译ISO 11163:1995。

为便于使用,本标准做了下列编辑性修改:

a) “本国际标准”一词改为本标准;

b) 用小数点“.”代替作为小数点的逗号“,”。

本标准由中华全国供销合作总社提出并归口。

本标准起草单位:中华全国供销合作总社南京野生植物综合利用研究院。

本标准主要起草人:陈仕荣、张卫明。

干 甜 罗 勒

1 范围

本标准规定了磨碎或切碎的干甜罗勒的技术要求及相应贮运条件。

本标准适用于干甜罗勒的质量评定及其贸易。

2 规范性引用文件

下列文件中的条款通过本标准的引用而成为本标准的条款,凡是注日期的引用文件,其随后所有的修改单(不包括勘误的内容)或修订版均不适用于本标准,然而,鼓励根据本标准达成协议的各方研究是否可使用这些文件的最新版本。凡是不注日期的引用文件,其最新版本适用于本标准。

GB/T 12729.2 香辛料和调味品 取样方法(GB/T 12729.2—2008,ISO 948:1980,NEQ)

GB/T 12729.5 香辛料和调味品 外来物含量的测定(GB/T 12729.5—2008,ISO 927:1982,NEQ)

GB/T 12729.6 香辛料和调味品 水分含量的测定(蒸馏法)(GB/T 12729.6—2008,ISO 939:1980,NEQ)

GB/T 12729.7 香辛料和调味品 总灰分的测定(GB/T 12729.7—2008,ISO 928:1997,NEQ)

GB/T 12729.9 香辛料和调味品 酸不溶性灰分的测定(GB/T 12729.9—2008,ISO 930:1997,MOD)

ISO 6571 香辛料、调味品和香草 挥发油含量的测定

3 特性描述

干甜罗勒由1年生唇形科植物 *Ocimum basilicum* L. 开花前采摘干燥后得到的干叶,甜罗勒鲜叶亮绿色、卵形,有叶柄,叶长 2 cm~7 cm,边沿全部或部分呈锯齿形;干甜罗勒叶呈灰绿色。

4 要求

4.1 气味、滋味

干甜罗勒应具有似茴香的特征气味,根据其化学组成的不同而有不同的特征,其滋味微苦。干甜罗勒不得霉变,不得带有活虫、死虫、虫尸碎片以及昆虫排泄物。

4.2 外来物

按本标准规定,将不属于罗勒植物的所有物质,包括动植物和矿物质都视为外来物。

按 GB/T 12729.5 的规定测定,干甜罗勒中外来物含量不得大于1%(质量分数)。干甜罗勒中种子和碎梗的含量不得超过3%(质量分数)。干甜罗勒中黄叶和棕色叶的含量不得超过5%(质量分数)。

4.3 理化指标

干甜罗勒理化指标应符合表1的规定。

表1 干甜罗勒理化指标

项　　目		指　　标	检验方法
水分含量(质量分数)/%	≤	12	GB/T 12729.6
总灰分(质量分数,干态)/%	≤	16	GB/T 12729.7
酸不溶灰分(质量分数,干态)/%	≤	2	GB/T 12729.9
挥发油含量(干态)/(mL/100 g)	≥	0.3	ISO 6571

5 取样方法

取样按 GB/T 12729.2 的规定执行。

6 检验方法

按 4.2～4.3 规定的物理和化学分析方法，对干甜罗勒进行测定，以确定其是否符合本标准规定的要求。

分析用试样应经研碎，绝大多数能通过孔径 315 μm 的筛。

7 包装、标志、贮存和运输

7.1 包装

干甜罗勒应包装在洁净、完好和干燥的容器中，包装材料不得影响其质量，包装应能防止污染，阻断水分增减和挥发性物质的损失。包装也应符合国家环保法规要求。

7.2 标志

下列各项应标注在每一个包装或标签上：

a) 产品名、商品名；

b) 制造商的姓名、地址和商标名；

c) 批号、代号；

d) 净重；

e) 购买者要求的其他信息(如收获年份、包装日期)。

7.3 贮存

干甜罗勒应贮存在通风、干燥的库房中，地面要有垫仓板并能防虫、防鼠。堆垛要整齐，堆间要有适当的通道以利于通风。严禁与有毒、有害、有污染、有异味的物品混放。

7.4 运输

干甜罗勒在运输中应注意避免日晒、雨淋。严禁与有毒、有害、有异味的物品混运。禁用受污染的运输工具装载。

ICS 67.220.10
B 36

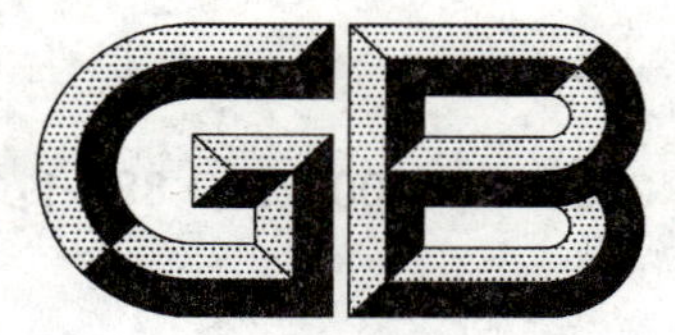

中华人民共和国国家标准

GB/T 22305.1—2008/ISO 882-1:1993

小豆蔻　第1部分:整果荚

Cardamom—Part 1: Whole capsules

[ISO 882-1:1993, Cardamom(*Elettaria cardamomum* (Linnaeus) Maton var. *minuscula* Burkill)—Specification—Part 1: Whole capsules, IDT]

2008-08-01 发布　　2008-11-01 实施

中华人民共和国国家质量监督检验检疫总局
中国国家标准化管理委员会　发布

前　言

GB/T 22305《小豆蔻》分为下列两个部分：

——第1部分：整果荚；

——第2部分：种子。

本部分为GB/T 22305的第1部分。

本部分等同采用ISO 882-1:1993《小豆蔻　规格　第1部分：整果荚》(英文版)。本部分等同翻译ISO 882-1:1993。

为便于使用，本部分做了下列编辑性修改：

a)　"本国际标准"一词改为本部分；

b)　用小数点"."代替作为小数点的逗号","；

c)　把ISO 882-1中的5.1和5.2合并成本部分的5.2。

本部分由中华全国供销合作总社提出并归口。

本部分起草单位：中华全国供销合作总社南京野生植物综合利用研究院。

本部分主要起草人：陈仕荣、张卫明。

小豆蔻 第1部分:整果荚

1 范围

GB/T 22305 的本部分规定了小豆蔻[*Elettaria cardamomum*(Linnaeus) Maton var. *minuscula* Burkill]整果荚的技术要求及有关贮运条件。

本部分适用于小豆蔻整果荚的质量评定及其贸易。

2 规范性引用文件

下列文件中的条款通过 GB/T 22305 的本部分的引用而成为本部分的条款,凡是注日期的引用文件,其随后所有的修改单(不包括勘误的内容)或修订版均不适用于本部分,然而,鼓励根据本部分达成协议的各方研究是否可使用这些文件的最新版本。凡是不注日期的引用文件,其最新版本适用于本部分。

GB/T 12729.2 香辛料和调味品 取样方法(GB/T 12729.2—2008,ISO 948:1980,NEQ)

GB/T 12729.3 香辛料和调味品 分析用粉末试样的制备(GB/T 12729.3—2008,ISO 2825:1981,MOD)

GB/T 12729.5 香辛料和调味品 外来物含量的测定(GB/T 12729.5—2008,ISO 927:1982,NEQ)

GB/T 12729.6 香辛料和调味品 水分含量的测定(蒸馏法)(GB/T 12729.6—2008,ISO 939:1980,NEQ)

GB/T 12729.7 香辛料和调味品 总灰分的测定(GB/T 12729.7—2008,ISO 928:1997,NEQ)

ISO 6571 香辛料、调味品和香草 挥发油含量的测定(蒸馏法)

3 术语和定义

下列术语和定义适用于 GB/T 22305 的本部分。

3.1

空的和畸形果荚 empty and malformed capsules

果荚内没有种子或种子稀少。

3.2

不成熟和皱缩果荚 immature and shrivelled capsules

果荚发育不完全。

3.3 **黑果和开裂果 black and splits**

3.3.1

黑果 black

果荚呈棕色至黑色。

3.3.2

开裂果 splits

边沿开裂过半的果荚。

3.4

未剪果荚 unclipped capsules

未经修剪的带刺果荚。

3.5

漂白或半漂白果荚　bleached or half-bleached capsules

果荚干燥且发育完全,经二氧化硫漂白或半漂白,呈灰白奶油色至白色。

4　特征描述

小豆蔻果荚为干燥、成熟的小豆蔻[*Elettaria cardamomum*(Linnaeus) Maton var. *minuscula* Burkill]果实,颜色为淡绿至棕色或淡奶白至白色,圆弧部分为椭圆形或三角形棱纹,而且果荚可以剥离,果梗可摘除,发育良好,内含壮实小豆蔻种子,果荚可以被漂白。

5　要求

5.1　气味、滋味

小豆蔻果荚应具有其特有的气味、滋味且新鲜,不得带有腐霉等异味、滋味。

小豆蔻果荚不得带有活虫、死虫、霉变以及昆虫排泄物。

注:仅在单个小豆蔻果荚上有蓟玛斑,不应认为果荚已被昆虫寄生。

5.2　外来物

小豆蔻果荚不得带有肉眼可见的灰尘或污物以及花萼、果梗、果荚等碎片,用 GB/T 12729.5 规定方法测定,外来物含量不得大于5%(质量分数)。

5.3　空的和畸形果荚

空的和畸形果荚的比例不得大于5%,即从样品中随机抽取100个果荚,破开后,数出空的和畸形果荚数目。

5.4　不成熟和皱缩果荚

用 GB/T 12729.5 规定方法测定,不成熟和皱缩果荚的比例不得大于7%(质量分数)。

5.5　理化指标

小豆蔻果荚的理化指标应符合表1的规定。

表1　小豆蔻理化指标

项　　目		指标	检 验 方 法
水分含量(质量分数)/%	≤	13	GB/T 12729.6
挥发油含量(干态)/(mL/100 g)	≥	3.5	ISO 6571
总灰分(质量分数,干态)/%	≤	9.5	GB/T 12729.7

6　分级

小豆蔻果荚可基于其色泽、修剪状况、大小和是否漂白来分级,分级方法也随外来物含量或其原产地的不同有所变化。

由于缺乏小豆蔻分级国际标准,若有可能,也可按有关国家标准进行分级。

7　取样方法

取样按 GB/T 12729.2 的规定执行。

8　检验方法

按 GB/T 12729.3 规定的方法制备分析用粉末试样,采用5.3～5.5和表1中规定的方法测定粉状样品,以检验其是否符合本部分的要求。

9 包装、标志、贮存和运输

9.1 包装

小豆蔻果荚应包装在洁净、完好和干燥的镀锡容器里或内衬防水纸、工艺纸或塑料膜的木箱或新麻袋中。

9.2 标志

下列各项应标注在包装或标签上：

a) 品名、贸易名、品种；

b) 制造商或包装者的姓名、地址；

c) 批号、代号；

d) 净重；

e) 产品分级(若有分级，应说明依据的标准)；

f) 生产国；

g) 收获年代。

9.3 贮存

小豆蔻果荚应贮存在通风、干燥的库房中，地面要有垫仓板并能防虫、防鼠。堆垛要整齐，堆间要有适当的通道以利于通风。严禁与有毒、有害、有污染、有异味的物品混放。

9.4 运输

小豆蔻果荚在运输中应注意避免日晒、雨淋。严禁与有毒、有害、有异味的物品混运。禁用受污染的运输工具装载。

ICS 67.220.10
B 36

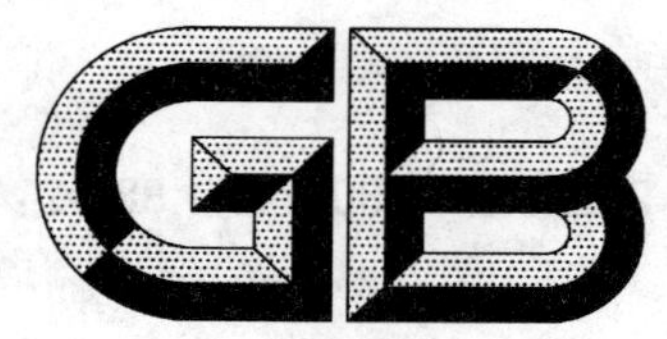

中华人民共和国国家标准

GB/T 22305.2—2008/ISO 882-2:1993

小豆蔻 第2部分:种子

Cardamom—Part 2:Seeds

[ISO 882-2:1993,Cardamom (*Elettaria cardamomum* (Linnaeus)Maton var. *minuscula* Burkill)—Specification—Part 2:Seeds,IDT]

2008-08-01 发布 2008-11-01 实施

中华人民共和国国家质量监督检验检疫总局
中国国家标准化管理委员会 发布

前　言

GB/T 22305《小豆蔻》分为下列两个部分：

——第1部分：整果荚；

——第2部分：种子。

本部分为GB/T 22305的第2部分。

本部分等同采用ISO 882-2:1993《小豆蔻　规格　第2部分：种子》(英文版)。本部分等同翻译ISO 882-2:1993。

为便于使用，本部分做了下列编辑性修改：

a）“本国际标准”一词改为本部分；

b）用小数点“.”代替作为小数点的逗号“,”；

c）将ISO 882-2:1993的4.1和4.2合并为本部分的4.1。

本部分由中华全国供销合作总社提出并归口。

本部分起草单位：中华全国供销合作总社南京野生植物综合利用研究院。

本部分主要起草人：陈仕荣、张卫明。

小豆蔻　第2部分:种子

1　范围

GB/T 22305的本部分规定了小豆蔻[*Elettaria cardamomum*(Linnaeus)Maton var. *minuscula* Burkill]种子的技术要求及有关贮运条件。

本部分适用于小豆蔻种子的质量评定及其贸易。

2　规范性引用文件

下列文件中的条款通过GB/T 22305的本部分的引用而成为本部分的条款。凡是注日期的引用文件,其随后所有的修改单(不包括勘误的内容)或修订版均不适用于本部分,然而,鼓励根据本部分达成协议的各方研究是否可使用这些文件的最新版本。凡是不注日期的引用文件,其最新版本适用于本部分。

GB/T 12729.2　香辛料和调味品　取样方法(GB/T 12729.2—2008,ISO 948:1980,NEQ)

GB/T 12729.3　香辛料和调味品　分析用粉末试样的制备(GB/T 12729.3—2008,ISO 2825:1981,MOD)

GB/T 12729.5　香辛料和调味品　外来物含量的测定(GB/T 12729.5—2008,ISO 927:1982,NEQ)

GB/T 12729.6　香辛料和调味品　水分含量的测定(蒸馏法)(GB/T 12729.6—2008,ISO 939:1980,NEQ)

GB/T 12729.7　香辛料和调味品　总灰分的测定(GB/T 12729.7—2008,ISO 928:1997,NEQ)

ISO 6571　香辛料、调味品和香草　挥发油含量的测定(蒸馏法)

3　特性描述

小豆蔻种子是由小豆蔻[*Elettaria cardamomum*(Linnaeus)Maton var. *minuscula* Burkill]果荚剥皮分离得到的种子。

4　要求

4.1　气味、滋味

小豆蔻种子应具有其特有气味和滋味,且新鲜,不得带腐霉等异味、滋味。小豆蔻种子不得夹带活虫、虫尸碎片及其排泄物。

4.2　外来物

小豆蔻种子不得含有可见的灰尘和污物以及花萼、果梗、果荚等碎片,用规定方法测定外来物含量不得大于2%(质量分数)。

4.3　轻质种子

轻质种子包括棕色或红色的种子,以及碎裂、未成熟和畸形的种子。按GB/T 12729.5的规定测定小豆蔻种子中轻质种子含量,结果不得大于5%(质量分数)。

4.4　理化指标

小豆蔻种子理化指标应符合表1的规定。

表 1 小豆蔻种子理化指标

项 目		指 标	检验方法
水分含量(质量分数)/%	≤	13	GB/T 12729.6
挥发油含量(干态)/(mL/100 g)	≥	3.5	ISO 6571
总灰分(质量分数,干态)/%	≤	9.5	GB/T 12729.7

5 分级

小豆蔻种子可按外来物和轻质种子比例进行分级,也可按有关标准分级。

6 取样方法

取样按 GB/T 12729.2 的规定执行。

7 检验方法

按 GB/T 12729.3 的规定制备粉末样品。

用 4.3~4.4 和表 1 中规定的方法,测定粉末样品是否符合本部分的要求。

8 包装、标志、贮存和运输

8.1 包装

小豆蔻种子应包装在洁净、完好和干燥的镀锡容器里或内衬防水纸、工艺纸或塑料膜的木箱中。

8.2 标志

下列各项应标注在每一个包装或其标签上:

a) 品名(植物学名)、商品名称或商标名;

b) 制造商或包装者姓名和地址;

c) 批号或代号;

d) 净重;

e) 产品等级(若有分级,注明依据的标准);

f) 收获时间。

8.3 贮存

小豆蔻种子应贮存在通风、干燥的库房中,地面要有垫仓板并能防虫、防鼠。堆垛要整齐,堆间要有适当的通道以利于通风。严禁与有毒、有害、有污染、有异味的物品混放。

8.4 运输

小豆蔻种子在运输中应注意避免日晒、雨淋。严禁与有毒、有害、有异味的物品混运。禁用受污染的运输工具装载。

ICS 67.220.10
B 36

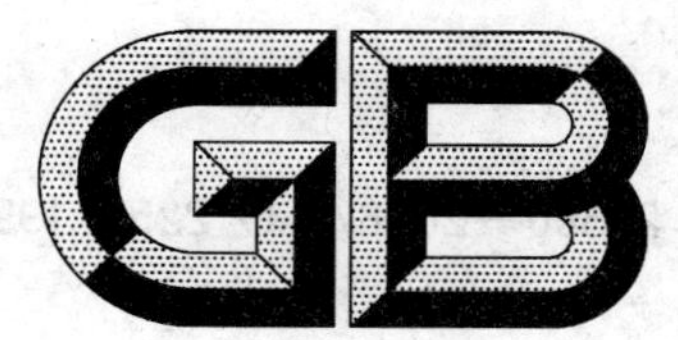

中华人民共和国国家标准

GB/T 22306—2008/ISO 2255:1996

胡　　荽

Coriandrum sativum L.

(ISO 2255:1996,Coriander (*Coriandrum sativum* L.),whole or ground (powdered)—Specification,IDT)

2008-08-01 发布　　2008-11-01 实施

中华人民共和国国家质量监督检验检疫总局
中国国家标准化管理委员会　发布

前　言

本标准等同采用 ISO 2255:1996《胡荽(整的或粉状)　规格》(英文版)。本标准等同翻译 ISO 2255:1996。

为便于使用,本标准做了下列编辑性修改:

a)“本国际标准”一词改为本标准;

b)用小数点“.”代替作为小数点的逗号“,”;

c)把 ISO 2255:1996 的第 3 章和第 4 章合并成本标准的第 3 章;

d)把 ISO 2255:1996 的 4.3 和 4.4 合并成本标准的 3.3。

本标准由中华全国供销合作总社提出并归口。

本标准起草单位:中华全国供销合作总社南京野生植物综合利用研究院。

本标准主要起草人:陈仕荣、张卫明。

胡　　荽

1　范围

本标准规定了胡荽 *Coriandrum sativum* L.(整的或粉状)的技术要求及相应贮运条件。

本标准适用于胡荽的质量评定及其贸易。

2　规范性引用文件

下列文件中的条款通过本标准的引用而成为本标准的条款。凡是注日期的引用文件,其随后所有的修改单(不包括勘误的内容)或修订版均不适用于本标准,然而,鼓励根据本标准达成协议的各方研究是否可使用这些文件的最新版本。凡是不注日期的引用文件,其最新版本适用于本标准。

GB/T 12729.2　香辛料和调味品　取样方法(GB/T 12729.2—2008,ISO 948:1980,NEQ)

GB/T 12729.5　香辛料和调味品　外来物含量的测定(GB/T 12729.5—2008,ISO 927:1982,NEQ)

GB/T 12729.6　香辛料和调味品　水分含量的测定(蒸馏法)(GB/T 12729.6—2008,ISO 939:1980,NEQ)

GB/T 12729.7　香辛料和调味品　总灰分的测定(GB/T 12729.7—2008,ISO 928:1997,NEQ)

GB/T 12729.9　香辛料和调味品　酸不溶性灰分的测定(GB/T 12729.9—2008,ISO 930:1997,MOD)

GB/T 12729.13　香辛料和调味品　污物的测定(GB/T 12729.13—2008,ISO 1208:1982,MOD)

ISO 6571　香辛料、调味品和香草　挥发油含量的测定(蒸馏法)

3　要求

3.1　分级

根据外来物、裂果和破损、脱色、未成熟、畸形、虫蛀果的含量分级,整胡荽可分为一级、二级和三级三个等级。

3.2　整胡荽的分类

依据挥发油含量,整胡荽可分为A、B两类。

3.3　外观及感官特性

胡荽为 *Coriandrum sativum* L.的干燥、成熟果实,呈黄棕色至浅棕色,圆形至椭圆形,直径2 mm～6 mm。

整胡荽或胡荽粉应具有特殊香味和香辛料特有风味,不得有霉味。胡荽中不得带有活虫、死虫、昆虫肢体及其排泄物。

胡荽粉中的污物测定按GB/T 12729.13的规定执行。

3.4　外来物

除胡荽以外的所有物质,包括动物、植物和矿物质均视为外来物。

按GB/T 12729.5规定的方法测定,整胡荽中外来物不得超过表1的规定。

表 1　胡荽技术要求

<table>
<tr><th colspan="3" rowspan="3">项　　目</th><th colspan="4">指　　标</th><th rowspan="3">检验方法</th></tr>
<tr><th colspan="3">整胡荽</th><th rowspan="2">胡荽粉</th></tr>
<tr><th>一级</th><th>二级</th><th>三级</th></tr>
<tr><td colspan="3">外来物(质量分数)/%　≤</td><td>1.5</td><td>2</td><td>4</td><td rowspan="3">—</td><td>GB/T 12729.5</td></tr>
<tr><td colspan="3">裂果(质量分数)/%　≤</td><td>5</td><td>10</td><td>10</td><td rowspan="2">—</td></tr>
<tr><td colspan="3">破损、脱色、裂果等(质量分数)/%　≤</td><td>2</td><td>3</td><td>7</td></tr>
<tr><td rowspan="3">挥发油(干态)/(mL/100 g)</td><td>A类</td><td>最大</td><td>0.5</td><td>0.5</td><td>0.5</td><td>0.5</td><td rowspan="3">ISO 6571</td></tr>
<tr><td rowspan="2">B类</td><td>最小</td><td>0.1</td><td>0.1</td><td>0.1</td><td>0.1</td></tr>
<tr><td>最大</td><td>0.5</td><td>0.5</td><td>0.5</td><td>0.5</td></tr>
<tr><td colspan="3">水分含量(质量分数)/%　≤</td><td>9</td><td>9</td><td>9</td><td>9</td><td>GB/T 12729.6</td></tr>
<tr><td colspan="3">总灰分(质量分数,干态)/%　≤</td><td>7</td><td>7</td><td>7</td><td>7</td><td>GB/T 12729.7</td></tr>
<tr><td colspan="3">酸不溶性灰分(质量分数,干态)/%　≤</td><td>1.5</td><td>1.5</td><td>1.5</td><td>1.5</td><td>GB/T 12729.9</td></tr>
</table>

3.5　开裂果

开裂果包括纵向裂成两部分的胡荽果,整胡荽中开裂果质量分数不得超过表 1 的规定。

3.6　破损、脱色、未成熟、畸形和虫蛀果

包括已破损、脱色或畸形的整果或开裂果,也包括果实部分或全部被象鼻虫或其他昆虫蛀食而产生虫眼的胡荽果。在整胡荽中不完善果的质量分数不得超过表 1 的规定。

3.7　胡荽粉的细度

胡荽粉应全部能通过孔径为 500 μm 的筛。

3.8　理化要求

按规定方法测定胡荽(整的和粉状)样品,其结果应符合表 1 的要求。

4　取样方法

按 GB/T 12729.2 的规定执行。

5　检验方法

胡荽样品按照 3.3～3.8 及表 1 中规定的理化方法进行分析,以确定其是否符合本标准的要求。

6　包装、标志、贮存和运输

6.1　包装

整胡荽或胡荽粉应包装在洁净、完好的容器中,包装材料不得影响其质量,应能防止湿气的侵入和芳香物质的散失。包装也应符合国家环保法规。

6.2　标志

下列各项应直接标注在每个容器或包装上:

a)　品名、商品名;

b)　生产商、包装者姓名、地址或商标;

c)　批号、代号;

d)　净重;

e)　生产日期;

f)　购买者要求的其他任何信息,如收获时间和包装日期。

6.3 贮存

胡荽应贮存在通风、干燥的库房中，地面要有垫仓板并能防虫、防鼠。堆垛要整齐，堆间要有适当的通道以利于通风。严禁与有毒、有害、有污染、有异味的物品混放。

6.4 运输

胡荽在运输中应注意避免日晒、雨淋。严禁与有毒、有害、有异味的物品混运。禁用受污染的运输工具装载。

ICS 23.040.80
Q 24

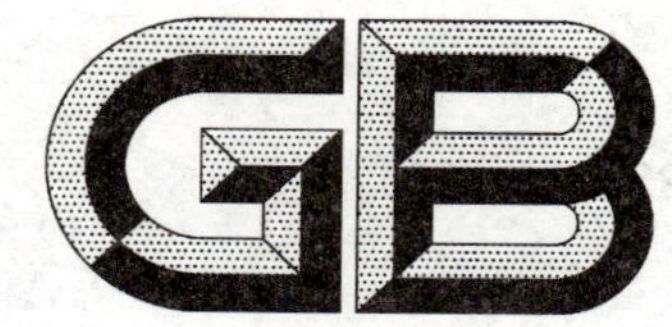

中华人民共和国国家标准

GB/T 22307—2008

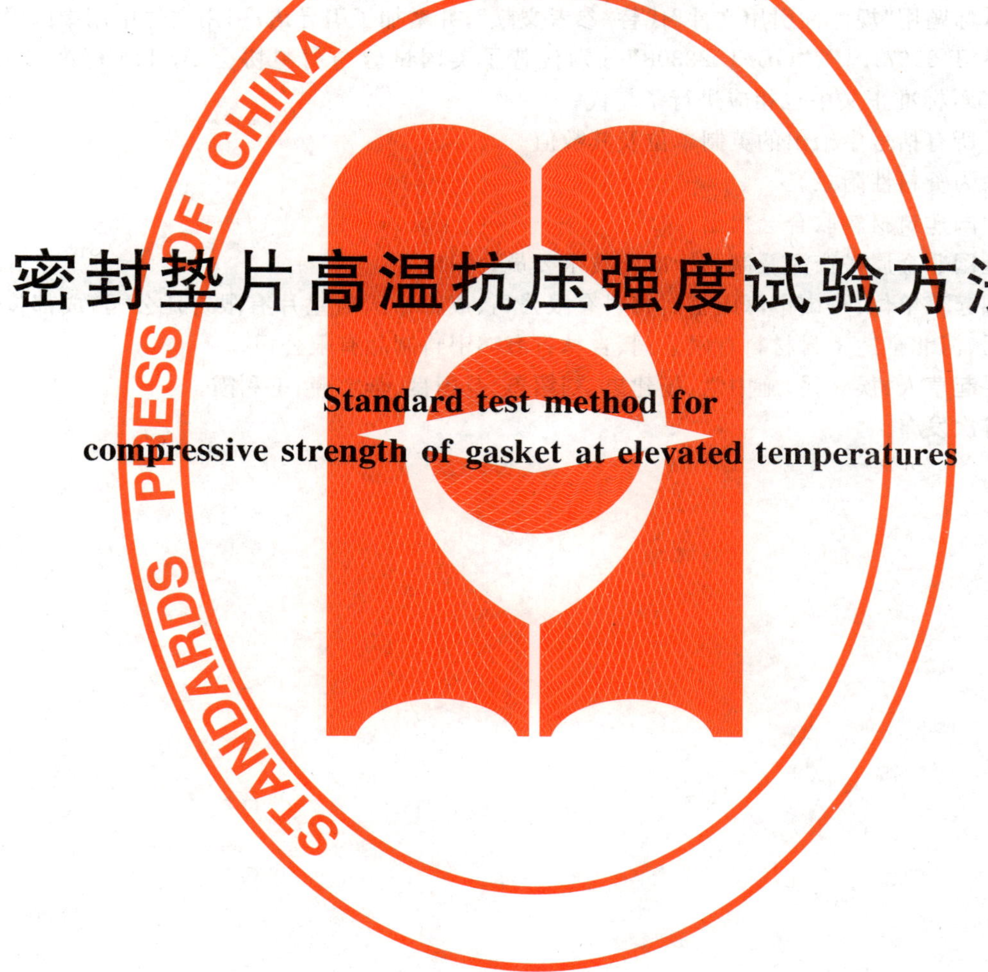

密封垫片高温抗压强度试验方法

Standard test method for compressive strength of gasket at elevated temperatures

2008-08-20 发布　　2009-04-01 实施

中华人民共和国国家质量监督检验检疫总局
中国国家标准化管理委员会　发布

前　言

本标准等同采用美国试验与材料协会 ASTM F 1574-03a《高温下垫片的抗压强度试验方法》。

与 ASTM F 1574-03a 相比，本标准做了如下修改：

——“本试验方法”一词改为“本标准”；

——删除了 1.2 中最后一句“括号内给出的值仅供参考”；

——第 2 章标题用“规范性引用文件”代替“参考文献”；并增加了引导语；引用文件中用中国国家标准“GB/T 20671.1”、“GB/T 22308”分别代替了美国试验与材料协会 ASTM 标准“F104”、“F1315”，标准正文中也相应进行了替代；

——删除了所有括号中给出的英制单位及其数值。

本标准附录为资料性附录。

本标准由中国建筑材料联合会提出。

本标准由全国非金属矿产品及制品标准化技术委员会归口。

本标准参加起草单位：舟山市海山密封材料有限公司、成都市天府垫片有限责任公司、成都俊马密封制品有限公司、河北亨达密封材料有限公司、吉林省海鸿密封制品有限公司。

本标准主要起草人：侯立兵、施中堂、杨建忠、刘绍忠、范国良、李宝瑾、王利霞。

本标准为首次发布。

密封垫片高温抗压强度试验方法

1 范围

1.1 本标准规定了高温下垫片材料的抗压(耐挤出变形)特性的测定方法。

1.2 以国际单位制(SI)单位表示的数值作为标准。

1.3 本标准不涉及与其使用有关的安全问题。使用本标准的用户都有责任考虑安全和健康问题,并在使用前确定规章限制的范围。

2 规范性引用文件

下列文件中的条款通过本标准的引用而成为本标准的条款。凡是注日期的引用文件,其随后所有的修改单(不包括勘误的内容)或修订版均不适用于本标准,然而,鼓励根据本标准达成协议的各方研究是否可使用这些文件的最新版本。凡是不注日期的引用文件,其最新版本适用于本标准。

GB/T 20671.1 非金属垫片材料分类体系及试验方法 第1部分:非金属垫片材料分类体系

GB/T 22308 密封垫板材料密度试验方法

3 方法概述

在150℃下,对从垫片材料上切下来的试样在指定时间内施加垂直于其表面不同的应力,测定试样受压前后厚度以及表面形状的变化,绘出不同应力下试样变形百分比图形,进而确定材料厚度不再减少(即在平面尺寸上)或不被挤出时的屈服应力。这种状况通过物理测量试样尺寸的变化来体现。根据供需双方的要求,需要进行不同温度下的试验来确定温度与压缩之间的关系。

4 意义和用途

垫片材料的压缩强度或耐挤出性是特定条件下选择密封材料的重要因素。试验方法的重要性是建立在假设材料一旦被压或挤出不再具有密封性能的基础上的。这种假设仅是指导性的,那是因为垫片材料(通常是弹性材料)准确的屈服点或失效点很难定义。两种或两种以上材料进行对比可以确定耐压强度差异性。出于质量保证目的,某种材料试样需要和制定的标准或以前的相同材料原始指标进行比较。试样面积及几何尺寸见6.2。

5 试验装置

5.1 试验机:给试样施加给定的应力。试验机应能施加最大应力520 MPa(误差±5 %),并且需配置应力指示仪,用以确定试验时的加压数字。

5.2 硬化压套。两件(洛氏硬度C35～C40或等同),圆形,大于试样直径。比较合适的直径约为100 mm。表面粗糙度为RMS 0.25 μm～0.5 μm,钢压套和试样的布置见图1。

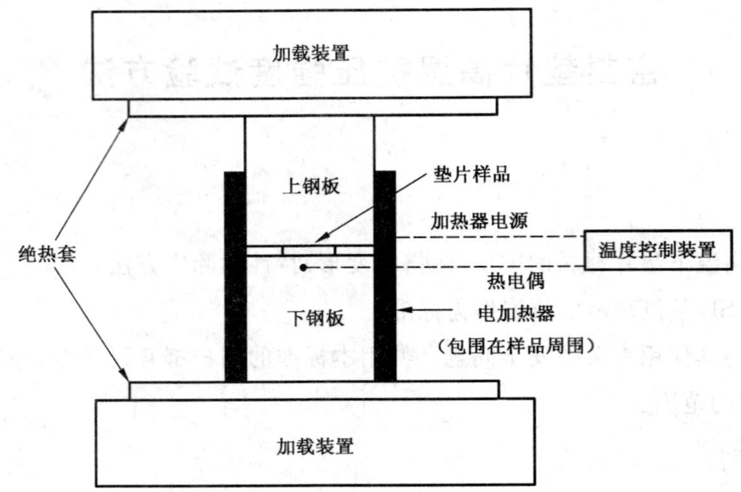

图1　高温条件下垫片压缩强度试验装置

5.3　压套加热装置：应能使垫片材料试样表面达到规定温度。试验装置见图1，用耐热材料包围压套。在某些情况下，加载装置本身可以加热，比如说热压。任何方式都可以。建议试验温度为：150 ℃±5 ℃。根据供需双方的协议可以进行其他温度试验。

5.4　温度测量装置：用于人机交互界面。比如可以记录电压的热电偶。

5.5　模具：用于得到理想的试样尺寸和形状。模具内表面应保持光洁并且垂直于所切边缘，具有足够深度，以免边缘有斜角。模具必须锋利，避免边缘出现毛刺。内外径必须同心。

5.6　铅粒，焊丝或类似的软金属颗粒：直径大约为1.6 mm。

5.7　千分尺：根据GB/T 20671.1测量试样厚度。

5.8　千分尺：测量金属颗粒的厚度。

5.9　游标卡尺或其他测量线性尺寸的工具：精度为0.025 mm或更小。

6　试样

6.1　垫片应切成能够得到理想面积的环形。垫片面积应能够满足施加520 MPa±26 MPa的应力。每个不同的应力准备三个试样。

6.2　建议样品圆环的外径为ϕ23.8 mm±0.5 mm，内径为ϕ12.7 mm±0.5 mm，圆环的宽度（内半径和外半径的差值）大约为5.5 mm，圆环的面积约为323 mm^2。由于考虑负载能力或供需双方协议，可以采用不同面积的试验样品，建议圆环的宽度保持在5.5 mm左右以求降低试验误差。如果两个或两个以上的试验室间进行比对，样品面积和环宽度应该相同。

6.3　建议试样厚度依据试验机类型、评价材料的类型和结果的应用而定。试样厚度对试验结果的影响本标准中没有涉及，但必须承认厚度对试验结果有影响，因此厚度也是第10章试验报告的一部分。不同类型的材料的推荐厚度见GB/T 20671.1的表3。

7　试样调节

根据GB/T 20671.1相应的程序调节所切试样。

8 试验程序

8.1 确定在垫片材料上所施加的应力。所施加的应力应与垫片材料的典型使用环境相一致，并根据材料期望的应力增加、减少应力。应该选择不同的应力覆盖全部的范围。建议每次施加递增 70 MPa 的应力，最大到 520 MPa 或直至出现明显的挤出变形。对某些需要定义精确的挤出范围时，递增值可以减小。应力的示值误差不超过±5%。

8.2 把放置测试样品的钢板重叠在一起，确认钢板接触面达到试验所需温度 150 ℃±5 ℃。

8.3 按 GB/T 20671.1 测量并记录试样的原始厚度。测量每个试样的重量精确到 0.001 g，按 GB/T 22308计算试样的密度。试样之间的密度差应在 1%之内。

8.4 测量试样环的初始宽度，每隔 90°测量一点，共四点取平均值，作为试样的初始宽度。考虑试样应具有代表性，对于相同成分的材料应切取相同的试样。最好用游标卡尺测量环的宽度(内外半径之差)。

8.5 打开试验装置，把试样放在下钢板的中心，在下钢板距离样品的外边缘 6 mm 每隔 90°放置 1 个铅粒或焊丝(直径大约 1.6 mm)，共放置四个。

8.6 当试验装置达到规定试验温度时，下降上钢板使之以最小的接触应力闭合试验装置，保持 30 s，使试样升温。

8.7 以 45 000 N/min 的速度加载，直至期望的载荷，并在 5 s 内卸载(见 8.1 所描述的期望应力)。

8.8 从装置里取出试样，像测初始厚度那样测量并记录最终厚度。

8.9 每隔 90°测量试验后样品的宽度，取平均值，作为挤出环的宽度。

8.10 当应力移除后，测量四个铅粒或焊丝的厚度，计算其平均值，即为试样在应力下的厚度。

8.11 每次试验后应对钢板表面进行清洁，用软棉布蘸溶剂(比如丙酮)擦拭干净。

8.12 用同一材料的另外两个试样施加相同的应力重复试验程序，直至在该应力下评价完这些试样为止。

8.13 对要评价材料所制成的三个新样品重复试验程序，并施加预先规定的递增应力。建议每次施加递增 70 MPa 的应力，最大到 520 MPa 或直至出现明显的挤出变形。对某些需要定义精确的挤出范围时，递增值可以减小。应力的示值误差不超过±5%。

9 计算结果

9.1 每个试样在施加压力时的变形量(厚度减小)按式(1)计算，变形率按式(2)计算：

$$D_s = T_0 - T_s \quad \cdots\cdots(1)$$

$$S = \frac{T_0 - T_s}{T_0} \times 100 \quad \cdots\cdots(2)$$

式中：

D_s——每隔 90°施加压力下的变形量，单位为毫米(mm)；

T_0——原始厚度，单位为毫米(mm)；

T_s——压力下的厚度，单位为毫米(mm)；

S——试样在施加压力时的变形率，%。

9.2 每个试样的最终变形量按式(3)计算，最终变形率按式(4)计算：

$$D_f = T_0 - T_f \quad \cdots\cdots(3)$$

$$F = \frac{T_0 - T_f}{T_0} \times 100 \qquad (4)$$

式中：

D_f——最终变形量，单位为毫米(mm)；

T_0——原始厚度，单位为毫米(mm)；

T_f——最终厚度，单位为毫米(mm)；

F——试样的最终变形率，%。

9.3 每个试样的环变形量按式(5)计算，环变形率按式(6)计算：

$$AD = W_f - W_0 \qquad (5)$$

$$A = \frac{W_f - W_0}{W_0} \times 100 \qquad (6)$$

式中：

AD——环的变形量，单位为毫米(mm)；

W_0——环的原始宽度，单位为毫米(mm)；

W_f——环的最终宽度，单位为毫米(mm)；

A——试样的环变形率，%。

9.4 按上述公式计算结果，并记录所试验的三个样品在给定的应力下的试验结果，确定平均值。

9.5 重复计算试样在其他应力下的结果并绘出平均值图。

9.6 如果需要试验结果以图的形式表示，施加的应力作为 x 轴，y 轴可以包含：(1)应力下变形率；(2)最终变形率或(3)环变形率。应力屈服点可以通过曲线的走势变化中得到。根据垫片材料自身的性质，变化可能大也可能小。

10 试验报告

10.1 每个试样记录以下信息：

10.1.1 材料；

10.1.2 样品的尺寸、形状和密度；

10.1.3 试验温度。

10.2 对每种材料的每个应力记录以下内容：

10.2.1 施加应力；

10.2.2 原始厚度；

10.2.3 应力下的厚度；

10.2.4 最终厚度；

10.2.5 应力下的变形率；

10.2.6 最终变形率；

10.2.7 环的变形率；

10.2.8 试验结果的图形(如果需要)；

10.2.9 从试验曲线上确定的屈服点应力。

10.3 对于试样可以用图表来模拟挤出的程度。

11 精密度和偏差

11.1 精密度

本试验方法的精密度是可以确定的。

11.2 偏差

由于没有相应的参考材料确定偏差，本方法中没有描述偏差。

12 关键词

环(annulus)；压缩(compression)；抗压强度(compressive strength)；屈服应力(compressive yield)；挤出变形(crush-extrusion)；变形(deformation)；失效(failure)；垫片材料(gasket material)；应力(stress)。

ICS 23.040.80
Q 24

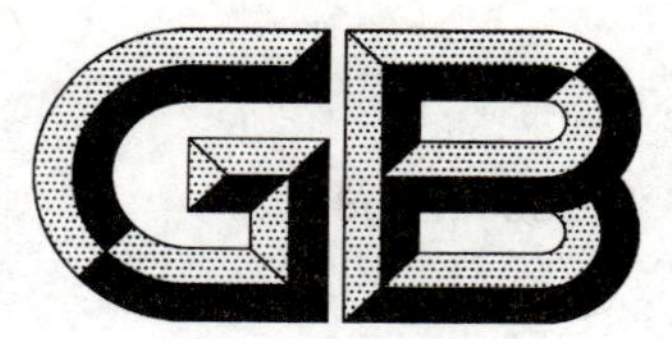

中华人民共和国国家标准

GB/T 22308—2008

密封垫板材料密度试验方法

Standard test method for density of a sheet gasket material

2008-08-20 发布　　　　2009-04-01 实施

中华人民共和国国家质量监督检验检疫总局
中国国家标准化管理委员会　发布

前　言

本标准等同采用美国试验与材料协会 ASTM F1315-00(2006 确认)《密封垫板材料密度试验方法》。

本标准等同翻译 ASTM F1315-00(2006 确认)。

与 ASTM F1315-00(2006 确认)相比,本标准做了如下修改:

——删除了第 1.2 条最后一句"括号内给出的值仅供参考";

——第 2 章标题用"规范性引用文件"代替"参考文献",并增加了引导语;引用文件目录中用中国国家标准"GB/T 20671.1"代替了美国试验与材料协会 ASTM 标准"F104",标准正文中也相应进行了替代;

——删除了所有括号中给出的英制单位及其数值。

本标准由中国建筑材料联合会提出。

本标准由全国非金属矿产品及制品标准化技术委员会(SAC/TC 406)归口。

本标准负责起草单位:咸阳非金属矿研究设计院。

本标准参加起草单位:舟山市海山密封材料有限公司、成都市天府垫片有限责任公司、成都俊马密封制品有限公司、河北亨达密封材料有限公司、吉林省海鸿密封制品有限公司。

本标准主要起草人:侯立兵、施中堂、杨建忠、刘绍忠、范国良、李宝瑾、王利霞。

本标准为首次发布。

密封垫板材料密度试验方法

1 范围

1.1 本标准规定了垫片材料密度的试验方法。

1.2 以国际单位制(SI)单位表示的值为标准。

1.3 本标准不涉及与其使用有关的安全问题。本标准的使用者有责任考虑安全和健康问题,并在使用前确定规章限制的应用范围。

2 规范性引用文件

下列文件中的条款通过本标准的引用而成为本标准的条款。凡是注日期的引用文件,其随后所有的修改单(不包括勘误的内容)或修订版均不适用于本标准,然而,鼓励根据本标准达成协议的各方研究是否可使用这些文件的最新版本。凡是不注日期的引用文件,其最新版本适用于本标准。

GB/T 20671.1 非金属垫片材料分类体系及试验方法 第1部分:非金属垫片材料分类体系

ASTM E 691 实验室研究确定试验方法精密度作业指导书

3 试验方法概述

将模切的试样进行调节,测量厚度、质量和面积,然后计算并报告密度。

4 意义和用途

4.1 密度是垫片材料的一个重要的特性,与材料的体积成反比。密度常用于说明书中,与之相联系的密封性、压缩率、蠕变松弛率和拉伸强度常用于描述垫片材料的等级。

4.2 密度是质量和体积之比,因此用天平和厚度测定装置很容易地进行测定。要达到比较高的精度等级,本试验方法需要进行1 h～2 d的试样调节,但是作为产品试验方法又会降低其有效性。如果用于生产监控,建议严格按照厚度和质量的测量方法。

5 干扰

多数垫片试样会因为受潮而质量增加并且引起材料膨胀。正确的试样调节需要控制变化的湿度。

6 试验设备

6.1 厚度——用靠自重载荷驱动的测量装置测量厚度,具体要求见表1。该装置应能够示值测量厚度的1%。压头直径应为6.40 mm±0.13 mm。砧座直径应大于压头直径。

表1 施加的压力

材料的型号 (六位基础代码的第一位数码,见GB/T 20671.1)	试样上的压强/ kPa	压头上总压力(参考)/ N
1,5或7	80.3±6.9	2.50
2或4	35±6.9	1.11
3	55±6.9	1.75
0和9[a]	55±6.9	1.75

[a] 除非在工程图上或其他的补充文件中另有说明。

6.2 质量——精度在试样质量的±1%范围内的分析天平。

7 试样调节

按照GB/T 20671.1进行试样调节。

8 试验样品

8.1 样品数量：三片。

8.2 样品的尺寸和形状由实验者自定。但是，样品面积不得小于25 cm^2。样品面积测量精度为±1%，因此，一般需要模切样品。

9 试验程序

9.1 如果不在调节室内，试验时应每次从调节容器中取一个试样在分析天平上称量，并记录质量。

9.2 测量样品的面积。

9.3 按照表1使用合适的压头负荷测量样品的厚度。测量点的数量取决于样品的尺寸和形状，但是至少要测五个点并计算平均值。记录厚度。

10 计算

样品密度按式(1)计算：

$$密度(g/cm^3)=\frac{W\times 10}{T\times A} \qquad \cdots\cdots(1)$$

式中：

W——样品质量，单位为克(g)；

T——样品厚度，单位为毫米(mm)；

A——样品面积，单位为平方厘米(cm^2)。

11 报告

报告中应包含下列信息：

11.1 样品标签(例如指定等级、批量等)。

11.2 样品厚度。

11.3 样品面积。

11.4 样品质量。

11.5 生产日期(如果知道)。

11.6 试验日期。

11.7 密度。

11.8 试验人员。

12 精密度和偏差

12.1 精密度

12个试验室使用五种材料进行测试，每种材料测试了五次，得到了本试验方法的变异系数。数据是运用ASTM E 691的统计方法进行分析的。结果见表2。

表 2 精密度数据

指定材料	密度平均值(×10^3)/(kg/m^3)	实验室内		实验室间
		S	$CV/\%$	$CV/\%$
A	0.397 2	0.010 6	2.68	3.11
B	1.013 3	0.006 2	0.61	1.44
C	1.114 8	0.020 1	1.80	2.88
D	1.623 2	0.013 5	1.22	1.83
E	1.346 5	0.019 8	1.00	1.97

12.2 偏差

由于没有满意的参考材料用于确定本标准测定垫片材料的密度的偏差，所以得不到关于偏差的描述。

13 关键词

密度(density)；垫片材料(gasket material)；板(sheet)。

ICS 43.040.40
Q 69

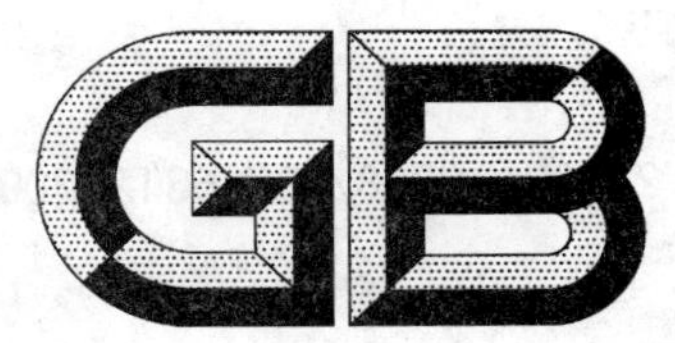

中华人民共和国国家标准

GB/T 22309—2008/ISO 6312:2001

道路车辆 制动衬片 盘式制动块总成和鼓式制动蹄总成剪切强度试验方法

Road vehicles—Brake linings—Shear test procedure for disc brake pad and drum brake shoe assemblies

(ISO 6312:2001,IDT)

2008-08-20 发布 2009-04-01 实施

中华人民共和国国家质量监督检验检疫总局
中国国家标准化管理委员会 发布

前　言

本标准等同采用国际标准 ISO 6312:2001《道路车辆——制动器衬片——盘式制动块总成和鼓式制动蹄总成的剪切强度试验方法》。

与 ISO 6312:2001 相比,本标准做了如下修改:

——"本试验方法"一词改为"本标准";

——本标准中用"GB/T 5620"代替"ISO 611";

——本标准采用国际单位制(SI)单位。

本标准附录 A 为规范性附录、附录 B 为资料性附录。

本标准由中国建筑材料联合会提出。

本标准由全国非金属矿产品及制品标准化技术委员会(SAC/TC 406)归口。

本标准负责起草单位:咸阳非金属矿研究设计院。

本标准参加起草单位:山东金麒麟集团有限公司、杭州杭城摩擦材料有限公司、福建冠良汽车配件工业有限公司、东营信义汽车配件有限公司、湖北飞龙摩擦密封材料股份有限公司。

本标准主要起草人:石志刚、王广兴、黄顺民、张世绍、杜东升、张文强、朱绵鹏。

自本标准实施之日起,JC/T 472—1992《汽车盘式制动块总成和鼓蹄制动器总成》同时废止。

ISO 前言

ISO(国际标准化组织)是由各国标准团体(ISO成员团体)组成的世界范围的联合组织。国际标准的起草工作一般通过ISO各技术委员会来完成。每一个成员团体对已成立的技术委员会的任务感兴趣,有权派代表参加其中工作。与ISO有联系的政府或非政府的国际组织也可参加有关工作。ISO与从事电工标准化工作的国际电工委员会(IEC)有着密切合作。国际标准的起草应符合ISO/IEC导则,第3部分的要求。

被技术委员会采纳的国际标准草案须各成员团体投票表决。按照ISO导则,必须有75%以上的成员团体投票赞成,方可通过。

要特别注意本国际标准的某些要素可能涉及专利权问题。ISO对专利权的识别不负任何责任。

国际标准ISO 6312是由ISO/TC 22(道路车辆)技术委员会SC 2分技术委员会起草的。第二版对第一版(ISO 6312:1981)作了技术性的修订。

附录A为规范性附录。附录B为资料性附录。

引　言

剪切性能与盘式制动衬块或鼓式制动蹄总成的衬片和背板或蹄之间的接触面积有关。

本标准给出了所用的设备加载平均速率和压头移动速率的建议。

道路车辆 制动衬片 盘式制动块总成和鼓式制动蹄总成剪切强度试验方法

1 范围

本标准规定了汽车制动块(蹄)总成剪切强度试验的术语、试样准备、试验设备与夹具、试验步骤、结果计算和报告内容等。

本标准适用于整体模压或粘接的汽车盘式制动块总成和鼓式制动蹄总成剪切强度的测定。本标准适用于铆接的汽车制动块(蹄)总成剪切强度的测定。

2 规范性引用文件

下列文件中的条款通过本标准的引用而成为本标准的条款。凡是注日期的引用文件,其随后所有的修改单(不包括勘误的内容)或修订版均不适用于本标准,然而,鼓励根据本标准达成协议的各方研究是否可使用这些文件的最新版本。凡是不注日期的引用文件,其最新版本适用于本标准。

GB/T 5620 道路车辆 汽车和挂车 制动名词术语及其定义(GB/T 5620—2002,ISO 611:1994,IDT)

3 术语和定义

GB/T 5620 中的制动名词术语及其定义和下列术语、定义适用于本标准。

3.1

衬片 lining

用于生产制动衬片总成的摩擦材料。

3.2

衬板 carrier

制动块(蹄)总成的部件,用于粘结或铆接制动器衬片。

3.3

粘结面积 bond area

在失效载荷下衬片和衬板的接触面积。

3.4

剪切强度 shear strength

失效载荷与粘结面积之比值。

4 符号和单位

下列符号和单位适用于本标准。符号和单位采用国际单位见表1。

表 1 本标准中所涉及的符号和单位

术 语	符 号	单 位
剪切力	F	N
粘结面积	A	mm^2
总成剪切强度	τ	MPa

5 试样准备

5.1 本标准适用于研发中的产品、成品或特殊处理(ISO 6314)或使用过的样品。

5.2 可以用整个总成、也可以用总成的一部分进行试验。

5.3 样品边缘应能保证与载荷和夹具有良好的接触，并去掉隔音片。

5.4 当对蹄块进行试验时，试验剪切面应能覆盖整个总成或沿衬片宽度方向锯割下来的一部分(见图1)。

单位为毫米

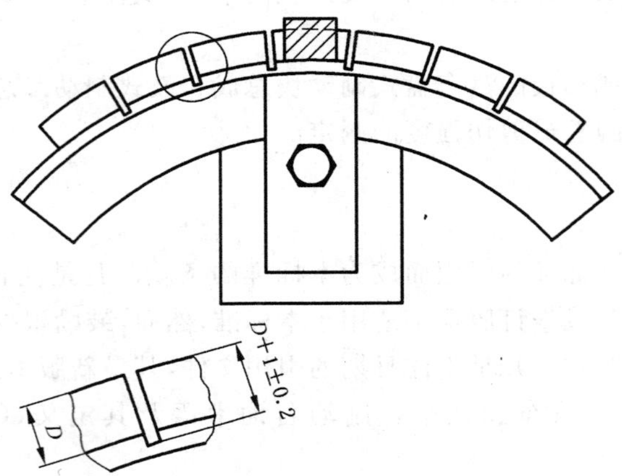

D——衬片厚度。

注：试验过程中，加载在试样上的剪切力与作用在试样上辅助压力，这两种力的方向是不一致的。如果槽倾斜或者高出背板，试验过程中，对试验结果都会产生影响。

图1 鼓式制动蹄总成分段的试样

5.5 样品数量为5个。

6 试验设备与夹具

6.1 试验设备

试验装置应为靠驱动压头施加足够剪切力的压力机或拉力机或类似的机器(比如剪切试验机)。试验机应符合6.1.1～6.1.2的要求。

6.1.1 试验机应附有记录装置，能正确记录瞬时的失效剪切力。

6.1.2 应控制加载速率，平均加载速率为(4 500±1 000)N/s(取决于所评价的车型)，如果使用恒定速度十字头试验机，加载速率为(10±1)mm/min。这些都应记录在试验结果中，注意不能和恒定加载类型试验机的试验结果进行比较。应避免冲击载荷。

6.2 试验夹具

6.2.1 总则

剪切试验夹具应能够固定试验样品，并与压头平行。夹具与样品接触的部位须有1.5 mm的倒圆。

6.2.2 鼓式制动蹄总成

6.2.2.1 夹具应设计成压头与衬片边缘面沿长度方向上吻合接触，并与蹄板有(1±0.2)mm的间隙(见图2)。

6.2.2.2 压头施加载荷方向应与制动蹄板平行。蹄的支撑必须沿着试样长度方向保持均匀地加载。压头的宽度应大于衬片的宽度 W。

单位为毫米

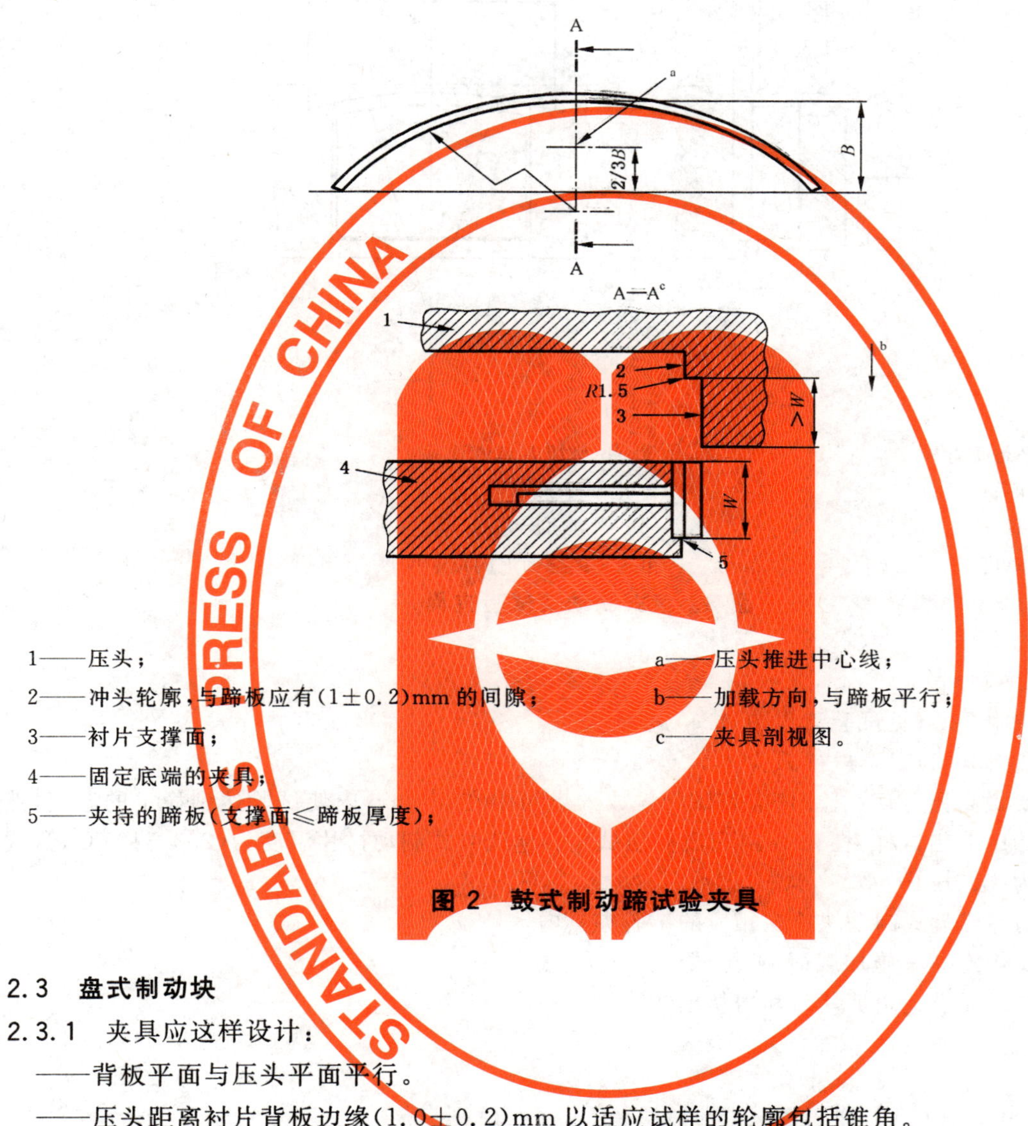

1——压头；

2——冲头轮廓，与蹄板应有(1±0.2)mm 的间隙；

3——衬片支撑面；

4——固定底端的夹具；

5——夹持的蹄板(支撑面≤蹄板厚度)；

a——压头推进中心线；

b——加载方向，与蹄板平行；

c——夹具剖视图。

图 2 鼓式制动蹄试验夹具

6.2.3 盘式制动块

6.2.3.1 夹具应这样设计：

——背板平面与压头平面平行。

——压头距离衬片背板边缘(1.0±0.2)mm 以适应试样的轮廓包括锥角。

——压头能够自己对准。

——压头应与试样衬片周边轮廓吻合接触，并与背板支撑面平行。

——背板的负荷承载边缘安置在一个刚性支座上，其厚度不大于背板厚度。

——为避免试样在测试过程中移动，正压力要垂直于剪切力，作用在刹车片面积上的正压力负荷为(0.5±0.15)N/mm^2。

——施加的侧向压紧力，其摩擦力应是最小的，并不会显著影响试验结果。

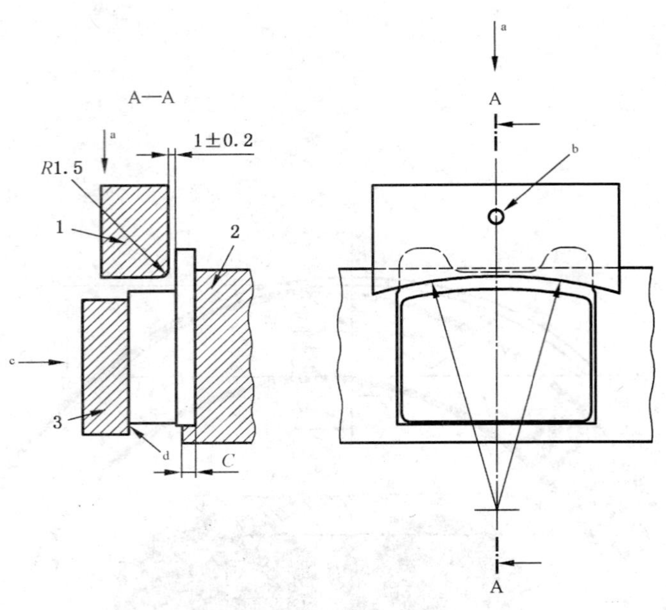

1——压头(平行于背板支座)；
2——背板支座；
3——侧向夹具；
C——≤背板厚度；
a——剪切方向；
b——中心线；
c——侧向压力；
d——接触面上的最小摩擦力。

图3 盘式制动块试验夹具

7 试验步骤

试验步骤按附录A(见试验流程图A.1)进行。

a) 在室温(23±5)℃下进行试验。

b) 当需要做高温剪切试验时，应将试样先放入烘箱中在30 min内使试验达到稳定的温度，然后从烘箱中取出试样，在30 s内完成剪切试验。建议鼓式制动衬片温度为(200±10)℃，盘式块温度为(300±10)℃。

c) 把制动蹄或盘式制动块放在相应的试验夹具内。

d) 按6.1规定速率施加载荷，直至试样失效为止。

e) 按第9章要求记录剪切力和剪切模式。

8 试验结果计算

8.1 总成剪切强度按下式计算：

$$\tau = \frac{F}{A}$$

式中：

τ——剪切强度，单位为兆帕(MPa)；

F——失效剪切力，单位为牛顿(N)；

A——试样面积，单位为平方毫米(mm^2)。

8.2 按照摩擦材料轮廓粘结线计算A，而不是盘块表面，并去除斜面及沟槽。剪切强度用最小值和所试验样品的平均值表示。

9 试验报告内容

试验报告(见附录B.1)应包括下列内容：

a) 制动蹄总成或盘式制动块摩擦材料的型号和供应商及批量批号。

b) 试样的数量(建议5个)。

c) 剪切力的最小值和平均值,或者是剪切强度的最小值和平均值,或者二者兼之。

d) 剪切模式的表述,如下:

 1) 失效百分比:

 ——光面;

 ——粘结层;

 ——衬片层。

 2) 光面区域的面积及位置。

e) 当与正常试验条件不同时应给予说明(包括第5章提到的),如特殊试验温度。

附 录 A
（规范性附录）
试验程序流程

试验程序流程如图 A.1 所示。

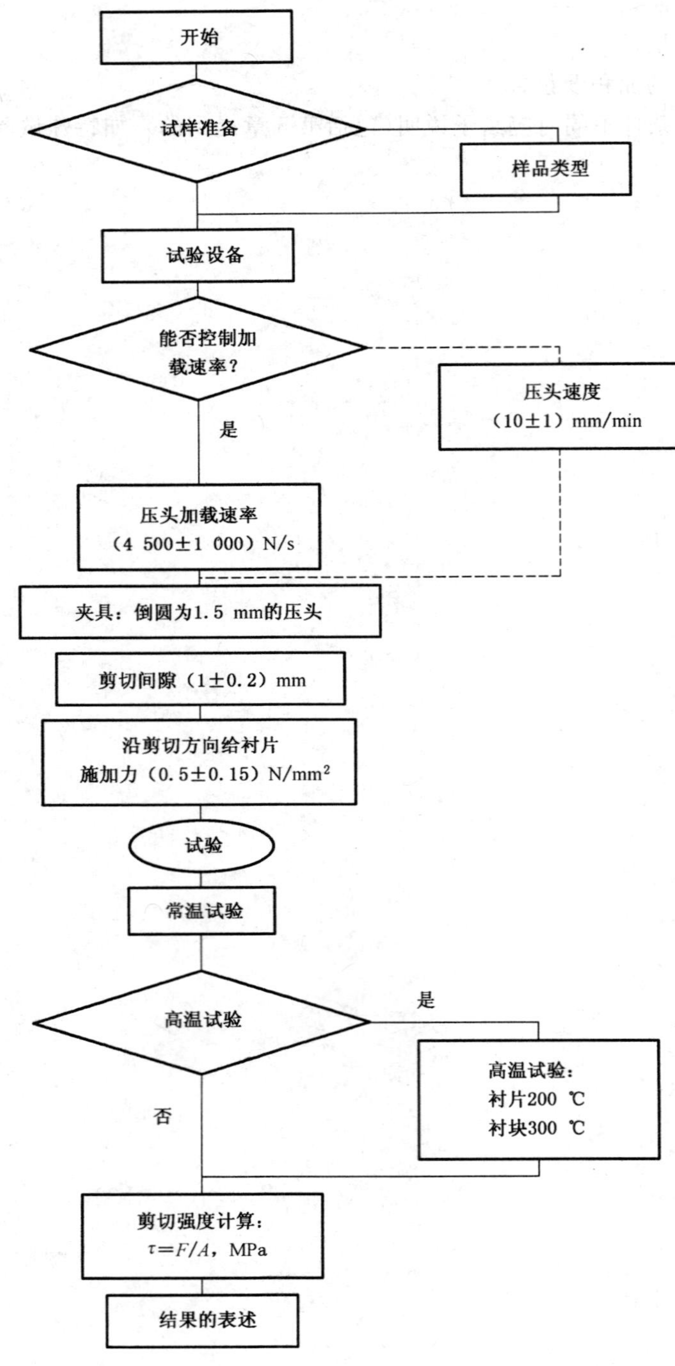

图 A.1 试验程序流程图

附 录 B
（资料性附录）
试 验 报 告

试验参数的记录和结果报告按表 B.1 进行。

表 B.1 试验报告表

<table>
<tr><td colspan="2">参 数</td><td colspan="2">力加载范围</td><td colspan="2">加载速度范围</td></tr>
<tr><td colspan="2">加载速率</td><td colspan="2">(4 500±1 000)N/s</td><td colspan="2">(10±1)mm/min</td></tr>
<tr><td colspan="2">压头与衬板间隙</td><td colspan="2">(1±0.2)mm</td><td colspan="2">(1±0.2)mm</td></tr>
<tr><td colspan="2">压头倒圆</td><td colspan="2">(1.5±0.5)mm</td><td colspan="2">(1.5±0.5)mm</td></tr>
<tr><td colspan="2">侧向压力</td><td colspan="2">(0.5±0.15)N/mm²</td><td colspan="2">(0.5±0.15)N/mm²</td></tr>
<tr><td rowspan="4">高温试验</td><td>加热时间</td><td colspan="2">30 min</td><td colspan="2">30 min</td></tr>
<tr><td>试验完成时间</td><td colspan="2">30 s</td><td colspan="2">30 s</td></tr>
<tr><td>鼓式制动蹄总成</td><td colspan="2">(200±10)℃</td><td colspan="2">(200±10)℃</td></tr>
<tr><td>盘式制动块</td><td colspan="2">(300±10)℃</td><td colspan="2">(300±10)℃</td></tr>
<tr><td colspan="2">制造单位</td><td colspan="4"></td></tr>
<tr><td colspan="2">参考衬片</td><td colspan="4"></td></tr>
<tr><td colspan="2">批号</td><td colspan="4"></td></tr>
<tr><td colspan="2">试样类型</td><td colspan="4">□完整衬块 □部分衬块 □完整蹄 □切割蹄 □其他</td></tr>
<tr><td colspan="2">试样尺寸</td><td colspan="4"></td></tr>
<tr><td colspan="2">试样剪切面积</td><td colspan="4">mm²</td></tr>
<tr><td colspan="2">特殊涂层</td><td colspan="4"></td></tr>
<tr><td colspan="3">常温试验</td><td colspan="3">高温试验</td></tr>
<tr><td colspan="3">试验次数(建议 5 次)：</td><td colspan="3">试验次数(建议 5 次)：</td></tr>
<tr><td colspan="3">最小剪切强度： MPa</td><td colspan="3">最小剪切强度： MPa</td></tr>
<tr><td colspan="3">平均剪切强度： MPa</td><td colspan="3">平均剪切强度： MPa</td></tr>
<tr><td rowspan="4">失效模式</td><td colspan="2">光面： %</td><td rowspan="4">失效模式</td><td colspan="2">光面： %</td></tr>
<tr><td colspan="2">粘结层： %</td><td colspan="2">粘结层： %</td></tr>
<tr><td colspan="2">衬片层： %</td><td colspan="2">衬片层： %</td></tr>
<tr><td colspan="2">光面面积位置：</td><td colspan="2">光面面积位置：</td></tr>
<tr><td colspan="6">与试验过程的偏离：</td></tr>
<tr><td colspan="6">试验日期： 试验人员：</td></tr>
<tr><td colspan="6">备注：</td></tr>
</table>

参 考 文 献

[1] ISO 6314 道路车辆——制动衬片——耐水、盐水、油和制动液——试验程序

ICS 43.040.40
Q 69

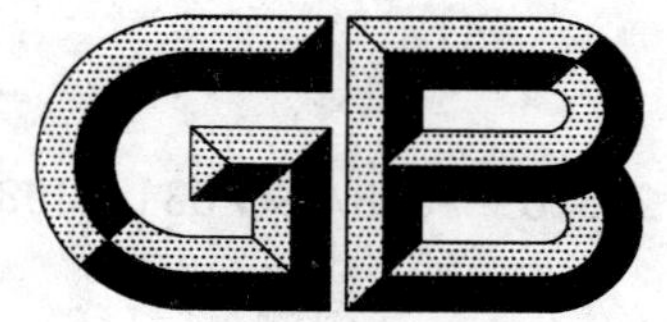

中华人民共和国国家标准

GB/T 22310—2008/ISO 6313:1980

道路车辆 制动衬片 盘式制动衬块受热膨胀量试验方法

Road vehicles—Brake linings—Effects of heat on dimensions and form of disc brake pads-test procedure

(ISO 6313:1980,IDT)

2008-08-20 发布 2009-04-01 实施

中华人民共和国国家质量监督检验检疫总局
中国国家标准化管理委员会 发布

前　言

本标准等同采用ISO 6313:1980《道路车辆——制动衬片——制动衬块尺寸和形状的热效应试验程序》制定的。

与ISO 6313:1980相比，本标准做了如下修改：

——“本国际标准”一词改为“本标准”；

——第2章用“规范性引用文件”代替“参考文件”；在规范性引用文件前增加了引导语；

——本标准采用国际单位制(SI)单位。

本标准由中国建筑材料联合会提出。

本标准由全国非金属矿产品及制品标准化技术委员会(SAC/TC 406)归口。

本标准负责起草单位：咸阳非金属矿研究设计院。

本标准参加起草单位：山东金麒麟集团有限公司、杭州杭城摩擦材料有限公司、福建冠良汽车配件工业有限公司、东营信义汽车配件有限公司、湖北飞龙摩擦密封材料股份有限公司。

本标准主要起草人：石志刚、王广兴、黄顺民、张世绍、杜东升、张文强、侯立兵。

本标准为首次发布。

道路车辆　制动衬片
盘式制动衬块受热膨胀量试验方法

0　引言

本标准规定了盘式制动衬块受热影响尺寸变化的试验方法。同时也规定了盘式制动衬块在施加压力方向热传导的试验方法。试验装置可以设计成对一片或两片盘式制动衬块进行试验。鼓式制动器衬片亦可参照采用。

根据本标准，在受力的接触区域内记录盘式制动衬块尺寸变化和温度。该盘式制动衬块的摩擦面对着按给定的温度时间程序升温的加热板。

1　范围

本标准规定了测量盘式制动衬块的一种综合方法，以确定尺寸变化与温度的关系及其热传导。

尺寸包括：

——厚度；

——其变化可能导致制动失灵的制动衬块的某些轮廓尺寸。

本标准适用于道路车辆用盘式制动衬块，其尺寸不应超过：宽度 120 mm、高度 80 mm、厚度 20 mm，应为整个模压型或粘结型的具有实心背板的衬块。

2　规范性引用文件

下列文件中的条款通过本标准的引用而成为本标准的条款。凡是注日期的引用文件，其随后所有的修改单(不包括勘误的内容)或修订版均不适用于本标准，然而，鼓励根据本标准达成协议的各方研究是否可使用这些文件的最新版本。凡是不注日期的引用文件，其最新版本适用于本标准。

GB/T 5620　道路车辆　汽车和挂车　制动名词术语及其定义(GB/T 5620—2002,ISO 611:1994,IDT)

3　术语、符号及含义

GB/T 5620 确立的术语及其定义适用于本标准。

符　　号	名　　称
d_m	衬块样品的厚度平均值(见第 4 章)
d_{Ai}	可能有影响的衬片轮廓尺寸(见第 4 章)
d_{Bi}	试验后室温条件下可能有影响的衬片轮廓尺寸(见第 6 章)
Δd_i	可能有影响的衬片轮廓尺寸的变化(见第 7 章)

4　取样和条件

4.1　从成品仓库里取出样品。

4.2 制动衬块放入检测装置之前,清除背板表面的涂层,并使摩擦面表面平滑、均匀。清除背板沉孔里的所有摩擦材料直至足够的深度,以免影响测试效果。

4.3 盘式制动衬块背板配置有隔音薄片时,该薄片的准备工作与摩擦材料一样,以提供良好的接触表面。

4.4 如图1所示确定两个参照点,在盘式制动衬块参照点上测出厚度,精确至0.01 mm。这两点的平均值用 d_m 表示。测量制动衬块有关轮廓尺寸的值用 d_{Ai} 表示。

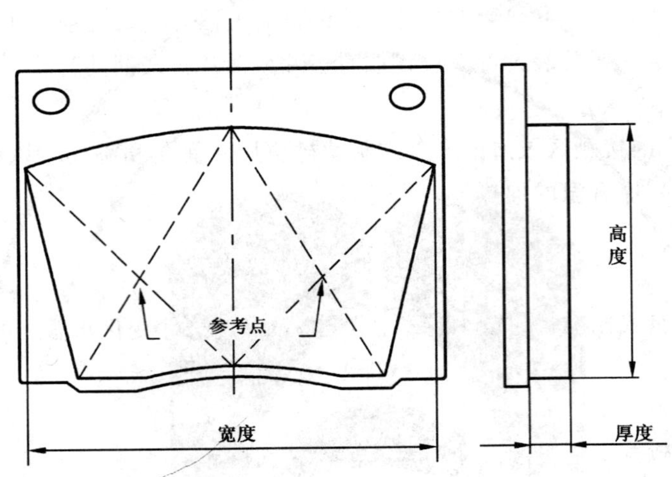

图1 参考点的主要尺寸和测定

4.5 制动衬块边上钻一个直径2 mm的小孔,小孔向下延伸到两个参照点中的一个。小孔平行于摩擦表面,距摩擦面5 mm,是用来装热电偶的。

在制动衬块背板上钻一个直径2 mm的小孔,与上述小孔平行而且深度相等,用来装热电偶。如果盘式制动衬块装有隔音片,就不必钻这个小孔。

制动衬块超过120 mm×80 mm×20 mm者,应加以切削或磨制到这一尺寸范围。

5 试验装置

5.1 试验装置

试验装置有一个高80 mm、宽170 mm、厚40 mm的硬质电热板组成,并配备有制动衬块夹具及测量装置。试验装置可设计成测试两个制动衬块。

图2所示的试验装置是符合检验要求的一种。

试验装置的组成见图2。

单位为毫米

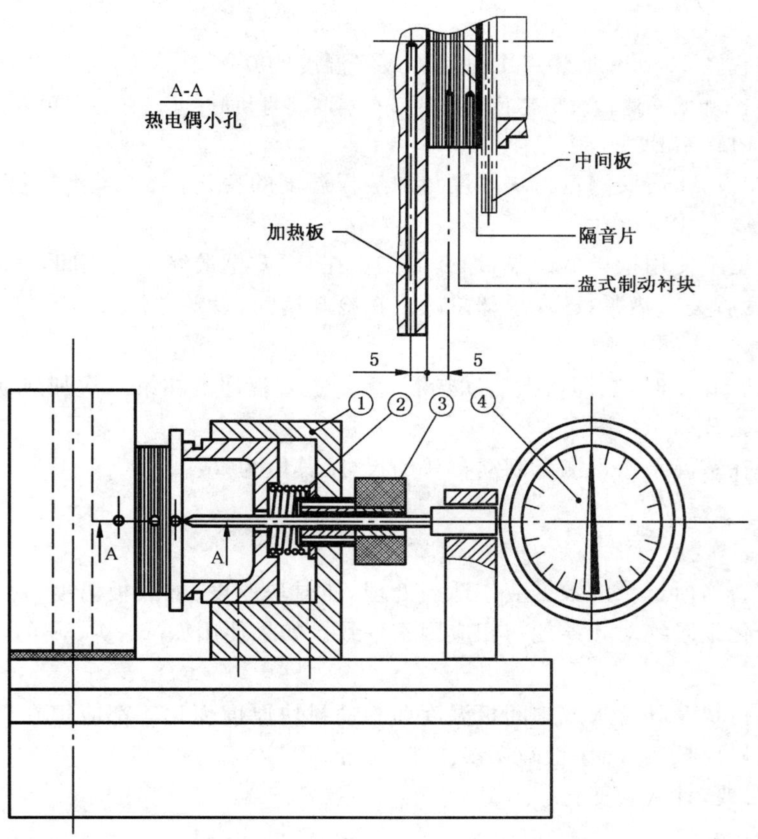

1——夹具；

2——弹簧；

3——调整螺母；

4——指示表。

图 2 检验装置之一

a) 夹具 1，配置一个直径为 48 mm 的易活动的活塞。

b) 弹簧 2，确保活塞压力的传导。

c) 调整螺母 3，用于调整弹簧压力。

d) 指示表 4，测量背板或中间板的移动，通过该装置确保其压力。

5.2 加热能力

热源必须能使加热板在 10 min±0.5 min 内上升到 400 ℃。在特殊条件下，尤其在测试应用于某种特定型号车辆的制动衬块时，也许必须在不到 10 min 的时间内达到 400 ℃以上。

5.3 测量装置

温度是用安装在小孔里的热电偶从加热板中心处测得的，小孔平行于接触面，与接触面相距 5 mm（见图 2）。如果盘式制动衬块配有隔音片，在衬块与夹具之间放 4 mm×80 mm×100 mm 的导热板，用来测量热传导。导热板温度用安装在小孔里的热电偶测得，小孔延伸到导热板的中心（见图 2）。

夹持盘式制动块的夹板配置一个能够施加 20 N～200 N 力的装置。在同一边的移动测量仪可测出背板或中间板移动的数据。

6 试验方法

6.1 把按第 4 章处理过的盘式制动衬块放在加热板和夹具之间，摩擦面朝向加热板，制动衬块表面承受的压力约为 0.02 N/mm^2。

6.2　如果盘式制动衬块配有隔音片，在衬块与夹具之间放入一中间板。装上刻度指示仪或者移动传感器并调零。

6.3　启动加热，使它在 10 min 加热终了时达到最终温度 400 ℃。

注：在特定条件下，尤其在测试应用某种特定型号车辆制动衬块时，也许有必要在不到 10 min 的时间内达到 400 ℃ 以上的最终温度。

6.4　根据所运用的设备，需要测量衬块厚度与加热板温度的变化，以及摩擦材料与背板或中间板在加热和冷却期间的温度变化。

如果测量的数据不使用记录器记录，那么加热板在 50 ℃至最终温度之间，每间隔 25 ℃应读一次。

6.5　达到最终温度后关闭热源，进入冷却阶段。在冷却期间，设备进行自然冷却，不必给加热板吹冷空气降温。

6.6　加热板冷却到 50 ℃时，立即再次启动热源，重复上述程序。在第二次加热期间，无论出现什么情况都不必进行任何调节。

6.7　测试终了时，在室温条件下测量制动衬块的尺寸，其值为 d_{Bi}。

7　报告结果

7.1　如果用了记录器，所记录的数据应作适当处理，使衬块厚度、加热板温度、衬块温度以及背板或者中间板温度等的变化记录绝对无误地与相应因素一致。如果使用 x, y_1, y_2, y_3 的坐标系，加热板温度控制坐标的水平轴。

7.2　如果读完值，衬块及其背板或中间板温度和制动衬块厚度变化等都应填在坐标纸上，与加热板温度作对照。曲线同样要核实，确保正确无误。

最后，如果有必要，计算其变化：

$$\Delta d_i = d_{Bi} - d_{Ai}$$

8　试验报告

试验报告包括如下几个方面：

a)　盘式制动衬块的材质牌号、类型及来源。

b)　试验开始时的平均厚度 d_m。

c)　与温度及试验阶段相关的制动衬块厚度对应变化的最大值。

d)　第一次和第二次测试期间，在最高温度时的制动衬块厚度变化。

e)　从冷却到室温试验终了时的制动衬块外形厚度及尺寸的残余变化。

f)　第一次和第二次测试期间，在加热板达到最高温度时的制动衬块背板或中间板的温度。

g)　试验后盘式制动衬块的外观，尤其要注明摩擦材料出现任何破裂、起泡、剥落、分层的现象以及与背板分离的情况。

ICS 43.040.40
Q 69

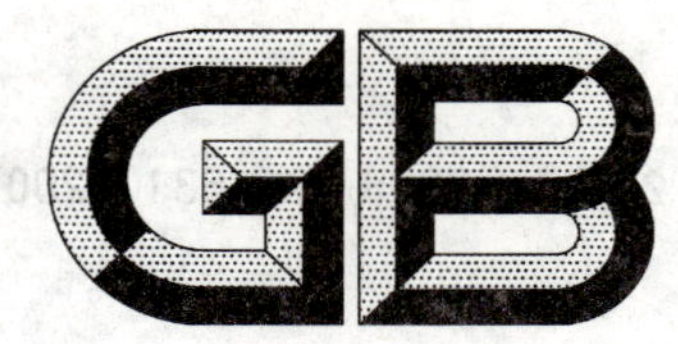

中华人民共和国国家标准

GB/T 22311—2008/ISO 6310:2001

道路车辆 制动衬片 压缩应变试验方法

Road vehicles—Brake linings—Compressive strain test method

(ISO 6310:2001,IDT)

2008-08-20 发布 2009-04-01 实施

中华人民共和国国家质量监督检验检疫总局
中国国家标准化管理委员会 发布

前　言

本标准等同采用ISO 6310:2001《道路车辆——制动衬片——压缩应变试验方法》。

与ISO 6310:2001相比，本标准做了如下编辑性修改：

——“本国际标准”一词改为“本标准”；

——本标准中用“GB/T 5620”代替“ISO 611”。

本标准附录A为规范性附录，附录B为资料性附录。

本标准由中国建筑材料联合会提出。

本标准由全国非金属矿产品及制品标准化技术委员会(SAC/TC 406)归口。

本标准负责起草单位：咸阳非金属矿研究设计院。

本标准参加起草单位：山东金麒麟集团有限公司、杭州杭城摩擦材料有限公司、福建冠良汽车配件工业有限公司、东营信义汽车配件有限公司、湖北飞龙摩擦密封材料股份有限公司。

本标准主要起草人：石志刚、王广兴、黄顺民、张世绍、杜东升、张文强、侯立兵。

本标准为首次发布。

ISO 前言

ISO(国际标准化组织)是由各国标准团体(ISO 成员团体)组成的世界范围的联合组织。国际标准的起草工作一般通过 ISO 各技术委员会来完成。每一个成员团体对已成立的技术委员会的任务感兴趣,有权派代表参加其中工作。与 ISO 有联系的政府或非政府的国际组织也可参加有关工作。ISO 与从事电工标准化工作的国际电工委员会(IEC)有着密切合作。国际标准的起草应符合 ISO/IEC 第 3 部分的要求。

被技术委员会采纳的国际标准草案须各成员团体投票表决。按照 ISO 导则,必须有 75%以上的成员团体投票赞成,方可通过。

要特别注意本国际标准的某些要素可能涉及专利权问题。ISO 对专利的识别不负任何责任。

国际标准 ISO 6310 是由 ISO/TC 22(道路车辆)技术委员会 SC 2 分技术委员会起草的。第二版对第一版(ISO 6310:1981)作了技术性的修订。

附录 A 为规范性附录,附录 B 为资料性附录。

引　言

制动衬片压缩应变是评价转移制动液体积、制动踏板运动和颤抖或噪音的倾向的重要设计参数。

道路车辆 制动衬片 压缩应变试验方法

1 范围

本标准规定了道路车辆盘式制动衬块总成、鼓式制动蹄总成及无背板摩擦材料的制动衬片压缩应变的试验方法。

2 规范性引用文件

下列文件中的条款通过本标准的引用而成为本标准的条款。凡是注日期的引用文件，其随后所有的修改单(不包括勘误的内容)或修订版均不适用于本标准，然而，鼓励根据本标准达成协议的各方研究是否可使用这些文件的最新版本。凡是不注日期的引用文件，其最新版本适用于本标准。

GB/T 5620 道路车辆 汽车和挂车 制动名词术语及其定义(GB/T 5620—2002,ISO 611:1994,IDT)

3 术语和定义

GB/T 5620 中的制动名词术语及其定义和下列术语、定义适用于本标准。

压缩应变(ε) compressive strain

由压力和温度引起的制动衬片厚度减小量(在受力方向、摩擦面上测定)与衬片初始厚度的比值。

4 符号和单位

表 1 给出了本标准中所涉及的符号和单位。

表 1 符号和单位

符号	描 述	单位
i	试样	—
x	试验荷载[a]	—
$\overline{d_i}$	试样的平均厚度	mm
$\Delta d_{i,x,\mathrm{tot}}$	每个试样通过试验设备的荷载总的变化量	μm
$\Delta d_{e,x}$	试验设备自身在荷载下的变化量	μm
$\Delta d_{i,x}$	每个试样在荷载下的净变化量(考虑试验设备的变化量)	μm
n	试样的数量	—
$\varepsilon_{i,x}$	每个试样的压缩应变	—
$\overline{\varepsilon_x}$	所有试样压缩应变的平均值	—
t_1	热试验温度	℃
t_2	热试验的最高温度	℃

$$\varepsilon_{i,x}=\frac{\Delta d_{i,x}}{\overline{d_i}}$$

$$\overline{\varepsilon_x}=\frac{\sum_{i=1}^{i=n}\varepsilon_{i,x}}{n}$$

[a] 对制动块试验荷载是 1 MPa,2 MPa,4 MPa,8 MPa 一系列值，对制动片是 1.5 MPa 和 3 MPa。

5 原理

所使用的两个方法施加的试验载荷：

a) 单位面积的压力(一般情况下方法 A),用 MPa 表示；

b) 与作用在车辆制动系统上的液压管路压力相等的压力(方法 B),用 MPa(1 MPa＝10 bar)表示。

当制动系统是液压驱动的时候通常使用方法 B。

方法 A 和方法 B 的结果不能直接比较。

6 试验设备

试验设备应包含下列装置：

a) 施加匀速载荷的压头(或活塞)装置；

b) 避免变形产生材料粘连,使其不被腐蚀的板；

c) 在压头和板之间压衬片的加载装置；

d) 测压头和板之间的压力的测量装置,精确到 100 N；

e) 测板上的试样厚度变化量的装置,在压头附近衬片中心线上,精确到 0.001 mm；

f) 按规定(见 7.2)提高板温度的加热装置；

g) 千分尺。

另外,还可以有测试样温度的测温装置。

7 试验装置技术要求

7.1 加载

盘式制动衬块在摩擦面所加最大载荷为 8 MPa,鼓式制动衬片为 5 MPa(方法 A)；选择方法 B 时,使用与车辆制动时的管路压力相当的 16 MPa(160 bar)。

方法 A 的加载速率为$(4\pm0.5)\text{MPa}\cdot\text{s}^{-1}$,方法 B 的加载速率为$(8\pm1)\text{MPa}\cdot\text{s}^{-1}[(80\pm10)\text{bar}\cdot\text{s}^{-1}]$。

7.2 加热板

加热试验,表面温度 t_1 为 400 ℃(特殊情况可能高或低)。

7.3 加载压头

7.3.1 总则

对于盘式制动衬块,试样为制动衬块总成,特殊情况下可以是一部分,比如商用车辆制动衬块。衬片试样经双方同意,可以使用试样类型Ⅰ或Ⅲ(见 7.3.2 和 7.3.4)。

下面是对不同的试样类型的加载压头的说明。

7.3.2 试样类型Ⅰ(无背板的摩擦材料)

压头面应是平的,其外围至少超过样品的外围(见图 1)。

7.3.3 试样类型Ⅱ(盘式制动衬块总成)

正常情况下,压头表面应与试样的形状相同(如实体或环形活塞)并能保证试样或制动衬块表面与活塞能够准确的接触(见图 2)。

但是,存在许多基本的制动器形状(指形,双活塞等),这些制动器只用单个活塞进行试验。

如果计算单位面积的压力,要用摩擦材料与加热板实际的接触面积。

单位为毫米

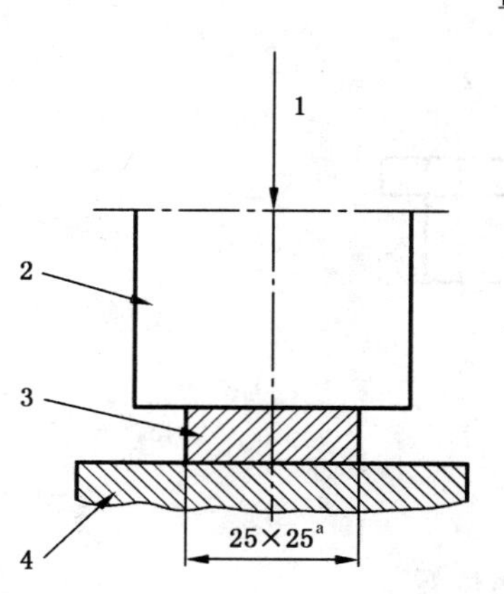

1——载荷；

2——压头；

3——试样；

4——加热板。

[a] 商用车盘式制动块摩擦材料可采用较大的试样。

图 1 试样类型Ⅰ(无背板摩擦材料)

1——载荷；

2——压头；

3——试样；

4——加热板。

图 2 试样类型Ⅱ(盘式制动衬块总成)

7.3.4 试样类型Ⅲ(鼓式制动蹄总成)

压头弧度应与制动蹄的内弧相同。试样应为大约 40 mm 或同弧度的样品(见图 3)。

如果弧形影响试验结果的话,应选用试样类型Ⅰ。

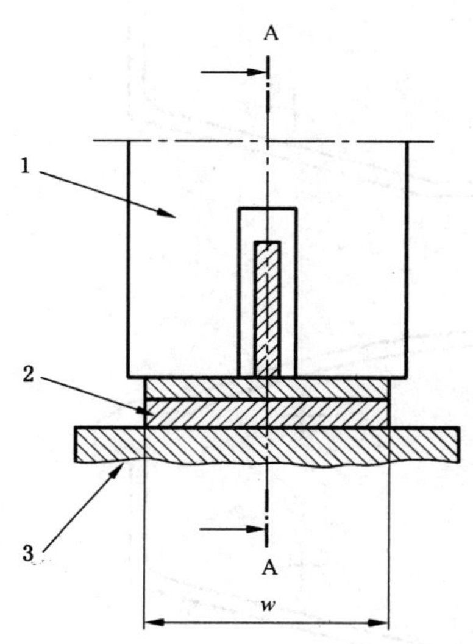

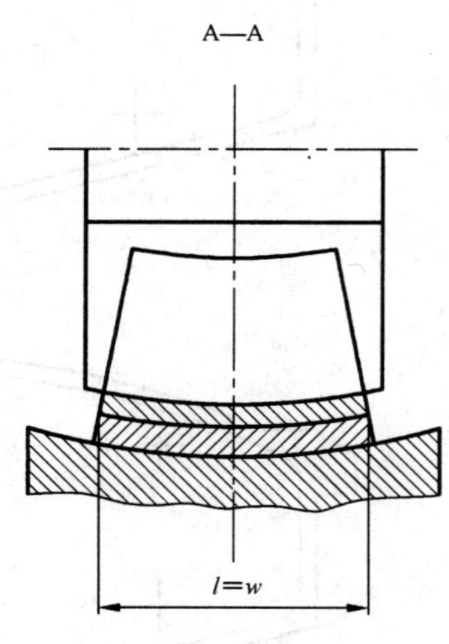

1——压头；

2——试样；

3——加热板。

图 3 试样类型Ⅲ(鼓式制动片总成)

8 制样

五片试样在室温下测量。

试样的平面度和表面粗糙度应与正常产品相同。否则,试验结果受影响。

根据具体需要,盘式制动衬块总成(试样类型Ⅱ)是否在有隔音片或橡胶涂层的情况下进行试验。这些都要记录在试验报告中。

测量热传导的热电偶位置，见图4。

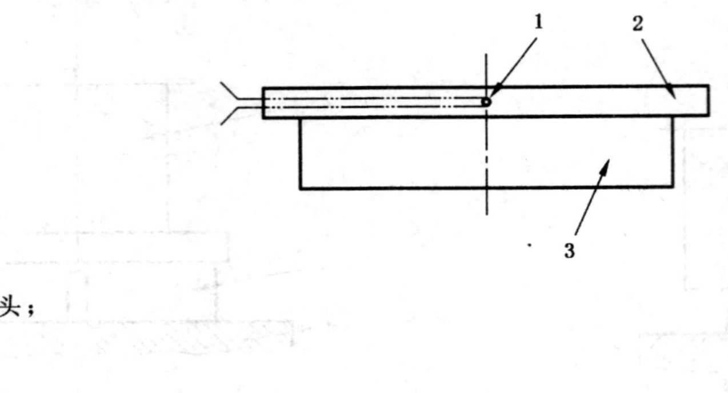

1——热电偶探头；
2——背板；
3——摩擦材料。

图4 热传导测量的热电偶位置

9 试验程序

9.1 总则

9.1.1 使用千分尺，测量试样上5个点的厚度(图5a)所示)，计算厚度平均值$\overline{d_i}$。如果制动衬块试样中包含沟槽，测量试样上5个点的厚度(图5b)所示)并计算厚度平均值$\overline{d_i}$。

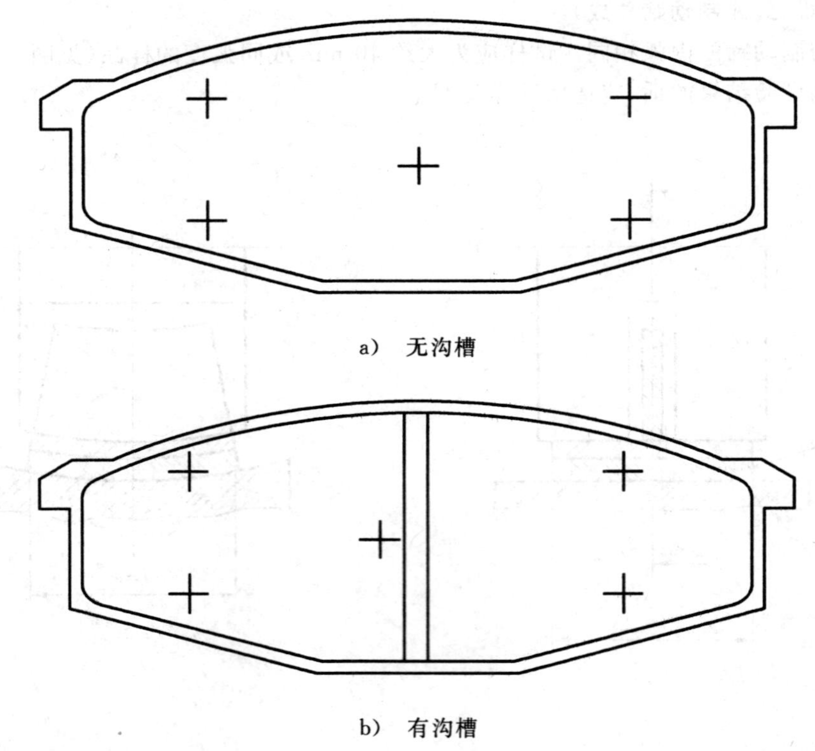

a) 无沟槽

b) 有沟槽

注：+为厚度测量点。

图5 试样厚度测量示意图

9.1.2 在室温(23±5)℃下把试样放在加热板上，摩擦面正对加热板表面，置于模拟真实条件压头正下方。

9.2 试验步骤

9.2.1 常温试验

9.2.1.1 循环加载和卸载三次，从0.5 MPa(方法A)或0.5 MPa(5 bar)(方法B)开始，保持1 s，然后以最大的加载速率增加到7.1规定的最大载荷。

9.2.1.2　在初载下将测厚仪置零，测量并读出最大载荷下的第一循环和第三循环读数 $\Delta d_{i,x,\mathrm{tot}}$。第三循环在载荷 1 MPa、2 MPa、4 MPa(制动块)，1.5 MPa(制动片)下的厚度减小量读数 $\Delta d_{i,x,\mathrm{tot}}$。三个循环试验结果记录在试验报告中。

9.2.2　高温试验

9.2.2.1　把试样从加热板上移出。

9.2.2.2　使加热板表面温度稳定在 $t_1 \pm 10$ ℃。

9.2.2.3　把试样放在加热板上，施加 0.5 MPa(方法 A)或 0.5 MPa(5 bar)(方法 B)的初载荷以保证良好的热接触，并保持此载荷 10 min±0.5 min。

9.2.2.4　由于热传导，记录背板温度 t_2。

9.2.2.5　进行两个循环，像 9.2.1 的第一循环和第三次循环一样。

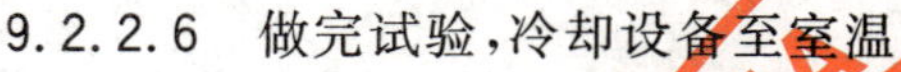

9.2.2.6　做完试验，冷却设备至室温。

试验步骤如图 6 所示。

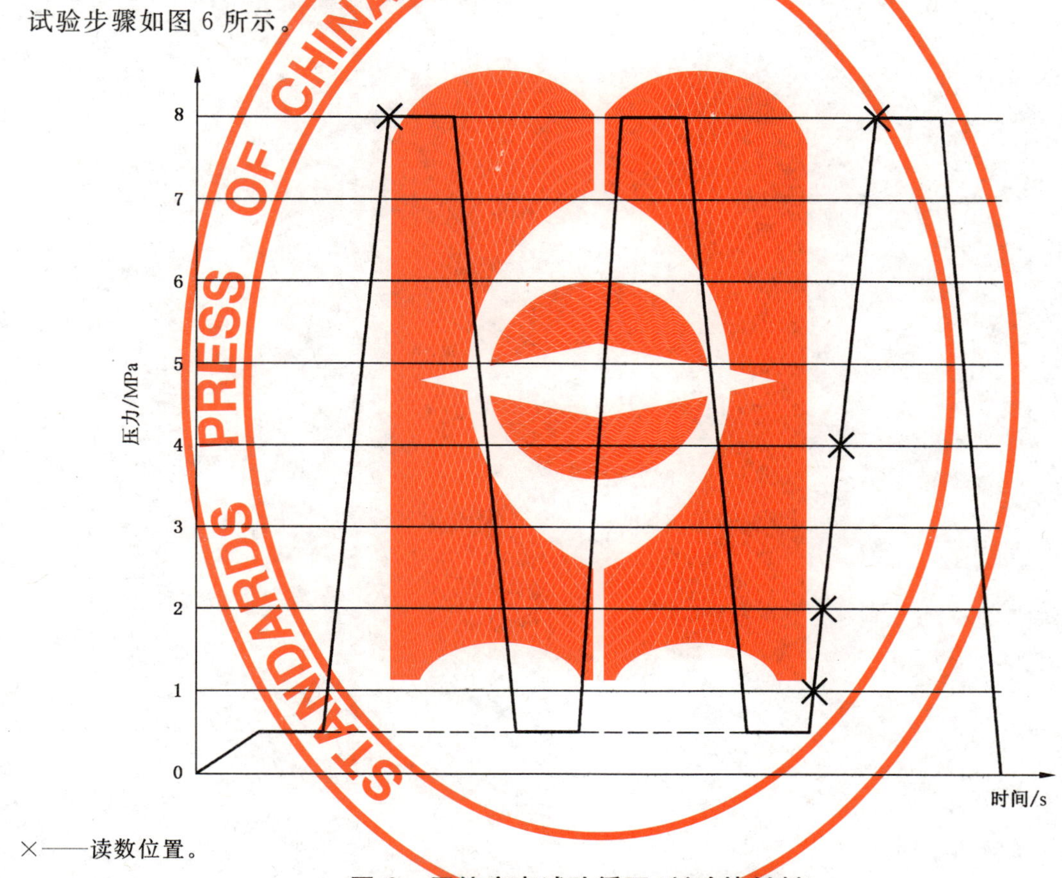

×——读数位置。

图 6　压缩应变试验循环(制动块材料)

10　试验设备误差的补偿

必须承认，在摩擦材料压缩试验过程中，试验设备自身也变化。不论是手动还是自动，$\Delta d_{e,x}$ 都要补偿，用下式可求出摩擦材料试样的净变化量：

$$\Delta d_{i,x} = \Delta d_{i,x,\mathrm{tot}} - \Delta d_{e,x}$$

在不放试样的情况下，施加载荷，测量 $\Delta d_{e,x}$，但必须用硬金属板保护加热板不受损坏，然后按附录 B 表中的要求记录不同压力下测厚仪的读数。

11　试验报告

试验报告格式参见附录 B。其他格式的试验报告至少应包含以下信息：

a) 制造商和制动衬片批号;

b) 试样类型(类型Ⅰ,Ⅱ或Ⅲ)及附加涂层、消音片等;

c) 试样尺寸(衬块面积);

d) 试样数量 n;

e) 以 mm 为单位表示的总成厚度$\overline{d_i}$,精确至 0.1 mm;

f) 摩擦材料厚度;

g) 活塞尺寸(特殊条件下为盘块);

h) 采用的试验方法(A 或 B);

i) 试样的常温压缩应变的平均值($\overline{\varepsilon_r}$);

j) 试样的高温压缩应变的平均值($\overline{\varepsilon_h}$)。

附 录 A
（规范性附录）
试验程序流程图

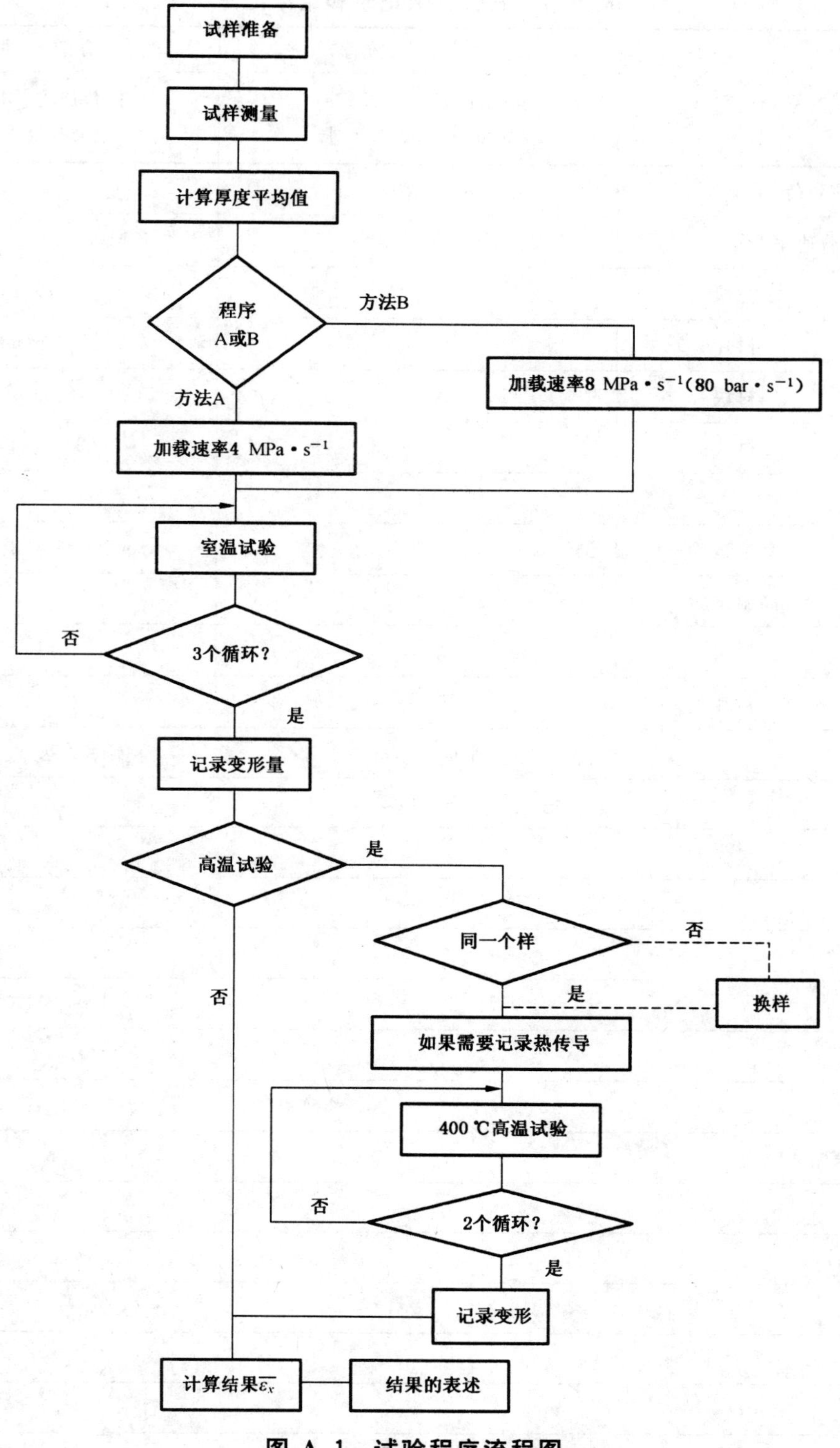

图 A.1 试验程序流程图

附　录　B
（资料性附录）
试验参数记录和结果汇总

表 B.1　试验参数记录和结果汇总

参　数		方法 A(ISO 推荐)	方法 B(供选择)
		单位面积压力(MPa) (如果有要求,按要求)	衬片压力[MPa(bar)] (如果有要求,按要求)
预载荷		0.5	0.5(5)
加载速率		4 MPa·s^{-1}	8 MPa·s^{-1}(80 bar·s^{-1})
最大载荷	衬块	8	16(160)
	衬片	3	6(60)
测量阶段	衬块	1　2　4　8	2(20) 4(40) 8(80) 16(160)
	衬片	1.5　3	3(30)　6(60)
循环次数	室温试验	3	3
	高温试验	2	2
试样尺寸	衬块		
	衬片		
压头类型		平面	实际活塞
试验日期:			
试验员姓名:			
基准数目:			
衬片制造商:			
衬片参考:			
批次:			
试样类型:			
特殊涂层,垫片等:			
试样尺寸:			
总成厚度$\overline{d_i}$(mm):			
衬片厚度(mm):			
试样数量:			
活塞尺寸:			
方法选择(A 或 B):			

表 B.1（续）

参　数	方法 A(ISO 推荐)		方法 B(供选择)	
	单位面积压力(MPa) （如果有要求，按要求）		衬片压力[MPa(bar)] （如果有要求，按要求）	
压缩应变	方法 A MPa		方法 B MPa(bar)	
	x	$\overline{\varepsilon_x}$	x	$\overline{\varepsilon_x}$
室温（盘式或衬片） 第一和第三循环	8(3) 1(1.5) 2 4 8(3)		16(160) 2(20) 4(40) 8(80) 16(160)	
高温（盘式或衬片） 第一和第二循环	8(3) 1(1.5) 2 4 8(3)		16(160) 2(20) 4(40) 8(80) 16(160)	
热传导最高温度：				
是否附有曲线？（是或否）				

ICS 83.080
G 31

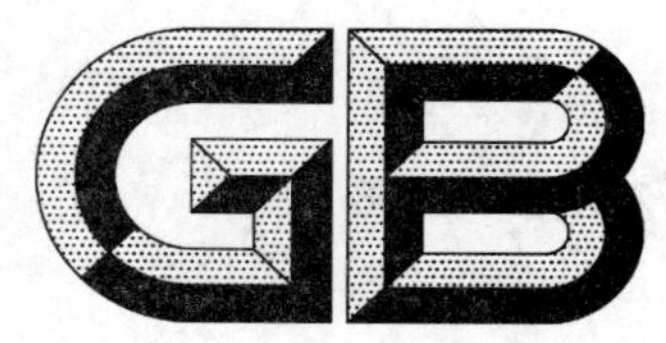

中华人民共和国国家标准

GB/T 22312—2008
代替 GB/T 12005.3—1989,GB/T 12005.4—1989,GB/T 12005.5—1989

塑料　聚丙烯酰胺　残留丙烯酰胺含量测定方法

Plastics—Polyacrylamide—Determination for residual acrylamide

2008-08-04 发布　　2009-04-01 实施

中华人民共和国国家质量监督检验检疫总局
中国国家标准化管理委员会　发布

前　言

本标准代替 GB/T 12005.3—1989《聚丙烯酰胺中残留丙烯酰胺含量测定方法　溴化法》、GB/T 12005.4—1989《聚丙烯酰胺中残留丙烯酰胺含量测定方法　液相色谱法》、GB/T 12005.5—1989《聚丙烯酰胺中残留丙烯酰胺含量测定方法　气相色谱法》，将 GB/T 12005.3—1989、GB/T 12005.4—1989 和 GB/T 12005.5—1989 整合，分别为本标准的方法 A、方法 B 和方法 C。

本标准与原标准差异如下：

a） 标准名称更改为“塑料　聚丙烯酰胺　残留丙烯酰胺含量测定方法”；

b） 原“引用标准”改为“规范性引用文件”，添加一个规范性引用文件；

c） 编辑性修改。

本标准由中国石油和化学工业协会提出。

本标准由全国塑料标准化技术委员会(SAC/TC 15)归口。

本标准负责起草单位：国家合成树脂质量监督检验中心。

本标准参加起草单位：黑龙江大学、核工业部北京第五研究所。

本标准主要起草人：王琰、陈九顺、白续铎、郝惠莲、张凤莲。

本标准所代替标准的历次版本发布情况为：

——GB/T 12005.3—1989；

——GB/T 12005.4—1989；

——GB/T 12005.5—1989。

塑料 聚丙烯酰胺 残留丙烯酰胺含量测定方法

1 范围

1.1 本标准规定了聚丙烯酰胺中残留丙烯酰胺含量的测定方法。

1.2 方法A规定了用水溶液法和甲醇-水提取法制备试样溶液，以溴加成测定聚丙烯酰胺中残留丙烯酰胺含量的方法。适用于不同聚合法制得的粉状和胶状的非离子型和阴离子型聚丙烯酰胺中残留丙烯酰胺含量的测定。残留丙烯酰胺含量高于0.5%的聚丙烯酰胺适于采用水溶液法制备试样进行测定，残留丙烯酰胺含量高于0.05%的聚丙烯酰胺适于采用提取法制备试样进行测定。

1.3 方法B规定了从聚丙烯酰胺中浸取残留丙烯酰胺并用液相色谱法测定其含量的方法。适用于测定残留丙烯酰胺含量为0.01%以上的粉状和胶状聚丙烯酰胺。

1.4 方法C规定了从聚丙烯酰胺中浸取残留丙烯酰胺并用气相色谱仪测定其含量的方法。适用于粉状及胶状非离子型聚丙烯酰胺和阴离子型聚丙烯酰胺中残留丙烯酰胺含量的测定，以及丙烯酰胺含量高于0.01%，特别是高于0.05%的试样的测定。

2 规范性引用文件

下列文件中的条款通过本标准的引用而成为本标准的条款。凡是注日期的引用文件，其随后所有的修改单(不包括勘误的内容)或修订版均不适用于本标准，然而，鼓励根据本标准达成协议的各方研究是否可使用这些文件的最新版本。凡是不注日期的引用文件，其最新版本适用于本标准。

GB/T 601—2002 化学试剂 标准滴定溶液的制备

GB/T 603—2002 化学试剂 试验方法中所用制剂及制品的制备

GB/T 4946—2008 气相色谱法术语

GB/T 6682—1992 分析实验室用水规格和试验方法

GB/T 12005.2—1989 聚丙烯酰胺固含量测定方法

3 方法A:溴化法

3.1 原理

在试样溶液中加入过量的溴酸钾-溴化钾溶液，在酸性介质中溴酸钾和溴化钾反应生成的溴与试样中丙烯酰胺的双键加成。反应完成后，加入过量的碘化钾还原未反应的溴而生成碘，用硫代硫酸钠标准溶液回滴析出的碘。

3.2 试剂

本标准除另有规定外，所用试剂的纯度应在分析纯以上，实验用水应符合GB/T 6682—1992中三级或以上的水的规格。

3.2.1 盐酸。

3.2.2 甲醇-水提取液：体积比为8∶2。

3.2.3 溴酸钾-溴化钾溶液：$c(1/6KBrO_3)=0.1$ mol/L。按GB/T 601—2002配制。

3.2.4 碘化钾溶液：20%。

3.2.5 盐酸水溶液：体积比为1∶1。

3.2.6 淀粉指示剂：按GB/T 603—2002配制。

3.2.7 硫代硫酸钠标准溶液：$c(Na_2S_2O_3)=0.05$ mol/L。按 GB/T 601—2002 配制。

3.3 仪器

3.3.1 碘量瓶：容量 250 mL。

3.3.2 锥形瓶：容量 250 mL。

3.3.3 量筒：容量 10 mL，50 mL，100 mL，500 mL。

3.3.4 移液管：容量 10 mL，20 mL，50 mL。

3.3.5 容量瓶：容量 1 000 mL。

3.3.6 棕色细口瓶：容量 1 000 mL。

3.3.7 滴定管：25 mL。

3.3.8 分析天平：精确至 0.000 1 g。

3.3.9 托盘天平：精确至 0.1 g。

3.3.10 康氏振荡器。

3.4 试样溶液制备

3.4.1 水溶液法

称取 0.3 g～0.5 g 粉状试样或相当于 0.5 g 固含量的胶状试样，准确至 0.000 1 g，置于 250 mL 碘量瓶中，加入 100 mL 蒸馏水，振荡至试样完全溶解。

3.4.2 提取法

称取 14 g～16 g 粉状试样，准确至 0.000 1 g，置于 250 mL 锥形瓶中，用移液管加入 150 mL 提取液，用胶塞盖紧瓶口，在高于 15 ℃的室温下放置 20 h 后，在康氏振荡器上振荡 4 h。用移液管吸取上层清液 10 mL～40 mL(根据残留丙烯酰胺的大致含量确定吸取量，使式(1)中试样和空白试验所用硫代硫酸钠标准溶液的体积之差约为 2 mL～4 mL)，放入 250 mL 碘量瓶中，加入蒸馏水使总体积为 100 mL。

3.5 操作步骤

在 3.4.1 或 3.4.2 试样溶液中，用移液管在碘量瓶中加入 20 mL 溴酸钾-溴化钾溶液，10 mL 盐酸水溶液，立即盖紧塞子，水封、摇匀，置于暗处 30 min 后迅速加入 10 mL 碘化钾溶液，立即用硫代硫酸钠标准溶液滴定。滴定至浅黄色时，加入 1 mL～2 mL 淀粉指示剂，继续滴定至蓝紫色消失时即为终点。记录滴定所用硫代硫酸钠标准溶液的毫升数。

同时做空白试验。

注 1：在滴定过程中应避免阳光照射，滴定速度要适当快些，不应剧烈摇动。

注 2：在滴定 3.4.2 试样溶液时，若室温高于 20 ℃，应将碘量瓶置于冷水中滴定。

3.6 结果表示

聚丙烯酰胺中的残留丙烯酰胺含量按式(1)计算：

$$w(\mathrm{AM})=\frac{(V_1-V_2)\cdot c_1\times 0.035\ 54}{m\cdot s}\times 100 \qquad (1)$$

式中：

$w(\mathrm{AM})$——丙烯酰胺含量，%；

V_1——空白试验所用的硫代硫酸钠标准溶液的体积，单位为毫升(mL)；

V_2——滴定所用的硫代硫酸钠标准溶液的体积，单位为毫升(mL)；

c_1——硫代硫酸钠标准溶液的浓度，单位为摩尔每升(mol/L)；

0.035 54——与 1.00 mL 硫代硫酸钠标准溶液[$c(Na_2S_2O_3)=1.000$ mol/L]相当的以克表示的丙烯酰胺的质量；

m——试样质量，单位为克(g)；

s——试样固含量,%。

当用提取法制备试样溶液时,试样质量按式(2)计算:

$$m = \frac{m_0 \cdot V}{V_0} \quad \cdots\cdots (2)$$

式中:

m_0——3.4.2 称取的试样质量,单位为克(g);

V——吸取的提取液的体积,单位为毫升(mL);

V_0——加入的提取液总体积,单位为毫升(mL)。

做三个平行试验,取其算术平均值,结果取两位有效数字。

水溶液法制样时单个测定值与平均值的最大偏差不超过±5%,提取法制样时单个测定值与平均值的最大偏差不超过±10%。如超过最大偏差,应重新测定。

4 方法 B:液相色谱法

4.1 原理

用规定体积和浓度的甲醇水溶液浸取聚丙烯酰胺试样至浸取平衡。以阳离子交换树脂为色谱柱固定相,水为流动相,对所得浸取液进行液相色谱分离。用紫外检测器测定丙烯酰胺的色谱峰,利用外标法计算残留丙烯酰胺的含量。

4.2 试剂

除另有规定外,所用试剂均为分析纯。

4.2.1 甲醇。

4.2.2 液相色谱流动相:蒸馏水经阳离子及阴离子交换树脂混合床处理的去离子水。

4.2.3 苯。

4.3 仪器

4.3.1 液相色谱仪

4.3.1.1 平流泵

平流泵要求如下:

a) 流量范围:0.01 mL/min~5 mL/min;

b) 工作压力:2.45×10^7 Pa;

c) 压力波动:±1%;

d) 流量稳定性:±1%(流量应大于 0.15 mL/min,小于 5 mL/min)。

4.3.1.2 紫外检测器

紫外检测要求如下:

a) 波长:200 nm~800 nm;

b) 波长精度:±2 nm。

4.3.1.3 六通阀

有定量取样管,体积约为 0.1 mL。

4.3.1.4 色谱柱

4.3.1.4.1 色谱柱类型:填充柱。

4.3.1.4.2 色谱柱的特征要求如下:

a) 材料:钛钢管;

b) 长度:300 mm;

c) 内径:6 mm;

d) 形状:直形。

4.3.1.4.3 固定相:38 μm～48 μm(300 目～400 目)的 001×7 阳离子交换树脂。

4.3.1.5 **记录器**

记录器要求如下:

a) 量程:1 mV～5 V;

b) 走纸速度:0.01 mm/s～5 mm/s。

4.3.2 **分析天平**

精确至 0.000 1 g。

4.3.3 **其他**

试验室常规玻璃仪器。

4.4 **试样溶液制备**

4.4.1 称取 0.1 g～0.15 g 粉状或胶状聚丙烯酰胺试样准确至 0.000 1 g,放入已干燥的 50 mL 磨口锥形瓶中。用移液管吸取 10 mL 体积比为 8∶2 的甲醇水溶液浸泡试样,轻轻摇动,使其散开。浸泡 6 h 以后,可间断摇动 3 次～4 次,浸泡 24 h 后,待测定。

4.4.2 分子量过大及粒度较大的非离子型聚丙烯酰胺试样,用体积比 7.5∶2.5 的甲醇水溶液浸泡。其他操作同 4.4.1。

4.4.3 胶状聚丙烯酰胺试样,在称样前将其剪成小碎块再进行称样。如不能剪碎,浸泡 6 h 后,用不锈钢小勺将试样捣碎,再继续浸泡至 24 h。其他操作同 4.4.1。

4.5 **操作步骤**

4.5.1 **调整仪器**

4.5.1.1 色谱柱温度:常温。

4.5.1.2 流动相流速:1.3 mL/min。

4.5.1.3 紫外检测器波长:210 nm。

4.5.1.4 记录仪量程及走纸速度根据要求的色谱峰大小进行适当选择。

4.5.2 **校准**

4.5.2.1 **外标法**

按 GB/T 4946—2008 规定。

4.5.2.2 **丙烯酰胺标准样品的制备**

工业品或化学纯的固体丙烯酰胺经苯二次重结晶,即得含量为 99%以上的丙烯酰胺标准样品。

4.5.2.3 **丙烯酰胺标准样品溶液的配制**

4.5.2.3.1 称取丙烯酰胺标准样品 0.100 0 g±0.000 1 g 放入 10 mL 烧杯中,加入去离子水使其完全溶解,定量转移至 100 mL 容量瓶中,再用去离子水稀释至刻度,该溶液为 1 mg/mL 的丙烯酰胺溶液。

4.5.2.3.2 用移液管吸取 1 mg/mL 的丙烯酰胺溶液 5 mL,放入 50 mL 容量瓶中,用去离子水稀释至刻度,该溶液为 0.1 mg/mL 的丙烯酰胺溶液。

4.5.2.3.3 用移液管吸取 0.1 mg/mL 的丙烯酰胺溶液 0.1 mL,0.5 mL,1.0 mL,2.0 mL,3.0 mL,分别放入 10 mL 容量瓶中,用去离子水稀释至刻度,该溶液分别为 0.001 mg/mL,0.005 mg/mL,0.01 mg/mL,0.02 mg/mL,0.03 mg/mL 的丙烯酰胺标准样品溶液。

注:标准样品溶液采用与测定试样相同的色谱条件进行测定,得到色谱图,计算峰面积,绘制曲线。检查各标准样品溶液与测得的峰面积是否成线性关系,若不成线性关系应重新配制标准样品溶液。

4.5.3 **进样**

4.5.3.1 通过六通阀使试样溶液进入色谱柱,得到色谱图(见图 1),计算峰面积。

4.5.3.2 取一个色谱峰高与试样色谱峰高相近的标准样品溶液,经六通阀进入色谱柱,得到标准样品色谱图,计算峰面积。

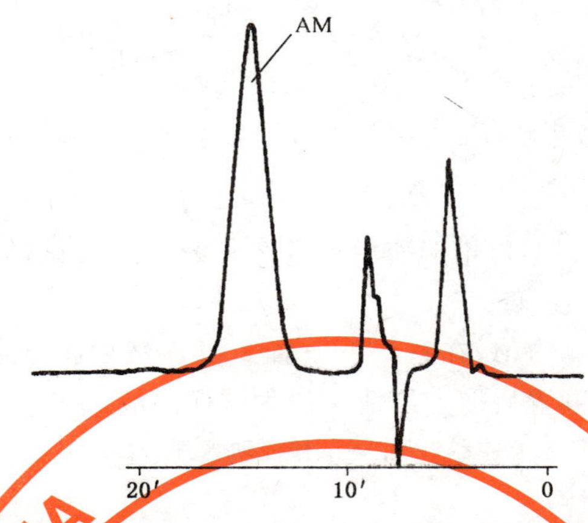

图 1 丙烯酰胺液相色谱图

4.6 结果表示

4.6.1 残留丙烯酰胺含量按式(3)计算:

$$w(\mathrm{AM})=\frac{A\cdot c_2}{A_0\cdot m\cdot s\cdot 1\,000}\times 100 \quad\cdots\cdots\cdots(3)$$

式中:

$w(\mathrm{AM})$——残留丙烯酰胺含量,%;

A——试样的峰面积,单位为平方毫米(mm^2);

c_2——丙烯酰胺标准样品溶液浓度,单位为毫克每毫升(mg/mL);

m——试样质量,单位为克(g);

s——试样固含量(按 GB/T 12005.2—1989 测定),%。

4.6.2 取两个试样测定结果的算术平均值,结果修约到小数点后第三位。单个试样测定值与算术平均值的相对偏差不大于5%,否则应重新取样测定。

5 方法 C:气相色谱法

5.1 原理

用规定体积和浓度的甲醇-水溶液浸取聚丙烯酰胺至平衡,用气相色谱仪测定浸取液中丙烯酰胺色谱峰面积,并将其与丙烯酰胺标准样品的工作曲线比较,即可得到聚丙烯酰胺中残留丙烯酰胺的含量。

5.2 试剂和材料

本标准除另有规定外,所用试剂的纯度应在分析纯以上,实验用水应符合 GB/T 6682—1992 中三级或以上的水的规格。

5.2.1 甲醇。

5.2.2 混合溶剂:甲醇-水,体积比 8∶2。

5.2.3 氮气:纯度 99.99%。

5.2.4 载体:Chromosorb W-HP 型,粒度 180 μm~250 μm(60 目~80 目)。

5.2.5 固定液:聚乙二醇,相对分子质量 20 000。

5.3 仪器

5.3.1 气相色谱仪:具有氢火焰离子化检测器,敏感度小于或等于 1×10^{-10} g/s。

5.3.2 进样器:2 μL 或 5 μL 微量注射器。

5.3.3 色谱柱:长 2 m,内径 3 mm 的不锈钢柱,装填表面涂有与其重量比为 20%聚乙二醇固定液的 Chromosorb W-HP 载体。使用前该色谱柱需在 175 ℃~180 ℃,以 20 mL/min 的氮气流老化处理 12 h 以上。

5.3.4 记录器:满标量程 5 mV。

5.3.5 分析天平:精确至 0.000 1 g。

5.3.6 康氏振荡器或磁力搅拌器。

5.4 试样溶液的制备

5.4.1 粉状聚丙烯酰胺试样

5.4.1.1 在已经干燥好的 100 mL 磨口锥形瓶中称量 2.9 g～3.1 g 试样,准确至 0.000 1 g,用移液管吸取 30 mL 混合溶剂于其中,盖好瓶塞。

5.4.1.2 摇动锥形瓶,使试样分散均匀,在室温下放置 20 h。然后将锥形瓶固定在康氏振荡器上,勿使瓶塞松动,于室温下振荡 4 h。静置后取上层清液作为试样溶液。

注:除用康氏振荡器外,也可以用磁力搅拌器,以能将试样搅动为宜。

5.4.2 胶状聚丙烯酰胺试样

在已干燥的 250 mL 磨口锥形瓶中称量 9 g～11 g 试样,准确至 0.000 1 g。往其中加入相当于试样含水体积 4 倍的甲醇。盖好瓶塞,按 5.4.1.2 操作。

5.5 操作步骤

5.5.1 调整仪器

5.5.1.1 气化室温度:230 ℃。

5.5.1.2 柱温:165 ℃。

5.5.1.3 检测器温度:230 ℃～240 ℃。

5.5.1.4 气体流速:氮气流速 20 mL/min;氢气流速 50 mL/min;空气流速 550 mL/min。

5.5.1.5 柱前压:约 0.16 MPa。

5.5.1.6 记录仪走纸速度:根据要求和色谱峰宽窄适当选择。

5.5.2 校准

5.5.2.1 外标法

按 GB/T 4946—2008 中的 5.15 进行。

5.5.2.2 丙烯酰胺标准样品的制备

将工业品或化学纯的固体丙烯酰胺经二次重结晶处理,即得含量为 99% 以上的丙烯酰胺标准样品。

5.5.2.3 丙烯酰胺标准样品溶液的配制

5.5.2.3.1 称取 0.100 0 g±0.000 1 g 丙烯酰胺置于 100 mL 烧杯中,加入约 15 mL 混合溶剂溶解。将溶解好的丙烯酰胺溶液转移到 50 mL 容量瓶中,用混合溶剂稀释至刻度,得到含量为 2.00 mg/mL 的丙烯酰胺标准样品溶液。

5.5.2.3.2 用移液管分别吸取 5 mL 及 10 mL 5.5.2.3.1 的溶液加入 20 mL 的容量瓶中,用混合溶剂稀释至刻度,得到含量为 0.50 mg/mL 及 1.00 mg/mL 的丙烯酰胺标准样品溶液。

5.5.2.3.3 用移液管吸取 5 mL 5.5.2.3.1 的溶液加入 50 mL 的容量瓶中,用混合溶剂稀释至刻度,得到含量为 0.20 mg/mL 的丙烯酰胺标准样品溶液。

5.5.2.3.4 用移液管吸取 1 mL,2 mL,5 mL,10 mL 5.5.2.3.3 的溶液,分别加入 4 个 20 mL 容量瓶中,用混合溶剂稀释至刻度,得到含量分别为 0.01 mg/mL,0.02 mg/mL,0.05 mg/mL,0.10 mg/mL 的丙烯酰胺标准样品溶液。

5.5.2.4 工作曲线的绘制

5.5.2.4.1 按照 5.5.1 调节色谱仪使之稳定一段时间,待记录仪基线呈直线后,用微量注射器分别吸取含量为 0.01 mg/mL,0.02 mg/mL,0.05 mg/mL,0.10 mg/mL,0.20 mg/mL,0.50 mg/mL,1.00 mg/mL,2.00 mg/mL 的丙烯酰胺标准样品溶液 2 μL 注入气相色谱仪内,并适当调节衰减,使色谱峰在记录纸上处于适当位置。

5.5.2.4.2　根据记录仪记录的不同丙烯酰胺标准样品溶液的色谱峰大小计算面积。

5.5.2.4.3　在双对数坐标纸上，以5.5.2.4.1中各丙烯酰胺标准样品溶液的含量为横坐标，以相应含量的色谱峰面积为纵坐标作图，得到线性工作曲线。该工作曲线可绘制两条：由丙烯酰胺含量等于和小于0.20 mg/mL的各点对相应各色谱峰面积作图得一条直线；由丙烯酰胺含量大于0.10 mg/mL的各点对相应色谱峰面积作图得另一直线。

5.5.3　测定

5.5.3.1　在5.5.1条件下，吸取2 μL试样溶液注入气相色谱仪内，并对试样溶液作三次平行试验，得到三个色谱峰。

5.5.3.2　根据记录仪得到的试样溶液中丙烯酰胺的色谱峰大小计算面积。

5.5.4　色谱图

以下为丙烯酰胺标准样品色谱图(见图2)和试样溶液中丙烯酰胺色谱图(见图3)。

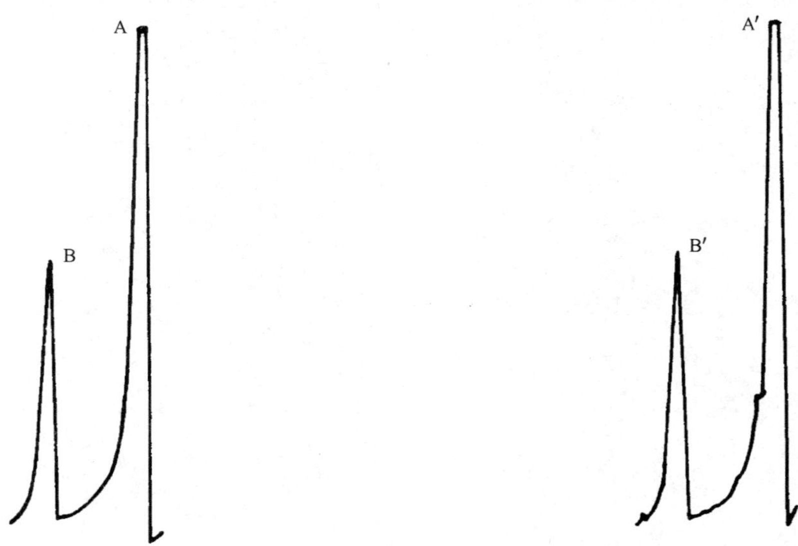

A——甲醇峰；

B——丙烯酰胺标准样品色谱峰。

图2　丙烯酰胺标准样品色谱图

A′——甲醇峰；

B′——试样溶液中丙烯酰胺色谱峰。

图3　试样溶液中丙烯酰胺色谱图

5.5.4.1　取三个色谱峰面积的平均值作为试样溶液中峰面积。如果单个测定值与算术平均值的偏差大于20%，应重新测定。

5.5.4.2　由色谱峰面积，在工作曲线上查得对应的丙烯酰胺含量。

5.6　结果表示

5.6.1　试样中残留丙烯酰胺含量按式(4)计算：

$$w(\mathrm{AM})=\frac{\alpha \cdot V}{m \cdot s \times 1\,000}\times 100 \qquad \cdots\cdots(4)$$

式中：

$w(\mathrm{AM})$——残留丙烯酰胺含量，%；

α——由工作曲线查得的丙烯酰胺含量，单位为毫克每毫升(mg/mL)；

V——试样溶液中甲醇与水的体积之和，单位为毫升(mL)；

m——试样质量，单位为克(g)；

s——试样的固含量(按GB/T 12005.2—1989测定)，%。

5.6.2　由5.6.1计算出的结果，其数值修约到小数点后第二位。

6 试验报告

试验报告应包括以下内容：

a） 注明采用本标准及方法；

b） 试样的名称、型号、生产厂家、生产日期等；

c） 试样中残留丙烯酰胺含量；

d） 试样单个测定值及算术平均值；

e） 试验人员及日期。

ICS 83.080.10
G 31

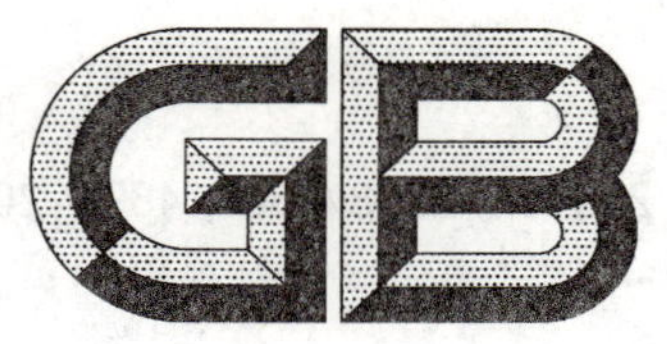

中华人民共和国国家标准

GB/T 22313—2008/ISO 14897:2002
代替 GB/T 12008.6—1989

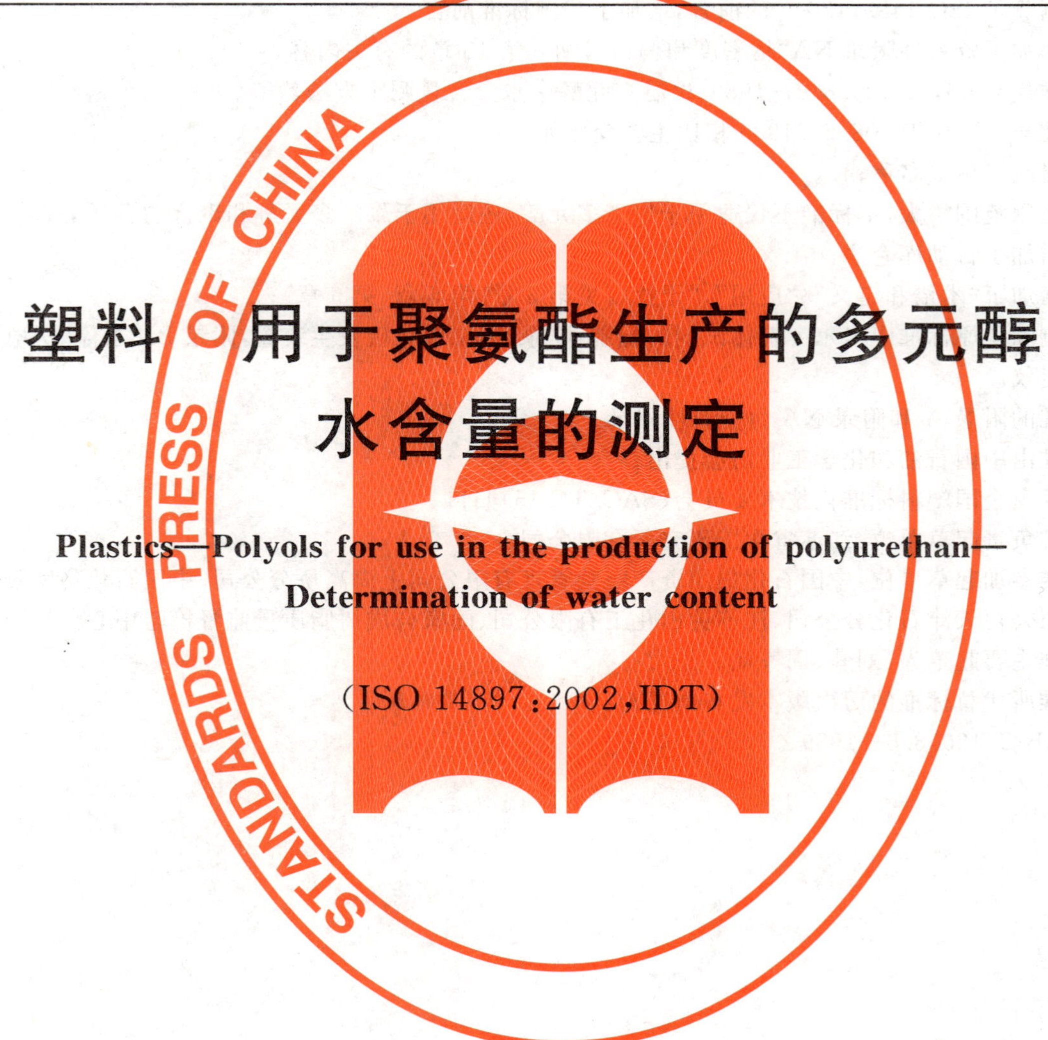

塑料 用于聚氨酯生产的多元醇 水含量的测定

Plastics—Polyols for use in the production of polyurethan—Determination of water content

(ISO 14897:2002,IDT)

2008-08-04 发布　　2009-04-01 实施

中华人民共和国国家质量监督检验检疫总局
中国国家标准化管理委员会　发布

前　言

本标准等同采用 ISO 14897:2002《塑料——用于聚氨酯生产的多元醇——水含量的测定》。

本标准与 ISO 14897:2002 相比主要变化如下：

——删除了 ISO 14897:2002 的前言，增加了我国标准前言。

——增加了资料性附录 NA“精密度和偏倚”，纳入第 13 章的有关内容。

本标准代替 GB/T 12008.6—1989《聚醚多元醇中水分含量测定方法》。

本标准与 GB/T 12008.6—1989 相比主要变化如下：

——更改了标准名称；

——适用范围扩大，本标准不仅适用于聚醚多元醇，还适用于聚酯多元醇和聚合物多元醇；

——增加了自动库仑法；

——增加了“术语和定义”、“应用”、“干扰”（见第 3 章、第 5 章、第 6 章）；

——删除了原标准中卡尔·费休试剂的配制，附录 A：二氧化硫发生装置，附录 B：“永停”法电量滴定仪。

本标准的附录 A 和附录 NA 为资料性附录。

本标准由中国石油和化学工业协会提出。

本标准由全国塑料标准化技术委员会（SAC/TC 15）归口。

本标准负责起草单位：江苏省化工研究所有限公司。

本标准参加起草单位：中国石化集团资产经营管理有限公司上海高桥分公司、中国石化集团资产经营管理有限公司天津石化分公司、江苏钟山化工有限公司、国家合成树脂质量监督检验中心。

本标准主要起草人：刘蓉、周芩楠。

本标准所代替标准的历次版本发布情况为：

——GB/T 12008.6—1989。

塑料　用于聚氨酯生产的多元醇水含量的测定

1　范围

本标准规定了作为聚氨酯原料的多元醇水含量的测定方法。方法A是应用卡尔·费休原理的手动电量法。电量法用于大多数多元醇,包括终点不易观察的有色多元醇。方法B包括自动电量法和自动库仑法。库仑法是绝对法,不需要校准,且比电量法灵敏度高。

2　规范性引用文件

下列文件中的条款通过本标准的引用而成为本标准的条款。凡是注日期的引用文件,其随后所有的修改单(不包括勘误的内容)或修订版均不适用于本标准,然而,鼓励根据本标准达成协议的各方研究是否可使用这些文件的最新版本。凡是不注日期的引用文件,其最新版本适用于本标准。

ISO 3696:1987　实验室分析用水规格和试验方法

ISO 6353-1:1982　化学分析用试剂——第1部分:通用试验方法

ISO 6353-2:1983　化学分析用试剂——第2部分:规范-第一系列

ISO 6353-3:1987　化学分析用试剂——第3部分:规范-第二系列

3　术语和定义

下列术语和定义适用于本标准。

3.1

多元醇　polyol

含有两个或两个以上羟基,能与异氰酸酯定量反应的有机化合物。

3.2

聚氨酯　polyurethane

由有机二或多异氰酸酯与含有两个或两个以上羟基的化合物反应制得的聚合物。

注:聚氨酯可以是热固性,热塑性,硬质或软质以及弹性,多孔或非多孔。

4　原理

4.1　方法A和方法B用卡尔·费休试剂,用电量法或库仑法滴定。试剂中的二氧化硫首先与醇反应生成酯,酯被试剂中的碱中和。烷基亚硫酸的阴离子为活性组分,滴定时在水存在下,碘将烷基亚硫酸氧化成烷基硫酸,消耗水。反应式如下:

$$ROH + SO_2 + R'N \rightarrow (R'NH)SO_3R$$

$$H_2O + I_2 + (R'NH)SO_3R + 2R'N \rightarrow (R'NH)SO_4R + 2(R'NH)I$$

4.2　水分的测定,卡尔·费休试剂[碘、二氧化硫、乙二醇甲醚($HOCH_2CH_2OCH_3$)和吡啶或吡啶的取代物组成的溶液]加入到溶有试样的甲醇或其他醇溶液中,至溶液中所有的水被消耗掉。对于电量滴定法,通过指示两铂电极去极化的电流测量装置来确定终点。在库仑滴定法中,电解产生碘,省去了试剂的标定。

5 应用

本标准试验方法适用于产品检验和科研的质量控制。多元醇的含水量很重要,因为水与异氰酸酯反应生成二氧化碳和胺,消耗额外异氰酸酯。

注:以下关于卡尔·费休测量原理手动滴定法的描述主要是作为参考。方法B描述的市售的自动卡尔·费休滴定仪应用广泛。其他细节和数据见 ISO 760:1978,水分的测定——卡尔·费休法(通用法)。

6 干扰

6.1 氧化物、氢氧化物和强碱性物质与卡尔·费休试剂反应生成定量水,使测定值偏高。因此,此方法不适用于含有氢氧化钾或其他强碱性物质的粗多元醇,除非校正了其生成的多余的水。

6.2 含有胺的多元醇会改变卡尔·费休体系的pH值至碱性范围,导致错误结果。在滴定前加入多于化学计量量的水杨酸或苯甲酸可以规避这一问题。对特殊型号的多元醇应建立适当的试验方法。

7 试剂

7.1 试剂的纯度

所有的试验应使用试剂级化学品。除非另有说明,所有的试剂均应符合 ISO 6353-1:1982、ISO 6353-2:1983 和 ISO 6353-3:1987 的规定。其他级别的试剂被证实纯度足够高且不会降低测定的精确度时也可以使用。

7.2 水的纯度

除非另有说明,试验用水应符合 ISO 3696:1987 中三级水规格。

7.3 方法A(手动滴定)用试剂

7.3.1 卡尔·费休试剂

滴定度 2.5 mgH_2O/mL～3.5 mgH_2O/mL。用等体积的无水乙二醇甲醚(含水量小于0.1%)稀释市售的稳定的卡尔·费休试剂(6 mgH_2O/mL)。

注:改进的、无吡啶的卡尔·费休试剂已能买到,推荐将其替代普通试剂。

7.3.2 滴定溶剂(无水甲醇)

除非甲醇足够干燥,否则要消耗大量的稀卡尔·费休试剂与残余的水反应。因此,对溶剂作进一步干燥,在一瓶甲醇试剂中加入未稀释的卡尔·费休试剂(6 mgH_2O/mL)直至溶液保持淡红棕色。再加入甲醇至溶液呈淡黄色。每 100 mL 处理过的溶剂需加入 1 mL～10 mL 的稀卡尔·费休试剂。

7.4 方法B用试剂

卡尔·费休试剂:各种市售的试剂和试剂体系可用于自动滴定仪水含量的测定。这些无吡啶的试剂提高了稳定性,气味也较传统的卡尔·费休试剂小。针对不同水含量范围选购不同浓度的双组分或单组分试剂。单组分试剂包含了卡尔·费休滴定所需的各组分。双组分试剂的溶剂和滴定剂是分开的。

8 仪器

8.1 方法A(手动滴定)仪器

8.1.1 滴定容器:一个容量约 300 mL 的带有密封盖的容器,以隔绝大气中水分。容器配一根氮气入口管,一支 10 mL 的滴定管,一个搅拌器(最好是磁力搅拌器)以及一个能随时进样和添加溶剂或取出电极的开口。为了将反应废液及时通过真空管导出,同时配一个 1 L 的废液瓶。氮气经过无水硫酸钙的干燥管进入滴定容器。

8.1.2 电极,截面相当于2根26号金属丝,长 4.76 mm 的铂电极。两金属丝间距离为 3 mm～8 mm,置于容器中能被 75 mL 的溶液浸没。

8.1.3 去极化指示装置,内部电阻小于 5 000 Ω,电极间施加和指示 20 mV~50 mV 电压,电流计的电流显示范围为 10 μA~20 μA。

8.1.4 滴定管装置,通卡尔·费休试剂,包括一支 10 mL 分度值为 0.05 mL 的滴定管,用玻璃或聚乙烯(非橡胶)导管通到试剂。各种型号的自动滴定管均适用。卡尔·费休试剂暴露在空气中极易吸水,因此所有的开孔处均应连接无水硫酸钙干燥管。所有的活塞和连接处应涂上惰性的润滑剂。

8.1.5 注射器,约 1 mL,用于试剂的标定。

8.1.6 注射器,1 mL 和 10 mL,适合称量和移取黏稠样品。

8.1.7 分析天平,分度值为 0.1 mg。

8.2 方法 B(自动滴定)仪器

8.2.1 自动滴定仪:市售的自动滴定仪可用于电量或库仑滴定,结果等同于或优于方法 A 中所述的手动方法。这些仪器包括一个自动滴定装置,一个带有电极的密封滴定容器和废液排出装置。这些自动装置具有以下优点:可以更好地隔绝空气中湿气,校正简便,预中和步骤自动完成,滴定快,消耗试剂少。更新型的自动仪还可以自动计算,显示并打印出水分含量。

8.2.2 注射器,1 mL 和 10 mL,适合称量和移取黏稠样品。

8.2.3 分析天平,分度值为 0.1 mg。

9 试样

9.1 在取样过程中避免水分变化很必要。许多多元醇易吸湿,特别是在测定低水分时带来的误差特别明显。即使在没有除湿措施的空调实验室进行检测,易吸湿的样品的水含量也会增加。因此,将样品移取到滴定容器时使用带盖的密闭容器,样品尽量装满,减少样品与空气的接触。将整个滴定装置放在氮气(或干燥的空气)净化的封闭环境中,可提高水分测量的准确度。如果可能,避免倒换试样瓶。如对同一样品进行多项目的分析时,应先测定水分。操作时再打开试样。如有条件,尽可能地保证实验室的相对湿度在 50%以下。

9.2 用注射器(8.2.2)取样。取样品后的注射器称量,通过滴定容器的进样口进样,再称量,两次称量之差即为样品质量。

10 试剂的标定

10.1 方法 A(手动滴定)试剂的标定

卡尔·费休试剂(7.3.1)应每天标定,操作过程与样品滴定相同,步骤如下:

向滴定容器(8.1.1)内加入 100 mL 滴定溶剂(7.3.2),按第 11 章所述步骤滴定溶剂中残余的水分。立即用注射器(8.1.5)向这个滴定过的溶剂中加入一滴水,水的质量精确至±0.1 mg。按第 11 章方法用卡尔·费休试剂滴定至终点。

10.2 方法 B(自动电量或库仑滴定)试剂的标定

不同的自动滴定仪标定过程不同,具体操作参见说明书。水是很好的基准物。另外,可用市售的稳定的基准物建立滴定度 F(见 10.3)。

10.3 计算

卡尔·费休试剂的滴定度 F,以"mg/mL"表示,按式(1)计算:

$$F = \frac{A}{B} \qquad \cdots\cdots(1)$$

式中:

A——加入水的质量,单位为毫克(mg);

B——所用的卡尔·费休试剂体积,单位为毫升(mL)。

11 步骤

11.1 方法 A(手动滴定)的步骤

11.1.1 调整氮气阀使干燥的氮气以低流速(20 mL/min～50 mL/min)进入滴定容器。在滴定容器中加入 100 mL 的滴定溶剂,以保证浸没电极。调整搅拌器使溶液不发生飞溅。用卡尔·费休试剂滴定至终点。

11.1.2 向制备的滴定混合液中,加入表 1 所示的样品量。移取样品时应避免吸收空气中水分,特别是在高湿度的环境下。进样后将溶液搅拌 1 min 或 2 min 至其完全溶解。

表 1 手动滴定法(方法 A)推荐的称样量

水含量/%	称样量
≤0.5	相当于含有 25 mg 水的量[a]
>0.5	5 g

[a] 称样量不能超过 30 g。

11.1.3 用卡尔·费休试剂滴定 11.1.2 溶液至和前面相同的终点。记录滴定样品水分耗用试剂的体积。

注:滴定终点是指当加入过量 0.05 mL 卡尔·费休试剂(滴定度为 2.5 mgH_2O/ mL～3.0 mgH_2O/ mL),两个已外加 20 mV～50 mV 铂电极去极化,引起电流从 10 μA～30 μA 变化并保持 30 s 以上。

11.2 方法 B(电量或库仑滴定)的步骤

具体步骤参见所使用的自动滴定仪的使用说明。一般来说,待滴定容器内的试剂预中和后加入样品,将仪器开关拨到滴定模式,电量或库仑滴定仪自动滴定至终点。

特殊仪器的称样量参见所用自动滴定仪的使用说明。如无相关说明,可参考表 2 和表 3。

表 2 电量滴定法(方法 B)推荐的称样量[a]

水含量的估计值/%	建议称样量/g
≤0.5	5～10
>0.5～1.0	1
>1.0	0.5

[a] 滴定度为 5 mgH_2O/mL。

表 3 库仑滴定法(方法 B)推荐的称样量

水含量的估计值/%	建议称样量/g
≤0.1	5
>0.1～0.5	1
>0.5～1.0	0.1

注:表 2 和表 3 列出了一般称样量的参考值。对于一些特殊的仪器,称样量不同。参见使用说明书推荐的称样量。

12 测定结果的计算与表示

样品中水的质量分数 w,以“%”表示,按式(2)计算:

$$w(H_2O) = \frac{V \times F}{10\,m} \qquad \cdots\cdots(2)$$

式中:

V——卡尔·费休试剂消耗的体积,单位为毫升(mL);

F——卡尔·费休试剂的滴定度,单位为毫克每毫升(mg/mL);

m——样品的质量,单位为克(g);

10——由 g 转化成 mg,并以百分数表示的数据转换常数。

13 精密度

由于尚未得到试验室间的试验数据,故未知本试验方法的精密度。如果得到上述数据,则在下次修订时加上精密度说明。ISO 14897:2002 精密度数据参见附录 A。

14 试验报告

试验报告应包括下列内容:

a) 本标准的标准号;

b) 所测样品的详细描述;

c) 所选用的滴定方法(自动库仑法、自动电量法或手动电量法);

d) 检测结果,包括单位;

e) 本标准中没有规定的但对检测结果有影响的情况描述;

f) 分析的数据。

附 录 A
（资料性附录）
实验室间精密度研究

附录A中给出的精密度研究是基于2000年在实验室间对三种水分含量分别为0.03%、0.42%和1.6%的多元醇样品进行的研究。选取9～12个实验室，每个实验室选一名分析员对加倍抽取的样品进行两次分析检测，重复试验在第二天进行。样品用电量法和库仑法两种方法分析。根据ASTM工业化学品分析和检测方法中精密度的测定标准ASTM E 180得出的精密度数值列于表A.1。水含量以质量分数表示。

表 A.1 实验间精密度研究结果

	平均值	s_r	s_R	r	R	n
电量法						
低水分	0.028 1	0.000 8	0.001 6	0.002 3	0.004 5	10
中水分	0.425 7	0.0025	0.006 7	0.006 9	0.018 8	9
高水分	1.645 1	0.006 3	0.029 5	0.017 7	0.082 7	10
库仑法						
低水分	0.025 2	0.000 3	0.001 4	0.000 7	0.004 0	6
中水分	0.417 8	0.004 6	0.004 8	0.013 0	0.013 5	7
高水分	1.622 8	0.017 8	0.030 3	0.049 9	0.084 8	8

注：s_r——重复性标准差；

s_R——再现性标准差；

r——重复性限(2.8×s_r)；

R——再现性限(2.8×s_R)；

n——提供有效数据的实验室数。

附 录 NA
（资料性附录）
精密度和偏倚

NA.1 概述

目前还没有令人满意的手动电量法精密度和偏倚的说明。因此没有给出方法A(手动滴定)精密度和偏倚的相关数据。

NA.2 方法B的精密度和偏倚

NA.2.1 精密度

以下的数据可用于判断结果可信度(95%的置信度):

重复性(一个分析人员):同一分析人员在同一仪器上同一天对同一样品进行同样的分析,如果分析试样含水量得出的两个数值相对百分误差大于表NA.1所列相近水含量的数据,那么所测的数据可疑。

表 NA.1 方法B重复性数据

水分质量分数/%	电量法/%	库仑法/%
0.03	8.2	2.8
0.42	1.6	3.1
1.6	1.1	3.1

再现性(多个实验室):同一样品在不同实验室进行同样的分析,如果相应水分含量的样品得出的两个数值的相对百分误差大于表NA.2所列出的数据,那么所得的数据不同。

表 NA.2 方法B再现性数据

水分质量分数/%	电量法/%	库仑法/%
0.03	16.0	15.9
0.42	4.4	3.2
1.6	5.0	5.2

NA.2.2 偏倚

偏倚是测试结果的期望与接受参照值之差。本方法的偏倚没有测量。

ICS 83.080
G 31

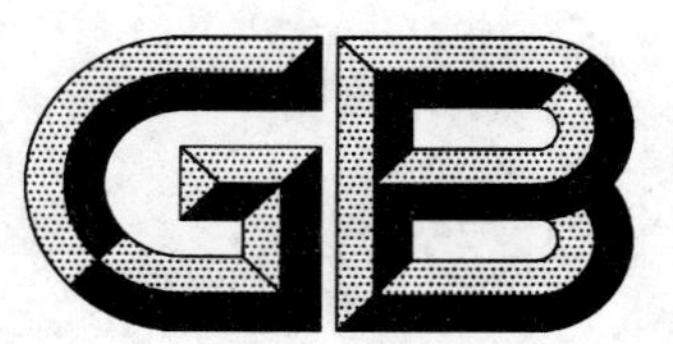

中华人民共和国国家标准

GB/T 22314—2008
代替 GB/T 12007.4—1989

塑料 环氧树脂 黏度测定方法

Plastics—Epoxide resins—Determination of viscosity

(ISO 3219:1993,Plastics—Polymers/resins in the liquid state or as emulsions or dispersions—Determination of viscosity using a rotational viscometer with defined shear rate,MOD)

2008-08-04 发布 2009-04-01 实施

中华人民共和国国家质量监督检验检疫总局
中国国家标准化管理委员会 发布

前　言

本标准修改采用 ISO 3219:1993《塑料——液态或乳液态或分散体系聚合物/树脂——用旋转黏度计在规定剪切速率下黏度的测定》(英文版)。

本标准根据 ISO 3219:1993 重新起草,为了方便比较,在资料性附录 B 中列出本标准与 ISO 3219:1993 的技术差异,并在文中用垂直单线标识。

本标准与 ISO 3219:1993 主要技术性差异如下:

——范围仅适用于液态环氧树脂;

——仪器去掉了锥板系统;

——对操作步骤做了较详细的说明。

为便于使用,本标准作了下列编辑性修改:

a) 把"本国际标准"一词改为"本标准";

b) 删除了 ISO 3219:1993 的前言;

c) 增加了国家标准的前言;

d) 对于 ISO 3219:1993 引用的其他国际标准中有被等同采用为我国标准的,本标准用引用我国的国家标准代替对应的国际标准;

e) 用我国的小数点符号"."代替国际标准中的小数点符号","。

本标准代替 GB/T 12007.4—1989《环氧树脂粘度测定方法》。

本标准与 GB/T 12007.4—1989 相比主要变化如下:

——剪切速率增加了一个系列;

——对仪器的精度做了规定;

——测定次数增加为 3 次;

——增加了 2 个附录;

——增加了黏度计的校准;

——增加了温度计的精度应为 0.05 ℃。

本标准附录 A 为规范性附录,附录 B 为资料性附录。

本标准由中国石油和化学工业协会提出。

本标准由全国塑料标准化技术委员会(SAC/TC 15)归口。

本标准负责起草单位:国家合成树脂质量监督检验中心。

本标准参加起草单位:蓝星化工新材料股份有限公司无锡树脂厂、安徽恒远化工有限公司。

本标准主要起草人:王琰、王永桂、黄勇、程振朔。

本标准所代替标准的历次版本发布情况为:

——GB/T 12007.4—1989。

塑料　环氧树脂　黏度测定方法

1　范围

本标准给出了用具有规定剪切速率的同轴双圆筒旋转黏度计测定黏度的方法。

本标准适用于液态环氧树脂黏度的测定。

2　规范性引用文件

下列文件中的条款通过本标准的引用而成为本标准的条款。凡是注日期的引用文件，其随后所有的修改单(不包括勘误的内容)或修订版均不适用于本标准，然而，鼓励根据本标准达成协议的各方研究是否可使用这些文件的最新版本。凡是不注日期的引用文件，其最新版本适用于本标准。

GB/T 2918—1998　塑料试样状态调节和试验的标准环境(idt ISO 291:1997)

3　原理

用具有规定特性的旋转黏度计根据所用的剪切速率和得到的剪切应力测量液态样品的黏度。

黏度 η 用式(1)定义：

$$\eta=\frac{\tau}{\dot{\gamma}} \quad \cdots\cdots(1)$$

式中：

η——黏度，单位为帕斯卡秒(Pa·s)；

τ——剪切力，单位为帕斯卡(Pa)；

$\dot{\gamma}$——剪切速率，单位为每秒(s^{-1})。

根据国际单位制(SI)黏度的单位为帕斯卡秒(Pa·s)

$$1\ \mathrm{Pa\cdot s}=1\ \mathrm{N\cdot s/m^2}$$

注1：符号与 GB 3102.3 力学的量和单位一致。

注2：如果黏度依赖于测定所用剪切速率，即 $\eta=f(\dot{\gamma})$，液体称为非牛顿性液体。液体所具有的黏度与剪切速率无关则称为牛顿性液体。

4　仪器

4.1　旋转黏度计

4.1.1　测量系统

测量系统应包括两个刚性对称的同轴表面，其间放入待测黏度的流体。其中一个表面以恒定角速度旋转，而另一表面则保持静止。测量系统应能确定每次测量的剪切速率。

扭矩测量装置应与其中一个表面连接，这样可以测定为克服流体的黏滞阻力所需的扭矩。

适宜的测量系统为同轴圆筒系统。

测量系统的尺寸应满足附录 A 规定的条件，其设计可确保所有测量类型和所有通用型号仪器的测量区域具有相似的几何尺寸。

4.1.2　基础仪器

基础仪器应设计成能安装可供选择的转子和定子，以形成一系列规定的旋转频率(逐级地或连续地变化)，并且能测定与之对应的扭矩，反之亦然(即：产生一个规定的扭矩并测量与之对应的旋转频率)。

仪器的扭矩测定精度应在满刻度计数的2%以内。在仪器的正常工作范围内，仪器的旋转频率精度应在测定值的 2%以内。黏度测定的重复性应在±2%。

注：就所使用的不同测量系统和旋转频率来说，大多数商品仪器都有一个黏度测量范围，其最小范围为(10^{-2}～10^{3})Pa·s。

不同仪器的剪切速率的范围差别很大，应根据所需测量的黏度和剪切速率的范围来选择一个特定的基础仪器和适合的测量系统。

4.2 温度控制装置

液体循环浴的温度或电加热器的温度在(0～50)℃范围内时，应能保持恒定在±0.2 ℃，在超过这个温度范围时，应能保持恒定在±0.5 ℃。

更精确的测量则需要更高的准确度(如±0.1 ℃)。

4.3 温度计

温度计的精度应为 0.05 ℃。

5 取样

取样方法，包括样品的任何特殊制备和加入黏度计的方法应在所测产品的试验标准中规定。

样品中不应含有任何可见杂质和气泡。

如样品易吸潮或含有挥发性成分，应密闭样品容器以尽量减少对黏度测量的影响。

6 试验条件

6.1 校准

黏度计应定期校准，例如通过测量扭矩参数或采用已知黏度的参考流体(牛顿型流体)。如果在方法的精确度范围内，通过参考流体的测定值的直线不通过坐标系的原点，应根据制造商的说明书更彻底地检查操作步骤和仪器。

用于校准的标准流体的黏度应在待测样品的黏度范围内。

6.2 试验温度

由于黏度与温度相关，比对试验应在相同的温度下进行。如果需要在室温进行测定，测定温度应选择(23.0±0.2)℃。

更进一步的细节应在所测产品的测试标准中规定。

注 1：在测量期间热被释放到样品中。牛顿型流体在绝热试验条件下，热分散速率由 $\eta \cdot \dot{\gamma}^{2}$(单位 W/m³)给出，并且可能引起样品温度升高。

6.3 剪切速率的选择

对于所有牛顿型产品规定一个剪切速率，非牛顿型产品采用 4 个剪切速率，绘出黏度对剪切速率的坐标图。

为了能比较由不同仪器测定的黏度，推荐从以下数据组成的系列中选择剪切速率。

1.00 s^{-1}　2.50 s^{-1}　6.30 s^{-1}　16.0 s^{-1}　40.0 s^{-1}　100 s^{-1}　250 s^{-1}

或

1.00 s^{-1}　2.50 s^{-1}　5.00 s^{-1}　10.0 s^{-1}　25.0 s^{-1}　50.0 s^{-1}　100 s^{-1}

及以这些值乘以或除以 100 的数据。

如果给定的基础仪器不容许选择这些值，则应从黏度曲线上选择剪切速率值。

对于非牛顿型流体，测量应从低剪切速率开始，逐渐增加速度直至达到最大速度，然后降低速度，再在低的剪切速率下进一步测定。

注 2：以这种方式可以确定触变性和震凝性，虽然只是定性的。

对触变性和震凝性流体，测定条件应在所测产品的标准中规定。

测定前，在黏度计中的试料应有足够的时间恢复任何触变性结构，这个时间依特定样品的性质而定。

如果在增加和降低剪切速率下的读数呈无规则变化，可以取两个读数的平均值。如果观察到稳定的变化，对于触变性体系，两个值都应记录。

7 步骤

除非所测产品的测试标准另有规定，应根据附录A进行三次测定，每次使用同一样品的新部分。

对于测定黏度的计算，见附录A。

7.1 按需要的剪切速率选择固定筒、转筒及转速。

7.2 取一定体积（视仪器外筒大小而定）试样，小心地注入外筒，静置排泡。

7.3 将仪器与恒温装置连接，启动恒温器，直至温度恒定。

7.4 接通电源，开动马达，使转筒旋转。待指针稳定后读数。

8 结果表示

使用仪器附带的操作手册或明细表或计算图给出的关系计算黏度 η，以 Pa·s 表示。计算三次测定结果的算术平均值。

当表述黏度值时，在括号内给出黏度测定所用的温度和剪切速率，例如：

$$\eta(23\ ℃, 1\,600\ s^{-1}) = 4.25\ Pa \cdot s$$

当采用不同温度和剪切速率测定黏度时，用坐标曲线表示这些关系。

9 精密度

由于尚未得到实验室间试验数据，故未知本试验方法的精密度。如果得到上述数据，则在下次修订时加上精密度说明。

10 试验报告

试验报告应包含以下内容：

a) 注明采用本标准；

b) 所测样品的必要标识；

c) 取样日期；

d) 测试的温度；

e) 样品制备说明；

f) 所用黏度计测量系统的描述；

g) 由所有的以帕(Pa)表示的剪切力 τ 和以秒的倒数表示的剪切速率 $\dot{\gamma}$ 的对应值绘制的黏度曲线；

h) 在单点测量情况下的黏度（包括进行测定时的温度和剪切速率）（见第8章）；

i) 在触变性和震凝性流体的情况下的条件（如斜坡时间和总剪切力）；

j) 测量时间（即达到所需剪切力后并在连续读数之前的时间段）；

k) 每个单独的黏度测定结果，以 Pa·s 或毫帕斯卡秒(mPa·s)表示，及这些结果的算术平均值；

l) 任何采用本标准但与本标准有区别的试验条件。例如使用了不同尺寸的测量系统；

m) 测试日期。

附　录　A
（规范性附录）
同轴圆筒黏度计

A.1　系统特性

测量系统包括一个杯（即封底的外筒）和一个悬锤（即如图 A.1 所示的带轴的内筒），悬锤可以作为转子，而杯作为定子，反之亦可。

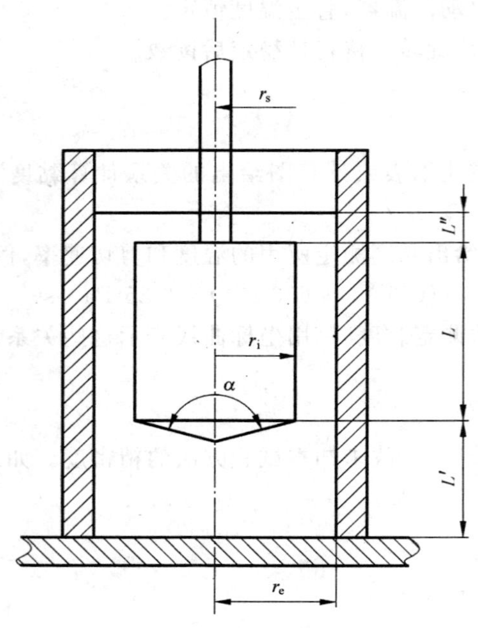

r_e——外筒半径；

r_i——内筒半径；

L——内筒长度；

L'——内筒的底边与外筒底部的距离；

L''——轴插入部分的长度；

r_s——轴半径；

α——内筒底部圆锥顶角。

注 1：内筒底部的圆锥应能轻易插入装满待测液体的杯筒中，并且不应形成气泡。

注 2：同轴圆筒系统需要精确地调整内外筒的轴线。

图 A.1　同轴圆筒系统标准几何结构

A.2　计算方法

剪切力 τ 和剪切速率 $\dot{\gamma}$ 在同轴圆筒旋转黏度计的环状截面上不是常数，而是从里到外降低（Searle 型）或与之相反（Conette 型）。此外，$\dot{\gamma}$ 的变化也依赖于测试材料的流变性。

作为“表观”值计算 τ 和 $\dot{\gamma}$ 是非常方便的。表观值不会发生在测量系统本身的表面（即：在外半径 r_e 或内半径 r_i），而是发生在一定距离的环形区域内。其表现为（理论和经验两者）以式（A.2）和式（A.3）叙述计算的表观值 τ_{rep} 和 $\dot{\gamma}_{rep}$。其非常近似的描述了局限幂律指数（local power law index）范围为 0.3～2 的流体的流动特性。

剪切力以帕斯卡（Pa）表示，根据在内筒（即在半径 r_i）或外筒（即在半径 r_e）测量的扭矩 M 采用式(A.1)和式(A.2)计算。这两个半径以米表示：

$$\tau_i = \frac{M}{2\pi L r_i^2 C_L}; \quad \tau_e = \frac{M}{2\pi L r_e^2 C_L} \quad \cdots\cdots\cdots\cdots(A.1)$$

$$\tau_{rep} = \frac{\tau_i + \tau_e}{2} = \frac{1+\delta^2}{2\delta^2} \times \tau_i = \frac{1+\delta^2}{2} \times \tau_e = \frac{1+\delta^2}{2\delta^2} \times \frac{M}{2\pi L r_i^2 C_L} \quad \cdots\cdots\cdots\cdots(A.2)$$

式中：

M——扭矩，单位为牛顿米(N·m)；

L——内筒长度，单位为米(m)；

C_L——用于计算测量系统底表面扭矩效应的底部效应校正系数(该校正系数依赖于测量系统的几何结构和流体的流变性，而且对于每一个测量系统的几何结构类型都应进行试验测定)；

δ——外筒与内筒半径之比。

表观剪切速率以弧度每秒表示，按下式计算：

$$\dot{\gamma}_{rep} = \omega \times \frac{1+\delta^2}{\delta^2 - 1} \quad \cdots\cdots\cdots\cdots(A.3)$$

其中 ω 为角速度，以弧度每秒表示。

如果旋转频率 n 以转每分表示则：

$$\omega = \frac{2\pi n}{60} = 0.104\ 7n$$

A.3 标准几何结构(见图 A.1)

与一个给定黏度计配套的测量系统类型的尺寸应根据以下比值，以保证对所有的操作和基础仪器形体相似的流动区域：

$\delta = \frac{r_e}{r_i} = 1.084\ 7$

$\frac{L}{r_i} = 3$

$\frac{L'}{r_i} = 1$

$\frac{L''}{r_i} = 1$

$\frac{r_s}{r_i} = 0.3$

$\alpha = 120°$

样品的体积只与半径 r_i 有关，由式(A.4)给出：

$$V = 8.17 r_i^3 \quad \cdots\cdots\cdots\cdots(A.4)$$

对于具有这种标准几何结构的测量系统，底部效应校正系数 C_L 与半径 r_i 无关，对牛顿型流体：

$$C_L = 1.10$$

可作为一个经验值。对于非牛顿型流体，C_L 不是常数，但与剪切速率 $\dot{\gamma}$ 和流体的流变性有关。

注：对于细薄流体的剪切，在一定剪切速率下 C_L 可以达到 1.2。对于黏塑性流体存在一个塑变值，在低剪切速率下 C_L 值可达 1.28。

采用 $C_L = 1.10$(牛顿型流体)，$\delta^2 = 1.176\ 57$ 和 $\tau_{rep} = 0.925\tau_i = 1.086\tau_e$，如果表观剪切力 τ_{rep} 以 Pa 表示，扭矩 M 以牛顿米(N·m)表示，表观剪切速率 $\dot{\gamma}_{rep}$ 和角速度 ω 以弧度每秒表示，内径 r_i 以米表示，而旋转频率以分钟的倒数表示，则得到数学关系式(A.5)和式(A.6)：

$$\tau_{rep} = 0.044\ 6 \times \frac{M}{r_i^3} \quad \cdots\cdots\cdots\cdots(A.5)$$

$$\dot{\gamma}_{\mathrm{rep}} = 12.33\omega = 1.291n \qquad \cdots\cdots(\mathrm{A.6})$$

A.4 其他几何结构

如果由于任何原因导致无法使用标准几何结构，也可以选择其他尺寸的测量系统。为了使用A.2给出的计算方法，应满足以下要求：

$$\delta = \frac{r_e}{r_i} \leqslant 1.2$$

$$\frac{L}{r_i} \geqslant 3 \qquad \frac{L'}{r_i} \geqslant 1$$

$$90^\circ \leqslant \alpha \leqslant 150^\circ$$

底部效应校正系数 C_L 与具有标准几何结构的 C_L 有所不同（通常较高）。

注：选择窄环（如 $\delta \leqslant 1.2$），可保证简单且容易量化的表观黏度非常接近，其显示为在对应的剪切速率下表观黏度值与真值仅有微小差异（≤3.5%）。对于标准的几何结构，通常误差更小。

A.5 结果的处理

具有线性刻度的矩形坐标系内，绘制从仪器读取的扭矩与对应的旋转频率 n 的平面图。

绘出一条经过坐标原点的光滑曲线，读取曲线上扭矩和旋转频率值并且用以下公式将它们转化为对应的剪切力和剪切速率值：

式(A.2)或式(A.5)用于剪切力 τ；

式(A.3)或式(A.6)用于剪切速率 $\dot{\gamma}$。

如有可能，选择这些 τ 或 $\dot{\gamma}$ 值以形成一个几何级数，这些量对应为曲线 $\tau = f(\dot{\gamma})$。

如果该曲线为通过原点的直线，黏度可以表示为由斜率给出的单值，即任意一对值 $(\tau, \dot{\gamma})$ 的比率 $\tau/\dot{\gamma}$。

如果曲线为非线性，可以读取 τ 和 $\dot{\gamma}$ 的对应值，并且将比值 $\tau/\dot{\gamma}$ 绘成对应 τ 和 $\dot{\gamma}$ 的剪切力——黏度或剪切速率——黏度[黏度函数 $\eta(\tau)$ 或 $\eta(\dot{\gamma})$]曲线。

所有测量值和计算值修约至三位有效数字，如

$$\dot{\gamma} = 42.8\ \mathrm{s^{-1}}; \eta = 0.318\ \mathrm{Pa \cdot s};$$

$$\tau = 13.6\ \mathrm{Pa}; \theta = 23.0^\circ\mathrm{C}。$$

附　录　B
（资料性附录）
本标准与 ISO 3219:1993 的技术差异

本标准与 ISO 3219:1993 的技术差异如表 B.1 所示。

表 B.1　本标准与 ISO 3219:1993 的技术差异

本标准章条编号	技 术 性 差 异
1	删除了 ISO 的范围
4.1.1	删除了锥板系统
6.3	删除了非牛顿型产品的推荐，改为采用 4 个剪切速率
7	对应 ISO 的编号为 6.4，删除了 ISO 的第 2，3，4 段话，增加了具体的操作步骤
8	增加精密度一章
附录 B	删除了锥板系统的附录

ICS 77.040.10
H 22

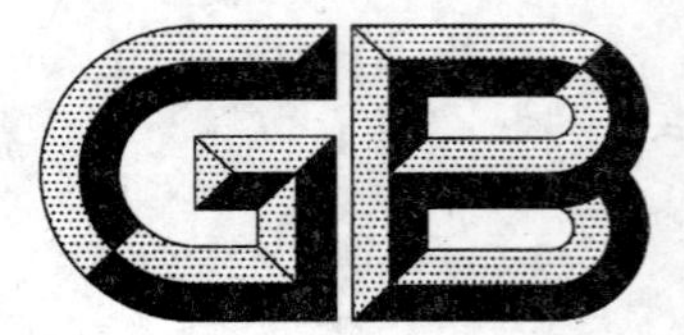

中华人民共和国国家标准

GB/T 22315—2008
代替 GB/T 2105—1991、GB/T 8653—1988

金属材料　弹性模量和泊松比试验方法

Metallic materials—Determination of modulus of elasticity and Poisson's ratio

2008-08-05 发布　　　　2009-04-01 实施

中华人民共和国国家质量监督检验检疫总局
中国国家标准化管理委员会　发布

前　言

本标准整合修订国家标准 GB/T 8653—1988《金属杨氏模量、弦线模量、切线模量和泊松比试验方法(静态法)》和 GB/T 2105—1991《金属材料杨氏模量、切变模量及泊松比测量方法(动力学法)》。

本标准静态法部分参照美国材料与试验协会标准 ASTM E111-04《杨氏模量、切线模量和弦线模量标准试验方法》,动态法部分参照美国材料与试验协会标准 ASTM E1875-00《用声共振测量动态杨氏模量、切变模量和泊松比的标准试验方法》。本标准与 ASTM E111-04、ASTM E1875-00 的一致性程度为非等效。

本标准代替 GB/T 8653—1988 和 GB/T 2105—1991。

本标准静态法部分与 GB/T 8653—1988 相比,在技术内容上主要变化如下:

——修改了标准的适用范围(本标准的第 1 章);

——增加了规范性引用文件(本标准的第 2 章);

——修改了术语和定义(GB/T 8653—1988 中的第 2 章,本标准的 3.1);

——修改了符号及说明(GB/T 8653—1988 中的第 3 章,本标准的第 4 章);

——修改了对试样的要求(GB/T 8653—1988 中的第 3 章,本标准的 5.2);

——修改了对引伸计的使用要求(GB/T 8653—1988 中的 6.2,本标准的 5.3.2、5.4.5);

——增加了对试验初试验力的要求(本标准的 5.4.2);

——修改了对试验环境温度控制的要求(GB/T 8653—1988 中的 7.4,本标准的 5.4.7);

——删除了绘制曲线时对力轴比例和放大倍数的要求(GB/T 8653—1988 中的 8.1.1、8.2.1、8.3.1,本标准的 5.5.1.1、5.5.2.1、5.5.3.1);

——增加了拟合法测定杨氏模量对应变范围的要求(GB/T 8653—1988 中的 8.1.2,本标准的 5.5.1.2);

——修改了对泊松比的有效位数的规定(GB/T 8653—1988 中的第 9 章,本标准的 5.5.6)。

本标准动态法部分与 GB/T 2105—1991 相比,在技术内容上主要变化如下:

——修改了标准的适用范围(GB/T 2105—1991 中的第 1 章,本标准的第 1 章);

——修改了规范性引用文件(GB/T 2105—1991 中的第 2 章,本标准的第 2 章);

——修改了术语和定义(GB/T 2105—1991 中的第 3 章,本标准的 3.2);

——删除了基本公式(GB/T 2105—1991 中的 4.3);

——增加了对热电偶位置有关规定(GB/T 2105—1991 中的 5.1.4,本标准的 6.3.1.4);

——修改了对音频振荡器上限的规定(GB/T 2105—1991 中的 5.2.1,本标准的 6.3.2.1);

——增加了对试样支撑的规定(GB/T 2105—1991 中的 7.2.2,本标准的 6.4.2.2);

——增加了动态泊松比较大时对修正系数取值的规定(GB/T 2105—1991 中的 8.1.1,本标准的 6.5.1.1);

——修改了对矩形杆动态杨氏模量计算公式中系数的规定(GB/T 2105—1991 中的 8.1.3,本标准的 6.5.1.3)。

本标准的附录 A 为资料性附录。

本标准由中国钢铁工业协会提出。

本标准由全国钢标准化技术委员会归口。

本标准起草单位：上海材料研究所、北京北冶功能材料有限公司、钢铁研究总院。

本标准主要起草人：奚建法、李昕、王滨、李丽敏、黄旭东、梁新帮。

本标准所代替标准的历次版本发布情况为：

——GB/T 2105—1980，GB/T 2105—1991；

——GB/T 8653—1988。

金属材料　弹性模量和泊松比试验方法

1　范围

本标准规定了用静态法测定金属材料杨氏模量、弦线模量、切线模量、泊松比，用动态法测定金属材料动态杨氏模量、动态切变模量、动态泊松比的范围、规范性引用文件、术语和定义、符号及说明、原理、试样、试验设备、试验条件、性能测定和试验报告。

本标准静态法部分适用于室温下测定金属材料弹性状态的杨氏模量、弦线模量、切线模量和泊松比；动态法部分适用于－196 ℃～1 200 ℃间测定材质均匀的弹性材料的动态杨氏模量、动态切变模量和动态泊松比的测量。

注 1：其他温度下金属材料的拉伸杨氏模量、弦线模量和切线模量的测定，也可参照本标准执行。

注 2：其他材料的杨氏模量、弦线模量、切线模量、泊松比和动态杨氏模量、动态切变模量、动态泊松比的测定经协商也可参照本标准的相关部分执行。

2　规范性引用文件

下列文件中的条款通过本标准的引用而成为本标准的条款。凡是注日期的引用文件，其随后所有的修改单(不包括勘误的内容)或修订版均不适用于本标准，然而，鼓励根据本标准达成协议的各方研究是否可使用这些文件的最新版本。凡是不注日期的引用文件，其最新版本适用于本标准。

GB/T 228—2002　金属材料　室温拉伸试验方法(GB/T 228—2002，eqv ISO 6892：1998)

GB/T 2975　钢及钢产品　力学性能试验取样位置和试样制备(GB/T 2975—1998，eqv ISO 377：1997)

GB/T 7314—2005　金属材料　室温压缩试验方法(GB/T 7314—2005，ASTM E9-1989a(2000)，MOD)

GB/T 8170　数值修约规则

GB/T 10623　金属力学性能试验术语(GB/T 10623—2008，ISO 23718：2007，MOD)

GB/T 12160　单轴试验用引伸计的标定(GB/T 12160—2002，ISO 9513：1999，Metallic materials—Calibration of extensometers used in uniaxial testing，IDT)

GB/T 13992　电阻应变计

GB/T 15014　弹性合金领域内的物理特性和物理量术语与定义

GB/T 16825.1　静力单轴试验机的检验　第1部分：拉力和(或)压力试验机测力系统的检验与校准(GB/T 16825.1—2002，ISO 7500-1：1999，Metallic materials—Verification of static uniaxial testing machines—Part 1：Tension/compression testing machines—Verification and calibration of the force-measuring system，IDT)

JJG 623　电阻应变仪

3　术语和定义

GB/T 10623 和 GB/T 15014 确立的以及下列术语和定义适用于本标准。

3.1　静态法

3.1.1

轴向引伸计标距　axial extensometer gauge length

L_{el}

测量试样轴向变形的引伸计标距。

3.1.2

横向引伸计标距　transverse extensometer gauge length

L_{et}

测量试样横向变形的引伸计标距。

3.1.3

轴向应变　axial strain

e_l

在平面内平行于试样轴向方向的线应变。

3.1.4

横向应变　transverse strain

e_t

在平面内垂直于试样轴向方向的线应变。

3.1.5

拉伸杨氏模量　Young's modulus in tension

E_t

轴向拉应力与轴向应变成线性比例关系范围内的轴向拉应力与轴向应变的比值。

3.1.6

压缩杨氏模量　Young's modulus in compression

E_c

轴向压应力与轴向应变成线性比例关系范围内的轴向压应力与轴向应变的比值。

3.1.7

弦线模量　chord modulus

E_{ch}

在弹性范围内轴向应力-轴向应变曲线上任两规定点之间弦线的斜率。

3.1.8

切线模量　tangent modulus

E_{tan}

在弹性范围内轴向应力-轴向应变曲线上任一规定应力或应变值处的斜率。

注：弦线模量和切线模量适用于呈非线弹性状态的金属材料。

3.1.9

泊松比　Poisson's ratio

μ

低于材料比例极限的轴向应力所产生的横向应变与相应轴向应变的负比值。

3.2　动态法

3.2.1

弯曲振动　flexural vibration

杆或管振动的方向与其长度方向垂直且处于垂直面内。在两端自由的状态下，试样的基频振动如图1所示。

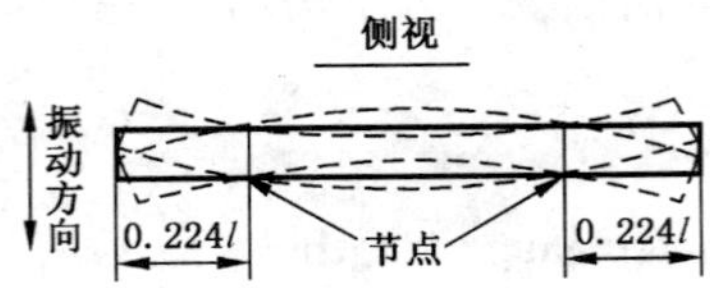

图1　两端自由杆的弯曲基频共振(侧视图)

3.2.2

横振动　vibration in level

杆或管振动的方向与其长度方向垂直且处于水平面内。在两端自由的状态下，试样的基频振动如图2所示。

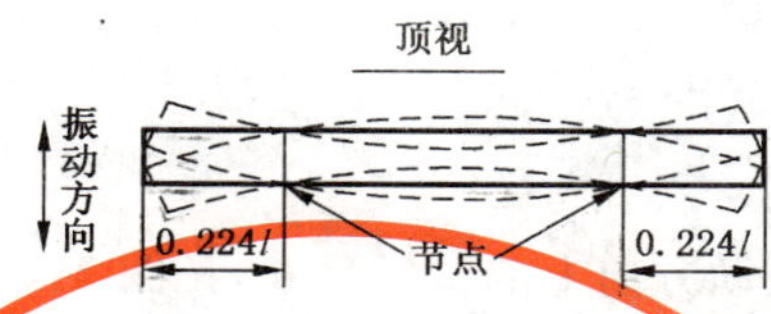

图2　两端自由杆的横向基频共振(顶视图)

注：在弯曲振动与横振动模式下，杨氏模量与试样共振频率间的关系是相同的，通常不予区分。

3.2.3

扭转振动　torsional vibration

杆或管中每一横截面均做绕其长度轴线的相对扭转振动，见图3。

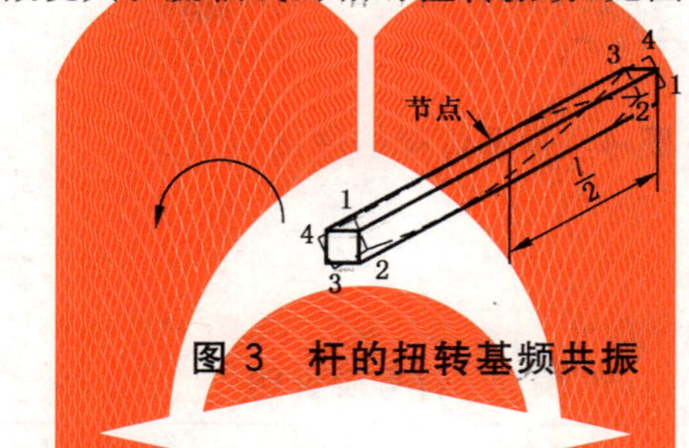

图3　杆的扭转基频共振

3.2.4

节点　node

处于共振状态的杆中，位移恒为零的位置。

3.2.5

共振频率　resonance frequency

f

引致试样产生共振的外加强迫力的振动频率。

注：对于包括金属材料在内的滞弹性固体，可忽略共振频率与固有频率之间的差异。

3.2.6

动态杨氏模量　dynamic Young's modulus

E_d

弹性变形范围内测定的正应力与正应变的比值。

3.2.7

动态切变模量　dynamic shear modulus

G_d

亦称刚性模量，弹性变形范围内的切应力与相应切应变的比值。

3.2.8

动态泊松比　dynamic poison's ratio

μ_d

由动态杨氏模量和动态切变模量所确定的泊松比称为动态泊松比。

注：对于各向异性的材料，仿此定义的数值称之为等效泊松比。

3.2.9

动态弹性模量　dynamic elastic modulus

绝热弹性模量，动态杨氏模量与动态切变模量(刚性模量)的统称。

注：绝热弹性模量由声共振法测得。

3.2.10

试样厚度 thickness of test piece

h

在弯曲(横)共振状态下,平行振动方向上的试样尺寸,见图4。

3.2.11

试样宽度 width of test piece

b

在弯曲(横)共振状态下,垂直振动方向上的试样尺寸,见图4。

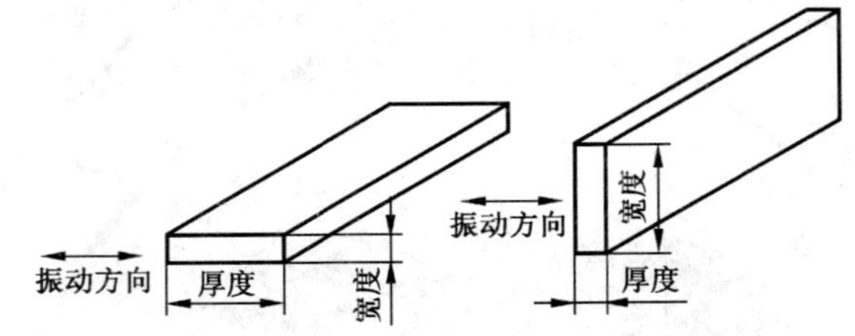

图4 弯振试样的厚度与宽度

4 符号及说明

本标准适用的符号及说明见表1。

表1 符号及说明

符号	说明	单位
静态法		
a_0	矩形试样原始厚度	mm
b_0	矩形试样平行长度部分的原始宽度	mm
d_0	圆形试样平行长度部分的原始直径	mm
L_c	试样平行长度	mm
L_0	试样原始标距	mm
L_{el}	轴向引伸计标距	mm
L_{et}	横向引伸计标距	mm
$\triangle L_{el}$	试样轴向变形	mm
$\triangle L_{et}$	试样横向变形	mm
$\triangle_l$	轴向变形变化量	mm
$\triangle_t$	横向变形变化量	mm
S_0	试样平行长度部分的原始横截面积	mm^2
F	轴向力	N
$\triangle F$	轴向力变化量	N
S	轴向应力	MPa
$\overline{S}$	轴向应力的平均值	MPa
E	杨氏模量	MPa
E_t	拉伸杨氏模量	MPa

表 1(续)

符　号	说　　明	单　位
静态法		
E_c	压缩杨氏模量	MPa
E_{ch}	弦线模量	MPa
E_{tan}	切线模量	MPa
e_l	轴向应变	%
e_t	横向应变	%
μ	泊松比	—
$\overline{e_l}$	轴向应变的平均值	%
$\overline{e_t}$	横向应变的平均值	%
动态法		
f	共振频率	Hz
f_1	基频共振频率	Hz
T_1	基频共振时的修正系数	—
E_d	动态杨氏模量	MPa
G_d	动态切变模量	MPa
μ_d	动态泊松比	—
h	试样厚度	mm
b	试样宽度	mm
l	试样长度	mm
d	试样直径	mm
m	试样质量	g
ρ	试样密度	g/cm^3

5　静态法

5.1　原理

试样施加轴向力，在其弹性范围内测定相应的轴向变形和横向变形，以便测定本部分所定义的一项或几项力学性能。

5.2　试样

5.2.1　样坯的切取与试样制备

5.2.1.1　样坯切取的部位、方向和数量应按有关标准或协议的规定。如无特殊规定，应按照 GB/T 2975 的要求进行。

5.2.1.2　切取样坯和机加工试样时，应防止因冷加工或受热而影响金属的力学性能。如果由于试样制备的需要而将材料展平时，必须在试验结果中注明采用了后续消除残余应力的热处理过程。

注：本试验方法的目的是为了揭示材料固有的性质。因此试样不应存在残余应力，材料需要在 $T_m/3$ 的温度退火处理 30 min 以消除应力(T_m 是材料的热力学熔点温度)，这个过程需要在报告部分注明。如果试验目的是为了检验产品性能，则热处理过程可以省略。试验报告中应记录测试材料的状况，包括热处理工艺。

5.2.1.3　完成最后机加工的试样，应平直、无毛刺、表面无划伤及其他人为或机械损伤。

5.2.1.4 从带卷切取的薄板试样，允许带有不影响性能测定的轻度弯曲。

5.2.2 试样形状和尺寸

5.2.2.1 圆形和矩形拉伸试样按 GB/T 228—2002 附录 A、附录 B 和附录 C 的规定，试样夹持端与平行段间的过渡部分半径应尽量大，试样平行长度应至少超过标距长度加上两倍的试样直径或宽度。

5.2.2.2 圆形和矩形压缩试样按 GB/T 7314—2005 中 6.1 的规定，试样端部要平整、平行，并垂直于侧面。

5.2.2.3 通过协商可以采用其他类形的试样。

5.2.2.4 试样头部形状和尺寸应适合于试验机夹头的夹持。

5.2.2.5 头部带承载销孔的矩形拉伸试样，销孔应表面光滑，销孔中心与标距部分的宽度的中心线偏离应不大于标距部分宽度的 0.005 倍。

5.2.2.6 两面和四面机加工的矩形试样，其机加工面的表面粗糙度 Ra 值应不大于 1.6 μm。若采用两面机加工的矩形试样，其未加工面的尺寸公差和形状公差也应符合加工面的公差要求。

5.2.2.7 对于板材的矩形试样，可在试样宽度两侧制备小凸耳供装卡引伸计用。带凸耳的矩形试样见 GB/T 7314—2005 图 4。

5.3 试验设备

5.3.1 试验机

5.3.1.1 试验机应按 GB/T 16825.1 进行检验，其准确度应为 1 级或优于 1 级。

5.3.1.2 压缩试验用的试验机，除了要满足 5.3.1.1 中的准确度要求外，其他辅助装置，例如力导向装置、调平垫块和约束装置等的要求，应符合 GB/T 7314—2005 中 7.2～7.4 的规定。

5.3.2 引伸计

引伸计应按 GB/T 12160 进行检验，其准确度应为 0.5 级或优于 0.5 级。

5.4 试验条件

5.4.1 试样尺寸的测量

测量试样原始横截面尺寸的量具应满足 GB/T 228 的要求。

5.4.1.1 圆形试样应在标距两端及中间处相互垂直的方向上测量直径，各取其算术平均值，按式(1)计算横截面积。将 3 处测得横截面积的算术平均值作为试样原始横截面积并至少保留 4 位有效数字。

$$S_0 = \frac{1}{4}\pi d_0^2 \qquad \cdots\cdots(1)$$

5.4.1.2 矩形试样应在标距两端及中间处测量厚度和宽度，按式(2)计算横截面积。将三处测得横截面积的算术平均值作为试样原始横截面积并至少保留 4 位有效数字。

$$S_0 = a_0 b_0 \qquad \cdots\cdots(2)$$

注：带凸耳的试样不应在靠近凸耳根部处测量其宽度。

5.4.2 初试验力

对于大多数试验机和试样，由于间隙、试样弧度和原始夹头对中等效果，当对试样施加很小的试验力时会对引伸计的输出量产生较大的偏差。试验时须对试样施加能够消除这些影响的初试验力，测量应从初试验力开始，到弹性范围内的更大的试验力为止。

5.4.3 试验速度

为了避免发生绝热膨胀或绝热收缩的影响，并能够准确测定轴向力和相应的变形，试验速度不应过高，但为了避免蠕变影响，速度不应太低。对于拉伸试验，弹性应力增加速率应符合 GB/T 228 的规定，推荐取下限；对于压缩试验，弹性应力增加速率应符合 GB/T 7314 的规定，推荐取下限。速度应尽可能保持恒定。

5.4.4 力的同轴度

试验机夹持装置应能使试样承受轴向力，在初轴向力与终轴向力之间，在各个方向上在试样相对两侧测定的应变变化量与其平均值之差的最大值(即最大弯曲应变)不超过平均值的 3%。

压缩试验应使用 GB/T 7314 中规定的调平台和力的导向装置以及约束装置。

5.4.5 引伸计的使用

5.4.5.1 轴向引伸计

测量试样轴向变形时，使用能测量试样相对两侧平均变形的轴向均值引伸计，或在试样相对两侧分别固定两个轴向引伸计。

注：测量模量的准确度取决于测量应变的精度。增加标距长度可以提高测量应变的精度，但前提是必须保证加工试样平行段的公差要求。

使用带凸耳的矩形试样，引伸计装卡于同侧两凸耳的外侧或内侧。其引伸计标距应为两凸耳宽度中心线之间的距离。

5.4.5.2 横向引伸计

测量试样横向变形时，横向引伸计应装卡在试样标距范围内的直径(宽度)上。以此处的直径(或宽度)尺寸作为横向引伸计标距。

5.4.6 压缩试验的其他试验条件均按 GB/T 7314 执行。

5.4.7 试验应在室温(10 ℃～35 ℃)下进行，整个试验过程中的环境温度波动应小于±2 ℃。

5.5 性能测定

5.5.1 杨氏模量的测定

5.5.1.1 图解法

试验时，用自动记录方法绘制轴向力-轴向变形曲线，见图 5。在记录的轴向力-轴向变形曲线上，确定弹性直线段，在该直线段上读取相距尽量远的 A、B 两点之间的轴向力变化量和相应的轴向变形变化量，按式(3)计算杨氏模量。

$$E = \left(\frac{\triangle F}{S_0}\right) \Big/ \left(\frac{\triangle_1}{L_{el}}\right) \qquad \cdots\cdots(3)$$

也可采用附录 A 的电阻应变计直接测量轴向应变的方法计算 E。

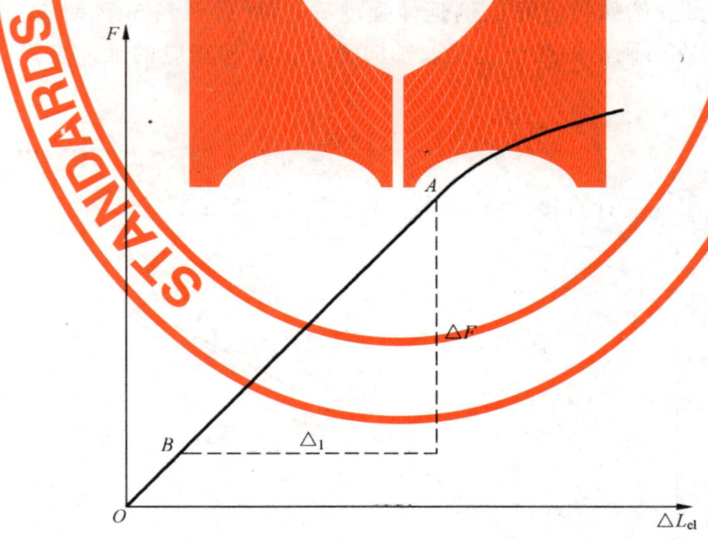

图 5 图解法测定杨氏模量

5.5.1.2 拟合法

试验时，在弹性范围内记录轴向力和与其相应的轴向变形的一组数字数据对。数据对的数目一般不少于 8 对。用最小二乘法将数据对拟合轴向应力-轴向应变直线，拟合直线的斜率即为杨氏模量，按式(4)计算。

$$E = \left[\sum(e_1 S) - k\,\overline{e_1}\,\overline{S}\right] / \left(\sum e_1^2 - k\,\overline{e_1}^2\right) \qquad \cdots\cdots(4)$$

式中：

$e_1=\frac{\triangle L_{el}}{L_{el}}$

$\overline{e_1}=\frac{\sum e_1}{k}$

$S=\frac{F}{S_0}$

$\overline{S}=\frac{\sum S}{k}$

k 为数据对数目。

注：当模量是在应变超过 0.25%之后得到的，建议采用瞬时截面积和瞬时标距长度代替原始截面积和原始标距长度来计算应力与应变。

如无其他要求，按式(5)计算拟合直线斜率变异系数，其值在 2%以内，所得杨氏模量为有效。

$$\nu_1=\left[\left(\frac{1}{\gamma^2}-1\right)(k-2)\right]^{\frac{1}{2}}\times 100 \quad \cdots\cdots(5)$$

式中：

$$\gamma^2=\left[\sum(e_1S)-\frac{\sum e_1\sum S}{k}\right]^2\Big/\left\{\left[\sum e_1^2-\frac{(\sum e_1)^2}{k}\right]\cdot\left[\sum S^2-\frac{(\sum S)^2}{k}\right]\right\} \quad \cdots\cdots(6)$$

γ 为相关系数。

5.5.1.3　有关标准或协议在规定杨氏模量时，应说明拉伸杨氏模量或压缩杨氏模量，分别用 E_t 和 E_c 表示。如无说明，一般采用拉伸方法测定，报告为 E 值。

5.5.2　弦线模量的测定

5.5.2.1　图解法

试验时，用自动记录方法绘制轴向力-轴向变形曲线，见图 6。在记录的轴向力-轴向变形曲线上，通过与所规定的上、下两应力点(例如规定非比例延伸强度 $R_{p0.2}$ 的 10%和 50%两应力点)或两应变点相对应的 A、B 两点画弦线。在所画出的弦线上读取轴向力变化量和相应的轴向变形变化量，按式(7)计算弦线模量。

$$E_{ch}=\left(\frac{\triangle F}{S_0}\right)\Big/\left(\frac{\triangle_1}{L_{el}}\right) \quad \cdots\cdots(7)$$

也可采用附录 A 的电阻应变计直接测量轴向应变的方法计算 E。

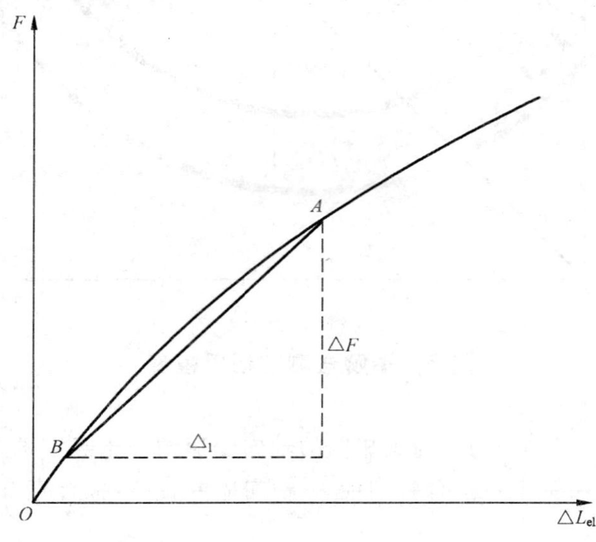

图 6　图解法测定弦线模量

5.5.2.2 拟合法

试验时，在弹性范围内记录轴向力和相应的轴向变形的一组数字数据对。将该组数据对拟合一数学表达式(例如多项式)，得到拟合的轴向应力-轴向应变曲线。在拟合的轴向应力-轴向应变曲线的弹性范围内计算两规定应力或应变值之间所对应弦线的斜率，即为弦线模量。

注：对于非线弹性金属材料，有关标准或协议在规定弦线模量时，应说明确定弦线的上、下两点的应力或应变值。

5.5.3 切线模量的测定

5.5.3.1 图解法

试验时，用自动记录方法绘制轴向力-轴向变形曲线，见图7。在记录的轴向力-轴向变形曲线上，通过规定应力或应变值对应的 R 点作曲线的切线。在所画出的切线上读取相距尽量远的 A、B 两点之间的轴向力变化量和相应的轴向变形变化量，按式(8)计算切线模量。

$$E_{\tan} = \left(\frac{\triangle F}{S_0}\right) \Big/ \left(\frac{\triangle_1}{L_{el}}\right) \qquad \cdots\cdots(8)$$

也可采用附录A的电阻应变计直接测量轴向应变的方法计算 E。

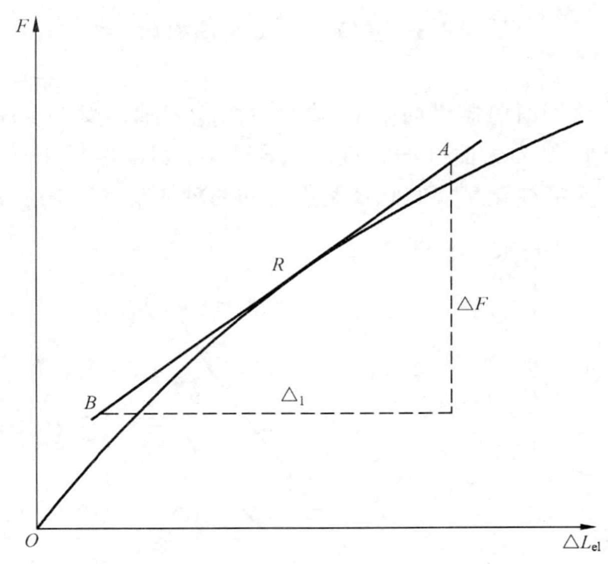

图7 图解法测定切线模量

5.5.3.2 拟合法

试验时，在弹性范围内记录轴向力和相应的轴向变形的一组数字数据对，将该组数据对拟合一数学表达式(例如多项式)，得到拟合的轴向应力-轴向应变曲线。在拟合的轴向应力-轴向应变曲线的弹性范围内计算曲线在规定应力或应变值处的斜率，即为切线模量。

注：对于非线弹性金属材料，有关标准或协议在规定切线模量时，应说明切点的应力或应变值。

5.5.4 泊松比的测定

5.5.4.1 图解法1

试验时，用自动记录方法绘制横向变形-轴向变形曲线，见图8a)。在记录的横向变形-轴向变形曲线上，确定弹性直线段，在直线段上读取相距尽量远的 C、D 两点之间的横向变形变化量和相应的轴向变形变化量。按式(9)计算泊松比。

$$\mu = \left(\frac{\triangle_t}{L_{et}}\right) \Big/ \left(\frac{\triangle_1}{L_{el}}\right) \qquad \cdots\cdots(9)$$

当在同一试验中，泊松比与杨氏模量一起进行测定时，推荐同时绘制轴向力-轴向变形曲线和横向变形-轴向变形曲线，见图8b)。

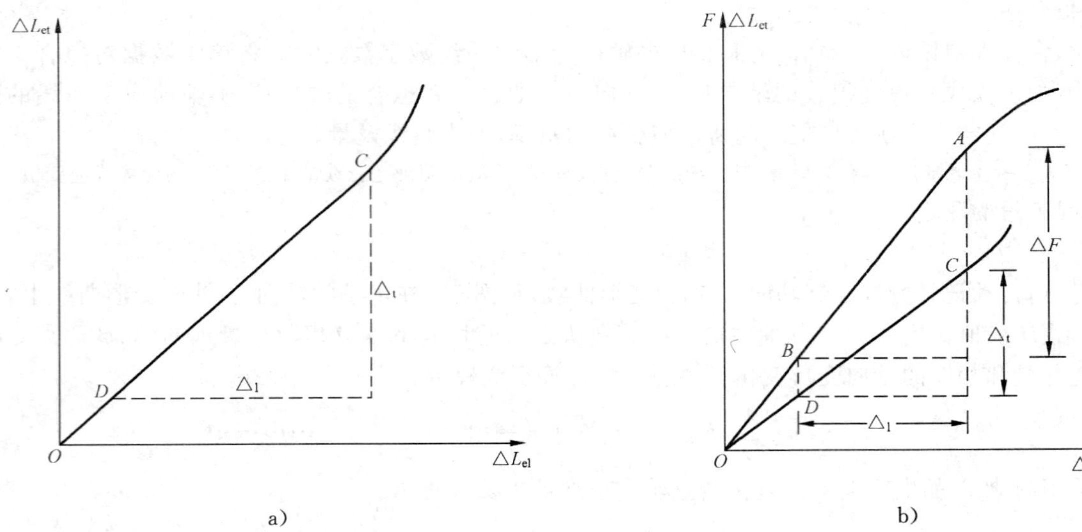

图 8　图解法 1 测定泊松比

5.5.4.2　图解法 2

试验时，用自动记录方法同时绘制横向变形-轴向力曲线和轴向变形-轴向力曲线，见图 9。在横向变形-轴向力曲线和轴向变形-轴向力曲线的弹性直线段上，分别读取相距尽量远而且相同轴向力变化量的 C、D 两点之间的横向变形变化量，和 A、B 两点之间的轴向变形变化量。按式(8)计算泊松比。

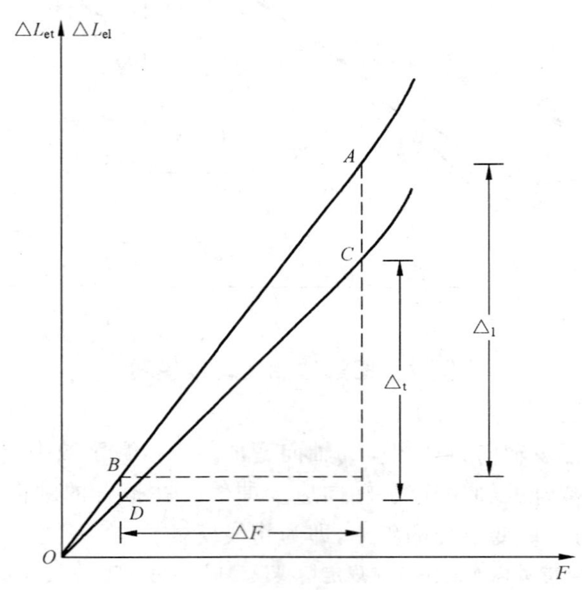

图 9　图解法 2 测定泊松比

注：如分别在不同轴向力变化量上读取横向变形变化量和轴向变形变化量，则不能直接使用式(8)计算。可分别计算出横向应变变化量与轴向应力变化量之比和轴向应变变化量与轴向应力变化量之比。然后计算前者比值与后者比值之比，即为泊松比。

5.5.4.3　拟合法

试验时，在弹性范围内，在同一轴向力下记录横向变形和轴向变形的一组数字数据对。数据对的数目一般不小于 8 对。用最小二乘法将该组数据对拟合横向应变-轴向应变直线，直线的斜率即为泊松比。按式(10)计算。

$$\mu = \left[\sum(e_1 e_t) - k\,\overline{e_1}\,\overline{e_t}\right] / \left(\sum e_1^2 - k\,\overline{e_1}^2\right) \qquad \cdots\cdots(10)$$

式中：

$e_l=\frac{\triangle L_{el}}{L_{el}}$

$\overline{e_l}=\frac{\sum e_l}{k}$

$e_t=\frac{\triangle L_{et}}{L_{et}}$

$\overline{e_t}=\frac{\sum e_t}{k}$

注：如果分别记录横向变形-轴向力和轴向变形-轴向力的两组数字数据对，则应用最小二乘法将每组数据对拟合横向应变-轴向应力和轴向应变-轴向应力直线，并计算拟合直线斜率。前者斜率与后者斜率之比即为泊松比。

5.5.4.4 按式(5)计算拟合直线斜率变异系数，其值在2%以内，所得泊松比为有效。

5.5.5 推荐每个试样至少测试3次，并计算其平均值。必须特别注意测定杨氏模量时施加的应力不要超过试样的比例极限，测定切线模量、弦线模量时施加的应力不要超过试样的弹性极限。

也可以通过一次加载确定试样的屈服强度、抗拉强度的同时确定杨氏模量、切线模量、弦线模量或泊松比。如果模量或泊松比是通过这种方法确定的，需在报告中注明采用的是一次加载方法。

5.5.6 杨氏模量、弦线模量和切线模量一般保留3位有效数字，泊松比一般保留2位有效数字，修约的方法按GB/T 8170执行。

6 动态法

6.1 原理

依据声共振原理测定试样机械共振频率，以便测定本部分一项或几项物理性能。

推荐采用悬丝耦合共振测定方法，其优点是试样的振幅较大，共振易判别，支撑的影响易排除，振动长度易精确判定，且有较宽的温度适用范围。

使试样分别处于弯曲、纵向及扭转共振状态并测定其共振频率，可计算出动态弹性模量、动态切变模量及动态泊松比。

6.2 试样

6.2.1 按设备条件、材料的密度及模量的估计值选择试样的尺寸。试样的最小质量由拾振系统的检测灵敏度决定，一般不小于5 g；试样尺寸和质量的最大值由激励系统供给的能量和所允许的空间大小决定。

6.2.2 推荐的试样长度为120 mm～180 mm。对于圆杆、管，直(外)径为4 mm～8 mm，长度约为直径的30倍；只检测弯曲共振频率时，直径可至2 mm。对于矩形杆，厚度为1 mm～4 mm，宽度为5 mm～10 mm。

6.2.3 试样材质均匀，平直；横向尺寸的轴向不均匀性应不大于0.7%；表面无缺陷，粗糙度Ra不大于1.6 μm，相对表面的平行度应在0.02 mm以内。

6.2.4 检测高温下圆杆、管试样的扭转共振频率时，若共振信号微弱，可采用哑铃状试样或以销钉固定悬丝的办法进行扭共振频率的相对测量。

6.3 试验设备

6.3.1 量具

6.3.1.1 游标卡尺：测量试样长度，最小分度不大于0.05 mm。

6.3.1.2 千分尺：测量试样的直径或宽度、厚度，最小分度不大于0.002 mm。

6.3.1.3 天平：称量试样质量，感量不大于0.001 g。

6.3.1.4 测温装置：在不同温度下试验中用来测量试样的环境温度，用校准后的热电偶测量，测温装置的准确度应达到±0.5 ℃，其位置应接近试样中部，注意与试样的距离应不大于5 mm，同时不要触及试样。

6.3.2 共振测量装置

可完成不同温度下性能检测的装置如图 10 所示。用数字频率计来完成引致试样共振的振荡器输出频率的精准测量；按功能的不同，换能器分为激励器与拾振器两种；以选频放大器内附的交流电压表检测共振信号。若需要以李沙育图形来判断虚假共振，应将振荡器与放大器的输出分别供给示波器的水平与垂直偏转板。

6.3.2.1 音频振荡器

在 100 Hz 到不小于 30 kHz 范围内有连续可变的频率输出；在一般测量中，在任一确定位置上的频率漂移应低于 0.1 Hz/min，其输出功率应可保证所用激励换能器能够激发质量在规定范围内的任何试样。

6.3.2.2 数字频率计

可用于振动周期测量的计数式频率计。测量误差不大于 0.01 Hz，其晶振稳定度应不低于 $10^{-8}/d$ 量级。

6.3.2.3 换能器

6.3.2.3.1 依耦合方式和被测试样的质量、共振频率的不同而选择不同类型的换能器。在所检测的试样频率变化的范围内，激励的输出功率损失应不大于 3 dB，拾振器应有尽可能好的频率响应。

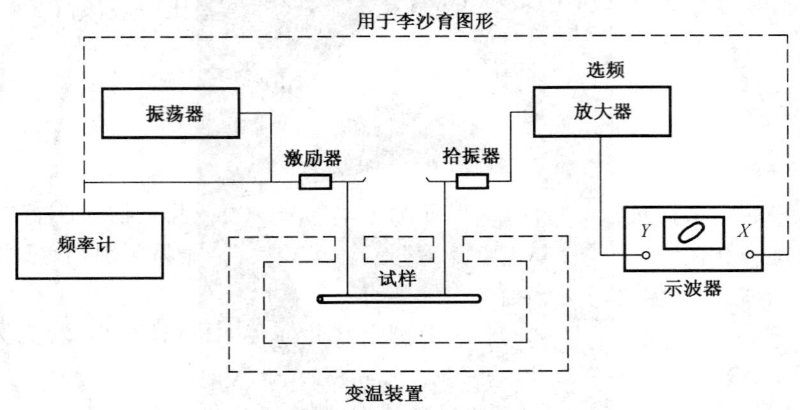

图 10 共振检测装置方框图

6.3.2.3.2 一般可用压电式换能器，如盒式的压电陶瓷换能器；如果试样质量较小（一般为 5 g～15 g），可用晶体唱头。对于矩形杆，亦可以动圈式扬声器作为激励器，以耳塞机作为拾振器。

6.3.2.4 选频放大器

其输入阻抗应与拾振换能器的阻抗匹配，频率范围应可满足测试需要，对共振信号的测试灵敏度应不低于 1 μV。推荐采用锁定放大器或配有带通滤波器的传声放大器。

6.3.2.5 示波器

频响范围及灵敏度应能满足测试需要的通用示波器。

6.3.3 变温装置

6.3.3.1 加热炉：所用加热炉的升、降温应是可控制的；在所测的温度范围内，均温区应大于试样长度，一般为 180 mm，均温区的均匀性应小于±5 ℃。

6.3.3.2 低温槽：所用低温槽的温度应可控制并可保证不结霜；在所检测的温度范围内，试样长度范围内的温度均匀性应小于±5 ℃。

6.4 试验条件及操作要求

6.4.1 几何尺寸与质量的测量

将试样清洗后进行测量。长度取两次测量的均值。检测杨氏模量时，试样的直径或厚度取沿长度方向十等分后分别测量的均值；检测切变模量时，横向尺寸取五等分后分别测量的均值。质量测至 1 mg。

6.4.2 能量耦合方法

6.4.2.1 依测试需要，可采用机械、静电、电磁任一种能量耦合方法。

6.4.2.2 无论采用哪一种耦合方法，都应该尽可能保证试样处于水平位置及其自由振动状态，以排除由支撑阻尼造成的试样共振频率的可察觉的变化。

6.4.2.3 本标准推荐的悬丝耦合是机械耦合中常用的一种，耦合方法如图 11 所示。无论采用图中哪一种悬吊方法，都需满足试样一次悬吊进行后弯振频率相继测量的需要；对于圆杆、管状试样，采用图 11b)所示方法效果更好。若只检测试样的弯曲共振频率，建议使两根悬线与试样的中轴线处于同一平面内。要求所用的悬丝柔软且有必要的强度，悬吊试样后能张紧。在 100 ℃ 以下的检测中，推荐采用棉线作为悬丝，以保证悬丝与试样表面间有较大的摩擦力。

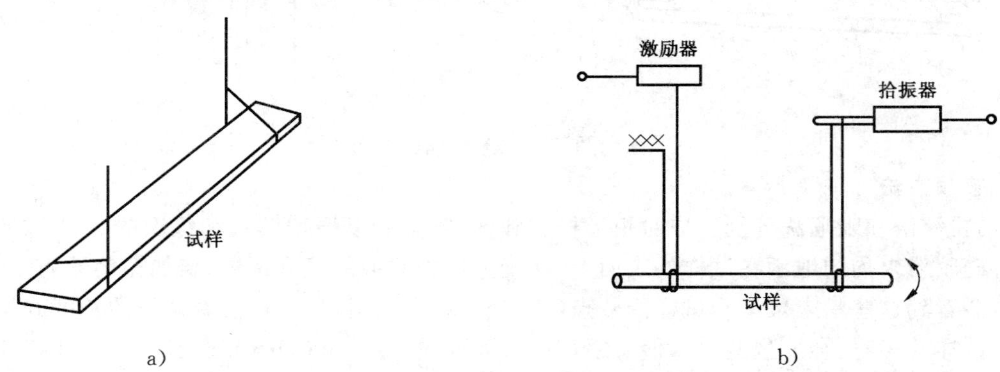

图 11 用于弯曲共振与扭转共振的悬丝耦合方法

在高温测量中，推荐采用石英玻璃纤维，亦可在炉子的内、外分别采用两种不同材质的悬丝。在测量质量较大的试样时，可采用直径 0.15 mm 以下的铜丝或镍铬丝。推荐的悬吊位置为(0.200～0.215)l 或 0.238l，l 为试样的长度；由此引致的弯曲共振基频频率测量的系统偏差不大于 0.01%，扭转共振基频频率的系统误差不大于 0.1%。若共振信号微弱，可将悬吊位置外移，但此时测量的精度相应降低。可采用变更悬吊点位置，将所得共振频率值外推到节点的办法来消除由偏离节点所致的系统偏差。

在测量过程中，应注意防止由悬丝共振而产生的对试样共振测量的干扰。

6.4.2.4 静电耦合方式可有效地排除系统共振的影响，易得到较高的测量精度。图 12a)适于弯曲共振基频频率的检测。图 12b)适于扭转共振基频频率的检测。在高温测量中，应注意排除由气体分子电离所致噪音的影响。

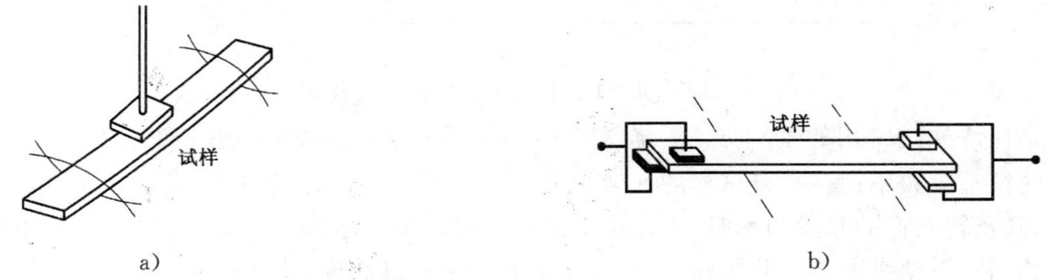

图 12 静电耦合方法

6.4.2.5 采用电磁耦合方式可获得较高的测量灵敏度。图 13a)适于弯曲共振基频频率的检测，图 13b)适于扭转共振基频频率的检测。这种测量可在铁磁性材料居里点以下温度进行。在精确测量中，应对铁磁性材料$\triangle E$ 效应的影响进行修正，对非铁磁性材料则应考虑到附加质量的影响。

6.4.3 共振调谐

按被测试样模量的估计值和测得的静态参数，借助 6.5.1 或 6.5.2 条所述关系式完成共振频率估算；将试样安装好，启动装置，将适于激励试样的、尽可能低的功率输给激励换能器。选择放大器的频率范围和增益，使之足以检测试样的共振。调节示波器，使在试样共振时能得到清晰的李沙育图形。在预定的频率范围内进行扫描，得到稳定的共振显示。

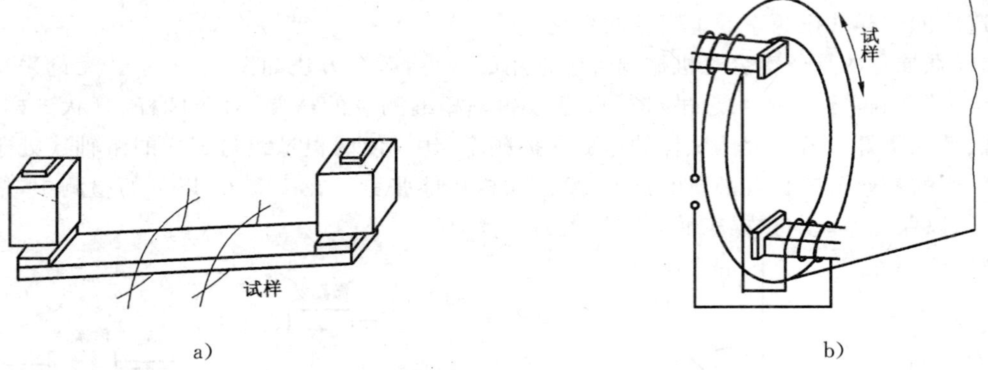

图 13 电磁耦合方法

6.4.4 鉴频方法

可用粉纹法和阻尼法分别完成对矩形杆和圆杆、管室温下振动模式和级次的鉴别。在利用粉纹图法时，将硅胶粉末均匀地洒在试样的表面上，在疑为试样共振的频率位置，增加振荡器的输出功率，试样共振时，会看到这些粉末聚集到试样的节点(线)处。在利用阻尼法时，沿着试样的长度方向轻轻触及不同部位，试样共振时，会发现共振示值有明显的不同反应：在波节(节点)处无反应，在波腹处有明显的衰减。两端自由杆弯曲共振与扭转共振节点的分布如图 14 所示。

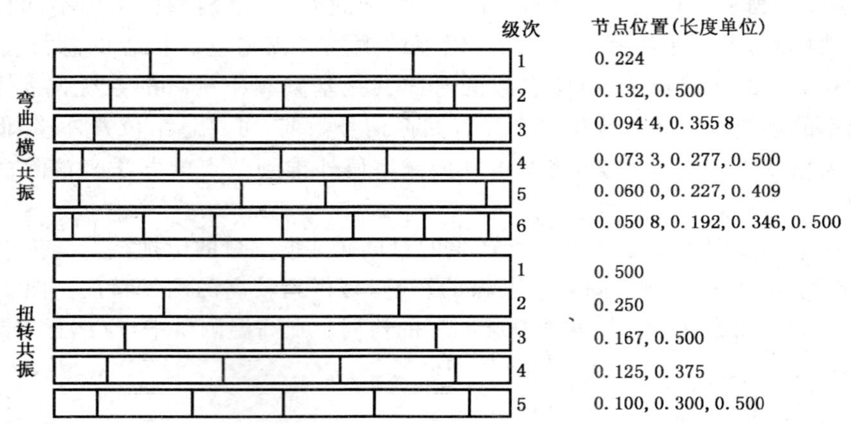

图 14 节点位置分布示意图

频率比法亦是常用的鉴频方法。若测定的共振频率 f_1 与相继测出的频率 f_2 之比符合表 2，则即为弯曲共振基频频率；表中 $\bar{r}$ 是试样的回转半径，d 是试样直径，h 是试样的厚度，l 是试样的长度。在测量圆杆、管扭转共振的基频频率时，常在预定的频率观测位置附近看到 3 个共振峰，其中两个是试样弯曲共振的同一振动级次下的共振峰；由于试样常有一定的椭圆度，使我们在频响曲线上看到对应着同一振动级次的两个弯曲共振峰。此时需用频率比法做进一步的鉴别：求所测频率与试样弯振基频频率的比值，如果该值与表 3 中的某一数值相近，则所测频率就可能是弯振频率。此时亦可检测扭共振一次谐波的频率；不同振动级次的圆杆、管扭振频率间成简单整数比。

变温测量中的鉴频可用频率比法，区别虚假共振可用李沙育图形法；在共振频率 f_r 的附近进行频率扫描时，f_r 两侧的拾振信号的相位会有突然的变化，因而导致李沙育图形的摆动，据此可判别所确定的共振频率是否真实。

表 2　弯曲共振杆、管一次谐波与基频波的频率比 **K**(2,1)

$\bar{r}/l$	μ						
	0.15	0.20	0.25	0.30	0.35	0.40	0.45
0.000 0	2.756 6	2.756 6	2.756 6	2.756 6	2.756 6	2.756 6	2.756 6
0.002 5	2.755 3	2.755 3	2.755 3	2.755 3	2.755 3	2.755 2	2.755 2
0.005 0	2.751 6	2.751 5	2.751 4	2.751 3	2.751 2	2.751 1	2.751 0
0.007 5	2.745 4	2.745 2	2.745 0	2.744 8	2.744 6	2.744 4	2.744 2
0.010 0	2.736 8	2.736 4	2.736 1	2.735 8	2.735 4	2.735 1	2.734 7
0.012 5	2.726 0	2.725 4	2.724 9	2.724 4	2.723 9	2.723 3	2.722 8
0.015 0	2.713 1	2.712 3	2.711 6	2.710 8	2.710 1	2.709 3	2.708 6
0.017 5	2.698 2	2.697 2	2.696 2	2.695 2	2.694 2	2.693 3	2.692 3
0.020 0	2.681 6	2.680 3	2.679 1	2.677 8	2.676 6	2.675 4	2.674 2
0.022 5	2.663 4	2.661 9	2.660 3	2.658 8	2.657 3	2.655 8	2.654 3
0.025 0	2.643 9	2.642 0	2.640 2	2.638 4	2.636 6	2.634 8	2.633 1
0.027 5	2.623 2	2.621 0	2.618 9	2.616 8	2.614 7	2.612 7	2.610 7
0.030 0	2.601 5	2.599 0	2.596 6	2.594 2	2.591 9	2.589 6	2.587 3
0.032 5	2.579 0	2.576 3	2.573 6	2.570 9	2.568 3	2.565 7	2.563 1
0.035 0	2.556 0	2.552 9	2.549 9	2.547 0	2.544 1	2.541 2	2.538 4
0.037 5	2.532 5	2.529 2	2.525 9	2.522 7	2.519 5	2.516 4	2.513 3
0.040 0	2.508 8	2.505 2	2.501 6	2.498 2	2.494 8	2.491 4	2.488 1
0.042 5	2.484 9	2.481 0	2.477 3	2.473 6	2.469 9	2.466 3	2.462 8
0.045 0	2.461 0	2.456 9	2.452 9	2.449 0	2.445 1	2.441 3	2.437 6
0.047 5	2.437 3	2.433 0	2.428 7	2.424 6	2.420 5	2.416 5	2.412 6
0.050 0	2.413 7	2.409 2	2.404 8	2.400 5	2.396 2	2.392 0	2.387 9

注：圆杆$\bar{r}=\frac{1}{4}d$；圆管$\bar{r}=\frac{1}{4}\sqrt{d_1^2+d_2^2}$，矩形杆$\bar{r}=h\sqrt{12}$。

表 3　圆杆、管弯曲共振三次谐频 f_{t4}、四次谐频 f_{t5} 与基频 f_{t1} 的比值

$\bar{r}/l$	$K(4,1)$			$K(5,1)$		
	μ					
	0.20	0.30	0.40	0.20	0.30	0.40
0.000 0	8.933 0	8.933 0	8.933 0	13.345 0	13.345 0	13.345 0
0.002 5	8.914 7	8.914 0	8.913 3	13.302 6	13.301 0	13.299 5
0.005 0	8.860 5	8.857 9	8.855 3	13.178 2	13.172 0	13.165 9
0.007 5	8.772 8	8.767 0	8.761 3	12.979 1	12.965 8	12.952 8
0.010 0	8.655 0	8.645 1	8.635 5	12.716 5	12.694 4	12.672 8
0.012 5	8.511 3	8.496 8	8.482 6	12.403 7	12.371 9	12.341 0
0.015 0	8.346 8	8.327 2	8.308 2	12.054 4	12.012 8	11.972 4
0.017 5	8.166 2	8.141 6	8.117 7	11.681 6	11.630 7	11.581 5

表 3（续）

$\bar{r}/l$	K(4,1)			K(5,1)		
	μ					
	0.20	0.30	0.40	0.20	0.30	0.40
0.020 0	7.974 3	7.944 8	7.916 2	11.296 9	11.237 5	11.180 3
0.022 5	7.775 5	7.741 3	7.708 3	10.909 5	10.842 9	10.778 8
0.025 0	7.573 4	7.535 1	7.498 1	10.526 9	10.454 2	10.384 5
0.027 5	7.371 3	7.329 2	7.288 8	10.154 6	10.076 9	10.002 8
0.030 0	7.171 5	7.126 3	7.083 0	9.796 1	9.714 8	9.637 2
0.032 5	6.976 2	6.928 3	6.882 5	9.454 1	9.369 9	9.289 9
0.035 0	6.786 6	6.736 6	6.688 8	9.129 8	9.043 7	8.962 0
0.037 5	6.604 0	6.552 3	6.502 9	8.823 8	8.736 6	8.653 9
0.040 0	6.428 9	6.375 8	6.325 4	8.536 1	8.448 4	8.365 3
0.042 5	6.261 7	6.207 7	6.156 4	8.266 4	8.178 6	8.095 6
0.045 0	6.102 6	6.048 0	5.996 2	8.014 0	7.926 5	7.844 0
0.047 5	5.951 6	5.896 6	5.844 5	7.778 0	7.691 2	7.609 4
0.050 0	5.808 6	5.753 5	5.701 3	7.557 6	7.471 6	7.390 8

注：圆杆$\bar{r}=\frac{1}{4}d$；圆管$\bar{r}=\frac{1}{4}\sqrt{d_1^2+d_2^2}$。

6.4.5 横向尺寸较小试样弯曲共振频率的检测

试样平行振动方向的横向尺寸的减小伴随着共振频率的降低，当基频共振频率低于 100 Hz 时，检测发生困难。此时，对于矩形杆，可将试样沿其纵轴转 90°，将原来的宽度作为厚度重新检测。即采用棱相悬挂方法；对圆杆、管可检测一次谐波的共振频率。如果条件许可，亦可采用缩短试样长度的方法来完成检测。

6.4.6 高温下的测量

完成室温下的全部测量后，将试样放进炉子，做好密封，同时做好换能器的热绝缘，测定试样在炉子腔体中的室温频率。以可控速率加热炉子，升温速率不得超过 150 ℃/h。在阶梯式升温中，以 20 ℃～25 ℃为测量间隔，保温时间以得到可重现的频率测量值来确定。亦可伴随炉温变化进行随炉测量，时间间隔一般取 15 min。当对随炉测量结果有争议时，以阶梯式测量结果为准。在试验过程中，应密切跟踪共振频率随温度的变化，以排除干扰，保证结果的可靠性。为防止高温下试样氧化增重、脱碳等不利因素，视需要可在真空或惰性气体中完成测量；在真空中测量，有利于共振的观测，但需注意修正温度滞后的影响；如有必要，亦可进行冷却过程中的测量。在试验过程中，如果试样发生了严重翘曲，则这种测量结果是可怀疑的，应及时中断测量。

6.4.7 低温下的测量

先在室温下测量试样在空气中的质量、几何尺寸和共振频率，随后置于低温槽中并做好密封，测量试样在低温槽中的室温共振频率。使试样降到所需要的最低温度，在该温度下保温 15 min 以上；在降温过程中，应随时监视共振频率的变化。测量加热过程中的数据，加热速率应不超过 50 ℃/h，每隔 10 min或 15 ℃完成一次测量。根据需要和设备条件，亦可在降温过程中完成测量，降温程序参照上述制定。为防止低温槽泻出水蒸气形成沉积于试样上的霜，建议在制冷前用干燥的氮气冲刷低温槽。

6.5 数据处理

6.5.1 室温动态杨氏模量

6.5.1.1 圆杆的室温动态杨氏模量

将测得的试样的质量 m、长度 l、平均直径 d、反复检测的弯振基频共振频率均值 f_1 及修正系数 T_1 代入式(11)，即可求得动态杨氏模量 E_d；修正系数 T_1 可从表 4 查出：

$$E_d = 1.606\,7 \times 10^{-9} \left(\frac{l}{d}\right)^3 \frac{m}{d} f_1^2 T_1 \qquad \cdots\cdots(11)$$

注：当 T_1 随泊松比 μ 呈显著变化时，应以叠代法完成 E_d 值的最终计算，即：先以初始的 $E_d(1)$、G 值求出 $\mu(1)$，据表 4 求出 $T_1(1)$，进而求出 $E_d(2)$，继求出 $\mu(2)$，从而据表 3 求得 $T_1(2)$；依次进行，至 E_d 值无显著变化为止。

当以试样的一次谐波的共振频率 f_2 进行计算时，应以($f_2/K(2,1)$)作为 f_1 代入式(11)完成计算。频率比 $K(2,1)$可由表 1 查出。

表 4 基频弯曲共振圆杆、管的修正系数

$\bar{r}/l$	μ						
	0.15	0.20	0.25	0.30	0.35	0.40	0.45
0.000 0	1.000 0	1.000 0	1.000 0	1.000 0	1.000 0	1.000 0	1.000 0
0.002 5	1.000 5	1.000 5	1.000 5	1.000 5	1.000 5	1.000 5	1.000 5
0.005 0	1.002 0	1.002 1	1.002 1	1.002 1	1.002 1	1.002 1	1.002 2
0.007 5	1.004 6	1.004 6	1.004 7	1.004 7	1.004 8	1.004 8	1.004 9
0.010 0	1.008 1	1.008 2	1.008 3	1.008 4	1.008 5	1.008 6	1.008 7
0.012 5	1.012 7	1.012 8	1.013 0	1.013 1	1.013 3	1.013 4	1.013 6
0.015 0	1.018 3	1.018 5	1.018 7	1.018 9	1.019 1	1.019 3	1.019 5
0.017 5	1.024 9	1.025 2	1.025 5	1.025 7	1.026 0	1.026 3	1.026 6
0.020 0	1.032 5	1.032 9	1.033 2	1.033 6	1.034 0	1.034 4	1.034 7
0.022 5	1.041 1	1.041 6	1.042 1	1.042 6	1.043 0	1.043 5	1.044 0
0.025 0	1.050 7	1.051 3	1.051 9	1.052 5	1.053 1	1.053 7	1.054 3
0.027 5	1.061 4	1.062 1	1.062 8	1.063 6	1.064 3	1.065 0	1.065 7
0.030 0	1.073 1	1.073 9	1.074 8	1.075 6	1.076 5	1.077 3	1.078 2
0.032 5	1.085 7	1.086 8	1.087 8	1.088 8	1.089 8	1.090 8	1.091 7
0.035 0	1.099 4	1.100 6	1.101 8	1.103 0	1.104 1	1.105 3	1.106 4
0.037 5	1.114 2	1.115 5	1.116 9	1.118 2	1.119 5	1.120 8	1.122 1
0.040 0	1.129 9	1.131 4	1.133 0	1.134 5	1.136 0	1.137 5	1.138 9
0.042 5	1.146 6	1.148 4	1.150 1	1.151 8	1.153 5	1.155 2	1.156 9
0.045 0	1.164 4	1.166 4	1.168 3	1.170 2	1.172 1	1.174 0	1.175 9
0.047 5	1.183 2	1.185 4	1.187 5	1.189 6	1.191 8	1.193 9	1.195 9
0.050 0	1.203 0	1.205 4	1.207 8	1.210 1	1.212 5	1.214 8	1.217 1

注：圆杆 $\bar{r}=\frac{1}{4}d$；圆管 $\bar{r}=\frac{1}{4}\sqrt{d_1^2+d_2^2}$。

6.5.1.2 圆管的室温动态杨氏模量

将测得的试样质量 m、长度 l、管外径 d_1 和内径 d_2 的平均值、经反复检测的弯振基频共振频率均值 f_1 及修正系数 T_1；代入式(12)，即可求得动态杨氏模量 E_d；修正系数 T_1 可从表 4 中查出：

$$E_d = 1.606\,7 \times 10^{-9} \frac{l^3 m}{d_1^4 - d_2^4} f_1^2 T_1 \qquad \cdots\cdots(12)$$

当以试样一次谐波的共振频率进行计算时，应遵照 6.5.1.1 条所述进行。

注：当 T_1 随泊松比 μ 呈显著变化时，应以叠代法完成 E_d 值的最终计算，即：先以初始的 $E_d(1)$、G 值求出 $\mu(1)$，据表 4 求出 $T_1(1)$，进而求出 $E_d(2)$，继求出 $\mu(2)$，从而据表 4 求得 $T_1(2)$；依次进行，至 E_d 值无显著变化为止。

6.5.1.3 矩形杆的室温动态杨氏模量

将测得的试样质量 m、长度 l、平均厚度 h、经反复检测的弯振基频共振频率值 f_1 及修正系数 T_1 代入式(13)，即可算出动态杨氏模量 E_d；修正系数 T_1 可从表 5 中查出：

$$E_d = 0.946\,5 \times 10^{-9} \left(\frac{l}{h}\right)^3 \frac{m}{b} f_1^2 T_1 \qquad (13)$$

表 5 基频弯曲共振矩形杆的修正系数

h/l	μ						
	0.15	0.20	0.25	0.30	0.35	0.40	0.45
0.00	1.000 0	1.000 0	1.000 0	1.000 0	1.000 0	1.000 0	1.000 0
0.01	1.000 7	1.000 7	1.000 7	1.000 7	1.000 7	1.000 8	1.000 8
0.02	1.002 7	1.002 8	1.002 8	1.002 9	1.003 0	1.003 1	1.003 2
0.03	1.006 1	1.006 2	1.006 3	1.006 5	1.006 7	1.006 9	1.007 1
0.04	1.010 8	1.011 0	1.011 2	1.011 5	1.011 8	1.012 2	1.012 6
0.05	1.016 9	1.017 2	1.017 5	1.018 0	1.018 5	1.019 0	1.019 6
0.06	1.024 3	1.024 7	1.025 2	1.025 8	1.026 5	1.027 3	1.028 2
0.07	1.033 0	1.033 6	1.034 3	1.035 1	1.036 0	1.037 1	1.038 3
0.08	1.043 0	1.043 7	1.044 6	1.045 7	1.047 0	1.048 4	1.050 0
0.09	1.054 3	1.055 2	1.056 4	1.057 7	1.059 3	1.061 1	1.063 1
0.10	1.066 9	1.068 0	1.069 4	1.071 1	1.073 0	1.075 2	1.077 6
0.11	1.080 7	1.082 1	1.083 8	1.085 8	1.088 1	1.090 7	1.093 6
0.12	1.095 7	1.097 4	1.099 4	1.101 7	1.104 5	1.107 6	1.111 1
0.13	1.112 0	1.113 9	1.116 3	1.119 0	1.122 2	1.125 8	1.129 9
0.14	1.129 5	1.131 7	1.134 4	1.137 6	1.141 2	1.145 4	1.150 1
0.15	1.148 1	1.150 6	1.153 7	1.157 3	1.161 5	1.166 3	1.171 7
0.16	1.167 9	1.170 8	1.174 2	1.178 4	1.183 1	1.188 5	1.194 6
0.17	1.188 9	1.192 1	1.196 0	1.200 6	1.205 9	1.212 0	1.218 8
0.18	1.211 0	1.214 5	1.218 8	1.224 0	1.229 9	1.236 7	1.244 2
0.19	1.234 2	1.238 1	1.242 9	1.248 5	1.255 1	1.262 6	1.271 0
0.20	1.258 4	1.262 7	1.268 0	1.274 3	1.281 5	1.289 8	1.299 0

6.5.2 室温动态切变模量

6.5.2.1 圆杆的动态切变模量

将测得的试样密度 ρ、长度 l、平均直径 d、经反复检测的基频共振频率均值 f_1 代入式(14)，即可得动态切变模量 G_d：

$$G_d = 4.000 \times 10^{-3} \rho l^2 f_1^2 \qquad (14)$$

当模量 G_d 以 GPa 为单位时：

$$G_d = 4.000 \times 10^{-12} \rho l^2 f_1^2 \qquad (15)$$

式中右端各物理量的含义与单位同式(14)。当密度未知时：

$$G_d = 5.093 \times 10^{-9} \frac{ml}{d^2} f_1^2 \qquad (16)$$

6.5.2.2 圆管的动态切变模量

如果密度已知，由式(15)可得到圆管的切变模量值。如果密度未知：

$$G_d = 5.093 \times 10^{-9}\ \frac{ml}{d_1^2 - d_2^2} f_1^2 \qquad \cdots\cdots\cdots\cdots\cdots\cdots(17)$$

式中：

d_1——管的外径，单位为毫米(mm)；

d_2——管的内径，单位为毫米(mm)。

6.5.2.3 矩形杆的动态切变模量

当密度已知时，可得到动态切变模量。当模量以 GPa 为单位时：

$$G_d = 4.000 \times 10^{-12} \rho l^2 R_n (f_n/n)^2 \qquad \cdots\cdots\cdots\cdots\cdots\cdots(18)$$

当密度未知时，对于基频：

$$G_d = 4.000 \times 10^{-9}\ \frac{ml}{bh} R_1 f_1^2 \qquad \cdots\cdots\cdots\cdots\cdots\cdots(19)$$

式中：

R_1——基频扭共振时矩形杆的形状因子，无量纲，见表 6；

矩形杆的形状因子可由式(20)计算，式中 n 为振动级次：

$$R_n = \frac{1 + \left(\frac{b}{h}\right)^2}{4 - 2.521\ \frac{h}{b}\left(1 - \frac{1.991}{e^{\frac{1.991}{(\pi b)/h+1}}}\right)}\left(1 + \frac{0.008\,51 n^2 b^2}{l^2}\right) - 0.060\left(\frac{nb}{h}\right)^{\frac{3}{2}}\left(\frac{b}{h} - 1\right)^2 \qquad \cdots\cdots(20)$$

表 6 基频扭转共振矩形杆的形状因子

b/h	b/l			b/h	b/l		
	0.025	0.055	0.085		0.025	0.055	0.085
1.00	1.185 6	1.185 6	1.185 7	2.00	1.821 8	1.821 3	1.820 7
1.05	1.188 3	1.188 3	1.188 4	2.05	1.875 1	1.874 5	1.873 8
1.10	1.196 0	1.196 0	1.196 1	2.10	1.929 9	1.929 3	1.928 5
1.15	1.208 1	1.208 1	1.208 1	2.15	1.986 3	1.985 7	1.984 8
1.20	1.224 0	1.224 0	1.224 0	2.20	2.044 2	2.043 5	2.042 5
1.25	1.243 4	1.243 4	1.243 4	2.25	2.103 6	2.102 8	2.101 8
1.30	1.266 0	1.266 0	1.266 0	2.30	2.164 5	2.163 6	2.162 5
1.35	1.291 5	1.291 5	1.291 5	2.35	2.226 8	2.225 8	2.224 6
1.40	1.319 7	1.319 7	1.319 6	2.40	2.290 5	2.289 5	2.288 2
1.45	1.350 4	1.350 3	1.350 2	2.45	2.355 7	2.354 6	2.353 2
1.50	1.383 4	1.383 3	1.383 2	2.50	2.422 3	2.421 1	2.419 6
1.55	1.418 7	1.418 6	1.418 4	2.55	2.490 3	2.489 1	2.487 4
1.60	1.456 1	1.455 9	1.455 7	2.60	2.559 7	2.558 4	2.556 6
1.65	1.495 4	1.495 2	1.495 0	2.65	2.630 4	2.629 0	2.627 2
1.70	1.536 7	1.536 5	1.536 2	2.70	2.702 6	2.701 1	2.699 1
1.75	1.579 9	1.579 7	1.579 3	2.75	2.776 1	2.774 5	2.772 4
1.80	1.624 9	1.624 6	1.624 2	2.80	2.850 9	2.849 3	2.847 0
1.85	1.671 6	1.671 3	1.670 8	2.85	2.927 1	2.925 4	2.923 0
1.90	1.720 0	1.719 6	1.719 1	2.90	3.004 7	3.002 8	3.000 4
1.95	1.770 1	1.769 7	1.769 1	2.95	3.083 6	3.081 6	3.079 0

表 6（续）

b/h	b/l			b/h	b/l		
	0.025	0.055	0.085		0.025	0.055	0.085
3.00	3.163 8	3.161 7	3.159 0	4.70	6.663 2	6.656 0	6.646 5
3.05	3.245 4	3.243 2	3.240 3	4.75	6.788 5	6.781 1	6.771 3
3.10	3.328 3	3.326 0	3.322 9	4.80	6.915 0	6.907 4	6.897 4
3.15	3.412 5	3.410 0	3.406 9	4.85	7.042 8	7.035 0	7.024 7
3.20	3.498 0	3.495 4	3.492 1	4.90	7.171 9	7.163 8	7.153 2
3.25	3.584 8	3.582 1	3.578 7	4.95	7.302 2	7.293 9	7.283 1
3.30	3.672 9	3.670 2	3.666 5	5.00	7.433 7	7.425 3	7.414 2
3.35	3.762 4	3.759 5	3.755 7	5.05	7.566 6	7.557 9	7.546 5
3.40	3.853 1	3.850 1	3.846 1	5.10	7.700 7	7.691 8	7.680 1
3.45	3.945 2	3.942 0	3.937 9	5.15	7.836 0	7.827 0	7.815 0
3.50	4.038 5	4.035 2	4.030 9	5.20	7.972 7	7.963 4	7.951 1
3.55	4.133 1	4.129 7	4.125 2	5.25	8.110 6	8.101 0	8.088 4
3.60	4.229 1	4.225 5	4.220 8	5.30	8.249 7	8.239 9	8.227 1
3.65	4.326 3	4.322 6	4.317 7	5.35	8.390 1	8.380 1	8.366 9
3.70	4.424 8	4.421 0	4.415 9	5.40	8.531 8	8.521 5	8.508 0
3.75	4.524 6	4.520 6	4.515 4	5.45	8.674 7	8.664 2	8.650 4
3.80	4.625 6	4.621 5	4.616 1	5.50	8.818 9	8.808 2	8.794 0
3.85	4.728 0	4.723 7	4.718 1	5.55	8.964 3	8.953 4	8.938 9
3.90	4.831 6	4.827 2	4.821 4	5.60	9.111 0	9.099 8	9.085 1
3.95	4.936 6	4.932 0	4.926 0	5.65	9.258 9	9.247 5	9.232 4
4.00	5.042 8	5.038 0	5.031 8	5.70	9.408 1	9.396 5	9.381 1
4.05	5.150 2	5.145 4	5.138 9	5.75	9.558 6	9.546 7	9.531 0
4.10	5.259 0	5.253 9	5.247 3	5.80	9.710 3	9.698 2	9.682 1
4.15	5.369 0	5.363 8	5.356 9	5.85	9.863 3	9.850 9	9.834 5
4.20	5.480 3	5.474 9	5.467 8	5.90	10.017 6	10.004 9	9.988 1
4.25	5.592 9	5.587 4	5.580 0	5.95	10.173 1	10.160 1	10.143 0
4.30	5.706 8	5.701 0	5.693 5	6.00	10.329 8	10.316 6	10.299 1
4.35	5.821 9	5.816 0	5.808 2	6.05	10.487 8	10.474 3	10.456 5
4.40	5.938 3	5.932 2	5.924 2	6.10	10.647 1	10.633 3	10.615 2
4.45	6.055 9	6.049 7	6.041 4	6.15	10.807 6	10.793 6	10.775 1
4.50	6.174 8	6.168 4	6.159 9	6.20	10.969 4	10.955 1	10.936 2
4.55	6.295 0	6.288 4	6.279 6	6.25	11.132 4	11.117 8	11.098 6
4.60	6.416 5	6.409 7	6.400 7	6.30	11.296 7	11.281 8	11.262 2
4.65	6.539 2	6.532 2	6.523 0	6.35	11.462 2	11.447 1	11.427 1

表 6（续）

b/h	b/l			b/h	b/l		
	0.025	0.055	0.085		0.025	0.055	0.085
6.40	11.629 0	11.613 6	11.593 2	8.20	18.468 2	18.440 7	18.404 4
6.45	11.797 1	11.781 4	11.760 6	8.25	18.681 3	18.653 5	18.616 7
6.50	11.966 4	11.950 4	11.929 2	8.30	18.895 7	18.867 5	18.830 2
6.55	12.136 9	12.120 6	12.099 1	8.35	19.111 4	19.082 8	19.044 9
6.60	12.308 7	12.292 1	12.270 2	8.40	19.328 3	19.299 3	19.260 9
6.65	12.481 8	12.464 9	12.442 6	8.45	19.546 4	19.517 0	19.478 2
6.70	12.656 1	12.638 9	12.616 2	8.50	19.765 8	19.736 0	19.696 6
6.75	12.831 7	12.814 2	12.791 1	8.55	19.986 5	19.956 3	19.916 3
6.80	13.008 5	12.990 7	12.967 2	8.60	20.208 4	20.177 8	20.137 3
6.85	13.186 6	13.168 5	13.144 6	8.65	20.431 5	20.400 5	20.359 5
6.90	13.365 9	13.347 5	13.323 2	8.70	20.655 9	20.624 5	20.583 0
6.95	13.546 5	13.527 8	13.503 0	8.75	20.881 6	20.849 8	20.807 7
7.00	13.728 3	13.709 3	13.684 1	8.80	21.108 5	21.076 3	21.033 6
7.05	13.911 4	13.892 1	13.866 5	8.85	21.336 6	21.304 0	21.260 8
7.10	14.095 8	14.076 1	14.050 1	8.90	21.566 0	21.533 0	21.489 3
7.15	14.281 4	14.261 4	14.234 9	8.95	21.796 7	21.763 2	21.718 9
7.20	14.468 2	14.447 9	14.421 0	9.00	22.028 6	21.994 7	21.949 9
7.25	14.656 3	14.635 7	14.608 3	9.05	22.261 8	22.227 4	22.182 0
7.30	14.845 7	14.824 7	14.796 9	9.10	22.496 2	22.461 4	22.415 4
7.35	15.036 3	15.015 0	14.986 7	9.15	22.731 8	22.696 6	22.650 1
7.40	15.228 1	15.206 5	15.177 8	9.20	22.968 7	22.933 1	22.886 0
7.45	15.421 3	15.399 2	15.370 1	9.25	23.206 9	23.170 8	23.123 1
7.50	15.615 6	15.593 3	15.563 7	9.30	23.446 3	23.409 8	23.361 5
7.55	15.811 2	15.788 5	15.758 5	9.35	23.687 0	23.650 0	23.601 2
7.60	16.008 1	15.985 1	15.954 6	9.40	23.928 9	23.891 5	23.842 1
7.65	16.206 2	16.182 8	16.151 9	9.45	24.172 1	24.134 2	24.084 2
7.70	16.405 6	16.381 9	16.350 4	9.50	24.416 5	24.378 2	24.327 5
7.75	16.606 2	16.582 1	16.550 2	9.55	24.662 1	24.623 4	24.572 2
7.80	16.808 1	16.783 6	16.751 3	9.60	24.909 1	24.869 9	24.818 0
7.85	17.011 2	16.986 4	16.953 6	9.65	25.157 2	25.117 6	25.065 1
7.90	17.215 6	17.190 4	17.157 1	9.70	25.406 6	25.366 5	25.313 5
7.95	17.421 3	17.395 7	17.361 9	9.75	25.657 3	25.616 7	25.563 1
8.00	17.628 1	17.602 2	17.567 9	9.80	25.909 2	25.868 2	25.813 9
8.05	17.836 3	17.810 0	17.775 2	9.85	26.162 4	26.120 9	26.065 9
8.10	18.045 7	18.019 0	17.983 7	9.90	26.416 8	26.374 8	26.319 3
8.15	18.256 3	18.229 2	18.193 4	9.95	26.672 5	26.630 0	26.573 9

变温过程中的弹性模量由式(21)计算：

$$M_t = M_0(f_t/f_0)^2[1/(1+\alpha\triangle t)] \quad \cdots\cdots(21)$$

式中：

M_t——温度 t 下的弹性模量，单位为吉帕(GPa)；

M_0——室温下的弹性模量，单位为吉帕(GPa)；

f_t——温度 t 下试样在炉子或槽中的共振频率，单位为赫兹(Hz)；

f_0——室温下试样在炉子或槽中的共振频率，单位为赫兹(Hz)；

α——温度 t 与室温间试样的平均线膨胀系数，无量纲；

$\triangle t$——温度 t 与室温间的温度差，单位为摄氏度(℃)。

6.5.3 动态泊松比

任一温度下试样的动态泊松比由同一温度下的动态杨氏模量、动态切变模量值确定：

$$\mu = \left(\frac{E_d}{2G_d}\right) - 1 \quad \cdots\cdots(22)$$

亦可由测得的试样同一温度下的弯曲与扭转的共振频率直接求得该温度下的动态泊松比。

对于圆杆：

$$\mu = 0.157\,74 T_1\left(\frac{l}{d}\right)^2\left(\frac{f_{t1}}{f_{s1}}\right)^2 - 1 \quad \cdots\cdots(23)$$

式中：

T_1——基频弯曲共振时圆杆试样的室温修正系数，无量纲；

l——试样室温长度，单位为毫米(mm)；

d——试样室温直径，单位为毫米(mm)；

f_{t1}——试样弯曲共振基频频率，单位为赫兹(Hz)；

f_{s1}——试样扭转共振进频率，单位为赫兹(Hz)。

对于圆管：

$$\mu = 0.157\,74 T_1\frac{l^2}{d_1^2+d_2^2}\left(\frac{f_{t1}}{f_{s1}}\right)^2 - 1 \quad \cdots\cdots(24)$$

式中：

d_1——圆管室温下的外径；

d_2——圆管室温下的内径，单位同 d_1。

对于矩形杆：

$$\mu = 0.118\,31\left(\frac{T_1}{R_1}\right)\left(\frac{l}{h}\right)^2\left(\frac{f_{t1}}{f_{s1}}\right)^2 - 1 \quad \cdots\cdots(25)$$

式中：

R_1——试样基频扭转共振时的室温形状因子，无量纲；

h——室温下平行弯振方向的几何尺寸，单位为毫米(mm)；

其他物理量的含义与单位同式(23)。

6.5.4 数值修约

对算出的动态杨氏模量、动态切变模量取 3 位有效数字，动态泊松比取 2 位有效数字，数值修约按 GB/T 8170 的有关规定。

6.5.5 精度和偏差

6.5.5.1 如果试样符合要求，测量全过程均符合本标准的规定，则测得的动态杨氏模量与动态切变模量的精度在 1% 量级，动态泊松比为 10%。

6.5.5.2 可借助误差传递公式完成最大偏差的估算。

7 试验报告

7.1 试验报告一般应包括以下内容：

a) 本国家标准编号及所采用的方法(静态法或动态法)；

b) 试样标识；

c) 材料名称及相关信息；

d) 试样形状和尺寸；

e) 试验仪器相关信息；

f) 试验温度；

g) 所测性能结果。

7.2 静态法的试验报告还应包括以下内容：

试样取样方向和位置。

7.3 动态法的试验报告还应包括以下内容：

a) 试样的制备方法及表面状况，如果材料是各向异性的，则应列出试样取样方向；

b) 所采用的试验方法的特征；

c) 测试过程中的干扰情况等；

d) 精度估算。

附　录　A
（资料性附录）
电阻应变计测定弹性模量方法

A.1　试验原理

将电阻应变计粘贴在试样表面，通过电阻应变仪测量试样受力变形时所引起的电阻变化，并将其变化量转化为应变值。

A.2　试验仪器

A.2.1　测量用的静态电阻应变仪或动态应变仪应按 JJG 623 进行检验。
A.2.2　电阻应变计应符合 GB/T 13992 中的 A 级要求。

A.3　试样

A.3.1　试样的制备及加工应符合本试验方法标准的规定要求。
A.3.2　试样尺寸应满足应变计的尺寸要求，对于矩形截面试样最小宽度不小于应变计基底宽度+2 mm，对于圆截面试样其平行长度直径应不小于 10 mm。

A.4　试验

A.4.1　外观检查应变计，应该丝栅不乱，无氧化，引线牢固。建议采用 0.1 Ω 精度电桥测量每个应变计阻值，检查电阻有无变值或出现飘移等现象，每片之间的阻值偏差最好不超过±0.1 Ω。
A.4.2　试样贴片处应进行必要的机械打磨，表面粗糙度在 $Ra1.6\ \mu m \sim 2.5\ \mu m$ 为宜。用划针在测点处划出贴片定位线，用浸有丙酮或无水乙醇脱脂棉球将贴片位置及周围擦洗干净，直至棉球洁白为止。
A.4.3　在应变计基底面和贴片处涂抹一层薄薄的粘结胶，然后把应变计对准试样的贴片标记处，用一小片塑料（如聚四氟乙烯）薄膜盖在应变计上，再用大拇指揿压，从应变计一端开始作无滑动的滚动，将应变计下的多余胶水或气泡排除。
A.4.4　推荐在拉、压试样轴线两侧对称位置各贴一电阻应变计，应变片轴线应与试样轴线平行或垂直。
A.4.5　已安装完毕的电阻应变计，应进行应变计质量检查，检查是否有断丝现象，阻值是否与原来相同，绝缘电阻是否满足测量要求。
A.4.6　测量导线与应变计引出线连接的焊点要小而牢固，并保证焊点与被测表面的良好绝缘和固定。
A.4.7　电阻应变计与应变仪的桥路连接通常采用半桥（见图 A.1）或全桥（见图 A.2）方式连接。

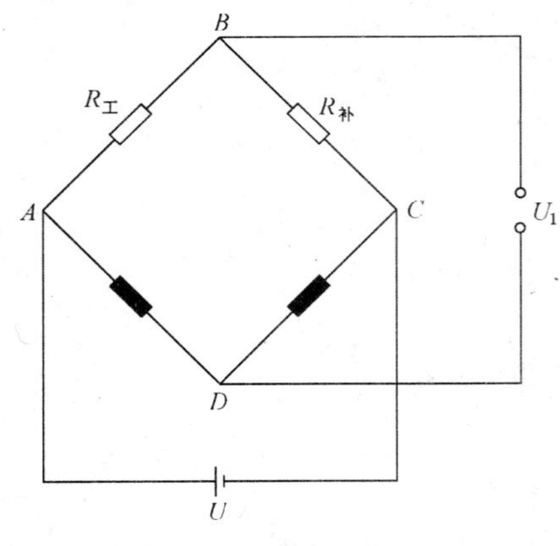

图 A.1　半桥接法

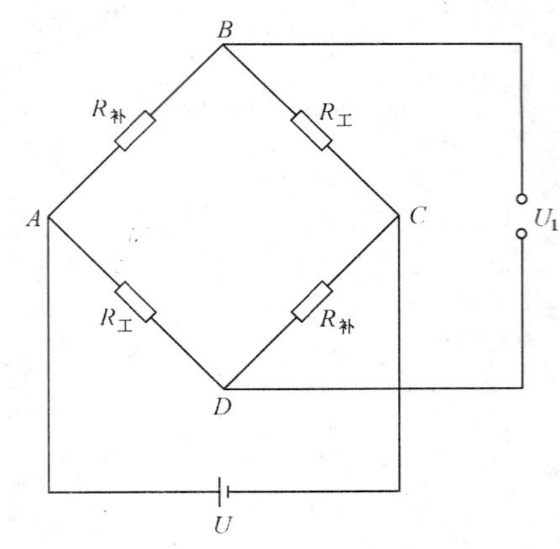

图 A.2　全桥接法

A.4.7.1 半桥接法：将试样两侧各粘贴的沿轴向两电阻应变计(简称工作片)的两端分别接在应变仪的A、B接线端上，温度补偿片接到应变仪的B、C接线端上。如图A.1所示。当试样轴向受力时，电阻应变仪即可测得对应试验力下的轴向应变e_l。

A.4.7.2 全桥接法：把两片轴向的工作片和两片温度补偿片按图A.2所示方法接入应变仪的A、B、C、D接线端中。当试样轴向受力时，电阻应变仪即可测得对应试验力下的轴向应变e_l，因为应变仪显示的应变是两片应变计的应变之和，所以试样轴向应变应为应变仪所显示值的一半，如式(A.1)所示：

$$e_l = \frac{1}{2} e_{仪} \qquad \cdots\cdots\cdots(A.1)$$

式中：

$e_{仪}$——应变仪显示值。

A.5 弹性模量的计算

A.5.1 图解法：按本标准规定要求，由式(A.2)、式(A.3)、式(A.4)计算杨氏模量、弦线模量和切线模量：

$$E = \left(\frac{\triangle F}{S_0}\right) \Big/ \triangle e_l \qquad \cdots\cdots\cdots(A.2)$$

$$E_{ch} = \left(\frac{\triangle F}{S_0}\right) \Big/ \triangle e_l \qquad \cdots\cdots\cdots(A.3)$$

$$E_{tan} = \left(\frac{\triangle F}{S_0}\right) \Big/ \triangle e_l \qquad \cdots\cdots\cdots(A.4)$$

式中：

$\triangle e_l$——轴向应变变化量。

A.5.2 拟合法：按本标准规定要求，并由式(4)计算杨氏模量。

ICS 77.040.99
H 25

中华人民共和国国家标准

GB/T 22316—2008

电镀锡钢板耐腐蚀性试验方法

Test methods of corrosion resistance for electrolytic tinplate

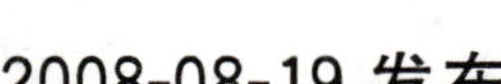

2008-08-19 发布　　　　2009-04-01 实施

中华人民共和国国家质量监督检验检疫总局
中国国家标准化管理委员会　发布

前　　言

本标准是在参考美国材料与试验协会 ASTM A 623M-06a《镀锡板标准规范总则》的附录 A2“电镀锡板酸洗时滞测定方法”、附录 A3“电镀锡板锡晶粒度测定方法”、附录 A4“电镀锡板铁溶出值测定方法”和附录 A5“电镀锡板合金-锡电偶试验方法”的基础上制定的。

本标准由中国钢铁工业协会提出。

本标准由全国钢标准化技术委员会归口。

本标准起草单位：宝山钢铁股份有限公司、冶金工业信息标准研究院。

本标准的主要起草人：田慧玲、李蕾、朱子平、张家琪、周星、冯超、任翠英、王君祥。

电镀锡钢板耐腐蚀性试验方法

1 范围

本标准适用于镀锡量单面规格不低于 2.8 g/m^2 的电镀锡钢板耐腐蚀性能的测定。其中包括电镀锡钢板酸洗时滞试验方法、铁溶出值测定方法、锡晶粒度测定方法和合金-锡电偶试验方法。

2 规范性引用文件

下列文件中的条款通过本标准的引用而成为本标准的条款。凡是注日期的引用文件，其随后所有的修改单(不包括勘误的内容)或修订版均不适用于本标准，然而，鼓励根据本标准达成协议的各方研究是否可使用这些文件的最新版本。凡是不注日期的引用文件，其最新版本适用于本标准。

GB/T 2520 冷轧电镀锡薄钢板(GB/T 2520—2000，ISO 11949:1995，Cold-reduced electrolytic tinplate，MOD)

GB/T 6394 金属平均晶粒度测定方法(GB/T 6394—2002，ASTM E 112-96，Standard test methods for determining average grain size，MOD)

GB/T 8170 数值修约规则

3 术语和定义

下列术语和定义适用于本标准。

3.1

酸洗时滞值 pickle lag value

PLV

电镀锡钢板脱锡后浸入一定温度和一定浓度的酸溶液中，测定其达到稳定的铁溶解速度(或氢气析出速度)之前所经过的时间。

3.2

铁溶出值 iron solution value

ISV

一定试样面积的电镀锡钢板浸入特定温度下的试验溶液中，测定反应一段时间后溶解出来的铁含量。

3.3

锡晶粒度 tin crystal size

TCS

电镀锡钢板表面锡晶粒大小的等级。

3.4

合金-锡电偶试验 alloy-tin couple test

ATC

将纯锡电极和电镀锡钢板的锡铁合金电极暴露于经过脱气特制的电解液中，在一定温度下经过一定的反应时间，测定两电极之间流过的电流。

4 酸洗时滞试验方法

4.1 原理及试验要点

4.1.1 原理

在一定的条件下，可以确定钢板在酸溶液里获得稳定溶解速度的滞后时间。在一个密闭系统中由于电镀锡钢板基板与酸溶液反应释放出氢气而导致气压变化，此气压变化可通过一个压力检测装置连续记录下来。原理示意图如图1所示。

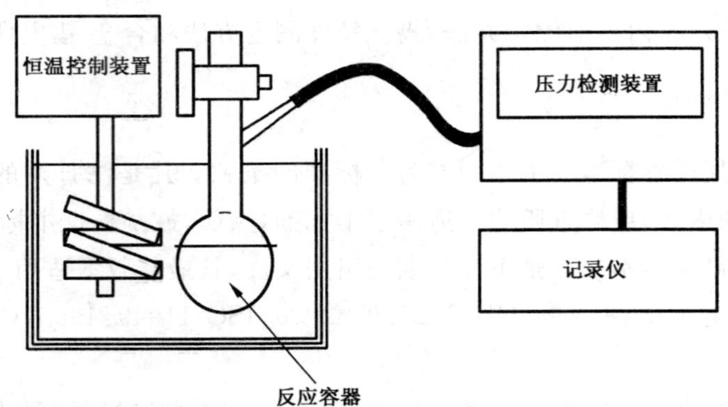

图1 酸洗时滞试验原理示意图

4.1.2 试验要点

对电镀锡钢板脱锡，然后浸入90 ℃的6 mol/L盐酸中，测定其达到稳定铁溶解速度(或氢气析出速度)之前所经过的时间。

4.2 试剂和材料

除非另有说明，配制试液应采用分析纯试剂，配制用水应采用蒸馏水或纯度相当的去离子水。

4.2.1 盐酸(6 mol/L)。

4.2.2 丙酮。

4.2.3 三氯化锑溶液(120 g/L)：将120 g三氯化锑溶解于1 L浓盐酸中。

4.2.4 碳酸钠溶液(0.5%)。

4.2.5 氢氧化钠溶液(10%)。

4.2.6 过氧化氢溶液(30%)。

4.2.7 脱脂棉。

4.3 试验装置

4.3.1 反应容器

一个特制的125 mL圆底烧瓶，如图2所示。

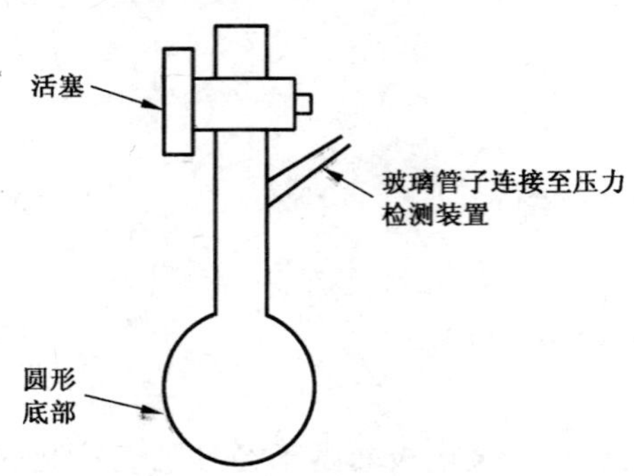

图2 反应容器示意图

4.3.2 恒温水槽

足够能容纳反应容器并且保持温度在(90±1)℃。

4.3.3 压力检测装置

用于测量反应容器中气压的变化。

4.3.4 磁铁棒

用于吸取试样,应避免其污染酸溶液。

4.3.5 记录仪

用于记录反应容器中气压随时间的变化。

4.4 试样制备

4.4.1 试样尺寸:推荐试样尺寸为 8 mm×65 mm,试样的长度方向应垂直于带钢的轧制方向。取样方法和试样的数量按 GB/T 2520 规定。

4.4.2 用蘸有丙酮(4.2.2)的脱脂棉擦去试样表面的油脂。

4.4.3 将试样浸入碳酸钠溶液(4.2.4)中,试样作为电解阴极清洗之后用蒸馏水冲洗并干燥。

4.4.4 在室温条件下,将试样浸入三氯化锑溶液(4.2.3)中,当气泡停止后,继续在溶液中保持 10 s~20 s,再取出试样。

4.4.5 用自来水冲洗试样并擦去其表面的黑色附着物(锑)。

4.4.6 将试样浸入 90 ℃的氢氧化钠溶液(4.2.5)中,缓慢地加入过氧化氢溶液(4.2.6),保持足够的气泡产生 1 min,以除去试样表面残余的锑和在脱锡时没有脱尽的锡铁合金。

4.4.7 用水冲洗试样,再用蘸有丙酮的脱脂棉擦拭试样表面并用冷风吹干。

4.4.8 剪去试样上手指接触的部位,使试样的最终尺寸为 8 mm×65 mm。试样用镊子拿取,以防手指接触影响试验结果。

4.4.9 若直接测定镀锡基板的酸洗时滞值,则可取消 4.4.3~4.4.7 的脱锡步骤。

4.5 试验步骤

4.5.1 仪器准备

4.5.1.1 反应容器(4.3.1)中的顶部空间大小会影响酸洗时滞曲线的斜率。在反应容器中位于液面和活塞之间的顶部空间大小应接近 40 mL,这部分空间还包括了玻璃管连接到压力检测装置的空间。但微小的顶部空间变化不会影响到酸洗时滞时间。

4.5.1.2 需要对整个试验系统进行周期性的检查以确保系统的气密性。检查方法是向反应容器内鼓气,使气体压力上升到大约 7 kPa。关闭活塞保持系统内的压力并打开记录仪,如果系统是密闭的,则记录仪得到的曲线将是一条直线。

4.5.2 操作步骤

4.5.2.1 在反应容器内加入盐酸(4.2.1),将恒温水槽(4.3.2)调节到(90±1)℃,确认盐酸溶液的温度也已经达到(90±1)℃。

4.5.2.2 打开压力检测装置(4.3.3)和记录仪(4.3.5)的电源开关,确认反应容器内的压力变化为零。

4.5.2.3 将试样放入反应容器后立即关闭活塞,记录仪开始记录由压力检测装置检测的气压变化即酸洗时滞曲线。

4.5.2.4 观察酸洗时滞曲线,当曲线过拐点且斜率恒定时终止试验,可打开活塞。

4.5.2.5 用磁铁棒(4.3.4)取出试样。

4.5.2.6 每测试 10 片试样应更换盐酸。

4.6 结果的表示

4.6.1 典型的酸洗时滞曲线如图 3 所示。

4.6.2 将曲线上部直线部分延长到曲线的横轴。

4.6.3 延长线和横轴的交点到起始点之间的时间就是酸洗时滞值,单位为秒(s)。如图 3 所示其酸洗时滞值为 30 s。

4.6.4 酸洗时滞值的结果按 GB/T 8170 修约到小数点后两位。

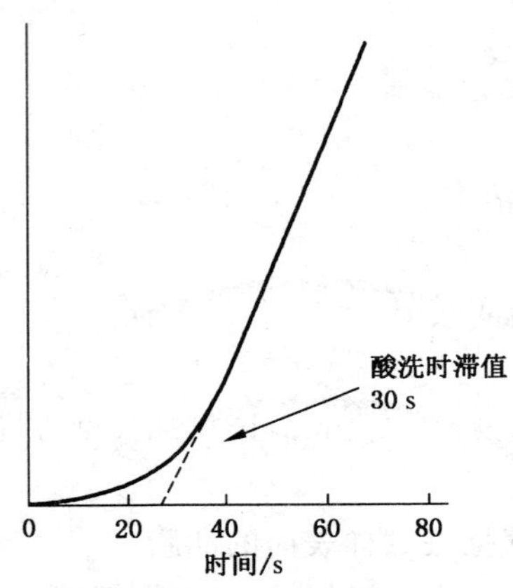

图 3 酸洗时滞曲线

5 铁溶出值试验方法

5.1 原理及试验要点

5.1.1 原理

电镀锡钢板在一定温度和浓度的酸性腐蚀液中，锡与铁相比电位稍负而成为阳极，锡一定程度溶解后，基板也开始溶解。该试验用于测定在此条件下的铁溶出量，以评定镀锡层对基板的保护程度。

5.1.2 试验要点

将试样浸入 50 mL 的硫酸、过氧化氢和硫氰酸铵混合溶液中，使其腐蚀面积为 20.4 cm^2，并在 (27±0.5)℃条件下放置 2 h。对溶解后的铁溶液进行比色分析，根据预先绘制的标准曲线求出铁溶出量。

5.2 试剂和材料

除非另有说明，配制试液应采用分析纯试剂，配制用水应采用蒸馏水或纯度相当的去离子水。

5.2.1 丙酮。

5.2.2 碳酸钠溶液(0.5%)。

5.2.3 硫氰酸铵溶液(不含铁)(40 g/L)。

5.2.4 过氧化氢溶液(30%)。

5.2.5 硫酸溶液(1.09 mol/L)。

5.2.6 硫酸溶液(5 mol/L)。

5.2.7 纯铁(纯度≥99.9%)。

5.2.8 1 000 mL 容量瓶。

5.2.9 100 mL 容量瓶。

5.2.10 200 mL 玻璃烧杯。

5.2.11 脱脂棉。

5.2.12 铁标准溶液(100 mg/L)的制备：将 0.100 g 纯铁(5.2.7)溶解在 100 mL 的 5 mol/L 硫酸(5.2.6)溶液中，溶解后转移到 1 000 mL 容量瓶中，用蒸馏水或去离子水定容，制备成铁标准溶液。

5.2.13 铁标准溶液(1 mg/L、5 mg/L、10 mg/L 和 20 mg/L)的制备：分别取 1 mL、5 mL、10 mL 和 20 mL 浓度为 100 mg/L 的铁标准溶液(5.2.12)于 100 mL 容量瓶中，用蒸馏水或去离子水定容，其浓度分别是 1 mg/L、5 mg/L、10 mg/L 和 20 mg/L。

5.3 试验装置

5.3.1 恒温水槽：能保持温度(27±0.5)℃。

5.3.2 反应容器:推荐使用倒置的 200 mL 并配有塑料盖的螺纹口玻璃瓶,其塑料盖内径为 61.5 mm,如图 4 所示。

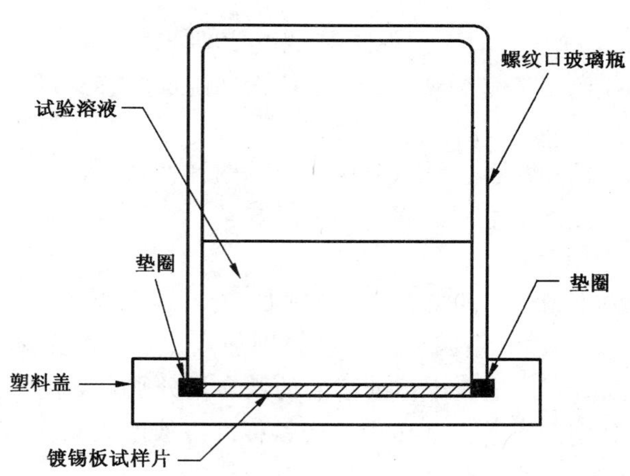

图 4 铁溶出值测定反应容器示意图(试验时的倒立状态)

5.3.3 垫圈:由乙烯材料制作,尺寸为内径 51 mm,外径 61.5 mm,厚度约 1.6 mm。

5.3.4 25 mL 自动定量加液滴定管。

5.3.5 电解清洗槽:电源应能满足提供每块试样 1.0 A～1.5 A 的电流。用一个不锈钢的烧杯或容器作为电解清洗槽,并同时作为电解的阳极。

5.3.6 分光光度计和比色皿。

5.4 试样制备

5.4.1 将试样制备成直径为 57.3 mm 的平整圆片,相当于面积为 25.8 cm^2。试样表面应没有意外刮伤和其他会导致试验结果不能反映镀锡板特性的表面问题。取样方法和试样的数量按 GB/T 2520 之规定。

5.4.2 将试样浸入碳酸钠溶液(5.2.2)中,试样作为阴极清洗约 30 s,试样作为阳极清洗 1 s,这 1 s 的清洗能除去试样表面的氧化物。

5.4.3 用水冲洗试样,再用蘸有丙酮的脱脂棉擦拭试样表面并吹干。避免用手触摸试样表面。

5.5 试验步骤

5.5.1 试验溶液的制备

5.5.1.1 将过氧化氢溶液(5.2.4)稀释到 3%。

5.5.1.2 按以下比例配制硫酸-过氧化氢溶液:将 23 mL 硫酸(5.2.5)和 2 mL 过氧化氢溶液(5.5.1.1)混合,这个混合溶液能稳定保存几个星期。

5.5.2 操作步骤

5.5.2.1 使用 25 mL 自动定量加液滴定管在螺纹口玻璃瓶中加入 25 mL 硫酸-过氧化氢溶液(5.5.1.2)和 25 mL 硫氰酸铵溶液(5.2.3),并摇匀。

5.5.2.2 将垫圈(5.3.3)放在玻璃瓶口上。

5.5.2.3 将清洗过的试样放在垫圈上,使测试面朝向瓶内。

5.5.2.4 将装有垫圈的塑料盖,盖在螺纹口玻璃瓶上,拧紧后立即倒置,并依次放置在(27±0.5)℃的恒温水槽(5.3.1)中保持 2 h,避免振动或搅动反应容器。

5.5.2.5 每一批试样做一个空白试验。即在螺纹口玻璃瓶中加入 25 mL 硫酸-过氧化氢溶液(5.5.1.2)和 25 mL 硫氰酸铵溶液(5.2.3),盖上塑料盖。

5.5.2.6 2 h 后,依次取出装有试样和空白试验的反应容器,摇晃一次反应容器后,将其倒置(塑料盖朝上),迅速取下塑料盖,拿出垫圈和试样。

5.5.2.7 立即在每个螺纹口玻璃瓶内加入 1 mL 过氧化氢溶液(5.5.1.1),并摇匀。

5.5.2.8 将分光光度计设定到测定铁的波长处(推荐波长为 485 nm)。用蒸馏水或去离子水将分光光度计调零。

5.5.2.9 依次将空白溶液、试样溶液倒入比色皿中,测定其吸光度。

5.5.2.10 试验结束后尽快用水、蒸馏水或去离子水依次冲洗反应容器,迅速冲洗掉产生的黄色硫磺沉淀物。定期用硫酸清洗反应容器以去除残余沉淀物。

5.5.2.11 为除去附着在垫圈上的铁化合物,并保持垫圈的弹性,将垫圈放入大约 66 ℃的硫酸(5.2.5)中浸泡数分钟,再用蒸馏水或去离子水冲洗和自然干燥。

5.5.3 标准曲线的建立

5.5.3.1 在 5 个干燥的 200 mL 玻璃烧杯中,分别加入 25 mL 硫酸-过氧化氢溶液(5.5.1.2)和 25 mL 硫氰酸铵溶液(5.2.3),并在其中四个烧杯中分别加入 1 mL 浓度为 1 mg/L、5 mg/L、10 mg/L 和 20 mg/L 铁标准溶液(5.2.13)。这 5 个标准溶液的铁含量分别是 0 μg、1 μg、5 μg、10 μg 和 20 μg。

5.5.3.2 按测定铁的波长分别测定 5.5.3.1 中 5 个铁标准溶液的吸光度,建立铁溶出量与吸光度的标准曲线。

5.6 结果的表示

5.6.1 将试样溶液的吸光度减去空白溶液的吸光度,根据标准曲线计算出试样的铁溶出量,单位为微克(μg)。此测量值是基于以面积为 20.4 cm^2 镀锡板的铁溶出值。若使用其他测量面积,则必须换算到面积为 20.4 cm^2 的镀锡板特溶出值。

5.6.2 铁溶出值的结果按 GB/T 8170 修约到小数点后两位。

6 锡晶粒度试验方法

6.1 原理及试验要点

6.1.1 原理

用一种合适的方法显示电镀锡钢板表面锡的晶粒,并评定其晶粒度等级。

6.1.2 试验要点

用一种合适的化学浸蚀剂轻微浸蚀电镀锡钢板表面,以目视观察显示出的锡表面晶体形貌;或直接观察在偏振光照射下反映出的电镀锡板表面晶体形貌。

6.2 试剂和材料

除非另有说明,配制试液采用分析纯试剂,配制用水采用蒸馏水或纯度相当的去离子水。

6.2.1 棉布或软布。

6.2.2 三氯化铁($FeCl_3 \cdot 6H_2O$,化学纯)。

6.2.3 盐酸(HCl,化学纯,1 mol/L)。

6.2.4 硫化钠($Na_2S \cdot 9H_2O$,化学纯)或亚硫酸氢钠($NaHSO_3 \cdot H_2O$,化学纯)。

6.2.5 碳酸钠溶液(Na_2CO_3,0.5%)。

6.3 试验装置

6.3.1 偏振光源和观察器(仅方法 3 需要)。

6.4 试样制备

6.4.1 电镀锡板试样尺寸不限,但表面积应不小于 25.8 cm^2。

6.5 试验步骤

6.5.1 方法 1:三氯化铁浸蚀法

6.5.1.1 浸蚀液的准备:将 100 g 三氯化铁(6.2.2)和 1 g 硫化钠或亚硫酸氢钠(6.2.4)溶解在 1 000 mL 1 mol/L 盐酸(6.2.3)中。浸蚀液可以重复使用,但若一片正确制备的试样浸蚀所需时间超过 30 s,则需更换浸蚀液。

6.5.1.2 用棉布或软布轻轻地不断擦拭试样表面以去除试样表面的钝化膜，使浸蚀液较容易地腐蚀到锡层。将试样浸入浸蚀液 5 s～15 s 或浸蚀到晶体形貌出现，取出试样，用水冲洗并干燥。

6.5.1.3 如果使用电解设备，可以将试样浸入 0.5%碳酸钠溶液(6.2.5)中，将试样作为阴极清洗约 30 s，然后将试样作为阳极清洗 1 s 以除去表面的钝化层，再用水冲洗试样并干燥。

6.5.2 方法 2：铁溶出法

取完成铁溶出试验后的试样。

6.5.3 方法 3：偏振光学法

6.5.3.1 这是一种快速的非破坏性试验方法，可不进行浸蚀预处理。

6.5.3.2 将试样放置在一束偏振光源下，使偏振光倾斜地射到试样的表面。

6.5.3.3 通过观察器观察试样表面的反射光束，转动观察器的偏振角以得到最佳的晶体形貌。

6.5.4 根据 GB/T 6394 评定锡晶粒度等级。对于常规检验，也可以与系列标准电镀锡板晶体形貌实物或 1 倍的实物晶体形貌照片进行比较。

6.6 结果的表示

根据 GB/T 6394 报告锡晶粒度的等级。

7 合金-锡电偶试验方法

7.1 原理及试验要点

7.1.1 原理

合金-锡电偶试验是一个电化学过程。它是测定在一定条件下，纯锡电极和锡铁合金电极(此合金电极是将镀锡板试样的纯锡层除去至暴露出合金层而制成的)之间流过的偶合电流的大小。

7.1.2 试验要点

脱去镀锡板试样的纯锡层，以试样的合金层作为一电极，纯锡电极作为另一电极，两电极浸在一恒温并除去空气的葡萄柚汁中，经过 20 h 后测量两电极之间的电流。

7.2 试剂和材料

除非另有说明，配制试液采用分析纯试剂，配制用水采用蒸馏水或纯度相当的去离子水。

7.2.1 纯锡线(直径约 3.18 mm)。

7.2.2 冷冻的浓缩葡萄柚汁。

7.2.3 氮气(纯度>99.99%)。

7.2.4 山梨酸钾(纯度>99%)。

7.2.5 乙醇(体积比是 70%)。

7.2.6 氢氧化钠溶液(NaOH，10%)。

7.2.7 氢氧化钠溶液(NaOH，5%)。

7.2.8 氯化亚锡($SnCl_2 \cdot 2H_2O$)。

7.2.9 碳酸钠溶液(Na_2CO_3，0.5%)。

7.2.10 丙酮。

7.2.11 石蜡(熔点 60 ℃～63 ℃)。

7.2.12 聚乙烯塑料带：推荐尺寸为 1.6 mm×14.3 mm×82.6 mm。

7.3 试验装置

7.3.1 恒温水槽：能在试验阶段保持温度(27±0.5)℃。

7.3.2 试验槽(如图 5 所示)。

7.3.2.1 容量约为 1.5 L 的硼硅酸玻璃容器。

7.3.2.2 厚度约为 12.7 mm 的聚乙烯(甲基丙烯酸盐)槽盖，并钻有一些直径约为 15.9 mm 的孔用于容纳试样。

7.3.2.3 氯丁橡胶或类似合成橡胶的O型垫圈，使玻璃容器和槽盖之间密封。

7.3.2.4 厚度约为6.4 mm的硅胶塞，插入直径约为15.9 mm的孔中，塞子与孔之间没有间隙。在塞子的纵界面上切取一个槽，槽的大小仅能容纳试样的厚度。

7.3.2.5 磁力搅拌子。

7.3.2.6 甘汞参比电极(饱和或0.1 mol/L的KCl溶液)。

7.3.3 低阻抗、高灵敏度的电流计，如具有可变测定量程的微安级电流计，测量的准确度应达到或好于量程的1%。

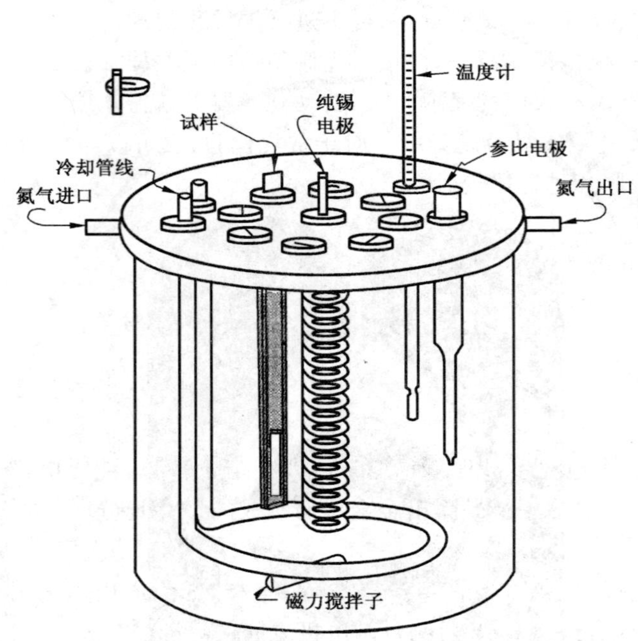

图5 合金-锡电偶试验用试验槽

7.3.4 电位计，用于测量锡电极的电位。任何高阻抗可以测量电压的装置，如电压在0 mV～1 300 mV范围的pH计。

7.3.5 电源，在试样制备时能提供可变化的直流电压(试样阴极清洗电压为10 V，脱锡电压为0.4 V并可降低到0.2 V)。

7.3.6 各种电器配件，如插座、开关等可构成如图6的电路图。

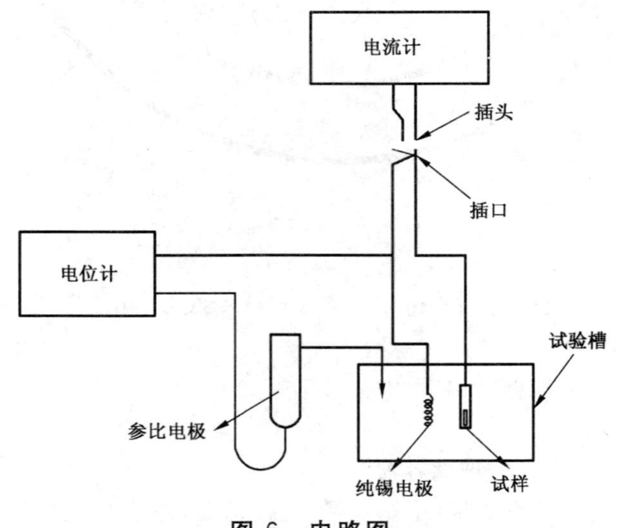

图6 电路图

7.4 试样制备

7.4.1 垂直于轧制方向取尺寸为 12.7 mm×114.3 mm 的镀锡板。

7.4.2 一次试验的试样需同时制备。

7.4.3 取样方法和试样的数量按 GB/T 2520 之规定。

7.5 试验步骤

7.5.1 试验槽的准备

7.5.1.1 按如图 5 配置和装备设备。在试验槽盖上对应的孔中放置试样、纯锡阳极、温度计和冷却管线。在电位测量的过程中,参比电极可插入试验槽盖上的一个孔中,在试验槽盖上钻一些直径较小的孔以放置进气和出气管。

7.5.1.2 将所有的橡皮部件包括硅胶塞和 O 形垫圈放入氢氧化钠溶液(7.2.6)中煮沸 5 min,再用蒸馏水清洗。

7.5.1.3 充分清洗试验槽及其部件,使用前用乙醇(7.2.5)润洗,以防真菌和霉菌生长。

7.5.1.4 将硅胶塞、冷却管线、温度计和气体进出管插入试验槽盖上。此时不需将纯锡阳极或试样插入。

7.5.1.5 将直径约为 3.18 mm 的纯锡线(7.2.1)绕成较松状的螺旋线圈,大约形成表面积为 100 cm^2。先用碳酸钠溶液(7.2.9)将此线圈作为阴极清洗,然后用水和丙酮(7.2.10)润洗。

7.5.1.6 在试验槽的底部放置一个包有聚四氟乙烯的磁力搅拌子(7.3.2.5)。

7.5.2 试验介质的准备

7.5.2.1 在一个容器中,用蒸馏水和解冻的浓缩葡萄柚汁(7.2.2)以 3∶1 的比例混合,加入防腐剂山梨酸钾(7.2.4),使其浓度为 0.5 g/L,加热混合溶液直至沸腾。再冷却至室温,在混合溶液中加入氯化亚锡(7.2.8),使其浓度为 0.19 g/L,连续搅拌 5 min~10 min 使氯化亚锡充分溶解,使得 Sn^{2+} 的浓度为 100 mg/L,再将溶液转移至试验槽,顶部空出高约 6.4 mm 的空间。

7.5.2.2 将塑料盖安装在试验槽上,用 O 形垫圈或其他的防漏器材进行密封。向顶端空间通入氮气。为了减小试验介质的蒸发,在氮气进入试验槽之前先通过蒸馏水或去离子水鼓泡,如图 7 所示。

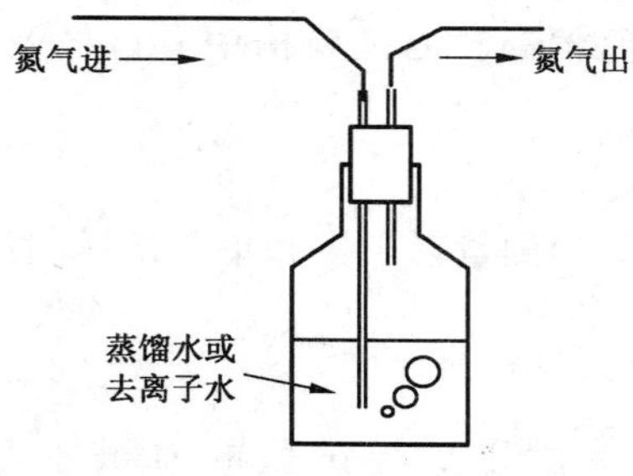

图 7 鼓泡装置示意图

7.5.2.3 打开冷水流过冷却管线,以减少果浆沉淀物的形成。维持冷却状态直到试验介质的温度达到(27±0.5)℃。

7.5.2.4 测量锡电极的电位以确认试验介质的品质。检查方法是将净化过的纯锡阳极插入试验槽,用高阻抗的设备如带甘汞参比电极的 pH 计(7.3.4)测量锡电极的电位。如用饱和甘汞参比电极,锡阳极的电位是－615 mV,如用 0.1 mol/L 的甘汞参比电极,锡阳极的电位是－705 mV。

7.5.2.5 采用不含防腐剂和添加剂的番茄汁作为试验介质时,番茄汁与水的混合比例应为 1∶1。

7.5.2.6 不同产地和品牌的葡萄柚汁、番茄汁的腐蚀性或 pH 值或两者会有差异,同一品牌不同批次葡萄柚汁、番茄汁的腐蚀性或 pH 值或两者也会有略微的差异,这将影响测定结果。

7.5.2.7 将试验槽放入(27±0.5)℃的恒温水槽中,在通氮气条件下,试验介质至少放置 2 d 后才能使用。

7.5.3 **试样的准备**

7.5.3.1 将试样浸在丙酮中去除油脂，然后晾干。

7.5.3.2 在电流密度大约是25 mA/cm^{2}的条件下，在碳酸钠溶液(7.2.9)中，以石墨为阳极，试样为阴极进行试样清洗。清洗设备带有10 V直流电源和极性转换开关。清洗流程如下：2 s阴极，0.1 s阳极，2 s阴极，0.1 s阳极，2 s阴极。两个短暂阳极闪烁的处理能够加强阴极清洗的能力，从而去除试样表面的氧化物和杂质，以确保在试样表面没有形成水膜残迹。再将试样依次在水、蒸馏水和丙酮中润洗，然后晾干。

7.5.3.3 在室温条件下，将试样浸入氢氧化钠溶液(7.2.7)中，在恒电压最大值为0.40 V的条件下进行试样的电解清洗和脱锡。将试样作为阳极，一片不锈钢片作为阴极。当脱锡过程接近结束时，试样表面还可能存在一些绝缘点尚未完成全部脱锡。将电压降低到0.20 V以加速这些点的脱锡。在电源接通状态下，将试样从脱锡溶液中取出，以防止电流的逆转和由于电池效应引起锡的焊接。

7.5.3.4 为了使阳极获得较高电流密度以加快脱锡过程，不锈钢片的面积至少是试样脱锡面积的5倍～10倍。刚脱锡过的试样在脱锡溶液中放置不宜超过5 min。

7.5.3.5 用自来水冲洗试样，再用丙酮擦拭试样表面并吹干。

7.5.3.6 试样的测试面积在50 mm^2～400 mm^{2}范围内，推荐面积为230 mm^2。封闭方法是先在聚乙烯塑料带(7.2.12)中心区域对应试样长度方向冲剪出一块长方形孔，再将此塑料带粘贴在试样测试面。用人工刷或机械方式采用热的石蜡(7.2.11)对试样边缘和除了测试面以外的区域进行涂蜡封闭，操作时应确保测试面不被破坏或污染。

7.5.4 **试验步骤**

7.5.4.1 将试样插入试验槽，使试样测定面正对电极。

7.5.4.2 在通氮气保护和温度为(27±0.5)℃条件下，经过20 h腐蚀试验。

7.5.4.3 在一批试样试验过程中，至少有一个已知ATC值的试样作为监控样。最好用两个已知ATC低值和高值的监控样。

7.5.4.4 试验用的果汁可在3周～4周内反复使用。当果汁出现真菌或霉菌时要重新配制。

7.5.4.5 试验槽中维持无氧的条件很重要。在试样的插入和取出过程中会增加氮气流量，这样会或多或少地带入空气。空气会使ATC值偏高。当试验槽中有试样及整个试验过程中，应避免试样受到振动。

7.5.5 **测量**

用低阻抗、高灵敏的电流计(7.3.3)测量锡阳极和单个试样间的电流。在电流测试前，不能碰撞和弄乱电极。

7.6 **结果的表示**

7.6.1 纯锡电极和试样间的电流除以试样试验的面积即为ATC值，单位为微安/平方厘米($\mu A/cm^2$)。

7.6.2 ATC值按GB/T 8170修约到小数点后两位。

ICS 31.140;31.160
L 21

中华人民共和国国家标准

GB/T 22317.1—2008/IEC 60368-1:2000

有质量评定的压电滤波器
第1部分:总规范

Piezoelectric filters of assessed quality—
Part 1:Generic specification

(IEC 60368-1:2000,IDT)

2008-08-06 发布 2009-01-01 实施

中华人民共和国国家质量监督检验检疫总局
中国国家标准化管理委员会 发布

前言

GB/T 22317《有质量评定的压电滤波器》分为如下几个部分：

——第1部分：总规范；

——第2部分：使用指南；

——第3部分：分规范　能力批准；

——第3-1部分：空白详细规范　能力批准。

本部分为GB/T 22317的第1部分。

本部分等同采用IEC 60368-1:2000《有质量评定的压电滤波器　第1部分：总规范》（英文版）。

为便于使用，本部分作了下列编辑性修改：

——删除国际标准的前言；

——将规范性引用文件中的部分IEC标准用我国与之对应的国家标准代替。

本部分由中华人民共和国信息产业部提出。

本部分由全国频率控制和选择用压电器件标准化技术委员会归口。

本部分起草单位：中国电子元件行业协会压电晶体分会。

本部分主要起草人：章怡、姜连生。

有质量评定的压电滤波器 第1部分:总规范

1 总则

1.1 范围

GB/T 22317 的本部分规定了采用能力批准程序或鉴定批准程序评定质量的压电滤波器的试验方法和通用性要求。

1.2 规范性引用文件

下列文件中的条款通过 GB/T 22317 的本部分的引用而成为本部分的条款。凡是注日期的引用文件,其随后所有的修改单(不包括勘误的内容)或修订版均不适用于本部分,然而,鼓励根据本部分达成协议的各方研究是否可使用这些文件的最新版本。凡是不注日期的引用文件,其最新版本适用于本部分。

GB/T 2421—1999 电工电子产品环境试验 第1部分:总则(idt IEC 60068-1:1988)

GB/T 2423.1—2001 电工电子产品环境试验 第2部分:试验方法 试验 A:低温(idt IEC 60068-2-1:1990)

GB/T 2423.2—2001 电工电子产品环境试验 第2部分:试验方法 试验 B:高温(idt IEC 60068-2-2:1974)

GB/T 2423.3—2006 电工电子产品环境试验 第2部分:试验方法 试验 Cab:恒定湿热试验(IEC 60068-2-78:2001,IDT)

GB/T 2423.4—2008 电工电子产品环境试验 第2部分:试验方法 试验 Db 交变湿热(12 h+12 h 循环)(IEC 60068-2-30:2005,IDT)

GB/T 2423.5—1995 电工电子产品环境试验 第2部分:试验方法 试验 Ea 和导则:冲击(idt IEC 60068-2-27:1987)

GB/T 2423.6—1995 电工电子产品环境试验 第2部分:试验方法 试验 Eb 和导则:碰撞(idt IEC 60068-2-29:1987)

GB/T 2423.8—1995 电工电子产品环境试验 第2部分:试验方法 试验 Ed:自由跌落(idt IEC 60068-2-32:1990)

GB/T 2423.10—1995 电工电子产品环境试验 第2部分:试验方法 试验 Fc 和导则:振动(正弦)(idt IEC 60068-2-6:1982)

GB/T 2423.15—1995 电工电子产品环境试验 第2部分:试验方法 试验 Ga 和导则:稳态加速度(idt IEC 60068-2-7:1983)

GB/T 2423.16—1999 电工电子产品环境试验 第2部分:试验方法 试验 J 和导则:长霉(idt IEC 60068-2-10:1988)

GB/T 2423.18—2000 电工电子产品环境试验 第2部分:试验方法 试验 Kb:盐雾,交变(氯化钠溶液)(idt IEC 60068-2-52:1996)

GB/T 2423.21—1991 电工电子产品基本环境试验规程 试验 M:低压试验方法(neq IEC 60068-2-13:1983)

GB/T 2423.22—2002 电工电子产品环境试验 第2部分:试验方法 试验 N:温度变化(IEC 60068-2-14:1984,IDT)

GB/T 2423.23—1995 电工电子产品环境试验 试验Q:密封

GB/T 2423.28—2005 电工电子产品环境试验 第2部分:试验方法 试验T:锡焊(IEC 60068-2-20:1979,IDT)

GB/T 2423.29—1999 电工电子产品环境试验 第2部分:试验方法 试验U:引出端及整体安装件强度(idt IEC 60068-2-21:1992)

GB/T 2423.30—1999 电工电子产品环境试验 第2部分:试验方法 试验XA和导则:在清洗剂中浸渍(idt IEC 60068-2-45:1993)

GB 3100—1993 国际单位制及其应用(eqv ISO 1000:1992)

GB/T 12273—1996 石英晶体元件 电子元器件质量评定体系规范 第1部分:总规范(idt IEC 61178-1:1993)

GB/T 17626.2—2006 电磁兼容 试验和测量技术 静电放电抗扰度试验(IEC 61000-4-2:2001,IDT)

IEC 60027(所有部分) 电气术语用文字符号

IEC 60050(561):1991 国际电工技术词汇(IEV)第561部分:频率控制和选择用压电器件

IEC 60068-2-58:1999 环境试验 第2部分:试验方法 试验Td:可焊性,SMD器件的金属化层耐熔性和耐焊接热

IEC 60068-2-64:1993 环境试验 第2部分:试验方法 试验Fh:宽带随机振动(数控)及其导则

IEC 60368-4 有质量评定的压电滤波器 第4部分:分规范 能力批准

IEC 60642:1979 频率控制和选择用压电陶瓷谐振子和谐振器 第1章:标准值和条件 第2章:测量和试验条件

IEC QC001001:1998 IEC电子元器件质量评定体系(IECQ)基本规则

IEC QC001002-2:1998 IEC电子元器件质量评定体系(IECQ)程序规则 第2部分:文件

IEC QC001002-3:1998 IEC电子元器件质量评定体系(IECQ)程序规则 第3部分:批准程序

1.3 优先顺序

各标准中,无论何种原因引起的不一致之处应以下列优先顺序来评判:

——详细规范;

——分规范;

——总规范;

——任何其他被引用的国际标准(如IEC标准)。

上述优先顺序适用于等效的国家标准中。

2 术语和通用要求

2.1 概述

单位、图形符号、文字符号和术语应尽可能从下列标准中选取:

——IEC 60027;

——IEC 60050(561):1991;

——IEC 60642:1979;

——GB/T 12273—1996;

——GB 3100—1993。

2.2 术语和定义

下列术语和定义适用于GB/T 22317的本部分。

2.2.1

压电滤波器　piezoelectric filter

含有一个或多个由石英晶体或其他压电材料制造的压电谐振子而构成的滤波器。

2.2.2

带通滤波器　band-pass filter

在两个规定的阻带之间为单一通带的滤波器。

[IEV 561-03-33]

2.2.3

带阻滤波器　band-stop filter

在两个规定的通带之间为单一阻带的滤波器。

[IEV 561-03-34]

2.2.4

高通滤波器　high-pass filter

截止频率以上为单一通带，截止频率以下为单一阻带的滤波器。

[IEV 561-03-32]

2.2.5

低通滤波器　low-pass filter

截止频率以下为单一通带，截止频率以上为单一阻带的滤波器。

[IEV 561-03-31]

2.2.6

梳状滤波器　comb filter

具有五个或更多的频带，其中两个或两个以上为通带，而另外的两个或两个以上为阻带的，有两对引出端的滤波器。

[IEV 561-03-35]

2.2.7

单片滤波器　monolithic filter

由一块单片多极谐振子所构成的滤波器。

注：修改[IEV 561-03-36]

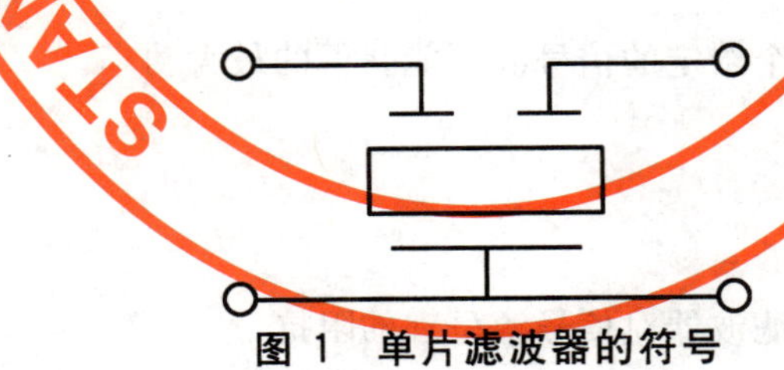

图1　单片滤波器的符号

2.2.8

级联单片滤波器　tandem monolithic filter

由至少两块电连接的单片多极谐振子所构成的滤波器。

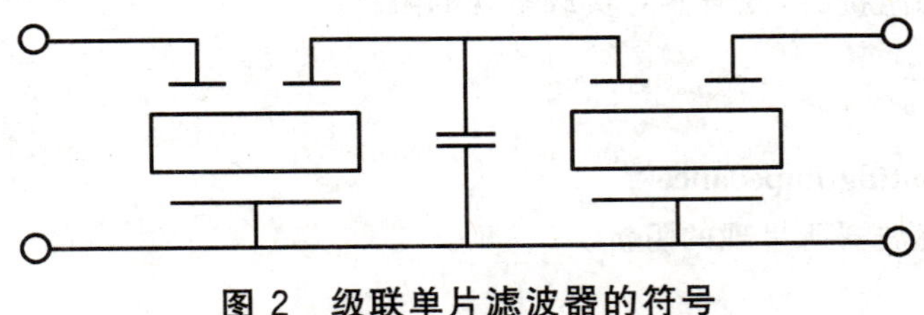

图2　级联单片滤波器的符号

2.2.9

单片多极耦合谐振子　monolithic multiple pole resonator

在一个单晶片上至少具有两个机械耦合振动区域的压电振子。

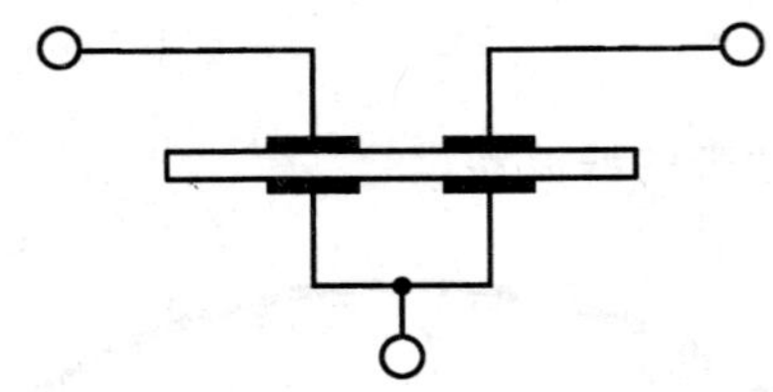

图 3　单片多极耦合谐振子的符号

2.2.10

输入电平　input level

呈现在滤波器输入端的功率、电压或电流的值。

[IEV 561-03-02]

2.2.11

输出电平　output level

滤波器负载电路提供的功率、电压或电流的值。

[IEV 561-03-03]

2.2.12

额定电平　rated level

规定压电滤波器性能时所用的功率、电压或电流的值。

[IEV 561-03-04]

2.2.13

最大电平　maximum level

超过其值就会使压电滤波器产生不可接受的信号畸变或不可逆的变化时的功率、电压或电流的值。

[IEV 561-03-35]

2.2.14

可获得功率　available power

适当地调整负载阻抗时，从某个给定的信号源所能获得的最大功率。

[IEV 561-03-06]

2.2.15

输入阻抗　input impedance

接上规定的负载阻抗时，压电滤波器对信号源呈现的阻抗。

[IEV 561-03-07]

2.2.16

输出阻抗　output impedance

接上规定的信号源阻抗时，滤波器对负载呈现的阻抗。

[IEV 561-03-08]

2.2.17

端接阻抗　terminating impedance

信号源或负载对滤波器所呈现的阻抗。

[IEV 561-03-09]

2.2.18

截止频率　cut-off frequency

相对衰耗达到某一规定值时的通带频率。

[IEV 561-03-10]

2.2.19

带通或带阻滤波器的中心频率　mid-band frequency(of a band-pass or band-stop filter)

限定的单一通带或单一阻带截止频率的几何平均值。

注：实际上，在通带或阻带相对窄的滤波器中，常用算术平均值作为几何平均值的良好近似值[IEV 561-03-11]。

2.2.20

(电压滤波器的)标称频率　nominal frequency(of a piezoelectric filter)

用以识别压电滤波器的频率。

[IEV 561-03-12]

2.2.21

通带　pass-band

相对衰耗等于或小于某一规定值时的频带。

[IEV 561-03-13]

2.2.22

通带宽度　pass bandwidth

衰耗等于或小于规定值时的频率点之间的间隔。

[IEV 561-03-14]

2.2.23

阻带　stop band

相对衰耗等于或大于规定值时的频带。

[IEV 561-03-15]

2.2.24

阻带宽度　stop bandwidth

衰耗等于或大于规定值时的频率点之间的间隔。

[IEV 561-03-16]

2.2.25

过渡带　transition band

截止频率和相邻的阻带最近点频率之间的频带。

[IEV 561-03-17]

2.2.26

包络延迟　envelope delay time

对于某一给定的频率，输入输出端间单一波包络的某个特性的传播时间。

[IEV 561-03-18]

2.2.27

相位延迟　phase delay time

某一频率正弦振荡在输入输出端之间的传播时间。

[IEV 561-03-19]

2.2.28

(滤波器的)传输衰耗　transducer attenuation(of a filter)

在规定的条件下，给定信号源的可获得功率与该信号源连接的滤波器传送到负载阻抗的功率之比

(通常用 dB 表示)。

[IEV 561-03-20]

$$f_0 = \sqrt{f_A \times f_B} \text{ 或 } f_0 = \frac{f_A + f_B}{2}$$

式中:

f_A,f_B——通带的截止频率;

f_0——中心频率。

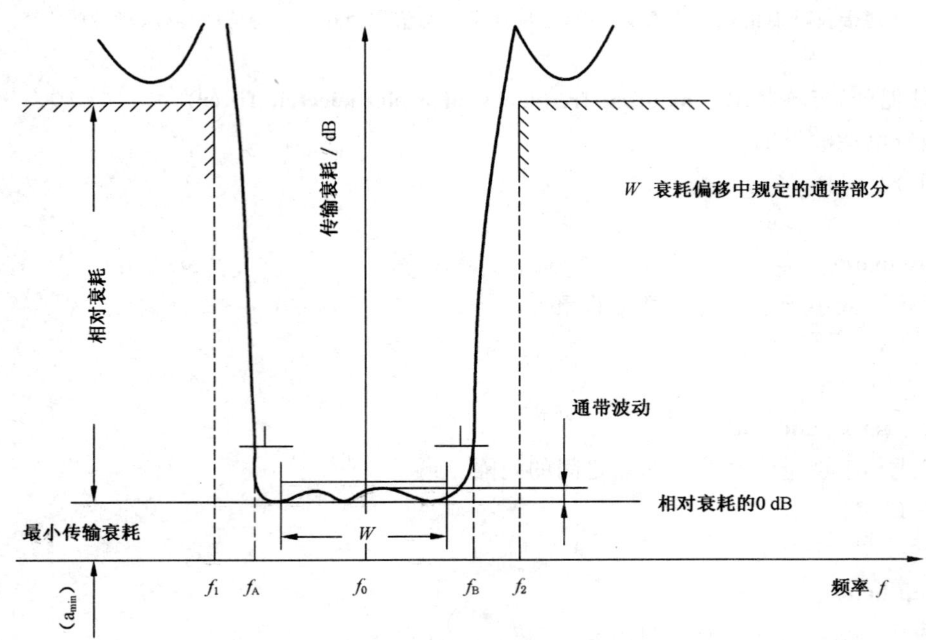

图 4 滤波器的传输衰耗特性

2.2.29

插入衰耗 insertion attenuation(of a filter)

滤波器插入之前传送到负载阻抗的功率和滤波器插入之后传送到负载阻抗的功率之比(通常用 dB 表示)。

[IEV 561-03-21]

2.2.30

插入相移 insertion phase shift

滤波器插入传输系统而引起的相位变化。

2.2.31

传输相位 transducer phase

带有规定负载阻抗的滤波器的输出端与信号源输出端之间的相位差。

[IEV 561-03-22]

2.2.32

反射系数 modulus of the refoection coefficient

Z_a 和 Z_b 两个阻抗之间不匹配程度的一种无量纲的量度,由下式给出:

$$\left|\frac{Z_a - Z_b}{Z_a + Z_b}\right| \quad \cdots\cdots(1)$$

式中:

Z_a——信号源阻抗或输出阻抗;

Z_b——负载阻抗或输入阻抗。

[IEV 561-03-23]

2.2.33

反射衰耗　return attenuation

反射系数模的倒数(通常用 dB 表示)。

[IEV 561-03-24]

2.2.34

相对衰耗　relative attenuation

某个给定频率的衰耗与通带内最小衰耗之差。

[IEV 561-03-25]

2.2.35

(带通或带阻滤波器的)矩形系数　shape factor(of a band-pass or band-stop filter)

带通滤波器或带阻滤波器中两个规定衰耗值的带宽之比。

[IEV 561-03-26]

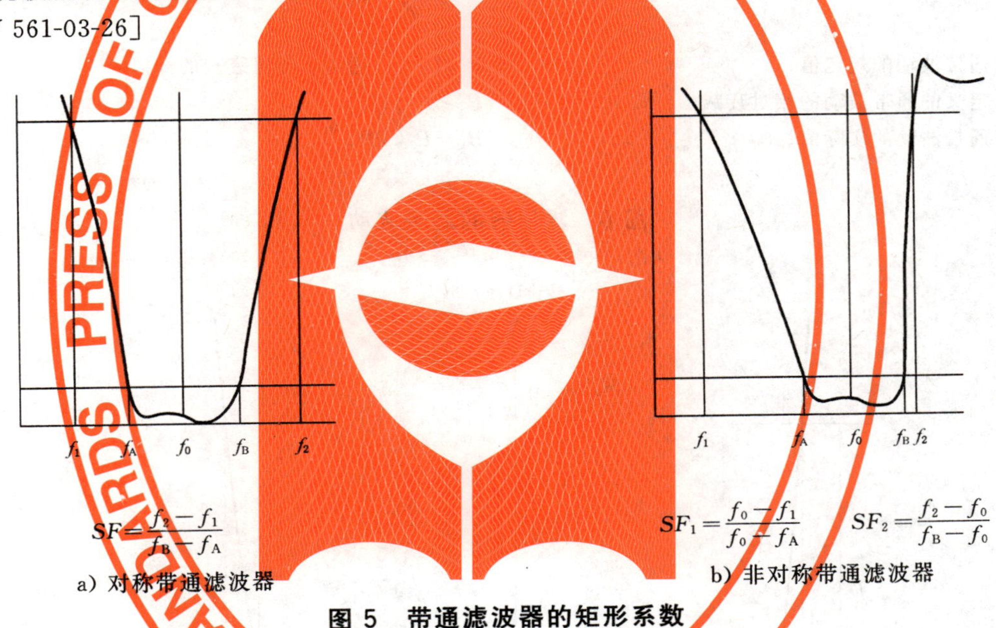

图 5　带通滤波器的矩形系数

2.2.36

通带波动　pass-band ripple

滤波器通带内衰耗的峰值与最小值之差。

2.2.37

通带衰耗偏移　pass-band attenuation deviation

在通带指定区段内衰耗的最大变化。

2.2.38

包络延迟失真　distortion of envelope delay time(in an electrical network)

电网络中一个信号的包络延迟的不希望的变化,它是频率的函数。

[IEV 561-03-28]

2.2.39

相位失真　phase distortion(in an electrical network)

电网络中相位差不希望的变化。

[IEV 561-03-29]

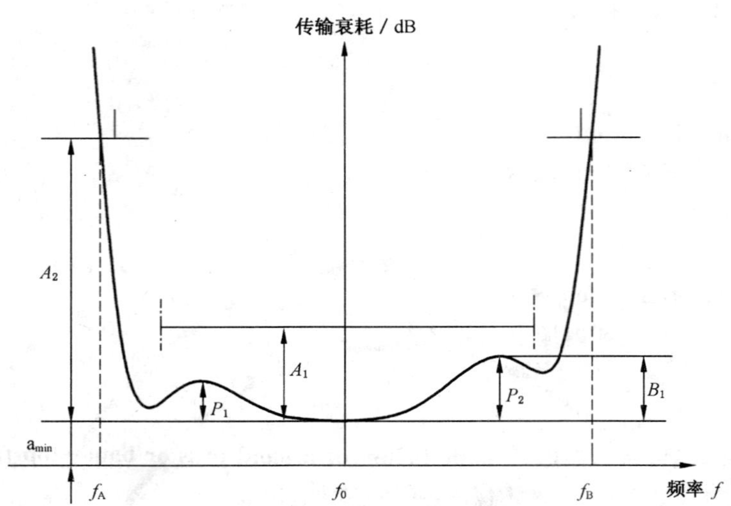

A_1——通带波动的规定值；

A_2——定义的通带波动的相对衰减；

B_1——通带波动的实际值；

P_1,P_2——通带内相对衰减的峰值；

$P_2 \geqslant P_1$；

$B_1 = P_2(\text{dB})$。

图 6　滤波器的通带波动

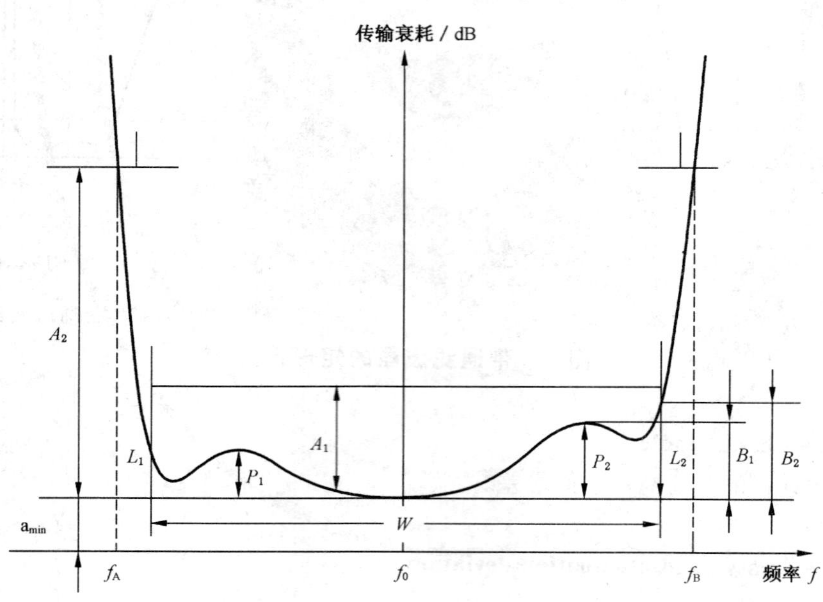

W——在规定的衰耗偏移之内通带的带宽；

A_1——通带波动或通带衰耗偏移的规定值；

A_2——定义的通带相对衰减；

B_1——通带波动的实际值；

B_2——通带衰耗偏移的实际值；

L_1——W 低端的相对衰耗；

L_2——W 高端的相对衰耗；

P_1,P_2——通带内相对衰减的峰值。

$L_2 \geqslant L_1$；

$P_2 \geqslant P_1$；

$B_1 = P_2(\text{dB})$；

$B_2 = L_2(\text{dB})$。

图 7　滤波器的通带衰耗偏移

2.2.40

互调失真　intermodulation distortion

两个独立的输入信号在滤波器内混合而产生的失真。

[IEV 561-03-30]

2.2.41

基准温度　reference temperature

滤波器某些性能参数测量时的温度,通常为(25±2)℃。

2.2.42

工作温度范围　operating temperature range

滤波器能正常工作,其规定的性能均不超过规定的允许偏差的温度范围。

2.2.43

可工作温度范围　operable temperature range

滤波器能够连续提供其规定的响应特性,但这些参数可不在规定允许偏差内的温度范围。

2.2.44

贮存温度范围　storage temperature range

在滤波器外壳处测量到的最高和最低温度,滤波器在此温度范围内贮存后,其性能不降低且无损伤。

2.2.45

双极振子的对称频率和反对称频率　symmetric and antisymmetric frequencies of a bipole resonator

分别为输出端短路时,双振子的较低的谐振频率和较高的谐振频率。

2.3 优先额定值和特性

除非详细规范另有规定,额定值应优先从下列值中选取。

2.3.1 工作温度范围

−55 ℃～105 ℃	−10 ℃～60 ℃
−40 ℃～85 ℃	0 ℃～50 ℃
−20 ℃～70 ℃	10 ℃～40 ℃

2.3.2 气候顺序

40/085/56(见 GB/T 2421—1999)

对于要求压电滤波器工作温度范围超出−40 ℃到 85 ℃时,应规定与工作温度范围对应的气候顺序。

2.3.3 碰撞严酷度

沿三个相互垂直轴的每一个方向,在峰值加速度 40gn(400 m/s²)下碰撞(4 000±10)次(见 GB/T 2423.6—1995 中表 1 和本部分的 4.6.6),脉冲持续时间 6 ms。

2.3.4 振动严酷度

正弦振动

10 Hz～55 Hz 位移幅值(峰值):0.75 mm 55 Hz～500 Hz 或 55 Hz～2 000 Hz 加速度幅值(峰值):100 m/s²	三个相互垂直轴的每个方向上 30 min, 1 oct/min(见 4.6.7)
10 Hz～55 Hz 位移幅值(峰值):1.5 mm 55 Hz～2 000 Hz 加速度幅值(峰值):200 m/s²	三个相互垂直轴的每个方向上 30 min, 1 oct/min(见 4.6.7)

随机振动 $(19.2\ m/s^2)^2/Hz$ 20 Hz～2 000 Hz之间 加速度:196 m/s^2 或 $(48\ m/s^2)^2/Hz$ 20 Hz～2 000 Hz之间 加速度:314 m/s^2	三个相互垂直轴的每个方向上30 min, 1 oct/min(见4.6.7)

2.3.5 **冲击严酷度**

峰值加速度为100gn(1 000 m/s^2),持续时间为6 ms;沿三个相互垂直轴的每一个方向冲击三次(见GB/T 2423.5—1995表1和本部分的4.6.8),波形为半正弦波。除非详细规范另有规定。

2.3.6 **漏率**

1×10^{-1} Pa·cm^3/s(1×10^{-6} bar·cm^3/s);

1×10^{-3} Pa·cm^3/s(1×10^{-8} bar·cm^3/s)。

2.4 **标志**

2.4.1 压电滤波器应清楚和永久性地标出下列a)～g)项内容(见4.6.19),并尽可能多地标出其余的项目。

a) 详细规范规定的型号名称;
b) 标称频率(kHz或MHz);
c) 制造日期;
d) 合格标志(采用合格证者除外);
e) 制造厂识别代码;
f) 制造商名称或商标;
g) 引出端识别(适用时);
h) 电气连接标识(适用时);
i) 序号(适用时);
j) 表面贴装器件类别(适用时)。

当小型化压电滤波器盒的可利用表面积使标志内容受限制时,详细规范中应给出标志使用的说明。

2.4.2 放有压电滤波器的初级包装应清楚地标志2.4.1所列的全部内容(g项除外),必要时应标志静电敏感器件(ESD)标识。

3 质量评定程序

有质量评定的压电滤波器的批准有两种方法。它们是鉴定批准和能力批准。

3.1 **初始制造阶段**

按IEC QC 001002-3:1998中3.1.1.2和4.2.1.2的规定,压电滤波器的初始制造阶段是:

a) 内有密封石英晶体元件的滤波器:
——压电滤波器的组装;
b) 内有非密封晶体元件或单片多极点谐振子的滤波器:
——除滤波器的组装外还有晶片的最终表面加工。

注:晶片最终表面加工可以是研磨、抛光、腐蚀、抛光片的清洗等工序中的任何一种。

3.2 **结构相似元件**

供鉴定批准、能力批准和质量一致性检验用的结构相似元件的划分应在有关分规范中规定。

3.3 **分包**

分包程序应按IEC QC 001002-3:1998的3.1.2规定。

晶体在电路中组装后不得分包。除非是密封的石英晶体元件，这种情况下可以允许滤波器外壳的最终封装分包。

3.4　合并元件

当滤波器中的最终元件中有IEC体系总规范包括的元件时，这些元件应是按IEC的正常放行程序生产的。

3.5　制造厂批准

为获得制造厂批准，制造厂应满足IEC QC 001002-3:1998第2章的要求。

3.6　批准程序

3.6.1　概述

为鉴定压电滤波器，可以采用能力批准程序或鉴定批准程序。这些程序符合IEC QC 001001和IEC QC 001002-3:1998中的相应规定。

3.6.2　能力批准

当结构类似的压电滤波器以共同的设计规则为基础、采用一组共有的加工工艺制造时，适合采用能力批准。

能力批准详细规范分下述三种类型：

a)　能力鉴定元件(CQCs)

每种能力鉴定元件应制定经国家标准机构认可的详细规范。详细规范应能识别CQC的目的，并包括所有相关应力等级和试验限值。

b)　标准元件

当能力批准程序包含的元件欲作为标准元件时，应采用空白详细规范编写详细规范。这种规范应由IECQ注册并将其列入IEC QC 001005。

c)　定制压电滤波器

详细规范的内容应由制造厂和用户按IEC QC 001002-3:1998的4.4.3协商确定。

有关详细规范的更多内容包括在有关分规范中。

产品和能力鉴定元件(CQCs)按组合形式试验，并对已证实的设计准则、工艺和质量控制程序等制造条件给予批准。

更详细的内容在3.7和有关分规范中规定。

3.6.3　鉴定批准

鉴定批准适用于标准设计所生产的元件，并且已确立了生产过程且遵守已发布的详细规范。

要鉴定的压电滤波器，按3.8和有关分规范的规定，直接采用适合的评定水平和严酷度等级，按详细规范确定试验大纲。

3.7　能力批准程序

3.7.1　概述

能力批准程序应按IEC QC 001002-3:1998的规定。

3.7.2　能力批准资格

制造厂应遵守IEC QC 001002-3:1998的4.2.1和本总规范3.1初始制造阶段规定的要求。

3.7.3　能力批准的申请

制造厂为获得能力批准应采用IEC QC 001002-3:1998第4章规定的程序规则。

3.7.4　能力批准的授予

在成功地完成IEC QC 001002-3:1998第4章规定的程序后，应授予能力批准。

3.7.5　能力手册

能力手册的内容应符合分规范要求。NSI(国家监督检查机构)应将能力手册作为保密文件。若制造厂有愿望时，可以将能力手册的部分内容或全部内容透露给第三方。

3.8 鉴定批准程序

3.8.1 概述

鉴定批准程序应按 IEC QC 001002-3:1998 第 3 章的规定。

3.8.2 鉴定批准资格

制造厂应遵守 IEC QC 001002-3:1998 中 3.1.1 和本总规范 3.1 初始制造阶段规定的要求。

3.8.3 鉴定批准的申请

制造厂为获得鉴定批准应采用 IEC QC 001002-3:1998 中 3.1.3 规定的程序。

3.8.4 鉴定批准的授予

在成功地完成 IEC QC 001002-3:1998 中 3.1.5 规定的程序后,应授予鉴定批准。

3.8.5 质量一致性检验

与分规范一起使用的空白详细规范应规定质量一致性检验一览表。

3.9 试验程序

所采用的试验程序应从本总规范中选取。需要的试验若未包括在总规范中,则在详细规范中规定。

3.10 筛选要求

用户要求对压电滤波器进行筛选时,应在详细规范中规定筛选要求。

3.11 返工和返修

3.11.1 返工

返工是纠正加工差错,若分规范禁止返工,则不应返工。若对具体元件进行返工的频数有限制,则应在分规范中进行规定。

所有返工应在按详细规范要求的检验批构成之前进行。

以上返工程序应在制造厂制定的有关文件中详细叙述,并在总检查员的直接控制下进行。分包不允许返工。

3.11.2 返修

返修是元件交给用户后对其缺陷的修正。

经过返修的元件不能再作为制造厂的代表产品,且不能按 IECQ 体系放行。

3.12 证明合格的试验记录

当鉴定批准用分规范有规定且用户要求证明合格的试验记录(CRRL)时,应摘要提供规定的试验结果(见 IEC QC 001002-2:1998 的 1.5)。

3.13 延期交货

保存期限超过两年的压电滤波器,以后的交货检验在放行前应按 4.5.1 规定的电气试验重新检验,并抽取一个样品按 4.6.3.1 进行试验。

3.14 交货放行

压电滤波器应按 IEC QC 001002-3:1998 中 3.2.6 和 4.3.2 的规定放行。

3.15 不检查的参数

只有在详细规范中规定并已通过试验的这些参数才能保证在规定的极限之内。未规定的任一参数均不能保证对每个元件都不变。若必须对更多的参数加以控制,则应采用新的涉及面更宽的详细规范。任何附加的试验方法都应叙述完整,并应规定相应的极限值、AQL 值和检查水平。

4 试验和测量程序

4.1 概述

试验和测量程序应按有关详细规范规定进行。

4.2 试验和测量条件

4.2.1 试验的标准条件

除非另有规定，所有试验都应在GB/T 2421—1999中5.3规定的试验的标准大气条件下进行。

温度：15 ℃～35 ℃；

相对湿度：25％～75％；

气压：86 kPa～106 kPa(860 mbar～1 060 mbar)。

有争议时，采用下列基准标准大气条件：

温度：(25±1)℃；

相对湿度：48％～52％；

气压：86 kPa～106 kPa(860 mbar～1 060 mbar)。

测量前，压电滤波器应在测量温度下放置足够时间以使滤波器达到热平衡。为了有助于干燥，控制恢复条件和标准条件按GB/T 2421—1999中5.4的规定。

应记录测量期间的环境温度并在试验报告中注明。

4.2.2 测量的不准确度

详细规范规定的限值是真值。当评价测量结果时应考虑测量的不准确度。应注意将测量误差减至最小。

4.2.3 注意事项

4.2.3.1 测量

在规定的电气试验中所示的测量电路是优选电路。当测量装置对被测特性有负载效应时，应考虑允许的偏差。

4.2.3.2 静电敏感器件

当元件被认定为对静电敏感时，应注意防止试验之前、试验期间和试验之后的静电放电损坏(见GB/T 17626.2—2006)。

4.2.4 替代的试验方法

各种测量都应优先采用规定的方法进行。除有争议的情况以外，可以采用能得出等效结果的任何其他方法。

注：“等效”的意思是采用其他方法得到的特性值落在用规定方法测量时的规定极限内。

4.3 外观检验

除非另有规定，外部目检应在正常的工厂照明和目视条件下进行。

4.3.1 目检A

应对压电滤波器进行目检以确保其状态、加工质量和表面质量良好。标志应清晰。

4.3.2 目检B

应在10倍放大的条件下对压电滤波器进行目检，玻璃应无裂纹或无引出端损伤。弯月面楔形边沿周围的细小剥片不算裂纹。

4.3.3 目检C

应对压电滤波器进行目检，应无腐蚀或其他很可能削弱正常工作的退化。标志应清晰。

4.4 尺寸检验和测量程序

4.4.1 尺寸检验A

应检查各引出端的尺寸、间距和定位，并符合规定值。

4.4.2 尺寸检验B

应测量尺寸并符合规定值。

4.5 电气试验程序

4.5.1 插入衰耗

将滤波器接入图 8 所示的带有详细规范给出的规定端接阻抗的测试电路中。

由网络分析仪 RF 输出端输出的 RF 信号被功率分配器分为基准信道和测试信道。基准信道的 RF 信号应直接送至网络分析仪的基准端口，测试信道的信号通过测试夹具送至网络分析仪的测试端口。

将测试夹具的开关置于位置 1，通过直接连线连接两个阻抗变换器，记录网络分析仪指示或显示的信号读数。这是测量基准电平。

将测试夹具的开关置于位置 2，与滤波器电路连接，必要时网络加电，再次记录网络分析仪指示或显示的信号读数。

两次测量数据之比即插入衰耗，其值应在详细规范规定的极限值之内。

当规定的端接阻抗不相等时，传输衰耗应按式(2)计算：

$$a_p = a_i + 10\log\left[\frac{(R_s + R_L)^2}{(4R_sR_L)}\right] \qquad \cdots\cdots(2)$$

式中：

a_p——传输衰耗，单位为分贝(dB)；

a_i——插入衰耗，单位为分贝(dB)；

R_s——输入阻抗匹配网络次级的输入端接阻抗，单位为欧姆(Ω)；

R_L——输出阻抗匹配网络初级的输出端接阻抗，单位为欧姆(Ω)。

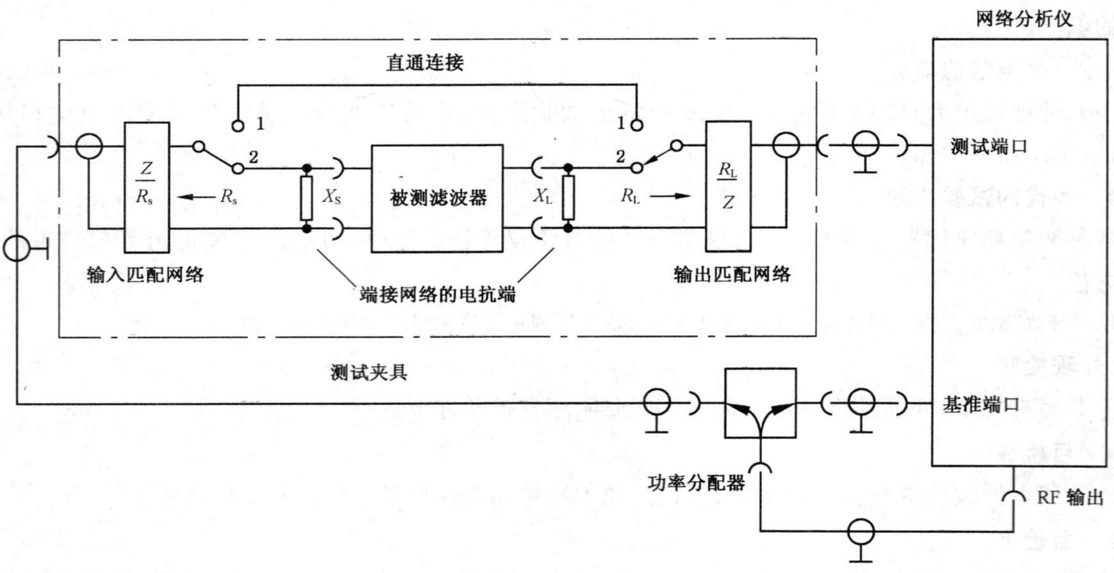

为避免噪声引起的测量不准确，建议工作在适当高的功率电平下或在测试夹具中加入放大器以补偿滤波器的衰减，或者使用具有充分小的带宽分辨率的频率选择性网络分析仪，以减小固有噪声电平。

注：可以使用常规的信号发生器和矢量电压表或其他滤波器测试设备代替网络分析仪。

图 8 插入衰耗、相位延迟和包络延迟的测试电路

4.5.2 温度范围内的插入衰耗

将滤波器接入图 8 所示的测试电路中，端接阻抗按详细规范的规定。

在详细规范规定的额定激励电平下及规定的温度范围内，按 4.5.1 所述进行测量。插入衰耗应在详细规范规定的极限值之内。

4.5.3 插入相移

将滤波器接入图 8 所示的测试电路中，端接阻抗按详细规范的规定。网络分析仪的测量状态应置于相位指示模式。

将测试夹具的开关置于位置 1，记录基准相位测量的读数。

将测试夹具的开关置于位置 2，再次记录相位测量的读数。

两次测量数据差即插入相位移，其值应在详细规范规定的极限值之内。

4.5.4 温度范围内的插入相移

在详细规范规定的额定激励电平下及规定的温度范围内，按 4.5.3 进行测量。

插入相位移应在详细规范规定的极限值之内。

4.5.5 包络延迟

将滤波器接入图 8 所示的带有详细规范给出的规定端接阻抗的测试电路中，测量设备应置于包络延迟测量模式以便直接测量。

通过式(3)得出的两个不同频率下，按照 4.5.3 给出的测量程序，通过测量相位偏移而计算出包络延迟：

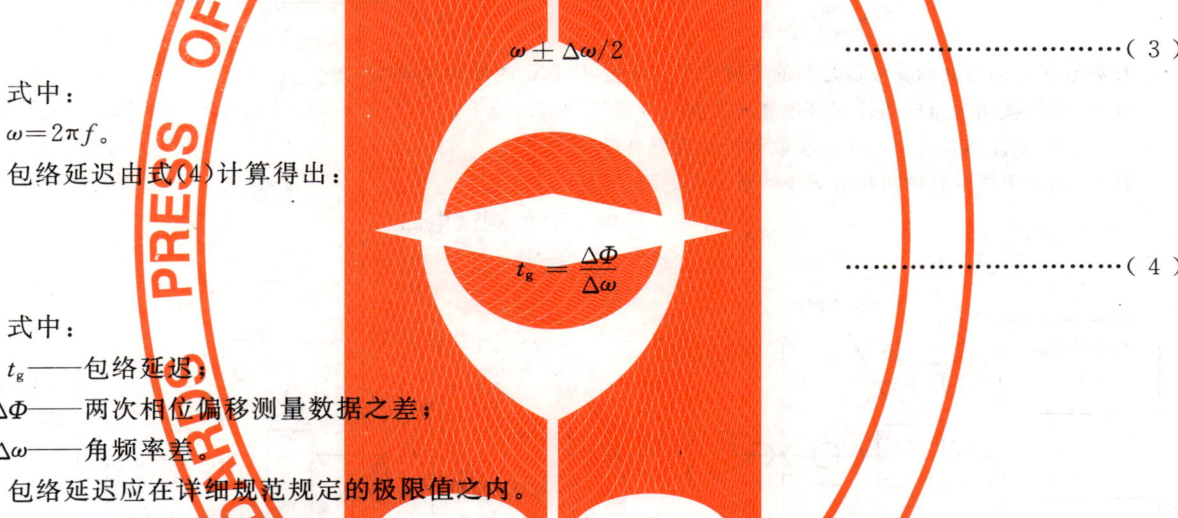

$$\omega \pm \Delta\omega/2 \qquad (3)$$

式中：

$\omega=2\pi f$。

包络延迟由式(4)计算得出：

$$t_g = \frac{\Delta\Phi}{\Delta\omega} \qquad (4)$$

式中：

t_g——包络延迟；

$\Delta\Phi$——两次相位偏移测量数据之差；

$\Delta\omega$——角频率差。

包络延迟应在详细规范规定的极限值之内。

4.5.6 温度范围内的包络延迟

在详细规范规定的额定激励电平下及规定的温度范围内，按 4.5.5 进行测量。

包络延迟应在详细规范规定的极限值之内。

4.5.7 反射衰耗

将滤波器按图 9 所示接入测试电路。滤波器与测试夹具连接器至反射衰耗电桥之间的连接电缆应尽可能短。

反射衰耗应在详细规范规定的激励电平和端接阻抗下测量。

将电缆与测试夹具的连接断开，网络分析仪的幅值和相位读数调整到基准电平和基准相位。

然后将电缆与测试夹具连接，并再次读取幅值和相位读数。

相对于基准电平和基准相位的衰减和相位偏移即为反射衰耗电桥的系统阻抗的反射衰耗。

反射衰耗应在详细规范规定的极限值之内。

4.5.8 温度范围内的反射衰耗

在详细规范规定的温度范围内及激励电平和端接阻抗条件下，按 4.5.7 所述测量反射衰耗。

反射衰耗应在详细规范规定的极限值之内。

4.5.9 互调失真

将滤波器接入图 10 所示的测试电路，并接入详细规范规定的端接阻抗及其规定的激励电平。

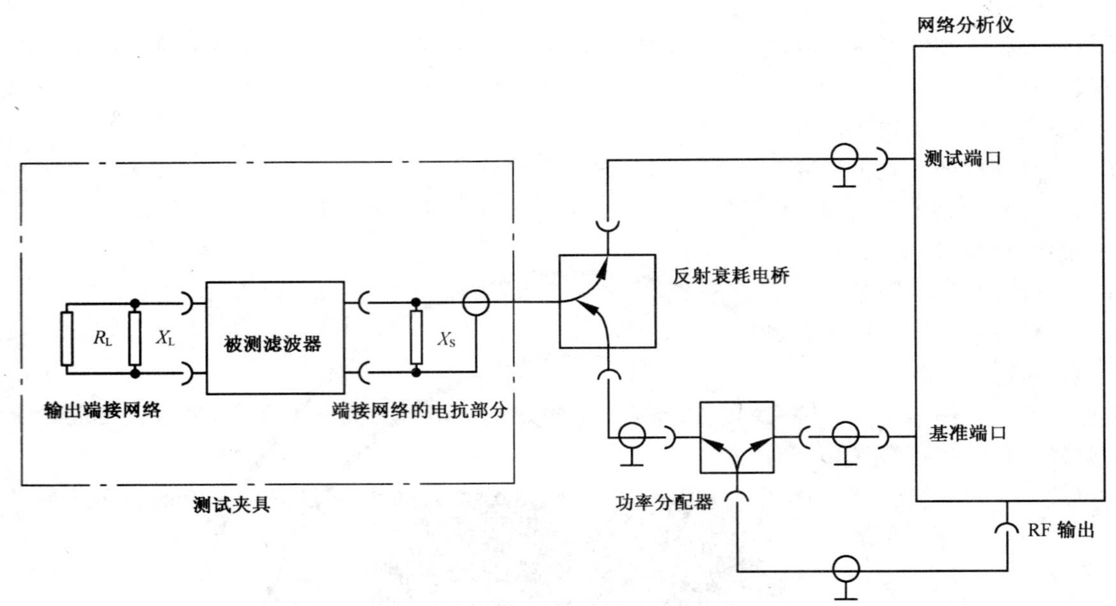

反射衰耗电桥与被测滤波器之间的距离应尽可能短，以保证测量的准确度。

注 1：可以使用矢量电压计或其他滤波器测试设备代替网络分析仪。其中有些设备能以 Smith 曲线显示其测量结果，则能够直接从该曲线读取阻抗和反射衰耗。

注 2：通常电缆的标称阻抗应等于测量系统的阻抗。

图 9　反射衰耗的测试电路

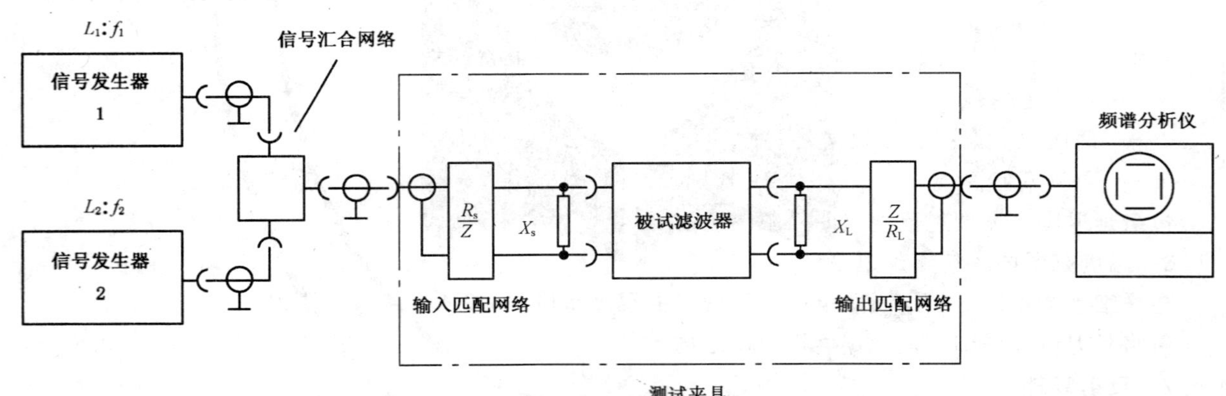

图 10　互调失真的测试电路

两个信号发生器应能够覆盖频率范围并有足够的功率电平，以便对接入匹配网络的滤波器提供正确的功率。它们还应能够在极高的信噪比和较低的高次谐波含量的条件下提供输出。

频谱分析仪被调谐到产生相应的互调产物时，应具有在 f_1 和 f_2 处大于 $P+10$ dB 的反射衰耗。

其中：

P——规定的互调失真的电平；

f_1——信号发生器 1 的频率；

f_2——信号发生器 2 的频率。

然而，应采取措施以保证频谱分析仪能提供足够的防卫度，以抑制与被测互调产物相同阶数的固有互调产物。

应将二个信号发生器调整到 L_1 和 L_2，这是符合详细规范规定的对应于频率 f_1 和 f_2 处的二个独立的未经调制的信号电平，将这二个信号电平同时施加于被测滤波器。

应调整频谱分析仪，使其能显示二个测试信号和被测的互调产物，如 f_2+f_1；f_2-f_1；$2f_2+f_1$ 等。

互调失真即为测试信号与互调产物之差(以 dB 表示)，并且其值不应大于详细规范规定的极限值。

注：通过取出滤波器再重复测试，以检查设备所产生的互调失真在可接受的低电平上，这一点很重要。

4.6 机械和环境试验程序

4.6.1 引出端强度(破坏性的)

4.6.1.1 引出端的拉力和推力试验

本试验应按 GB/T 2423.29—1999 试验 Ual(拉力)和 Ua2(推力)的规定进行。

除非详细规范另有规定，加载条件如下：

——针状引出端：20 N 推力；

——针状引出端：20 N 拉力；

——线状引出端：10 N 拉力。

4.6.1.2 线状引出端的弯曲试验

本试验应按 GB/T 2423.29—1999 试验 Ub(弯曲)的规定进行。

除非详细规范另有规定，施加的力应限制在距滤波器本体(2.5±0.5)mm 处产生弯曲，负载质量 5 N，弯曲 3 次。

4.6.1.3 焊片转矩试验

本试验应按 GB/T 2423.29—1999 试验 Ud(转矩)的规定进行。

除非详细规范另有规定，严酷度为 2。

4.6.2 密封试验(非破坏性的)

4.6.2.1 粗检漏

本试验应按 GB/T 2423.23—1995 试验 Qc 的方法 1 或方法 2 的规定进行。

方法 1：

液体应为去气的水，水面上的气压应降到 8.5 kPa(85 mbar)或更低。在真空破坏前不必排出液体或将样品从水中取出。

方法 2：

液体温度应保持在(125±5)℃。浸渍时间应为 30 s，除非详细规范另有规定。

试验期间，应没有从滤波器内部出现的气体或空气的泄漏迹象。连续的气泡形成为泄漏判据。

4.6.2.2 细检漏

本试验应按 GB/T 2423.23—1995 试验 Qk 的方法 1 的规定进行。除非详细规范另有规定，压力容器中的压力应为 200 kPa(2 bar)。但应注意，确保所选的压力不会造成被试器件的机械损伤。

除非详细规范另有规定，最大漏率应按 2.3.6 的规定。采用未密封晶体谐振子的滤波器，最大漏率为 1×10^{-3} Pa cm^3/s(1×10^{-8} bar cm^3/s)；采用密封晶体元件的滤波器，最大漏率为 1×10^{-1} Pa cm^3/s (1×10^{-6} bar cm^3/s)。

4.6.3 锡焊试验(可焊性和耐焊接热)(破坏性的)

4.6.3.1 可焊性

试验 A(线状引出端)

本试验应按 GB/T 2423.28—2005 试验 Ta 的方法 1 的规定进行。应检查外观，引出端应有明亮光滑的焊料层，判据为润湿的引出端焊锡能自由流动。

试验 B(线状引出端)

本试验应按 GB/T 2423.28—2005 试验 Ta 方法 2 的规定并使用详细规范规定的烙铁大小进行。应检查外观，引出端应有明亮光滑的焊料层，判据为润湿的引出端焊锡能自由流动。

试验 C(SMD 封装)

本试验应按 IEC 60068-2-58:1999 试验 Td 的规定进行。除非详细规范另有规定，应在(235±5)℃

的温度下浸渍(2±0.2)s。检查外观,引出端应有良好的润湿。

4.6.3.2 耐焊接热

试验 A(线状引出端)

本试验应按 GB/T 2423.28—2005 试验 Tb 方法 1A 的规定进行。除非详细规范另有规定,浸渍时间应为(5±1)s。应使用隔热材料挡板以防止被试元件受到来自焊槽的直接热幅射。除非详细规范另有规定,引出端的浸渍深度应在距元件本体 2 mm 处开始。

试验 B(线状引出端)

本试验应按 GB/T 2423.28—2005 试验 Tb 方法 2 的规定并使用详细规范规定的烙铁大小进行。除非详细规范另有规定,烙铁作用的持续时间应为(5±1)s。

试验 C(表面贴装器件)

本试验应按 IEC 60068-2-58:1999 试验 Td 的规定进行。除非详细规范另有规定,应在(260±5)℃的温度下浸渍(10±1)s。

4.6.4 温度快速变化:液槽浸渍温度冲击(非破坏性的)

本试验应按 GB/T 2423.22—2002 试验 Nc 的规定进行。滤波器应经受从(98±3)℃至(1±1)℃降温的一个循环,保持时间 5 s。

4.6.5 规定转换时间的温度快速变化(非破坏性的)

本试验应按 GB/T 2423.22—2002 试验 Na 的规定进行。

低温箱和高温箱的温度应为详细规范规定的工作温度范围的极限温度。

除非详细规范另有规定,压电滤波器应在每一极限温度下保持 30 min。

滤波器应经受 5 次完整的循环,然后放在标准的大气条件下恢复,时间不少于 2 h。

4.6.6 碰撞(破坏性的)

本试验应按 GB/T 2423.6—1995 试验 Eb 的规定进行。滤波器应按详细规范的要求安装或夹紧。应在三个相互垂直的轴向碰撞,其中包括:

——与引出端平行的轴向;

——与滤波器底座平行的轴向。

除非详细规范另有规定,频率范围、持续时间和碰撞次数的组合应按 2.3.3 的规定选取。

4.6.7 振动(破坏性的)

4.6.7.1 正弦振动(非工作状态)

本试验应按 GB/T 2423.10—1995 试验 Fc 的规定进行。压电滤波器应按详细规范的要求安装或夹紧。加速度应加在三个相互垂直的轴向,其中包括:

——与引出端平行的轴向:

——与滤波器底座平行的轴向。

除非详细规范另有规定,频率范围、振幅和持续时间的组合应按 2.3.4 的规定。

4.6.7.2 正弦振动(工作状态)

本试验应按 4.6.7.1 的规定进行,并且在试验期间滤波器应加电,按详细规范的规定进行电性能试验。

除非详细规范另有规定,上述试验的频率范围、振幅和持续时间的组合应按 2.3.4 的规定。

4.6.7.3 随机振动(非工作状态)

本试验应按 IEC 60068-2-64:1993 试验 Fh 的规定进行。滤波器应按详细规范的要求安装或夹紧。加速度应加在三个相互垂直的轴向,其中包括:

——与引出端平行的轴向;

——与滤波器底座平行的轴向。

除非详细规范另有规定,上述试验的频率范围、加速度谱密度(A. S. D)、振幅和持续时间的组合应按2.3.4的规定。

4.6.7.4 随机振动(工作状态)

本试验应按4.6.7.3的规定进行,并且在试验期间滤波器应加电,按详细规范的规定进行电性能试验。

除非详细规范另有规定,上述试验的频率范围、振幅和持续时间的组合应按2.3.4的规定。

4.6.8 冲击(破坏性的)

本试验应按GB/T 2423.5—1995试验Ea的规定进行。滤波器应按详细规范的要求安装或夹紧。应在三个相互垂直的轴向冲击,其中包括:

——与引出端平行的轴向;

——与滤波器底座平行的轴向。

除非详细规范另有规定,试验严酷度等级应按2.3.5的规定。

4.6.9 自由跌落(破坏性的)

本试验应按GB/T 2423.8—1995试验Ed程序1的规定进行。应将滤波器置于1 000 mm高度。除非详细规范另有规定,跌落次数为二次。

4.6.10 稳态加速度(非破坏性的)

4.6.10.1 稳态加速度(非工作状态)

本试验应按GB/T 2423.15—1995试验Ga的规定进行。滤波器应按详细规范的要求安装或夹紧。试验程序和严酷度应按详细规范的规定。

4.6.10.2 稳态加速度(工作状态)

本试验应按4.6.10.1的规定进行,并且在试验期间滤波器应加电,按详细规范的规定进行电性能试验。

试验程序和严酷度应按详细规范的规定。

4.6.11 低气压(非破坏性的)

本试验应按GB/T 2423.21—1991试验M的规定进行。试验程序和严酷度应按详细规范的规定。

4.6.12 高温试验(非破坏性的)

本试验应按GB/T 2423.2—2001试验Ba的规定进行。除非详细规范另有规定,试验应按气候类别指明的高端温度进行,持续时间16 h。

4.6.13 交变湿热(破坏性的)

本试验应按GB/T 2423.4—2008试验Db变化1的规定进行,严酷度等级b:55 ℃,6个循环。

4.6.14 低温试验(非破坏性的)

本试验应按GB/T 2423.1—2001试验Aa的规定进行。除非详细规范另有规定,试验应按气候类别指明的低端温度进行,持续时间2 h。

4.6.15 气候序列(破坏性的)

应按下列顺序进行试验和测量:

——高温试验(见4.6.12);

——交变湿热(4.6.13(第1个循环));

——低温试验(见4.6.14);

——交变湿热(见4.6.13(其余5个循环))。

在气候序列试验中,以上每两个试验之间的间隔不得超过3 d,交变湿热(第1个循环)与低温试验之间的间隔除外。

这种情况下,低温试验应在交变湿热规定的恢复时间后立即进行。

4.6.16 稳态湿热(破坏性的)

本试验应按GB/T 2423.3—2006试验Ca的规定进行,除非详细规范另有规定,试验时间为56 d。

4.6.17 交变盐雾(破坏性的)

本试验应按 GB/T 2423.18—2000 试验 Kb 的规定进行,除非详细规范另有规定,采用严酷度等级 1。

4.6.18 长霉试验(非破坏性的)

本试验应按 GB/T 2423.16—1999 试验 J 变化 2 的规定进行。

采用警告:本试验会危害人体健康,因此应遵守特殊注意事项(见 GB/T 2423.16—1999 的附录 A)。

4.6.19 在清洗剂中浸渍(非破坏性的)

本试验仅适用于表面标志。为证实标志的耐久性,本试验应按 GB/T 2423.30—1999 试验 XA 方法 1 的规定进行。详细规范应规定所用溶剂、溶剂的温度、擦拭材料及其尺寸和用的力。

标志应清晰。

4.6.20 耐辐照

考虑中。

4.7 耐久性试验程序

4.7.1 老化(非破坏性的)

除非详细规范另有规定,压电滤波器应在(85±2)℃连续保持 30 d。

试验后,滤波器应放在标准的大气条件下直至达到热平衡。

应进行规定的试验,且最终测量应达到详细规范规定的极限值内。

参 考 文 献

[1] IEC 60410:1973 计数抽样方案和程序.

[2] IEC 60617 (所有部分)图形符号.

[3] IEC 102 导则:1996 电子元件 质量评定用的规范结构(鉴定批准和能力批准).

[4] IEC QC 001002-1:1998 电子元件质量评定体系(IECQ) 程序规则 第1部分:管理.

[5] IEC QC 001004:1999 电子元件质量评定体系(IECQ) 规范一览表.

[6] IEC QC 001005:1999 由IECQ体系(包括ISO 9000)批准的公司、产品及服务的注册.

ICS 31.140
L 21

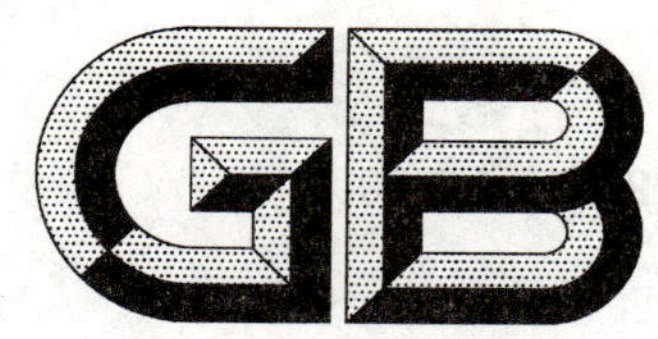

中华人民共和国国家标准

GB/T 22318.1—2008

声表面波谐振器 第1-1部分：总则和标准值

Surface acoustic wave (SAW) resonators—Part 1-1: General information and standard values

(IEC 61019-1-1:1990,MOD)

2008-08-06 发布　　　　2009-01-01 实施

中华人民共和国国家质量监督检验检疫总局
中国国家标准化管理委员会　发布

前　言

GB/T 22318《声表面波谐振器》分为如下几个部分：

——第1-1部分：总则和标准值；

——第1-2部分：试验条件；

——第2部分：使用指南；

——第3部分：标准外形和插脚连接。

本部分为GB/T 22318的第1-1部分。

本部分修改采用IEC 61019-1-1：1990《声表面波谐振器　第1部分：总则、标准值及试验条件　第1节：总则和标准值》(英文版)。

考虑到该产品实际应用情况，本部分对IEC 61019-1-1：1990做了如下技术性修改：

——对CATV频道调制器标准标称频率值进行了扩展，增加了49.75 MHz～279.625 MHz间的35个标准标称频率；

——将“通信用标准标称频率值”改为了“遥控无匙进入系统用标准标称频率值”并将原(145 MHz)一个频率改为了(315 MHz、418 MHz、433.92 MHz、868.30 MHz)四个频率；

——对最小插入衰耗标准值进行了更严格的规定，增加了1 dB和2 dB；

——对漏率标准值单位按习惯由Pa·m^3/s改为Pa·cm^3/s，同时对其数值进行了换算；删除了10^{-11} Pa·m^3/s，并补充了1×10^{-1} Pa·cm^3/s；

——删除了负载谐振频率条款下“注”中有关IEC 302的表述。

此外，本部分对IEC 61019-1-1：1990做了如下编辑性修改：

——标准名称进行了简化；

——删除国际标准的前言；

——IEC第68号出版物相应采用我国GB/T 2421、GB/T 2423；

——将声表面波机电耦合系数的符号“k_s”改为“k_s^2”；

——将图3中零电纳反谐振频率的符号“f_s”改为“f_a”；

——将图4和图7中的频率标注线分别由实线改为虚线；

——对图5中各图分别增加了图题；

——对条款号重新进行了编排。

本部分由中华人民共和国信息产业部提出。

本部分由全国频率控制和选择用压电器件标委会归口。

本部分起草单位：中国电子科技集团公司第二十六研究所。

本部分主要起草人：张晓梅、曹亮、赵启鹏、金中洪。

声表面波谐振器
第1-1部分:总则和标准值

1 范围

GB/T 22318的本部分适用于振荡器用声表面波(SAW)谐振器(以下简称"谐振器")。

GB/T 2421、GB/T 2423应与本部分一起使用。

本部分涵盖了多种类型的谐振器通用的检测与试验方法及一般原则。

详细规范应给出适用于每种类型谐振器的试验方法及特殊要求。

当本部分与详细规范发生冲突时,应优先采用详细规范。

2 目的

为评估谐振器的机械特性、电性能特性和气候特性而规定统一的标准条件,阐述试验方法、推荐标准值和谐振器使用指南。

3 术语和定义

下列术语和定义适用于GB/T 22318的本部分。

3.1 常用术语

3.1.1

声表面波　surface acoustic wave

SAW

一种沿弹性基片表面传播的声波,其幅度随声波进入基片深度的增加而呈指数衰减。

3.1.2

声表面波谐振器　surface acoustic wave resonator

SAW谐振器

SAWR

一种利用声表面波多次反射的谐振器。

3.1.3

单端对谐振器　one-port resonator

一种具有一对端子的声表面波谐振器(见图1a))。

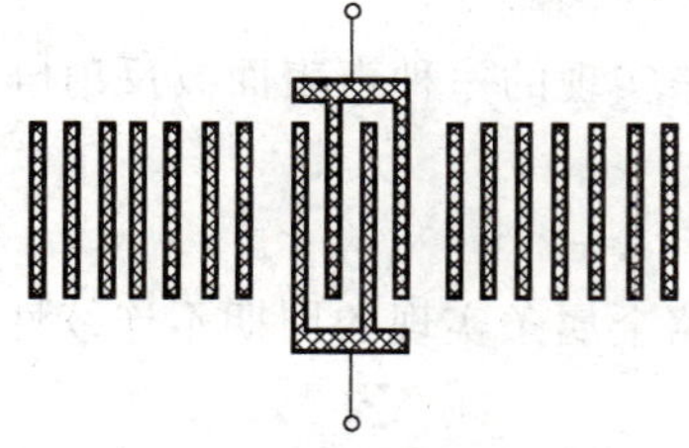

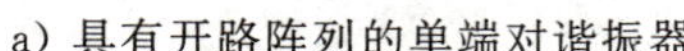

a) 具有开路阵列的单端对谐振器

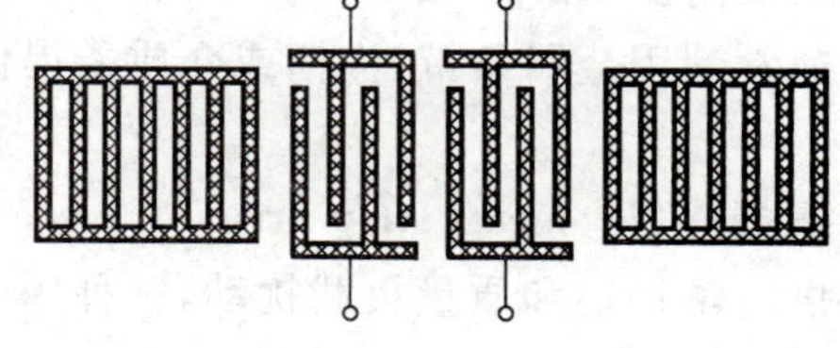

b) 具有短路阵列的双端对谐振器

图1　SAW谐振器的基本结构

3.1.4

双端对谐振器　two-port resonator

具有输入和输出端口的声表面波谐振器(见图1b))。

3.1.5

声表面波谐振器型振荡器　surface acoustic wave resonator oscillator

用声表面波谐振器作为主要频率控制元件的振荡器。

3.1.6

叉指换能器　interdigital transducer

IDT

被沉积在压电基片上，由相互交叉金属电极组成的梳状结构，其作用是利用压电效应把电能转变为声能或把声能变为电能。

3.1.7

指条　finger

叉指换能器梳状电极中的每一金属单元。

3.1.8

假指　dummy finger

一种为了抑制声表面波的波前畸变而设置的不激励声表面波的指条。

3.1.9

汇流条　bus bar

一种把相同极性的指条连接在一起的公共电极。谐振器通过它与外电路连接。

3.1.10

短路条　shorting bda

一种使各个金属条互连的共用电极(见图 1b))。

3.1.11

变迹　apodisation

SAW 谐振器的寄生抑制　spurious suppression for saw resonator

叉指换能器长度范围内的指条叠加变化产生的加权，目的是抑制横向寄生模式。

3.1.12

声表面波机电耦合系数　surface acoustic wave coupling coefficient

k_s^2

声表面波机电耦合系数定义如下：

$$k_s^2 = |\Delta v/v|$$

式中：

$\Delta v/v$——表面电势短路条件和开路条件下产生的相对速度变化。

3.1.13

栅状反射器　grating reflector

它通常利用金属条带、沟槽或介质条提供的周期不连续性来实现的一种声表面波反射阵列。

3.1.14

金属条阵列　metal strip array

提供电学扰动和质量负载扰动，一种用电学开路或电学短路金属条实现的周期不连续性阵列。

3.1.15

沟槽阵列　grooved array

由表面形状扰动实现周期不连续性，一种在基片表面制作的浅沟槽阵列。

3.1.16

介质条阵列　ridge array

由表面的质量负载扰动实现周期不连续性的一种介质薄条带阵列。

3.1.17

短路阵列 shorted array

一种金属条间电学短路的金属条阵列(见图1b))。

3.1.18

开路阵列 opened array

一种金属条间电学开路的金属条阵列(见图1a))。

3.1.19

质量负载 mass loading

在声表面波传播过程中由基片表面上的涂层质量产生的一种扰动。

3.1.20

叉指换能器孔径 interdigital transducer aperture

叉指换能器指条的最大有效重叠长度,约等于声表面波波束宽度,孔径可表述为长度单位或波长的归一化单位。

3.2 工作特性

3.2.1

标称频率 nominal frequency

由制造商给定的或从技术规格书上给出的用来识别谐振器工作频率的技术指标。

3.2.2

工作频率 working frequency

谐振器及其相关电路的工作频率。

3.2.3 频率容差

3.2.3.1

总容差 overall tolerance

由特定原因或多种原因的综合作用而导致的工作频率与标称频率之间的最大允许偏差。

3.2.3.2

调节容差 adjustment tolerance

在特定的基准温度条件下工作频率与标称频率的允许偏差。

3.2.3.3

老化容差 ageing tolerance

在特定条件下由于工作时间而导致的允许偏差。

3.2.3.4

温度范围容差 tolerance over the temperature range

在给定的温度范围内相对于基准温度下的频率的最大允许偏差。

3.2.3.5

驱动电平容差 tolerance due to level of drive variation

由于驱动电平变化导致的允许偏差。

3.2.4

工作温度范围 operating temperature range

谐振器的性能在规定公差内时在外壳所测量的温度范围。

3.2.5

可工作温度范围 operable temperature range

谐振器能连续输出信号,但性能不要求控制在规定公差内的在外壳所测量的温度范围。

3.2.6

贮存温度范围 storage temperature range

谐振器贮存后，没有引起性能超过规定公差的永久变化的温度范围。

3.2.7

基准温度 reference temperature

基准温度是对谐振器进行检测的温度。对温度受控谐振器来说，基准温度就是受控温度范围的中点值；对温度不受控制的谐振器来说，基准温度通常为 25 ℃±2 ℃。

3.2.8

寄生谐振 spurious resonance

谐振器的一种谐振状态，它与工作频率有关的谐振不同。

3.2.9

横向寄生谐振 transverse spurious resonance

一种由于高阶横向模式激励而导致的寄生谐振，这种现象出现在较高频率处。对叉指换能器进行变迹加权以与横向模断面匹配可以抑制横向寄生谐振。

3.2.10

驱动电平 level of drive

对谐振器施加影响的工作条件的一种度量，用吸收功率来表述(特定条件下也用驱动电流或电压表示)。

3.2.11

直流击穿电压 D.C. breakdown voltage

导致谐振器毁坏的最低直流电压。

3.2.12

老化 ageing

长期参数变化 long-term parameter variation

某参数(例如：谐振频率)随长时间发生的变化。

注：通常以单位时间的参数变化来表示。

3.3 单端对谐振器

3.3.1

单端对谐振器等效电路 one-port resonator equivalent circuit

其阻抗与谐振频率附近的谐振器阻抗等效的一种电路。通常用一个动态(串联)支路再并联一个静电容来表示，而串联支路则依次由串联动态电感、动态电容和动态电阻表示。动态电感、动态电容和动态电阻的串联支路通常分别用 L_1、C_1 和 R_1 表示。并联静电容用 C_0 表示(见图 2)。

注：可以把谐振器的电阻和电抗看作频率的函数，同时，根据图 3 中的阻抗和导纳图来定义在谐振频率附近产生的频率特性。

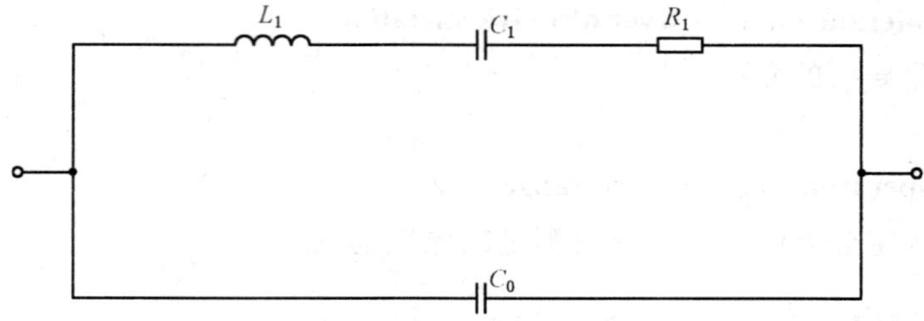

图 2 单端对谐振器等效电路

3.3.2 谐振频率

3.3.2.1

最大导纳(最小阻抗)频率 frequency of maximum admittance(minimum impedance)

f_m

谐振器在谐振频率附近出现最大导纳对应的频率(见图3和图4),也称为谐振频率。

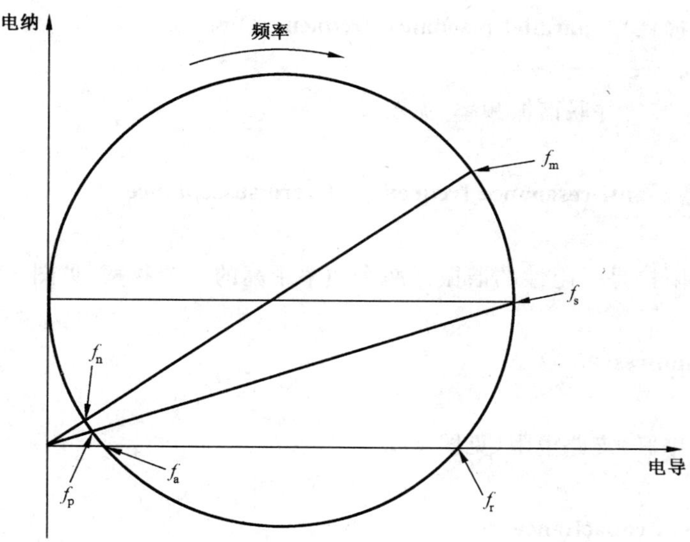

图3 单端对SAW谐振器的矢量导纳图

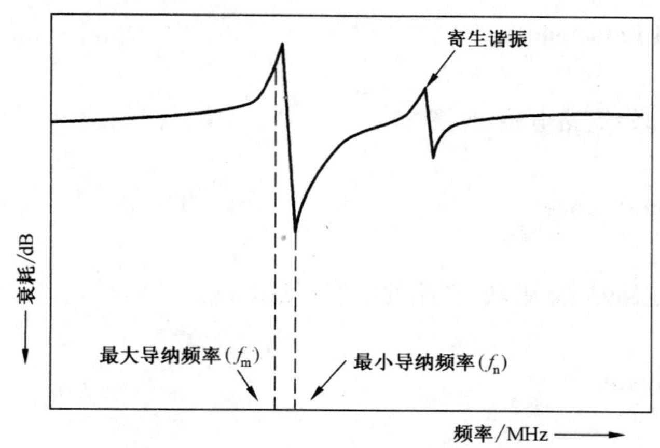

图4 插入在一个串联传输线中的单端对SAW谐振器的典型频率特性(见3.3.2.1和3.3.3.1)

3.3.2.2

动态(串联)谐振频率 motional(series)resonance frequency

f_s

谐振器等效电路的串联支路的谐振频率(见图3)。

3.3.2.3

零电纳谐振频率 resonance frequency of zero susceptance

f_r

在规定条件下,其阻抗是呈阻性的谐振器两个频率中低的一个频率(见图3)。

3.3.3 反谐振频率

3.3.3.1

最小导纳(最大阻抗)频率 frequency of minimum admittance(maximum impedance)

f_n

谐振器在谐振频率附近出现最小导纳的一种频率,也称为反谐振频率(见图 3 和图 4)。

3.3.3.2

并联谐振频率(无损耗) parallel resonance frequency(lossless)

f_p

串联支路和并联电容的并联谐振频率(见图 3)。

3.3.3.3

零电纳反谐振频率 anti-resonance frequency of zero susceptance

f_a

在规定条件下,其阻抗是呈阻性的谐振器两个频率中高的一个频率(见图 3)。

3.3.4

动态电阻 motional resistance

R_1

等效电路的动态(串联)支路电阻(见图 2)。

3.3.5

动态电容 motional capacitance

C_1

等效电路的动态(串联)支路电容(见图 2)。

3.3.6

动态电感 motional inductance

L_1

等效电路的动态(串联)支路电感(见图 2)。

3.3.7

并联电容 shunt capacitance

C_0

并接在谐振器等效电路动态(串联)支路的电容(见图 2)。

3.3.8

品质因数 quality factor

Q

谐振器的品质因数可根据 $2\pi f_S L_1/R_1$ 而得到,Q 值的大小受声表面波传播损耗、电极的电阻、模式转换损耗等诸多因数的制约。

3.3.9

电容比 capacitance ratio

r

并联电容(静态)(C_0)与动态电容(C_1)之比。

3.3.10

灵敏度 figure of merit

M

灵敏度由 Q/r 得到,它表示谐振器的频率敏感度。

3.3.11

负载电容 load capacitance

C_L

参与决定谐振器负载谐振频率 f_L 的有效外部电容(见图5)。

3.3.12

负载谐振电阻 load resonance resistance

R_L

在负载谐振频率 f_L 下，与一个固定的外部电容串联的谐振器的电阻。

注：R_L 的值与 R_1 的值有关：

$$R_L = R_1(1 + C_0/C_L)^2$$

3.3.13

负载谐振频率 load resonance frequency

f_L

在规定条件下，与串联或并联负载电容有关的谐振器，其阻抗呈阻性时，有两个谐振频率；当负载电容串联时，该频率是两个频率中低的一个，当负载电容并联时，该频率是两个频率中高的一个(见图5)。

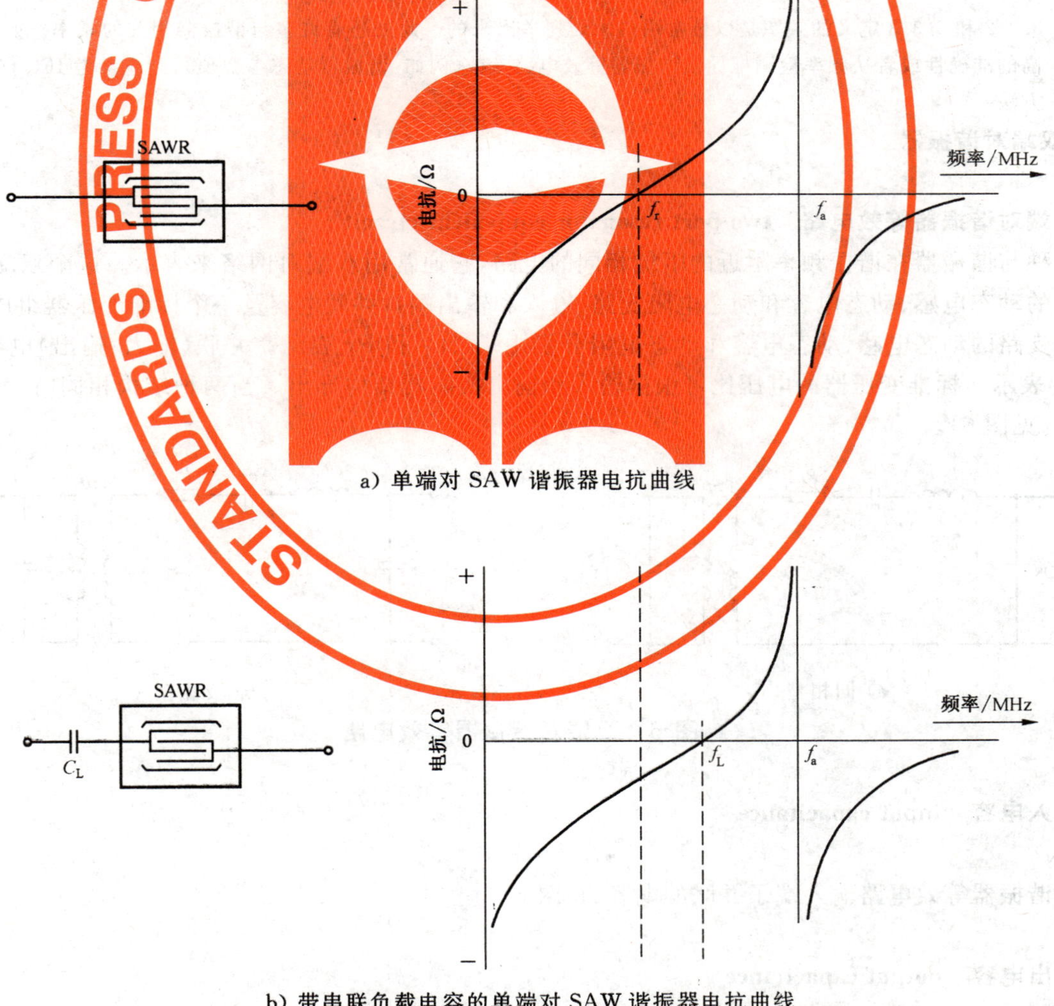

a) 单端对 SAW 谐振器电抗曲线

b) 带串联负载电容的单端对 SAW 谐振器电抗曲线

图5 谐振和反谐振频率

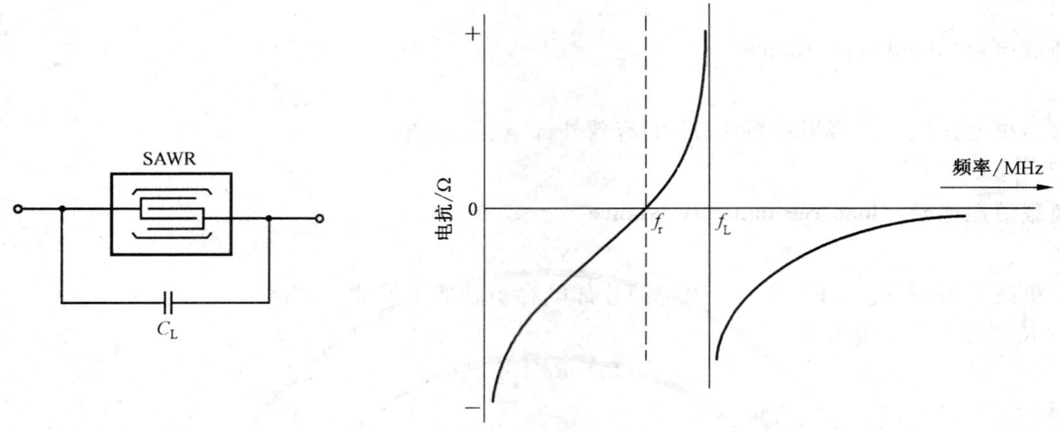

c) 带并联负载电容的单端对 SAW 谐振器电抗曲线

图 5（续）

在实际应用中，就负载电容的某一个给定值而言，这些频率都是确定的，可用下式求得：

$$\frac{1}{f_L}=2\pi\sqrt{\frac{L_1C_1(C_0+C_L)}{C_1+C_0+C_L}}$$

注：3.3.2 和 3.3.3 定义的频率是以最常用的术语列举出来的。此外还有许多与谐振器相关的频率。如果需要更高的准确性或者从频率检测推导出谐振器等效电路参数（例如：谐振器动态参数值），则应参考 IEC 60444 相关方法。

3.4 双端对谐振器

3.4.1

双端对谐振器等效电路　two-port resonator equivalent circuit

一种与谐振器在谐振频率附近的阻抗相同的电路，它通常用双端对网络来表示。这个双端对网络由串联的动态电感、动态电容和动态电阻支路、输入和输出端口并联电容及一个标准变压器组成。动态（串联）支路的动态电感、动态电容和动态电阻分别由 L_1、C_1 和 R_1 表示。并联（输入/输出）电容由 C_{IN} 和 C_{OUT} 表示。标准变压器的电压比可根据输入和输出换能器结构导出。当两种结构相同时，Φ 的值是一致的（见图 6）。

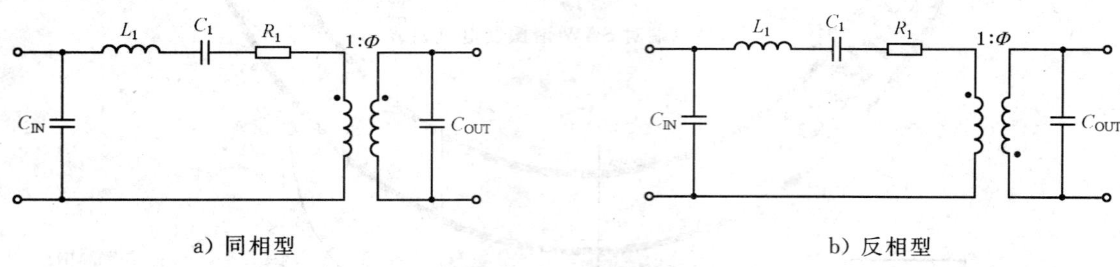

a) 同相型　　　　b) 反相型

图 6　双端对谐振器等效电路

3.4.2

输入电容　input capacitance

C_{IN}

与谐振器等效电路输入端子并联的电容（见图 6）。

3.4.3

输出电容　output capacitance

C_{OUT}

与谐振器等效电路输出端子并联的电容。

3.4.4

双端对谐振器的串联谐振频率 motional resonance frequency for two-port resonator

f_S

双端对谐振器等效电路串联支路的谐振频率。

3.4.5

空载 Q 值 unloaded qualify factor

Q_U

谐振器固有的品质因数，由 $2\pi f_S L_1/R_1$ 求得。

3.4.6

有载 Q 值 loaded qualify factor

Q_L

连接了外部电路的谐振器的品质因数，其定义为中心频率与 3 dB 带宽之比。

3.4.7

插入衰耗（针对双端对谐振器） insertion attenuation

插入谐振器前和插入谐振器后提供给负载阻抗的功率比的对数值。

3.4.8

最小插入衰耗（针对双端对谐振器） minimum insertion attenuation

在标称频率附近的最小插入衰耗值（见图 7）。

3.4.9

中心频率（针对双端对谐振器） centre frequency

f_C

以最小插入衰耗点为参考，衰减到一个给定值的左右两个频率的平均值。

3.4.10

寄生谐振抑制 spurious resonance rejection

最小寄生谐振衰耗与最小插入衰耗之间的差值（见图 7）。

3.4.11

工作相移 operating phase shift

中心频率下输入端和输出端之间的相移，声表面波谐振器的相移通常设计为零度（0°）或 180°。

3.4.12

调谐电感 tuning inductance

连接到输入端口或输出端口的电感，用来对所需振荡频率进行调谐。

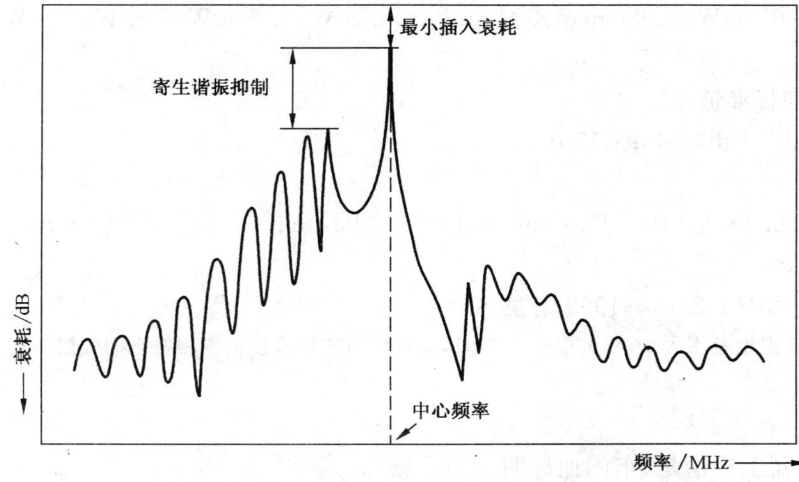

图 7 双端子谐振器的典型频率特性

4 标准值

4.1 标准标称频率值，单位为 MHz

4.1.1 RF 视频、射频调制器的标准标称频率值

46.25	55.25	57.25	61.25
62.25	64.25	67.25	77.25
83.25	86.25	91.25	95.25
97.25	103.25	171.25	175.25
176.25	177.25	183.25	184.25
189.25	199.25	211.25	471.25
559.25	591.25	623.25	

4.1.2 CATV 频道调制器的标准标称频率值

49.75	57.75	65.75	77.25
85.25	168.25	176.25	184.25
192.25	200.25	208.25	216.25
112.25	120.25	128.25	136.25
144.25	152.25	160.25	224.25
232.25	235.625	239.625	240.25
243.625	247.625	248.25	251.625
255.625	259.625	263.625	267.25
271.625	275.625	279.625	567
666	668	672	674
678	680	688	690

4.1.3 遥控无匙进入系统用标准标称频率值

315、418、433.92、868.30

4.2 标准工作温度范围

−20 ℃～70 ℃、−20 ℃～50 ℃、−10 ℃～60 ℃、0 ℃～60 ℃、−25 ℃～55 ℃、−15 ℃～45 ℃

4.3 负载电容标准值

1 pF、2 pF、5 pF、7.5 pF、10 pF、15 pF、20 pF

4.4 标准驱动电平

0.001 mW、0.01 mW、0.05 mW、0.1 mW、0.2 mW、0.5 mW、1 mW、2 mW、5 mW、10 mW、20 mW、30 mW

4.5 最小插入衰耗标准值

1 dB、2 dB、3 dB、6 dB、10 dB、15 dB

4.6 漏率标准值

1×10^{-1} Pa · cm^3/s、1×10^{-2} Pa · cm^3/s、1×10^{-3} Pa · cm^3/s、1×10^{-4} Pa · cm^3/s

4.7 气候类别

40/085/56(见 GB/T 2421—1999 附录 A)

注：谐振器的工作温度范围大于−40 ℃～85 ℃时，应规定与工作温度范围相符合的气候类别。

5 标记

在每一个谐振器上应清楚、牢固地标明下列信息：

a) 标称频率；

b) 制造厂名称或代码、商标；

c) 生产日期(或生产批号)；

d) 能完整定义谐振器所需的其他任何信息。

注：对微型外壳来说，需用一种可代替的标记系统来代替上述标记。

ICS 31.140
L 21

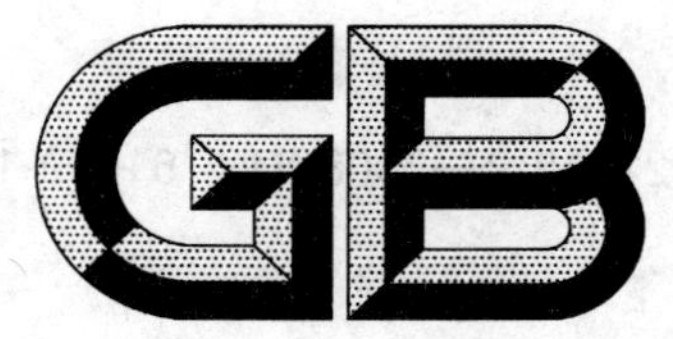

中华人民共和国国家标准

GB/T 22318.2—2008/IEC 61019-1-2:1993

声表面波谐振器 第1-2部分:试验条件

Surface acoustic wave (SAW) resonators—Part 1-2: Test conditions

(IEC 61019-1-2:1993, Surface acoustic wave (SAW) resonators—Part 1: General information, standard valaes and test conditions—Section 2: Test conditions, IDT)

2008-08-06 发布　　　　2009-01-01 实施

中华人民共和国国家质量监督检验检疫总局
中国国家标准化管理委员会　发布

前　言

GB/T 22318《声表面波谐振器》分为如下几个部分：

——第 1-1 部分：总则和标准值；

——第 1-2 部分：试验条件；

——第 2 部分：使用指南；

——第 3 部分：标准外形和插脚连接。

本部分为 GB/T 22318 的第 1-2 部分。

本部分等同采用 IEC 1019-1-2:1993《声表面波谐振器　第 1 部分：总则、标准值及试验条件　第 2 节：试验条件》(英文版)。

为便于使用，本部分作了下列编辑性修改：

——删除国际标准的前言；

——将规范性引用文件中的 IEC 60068 相关标准改用我国与之对应的 GB/T 2421 及 GB/T 2423 代替；

——分别将 IEC 60368-1 和 IEC 61019-1-1 替换为与之对应的 GB/T 22317.1—2008 和 GB/T 22318.1—2008。

本部分的附录 A 为规范性附录。

本部分由中华人民共和国信息产业部提出。

本部分由全国频率控制和选择用压电器件标委会归口。

本部分起草单位：中国电子科技集团公司第二十六研究所。

本部分主要起草人：张晓梅、曹亮、赵启鹏、金中洪。

声表面波谐振器
第1-2部分:试验条件

1 总则

1.1 范围及目的

GB/T 22318的本部分适用于声表面波(SAW)谐振器(以下简称SAW谐振器)的试验方法。

本部分的4~6章给出了SAW谐振器电性能的测试方法细则。

本部分的7~20章给出了声表面波谐振器使用一定周期后,保持其电性能能力的试验方法。

完成上述规定的试验后,样品应能满足电性能要求。

附录A给出了定型试验方案及测试方法与顺序。也可用于拟定型型号产品的试验方案。使用该方案时应考虑下述问题:

——电性能要求;

——试验项目及程序;

——试验严酷度;

——为了验证是否所有的样品都成功地通过了试验,应规定在试验过程中和/或试验完成后需要进行检测的内容;

——进行试验的样品数量和不合格品的允许数量。

经过定型试验后的SAW谐振器不应在设备上使用或退回生产部门改作它用。

1.2 规范性引用文件

下列文件中的条款通过GB/T 22318的本部分的引用而成为本部分的条款。凡是注日期的引用文件,其随后所有的修改单(不包括勘误的内容)或修订版均不适用于本部分,然而,鼓励根据本部分达成协议的各方研究是否可使用这些文件的最新版本。凡是不注日期的引用文件,其最新版本适用于本部分。

GB/T 2421—1999 电工电子产品环境试验 第1部分:总则(idt IEC 60068-1:1998)

GB/T 2423.1—2001 电工电子产品环境试验 第2部分:试验方法 试验A:低温(idt IEC 60068-2-1:1990)

GB/T 2423.2—2001 电工电子产品环境试验 第2部分:试验方法 试验B:高温(idt IEC 60068-2-2:1974)

GB/T 2423.3—2006 电工电子产品环境试验 第2部分:试验方法 试验Cab:恒定湿热试验(IEC 60068-2-78:2001,IDT)

GB/T 2423.4—2008 电工电子产品环境试验 第2部分:试验方法 试验Db交变湿热(12 h+12 h循环)(IEC 60068-2-30:2005,IDT)

GB/T 2423.5—1995 电工电子产品环境试验 第二部分:试验方法 试验Ea和导则:冲击(idt IEC 60068-2-27:1987)

GB/T 2423.6—1995 电工电子产品环境试验 第二部分:试验方法 试验Eb和导则:碰撞(idt IEC 60068-2-29:1987)

GB/T 2423.10—1995 电工电子产品环境试验 第二部分:试验方法 试验Fc和导则:振动(正弦)(idt IEC 60068-2-6:1982)

GB/T 2423.15—1995 电工电子产品环境试验 第二部分:试验方法 试验Ga和导则:稳态加速

度(idt IEC 60068-2-7:1983)

GB/T 2423.16—1999 电工电子产品环境试验 第2部分:试验方法 试验J和导则:长霉(idt IEC 60068-2-10:1988)

GB/T 2423.21—1991 电工电子产品基本环境试验规程 试验M:低气压试验方法(neq IEC 60068-2-13:1983)

GB/T 2423.22—2002 电工电子产品环境试验 第2部分:试验方法 试验N:温度变化(IEC 60068-2-14:1984,IDT)

GB/T 2423.23—1995 电工电子产品环境试验 试验Q:密封

GB/T 2423.28—2005 电工电子产品环境试验 第2部分:试验方法 试验T:锡焊(IEC 60068-2-20:1979,IDT)

GB/T 2423.29—1999 电工电子产品环境试验 第2部分:试验方法 试验U:引出端及整体安装件强度(idt IEC 60068-2-21:1992)

GB/T 22317.1—2008 有质量评定的压电滤波器 第1部分:总规范(IEC 60368-1:2000,IDT)

GB/T 22318.1—2008 声表面波谐振器 第1-1部分:总则和标准值(IEC 61019-1-1:1990,MOD)

IEC 60122 有质量评定的石英晶体元件

IEC 60444 用π型网络零相位法测量石英晶体元件参数

2 试验的标准条件

除非另有规定,所有试验均应按GB/T 2421—1999规定的标准大气条件下进行(温度:15 ℃~35 ℃;相对湿度:25%~75%;大气压:86 kPa~106 kPa)。

检测前,SAW谐振器应在试验条件下放置足够时间以达到规定的要求为止。

需要时,在非标准温度下进行检测,应按规定的温度要求对结果加以修正。还应在试验报告里对检测过程中的环境温度加以说明。

在检测过程中,SAW谐振器不应置于有可能导致检测结果无效的环境下。

3 外观检查及外形尺寸

应检查器件外观及尺寸,并符合规定要求。

4 电性能

4.1 单端对谐振器测试方法

4.1.1 概述

理论上传统的石英谐振器标准测试方法可以检测单端对SAW谐振器。

下面,我们提出了一种基于反射检测的基本测试方法,用它来进行单端对SAW谐振器的测试。

4.1.2 导纳

a) 测试原理

GB/T 22318.1—2008的图2给出了声表面波单端对谐振器的等效电路。对谐振器进行测试是为了确定参数L_1、C_1、R_1、C_0和串联谐振频率f_s。根据GB/T 22318.1—2008的图3所示的矢量导纳图可以计算出其他的参数,这个矢量导纳图是用矢量阻抗仪对阻抗测试而得到的。用网络分析仪进行反射测试也可得到矢量导纳图。

b) 测试电路

网络分析仪的反射测试装置见图1。功率分路器把来自网络分析仪PF输出端口的信号分离,分离后的信号分别进入参考通道和测试通道。参考通道的RF信号被直接馈入参考端口。测试通道的信号则通过与测试夹具相连的回路衰减桥而馈入网络分析仪的测试端口。接入器件前,应调整参考信号电延迟长度,使回波信号相位在测试频率范围内保持为0°。所有的连接线均使用RF同轴电缆,其标称阻抗应与系统阻抗相等。测试时功率电平的大小应适当,以避免由于噪声导致的测试结果不准确。

注:可用矢量阻抗仪或其他测试设备代替网络分析仪。

c) 测试夹具

测试夹具应与回路衰减桥相连接并用合适的插座连接谐振器。校准时,用校准连接器替换谐振器。测试夹具接头与谐振器之间的距离应尽可能短。

d) 测试方法

从测试夹具取下谐振器,使其处于开路状态。幅度和相位值被归一化为参考电平和相位值。对网络分析仪的电长度加以适当调整,使相位读数值保持为0且与频率无关。在测试夹具开路、短路、参考阻抗状态下,进行阻抗响应校准,以修正谐振器的反射特性。

反谐振器装入测试夹具,相对衰减值及相对相位值就是回波衰减桥的系统阻抗状态下的衰减值和相位值。

e) 反射率与谐振器导纳之间的关系

谐振器反射率用式(1)表示:

$$r = |r| \exp(j\varphi) \quad \cdots\cdots(1)$$

式中:

r——反射率;

$|r|$——反射率的绝对值,即反射系数;

φ——相对相移,单位为弧度。

谐振器导纳用式(2)给出:

$$y = y_0 \frac{1-r}{1+r} \quad \cdots\cdots(2)$$

式中:

y——谐振器的导纳;

y_0——测试设备的系统导纳。

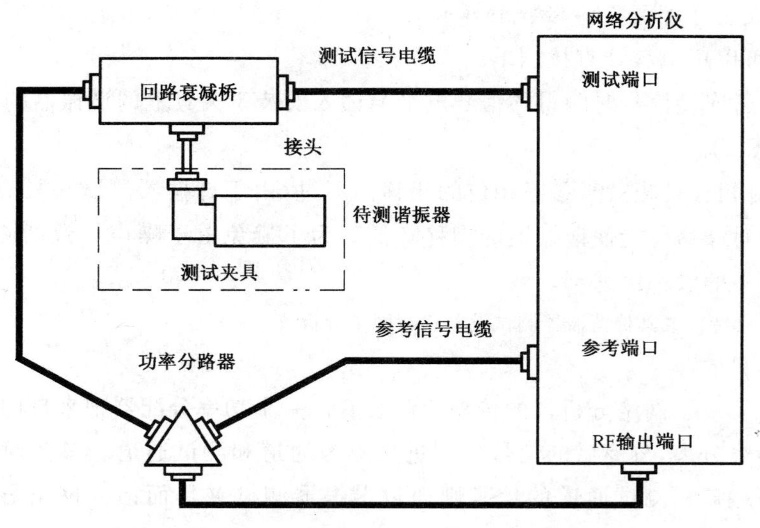

图1 反射检测装置示意图

f) 根据导纳图计算参数

用上面得到的导纳可以计算出SAW谐振器的其他参数。谐振频率 f_r 是下限频率，导纳的虚部等于零。

动态电阻 R_1 是最大电导的倒数，在串联谐振频率 f_s 时，它是导纳实部。

动态电感 L_1 由式(3)给出：

$$L_1 = \frac{1}{4\pi} \times \frac{\Delta x}{\Delta f} \quad \cdots\cdots(3)$$

式中：

$\frac{\Delta x}{\Delta f}$——靠近 f_m 的谐振器电抗(导纳倒数值的虚部)的频率导数。

动态电容 C_1 用式(4)给出：

$$C_1 = \frac{1}{(2\pi f_s)^2} \times \frac{1}{L_1} \quad \cdots\cdots(4)$$

并联电容 C_0 可用电容计直接测出。

4.2 双端对谐振器测试方法

4.2.1 概述

原理上双端对SAW谐振器本身就是一种窄带滤波器。因此，可按GB/T 22317.1—2008所规定的测试滤波器的标准测试方法进行双端对SAW谐振器的测试。

采用自动网络分析仪可以简化SAW谐振器的测试。双端对SAW谐波器的测试也可采用这种经过简化的方法。

理论上这是一种传输测试方法。但这种经过简化的测试方法可以避免由于使用专用的开路件、短路件及参考阻抗件，以及插入测试夹具的直通线而导致的不确定度，因为这种方法仅用了标准件和直通连接头，它们已用于各种类型连接器，并获得高的精密度。

4.2.2 传输性能测试

a) 测试原理

GB/T 22318.1—2008的图6示出了等效电路。进行谐振器测试以确定一些参数。一般说来，声表面波双端对谐振器用输入静电容 C_{IN}、输出静电容 C_{OUT}、中心频率、最小插入衰耗、有载品质因数 Q_L 及工作相移这些参数来表示。

C_{IN} 和 C_{OUT} 可以用电容计直接测出。

馈入一个直通连接信号时测得的信号电平与馈入安装于夹具上的谐振器的信号电平之比为插入衰耗(见图2)。

同样地，相对相移是相对于参考相位的相移。不过，由于谐振器测试夹具有效电长度的缘故，计算出的相对漂移可能使谐振器的相移降低。为了避免由于噪声导致的测试结果不精确，测试时功率电平的大小应适当。

注：可用矢量伏特计或其他滤波器测试设备代替网络分析仪。

b) 测试电路

图2是一个安装了网络分析仪的传输检测装置。一个功率分配器把来自网络分析仪的RF输出端口的信号分离，分离后的信号分别进入参考通道和测试通道。参考通道的RF信号被直接馈入参考端口。测试通道的信号则通过谐振器测试夹具而馈入网络分析仪的测试端口。所有的连接线均应是RF同轴电缆，其标称阻抗应与系统阻抗完全相等。

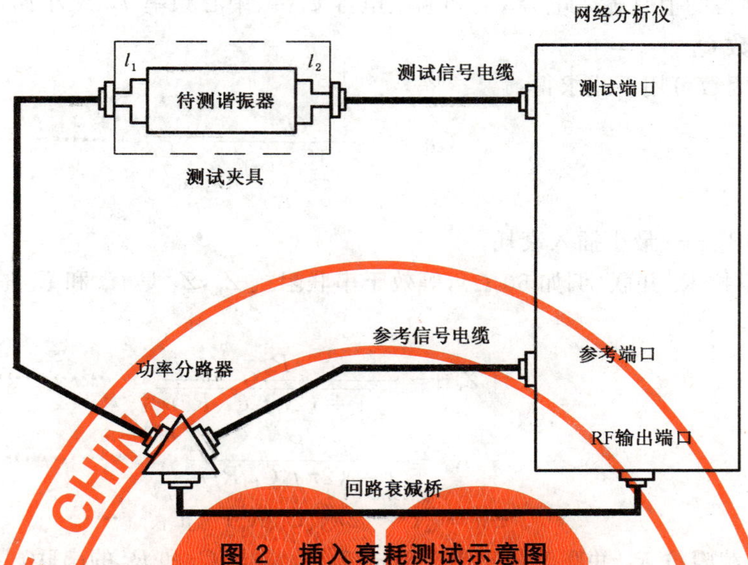

图 2　插入衰耗测试示意图

c) 谐振器测试夹具

谐振器测试夹具应有适合于谐振器的标准输入输出接头及插座。为了使测试夹具的衰减达到最小,测试夹具接头和插座之间的距离应尽可能短,而且测试夹具应采用高传导性材料。如果能满足这些要求,则测试夹具对插入衰耗的影响可以忽略不计。

测试夹具是由无损耗的传输线构成的,这些传输线用来连接测试夹具的输入与输出接头及相应的谐振器插座。可以根据测试夹具的输入与输出端口的反射测试结果而得到这些传输线的有效电长度。

为了确定输入接头和谐振器插座的有效电长度 l_1,在反射模式下将测试基准面接入输入电缆接头,把未安装谐振器的测试夹具连接到输入电缆上,调整网络分析仪的电长度,使反射相位为一个常数且与频率无关。用同样的方法可以确定输出接头和谐振器插座之间的有效电长度 l_2。测试夹具的有效电长度为 l_1 和 l_2 之和:

$$l = l_1 + l_2 \qquad (5)$$

d) 试测方法

用标准直通连接器代替测试夹具,此时,幅度和相位读数为参考电平和相位值。

接入安装了谐振器的测试夹具。测得相对于参考电平的衰减就是插入衰耗。由于有效电长度是谐振器本身的工作相移,计算得到的相移就使谐振器的相移降低了。

e) 谐振器的电性能

最小插入衰耗就是靠近标称频率的插入衰耗的最小值。

中心频率 f_s 是两个频率的算术平均值,在此频率时,相对于最小插入衰耗的衰耗达到一个规定值(例如 3 dB)。

有载品质因数 Q_L 可按式(6)计算:

$$Q_L = f_c / \Delta f \qquad (6)$$

式中:

Δf——两个频率的差值,两频率点对应的插入衰耗为 3 dB。

工作相移是在这些频率处测得的相对相移。

输入和输出电容可直接用电容计测得。

f) 由传输特性计算等效电路参数

GB/T 22318.1—2008 中图 6 示出的双端对 SAW 谐振器等效电路参数可以根据上述测试值

求出，这些测得的值是输入电容 C_{IN} 和输出电容 C_{OUT}、中心频率 f_c、最小插入衰耗 IA_{min}(dB)和有载品质因数 Q_L。

无负载品质因数可用下式求得：

$$Q_U = \frac{Q_L}{1-10^{-(IA_{min}/20)}} \qquad (7)$$

式中：

IA_{min}(dB)——最小插入衰耗。

与 C_{IN} 和源阻抗 R_s 并联(例如 50 Ω)，等效于串联阻抗 Z_g，Z_g 是 C_g 和 R_g 的串联，并按式(8)～式(10)计算：

$$|Z_g| = \frac{R_s}{\sqrt{1+(2\pi f_c C_{IN} R_s)^2}} \qquad (8)$$

$$R_g = \frac{R_s}{1+(2\pi f_c C_{IN} R_s)^2} \qquad (9)$$

$$C_g = [1+(2\pi f_c C_{IN} R_s)^{-2}]C_{IN} \qquad (10)$$

与 C_{OUT} 和负载阻抗 R_L 并联等效于串联阻抗 Z_t，Z_t 是与 C_t 和 R_t 的串联，并按式(11)～(13)计算：

$$|Z_t| = \frac{R_L}{\sqrt{1+(2\pi f_c C_{OUT} R_L)^2}} \qquad (11)$$

$$R_t = \frac{R_L}{1+(2\pi f_c C_{OUT} R_L)^2} \qquad (12)$$

$$C_t = [1+(2\pi f_c C_{OUT} R_L)^{-2}]C_{OUT} \qquad (13)$$

根据最小插入衰耗 IA_{min}(dB)可推导出动态电阻 R_1，并按式(14)计算：

$$R_1 = \frac{(R_s+R_L)\times|Z_g|\times|Z_t|}{R_s \times R_L} \times 10^{IA_{min}/20} - R_g - R_t \qquad (14)$$

根据负载品质因数 Q_L 可以得到动态电感，并按式(15)计算：

$$L_1 = \frac{Q_L \times (R_g + R_t + R_1)}{2\pi f_c} \qquad (15)$$

动态电容 C_1 按式(16)计算：

$$C_1 = \frac{1}{(2\pi f_c)^2 L_1 - (c_g)^{-1} - (c_t)^{-1}} \qquad (16)$$

5 绝缘电阻

应按详细规范的要求，通过施加直流电压的方法来测试绝缘电阻。并按下列位置施加电压：

a) 引出端之间；

b) 连接在一起的引出端与外壳的金属部件之间。

绝缘电阻不应小于详细规范规定值。

6 耐电压

6.1 合格判据

谐振器按下述方法试验而不出现击穿、打火、绝缘击穿或损坏现象。

6.2 施加电压位置

应按规定在下列位置施加电压：

a) 引出端之间；

b) 连接在一起的引出端与外壳的金属部件之间；

c) 施加交流电压时间为 5 s。

7 密封

7.1 试验 A

谐振器应按 GB/T 2423.23—1995 中试验 Qc:容器的密封(漏气)、试验方法 1 的规定进行外壳密封、气体泄漏试验。应按规定的时间将谐振器浸入无气液体中。

器件不应出现泄漏现象,并以谐振器在液体中不应有连接的气泡出现为标准。测试完成后,谐振器不应有损坏现象。

如果该试验被列入详细规范,则应对下列事项加以详细说明:

——测试液体;

——气压;

——测试时间。

(见 GB/T 2423.23—1995)

注:该测试只适用于定性目的。

7.2 试验 B

谐振器应按 GB/T 2423.23—1995 中试验 Qk:用质谱仪的示踪气体法、试验方法 2 的规定进行试验。

泄漏率不应超过详细规范所规定的值。

如果该试验被列入相关详细规范,则应对下述事项加以详细说明:

——示踪气体或混合气体的种类及其比例;

——压力容器内的压力大小;

——加压时间;

——清除器件表面吸附气体的方法;

——去除压力后到漏气检测之间的间隔时间;

——允许泄露容限。

(见 GB/T 2423.23—1995)

在整个测试过程中,压力容器内的压力应保持在小于 200 kPa 的范围内,以避免损坏谐振器的外壳。

注:该测试是一种常规测试。

8 贮存

除非另有说明,谐振器应在非工作状态下、±3 ℃的额定贮存温度范围内按规定的最低或最高温度下存放 2 000 h。试验结束后,谐振器应置于标准大气条件下恢复至室温并进行最后检测。

9 高温寿命

谐振器应在非工作状态下,在 85 ℃±3 ℃的温度范围内存放 30 d,或按照详细规范的规定进行高温寿命试验。试验结束后,谐振器应置于标准大气条件下恢复至室温并进行最后检测。

10 引出端强度

10.1 抗力和推力试验

谐振器应按 GB/T 2423.29—1999 中试验 Ua_1:拉力试验、试验 Ua_2:推力试验的规定进行试验。

10.2 弯曲试验

谐振器应按 GB/T 2423.29—1999 中试验 Ub:弯曲试验的规定进行试验。

10.3 转矩试验

谐振器应按 GB/T 2423.29—1999 中试验 Ud:转矩试验的规定进行试验。

11 可焊性

11.1 焊槽法

谐振器应按 GB/T 2423.28—2005 中试验 Ta 导线和引出端的可焊性方法 1 的规定进行试验。除非另有规定,焊槽温度为 235 ℃±5 ℃。

11.2 烙铁法

当不能采用焊槽法时,应采用烙铁法。谐振器应按 GB/T 2423.28—2005 中试验 Ta 导线和引出端的可焊性方法 1 的规定进行试验。

12 温度变化

谐振器应按 GB/T 2423.22—2002 中试验 Na:规定转换时间的快速温度变化试验的规定进行试验。

试验箱的高、低温度为详细规范规定的工作温度范围的极限温度。谐振器应在每个极限温度下存放 30 min,进行 5 次完整的高、低温循环试验,试验后应在标准大气条件下恢复不少于 2 h。

13 碰撞

谐振器应按 GB/T 2423.6—1995 中试验 Eb:碰撞的规定进行试验。应用夹具把谐振器固定在试验台台面上。在三个相互垂直的轴向上施加冲击力,其中一个轴与引出端平行。

相关详细规范应按 GB/T 2423.6—1995 所规定的试验 Eb 的要求规定碰撞严酷度。

14 振动

谐振器应按 GB/T 2423.10—1995 中试验 Fc:正弦振动试验的要求进行试验。在三个相互垂直的轴向上施加振动力,其中一个轴与引出端平行。

相关详细规范应按 GB/T 2423.10—1995 所规定的试验 Fc 的要求规定振动严酷度。

15 冲击

谐振器应按 GB/T 2423.5—1995 试验 Ea:冲击的要求进行试验。在三个相互垂直的轴向上施加冲击力,其中一个轴与引出端平行。

相关详细规范应按 GB/T 2423.5—1995 所规定的试验 Ea 的要求规定冲击严酷度。

16 稳态加速度

谐振器应按 GB/T 2423.15—1995 试验 Ga:稳态加速度的要求进行试验。

相关详细规范应按 GB/T 2423.5—1995 所规定的试验 Ga 的要求规定试验严酷度。

17 气候

在 17.1～17.3 中所规定的试验可作为 GB/T 2421—1999 中第 7 章的气候顺序试验进行。适用时,每个试验可作为一个单独的试验进行。

17.1 高温

除相关详细规范另有规定外,应按 GB/T 2423.2—2001 中试验 Ba:非散热试验样品温度突变的高温试验的要求进行试验，在 85 ℃+2 ℃温度下进行 16 h 的试验。

17.2 交变湿热

除相关详细规范另有规定外，应按 GB/T 2423.4—2008 中试验 Db:交变湿热(24 h 循环)试验的要求进行试验。一个试验周期为 24 h。

17.3 低温

除相关详细规范另有规定外，应按 GB/T 2423.1—2001 中试验 Aa:低温试验的要求进行试验，在 −40 ℃±3 ℃的温度下进行 2 h 的试验。

18 恒定湿热

除相关详细规范另有规定外，应按 GB/T 2423.3—2006 中试验 Cab:恒定湿热试验的要求进行试验。其严酷度应与待测谐振器的气候等级相对应。

19 低气压

除相关详细规范另有规定外，应按 GB/T 2423.21—1991 中试验 M:低气压试验的要求进行试验。箱内的压力应降至 30 kPa。

20 长霉

除相关详细规范另有规定外，应按 GB/T 2423.16—1999 所规定的试验 J:长霉的要求进行试验。

附　录　A
（规范性附录）
定型试验推荐技术标准

A.1　定义

A.1.1　型号

由制造商设计制造的某种声表面波谐振器。

一种型号设计应由下列项目构成：

——电性能；

——环境特性；

——结构；

——外形。

A.1.2　定型

由专门的权威机构（用户自己或用户指定的机构）对某一特定的制造商生产一定数量的符合技术规范要求的该型产品的能力的认定。

A.1.3　定型试验

声表面波谐振器的定型试验是：对代表该型号的若干谐振器样品进行的一系列完整的试验。目的是证明制造商是否具有生产符合技术指标要求的谐振器的能力。

A.2　定型试验方案

A.2.1　样品数及允许不合格品数

用户和制造商应对待测样品的数量及允许不合格品的数量达成一致。

注：某些试验结果与某种型号特性无关。例如：湿热试验结果通常只与外壳有关，在此情况下，试验就不必根据每一种单独的型号样品来完成。

A.2.2　试验顺序

所有样品应按表 A.1 所示顺序进行试验：

表 A.1

试验项目	要求条款号	试验方法条款号
外观	3	—
电性能	4	—
绝缘电阻	5	—
耐电压	6	—
密封	7	GB/T 2423.23—1995 中 Q_c、Q_k

A.2.3　分组试验

完成上述试验后，将所有样品等分成数量相等的三组样品，每组样品均按表 A.2 所示顺序进行试验：

表 A.2

试验分组及项目	要求条款号	试验方法条款号
第一组		
碰撞	13	GB/T 2423.6—1995 中 Eb
冲击	15	GB/T 2423.5—1995 中 Ea
振动	14	GB/T 2423.10—1995 中 Fc
稳态加速度	16	GB/T 2423.15—1995 中 Ga
引出端强度	10	GB/T 2423.29—1999 中 Ua_1、Ua_2、Ub、Ud
引出端可焊性	11	GB/T 2423.28—1982 中 Ta
高温	17.1	GB/T 2423.2—2001 中 Ba
交变湿热	17.2	GB/T 2423.4—2008 中 Db
低温	17.3	GB/T 2423.1—2001 中 Aa
低气压	19	GB/T 2423.21—1991 中 M
温度变化	12	GB/T 2423.22—2002 中 Na
长霉	20	GB/T 2423.16—1999 中 J
绝缘电阻	5	—
电性能	4	—
第二组		—
稳态湿热	18	GB/T 2423.3—2006 中 Cab
绝缘电阻	5	—
电性能	4	—
第三组		
高温寿命	9	—
贮存	8	—
电性能	4	—

ICS 31.140
L 21

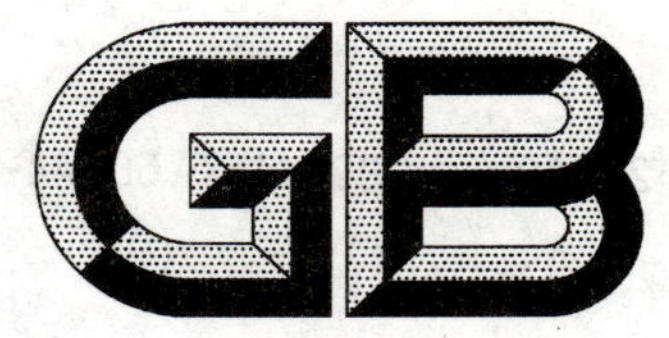

中华人民共和国国家标准

GB/T 22319.8—2008/IEC 60444-8:2003

石英晶体元件参数的测量 第8部分:表面贴装石英晶体元件用测量夹具

Measurement of quartz crystal unit parameters—Part 8:Test fixture for surface mounted quartz crystal units

(IEC 60444-8:2003,IDT)

2008-08-06 发布　　2009-01-01 实施

中华人民共和国国家质量监督检验检疫总局
中国国家标准化管理委员会　发布

前　言

GB/T 22319《石英晶体元件参数的测量》分为如下几部分：

——第1部分：用π型网络零相位法测量石英晶体元件谐振频率和谐振电阻的基本方法；

——第2部分：测量石英晶体元件动态电路的相位偏置法；

——第3部分：利用有并电容 C_0 补偿的π型网络相位法测量频率达200 MHz的石英晶体元件两端网络参数的基本方法；

——第4部分：频率达30 MHz石英晶体元件负载谐振频率和负载谐振电阻 R_L 的测量方法及其他导出参数的计算；

——第5部分：采用自动网络分析技术和误差校正确定等效电参数的方法；

——第6部分：激励电平相关性(DLD)的测量；

——第7部分：石英晶体元件活力和频率降的测量；

——第8部分：表面贴装石英晶体元件用测量夹具；

——第9部分：石英晶体元件寄生谐振的测量。

本部分为GB/T 22319的第8部分。

本部分等同采用IEC 60444-8:2003《石英晶体元件参数的测量　第8部分：表面贴装石英晶体元件用测量夹具》(英文版)。

为便于使用，本部分作了下列编辑性修改：

a) 删除国际标准的前言；

b) 删除国际标准的引言；

c) 将本部分的各图集中到正文最后；

d) 将原文6.1第二段中“50±5%”改为“50×(1±5%)Ω”。

本部分由中华人民共和国信息产业部提出。

本部分由全国频率控制和选择用压电器件标委会归口。

本部分起草单位：中国电子元件行业协会压电晶体分会。

本部分主要起草人：章怡、姜连生。

石英晶体元件参数的测量 第8部分:表面贴装石英晶体元件用测量夹具

1 范围

GB/T 22319 的本部分规定了能精确测量无引线表面贴装石英晶体元件的谐振频率、谐振电阻及等效电路参数的测量夹具,测量方法采用 IEC 60444-4:1988 和 IEC 60444-5:1995 规定的零相位技术。

使用该测量夹具的等效电路和适用的频率范围见随后条款。

此外,本部分也适用于 IEC 61240:1994 中的无引线晶体元件外壳。测量夹具的等效电路和电参数都基于 IEC 60444-1:1986 和 IEC 60444-4:1988。负载电容范围为 10 pF 或更高。本部分还规定了测量系统和 C_L 片的校准。

本部分适用于能准确测量石英晶体元件的谐振频率、谐振电阻、并电容 C_0、动态电容 C_1 和动态电感 L_1 的测量夹具,其频率范围为 1 MHz～150 MHz,采用基于 IEC 60444-5:1995 的自动网络分析仪。

2 规范性引用文件

下列文件中的条款通过 GB/T 22319 的本部分的引用而成为本部分的条款。凡是注日期的引用文件,其随后所有的修改单(不包括勘误的内容)或修订版均不适用于本部分,然而,鼓励根据本部分达成协议的各方研究是否可使用这些文件的最新版本。凡是不注日期的引用文件,其最新版本适用于本部分。

IEC 60444-1:1986　采用 π 网络零相位技术测量石英晶体元件参数　第1部分:采用 π 网络零相位技术测量石英晶体谐振频率和谐振电阻的基本方法

IEC 60444-2:1980　采用 π 网络零相位技术测量石英晶体元件参数　第2部分:用相位偏置法测量石英晶体元件的动态电容

IEC 60444-5:1995　石英晶体元件参数的测量　第5部分:采用自动网络分析技术和误差校正确定等效电参数的方法

IEC 61240:1994　压电器件　频率控制和选择用表面贴装器件(SMD)外形制图　总则

3 总则

用于测量谐振频率、谐振电阻和等效电路参数的测量夹具和测量方法必须由晶体元件的供应商和用户在合同中规定。对无引线晶体元件要予以特殊考虑。

4 无引线表面贴装石英晶体元件

4.1 外壳

外壳类型无特殊规定时,建议使用 IEC 61240:1994 所示图样。

4.2 泛音和频率范围

由于测量采用零相位技术,对于泛音无特殊规定。当无负载电容时,频率范围为 1 MHz～150 MHz,有负载电容时,频率范围为 1 MHz～30 MHz。

5 测量方法和测量夹具的技术要求

5.1 测量方法的技术要求

测量方法按照 IEC 60444-5:1995 的规定,并采用导纳圆法。

5.2 测量夹具的技术要求

测量夹具的等效电路和电参数基于 IEC 60444-1:1986 的规定,但本规范中其尺寸和结构与 IEC 60444-1:1986 有差异,以便更适用于无引线晶体元件。

测量夹具的等效电路按照 IEC 60444-1:1986 的规定,并于图 1 和图 2 示出,但未规定测量端之间(如 IEC 60444-1:1986 图 2 中的 C_{t1},C_{t2})的最大分布电容值。图 3 和图 4 分别示出测量夹具的 3D 轴侧图和外形尺寸。

关于所用测量夹具的机械结构不应作规定,但必须保证其电极的机械接触性能达到常规有引线石英晶体元件与测量夹具的测量端子之间的接触性能要求。

图 4 是测量夹具的外形尺寸,该夹具确保其与晶体元件电极的接触,因而能提供高的测量准确度和测量操作的方便性。

为避免测量误差,测量夹具的测量端子应与晶体元件电极形成可靠接触。

因此测量夹具的测量端子对晶体元件电极必须至少有 1.96 N(200 gf)的压力。

注:如果晶体在使用时接地,其工作频率可能取决于电路中晶体的方位。因此在振荡电路中根据 IEC 60444-1:1986 和 IEC 60444-5:1995 进行负载谐振测量以校正工作频率时,建议在晶体上使用定向标记(如 pad 1)。

6 测量系统和 C_L 片的校准

6.1 测量系统的校准

对于带有测量系统的测量夹具,在用户使用的频段内,其阻抗的虚部可以忽略。此时用户应使用至少三个可靠的标准阻抗用于校准,即:短路片、开路片和 50 Ω 标准电阻。当测量仪器的测量端之间的分布电容不可忽略时,则应进行开路校准。

50 Ω 标准电阻的技术要求是:在 1 MHz～150 MHz 频段内,阻值为 50×(1±5%)Ω,且相位为最大 0.2°。

6.2 C_L 片的校准

应使用电容表对 C_L 片进行校准,其允许值为±0.002 pF。

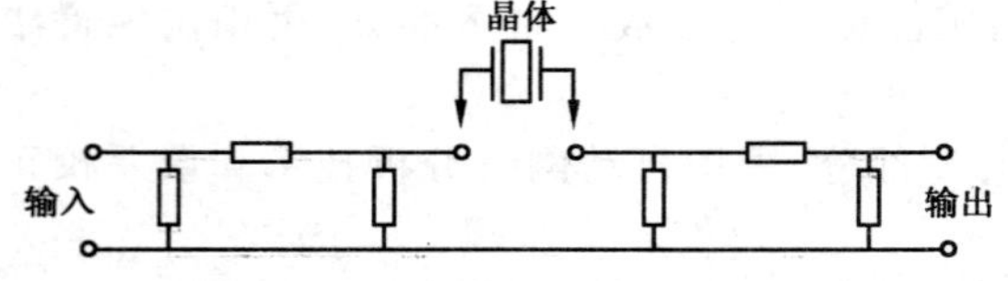

图 1 测量夹具的等效电路

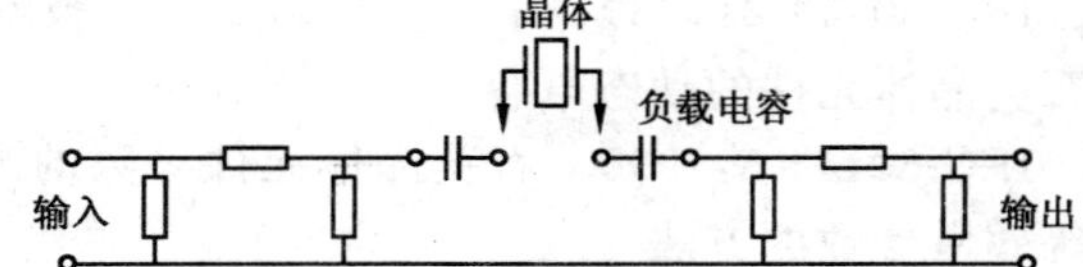

图 2 有负载电容测量夹具的等效电路

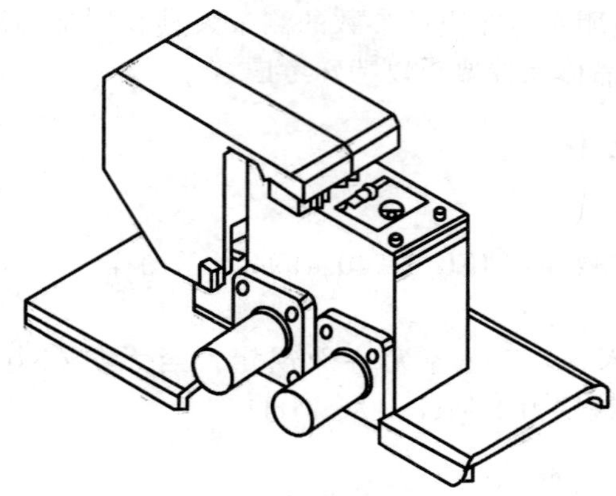

图 3 测量夹具的 3D 立体轴侧图

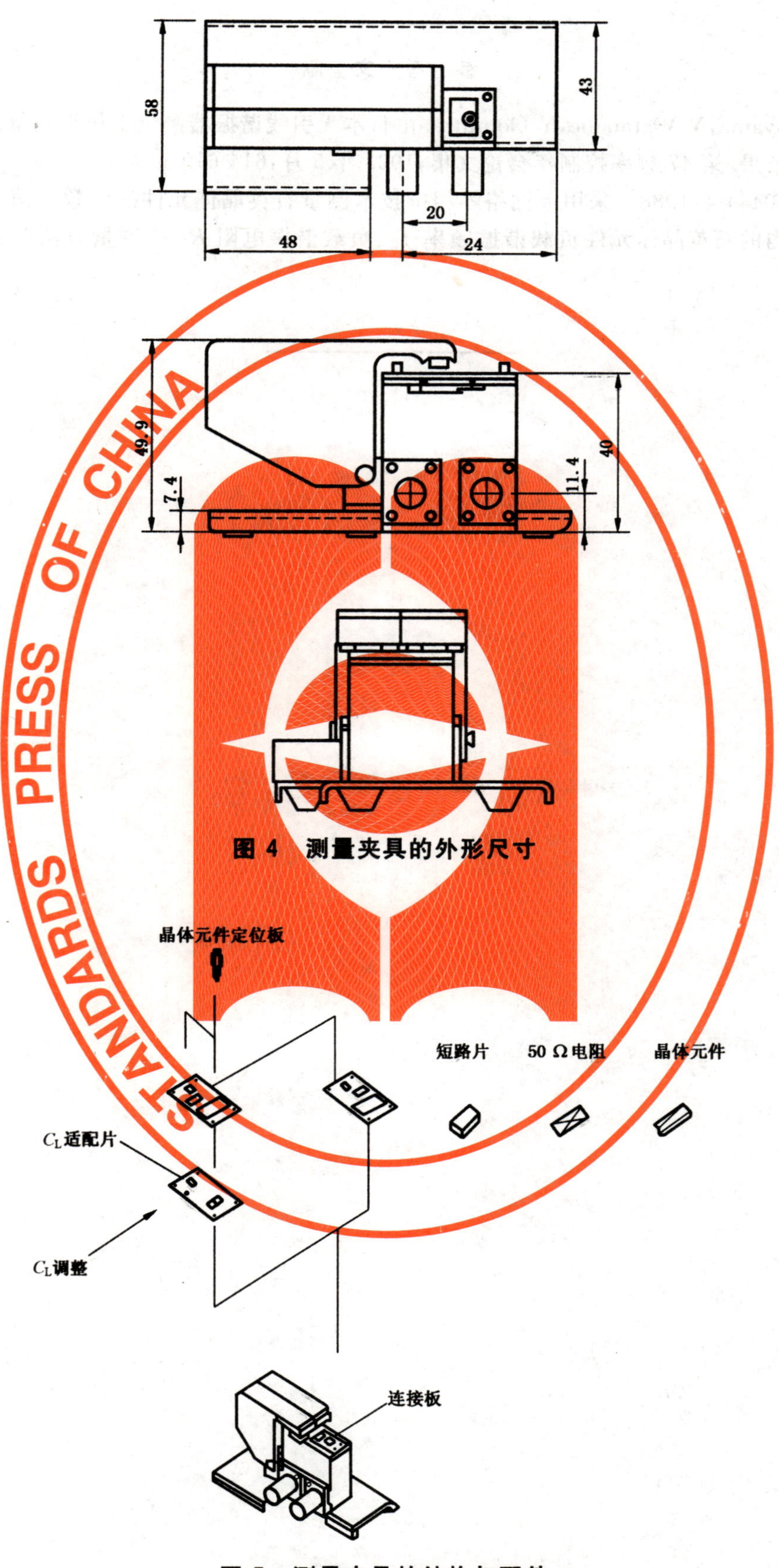

图 4　测量夹具的外形尺寸

图 5　测量夹具的结构与配件

参 考 文 献

[1] M Koyama,Y Watanabe,Y Oomutra.由日本无引线谐振器测量工作组获得的石英晶体测量数据结果.第47频率控制年会论文集,1993年5月:614-619.

[2] IEC 60444-4:1988 采用π网络零相位技术测量石英晶体元件的参数 第4部分:30 MHz频率内的石英晶体元件负载谐振频率 f_L、负载谐振电阻 R_L 的测量方法及其他导出参数的计算.

ICS 35.040
L 71

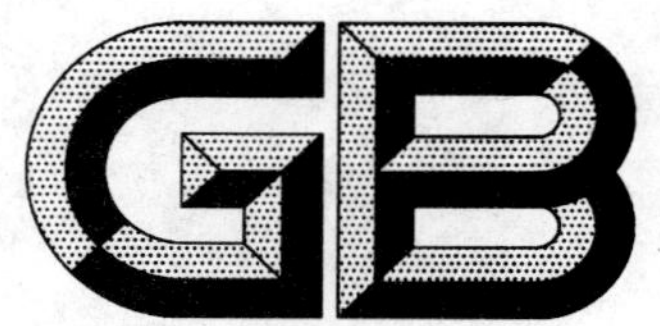

中华人民共和国国家标准

GB 22320—2008

信息技术 中文编码字符集 汉字 15×16 点阵字型

Information technology—Chinese coded character set—15×16-dot matrix font of Chinese ideogram

2008-08-06 发布 2009-07-01 实施

中华人民共和国国家质量监督检验检疫总局
中国国家标准化管理委员会 发布

前 言

本标准的全部技术内容为强制性。

本标准的附录A、附录B是资料性附录，附录C是规范性附录。

本标准由中华人民共和国信息产业部提出。

本标准由中国电子技术标准化研究所(CESI)归口。

本标准起草单位：中国电子技术标准化研究所、第二炮兵装备研究院第四研究所。

本标准起草人：翟广臣、周济萍、代红、王立建、王永平、王绍兵。

引　　言

本标准依据 GB 18030—2005《信息技术　中文编码字符集》规定的汉字图形字符，以我国现行规范汉字字形为基础并依据现行规范汉字字形整理的原则(参见附录 A)，设计和规定了信息系统用的15×16点阵汉字字型。

本标准规定的点阵字型与 GB 18030—2005《信息技术　中文编码字符集》所规定的汉字相对应。

本标准所规定的点阵字型也适用于 GB 13000.1—1993《信息技术　通用多八位编码字符集(UCS)第一部分：体系结构与基本多文种平面》和 GB 2312—1980《信息交换用汉字编码字符集　基本集》。

有关字型数据的授权转让使用事宜，字型标准数据的维护、更新及修订工作，统一由归口单位负责。

地　　址：北京市东城区安定门东大街 1 号(北京市 1101 信箱)。

邮　　编：100007。

电　　话：64007689、84029173。

传　　真：64007681。

E-mail ：daihong@cesi.ac.cn。

信息技术　中文编码字符集
汉字 15×16 点阵字型

1　范围

本标准规定了 GB 18030—2005《信息技术　中文编码字符集》中的 70 244 个汉字、汉字部首/构件的 15×16 点阵字型。

本标准还规定了 GB 18030—2005 中 884 个非汉字图形字符的 15×16 点阵字型。

本标准适用于汉字信息系统，也适用于其他有关设备。

2　规范性引用文件

下列文件中的条款通过本标准的引用而成为本标准的条款。凡是注日期的引用文件，其随后所有的修改单(不包括勘误的内容)或修订版均不适用于本标准，然而，鼓励根据本标准达成协议的各方研究是否可使用这些文件的最新版本。凡是不注日期的引用文件，其最新版本适用于本标准。

GB 18030—2005　信息技术　中文编码字符集

3　术语和定义

下列术语和定义适用于本标准。

3.1

字形　glyph

一种可辨认的抽象的图形符号，它不依赖于任何特定的设计。

3.2

字型　font

具有同一基本设计的字形图像的集合，如：书版宋体。

3.3

点阵字型　dot matrix font

以点的集合来表现图形字符的(型)形。

3.4

字序　character order

图形字符在集合中按一定规则排列的次序。

4　点阵字型的排列次序

本标准按 GB 18030—2005 汉字的顺序排列各汉字点阵字型。

5　标准数据的管理

为加强对信息技术产品用汉字字型与字模标准数据的管理，保证本标准在实施中数据的一致性和正确性，有关字型数据的授权转让使用事宜，字型标准数据的维护、更新及修订工作，统一由归口单位负责。

6　点阵字型的表示方法

6.1　栅格

栅格由若干条等距离的垂直线与水平线相交叉而形成。

本标准规定的是15×16点阵字型，其栅格是横向15格，纵向16格。每个方格的中心定为点的中心位置。

栅格仅对构成点阵字型的各点进行定位，15×16点阵的栅格如图1所示。

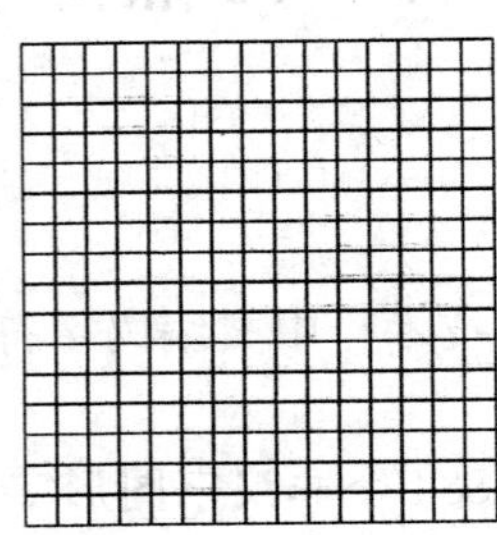

图1　15×16点阵　栅格图

6.2　点

点是构成点阵字型的最小单位，以圆形表示，它是位于各方格内的黑色区域。

6.3　点阵字样

汉字点阵字型的字样，由置于栅格内的若干个点的集合来表示。汉字“永”的点阵字样，如图2所示。

永 D3C0(6C38)

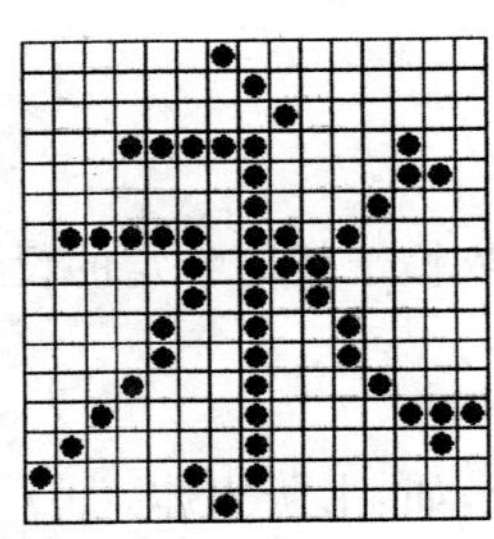

图2　15×16点阵“永”字样

7　点阵字型

7.1　字数

本标准提供了GB 18030—2005规定的70 244个汉字、汉字部首/构件及884个非汉字图形字符的15×16点阵字型，其中有7 444个汉字受点阵栅格限制进行了减笔画处理，参见附录B。

7.2　字型数据

15×16点阵字型数据的表示，见附录C。

7.3　点阵字型表

本标准提供的GB 18030—2005规定的70 244个汉字、汉字部首/构件及884个非汉字图形字符的15×16点阵字型如下：

双字节1区

A1	0	1	2	3	4	5	6	7	8	9	A	B	C	D	E	F
A			、	。	·	ˉ	ˇ	¨	〃	々	—	～	‖	…	‘	’
B	“	”	〔	〕	〈	〉	《	》	「	」	『	』	〖	〗	【	】
C	±	×	÷	∶	∧	∨	∑	∏	∪	∩	∈	∷	√	⊥	∥	∠
D	⌒	⊙	∫	∮	≡	≌	≈	∽	∝	≠	≮	≯	≤	≥	∞	∵
E	∴	♂	♀	°	′	″	℃	＄	¤	￠	￡	‰	§	№	☆	★
F	○	●	◎	◇	◆	□	■	△	▲	※	→	←	↑	↓	〓	

A2	0	1	2	3	4	5	6	7	8	9	A	B	C	D	E	F
A		ⅰ	ⅱ	ⅲ	ⅳ	ⅴ	ⅵ	ⅶ	ⅷ	ⅸ	ⅹ					
B		⒈	⒉	⒊	⒋	⒌	⒍	⒎	⒏	⒐	⒑	⒒	⒓	⒔	⒕	⒖
C	⒗	⒘	⒙	⒚	⒛	⑴	⑵	⑶	⑷	⑸	⑹	⑺	⑻	⑼	⑽	⑾
D	⑿	⒀	⒁	⒂	⒃	⒄	⒅	⒆	⒇	①	②	③	④	⑤	⑥	⑦
E	⑧	⑨	⑩	€		㈠	㈡	㈢	㈣	㈤	㈥	㈦	㈧	㈨	㈩	
F		Ⅰ	Ⅱ	Ⅲ	Ⅳ	Ⅴ	Ⅵ	Ⅶ	Ⅷ	Ⅸ	Ⅹ	Ⅺ	Ⅻ			

A3	0	1	2	3	4	5	6	7	8	9	A	B	C	D	E	F
A		！	＂	＃	￥	％	＆	＇	（	）	＊	＋	，	－	．	／
B	０	１	２	３	４	５	６	７	８	９	：	；	＜	＝	＞	？
C	＠	Ａ	Ｂ	Ｃ	Ｄ	Ｅ	Ｆ	Ｇ	Ｈ	Ｉ	Ｊ	Ｋ	Ｌ	Ｍ	Ｎ	Ｏ
D	Ｐ	Ｑ	Ｒ	Ｓ	Ｔ	Ｕ	Ｖ	Ｗ	Ｘ	Ｙ	Ｚ	［	＼	］	＾	＿
E	｀	ａ	ｂ	ｃ	ｄ	ｅ	ｆ	ｇ	ｈ	ｉ	ｊ	ｋ	ｌ	ｍ	ｎ	ｏ
F	ｐ	ｑ	ｒ	ｓ	ｔ	ｕ	ｖ	ｗ	ｘ	ｙ	ｚ	｛	｜	｝	￣	

双字节1区

A4	0	1	2	3	4	5	6	7	8	9	A	B	C	D	E	F
A		ぁ	あ	ぃ	い	ぅ	う	ぇ	え	ぉ	お	か	が	き	ぎ	く
B	ぐ	け	げ	こ	ご	さ	ざ	し	じ	す	ず	せ	ぜ	そ	ぞ	た
C	だ	ち	ぢ	っ	つ	づ	て	で	と	ど	な	に	ぬ	ね	の	は
D	ば	ぱ	ひ	び	ぴ	ふ	ぶ	ぷ	へ	べ	ぺ	ほ	ぼ	ぽ	ま	み
E	む	め	も	ゃ	や	ゅ	ゆ	ょ	よ	ら	り	る	れ	ろ	ゎ	わ
F	ゐ	ゑ	を	ん												

A5	0	1	2	3	4	5	6	7	8	9	A	B	C	D	E	F
A		ァ	ア	ィ	イ	ゥ	ウ	ェ	エ	ォ	オ	カ	ガ	キ	ギ	ク
B	グ	ケ	ゲ	コ	ゴ	サ	ザ	シ	ジ	ス	ズ	セ	ゼ	ソ	ゾ	タ
C	ダ	チ	ヂ	ッ	ツ	ヅ	テ	デ	ト	ド	ナ	ニ	ヌ	ネ	ノ	ハ
D	バ	パ	ヒ	ビ	ピ	フ	ブ	プ	ヘ	ベ	ペ	ホ	ボ	ポ	マ	ミ
E	ム	メ	モ	ャ	ヤ	ュ	ユ	ョ	ヨ	ラ	リ	ル	レ	ロ	ヮ	ワ
F	ヰ	ヱ	ヲ	ン	ヴ	ヵ	ヶ									

A6	0	1	2	3	4	5	6	7	8	9	A	B	C	D	E	F
A		Α	Β	Γ	Δ	Ε	Ζ	Η	Θ	Ι	Κ	Λ	Μ	Ν	Ξ	Ο
B	Π	Ρ	Σ	Τ	Υ	Φ	Χ	Ψ	Ω							
C		α	β	γ	δ	ε	ζ	η	θ	ι	κ	λ	μ	ν	ξ	ο
D	π	ρ	σ	τ	υ	φ	χ	ψ	ω	︐	︒	︑	︓	︔	︕	︖
E	︵	︶	︹	︺	︿	﹀	︽	︾	﹁	﹂	﹃	﹄	︗	︘	︻	︼
F	︷	︸	︱	︙	︳	︴										

双字节1区

A7	0	1	2	3	4	5	6	7	8	9	A	B	C	D	E	F
A		А	Б	В	Г	Д	Е	Ё	Ж	З	И	Й	К	Л	М	Н
B	О	П	Р	С	Т	У	Ф	Х	Ц	Ч	Ш	Щ	Ъ	Ы	Ь	Э
C	Ю	Я														
D		а	б	в	г	д	е	ё	ж	з	и	й	к	л	м	н
E	о	п	р	с	т	у	ф	х	ц	ч	ш	щ	ъ	ы	ь	э
F	ю	я														

A8	0	1	2	3	4	5	6	7	8	9	A	B	C	D	E	F
A		ā	á	ǎ	à	ē	é	ě	è	ī	í	ǐ	ì	ō	ó	ǒ
B	ò	ū	ú	ǔ	ù	ǖ	ǘ	ǚ	ǜ	ü	ê	ɑ	ḿ	ń	ň	ǹ
C	ɡ					ㄅ	ㄆ	ㄇ	ㄈ	ㄉ	ㄊ	ㄋ	ㄌ	ㄍ	ㄎ	ㄏ
D	ㄐ	ㄑ	ㄒ	ㄓ	ㄔ	ㄕ	ㄖ	ㄗ	ㄘ	ㄙ	ㄚ	ㄛ	ㄜ	ㄝ	ㄞ	ㄟ
E	ㄠ	ㄡ	ㄢ	ㄣ	ㄤ	ㄥ	ㄦ	ㄧ	ㄨ	ㄩ						
F																

A9	0	1	2	3	4	5	6	7	8	9	A	B	C	D	E	F
A					─	━	│	┃	┄	┅	┆	┇	┈	┉	┊	┋
B	┌	┍	┎	┏	┐	┑	┒	┓	└	┕	┖	┗	┘	┙	┚	┛
C	├	┝	┞	┟	┠	┡	┢	┣	┤	┥	┦	┧	┨	┩	┪	┫
D	┬	┭	┮	┯	┰	┱	┲	┳	┴	┵	┶	┷	┸	┹	┺	┻
E	┼	┽	┾	┿	╀	╁	╂	╃	╄	╅	╆	╇	╈	╉	╊	╋
F																

双字节5区

A8	0	1	2	3	4	5	6	7	8	9	A	B	C	D	E	F
4	ˊ	ˋ	˙	–	―	‥	‵	℅	℉	↖	↗	↘	↙	∕	∟	∣
5	≒	≦	≧	⊿	═	║	╒	╓	╔	╕	╖	╗	╘	╙	╚	╛
6	╜	╝	╞	╟	╠	╡	╢	╣	╤	╥	╦	╧	╨	╩	╪	╫
7	╬	╭	╮	╯	╰	╱	╲	╳	▁	▂	▃	▄	▅	▆	▇	
8	█	▉	▊	▋	▌	▍	▎	▏	▓	▔	▕	▼	▽	◢	◣	◤
9	◥	☉	⊕	〒	〝	〞										
A																

A9	0	1	2	3	4	5	6	7	8	9	A	B	C	D	E	F
4	〡	〢	〣	〤	〥	〦	〧	〨	〩	㊣	㎎	㎏	㎜	㎝	㎞	㎡
5	㏄	㏎	㏑	㏒	㏕	︰	￢	￤		℡	㈱		‐			
6	ー	゛	゜	ヽ	ヾ	〆	ゝ	ゞ	﹉	﹊	﹋	﹌	﹍	﹎	﹏	﹐
7	﹑	﹒	﹔	﹕	﹖	﹗	﹙	﹚	﹛	﹜	﹝	﹞	﹟	﹠	﹡	
8	﹢	﹣	﹤	﹥	﹦	﹨	﹩	﹪	﹫	〾	⿰	⿱	⿲	⿳	⿴	⿵
9	⿶	⿷	⿸	⿹	⿺	⿻	〇									
A																

双字节2区

B0	0	1	2	3	4	5	6	7	8	9	A	B	C	D	E	F
A		啊	阿	埃	挨	哎	唉	哀	皑	癌	蔼	矮	艾	碍	爱	隘
B	鞍	氨	安	俺	按	暗	岸	胺	案	肮	昂	盎	凹	敖	熬	翱
C	袄	傲	奥	懊	澳	芭	捌	扒	叭	吧	笆	八	疤	巴	拔	跋
D	靶	把	耙	坝	霸	罢	爸	白	柏	百	摆	佰	败	拜	稗	斑
E	班	搬	扳	般	颁	板	版	扮	拌	伴	瓣	半	办	绊	邦	帮
F	梆	榜	膀	绑	棒	磅	蚌	镑	傍	谤	苞	胞	包	褒	剥	

B1	0	1	2	3	4	5	6	7	8	9	A	B	C	D	E	F
A		薄	雹	保	堡	饱	宝	抱	报	暴	豹	鲍	爆	杯	碑	悲
B	卑	北	辈	背	贝	钡	倍	狈	备	惫	焙	被	奔	苯	本	笨
C	崩	绷	甭	泵	蹦	迸	逼	鼻	比	鄙	笔	彼	碧	蓖	蔽	毕
D	毙	毖	币	庇	痹	闭	敝	弊	必	辟	壁	臂	避	陛	鞭	边
E	编	贬	扁	便	变	卞	辨	辩	辫	遍	标	彪	膘	表	鳖	憋
F	别	瘪	彬	斌	濒	滨	宾	摈	兵	冰	柄	丙	秉	饼	炳	

B2	0	1	2	3	4	5	6	7	8	9	A	B	C	D	E	F
A		病	并	玻	菠	播	拨	钵	波	博	勃	搏	铂	箔	伯	帛
B	舶	脖	膊	渤	泊	驳	捕	卜	哺	补	埠	不	布	步	簿	部
C	怖	擦	猜	裁	材	才	财	睬	踩	采	彩	菜	蔡	餐	参	蚕
D	残	惭	惨	灿	苍	舱	仓	沧	藏	操	糙	槽	曹	草	厕	策
E	侧	册	测	层	蹭	插	叉	茬	茶	查	碴	搽	察	岔	差	诧
F	拆	柴	豺	搀	掺	蝉	馋	谗	缠	铲	产	阐	颤	昌	猖	

双字节2区

B3	0	1	2	3	4	5	6	7	8	9	A	B	C	D	E	F
A		场	尝	常	长	偿	肠	厂	敞	畅	唱	倡	超	抄	钞	朝
B	嘲	潮	巢	吵	炒	车	扯	撤	掣	彻	澈	郴	臣	辰	尘	晨
C	忱	沉	陈	趁	衬	撑	称	城	橙	成	呈	乘	程	惩	澄	诚
D	承	逞	骋	秤	吃	痴	持	匙	池	迟	弛	驰	耻	齿	侈	尺
E	赤	翅	斥	炽	充	冲	虫	崇	宠	抽	酬	畴	踌	稠	愁	筹
F	仇	绸	瞅	丑	臭	初	出	橱	厨	躇	锄	雏	滁	除	楚	

B4	0	1	2	3	4	5	6	7	8	9	A	B	C	D	E	F
A		础	储	矗	搐	触	处	揣	川	穿	椽	传	船	喘	串	疮
B	窗	幢	床	闯	创	吹	炊	捶	锤	垂	春	椿	醇	唇	淳	纯
C	蠢	戳	绰	疵	茨	磁	雌	辞	慈	瓷	词	此	刺	赐	次	聪
D	葱	囱	匆	从	丛	凑	粗	醋	簇	促	蹿	篡	窜	摧	崔	催
E	脆	瘁	粹	淬	翠	村	存	寸	磋	撮	搓	措	挫	错	搭	达
F	答	瘩	打	大	呆	歹	傣	戴	带	殆	代	贷	袋	待	逮	

B5	0	1	2	3	4	5	6	7	8	9	A	B	C	D	E	F
A		怠	耽	担	丹	单	郸	掸	胆	旦	氮	但	惮	淡	诞	弹
B	蛋	当	挡	党	荡	档	刀	捣	蹈	倒	岛	祷	导	到	稻	悼
C	道	盗	德	得	的	蹬	灯	登	等	瞪	凳	邓	堤	低	滴	迪
D	敌	笛	狄	涤	翟	嫡	抵	底	地	蒂	第	帝	弟	递	缔	颠
E	掂	滇	碘	点	典	靛	垫	电	佃	甸	店	惦	奠	淀	殿	碉
F	叼	雕	凋	刁	掉	吊	钓	调	跌	爹	碟	蝶	迭	谍	叠	

双字节2区

B6	0	1	2	3	4	5	6	7	8	9	A	B	C	D	E	F
A		丁	盯	叮	钉	顶	鼎	锭	定	订	丢	东	冬	董	懂	动
B	栋	侗	恫	冻	洞	兜	抖	斗	陡	豆	逗	痘	都	督	毒	犊
C	独	读	堵	睹	赌	杜	镀	肚	度	渡	妒	端	短	锻	段	断
D	缎	堆	兑	队	对	墩	吨	蹲	敦	顿	囤	钝	盾	遁	掇	哆
E	多	夺	垛	躲	朵	跺	舵	剁	惰	堕	蛾	峨	鹅	俄	额	讹
F	娥	恶	厄	扼	遏	鄂	饿	恩	而	儿	耳	尔	饵	洱	二	

B7	0	1	2	3	4	5	6	7	8	9	A	B	C	D	E	F
A		贰	发	罚	筏	伐	乏	阀	法	珐	藩	帆	番	翻	樊	矾
B	钒	繁	凡	烦	反	返	范	贩	犯	饭	泛	坊	芳	方	肪	房
C	防	妨	仿	访	纺	放	菲	非	啡	飞	肥	匪	诽	吠	肺	废
D	沸	费	芬	酚	吩	氛	分	纷	坟	焚	汾	粉	奋	份	忿	愤
E	粪	丰	封	枫	蜂	峰	锋	风	疯	烽	逢	冯	缝	讽	奉	凤
F	佛	否	夫	敷	肤	孵	扶	拂	辐	幅	氟	符	伏	俘	服	

B8	0	1	2	3	4	5	6	7	8	9	A	B	C	D	E	F
A		浮	涪	福	袱	弗	甫	抚	辅	俯	釜	斧	脯	腑	府	腐
B	赴	副	覆	赋	复	傅	付	阜	父	腹	负	富	讣	附	妇	缚
C	咐	噶	嘎	该	改	概	钙	盖	溉	干	甘	杆	柑	竿	肝	赶
D	感	秆	敢	赣	冈	刚	钢	缸	肛	纲	岗	港	杠	篙	皋	高
E	膏	羔	糕	搞	镐	稿	告	哥	歌	搁	戈	鸽	胳	疙	割	革
F	葛	格	蛤	阁	隔	铬	个	各	给	根	跟	耕	更	庚	羹	

双字节2区

B9	0	1	2	3	4	5	6	7	8	9	A	B	C	D	E	F
A		埂	耿	梗	工	攻	功	恭	龚	供	躬	公	宫	弓	巩	汞
B	拱	贡	共	钩	勾	沟	苟	狗	垢	构	购	够	辜	菇	咕	箍
C	估	沽	孤	姑	鼓	古	蛊	骨	谷	股	故	顾	固	雇	刮	瓜
D	剐	寡	挂	褂	乖	拐	怪	棺	关	官	冠	观	管	馆	罐	惯
E	灌	贯	光	广	逛	瑰	规	圭	硅	归	龟	闺	轨	鬼	诡	癸
F	桂	柜	跪	贵	刽	辊	滚	棍	锅	郭	国	果	裹	过	哈	

BA	0	1	2	3	4	5	6	7	8	9	A	B	C	D	E	F
A		骸	孩	海	氦	亥	害	骇	酣	憨	邯	韩	含	涵	寒	函
B	喊	罕	翰	撼	捍	旱	憾	悍	焊	汗	汉	夯	杭	航	壕	嚎
C	豪	毫	郝	好	耗	号	浩	呵	喝	荷	菏	核	禾	和	何	合
D	盒	貉	阂	河	涸	赫	褐	鹤	贺	嘿	黑	痕	很	狠	恨	哼
E	亨	横	衡	恒	轰	哄	烘	虹	鸿	洪	宏	弘	红	喉	侯	猴
F	吼	厚	候	后	呼	乎	忽	瑚	壶	葫	胡	蝴	狐	糊	湖	

BB	0	1	2	3	4	5	6	7	8	9	A	B	C	D	E	F
A		弧	虎	唬	护	互	沪	户	花	哗	华	猾	滑	画	划	化
B	话	槐	徊	怀	淮	坏	欢	环	桓	还	缓	换	患	唤	痪	豢
C	焕	涣	宦	幻	荒	慌	黄	磺	蝗	簧	皇	凰	惶	煌	晃	幌
D	恍	谎	灰	挥	辉	徽	恢	蛔	回	毁	悔	慧	卉	惠	晦	贿
E	秽	会	烩	汇	讳	诲	绘	荤	昏	婚	魂	浑	混	豁	活	伙
F	火	获	或	惑	霍	货	祸	击	圾	基	机	畸	稽	积	箕	

双字节2区

BC	0	1	2	3	4	5	6	7	8	9	A	B	C	D	E	F
A		肌	饥	迹	激	讥	鸡	姬	绩	缉	吉	极	棘	辑	籍	集
B	及	急	疾	汲	即	嫉	级	挤	几	脊	己	蓟	技	冀	季	伎
C	祭	剂	悸	济	寄	寂	计	记	既	忌	际	妓	继	纪	嘉	枷
D	夹	佳	家	加	荚	颊	贾	甲	钾	假	稼	价	架	驾	嫁	歼
E	监	坚	尖	笺	间	煎	兼	肩	艰	奸	缄	茧	检	柬	碱	硷
F	拣	捡	简	俭	剪	减	荐	槛	鉴	践	贱	见	键	箭	件	

BD	0	1	2	3	4	5	6	7	8	9	A	B	C	D	E	F
A		健	舰	剑	饯	渐	溅	涧	建	僵	姜	将	浆	江	疆	蒋
B	桨	奖	讲	匠	酱	降	蕉	椒	礁	焦	胶	交	郊	浇	骄	娇
C	嚼	搅	铰	矫	侥	脚	狡	角	饺	缴	绞	剿	教	酵	轿	较
D	叫	窖	揭	接	皆	秸	街	阶	截	劫	节	桔	杰	捷	睫	竭
E	洁	结	解	姐	戒	藉	芥	界	借	介	疥	诫	届	巾	筋	斤
F	金	今	津	襟	紧	锦	仅	谨	进	靳	晋	禁	近	烬	浸	

BE	0	1	2	3	4	5	6	7	8	9	A	B	C	D	E	F
A		尽	劲	荆	兢	茎	睛	晶	鲸	京	惊	精	粳	经	井	警
B	景	颈	静	境	敬	镜	径	痉	靖	竟	竞	净	炯	窘	揪	究
C	纠	玖	韭	久	灸	九	酒	厩	救	旧	臼	舅	咎	就	疚	鞠
D	拘	狙	疽	居	驹	菊	局	咀	矩	举	沮	聚	拒	据	巨	具
E	距	踞	锯	俱	句	惧	炬	剧	捐	鹃	娟	倦	眷	卷	绢	撅
F	攫	抉	掘	倔	爵	觉	决	诀	绝	均	菌	钧	军	君	峻	

双字节2区

BF	0	1	2	3	4	5	6	7	8	9	A	B	C	D	E	F
A		俊	竣	浚	郡	骏	喀	咖	卡	咯	开	揩	楷	凯	慨	刊
B	堪	勘	坎	砍	看	康	慷	糠	扛	抗	亢	炕	考	拷	烤	靠
C	坷	苛	柯	棵	磕	颗	科	壳	咳	可	渴	克	刻	客	课	肯
D	啃	垦	恳	坑	吭	空	恐	孔	控	抠	口	扣	寇	枯	哭	窟
E	苦	酷	库	裤	夸	垮	挎	跨	胯	块	筷	侩	快	宽	款	匡
F	筐	狂	框	矿	眶	旷	况	亏	盔	岿	窥	葵	奎	魁	傀	

C0	0	1	2	3	4	5	6	7	8	9	A	B	C	D	E	F
A		馈	愧	溃	坤	昆	捆	困	括	扩	廓	阔	垃	拉	喇	蜡
B	腊	辣	啦	莱	来	赖	蓝	婪	栏	拦	篮	阑	兰	澜	谰	揽
C	览	懒	缆	烂	滥	琅	榔	狼	廊	郎	朗	浪	捞	劳	牢	老
D	佬	姥	酪	烙	涝	勒	乐	雷	镭	蕾	磊	累	儡	垒	擂	肋
E	类	泪	棱	楞	冷	厘	梨	犁	黎	篱	狸	离	漓	理	李	里
F	鲤	礼	莉	荔	吏	栗	丽	厉	励	砾	历	利	傈	例	俐	

C1	0	1	2	3	4	5	6	7	8	9	A	B	C	D	E	F
A		痢	立	粒	沥	隶	力	璃	哩	俩	联	莲	连	镰	廉	怜
B	涟	帘	敛	脸	链	恋	炼	练	粮	凉	梁	粱	良	两	辆	量
C	晾	亮	谅	撩	聊	僚	疗	燎	寥	辽	潦	了	撂	镣	廖	料
D	列	裂	烈	劣	猎	琳	林	磷	霖	临	邻	鳞	淋	凛	赁	吝
E	拎	玲	菱	零	龄	铃	伶	羚	凌	灵	陵	岭	领	另	令	溜
F	琉	榴	硫	馏	留	刘	瘤	流	柳	六	龙	聋	咙	笼	窿	

双字节2区

C2	0	1	2	3	4	5	6	7	8	9	A	B	C	D	E	F
A		隆	垄	拢	陇	楼	娄	搂	篓	漏	陋	芦	卢	颅	庐	炉
B	掳	卤	虏	鲁	麓	碌	露	路	赂	鹿	潞	禄	录	陆	戮	驴
C	吕	铝	侣	旅	履	屡	缕	虑	氯	律	率	滤	绿	峦	挛	孪
D	滦	卵	乱	掠	略	抡	轮	伦	仑	沦	纶	论	萝	螺	罗	逻
E	锣	箩	骡	裸	落	洛	骆	络	妈	麻	玛	码	蚂	马	骂	嘛
F	吗	埋	买	麦	卖	迈	脉	瞒	馒	蛮	满	蔓	曼	慢	漫	

C3	0	1	2	3	4	5	6	7	8	9	A	B	C	D	E	F
A		谩	芒	茫	盲	氓	忙	莽	猫	茅	锚	毛	矛	铆	卯	茂
B	冒	帽	貌	贸	么	玫	枚	梅	酶	霉	煤	没	眉	媒	镁	每
C	美	昧	寐	妹	媚	门	闷	们	萌	蒙	檬	盟	锰	猛	梦	孟
D	眯	醚	靡	糜	迷	谜	弥	米	秘	觅	泌	蜜	密	幂	棉	眠
E	绵	冕	免	勉	娩	缅	面	苗	描	瞄	藐	秒	渺	庙	妙	蔑
F	灭	民	抿	皿	敏	悯	闽	明	螟	鸣	铭	名	命	谬	摸	

C4	0	1	2	3	4	5	6	7	8	9	A	B	C	D	E	F
A		摹	蘑	模	膜	磨	摩	魔	抹	末	莫	墨	默	沫	漠	寞
B	陌	谋	牟	某	拇	牡	亩	姆	母	墓	暮	幕	募	慕	木	目
C	睦	牧	穆	拿	哪	呐	钠	那	娜	纳	氖	乃	奶	耐	奈	南
D	男	难	囊	挠	脑	恼	闹	淖	呢	馁	内	嫩	能	妮	霓	倪
E	泥	尼	拟	你	匿	腻	逆	溺	蔫	拈	年	碾	撵	捻	念	娘
F	酿	鸟	尿	捏	聂	孽	啮	镊	镍	涅	您	柠	狞	凝	宁	

双字节2区

C5	0	1	2	3	4	5	6	7	8	9	A	B	C	D	E	F
A		拧	泞	牛	扭	钮	纽	脓	浓	农	弄	奴	努	怒	女	暖
B	虐	疟	挪	懦	糯	诺	哦	欧	鸥	殴	藕	呕	偶	沤	啪	趴
C	爬	帕	怕	琶	拍	排	牌	徘	湃	派	攀	潘	盘	磐	盼	畔
D	判	叛	乓	庞	旁	耪	胖	抛	咆	刨	炮	袍	跑	泡	呸	胚
E	培	裴	赔	陪	配	佩	沛	喷	盆	砰	抨	烹	澎	彭	蓬	棚
F	硼	篷	膨	朋	鹏	捧	碰	坯	砒	霹	批	披	劈	琵	毗	

C6	0	1	2	3	4	5	6	7	8	9	A	B	C	D	E	F
A		啤	脾	疲	皮	匹	痞	僻	屁	譬	篇	偏	片	骗	飘	漂
B	瓢	票	撇	瞥	拼	频	贫	品	聘	乒	坪	苹	萍	平	凭	瓶
C	评	屏	坡	泼	颇	婆	破	魄	迫	粕	剖	扑	铺	仆	莆	葡
D	菩	蒲	埔	朴	圃	普	浦	谱	曝	瀑	期	欺	栖	戚	妻	七
E	凄	漆	柒	沏	其	棋	奇	歧	畦	崎	脐	齐	旗	祈	祁	骑
F	起	岂	乞	企	启	契	砌	器	气	迄	弃	汽	泣	讫	掐	

C7	0	1	2	3	4	5	6	7	8	9	A	B	C	D	E	F
A		恰	洽	牵	扦	钎	铅	千	迁	签	仟	谦	乾	黔	钱	钳
B	前	潜	遣	浅	谴	堑	嵌	欠	歉	枪	呛	腔	羌	墙	蔷	强
C	抢	橇	锹	敲	悄	桥	瞧	乔	侨	巧	鞘	撬	翘	峭	俏	窍
D	切	茄	且	怯	窃	钦	侵	亲	秦	琴	勤	芹	擒	禽	寝	沁
E	青	轻	氢	倾	卿	清	擎	晴	氰	情	顷	请	庆	琼	穷	秋
F	丘	邱	球	求	囚	酋	泅	趋	区	蛆	曲	躯	屈	驱	渠	

双字节2区

C8	0	1	2	3	4	5	6	7	8	9	A	B	C	D	E	F
A		取	娶	龋	趣	去	圈	颧	权	醛	泉	全	痊	拳	犬	券
B	劝	缺	炔	瘸	却	鹊	榷	确	雀	裙	群	然	燃	冉	染	瓤
C	壤	攘	嚷	让	饶	扰	绕	惹	热	壬	仁	人	忍	韧	任	认
D	刃	妊	纫	扔	仍	日	戎	茸	蓉	荣	融	熔	溶	容	绒	冗
E	揉	柔	肉	茹	蠕	儒	孺	如	辱	乳	汝	入	褥	软	阮	蕊
F	瑞	锐	闰	润	若	弱	撒	洒	萨	腮	鳃	塞	赛	三	叁	

C9	0	1	2	3	4	5	6	7	8	9	A	B	C	D	E	F
A		伞	散	桑	嗓	丧	搔	骚	扫	嫂	瑟	色	涩	森	僧	莎
B	砂	杀	刹	沙	纱	傻	啥	煞	筛	晒	珊	苫	杉	山	删	煽
C	衫	闪	陕	擅	赡	膳	善	汕	扇	缮	墒	伤	商	赏	晌	上
D	尚	裳	梢	捎	稍	烧	芍	勺	韶	少	哨	邵	绍	奢	赊	蛇
E	舌	舍	赦	摄	射	慑	涉	社	设	砷	申	呻	伸	身	深	娠
F	绅	神	沈	审	婶	甚	肾	慎	渗	声	生	甥	牲	升	绳	

CA	0	1	2	3	4	5	6	7	8	9	A	B	C	D	E	F
A		省	盛	剩	胜	圣	师	失	狮	施	湿	诗	尸	虱	十	石
B	拾	时	什	食	蚀	实	识	史	矢	使	屎	驶	始	式	示	士
C	世	柿	事	拭	誓	逝	势	是	嗜	噬	适	仕	侍	释	饰	氏
D	市	恃	室	视	试	收	手	首	守	寿	授	售	受	瘦	兽	蔬
E	枢	梳	殊	抒	输	叔	舒	淑	疏	书	赎	孰	熟	薯	暑	曙
F	署	蜀	黍	鼠	属	术	述	树	束	戍	竖	墅	庶	数	漱	

双字节2区

CB	0	1	2	3	4	5	6	7	8	9	A	B	C	D	E	F
A		恕	刷	耍	摔	衰	甩	帅	栓	拴	霜	双	爽	谁	水	睡
B	税	吮	瞬	顺	舜	说	硕	朔	烁	斯	撕	嘶	思	私	司	丝
C	死	肆	寺	嗣	四	伺	似	饲	巳	松	耸	怂	颂	送	宋	讼
D	诵	搜	艘	擞	嗽	苏	酥	俗	素	速	粟	僳	塑	溯	宿	诉
E	肃	酸	蒜	算	虽	隋	随	绥	髓	碎	岁	穗	遂	隧	祟	孙
F	损	笋	蓑	梭	唆	缩	琐	索	锁	所	塌	他	它	她	塔	

CC	0	1	2	3	4	5	6	7	8	9	A	B	C	D	E	F
A		獭	挞	蹋	踏	胎	苔	抬	台	泰	酞	太	态	汰	坍	摊
B	贪	瘫	滩	坛	檀	痰	潭	谭	谈	坦	毯	袒	碳	探	叹	炭
C	汤	塘	搪	堂	棠	膛	唐	糖	倘	躺	淌	趟	烫	掏	涛	滔
D	绦	萄	桃	逃	淘	陶	讨	套	特	藤	腾	疼	誊	梯	剔	踢
E	锑	提	题	蹄	啼	体	替	嚏	惕	涕	剃	屉	天	添	填	田
F	甜	恬	舔	腆	挑	条	迢	眺	跳	贴	铁	帖	厅	听	烃	

CD	0	1	2	3	4	5	6	7	8	9	A	B	C	D	E	F
A		汀	廷	停	亭	庭	挺	艇	通	桐	酮	瞳	同	铜	彤	童
B	桶	捅	筒	统	痛	偷	投	头	透	凸	秃	突	图	徒	途	涂
C	屠	土	吐	兔	湍	团	推	颓	腿	蜕	褪	退	吞	屯	臀	拖
D	托	脱	鸵	陀	驮	驼	椭	妥	拓	唾	挖	哇	蛙	洼	娃	瓦
E	袜	歪	外	豌	弯	湾	玩	顽	丸	烷	完	碗	挽	晚	皖	惋
F	宛	婉	万	腕	汪	王	亡	枉	网	往	旺	望	忘	妄	威	

双字节2区

CE	0	1	2	3	4	5	6	7	8	9	A	B	C	D	E	F
A		巍	微	危	韦	违	桅	围	唯	惟	为	潍	维	苇	萎	委
B	伟	伪	尾	纬	未	蔚	味	畏	胃	喂	魏	位	渭	谓	尉	慰
C	卫	瘟	温	蚊	文	闻	纹	吻	稳	紊	问	嗡	翁	瓮	挝	蜗
D	涡	窝	我	斡	卧	握	沃	巫	呜	钨	乌	污	诬	屋	无	芜
E	梧	吾	吴	毋	武	五	捂	午	舞	伍	侮	坞	戊	雾	晤	物
F	勿	务	悟	误	昔	熙	析	西	硒	矽	晰	嘻	吸	锡	牺	

CF	0	1	2	3	4	5	6	7	8	9	A	B	C	D	E	F
A		稀	息	希	悉	膝	夕	惜	熄	烯	溪	汐	犀	檄	袭	席
B	习	媳	喜	铣	洗	系	隙	戏	细	瞎	虾	匣	霞	辖	暇	峡
C	侠	狭	下	厦	夏	吓	掀	锨	先	仙	鲜	纤	咸	贤	衔	舷
D	闲	涎	弦	嫌	显	险	现	献	县	腺	馅	羡	宪	陷	限	线
E	相	厢	镶	香	箱	襄	湘	乡	翔	祥	详	想	响	享	项	巷
F	橡	像	向	象	萧	硝	霄	削	哮	嚣	销	消	宵	淆	晓	

D0	0	1	2	3	4	5	6	7	8	9	A	B	C	D	E	F
A		小	孝	校	肖	啸	笑	效	楔	些	歇	蝎	鞋	协	挟	携
B	邪	斜	胁	谐	写	械	卸	蟹	懈	泄	泻	谢	屑	薪	芯	锌
C	欣	辛	新	忻	心	信	衅	星	腥	猩	惺	兴	刑	型	形	邢
D	行	醒	幸	杏	性	姓	兄	凶	胸	匈	汹	雄	熊	休	修	羞
E	朽	嗅	锈	秀	袖	绣	墟	戌	需	虚	嘘	须	徐	许	蓄	酗
F	叙	旭	序	畜	恤	絮	婿	绪	续	轩	喧	宣	悬	旋	玄	

双字节2区

D1	0	1	2	3	4	5	6	7	8	9	A	B	C	D	E	F
A		选	癣	眩	绚	靴	薛	学	穴	雪	血	勋	熏	循	旬	询
B	寻	驯	巡	殉	汛	训	讯	逊	迅	压	押	鸦	鸭	呀	丫	芽
C	牙	蚜	崖	衙	涯	雅	哑	亚	讶	焉	咽	阉	烟	淹	盐	严
D	研	蜒	岩	延	言	颜	阎	炎	沿	奄	掩	眼	衍	演	艳	堰
E	燕	厌	砚	雁	唁	彦	焰	宴	谚	验	殃	央	鸯	秧	杨	扬
F	佯	疡	羊	洋	阳	氧	仰	痒	养	样	漾	邀	腰	妖	瑶	

D2	0	1	2	3	4	5	6	7	8	9	A	B	C	D	E	F
A		摇	尧	遥	窑	谣	姚	咬	舀	药	要	耀	椰	噎	耶	爷
B	野	冶	也	页	掖	业	叶	曳	腋	夜	液	一	壹	医	揖	铱
C	依	伊	衣	颐	夷	遗	移	仪	胰	疑	沂	宜	姨	彝	椅	蚁
D	倚	已	乙	矣	以	艺	抑	易	邑	屹	亿	役	臆	逸	肄	疫
E	亦	裔	意	毅	忆	义	益	溢	诣	议	谊	译	异	翼	翌	绎
F	茵	荫	因	殷	音	阴	姻	吟	银	淫	寅	饮	尹	引	隐	

D3	0	1	2	3	4	5	6	7	8	9	A	B	C	D	E	F
A		印	英	樱	婴	鹰	应	缨	莹	萤	营	荧	蝇	迎	赢	盈
B	影	颖	硬	映	哟	拥	佣	臃	痈	庸	雍	踊	蛹	咏	泳	涌
C	永	恿	勇	用	幽	优	悠	忧	尤	由	邮	铀	犹	油	游	酉
D	有	友	右	佑	釉	诱	又	幼	迂	淤	于	盂	榆	虞	愚	舆
E	余	俞	逾	鱼	愉	渝	渔	隅	予	娱	雨	与	屿	禹	宇	语
F	羽	玉	域	芋	郁	吁	遇	喻	峪	御	愈	欲	狱	育	誉	

双字节2区

D4	0	1	2	3	4	5	6	7	8	9	A	B	C	D	E	F
A		浴	寓	裕	预	豫	驭	鸳	渊	冤	元	垣	袁	原	援	辕
B	园	员	圆	猿	源	缘	远	苑	愿	怨	院	曰	约	越	跃	钥
C	岳	粤	月	悦	阅	耘	云	郧	匀	陨	允	运	蕴	酝	晕	韵
D	孕	匝	砸	杂	栽	哉	灾	宰	载	再	在	咱	攒	暂	赞	赃
E	脏	葬	遭	糟	凿	藻	枣	早	澡	蚤	躁	噪	造	皂	灶	燥
F	责	择	则	泽	贼	怎	增	憎	曾	赠	扎	喳	渣	札	轧	

D5	0	1	2	3	4	5	6	7	8	9	A	B	C	D	E	F
A		铡	闸	眨	栅	榨	咋	乍	炸	诈	摘	斋	宅	窄	债	寨
B	瞻	毡	詹	粘	沾	盏	斩	辗	崭	展	蘸	栈	占	战	站	湛
C	绽	樟	章	彰	漳	张	掌	涨	杖	丈	帐	账	仗	胀	瘴	障
D	招	昭	找	沼	赵	照	罩	兆	肇	召	遮	折	哲	蛰	辙	者
E	锗	蔗	这	浙	珍	斟	真	甄	砧	臻	贞	针	侦	枕	疹	诊
F	震	振	镇	阵	蒸	挣	睁	征	狰	争	怔	整	拯	正	政	

D6	0	1	2	3	4	5	6	7	8	9	A	B	C	D	E	F
A		帧	症	郑	证	芝	枝	支	吱	蜘	知	肢	脂	汁	之	织
B	职	直	植	殖	执	值	侄	址	指	止	趾	只	旨	纸	志	挚
C	掷	至	致	置	帜	峙	制	智	秩	稚	质	炙	痔	滞	治	窒
D	中	盅	忠	钟	衷	终	种	肿	重	仲	众	舟	周	州	洲	诌
E	粥	轴	肘	帚	咒	皱	宙	昼	骤	珠	株	蛛	朱	猪	诸	诛
F	逐	竹	烛	煮	拄	瞩	嘱	主	著	柱	助	蛀	贮	铸	筑	

双字节2区

D7	0	1	2	3	4	5	6	7	8	9	A	B	C	D	E	F
A		住	注	祝	驻	抓	爪	拽	专	砖	转	撰	赚	篆	桩	庄
B	装	妆	撞	壮	状	椎	锥	追	赘	坠	缀	谆	准	捉	拙	卓
C	桌	琢	茁	酌	啄	着	灼	浊	兹	咨	资	姿	滋	淄	孜	紫
D	仔	籽	滓	子	自	渍	字	鬃	棕	踪	宗	综	总	纵	邹	走
E	奏	揍	租	足	卒	族	祖	诅	阻	组	钻	纂	嘴	醉	最	罪
F	尊	遵	昨	左	佐	柞	做	作	坐	座						

D8	0	1	2	3	4	5	6	7	8	9	A	B	C	D	E	F
A		亍	丌	兀	丐	廿	卅	丕	亘	丞	鬲	孬	噩	丨	禺	丿
B	匕	乇	夭	爻	卮	氐	囟	胤	馗	毓	睾	鼗	丶	亟	鼐	乜
C	乩	亓	芈	孛	啬	嘏	仄	厍	厝	厣	厥	厮	靥	赝	匚	叵
D	匦	匮	匾	赜	卦	卣	刂	刈	刎	刭	刳	刿	剀	剌	剞	剡
E	剜	蒯	剽	劂	劁	劐	劓	冂	罔	亻	仃	仉	仂	仨	仡	仫
F	仞	伛	仳	伢	佤	仵	伥	伧	伉	伫	佞	佧	攸	佚	佝	

D9	0	1	2	3	4	5	6	7	8	9	A	B	C	D	E	F
A		佟	佗	伲	伽	佶	佴	侑	侉	侃	侏	佾	佻	侪	佼	侬
B	侔	俦	俨	俪	俅	俚	俣	俜	俑	俟	俸	倩	偌	俳	倬	倏
C	倮	倭	俾	倜	倌	倥	倨	偾	偃	偕	偈	偎	偬	偻	傥	傧
D	傩	傺	僖	儆	僭	僬	僦	僮	儇	儋	仝	氽	佘	佥	俎	龠
E	汆	籴	兮	巽	黉	馘	冁	夔	勹	匍	訇	匐	凫	夙	兕	亠
F	兖	亳	衮	袤	亵	脔	裒	禀	嬴	蠃	羸	冫	冱	冽	冼	

双字节2区

DA	0	1	2	3	4	5	6	7	8	9	A	B	C	D	E	F
A		凇	冖	冢	冥	讠	讦	讧	讪	讴	讵	讷	诂	诃	诋	诏
B	诎	诒	诓	诔	诖	诘	诙	诜	诟	诠	诤	诨	诩	诮	诰	诳
C	诶	诹	诼	诿	谀	谂	谄	谇	谌	谏	谑	谒	谔	谕	谖	谙
D	谛	谘	谝	谟	谠	谡	谥	谧	谪	谫	谮	谯	谲	谳	谵	谶
E	卩	卺	阝	阢	阡	阱	阪	阽	阼	陂	陉	陔	陟	陧	陬	陲
F	陴	隈	隍	隗	隰	邗	邛	邝	邙	邬	邡	邴	邳	邶	邺	

DB	0	1	2	3	4	5	6	7	8	9	A	B	C	D	E	F
A		邸	邰	郏	郅	邾	郐	郄	郇	郓	郦	郢	郜	郗	郛	郫
B	郯	郾	鄄	鄢	鄞	鄣	鄱	鄯	鄹	酃	酆	刍	奂	劢	劬	劭
C	劾	哿	勐	勖	勰	叟	燮	矍	廴	凵	凼	鬯	厶	弁	畚	巯
D	坌	垩	垡	塾	墼	壅	壑	圩	圬	圪	圳	圹	圮	圯	坜	圻
E	坂	坩	垅	坫	垆	坼	坻	坨	坭	坶	坳	垭	垤	垌	垲	埏
F	垧	垴	垓	垠	埕	埘	埚	埙	埒	垸	埴	埯	埸	埤	埝	

DC	0	1	2	3	4	5	6	7	8	9	A	B	C	D	E	F
A		堋	堍	埽	埭	堀	堞	堙	塄	堠	塥	塬	墁	墉	墚	墀
B	馨	鼙	懿	艹	艽	艿	芏	芊	芨	芄	芎	芑	芗	芙	芫	芸
C	芾	芰	苈	苊	苣	芘	芷	芮	苋	苌	苁	芩	芴	芡	芪	芟
D	苄	苎	芤	苡	茉	苷	苤	茏	茇	苜	苴	苒	苘	茌	苻	苓
E	茑	茚	茆	茔	茕	苠	苕	茜	荑	荛	荜	茈	莒	茼	茴	茱
F	莛	荞	茯	荏	荇	荃	荟	荀	茗	荠	茭	茺	茳	荦	荥	

双字节2区

DD	0	1	2	3	4	5	6	7	8	9	A	B	C	D	E	F
A		荨	茛	荩	荬	荪	荭	荮	莰	荸	莳	莴	莠	莪	莓	莜
B	莅	荼	莶	莩	荽	莸	荻	莘	莞	莨	莺	莼	菁	萁	菥	菘
C	堇	萘	萋	菝	菽	菖	萜	萸	萑	萆	菔	菟	萏	萃	菸	菹
D	菪	菅	菀	萦	菰	菡	葜	葑	葚	葙	葳	蒇	蒈	葺	蒉	葸
E	萼	葆	葩	葶	蒌	蒎	萱	葭	蓁	蓍	蓐	蓦	蒽	蓓	蓊	蒿
F	蒺	蓠	蒡	蒹	蒴	蒗	蓥	蓣	蔌	甍	蔸	蓰	蔹	蔟	蔺	

DE	0	1	2	3	4	5	6	7	8	9	A	B	C	D	E	F
A		蕖	蔻	蓿	蓼	蕙	蕈	蕨	蕤	蕞	蕺	瞢	蕃	蕲	蕻	薤
B	薨	薇	薏	蕹	薮	薜	薅	薹	薷	薰	藓	藁	藜	藿	蘧	蘅
C	蘩	蘖	蘼	廾	弈	夼	奁	耷	奕	奚	奘	匏	尢	尥	尬	尴
D	扌	扪	抟	抻	拊	拚	拗	拮	挢	拶	挹	捋	捃	掭	揶	捱
E	捺	掎	掴	捭	掬	掊	捩	掮	掼	揲	揸	揠	揿	揄	揞	揎
F	摒	揆	掾	摅	摁	搋	搛	搠	搌	搦	搡	摞	撄	摭	撖	

DF	0	1	2	3	4	5	6	7	8	9	A	B	C	D	E	F
A		摺	撷	撸	撙	撺	擀	擐	擗	擤	擢	攉	攥	攮	弋	忒
B	甙	弑	卟	叱	叽	叩	叨	叻	吒	吖	吆	呋	呒	呓	呔	呖
C	呃	吡	呗	呙	吣	吲	咂	咔	呷	呱	呤	咚	咛	咄	呶	呦
D	咝	哐	咭	哂	咴	哒	咧	咦	哓	哔	呲	咣	哕	咻	咿	哌
E	哙	哚	哜	咩	咪	咤	哝	哏	哞	唛	哧	唠	哽	唔	哳	唢
F	唣	唏	唑	唧	唪	啧	喏	喵	啉	啭	啁	啕	唿	啐	唼	

双字节2区

E0	0	1	2	3	4	5	6	7	8	9	A	B	C	D	E	F
A		啧	啖	啵	啶	啷	唳	唰	啜	喋	嗒	喃	喱	喹	喈	喁
B	喟	啾	嗖	喑	啻	嗟	喽	喾	喔	喙	嗪	嗷	嗉	嘟	嗑	嗫
C	嗬	嗔	嗦	嗝	嗄	嗯	嗥	嗲	嗳	嗌	嗍	嗨	嗵	嗤	辔	嘞
D	嘈	嘌	嘁	嘤	嘣	嗾	嘀	嘧	嘭	噘	嘹	噗	嘬	噍	噢	噙
E	噜	噌	噔	嚆	噤	噱	噫	噻	噼	嚅	嚓	嚯	囔	囗	囝	囡
F	囵	囫	囹	囿	圄	圊	圉	圜	帏	帙	帔	帑	帱	帻	帼	

E1	0	1	2	3	4	5	6	7	8	9	A	B	C	D	E	F
A		帷	幄	幔	幛	幞	幡	岌	屺	岍	岐	岖	岈	岘	岙	岑
B	岚	岜	岵	岢	岽	岬	岫	岱	岣	峁	岷	峄	峒	峤	峋	峥
C	崂	崃	崧	崦	崮	崤	崞	崆	崛	嵘	崾	崴	崽	嵬	嵛	嵯
D	嵝	嵫	嵋	嵊	嵩	嵴	嶂	嶙	嶝	豳	嶷	巅	彳	彷	徂	徇
E	徉	後	徕	徙	徜	徨	徭	徵	徼	衢	彡	犭	犰	犴	犷	犸
F	狃	狁	狎	狍	狒	狨	狯	狩	狲	狴	狷	猁	狳	猃	狺	

E2	0	1	2	3	4	5	6	7	8	9	A	B	C	D	E	F
A		狻	猗	猓	猡	猊	猞	猝	猕	猢	猹	猥	猬	猸	猱	獐
B	獍	獗	獠	獬	獯	獾	舛	夥	飧	夤	夂	饣	饧	饨	饩	饪
C	饫	饬	饴	饷	饽	馀	馄	馇	馊	馍	馐	馑	馓	馔	馕	庀
D	庑	庋	庖	庥	庠	庹	庵	庾	庳	赓	廒	廑	廛	廨	廪	膺
E	忄	忉	忖	忏	怃	忮	怄	忡	忤	忾	怅	怆	忪	忭	忸	怙
F	怵	怦	怛	怏	怍	怩	怫	怊	怿	怡	恸	恹	恻	恺	恂	

双字节2区

E3	0	1	2	3	4	5	6	7	8	9	A	B	C	D	E	F
A		恪	恽	悖	悚	悭	悝	悃	悒	悌	悛	惬	悻	悱	惝	惘
B	惆	惚	悴	愠	愦	愕	愣	惴	愀	愎	愫	慊	慵	憬	憔	憧
C	憷	懔	懵	忝	隳	闩	闫	闱	闳	闵	闶	闼	闾	阃	阄	阆
D	阈	阊	阋	阌	阍	阏	阒	阕	阖	阗	阙	阚	丬	爿	戕	氵
E	汔	汜	汊	沣	沅	沐	沔	沌	汨	汩	汴	汶	沆	沩	泐	泔
F	沭	泷	泸	泱	泗	沲	泠	泖	泺	泫	泮	沱	泓	泯	泾	

E4	0	1	2	3	4	5	6	7	8	9	A	B	C	D	E	F
A		洹	洧	洌	浃	浈	洇	洄	洙	洎	洫	浍	洮	洵	洚	浏
B	浒	浔	洳	涑	浯	涞	涠	浞	涓	涔	浜	浠	浼	浣	渚	淇
C	淅	淞	渎	涿	淠	渑	淦	淝	淙	渖	涫	渌	涮	渫	湮	湎
D	湫	溲	湟	溆	湓	湔	渲	渥	湄	滟	溱	溘	滠	漭	滢	溥
E	溧	溽	溻	溷	滗	溴	滏	溏	滂	溟	潢	潆	潇	漤	漕	滹
F	漯	漶	潋	潴	漪	漉	漩	澉	澍	澌	潸	潲	潼	潺	濑	

E5	0	1	2	3	4	5	6	7	8	9	A	B	C	D	E	F
A		濉	澧	澹	澶	濂	濡	濮	濞	濠	濯	瀚	瀣	瀛	瀹	瀵
B	灏	灞	宀	宄	宕	宓	宥	宸	甯	骞	搴	寤	寮	褰	寰	蹇
C	謇	辶	迓	迕	迥	迮	迤	迩	迦	迳	迨	逅	逄	逋	逦	逑
D	逍	逖	逡	逵	逶	逭	逯	遄	遑	遒	遐	遨	遘	遢	遛	暹
E	遴	遽	邂	邈	邃	邋	彐	彗	彖	彘	尻	咫	屐	屙	孱	屣
F	屦	羼	弪	弩	弭	艴	弼	鬻	屮	妁	妃	妍	妩	妪	妣	

双字节2区

E6	0	1	2	3	4	5	6	7	8	9	A	B	C	D	E	F
A		妗	姊	妫	妞	妤	姒	妲	妯	姗	妾	娅	娆	姝	娈	姣
B	姘	姹	娌	娉	娲	娴	娑	娣	娓	婀	婧	婊	婕	娼	婢	婵
C	胬	媪	媛	婷	婺	媾	嫫	媲	嫒	嫔	媸	嫠	嫣	嫱	嫖	嫦
D	嫘	嫜	嬉	嬗	嬖	嬲	嬷	孀	尕	尜	孚	孥	孳	孑	孓	孢
E	驵	驷	驸	驺	驿	驽	骀	骁	骅	骈	骊	骐	骒	骓	骖	骘
F	骛	骜	骝	骟	骠	骢	骣	骥	骧	纟	纡	纣	纥	纨	纩	

E7	0	1	2	3	4	5	6	7	8	9	A	B	C	D	E	F
A		纭	纰	纾	绀	绁	绂	绉	绋	绌	绐	绔	绗	绛	绠	绡
B	绨	绫	绮	绯	绱	绲	缍	绶	绺	绻	绾	缁	缂	缃	缇	缈
C	缋	缌	缏	缑	缒	缗	缙	缜	缛	缟	缡	缢	缣	缤	缥	缦
D	缧	缪	缫	缬	缭	缯	缰	缱	缲	缳	缵	幺	畿	巛	甾	邕
E	玎	玑	玮	玢	玟	珏	珂	珑	玷	玳	珀	珉	珈	珥	珙	顼
F	琊	珩	珧	珞	玺	珲	琏	琪	瑛	琦	琥	琨	琰	琮	琬	

E8	0	1	2	3	4	5	6	7	8	9	A	B	C	D	E	F
A		琛	琚	瑁	瑜	瑗	瑕	瑙	瑷	瑭	瑾	璜	璎	璀	璁	璇
B	璋	璞	璨	璩	璐	璧	瓒	璺	韪	韫	韬	杌	杓	杞	杈	杩
C	枥	枇	杪	杳	枘	枧	杵	枨	枞	枭	枋	杷	杼	柰	栉	柘
D	栊	柩	枰	栌	柙	枵	柚	枳	柝	栀	柃	枸	柢	栎	柁	柽
E	栲	栳	桠	桡	桎	桢	桄	桤	梃	栝	桕	桦	桁	桧	桀	栾
F	桊	桉	栩	梵	梏	桴	桷	梓	桫	棂	楮	棼	椟	椠	棹	

双字节2区

E9	0	1	2	3	4	5	6	7	8	9	A	B	C	D	E	F
A		椤	棰	椋	椁	楗	棣	椐	楱	椹	楠	楂	楝	榄	楫	榀
B	榘	楸	椴	槌	榇	榈	槎	榉	楦	楣	楹	榛	榧	榻	榫	榭
C	槔	榱	槁	槊	槟	榕	槠	榍	槿	樯	槭	樗	樘	橥	槲	橄
D	樾	檠	橐	橛	樵	檎	橹	樽	樨	橘	橼	檑	檐	檩	檗	檫
E	猷	獒	殁	殂	殇	殄	殒	殓	殍	殚	殛	殡	殪	轫	轭	轱
F	轲	轳	轵	轶	轸	轷	轹	轺	轼	轾	辁	辂	辄	辇	辋	

EA	0	1	2	3	4	5	6	7	8	9	A	B	C	D	E	F
A		辍	辎	辏	辘	辚	軎	戋	戗	戛	戟	戢	戡	戥	戤	戬
B	臧	瓯	瓴	瓿	甏	甑	甓	攴	旮	旯	旰	昊	昙	杲	昃	昕
C	昀	炅	曷	昝	昴	昱	昶	昵	耆	晟	晔	晁	晏	晖	晡	晗
D	晷	暄	暌	暧	暝	暾	曛	曜	曦	曩	贲	贳	贶	贻	贽	赀
E	赅	赆	赈	赉	赇	赍	赕	赙	觇	觊	觋	觌	觎	觏	觐	觑
F	牮	犟	牝	牦	牯	牾	牿	犄	犋	犍	犏	犒	挈	挲	掰	

EB	0	1	2	3	4	5	6	7	8	9	A	B	C	D	E	F
A		搿	擘	耄	毪	毳	毽	毵	毹	氅	氇	氆	氍	氕	氘	氙
B	氚	氡	氩	氤	氪	氲	攵	敕	敫	牍	牒	牖	爰	虢	刖	肟
C	肜	肓	肼	朊	肽	肱	肫	肭	肴	肷	胧	胨	胩	胪	胛	胂
D	胄	胙	胍	胗	朐	胝	胫	胱	胴	胭	脍	脎	胲	胼	朕	脒
E	豚	脶	脞	脬	脘	脲	腈	腌	腓	腴	腙	腚	腱	腠	腩	腼
F	腽	腭	腧	塍	媵	膈	膂	膑	滕	膣	膪	臌	朦	臊	膻	

双字节2区

EC	0	1	2	3	4	5	6	7	8	9	A	B	C	D	E	F
A		臁	膦	欤	欷	欹	歃	歆	歙	飑	飒	飓	飕	飙	飚	殳
B	彀	毂	觳	斐	齑	斓	於	旆	旄	旃	旌	旎	旒	旖	炀	炜
C	炖	炝	炻	烀	炷	炫	炱	烨	烊	焐	焓	焖	焯	焱	煳	煜
D	煨	煅	煲	煊	煸	煺	熘	熳	熵	熨	熠	燠	燔	燧	燹	爝
E	爨	灬	焘	煦	熹	戾	戽	扃	扈	扉	礻	祀	祆	祉	祛	祜
F	祓	祚	祢	祗	祠	祯	祧	祺	禅	禊	禚	禧	禳	忑	忐	

ED	0	1	2	3	4	5	6	7	8	9	A	B	C	D	E	F
A		怼	恝	恚	恧	恁	恙	恣	悫	愆	愍	慝	憩	憝	懋	懑
B	戆	肀	聿	沓	泶	淼	矶	矸	砀	砉	砗	砘	砑	斫	砭	砜
C	砝	砹	砺	砻	砟	砼	砥	砬	砣	砩	硎	硭	硖	硗	砦	硐
D	硇	硌	硪	碛	碓	碚	碇	碜	碡	碣	碲	碹	碥	磔	磙	磉
E	磬	磲	礅	磴	礓	礤	礞	礴	龛	黹	黻	黼	盱	眄	眍	盹
F	眇	眈	眚	眢	眙	眭	眦	眵	眸	睐	睑	睇	睃	睚	睨	

EE	0	1	2	3	4	5	6	7	8	9	A	B	C	D	E	F
A		睢	睥	睿	瞍	睽	瞀	瞌	瞑	瞟	瞠	瞰	瞵	瞽	町	畀
B	畎	畋	畈	畛	畲	畹	疃	罘	罡	罟	詈	罨	罴	罱	罹	羁
C	罾	盍	盥	蠲	钅	钆	钇	钋	钊	钌	钍	钏	钐	钔	钗	钕
D	钚	钛	钜	钣	钤	钫	钪	钭	钬	钯	钰	钲	钴	钶	钷	钸
E	钹	钺	钼	钽	钿	铄	铈	铉	铊	铋	铌	铍	铎	铐	铑	铒
F	铕	铖	铗	铙	铘	铛	铞	铟	铠	铢	铤	铥	铧	铨	铪	

双字节2区

EF	0	1	2	3	4	5	6	7	8	9	A	B	C	D	E	F
A		铩	铫	铮	铯	铳	铴	铵	铷	铹	铼	铽	铿	锃	锂	锆
B	锇	锉	锊	锍	锎	锏	锒	锓	锔	锕	锖	锘	锛	锝	锞	锟
C	锢	锪	锫	锩	锬	锱	锲	锴	锶	锷	锸	锼	锾	锿	镂	锵
D	镄	镅	镆	镉	镌	镎	镏	镒	镓	镔	镖	镗	镘	镙	镛	镞
E	镟	镝	镡	镢	镤	镥	镦	镧	镨	镩	镪	镫	镬	镯	镱	镲
F	镳	锺	矧	矬	雉	秕	秭	秣	秫	稆	嵇	稃	稂	稞	稔	

F0	0	1	2	3	4	5	6	7	8	9	A	B	C	D	E	F
A		稹	稷	穑	黏	馥	穰	皈	皎	皓	皙	皤	瓞	瓠	甬	鸠
B	鸢	鸨	鸩	鸪	鸫	鸬	鸲	鸱	鸶	鸸	鸷	鸹	鸺	鸾	鹁	鹂
C	鹄	鹆	鹇	鹈	鹉	鹋	鹌	鹎	鹑	鹕	鹗	鹚	鹛	鹜	鹞	鹣
D	鹦	鹧	鹨	鹩	鹪	鹫	鹬	鹱	鹭	鹳	疒	疔	疖	疠	疝	疬
E	疣	疳	疴	疸	痄	疱	疰	痃	痂	痖	痍	痣	痨	痦	痤	痫
F	痧	瘃	痱	痼	痿	瘐	瘀	瘅	瘌	瘗	瘊	瘥	瘘	瘕	瘙	

F1	0	1	2	3	4	5	6	7	8	9	A	B	C	D	E	F
A		瘛	瘼	瘢	瘠	癀	瘭	瘰	瘿	瘵	癃	瘾	瘳	癍	癞	癔
B	癜	癖	癫	癯	翊	竦	穸	穹	窀	窆	窈	窕	窦	窠	窬	窨
C	窭	窳	衤	衩	衲	衽	衿	袂	袢	裆	袷	袼	裉	裢	裎	裣
D	裥	裱	褚	裼	裨	裾	裰	褡	褙	褓	褛	褊	褴	褫	褶	襁
E	襦	襻	疋	胥	皲	皴	矜	耒	耔	耖	耜	耠	耢	耥	耦	耧
F	耩	耨	耱	耋	耵	聃	聆	聍	聒	聩	聱	覃	顸	颀	颃	

双字节2区

F2	0	1	2	3	4	5	6	7	8	9	A	B	C	D	E	F
A		颉	颌	颍	颏	颔	颚	颛	颞	颟	颡	颢	颥	颦	虍	虔
B	虬	虮	虿	虺	虼	虻	蚨	蚍	蚋	蚬	蚝	蚧	蚣	蚪	蚓	蚩
C	蚶	蛄	蚵	蛎	蚰	蚺	蚱	蚯	蛉	蛏	蚴	蛩	蛱	蛲	蛭	蛳
D	蛐	蜓	蛞	蛴	蛟	蛘	蛑	蜃	蜇	蛸	蜈	蜊	蜍	蜉	蜣	蜻
E	蜞	蜥	蜮	蜚	蜾	蝈	蜴	蜱	蜩	蜷	蜿	螂	蜢	蝽	蝾	蝻
F	蝠	蝰	蝌	蝮	螋	蝓	蝣	蝼	蝤	蝙	蝥	螓	螯	螨	蟒	

F3	0	1	2	3	4	5	6	7	8	9	A	B	C	D	E	F
A		蟆	螈	螅	螭	螗	螃	螫	蟥	螬	螵	螳	蟋	蟓	螽	蟑
B	蟀	蟊	蟛	蟪	蟠	蟮	蠖	蠓	蟾	蠊	蠛	蠡	蠹	蠼	缶	罂
C	罄	罅	舐	竺	竽	笈	笃	笄	笕	笊	笫	笏	筇	笸	笪	笙
D	笮	笱	笠	笥	笤	笳	笾	笞	筘	筚	筅	筵	筌	筝	筠	筮
E	筻	筢	筲	筱	箐	箦	箧	箸	箬	箝	箨	箅	箪	箜	箢	箫
F	箴	篑	篁	篌	篝	篚	篥	篦	篪	簌	篾	篼	簏	簖	簋	

F4	0	1	2	3	4	5	6	7	8	9	A	B	C	D	E	F
A		簟	簪	簦	簸	籁	籀	臾	舁	舂	舄	臬	衄	舡	舢	舣
B	舭	舯	舨	舫	舸	舻	舳	舴	舾	艄	艉	艋	艏	艚	艟	艨
C	衾	袅	袈	裘	裟	襞	羝	羟	羧	羯	羰	羲	籼	敉	粑	粝
D	粜	粞	粢	粲	粼	粽	糁	糇	糌	糍	糈	糅	糗	糨	艮	暨
E	羿	翎	翕	翥	翡	翦	翩	翮	翳	糸	絷	綦	綮	繇	纛	麸
F	麴	赳	趄	趔	趑	趱	赧	赭	豇	豉	酊	酐	酎	酏	酤	

双字节2区

F5	0	1	2	3	4	5	6	7	8	9	A	B	C	D	E	F
A		酢	酡	酰	酩	酯	酽	酾	酲	酴	酹	醌	醅	醐	醍	醑
B	醢	醣	醪	醭	醮	醯	醵	醴	醺	豕	鹾	趸	跫	踅	蹙	蹩
C	趵	趿	趼	趺	跄	跖	跗	跚	跞	跎	跏	跛	跆	跬	跷	跸
D	跣	跹	跻	跤	踉	跽	踔	踝	踟	踬	踮	踣	踯	踺	蹀	踹
E	踵	踽	踱	蹉	蹁	蹂	蹑	蹒	蹊	蹰	蹶	蹼	蹯	蹴	躅	躏
F	躔	躐	躜	躞	豸	貂	貊	貅	貘	貔	斛	觖	觞	觚	觜	

F6	0	1	2	3	4	5	6	7	8	9	A	B	C	D	E	F
A		觥	觫	觯	訾	謦	靓	雩	雳	雯	霆	霁	霈	霏	霎	霪
B	霭	霰	霾	龀	龃	龅	龆	龇	龈	龉	龊	龌	黾	鼋	鼍	隹
C	隼	隽	雎	雒	瞿	雠	銎	銮	鋈	錾	鍪	鏊	鎏	鐾	鑫	鱿
D	鲂	鲅	鲆	鲇	鲈	稣	鲋	鲎	鲐	鲑	鲒	鲔	鲕	鲚	鲛	鲞
E	鲟	鲠	鲡	鲢	鲣	鲥	鲦	鲧	鲨	鲩	鲫	鲭	鲮	鲰	鲱	鲲
F	鲳	鲴	鲵	鲶	鲷	鲺	鲻	鲼	鲽	鳄	鳅	鳆	鳇	鳊	鳋	

F7	0	1	2	3	4	5	6	7	8	9	A	B	C	D	E	F
A		鳌	鳍	鳎	鳏	鳐	鳓	鳔	鳕	鳗	鳘	鳙	鳜	鳝	鳟	鳢
B	靼	鞅	鞑	鞒	鞔	鞯	鞫	鞣	鞲	鞴	骱	骰	骷	鹘	骶	骺
C	骼	髁	髀	髅	髂	髋	髌	髑	魅	魃	魇	魉	魈	魍	魑	飨
D	餍	餮	饕	饔	髟	髡	髦	髯	髫	髻	髭	髹	鬈	鬏	鬓	鬟
E	鬣	麽	麾	縻	麂	麇	麈	麋	麒	鏖	麝	麟	黛	黜	黝	黠
F	黟	黢	黩	黧	黥	黪	黯	鼢	鼬	鼯	鼹	鼷	鼽	鼾	齄	

双字节3区

81	0	1	2	3	4	5	6	7	8	9	A	B	C	D	E	F
4	丂	丄	丅	丆	丏	丒	丗	丟	丠	両	丣	並	丩	丮	丯	丱
5	丳	丵	丷	丼	乀	乁	乂	乄	乆	乊	乑	乕	乗	乚	乛	乢
6	乣	乤	乥	乧	乨	乪	乫	乬	乭	乮	乯	乲	乴	乵	乶	乷
7	乸	乹	乺	乻	乼	乽	乿	亀	亁	亂	亃	亄	亅	亇	亊	
8	亐	亖	亗	亙	亜	亝	亞	亣	亪	亯	亰	亱	亴	亶	亷	亸
9	亹	亼	亽	亾	仈	仌	仏	仐	仒	仚	仛	仜	仠	仢	仦	仧
A	仩	仭	仮	仯	仱	仴	仸	仹	仺	仼	仾	伀	伂	伃	伄	伅
B	伆	伇	伈	伋	伌	伒	伓	伔	伕	伖	伜	伝	伡	伣	伨	伩
C	伬	伭	伮	伱	伳	伵	伷	伹	伻	伾	伿	佀	佁	佂	佄	佅
D	佇	佈	佉	佊	佋	佌	佒	佔	佖	佡	佢	佦	佨	佪	佫	佭
E	佮	佱	佲	併	佷	佸	佹	佺	佽	侀	侁	侂	侅	來	侇	侊
F	侌	侎	侐	侒	侓	侕	侖	侘	侙	侚	侜	侞	侟	価	侢	

82	0	1	2	3	4	5	6	7	8	9	A	B	C	D	E	F
4	侤	侫	侭	侰	侱	侲	侳	侴	侶	侷	侸	侹	侺	侻	侼	侽
5	侾	俀	俁	係	俆	俇	俈	俉	俋	俌	俍	俒	俓	俔	俕	俖
6	俙	俛	俠	俢	俤	俥	俧	俫	俬	俰	俲	俴	俵	俶	俷	俹
7	俻	俼	俽	俿	倀	倁	倂	倃	倄	倅	倆	倇	倈	倉	倊	
8	個	倎	倐	們	倓	倕	倖	倗	倛	倝	倞	倠	倢	倣	値	倧
9	倫	倯	倰	倱	倲	倳	倴	倵	倶	倷	倸	倹	倻	倽	倿	偀
A	偁	偂	偄	偅	偆	偉	偊	偋	偍	偐	偑	偒	偓	偔	偖	偗
B	偘	偙	偛	偝	偞	偟	偠	偡	偢	偣	偤	偦	偧	偨	偩	偪
C	偫	偭	偮	偯	偰	偱	偲	偳	側	偵	偸	偹	偺	偼	偽	傁
D	傂	傃	傄	傆	傇	傉	傊	傋	傌	傎	傏	傐	傑	傒	傓	傔
E	傕	傖	傗	傘	備	傚	傛	傜	傝	傞	傟	傠	傡	傢	傤	傦
F	傪	傫	傭	傮	傯	傰	傱	傳	傴	債	傶	傷	傸	傹	傼	

双字节3区

83	0	1	2	3	4	5	6	7	8	9	A	B	C	D	E	F
4	傽	傾	傿	僀	僁	僂	僃	僄	僅	僆	僇	僈	僉	僊	僋	僌
5	働	僎	僐	僑	僒	僓	僔	僕	僗	僘	僙	僛	僜	僝	僞	僟
6	僠	僡	僢	僣	僤	僥	僨	僩	僪	僫	僯	僰	僱	僲	僴	僶
7	僷	僸	價	僺	僼	僽	僾	僿	儀	儁	儂	儃	億	儅	儈	
8	儉	儊	儌	儍	儎	儏	儐	儑	儓	儔	儕	儖	儗	儘	儙	儚
9	儛	儜	儝	儞	償	儠	儢	儣	儤	儥	儦	儧	儨	儩	優	儫
A	儬	儭	儮	儯	儰	儱	儲	儳	儴	儵	儶	儷	儸	儹	儺	儻
B	儼	儽	儾	兂	兇	兊	兌	兎	兏	児	兒	兓	兗	兘	兙	兛
C	兝	兞	兟	兠	兡	兣	兤	兦	內	兩	兪	兯	兲	兺	兾	兿
D	冃	冄	円	冇	冊	冋	冎	冏	冐	冑	冓	冔	冘	冚	冝	冞
E	冟	冡	冣	冦	冧	冨	冩	冪	冭	冮	冴	冸	冹	冺	冾	冿
F	凁	凂	凃	凅	凈	凊	凍	凎	凐	凒	凓	凔	凕	凖	凗	

84	0	1	2	3	4	5	6	7	8	9	A	B	C	D	E	F
4	凘	凙	凚	凜	凞	凟	凢	凣	凥	処	凧	凨	凩	凪	凬	凮
5	凱	凲	凴	凷	凾	刄	刅	刉	刋	刌	刏	刐	刓	刔	刕	刜
6	刞	刟	刡	刢	刣	別	刦	刧	刪	刬	刯	刱	刲	刴	刵	刼
7	刾	剄	剅	剆	則	剈	剉	剋	剎	剏	剒	剓	剕	剗	剘	
8	剙	剚	剛	剝	剟	剠	剢	剣	剤	剦	剨	剫	剬	剭	剮	剰
9	剱	剳	剴	創	剶	剷	剸	剹	剺	剻	剼	剾	劀	劃	劄	劅
A	劆	劇	劉	劊	劋	劌	劍	劎	劏	劑	劒	劔	劕	劖	劗	劘
B	劙	劚	劜	劤	劥	劦	劧	劮	劯	劰	労	劵	劶	劷	劸	効
C	劺	劻	劼	劽	勀	勁	勂	勄	勅	勆	勈	勊	勌	勍	勎	勏
D	勑	勓	勔	動	勗	務	勚	勛	勜	勝	勞	勠	勡	勢	勣	勥
E	勦	勧	勨	勩	勪	勫	勬	勭	勮	勯	勱	勲	勳	勴	勵	勶
F	勷	勸	勻	勼	勽	匁	匂	匃	匄	匇	匉	匊	匋	匌	匎	

双字节3区

85	0	1	2	3	4	5	6	7	8	9	A	B	C	D	E	F
4	匑	匒	匓	匔	匘	匛	匜	匞	匟	匢	匤	匥	匧	匨	匩	匫
5	匬	匭	匯	匰	匱	匲	匳	匴	匵	匶	匷	匸	匼	匽	區	卂
6	卄	卆	卋	卌	卍	卐	協	単	卙	卛	卝	卥	卨	卪	卬	卭
7	卲	卶	卹	卻	卼	卽	卾	厀	厁	厃	厇	厈	厊	厎	厏	
8	厐	厑	厒	厓	厔	厖	厗	厙	厛	厜	厞	厠	厡	厤	厧	厪
9	厫	厬	厭	厯	厰	厱	厲	厳	厴	厵	厷	厸	厹	厺	厼	厽
A	厾	叀	參	叄	叅	叆	叇	収	叏	叐	叒	叓	叕	叚	叜	叝
B	叞	叡	叢	叧	叴	叺	叾	叿	吀	吂	吅	吇	吋	吔	吘	吙
C	吚	吜	吢	吤	吥	吪	吰	吳	吶	吷	吺	吽	吿	呁	呂	呄
D	呅	呇	呉	呌	呍	呎	呏	呑	呚	呝	呞	呟	呠	呡	呣	呥
E	呧	呩	呪	呫	呬	呭	呮	呯	呰	呴	呹	呺	呾	呿	咁	咃
F	咅	咇	咈	咉	咊	咍	咑	咓	咗	咘	咜	咞	咟	咠	咡	

86	0	1	2	3	4	5	6	7	8	9	A	B	C	D	E	F
4	咢	咥	咮	咰	咲	咵	咶	咷	咹	咺	咼	咾	哃	哅	哊	哋
5	哖	哘	哛	哠	員	哢	哣	哤	哫	哬	哯	哰	哱	哴	哵	哶
6	哷	哸	哹	哻	哾	唀	唂	唃	唄	唅	唈	唊	唋	唌	唍	唎
7	唒	唓	唕	唖	唗	唘	唙	唚	唜	唝	唞	唟	唡	唥	唦	
8	唨	唩	唫	唭	唲	唴	唵	唶	唸	唹	唺	唻	唽	啀	啂	啅
9	啇	啈	啋	啌	啍	啎	問	啑	啒	啓	啔	啗	啘	啙	啚	啛
A	啝	啞	啟	啠	啢	啣	啨	啩	啫	啯	啰	啱	啲	啳	啴	啹
B	啺	啽	啿	喅	喆	喌	喍	喎	喐	喒	喓	喕	喖	喗	喚	喛
C	喞	喠	喡	喢	喣	喤	喥	喦	喨	喩	喪	喫	喬	喭	單	喯
D	喰	喲	喴	営	喸	喺	喼	喿	嗀	嗁	嗂	嗃	嗆	嗇	嗈	嗊
E	嗋	嗎	嗏	嗐	嗕	嗗	嗘	嗙	嗚	嗛	嗞	嗠	嗢	嗧	嗩	嗭
F	嗮	嗰	嗱	嗴	嗶	嗸	嗹	嗺	嗻	嗼	嗿	嘂	嘃	嘄	嘅	

双字节3区

87	0	1	2	3	4	5	6	7	8	9	A	B	C	D	E	F
4	嘆	嘇	嘊	嘋	嘍	嘐	嘑	嘒	嘓	嘔	嘕	嘖	嘗	嘙	嘚	嘜
5	嘝	嘠	嘡	嘢	嘥	嘦	嘨	嘩	嘪	嘫	嘮	嘯	嘰	嘳	嘵	嘷
6	嘸	嘺	嘼	嘽	嘾	噀	噁	噂	噃	噄	噅	噆	噇	噈	噉	噊
7	噋	噏	噐	噑	噒	噓	噕	噖	噚	噛	噝	噞	噟	噠	噡	
8	噣	噥	噦	噧	噭	噮	噯	噰	噲	噳	噴	噵	噷	噸	噹	噺
9	噽	噾	噿	嚀	嚁	嚂	嚃	嚄	嚇	嚈	嚉	嚊	嚋	嚌	嚍	嚐
A	嚑	嚒	嚔	嚕	嚖	嚗	嚘	嚙	嚚	嚛	嚜	嚝	嚞	嚟	嚠	嚡
B	嚢	嚤	嚥	嚦	嚧	嚨	嚩	嚪	嚫	嚬	嚭	嚮	嚰	嚱	嚲	嚳
C	嚴	嚵	嚶	嚸	嚹	嚺	嚻	嚽	嚾	嚿	囀	囁	囂	囃	囄	囅
D	囆	囇	囈	囉	囋	囌	囍	囎	囏	囐	囑	囒	囓	囕	囖	囘
E	囙	囜	団	囥	囦	囧	囨	囩	囪	囬	囮	囯	囲	図	囶	囷
F	囸	囻	囼	圀	圁	圂	圅	圇	國	圌	圍	圎	圏	圐	圑	

88	0	1	2	3	4	5	6	7	8	9	A	B	C	D	E	F
4	園	圓	圔	圕	圖	圗	團	圙	圚	圛	圝	圞	圠	圡	圢	圤
5	圥	圦	圧	圫	圱	圲	圴	圵	圶	圷	圸	圼	圽	圿	坁	坃
6	坄	坅	坆	坈	坉	坋	坒	坓	坔	坕	坖	坘	坙	坢	坣	坥
7	坧	坬	坮	坰	坱	坲	坴	坵	坸	坹	坺	坽	坾	坿	垀	
8	垁	垇	垈	垉	垊	垍	垎	垏	垐	垑	垔	垕	垖	垗	垘	垙
9	垚	垜	垝	垞	垟	垥	垨	垪	垬	垯	垰	垱	垳	垵	垶	垷
A	垹	垺	垻	垼	垽	垾	垿	埀	埁	埄	埅	埆	埇	埈	埉	埊
B	埌	埍	埐	埑	埓	埖	埗	埛	埜	埞	埡	埢	埣	埥	埦	埧
C	埨	埩	埪	埫	埬	埮	埰	埱	埲	埳	埵	埶	執	埻	埼	埾
D	埿	堁	堃	堄	堅	堈	堉	堊	堌	堎	堏	堐	堒	堓	堔	堖
E	堗	堘	堚	堛	堜	堝	堟	堢	堣	堥	堦	堧	堨	堩	堫	堬
F	堭	堮	堯	報	堲	堳	場	堶	堷	堸	堹	堺	堻	堼	堽	

双字节3区

89	0	1	2	3	4	5	6	7	8	9	A	B	C	D	E	F
4	堾	堿	塀	塁	塂	塃	塅	塆	塇	塈	塉	塊	塋	塎	塏	塐
5	塒	塓	塕	塖	塗	塙	塚	塛	塜	塝	塟	塠	塡	塢	塣	塤
6	塦	塧	塨	塩	塪	塭	塮	塯	塰	塱	塲	塳	塴	塵	塶	塷
7	塸	塹	塺	塻	塼	塽	塿	墂	墄	墆	墇	墈	墊	墋	墌	
8	墍	墎	墏	墐	墑	墔	墕	墖	増	墘	墛	墜	墝	墠	墡	墢
9	墣	墤	墥	墦	墧	墪	墫	墬	墭	墮	墯	墰	墱	墲	墳	墴
A	墵	墶	墷	墸	墹	墺	墻	墽	墾	墿	壀	壂	壃	壄	壆	壇
B	壈	壉	壊	壋	壌	壍	壎	壏	壐	壒	壓	壔	壖	壗	壘	壙
C	壚	壛	壜	壝	壞	壟	壠	壡	壢	壣	壥	壦	壧	壨	壩	壪
D	壭	壯	壱	売	壴	壵	壷	壸	壺	壻	壼	壽	壾	壿	夀	夁
E	夃	夅	夆	夈	変	夊	夋	夌	夎	夐	夑	夒	夓	夗	夘	夛
F	夝	夞	夠	夡	夢	夣	夦	夨	夬	夰	夲	夳	夵	夶	夻	

8A	0	1	2	3	4	5	6	7	8	9	A	B	C	D	E	F
4	夽	夾	夿	奀	奃	奅	奆	奊	奌	奍	奐	奒	奓	奙	奛	奜
5	奝	奞	奟	奡	奣	奤	奦	奧	奨	奩	奪	奫	奬	奭	奮	奯
6	奰	奱	奲	奵	奷	奺	奻	奼	奾	奿	妀	妅	妉	妋	妌	妎
7	妏	妐	妑	妔	妕	妘	妚	妛	妜	妝	妟	妠	妡	妢	妦	
8	妧	妬	妭	妰	妱	妳	妴	妵	妶	妷	妸	妺	妼	妽	妿	姀
9	姁	姂	姃	姄	姅	姇	姈	姉	姌	姍	姎	姏	姕	姖	姙	姛
A	姞	姟	姠	姡	姢	姤	姦	姧	姩	姪	姫	姭	姮	姯	姰	姱
B	姲	姳	姴	姵	姶	姷	姸	姺	姼	姽	姾	娀	娂	娊	娋	娍
C	娎	娏	娐	娒	娔	娕	娖	娗	娙	娚	娛	娝	娞	娡	娢	娤
D	娦	娧	娨	娪	娫	娬	娭	娮	娯	娰	娳	娵	娷	娸	娹	娺
E	娻	娽	娾	娿	婁	婂	婃	婄	婅	婇	婈	婋	婌	婍	婎	婏
F	婐	婑	婒	婓	婔	婖	婗	婘	婙	婛	婜	婝	婞	婟	婠	

双字节3区

8B	0	1	2	3	4	5	6	7	8	9	A	B	C	D	E	F
4	婡	婣	婤	婥	婦	婨	婩	婫	婬	婭	婮	婯	婰	婱	婲	婳
5	婸	婹	婻	婼	婽	婾	媀	媁	媂	媃	媄	媅	媆	媇	媈	媉
6	媊	媋	媌	媍	媎	媏	媐	媑	媓	媔	媕	媖	媗	媘	媙	媜
7	媝	媞	媟	媠	媡	媢	媣	媤	媥	媦	媧	媨	媩	媫	媬	
8	媭	媮	媯	媰	媱	媴	媶	媷	媹	媺	媻	媼	媽	媿	嫀	嫃
9	嫄	嫅	嫆	嫇	嫈	嫊	嫋	嫍	嫎	嫏	嫐	嫑	嫓	嫕	嫗	嫙
A	嫚	嫛	嫝	嫞	嫟	嫢	嫤	嫥	嫧	嫨	嫪	嫬	嫭	嫮	嫯	嫰
B	嫲	嫳	嫴	嫵	嫶	嫷	嫸	嫹	嫺	嫻	嫼	嫽	嫾	嫿	嬀	嬁
C	嬂	嬃	嬄	嬅	嬆	嬇	嬈	嬊	嬋	嬌	嬍	嬎	嬏	嬐	嬑	嬒
D	嬓	嬔	嬕	嬘	嬙	嬚	嬛	嬜	嬝	嬞	嬟	嬠	嬡	嬢	嬣	嬤
E	嬥	嬦	嬧	嬨	嬩	嬪	嬫	嬬	嬭	嬮	嬯	嬰	嬱	嬳	嬵	嬶
F	嬸	嬹	嬺	嬻	嬼	嬽	嬾	嬿	孁	孂	孃	孄	孅	孆	孇	

8C	0	1	2	3	4	5	6	7	8	9	A	B	C	D	E	F
4	孈	孉	孊	孋	孌	孍	孎	孏	孒	孖	孞	孠	孡	孧	孨	孫
5	孭	孮	孯	孲	孴	孶	孷	學	孹	孻	孼	孾	孿	宂	宆	宊
6	宍	宎	宐	宑	宒	宔	宖	実	宧	宨	宩	宬	宭	宮	宯	宱
7	宲	宷	宺	宻	宼	寀	寁	寃	寈	寉	寊	寋	寍	寎	寏	
8	寑	寔	寕	寖	寗	寘	寙	寚	寛	寜	寠	寢	寣	實	寧	審
9	寪	寫	寬	寭	寯	寱	寲	寳	寴	寵	寶	寷	寽	対	尀	専
A	尃	尅	將	專	尋	尌	對	導	尐	尒	尓	尗	尙	尛	尞	尟
B	尠	尡	尣	尦	尨	尩	尪	尫	尭	尮	尯	尰	尲	尳	尵	尶
C	尷	屃	屄	屆	屇	屌	屍	屒	屓	屔	屖	屗	屘	屚	屛	屜
D	屝	屟	屢	層	屧	屨	屩	屪	屫	屬	屭	屰	屲	屳	屴	屵
E	屶	屷	屸	屻	屼	屽	屾	岀	岃	岄	岅	岆	岇	岉	岊	岋
F	岎	岏	岒	岓	岕	岝	岞	岟	岠	岡	岤	岥	岦	岧	岨	

双字节3区

8D	0	1	2	3	4	5	6	7	8	9	A	B	C	D	E	F
4	岪	岮	岯	岰	岲	岴	岶	岹	岺	岻	岼	岾	峀	峂	峃	峅
5	峆	峇	峈	峉	峊	峌	峍	峎	峏	峐	峑	峓	峔	峕	峖	峗
6	峘	峚	峛	峜	峝	峞	峟	峠	峢	峣	峧	峩	峫	峬	峮	峯
7	峱	峲	峳	峴	峵	島	峷	峸	峹	峺	峼	峽	峾	峿	崀	
8	崁	崄	崅	崈	崉	崊	崋	崌	崍	崏	崐	崑	崒	崓	崕	崗
9	崘	崙	崚	崜	崝	崟	崠	崡	崢	崣	崥	崨	崪	崫	崬	崯
A	崰	崱	崲	崳	崵	崶	崷	崸	崹	崺	崻	崼	崿	嵀	嵁	嵂
B	嵃	嵄	嵅	嵆	嵈	嵉	嵍	嵎	嵏	嵐	嵑	嵒	嵓	嵔	嵕	嵖
C	嵗	嵙	嵚	嵜	嵞	嵟	嵠	嵡	嵢	嵣	嵤	嵥	嵦	嵧	嵨	嵪
D	嵭	嵮	嵰	嵱	嵲	嵳	嵵	嵶	嵷	嵸	嵹	嵺	嵻	嵼	嵽	嵾
E	嵿	嶀	嶁	嶃	嶄	嶅	嶆	嶇	嶈	嶉	嶊	嶋	嶌	嶍	嶎	嶏
F	嶐	嶑	嶒	嶓	嶔	嶕	嶖	嶗	嶘	嶚	嶛	嶜	嶞	嶟	嶠	

8E	0	1	2	3	4	5	6	7	8	9	A	B	C	D	E	F
4	嶡	嶢	嶣	嶤	嶥	嶦	嶧	嶨	嶩	嶪	嶫	嶬	嶭	嶮	嶯	嶰
5	嶱	嶲	嶳	嶴	嶵	嶶	嶸	嶹	嶺	嶻	嶼	嶽	嶾	嶿	巀	巁
6	巂	巃	巄	巆	巇	巈	巉	巊	巋	巌	巎	巏	巐	巑	巒	巓
7	巔	巕	巖	巗	巘	巙	巚	巜	巟	巠	巣	巤	巪	巬	巭	
8	巰	巵	巶	巸	巹	巺	巻	巼	巿	帀	帄	帇	帉	帊	帋	帍
9	帎	帒	帓	帗	帞	帟	帠	帡	帢	帣	帤	帥	帨	帩	帪	師
A	帬	帯	帰	帲	帳	帴	帵	帶	帹	帺	帾	帿	幀	幁	幃	幆
B	幇	幈	幉	幊	幋	幍	幎	幏	幐	幑	幒	幓	幖	幗	幘	幙
C	幚	幜	幝	幟	幠	幣	幤	幥	幦	幧	幨	幩	幪	幫	幬	幭
D	幮	幯	幰	幱	幵	幷	幹	幾	庀	庂	広	庅	庈	庉	庌	庍
E	庎	庒	庘	庛	庝	庡	庢	庣	庤	庨	庩	庪	庫	庬	庮	庯
F	庰	庱	庲	庴	庺	庻	庼	庽	庿	廀	廁	廂	廃	廄	廅	

双字节3区

8F	0	1	2	3	4	5	6	7	8	9	A	B	C	D	E	F
4	廆	廇	廈	廋	廌	廍	廎	廏	廐	廑	廔	廕	廘	廙	廚	廜
5	廝	廞	廟	廠	廡	廢	廣	廤	廥	廦	廧	廩	廫	廬	廭	廮
6	廯	廰	廱	廲	廳	廵	廸	廹	廻	廼	廽	弅	弆	弇	弉	弌
7	弍	弎	弐	弒	弔	弖	弙	弚	弜	弝	弞	弡	弢	弣	弤	
8	弨	弫	弬	弮	弰	弲	弳	弴	張	弶	強	弸	弻	弽	弾	弿
9	彁	彂	彃	彄	彅	彆	彇	彈	彉	彊	彋	彌	彍	彎	彏	彑
A	彔	彙	彚	彛	彜	彞	彟	彠	彣	彥	彧	彨	彫	彮	彯	彲
B	彴	彵	彶	彸	彺	彽	彾	彿	徃	徆	徍	徎	徏	徑	従	徔
C	徖	徚	徛	徝	從	徟	徠	徢	徣	徤	徥	徦	徧	復	徫	徬
D	徯	徰	徱	徲	徳	徴	徶	徸	徹	徺	徻	徾	徿	忀	忁	忂
E	忇	忈	忊	忋	忎	忓	忔	忕	忚	忛	応	忞	忟	忢	忣	忥
F	忦	忨	忩	忬	忯	忰	忲	忳	忴	忶	忷	忹	忺	忼	怇	

90	0	1	2	3	4	5	6	7	8	9	A	B	C	D	E	F
4	怈	怉	怋	怌	怐	怑	怓	怗	怘	怚	怞	怟	怢	怣	怤	怬
5	怭	怮	怰	怱	怲	怳	怴	怶	怷	怸	怹	怺	怽	怾	恀	恄
6	恅	恆	恇	恈	恉	恊	恌	恎	恏	恑	恓	恔	恖	恗	恘	恛
7	恜	恞	恟	恠	恡	恥	恦	恮	恱	恲	恴	恵	恷	恾	悀	
8	悁	悂	悅	悆	悇	悈	悊	悋	悎	悏	悐	悑	悓	悕	悗	悘
9	悙	悜	悞	悡	悢	悤	悥	悧	悩	悪	悮	悰	悳	悵	悶	悷
A	悹	悺	悽	悾	悿	惀	惁	惂	惃	惄	惇	惈	惉	惌	惍	惎
B	惏	惐	惒	惓	惔	惖	惗	惙	惛	惞	惡	惢	惣	惤	惥	惪
C	惱	惲	惵	惷	惸	惻	惼	惽	惾	惿	愂	愃	愄	愅	愇	愊
D	愋	愌	愐	愑	愒	愓	愔	愖	愗	愘	愙	愛	愜	愝	愞	愡
E	愢	愥	愨	愩	愪	愬	愭	愮	愯	愰	愱	愲	愳	愴	愵	愶
F	愷	愸	愹	愺	愻	愼	愽	愾	慀	慁	慂	慃	慄	慅	慆	

双字节3区

91	0	1	2	3	4	5	6	7	8	9	A	B	C	D	E	F
4	慇	慉	態	慍	慏	慐	慒	慓	慔	慖	慗	慘	慙	慚	慛	慜
5	慞	慟	慠	慡	慣	慤	慥	慦	慩	慪	慫	慬	慭	慮	慯	慱
6	慲	慳	慴	慶	慸	慹	慺	慻	慼	慽	慾	慿	憀	憁	憂	憃
7	憄	憅	憆	憇	憈	憉	憊	憌	憍	憏	憐	憑	憒	憓	憕	
8	憖	憗	憘	憙	憚	憛	憜	憞	憟	憠	憡	憢	憣	憤	憥	憦
9	憪	憫	憭	憮	憯	憰	憱	憲	憳	憴	憵	憶	憸	憹	憺	憻
A	憼	憽	憿	懀	懁	懃	懄	懅	懆	懇	應	懌	懍	懎	懏	懐
B	懓	懕	懖	懗	懘	懙	懚	懛	懜	懝	懞	懟	懠	懡	懢	懣
C	懤	懥	懧	懨	懩	懪	懫	懬	懭	懮	懯	懰	懱	懲	懳	懴
D	懶	懷	懸	懹	懺	懻	懼	懽	懾	戀	戁	戂	戃	戄	戅	戇
E	戉	戓	戔	戙	戜	戝	戞	戠	戣	戦	戧	戨	戩	戫	戭	戯
F	戰	戱	戲	戵	户	戸	戹	戺	戻	戼	扂	扃	扅	扆	扊	

92	0	1	2	3	4	5	6	7	8	9	A	B	C	D	E	F
4	扏	扐	払	扖	扗	扙	扚	扜	扝	扞	扟	扠	扡	扢	扤	扥
5	扨	扱	扲	扴	扵	扷	扸	扺	扻	扽	抁	抂	抃	抅	抆	抇
6	抈	抋	抌	抍	抎	抏	抐	抔	抙	抜	抝	択	抣	抦	抧	抩
7	抪	抭	抮	抯	抰	抲	抳	抴	抶	抷	抸	抺	抾	拀	拁	
8	拃	拋	拏	拑	拕	拝	拞	拠	拡	拤	拪	拫	拰	拲	拵	拸
9	拹	拺	拻	挀	挃	挄	挅	挆	挊	挋	挌	挍	挏	挐	挒	挓
A	挔	挕	挗	挘	挙	挜	挦	挧	挩	挬	挭	挮	挰	挱	挳	挴
B	挵	挶	挷	挸	挻	挼	挾	挿	捀	捁	捄	捇	捈	捊	捑	捒
C	捓	捔	捖	捗	捘	捙	捚	捛	捜	捝	捠	捤	捥	捦	捨	捪
D	捫	捬	捯	捰	捲	捳	捴	捵	捸	捹	捼	捽	捾	捿	掁	掃
E	掄	掅	掆	掋	掍	掑	掓	掔	掕	掗	掙	掚	掛	掜	掝	掞
F	掟	採	掤	掦	掫	掯	掱	掲	掵	掶	掹	掻	掽	掿	揀	

双字节3区

93	0	1	2	3	4	5	6	7	8	9	A	B	C	D	E	F
4	揁	揂	揃	揅	揇	揈	揊	揋	揌	揑	揓	揔	揕	揗	揘	揙
5	揚	換	揜	揝	揟	揢	揤	揥	揦	揧	揨	揫	揬	揮	揯	揰
6	揱	揳	揵	揷	揹	揺	揻	揼	揾	搃	搄	搆	搇	搈	搉	搊
7	損	搎	搑	搒	搕	搖	搗	搘	搙	搚	搝	搟	搢	搣	搤	
8	搥	搧	搨	搩	搫	搮	搯	搰	搱	搲	搳	搵	搶	搷	搸	搹
9	搻	搼	搾	摀	摂	摃	摉	摋	摌	摍	摎	摏	摐	摑	摓	摕
A	摖	摗	摙	摚	摛	摜	摝	摟	摠	摡	摢	摣	摤	摥	摦	摨
B	摪	摫	摬	摮	摯	摰	摱	摲	摳	摴	摵	摶	摷	摻	摼	摽
C	摾	摿	撀	撁	撃	撆	撈	撉	撊	撋	撌	撍	撎	撏	撐	撓
D	撔	撗	撘	撚	撛	撜	撝	撟	撠	撡	撢	撣	撥	撦	撧	撨
E	撪	撫	撯	撱	撲	撳	撴	撵	撶	撹	撻	撽	撾	撿	擁	擄
F	擆	擇	擈	擉	擊	擋	擌	擏	擑	擓	擔	擕	擖	擙	據	

94	0	1	2	3	4	5	6	7	8	9	A	B	C	D	E	F
4	擛	擜	擝	擟	擠	擡	擣	擥	擧	擨	擩	擪	擫	擬	擭	擮
5	擯	擰	擱	擲	擳	擴	擵	擶	擷	擸	擹	擺	擻	擼	擽	擾
6	擿	攁	攂	攃	攄	攅	攆	攇	攈	攊	攋	攌	攍	攎	攏	攐
7	攑	攓	攔	攕	攖	攗	攙	攚	攛	攜	攝	攞	攟	攠	攡	
8	攢	攣	攤	攦	攧	攨	攩	攪	攬	攭	攰	攱	攲	攳	攷	攺
9	攼	攽	敀	敁	敂	敃	敄	敆	敇	敊	敋	敍	敎	敐	敒	敓
A	敔	敗	敘	敚	敜	敟	敠	敡	敤	敥	敧	敨	敩	敪	敭	敮
B	敯	敱	敳	敵	敶	數	敹	敺	敻	敼	敽	敾	敿	斀	斁	斂
C	斃	斄	斅	斆	斈	斉	斊	斍	斎	斏	斒	斔	斕	斖	斘	斚
D	斝	斞	斠	斢	斣	斦	斨	斪	斬	斮	斱	斲	斳	斴	斵	斶
E	斷	斸	斺	斻	斾	斿	旀	旂	旇	旈	旉	旊	旍	旐	旑	旓
F	旔	旕	旘	旙	旚	旛	旜	旝	旞	旟	旡	旣	旤	旪	旫	

双字节3区

95	0	1	2	3	4	5	6	7	8	9	A	B	C	D	E	F
4	旲	旳	旴	旵	旸	旹	旻	旼	旽	旾	旿	昁	昄	昅	昇	昈
5	昉	昋	昍	昐	昑	昒	昖	昗	昘	昚	昛	昜	昞	昡	昢	昣
6	昤	昦	昩	昪	昫	昬	昮	昰	昲	昳	昷	昸	昹	昺	昻	昽
7	昿	晀	時	晄	晅	晆	晇	晈	晉	晊	晍	晎	晐	晑	晘	
8	晙	晛	晜	晝	晞	晠	晢	晣	晥	晧	晩	晪	晫	晬	晭	晱
9	晲	晳	晵	晸	晹	晻	晼	晽	晿	暀	暁	暃	暅	暆	暈	暉
A	暊	暋	暍	暎	暏	暐	暒	暓	暔	暕	暘	暙	暚	暛	暜	暞
B	暟	暠	暡	暢	暣	暤	暥	暦	暩	暪	暫	暬	暭	暯	暰	暱
C	暲	暳	暵	暶	暷	暸	暺	暻	暼	暽	暿	曀	曁	曂	曃	曄
D	曅	曆	曇	曈	曉	曊	曋	曌	曍	曎	曏	曐	曑	曒	曓	曔
E	曕	曖	曗	曘	曚	曞	曟	曠	曡	曢	曣	曤	曥	曧	曨	曪
F	曫	曬	曭	曮	曯	曱	曵	曶	書	曺	曻	曽	朁	朂	會	

96	0	1	2	3	4	5	6	7	8	9	A	B	C	D	E	F
4	朄	朅	朆	朇	朌	朎	朏	朑	朒	朓	朖	朘	朙	朚	朜	朞
5	朠	朡	朢	朣	朤	朥	朧	朩	术	朰	朲	朳	朶	朷	朸	朹
6	朻	朼	朾	朿	杁	杄	杅	杇	杊	杋	杍	杒	杔	杕	杗	杘
7	杙	杚	杛	杝	杢	杣	杤	杦	杧	杫	杬	杮	東	杴	杶	
8	杸	杹	杺	杻	杽	枀	枂	枃	枅	枆	枈	枊	枌	枍	枎	枏
9	枑	枒	枓	枔	枖	枙	枛	枟	枠	枡	枤	枦	枩	枬	枮	枱
A	枲	枴	枹	枺	枻	枼	枽	枾	枿	柀	柂	柅	柆	柇	柈	柉
B	柊	柋	柌	柍	柎	柕	柖	柗	柛	柟	柡	柣	柤	柦	柧	柨
C	柪	柫	柭	柮	柲	柵	柶	柷	柸	柹	柺	査	柼	柾	栁	栂
D	栃	栄	栆	栍	栐	栒	栔	栕	栘	栙	栚	栛	栜	栞	栟	栠
E	栢	栣	栤	栥	栦	栧	栨	栫	栬	栭	栮	栯	栰	栱	栴	栵
F	栶	栺	栻	栿	桇	桋	桍	桏	桒	桖	桗	桘	桙	桛	桞	

双字节3区

97	0	1	2	3	4	5	6	7	8	9	A	B	C	D	E	F
4	桜	桝	桞	桟	桪	桬	桭	桮	桯	桰	桱	桲	桳	桵	桸	桹
5	桺	桻	桼	桽	桾	桿	梀	梂	梄	梇	梈	梉	梊	梋	梌	梍
6	梎	梐	梑	梒	梔	梕	梖	梘	梙	梚	梛	梜	條	梞	梟	梠
7	梡	梣	梤	梥	梩	梪	梫	梬	梮	梱	梲	梴	梶	梷	梸	
8	梹	梺	梻	梼	梽	梾	梿	棁	棃	棄	棅	棆	棇	棈	棊	棌
9	棎	棏	棐	棑	棓	棔	棖	棗	棙	棛	棜	棝	棞	棟	棡	棢
A	棤	棥	棦	棧	棨	棩	棪	棫	棬	棭	棯	棲	棳	棴	棶	棷
B	棸	棻	棽	棾	棿	椀	椂	椃	椄	椆	椇	椈	椉	椊	椌	椏
C	椑	椓	椔	椕	椖	椗	椘	椙	椚	椛	検	椝	椞	椡	椢	椣
D	椥	椦	椧	椨	椩	椪	椫	椬	椮	椯	椱	椲	椳	椵	椶	椷
E	椸	椺	椻	椼	椾	楀	楁	楃	楄	楅	楆	楇	楈	楉	楊	楋
F	楌	楍	楎	楏	楐	楑	楒	楓	楕	楖	楘	楙	楛	楜	楟	

98	0	1	2	3	4	5	6	7	8	9	A	B	C	D	E	F
4	楡	楢	楤	楥	楧	楨	楩	楪	楬	業	楯	楰	楲	楳	楴	極
5	楶	楺	楻	楽	楾	楿	榁	榃	榅	榊	榋	榌	榎	榏	榐	榑
6	榒	榓	榖	榗	榙	榚	榝	榞	榟	榠	榡	榢	榣	榤	榥	榦
7	榩	榪	榬	榮	榯	榰	榲	榳	榵	榶	榸	榹	榺	榼	榽	
8	榾	榿	槀	槂	槃	槄	槅	槆	槇	槈	槉	構	槍	槏	槑	槒
9	槓	槕	槖	槗	様	槙	槚	槜	槝	槞	槡	槢	槣	槤	槥	槦
A	槧	槨	槩	槪	槫	槬	槮	槯	槰	槱	槳	槴	槵	槶	槷	槸
B	槹	槺	槻	槼	槾	樀	樁	樂	樃	樄	樅	樆	樇	樈	樉	樋
C	樌	樍	樎	樏	樐	樑	樒	樓	樔	樕	樖	標	樚	樛	樜	樝
D	樞	樠	樢	樣	樤	樥	樦	樧	権	樫	樬	樭	樮	樰	樲	樳
E	樴	樶	樷	樸	樹	樺	樻	樼	樿	橀	橁	橂	橃	橅	橆	橈
F	橉	橊	橋	橌	橍	橎	橏	橑	橒	橓	橔	橕	橖	橗	橚	

双字节3区

99	0	1	2	3	4	5	6	7	8	9	A	B	C	D	E	F
4	橜	橝	橞	機	橠	橢	橣	橤	橦	橧	橨	橩	橪	橫	橬	橭
5	橮	橯	橰	橲	橳	橴	橵	橶	橷	橸	橺	橻	橽	橾	橿	檁
6	檂	檃	檅	檆	檇	檈	檉	檊	檋	檌	檍	檏	檒	檓	檔	檕
7	檖	檘	檙	檚	檛	檜	檝	檞	檟	檡	檢	檣	檤	檥	檦	
8	檧	檨	檪	檭	檮	檯	檰	檱	檲	檳	檴	檵	檶	檷	檸	檹
9	檺	檻	檼	檽	檾	檿	櫀	櫁	櫂	櫃	櫄	櫅	櫆	櫇	櫈	櫉
A	櫊	櫋	櫌	櫍	櫎	櫏	櫐	櫑	櫒	櫓	櫔	櫕	櫖	櫗	櫘	櫙
B	櫚	櫛	櫜	櫝	櫞	櫟	櫠	櫡	櫢	櫣	櫤	櫥	櫦	櫧	櫨	櫩
C	櫪	櫫	櫬	櫭	櫮	櫯	櫰	櫱	櫲	櫳	櫴	櫵	櫶	櫷	櫸	櫹
D	櫺	櫻	櫼	櫽	櫾	櫿	欀	欁	欂	欃	欄	欅	欆	欇	欈	欉
E	權	欋	欌	欍	欎	欏	欐	欑	欒	欓	欔	欕	欖	欗	欘	欙
F	欚	欛	欜	欝	欞	欟	欥	欦	欨	欩	欪	欫	欬	欭	欮	

9A	0	1	2	3	4	5	6	7	8	9	A	B	C	D	E	F
4	欯	欰	欱	欳	欴	欵	欶	欸	欻	欼	欽	欿	歀	歁	歂	歄
5	歅	歈	歊	歋	歍	歎	歏	歐	歑	歒	歓	歔	歕	歖	歗	歘
6	歚	歛	歜	歝	歞	歟	歠	歡	歨	歩	歫	歬	歭	歮	歯	歰
7	歱	歲	歳	歴	歵	歶	歷	歸	歺	歽	歾	歿	殀	殅	殈	
8	殌	殎	殏	殐	殑	殔	殕	殗	殘	殙	殜	殝	殞	殟	殠	殢
9	殣	殤	殥	殦	殧	殨	殩	殫	殬	殭	殮	殯	殰	殲	殱	殶
A	殸	殹	殺	殻	殼	殽	殾	毀	毃	毄	毆	毇	毈	毉	毊	毌
B	毎	毐	毑	毘	毚	毜	毝	毞	毟	毠	毢	毣	毤	毥	毦	毧
C	毨	毩	毬	毭	毮	毰	毱	毲	毴	毶	毷	毸	毺	毻	毼	毾
D	毿	氀	氁	氂	氃	氄	氈	氉	氊	氋	氌	氎	氒	気	氜	氝
E	氞	氠	氣	氥	氫	氬	氭	氱	氳	氶	氷	氹	氺	氻	氼	氾
F	氿	汃	汄	汅	汈	汋	汌	汍	汎	汏	汑	汒	汓	汖	汘	

双字节3区

9B	0	1	2	3	4	5	6	7	8	9	A	B	C	D	E	F
4	汙	污	汢	汥	汥	汦	汧	汫	㳟	汭	汋	汯	汱	汳	泠	没
5	汸	決	汻	汼	汿	浖	沄	沇	沊	沋	沍	洮	沑	沒	沕	沖
6	沗	沘	沚	沜	沝	沞	沠	沢	沨	沬	沯	沰	渗	沵	沶	泼
7	沺	泀	況	泂	泃	泆	泇	泈	泋	泍	泎	泏	泑	泒	泘	
8	泙	泚	泜	泝	泟	泤	派	泧	泩	泬	泭	沸	盗	泹	泿	洀
9	洂	洃	洅	洆	洈	洉	洊	洍	洏	洐	洑	洓	洔	涓	洖	洘
A	彔	洝	洟	洋	洡	洢	洣	洤	洦	洨	洩	渢	洭	洯	洰	洴
B	洶	洷	洸	洺	洿	浀	浂	浄	浉	浌	浐	浕	浖	浗	浘	浛
C	滤	浟	浡	浢	浤	浥	浧	浨	浮	浬	浭	浰	浱	浲	消	浵
D	浶	浹	浺	浻	浽	浾	浿	涀	涁	涃	涄	涆	涇	涊	涋	涍
E	涎	涐	涒	涖	涗	涘	涙	涚	涜	涢	涥	涬	涭	渨	涱	涳
F	涴	涶	涷	涹	涺	涻	涼	涽	涾	淁	淂	淃	淈	淉	淊	

9C	0	1	2	3	4	5	6	7	8	9	A	B	C	D	E	F
4	淍	淎	淏	淐	淒	涝	淔	淕	淘	淚	淛	淜	淟	淢	淣	淥
5	淧	淨	淩	淪	淭	淯	淰	淲	淴	淵	淶	清	淺	湴	溓	淿
6	渀	淡	漫	渃	渄	渊	渴	済	涉	洪	渏	渒	渓	测	渘	渙
7	減	渜	渞	渟	渢	渦	渧	渨	渪	測	渮	渰	渱	渳	渵	
8	渶	渷	渹	渻	渼	渽	渾	渿	湀	湁	湾	湅	湆	湇	湈	湉
9	湊	湋	湌	湏	湘	湑	湒	湕	湗	湙	湚	湜	湝	湞	湠	湡
A	湢	湣	湤	湥	湦	湧	湨	湩	湪	黎	湭	湯	湰	湱	湲	湳
B	溢	湵	湶	湷	湸	湹	湺	湻	湼	湽	満	溁	溂	滓	溇	溈
C	溊	溋	浇	溍	溎	溑	溒	溓	溔	溕	準	溗	溙	溚	溛	溝
D	溞	溠	溡	溣	溤	溦	溨	溩	溫	溬	溭	溮	溰	溳	溵	溱
E	溹	溼	溾	澥	滀	滃	滄	滅	滆	滈	滉	滊	滌	滍	滎	滐
F	滒	滚	滔	滙	滛	滜	滝	源	滶	滪	滫	滬	滭	滮	滯	

双字节3区

9D	0	1	2	3	4	5	6	7	8	9	A	B	C	D	E	F
4	滰	滱	滲	滳	滵	滶	滷	滸	滺	滻	滼	滽	滾	滿	漀	漁
5	漃	漄	漅	漇	漈	漊	漋	漌	漍	漎	漐	漑	漒	漖	漗	漘
6	漙	漚	漛	漜	漝	漞	漟	漡	漢	漣	漥	漦	漧	漨	漬	漮
7	漰	漲	漴	漵	漷	漸	漹	漺	漻	漼	漽	漿	潀	潁	潂	
8	潃	潄	潅	潈	潉	潊	潌	潎	潏	潐	潑	潒	潓	潔	潕	潖
9	潗	潙	潚	潛	潝	潟	潠	潡	潣	潤	潥	潧	潨	潩	潪	潫
A	潬	潯	潰	潱	潳	潵	潶	潷	潹	潻	潽	潾	潿	澀	澁	澂
B	澃	澅	澆	澇	澊	澋	澏	澐	澑	澒	澓	澔	澕	澖	澗	澘
C	澙	澚	澛	澝	澞	澟	澠	澢	澣	澤	澥	澦	澨	澩	澪	澫
D	澬	澭	澮	澯	澰	澱	澲	澴	澵	澷	澸	澺	澻	澼	澽	澾
E	澿	濁	濃	濄	濅	濆	濇	濈	濊	濋	濌	濍	濎	濏	濐	濓
F	濔	濕	濖	濗	濘	濙	濚	濛	濜	濝	濟	濢	濣	濤	濥	

9E	0	1	2	3	4	5	6	7	8	9	A	B	C	D	E	F
4	濦	濧	濨	濩	濪	濫	濬	濭	濰	濱	濲	濳	濴	濵	濶	濷
5	濸	濹	濺	濻	濼	濽	濾	濿	瀀	瀁	瀂	瀃	瀄	瀅	瀆	瀇
6	瀈	瀉	瀊	瀋	瀌	瀍	瀎	瀏	瀐	瀒	瀓	瀔	瀕	瀖	瀗	瀘
7	瀙	瀜	瀝	瀞	瀟	瀠	瀡	瀢	瀤	瀥	瀦	瀧	瀨	瀩	瀪	
8	瀫	瀬	瀭	瀮	瀯	瀰	瀱	瀲	瀳	瀴	瀶	瀷	瀸	瀺	瀻	瀼
9	瀽	瀾	瀿	灀	灁	灂	灃	灄	灅	灆	灇	灈	灉	灊	灋	灍
A	灎	灐	灑	灒	灓	灔	灕	灖	灗	灘	灙	灚	灛	灜	灝	灟
B	灠	灡	灢	灣	灤	灥	灦	灧	灨	灩	灪	灮	灱	灲	灳	灴
C	灷	灹	灺	灻	災	炁	炂	炃	炄	炆	炇	炈	炋	炌	炍	炏
D	炐	炑	炓	炗	炘	炚	炛	炞	炟	炠	炡	炢	炣	炤	炥	炦
E	炧	炨	炩	炪	炰	炲	炴	炵	炶	為	炾	炿	烄	烅	烆	烇
F	烉	烋	烌	烍	烎	烏	烐	烑	烒	烓	烔	烕	烖	烗	烚	

双字节3区

9F	0	1	2	3	4	5	6	7	8	9	A	B	C	D	E	F
4	烜	烝	烞	烠	烡	烢	烣	烥	烪	烮	烰	烱	烲	烳	烴	烵
5	烶	烸	烺	烻	烼	烾	烿	焀	焁	焂	焃	焄	焅	焆	焇	焈
6	焋	焌	焍	焎	焏	焑	焒	焔	焗	焛	焜	焝	焞	焟	焠	無
7	焢	焣	焤	焥	焧	焨	焩	焪	焫	焬	焭	焮	焲	焳	焴	
8	焵	焷	焸	焹	焺	焻	焼	焽	焾	焿	煀	煁	煂	煃	煄	煆
9	煇	煈	煉	煋	煍	煏	煐	煑	煒	煓	煔	煕	煖	煗	煘	煙
A	煚	煛	煝	煟	煠	煡	煢	煣	煥	煩	煪	煫	煬	煭	煯	煰
B	煱	煴	煵	煶	煷	煹	煻	煼	煾	煿	熀	熁	熂	熃	熅	熆
C	熇	熈	熉	熋	熌	熍	熎	熐	熑	熒	熓	熕	熖	熗	熚	熛
D	熜	熝	熞	熡	熢	熣	熤	熥	熦	熧	熩	熪	熫	熭	熮	熯
E	熰	熱	熲	熴	熶	熷	熸	熺	熻	熼	熽	熾	熿	燀	燁	燂
F	燄	燅	燆	燇	燈	燉	燊	燋	燌	燍	燏	燐	燑	燒	燓	

A0	0	1	2	3	4	5	6	7	8	9	A	B	C	D	E	F
4	燖	燗	燘	燙	燚	燛	燜	燝	燞	營	燡	燢	燣	燤	燦	燨
5	燩	燪	燫	燬	燭	燯	燰	燱	燲	燳	燴	燵	燶	燷	燸	燺
6	燻	燼	燽	燾	燿	爀	爁	爂	爃	爄	爅	爇	爈	爉	爊	爋
7	爌	爍	爎	爏	爐	爑	爒	爓	爔	爕	爖	爗	爘	爙	爚	
8	爛	爜	爞	爟	爠	爡	爢	爣	爤	爥	爦	爧	爩	爫	爭	爮
9	爯	爲	爳	爴	爺	爼	爾	牀	牁	牂	牃	牄	牅	牆	牉	牊
A	牋	牎	牏	牐	牑	牓	牔	牕	牗	牘	牚	牜	牞	牠	牣	牤
B	牥	牨	牪	牫	牬	牭	牰	牱	牳	牴	牶	牷	牸	牻	牼	牽
C	犂	犃	犅	犆	犇	犈	犉	犌	犎	犐	犑	犓	犔	犕	犖	犗
D	犘	犙	犚	犛	犜	犝	犞	犠	犡	犢	犣	犤	犥	犦	犧	犨
E	犩	犪	犫	犮	犱	犲	犳	犵	犺	犻	犼	犽	犾	犿	狀	狅
F	狆	狇	狉	狊	狋	狌	狏	狑	狓	狔	狕	狖	狘	狚	狛	

双字节4区

AA	0	1	2	3	4	5	6	7	8	9	A	B	C	D	E	F
4	狜	狝	狟	狢	狣	狤	狥	狦	狧	狪	狫	狵	狶	狹	狽	狾
5	狿	猀	猂	猄	猅	猆	猇	猈	猉	猋	猌	猍	猏	猐	猑	猒
6	猔	猘	猙	猚	猟	猠	猣	猤	猦	猧	猨	猭	猯	猰	猲	猳
7	猵	猶	猺	猻	猼	猽	獀	獁	獂	獃	獄	獅	獆	獇	獈	
8	獉	獊	獋	獌	獎	獏	獑	獓	獔	獕	獖	獘	獙	獚	獛	獜
9	獝	獞	獟	獡	獢	獣	獤	獥	獦	獧	獨	獩	獪	獫	獮	獰
A	獱															

AB	0	1	2	3	4	5	6	7	8	9	A	B	C	D	E	F
4	獲	獳	獴	獵	獶	獷	獸	獹	獺	獻	獼	獽	獿	玀	玁	玂
5	玃	玅	玆	玈	玊	玌	玍	玏	玐	玒	玓	玔	玕	玗	玘	玙
6	玚	玜	玝	玞	玠	玡	玣	玤	玥	玦	玧	玨	玪	玬	玭	玱
7	玴	玵	玶	玸	玹	玼	玽	玾	玿	珁	珃	珄	珅	珆	珇	
8	珋	珌	珎	珒	珓	珔	珕	珖	珗	珘	珚	珛	珜	珝	珟	珡
9	珢	珣	珤	珦	珨	珪	珫	珬	珮	珯	珰	珱	珳	珴	珵	珶
A	珷															

AC	0	1	2	3	4	5	6	7	8	9	A	B	C	D	E	F
4	珸	珹	珺	珻	珼	珽	現	珿	琀	琁	琂	琄	琇	琈	琋	琌
5	琍	琎	琑	琒	琓	琔	琕	琖	琗	琘	琙	琜	琝	琞	琟	琠
6	琡	琣	琤	琧	琩	琫	琭	琯	琱	琲	琷	琸	琹	琺	琻	琽
7	琾	琿	瑀	瑂	瑃	瑄	瑅	瑆	瑇	瑈	瑉	瑊	瑋	瑌	瑍	
8	瑎	瑏	瑐	瑑	瑒	瑓	瑔	瑖	瑘	瑝	瑠	瑡	瑢	瑣	瑤	瑥
9	瑦	瑧	瑨	瑩	瑪	瑫	瑬	瑮	瑯	瑱	瑲	瑳	瑴	瑵	瑸	瑹
A	瑺															

双字节4区

AD	0	1	2	3	4	5	6	7	8	9	A	B	C	D	E	F
4	瓆	瑼	瑽	瑿	瑅	璄	璅	璆	璈	璉	璊	璌	璍	璣	璑	璒
5	璓	璔	璕	璪	璗	璘	璙	璚	璛	璜	璟	璠	璡	璢	璣	璤
6	璥	璦	璪	璫	璬	璭	璮	璯	環	璱	璲	璳	璴	璵	璶	璷
7	璸	璹	璻	璼	璽	璾	璿	瓀	瓁	瓂	瓃	瓄	瓅	瓆	瓇	
8	瓈	瓉	瓊	瓋	瓌	瓏	瓓	瓏	瓐	瓑	瓓	瓔	瓕	瓖	瓗	瓘
9	瓛	瓚	瓛	瓟	瓟	瓡	瓥	瓧	瓨	瓩	瓪	瓫	瓬	瓭	瓰	瓱
A	瓲															

AE	0	1	2	3	4	5	6	7	8	9	A	B	C	D	E	F
4	瓳	瓵	瓸	瓹	瓺	瓻	瓼	瓽	瓾	甀	甁	甂	甃	甅	甆	甇
5	甈	甉	甊	甋	甌	甎	甏	甒	甔	甕	甖	甗	甛	甝	甞	甠
6	甡	產	産	甤	甦	甧	甪	甮	甴	由	甹	甼	甽	甿	畁	畂
7	畃	畄	畆	畇	畉	畊	畍	畐	畑	畒	畓	畕	畖	畗	畘	
8	畝	畞	畟	畠	畡	畢	畣	畤	畧	畨	畩	畫	畬	畭	畮	畯
9	異	畱	畳	畵	當	畷	畺	畻	畼	畽	畾	疀	疁	疂	疄	疅
A	疇															

AF	0	1	2	3	4	5	6	7	8	9	A	B	C	D	E	F
4	疈	疉	疊	疌	疍	疎	疐	疓	疕	疘	疛	疜	疞	疢	疦	疧
5	疨	疩	疪	疭	疶	疷	疺	疻	疿	痀	痁	痆	痋	痌	痎	痏
6	痐	痑	痓	痗	痙	痚	痜	痝	痟	痠	痡	痥	痩	痬	痭	痮
7	痯	痲	痳	痵	痶	痷	痸	痻	痻	痽	痾	瘂	瘄	瘆	瘇	
8	瘈	瘉	瘋	瘍	瘎	瘏	瘑	瘒	瘓	瘔	瘖	瘚	瘜	瘝	瘞	瘡
9	瘣	瘧	瘨	瘬	瘮	瘯	瘱	瘲	瘶	瘷	瘹	瘺	瘻	瘽	癁	療
A	癄															

双字节4区

B0	0	1	2	3	4	5	6	7	8	9	A	B	C	D	E	F
4	癅	癆	癇	癈	癉	癊	癋	癎	癏	癐	癑	癒	癓	癕	癗	癘
5	癙	癚	癛	癝	癟	癠	癡	癢	癤	癥	癦	癧	癨	癩	癪	癬
6	癭	癮	癰	癱	癲	癳	癴	癵	癶	癷	癹	発	發	癿	皀	皁
7	皃	皅	皉	皊	皌	皍	皏	皐	皒	皔	皕	皗	皘	皚	皛	
8	皜	皝	皞	皟	皠	皡	皢	皣	皥	皦	皧	皨	皩	皪	皫	皬
9	皭	皯	皰	皳	皵	皶	皷	皸	皹	皺	皻	皼	皽	皾	盀	盁
A	盃															

B1	0	1	2	3	4	5	6	7	8	9	A	B	C	D	E	F
4	盄	盇	盉	盋	盌	盓	盕	盙	盚	盜	盝	盞	盠	盡	盢	監
5	盤	盦	盧	盨	盩	盪	盫	盬	盭	盰	盳	盵	盶	盷	盺	盻
6	盽	盿	眀	眂	眃	眅	眆	眊	県	眎	眏	眐	眑	眒	眓	眔
7	眕	眖	眗	眘	眛	眜	眝	眞	眡	眣	眤	眥	眧	眪	眫	
8	眬	眮	眰	眱	眲	眳	眴	眹	眻	眽	眾	眿	睂	睄	睅	睆
9	睈	睉	睊	睋	睌	睍	睎	睏	睒	睓	睔	睕	睖	睗	睘	睙
A	睜															

B2	0	1	2	3	4	5	6	7	8	9	A	B	C	D	E	F
4	睝	睞	睟	睠	睤	睧	睩	睪	睭	睮	睯	睰	睱	睲	睳	睴
5	睵	睶	睷	睸	睺	睻	睼	瞁	瞂	瞃	瞆	瞇	瞈	瞉	瞊	瞋
6	瞏	瞐	瞓	瞔	瞕	瞖	瞗	瞘	瞙	瞚	瞛	瞜	瞝	瞞	瞡	瞣
7	瞤	瞦	瞨	瞫	瞭	瞮	瞯	瞱	瞲	瞴	瞶	瞷	瞸	瞹	瞺	
8	瞼	瞾	矀	矁	矂	矃	矄	矅	矆	矇	矈	矉	矊	矋	矌	矎
9	矏	矐	矑	矒	矓	矔	矕	矖	矘	矙	矚	矝	矞	矟	矠	矡
A	矤															

双字节4区

B3	0	1	2	3	4	5	6	7	8	9	A	B	C	D	E	F
4	矦	矨	矪	矯	矰	矱	矲	矴	矵	矷	矹	矺	矻	矼	砃	砄
5	砅	砆	砇	砈	砊	砋	砎	砏	砐	砓	砕	砙	砛	砞	砠	砡
6	砢	砤	砨	砪	砫	砮	砯	砱	砲	砳	砵	砶	砽	砿	硁	硂
7	硃	硄	硆	硈	硉	硊	硋	硍	硏	硑	硓	硔	硘	硙	硚	
8	硛	硜	硞	硟	硠	硡	硢	硣	硤	硥	硦	硧	硨	硩	硯	硰
9	硱	硲	硳	硴	硵	硶	硸	硹	硺	硻	硽	硾	硿	碀	碁	碂
A	碃															

B4	0	1	2	3	4	5	6	7	8	9	A	B	C	D	E	F
4	碄	碅	碆	碈	碊	碋	碏	碐	碒	碔	碕	碖	碙	碝	碞	碠
5	碢	碤	碦	碨	碩	碪	碫	碬	碭	碮	碯	碵	碶	碷	碸	確
6	碻	碼	碽	碿	磀	磂	磃	磄	磆	磇	磈	磌	磍	磎	磏	磑
7	磒	磓	磖	磗	磘	磚	磛	磜	磝	磞	磟	磠	磡	磢	磣	
8	磤	磥	磦	磧	磩	磪	磫	磭	磮	磯	磰	磱	磳	磵	磶	磸
9	磹	磻	磼	磽	磾	磿	礀	礂	礃	礄	礆	礇	礈	礉	礊	礋
A	礌															

B5	0	1	2	3	4	5	6	7	8	9	A	B	C	D	E	F
4	礍	礎	礏	礐	礑	礒	礔	礕	礖	礗	礘	礙	礚	礛	礜	礝
5	礟	礠	礡	礢	礣	礥	礦	礧	礨	礩	礪	礫	礬	礭	礮	礯
6	礰	礱	礲	礳	礵	礶	礷	礸	礹	礽	礿	祂	祃	祄	祅	祇
7	祊	祋	祌	祍	祎	祏	祐	祑	祒	祔	祕	祘	祙	祡	祣	
8	祤	祦	祩	祪	祫	祬	祮	祰	祱	祲	祳	祴	祵	祶	祹	祻
9	祼	祽	祾	祿	禂	禃	禆	禇	禈	禉	禋	禌	禍	禎	禐	禑
A	禒															

双字节4区

B6	0	1	2	3	4	5	6	7	8	9	A	B	C	D	E	F
4	禓	禔	禕	禖	禗	禘	禙	禛	禜	禝	禞	禟	禠	禡	禢	禣
5	禤	禥	禦	禨	禩	禪	禫	禬	禭	禮	禯	禰	禱	禲	禴	禵
6	禶	禷	禸	禼	禿	秂	秄	秅	秇	秈	秊	秌	秎	秏	秐	秓
7	秔	秖	秗	秙	秚	秛	秜	秝	秞	秠	秡	秢	秥	秨	秪	
8	秬	秮	秱	秲	秳	秴	秵	秶	秷	秹	秺	秼	秾	秿	稁	稄
9	稅	稇	稈	稉	稊	稌	稏	稐	稑	稒	稓	稕	稖	稘	稙	稛
A	稜															

B7	0	1	2	3	4	5	6	7	8	9	A	B	C	D	E	F
4	稝	稟	稡	稢	稤	稥	稦	稧	稨	稩	稪	稫	稬	稭	種	稯
5	稰	稱	稲	稴	稵	稶	稸	稺	稾	穀	穁	穂	穃	穄	穅	穇
6	穈	穉	穊	穋	穌	積	穎	穏	穐	穒	穓	穔	穕	穖	穘	穙
7	穚	穛	穜	穝	穞	穟	穠	穡	穢	穣	穤	穥	穦	穧	穨	
8	穩	穪	穫	穬	穭	穮	穯	穱	穲	穳	穵	穻	穼	穽	穾	窂
9	窅	窇	窉	窊	窋	窌	窎	窏	窐	窓	窔	窙	窚	窛	窞	窡
A	窢															

B8	0	1	2	3	4	5	6	7	8	9	A	B	C	D	E	F
4	窣	窤	窧	窩	窪	窫	窮	窯	窰	窱	窲	窴	窵	窶	窷	窸
5	窹	窺	窻	窼	窽	窾	竀	竁	竂	竃	竄	竅	竆	竇	竈	竉
6	竊	竌	竍	竎	竏	竐	竑	竒	竓	竔	竕	竗	竘	竚	竛	竜
7	竝	竡	竢	竤	竧	竨	竩	竪	竫	竬	竮	竰	竱	竲	竳	
8	竴	竵	競	竷	竸	竻	竼	竾	笀	笁	笂	笅	笇	笉	笌	笍
9	笎	笐	笒	笓	笖	笗	笘	笚	笜	笝	笟	笡	笢	笣	笧	笩
A	笭															

双字节4区

B9	0	1	2	3	4	5	6	7	8	9	A	B	C	D	E	F
4	笯	笰	笲	笴	笵	笶	笷	笹	笻	笽	笿	筀	筁	筂	筃	筄
5	筆	筈	筊	筍	筎	筓	筕	筗	筙	筜	筞	筟	筡	筣	筤	筥
6	筦	筧	筨	筩	筪	筫	筬	筭	筯	筰	筳	筴	筶	筸	筺	筻
7	筽	筿	箁	箂	箃	箄	箆	箇	箈	箉	箊	箋	箌	箎	箏	
8	箑	箒	箓	箖	箘	箙	箚	箛	箞	箟	箠	箣	箤	箥	箮	箯
9	箰	箲	箳	箵	箶	箷	箹	箺	箻	箼	箽	箾	箿	節	篁	篃
A	範															

BA	0	1	2	3	4	5	6	7	8	9	A	B	C	D	E	F
4	篅	篈	築	篊	篋	篍	篎	篏	篐	篒	篔	篕	篖	篗	篘	篛
5	篜	篞	篟	篠	篢	篣	篤	篧	篨	篩	篫	篬	篭	篯	篰	篲
6	篳	篴	篵	篶	篸	篹	篺	篻	篽	篿	簀	簁	簂	簃	簄	簅
7	簆	簈	簉	簊	簍	簎	簐	簑	簒	簓	簔	簕	簗	簘	簙	
8	簚	簛	簜	簝	簞	簠	簡	簢	簣	簤	簥	簨	簩	簫	簬	簭
9	簮	簯	簰	簱	簲	簳	簴	簵	簶	簷	簹	簺	簻	簼	簽	簾
A	籂															

BB	0	1	2	3	4	5	6	7	8	9	A	B	C	D	E	F
4	籃	籄	籅	籆	籇	籈	籉	籊	籋	籌	籎	籏	籐	籑	籒	籓
5	籔	籕	籖	籗	籘	籙	籚	籛	籜	籝	籞	籟	籠	籡	籢	籣
6	籤	籥	籦	籧	籨	籩	籪	籫	籬	籭	籮	籯	籰	籱	籲	籵
7	籶	籷	籸	籹	籺	籾	籿	粀	粁	粂	粃	粄	粅	粆	粇	
8	粈	粊	粋	粌	粍	粎	粏	粐	粓	粔	粖	粙	粚	粛	粠	粡
9	粣	粦	粧	粨	粩	粫	粬	粭	粯	粰	粴	粵	粶	粷	粸	粺
A	粻															

双字节4区

BC	0	1	2	3	4	5	6	7	8	9	A	B	C	D	E	F
4	粿	糀	糂	糃	糄	糆	糉	糋	糎	糏	糐	糑	糒	糓	糔	糘
5	糚	糛	糝	糞	糡	糢	糣	糤	糥	糦	糧	糩	糪	糫	糬	糭
6	糮	糰	糱	糲	糳	糴	糵	糶	糷	糹	糺	糼	糽	糾	糿	紀
7	紁	紂	紃	約	紅	紆	紇	紈	紉	紋	紌	納	紎	紏	紐	
8	紑	紒	紓	純	紕	紖	紗	紘	紙	級	紛	紜	紝	紞	紟	紡
9	紣	紤	紥	紦	紨	紩	紪	紬	紭	紮	細	紱	紲	紳	紴	紵
A	紶															

BD	0	1	2	3	4	5	6	7	8	9	A	B	C	D	E	F
4	紷	紸	紹	紺	紻	紼	紽	紾	紿	絀	絁	終	絃	組	絅	絆
5	絇	絈	絉	絊	絋	経	絍	絎	絏	結	絑	絒	絓	絔	絕	絖
6	絗	絘	絙	絚	絛	絜	絝	絞	絟	絠	絡	絢	絣	絤	絥	給
7	絧	絨	絩	絪	絫	絬	絭	絯	絰	統	絲	絳	絴	絵	絶	
8	絸	絹	絺	絻	絼	絽	絾	絿	綀	綁	綂	綃	綄	綅	綆	綇
9	綈	綉	綊	綋	綌	綍	綎	綏	綐	綑	綒	經	綔	綕	綖	綗
A	綘															

BE	0	1	2	3	4	5	6	7	8	9	A	B	C	D	E	F
4	継	続	綛	綜	綝	綞	綟	綠	綡	綢	綣	綤	綥	綧	綨	綩
5	綪	綫	綬	維	綯	綰	綱	網	綳	綴	綵	綶	綷	綸	綹	綺
6	綻	綼	綽	綾	綿	緀	緁	緂	緃	緄	緅	緆	緇	緈	緉	緊
7	緋	緌	緍	緎	総	緐	緑	緒	緓	緔	緕	緖	緗	緘	緙	
8	線	緛	緜	緝	緞	緟	締	緡	緢	緣	緤	緥	緦	緧	編	緩
9	緪	緫	緬	緭	緮	緯	緰	緱	緲	緳	練	緵	緶	緷	緸	緹
A	緺															

双字节4区

BF	0	1	2	3	4	5	6	7	8	9	A	B	C	D	E	F
4	緻	緼	緽	緾	緿	縀	縁	縂	縃	縄	縅	縆	縇	縈	縉	縊
5	縋	縌	縍	縎	縏	縐	縑	縒	縓	縔	縕	縖	縗	縘	縙	縚
6	縛	縜	縝	縞	縟	縠	縡	縢	縣	縤	縥	縦	縧	縨	縩	縪
7	縫	縬	縭	縮	縯	縰	縱	縲	縳	縴	縵	縶	縷	縸	縹	
8	縺	縼	總	績	縿	繀	繂	繃	繄	繅	繆	繈	繉	繊	繋	繌
9	繍	繎	繏	繐	繑	繒	繓	織	繕	繖	繗	繘	繙	繚	繛	繜
A	繝															

C0	0	1	2	3	4	5	6	7	8	9	A	B	C	D	E	F
4	繞	繟	繠	繡	繢	繣	繤	繥	繦	繧	繨	繩	繪	繫	繬	繭
5	繮	繯	繰	繱	繲	繳	繴	繵	繶	繷	繸	繹	繺	繻	繼	繽
6	繾	繿	纀	纁	纃	纄	纅	纆	纇	纈	纉	纊	纋	續	纍	纎
7	纏	纐	纑	纒	纓	纔	纕	纖	纗	纘	纙	纚	纜	纝	纞	
8	纮	纴	纻	纼	绖	绤	绬	绹	缊	缐	缞	缷	缹	缻	缼	缽
9	缾	缿	罀	罁	罃	罆	罇	罈	罉	罊	罋	罌	罍	罎	罏	罒
A	罓															

C1	0	1	2	3	4	5	6	7	8	9	A	B	C	D	E	F
4	罖	罙	罛	罜	罝	罞	罠	罣	罤	罥	罦	罧	罫	罬	罭	罯
5	罰	罳	罵	罶	罷	罸	罺	罻	罼	罽	罿	羀	羂	羃	羄	羅
6	羆	羇	羈	羉	羋	羍	羏	羐	羑	羒	羓	羕	羖	羗	羘	羙
7	羛	羜	羠	羢	羣	羥	羦	羨	義	羪	羫	羬	羭	羮	羱	
8	羳	羴	羵	羶	羷	羺	羻	羾	翀	翂	翃	翄	翆	翇	翈	翉
9	翋	翍	翏	翐	翑	習	翓	翖	翗	翙	翚	翛	翜	翝	翞	翢
A	翣															

双字节4区

C2	0	1	2	3	4	5	6	7	8	9	A	B	C	D	E	F
4	翩	翦	翨	䎉	翫	翬	翭	翯	翲	翴	鶸	翻	翷	䎖	翹	翺
5	翽	翾	翿	耂	耆	耈	耇	耊	耍	耏	耑	耓	耚	耠	耝	耞
6	耟	耡	耣	耤	䎗	耬	耭	耮	耯	耰	耲	耴	聆	耺	耼	耽
7	聀	聁	聄	聅	聇	聈	聉	聎	聏	聐	聑	聋	聕	聖	聗	
8	聙	聛	聜	聝	聞	聟	聠	聡	聢	聣	聤	聥	聦	聧	聨	聫
9	聬	聭	聮	聯	聰	聲	聳	聴	聵	聶	職	聸	聹	聺	聻	聼
A	聽															

C3	0	1	2	3	4	5	6	7	8	9	A	B	C	D	E	F
4	聾	肁	肂	肅	肇	肊	肍	肎	肏	肐	肑	肒	肔	肕	肞	肙
5	肗	肣	肦	肧	肨	肬	肰	肳	肵	肶	肸	肹	肻	肤	胇	胈
6	胉	胊	胋	胏	胐	胑	胒	胓	胔	胕	胘	胟	胠	胢	胣	胦
7	胮	胵	胷	胹	胻	胾	胿	脀	脁	脃	脄	脅	脇	脈	脋	
8	脌	脕	脗	脙	脛	脜	脝	脟	脠	脡	脢	脣	脤	脥	脦	脧
9	脨	脩	脪	脫	脭	脮	脰	脳	脴	脵	脷	脹	脺	脻	脼	脽
A	脿															

C4	0	1	2	3	4	5	6	7	8	9	A	B	C	D	E	F
4	腀	腁	腂	腃	腄	腅	腇	腉	腍	腎	腏	腒	腖	腗	腘	腛
5	腜	腝	腞	腟	腡	腢	腣	腤	腦	腨	腪	腫	腬	腯	腲	腳
6	腵	腶	腷	腸	膁	膃	膄	膅	膆	膇	膉	膋	膌	膍	膎	膐
7	膒	膓	膔	膕	膖	膗	膙	膚	膞	膟	膠	膡	膢	膤	膥	
8	膧	膩	膫	膬	膭	膮	膯	膰	膱	膲	膴	膵	膶	膷	膸	膹
9	膼	膽	膾	膿	臄	臅	臇	臈	臉	臋	臍	臎	臏	臐	臑	臒
A	臟															

双字节4区

C5	0	1	2	3	4	5	6	7	8	9	A	B	C	D	E	F
4	臔	臕	臖	臗	臘	臙	臚	臛	臜	臝	臞	臟	臠	臡	臢	臤
5	臥	臦	臨	臩	臫	臮	臯	臰	臱	臲	臵	臶	臷	臸	臹	臺
6	臽	臿	舃	與	興	舉	舊	舋	舎	舏	舑	舓	舕	舖	舗	舘
7	舙	舚	舝	舠	舤	舥	舦	舧	舩	舮	舲	舺	舼	舽	舿	
8	艀	艁	艂	艃	艅	艆	艈	艊	艌	艍	艎	艐	艑	艒	艓	艔
9	艕	艖	艗	艙	艛	艜	艝	艞	艠	艡	艢	艣	艤	艥	艦	艧
A	艩															

C6	0	1	2	3	4	5	6	7	8	9	A	B	C	D	E	F
4	艪	艫	艬	艭	艱	艵	艶	艷	艸	艻	艼	芀	芁	芃	芅	芆
5	芇	芉	芌	芐	芓	芔	芕	芖	芚	芛	芞	芠	芢	芣	芧	芲
6	芵	芶	芺	芻	芼	芿	苀	苂	苃	苅	苆	苉	苐	苖	苙	苚
7	苝	苢	苧	苨	苩	苪	苬	苭	苮	苰	苲	苳	苵	苶	苸	
8	苺	苼	苽	苾	苿	茀	茊	茋	茍	茐	茒	茓	茖	茘	茙	茝
9	茞	茟	茠	茡	茢	茣	茤	茥	茦	茩	茪	茮	茰	茲	茷	茻
A	茽															

C7	0	1	2	3	4	5	6	7	8	9	A	B	C	D	E	F
4	茾	茿	荁	荂	荄	荅	荈	荊	荋	荌	荍	荎	荓	荕	荖	荗
5	荘	荙	荝	荢	荰	荱	荲	荳	荴	荵	荶	荹	荺	荾	荿	莀
6	莁	莂	莃	莄	莇	莈	莊	莋	莌	莍	莏	莐	莑	莔	莕	莖
7	莗	莙	莚	莝	莟	莡	莢	莣	莤	莥	莦	莧	莬	莭	莮	
8	莯	莵	莻	莾	莿	菂	菃	菄	菆	菈	菉	菋	菍	菎	菐	菑
9	菒	菓	菕	菗	菙	菚	菛	菞	菢	菣	菤	菦	菧	菨	菫	菬
A	菭															

双字节4区

C8	0	1	2	3	4	5	6	7	8	9	A	B	C	D	E	F
4	菮	華	菳	菴	菵	菶	菷	菺	菻	菼	菾	菿	萀	萂	萅	萇
5	萈	萉	萊	萐	萒	萓	萔	萕	萖	萗	萙	萚	萛	萞	萟	萠
6	萡	萢	萣	萩	萪	萫	萬	萭	萮	萯	萰	萲	萳	萴	萵	萶
7	萷	萹	萺	萻	萾	萿	葀	葁	葂	葃	葄	葅	葇	葈	葉	
8	葊	葋	葌	葍	葎	葏	葐	葒	葓	葔	葕	葖	葘	葝	葞	葟
9	葠	葢	葤	葥	葦	葧	葨	葪	葮	葯	葰	葲	葴	葷	葹	葻
A	葼															

C9	0	1	2	3	4	5	6	7	8	9	A	B	C	D	E	F
4	葽	葾	葿	蒀	蒁	蒃	蒄	蒅	蒆	蒊	蒍	蒏	蒐	蒑	蒒	蒓
5	蒔	蒕	蒖	蒘	蒚	蒛	蒝	蒞	蒟	蒠	蒢	蒣	蒤	蒥	蒦	蒧
6	蒨	蒩	蒪	蒫	蒬	蒭	蒮	蒰	蒱	蒳	蒵	蒶	蒷	蒻	蒼	蒾
7	蓀	蓂	蓃	蓅	蓆	蓇	蓈	蓋	蓌	蓎	蓏	蓒	蓔	蓕	蓗	
8	蓘	蓙	蓚	蓛	蓜	蓞	蓡	蓢	蓤	蓧	蓨	蓩	蓪	蓫	蓭	蓮
9	蓯	蓱	蓲	蓳	蓴	蓵	蓶	蓷	蓸	蓹	蓺	蓻	蓽	蓾	蔀	蔁
A	蔂															

CA	0	1	2	3	4	5	6	7	8	9	A	B	C	D	E	F
4	蔃	蔄	蔅	蔆	蔇	蔈	蔉	蔊	蔋	蔍	蔎	蔏	蔐	蔒	蔔	蔕
5	蔖	蔘	蔙	蔛	蔜	蔝	蔞	蔠	蔢	蔣	蔤	蔥	蔦	蔧	蔨	蔩
6	蔪	蔭	蔮	蔯	蔰	蔱	蔲	蔳	蔴	蔵	蔶	蔾	蔿	蕀	蕁	蕂
7	蕄	蕅	蕆	蕇	蕋	蕌	蕍	蕎	蕏	蕐	蕑	蕒	蕓	蕔	蕕	
8	蕗	蕘	蕚	蕛	蕜	蕝	蕟	蕠	蕡	蕢	蕣	蕥	蕦	蕧	蕩	蕪
9	蕫	蕬	蕭	蕮	蕯	蕰	蕱	蕳	蕵	蕶	蕷	蕸	蕼	蕽	蕿	薀
A	薁															

双字节4区

CB	0	1	2	3	4	5	6	7	8	9	A	B	C	D	E	F
4	薂	薃	薆	薈	薉	薊	薋	薌	薍	薎	薐	薑	薒	薓	薔	薕
5	薖	薗	薘	薙	薚	薝	薞	薟	薠	薡	薢	薣	薥	薦	薧	薩
6	薫	薬	薭	薱	薲	薳	薴	薵	薶	薸	薺	薻	薼	薽	薾	薿
7	藀	藂	藃	藄	藅	藆	藇	藈	藊	藋	藌	藍	藎	藑	藒	
8	藔	藖	藗	藘	藙	藚	藛	藝	藞	藟	藠	藡	藢	藣	藥	藦
9	藧	藨	藪	藫	藬	藭	藮	藯	藰	藱	藲	藳	藴	藵	藶	藷
A	藸															

CC	0	1	2	3	4	5	6	7	8	9	A	B	C	D	E	F
4	藹	藺	藼	藽	藾	蘀	蘁	蘂	蘃	蘄	蘆	蘇	蘈	蘉	蘊	蘋
5	蘌	蘍	蘎	蘏	蘐	蘒	蘓	蘔	蘕	蘗	蘘	蘙	蘚	蘛	蘜	蘝
6	蘞	蘟	蘠	蘡	蘢	蘣	蘤	蘥	蘦	蘨	蘪	蘫	蘬	蘭	蘮	蘯
7	蘰	蘱	蘲	蘳	蘴	蘵	蘶	蘷	蘹	蘺	蘻	蘽	蘾	蘿	虀	
8	虁	虂	虃	虄	虅	虆	虇	虈	虉	虊	虋	虌	虒	虓	處	虖
9	虗	虘	虙	虛	虜	虝	號	虠	虡	虣	虤	虥	虦	虧	虨	虩
A	虪															

CD	0	1	2	3	4	5	6	7	8	9	A	B	C	D	E	F
4	虭	虯	虰	虲	虳	虴	虵	虶	虷	虸	蚃	蚄	蚅	蚆	蚇	蚈
5	蚉	蚎	蚏	蚐	蚑	蚒	蚔	蚖	蚗	蚘	蚙	蚚	蚛	蚞	蚟	蚠
6	蚡	蚢	蚥	蚦	蚫	蚭	蚮	蚲	蚳	蚷	蚸	蚹	蚻	蚼	蚽	蚾
7	蚿	蛁	蛂	蛃	蛅	蛈	蛌	蛍	蛒	蛓	蛕	蛖	蛗	蛚	蛜	
8	蛝	蛠	蛡	蛢	蛣	蛥	蛦	蛧	蛨	蛪	蛫	蛬	蛯	蛵	蛶	蛷
9	蛺	蛻	蛼	蛽	蛿	蜁	蜄	蜅	蜆	蜋	蜌	蜎	蜏	蜐	蜑	蜔
A	蜖															

双字节4区

CE	0	1	2	3	4	5	6	7	8	9	A	B	C	D	E	F
4	蜙	蜛	蜝	蜟	蜠	蜤	蜦	蜧	蜨	蜪	蜫	蜬	蜭	蜯	蜰	蜲
5	蜳	蜵	蜶	蜸	蜹	蜺	蜼	蜽	蝀	蝁	蝂	蝃	蝄	蝅	蝆	蝊
6	蝋	蝍	蝏	蝐	蝑	蝒	蝔	蝕	蝖	蝘	蝚	蝛	蝜	蝝	蝞	蝟
7	蝡	蝢	蝦	蝧	蝨	蝩	蝪	蝫	蝬	蝭	蝯	蝱	蝲	蝳	蝵	
8	蝷	蝸	蝹	蝺	蝿	螀	螁	螄	螆	螇	螉	螊	螌	螎	螏	螐
9	螑	螒	螔	螕	螖	螘	螙	螚	螛	螜	螝	螞	螠	螡	螢	螣
A	螤															

CF	0	1	2	3	4	5	6	7	8	9	A	B	C	D	E	F
4	螥	螦	螧	螩	螪	螮	螰	螱	螲	螴	螶	螷	螸	螹	螻	螼
5	螾	螿	蟁	蟂	蟃	蟄	蟅	蟇	蟈	蟉	蟌	蟍	蟎	蟏	蟐	蟔
6	蟕	蟖	蟗	蟘	蟙	蟚	蟜	蟝	蟞	蟟	蟡	蟢	蟣	蟤	蟦	蟧
7	蟨	蟩	蟫	蟬	蟭	蟯	蟰	蟱	蟲	蟳	蟴	蟵	蟶	蟷	蟸	
8	蟺	蟻	蟼	蟽	蟿	蠀	蠁	蠂	蠄	蠅	蠆	蠇	蠈	蠉	蠋	蠌
9	蠍	蠎	蠏	蠐	蠑	蠒	蠔	蠗	蠘	蠙	蠚	蠜	蠝	蠞	蠟	蠠
A	蠣															

D0	0	1	2	3	4	5	6	7	8	9	A	B	C	D	E	F
4	蠤	蠥	蠦	蠧	蠨	蠩	蠪	蠫	蠬	蠭	蠮	蠯	蠰	蠱	蠳	蠴
5	蠵	蠶	蠷	蠸	蠺	蠻	蠽	蠾	蠿	衁	衂	衃	衆	衇	衈	衉
6	衊	衋	衎	衏	衐	衑	衒	術	衕	衖	衘	衚	衛	衜	衝	衞
7	衟	衠	衦	衧	衪	衭	衯	衱	衳	衴	衵	衶	衸	衹	衺	
8	衻	衼	袀	袃	袆	袇	袉	袊	袌	袎	袏	袐	袑	袓	袔	袕
9	袗	袘	袙	袚	袛	袝	袞	袟	袠	袡	袣	袥	袦	袧	袨	袩
A	袪															

双字节4区

D1	0	1	2	3	4	5	6	7	8	9	A	B	C	D	E	F
4	袬	袮	袯	袰	袲	袳	袴	袵	袶	袸	袹	袺	袻	袽	袾	袿
5	裀	裃	裄	裇	裈	裊	裋	裌	裍	裏	裐	裑	裓	裖	裗	裚
6	裛	補	裝	裞	裠	裡	裦	裧	裩	裪	裫	裬	裭	裮	裯	裲
7	裵	裶	裷	裺	裻	製	裿	褀	褁	褃	褄	褅	褆	複	褈	
8	褉	褋	褌	褍	褎	褏	褑	褔	褕	褖	褗	褘	褜	褝	褞	褟
9	褠	褢	褣	褤	褦	褧	褨	褩	褬	褭	褮	褯	褱	褲	褳	褵
A	褷															

D2	0	1	2	3	4	5	6	7	8	9	A	B	C	D	E	F
4	褸	褹	褺	褻	褼	褽	褾	褿	襀	襂	襃	襅	襆	襇	襈	襉
5	襊	襋	襌	襍	襎	襏	襐	襑	襒	襓	襔	襕	襖	襗	襘	襙
6	襚	襛	襜	襝	襠	襡	襢	襣	襤	襥	襧	襨	襩	襪	襫	襬
7	襭	襮	襯	襰	襱	襲	襳	襴	襵	襶	襷	襸	襹	襺	襼	
8	襽	襾	覀	覂	覄	覅	覇	覈	覉	覊	見	覌	覍	覎	規	覐
9	覑	覒	覓	覔	覕	視	覗	覘	覙	覚	覛	覜	覝	覞	覟	覠
A	覡															

D3	0	1	2	3	4	5	6	7	8	9	A	B	C	D	E	F
4	覢	覣	覤	覥	覦	覧	覨	覩	親	覫	覬	覭	覮	覯	覰	覱
5	覲	観	覴	覵	覶	覷	覸	覹	覺	覻	覼	覽	覾	覿	觀	觃
6	觍	觓	觔	觕	觗	觘	觙	觛	觝	觟	觠	觡	觢	觤	觧	觨
7	觩	觪	觬	觭	觮	觰	觱	觲	觴	觵	觶	觷	觸	觹	觺	
8	觻	觼	觽	觾	觿	言	訂	訃	訄	訅	訆	計	訉	訊	訋	訌
9	訍	討	訏	訐	訑	訒	訓	訔	訕	訖	託	記	訙	訚	訛	訜
A	訝															

双字节4区

D4	0	1	2	3	4	5	6	7	8	9	A	B	C	D	E	F
4	訞	訟	訠	訡	訢	訣	訤	訥	訦	訧	訨	訩	訪	訫	訬	設
5	訮	訯	訰	許	訲	訳	訴	訵	訶	訷	訸	訹	診	註	証	訽
6	訿	詀	詁	詂	詃	詄	詅	詆	詇	詉	詊	詋	詌	詍	詎	詏
7	詐	詑	詒	詓	詔	評	詖	詗	詘	詙	詚	詛	詜	詝	詞	
8	詟	詠	詡	詢	詣	詤	詥	試	詧	詨	詩	詪	詫	詬	詭	詮
9	詯	詰	話	該	詳	詴	詵	詶	詷	詸	詺	詻	詼	詽	詾	詿
A	誀															

D5	0	1	2	3	4	5	6	7	8	9	A	B	C	D	E	F
4	誁	誂	誃	誄	誅	誆	誇	誈	誋	誌	認	誎	誏	誐	誑	誒
5	誔	誕	誖	誗	誘	誙	誚	誛	誜	誝	語	誟	誠	誡	誢	誣
6	誤	誥	誦	誧	誨	誩	說	誫	説	読	誮	誯	誰	誱	課	誳
7	誴	誵	誶	誷	誸	誹	誺	誻	誼	誽	誾	調	諀	諁	諂	
8	諃	諄	諅	諆	談	諈	諉	諊	請	諌	諍	諎	諏	諐	諑	諒
9	諓	諔	諕	論	諗	諘	諙	諚	諛	諜	諝	諞	諟	諠	諡	諢
A	諣															

D6	0	1	2	3	4	5	6	7	8	9	A	B	C	D	E	F
4	諤	諥	諦	諧	諨	諩	諪	諫	諬	諭	諮	諯	諰	諱	諲	諳
5	諴	諵	諶	諷	諸	諹	諺	諻	諼	諽	諾	諿	謀	謁	謂	謃
6	謄	謅	謆	謈	謉	謊	謋	謌	謍	謎	謏	謐	謑	謒	謓	謔
7	謕	謖	謗	謘	謙	謚	講	謜	謝	謞	謟	謠	謡	謢	謣	
8	謤	謥	謧	謨	謩	謪	謫	謬	謭	謮	謯	謰	謱	謲	謳	謴
9	謵	謶	謷	謸	謹	謺	謻	謼	謽	謾	謿	譀	譁	譂	譃	譄
A	譅															

双字节4区

D7	0	1	2	3	4	5	6	7	8	9	A	B	C	D	E	F
4	譆	譇	譈	證	譊	譋	譌	譍	譎	譏	譐	譑	譒	譓	譔	譕
5	譖	譗	識	譙	譚	譛	譜	譝	譞	譟	譠	譡	譢	譣	譤	譥
6	譧	譨	譩	譪	譫	譭	譮	譯	議	譱	譲	譳	譴	譵	譶	護
7	譸	譹	譺	譻	譼	譽	譾	譿	讀	讁	讂	讃	讄	讅	讆	
8	讇	讈	讉	變	讋	讌	讍	讎	讏	讐	讑	讒	讓	讔	讕	讖
9	讗	讘	讙	讚	讛	讜	讝	讞	讟	讬	讱	讻	诇	诐	诪	谉
A	谞															

D8	0	1	2	3	4	5	6	7	8	9	A	B	C	D	E	F
4	谸	谹	谺	谻	谼	谽	谾	谿	豀	豂	豃	豄	豅	豈	豊	豋
5	豍	豎	豏	豐	豑	豒	豓	豔	豖	豗	豘	豙	豛	豜	豝	豞
6	豟	豠	豣	豤	豥	豦	豧	豨	豩	豬	豭	豮	豯	豰	豱	豲
7	豴	豵	豶	豷	豻	豼	豽	豾	豿	貀	貁	貃	貄	貆	貇	
8	貈	貋	貍	貎	貏	貐	貑	貒	貓	貕	貖	貗	貙	貚	貛	貜
9	貝	貞	貟	負	財	貢	貣	貤	貥	貦	貧	貨	販	貪	貫	責
A	貭															

D9	0	1	2	3	4	5	6	7	8	9	A	B	C	D	E	F
4	貮	貯	貰	貱	貲	貳	貴	貵	貶	買	貸	貹	貺	費	貼	貽
5	貾	貿	賀	賁	賂	賃	賄	賅	賆	資	賈	賉	賊	賋	賌	賍
6	賎	賏	賐	賑	賒	賓	賔	賕	賖	賗	賘	賙	賚	賛	賜	賝
7	賞	賟	賠	賡	賢	賣	賤	賥	賦	賧	賨	賩	質	賫	賬	
8	賭	賮	賯	賰	賱	賲	賳	賴	賵	賶	賷	賸	賹	賺	賻	購
9	賽	賾	賿	贀	贁	贂	贃	贄	贅	贆	贇	贈	贉	贊	贋	贌
A	贍															

双字节4区

DA	0	1	2	3	4	5	6	7	8	9	A	B	C	D	E	F
4	贎	贏	贐	贑	贒	贓	贔	贕	贖	贗	贘	贙	贚	贛	贜	贠
5	赑	赒	赗	赟	赥	赨	赩	赪	赬	赮	赯	赱	赲	赸	赹	赺
6	赻	赼	赽	赾	赿	趀	趂	趃	趆	趇	趈	趉	趌	趍	趎	趏
7	趐	趒	趓	趕	趖	趗	趘	趙	趚	趛	趜	趝	趞	趠	趡	
8	趢	趤	趥	趦	趧	趨	趩	趪	趫	趬	趭	趮	趯	趰	趲	趶
9	趷	趹	趻	趽	跀	跁	跂	跅	跇	跈	跉	跊	跍	跐	跒	跓
A	跔															

DB	0	1	2	3	4	5	6	7	8	9	A	B	C	D	E	F
4	跕	跘	跙	跜	跠	跡	跢	跥	跦	跧	跩	跭	跮	跰	跱	跲
5	跴	跶	跼	跾	跿	踀	踁	踂	踃	踄	踆	踇	踈	踋	踍	踎
6	踐	踑	踒	踓	踕	踖	踗	踘	踙	踚	踛	踜	踠	踡	踤	踥
7	踦	踧	踨	踫	踭	踰	踲	踳	踴	踶	踷	踸	踻	踼	踾	
8	踿	蹃	蹅	蹆	蹌	蹍	蹎	蹏	蹐	蹓	蹔	蹕	蹖	蹗	蹘	蹚
9	蹛	蹜	蹝	蹞	蹟	蹠	蹡	蹢	蹣	蹤	蹥	蹧	蹨	蹪	蹫	蹮
A	蹱															

DC	0	1	2	3	4	5	6	7	8	9	A	B	C	D	E	F
4	蹳	蹵	蹷	蹸	蹹	蹺	蹻	蹽	蹾	躀	躂	躃	躄	躆	躈	躉
5	躊	躋	躌	躍	躎	躑	躒	躓	躕	躖	躗	躘	躙	躚	躛	躝
6	躟	躠	躡	躢	躣	躤	躥	躦	躧	躨	躩	躪	躭	躮	躰	躱
7	躳	躴	躵	躶	躷	躸	躹	躻	躼	躽	躾	躿	軀	軁	軂	
8	軃	軄	軅	軆	軇	軈	軉	車	軋	軌	軍	軏	軐	軑	軒	軓
9	軔	軕	軖	軗	軘	軙	軚	軛	軜	軝	軞	軟	軠	軡	転	軣
A	軤															

双字节4区

DD	0	1	2	3	4	5	6	7	8	9	A	B	C	D	E	F
4	軥	軦	軧	軨	軩	軪	軫	軬	軭	軮	軯	軰	軱	軲	軳	軴
5	軵	軶	軷	軸	軹	軺	軻	軼	軽	軾	軿	輀	輁	輂	較	輄
6	輅	輆	輇	輈	載	輊	輋	輌	輍	輎	輏	輐	輑	輒	輓	輔
7	輕	輖	輗	輘	輙	輚	輛	輜	輝	輞	輟	輠	輡	輢	輣	
8	輤	輥	輦	輧	輨	輩	輪	輫	輬	輭	輮	輯	輰	輱	輲	輳
9	輴	輵	輶	輷	輸	輹	輺	輻	輼	輽	輾	輿	轀	轁	轂	轃
A	轄															

DE	0	1	2	3	4	5	6	7	8	9	A	B	C	D	E	F
4	轅	轆	轇	轈	轉	轊	轋	轌	轍	轎	轏	轐	轑	轒	轓	轔
5	轕	轖	轗	轘	轙	轚	轛	轜	轝	轞	轟	轠	轡	轢	轣	轤
6	轥	轪	辀	辌	辒	辝	辠	辡	辢	辤	辥	辦	辧	辪	辬	辭
7	辮	辯	農	辳	辴	辵	辷	辸	辺	辻	込	辿	迀	迃	迆	
8	迉	迊	迋	迌	迍	迏	迒	迖	迗	迚	迠	迡	迣	迧	迬	迯
9	迱	迲	迴	迵	迶	迺	迻	迼	迾	迿	逇	逈	逌	逎	逓	逕
A	逘															

DF	0	1	2	3	4	5	6	7	8	9	A	B	C	D	E	F
4	這	逜	連	逤	逥	逧	逨	逩	逪	逫	逬	逰	週	進	逳	逴
5	逷	逹	逺	逽	逿	遀	遃	遅	遆	遈	遉	遊	運	遌	過	達
6	違	遖	遙	遚	遜	遝	遞	遟	遠	遡	遤	遦	遧	適	遪	遫
7	遬	遯	遰	遱	遲	遳	遶	遷	選	遹	遺	遻	遼	遾	邁	
8	還	邅	邆	邇	邉	邊	邌	邍	邎	邏	邐	邒	邔	邖	邘	邚
9	邜	邞	邟	邠	邤	邥	邧	邨	邩	邫	邭	邲	邷	邼	邽	邿
A	郀															

双字节4区

E0	0	1	2	3	4	5	6	7	8	9	A	B	C	D	E	F
4	郂	郃	郆	郈	郉	郋	郌	郍	郒	郔	郕	郖	郘	郙	郚	郞
5	郟	郠	郣	郤	郥	郩	郪	郬	郮	郰	郱	郲	郳	郵	郶	郷
6	郹	郺	郻	郼	郿	鄀	鄁	鄃	鄅	鄆	鄇	鄈	鄉	鄊	鄋	鄌
7	鄍	鄎	鄏	鄐	鄑	鄒	鄓	鄔	鄕	鄖	鄗	鄘	鄚	鄛	鄜	
8	鄝	鄟	鄠	鄡	鄤	鄥	鄦	鄧	鄨	鄩	鄪	鄫	鄬	鄭	鄮	鄰
9	鄲	鄳	鄴	鄵	鄶	鄷	鄸	鄺	鄻	鄼	鄽	鄾	鄿	酀	酁	酂
A	酄															

E1	0	1	2	3	4	5	6	7	8	9	A	B	C	D	E	F
4	酅	酇	酈	酊	酓	酔	酕	酖	酘	酙	酛	酜	酟	酠	酦	酧
5	酨	酫	酭	酳	酺	酻	酼	醀	醁	醂	醃	醄	醆	醈	醊	醎
6	醏	醓	醫	醅	醖	醗	醘	醙	醜	醝	醞	醟	醠	醡	醤	醥
7	醦	醧	醨	醩	醫	醬	醰	醱	醲	醳	醶	醷	醸	醹	醻	
8	醼	醽	醾	醿	釀	釁	釂	釃	釄	釅	采	釈	釋	釐	釒	釓
9	釔	釕	釖	釗	釘	釙	釚	釛	針	釞	釟	釠	釡	釢	釣	釤
A	釥															

E2	0	1	2	3	4	5	6	7	8	9	A	B	C	D	E	F
4	釦	釧	釨	釩	釪	釫	釬	釭	釮	釯	釰	釱	釲	釳	釴	釵
5	釶	釷	釸	釹	釺	釻	釼	釽	釾	釿	鈀	鈁	鈂	鈃	鈄	鈅
6	鈆	鈇	鈈	鈉	鈊	鈋	鈌	鈍	鈎	鈏	鈐	鈑	鈒	鈓	鈔	鈕
7	鈖	鈗	鈘	鈙	鈚	鈛	鈜	鈝	鈞	鈟	鈠	鈡	鈢	鈣	鈤	
8	鈥	鈦	鈧	鈨	鈩	鈪	鈫	鈬	鈭	鈮	鈯	鈰	鈱	鈲	鈳	鈴
9	鈵	鈶	鈷	鈸	鈹	鈺	鋁	鈼	鈽	鈾	鈿	鉀	鉁	鉂	鉃	鉄
A	鉅															

双字节4区

E3	0	1	2	3	4	5	6	7	8	9	A	B	C	D	E	F
4	鉆	鉇	鉈	鉉	鉊	鉋	鉌	鉍	鉎	鉏	鉐	鉑	鉒	鉓	鉔	鉕
5	鉖	鉗	鉘	鉙	鉚	鉛	鉜	鉝	鉞	鉟	鉠	鉡	鉢	鉣	鉤	鉥
6	鉦	鉧	鉨	鉩	鉪	鉫	鉬	鉭	鉮	鉯	鉰	鉱	鉲	鉳	鉵	鉶
7	鉷	鉸	鉹	鉺	鉻	鉼	鉽	鉾	鉿	銀	銁	銂	銃	銄	銅	
8	銆	銇	銈	銉	銊	銋	銌	銍	銏	銎	銑	銒	銓	銔	銕	銖
9	銗	銘	銙	銚	銛	銜	銝	銞	銟	銠	銡	銢	銣	銤	銥	銦
A	銧															

E4	0	1	2	3	4	5	6	7	8	9	A	B	C	D	E	F
4	銨	銩	銪	銫	銬	銭	銯	銰	銱	銲	銳	銴	銵	銶	銷	銸
5	銹	銺	銻	銼	銽	銾	銿	鋀	鋁	鋂	鋃	鋄	鋅	鋆	鋇	鋉
6	鋊	鋋	鋌	鋍	鋎	鋏	鋐	鋑	鋒	鋓	鋔	鋕	鋖	鋗	鋘	鋙
7	鋚	鋛	鋜	鋝	鋞	鋟	鋠	鋡	鋢	鋣	鋤	鋥	鋦	鋧	鋨	
8	鋩	鋪	鋫	鋬	鋭	鋮	鋯	鋰	鋱	鋲	鋳	鋴	鋵	鋶	鋷	鋸
9	鋹	鋺	鋻	鋼	鋽	鋾	鋿	錀	錁	錂	錃	錄	錅	錆	錇	錈
A	錉															

E5	0	1	2	3	4	5	6	7	8	9	A	B	C	D	E	F
4	錊	錋	錌	錍	錎	錏	錐	錑	錒	錓	錔	錕	錖	錗	錘	錙
5	錚	錛	錜	錝	錞	錟	錠	錡	錢	錣	錤	錥	錦	錧	錨	錩
6	錪	錫	錬	錭	錮	錯	錰	錱	録	錳	錴	錵	錶	錷	錸	錹
7	錺	錻	錼	錽	錿	鍀	鍁	鍂	鍃	鍄	鍅	鍆	鍇	鍈	鍉	
8	鍊	鍋	鍌	鍍	鍎	鍏	鍐	鍑	鍒	鍓	鍔	鍕	鍖	鍗	鍘	鍙
9	鍚	鍛	鍜	鍝	鍞	鍟	鍠	鍡	鍢	鍣	鍤	鍥	鍦	鍧	鍨	鍩
A	鍪															

双字节4区

E6	0	1	2	3	4	5	6	7	8	9	A	B	C	D	E	F
4	鍬	鍭	鍮	鍯	鍰	鍱	鍲	鍳	鍴	鍵	鍶	鍷	鍸	鍹	鍺	鍻
5	鍼	鍽	鍾	鍿	鎀	鎁	鎂	鎃	鎄	鎅	鎆	鎇	鎈	鎉	鎊	鎋
6	鎌	鎍	鎎	鎐	鎑	鎒	鎓	鎔	鎕	鎖	鎗	鎘	鎙	鎚	鎛	鎜
7	鎝	鎞	鎟	鎠	鎡	鎢	鎣	鎤	鎥	鎦	鎧	鎨	鎩	鎪	鎫	
8	鎬	鎭	鎮	鎯	鎰	鎱	鎲	鎳	鎴	鎵	鎶	鎷	鎸	鎹	鎺	鎻
9	鎼	鎽	鎾	鎿	鏀	鏁	鏂	鏃	鏄	鏅	鏆	鏇	鏈	鏉	鏋	鏌
A	鏍															

E7	0	1	2	3	4	5	6	7	8	9	A	B	C	D	E	F
4	鏎	鏏	鏐	鏑	鏒	鏓	鏔	鏕	鏗	鏘	鏙	鏚	鏛	鏜	鏝	鏞
5	鏟	鏠	鏡	鏢	鏣	鏤	鏥	鏦	鏧	鏨	鏩	鏪	鏫	鏬	鏭	鏮
6	鏯	鏰	鏱	鏲	鏳	鏴	鏵	鏶	鏷	鏸	鏹	鏺	鏻	鏼	鏽	鏾
7	鏿	鐀	鐁	鐂	鐃	鐄	鐅	鐆	鐇	鐈	鐉	鐊	鐋	鐌	鐍	
8	鐎	鐏	鐐	鐑	鐒	鐓	鐔	鐕	鐖	鐗	鐘	鐙	鐚	鐛	鐜	鐝
9	鐞	鐟	鐠	鐡	鐢	鐣	鐤	鐥	鐦	鐧	鐨	鐩	鐪	鐫	鐬	鐭
A	鐮															

E8	0	1	2	3	4	5	6	7	8	9	A	B	C	D	E	F
4	鐯	鐰	鐱	鐲	鐳	鐴	鐵	鐶	鐷	鐸	鐹	鐺	鐻	鐼	鐽	鐿
5	鑀	鑁	鑂	鑃	鑄	鑅	鑆	鑇	鑈	鑉	鑊	鑋	鑌	鑍	鑎	鑏
6	鑐	鑑	鑒	鑓	鑔	鑕	鑖	鑗	鑘	鑙	鑚	鑛	鑜	鑝	鑞	鑟
7	鑠	鑡	鑢	鑣	鑤	鑥	鑦	鑧	鑨	鑩	鑪	鑬	鑭	鑮	鑯	
8	鑰	鑱	鑲	鑳	鑴	鑵	鑶	鑷	鑸	鑹	鑺	鑻	鑼	鑽	鑾	鑿
9	钀	钁	钂	钃	钄	钑	钖	钘	铇	铏	铓	铔	铚	铦	铻	锜
A	锠															

双字节4区

E9	0	1	2	3	4	5	6	7	8	9	A	B	C	D	E	F
4	锧	锳	锽	镃	镈	镋	镕	镚	镠	镮	镴	镵	長	镸	镹	镺
5	镻	镼	镽	镾	門	閁	閂	閃	閄	閅	閆	閇	閈	閉	閊	開
6	閌	閍	閎	閏	閐	閑	閒	間	閔	閕	閖	閗	閘	閙	閚	閛
7	閜	閝	閞	閟	閠	閡	関	閣	閤	閥	閦	閧	閨	閩	閪	
8	閫	閬	閭	閮	閯	閰	閱	閲	閳	閴	閵	閶	閷	閸	閹	閺
9	閻	閼	閽	閾	閿	闀	闁	闂	闃	闄	闅	闆	闇	闈	闉	闊
A	闋															

EA	0	1	2	3	4	5	6	7	8	9	A	B	C	D	E	F
4	闌	闍	闎	闏	闐	闑	闒	闓	闔	闕	闖	闗	闘	闙	闚	闛
5	關	闝	闞	闟	闠	闡	闢	闣	闤	闥	闦	闧	闬	闶	阃	阓
6	阘	阛	阞	阠	阣	阤	阥	阦	阧	阨	阩	阫	阬	阭	阯	阰
7	阷	阸	阹	阺	阾	陁	陃	陊	陎	陏	陑	陒	陓	陖	陗	
8	陘	陙	陚	陜	陝	陞	陠	陣	陥	陦	陫	陭	陮	陯	陰	陱
9	陳	陸	陹	険	陻	陼	陽	陾	陿	隀	隁	隂	隃	隄	隇	隉
A	隊															

EB	0	1	2	3	4	5	6	7	8	9	A	B	C	D	E	F
4	隌	階	隑	隒	隓	隕	隖	隚	際	隝	隞	隟	隠	隡	隢	隣
5	隤	隥	隦	隨	隩	險	隫	隬	隭	隮	隯	隱	隲	隴	隵	隷
6	隸	隺	隻	隿	雂	雃	雈	雊	雋	雐	雑	雓	雔	雖	雗	雘
7	雙	雚	雛	雜	雝	雞	雟	雡	離	難	雤	雥	雦	雧	雫	
8	雬	雭	雮	雰	雱	雲	雴	雵	雸	雺	電	雼	雽	雿	霂	霃
9	霅	霊	霋	霌	霐	霑	霒	霔	霕	霗	霘	霙	霚	霛	霝	霟
A	霠															

双字节4区

EC	0	1	2	3	4	5	6	7	8	9	A	B	C	D	E	F
4	霡	霢	霣	霤	霥	霦	霧	霨	霩	霫	霬	霮	霯	霱	霳	霴
5	霵	霶	霷	霺	霻	霼	霽	霿	靀	靁	靂	靃	靄	靅	靆	靇
6	靈	靉	靊	靋	靌	靍	靎	靏	靐	靑	靔	靕	靗	靘	靚	靜
7	靝	靟	靣	靤	靦	靧	靨	靪	靫	靬	靭	靮	靯	靰	靱	
8	靲	靵	靷	靸	靹	靺	靻	靽	靾	靿	鞀	鞁	鞂	鞃	鞄	鞆
9	鞇	鞈	鞉	鞊	鞌	鞎	鞏	鞐	鞓	鞕	鞖	鞗	鞙	鞚	鞛	鞜
A	鞝															

ED	0	1	2	3	4	5	6	7	8	9	A	B	C	D	E	F
4	鞞	鞟	鞡	鞢	鞤	鞥	鞦	鞧	鞨	鞩	鞪	鞬	鞮	鞰	鞱	鞳
5	鞵	鞶	鞷	鞸	鞹	鞺	鞻	鞼	鞽	鞾	鞿	韀	韁	韂	韃	韄
6	韅	韆	韇	韈	韉	韊	韋	韌	韍	韎	韏	韐	韑	韒	韓	韔
7	韕	韖	韗	韘	韙	韚	韛	韜	韝	韞	韟	韠	韡	韢	韣	
8	韤	韥	韨	韮	韯	韰	韱	韲	韴	韷	韸	韹	韺	韻	韼	韽
9	韾	響	頀	頁	頂	頃	頄	項	順	頇	須	頉	頊	頋	頌	頍
A	頎															

EE	0	1	2	3	4	5	6	7	8	9	A	B	C	D	E	F
4	頏	預	頑	頒	頓	頔	頕	頖	頗	領	頙	頚	頛	頜	頝	頞
5	頟	頠	頡	頢	頣	頤	頥	頦	頧	頨	頩	頪	頫	頬	頭	頮
6	頯	頰	頱	頲	頳	頴	頵	頶	頷	頸	頹	頺	頻	頼	頽	頾
7	頿	顀	顁	顂	顃	顄	顅	顆	顇	顈	顉	顊	顋	題	額	
8	顎	顏	顐	顑	顒	顓	顔	顕	顖	顗	願	顙	顚	顛	顜	顝
9	類	顟	顠	顡	顢	顣	顤	顥	顦	顧	顨	顩	顪	顫	顬	顭
A	顮															

双字节4区

EF	0	1	2	3	4	5	6	7	8	9	A	B	C	D	E	F
4	顯	顰	顱	顲	顳	顴	颋	颎	颒	颕	颙	颣	風	颩	颪	颫
5	颬	颭	颮	颯	颰	颱	颲	颳	颴	颵	颶	颷	颸	颹	颺	颻
6	颼	颽	颾	颿	飀	飁	飂	飃	飄	飅	飆	飇	飈	飉	飊	飋
7	飌	飍	飏	飐	飔	飖	飗	飛	飜	飝	飠	飡	飢	飣	飤	
8	飥	飦	飩	飪	飫	飬	飭	飮	飯	飰	飱	飲	飳	飴	飵	飶
9	飷	飸	飹	飺	飻	飼	飽	飾	飿	餀	餁	餂	餃	餄	餅	餆
A	餇															

F0	0	1	2	3	4	5	6	7	8	9	A	B	C	D	E	F
4	餈	餉	養	餋	餌	餎	餏	餑	餒	餓	餔	餕	餖	餗	餘	餙
5	餚	餛	餜	餝	餞	餟	餠	餡	餢	餣	餤	餥	餦	餧	館	餩
6	餪	餫	餬	餭	餯	餰	餱	餲	餳	餴	餵	餶	餷	餸	餹	餺
7	餻	餼	餽	餾	餿	饀	饁	饂	饃	饄	饅	饆	饇	饈	饉	
8	饊	饋	饌	饍	饎	饏	饐	饑	饒	饓	饖	饗	饘	饙	饚	饛
9	饜	饝	饞	饟	饠	饡	饢	饤	饦	饳	饸	饹	饻	饾	馂	馃
A	馉															

F1	0	1	2	3	4	5	6	7	8	9	A	B	C	D	E	F
4	馌	馎	馚	馛	馜	馝	馞	馟	馠	馡	馢	馣	馤	馦	馧	馩
5	馪	馫	馬	馭	馮	馯	馰	馱	馲	馳	馴	馵	馶	馷	馸	馹
6	馺	馻	馼	馽	馾	馿	駀	駁	駂	駃	駄	駅	駆	駇	駈	駉
7	駊	駋	駌	駍	駎	駏	駐	駑	駒	駓	駔	駕	駖	駗	駘	
8	駙	駚	駛	駜	駝	駞	駟	駠	駡	駢	駣	駤	駥	駦	駧	駨
9	駩	駪	駫	駬	駭	駮	駯	駰	駱	駲	駳	駴	駵	駶	駷	駸
A	駹															

双字节4区

F2	0	1	2	3	4	5	6	7	8	9	A	B	C	D	E	F
4	駺	駻	駼	駽	駾	駿	騀	騁	騂	騃	騄	騅	騆	騇	騈	騉
5	騊	騋	騌	騍	騎	騏	騐	騑	騒	験	騔	騕	騖	騗	騘	騙
6	騚	騛	騜	騝	騞	騟	騠	騡	騢	騣	騤	騥	騦	騧	騨	騩
7	騪	騫	騬	騭	騮	騯	騰	騱	騲	騳	騴	騵	騶	騷	騸	
8	騹	騺	騻	騼	騽	騾	騿	驀	驁	驂	驃	驄	驅	驆	驇	驈
9	驉	驊	驋	驌	驍	驎	驏	驐	驑	驒	驓	驔	驕	驖	驗	驘
A	驙															

F3	0	1	2	3	4	5	6	7	8	9	A	B	C	D	E	F
4	驚	驛	驜	驝	驞	驟	驠	驡	驢	驣	驤	驥	驦	驧	驨	驩
5	驪	驫	驲	骃	骉	骍	骎	骔	骕	骙	骦	骩	骪	骫	骬	骭
6	骮	骯	骲	骳	骴	骵	骹	骻	骽	骾	骿	髃	髄	髆	髇	髈
7	髉	髊	髍	髎	髏	髐	髒	體	髕	髖	髗	髙	髚	髛	髜	
8	髝	髞	髠	髢	髣	髤	髥	髧	髨	髩	髪	髬	髮	髰	髱	髲
9	髳	髴	髵	髶	髷	髸	髺	髼	髽	髾	髿	鬀	鬁	鬂	鬄	鬅
A	鬆															

F4	0	1	2	3	4	5	6	7	8	9	A	B	C	D	E	F
4	鬇	鬉	鬊	鬋	鬌	鬍	鬎	鬐	鬑	鬒	鬔	鬕	鬖	鬗	鬘	鬙
5	鬚	鬛	鬜	鬝	鬞	鬠	鬡	鬢	鬤	鬥	鬦	鬧	鬨	鬩	鬪	鬫
6	鬬	鬭	鬮	鬰	鬱	鬳	鬴	鬵	鬶	鬷	鬸	鬹	鬺	鬽	鬾	鬿
7	魀	魆	魊	魋	魌	魎	魐	魒	魓	魕	魖	魗	魘	魙	魚	
8	魛	魜	魝	魞	魟	魠	魡	魢	魣	魤	魥	魦	魧	魨	魩	魪
9	魫	魬	魭	魮	魯	魰	魱	魲	魳	魴	魵	魶	魷	魸	魹	魺
A	魻															

双字节4区

F5	0	1	2	3	4	5	6	7	8	9	A	B	C	D	E	F
4	魼	魽	魾	魿	鮀	鮁	鮂	鮃	鮄	鮅	鮝	鮇	鮈	鮉	鮊	鮋
5	鮌	鮍	鮎	鮏	鮐	鮑	鮒	鮓	鮔	鮕	鮖	鮗	鮘	䱷	鮚	鮛
6	鮜	鮺	鮞	鮟	鮠	鮡	鮢	鮣	鮤	鮥	鮦	鮧	鮨	鮩	鮪	鮫
7	鮬	鮭	鮮	鮯	鮰	鮱	鮲	鮳	鯠	鮵	鮶	鮷	鮸	鮹	鯗	
8	鮻	鮼	鮽	鮾	䱹	鯀	鯁	鯂	鯃	鯄	鯅	鯆	鯇	鯈	鯉	鯊
9	魦	鯌	鯍	鰄	鯏	鯐	鯑	鯒	鯓	鯔	鯕	鯖	鯗	鯘	鯙	鯚
A	鯛															

F6	0	1	2	3	4	5	6	7	8	9	A	B	C	D	E	F
4	鯜	鯝	鯞	鯟	鯠	鯡	鯢	鯣	鯤	鯥	鯦	鯧	鯨	鯩	鯪	鯫
5	鯬	鯭	鯮	鯯	鯰	鯱	鯲	鯳	䱱	鯵	鯶	鯷	鯸	鯹	鯺	鯻
6	鯼	鯽	鯾	鯿	鰀	鰁	鰂	鰃	鰄	鰅	鰆	鰇	鰈	鰉	鰊	鰋
7	鰌	鰍	鰎	鰏	鰐	鰑	鰒	鰓	鰔	鰕	鯖	鰗	鰘	鰙	鰚	
8	鰛	鰜	鰝	鰞	鰟	鰠	鰡	鰢	鰣	鰤	鰥	鰦	鰧	鰯	鰩	鰪
9	鰫	鰬	鰭	鰮	鰨	鰰	鰱	鰲	鰳	鰴	鰵	鰶	鰷	鰸	鰹	鰺
A	鰻															

F7	0	1	2	3	4	5	6	7	8	9	A	B	C	D	E	F
4	鰼	鰽	鰾	鰿	鱀	鱁	鱂	鱃	鱄	鱅	鱆	鱇	鱈	鱉	鱊	鱋
5	鱌	鱍	鱎	鱏	鱐	鱑	鱒	鱓	鱔	鱕	鱖	鱗	鱘	鱙	鱚	鱛
6	鱜	鱝	鱞	鱟	鱠	鱡	鱢	鱣	鱤	鱥	鱦	鱧	鱨	鱩	鱪	鱫
7	鱬	鱭	鱮	鱯	鱰	鱱	鱲	鱳	鱴	鱵	鱶	鱷	鱸	鱹	鱺	
8	鱻	鱽	鱾	鲀	鲃	鲄	鲉	鲊	鲌	鲏	鲓	鲖	鲗	鲘	鲙	鲝
9	鲪	鲬	鲯	鲹	鲾	鲼	鳀	鳁	鳂	鳈	鳉	鳑	鳒	鳚	鳛	鳠
A	鳡															

双字节4区

F8	0	1	2	3	4	5	6	7	8	9	A	B	C	D	E	F
4	鱣	鳤	鳥	鳦	鳧	鳨	鳩	[illegible]	鳫	鳬	[illegible]	[illegible]	鳳	鳰	[illegible]	鳲
5	鳯	鳴	[illegible]	鳶	鳷	[illegible]	[illegible]	[illegible]	鴋	[illegible]	[illegible]	[illegible]	鳿	[illegible]	[illegible]	[illegible]
6	鴃	鴎	[illegible]	[illegible]	[illegible]	鴈	鴉	[illegible]	[illegible]	[illegible]	[illegible]	鷗	[illegible]	鴐	[illegible]	[illegible]
7	[illegible]	[illegible]	[illegible]	[illegible]	[illegible]	[illegible]	[illegible]	[illegible]	鴑	[illegible]	[illegible]	[illegible]	[illegible]	鴨	[illegible]	
8	[illegible]	鴣	[illegible]	[illegible]	[illegible]	[illegible]	鴨	[illegible]	[illegible]	[illegible]	[illegible]	[illegible]	[illegible]	[illegible]	[illegible]	[illegible]
9	[illegible]	[illegible]	[illegible]	[illegible]	[illegible]	[illegible]	[illegible]	[illegible]	[illegible]	鴻	[illegible]	[illegible]	[illegible]	鴿	[illegible]	[illegible]
A	[illegible]															

F9	0	1	2	3	4	5	6	7	8	9	A	B	C	D	E	F
4	[illegible]	[illegible]	[illegible]	[illegible]	[illegible]	[illegible]	[illegible]	[illegible]	[illegible]	[illegible]	[illegible]	[illegible]	[illegible]	[illegible]	[illegible]	[illegible]
5	[illegible]	[illegible]	[illegible]	[illegible]	[illegible]	[illegible]	[illegible]	[illegible]	[illegible]	[illegible]	[illegible]	[illegible]	[illegible]	[illegible]	[illegible]	[illegible]
6	[illegible]	[illegible]	[illegible]	[illegible]	[illegible]	[illegible]	鵬	[illegible]	[illegible]	鵬	[illegible]	[illegible]	[illegible]	[illegible]	[illegible]	[illegible]
7	[illegible]	[illegible]	[illegible]	[illegible]	[illegible]	[illegible]	[illegible]	[illegible]	[illegible]	[illegible]	[illegible]	[illegible]	[illegible]	[illegible]	[illegible]	
8	[illegible]	[illegible]	[illegible]	[illegible]	[illegible]	[illegible]	[illegible]	[illegible]	[illegible]	[illegible]	[illegible]	[illegible]	[illegible]	[illegible]	[illegible]	[illegible]
9	[illegible]	[illegible]	[illegible]	[illegible]	[illegible]	[illegible]	[illegible]	[illegible]	[illegible]	[illegible]	[illegible]	[illegible]	[illegible]	[illegible]	[illegible]	[illegible]
A	[illegible]															

FA	0	1	2	3	4	5	6	7	8	9	A	B	C	D	E	F
4	[illegible]	[illegible]	[illegible]	[illegible]	[illegible]	[illegible]	[illegible]	[illegible]	[illegible]	[illegible]	[illegible]	[illegible]	[illegible]	[illegible]	[illegible]	[illegible]
5	[illegible]	鶴	[illegible]	[illegible]	[illegible]	[illegible]	[illegible]	[illegible]	[illegible]	[illegible]	[illegible]	[illegible]	[illegible]	[illegible]	[illegible]	[illegible]
6	[illegible]	[illegible]	[illegible]	[illegible]	[illegible]	[illegible]	[illegible]	[illegible]	[illegible]	[illegible]	[illegible]	[illegible]	[illegible]	[illegible]	[illegible]	[illegible]
7	[illegible]	[illegible]	[illegible]	[illegible]	[illegible]	[illegible]	[illegible]	[illegible]	[illegible]	[illegible]	[illegible]	[illegible]	[illegible]	[illegible]	[illegible]	
8	[illegible]	[illegible]	[illegible]	[illegible]	[illegible]	[illegible]	[illegible]	[illegible]	[illegible]	[illegible]	[illegible]	[illegible]	[illegible]	[illegible]	[illegible]	[illegible]
9	[illegible]	[illegible]	[illegible]	[illegible]	[illegible]	[illegible]	[illegible]	鷹	[illegible]	[illegible]	[illegible]	[illegible]	[illegible]	[illegible]	[illegible]	[illegible]
A	[illegible]															

双字节4区

FB	0	1	2	3	4	5	6	7	8	9	A	B	C	D	E	F
4	鸃	鸄	鸅	鸆	鸇	鸈	鸉	鸊	鸋	鸌	鸍	鸎	鸏	鸐	鸑	鸒
5	鸓	鸔	鸕	鸖	鸗	鸘	鸙	鸚	鸛	鸜	鸝	鸞	鸤	鸧	鸮	鸰
6	鸴	鸻	鸼	鹀	鹍	鹐	鹒	鹓	鹔	鹖	鹙	鹝	鹟	鹠	鹡	鹢
7	鹥	鹮	鹯	鹲	鹴	鹵	鹶	鹷	鹸	鹹	鹺	鹻	鹼	鹽	麀	
8	麁	麃	麄	麅	麆	麉	麊	麌	麍	麎	麏	麐	麑	麔	麕	麖
9	麗	麘	麙	麚	麛	麜	麞	麠	麡	麢	麣	麤	麥	麧	麨	麩
A	麪															

FC	0	1	2	3	4	5	6	7	8	9	A	B	C	D	E	F
4	麫	麬	麭	麮	麯	麰	麱	麲	麳	麵	麶	麷	麹	麺	麼	麿
5	黀	黁	黂	黃	黅	黆	黇	黈	黊	黋	黌	黐	黒	黓	黕	黖
6	黗	黙	黚	點	黡	黣	黤	黦	黨	黫	黬	黭	黮	黰	黱	黲
7	黳	黴	黵	黶	黷	黸	黺	黽	黿	鼀	鼁	鼂	鼃	鼄	鼅	
8	鼆	鼇	鼈	鼉	鼊	鼌	鼏	鼑	鼒	鼔	鼕	鼖	鼘	鼚	鼛	鼜
9	鼝	鼞	鼟	鼡	鼣	鼤	鼥	鼦	鼧	鼨	鼩	鼪	鼫	鼭	鼮	鼰
A	鼱															

FD	0	1	2	3	4	5	6	7	8	9	A	B	C	D	E	F
4	鼲	鼳	鼴	鼵	鼶	鼸	鼺	鼼	鼿	齀	齁	齂	齃	齅	齆	齇
5	齈	齉	齊	齋	齌	齍	齎	齏	齒	齓	齔	齕	齖	齗	齘	齙
6	齚	齛	齜	齝	齞	齟	齠	齡	齢	齣	齤	齥	齦	齧	齨	齩
7	齪	齫	齬	齭	齮	齯	齰	齱	齲	齳	齴	齵	齶	齷	齸	
8	齹	齺	齻	齼	齽	齾	龁	龂	龍	龎	龏	龐	龑	龒	龓	龔
9	龕	龖	龗	龘	龜	龝	龞	龡	龢	龣	龤	龥	郎	凉	秊	裏
A	隣															

双字节4区

FE	0	1	2	3	4	5	6	7	8	9	A	B	C	D	E	F
4	兀	嗀	﨎	﨏	﨑	﨓	﨔	礼	﨟	蘒	﨡	﨣	﨤	﨧	﨨	﨩
5	⺁	𠂇	𠂉	𠃌	⺄	㑳	㑇	⺈	⺋	龴	㖞	㘚	㘎	⺌	⺗	㥮
6	㤘	龵	㧏	㧟	㩳	㧐	龶	龷	㭎	㱮	㳠	⺧	𡗗	龸	⺪	䁖
7	䅟	⺮	䌷	⺳	⺶	⺷	𢦏	䎱	䎬	⺻	䏝	䓖	䙡	䙌	龹	
8	䜣	䜩	䝼	䞍	⻊	䥇	䥺	䥽	䦂	䦃	䦅	䦆	䦟	䦛	䦷	䦶
9	龺	𤇾	䲣	䲟	䲠	䲡	䱷	䲢	䴓	䴔	䴕	䴖	䴗	䴘	䴙	䶮
A	龻															

8139

	30	31	32	33	34	35	36	37	38	39
EE										丠
EF	西	㐂	仐	牛	㐅	肙	乫	乽	乤	乬
F0	乬	乭	乮	乯	乲	乴	乵	乶	乷	乸
F1	乹	乱	乺	乻	乼	乿	亀	执	亁	亃
F2	亄	亅	㢈	亇	庫	䢸	鑾	鑾	丬	矛
F3	卌	夾	囟	㐬	亩	襄	暮	㕣	参	伕
F4	仉	仯	仠	𠇍	㑄	伙	伩	仦	仴	併
F5	佩	伭	佯	伏	伷	佊	㑭	侮	佐	侃
F6	㑊	佩	㑘	伷	侄	俫	㑳	侍	佘	侑
F7	夋	俊	侦	俜	仲	俘	㑦	俋	倻	俥
F8	㑗	倂	㑥	倀	倥	倨	御	倯	偛	傷
F9	倏	㑖	俣	偈	偮	傖	偌	偊	倱	傎
FA	像	傫	傐	僈	僷	僟	僛	僑	會	儁
FB	儉	儏	儅	儈	僳	僪	儞	儲	儀	儌
FC	儴	儵	僬	儆	儻	儸	㒜	儶	儏	儕
FD	儶	儬	儮	僕	儠	儩	儺	儶	僅	儼
FE	儲	儢	儸	儥	儹	儶	儴	儷	儽	倫

8230

	30	31	32	33	34	35	36	37	38	39
81	㒣	㒤	㒥	㒦	㒧	㒨	㒩	㒪	㒫	㒬
82	㒭	㒮	㒯	㒰	㒱	㒲	㒳	㒴	㒵	㒶
83	㒷	㒸	㒹	㒺	㒻	㒼	㒽	㒾	㒿	㓀
84	㓁	㓂	㓃	㓄	㓅	㓆	㓇	㓈	㓉	㓊
85	㓋	㓌	㓍	㓎	㓏	㓐	㓑	㓒	㓓	㓔
86	㓕	㓖	㓗	㓘	㓙	㓚	㓛	㓜	㓝	㓞
87	㓟	㓠	㓡	㓢	㓣	㓤	㓥	㓦	㓧	㓨
88	㓩	㓪	㓫	㓬	㓭	㓮	㓯	㓰	㓱	㓲
89	㓳	㓴	㓵	㓶	㓷	㓸	㓹	㓺	㓻	㓼
8A	㓽	㓾	㓿	㔀	㔁	㔂	㔃	㔄	㔅	㔆
8B	㔇	㔈	㔉	㔊	㔋	㔌	㔍	㔎	㔏	㔐
8C	㔑	㔒	㔓	㔔	㔕	㔖	㔗	㔘	㔙	㔚
8D	㔛	㔜	㔝	㔞	㔟	㔠	㔡	㔢	㔣	㔤
8E	㔥	㔦	㔧	㔨	㔩	㔪	㔫	㔬	㔭	㔮
8F	㔯	㔰	㔱	㔲	㔳	㔴	㔵	㔶	㔷	㔸
90	㔹	㔺	㔻	㔼	㔽	㔾	㔿	㕀	㕁	㕂
91	㕃	㕄	㕅	㕆	㕇	㕈	㕉	㕊	㕋	㕌
92	㕍	㕎	㕏	㕐	㕑	㕒	㕓	㕔	㕕	㕖
93	㕗	㕘	㕙	㕚	㕛	㕜	㕝	㕞	㕟	㕠
94	㕡	㕢	㕣	㕤	㕥	㕦	㕧	㕨	㕩	㕪
95	㕫	㕬	㕭	㕮	㕯	㕰	㕱	㕲	㕳	㕴

8230

	30	31	32	33	34	35	36	37	38	39
96	㕴	㕵	㕶	㕷	㕸	㕹	㕺	㕻	㕼	㕽
97	㕾	㕿	㖀	㖁	㖂	㖃	㖄	㖅	㖆	㖇
98	㖈	㖉	㖊	㖋	㖌	㖍	㖎	㖏	㖐	㖑
99	㖒	㖓	㖔	㖕	㖖	㖗	㖘	㖙	㖚	㖛
9A	㖜	㖝	㖟	㖠	㖡	㖢	㖣	㖤	㖥	㖦
9B	㖧	㖨	㖩	㖪	㖫	㖬	㖭	㖮	㖯	㖰
9C	㖱	㖲	㖳	㖴	㖵	㖶	㖷	㖸	㖹	㖺
9D	㖻	㖼	㖽	㖾	㖿	㗀	㗁	㗂	㗃	㗄
9E	㗅	㗆	㗇	㗈	㗉	㗊	㗋	㗌	㗍	㗎
9F	㗏	㗐	㗑	㗒	㗓	㗔	㗕	㗖	㗗	㗘
A0	㗙	㗚	㗛	㗜	㗝	㗞	㗟	㗠	㗡	㗢
A1	㗣	㗤	㗥	㗦	㗧	㗨	㗩	㗪	㗫	㗬
A2	㗭	㗮	㗯	㗰	㗱	㗲	㗳	㗴	㗵	㗶
A3	㗷	㗸	㗹	㗺	㗻	㗼	㗽	㗾	㗿	㘀
A4	㘁	㘂	㘃	㘄	㘅	㘆	㘇	㘈	㘉	㘊
A5	㘋	㘌	㘍	㘏	㘐	㘑	㘒	㘓	㘔	㘕
A6	㘖	㘗	㘘	㘙	㘛	㘜	㘝	㘞	㘟	㘠
A7	㘡	㘢	㘣	㘤	㘥	㘦	㘧	㘨	㘩	㘪
A8	㘫	㘬	㘭	㘮	㘯	㘰	㘱	㘲	㘳	㘴
A9	㘵	㘶	㘷	㘸	㘹	㘺	㘻	㘼	㘽	㘾
AA	㘿	㙀	㙁	㙂	㙃	㙄	㙅	㙆	㙇	㙈

8230

	30	31	32	33	34	35	36	37	38	39
AB	[illegible]	[illegible]	埭	[illegible]	堿	[illegible]	端	埀	墅	[illegible]
AC	墇	[illegible]	堣	[illegible]	[illegible]	塗	[illegible]	塼	臺	墔
AD	[illegible]	[illegible]	塈	[illegible]	墆	[illegible]	墟	壈	[illegible]	壃
AE	[illegible]	墩	[illegible]	[illegible]	[illegible]	[illegible]	墖	墪	[illegible]	[illegible]
AF	[illegible]	[illegible]	墻	壇	[illegible]	壏	壒	[illegible]	[illegible]	壥
B0	[illegible]	壛	壆	[illegible]	[illegible]	[illegible]	壞	壺	壼	[illegible]
B1	夏	[illegible]	外	[illegible]	[illegible]	[illegible]	[illegible]	[illegible]	[illegible]	奔
B2	奊	[illegible]	夾	[illegible]	[illegible]	[illegible]	臭	[illegible]	[illegible]	契
B3	奓	[illegible]	[illegible]	[illegible]	[illegible]	奭	[illegible]	[illegible]	佼	奱
B4	奺	奸	奷	奻	奿	妍	妊	妀	妁	妉
B5	妔	妦	妚	妬	姑	妿	姉	姈	姖	姊
B6	姛	娜	姘	娶	姻	[illegible]	姽	姳	姶	姸
B7	娓	[illegible]	娕	娸	娱	娗	娤	娅	娱	娽
B8	婞	婡	婄	婌	婜	婆	婝	婕	婘	婤
B9	婯	婎	婷	婼	媍	媰	婆	媐	媥	媈
BA	媩	媔	媾	媜	媥	媘	媌	媏	媺	媸
BB	媕	媹	媶	嫅	嫉	嫐	嫛	嫚	嫃	嫈
BC	嫋	嫞	嫙	嫢	嫭	嫬	嫺	嫼	嫹	嬄
BD	嬐	嬉	嬝	嬞	嬚	嬍	嬔	嬗	嬘	嬟
BE	嬰	嬸	孅	孈	穀	嬱	孆	孁	嬴	孀
BF	孇	孉	孊	孋	孌	孍	孎	孏	孡	孩

8230

	30	31	32	33	34	35	36	37	38	39
C0	㜜	㜝	㜞	㜟	㜠	㜡	㜢	㜣	㜤	㜥
C1	㜦	㜧	㜨	㜩	㜪	㜫	㜬	㜭	㜮	㜯
C2	㜰	㜱	㜲	㜳	㜴	㜵	㜶	㜷	㜸	㜹
C3	㜺	㜻	㜼	㜽	㜾	㜿	㝀	㝁	㝂	㝃
C4	㝄	㝅	㝆	㝇	㝈	㝉	㝊	㝋	㝌	㝍
C5	㝎	㝏	㝐	㝑	㝒	㝓	㝔	㝕	㝖	㝗
C6	㝘	㝙	㝚	㝛	㝜	㝝	㝞	㝟	㝠	㝡
C7	㝢	㝣	㝤	㝥	㝦	㝧	㝨	㝩	㝪	㝫
C8	㝬	㝭	㝮	㝯	㝰	㝱	㝲	㝳	㝴	㝵
C9	㝶	㝷	㝸	㝹	㝺	㝻	㝼	㝽	㝾	㝿
CA	㞀	㞁	㞂	㞃	㞄	㞅	㞆	㞇	㞈	㞉
CB	㞊	㞋	㞌	㞍	㞎	㞏	㞐	㞑	㞒	㞓
CC	㞔	㞕	㞖	㞗	㞘	㞙	㞚	㞛	㞜	㞝
CD	㞞	㞟	㞠	㞡	㞢	㞣	㞤	㞥	㞦	㞧
CE	㞨	㞩	㞪	㞫	㞬	㞭	㞮	㞯	㞰	㞱
CF	㞲	㞳	㞴	㞵	㞶	㞷	㞸	㞹	㞺	㞻
D0	㞼	㞽	㞾	㞿	㟀	㟁	㟂	㟃	㟄	㟅
D1	㟆	㟇	㟈	㟉	㟊	㟋	㟌	㟍	㟎	㟏
D2	㟐	㟑	㟒	㟓	㟔	㟕	㟖	㟗	㟘	㟙
D3	㟚	㟛	㟜	㟝	㟞	㟟	㟠	㟡	㟢	㟣
D4	㟤	㟥	㟦	㟧	㟨	㟩	㟪	㟫	㟬	㟭

8230

	30	31	32	33	34	35	36	37	38	39
D5	㟸	峉	嵤	嵳	嫄	㟳	嵬	嵦	㡶	嶅
D6	嵲	嚮	㟷	嶄	藪	嶁	嵻	嶙	㠜	嶑
D7	嶜	嶍	嶨	嶳	嶵	嶯	嶎	嶐	嶬	嶱
D8	嶶	嶲	嶕	嶪	嶹	嶉	嶟	嶸	嶭	嶷
D9	嶬	嶴	嶼	嶾	嶧	嶻	嶷	巀	巈	巊
DA	巑	巏	巘	巁	巉	巊	巋	巃	巒	㠶
DB	王	巭	巪	巬	巰	巳	巶	巺	帎	帋
DC	帉	帍	帆	帊	帗	帉	帙	帣	帠	帙
DD	帤	帞	帢	帨	帮	帱	帯	帷	帳	幁
DE	帵	幃	幍	幃	帽	幂	幓	幐	幒	幏
DF	幘	幝	幙	幠	幢	幟	幡	幧	幦	幪
E0	幩	幨	幭	幨	幬	幮	幰	龍	幞	幰
E1	幯	幱	幭	巒	幱	繄	幾	廱	幾	庀
E2	庌	庈	庅	底	庉	庈	庍	庲	庨	庢
E3	庢	廍	庚	庳	庡	庰	康	廖	庿	庡
E4	庱	庰	廛	庮	庴	庛	庽	廖	廅	廃
E5	廇	廎	廈	廑	廬	廧	廦	廱	廜	廗
E6	廡	廲	廣	廥	廰	廯	廙	延	廻	弅
E7	弊	弊	弐	弑	弒	弓	弙	弜	弙	弘
E8	弦	弢	弛	弫	弢	弥	弫	弴	弶	弨
E9	弻	弰	弳	弽	弿	彂	彅	彄	彊	張

8230

	30	31	32	33	34	35	36	37	38	39
EA	𢐞	𢐑	𢐕	𩰲	𢐸	𢐹	彊	希	𢁿	𢒅
EB	㐲	形	彨	彮	𢒡	彰	影	彪	𢒰	𢒸
EC	行	𢓌	𢓍	㣥	徇	𢓯	𢓭	𢓰	𢔃	𢕀
ED	𢔩	佶	𢔫	㣬	𢔮	徠	𢔹	徛	㣯	衞
EE	𢕄	𢕇	𢕑	𢕔	𢕛	𢕡	𢕥	𢕦	𢕬	𢕯
EF	徼	𢖃	𢖄	𢖈	𢖌	𢖑	𢖓	𢖖	忄	𢖛
F0	忉	𢖮	忟	忍	忿	忝	𢗁	㤃	怖	𢗃
F1	怋	怢	怭	㤇	㤈	怮	怚	恐	怨	恀
F2	点	怙	怦	怺	怤	怞	㤝	泰	恩	恦
F3	性	㤟	恍	侘	患	烈	悡	悄	恚	悈
F4	㤥	使	恬	恭	悆	㤧	悳	悂	㤭	悬
F5	悯	怎	恒	悉	悟	悃	㥑	惦	恰	悑
F6	悚	惊	悤	惕	悿	悇	俺	悳	悪	悍
F7	們	悽	愋	悷	惏	惉	悟	惘	悠	惆
F8	惎	惣	惧	愈	惪	惈	倚	惰	惢	惗
F9	惿	惻	惚	愌	愜	愲	愞	慂	惈	愲
FA	慄	惜	憲	愁	愚	愿	慎	慈	惰	愣
FB	愔	慠	愫	慸	愯	慛	憙	愿	慮	愸
FC	寒	慮	䑋	慭	慍	感	慝	慚	慣	憨
FD	憧	憓	懥	憯	懕	懘	憓	懛	懰	懿
FE	懽	懫	懸	懰	懂	僎	懺	懒	懵	燃

8231

	30	31	32	33	34	35	36	37	38	39
81	㦔	㦕	㦖	㦗	㦘	㦙	㦚	㦛	㦜	㦝
82	㦞	㦟	㦠	㦡	㦢	㦣	㦤	㦥	㦦	㦧
83	㦨	㦩	㦪	㦫	㦬	㦭	㦮	㦯	㦰	㦱
84	㦲	㦳	㦴	㦵	㦶	㦷	㦸	㦹	㦺	㦻
85	㦼	㦽	㦾	㦿	㧀	㧁	㧂	㧃	㧄	㧅
86	㧆	㧇	㧈	㧉	㧊	㧋	㧌	㧍	㧎	㧑
87	㧒	㧓	㧔	㧕	㧖	㧗	㧘	㧙	㧚	㧛
88	㧜	㧝	㧞	㧠	㧡	㧢	㧣	㧤	㧥	㧦
89	㧧	㧨	㧩	㧪	㧫	㧬	㧭	㧮	㧯	㧰
8A	㧱	㧲	㧳	㧴	㧵	㧶	㧷	㧸	㧹	㧺
8B	㧻	㧼	㧽	㧾	㧿	㨀	㨁	㨂	㨃	㨄
8C	㨅	㨆	㨇	㨈	㨉	㨊	㨋	㨌	㨍	㨎
8D	㨏	㨐	㨑	㨒	㨓	㨔	㨕	㨖	㨗	㨘
8E	㨙	㨚	㨛	㨜	㨝	㨞	㨟	㨠	㨡	㨢
8F	㨣	㨤	㨥	㨦	㨧	㨨	㨩	㨪	㨫	㨬
90	㨭	㨮	㨯	㨰	㨱	㨲	㨳	㨴	㨵	㨶
91	㨷	㨸	㨹	㨺	㨻	㨼	㨽	㨾	㨿	㩀
92	㩁	㩂	㩃	㩄	㩅	㩆	㩇	㩈	㩉	㩊
93	㩋	㩌	㩍	㩎	㩏	㩐	㩑	㩒	㩓	㩔
94	㩕	㩖	㩗	㩘	㩙	㩚	㩛	㩜	㩝	㩞
95	㩟	㩠	㩡	㩢	㩣	㩤	㩥	㩦	㩧	㩨

8231

	30	31	32	33	34	35	36	37	38	39
96	㩩	㩪	㩫	㩬	㩭	㩮	㩯	㩰	㩱	㩲
97	㩴	㩵	㩶	㩷	㩸	㩹	㩺	㩻	㩼	㩽
98	㩾	㩿	㪀	㪁	㪂	㪃	㪄	㪅	㪆	㪇
99	㪈	㪉	㪊	㪋	㪌	㪍	㪎	㪏	㪐	㪑
9A	㪒	㪓	㪔	㪕	㪖	㪗	㪘	㪙	㪚	㪛
9B	㪜	㪝	㪞	㪟	㪠	㪡	㪢	㪣	㪤	㪥
9C	㪦	㪧	㪨	㪩	㪪	㪫	㪬	㪭	㪮	㪯
9D	㪰	㪱	㪲	㪳	㪴	㪵	㪶	㪷	㪸	㪹
9E	㪺	㪻	㪼	㪽	㪾	㪿	㫀	㫁	㫂	㫃
9F	㫄	㫅	㫆	㫇	㫈	㫉	㫊	㫋	㫌	㫍
A0	㫎	㫏	㫐	㫑	㫒	㫓	㫔	㫕	㫖	㫗
A1	㫘	㫙	㫚	㫛	㫜	㫝	㫞	㫟	㫠	㫡
A2	㫢	㫣	㫤	㫥	㫦	㫧	㫨	㫩	㫪	㫫
A3	㫬	㫭	㫮	㫯	㫰	㫱	㫲	㫳	㫴	㫵
A4	㫶	㫷	㫸	㫹	㫺	㫻	㫼	㫽	㫾	㫿
A5	㬀	㬁	㬂	㬃	㬄	㬅	㬆	㬇	㬈	㬉
A6	㬊	㬋	㬌	㬍	㬎	㬏	㬐	㬑	㬒	㬓
A7	㬔	㬕	㬖	㬗	㬘	㬙	㬚	㬛	㬜	㬝
A8	㬞	㬟	㬠	㬡	㬢	㬣	㬤	㬥	㬦	㬧
A9	㬨	㬩	㬪	㬫	㬬	㬭	㬮	㬯	㬰	㬱
AA	㬲	㬳	㬴	㬵	㬶	㬷	㬸	㬹	㬺	㬻

8231

	30	31	32	33	34	35	36	37	38	39
AB	腹	胯	臀	𦢊	膣	杤	朴	杦	杋	𣏂
AC	朶	杭	𣏹	茉	枏	𣏍	杵	柴	椲	柰
AD	株	桕	栟	桴	㭕	柋	盇	㭘	㭙	㮈
AE	桭	械	梵	𫞩	栱	桄	𣐳	栅	𣐺	𪀦
AF	桢	柁	枭	梛	㭍	榑	栍	椓	𣐿	椤
B0	枫	𣚭	桓	㭲	𣐉	樫	梮	榜	𣙃	㮕
B1	棭	𣔙	𣗋	楷	𣕉	㭾	棉	𣓵	𣓚	暴
B2	楼	𣚄	奮	榉	㮚	棕	𣕽	㮍	榔	𣕀
B3	栗	㮄	𣘷	梢	栝	椏	梄	𣙲	楧	樺
B4	黎	橄	㮧	棗	㮛	𣗗	𣛗	榕	槲	楪
B5	渠	㮢	𣘲	窠	椿	榛	樢	樓	㮩	榤
B6	㮫	㮬	楅	樨	槶	槐	𣗊	𣚪	㯨	㮴
B7	楠	槊	榗	㮸	樕	𡙡	榼	楄	㮓	㮂
B8	㮿	㯀	檐	𣛓	𣛅	蒼	槫	榷	椎	𣕖
B9	𣖾	𣘀	穎	檖	構	樹	𣖸	𣚺	𣘙	㮵
BA	㯎	轟	㯕	𣙹	橌	𣜿	𣛮	榙	𣙎	𣗴
BB	𣛵	𣘤	禁	𣗳	麭	𣛈	𣚰	棘	𨋕	𣛟
BC	𣚵	𣛕	蕀	𣚽	櫖	蓮	橫	㯮	樍	𣝅
BD	橐	𣛻	㯿	𣜬	𣜼	櫸	樸	𣝔	檮	𩥄
BE	纛	㯼	檳	槽	櫼	㯹	𣝾	橎	𣞅	機
BF	𣞚	𣝋	樴	蓮	櫯	𣞰	櫇	權	龔	檇

8231

	30	31	32	33	34	35	36	37	38	39
C0	㰏	㰐	㰑	㰒	㰓	㰔	㰕	㰖	㰗	㰘
C1	㰙	㰚	㰛	㰜	㰝	㰞	㰟	㰠	㰡	㰢
C2	㰣	㰤	㰥	㰦	㰧	㰨	㰩	㰪	㰫	㰬
C3	㰭	㰮	㰯	㰰	㰱	㰲	㰳	㰴	㰵	㰶
C4	㰷	㰸	㰹	㰺	㰻	㰼	㰽	㰾	㰿	㱀
C5	㱁	㱂	㱃	㱄	㱅	㱆	㱇	㱈	㱉	㱊
C6	㱋	㱌	㱍	㱎	㱏	㱐	㱑	㱒	㱓	㱔
C7	㱕	㱖	㱗	㱘	㱙	㱚	㱛	㱜	㱝	㱞
C8	㱟	㱠	㱡	㱢	㱣	㱤	㱥	㱦	㱧	㱨
C9	㱩	㱪	㱫	㱬	㱭	㱯	㱰	㱱	㱲	㱳
CA	㱴	㱵	㱶	㱷	㱸	㱹	㱺	㱻	㱼	㱽
CB	㱾	㱿	㲀	㲁	㲂	㲃	㲄	㲅	㲆	㲇
CC	㲈	㲉	㲊	㲋	㲌	㲍	㲎	㲏	㲐	㲑
CD	㲒	㲓	㲔	㲕	㲖	㲗	㲘	㲙	㲚	㲛
CE	㲜	㲝	㲞	㲟	㲠	㲡	㲢	㲣	㲤	㲥
CF	㲦	㲧	㲨	㲩	㲪	㲫	㲬	㲭	㲮	㲯
D0	㲰	㲱	㲲	㲳	㲴	㲵	㲶	㲷	㲸	㲹
D1	㲺	㲻	㲼	㲽	㲾	㲿	㳀	㳁	㳂	㳃
D2	㳄	㳅	㳆	㳇	㳈	㳉	㳊	㳋	㳌	㳍
D3	㳎	㳏	㳐	㳑	㳒	㳓	㳔	㳕	㳖	㳗
D4	㳘	㳙	㳚	㳛	㳜	㳝	㳞	㳟	㳡	㳢

8231

	30	31	32	33	34	35	36	37	38	39
D5	浶	[illegible]	[illegible]	[illegible]	[illegible]	[illegible]	湖	活	沓	淀
D6	[illegible]	派	洋	済	[illegible]	汰	[illegible]	[illegible]	[illegible]	[illegible]
D7	溜	[illegible]	[illegible]	游	[illegible]	[illegible]	[illegible]	洗	溙	[illegible]
D8	[illegible]	[illegible]	淚	[illegible]	畓	[illegible]	[illegible]	[illegible]	[illegible]	洌
D9	[illegible]	[illegible]	[illegible]	[illegible]	涳	[illegible]	[illegible]	济	[illegible]	[illegible]
DA	[illegible]	漢	[illegible]	湄	[illegible]	湪	激	[illegible]	[illegible]	滔
DB	淳	涵	[illegible]	[illegible]	[illegible]	[illegible]	[illegible]	[illegible]	[illegible]	[illegible]
DC	浥	[illegible]	[illegible]	[illegible]	[illegible]	[illegible]	[illegible]	[illegible]	湥	[illegible]
DD	[illegible]	[illegible]	溢	漼	[illegible]	潤	[illegible]	[illegible]	澍	[illegible]
DE	[illegible]	[illegible]	湏	[illegible]	[illegible]	[illegible]	[illegible]	減	滄	[illegible]
DF	[illegible]	[illegible]	[illegible]	[illegible]	[illegible]	[illegible]	[illegible]	澗	[illegible]	[illegible]
E0	[illegible]	[illegible]	[illegible]	[illegible]	[illegible]	潔	[illegible]	[illegible]	[illegible]	[illegible]
E1	[illegible]	[illegible]	滴	[illegible]	[illegible]	[illegible]	[illegible]	[illegible]	[illegible]	[illegible]
E2	濫	[illegible]	[illegible]	[illegible]	[illegible]	[illegible]	[illegible]	[illegible]	[illegible]	[illegible]
E3	[illegible]	潠	[illegible]	[illegible]	[illegible]	[illegible]	[illegible]	[illegible]	[illegible]	[illegible]
E4	[illegible]	[illegible]	[illegible]	[illegible]	[illegible]	[illegible]	[illegible]	[illegible]	[illegible]	[illegible]
E5	[illegible]	[illegible]	[illegible]	[illegible]	[illegible]	[illegible]	[illegible]	[illegible]	[illegible]	[illegible]
E6	[illegible]	[illegible]	[illegible]	[illegible]	[illegible]	[illegible]	[illegible]	[illegible]	[illegible]	[illegible]
E7	[illegible]	[illegible]	[illegible]	[illegible]	[illegible]	[illegible]	[illegible]	[illegible]	[illegible]	[illegible]
E8	风	[illegible]	[illegible]	炒	[illegible]	[illegible]	[illegible]	[illegible]	[illegible]	[illegible]
E9	[illegible]	[illegible]	[illegible]	[illegible]	[illegible]	[illegible]	[illegible]	[illegible]	[illegible]	[illegible]

8231

	30	31	32	33	34	35	36	37	38	39
EA	焦	烿	焒	熁	焥	焐	羔	焿	煱	票
EB	焞	䓪	焇	煚	熋	煤	聚	焯	焱	焲
EC	尉	焚	焠	煽	煸	煼	燚	煌	煢	煾
ED	熜	熘	熬	熙	熨	熄	熵	熶	熢	熧
EE	熐	熠	熤	燊	熮	羡	熸	燬	熣	熪
EF	熮	燵	熯	燸	燹	燺	燶	燽	燻	燾
F0	熊	爋	爌	爎	爊	爏	爕	爗	爙	燅
F1	爄	爇	爈	爉	爁	爑	爓	爔	點	爝
F2	爡	爣	爤	爥	爦	爧	爨	爩	爪	爫
F3	爴	爵	爻	爼	爾	爿	牀	牁	牂	牃
F4	牄	牅	牆	牉	牊	牋	牏	牐	牑	牓
F5	牕	牗	牘	牙	牚	牛	牜	牝	牞	牠
F6	牝	牣	牤	牦	牨	牪	牫	牬	牭	牰
F7	牳	牴	牶	牷	牸	牻	牼	牽	犂	犃
F8	犅	犆	犇	犈	犉	犌	犎	犐	犑	犓
F9	犔	犕	犖	犗	犘	犙	犚	犛	犜	犝
FA	犞	犠	犡	犢	犣	犤	犥	犦	犧	犩
FB	犪	犮	犱	犲	犳	犵	犺	犻	犼	犽
FC	犾	犿	狀	狅	狆	狇	狉	狊	狋	狌
FD	狏	狑	狓	狔	狕	狖	狘	狚	狛	狜
FE	狝	狟	狢	狣	狤	狥	狦	狧	狪	狫

8232

	30	31	32	33	34	35	36	37	38	39
81	㺇	㺈	㺉	㺊	㺋	㺌	㺍	㺎	㺏	㺐
82	㺑	㺒	㺓	㺔	㺕	㺖	㺗	㺘	㺙	㺚
83	㺛	㺜	㺝	㺞	㺟	㺠	㺡	㺢	㺣	㺤
84	㺥	㺦	㺧	㺨	㺩	㺪	㺫	㺬	㺭	㺮
85	㺯	㺰	㺱	㺲	㺳	㺴	㺵	㺶	㺷	㺸
86	㺹	㺺	㺻	㺼	㺽	㺾	㺿	㻀	㻁	㻂
87	㻃	㻄	㻅	㻆	㻇	㻈	㻉	㻊	㻋	㻌
88	㻍	㻎	㻏	㻐	㻑	㻒	㻓	㻔	㻕	㻖
89	㻗	㻘	㻙	㻚	㻛	㻜	㻝	㻞	㻟	㻠
8A	㻡	㻢	㻣	㻤	㻥	㻦	㻧	㻨	㻩	㻪
8B	㻫	㻬	㻭	㻮	㻯	㻰	㻱	㻲	㻳	㻴
8C	㻵	㻶	㻷	㻸	㻹	㻺	㻻	㻼	㻽	㻾
8D	㻿	㼀	㼁	㼂	㼃	㼄	㼅	㼆	㼇	㼈
8E	㼉	㼊	㼋	㼌	㼍	㼎	㼏	㼐	㼑	㼒
8F	㼓	㼔	㼕	㼖	㼗	㼘	㼙	㼚	㼛	㼜
90	㼝	㼞	㼟	㼠	㼡	㼢	㼣	㼤	㼥	㼦
91	㼧	㼨	㼩	㼪	㼫	㼬	㼭	㼮	㼯	㼰
92	㼱	㼲	㼳	㼴	㼵	㼶	㼷	㼸	㼹	㼺
93	㼻	㼼	㼽	㼾	㼿	㽀	㽁	㽂	㽃	㽄
94	㽅	㽆	㽇	㽈	㽉	㽊	㽋	㽌	㽍	㽎
95	㽏	㽐	㽑	㽒	㽓	㽔	㽕	㽖	㽗	㽘

8232

	30	31	32	33	34	35	36	37	38	39
96	㽙	㽚	㽛	㽜	㽝	㽞	㽟	㽠	㽡	㽢
97	㽣	㽤	㽥	㽦	㽧	㽨	㽩	㽪	㽫	㽬
98	㽭	㽮	㽯	㽰	㽱	㽲	㽳	㽴	㽵	㽶
99	㽷	㽸	㽹	㽺	㽻	㽼	㽽	㽾	㽿	㾀
9A	㾁	㾂	㾃	㾄	㾅	㾆	㾇	㾈	㾉	㾊
9B	㾋	㾌	㾍	㾎	㾏	㾐	㾑	㾒	㾓	㾔
9C	㾕	㾖	㾗	㾘	㾙	㾚	㾛	㾜	㾝	㾞
9D	㾟	㾠	㾡	㾢	㾣	㾤	㾥	㾦	㾧	㾨
9E	㾩	㾪	㾫	㾬	㾭	㾮	㾯	㾰	㾱	㾲
9F	㾳	㾴	㾵	㾶	㾷	㾸	㾹	㾺	㾻	㾼
A0	㾽	㾾	㾿	㿀	㿁	㿂	㿃	㿄	㿅	㿆
A1	㿇	㿈	㿉	㿊	㿋	㿌	㿍	㿎	㿏	㿐
A2	㿑	㿒	㿓	㿔	㿕	㿖	㿗	㿘	㿙	㿚
A3	㿛	㿜	㿝	㿞	㿟	㿠	㿡	㿢	㿣	㿤
A4	㿥	㿦	㿧	㿨	㿩	㿪	㿫	㿬	㿭	㿮
A5	㿯	㿰	㿱	㿲	㿳	㿴	㿵	㿶	㿷	㿸
A6	㿹	㿺	㿻	㿼	㿽	㿾	㿿	䀀	䀁	䀂
A7	䀃	䀄	䀅	䀆	䀇	䀈	䀉	䀊	䀋	䀌
A8	䀍	䀎	䀏	䀐	䀑	䀒	䀓	䀔	䀕	䀖
A9	䀗	䀘	䀙	䀚	䀛	䀜	䀝	䀞	䀟	䀠
AA	䀡	䀢	䀣	䀤	䀥	䀦	䀧	䀨	䀩	䀪

8232

	30	31	32	33	34	35	36	37	38	39
AB	䀫	䀬	䀭	䀮	䀯	䀰	䀱	䀲	䀳	䀴
AC	䀵	䀶	䀷	䀸	䀹	䀺	䀻	䀼	䀽	䀾
AD	䀿	䁀	䁁	䁂	䁃	䁄	䁅	䁆	䁇	䁈
AE	䁉	䁊	䁋	䁌	䁍	䁎	䁏	䁐	䁑	䁒
AF	䁓	䁔	䁕	䁗	䁘	䁙	䁚	䁛	䁜	䁝
B0	䁞	䁟	䁠	䁡	䁢	䁣	䁤	䁥	䁦	䁧
B1	䁨	䁩	䁪	䁫	䁬	䁭	䁮	䁯	䁰	䁱
B2	䁲	䁳	䁴	䁵	䁶	䁷	䁸	䁹	䁺	䁻
B3	䁼	䁽	䁾	䁿	䂀	䂁	䂂	䂃	䂄	䂅
B4	䂆	䂇	䂈	䂉	䂊	䂋	䂌	䂍	䂎	䂏
B5	䂐	䂑	䂒	䂓	䂔	䂕	䂖	䂗	䂘	䂙
B6	䂚	䂛	䂜	䂝	䂞	䂟	䂠	䂡	䂢	䂣
B7	䂤	䂥	䂦	䂧	䂨	䂩	䂪	䂫	䂬	䂭
B8	䂮	䂯	䂰	䂱	䂲	䂳	䂴	䂵	䂶	䂷
B9	䂸	䂹	䂺	䂻	䂼	䂽	䂾	䂿	䃀	䃁
BA	䃂	䃃	䃄	䃅	䃆	䃇	䃈	䃉	䃊	䃋
BB	䃌	䃍	䃎	䃏	䃐	䃑	䃒	䃓	䃔	䃕
BC	䃖	䃗	䃘	䃙	䃚	䃛	䃜	䃝	䃞	䃟
BD	䃠	䃡	䃢	䃣	䃤	䃥	䃦	䃧	䃨	䃩
BE	䃪	䃫	䃬	䃭	䃮	䃯	䃰	䃱	䃲	䃳
BF	䃴	䃵	䃶	䃷	䃸	䃹	䃺	䃻	䃼	䃽

8232

	30	31	32	33	34	35	36	37	38	39
C0	䃾	䃿	䄀	䄁	䄂	䄃	䄄	䄅	䄆	䄇
C1	䄈	䄉	䄊	䄋	䄌	䄍	䄎	䄏	䄐	䄑
C2	䄒	䄓	䄔	䄕	䄖	䄗	䄘	䄙	䄚	䄛
C3	䄜	䄝	䄞	䄟	䄠	䄡	䄢	䄣	䄤	䄥
C4	䄦	䄧	䄨	䄩	䄪	䄫	䄬	䄭	䄮	䄯
C5	䄰	䄱	䄲	䄳	䄴	䄵	䄶	䄷	䄸	䄹
C6	䄺	䄻	䄼	䄽	䄾	䄿	䅀	䅁	䅂	䅃
C7	䅄	䅅	䅆	䅇	䅈	䅉	䅊	䅋	䅌	䅍
C8	䅎	䅏	䅐	䅑	䅒	䅓	䅔	䅕	䅖	䅗
C9	䅘	䅙	䅚	䅛	䅜	䅝	䅞	䅠	䅡	䅢
CA	䅣	䅤	䅥	䅦	䅧	䅨	䅩	䅪	䅫	䅬
CB	䅭	䅮	䅯	䅰	䅱	䅲	䅳	䅴	䅵	䅶
CC	䅷	䅸	䅹	䅺	䅻	䅼	䅽	䅾	䅿	䆀
CD	䆁	䆂	䆃	䆄	䆅	䆆	䆇	䆈	䆉	䆊
CE	䆋	䆌	䆍	䆎	䆏	䆐	䆑	䆒	䆓	䆔
CF	䆕	䆖	䆗	䆘	䆙	䆚	䆛	䆜	䆝	䆞
D0	䆟	䆠	䆡	䆢	䆣	䆤	䆥	䆦	䆧	䆨
D1	䆩	䆪	䆫	䆬	䆭	䆮	䆯	䆰	䆱	䆲
D2	䆳	䆴	䆵	䆶	䆷	䆸	䆹	䆺	䆻	䆼
D3	䆽	䆾	䆿	䇀	䇁	䇂	䇃	䇄	䇅	䇆
D4	䇇	䇈	䇉	䇊	䇋	䇌	䇍	䇎	䇏	䇐

8232

	30	31	32	33	34	35	36	37	38	39
D5	䇐	䇑	䇒	䇓	䇔	䇕	䇖	䇗	䇘	䇙
D6	䇚	䇛	䇜	䇝	䇞	䇟	䇠	䇡	䇢	䇣
D7	䇤	䇥	䇦	䇧	䇨	䇩	䇪	䇫	䇬	䇭
D8	䇮	䇯	䇰	䇱	䇲	䇳	䇴	䇵	䇶	䇷
D9	䇸	䇹	䇺	䇻	䇼	䇽	䇾	䇿	䈀	䈁
DA	䈂	䈃	䈄	䈅	䈆	䈇	䈈	䈉	䈊	䈋
DB	䈌	䈍	䈎	䈏	䈐	䈑	䈒	䈓	䈔	䈕
DC	䈖	䈗	䈘	䈙	䈚	䈛	䈜	䈝	䈞	䈟
DD	䈠	䈡	䈢	䈣	䈤	䈥	䈦	䈧	䈨	䈩
DE	䈪	䈫	䈬	䈭	䈮	䈯	䈰	䈱	䈲	䈳
DF	䈴	䈵	䈶	䈷	䈸	䈹	䈺	䈻	䈼	䈽
E0	䈾	䈿	䉀	䉁	䉂	䉃	䉄	䉅	䉆	䉇
E1	䉈	䉉	䉊	䉋	䉌	䉍	䉎	䉏	䉐	䉑
E2	䉒	䉓	䉔	䉕	䉖	䉗	䉘	䉙	䉚	䉛
E3	䉜	䉝	䉞	䉟	䉠	䉡	䉢	䉣	䉤	䉥
E4	䉦	䉧	䉨	䉩	䉪	䉫	䉬	䉭	䉮	䉯
E5	䉰	䉱	䉲	䉳	䉴	䉵	䉶	䉷	䉸	䉹
E6	䉺	䉻	䉼	䉽	䉾	䉿	䊀	䊁	䊂	䊃
E7	䊄	䊅	䊆	䊇	䊈	䊉	䊊	䊋	䊌	䊍
E8	䊎	䊏	䊐	䊑	䊒	䊓	䊔	䊕	䊖	䊗
E9	䊘	䊙	䊚	䊛	䊜	䊝	䊞	䊟	䊠	䊡

8232

	30	31	32	33	34	35	36	37	38	39
EA	䊣	䊤	䊥	䊦	䊧	䊨	䊩	䊪	䊫	䊬
EB	䊭	䊮	䊯	䊰	䊱	䊲	䊳	䊴	䊵	䊶
EC	䊷	䊸	䊹	䊺	䊻	䊼	䊽	䊾	䊿	䋀
ED	䋁	䋂	䋃	䋄	䋅	䋆	䋇	䋈	䋉	䋊
EE	䋋	䋌	䋍	䋎	䋏	䋐	䋑	䋒	䋓	䋔
EF	䋕	䋖	䋗	䋘	䋙	䋚	䋛	䋜	䋝	䋞
F0	䋟	䋠	䋡	䋢	䋣	䋤	䋥	䋦	䋧	䋨
F1	䋩	䋪	䋫	䋬	䋭	䋮	䋯	䋰	䋱	䋲
F2	䋳	䋴	䋵	䋶	䋷	䋸	䋹	䋺	䋻	䋼
F3	䋽	䋾	䋿	䌀	䌁	䌂	䌃	䌄	䌅	䌆
F4	䌇	䌈	䌉	䌊	䌋	䌌	䌍	䌎	䌏	䌐
F5	䌑	䌒	䌓	䌔	䌕	䌖	䌗	䌘	䌙	䌚
F6	䌛	䌜	䌝	䌞	䌟	䌠	䌡	䌢	䌣	䌤
F7	䌥	䌦	䌧	䌨	䌩	䌪	䌫	䌬	䌭	䌮
F8	䌯	䌰	䌱	䌲	䌳	䌴	䌵	䌶	䌸	䌹
F9	䌺	䌻	䌼	䌽	䌾	䌿	䍀	䍁	䍂	䍃
FA	䍄	䍅	䍆	䍇	䍈	䍉	䍊	䍋	䍌	䍍
FB	䍎	䍏	䍐	䍑	䍒	䍓	䍔	䍕	䍖	䍗
FC	䍘	䍙	䍚	䍛	䍜	䍝	䍞	䍟	䍠	䍡
FD	䍢	䍣	䍤	䍥	䍦	䍧	䍨	䍩	䍪	䍫
FE	䍬	䍭	䍮	䍯	䍰	䍱	䍲	䍳	䍴	䍵

8233

	30	31	32	33	34	35	36	37	38	39
81	䍶	䍷	䍸	䍹	䍺	䍻	䍼	䍽	䍾	䍿
82	䎀	䎁	䎂	䎃	䎄	䎅	䎆	䎇	䎈	䎉
83	䎊	䎋	䎌	䎍	䎎	䎏	䎐	䎑	䎒	䎓
84	䎔	䎕	䎖	䎗	䎘	䎙	䎚	䎛	䎜	䎝
85	䎞	䎟	䎠	䎡	䎢	䎣	䎤	䎥	䎦	䎧
86	䎨	䎩	䎪	䎫	䎭	䎮	䎯	䎰	䎲	䎳
87	䎴	䎵	䎶	䎷	䎸	䎹	䎺	䎻	䎼	䎽
88	䎾	䎿	䏀	䏁	䏂	䏃	䏄	䏅	䏆	䏇
89	䏈	䏉	䏊	䏋	䏌	䏍	䏎	䏏	䏐	䏑
8A	䏒	䏓	䏔	䏕	䏖	䏗	䏘	䏙	䏚	䏛
8B	䏜	䏞	䏟	䏠	䏡	䏢	䏣	䏤	䏥	䏦
8C	䏧	䏨	䏩	䏪	䏫	䏬	䏭	䏮	䏯	䏰
8D	䏱	䏲	䏳	䏴	䏵	䏶	䏷	䏸	䏹	䏺
8E	䏻	䏼	䏽	䏾	䏿	䐀	䐁	䐂	䐃	䐄
8F	䐅	䐆	䐇	䐈	䐉	䐊	䐋	䐌	䐍	䐎
90	䐏	䐐	䐑	䐒	䐓	䐔	䐕	䐖	䐗	䐘
91	䐙	䐚	䐛	䐜	䐝	䐞	䐟	䐠	䐡	䐢
92	䐣	䐤	䐥	䐦	䐧	䐨	䐩	䐪	䐫	䐬
93	䐭	䐮	䐯	䐰	䐱	䐲	䐳	䐴	䐵	䐶
94	䐷	䐸	䐹	䐺	䐻	䐼	䐽	䐾	䐿	䑀
95	䑁	䑂	䑃	䑄	䑅	䑆	䑇	䑈	䑉	䑊

8233

	30	31	32	33	34	35	36	37	38	39
96	䑋	䑌	䑍	䑎	䑏	䑐	䑑	䑒	䑓	䑔
97	䑕	䑖	䑗	䑘	䑙	䑚	䑛	䑜	䑝	䑞
98	䑟	䑠	䑡	䑢	䑣	䑤	䑥	䑦	䑧	䑨
99	䑩	䑪	䑫	䑬	䑭	䑮	䑯	䑰	䑱	䑲
9A	䑳	䑴	䑵	䑶	䑷	䑸	䑹	䑺	䑻	䑼
9B	䑽	䑾	䑿	䒀	䒁	䒂	䒃	䒄	䒅	䒆
9C	䒇	䒈	䒉	䒊	䒋	䒌	䒍	䒎	䒏	䒐
9D	䒑	䒒	䒓	䒔	䒕	䒖	䒗	䒘	䒙	䒚
9E	䒛	䒜	䒝	䒞	䒟	䒠	䒡	䒢	䒣	䒤
9F	䒥	䒦	䒧	䒨	䒩	䒪	䒫	䒬	䒭	䒮
A0	䒯	䒰	䒱	䒲	䒳	䒴	䒵	䒶	䒷	䒸
A1	䒹	䒺	䒻	䒼	䒽	䒾	䒿	䓀	䓁	䓂
A2	䓃	䓄	䓅	䓆	䓇	䓈	䓉	䓊	䓋	䓌
A3	䓍	䓎	䓏	䓐	䓑	䓒	䓓	䓔	䓕	䓗
A4	䓘	䓙	䓚	䓛	䓜	䓝	䓞	䓟	䓠	䓡
A5	䓢	䓣	䓤	䓥	䓦	䓧	䓨	䓩	䓪	䓫
A6	䓬	䓭	䓮	䓯	䓰	䓱	䓲	䓳	䓴	䓵
A7	䓶	䓷	䓸	䓹	䓺	䓻	䓼	䓽	䓾	䓿
A8	䔀	䔁	䔂	䔃	䔄	䔅	䔆	䔇	䔈	䔉
A9	䔊	䔋	䔌	䔍	䔎	䔏	䔐	䔑	䔒	䔓
AA	䔔	䔕	䔖	䔗	䔘	䔙	䔚	䔛	䔜	䔝

8233

	30	31	32	33	34	35	36	37	38	39
AB	䔞	䔟	䔠	䔡	䔢	䔣	䔤	䔥	䔦	䔧
AC	䔨	䔩	䔪	䔫	䔬	䔭	䔮	䔯	䔰	䔱
AD	䔲	䔳	䔴	䔵	䔶	䔷	䔸	䔹	䔺	䔻
AE	䔼	䔽	䔾	䔿	䕀	䕁	䕂	䕃	䕄	䕅
AF	䕆	䕇	䕈	䕉	䕊	䕋	䕌	䕍	䕎	䕏
B0	䕐	䕑	䕒	䕓	䕔	䕕	䕖	䕗	䕘	䕙
B1	䕚	䕛	䕜	䕝	䕞	䕟	䕠	䕡	䕢	䕣
B2	䕤	䕥	䕦	䕧	䕨	䕩	䕪	䕫	䕬	䕭
B3	䕮	䕯	䕰	䕱	䕲	䕳	䕴	䕵	䕶	䕷
B4	䕸	䕹	䕺	䕻	䕼	䕽	䕾	䕿	䖀	䖁
B5	䖂	䖃	䖄	䖅	䖆	䖇	䖈	䖉	䖊	䖋
B6	䖌	䖍	䖎	䖏	䖐	䖑	䖒	䖓	䖔	䖕
B7	䖖	䖗	䖘	䖙	䖚	䖛	䖜	䖝	䖞	䖟
B8	䖠	䖡	䖢	䖣	䖤	䖥	䖦	䖧	䖨	䖩
B9	䖪	䖫	䖬	䖭	䖮	䖯	䖰	䖱	䖲	䖳
BA	䖴	䖵	䖶	䖷	䖸	䖹	䖺	䖻	䖼	䖽
BB	䖾	䖿	䗀	䗁	䗂	䗃	䗄	䗅	䗆	䗇
BC	䗈	䗉	䗊	䗋	䗌	䗍	䗎	䗏	䗐	䗑
BD	䗒	䗓	䗔	䗕	䗖	䗗	䗘	䗙	䗚	䗛
BE	䗜	䗝	䗞	䗟	䗠	䗡	䗢	䗣	䗤	䗥
BF	䗦	䗧	䗨	䗩	䗪	䗫	䗬	䗭	䗮	䗯

8233

	30	31	32	33	34	35	36	37	38	39
C0	䗰	䗱	䗲	䗳	䗴	䗵	䗶	䗷	䗸	䗹
C1	䗺	䗻	䗼	䗽	䗾	䗿	䘀	䘁	䘂	䘃
C2	䘄	䘅	䘆	䘇	䘈	䘉	䘊	䘋	䘌	䘍
C3	䘎	䘏	䘐	䘑	䘒	䘓	䘔	䘕	䘖	䘗
C4	䘘	䘙	䘚	䘛	䘜	䘝	䘞	䘟	䘠	䘡
C5	䘢	䘣	䘤	䘥	䘦	䘧	䘨	䘩	䘪	䘫
C6	䘬	䘭	䘮	䘯	䘰	䘱	䘲	䘳	䘴	䘵
C7	䘶	䘷	䘸	䘹	䘺	䘻	䘼	䘽	䘾	䘿
C8	䙀	䙁	䙂	䙃	䙄	䙅	䙆	䙇	䙈	䙉
C9	䙊	䙋	䙍	䙎	䙏	䙐	䙑	䙒	䙓	䙔
CA	䙕	䙖	䙗	䙘	䙙	䙚	䙛	䙜	䙝	䙞
CB	䙟	䙠	䙢	䙣	䙤	䙥	䙦	䙧	䙨	䙩
CC	䙪	䙫	䙬	䙭	䙮	䙯	䙰	䙱	䙲	䙳
CD	䙴	䙵	䙶	䙷	䙸	䙹	䙺	䙻	䙼	䙽
CE	䙾	䙿	䚀	䚁	䚂	䚃	䚄	䚅	䚆	䚇
CF	䚈	䚉	䚊	䚋	䚌	䚍	䚎	䚏	䚐	䚑
D0	䚒	䚓	䚔	䚕	䚖	䚗	䚘	䚙	䚚	䚛
D1	䚜	䚝	䚞	䚟	䚠	䚡	䚢	䚣	䚤	䚥
D2	䚦	䚧	䚨	䚩	䚪	䚫	䚬	䚭	䚮	䚯
D3	䚰	䚱	䚲	䚳	䚴	䚵	䚶	䚷	䚸	䚹
D4	䚺	䚻	䚼	䚽	䚾	䚿	䛀	䛁	䛂	䛃

8233

	30	31	32	33	34	35	36	37	38	39
D5	䛄	䛅	䛆	䛇	䛈	䛉	䛊	䛋	䛌	䛍
D6	䛎	䛏	䛐	䛑	䛒	䛓	䛔	䛕	䛖	䛗
D7	䛘	䛙	䛚	䛛	䛜	䛝	䛞	䛟	䛠	䛡
D8	䛢	䛣	䛤	䛥	䛦	䛧	䛨	䛩	䛪	䛫
D9	䛬	䛭	䛮	䛯	䛰	䛱	䛲	䛳	䛴	䛵
DA	䛶	䛷	䛸	䛹	䛺	䛻	䛼	䛽	䛾	䛿
DB	䜀	䜁	䜂	䜃	䜄	䜅	䜆	䜇	䜈	䜉
DC	䜊	䜋	䜌	䜍	䜎	䜏	䜐	䜑	䜒	䜓
DD	䜔	䜕	䜖	䜗	䜘	䜙	䜚	䜛	䜜	䜝
DE	䜞	䜟	䜠	䜡	䜢	䜤	䜥	䜦	䜧	䜨
DF	䜪	䜫	䜬	䜭	䜮	䜯	䜰	䜱	䜲	䜳
E0	䜴	䜵	䜶	䜷	䜸	䜹	䜺	䜻	䜼	䜽
E1	䜾	䜿	䝀	䝁	䝂	䝃	䝄	䝅	䝆	䝇
E2	䝈	䝉	䝊	䝋	䝌	䝍	䝎	䝏	䝐	䝑
E3	䝒	䝓	䝔	䝕	䝖	䝗	䝘	䝙	䝚	䝛
E4	䝜	䝝	䝞	䝟	䝠	䝡	䝢	䝣	䝤	䝥
E5	䝦	䝧	䝨	䝩	䝪	䝫	䝬	䝭	䝮	䝯
E6	䝰	䝱	䝲	䝳	䝴	䝵	䝶	䝷	䝸	䝹
E7	䝺	䝻	䝽	䝾	䝿	䞀	䞁	䞂	䞃	䞄
E8	䞅	䞆	䞇	䞈	䞉	䞊	䞋	䞌	䞎	䞏
E9	䞐	䞑	䞒	䞓	䞔	䞕	䞖	䞗	䞘	䞙

8233

	30	31	32	33	34	35	36	37	38	39
EA	䞚	䞛	䞜	䞝	䞞	䞟	䞠	䞡	䞢	䞣
EB	䞤	䞥	䞦	䞧	䞨	䞩	䞪	䞫	䞬	䞭
EC	䞮	䞯	䞰	䞱	䞲	䞳	䞴	䞵	䞶	䞷
ED	䞸	䞹	䞺	䞻	䞼	䞽	䞾	䞿	䟀	䟁
EE	䟂	䟃	䟄	䟅	䟆	䟇	䟈	䟉	䟊	䟋
EF	䟌	䟍	䟎	䟏	䟐	䟑	䟒	䟓	䟔	䟕
F0	䟖	䟗	䟘	䟙	䟚	䟛	䟜	䟝	䟞	䟟
F1	䟠	䟡	䟢	䟣	䟤	䟥	䟦	䟧	䟨	䟩
F2	䟪	䟫	䟬	䟭	䟮	䟯	䟰	䟱	䟲	䟳
F3	䟴	䟵	䟶	䟷	䟸	䟹	䟺	䟻	䟼	䟽
F4	䟾	䟿	䠀	䠁	䠂	䠃	䠄	䠅	䠆	䠇
F5	䠈	䠉	䠊	䠋	䠌	䠍	䠎	䠏	䠐	䠑
F6	䠒	䠓	䠔	䠕	䠖	䠗	䠘	䠙	䠚	䠛
F7	䠜	䠝	䠞	䠟	䠠	䠡	䠢	䠣	䠤	䠥
F8	䠦	䠧	䠨	䠩	䠪	䠫	䠬	䠭	䠮	䠯
F9	䠰	䠱	䠲	䠳	䠴	䠵	䠶	䠷	䠸	䠹
FA	䠺	䠻	䠼	䠽	䠾	䠿	䡀	䡁	䡂	䡃
FB	䡄	䡅	䡆	䡇	䡈	䡉	䡊	䡋	䡌	䡍
FC	䡎	䡏	䡐	䡑	䡒	䡓	䡔	䡕	䡖	䡗
FD	䡘	䡙	䡚	䡛	䡜	䡝	䡞	䡟	䡠	䡡
FE	䡢	䡣	䡤	䡥	䡦	䡧	䡨	䡩	䡪	䡫

8234

	30	31	32	33	34	35	36	37	38	39
81	⿰車曼	⿰車善	⿰車從	⿰車悤	輩	⿰車區	⿰車單	⿰車斯	⿰車童	⿰車遂
82	⿰車辟	⿰車蓋	⿰車藏	⿰車惠	⿰車慧	⿰車舊	轠	⿰車贊	⿰車獻	轤
83	⿰车乞	⿰车月	⿰车立	⿱辟车	⿰辛来	晨	⿰辰辱	⿰辰辱	⿱辰香	⿱曲辰
84	迁	辺	迊	⿺辶方	进	⿺辶斗	⿺辶且	⿺辶氐	这	⿺辶宁
85	⿺辶佥	⿺辶咸	建	⿺辶曲	⿺辶定	退	⿺辶更	⿺辶過	⿺辶录	⿺辶亞
86	⿺辶淋	⿺辶敖	⿺辶差	⿺辶某	⿺辶倉	⿺辶言	⿺辶林	遁	逹	⿺辶翏
87	⿺辶從	邀	⿺辶喬	⿺辶鹿	⿺辶疑	⿺辶羡	⿺辶雷	⿺辶登	⿺辶翟	⿺辶賣
88	⿺辶巽	⿰爪阝	⿰升阝	⿰云阝	⿰木阝	⿰冊阝	耶	⿰叵阝	⿰出阝	⿰臣阝
89	邦	⿱艹邑	郑	郊	⿰俞阝	⿰那阝	⿰耒阝	⿰卸阝	⿰余阝	⿸尸阝
8A	⿰巠阝	⿰丰阝	⿰邑巴	⿱尚邑	⿰齿阝	⿰乘阝	廊	⿰奢阝	⿰留阝	⿰佛阝
8B	⿰斯阝	⿸厂鄉	⿰黄阝	⿰鬲阝	⿰前阝	⿰馬阝	⿰馬巴	⿰鼻阝	⿰黨阝	⿰崩阝
8C	⿰壹阝	⿰黍阝	⿰虘阝	⿰屬阝	⿰罷阝	鄫	⿱艹都	⿰義阝	⿰樹阝	鄲
8D	⿰罌阝	⿰酉匕	⿰酉力	⿰酉式	酕	⿰酉屯	⿰酉市	⿰酉支	⿰酉戈	⿰酉犬
8E	⿰酉成	⿰酉且	⿰酉巨	⿰酉句	⿰酉弁	酮	⿰酉兑	⿰酉耳	⿰酉舌	⿰酉朱
8F	⿱隹酉	醎	⿰酉肙	⿰酉含	⿰酉京	⿱知酉	⿰酉宜	⿰酉盈	⿰酉若	⿰酉黑
90	⿰酉某	⿰酉畜	⿰酉面	⿰酉俞	⿰酉癸	酸	⿰酉監	⿰酉監	⿰酉葺	鹹
91	⿰酉詹	⿰酉萬	⿰酉喬	⿰酉辟	⿰酉晉	⿰酉黄	⿰酉幾	⿰酉蒙	⿱罷酉	⿰酉業
92	⿰酉暴	⿱喜酉	⿰酉職	⿰酉蠡	⿰月里	⿰金丩	⿰金毛	鉚	鈂	釩
93	⿰金止	⿰金冉	⿰金另	⿰金乎	⿰金亥	⿰金危	鋨	⿰金回	⿰金派	⿰金宅
94	⿰金呆	銙	⿰金沙	⿰金希	⿰金步	⿰金彭	⿱盔金	⿰金肯	⿰金赤	⿰金夜
95	⿰金函	⿰金非	⿰金奄	⿰金匽	⿰金彖	鋑	鐁	⿰金靖	⿰金泉	鏢

8234

	30	31	32	33	34	35	36	37	38	39
96	䤾	䤿	䥀	䥁	䥂	䥃	䥄	䥅	䥆	䥈
97	䥉	䥊	䥋	䥌	䥍	䥎	䥏	䥐	䥑	䥒
98	䥓	䥔	䥕	䥖	䥗	䥘	䥙	䥚	䥛	䥜
99	䥝	䥞	䥟	䥠	䥡	䥢	䥣	䥤	䥥	䥦
9A	䥧	䥨	䥩	䥪	䥫	䥬	䥭	䥮	䥯	䥰
9B	䥱	䥲	䥳	䥴	䥵	䥶	䥷	䥸	䥹	䥻
9C	䥼	䥾	䥿	䦀	䦁	䦄	䦇	䦈	䦉	䦊
9D	䦋	䦌	䦍	䦎	䦏	䦐	䦑	䦒	䦓	䦔
9E	䦕	䦖	䦗	䦘	䦙	䦚	䦜	䦝	䦞	䦠
9F	䦡	䦢	䦣	䦤	䦥	䦦	䦧	䦨	䦩	䦪
A0	䦫	䦬	䦭	䦮	䦯	䦰	䦱	䦲	䦳	䦴
A1	䦵	䦸	䦹	䦺	䦻	䦼	䦽	䦾	䦿	䧀
A2	䧁	䧂	䧃	䧄	䧅	䧆	䧇	䧈	䧉	䧊
A3	䧋	䧌	䧍	䧎	䧏	䧐	䧑	䧒	䧓	䧔
A4	䧕	䧖	䧗	䧘	䧙	䧚	䧛	䧜	䧝	䧞
A5	䧟	䧠	䧡	䧢	䧣	䧤	䧥	䧦	䧧	䧨
A6	䧩	䧪	䧫	䧬	䧭	䧮	䧯	䧰	䧱	䧲
A7	䧳	䧴	䧵	䧶	䧷	䧸	䧹	䧺	䧻	䧼
A8	䧽	䧾	䧿	䨀	䨁	䨂	䨃	䨄	䨅	䨆
A9	䨇	䨈	䨉	䨊	䨋	䨌	䨍	䨎	䨏	䨐
AA	䨑	䨒	䨓	䨔	䨕	䨖	䨗	䨘	䨙	䨚

8234

	30	31	32	33	34	35	36	37	38	39
AB	䨛	䨜	䨝	䨞	䨟	䨠	䨡	䨢	䨣	䨤
AC	䨥	䨦	䨧	䨨	䨩	䨪	䨫	䨬	䨭	䨮
AD	䨯	䨰	䨱	䨲	䨳	䨴	䨵	䨶	䨷	䨸
AE	䨹	䨺	䨻	䨼	䨽	䨾	䨿	䩀	䩁	䩂
AF	䩃	䩄	䩅	䩆	䩇	䩈	䩉	䩊	䩋	䩌
B0	䩍	䩎	䩏	䩐	䩑	䩒	䩓	䩔	䩕	䩖
B1	䩗	䩘	䩙	䩚	䩛	䩜	䩝	䩞	䩟	䩠
B2	䩡	䩢	䩣	䩤	䩥	䩦	䩧	䩨	䩩	䩪
B3	䩫	䩬	䩭	䩮	䩯	䩰	䩱	䩲	䩳	䩴
B4	䩵	䩶	䩷	䩸	䩹	䩺	䩻	䩼	䩽	䩾
B5	䩿	䪀	䪁	䪂	䪃	䪄	䪅	䪆	䪇	䪈
B6	䪉	䪊	䪋	䪌	䪍	䪎	䪏	䪐	䪑	䪒
B7	䪓	䪔	䪕	䪖	䪗	䪘	䪙	䪚	䪛	䪜
B8	䪝	䪞	䪟	䪠	䪡	䪢	䪣	䪤	䪥	䪦
B9	䪧	䪨	䪩	䪪	䪫	䪬	䪭	䪮	䪯	䪰
BA	䪱	䪲	䪳	䪴	䪵	䪶	䪷	䪸	䪹	䪺
BB	䪻	䪼	䪽	䪾	䪿	䫀	䫁	䫂	䫃	䫄
BC	䫅	䫆	䫇	䫈	䫉	䫊	䫋	䫌	䫍	䫎
BD	䫏	䫐	䫑	䫒	䫓	䫔	䫕	䫖	䫗	䫘
BE	䫙	䫚	䫛	䫜	䫝	䫞	䫟	䫠	䫡	䫢
BF	䫣	䫤	䫥	䫦	䫧	䫨	䫩	䫪	䫫	䫬

8234

	30	31	32	33	34	35	36	37	38	39
C0	䫭	䫮	䫯	䫰	䫱	䫲	䫳	䫴	䫵	䫶
C1	䫷	䫸	䫹	䫺	䫻	䫼	䫽	䫾	䫿	䬀
C2	䬁	䬂	䬃	䬄	䬅	䬆	䬇	䬈	䬉	䬊
C3	䬋	䬌	䬍	䬎	䬏	䬐	䬑	䬒	䬓	䬔
C4	䬕	䬖	䬗	䬘	䬙	䬚	䬛	䬜	䬝	䬞
C5	䬟	䬠	䬡	䬢	䬣	䬤	䬥	䬦	䬧	䬨
C6	䬩	䬪	䬫	䬬	䬭	䬮	䬯	䬰	䬱	䬲
C7	䬳	䬴	䬵	䬶	䬷	䬸	䬹	䬺	䬻	䬼
C8	䬽	䬾	䬿	䭀	䭁	䭂	䭃	䭄	䭅	䭆
C9	䭇	䭈	䭉	䭊	䭋	䭌	䭍	䭎	䭏	䭐
CA	䭑	䭒	䭓	䭔	䭕	䭖	䭗	䭘	䭙	䭚
CB	䭛	䭜	䭝	䭞	䭟	䭠	䭡	䭢	䭣	䭤
CC	䭥	䭦	䭧	䭨	䭩	䭪	䭫	䭬	䭭	䭮
CD	䭯	䭰	䭱	䭲	䭳	䭴	䭵	䭶	䭷	䭸
CE	䭹	䭺	䭻	䭼	䭽	䭾	䭿	䮀	䮁	䮂
CF	䮃	䮄	䮅	䮆	䮇	䮈	䮉	䮊	䮋	䮌
D0	䮍	䮎	䮏	䮐	䮑	䮒	䮓	䮔	䮕	䮖
D1	䮗	䮘	䮙	䮚	䮛	䮜	䮝	䮞	䮟	䮠
D2	䮡	䮢	䮣	䮤	䮥	䮦	䮧	䮨	䮩	䮪
D3	䮫	䮬	䮭	䮮	䮯	䮰	䮱	䮲	䮳	䮴
D4	䮵	䮶	䮷	䮸	䮹	䮺	䮻	䮼	䮽	䮾

8234

	30	31	32	33	34	35	36	37	38	39
D5	䮿	䯀	䯁	䯂	䯃	䯄	䯅	䯆	䯇	䯈
D6	䯉	䯊	䯋	䯌	䯍	䯎	䯏	䯐	䯑	䯒
D7	䯓	䯔	䯕	䯖	䯗	䯘	䯙	䯚	䯛	䯜
D8	䯝	䯞	䯟	䯠	䯡	䯢	䯣	䯤	䯥	䯦
D9	䯧	䯨	䯩	䯪	䯫	䯬	䯭	䯮	䯯	䯰
DA	䯱	䯲	䯳	䯴	䯵	䯶	䯷	䯸	䯹	䯺
DB	䯻	䯼	䯽	䯾	䯿	䰀	䰁	䰂	䰃	䰄
DC	䰅	䰆	䰇	䰈	䰉	䰊	䰋	䰌	䰍	䰎
DD	䰏	䰐	䰑	䰒	䰓	䰔	䰕	䰖	䰗	䰘
DE	䰙	䰚	䰛	䰜	䰝	䰞	䰟	䰠	䰡	䰢
DF	䰣	䰤	䰥	䰦	䰧	䰨	䰩	䰪	䰫	䰬
E0	䰭	䰮	䰯	䰰	䰱	䰲	䰳	䰴	䰵	䰶
E1	䰷	䰸	䰹	䰺	䰻	䰼	䰽	䰾	䰿	䱀
E2	䱁	䱂	䱃	䱄	䱅	䱆	䱇	䱈	䱉	䱊
E3	䱋	䱌	䱍	䱎	䱏	䱐	䱑	䱒	䱓	䱔
E4	䱕	䱖	䱗	䱘	䱙	䱚	䱛	䱜	䱝	䱞
E5	䱟	䱠	䱡	䱢	䱣	䱤	䱥	䱦	䱧	䱨
E6	䱩	䱪	䱫	䱬	䱭	䱮	䱯	䱰	䱱	䱲
E7	䱳	䱴	䱵	䱶	䱸	䱹	䱺	䱻	䱼	䱽
E8	䱾	䱿	䲀	䲁	䲂	䲃	䲄	䲅	䲆	䲇
E9	䲈	䲉	䲊	䲋	䲌	䲍	䲎	䲏	䲐	䲑

8234

	30	31	32	33	34	35	36	37	38	39
EA	䲒	䲓	䲔	䲕	䲖	䲗	䲘	䲙	䲚	䲛
EB	䲜	䲝	䲞	䲤	䲥	䲦	䲧	䲨	䲩	䲪
EC	䲫	䲬	䲭	䲮	䲯	䲰	䲱	䲲	䲳	䲴
ED	䲵	䲶	䲷	䲸	䲹	䲺	䲻	䲼	䲽	䲾
EE	䲿	䳀	䳁	䳂	䳃	䳄	䳅	䳆	䳇	䳈
EF	䳉	䳊	䳋	䳌	䳍	䳎	䳏	䳐	䳑	䳒
F0	䳓	䳔	䳕	䳖	䳗	䳘	䳙	䳚	䳛	䳜
F1	䳝	䳞	䳟	䳠	䳡	䳢	䳣	䳤	䳥	䳦
F2	䳧	䳨	䳩	䳪	䳫	䳬	䳭	䳮	䳯	䳰
F3	䳱	䳲	䳳	䳴	䳵	䳶	䳷	䳸	䳹	䳺
F4	䳻	䳼	䳽	䳾	䳿	䴀	䴁	䴂	䴃	䴄
F5	䴅	䴆	䴇	䴈	䴉	䴊	䴋	䴌	䴍	䴎
F6	䴏	䴐	䴑	䴒	䴚	䴛	䴜	䴝	䴞	䴟
F7	䴠	䴡	䴢	䴣	䴤	䴥	䴦	䴧	䴨	䴩
F8	䴪	䴫	䴬	䴭	䴮	䴯	䴰	䴱	䴲	䴳
F9	䴴	䴵	䴶	䴷	䴸	䴹	䴺	䴻	䴼	䴽
FA	䴾	䴿	䵀	䵁	䵂	䵃	䵄	䵅	䵆	䵇
FB	䵈	䵉	䵊	䵋	䵌	䵍	䵎	䵏	䵐	䵑
FC	䵒	䵓	䵔	䵕	䵖	䵗	䵘	䵙	䵚	䵛
FD	䵜	䵝	䵞	䵟	䵠	䵡	䵢	䵣	䵤	䵥
FE	䵦	䵧	䵨	䵩	䵪	䵫	䵬	䵭	䵮	䵯

8235

	30	31	32	33	34	35	36	37	38	39
81	[illegible]	[illegible]	[illegible]	[illegible]	[illegible]	[illegible]	僶	[illegible]	鼇	鼈
82	[illegible]	[illegible]	[illegible]	[illegible]	[illegible]	[illegible]	鼛	[illegible]	[illegible]	[illegible]
83	[illegible]	[illegible]	[illegible]	鼱	[illegible]	[illegible]	[illegible]	[illegible]	[illegible]	[illegible]
84	[illegible]	[illegible]	[illegible]	[illegible]	齎	懠	[illegible]	[illegible]	齡	[illegible]
85	[illegible]	[illegible]	[illegible]	[illegible]	[illegible]	[illegible]	[illegible]	[illegible]	[illegible]	[illegible]
86	[illegible]	[illegible]	[illegible]	[illegible]	[illegible]	[illegible]	[illegible]	[illegible]	[illegible]	[illegible]
87	[illegible]	[illegible]	[illegible]	[illegible]	[illegible]	[illegible]	[illegible]	[illegible]	[illegible]	

9532

	30	31	32	33	34	35	36	37	38	39
81										
82							[illegible]	[illegible]	[illegible]	[illegible]
83	[illegible]	[illegible]	[illegible]	[illegible]	[illegible]	[illegible]	[illegible]	[illegible]	[illegible]	[illegible]
84	[illegible]	[illegible]	[illegible]	[illegible]	[illegible]	[illegible]	[illegible]	[illegible]	[illegible]	[illegible]
85	[illegible]	[illegible]	[illegible]	[illegible]	[illegible]	[illegible]	[illegible]	[illegible]	[illegible]	[illegible]
86	[illegible]	[illegible]	[illegible]	[illegible]	[illegible]	[illegible]	[illegible]	[illegible]	[illegible]	[illegible]
87	[illegible]	[illegible]	[illegible]	[illegible]	[illegible]	[illegible]	[illegible]	[illegible]	[illegible]	[illegible]
88	[illegible]	[illegible]	[illegible]	[illegible]	[illegible]	[illegible]	[illegible]	[illegible]	[illegible]	[illegible]
89	[illegible]	[illegible]	[illegible]	[illegible]	[illegible]	[illegible]	[illegible]	[illegible]	[illegible]	[illegible]
8A	[illegible]	[illegible]	[illegible]	[illegible]	[illegible]	[illegible]	[illegible]	[illegible]	[illegible]	[illegible]
8B	[illegible]	[illegible]	[illegible]	[illegible]	[illegible]	[illegible]	[illegible]	[illegible]	[illegible]	[illegible]
8C	[illegible]	[illegible]	[illegible]	[illegible]	[illegible]	[illegible]	[illegible]	[illegible]	[illegible]	[illegible]
8D	[illegible]	[illegible]	[illegible]	[illegible]	[illegible]	[illegible]	[illegible]	[illegible]	[illegible]	[illegible]
8E	[illegible]	[illegible]	[illegible]	[illegible]	[illegible]	[illegible]	[illegible]	[illegible]	[illegible]	[illegible]
8F	[illegible]	[illegible]	[illegible]	[illegible]	[illegible]	[illegible]	[illegible]	[illegible]	[illegible]	[illegible]
90	[illegible]	[illegible]	[illegible]	[illegible]	[illegible]	[illegible]	[illegible]	[illegible]	[illegible]	[illegible]
91	[illegible]	[illegible]	[illegible]	[illegible]	[illegible]	[illegible]	[illegible]	[illegible]	[illegible]	[illegible]
92	[illegible]	[illegible]	[illegible]	[illegible]	[illegible]	[illegible]	[illegible]	[illegible]	[illegible]	[illegible]
93	[illegible]	[illegible]	[illegible]	[illegible]	[illegible]	[illegible]	[illegible]	[illegible]	[illegible]	[illegible]
94	[illegible]	[illegible]	[illegible]	[illegible]	[illegible]	[illegible]	[illegible]	[illegible]	[illegible]	[illegible]
95	[illegible]	[illegible]	[illegible]	[illegible]	[illegible]	[illegible]	[illegible]	[illegible]	[illegible]	[illegible]

9532

	30	31	32	33	34	35	36	37	38	39
96	𨸏	廂	廝	盾	餘	龕	巇	乞	乚	乙
97	𠃍	乛	亅	以	乙乙	乚	廿	㐅	乣	乢
98	卂	乤	乥	乧	乫	乬	尸	乨	乪	乭
99	乮	乱	卯	乲	乵	乶	乷	飞	乺	乻
9A	乼	乽	乿	乱	亀	亁	亂	亃	亄	亅
9B	亂	乾	亃	亄	亅	乱	亊	事	亍	亏
9C	亐	亖	亗	亘	亚	乾	亝	亞	亟	亠
9D	亡	亢	亣	亥	亅	亇	乃	乙	丁	乢
9E	予	乑	去	予	亇	周	承	事	亍	豫
9F	亍	亓	二	二	二	区	亘	亙	亜	亝
A0	亟	巴	亚	亡	亟	井	亝	亟	兹	亞
A1	亟	亟	亀	亟	亟	亜	亟	亠	亚	亟
A2	覩	亞	亟	亟	亟	亟	褺	亠	亢	亣
A3	亦	亨	亥	亡	亢	亣	亪	亨	亨	亭
A4	亦	亨	亦	亦	亦	亨	亭	亨	享	亦
A5	亭	亮	亭	亭	亭	亭	亭	亭	亭	亭
A6	亳	亭	恵	亶	亭	亶	亭	亭	亭	亮
A7	亭	亮	就	亭	亭	亭	亭	亭	亭	亭
A8	執	亭	亳	亭	亭	亭	亭	亭	亭	亶
A9	亭	亭	亭	亭	亭	亭	亭	亭	亭	亭
AA	亭	亭	亶	亭	亭	亭	亭	亭	亭	亭

9532

	30	31	32	33	34	35	36	37	38	39
AB	[illegible]	[illegible]	[illegible]	[illegible]	[illegible]	[illegible]	[illegible]	[illegible]	[illegible]	[illegible]
AC	[illegible]	[illegible]	[illegible]	[illegible]	𠆢	[illegible]	个	[illegible]	[illegible]	[illegible]
AD	[illegible]	仉	[illegible]	[illegible]	[illegible]	[illegible]	[illegible]	[illegible]	[illegible]	[illegible]
AE	[illegible]	[illegible]	[illegible]	[illegible]	[illegible]	[illegible]	[illegible]	[illegible]	[illegible]	[illegible]
AF	[illegible]	[illegible]	[illegible]	[illegible]	[illegible]	[illegible]	[illegible]	[illegible]	[illegible]	[illegible]
B0	[illegible]	[illegible]	[illegible]	[illegible]	[illegible]	[illegible]	[illegible]	[illegible]	[illegible]	[illegible]
B1	[illegible]	[illegible]	[illegible]	[illegible]	[illegible]	[illegible]	[illegible]	[illegible]	[illegible]	[illegible]
B2	[illegible]	[illegible]	[illegible]	[illegible]	[illegible]	[illegible]	[illegible]	[illegible]	[illegible]	[illegible]
B3	[illegible]	[illegible]	[illegible]	[illegible]	[illegible]	[illegible]	[illegible]	[illegible]	[illegible]	[illegible]
B4	[illegible]	[illegible]	[illegible]	[illegible]	[illegible]	[illegible]	[illegible]	[illegible]	侗	[illegible]
B5	[illegible]	[illegible]	[illegible]	[illegible]	[illegible]	[illegible]	体	[illegible]	[illegible]	[illegible]
B6	[illegible]	[illegible]	佢	[illegible]	[illegible]	[illegible]	[illegible]	[illegible]	[illegible]	[illegible]
B7	[illegible]	[illegible]	[illegible]	[illegible]	[illegible]	[illegible]	余	俩	[illegible]	[illegible]
B8	[illegible]	[illegible]	[illegible]	[illegible]	[illegible]	俞	[illegible]	[illegible]	[illegible]	仰
B9	[illegible]	[illegible]	[illegible]	[illegible]	俊	[illegible]	[illegible]	[illegible]	作	[illegible]
BA	[illegible]	[illegible]	[illegible]	[illegible]	[illegible]	[illegible]	[illegible]	[illegible]	[illegible]	[illegible]
BB	[illegible]	[illegible]	[illegible]	[illegible]	[illegible]	[illegible]	[illegible]	[illegible]	做	[illegible]
BC	[illegible]	[illegible]	侯	[illegible]	[illegible]	[illegible]	[illegible]	[illegible]	[illegible]	俗
BD	[illegible]	[illegible]	值	[illegible]	[illegible]	[illegible]	你	[illegible]	佮	[illegible]
BE	[illegible]	[illegible]	[illegible]	使	[illegible]	[illegible]	[illegible]	[illegible]	[illegible]	[illegible]
BF	[illegible]	[illegible]	[illegible]	[illegible]	[illegible]	[illegible]	[illegible]	[illegible]	偕	[illegible]

9532

	30	31	32	33	34	35	36	37	38	39
C0	[illegible]	[illegible]	[illegible]	[illegible]	[illegible]	[illegible]	[illegible]	[illegible]	[illegible]	[illegible]
C1	[illegible]	[illegible]	[illegible]	[illegible]	[illegible]	[illegible]	[illegible]	[illegible]	[illegible]	[illegible]
C2	[illegible]	[illegible]	[illegible]	[illegible]	[illegible]	[illegible]	[illegible]	[illegible]	俊	[illegible]
C3	[illegible]	[illegible]	[illegible]	[illegible]	[illegible]	[illegible]	[illegible]	[illegible]	[illegible]	[illegible]
C4	[illegible]	[illegible]	[illegible]	[illegible]	[illegible]	[illegible]	[illegible]	[illegible]	例	[illegible]
C5	[illegible]	[illegible]	[illegible]	[illegible]	[illegible]	[illegible]	[illegible]	[illegible]	[illegible]	[illegible]
C6	[illegible]	[illegible]	[illegible]	[illegible]	[illegible]	[illegible]	[illegible]	[illegible]	[illegible]	[illegible]
C7	[illegible]	[illegible]	[illegible]	[illegible]	[illegible]	[illegible]	[illegible]	[illegible]	[illegible]	[illegible]
C8	[illegible]	[illegible]	[illegible]	[illegible]	[illegible]	[illegible]	[illegible]	[illegible]	[illegible]	[illegible]
C9	[illegible]	[illegible]	[illegible]	[illegible]	[illegible]	[illegible]	[illegible]	[illegible]	[illegible]	[illegible]
CA	[illegible]	[illegible]	[illegible]	[illegible]	[illegible]	[illegible]	[illegible]	[illegible]	[illegible]	[illegible]
CB	[illegible]	[illegible]	倲	[illegible]	[illegible]	[illegible]	[illegible]	[illegible]	[illegible]	[illegible]
CC	[illegible]	[illegible]	[illegible]	[illegible]	[illegible]	倚	[illegible]	[illegible]	[illegible]	[illegible]
CD	[illegible]	[illegible]	[illegible]	[illegible]	[illegible]	[illegible]	[illegible]	[illegible]	儀	[illegible]
CE	傃	僕	[illegible]	[illegible]	[illegible]	佳	[illegible]	[illegible]	[illegible]	[illegible]
CF	[illegible]	[illegible]	[illegible]	[illegible]	[illegible]	[illegible]	[illegible]	[illegible]	[illegible]	[illegible]
D0	[illegible]	[illegible]	[illegible]	[illegible]	[illegible]	[illegible]	[illegible]	[illegible]	[illegible]	[illegible]
D1	[illegible]	[illegible]	[illegible]	[illegible]	[illegible]	[illegible]	[illegible]	[illegible]	[illegible]	[illegible]
D2	[illegible]	個	[illegible]	[illegible]	[illegible]	[illegible]	[illegible]	[illegible]	[illegible]	[illegible]
D3	[illegible]	[illegible]	[illegible]	[illegible]	[illegible]	[illegible]	[illegible]	[illegible]	[illegible]	[illegible]
D4	[illegible]	[illegible]	[illegible]	[illegible]	[illegible]	[illegible]	[illegible]	[illegible]	[illegible]	[illegible]

9532

	30	31	32	33	34	35	36	37	38	39
D5	偋	[illegible]	[illegible]	[illegible]	偲	傳	儀	[illegible]	[illegible]	儌
D6	[illegible]	[illegible]	[illegible]	僂	[illegible]	[illegible]	偃	[illegible]	[illegible]	[illegible]
D7	[illegible]	[illegible]	[illegible]	[illegible]	[illegible]	[illegible]	們	[illegible]	僅	[illegible]
D8	[illegible]	[illegible]	[illegible]	[illegible]	[illegible]	[illegible]	[illegible]	[illegible]	[illegible]	[illegible]
D9	[illegible]	[illegible]	[illegible]	俳	[illegible]	假	偦	[illegible]	[illegible]	[illegible]
DA	[illegible]	[illegible]	[illegible]	[illegible]	[illegible]	[illegible]	[illegible]	[illegible]	[illegible]	[illegible]
DB	[illegible]	僟	[illegible]	[illegible]	[illegible]	[illegible]	[illegible]	[illegible]	[illegible]	[illegible]
DC	[illegible]	[illegible]	[illegible]	[illegible]	[illegible]	[illegible]	[illegible]	[illegible]	[illegible]	[illegible]
DD	[illegible]	[illegible]	[illegible]	[illegible]	[illegible]	[illegible]	[illegible]	[illegible]	倩	[illegible]
DE	[illegible]	[illegible]	[illegible]	[illegible]	傑	[illegible]	[illegible]	[illegible]	[illegible]	[illegible]
DF	[illegible]	[illegible]	[illegible]	[illegible]	[illegible]	[illegible]	[illegible]	[illegible]	[illegible]	[illegible]
E0	[illegible]	[illegible]	[illegible]	[illegible]	[illegible]	[illegible]	[illegible]	[illegible]	[illegible]	[illegible]
E1	[illegible]	[illegible]	[illegible]	[illegible]	[illegible]	[illegible]	[illegible]	[illegible]	[illegible]	[illegible]
E2	[illegible]	[illegible]	[illegible]	[illegible]	[illegible]	[illegible]	[illegible]	[illegible]	[illegible]	[illegible]
E3	[illegible]	[illegible]	備	[illegible]	[illegible]	[illegible]	[illegible]	[illegible]	[illegible]	[illegible]
E4	[illegible]	[illegible]	[illegible]	[illegible]	[illegible]	[illegible]	[illegible]	[illegible]	[illegible]	[illegible]
E5	[illegible]	[illegible]	[illegible]	[illegible]	[illegible]	借	[illegible]	[illegible]	[illegible]	[illegible]
E6	[illegible]	[illegible]	[illegible]	[illegible]	[illegible]	[illegible]	[illegible]	[illegible]	[illegible]	[illegible]
E7	[illegible]	[illegible]	[illegible]	[illegible]	[illegible]	價	[illegible]	[illegible]	[illegible]	[illegible]
E8	[illegible]	[illegible]	[illegible]	僵	[illegible]	[illegible]	[illegible]	[illegible]	[illegible]	[illegible]
E9	[illegible]	[illegible]	[illegible]	[illegible]	[illegible]	[illegible]	[illegible]	[illegible]	[illegible]	[illegible]

9532

	30	31	32	33	34	35	36	37	38	39
EA	僼	僇	㑵	儌	僈	儯	儫	儥	儀	僋
EB	儈	𠏧	斂	龠	劍	僉	儷	儇	儓	𠐍
EC	儡	僚	僵	𠐊	儮	儆	儴	儃	儴	僣
ED	僖	僴	僨	儔	儩	儗	僺	僎	鑫	覴
EE	儖	儢	儦	僔	傕	儚	雛	儘	傾	僊
EF	儠	儬	僩	儂	儎	儌	龠	儶	僾	儯
F0	儰	儹	儖	儭	儼	鞢	儙	僂	儥	儙
F1	館	僴	䚕	僫	儤	囂	篦	儚	僻	儱
F2	儴	儼	饈	羅	儳	饅	儮	儞	儓	儸
F3	儹	儔	儤	勸	儷	儸	儡	儲	儥	儶
F4	龢	儧	鑫	亶	籥	饕	龠	儷	元	兂
F5	兂	兆	元	旡	兒	克	兔	兵	尭	兊
F6	兄	光	虮	兕	兜	兜	壳	兕	兟	兖
F7	芜	皃	皀	尭	兡	兤	兢	兦	兟	兢
F8	莌	粬	兪	兝	兞	眈	兠	兡	兣	兦
F9	兠	粋	逸	粧	兢	粖	粘	兟	兤	兢
FA	粿	糊	糍	兡	糙	兢	兡	兢	兤	兢
FB	樂	糗	犇	糔	兢	兢	遺	禮	糗	糆
FC	兢	糒	兢	糕	糝	糴	兢	糕	兢	糊
FD	兢	兢	兢	糬	糠	兢	兢	兢	糕	糟
FE	糟	糴	兢	兢	爛	兢	兢	兢	爛	亼

9533

	30	31	32	33	34	35	36	37	38	39
81	从	仐	仝	会	㚫	佘	拿	念	含	食
82	畣	伞	㑁	執	絫	兵	欲	森	畣	空
83	龕	龔	龕	龕	龕	龕	葬	龕	龕	龕
84	龢	鑰	龕	龕	鑫	龕	六	公	八	兮
85	兰	分	分	公	半	关	兵	公	谷	曲
86	举	共	其	贫	台	典	具	翁	丵	兼
87	巽	真	粪	真	具	其	岩	隻	䍃	斯
88	翁	巽	冀	兼	嶽	真	嫌	冀	番	斯
89	翕	顯	瓢	業	冀	異	黨	廉	斯	騎
8A	顛	冀	冀	興	冀	嚻	冂	冋	丹	冈
8B	冈	冊	再	冋	冋	再	有	冇	四	内
8C	早	冊	回	冉	冈	冏	冎	同	冈	岗
8D	肩	冎	杲	角	罔	冐	网	周	冈	冡
8E	冑	舳	晟	冏	冂	冒	冕	罰	冐	智
8F	罙	冑	冏	冏	圈	冕	冕	冓	冐	冖
90	冊	冖	冘	冗	元	安	冟	实	公	完
91	穴	冞	百	花	宗	过	冦	立	冐	有
92	冦	冥	冠	冤	冦	冨	冧	亮	冥	寄
93	富	冱	冱	冲	冢	冪	馬	冥	冫	冭
94	冨	聊	冨	冷	冩	冪	冫	冰	冫	冬
95	冫	龍	冫	冫	冫	冫	冫	冫	礼	汀

9533

	30	31	32	33	34	35	36	37	38	39
96	㳄	汔	氾	汙	汾	沕	汻	沎	沁	泂
97	泠	沺	泋	洎	洜	洔	洡	洧	洬	洯
98	洛	洇	洂	洫	脩	浹	浗	浃	涇	涊
99	涜	湑	浳	浧	浯	涂	浦	涓	浬	浚
9A	浴	浰	淟	涵	淬	淶	淛	淫	淀	浼
9B	湓	深	淛	淪	淮	湇	湡	湨	渫	渖
9C	湸	渙	湢	溚	湛	滁	溕	減	滕	溓
9D	滷	滂	溏	澥	溳	澷	潒	溼	滅	漻
9E	滸	滲	㬥	漷	漱	潵	潵	潏	潻	瀲
9F	潺	澋	濃	澋	澅	澩	澮	澯	澶	澸
A0	瀟	瀧	澇	瀝	瀆	瀑	瀬	瀠	瀝	瀇
A1	瀲	瀨	瀫	瀝	瀤	瀘	瀚	灂	灨	灜
A2	灦	凡	八	凢	凨	凩	几	凣	凲	凷
A3	凩	凤	凧	凪	凬	凮	凭	凮	凯	凫
A4	凫	凫	凬	凫	凬	凫	凫	凫	凫	凫
A5	凬	凫	凫	凫	凬	凬	凬	凬	凬	凬
A6	凬	凬	凬	凬	凬	凬	凰	凬	凬	凬
A7	凬	凬	處	凬	凬	凬	凬	凬	凬	凬
A8	凬	凬	凬	凬	凬	凬	凬	凬	凬	凱
A9	凬	凬	凬	凬	凬	凬	凬	凬	厶	凵
AA	凸	凹	凵	凷	[illegible]	[illegible]	凹	[illegible]	[illegible]	[illegible]

9533

	30	31	32	33	34	35	36	37	38	39
AB	𠚀	𠚁	𠚂	𠚃	𠚄	𠚅	𠚆	𠚇	𠚈	𠚉
AC	𠚊	𠚋	𠚌	𠚍	𠚎	𠚏	𠚐	𠚑	𠚒	𠚓
AD	𠚔	𠚕	𠚖	𠚗	𠚘	𠚙	𠚚	𠚛	𠚜	𠚝
AE	𠚞	𠚟	𠚠	𠚡	𠚢	𠚣	𠚤	𠚥	𠚦	𠚧
AF	𠚨	𠚩	𠚪	𠚫	𠚬	𠚭	𠚮	𠚯	𠚰	𠚱
B0	𠚲	𠚳	𠚴	𠚵	𠚶	𠚷	𠚸	𠚹	𠚺	𠚻
B1	𠚼	𠚽	𠚾	𠚿	𠛀	𠛁	𠛂	𠛃	𠛄	𠛅
B2	𠛆	𠛇	𠛈	𠛉	𠛊	𠛋	𠛌	𠛍	𠛎	𠛏
B3	𠛐	𠛑	𠛒	𠛓	𠛔	𠛕	𠛖	𠛗	𠛘	𠛙
B4	𠛚	𠛛	𠛜	𠛝	𠛞	𠛟	𠛠	𠛡	𠛢	𠛣
B5	𠛤	𠛥	𠛦	𠛧	𠛨	𠛩	𠛪	𠛫	𠛬	𠛭
B6	𠛮	𠛯	𠛰	𠛱	𠛲	𠛳	𠛴	𠛵	𠛶	𠛷
B7	𠛸	𠛹	𠛺	𠛻	𠛼	𠛽	𠛾	𠛿	𠜀	𠜁
B8	𠜂	𠜃	𠜄	𠜅	𠜆	𠜇	𠜈	𠜉	𠜊	𠜋
B9	𠜌	𠜍	𠜎	𠜏	𠜐	𠜑	𠜒	𠜓	𠜔	𠜕
BA	𠜖	𠜗	𠜘	𠜙	𠜚	𠜛	𠜜	𠜝	𠜞	𠜟
BB	𠜠	𠜡	𠜢	𠜣	𠜤	𠜥	𠜦	𠜧	𠜨	𠜩
BC	𠜪	𠜫	𠜬	𠜭	𠜮	𠜯	𠜰	𠜱	𠜲	𠜳
BD	𠜴	𠜵	𠜶	𠜷	𠜸	𠜹	𠜺	𠜻	𠜼	𠜽
BE	𠜾	𠜿	𠝀	𠝁	𠝂	𠝃	𠝄	𠝅	𠝆	𠝇
BF	𠝈	𠝉	𠝊	𠝋	𠝌	𠝍	𠝎	𠝏	𠝐	𠝑

9533

	30	31	32	33	34	35	36	37	38	39
C0	[illegible]	[illegible]	[illegible]	[illegible]	[illegible]	[illegible]	[illegible]	[illegible]	[illegible]	[illegible]
C1	[illegible]	[illegible]	[illegible]	[illegible]	[illegible]	[illegible]	[illegible]	[illegible]	[illegible]	[illegible]
C2	[illegible]	[illegible]	[illegible]	[illegible]	[illegible]	[illegible]	[illegible]	[illegible]	[illegible]	[illegible]
C3	[illegible]	[illegible]	[illegible]	[illegible]	[illegible]	[illegible]	[illegible]	[illegible]	[illegible]	[illegible]
C4	[illegible]	[illegible]	[illegible]	[illegible]	[illegible]	[illegible]	[illegible]	[illegible]	[illegible]	[illegible]
C5	[illegible]	[illegible]	[illegible]	[illegible]	[illegible]	[illegible]	[illegible]	[illegible]	[illegible]	[illegible]
C6	[illegible]	[illegible]	[illegible]	[illegible]	[illegible]	[illegible]	[illegible]	[illegible]	[illegible]	[illegible]
C7	[illegible]	[illegible]	[illegible]	[illegible]	[illegible]	[illegible]	[illegible]	[illegible]	[illegible]	[illegible]
C8	[illegible]	[illegible]	[illegible]	[illegible]	[illegible]	[illegible]	[illegible]	[illegible]	[illegible]	[illegible]
C9	[illegible]	[illegible]	[illegible]	[illegible]	[illegible]	[illegible]	[illegible]	[illegible]	[illegible]	[illegible]
CA	[illegible]	[illegible]	[illegible]	[illegible]	[illegible]	[illegible]	[illegible]	[illegible]	[illegible]	[illegible]
CB	[illegible]	[illegible]	[illegible]	[illegible]	[illegible]	[illegible]	[illegible]	[illegible]	[illegible]	[illegible]
CC	[illegible]	[illegible]	[illegible]	[illegible]	[illegible]	[illegible]	[illegible]	[illegible]	[illegible]	[illegible]
CD	[illegible]	[illegible]	[illegible]	[illegible]	[illegible]	[illegible]	[illegible]	[illegible]	[illegible]	[illegible]
CE	[illegible]	[illegible]	[illegible]	[illegible]	[illegible]	[illegible]	[illegible]	[illegible]	[illegible]	[illegible]
CF	[illegible]	[illegible]	[illegible]	[illegible]	[illegible]	[illegible]	[illegible]	[illegible]	[illegible]	[illegible]
D0	[illegible]	[illegible]	[illegible]	[illegible]	[illegible]	[illegible]	[illegible]	[illegible]	[illegible]	[illegible]
D1	[illegible]	[illegible]	[illegible]	[illegible]	[illegible]	[illegible]	[illegible]	[illegible]	[illegible]	[illegible]
D2	[illegible]	[illegible]	[illegible]	[illegible]	[illegible]	[illegible]	[illegible]	[illegible]	[illegible]	[illegible]
D3	[illegible]	[illegible]	[illegible]	[illegible]	[illegible]	[illegible]	[illegible]	[illegible]	[illegible]	[illegible]
D4	[illegible]	[illegible]	[illegible]	[illegible]	[illegible]	[illegible]	[illegible]	[illegible]	[illegible]	[illegible]

9533

	30	31	32	33	34	35	36	37	38	39
D5	劆	劆	䨽	劓	劚	劗	劙	劘	劉	䎁
D6	劚	劙	劘	劙	为	㔹	加	㔖	㔉	㔊
D7	朸	灹	㔋	励	劝	劣	邑	励	㔌	劲
D8	费	㔍	劬	劲	劾	㔎	男	劫	㔏	男
D9	㔌	劲	助	㔐	驾	㔑	㔒	㔓	㔔	劲
DA	㔕	勔	㔗	㔘	㔙	勔	㔚	㔛	㔜	勅
DB	勅	努	㔝	㔞	㔟	㔠	垂	㔡	勫	㔢
DC	勔	勣	㔣	勨	勦	動	勐	勩	勝	勔
DD	㔤	㔥	㔦	㔧	㔨	㔩	㔪	㔫	㔬	勍
DE	勑	㔭	勤	㔮	勰	勛	勤	勮	勧	勨
DF	㔯	勱	㔰	㔱	㔲	勴	㔳	㔴	㔵	勵
E0	勶	勷	勸	㔶	㔷	㔸	㔹	㔺	勸	㔻
E1	㔼	勳	㔽	㔾	㔿	㕀	㕁	㕂	㕃	勷
E2	㕄	勝	㕅	㕆	㕇	㕈	㕉	㕊	㕋	㕌
E3	勳	勴	㕍	勸	勲	㕎	勷	㕏	㕐	勵
E4	㕑	勸	勳	勤	勷	㕒	㕓	㕔	㕕	㕖
E5	勷	㕗	勳	㕘	㕙	㕚	勷	勸	勻	匀
E6	匂	㕛	勼	㕜	㕝	匃	㕞	㕟	匄	㕠
E7	匇	㕡	㕢	匈	匊	匋	匌	㕣	匍	匎
E8	匐	匑	匒	㕤	匓	㕥	㕦	㕧	匔	㕨
E9	㕩	㕪	匏	㕫	㕬	㕭	㕮	㕯	㕰	㕱

9533

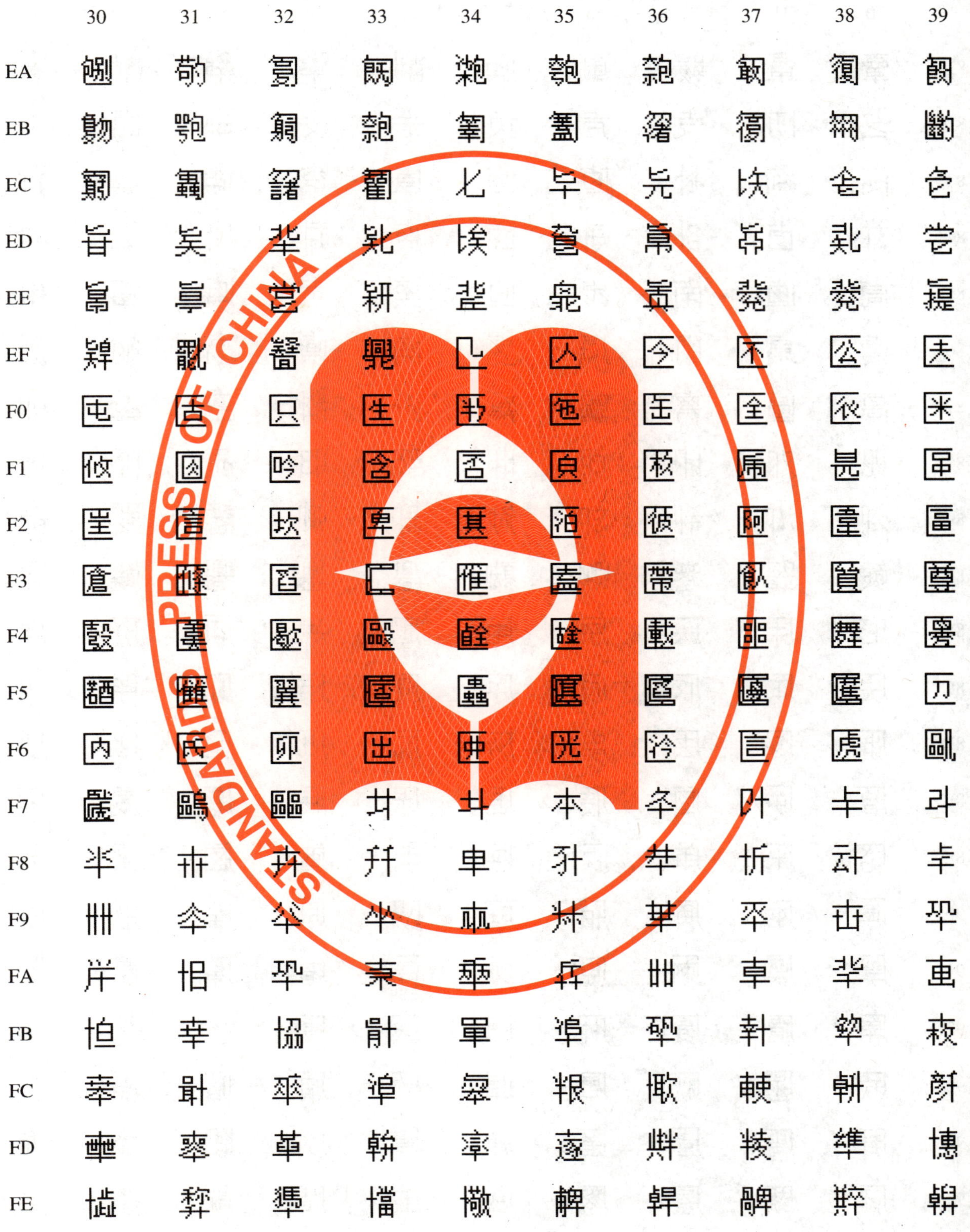

	30	31	32	33	34	35	36	37	38	39
EA	劊	荝	㔁	闟	瀡	匏	箳	翻	復	餖
EB	勦	鼩	翩	匏	翟	翾	翯	複	翮	齺
EC	翽	翿	耀	翻	匕	皁	皃	佚	佥	仓
ED	旨	矣	毕	乩	唉	包	帛	帑	乖	岂
EE	舄	亭	营	鼾	韭	皋	皕	凳	凳	韪
EF	鼻	罷	齹	鼽	乚	仄	今	丕	公	厌
F0	匜	匼	匚	匡	匦	匜	匡	全	匧	匨
F1	匬	圀	吟	含	匼	匽	匧	扁	匙	匩
F2	匩	匫	区	匰	其	泊	匮	阿	匰	匾
F3	匯	匲	匳	匚	匯	匲	匲	匭	匵	匶
F4	匷	匱	歐	匸	匳	匲	匴	匠	匵	匶
F5	匿	匯	巽	匳	匽	匳	匼	匾	匿	刀
F6	内	匹	卯	出	曳	兕	泠	言	虎	凷
F7	區	鷗	謳	廿	卄	本	冬	叶	卡	斗
F8	半	卅	卉	升	串	犴	芊	折	斗	幸
F9	卌	伞	卒	华	卌	卌	莘	卒	卋	卒
FA	岸	怉	卒	柬	乖	卉	卌	卓	辈	直
FB	怚	幸	协	卙	單	卑	卒	斟	粹	夜
FC	莘	斟	卒	卑	巽	粮	敞	軟	斡	斛
FD	燕	率	革	斡	章	遠	斯	棱	維	博
FE	斷	犇	犨	擋	撒	斡	斡	斛	斞	斛

9534

	30	31	32	33	34	35	36	37	38	39
81	韋	韋	鍚	盧	爤	卦	卛	卛	韠	卛
82	乍	卪	支	卢	贞	卡	卢	卧	卣	卢
83	卣	卣	卝	卣	卣	卣	卣	卢	卣	卦
84	卦	卣	卻	卣	卣	卣	君	卦	卧	卣
85	卣	卣	南	卣	卣	卣	卣	卣	卣	卣
86	卣	卣	卣	卣	卣	卣	卣	卣	卣	卣
87	卣	卣	卣	卣	卣	卣	卣	卣	卣	卯
88	卬	卭	卯	卯	卯	卯	卯	卯	卯	卮
89	卯	御	卸	卸	卸	卸	卿	卷	卸	卸
8A	卸	卸	卷	卿	卸	卸	卸	卸	卸	卸
8B	厄	厈	厌	序	厍	厄	产	厉	厉	厍
8C	厌	厎	辰	辰	厍	厚	厍	厎	厍	厎
8D	厍	厍	厍	产	厉	厎	厎	厖	厍	厍
8E	盾	厍	厍	辰	厍	厍	辰	厍	厦	厍
8F	厍	厍	厍	厌	厍	厍	厍	厍	厍	厉
90	厚	厍	厍	厍	庭	厍	原	厍	厍	厍
91	厚	厍	厍	厍	厍	厚	盾	厍	厚	厍
92	厍	厍	厦	厤	厍	厍	厍	厍	厍	厍
93	厥	厍	厥	厍	厚	厥	扁	厍	厍	厍
94	厨	厍	厍	厍	厍	厍	厍	厍	厍	厍
95	厍	厍	厍	厍	厍	厍	厍	厍	厍	厍

9534

	30	31	32	33	34	35	36	37	38	39
96	厳	㕓	㕒	厱	厬	厘	厝	厪	厥	厰
97	厴	㕐	厱	厗	厜	厲	厤	厰	厳	厫
98	厨	厚	愿	歷	厲	厦	厤	厲	厴	厣
99	厲	厵	厯	厭	厩	厰	厯	厪	歷	厯
9A	廬	厯	厳	厮	厰	厲	厵	厵	厲	厵
9B	厰	厵	厳	厭	厵	厲	厵	去	厷	厸
9C	厶	厸	厹	厺	厼	会	叀	厽	厾	叁
9D	叅	厼	去	叄	参	公	厼	叅	参	叆
9E	叇	叄	叄	参	参	叉	叄	参	叅	叆
9F	叇	参	単	叅	参	單	軍	叅	参	叆
A0	叆	参	叅	叆	叅	叆	叆	叆	叆	叆
A1	叆	叆	叅	叆	叆	叆	叆	叆	叆	叆
A2	叆	叆	叆	叆	叆	叆	叆	叆	叏	叐
A3	戏	叚	収	叒	爻	反	叓	叕	叒	叓
A4	叔	収	叕	叚	叓	叔	发	叒	叕	叒
A5	叒	叚	叓	叕	叒	収	叓	叕	叚	叒
A6	叒	叒	叒	叒	叒	叒	叓	叓	叒	叓
A7	叓	叕	叓	叙	曼	叙	叚	叕	叒	叓
A8	叒	叓	叕	叕	曼	叔	叚	叕	叚	叙
A9	叒	叚	叒	叚	叚	叚	叒	叓	叚	叒
AA	叒	叙	叚	叙	叟	叚	叒	叓	叟	叙

9534

	30	31	32	33	34	35	36	37	38	39
AB	𠭬	𠭭	𠭮	𠭯	𠭰	𠭱	𠭲	𠭳	𠭴	𠭵
AC	𠭶	𠭷	𠭸	𠭹	𠭺	𠭻	𠭼	𠭽	𠭾	𠭿
AD	𠮀	𠮁	𠮂	𠮃	𠮄	𠮅	𠮆	𠮇	𠮈	𠮉
AE	𠮊	𠮋	𠮌	𠮍	𠮎	𠮏	𠮐	𠮑	𠮒	𠮓
AF	𠮔	𠮕	𠮖	𠮗	𠮘	𠮙	𠮚	𠮛	𠮜	𠮝
B0	𠮞	𠮟	𠮠	𠮡	𠮢	𠮣	𠮤	𠮥	𠮦	𠮧
B1	𠮨	𠮩	𠮪	𠮫	𠮬	𠮭	𠮮	𠮯	𠮰	𠮱
B2	𠮲	𠮳	𠮴	𠮵	𠮶	𠮷	𠮸	𠮹	𠮺	𠮻
B3	𠮼	𠮽	𠮾	𠮿	𠯀	𠯁	𠯂	𠯃	𠯄	𠯅
B4	𠯆	𠯇	𠯈	𠯉	𠯊	𠯋	𠯌	𠯍	𠯎	𠯏
B5	𠯐	𠯑	𠯒	𠯓	𠯔	𠯕	𠯖	𠯗	𠯘	𠯙
B6	𠯚	𠯛	𠯜	𠯝	𠯞	𠯟	𠯠	𠯡	𠯢	𠯣
B7	𠯤	𠯥	𠯦	𠯧	𠯨	𠯩	𠯪	𠯫	𠯬	𠯭
B8	𠯮	𠯯	𠯰	𠯱	𠯲	𠯳	𠯴	𠯵	𠯶	𠯷
B9	𠯸	𠯹	𠯺	𠯻	𠯼	𠯽	𠯾	𠯿	𠰀	𠰁
BA	𠰂	𠰃	𠰄	𠰅	𠰆	𠰇	𠰈	𠰉	𠰊	𠰋
BB	𠰌	𠰍	𠰎	𠰏	𠰐	𠰑	𠰒	𠰓	𠰔	𠰕
BC	𠰖	𠰗	𠰘	𠰙	𠰚	𠰛	𠰜	𠰝	𠰞	𠰟
BD	𠰠	𠰡	𠰢	𠰣	𠰤	𠰥	𠰦	𠰧	𠰨	𠰩
BE	𠰪	𠰫	𠰬	𠰭	𠰮	𠰯	𠰰	𠰱	𠰲	𠰳
BF	𠰴	𠰵	𠰶	𠰷	𠰸	𠰹	𠰺	𠰻	𠰼	𠰽

9534

	30	31	32	33	34	35	36	37	38	39
C0	𠲎	咏	𠰷	𡁷	𠮵	𠯿	品	咥	哱	吭
C1	吷	㖗	啡	𠯾	呔	𠹩	㖔	㖕	唭	𠮷
C2	𠯅	𠱊	吋	哓	咽	亭	唦	味	𠰉	𠚍
C3	哜	哨	哚	喍	㗊	嘣	哘	唭	味	𠳛
C4	㗊	𠯆	哬	𠳏	啤	𠴰	周	𡴭	冒	𡶛
C5	周	𠹩	唱	㖫	唫	異	哼	喀	哐	哦
C6	哑	哂	㖛	喹	時	嗡	害	𠬝	唳	唧
C7	唦	唝	和	唋	啄	屖	唛	唻	喊	唔
C8	哦	唯	啀	粯	㗎	啐	唻	啞	哝	啐
C9	善	唬	啊	啯	啭	啉	啡	啴	啾	啄
CA	啼	啞	啵	唰	啛	啶	啟	啓	啽	喁
CB	啞	喏	喛	善	喏	辂	喙	喚	喛	喦
CC	晚	喰	喇	喱	喱	哲	喑	喇	喂	喗
CD	喃	喏	喑	啸	喑	香	哉	喲	喑	喧
CE	喆	書	喓	喕	喩	喖	喕	喖	喗	喫
CF	嗬	嗎	嗘	嗙	嗏	嗚	嗘	嗜	嗛	嗢
D0	嗩	嗨	嗥	嗤	嗤	嗹	嗺	嗻	嘐	嗧
D1	嗨	嗳	嗂	嗣	嗒	嗊	嗃	嗂	嘘	嗋
D2	嗶	嗥	嗖	嗗	嗞	嗟	嗦	嗾	嗰	嗲
D3	嗱	嗲	嗥	嗶	嗺	嗷	嗸	嗹	嗽	嗾
D4	嘁	嘅	嘆	嘇	嘈	嘊	嘐	嘑	嘒	嘓

9534

	30	31	32	33	34	35	36	37	38	39
D5	嚠	咹	呤	呧	啰	𠺪	啦	啡	吋	吧
D6	咋	嗙	哱	哐	咩	哖	喩	唲	𠳐	啣
D7	𠯈	咣	鮭	唫	啥	㫧	嘁	啾	嗪	嘬
D8	嗭	唖	喒	啯	喈	喑	㖡	唏	啘	嘟
D9	𠻝	啦	啘	唵	㖒	哆	喎	畐	咠	圊
DA	替	啐	啰	哤	啪	啋	嗾	啨	善	喤
DB	喧	晳	啩	喑	啀	喁	啐	咠	唑	喹
DC	嗘	唬	喕	唥	喘	咢	喔	啞	嗀	喋
DD	喑	𠽋	啡	喗	喜	喜	𡁅	唇	喝	喂
DE	嬰	喁	曼	喟	喘	喇	唴	喉	嗣	嗆
DF	喻	辝	喦	喨	喲	喎	喝	嗚	嗌	嗑
E0	嗝	嗒	嗦	嗨	嗷	嗟	啊	嗂	嗤	嗊
E1	嗻	嗼	嗶	嘀	嘅	嘆	嘊	嘍	嘏	嘓
E2	嘕	嘖	嘘	嘚	嘛	嘩	嘢	嘧	嘩	嘪
E3	嘲	嘳	嘴	嘶	嘸	嘹	嘺	嘽	噆	噇
E4	噊	噍	噏	噓	噗	噛	噝	噠	噡	噣
E5	噥	噧	噫	噰	噲	噴	噶	噸	噺	嚀
E6	嚄	嚈	嚋	嚏	嚒	嚓	嚗	嚛	嚞	嚟
E7	嚧	嚩	嚬	嚮	嚯	嚱	嚳	嚵	嚶	嚷
E8	嚺	嚼	囀	囁	囃	囅	囆	囈	囋	囌
E9	囒	囓	囔	囕	囖	囗	囙	囚	四	囜

9534

	30	31	32	33	34	35	36	37	38	39
EA	𡀔	嗂	𠹋	𠻝	𠿒	𠲎	㖮	嗟	啫	喪
EB	㖦	𡄵	嗨	𠽣	畐	碁	嘚	𠷸	㗂	嗍
EC	嗟	𠽶	噎	𠱝	𠷎	𠹆	喊	𠳿	嘎	嗯
ED	𠾃	嗍	𠰚	噀	𠹢	𠷇	𠵡	嘤	𡈩	𠻘
EE	𠻖	𠯬	喙	嗼	𡁄	𠹁	𠰘	𠰯	𠹶	𠸷
EF	唏	𠻮	哾	𠷃	𠯗	𡂂	唷	𩚫	𢬈	𠹻
F0	𠽺	𡂈	嚈	𠽦	噃	𠺟	㖣	𠱴	唷	喀
F1	𠺢	𠰮	喀	嗪	𠾄	𠱞	𠽋	嗹	嗷	𠹜
F2	𡆫	𡂚	𠳹	𠹵	𡈸	𠾲	𠿗	𠳏	嘡	𠹎
F3	𡃕	嘔	𠿴	𠻚	𡂘	𠻸	嗍	嗑	𡀿	唻
F4	𠹠	𠾸	𡈺	嘗	嘽	𠱿	𡃬	嗋	嘫	𡁦
F5	𡁗	嗥	喧	𠹤	𡀧	𠿙	𡁆	𡂁	𡀓	𡃰
F6	嗊	嘊	𡇋	𣌾	𡀿	𡁈	𡂇	喤	𡃃	𠹞
F7	𠻻	𡃘	𡃐	𢅽	𩚹	𩃀	𠰍	𡅞	𩑽	嗬
F8	𡁻	嗟	𠹷	𡃕	𠺥	𡀹	嘟	𡀊	𠹌	嚱
F9	𠵯	𠿒	𡂱	𡁷	𠾁	𡀨	𠺡	𠾎	嗒	𠿉
FA	𡃼	𢵻	𡁸	𡀇	𡂯	𡀛	𠿪	𡀿	嗭	𡁵
FB	嘳	𡁟	𩡘	𡅅	覔	𠿟	𡂅	𡁉	𡃘	𡃗
FC	𡁩	𡀐	𠿢	𡂂	𡀸	𡀴	𡃢	𡂜	𩃯	𠿳
FD	噹	𡁬	𠹬	𡁉	𡁀	𡀟	𡁆	𡂢	𡁹	𠽠
FE	𡄢	𠿼	𡀫	𡂚	𡁝	𡂤	𡂓	𡂪	𡂎	𡂏

9535

	30	31	32	33	34	35	36	37	38	39
81	嗠	嘰	𠹊	唲	嗳	嘆	哇	啜	嗽	嘬
82	咮	嫄	嗺	翘	嗜	嗧	嗨	啵	嗹	翗
83	嗼	啯	嗁	嗋	嗈	嗖	嗜	嗻	嗃	嘟
84	嗲	嗺	嗎	嗽	暈	嗯	嗺	嗮	暮	嗐
85	嗦	嗲	嗛	嗦	嗆	暂	嗕	嗤	嗔	嘳
86	嗖	嗥	嘆	嗡	啖	噫	嗏	嵩	嗇	嘫
87	嚻	嗾	嗽	嗽	嘲	嗙	嗔	嗩	嗣	嘁
88	嗝	嘲	嘻	嗨	嘘	嗟	嘀	嗩	嗹	暂
89	嗾	嗨	嚳	嘱	嘍	嗒	嘬	嘀	嗷	嗷
8A	嗥	嗽	嘿	喆	嗱	嗡	嘗	啡	嘍	嘶
8B	噎	噢	嗷	嚚	嗤	嘞	嗝	嗡	嗩	嘢
8C	嗊	嚼	嘪	嘘	嘾	嘼	噐	嗆	嗲	嘚
8D	嘀	嗷	嗚	嗬	嗖	嘌	唯	嘗	嗯	嗈
8E	嘏	嗽	嘔	嘶	嘽	嗜	嘮	嗅	嗍	噫
8F	喁	嘘	嘽	嗮	嘚	嗿	嘣	喤	嗒	嗦
90	嗷	嘔	嘪	嗹	嗠	嗃	嗚	嘳	嗔	嗦
91	嗽	嗶	嘁	嘬	嗇	嘏	蠆	嗆	嗒	異
92	嗢	嗸	嗀	嘍	嗨	嘘	嘁	嘿	喊	嘹
93	嘻	嗶	嘻	嘲	嗭	嗹	嗁	嗁	嘷	嘈
94	嗑	嗜	嘸	嘻	嚱	罵	買	嘈	壘	嘕
95	嚸	嚚	嘈	嘻	嗽	嗷	嚭	嵩	嶌	嚚

9535

	30	31	32	33	34	35	36	37	38	39
96	嚟	嘏	嗒	鬲	噁	嚐	嗜	嗛	嘝	𡁜
97	嚨	嘶	嗺	嘮	啘	噱	器	噉	噲	噹
98	嘳	嘖	嗌	嗽	嘮	鄗	嘭	嘚	噉	嗦
99	嚞	歌	嗟	罵	嗷	噶	嘿	嗩	嗷	嘍
9A	噂	噪	嚏	嗜	嘁	哥	嗪	嗐	噪	嘏
9B	嘂	辞	嗜	嘘	嘵	嘲	噎	嗔	嘀	嗽
9C	嗛	嘩	噠	噓	嚏	嚼	嗓	暫	嗽	嚶
9D	嗒	嘬	嗝	嘸	嘍	嘁	嗷	噎	嚎	歊
9E	嗽	嘌	嗋	嚅	嘩	嘘	嘁	嗟	嚌	嚳
9F	嚱	窨	噫	嗷	嚭	噌	壘	嚆	嗛	噹
A0	嘖	嗜	嚜	嗨	嗽	嘰	嗡	噵	鼬	嗛
A1	噚	嗷	嗶	嘲	嚐	嘖	嗷	歊	嗷	鬴
A2	嚈	嚱	嚎	嗇	嚅	嗷	噎	嘖	謌	嚘
A3	罨	疊	嗰	罨	嘰	嚵	嚫	嘰	嗓	嘲
A4	嚻	罣	嗷	嘰	嘛	嘚	嚶	噫	嚇	嚶
A5	噗	噏	嗂	嚃	嘯	嚍	嗑	嘞	嚋	嘝
A6	嗢	噥	嗬	嗒	羅	嚘	嚀	嚁	嘷	嘵
A7	嗺	嚎	嘓	嗶	嗚	嘺	噘	嗵	嚳	噴
A8	嚙	翯	嚶	嚂	嘐	嘎	嚈	嘯	噻	嚎
A9	嚐	嘵	嘩	嘩	嘩	嘩	嘍	噫	嗷	嗷
AA	嚾	嚎	嗾	噹	嘏	嘎	嗉	嚶	嘩	歊

9535

	30	31	32	33	34	35	36	37	38	39
AB	單	嘅	嘆	嗽	喎	嗔	嘁	嚬	嚀	嘢
AC	嵒	噧	嘓	鼃	嘈	嘁	對	䶂	嚶	噍
AD	嚚	啡	嗃	嚄	嗢	嘸	噇	戰	嚗	嚓
AE	嘰	嚎	噗	嘺	嚎	噍	嘌	噤	嘋	嘞
AF	嗃	噇	噎	嘳	噸	嚘	嚠	嚳	噗	噧
B0	噝	噔	噺	噬	噪	噮	噆	噬	噴	嘀
B1	嚈	嘐	嚦	噍	嚥	嚹	嚐	嚪	噾	嘖
B2	嚶	齁	嚓	嗽	嚊	嗎	噩	嚏	嚭	噩
B3	嚚	嚩	嚥	噠	嚾	嚈	嚅	嚺	嘟	噔
B4	嚽	嚚	嚏	噝	嚕	嚷	嚙	嚐	嚱	噥
B5	嘿	嚳	嚓	噘	噏	嚫	嚎	噬	噴	嚶
B6	嚦	嚷	嚛	嚜	嚐	嚼	嚪	嚼	嚶	嚞
B7	嚲	嘈	噗	嚐	嘹	嚯	嚧	嗼	啖	嚙
B8	嚀	嚥	嚯	嗆	嚌	囊	謦	龍	嚦	戳
B9	嚛	嚀	嚪	嗽	噫	嚷	噴	嚴	嚭	豁
BA	嚆	鷐	嚯	嚷	嚳	嚶	嚼	嚷	嚹	嚚
BB	鶯	嚫	嘵	噔	嗺	嚅	噗	嚙	嚬	嚵
BC	嚭	嚐	嚵	蠹	嚳	嚳	罄	嚴	嚐	嚼
BD	嚽	嚥	嚿	嚥	嚨	嚫	馨	嚷	嚐	嚶
BE	嚥	囂	嚷	嘖	囍	嚚	囊	囍	囂	囈
BF	囀	嚌	囑	嚨	嚷	囌	嚙	囉	囌	囈

9535

	30	31	32	33	34	35	36	37	38	39
C0	噟	嗛	龕	嚐	嗹	嚝	誶	嚶	嚚	嚾
C1	嚄	嚕	嚬	嚶	嚿	嚻	嚶	谿	嚗	嚊
C2	嚾	囊	轡	囆	嚝	嚨	彈	嚬	嚱	囈
C3	嚩	嚪	囐	嚂	嚪	嘵	嚺	嚽	譱	嚬
C4	嚷	囆	嚴	囍	獶	嚱	嚦	嚬	壆	嚵
C5	噿	嚴	嚂	嚭	囉	嚻	噤	嘯	囍	嚬
C6	囂	嚾	嚪	嚲	嚬	嚪	嚷	嚪	嚴	嚲
C7	嘈	嚣	嚹	嚾	嚴	嚁	嚳	嚱	囍	嚵
C8	嚱	囂	嚹	囂	嚴	嚪	嚽	嚽	囔	譱
C9	囁	嚲	囉	囃	嚽	嚴	囆	嚽	嚽	囆
CA	囍	囐	囍	囐	囍	囓	囍	囈	囖	囉
CB	囐	嚵	囓	囍	囆	囐	囐	囓	囗	囗
CC	囟	囚	四	囗	囗	囗	囗	囗	田	囗
CD	囗	囗	囗	囗	囗	囗	囗	回	囗	囗
CE	囗	回	囗	囗	囗	囗	囗	囗	囗	囗
CF	囗	囗	囗	囗	囗	囗	囗	囗	囗	囗
D0	囗	囗	囗	囲	囗	囗	囗	囗	囗	囗
D1	囗	囗	囗	囗	囗	囗	囗	囗	固	囗
D2	囗	囗	囗	囗	囗	囗	囗	囗	囗	囗
D3	囗	囗	囗	囗	囗	囗	囗	囗	囗	囗
D4	囗	囗	囗	囗	囗	囗	囗	囗	囗	囗

9535

	30	31	32	33	34	35	36	37	38	39
D5	圔	圚	圗	圊	圙	圛	園	圐	圙	圝
D6	圕	圇	圚	圕	圛	圞	圝	圝	圖	圛
D7	圕	國	圈	圓	圕	圛	圝	圓	圖	圖
D8	圍	圝	圜	圖	圚	圕	圍	圝	圞	圛
D9	圑	圕	園	圔	圕	圍	圖	圝	團	圝
DA	圔	圖	圄	圝	圞	圛	圝	圜	圞	圞
DB	圝	圝	圝	圝	壬	圡	玊	圤	坐	圽
DC	坔	圹	左	圭	吉	圦	在	青	坙	圿
DD	坎	坊	扛	圯	圭	圪	圫	去	巠	执
DE	圬	圩	圲	垩	坣	圪	抖	垩	坛	壮
DF	圱	坐	坙	杢	坙	坤	圷	坍	圻	坆
E0	坍	圭	坛	坦	垩	坢	坔	坍	垩	均
E1	坊	坒	坧	坐	坐	坧	赤	坽	坐	坑
E2	坨	坏	坊	坲	坐	坺	坴	坐	坛	坔
E3	坲	坏	坦	坘	坨	坏	坐	坐	坰	坾
E4	坽	坲	坒	延	坲	坳	坻	坚	坧	坮
E5	坫	坙	坐	坩	坤	坤	坩	坐	坰	坧
E6	坒	坳	坛	坯	尧	坑	坑	坐	表	坪
E7	坩	坿	垃	垤	垦	至	垉	垫	城	垔
E8	垈	垉	垄	垇	垊	垸	垌	垰	垶	垯
E9	垒	室	垐	垐	垐	垞	垡	垐	垹	垚

9535

	30	31	32	33	34	35	36	37	38	39
EA	𡋀	坐	𡉚	坐	埆	埗	埰	𡋯	𡋩	垥
EB	𡊿	坰	垡	𡋟	垔	埆	𡋣	垳	埪	𡋱
EC	𡋂	垏	垠	垲	垧	𡋃	垭	垡	𡋛	垹
ED	𡋄	垩	垗	垺	𡋅	垼	垩	埚	埅	𡋆
EE	埭	𡋇	𡋈	𡋉	埏	𡋊	埌	埗	𡋋	垍
EF	埛	𡋌	𡋍	垙	埤	𡋎	𡋏	𡋐	埌	埄
F0	𡋑	埉	𡋒	𡋓	𡋔	埍	埖	𡋖	𡋗	𡋘
F1	埥	埧	埬	埦	埰	埨	埩	𡋙	埪	埫
F2	埸	埴	埭	埮	埯	埵	埶	𡋚	𡋜	埾
F3	埤	堦	𡋝	𡋞	臺	𡋠	塔	𡋡	𡋢	埢
F4	埣	𡋤	𡋥	𡋦	埿	堀	堺	𡋧	堬	堽
F5	𡋨	埲	埪	埻	埳	𡋪	𡋫	𡋬	据	墿
F6	𡋭	埠	埠	堵	𡋮	堾	埢	埿	埠	𡋰
F7	𡋲	𡋳	埳	堿	埢	塓	埭	堖	𡋴	塡
F8	埜	塆	堋	塀	埭	塌	塩	塏	塬	塿
F9	埕	堞	𡋵	𡋶	墁	墉	墙	墈	𡋷	墾
FA	𡋸	𡋹	墣	𡋺	墥	𡋻	𡋼	墜	墪	墒
FB	𡋽	墡	𡋾	墧	塗	𡋿	墸	墺	𡌀	墹
FC	墊	𡌁	𡌂	墭	墮	墳	墴	𡌃	𡌄	墫
FD	墙	墟	墤	墺	𡌅	墿	𡌆	𡌇	墀	壏
FE	墳	壀	墣	𡌈	壈	壒	壐	壉	填	壃

9536

	30	31	32	33	34	35	36	37	38	39
81	𡎠	堞	𡎪	𡎸	𡎴	𡏈	𡎯	𡎧	𡎽	塿
82	𡏖	𡏋	𡏃	𡏂	𡏏	𡏌	𡏐	𡏒	𡏙	𡏓
83	塡	𡏜	𡏝	𡏞	墓	𡏠	𡏡	𡏢	塾	𡏤
84	墹	𡏦	𡏧	𡏨	墉	墅	𡏫	𡏬	𡏭	墜
85	𡏯	塽	墉	𡏲	𡏳	墪	𡏵	𡏶	塹	𡏸
86	𡏹	𡏺	𡏻	𡏼	𡏽	𡏾	𡏿	𡐀	墟	𡐂
87	𡐃	𡐄	𡐅	𡐆	𡐇	𡐈	𡐉	𡐊	𡐋	𡐌
88	𡐍	𡐎	增	𡐐	𡐑	𡐒	𡐓	𡐔	𡐕	𡐖
89	𡐗	𡐘	𡐙	𡐚	𡐛	𡐜	𡐝	𡐞	𡐟	𡐠
8A	𡐡	𡐢	𡐣	𡐤	𡐥	𡐦	𡐧	𡐨	𡐩	𡐪
8B	𡐫	𡐬	𡐭	𡐮	𡐯	𡐰	𡐱	𡐲	𡐳	𡐴
8C	𡐵	𡐶	𡐷	𡐸	𡐹	𡐺	𡐻	𡐼	𡐽	𡐾
8D	𡐿	𡑀	𡑁	𡑂	𡑃	𡑄	𡑅	𡑆	𡑇	𡑈
8E	𡑉	𡑊	𡑋	𡑌	𡑍	𡑎	𡑏	𡑐	𡑑	𡑒
8F	𡑓	𡑔	𡑕	𡑖	𡑗	𡑘	𡑙	𡑚	𡑛	𡑜
90	𡑝	𡑞	𡑟	𡑠	𡑡	𡑢	𡑣	𡑤	𡑥	𡑦
91	𡑧	𡑨	𡑩	𡑪	𡑫	𡑬	𡑭	𡑮	𡑯	𡑰
92	𡑱	𡑲	𡑳	𡑴	𡑵	𡑶	𡑷	𡑸	𡑹	𡑺
93	𡑻	𡑼	𡑽	𡑾	𡑿	𡒀	𡒁	𡒂	𡒃	𡒄
94	𡒅	𡒆	𡒇	𡒈	𡒉	𡒊	𡒋	𡒌	𡒍	𡒎
95	𡒏	𡒐	𡒑	𡒒	𡒓	𡒔	𡒕	𡒖	𡒗	𡒘

9536

	30	31	32	33	34	35	36	37	38	39
96	𡑲	𡑳	𡑴	𡑵	𡑶	𡑷	𡑸	𡑹	𡑺	𡑻
97	𡑼	𡑽	𡑾	𡑿	𡒀	𡒁	𡒂	𡒃	𡒄	𡒅
98	𡒆	𡒇	𡒈	𡒉	𡒊	𡒋	𡒌	𡒍	𡒎	𡒏
99	𡒐	𡒑	𡒒	𡒓	𡒔	𡒕	𡒖	𡒗	𡒘	𡒙
9A	𡒚	𡒛	𡒜	𡒝	𡒞	𡒟	𡒠	𡒡	𡒢	𡒣
9B	𡒤	𡒥	𡒦	𡒧	𡒨	𡒩	𡒪	𡒫	𡒬	𡒭
9C	𡒮	𡒯	𡒰	𡒱	𡒲	𡒳	𡒴	𡒵	𡒶	𡒷
9D	𡒸	𡒹	𡒺	𡒻	𡒼	𡒽	𡒾	𡒿	𡓀	𡓁
9E	𡓂	𡓃	𡓄	𡓅	𡓆	𡓇	𡓈	𡓉	𡓊	𡓋
9F	𡓌	𡓍	𡓎	𡓏	𡓐	𡓑	𡓒	𡓓	𡓔	𡓕
A0	𡓖	𡓗	𡓘	𡓙	𡓚	𡓛	𡓜	𡓝	𡓞	𡓟
A1	𡓠	𡓡	𡓢	𡓣	𡓤	𡓥	𡓦	𡓧	𡓨	𡓩
A2	𡓪	𡓫	𡓬	𡓭	𡓮	𡓯	𡓰	𡓱	𡓲	𡓳
A3	𡓴	𡓵	𡓶	𡓷	𡓸	𡓹	𡓺	𡓻	𡓼	𡓽
A4	𡓾	𡓿	𡔀	𡔁	𡔂	𡔃	𡔄	𡔅	𡔆	𡔇
A5	𡔈	𡔉	𡔊	𡔋	𡔌	𡔍	𡔎	𡔏	𡔐	𡔑
A6	𡔒	𡔓	𡔔	𡔕	𡔖	𡔗	𡔘	𡔙	𡔚	𡔛
A7	𡔜	𡔝	𡔞	𡔟	𡔠	𡔡	𡔢	𡔣	𡔤	𡔥
A8	𡔦	𡔧	𡔨	𡔩	𡔪	𡔫	𡔬	𡔭	𡔮	𡔯
A9	𡔰	𡔱	𡔲	𡔳	𡔴	𡔵	𡔶	𡔷	𡔸	𡔹
AA	𡔺	𡔻	𡔼	𡔽	𡔾	𡔿	𡕀	𡕁	𡕂	𡕃

9536

	30	31	32	33	34	35	36	37	38	39
AB	壷	壹	懿	卌	壐	壿	壽	壼	蘭	壹
AC	嚞	彝	調	翻	干	齐	网	孛	夆	豩
AD	夆	胥	負	夋	婪	夈	夌	麦	変	夎
AE	夎	長	夌	夏	夓	旋	夏	夒	夔	夓
AF	夠	夏	菱	夓	夓	夐	夔	夐	夗	夥
B0	夒	夔	夔	夏	夔	夒	夔	夔	夔	夔
B1	夔	夔	夔	夔	外	夗	风	夘	丑	夘
B2	夙	夗	夅	夾	夠	夡	夥	夠	夠	夠
B3	夠	夙	卿	夠	麥	夠	夢	禽	夠	夠
B4	站	鸵	赶	战	舫	迥	殆	娜	愣	轻
B5	竣	形	姓	铜	铣	姗	鹕	辣	趁	姘
B6	绥	移	羹	黏	暮	羡	羹	荡	额	殖
B7	驿	黾	骐	锅	够	貘	趁	缰	鹨	蝨
B8	夥	懿	缁	黟	饶	鄠	雍	黟	馐	飂
B9	甄	虆	夬	太	本	夾	吴	夫	禾	秀
BA	内	矣	丈	夸	矣	奈	闲	夺	牵	季
BB	乔	奄	夼	牵	壹	关	夸	奏	兴	枣
BC	买	关	玄	奁	奔	关	卒	奇	歪	奝
BD	奓	奔	买	軑	蔬	罘	芥	共	冥	奄
BE	奔	益	奎	冥	夸	奎	奘	费	奋	厷
BF	柴	查	泰	奔	备	吴	奋	侯	奂	妻

9536

	30	31	32	33	34	35	36	37	38	39
C0	夾	奭	爽	奔	衮	姦	哭	橐	畚	奩
C1	奧	㚖	契	奔	奄	奕	畚	奓	复	奧
C2	奪	奎	奠	契	株	訞	畫	契	爽	奩
C3	奝	奩	奉	衰	奉	奄	執	奧	爽	焚
C4	獎	㼧	奧	爽	畜	奎	奮	眷	齋	軼
C5	報	奧	奠	寘	豢	着	姦	奧	寘	詄
C6	森	奓	奎	執	奐	奋	犇	奎	禽	葵
C7	奮	奧	奎	奚	葵	美	契	竇	奩	奚
C8	猷	契	奝	奚	奧	奕	奮	契	戴	奩
C9	熱	奘	奮	翰	獻	奩	奄	奧	奪	犇
CA	飢	奠	翦	厭	奨	奮	袁	獎	翦	鋏
CB	戴	樊	軼	奰	奠	懿	奮	奭	燓	壹
CC	騎	奢	奧	奮	奮	齋	煎	奭	歸	奮
CD	獵	奠	賴	奩	奮	奩	鐵	難	奧	黼
CE	蘇	樊	爨	纖	女	妣	妣	妥	尪	奶
CF	妄	奶	奻	㚢	姕	妃	奵	奸	岁	妫
D0	妟	妏	妐	姃	妡	妖	妊	妝	妓	妐
D1	㚱	㚸	妌	妘	妰	㚲	她	妏	妌	妟
D2	妦	㛀	委	妄	要	姄	妗	妥	娶	姌
D3	妡	妎	姬	姕	姬	㛕	姘	妰	妚	效
D4	姘	娍	姑	姎	妒	姬	妆	妊	㚱	嫁

9536

	30	31	32	33	34	35	36	37	38	39
D5	𡛸	𡛹	𡛺	𡛻	𡛼	𡛽	𡛾	𡛿	𡜀	𡜁
D6	𡜂	𡜃	𡜄	𡜅	𡜆	𡜇	𡜈	𡜉	𡜊	𡜋
D7	𡜌	𡜍	𡜎	𡜏	𡜐	𡜑	𡜒	𡜓	𡜔	𡜕
D8	𡜖	𡜗	𡜘	𡜙	𡜚	𡜛	𡜜	𡜝	𡜞	𡜟
D9	𡜠	𡜡	𡜢	𡜣	𡜤	𡜥	𡜦	𡜧	𡜨	𡜩
DA	𡜪	𡜫	𡜬	𡜭	𡜮	𡜯	𡜰	𡜱	𡜲	𡜳
DB	𡜴	𡜵	𡜶	𡜷	𡜸	𡜹	𡜺	𡜻	𡜼	𡜽
DC	𡜾	𡜿	𡝀	𡝁	𡝂	𡝃	𡝄	𡝅	𡝆	𡝇
DD	𡝈	𡝉	𡝊	𡝋	𡝌	𡝍	𡝎	𡝏	𡝐	𡝑
DE	𡝒	𡝓	𡝔	𡝕	𡝖	𡝗	𡝘	𡝙	𡝚	𡝛
DF	𡝜	𡝝	𡝞	𡝟	𡝠	𡝡	𡝢	𡝣	𡝤	𡝥
E0	𡝦	𡝧	𡝨	𡝩	𡝪	𡝫	𡝬	𡝭	𡝮	𡝯
E1	𡝰	𡝱	𡝲	𡝳	𡝴	𡝵	𡝶	𡝷	𡝸	𡝹
E2	𡝺	𡝻	𡝼	𡝽	𡝾	𡝿	𡞀	𡞁	𡞂	𡞃
E3	𡞄	𡞅	𡞆	𡞇	𡞈	𡞉	𡞊	𡞋	𡞌	𡞍
E4	𡞎	𡞏	𡞐	𡞑	𡞒	𡞓	𡞔	𡞕	𡞖	𡞗
E5	𡞘	𡞙	𡞚	𡞛	𡞜	𡞝	𡞞	𡞟	𡞠	𡞡
E6	𡞢	𡞣	𡞤	𡞥	𡞦	𡞧	𡞨	𡞩	𡞪	𡞫
E7	𡞬	𡞭	𡞮	𡞯	𡞰	𡞱	𡞲	𡞳	𡞴	𡞵
E8	𡞶	𡞷	𡞸	𡞹	𡞺	𡞻	𡞼	𡞽	𡞾	𡞿
E9	𡟀	𡟁	𡟂	𡟃	𡟄	𡟅	𡟆	𡟇	𡟈	𡟉

9536

	30	31	32	33	34	35	36	37	38	39
EA	娶	𡟫	嫄	㜄	婹	𡡅	姱	嫩	𡣍	婏
EB	㛸	𡞱	𡠓	㛹	婿	婗	𡟖	𡟽	𡤓	𡟵
EC	𡛸	𡟨	婝	媥	嫂	婛	㛐	𡟯	婆	𡠦
ED	嬵	媞	𡟘	媥	媄	娽	嫪	媳	嫞	婞
EE	媙	媂	娼	媽	𡡄	嬸	嫛	媍	𡡸	媜
EF	娍	媱	嬰	媳	婏	婍	嫎	媉	媳	婍
F0	娥	嫭	嫆	嫩	嫂	婟	嫁	婠	嫙	𡟽
F1	嫡	嬀	婚	嫯	嫣	嫈	嫛	嫖	嫑	嫈
F2	嫡	𡛾	媳	𡢃	嬈	媃	嬋	嫥	嫾	嬃
F3	媊	媞	婥	嫯	嫌	嫞	婢	嫝	嫫	㜞
F4	嫏	嫙	嫦	媊	𡟤	嫉	嬙	嬖	嫯	嫛
F5	娣	嫎	嫚	媯	嫩	嫮	嫖	嫩	嫓	嫬
F6	嫼	嫺	媳	嬔	𡤜	嬮	嬆	嫦	嫈	嫸
F7	嫛	嫬	嬂	嫭	嬙	嬿	嫌	嫟	嫕	嫣
F8	嫟	嫸	嫲	嬮	嬠	嬰	嬤	嬡	嫦	嬰
F9	嬫	嬒	嘶	頦	嬝	嬮	嬪	嬌	嫯	嬪
FA	嬮	嫞	嬰	嬑	嬃	嬈	嬓	嬛	嬣	嬦
FB	嬎	嬋	嬷	嬦	嬑	嬙	嬢	嫌	嬔	嬛
FC	嬙	嬫	嬢	嬥	嬤	嬭	孌	嬶	嬈	嬖
FD	嬬	嬾	嬿	嬻	孆	嬪	孏	嬉	孇	孆
FE	孎	孄	孏	孁	孅	孋	孌	嬬	嬛	孍

9537

	30	31	32	33	34	35	36	37	38	39
81	𡢌	𡢍	𡢎	𡢏	𡢐	𡢑	𡢒	𡢓	𡢔	𡢕
82	𡢖	𡢗	𡢘	𡢙	𡢚	𡢛	𡢜	𡢝	𡢞	𡢟
83	𡢠	𡢡	𡢢	𡢣	𡢤	𡢥	𡢦	𡢧	𡢨	𡢩
84	𡢪	𡢫	𡢬	𡢭	𡢮	𡢯	𡢰	𡢱	𡢲	𡢳
85	𡢴	𡢵	𡢶	𡢷	𡢸	𡢹	𡢺	𡢻	𡢼	𡢽
86	𡢾	𡢿	𡣀	𡣁	𡣂	𡣃	𡣄	𡣅	𡣆	𡣇
87	𡣈	𡣉	𡣊	𡣋	𡣌	𡣍	𡣎	𡣏	𡣐	𡣑
88	𡣒	𡣓	𡣔	𡣕	𡣖	𡣗	𡣘	𡣙	𡣚	𡣛
89	𡣜	𡣝	𡣞	𡣟	𡣠	𡣡	𡣢	𡣣	𡣤	𡣥
8A	𡣦	𡣧	𡣨	𡣩	𡣪	𡣫	𡣬	𡣭	𡣮	𡣯
8B	𡣰	𡣱	𡣲	𡣳	𡣴	𡣵	𡣶	𡣷	𡣸	𡣹
8C	𡣺	𡣻	𡣼	𡣽	𡣾	𡣿	𡤀	𡤁	𡤂	𡤃
8D	𡤄	𡤅	𡤆	𡤇	𡤈	𡤉	𡤊	𡤋	𡤌	𡤍
8E	𡤎	𡤏	𡤐	𡤑	𡤒	𡤓	𡤔	𡤕	𡤖	𡤗
8F	𡤘	𡤙	𡤚	𡤛	𡤜	𡤝	𡤞	𡤟	𡤠	𡤡
90	𡤢	𡤣	𡤤	𡤥	𡤦	𡤧	𡤨	𡤩	𡤪	𡤫
91	𡤬	𡤭	𡤮	𡤯	𡤰	𡤱	𡤲	𡤳	𡤴	𡤵
92	𡤶	𡤷	𡤸	𡤹	𡤺	𡤻	𡤼	𡤽	𡤾	𡤿
93	𡥀	𡥁	𡥂	𡥃	𡥄	𡥅	𡥆	𡥇	𡥈	𡥉
94	𡥊	𡥋	𡥌	𡥍	𡥎	𡥏	𡥐	𡥑	𡥒	𡥓
95	𡥔	𡥕	𡥖	𡥗	𡥘	𡥙	𡥚	𡥛	𡥜	𡥝

9537

	30	31	32	33	34	35	36	37	38	39
96	孚	孾	孤	孜	孢	阜	孡	㝊	孖	孨
97	孴	孫	孺	舒	李	孛	孳	孶	孭	孮
98	冠	學	孱	孲	孺	孱	孵	孰	孯	孷
99	孫	孶	孻	孾	孼	孽	孹	学	學	孺
9A	孵	孻	孿	孼	孻	擘	孷	孹	孻	習
9B	孿	孿	孺	孺	孵	孺	孺	孺	孺	學
9C	孵	孿	孺	孵	孿	孵	孿	孺	孺	孽
9D	孿	孿	孰	孵	號	孿	孿	孺	孿	孿
9E	孿	孽	孿	孿	孿	孿	孿	孿	孿	孿
9F	譽	凬	宂	宅	穴	宅	宂	宊	宅	写
A0	宇	宇	宄	宑	宊	宔	考	完	方	穷
A1	安	宀	宄	宦	宗	実	歹	育	安	宴
A2	宋	瓦	家	卯	穷	府	宅	宍	宠	宜
A3	実	定	实	宥	宓	宙	实	宜	出	宔
A4	宧	宓	宂	危	宦	宋	缶	害	神	西
A5	宓	宰	客	宰	窑	宙	官	宕	宥	宗
A6	宝	宬	宗	赤	害	求	宾	高	多	宦
A7	宣	宮	宴	宜	神	涵	容	宾	容	密
A8	实	宗	卒	宜	莉	竜	宽	容	宽	宰
A9	宷	麦	宴	害	坐	宾	宕	寂	寇	寇
AA	富	卒	麦	昏	宵	宗	寡	崧	宴	宰

9537

	30	31	32	33	34	35	36	37	38	39
AB	[illegible]	[illegible]	[illegible]	[illegible]	[illegible]	[illegible]	[illegible]	[illegible]	[illegible]	[illegible]
AC	[illegible]	[illegible]	[illegible]	[illegible]	[illegible]	[illegible]	[illegible]	[illegible]	[illegible]	[illegible]
AD	[illegible]	[illegible]	[illegible]	[illegible]	[illegible]	[illegible]	[illegible]	[illegible]	[illegible]	[illegible]
AE	[illegible]	[illegible]	[illegible]	[illegible]	[illegible]	[illegible]	[illegible]	[illegible]	[illegible]	[illegible]
AF	[illegible]	[illegible]	[illegible]	[illegible]	[illegible]	[illegible]	[illegible]	[illegible]	[illegible]	[illegible]
B0	[illegible]	[illegible]	[illegible]	[illegible]	[illegible]	[illegible]	[illegible]	[illegible]	[illegible]	[illegible]
B1	[illegible]	[illegible]	[illegible]	[illegible]	[illegible]	[illegible]	[illegible]	[illegible]	[illegible]	[illegible]
B2	[illegible]	[illegible]	[illegible]	[illegible]	[illegible]	[illegible]	[illegible]	[illegible]	[illegible]	[illegible]
B3	[illegible]	[illegible]	[illegible]	[illegible]	[illegible]	[illegible]	[illegible]	[illegible]	[illegible]	[illegible]
B4	[illegible]	[illegible]	[illegible]	[illegible]	[illegible]	[illegible]	[illegible]	[illegible]	[illegible]	[illegible]
B5	[illegible]	[illegible]	[illegible]	[illegible]	[illegible]	[illegible]	[illegible]	[illegible]	[illegible]	[illegible]
B6	[illegible]	[illegible]	[illegible]	[illegible]	[illegible]	[illegible]	[illegible]	[illegible]	[illegible]	[illegible]
B7	[illegible]	[illegible]	[illegible]	[illegible]	[illegible]	[illegible]	[illegible]	[illegible]	[illegible]	[illegible]
B8	[illegible]	[illegible]	[illegible]	[illegible]	[illegible]	[illegible]	[illegible]	[illegible]	[illegible]	[illegible]
B9	[illegible]	[illegible]	[illegible]	[illegible]	[illegible]	[illegible]	[illegible]	[illegible]	[illegible]	[illegible]
BA	[illegible]	[illegible]	[illegible]	[illegible]	[illegible]	[illegible]	[illegible]	[illegible]	[illegible]	[illegible]
BB	[illegible]	[illegible]	[illegible]	[illegible]	[illegible]	[illegible]	[illegible]	[illegible]	[illegible]	[illegible]
BC	[illegible]	[illegible]	[illegible]	[illegible]	[illegible]	[illegible]	[illegible]	[illegible]	[illegible]	[illegible]
BD	[illegible]	[illegible]	[illegible]	[illegible]	[illegible]	[illegible]	[illegible]	[illegible]	[illegible]	[illegible]
BE	[illegible]	[illegible]	[illegible]	[illegible]	[illegible]	[illegible]	[illegible]	[illegible]	[illegible]	[illegible]
BF	[illegible]	[illegible]	[illegible]	[illegible]	[illegible]	[illegible]	[illegible]	[illegible]	[illegible]	[illegible]

9537

	30	31	32	33	34	35	36	37	38	39
C0	[illegible]	[illegible]	[illegible]	[illegible]	[illegible]	[illegible]	[illegible]	[illegible]	[illegible]	[illegible]
C1	[illegible]	[illegible]	[illegible]	[illegible]	[illegible]	[illegible]	[illegible]	[illegible]	[illegible]	[illegible]
C2	[illegible]	[illegible]	[illegible]	[illegible]	[illegible]	[illegible]	[illegible]	[illegible]	[illegible]	[illegible]
C3	[illegible]	[illegible]	[illegible]	[illegible]	[illegible]	[illegible]	[illegible]	[illegible]	[illegible]	[illegible]
C4	[illegible]	[illegible]	[illegible]	[illegible]	[illegible]	[illegible]	[illegible]	[illegible]	[illegible]	[illegible]
C5	[illegible]	對	[illegible]	[illegible]	[illegible]	[illegible]	[illegible]	[illegible]	[illegible]	對
C6	[illegible]	[illegible]	對	[illegible]	[illegible]	[illegible]	[illegible]	[illegible]	[illegible]	[illegible]
C7	[illegible]	[illegible]	對	[illegible]	[illegible]	[illegible]	導	[illegible]	[illegible]	[illegible]
C8	[illegible]	[illegible]	小	[illegible]	不	[illegible]	[illegible]	肖	[illegible]	[illegible]
C9	[illegible]	[illegible]	[illegible]	[illegible]	[illegible]	[illegible]	[illegible]	[illegible]	[illegible]	[illegible]
CA	[illegible]	[illegible]	[illegible]	[illegible]	[illegible]	[illegible]	[illegible]	[illegible]	[illegible]	[illegible]
CB	[illegible]	[illegible]	[illegible]	[illegible]	[illegible]	[illegible]	[illegible]	[illegible]	[illegible]	[illegible]
CC	[illegible]	[illegible]	[illegible]	[illegible]	[illegible]	[illegible]	[illegible]	[illegible]	[illegible]	[illegible]
CD	[illegible]	[illegible]	[illegible]	[illegible]	[illegible]	[illegible]	[illegible]	[illegible]	[illegible]	[illegible]
CE	[illegible]	[illegible]	[illegible]	[illegible]	[illegible]	[illegible]	[illegible]	[illegible]	[illegible]	[illegible]
CF	[illegible]	[illegible]	[illegible]	[illegible]	[illegible]	[illegible]	[illegible]	[illegible]	[illegible]	[illegible]
D0	[illegible]	[illegible]	[illegible]	[illegible]	[illegible]	[illegible]	[illegible]	[illegible]	[illegible]	[illegible]
D1	[illegible]	[illegible]	[illegible]	[illegible]	[illegible]	[illegible]	[illegible]	[illegible]	[illegible]	[illegible]
D2	[illegible]	[illegible]	[illegible]	[illegible]	[illegible]	[illegible]	[illegible]	[illegible]	[illegible]	[illegible]
D3	[illegible]	尢	[illegible]	[illegible]	[illegible]	[illegible]	[illegible]	[illegible]	[illegible]	[illegible]
D4	[illegible]	[illegible]	[illegible]	[illegible]	[illegible]	[illegible]	[illegible]	[illegible]	[illegible]	[illegible]

9537

	30	31	32	33	34	35	36	37	38	39
D5	[illegible]	[illegible]	[illegible]	[illegible]	[illegible]	[illegible]	[illegible]	[illegible]	[illegible]	[illegible]
D6	[illegible]	[illegible]	[illegible]	[illegible]	[illegible]	[illegible]	[illegible]	[illegible]	[illegible]	[illegible]
D7	[illegible]	[illegible]	[illegible]	[illegible]	[illegible]	[illegible]	[illegible]	[illegible]	[illegible]	[illegible]
D8	[illegible]	[illegible]	[illegible]	[illegible]	就	[illegible]	[illegible]	[illegible]	[illegible]	[illegible]
D9	[illegible]	[illegible]	[illegible]	[illegible]	[illegible]	[illegible]	[illegible]	[illegible]	[illegible]	[illegible]
DA	[illegible]	[illegible]	[illegible]	[illegible]	[illegible]	[illegible]	[illegible]	[illegible]	[illegible]	[illegible]
DB	[illegible]	[illegible]	[illegible]	[illegible]	[illegible]	[illegible]	[illegible]	[illegible]	[illegible]	[illegible]
DC	[illegible]	[illegible]	[illegible]	[illegible]	[illegible]	[illegible]	[illegible]	[illegible]	[illegible]	尸
DD	戸	[illegible]	[illegible]	君	[illegible]	[illegible]	[illegible]	[illegible]	[illegible]	[illegible]
DE	[illegible]	[illegible]	[illegible]	[illegible]	[illegible]	[illegible]	[illegible]	[illegible]	[illegible]	[illegible]
DF	[illegible]	[illegible]	[illegible]	[illegible]	[illegible]	[illegible]	[illegible]	[illegible]	[illegible]	[illegible]
E0	[illegible]	[illegible]	[illegible]	[illegible]	[illegible]	居	局	[illegible]	[illegible]	[illegible]
E1	[illegible]	[illegible]	[illegible]	[illegible]	[illegible]	[illegible]	[illegible]	[illegible]	[illegible]	[illegible]
E2	[illegible]	[illegible]	[illegible]	[illegible]	[illegible]	[illegible]	[illegible]	屖	[illegible]	[illegible]
E3	[illegible]	[illegible]	[illegible]	[illegible]	[illegible]	[illegible]	[illegible]	[illegible]	[illegible]	[illegible]
E4	[illegible]	[illegible]	[illegible]	[illegible]	[illegible]	[illegible]	[illegible]	[illegible]	[illegible]	[illegible]
E5	[illegible]	[illegible]	[illegible]	[illegible]	[illegible]	[illegible]	[illegible]	[illegible]	[illegible]	[illegible]
E6	[illegible]	[illegible]	[illegible]	[illegible]	[illegible]	屋	屏	[illegible]	[illegible]	属
E7	[illegible]	[illegible]	[illegible]	[illegible]	[illegible]	[illegible]	[illegible]	[illegible]	[illegible]	[illegible]
E8	[illegible]	[illegible]	[illegible]	[illegible]	[illegible]	[illegible]	[illegible]	[illegible]	[illegible]	[illegible]
E9	[illegible]	[illegible]	[illegible]	[illegible]	[illegible]	[illegible]	[illegible]	[illegible]	[illegible]	[illegible]

9537

	30	31	32	33	34	35	36	37	38	39
EA	[illegible]	[illegible]	[illegible]	[illegible]	[illegible]	[illegible]	[illegible]	[illegible]	[illegible]	[illegible]
EB	[illegible]	[illegible]	[illegible]	[illegible]	[illegible]	[illegible]	[illegible]	[illegible]	[illegible]	[illegible]
EC	[illegible]	[illegible]	[illegible]	[illegible]	[illegible]	[illegible]	[illegible]	[illegible]	[illegible]	[illegible]
ED	[illegible]	[illegible]	[illegible]	[illegible]	[illegible]	[illegible]	[illegible]	[illegible]	[illegible]	[illegible]
EE	[illegible]	[illegible]	[illegible]	[illegible]	[illegible]	[illegible]	[illegible]	[illegible]	[illegible]	[illegible]
EF	[illegible]	[illegible]	[illegible]	[illegible]	[illegible]	[illegible]	[illegible]	[illegible]	[illegible]	[illegible]
F0	[illegible]	[illegible]	[illegible]	[illegible]	[illegible]	[illegible]	[illegible]	[illegible]	[illegible]	[illegible]
F1	[illegible]	[illegible]	[illegible]	[illegible]	[illegible]	[illegible]	[illegible]	[illegible]	[illegible]	[illegible]
F2	[illegible]	[illegible]	[illegible]	[illegible]	[illegible]	[illegible]	[illegible]	[illegible]	屮	[illegible]
F3	[illegible]	[illegible]	[illegible]	[illegible]	[illegible]	[illegible]	[illegible]	[illegible]	[illegible]	[illegible]
F4	[illegible]	[illegible]	[illegible]	[illegible]	[illegible]	[illegible]	[illegible]	[illegible]	[illegible]	[illegible]
F5	[illegible]	[illegible]	[illegible]	[illegible]	[illegible]	[illegible]	[illegible]	[illegible]	[illegible]	[illegible]
F6	[illegible]	[illegible]	[illegible]	[illegible]	[illegible]	[illegible]	[illegible]	[illegible]	[illegible]	[illegible]
F7	[illegible]	[illegible]	[illegible]	[illegible]	[illegible]	屹	[illegible]	[illegible]	[illegible]	[illegible]
F8	[illegible]	[illegible]	[illegible]	[illegible]	[illegible]	[illegible]	[illegible]	[illegible]	[illegible]	[illegible]
F9	[illegible]	[illegible]	[illegible]	[illegible]	[illegible]	[illegible]	[illegible]	[illegible]	[illegible]	[illegible]
FA	[illegible]	[illegible]	[illegible]	[illegible]	[illegible]	[illegible]	[illegible]	[illegible]	屾	[illegible]
FB	岏	[illegible]	[illegible]	[illegible]	[illegible]	舢	[illegible]	[illegible]	[illegible]	[illegible]
FC	岕	峧	[illegible]	[illegible]	[illegible]	岜	[illegible]	[illegible]	[illegible]	[illegible]
FD	[illegible]	[illegible]	[illegible]	[illegible]	岐	[illegible]	[illegible]	[illegible]	[illegible]	[illegible]
FE	[illegible]	[illegible]	[illegible]	[illegible]	[illegible]	[illegible]	[illegible]	[illegible]	[illegible]	[illegible]

9538

	30	31	32	33	34	35	36	37	38	39
81	𡵸	𡵹	𡵺	𡵻	𡵼	𡵽	𡵾	𡵿	𡶀	𡶁
82	𡶂	𡶃	𡶄	𡶅	𡶆	𡶇	𡶈	𡶉	𡶊	𡶋
83	𡶌	𡶍	𡶎	𡶏	𡶐	𡶑	𡶒	𡶓	𡶔	𡶕
84	𡶖	𡶗	𡶘	𡶙	𡶚	𡶛	𡶜	𡶝	𡶞	𡶟
85	𡶠	𡶡	𡶢	𡶣	𡶤	𡶥	𡶦	𡶧	𡶨	𡶩
86	𡶪	𡶫	𡶬	𡶭	𡶮	𡶯	𡶰	𡶱	𡶲	𡶳
87	𡶴	𡶵	𡶶	𡶷	𡶸	𡶹	𡶺	𡶻	𡶼	𡶽
88	𡶾	𡶿	𡷀	𡷁	𡷂	𡷃	𡷄	𡷅	𡷆	𡷇
89	𡷈	𡷉	𡷊	𡷋	𡷌	𡷍	𡷎	𡷏	𡷐	𡷑
8A	𡷒	𡷓	𡷔	𡷕	𡷖	𡷗	𡷘	𡷙	𡷚	𡷛
8B	𡷜	𡷝	𡷞	𡷟	𡷠	𡷡	𡷢	𡷣	𡷤	𡷥
8C	𡷦	𡷧	𡷨	𡷩	𡷪	𡷫	𡷬	𡷭	𡷮	𡷯
8D	𡷰	𡷱	𡷲	𡷳	𡷴	𡷵	𡷶	𡷷	𡷸	𡷹
8E	𡷺	𡷻	𡷼	𡷽	𡷾	𡷿	𡸀	𡸁	𡸂	𡸃
8F	𡸄	𡸅	𡸆	𡸇	𡸈	𡸉	𡸊	𡸋	𡸌	𡸍
90	𡸎	𡸏	𡸐	𡸑	𡸒	𡸓	𡸔	𡸕	𡸖	𡸗
91	𡸘	𡸙	𡸚	𡸛	𡸜	𡸝	𡸞	𡸟	𡸠	𡸡
92	𡸢	𡸣	𡸤	𡸥	𡸦	𡸧	𡸨	𡸩	𡸪	𡸫
93	𡸬	𡸭	𡸮	𡸯	𡸰	𡸱	𡸲	𡸳	𡸴	𡸵
94	𡸶	𡸷	𡸸	𡸹	𡸺	𡸻	𡸼	𡸽	𡸾	𡸿
95	𡹀	𡹁	𡹂	𡹃	𡹄	𡹅	𡹆	𡹇	𡹈	𡹉

9538

	30	31	32	33	34	35	36	37	38	39
96	𡹊	𡹋	𡹌	𡹍	𡹎	𡹏	𡹐	𡹑	𡹒	𡹓
97	𡹔	𡹕	𡹖	𡹗	𡹘	𡹙	𡹚	𡹛	𡹜	𡹝
98	𡹞	𡹟	𡹠	𡹡	𡹢	𡹣	𡹤	𡹥	𡹦	𡹧
99	𡹨	𡹩	𡹪	𡹫	𡹬	𡹭	𡹮	𡹯	𡹰	𡹱
9A	𡹲	𡹳	𡹴	𡹵	𡹶	𡹷	𡹸	𡹹	𡹺	𡹻
9B	𡹼	𡹽	𡹾	𡹿	𡺀	𡺁	𡺂	𡺃	𡺄	𡺅
9C	𡺆	𡺇	𡺈	𡺉	𡺊	𡺋	𡺌	𡺍	𡺎	𡺏
9D	𡺐	𡺑	𡺒	𡺓	𡺔	𡺕	𡺖	𡺗	𡺘	𡺙
9E	𡺚	𡺛	𡺜	𡺝	𡺞	𡺟	𡺠	𡺡	𡺢	𡺣
9F	𡺤	𡺥	𡺦	𡺧	𡺨	𡺩	𡺪	𡺫	𡺬	𡺭
A0	𡺮	𡺯	𡺰	𡺱	𡺲	𡺳	𡺴	𡺵	𡺶	𡺷
A1	𡺸	𡺹	𡺺	𡺻	𡺼	𡺽	𡺾	𡺿	𡻀	𡻁
A2	𡻂	𡻃	𡻄	𡻅	𡻆	𡻇	𡻈	𡻉	𡻊	𡻋
A3	𡻌	𡻍	𡻎	𡻏	𡻐	𡻑	𡻒	𡻓	𡻔	𡻕
A4	𡻖	𡻗	𡻘	𡻙	𡻚	𡻛	𡻜	𡻝	𡻞	𡻟
A5	𡻠	𡻡	𡻢	𡻣	𡻤	𡻥	𡻦	𡻧	𡻨	𡻩
A6	𡻪	𡻫	𡻬	𡻭	𡻮	𡻯	𡻰	𡻱	𡻲	𡻳
A7	𡻴	𡻵	𡻶	𡻷	𡻸	𡻹	𡻺	𡻻	𡻼	𡻽
A8	𡻾	𡻿	𡼀	𡼁	𡼂	𡼃	𡼄	𡼅	𡼆	𡼇
A9	𡼈	𡼉	𡼊	𡼋	𡼌	𡼍	𡼎	𡼏	𡼐	𡼑
AA	𡼒	𡼓	𡼔	𡼕	𡼖	𡼗	𡼘	𡼙	𡼚	𡼛

9538

	30	31	32	33	34	35	36	37	38	39
AB	𡼜	𡼝	𡼞	𡼟	𡼠	𡼡	𡼢	𡼣	𡼤	𡼥
AC	𡼦	𡼧	𡼨	𡼩	𡼪	𡼫	𡼬	𡼭	𡼮	𡼯
AD	𡼰	𡼱	𡼲	𡼳	𡼴	𡼵	𡼶	𡼷	𡼸	𡼹
AE	𡼺	𡼻	𡼼	𡼽	𡼾	𡼿	𡽀	𡽁	𡽂	𡽃
AF	𡽄	𡽅	𡽆	𡽇	𡽈	𡽉	𡽊	𡽋	𡽌	𡽍
B0	𡽎	𡽏	𡽐	𡽑	𡽒	𡽓	𡽔	𡽕	𡽖	𡽗
B1	𡽘	𡽙	𡽚	𡽛	𡽜	𡽝	𡽞	𡽟	𡽠	𡽡
B2	𡽢	𡽣	𡽤	𡽥	𡽦	𡽧	𡽨	𡽩	𡽪	𡽫
B3	𡽬	𡽭	𡽮	𡽯	𡽰	𡽱	𡽲	𡽳	𡽴	𡽵
B4	𡽶	𡽷	𡽸	𡽹	𡽺	𡽻	𡽼	𡽽	𡽾	𡽿
B5	𡾀	𡾁	𡾂	𡾃	𡾄	𡾅	𡾆	𡾇	𡾈	𡾉
B6	𡾊	𡾋	𡾌	𡾍	𡾎	𡾏	𡾐	𡾑	𡾒	𡾓
B7	𡾔	𡾕	𡾖	𡾗	𡾘	𡾙	𡾚	𡾛	𡾜	𡾝
B8	𡾞	𡾟	𡾠	𡾡	𡾢	𡾣	𡾤	𡾥	𡾦	𡾧
B9	𡾨	𡾩	𡾪	𡾫	𡾬	𡾭	𡾮	𡾯	𡾰	𡾱
BA	𡾲	𡾳	𡾴	𡾵	𡾶	𡾷	𡾸	𡾹	𡾺	𡾻
BB	𡾼	𡾽	𡾾	𡾿	𡿀	𡿁	𡿂	𡿃	𡿄	𡿅
BC	𡿆	𡿇	𡿈	𡿉	𡿊	𡿋	𡿌	𡿍	𡿎	𡿏
BD	𡿐	𡿑	𡿒	𡿓	𡿔	𡿕	𡿖	𡿗	𡿘	𡿙
BE	𡿚	𡿛	𡿜	𡿝	𡿞	𡿟	𡿠	𡿡	𡿢	𡿣
BF	𡿤	𡿥	𡿦	𡿧	𡿨	𡿩	𡿪	𡿫	𡿬	𡿭

9538

	30	31	32	33	34	35	36	37	38	39
C0	[illegible]	[illegible]	[illegible]	[illegible]	[illegible]	[illegible]	[illegible]	[illegible]	[illegible]	[illegible]
C1	[illegible]	[illegible]	[illegible]	[illegible]	[illegible]	[illegible]	[illegible]	[illegible]	[illegible]	[illegible]
C2	[illegible]	[illegible]	[illegible]	[illegible]	[illegible]	[illegible]	[illegible]	[illegible]	[illegible]	[illegible]
C3	[illegible]	[illegible]	[illegible]	[illegible]	[illegible]	五	[illegible]	[illegible]	亐	[illegible]
C4	圣	[illegible]	[illegible]	叫	巨	吾	[illegible]	[illegible]	[illegible]	[illegible]
C5	[illegible]	[illegible]	[illegible]	[illegible]	[illegible]	[illegible]	[illegible]	[illegible]	[illegible]	[illegible]
C6	[illegible]	[illegible]	[illegible]	[illegible]	[illegible]	[illegible]	[illegible]	[illegible]	[illegible]	巴
C7	厄	[illegible]	[illegible]	[illegible]	[illegible]	[illegible]	[illegible]	[illegible]	巷	[illegible]
C8	[illegible]	[illegible]	[illegible]	[illegible]	[illegible]	[illegible]	[illegible]	[illegible]	[illegible]	[illegible]
C9	[illegible]	[illegible]	[illegible]	[illegible]	[illegible]	[illegible]	[illegible]	[illegible]	[illegible]	[illegible]
CA	帆	[illegible]	[illegible]	[illegible]	[illegible]	[illegible]	[illegible]	[illegible]	[illegible]	布
CB	[illegible]	[illegible]	[illegible]	[illegible]	[illegible]	[illegible]	[illegible]	[illegible]	[illegible]	[illegible]
CC	[illegible]	[illegible]	[illegible]	[illegible]	[illegible]	[illegible]	[illegible]	[illegible]	[illegible]	[illegible]
CD	[illegible]	[illegible]	[illegible]	[illegible]	[illegible]	[illegible]	[illegible]	[illegible]	[illegible]	[illegible]
CE	[illegible]	[illegible]	[illegible]	[illegible]	[illegible]	[illegible]	[illegible]	[illegible]	[illegible]	[illegible]
CF	[illegible]	[illegible]	[illegible]	[illegible]	[illegible]	[illegible]	[illegible]	[illegible]	[illegible]	[illegible]
D0	[illegible]	[illegible]	[illegible]	[illegible]	[illegible]	[illegible]	[illegible]	[illegible]	[illegible]	[illegible]
D1	[illegible]	[illegible]	[illegible]	[illegible]	[illegible]	[illegible]	[illegible]	[illegible]	[illegible]	[illegible]
D2	[illegible]	[illegible]	[illegible]	[illegible]	[illegible]	[illegible]	[illegible]	[illegible]	[illegible]	[illegible]
D3	[illegible]	[illegible]	[illegible]	[illegible]	[illegible]	[illegible]	[illegible]	[illegible]	[illegible]	[illegible]
D4	[illegible]	[illegible]	[illegible]	[illegible]	[illegible]	[illegible]	[illegible]	[illegible]	[illegible]	[illegible]

9538

	30	31	32	33	34	35	36	37	38	39
D5	帹	敝	帑	幇	帯	帺	帬	帞	帲	㡇
D6	峒	帠	㠻	幃	幗	帿	崆	帽	帴	㟐
D7	幓	帾	幅	幗	帶	帵	幝	幕	幀	帑
D8	帰	幘	幗	幎	幘	帼	幯	幤	幉	幒
D9	帿	幋	㡌	幆	萷	幒	幅	幞	幄	幙
DA	幝	帊	幇	幂	幬	帣	幠	幩	幧	幣
DB	帽	幓	幞	幉	幂	幏	幫	幈	幍	幗
DC	帣	幇	幝	幣	幌	幣	幟	幍	幚	幕
DD	幏	幈	幅	幎	幕	幐	幂	幋	幦	幁
DE	幂	幍	幡	幋	幣	幡	幅	幢	幫	幞
DF	斬	幓	幒	幣	幔	幝	幓	幈	幕	幍
E0	幏	幟	幡	幢	幣	幡	幰	幪	幢	幜
E1	幭	幧	幧	幣	幤	幟	幚	幕	幢	幣
E2	幍	幟	黺	幟	幝	幟	幕	幌	幠	幢
E3	幕	幕	幟	幩	幨	幟	幢	幕	幨	幟
E4	幩	幗	幨	幩	幟	幟	幂	幣	幯	幟
E5	幣	幩	幟	幢	幨	幟	幗	幟	幕	幟
E6	幰	幰	幁	幟	幣	幨	幱	幰	幫	幩
E7	幡	幟	幟	幣	幣	幨	幟	幪	幰	幪
E8	幟	幟	幟	幨	幟	幰	幱	幟	幰	幟
E9	幟	羊	秆	仼	岸	甬	卒	牪	轩	学

9538

	30	31	32	33	34	35	36	37	38	39
EA	弆	𢍑	𦊑	𢍗	𢍛	𢍞	𢍟	𢍢	𢍤	𢍥
EB	𩨍	趶	𦿀	𠻝	𥞔	𢍴	𢍵	𢍶	𢍷	𩋰
EC	𩎓	𢍻	𢍼	𢍽	𢍾	𨐷	𩏔	𪏿	𥝢	乡
ED	玄	幺	𢆯	幻	幻	幼	丝	𢆲	幽	纭
EE	𢆵	𢆶	𢆷	𢆸	兹	𢆺	𢆻	𢆼	𢆽	𢆾
EF	𢆿	𢇀	𢇁	𢇂	𢇃	𢇄	𢇅	𢇆	𢇇	𢇈
F0	𢇉	𢇊	𢇋	𢇌	𢇍	𢇎	𢇏	𢇐	𢇑	庁
F1	𢇛	庂	庍	庠	庀	広	庎	庍	庄	𢇢
F2	𢇣	庅	庥	𢇦	庄	庑	𢇩	庰	𢇫	𢇬
F3	废	𢇮	𢇯	𢇰	𢇱	𢇲	𢇳	𢇴	𢇵	𢇶
F4	庙	废	𢇹	庄	𢇻	𢇼	𢇽	𢇾	𢇿	𢈀
F5	𢈁	𢈂	𢈃	𢈄	𢈅	𢈆	𢈇	𢈈	𢈉	𢈊
F6	𢈋	𢈌	𢈍	庲	𢈏	庚	𢈑	𢈒	𢈓	𢈔
F7	𢈕	𢈖	𢈗	𢈘	𢈙	𢈚	𢈛	𢈜	𢈝	𢈞
F8	𢈟	𢈠	康	𢈢	𢈣	𢈤	𢈥	𢈦	𢈧	𢈨
F9	𢈩	𢈪	𢈫	𢈬	𢈭	𢈮	𢈯	𢈰	𢈱	𢈲
FA	𢈳	𢈴	𢈵	𢈶	𢈷	𢈸	𢈹	𢈺	𢈻	𢈼
FB	𢈽	𢈾	𢈿	𢉀	𢉁	𢉂	𢉃	𢉄	𢉅	𢉆
FC	𢉇	𢉈	𢉉	𢉊	𢉋	𢉌	𢉍	𢉎	𢉏	𢉐
FD	𢉑	𢉒	𢉓	𢉔	𢉕	𢉖	𢉗	𢉘	𢉙	𢉚
FE	𢉛	𢉜	𢉝	𢉞	𢉟	𢉠	𢉡	𢉢	𢉣	𢉤

9539

	30	31	32	33	34	35	36	37	38	39
81	𢉤	𢉥	𢉦	𢉧	𢉨	𢉩	𢉪	𢉫	𢉬	𢉭
82	𢉮	𢉯	𢉰	𢉱	𢉲	𢉳	𢉴	𢉵	𢉶	𢉷
83	𢉸	𢉹	𢉺	𢉻	𢉼	𢉽	𢉾	𢉿	𢊀	𢊁
84	𢊂	𢊃	𢊄	𢊅	𢊆	𢊇	𢊈	𢊉	𢊊	𢊋
85	𢊌	𢊍	𢊎	𢊏	𢊐	𢊑	𢊒	𢊓	𢊔	𢊕
86	𢊖	𢊗	𢊘	𢊙	𢊚	𢊛	𢊜	𢊝	𢊞	𢊟
87	𢊠	𢊡	𢊢	𢊣	𢊤	𢊥	𢊦	𢊧	𢊨	𢊩
88	𢊪	𢊫	𢊬	𢊭	𢊮	𢊯	𢊰	𢊱	𢊲	𢊳
89	𢊴	𢊵	𢊶	𢊷	𢊸	𢊹	𢊺	𢊻	𢊼	𢊽
8A	𢊾	𢊿	𢋀	𢋁	𢋂	𢋃	𢋄	𢋅	𢋆	𢋇
8B	𢋈	𢋉	𢋊	𢋋	𢋌	𢋍	𢋎	𢋏	𢋐	𢋑
8C	𢋒	𢋓	𢋔	𢋕	𢋖	𢋗	𢋘	𢋙	𢋚	𢋛
8D	𢋜	𢋝	𢋞	𢋟	𢋠	𢋡	𢋢	𢋣	𢋤	𢋥
8E	𢋦	𢋧	𢋨	𢋩	𢋪	𢋫	𢋬	𢋭	𢋮	𢋯
8F	𢋰	𢋱	𢋲	𢋳	𢋴	𢋵	𢋶	𢋷	𢋸	𢋹
90	𢋺	𢋻	𢋼	𢋽	𢋾	𢋿	𢌀	𢌁	𢌂	𢌃
91	𢌄	𢌅	𢌆	𢌇	𢌈	𢌉	𢌊	𢌋	𢌌	𢌍
92	𢌎	𢌏	𢌐	𢌑	𢌒	𢌓	𢌔	𢌕	𢌖	𢌗
93	𢌘	𢌙	𢌚	𢌛	𢌜	𢌝	𢌞	𢌟	𢌠	𢌡
94	𢌢	𢌣	𢌤	𢌥	𢌦	𢌧	𢌨	𢌩	𢌪	𢌫
95	𢌬	𢌭	𢌮	𢌯	𢌰	𢌱	𢌲	𢌳	𢌴	𢌵

9539

	30	31	32	33	34	35	36	37	38	39
96	[illegible]	[illegible]	弈	[illegible]	[illegible]	奔	[illegible]	[illegible]	[illegible]	畀
97	[illegible]	[illegible]	[illegible]	[illegible]	[illegible]	[illegible]	[illegible]	[illegible]	[illegible]	[illegible]
98	[illegible]	[illegible]	[illegible]	[illegible]	[illegible]	[illegible]	[illegible]	[illegible]	[illegible]	[illegible]
99	[illegible]	[illegible]	[illegible]	[illegible]	[illegible]	[illegible]	[illegible]	[illegible]	[illegible]	[illegible]
9A	[illegible]	[illegible]	[illegible]	[illegible]	[illegible]	[illegible]	[illegible]	[illegible]	[illegible]	[illegible]
9B	[illegible]	[illegible]	[illegible]	[illegible]	[illegible]	[illegible]	[illegible]	興	[illegible]	[illegible]
9C	[illegible]	[illegible]	[illegible]	[illegible]	[illegible]	[illegible]	[illegible]	[illegible]	弋	[illegible]
9D	弌	[illegible]	[illegible]	[illegible]	[illegible]	[illegible]	[illegible]	[illegible]	[illegible]	[illegible]
9E	[illegible]	[illegible]	[illegible]	[illegible]	[illegible]	[illegible]	[illegible]	[illegible]	[illegible]	[illegible]
9F	[illegible]	[illegible]	[illegible]	[illegible]	[illegible]	[illegible]	[illegible]	弓	[illegible]	[illegible]
A0	[illegible]	[illegible]	[illegible]	[illegible]	[illegible]	[illegible]	[illegible]	引	[illegible]	[illegible]
A1	[illegible]	[illegible]	[illegible]	[illegible]	[illegible]	[illegible]	[illegible]	[illegible]	[illegible]	[illegible]
A2	[illegible]	[illegible]	[illegible]	[illegible]	弘	[illegible]	[illegible]	弗	[illegible]	[illegible]
A3	[illegible]	[illegible]	[illegible]	[illegible]	[illegible]	[illegible]	[illegible]	[illegible]	[illegible]	[illegible]
A4	[illegible]	[illegible]	[illegible]	[illegible]	[illegible]	[illegible]	[illegible]	[illegible]	[illegible]	[illegible]
A5	[illegible]	[illegible]	[illegible]	[illegible]	弦	[illegible]	[illegible]	[illegible]	[illegible]	[illegible]
A6	[illegible]	[illegible]	[illegible]	[illegible]	[illegible]	[illegible]	[illegible]	[illegible]	[illegible]	[illegible]
A7	[illegible]	[illegible]	[illegible]	[illegible]	[illegible]	[illegible]	[illegible]	[illegible]	[illegible]	[illegible]
A8	[illegible]	[illegible]	[illegible]	[illegible]	[illegible]	[illegible]	[illegible]	[illegible]	[illegible]	[illegible]
A9	[illegible]	[illegible]	[illegible]	[illegible]	[illegible]	[illegible]	[illegible]	[illegible]	[illegible]	[illegible]
AA	張	[illegible]	[illegible]	[illegible]	[illegible]	[illegible]	[illegible]	[illegible]	[illegible]	[illegible]

9539

	30	31	32	33	34	35	36	37	38	39
AB	𢐈	𢐉	𢐊	𢐋	𢐌	𢐍	𢐎	𢐏	𢐐	𢐑
AC	𢐒	𢐓	𢐔	𢐕	𢐖	𢐗	𢐘	𢐙	𢐚	𢐛
AD	𢐜	𢐝	𢐞	𢐟	𢐠	𢐡	𢐢	𢐣	𢐤	𢐥
AE	𢐦	𢐧	𢐨	𢐩	𢐪	𢐫	𢐬	𢐭	𢐮	𢐯
AF	𢐰	𢐱	𢐲	𢐳	𢐴	𢐵	𢐶	𢐷	𢐸	𢐹
B0	𢐺	𢐻	𢐼	𢐽	𢐾	𢐿	𢑀	𢑁	𢑂	𢑃
B1	𢑄	𢑅	𢑆	𢑇	𢑈	𢑉	𢑊	𢑋	𢑌	𢑍
B2	𢑎	𢑏	𢑐	𢑑	𢑒	𢑓	𢑔	𢑕	𢑖	𢑗
B3	𢑘	𢑙	𢑚	𢑛	𢑜	𢑝	𢑞	𢑟	𢑠	𢑡
B4	𢑢	𢑣	𢑤	𢑥	𢑦	𢑧	𢑨	𢑩	𢑪	𢑫
B5	𢑬	𢑭	𢑮	𢑯	𢑰	𢑱	𢑲	𢑳	𢑴	𢑵
B6	𢑶	𢑷	𢑸	𢑹	𢑺	𢑻	𢑼	𢑽	𢑾	𢑿
B7	𢒀	𢒁	𢒂	𢒃	𢒄	𢒅	𢒆	𢒇	𢒈	𢒉
B8	𢒊	𢒋	𢒌	𢒍	𢒎	𢒏	𢒐	𢒑	𢒒	𢒓
B9	𢒔	𢒕	𢒖	𢒗	𢒘	𢒙	𢒚	𢒛	𢒜	𢒝
BA	𢒞	𢒟	𢒠	𢒡	𢒢	𢒣	𢒤	𢒥	𢒦	𢒧
BB	𢒨	𢒩	𢒪	𢒫	𢒬	𢒭	𢒮	𢒯	𢒰	𢒱
BC	𢒲	𢒳	𢒴	𢒵	𢒶	𢒷	𢒸	𢒹	𢒺	𢒻
BD	𢒼	𢒽	𢒾	𢒿	𢓀	𢓁	𢓂	𢓃	𢓄	𢓅
BE	𢓆	𢓇	𢓈	𢓉	𢓊	𢓋	𢓌	𢓍	𢓎	𢓏
BF	𢓐	𢓑	𢓒	𢓓	𢓔	𢓕	𢓖	𢓗	𢓘	𢓙

9539

	30	31	32	33	34	35	36	37	38	39
C0	𢓯	㣖	𢓋	𢓊	𢓰	𢓿	𢔀	𢓡	𢓗	徕
C1	𢔨	𢓬	御	彵	𢓨	徍	𢔁	𢓳	𢔇	𢔊
C2	𢔓	𢔃	𢔈	𢔩	𢔅	𢔗	𢔬	𢔉	𢔎	𢓤
C3	𢓭	𢕍	徒	𢓸	𢓫	徯	𢓴	𢔞	𢕄	𢔌
C4	𢔂	𢔼	𢔋	𢖀	𢔣	𢔑	𢔒	徑	𢔐	𢔙
C5	𢔏	𢔖	𢔚	𢔜	𢔛	𢔤	𢔥	𢔦	𢔧	𢔪
C6	𢔫	𢔭	𢔮	𢔯	𢔱	𢔲	𢔳	𢔴	𢔵	𢔶
C7	𢔷	𢔸	𢔹	𢔺	𢔻	𢔽	𢔾	𢔿	𢕀	𢕁
C8	𢕂	𢕃	𢕅	𢕆	𢕇	𢕈	𢕉	𢕊	𢕋	𢕌
C9	𢕎	𢕏	𢕐	𢕑	𢕒	𢕓	𢕔	𢕕	𢕖	𢕗
CA	𢕘	𢕙	𢕚	𢕛	𢕜	𢕝	𢕞	𢕟	𢕠	𢕡
CB	𢕢	𢕣	𢕤	𢕥	𢕦	𢕧	𢕨	𢕩	𢕪	𢕫
CC	𢕬	𢕭	𢕮	𢕯	𢕰	𢕱	𢕲	𢕳	𢕴	𢕵
CD	𢕶	𢕷	𢕸	𢕹	𢕺	𢕻	𢕼	𢕽	𢕾	𢕿
CE	𢖁	𢖂	𢖃	𢖄	𢖅	𢖆	𢖇	𢖈	𢖉	𢖊
CF	𢖋	𢖌	𢖍	𢖎	𢖏	𢖐	𢖑	𢖒	𢖓	𢖔
D0	𢖕	𢖖	𢖗	𢖘	𢖙	𢖚	𢖛	𢖜	𢖝	𢖞
D1	𢖟	𢖠	𢖡	𢖢	𢖣	𢖤	𢖥	𢖦	𢖧	𢖨
D2	𢖩	𢖪	𢖫	𢖬	𢖭	𢖮	𢖯	𢖰	𢖱	𢖲
D3	𢖳	𢖴	𢖵	𢖶	𢖷	𢖸	𢖹	𢖺	𢖻	𢖼
D4	𢖽	𢖾	𢖿	𢗀	𢗁	𢗂	𢗃	心	忄	𢖿

9539

	30	31	32	33	34	35	36	37	38	39
D5	忆	忋	𢗁	忛	忍	忇	忔	忏	急	忟
D6	忐	忹	忬	忭	忙	忞	忩	志	忾	忪
D7	忌	念	忢	忬	怀	忪	忮	忯	忴	㤁
D8	忩	忷	怉	忠	忣	忘	态	忼	怦	急
D9	怲	怐	忹	怢	怮	怲	怓	怿	怾	恒
DA	怯	怳	怭	怓	怲	恚	忝	忞	忝	怊
DB	怂	恚	怸	忝	忝	思	恼	恳	怭	患
DC	怢	恅	怜	怾	恫	怺	怑	怣	峜	恣
DD	怚	怶	怉	怽	怈	思	悠	悔	恂	恙
DE	恒	悬	怆	怦	怞	怣	怴	悲	恨	恾
DF	恮	恶	恁	恳	怆	恑	恩	恧	悌	恾
E0	恍	悚	恫	您	怒	恦	悲	恙	恁	息
E1	恙	怖	悽	恹	恹	悖	悾	恶	悔	悀
E2	悚	悹	怊	惑	悉	悉	恩	怨	律	烛
E3	悻	悇	悚	恙	思	愧	恕	惉	悚	惩
E4	恶	悍	恭	意	悄	悵	恶	惱	悠	悴
E5	恙	愿	悉	愁	悵	悷	恁	恰	悧	悱
E6	悏	悛	惆	恍	惋	恪	惆	恍	恶	惚
E7	悸	悟	恐	恶	怎	悤	恩	恍	悖	惊
E8	恸	悃	惘	惢	恁	悤	慈	惧	悒	惏
E9	愛	惛	悬	悉	悉	慨	怯	懤	慍	惡

9539

	30	31	32	33	34	35	36	37	38	39
EA	㥦	㤉	㦐	𢚰	性	㤚	㤼	㤩	㦎	㤤
EB	恭	㥀	㥷	悗	㥈	㤨	㤲	㤰	悠	㥂
EC	㤊	㦃	㥐	㤸	恙	悚	㥒	悖	㥍	悦
ED	惀	㤽	㥸	㥔	㤲	㤹	㥏	惡	恕	㦉
EE	㥚	㥺	㥶	㥙	㦌	㥲	悭	㥉	㥩	㥡
EF	惱	㦃	㤷	㤰	㦂	㦗	㥿	惲	㥋	惕
F0	悟	悍	㦞	㤪	㦆	怨	悶	㥗	㥎	㤲
F1	㥛	㥫	㤥	㥸	㤰	惙	㥪	㥉	㦃	㤗
F2	㤨	慨	㥢	㤋	㦧	㥇	惈	㥰	惹	憦
F3	惰	㤦	㥵	惟	㥿	㥍	悼	㤿	㦍	惛
F4	㥜	凭	㥷	㦈	㦎	㤶	㥩	悶	㥣	惡
F5	㥡	㥥	㦂	愊	㦊	㦑	惪	惠	慍	㥿
F6	㥦	㥞	惊	悅	㥤	惜	㦙	㥛	㦓	㥟
F7	㥘	㥟	㦌	㥏	㥨	㥡	㥞	㥼	㥻	㥒
F8	㥑	㤫	㦀	㥫	慧	㥑	㦛	㦉	愈	㦒
F9	恕	㦝	㥴	㥓	㥱	㥕	㥭	㥯	㤴	㥟
FA	悚	㦢	㥹	㥮	㦄	㥲	憂	㦊	㥻	㥥
FB	㥳	㦊	惜	㥲	㦖	㦃	惵	㥭	㦘	㥅
FC	㦣	㥵	㥲	㦔	㥤	㦇	㥽	㤩	惊	㦝
FD	㥞	㦚	㦐	㦓	㥗	㤫	㥪	㦊	㥰	㦏
FE	㥧	情	㥟	㦅	㥐	㥐	㥃	㥯	㦎	㦙

9540

	30	31	32	33	34	35	36	37	38	39
81	[illegible]	[illegible]	[illegible]	[illegible]	[illegible]	[illegible]	[illegible]	[illegible]	[illegible]	[illegible]
82	[illegible]	[illegible]	[illegible]	[illegible]	[illegible]	[illegible]	[illegible]	[illegible]	[illegible]	[illegible]
83	[illegible]	[illegible]	[illegible]	[illegible]	[illegible]	[illegible]	[illegible]	[illegible]	[illegible]	[illegible]
84	[illegible]	[illegible]	[illegible]	[illegible]	[illegible]	[illegible]	[illegible]	[illegible]	[illegible]	[illegible]
85	[illegible]	[illegible]	[illegible]	[illegible]	[illegible]	[illegible]	[illegible]	[illegible]	[illegible]	[illegible]
86	[illegible]	[illegible]	[illegible]	[illegible]	[illegible]	[illegible]	[illegible]	[illegible]	[illegible]	[illegible]
87	[illegible]	[illegible]	[illegible]	[illegible]	[illegible]	[illegible]	[illegible]	[illegible]	[illegible]	[illegible]
88	[illegible]	[illegible]	[illegible]	[illegible]	[illegible]	[illegible]	[illegible]	[illegible]	[illegible]	[illegible]
89	[illegible]	[illegible]	[illegible]	[illegible]	[illegible]	[illegible]	[illegible]	[illegible]	[illegible]	[illegible]
8A	[illegible]	[illegible]	[illegible]	[illegible]	[illegible]	[illegible]	[illegible]	[illegible]	[illegible]	[illegible]
8B	[illegible]	[illegible]	[illegible]	[illegible]	[illegible]	[illegible]	[illegible]	[illegible]	[illegible]	[illegible]
8C	[illegible]	[illegible]	[illegible]	[illegible]	[illegible]	[illegible]	[illegible]	[illegible]	[illegible]	[illegible]
8D	[illegible]	[illegible]	[illegible]	[illegible]	[illegible]	[illegible]	[illegible]	[illegible]	[illegible]	[illegible]
8E	[illegible]	[illegible]	[illegible]	[illegible]	[illegible]	[illegible]	[illegible]	[illegible]	[illegible]	[illegible]
8F	[illegible]	[illegible]	[illegible]	[illegible]	[illegible]	[illegible]	[illegible]	[illegible]	[illegible]	[illegible]
90	[illegible]	[illegible]	[illegible]	[illegible]	[illegible]	[illegible]	[illegible]	[illegible]	[illegible]	[illegible]
91	[illegible]	[illegible]	[illegible]	[illegible]	[illegible]	[illegible]	[illegible]	[illegible]	[illegible]	[illegible]
92	[illegible]	[illegible]	[illegible]	[illegible]	[illegible]	[illegible]	[illegible]	[illegible]	[illegible]	[illegible]
93	[illegible]	[illegible]	[illegible]	[illegible]	[illegible]	[illegible]	[illegible]	[illegible]	[illegible]	[illegible]
94	[illegible]	[illegible]	[illegible]	[illegible]	[illegible]	[illegible]	[illegible]	[illegible]	[illegible]	[illegible]
95	[illegible]	[illegible]	[illegible]	[illegible]	[illegible]	[illegible]	[illegible]	[illegible]	[illegible]	[illegible]

9540

	30	31	32	33	34	35	36	37	38	39
96	㦗	悚	憚	𢤩	慔	傁	懒	惏	悝	𢡃
97	懕	㥶	𢞕	㥊	慫	懯	愊	懒	蘂	懒
98	閼	慎	䍦	慚	憥	慩	慣	慘	憇	𢤱
99	慓	愉	盪	蕙	憯	悱	懇	悻	慇	懾
9A	懕	悼	懼	惼	慂	懷	憤	懟	慷	憍
9B	鬯	愠	慘	蕙	憙	閼	惜	懣	憿	憤
9C	憪	懋	懺	憶	隨	懰	惼	閿	愭	機
9D	愧	悖	懸	憔	慮	憃	憝	懲	憂	憼
9E	慝	薏	懸	憲	蟄	慗	聰	德	懸	閟
9F	懦	慴	愭	憪	憪	懪	憷	黎	慌	懛
A0	憘	懾	慳	湛	慘	懮	憋	翿	懇	惜
A1	懲	憊	悴	懽	愣	懺	憒	懼	憍	懍
A2	懒	慮	懞	憷	懟	懶	隱	憝	懿	懈
A3	懇	憫	懣	懸	黳	懒	懺	憸	愴	瘉
A4	懂	愧	懔	憸	懞	憧	懨	源	憼	懯
A5	懕	懥	懵	憒	懰	懇	憤	懿	愲	憒
A6	儀	憚	懆	懵	憍	懒	懒	憩	懵	蕙
A7	懯	懥	懺	懢	憤	懟	懱	懸	懺	疑
A8	懥	懕	憔	懢	懘	懃	懥	懹	懟	懇
A9	懕	懋	懸	漣	懔	懯	懹	懈	懡	懇
AA	懘	懣	懋	懕	懟	懿	懇	懯	懸	懿

9540

	30	31	32	33	34	35	36	37	38	39
AB	[illegible]	[illegible]	[illegible]	[illegible]	[illegible]	[illegible]	[illegible]	[illegible]	[illegible]	[illegible]
AC	[illegible]	[illegible]	[illegible]	[illegible]	[illegible]	[illegible]	[illegible]	[illegible]	[illegible]	[illegible]
AD	[illegible]	[illegible]	[illegible]	[illegible]	[illegible]	[illegible]	[illegible]	[illegible]	[illegible]	[illegible]
AE	[illegible]	[illegible]	[illegible]	[illegible]	[illegible]	[illegible]	[illegible]	[illegible]	[illegible]	[illegible]
AF	[illegible]	[illegible]	[illegible]	[illegible]	[illegible]	[illegible]	[illegible]	[illegible]	[illegible]	[illegible]
B0	[illegible]	[illegible]	[illegible]	[illegible]	[illegible]	[illegible]	[illegible]	[illegible]	[illegible]	[illegible]
B1	[illegible]	[illegible]	[illegible]	[illegible]	[illegible]	[illegible]	[illegible]	[illegible]	[illegible]	[illegible]
B2	[illegible]	[illegible]	[illegible]	[illegible]	[illegible]	[illegible]	[illegible]	[illegible]	[illegible]	[illegible]
B3	[illegible]	[illegible]	[illegible]	[illegible]	[illegible]	[illegible]	[illegible]	[illegible]	[illegible]	[illegible]
B4	[illegible]	[illegible]	[illegible]	[illegible]	[illegible]	[illegible]	[illegible]	[illegible]	[illegible]	[illegible]
B5	[illegible]	[illegible]	[illegible]	[illegible]	[illegible]	[illegible]	[illegible]	[illegible]	[illegible]	[illegible]
B6	[illegible]	[illegible]	[illegible]	[illegible]	[illegible]	[illegible]	[illegible]	[illegible]	[illegible]	[illegible]
B7	[illegible]	[illegible]	[illegible]	[illegible]	[illegible]	[illegible]	[illegible]	[illegible]	[illegible]	[illegible]
B8	[illegible]	[illegible]	[illegible]	[illegible]	[illegible]	[illegible]	[illegible]	[illegible]	[illegible]	[illegible]
B9	[illegible]	[illegible]	[illegible]	[illegible]	[illegible]	[illegible]	[illegible]	[illegible]	[illegible]	[illegible]
BA	[illegible]	[illegible]	[illegible]	[illegible]	[illegible]	[illegible]	[illegible]	[illegible]	[illegible]	[illegible]
BB	[illegible]	[illegible]	[illegible]	[illegible]	[illegible]	[illegible]	[illegible]	[illegible]	[illegible]	[illegible]
BC	[illegible]	[illegible]	[illegible]	[illegible]	[illegible]	[illegible]	[illegible]	[illegible]	[illegible]	[illegible]
BD	[illegible]	[illegible]	[illegible]	[illegible]	[illegible]	[illegible]	[illegible]	[illegible]	[illegible]	[illegible]
BE	[illegible]	[illegible]	[illegible]	[illegible]	[illegible]	[illegible]	[illegible]	[illegible]	[illegible]	[illegible]
BF	[illegible]	[illegible]	[illegible]	[illegible]	[illegible]	[illegible]	[illegible]	[illegible]	[illegible]	[illegible]

9540

	30	31	32	33	34	35	36	37	38	39
C0	[illegible]	[illegible]	[illegible]	[illegible]	[illegible]	[illegible]	[illegible]	[illegible]	[illegible]	[illegible]
C1	戦	[illegible]	[illegible]	[illegible]	[illegible]	[illegible]	[illegible]	[illegible]	[illegible]	[illegible]
C2	[illegible]	[illegible]	[illegible]	[illegible]	[illegible]	[illegible]	[illegible]	[illegible]	[illegible]	[illegible]
C3	[illegible]	[illegible]	[illegible]	[illegible]	[illegible]	[illegible]	[illegible]	[illegible]	[illegible]	[illegible]
C4	[illegible]	[illegible]	[illegible]	[illegible]	[illegible]	[illegible]	[illegible]	[illegible]	[illegible]	[illegible]
C5	[illegible]	[illegible]	[illegible]	[illegible]	[illegible]	[illegible]	[illegible]	[illegible]	[illegible]	[illegible]
C6	[illegible]	[illegible]	[illegible]	[illegible]	[illegible]	[illegible]	[illegible]	[illegible]	[illegible]	[illegible]
C7	[illegible]	[illegible]	[illegible]	[illegible]	[illegible]	[illegible]	[illegible]	[illegible]	[illegible]	[illegible]
C8	[illegible]	[illegible]	[illegible]	[illegible]	戴	[illegible]	[illegible]	[illegible]	[illegible]	[illegible]
C9	[illegible]	[illegible]	[illegible]	[illegible]	[illegible]	戸	[illegible]	[illegible]	[illegible]	[illegible]
CA	[illegible]	[illegible]	[illegible]	[illegible]	[illegible]	[illegible]	[illegible]	[illegible]	[illegible]	[illegible]
CB	[illegible]	[illegible]	[illegible]	[illegible]	[illegible]	[illegible]	[illegible]	[illegible]	[illegible]	[illegible]
CC	[illegible]	[illegible]	[illegible]	[illegible]	[illegible]	[illegible]	[illegible]	[illegible]	[illegible]	[illegible]
CD	[illegible]	[illegible]	[illegible]	[illegible]	[illegible]	[illegible]	[illegible]	[illegible]	[illegible]	[illegible]
CE	[illegible]	[illegible]	[illegible]	[illegible]	[illegible]	[illegible]	[illegible]	[illegible]	[illegible]	[illegible]
CF	[illegible]	[illegible]	[illegible]	[illegible]	[illegible]	[illegible]	[illegible]	[illegible]	[illegible]	[illegible]
D0	[illegible]	[illegible]	[illegible]	扠	[illegible]	[illegible]	[illegible]	[illegible]	[illegible]	[illegible]
D1	抓	[illegible]	[illegible]	[illegible]	[illegible]	[illegible]	[illegible]	[illegible]	[illegible]	[illegible]
D2	托	[illegible]	[illegible]	[illegible]	执	扗	[illegible]	抗	扶	[illegible]
D3	[illegible]	[illegible]	[illegible]	[illegible]	[illegible]	[illegible]	[illegible]	[illegible]	[illegible]	[illegible]
D4	[illegible]	[illegible]	[illegible]	抚	[illegible]	[illegible]	[illegible]	[illegible]	[illegible]	[illegible]

9540

	30	31	32	33	34	35	36	37	38	39
D5	拲	拜	抗	挍	搋	拼	挜	挊	抻	拥
D6	挑	抅	抝	掬	扼	拌	抗	投	挕	拼
D7	扒	扛	抹	抾	扐	扬	抡	扱	拚	掟
D8	捋	挸	挐	挆	挟	拳	拘	挑	押	挈
D9	拿	挑	挆	抴	挒	挻	捀	挓	拮	捞
DA	捬	扸	拖	拗	挹	掘	抆	拚	掾	搬
DB	拸	拯	拢	拍	护	拭	扚	扭	拴	拸
DC	挃	批	抛	捊	掾	挑	掏	抱	拍	拼
DD	捷	捁	擎	捷	揉	捅	捶	栰	挚	拚
DE	挎	拆	挲	捍	挛	扼	挨	挡	掾	括
DF	扎	挣	指	搭	拄	挽	挺	抑	揪	捵
E0	挡	持	挟	捉	挆	掏	援	抿	捤	揭
E1	抛	抽	挹	拼	掘	拯	拴	抹	挹	挈
E2	掰	掰	振	拴	挡	摇	掠	捺	挴	捕
E3	挜	拉	扔	挎	撤	拔	拌	捌	拳	捬
E4	捕	扼	拨	拗	掏	挠	挪	挤	掃	掐
E5	搭	挑	掀	捆	捆	押	捕	撼	掟	揉
E6	挥	挂	摁	挟	捞	掏	揭	挂	控	挈
E7	摇	揣	择	捧	捞	掘	搡	捐	捡	搌
E8	掳	捃	捱	掷	搵	掎	捞	揌	掺	撇
E9	挨	插	搾	插	挚	搧	捧	捡	掘	揀

9540

	30	31	32	33	34	35	36	37	38	39
EA	挠	摡	拼	抖	掓	㧺	揪	担	损	揂
EB	挟	捞	掘	挾	揨	挌	㨥	揿	挱	㨃
EC	捥	揥	掬	掺	搓	挈	搮	拼	捭	掏
ED	捴	摡	摣	掾	搗	挎	摅	掊	掏	掾
EE	捍	揣	摛	搽	捆	擊	擎	揚	捿	捶
EF	拳	擊	搮	攀	擎	拴	揾	拏	挹	掺
F0	捡	捭	摙	抓	拱	搊	撇	揖	掴	搌
F1	搠	捺	揽	摘	揽	揖	揆	捞	挨	揣
F2	捥	搒	揶	撇	掩	掭	掩	搖	挽	掷
F3	擎	挂	搂	捐	搘	揆	拘	挤	撑	撕
F4	掎	掀	拈	搱	拣	把	括	揎	拙	捧
F5	搃	扣	扎	拉	抖	拌	拭	抯	掀	掮
F6	撕	[illegible]	揭	揣	捸	撽	揥	挦	搪	搬
F7	搜	揥	揖	搋	掮	揆	擊	掻	挍	揪
F8	揎	揮	撥	撢	搝	挽	揄	揎	揖	掩
F9	掭	揬	搡	揆	搧	撰	揃	揆	搯	揥
FA	捋	搁	揔	掠	揵	撑	捋	捉	掮	挪
FB	插	揙	掐	擲	搾	摶	搧	揆	搢	拢
FC	擊	搿	撼	搮	揹	擎	掎	搭	搼	搠
FD	擎	揓	捲	搋	搛	撈	搠	揍	撑	撑
FE	揙	搂	撤	搋	挟	掂	搞	搁	搷	搒

9541

	30	31	32	33	34	35	36	37	38	39
81	揆	[illegible]	揔	[illegible]	[illegible]	[illegible]	[illegible]	[illegible]	[illegible]	[illegible]
82	掐	捘	[illegible]	[illegible]	掠	[illegible]	[illegible]	拋	拼	[illegible]
83	[illegible]	[illegible]	[illegible]	[illegible]	[illegible]	[illegible]	揲	[illegible]	[illegible]	[illegible]
84	[illegible]	[illegible]	[illegible]	描	[illegible]	摚	揀	揁	[illegible]	[illegible]
85	[illegible]	[illegible]	[illegible]	[illegible]	[illegible]	搜	搞	[illegible]	[illegible]	捧
86	[illegible]	掔	[illegible]	[illegible]	[illegible]	[illegible]	[illegible]	[illegible]	[illegible]	[illegible]
87	[illegible]	[illegible]	[illegible]	[illegible]	[illegible]	[illegible]	挭	摶	[illegible]	[illegible]
88	[illegible]	[illegible]	摕	掩	[illegible]	搩	[illegible]	[illegible]	[illegible]	[illegible]
89	[illegible]	[illegible]	撫	[illegible]	[illegible]	[illegible]	[illegible]	擧	[illegible]	[illegible]
8A	[illegible]	摽	[illegible]	[illegible]	[illegible]	[illegible]	[illegible]	[illegible]	[illegible]	捽
8B	[illegible]	[illegible]	[illegible]	[illegible]	[illegible]	掛	摵	[illegible]	[illegible]	[illegible]
8C	[illegible]	[illegible]	[illegible]	[illegible]	[illegible]	挾	[illegible]	搆	[illegible]	[illegible]
8D	[illegible]	[illegible]	[illegible]	[illegible]	[illegible]	搭	[illegible]	[illegible]	[illegible]	[illegible]
8E	[illegible]	[illegible]	[illegible]	[illegible]	[illegible]	[illegible]	[illegible]	[illegible]	[illegible]	[illegible]
8F	[illegible]	[illegible]	[illegible]	[illegible]	[illegible]	[illegible]	[illegible]	[illegible]	[illegible]	[illegible]
90	[illegible]	[illegible]	[illegible]	[illegible]	[illegible]	[illegible]	[illegible]	[illegible]	[illegible]	[illegible]
91	[illegible]	[illegible]	[illegible]	[illegible]	[illegible]	[illegible]	攬	摘	[illegible]	[illegible]
92	[illegible]	[illegible]	[illegible]	[illegible]	[illegible]	[illegible]	[illegible]	[illegible]	撕	[illegible]
93	撜	[illegible]	[illegible]	[illegible]	[illegible]	[illegible]	[illegible]	[illegible]	[illegible]	[illegible]
94	[illegible]	[illegible]	[illegible]	[illegible]	[illegible]	揰	[illegible]	摸	摳	[illegible]
95	[illegible]	[illegible]	[illegible]	[illegible]	[illegible]	[illegible]	[illegible]	撚	[illegible]	[illegible]

9541

	30	31	32	33	34	35	36	37	38	39
96	[illegible]	[illegible]	拸	[illegible]	掠	[illegible]	[illegible]	揨	[illegible]	掞
97	[illegible]	[illegible]	[illegible]	[illegible]	[illegible]	[illegible]	[illegible]	揀	[illegible]	[illegible]
98	[illegible]	[illegible]	[illegible]	[illegible]	[illegible]	[illegible]	[illegible]	[illegible]	[illegible]	[illegible]
99	[illegible]	[illegible]	[illegible]	[illegible]	[illegible]	[illegible]	[illegible]	[illegible]	[illegible]	[illegible]
9A	[illegible]	[illegible]	[illegible]	[illegible]	[illegible]	[illegible]	[illegible]	[illegible]	[illegible]	[illegible]
9B	[illegible]	[illegible]	[illegible]	[illegible]	[illegible]	[illegible]	[illegible]	[illegible]	[illegible]	[illegible]
9C	[illegible]	[illegible]	[illegible]	[illegible]	[illegible]	[illegible]	[illegible]	[illegible]	[illegible]	[illegible]
9D	[illegible]	[illegible]	[illegible]	[illegible]	[illegible]	[illegible]	[illegible]	[illegible]	[illegible]	[illegible]
9E	[illegible]	[illegible]	[illegible]	[illegible]	[illegible]	[illegible]	[illegible]	[illegible]	[illegible]	[illegible]
9F	[illegible]	[illegible]	[illegible]	[illegible]	撰	[illegible]	[illegible]	[illegible]	[illegible]	[illegible]
A0	[illegible]	[illegible]	[illegible]	[illegible]	[illegible]	[illegible]	[illegible]	[illegible]	[illegible]	[illegible]
A1	[illegible]	[illegible]	[illegible]	[illegible]	排	[illegible]	[illegible]	[illegible]	[illegible]	[illegible]
A2	[illegible]	[illegible]	[illegible]	[illegible]	[illegible]	[illegible]	[illegible]	[illegible]	[illegible]	[illegible]
A3	[illegible]	[illegible]	[illegible]	[illegible]	[illegible]	[illegible]	[illegible]	[illegible]	[illegible]	[illegible]
A4	[illegible]	[illegible]	[illegible]	[illegible]	[illegible]	[illegible]	[illegible]	[illegible]	[illegible]	[illegible]
A5	[illegible]	[illegible]	[illegible]	[illegible]	[illegible]	[illegible]	[illegible]	[illegible]	[illegible]	[illegible]
A6	[illegible]	[illegible]	[illegible]	[illegible]	[illegible]	[illegible]	[illegible]	握	[illegible]	[illegible]
A7	[illegible]	[illegible]	[illegible]	[illegible]	[illegible]	[illegible]	[illegible]	[illegible]	[illegible]	[illegible]
A8	[illegible]	[illegible]	[illegible]	[illegible]	[illegible]	[illegible]	[illegible]	[illegible]	[illegible]	[illegible]
A9	[illegible]	[illegible]	[illegible]	[illegible]	[illegible]	[illegible]	[illegible]	[illegible]	[illegible]	[illegible]
AA	[illegible]	[illegible]	[illegible]	[illegible]	[illegible]	[illegible]	[illegible]	[illegible]	[illegible]	[illegible]

9541

	30	31	32	33	34	35	36	37	38	39
AB	擹	擛	擲	擧	擯	撲	[illegible]	擷	揜	擬
AC	攕	搖	擣	摥	擳	擙	[illegible]	擭	擧	[illegible]
AD	擪	撫	[illegible]	擔	㩔	攡	擿	攇	擡	擽
AE	撼	攕	隸	擧	擤	擐	擲	攢	摹	擘
AF	撽	攄	擽	擿	擋	擩	擷	撣	攎	撽
B0	擠	撍	擥	擇	擒	擨	撩	播	撻	擱
B1	擲	撍	擲	撿	擛	擿	擩	擰	撬	攞
B2	擿	擊	擾	攃	擾	撫	擾	擊	撫	撫
B3	擠	攕	擩	攜	擱	擘	攝	擺	擷	擾
B4	撨	攖	擲	擇	撰	攉	擨	擊	擕	攋
B5	擇	擉	擳	撫	擁	擷	攕	擥	擬	攕
B6	擾	學	擽	擋	擾	擠	擭	擫	撼	擻
B7	擘	擋	擾	撰	攡	擩	擬	擷	攊	擂
B8	擭	撟	擿	攊	撿	攞	攙	擩	攙	攥
B9	攤	擘	擡	攝	擇	擋	擄	擥	攔	攞
BA	攔	攋	攁	擥	撢	攋	擹	擠	擺	攦
BB	擭	擾	據	攡	攔	撥	擨	擛	攣	撞
BC	攡	擘	擦	攡	攡	攀	攙	攭	攤	擇
BD	擠	攖	攘	攮	攕	攬	擿	攔	擢	攂
BE	擷	攥	攡	擉	攪	攡	攔	攢	擦	攍
BF	擤	擤	攄	攆	擿	攞	攪	攣	攎	攫

9541

	30	31	32	33	34	35	36	37	38	39
C0	[illegible]	[illegible]	[illegible]	[illegible]	[illegible]	[illegible]	[illegible]	[illegible]	[illegible]	[illegible]
C1	[illegible]	[illegible]	[illegible]	[illegible]	[illegible]	[illegible]	[illegible]	[illegible]	[illegible]	[illegible]
C2	[illegible]	[illegible]	[illegible]	[illegible]	[illegible]	[illegible]	[illegible]	[illegible]	[illegible]	[illegible]
C3	[illegible]	[illegible]	[illegible]	[illegible]	[illegible]	[illegible]	[illegible]	[illegible]	[illegible]	[illegible]
C4	[illegible]	[illegible]	[illegible]	[illegible]	[illegible]	[illegible]	[illegible]	[illegible]	[illegible]	[illegible]
C5	[illegible]	[illegible]	[illegible]	[illegible]	[illegible]	[illegible]	[illegible]	[illegible]	[illegible]	[illegible]
C6	[illegible]	[illegible]	[illegible]	[illegible]	[illegible]	[illegible]	[illegible]	[illegible]	[illegible]	[illegible]
C7	[illegible]	[illegible]	[illegible]	[illegible]	[illegible]	[illegible]	[illegible]	[illegible]	[illegible]	[illegible]
C8	[illegible]	[illegible]	[illegible]	[illegible]	[illegible]	[illegible]	[illegible]	[illegible]	[illegible]	[illegible]
C9	[illegible]	[illegible]	[illegible]	[illegible]	[illegible]	[illegible]	[illegible]	[illegible]	[illegible]	[illegible]
CA	[illegible]	[illegible]	[illegible]	[illegible]	[illegible]	[illegible]	[illegible]	[illegible]	[illegible]	[illegible]
CB	[illegible]	[illegible]	[illegible]	[illegible]	[illegible]	[illegible]	[illegible]	[illegible]	[illegible]	[illegible]
CC	[illegible]	[illegible]	[illegible]	[illegible]	[illegible]	[illegible]	[illegible]	[illegible]	[illegible]	[illegible]
CD	[illegible]	[illegible]	[illegible]	[illegible]	[illegible]	[illegible]	[illegible]	[illegible]	[illegible]	[illegible]
CE	[illegible]	[illegible]	[illegible]	[illegible]	[illegible]	[illegible]	[illegible]	[illegible]	[illegible]	[illegible]
CF	[illegible]	[illegible]	[illegible]	[illegible]	[illegible]	[illegible]	[illegible]	[illegible]	[illegible]	[illegible]
D0	[illegible]	[illegible]	[illegible]	[illegible]	[illegible]	[illegible]	[illegible]	[illegible]	[illegible]	[illegible]
D1	[illegible]	[illegible]	[illegible]	[illegible]	[illegible]	[illegible]	[illegible]	[illegible]	[illegible]	[illegible]
D2	[illegible]	[illegible]	[illegible]	[illegible]	[illegible]	[illegible]	[illegible]	[illegible]	[illegible]	[illegible]
D3	[illegible]	[illegible]	[illegible]	[illegible]	[illegible]	[illegible]	[illegible]	[illegible]	[illegible]	[illegible]
D4	[illegible]	[illegible]	[illegible]	[illegible]	[illegible]	[illegible]	[illegible]	[illegible]	[illegible]	[illegible]

9541

	30	31	32	33	34	35	36	37	38	39
D5	[illegible]	[illegible]	[illegible]	[illegible]	[illegible]	[illegible]	[illegible]	[illegible]	[illegible]	[illegible]
D6	[illegible]	[illegible]	[illegible]	[illegible]	[illegible]	[illegible]	[illegible]	[illegible]	[illegible]	[illegible]
D7	[illegible]	[illegible]	[illegible]	[illegible]	[illegible]	[illegible]	[illegible]	[illegible]	[illegible]	[illegible]
D8	[illegible]	[illegible]	[illegible]	[illegible]	[illegible]	[illegible]	[illegible]	[illegible]	[illegible]	[illegible]
D9	[illegible]	[illegible]	[illegible]	[illegible]	[illegible]	[illegible]	[illegible]	[illegible]	[illegible]	[illegible]
DA	[illegible]	[illegible]	[illegible]	[illegible]	[illegible]	[illegible]	[illegible]	[illegible]	[illegible]	[illegible]
DB	[illegible]	[illegible]	[illegible]	[illegible]	[illegible]	[illegible]	[illegible]	[illegible]	[illegible]	[illegible]
DC	[illegible]	[illegible]	[illegible]	[illegible]	[illegible]	[illegible]	[illegible]	[illegible]	[illegible]	[illegible]
DD	[illegible]	[illegible]	[illegible]	[illegible]	[illegible]	數	[illegible]	敺	[illegible]	[illegible]
DE	[illegible]	[illegible]	[illegible]	[illegible]	[illegible]	[illegible]	[illegible]	[illegible]	[illegible]	[illegible]
DF	[illegible]	[illegible]	[illegible]	[illegible]	[illegible]	[illegible]	[illegible]	[illegible]	[illegible]	[illegible]
E0	[illegible]	[illegible]	[illegible]	[illegible]	[illegible]	[illegible]	[illegible]	[illegible]	[illegible]	[illegible]
E1	[illegible]	[illegible]	[illegible]	[illegible]	[illegible]	[illegible]	[illegible]	[illegible]	[illegible]	[illegible]
E2	[illegible]	[illegible]	[illegible]	[illegible]	[illegible]	[illegible]	[illegible]	[illegible]	[illegible]	[illegible]
E3	[illegible]	[illegible]	[illegible]	[illegible]	[illegible]	[illegible]	[illegible]	[illegible]	[illegible]	[illegible]
E4	[illegible]	[illegible]	[illegible]	[illegible]	[illegible]	[illegible]	[illegible]	[illegible]	[illegible]	[illegible]
E5	[illegible]	[illegible]	[illegible]	[illegible]	[illegible]	[illegible]	[illegible]	[illegible]	[illegible]	[illegible]
E6	[illegible]	[illegible]	[illegible]	[illegible]	[illegible]	[illegible]	[illegible]	[illegible]	[illegible]	[illegible]
E7	[illegible]	[illegible]	[illegible]	[illegible]	[illegible]	[illegible]	[illegible]	[illegible]	[illegible]	[illegible]
E8	[illegible]	[illegible]	[illegible]	[illegible]	[illegible]	[illegible]	[illegible]	[illegible]	[illegible]	[illegible]
E9	[illegible]	[illegible]	[illegible]	[illegible]	[illegible]	[illegible]	[illegible]	[illegible]	[illegible]	[illegible]

9541

	30	31	32	33	34	35	36	37	38	39
EA	較	崴	媧	菨	鄉	蔆	數	巍	㜝	蔆
EB	𥪡	嫖	斃	薮	蠢	邋	鑾	孌	矗	欝
EC	鼉	鼉	斗	斜	料	斨	斨	斛	斘	斟
ED	斜	料	斢	斟	斝	斡	斢	斝	斛	魁
EE	斡	斨	斛	斛	斠	斠	斛	斛	斜	斮
EF	斔	斛	尉	斵	斶	斸	斳	斶	斸	斤
F0	斦	斤	斨	祈	斯	斯	斮	斥	斷	新
F1	斫	斩	斫	斮	斮	斳	斵	斲	斯	斯
F2	斱	斳	斳	斬	斳	斯	斴	斲	斷	斷
F3	斳	斷	斯	斳	斵	新	斯	斵	斷	斯
F4	新	斷	斳	斷	斷	斷	斷	斷	斷	斷
F5	斳	斷	斳	斷	斷	斷	斷	斷	斷	斷
F6	斳	斷	斷	斷	斷	斷	斷	斷	斷	劢
F7	於	斉	斻	放	弃	旲	斥	斉	於	旍
F8	於	旇	旇	旈	旋	旊	旐	旐	旐	旐
F9	旒	旑	旔	旗	旓	旔	旒	旓	旔	旙
FA	旙	旝	旞	旗	旟	旞	旛	旞	旚	施
FB	旌	旋	旌	旗	旝	旘	旂	旝	旝	旛
FC	旞	旟	旗	旔	旓	旝	旞	旞	旌	旞
FD	旚	旝	旟	旗	旝	旋	旞	旞	旌	旝
FE	旞	旞	旟	旛	旞	旟	旝	旞	旞	旞

9632

	30	31	32	33	34	35	36	37	38	39
81	灖	灝	瀬	灦	灩	旡	吾	凬	殑	垩
82	㫋	舜	㬆	就	就	㬆	𣄼	䍥	𣄽	旮
83	百	冎	旱	旱	旨	旷	旦	旪	𣅃	昖
84	昋	旷	昝	昒	昌	昱	昏	回	㫚	晄
85	旻	首	㫄	旼	昊	昇	昌	昅	昮	昈
86	昞	㫧	皆	昜	昝	㫍	昛	映	㫻	昰
87	㫣	晅	㕃	𣆑	香	㫷	毗	昨	晃	昚
88	𣅳	画	昮	昝	昮	昗	昍	昐	昖	昷
89	昸	昪	昫	昬	昮	昷	書	昭	𣆉	晋
8A	昙	易	昜	昡	昍	晉	晠	旱	害	昹
8B	智	晃	晁	晊	晆	曹	晠	晛	晭	晷
8C	晥	晷	晪	晰	晷	曹	晘	晒	是	晢
8D	晶	晩	暑	晧	晳	晫	晬	晃	晟	曹
8E	晕	昌	晾	晟	晻	晰	晴	晫	晷	暕
8F	暅	昌	暆	暈	暇	量	暉	暒	暑	暔
90	暋	暁	暑	暒	暓	暕	暖	暗	暘	暨
91	晓	暑	晤	晛	暗	暎	暑	暗	暸	暠
92	暒	鼎	暡	暭	暤	暥	暦	暧	暖	暤
93	暊	暩	暪	暈	暬	暭	暮	暯	暰	暱
94	暡	暲	暳	暴	暵	暶	暷	暸	暹	暺
95	暻	暼	暽	暾	暿	曀	曁	曂	曃	曄

9632

	30	31	32	33	34	35	36	37	38	39
96	曺	晵	晾	暿	晙	暗	晜	晲	㬳	暵
97	睬	替	晋	㬅	鼎	督	替	暌	替	量
98	暴	暗	晀	晬	晪	晸	啹	晷	暐	䎼
99	晫	暍	晹	暡	暊	暞	暟	暥	暨	暩
9A	暤	暀	晳	暔	暠	暚	暛	暧	曾	暒
9B	暶	暷	暸	暹	暺	暢	暼	暽	暾	暎
9C	曀	暭	暯	曃	曆	曔	曅	曋	曌	曎
9D	暖	曏	曐	曑	提	曓	暓	曘	曙	曟
9E	曉	曛	晛	曝	暄	暪	曡	曢	曤	曥
9F	暚	曧	曨	暟	暜	暡	暩	最	曮	曯
A0	暠	暗	暘	曱	曳	曵	曶	曷	晶	昳
A1	晚	晷	暅	暵	曌	曾	曻	曽	暈	暴
A2	暤	暻	暰	暳	暺	暻	晁	暽	暞	智
A3	曫	暾	曅	曹	曎	晢	曓	晢	暳	曾
A4	曾	暑	曨	曦	暭	暠	暀	曆	暬	曙
A5	曝	暦	暕	暬	曹	最	曩	暡	曊	暫
A6	暴	曹	暴	曦	暾	曒	曛	暴	曋	曺
A7	晨	曮	晋	暍	暮	曙	曝	晶	瞬	間
A8	習	曇	暨	曬	曣	曛	暴	曘	曫	暘
A9	歸	曐	暆	暴	曈	暗	曨	嘲	暒	曬
AA	曟	曡	曧	晉	曥	曦	晋	噢	曈	曬

9632

	30	31	32	33	34	35	36	37	38	39
AB	曔	曟	𣋀	𣌭	署	曗	𣌀	𣋞	𣋬	𩀁
AC	𣌏	㬝	曊	𣋺	𣋩	𣌒	曋	𣋲	𣋻	𣋿
AD	曀	曚	曘	曡	曀	曍	曏	曑	曓	曝
AE	曠	曡	𣌑	𣌇	𣌎	𣌅	𣌔	𣌙	曮	𣌕
AF	曆	曞	曥	𣌣	曒	𣋍	曖	曦	曨	曧
B0	曝	曡	曦	曙	曙	曪	曫	曆	曐	曅
B1	曙	曤	曣	曡	曔	曬	曮	曠	曘	曝
B2	曤	曜	曥	曛	曩	曮	曨	曫	曐	曧
B3	躒	曩	曫	曮	曬	𣅊	𣅋	皀	𣅛	昐
B4	旱	曲	眴	昆	昗	昆	昷	會	昦	昴
B5	曷	㬱	昪	曾	朗	朎	㽕	曐	朂	朄
B6	朏	朋	曹	朢	朄	曹	朄	朏	朏	朄
B7	朁	朄	朁	朄	朁	朂	朁	朄	朁	朄
B8	朊	朄	朆	朁	朄	朂	朁	朄	朄	朄
B9	曹	朄	朁	朄	朁	月	肰	肓	肕	肻
BA	凼	朋	烔	肮	脱	朏	脎	脒	䏺	膀
BB	胎	脰	胼	䐣	肤	腚	腰	䏧	腕	胳
BC	腹	脼	胃	胼	䏗	腻	閒	脑	脼	䏿
BD	腩	閒	䏽	胸	腼	腸	㔯	腊	腂	臧
BE	腒	朝	膦	朝	膝	䐡	膝	膹	膰	膱
BF	膜	膘	膸	膔	膶	膀	膘	臑	臛	膝

9632

	30	31	32	33	34	35	36	37	38	39
C0	𦢊	𦡀	𦢆	𦣀	𦢹	𦣉	𦢨	𦣁	𦣇	𦣈
C1	𦣊	𦣋	𦢌	𦣍	𦣎	𦣏	𦣐	𦣑	𦣒	𦣓
C2	𦣔	朩	不	术	杢	杚	杍	朼	朿	呆
C3	杀	杂	杗	杲	杒	杲	杀	束	未	未
C4	杋	枟	松	枈	枂	枩	杷	柔	杪	枀
C5	杪	杮	枕	枍	柴	枺	枵	柔	枚	杚
C6	柢	柹	柄	柷	枕	枺	校	杫	栲	柞
C7	校	柼	柒	枳	栟	柰	柰	柂	相	毒
C8	柬	枸	柒	桄	柬	柉	杧	柵	柰	桌
C9	析	秋	机	桒	某	柭	栈	枖	校	宋
CA	桼	桌	种	栣	栁	素	柹	屎	栿	械
CB	柾	栓	枫	栶	桙	桃	桐	栕	桯	栓
CC	棺	梁	树	梭	梂	梄	梞	梔	桔	梁
CD	栩	根	梠	梦	柤	果	梥	梅	梛	梟
CE	梫	梀	梱	畚	梥	栄	梈	桑	梋	梗
CF	桛	梪	梋	栗	栖	梌	棗	梟	栟	亲
D0	棥	梎	棂	梳	梈	梁	棄	春	榣	棻
D1	棝	栢	桩	梓	棡	桑	棌	漆	棉	梓
D2	棺	树	棥	极	栓	棚	棃	柂	橼	楠
D3	奞	梱	梟	梱	棨	棨	槌	树	梅	棒
D4	槊	槩	栗	桓	楓	椊	桿	柵	梢	毳

9632

	30	31	32	33	34	35	36	37	38	39
D5	桼	染	楓	椂	柆	律	杋	枖	杲	楴
D6	𣏒	栣	棩	梵	杳	梎	椗	栟	柳	椴
D7	榿	桸	梳	梳	桂	槇	檕	桯	椐	栒
D8	椪	栟	梀	楙	梛	椝	椋	棨	梳	椰
D9	梲	桔	棗	栗	棩	極	棹	椟	柚	梨
DA	椄	栳	梔	楕	相	乘	棍	梏	椢	棄
DB	棒	栽	椏	楦	楠	楸	梓	棰	榜	椴
DC	棒	康	椻	楼	椳	楹	桀	樞	棋	棨
DD	業	棨	楢	柄	樾	椋	桯	製	楠	楗
DE	榛	椛	楷	楫	楧	禁	柚	棗	楼	楊
DF	槩	棼	楄	榴	槙	楙	椠	槍	榭	業
E0	梨	棗	榔	榀	槷	榜	桡	棨	楹	棗
E1	槖	榃	橐	榛	梁	楣	楺	槖	榮	榔
E2	榜	槊	栙	棲	榅	槀	械	榔	棘	榛
E3	森	榹	楊	榜	楤	梓	棚	楱	榜	榧
E4	榔	架	榑	棐	榕	栓	榛	𣓚	楠	梓
E5	楠	楔	棚	槭	楞	槳	橙	𣐊	榘	槭
E6	槊	椌	榭	槌	樆	槹	桁	槭	楼	桎
E7	梗	榁	榧	榍	楕	榊	樗	桂	榕	桂
E8	檅	楠	栨	椶	橺	榜	槌	梟	椛	樕
E9	栖	榱	楣	椟	榨	槳	椽	槧	榫	棨

9632

	30	31	32	33	34	35	36	37	38	39
EA	桸	㮚	楄	椼	榼	棃	植	椅	㮇	楣
EB	檓	楔	橅	橐	棻	樹	榖	槊	榘	楻
EC	榫	椦	橑	蕊	棫	構	檚	樫	樣	楙
ED	槼	槼	槐	橐	橐	椠	楈	槷	榴	樳
EE	樹	橐	榗	樫	橐	棽	榘	槔	桓	橁
EF	榺	梣	楞	綵	樝	楗	梡	榍	槊	荷
F0	楚	橐	椶	榼	梓	崇	乘	榑	樽	橐
F1	稟	棕	椈	檝	椿	榁	喬	榿	柏	椈
F2	椶	棱	榑	栟	椿	梶	梮	槙	楜	棘
F3	楫	樁	棓	樹	楂	榻	粹	樢	粘	樟
F4	獛	楪	樜	椂	榬	檠	榝	樫	榼	檍
F5	椛	椶	櫨	椱	橐	榁	棨	梢	梓	樫
F6	榹	榲	樛	樓	構	棫	樻	碲	樹	壓
F7	椛	棻	榮	櫄	榛	槁	構	梲	樧	棋
F8	槿	樺	榔	櫸	樹	楮	榥	樫	標	楚
F9	榛	榷	榉	榕	楱	椭	橐	棕	棋	楚
FA	樹	檄	樓	棘	榜	楄	樆	楿	榛	榐
FB	槙	樹	櫳	橹	槼	粆	楘	樹	橐	榧
FC	標	榛	橐	槎	粘	鉄	楨	榾	餘	楣
FD	樛	樳	橐	榱	榍	榎	榭	樌	輪	樧
FE	棱	槦	梘	榑	楼	橐	棘	榮	髹	槢

9633

	30	31	32	33	34	35	36	37	38	39
81	𣘔	𣘕	𣘖	𣘗	𣘘	𣘙	𣘚	𣘛	𣘜	𣘝
82	𣘞	𣘟	𣘠	𣘡	𣘢	𣘣	𣘤	𣘥	𣘦	𣘧
83	𣘨	𣘩	𣘪	𣘫	𣘬	𣘭	𣘮	𣘯	𣘰	𣘱
84	𣘲	𣘳	𣘴	𣘵	𣘶	𣘷	𣘸	𣘹	𣘺	𣘻
85	𣘼	𣘽	𣘾	𣘿	𣙀	𣙁	𣙂	𣙃	𣙄	𣙅
86	𣙆	𣙇	𣙈	𣙉	𣙊	𣙋	𣙌	𣙍	𣙎	𣙏
87	𣙐	𣙑	𣙒	𣙓	𣙔	𣙕	𣙖	𣙗	𣙘	𣙙
88	𣙚	𣙛	𣙜	𣙝	𣙞	𣙟	𣙠	𣙡	𣙢	𣙣
89	𣙤	𣙥	𣙦	𣙧	𣙨	𣙩	𣙪	𣙫	𣙬	𣙭
8A	𣙮	𣙯	𣙰	𣙱	𣙲	𣙳	𣙴	𣙵	𣙶	𣙷
8B	𣙸	𣙹	𣙺	𣙻	𣙼	𣙽	𣙾	𣙿	𣚀	𣚁
8C	𣚂	𣚃	𣚄	𣚅	𣚆	𣚇	𣚈	𣚉	𣚊	𣚋
8D	𣚌	𣚍	𣚎	𣚏	𣚐	𣚑	𣚒	𣚓	𣚔	𣚕
8E	𣚖	𣚗	𣚘	𣚙	𣚚	𣚛	𣚜	𣚝	𣚞	𣚟
8F	𣚠	𣚡	𣚢	𣚣	𣚤	𣚥	𣚦	𣚧	𣚨	𣚩
90	𣚪	𣚫	𣚬	𣚭	𣚮	𣚯	𣚰	𣚱	𣚲	𣚳
91	𣚴	𣚵	𣚶	𣚷	𣚸	𣚹	𣚺	𣚻	𣚼	𣚽
92	𣚾	𣚿	𣛀	𣛁	𣛂	𣛃	𣛄	𣛅	𣛆	𣛇
93	𣛈	𣛉	𣛊	𣛋	𣛌	𣛍	𣛎	𣛏	𣛐	𣛑
94	𣛒	𣛓	𣛔	𣛕	𣛖	𣛗	𣛘	𣛙	𣛚	𣛛
95	𣛜	𣛝	𣛞	𣛟	𣛠	𣛡	𣛢	𣛣	𣛤	𣛥

9633

	30	31	32	33	34	35	36	37	38	39
96	𣞤	榛	𣚗	椌	𣘐	樓	𣝝	𣛮	檻	榼
97	槠	榕	槔	蓂	𣞫	𣝿	𣜿	𣛻	槭	椯
98	榔	𣝛	櫨	𣜩	𣝺	𣙜	𣞙	權	㰀	標
99	羸	𣝴	𣟍	𣝅	𣡕	檯	𣜤	𣝄	梶	𣠁
9A	𣛠	檸	㰖	𣞔	樣	𣝨	𣛵	𣞋	櫑	𣡈
9B	樟	𣜥	檍	槌	構	𣞊	𣝇	𣝐	𣛝	㰠
9C	𣞏	𣛸	橑	槃	藻	𣞃	𣟝	𣡆	槙	𣡊
9D	櫻	𣝣	樛	檀	槺	𣝵	櫃	𣞚	檢	𣝭
9E	榻	𣞕	樿	𣞣	蘼	𣝰	𣟂	𣛴	𣟐	檏
9F	𣟏	橦	檱	椌	棲	檵	𣝘	檪	槏	𣡃
A0	橈	樾	𣞥	𣜼	𣞗	槁	𣛛	檠	樹	櫶
A1	㰏	𣝎	𣛕	棚	槿	𣞅	𣝗	槇	𣟃	𣟰
A2	𣞧	𣜓	𣝜	檥	樸	𣞈	樵	𣝺	榫	𣡅
A3	𣜌	檕	𣞙	𣝑	𣞖	𣟉	𣛒	𣡎	𣝏	樭
A4	𣝃	檤	𣞛	𣞜	樌	𣞟	𣝒	𣞡	樹	𣟓
A5	𣛑	櫪	𣞡	橋	檀	樑	𣞦	𣞩	檜	𣟕
A6	𣝙	𣝶	𣝷	𣟔	樽	檣	𣜳	𣜴	檻	𣞰
A7	𣞱	檈	𣞲	𣜵	𣞳	𣞴	𣞵	𣞶	𣞷	𣞸
A8	𣞹	𣞺	𣞻	𣞼	𣞽	𣞾	𣞿	𣟀	𣟁	𣟂
A9	𣟃	𣟄	𣟅	𣟆	𣟇	𣟈	𣟉	𣟊	𣟋	𣟌
AA	𣟍	𣟎	𣟏	𣟐	𣟑	𣟒	𣟓	𣟔	𣟕	𣟖

9633

	30	31	32	33	34	35	36	37	38	39
AB	檣	櫑	[illegible]	[illegible]	檥	[illegible]	[illegible]	[illegible]	[illegible]	[illegible]
AC	檳	[illegible]	[illegible]	[illegible]	[illegible]	[illegible]	[illegible]	[illegible]	[illegible]	櫰
AD	[illegible]	[illegible]	[illegible]	[illegible]	權	[illegible]	[illegible]	[illegible]	樽	櫟
AE	[illegible]	[illegible]	[illegible]	[illegible]	[illegible]	[illegible]	[illegible]	[illegible]	[illegible]	[illegible]
AF	[illegible]	[illegible]	[illegible]	[illegible]	[illegible]	[illegible]	[illegible]	[illegible]	榾	[illegible]
B0	[illegible]	[illegible]	欄	[illegible]	[illegible]	[illegible]	[illegible]	櫸	[illegible]	[illegible]
B1	[illegible]	櫼	[illegible]	[illegible]	[illegible]	[illegible]	[illegible]	[illegible]	[illegible]	[illegible]
B2	[illegible]	[illegible]	[illegible]	[illegible]	[illegible]	[illegible]	[illegible]	[illegible]	[illegible]	[illegible]
B3	[illegible]	[illegible]	[illegible]	[illegible]	檽	[illegible]	[illegible]	[illegible]	[illegible]	[illegible]
B4	[illegible]	標	[illegible]	[illegible]	[illegible]	[illegible]	[illegible]	[illegible]	[illegible]	[illegible]
B5	[illegible]	[illegible]	[illegible]	[illegible]	[illegible]	[illegible]	[illegible]	[illegible]	[illegible]	[illegible]
B6	[illegible]	[illegible]	[illegible]	[illegible]	[illegible]	[illegible]	[illegible]	[illegible]	[illegible]	[illegible]
B7	[illegible]	[illegible]	[illegible]	[illegible]	[illegible]	[illegible]	[illegible]	[illegible]	[illegible]	[illegible]
B8	[illegible]	[illegible]	[illegible]	[illegible]	[illegible]	[illegible]	[illegible]	[illegible]	[illegible]	[illegible]
B9	[illegible]	[illegible]	[illegible]	[illegible]	[illegible]	[illegible]	[illegible]	[illegible]	[illegible]	[illegible]
BA	[illegible]	[illegible]	[illegible]	[illegible]	[illegible]	[illegible]	[illegible]	[illegible]	[illegible]	[illegible]
BB	[illegible]	[illegible]	[illegible]	[illegible]	[illegible]	[illegible]	[illegible]	[illegible]	[illegible]	[illegible]
BC	[illegible]	[illegible]	[illegible]	[illegible]	[illegible]	[illegible]	[illegible]	[illegible]	[illegible]	[illegible]
BD	[illegible]	[illegible]	[illegible]	[illegible]	[illegible]	[illegible]	[illegible]	[illegible]	[illegible]	[illegible]
BE	[illegible]	[illegible]	[illegible]	[illegible]	[illegible]	[illegible]	[illegible]	[illegible]	[illegible]	[illegible]
BF	吹	[illegible]	[illegible]	[illegible]	[illegible]	[illegible]	[illegible]	[illegible]	[illegible]	[illegible]

9633

	30	31	32	33	34	35	36	37	38	39
C0	𣢊	𣢋	𣢌	𣢍	𣢎	𣢏	𣢐	𣢑	𣢒	𣢓
C1	𣢔	𣢕	𣢖	𣢗	𣢘	𣢙	𣢚	𣢛	𣢜	𣢝
C2	𣢞	𣢟	𣢠	𣢡	𣢢	𣢣	𣢤	𣢥	𣢦	𣢧
C3	𣢨	𣢩	𣢪	𣢫	𣢬	𣢭	𣢮	𣢯	𣢰	𣢱
C4	𣢲	𣢳	𣢴	𣢵	𣢶	𣢷	𣢸	𣢹	𣢺	𣢻
C5	𣢼	𣢽	𣢾	𣢿	𣣀	𣣁	𣣂	𣣃	𣣄	𣣅
C6	𣣆	𣣇	𣣈	𣣉	𣣊	𣣋	𣣌	𣣍	𣣎	𣣏
C7	𣣐	𣣑	𣣒	𣣓	𣣔	𣣕	𣣖	𣣗	𣣘	𣣙
C8	𣣚	𣣛	𣣜	𣣝	𣣞	𣣟	𣣠	𣣡	𣣢	𣣣
C9	𣣤	𣣥	𣣦	𣣧	𣣨	𣣩	𣣪	𣣫	𣣬	𣣭
CA	𣣮	𣣯	𣣰	𣣱	𣣲	𣣳	𣣴	𣣵	𣣶	𣣷
CB	𣣸	𣣹	𣣺	𣣻	𣣼	𣣽	𣣾	𣣿	𣤀	𣤁
CC	𣤂	𣤃	𣤄	𣤅	𣤆	𣤇	𣤈	𣤉	𣤊	𣤋
CD	𣤌	𣤍	𣤎	𣤏	𣤐	𣤑	𣤒	𣤓	𣤔	𣤕
CE	𣤖	𣤗	𣤘	𣤙	𣤚	𣤛	𣤜	𣤝	𣤞	𣤟
CF	𣤠	𣤡	𣤢	𣤣	𣤤	𣤥	𣤦	𣤧	𣤨	𣤩
D0	𣤪	𣤫	𣤬	𣤭	𣤮	𣤯	𣤰	𣤱	𣤲	𣤳
D1	𣤴	𣤵	𣤶	𣤷	𣤸	𣤹	𣤺	𣤻	𣤼	𣤽
D2	𣤾	𣤿	𣥀	𣥁	𣥂	𣥃	𣥄	𣥅	𣥆	𣥇
D3	𣥈	𣥉	𣥊	𣥋	𣥌	𣥍	𣥎	𣥏	𣥐	𣥑
D4	𣥒	𣥓	𣥔	𣥕	𣥖	𣥗	𣥘	𣥙	𣥚	𣥛

9633

	30	31	32	33	34	35	36	37	38	39
D5	旹	岔	峅	峀	岴	㞭	竝	岥	畄	坒
D6	峎	峜	峩	峷	崊	峟	峲	峷	崖	峾
D7	峸	峡	崶	崟	嵩	崍	崫	崙	崨	崼
D8	堂	崚	崳	嵪	嵴	嵵	嵳	嵸	嵹	嵛
D9	嵟	崇	嵥	嵭	嵖	嵴	嶢	嵻	嶪	嶫
DA	嶠	嶻	嶹	嶿	嶯	嶼	嶅	巀	嶺	巇
DB	巈	巊	巋	巌	巎	巏	巐	巑	巒	巗
DC	巚	巛	巜	巟	巠	巡	巤	巪	巬	巭
DD	巯	巰	巵	巶	巸	巹	巺	巻	巼	歺
DE	歹	死	歼	歽	歾	歿	殀	殁	殂	殃
DF	殄	殅	殆	殇	殈	殉	殊	残	殌	殍
E0	殎	殏	殐	殑	殒	殓	殔	殕	殖	殗
E1	殘	殙	殚	殛	殜	殝	殞	殟	殠	殡
E2	殢	殣	殤	殥	殦	殧	殨	殩	殪	殫
E3	殬	殭	殮	殯	殰	殱	殲	殳	殴	段
E4	殶	殷	殸	殹	殺	殻	殼	殽	殾	殿
E5	毀	毁	毂	毃	毄	毅	毆	毇	毈	毉
E6	毊	毋	毌	母	毎	每	毐	毑	毒	毓
E7	比	毕	毖	毗	毘	毙	毚	毛	毜	毝
E8	毞	毟	毠	毡	毢	毣	毤	毥	毦	毧
E9	毨	毩	毪	毫	毬	毭	毮	毯	毰	毱

9633

	30	31	32	33	34	35	36	37	38	39
EA	殌	殙	𣩓	殈	殕	𨞍	殜	殨	㱧	殟
EB	𣩆	殄	殨	殪	殢	殎	殣	殚	殩	𣪊
EC	𣩘	𨟎	殟	殦	殥	𣩢	殠	𣪍	殜	殗
ED	殬	殩	殡	殪	殤	殫	殨	殫	殰	殮
EE	龑	殧	殕	殗	殾	殴	殰	𣩤	殱	𣪁
EF	𣩼	殲	殯	殜	殛	殯	殲	殪	殜	殬
F0	殱	殜	殰	殲	殨	殲	殲	殭	殭	殨
F1	龔	殯	殲	殭	殲	殲	殲	殲	殲	殲
F2	龔	殲	殲	殰	般	㪏	殺	殶	毀	殸
F3	殺	殷	殸	殺	毀	殿	㱿	殸	毆	毀
F4	殼	殷	殿	毀	殺	殽	殷	殶	散	殸
F5	毅	殸	般	殽	毄	毂	殼	毅	殸	嗀
F6	殽	殸	㲄	殺	殺	殿	毂	殸	毅	殻
F7	毆	豉	殺	殼	毅	殿	殺	毀	殸	鼓
F8	毅	數	殼	㲄	毆	毅	殼	殺	毂	毂
F9	㲆	殼	殸	毅	殸	毄	磬	殺	毂	殸
FA	毅	毀	殸	毅	毊	毅	殼	殿	毅	毅
FB	毃	殸	毅	毅	聲	磬	殸	毆	殸	殸
FC	毅	罄	鏧	殸	殸	殸	殸	數	殸	殸
FD	毋	每	毐	毒	毑	毐	毒	毒	毒	毒
FE	毒	毓	毑	毒	毓	毒	毓	毓	毓	毓

9634

	30	31	32	33	34	35	36	37	38	39
81	𣬀	𣬁	𣬂	𣬃	𣬄	𣬅	𣬆	𣬇	𣬈	𣬉
82	𣬊	𣬋	𣬌	𣬍	𣬎	𣬏	𣬐	𣬑	𣬒	𣬓
83	𣬔	𣬕	𣬖	𣬗	𣬘	𣬙	𣬚	𣬛	𣬜	𣬝
84	𣬞	𣬟	𣬠	𣬡	𣬢	𣬣	𣬤	𣬥	𣬦	𣬧
85	𣬨	𣬩	𣬪	𣬫	𣬬	𣬭	𣬮	𣬯	𣬰	𣬱
86	𣬲	𣬳	𣬴	𣬵	𣬶	𣬷	𣬸	𣬹	𣬺	𣬻
87	𣬼	𣬽	𣬾	𣬿	𣭀	𣭁	𣭂	𣭃	𣭄	𣭅
88	𣭆	𣭇	𣭈	𣭉	𣭊	𣭋	𣭌	𣭍	𣭎	𣭏
89	𣭐	𣭑	𣭒	𣭓	𣭔	𣭕	𣭖	𣭗	𣭘	𣭙
8A	𣭚	𣭛	𣭜	𣭝	𣭞	𣭟	𣭠	𣭡	𣭢	𣭣
8B	𣭤	𣭥	𣭦	𣭧	𣭨	𣭩	𣭪	𣭫	𣭬	𣭭
8C	𣭮	𣭯	𣭰	𣭱	𣭲	𣭳	𣭴	𣭵	𣭶	𣭷
8D	𣭸	𣭹	𣭺	𣭻	𣭼	𣭽	𣭾	𣭿	𣮀	𣮁
8E	𣮂	𣮃	𣮄	𣮅	𣮆	𣮇	𣮈	𣮉	𣮊	𣮋
8F	𣮌	𣮍	𣮎	𣮏	𣮐	𣮑	𣮒	𣮓	𣮔	𣮕
90	𣮖	𣮗	𣮘	𣮙	𣮚	𣮛	𣮜	𣮝	𣮞	𣮟
91	𣮠	𣮡	𣮢	𣮣	𣮤	𣮥	𣮦	𣮧	𣮨	𣮩
92	𣮪	𣮫	𣮬	𣮭	𣮮	𣮯	𣮰	𣮱	𣮲	𣮳
93	𣮴	𣮵	𣮶	𣮷	𣮸	𣮹	𣮺	𣮻	𣮼	𣮽
94	𣮾	𣮿	𣯀	𣯁	𣯂	𣯃	𣯄	𣯅	𣯆	𣯇
95	𣯈	𣯉	𣯊	𣯋	𣯌	𣯍	𣯎	𣯏	𣯐	𣯑

9634

	30	31	32	33	34	35	36	37	38	39
96	[illegible]	[illegible]	[illegible]	[illegible]	[illegible]	[illegible]	[illegible]	[illegible]	[illegible]	[illegible]
97	[illegible]	[illegible]	[illegible]	[illegible]	[illegible]	[illegible]	[illegible]	[illegible]	[illegible]	[illegible]
98	[illegible]	[illegible]	[illegible]	[illegible]	[illegible]	[illegible]	[illegible]	[illegible]	[illegible]	[illegible]
99	[illegible]	[illegible]	[illegible]	[illegible]	[illegible]	[illegible]	[illegible]	[illegible]	[illegible]	[illegible]
9A	[illegible]	[illegible]	[illegible]	[illegible]	[illegible]	[illegible]	[illegible]	[illegible]	[illegible]	[illegible]
9B	[illegible]	[illegible]	[illegible]	[illegible]	[illegible]	[illegible]	[illegible]	[illegible]	[illegible]	[illegible]
9C	[illegible]	[illegible]	[illegible]	[illegible]	[illegible]	[illegible]	[illegible]	[illegible]	[illegible]	[illegible]
9D	[illegible]	[illegible]	[illegible]	[illegible]	[illegible]	[illegible]	[illegible]	[illegible]	[illegible]	[illegible]
9E	[illegible]	[illegible]	[illegible]	[illegible]	[illegible]	[illegible]	[illegible]	[illegible]	[illegible]	[illegible]
9F	[illegible]	[illegible]	[illegible]	[illegible]	[illegible]	[illegible]	[illegible]	[illegible]	[illegible]	[illegible]
A0	[illegible]	[illegible]	[illegible]	[illegible]	[illegible]	[illegible]	[illegible]	[illegible]	[illegible]	[illegible]
A1	[illegible]	[illegible]	[illegible]	[illegible]	[illegible]	[illegible]	[illegible]	[illegible]	[illegible]	[illegible]
A2	[illegible]	[illegible]	[illegible]	[illegible]	[illegible]	[illegible]	[illegible]	[illegible]	[illegible]	[illegible]
A3	[illegible]	[illegible]	[illegible]	[illegible]	[illegible]	[illegible]	[illegible]	[illegible]	[illegible]	[illegible]
A4	[illegible]	[illegible]	[illegible]	[illegible]	[illegible]	[illegible]	[illegible]	[illegible]	[illegible]	[illegible]
A5	[illegible]	[illegible]	[illegible]	[illegible]	[illegible]	[illegible]	[illegible]	[illegible]	[illegible]	水
A6	[illegible]	[illegible]	[illegible]	[illegible]	[illegible]	[illegible]	[illegible]	[illegible]	[illegible]	[illegible]
A7	[illegible]	[illegible]	[illegible]	[illegible]	[illegible]	[illegible]	[illegible]	[illegible]	[illegible]	[illegible]
A8	汜	[illegible]	[illegible]	[illegible]	[illegible]	汶	[illegible]	[illegible]	[illegible]	[illegible]
A9	[illegible]	[illegible]	[illegible]	[illegible]	[illegible]	[illegible]	[illegible]	[illegible]	[illegible]	[illegible]
AA	[illegible]	[illegible]	[illegible]	[illegible]	[illegible]	[illegible]	汐	[illegible]	[illegible]	[illegible]

9634

	30	31	32	33	34	35	36	37	38	39
AB	⿰氵介	汫	⿱步水	⿰氵火	⿰氵牙	⿰氵巴	洗	⿰氵尹	⿰氵手	⿰氵毛
AC	⿱乖氺	⿱从邑	⿰氵枝	⿱夂氺	沬	洄	⿱聿氺	⿰氵只	泗	涸
AD	⿰氵岁	⿰氵冓	淩	⿰氵厎	沆	沉	泾	⿰氵网	泙	沦
AE	⿱京水	洼	浧	涂	渌	⿰氵左	汕	酋	⿰氵㞢	⿰氵亚
AF	浣	污	⿰氵丕	⿰氵夌	⿰氵匽	⿰氵申	⿰氵岌	⿰氵卡	⿰氵用	泰
B0	⿱夕舌	⿱大毒	泄	汧	没	泳	⿰氵𣬉	⿰氵齐	⿰氵氏	⿰氵正
B1	海	⿰氵成	洲	⿰氵㡀	浧	⿰氵宅	⿰氵囱	溼	⿰氵自	㳄
B2	⿰氵吏	洼	⿰氵缶	⿰氵殳	涓	滋	⿰氵卒	沏	涸	粟
B3	⿰氵正	溢	泽	⿰氵冊	⿰氵兑	⿰氵李	淄	泉	⿰氵呆	㵯
B4	⿱类水	⿰氵宇	⿰氵岛	⿰氵宊	⿰氵殴	浐	⿰氵返	⿰氵犀	⿰氵羽	⿰氵伏
B5	⿰氵剂	⿰氵侵	⿰氵仓	滬	⿰氵矣	涤	⿱羊水	⿰氵永	⿱寺水	流
B6	⿰氵关	浒	⿰氵疒	⿰氵兆	⿰氵劳	⿰氵希	⿰氵犬	洿	⿰氵劦	⿰氵戉
B7	⿰氵氏	⿱兆水	溢	浣	⿰氵舌	⿰氵芒	淖	⿰氵卌	⿰氵戍	⿰氵狂
B8	⿰氵弘	⿰氵此	湑	⿰氵宀	浬	⿰氵段	漫	⿰氵苊	⿰氵戋	⿰氵带
B9	⿰氵卒	洋	⿱昔水	⿰火生	⿱禹水	洄	泩	⿰氵抄	⿰氵宾	⿰氵流
BA	涸	⿰氵疋	⿰氵贞	淡	淹	⿰氵疒	浧	泊	⿱徐水	渕
BB	⿰氵沬	涼	沉	⿰氵宊	污	渼	涌	涌	渌	湑
BC	浡	津	湩	澈	涉	⿰氵𠢷	油	⿰氵疋	⿰氵吴	误
BD	⿰氵岸	⿰氵呰	添	浩	湉	澍	活	漆	涿	浧
BE	湖	河	沮	淊	洵	涪	洄	淡	湖	湥
BF	涫	洼	滟	⿱从水	洛	涎	泮	⿱亩水	涔	泼

9634

	30	31	32	33	34	35	36	37	38	39
C0	汷	漷	沉	涅	湤	沱	汧	浂	洍	沈
C1	滑	淤	淮	漳	淵	渥	洿	灑	淍	潣
C2	洦	淡	澉	洑	潐	湕	滳	澆	崩	滷
C3	溅	滙	澄	滁	溷	滧	濮	漱	漏	湖
C4	湳	港	漆	涸	漓	溏	洛	浩	涸	浸
C5	渔	洒	洭	滀	渱	澇	浒	渭	涧	洳
C6	渺	淦	浀	洗	深	淡	溓	淅	渲	湚
C7	滂	湰	淼	泮	沾	溶	涳	渤	浹	溶
C8	涳	淼	潚	溘	淵	淘	渪	湄	消	洿
C9	湜	淒	潍	洏	滂	溆	淼	聚	澉	衆
CA	漆	漯	漖	浇	渫	滓	溯	滤	滑	澗
CB	湑	溯	涂	涪	渊	渹	涯	潵	渊	泼
CC	湃	涎	湍	湕	浙	派	涑	涑	滷	溲
CD	泛	添	澴	洄	溇	浸	瀐	清	漉	津
CE	滅	深	潽	湉	滋	溏	溲	漥	澮	溅
CF	淌	潑	澉	澤	澉	溹	湃	澄	滮	蒸
D0	漆	漦	淀	灣	滟	滳	澥	滆	淼	瀏
D1	瀏	涑	滋	渍	溤	滻	涵	溟	滢	滫
D2	澓	淦	滔	湜	澮	游	澠	滟	溲	滚
D3	湤	減	淺	滦	添	湃	溧	濩	源	漨
D4	湉	澆	淯	溻	溵	溫	涌	潁	溘	嵜

9634

	30	31	32	33	34	35	36	37	38	39
D5	淐	滥	澎	滉	渿	渦	潠	涛	渥	浧
D6	溜	涾	洄	津	淜	渗	渏	潮	滰	堂
D7	湾	潲	潹	渍	滗	渚	涵	溼	澤	清
D8	濅	洦	潰	滑	漼	漣	穀	澉	漶	濄
D9	漫	澉	漽	澌	清	湍	湲	沸	漖	壓
DA	濛	鼻	潲	湦	漳	滴	涸	滅	淒	滑
DB	灔	湯	渰	潛	漪	淋	淥	洒	渺	溪
DC	邊	满	洪	溶	滚	溟	澄	漸	浩	溪
DD	漏	溝	濃	澤	滋	濕	漳	淄	澍	湹
DE	滌	滬	瀏	瀉	濩	涽	淦	黎	鬯	渗
DF	流	減	滄	湿	潲	浄	澱	測	滑	潒
E0	黎	渭	湫	湺	漨	溘	涚	澤	淄	漥
E1	澣	澍	潛	湆	滌	訬	孫	湜	滓	濡
E2	黎	澶	漾	瀉	滾	濞	濾	潑	游	漣
E3	漂	濂	澆	滲	潲	溫	湳	潴	游	澟
E4	澍	滅	溦	浪	涌	澌	澍	渭	滄	漇
E5	瀑	瀡	澈	溯	滐	溫	船	濦	淮	漶
E6	濇	湏	濹	灣	漟	澍	淌	瀣	湛	洸
E7	濠	瀝	澀	滓	濾	漾	滑	漆	滤	漆
E8	渫	漏	滢	瀏	溇	激	清	淪	淮	涵
E9	潤	潆	濛	滾	瀞	淪	漻	溟	黎	纍

9634

	30	31	32	33	34	35	36	37	38	39
EA	⿰氵冊	滿	淹	滌	⿰氵品	濂	浇	⿰氵⿱雨巾	⿰氵⿱羽令	漏
EB	湷	⿰氵⿱廿廾	滭	⿰氵率	⿰氵屏	⿰氵陰	⿰氵⿹戈禾	⿰氵野	⿰氵⿱日幷	⿰氵⿰丬隹
EC	⿰氵⿱比匕	⿰氵⿱立石	⿰氵⿱吾心	湡	⿰氵⿰亻隹	⿰氵執	潄	⿰氵⿱艹利	⿰氵⿴冂⿱土口	⿰氵勦
ED	⿰氵覓	⿰氵眼	⿰氵⿱臼女	⿰氵雩	⿰氵⿰亻東	⿰氵朋	⿰氵卿	⿰氵⿱艹鳥	漂	⿰氵⿱罒豕
EE	⿰氵斉	⿰氵⿱亠吉	⿰氵閡	⿰氵⿰乑舌	流	⿰氵⿱艹敢	濡	⿰氵鳥	溶	⿰氵⿰口告
EF	⿰氵欲	⿰氵⿱白衣	滜	⿰氵惡	⿰氵⿱冖禹	⿰氵⿺辶昔	⿰氵貫	⿰氵⿱罒朩	⿰氵⿱亠⿴囗乂	⿰氵⿱艹去
F0	⿰氵㦰	涿	⿰氵⿱乑木	⿰氵㬎	⿰氵戠	⿰氵⿱夶合	⿰氵⿰魚攵	渢	⿰氵⿱日曾	⿰氵⿰⿱山米攵
F1	⿰氵⿰⿱山系攵	溥	⿰氵善	⿰氵⿱丗冋	⿰氵榮	⿰氵頁	漊	⿰氵⿱宀复	⿰月桼	⿰氵流
F2	湄	⿰氵⿱⿱亠从心	⿰氵寒	溫	⿰氵⿰𠂢舌	⿰氵⿰冊冊	⿰氵⿰乑舌	淯	⿰氵⿱大羊	⿰氵⿰束風
F3	渭	⿰氵⿱丷棥	⿰氵遲	⿰氵⿵冂鳥	⿰氵害	⿰氵⿱宀角	⿰氵⿱𠂇亏	⿰氵⿱罒㠯	⿰氵⿱⿰乂乂炎	⿰氵⿱肀月
F4	滰	⿰氵程	⿰氵雁	淇	湝	⿰氵⿱兆兀	⿰氵⿱日衣	湔	⿰氵⿸广者	⿰氵⿱艹真
F5	溢	⿰氵⿱宀眉	⿰氵⿱宀完	⿰氵⿱宀辰	湳	⿰氵⿰耳关	⿰氵⿱而灬	⿰氵⿰立奇	⿰氵⿰衤奇	⿰氵⿱艹堇
F6	⿰氵臧	⿰氵喪	⿰氵⿱尹亏	⿰氵禁	⿰氵夢	⿰氵⿰⿱丷⿻十日力	⿰氵⿱艹弄	⿰氵⿱⿰丷丷⿰米米	⿰氵凱	⿰氵蓋
F7	⿰氵⿱𠂆㣺	⿰氵⿱北日	⿰氵⿱罒豕	⿰氵⿱艹⿴囗酉	⿰氵⿰𧮫欠	⿰氵扁	⿰𣲖頁	⿰氵⿺辶全	⿰氵⿱兆灬	⿰氵⿰⿱䒑月刂
F8	⿰氵掌	⿰氵學	⿰氵肯	漮	⿰氵⿱立吉	⿰氵⿱⿰卩卩心	⿰氵⿵門冎	滈	⿰氵殿	淦
F9	⿰氵⿱夾米	溧	澐	⿰氵⿱雨化	⿰氵業	⿰氵絶	⿰氵⿰阝系	⿰氵喬	提	逸
FA	⿰氵開	⿰氵⿰礻者	⿰氵⿺辶咸	⿰氵義	⿰氵培	渨	⿰氵⿱東女	潎	⿰氵⿱䒑⿰月月	⿰氵⿰冂禺
FB	濊	漌	⿰氵⿱白兒	⿰氵⿰禾僉	⿰氵⿱宀卒	湍	瀨	⿰氵⿱雨寸	⿰氵過	⿰氵盝
FC	⿰氵葴	潛	⿰氵⿹戊⿱⿻十口	⿰氵⿱䒑邑	⿰氵皋	⿰氵罪	⿰氵達	⿰氵⿸广鳥	⿰氵剽	激
FD	⿰氵⿰礻昜	漓	⿰氵⿱㐭木	⿰氵⿵冂酉	⿰氵⿱⿰米米心	⿰氵⿱艹尌	⿰氵裏	⿰氵複	⿰氵⿱羽回	⿰氵⿱兔夊
FE	⿰氵⿱艹革	⿰氵⿱召皿	⿰氵⿱卝支	⿰氵⿱兓日	⿰氵買	⿰氵⿱⿰丷丷育	⿰氵⿰冊羊	⿰氵塋	道	⿰氵疊

9635

	30	31	32	33	34	35	36	37	38	39
81	𣿬	𣿭	𣿮	𣿯	𣿰	𣿱	𣿲	𣿳	𣿴	𣿵
82	𣿶	𣿷	𣿸	𣿹	𣿺	𣿻	𣿼	𣿽	𣿾	𣿿
83	𤀀	𤀁	𤀂	𤀃	𤀄	𤀅	𤀆	𤀇	𤀈	𤀉
84	𤀊	𤀋	𤀌	𤀍	𤀎	𤀏	𤀐	𤀑	𤀒	𤀓
85	𤀔	𤀕	𤀖	𤀗	𤀘	𤀙	𤀚	𤀛	𤀜	𤀝
86	𤀞	𤀟	𤀠	𤀡	𤀢	𤀣	𤀤	𤀥	𤀦	𤀧
87	𤀨	𤀩	𤀪	𤀫	𤀬	𤀭	𤀮	𤀯	𤀰	𤀱
88	𤀲	𤀳	𤀴	𤀵	𤀶	𤀷	𤀸	𤀹	𤀺	𤀻
89	𤀼	𤀽	𤀾	𤀿	𤁀	𤁁	𤁂	𤁃	𤁄	𤁅
8A	𤁆	𤁇	𤁈	𤁉	𤁊	𤁋	𤁌	𤁍	𤁎	𤁏
8B	𤁐	𤁑	𤁒	𤁓	𤁔	𤁕	𤁖	𤁗	𤁘	𤁙
8C	𤁚	𤁛	𤁜	𤁝	𤁞	𤁟	𤁠	𤁡	𤁢	𤁣
8D	𤁤	𤁥	𤁦	𤁧	𤁨	𤁩	𤁪	𤁫	𤁬	𤁭
8E	𤁮	𤁯	𤁰	𤁱	𤁲	𤁳	𤁴	𤁵	𤁶	𤁷
8F	𤁸	𤁹	𤁺	𤁻	𤁼	𤁽	𤁾	𤁿	𤂀	𤂁
90	𤂂	𤂃	𤂄	𤂅	𤂆	𤂇	𤂈	𤂉	𤂊	𤂋
91	𤂌	𤂍	𤂎	𤂏	𤂐	𤂑	𤂒	𤂓	𤂔	𤂕
92	𤂖	𤂗	𤂘	𤂙	𤂚	𤂛	𤂜	𤂝	𤂞	𤂟
93	𤂠	𤂡	𤂢	𤂣	𤂤	𤂥	𤂦	𤂧	𤂨	𤂩
94	𤂪	𤂫	𤂬	𤂭	𤂮	𤂯	𤂰	𤂱	𤂲	𤂳
95	𤂴	𤂵	𤂶	𤂷	𤂸	𤂹	𤂺	𤂻	𤂼	𤂽

9635

	30	31	32	33	34	35	36	37	38	39
96	𤂾	𤂿	𤃀	𤃁	𤃂	𤃃	𤃄	𤃅	𤃆	𤃇
97	𤃈	𤃉	𤃊	𤃋	𤃌	𤃍	𤃎	𤃏	𤃐	𤃑
98	𤃒	𤃓	𤃔	𤃕	𤃖	𤃗	𤃘	𤃙	𤃚	𤃛
99	𤃜	𤃝	𤃞	𤃟	𤃠	𤃡	𤃢	𤃣	𤃤	𤃥
9A	𤃦	𤃧	𤃨	𤃩	𤃪	𤃫	𤃬	𤃭	𤃮	𤃯
9B	𤃰	𤃱	𤃲	𤃳	𤃴	𤃵	𤃶	𤃷	𤃸	𤃹
9C	𤃺	𤃻	𤃼	𤃽	𤃾	𤃿	𤄀	𤄁	𤄂	𤄃
9D	𤄄	𤄅	𤄆	𤄇	𤄈	𤄉	𤄊	𤄋	𤄌	𤄍
9E	𤄎	𤄏	𤄐	𤄑	𤄒	𤄓	𤄔	𤄕	𤄖	𤄗
9F	𤄘	𤄙	𤄚	𤄛	𤄜	𤄝	𤄞	𤄟	𤄠	𤄡
A0	𤄢	𤄣	𤄤	𤄥	𤄦	𤄧	𤄨	𤄩	𤄪	𤄫
A1	𤄬	𤄭	𤄮	𤄯	𤄰	𤄱	𤄲	𤄳	𤄴	𤄵
A2	𤄶	𤄷	𤄸	𤄹	𤄺	𤄻	𤄼	𤄽	𤄾	𤄿
A3	𤅀	𤅁	𤅂	𤅃	𤅄	𤅅	𤅆	𤅇	𤅈	𤅉
A4	𤅊	𤅋	𤅌	𤅍	𤅎	𤅏	𤅐	𤅑	𤅒	𤅓
A5	𤅔	𤅕	𤅖	𤅗	𤅘	𤅙	𤅚	𤅛	𤅜	𤅝
A6	𤅞	𤅟	𤅠	𤅡	𤅢	𤅣	𤅤	𤅥	𤅦	𤅧
A7	𤅨	𤅩	𤅪	𤅫	𤅬	𤅭	𤅮	𤅯	𤅰	𤅱
A8	𤅲	𤅳	𤅴	𤅵	𤅶	𤅷	𤅸	𤅹	𤅺	𤅻
A9	𤅼	𤅽	𤅾	𤅿	𤆀	𤆁	𤆂	𤆃	𤆄	𤆅
AA	𤆆	𤆇	𤆈	𤆉	𤆊	𤆋	𤆌	𤆍	𤆎	𤆏

9635

	30	31	32	33	34	35	36	37	38	39
AB	炃	灿	炁	炕	点	烈	杰	只	炃	匆
AC	炛	焉	叄	炦	炀	焱	炫	炮	炝	炈
AD	炕	灼	炷	灶	烈	炇	忠	忽	毛	烇
AE	炔	羔	炎	贡	炎	炯	奕	炬	炂	炛
AF	炂	烀	炾	炤	炷	爷	炬	炷	炅	耷
B0	烃	炻	焖	烜	炯	羔	烎	炮	烀	烁
B1	炶	杰	炀	烝	炽	炭	烿	焦	炒	烝
B2	焇	焦	烈	耷	烁	烷	焜	费	架	焉
B3	烝	焉	炲	烓	炻	炫	烕	烞	炋	炂
B4	炵	烝	烇	烑	炫	衮	烫	烳	烎	烕
B5	焐	烝	炀	祆	焐	烨	烽	烂	烄	烕
B6	炏	烌	烝	焃	熏	炳	焙	熏	烟	烟
B7	焚	烘	焐	焜	照	焗	焗	焅	烌	焜
B8	烸	熅	焉	焘	焦	熏	烮	焕	烎	烧
B9	烃	焌	烁	焁	焊	烷	焚	焘	焮	焜
BA	焜	煅	焣	羡	焕	煦	焸	焘	裁	烽
BB	烤	煎	焣	煦	煎	焻	烦	焓	焰	炭
BC	焭	焾	焠	焞	焱	燕	焚	煙	焉	煜
BD	烝	煮	煺	煤	炖	烈	煜	烝	烈	焊
BE	熨	煦	焉	煊	熔	熵	煠	熊	煇	焞
BF	煊	焄	煽	焋	煉	熔	炎	契	焘	焉

9635

	30	31	32	33	34	35	36	37	38	39
C0	爲	熘	烳	烈	㷉	熬	烖	烮	焠	烕
C1	㷝	煑	焅	煛	焱	焉	煑	焥	䕫	煛
C2	熇	焚	焗	燹	敥	烘	燋	烈	焥	焘
C3	烊	焎	烻	煊	棋	熏	熛	焈	烠	爛
C4	焫	煤	焦	烣	烟	熨	煨	焮	煺	焜
C5	煉	燥	羹	熲	熭	焦	焿	熄	熹	熈
C6	焝	焥	焞	烽	焊	焃	煓	焌	燉	煊
C7	焧	焚	烘	燉	焠	焠	熬	焿	煐	爲
C8	熘	煆	焙	焨	煉	焴	熨	爋	煫	煟
C9	炶	煑	莫	焐	煤	熹	烎	蒸	熬	燢
CA	焨	煕	熬	熠	煽	焕	烝	煭	煎	熡
CB	焹	烓	焅	熿	熹	焎	爈	熨	熄	熵
CC	煨	焒	煛	熨	熊	熡	熘	煨	燉	然
CD	熊	煞	烋	煔	熇	熒	煀	煓	燮	焓
CE	熙	焘	熏	熏	熍	煑	熮	焟	焲	熯
CF	熨	焙	煩	焮	焅	熚	焙	煓	熄	熵
D0	熽	煫	煑	熼	熞	熨	燉	熟	熏	熾
D1	燅	燿	爾	熻	熘	熙	燿	燥	燃	熇
D2	熠	煙	燎	熻	熵	熽	燜	熏	燋	燊
D3	燅	燓	燌	熛	燠	燧	熇	燥	熨	髟
D4	燠	燇	焉	熉	燢	燩	燁	燭	燼	燦

9635

	30	31	32	33	34	35	36	37	38	39
D5	煠	焰	爖	[illegible]	[illegible]	較	[illegible]	[illegible]	煌	[illegible]
D6	[illegible]	[illegible]	[illegible]	[illegible]	[illegible]	[illegible]	[illegible]	[illegible]	[illegible]	[illegible]
D7	熂	[illegible]	[illegible]	[illegible]	[illegible]	[illegible]	[illegible]	[illegible]	[illegible]	燃
D8	[illegible]	[illegible]	[illegible]	[illegible]	[illegible]	燉	[illegible]	[illegible]	[illegible]	[illegible]
D9	[illegible]	燦	[illegible]	[illegible]	熱	[illegible]	[illegible]	[illegible]	[illegible]	[illegible]
DA	煝	[illegible]	熟	[illegible]	[illegible]	[illegible]	熾	熛	[illegible]	[illegible]
DB	[illegible]	[illegible]	[illegible]	[illegible]	[illegible]	[illegible]	[illegible]	[illegible]	[illegible]	[illegible]
DC	[illegible]	[illegible]	[illegible]	[illegible]	[illegible]	[illegible]	[illegible]	[illegible]	[illegible]	[illegible]
DD	[illegible]	[illegible]	[illegible]	[illegible]	[illegible]	[illegible]	[illegible]	燡	[illegible]	[illegible]
DE	[illegible]	[illegible]	[illegible]	[illegible]	[illegible]	[illegible]	[illegible]	燧	[illegible]	[illegible]
DF	[illegible]	煏	[illegible]	[illegible]	[illegible]	[illegible]	[illegible]	[illegible]	[illegible]	[illegible]
E0	[illegible]	[illegible]	[illegible]	[illegible]	[illegible]	[illegible]	[illegible]	[illegible]	[illegible]	[illegible]
E1	[illegible]	[illegible]	[illegible]	[illegible]	[illegible]	[illegible]	[illegible]	[illegible]	[illegible]	[illegible]
E2	[illegible]	[illegible]	[illegible]	[illegible]	[illegible]	[illegible]	[illegible]	[illegible]	[illegible]	[illegible]
E3	[illegible]	[illegible]	[illegible]	[illegible]	[illegible]	[illegible]	[illegible]	[illegible]	[illegible]	[illegible]
E4	[illegible]	[illegible]	[illegible]	[illegible]	[illegible]	[illegible]	燗	[illegible]	[illegible]	[illegible]
E5	[illegible]	[illegible]	[illegible]	[illegible]	[illegible]	燸	[illegible]	[illegible]	[illegible]	[illegible]
E6	[illegible]	[illegible]	撫	[illegible]	[illegible]	[illegible]	[illegible]	[illegible]	[illegible]	[illegible]
E7	[illegible]	[illegible]	[illegible]	[illegible]	[illegible]	[illegible]	[illegible]	[illegible]	[illegible]	[illegible]
E8	[illegible]	[illegible]	[illegible]	[illegible]	[illegible]	[illegible]	[illegible]	[illegible]	[illegible]	[illegible]
E9	[illegible]	煒	[illegible]	[illegible]	[illegible]	[illegible]	[illegible]	[illegible]	[illegible]	[illegible]

9635

	30	31	32	33	34	35	36	37	38	39
EA	[illegible]	[illegible]	[illegible]	[illegible]	[illegible]	[illegible]	[illegible]	[illegible]	[illegible]	[illegible]
EB	[illegible]	[illegible]	[illegible]	[illegible]	[illegible]	[illegible]	[illegible]	[illegible]	[illegible]	[illegible]
EC	[illegible]	[illegible]	[illegible]	[illegible]	[illegible]	[illegible]	[illegible]	[illegible]	[illegible]	[illegible]
ED	[illegible]	[illegible]	[illegible]	[illegible]	[illegible]	[illegible]	[illegible]	[illegible]	[illegible]	[illegible]
EE	[illegible]	[illegible]	[illegible]	[illegible]	[illegible]	[illegible]	[illegible]	[illegible]	[illegible]	[illegible]
EF	[illegible]	[illegible]	[illegible]	[illegible]	[illegible]	[illegible]	[illegible]	[illegible]	[illegible]	[illegible]
F0	[illegible]	[illegible]	[illegible]	[illegible]	[illegible]	[illegible]	[illegible]	[illegible]	[illegible]	[illegible]
F1	[illegible]	[illegible]	[illegible]	[illegible]	[illegible]	[illegible]	[illegible]	[illegible]	[illegible]	[illegible]
F2	[illegible]	[illegible]	[illegible]	[illegible]	[illegible]	[illegible]	[illegible]	[illegible]	[illegible]	[illegible]
F3	[illegible]	[illegible]	[illegible]	[illegible]	[illegible]	[illegible]	[illegible]	[illegible]	[illegible]	[illegible]
F4	[illegible]	[illegible]	[illegible]	[illegible]	[illegible]	[illegible]	[illegible]	[illegible]	[illegible]	[illegible]
F5	[illegible]	[illegible]	[illegible]	[illegible]	[illegible]	[illegible]	[illegible]	[illegible]	[illegible]	[illegible]
F6	[illegible]	[illegible]	[illegible]	[illegible]	[illegible]	[illegible]	[illegible]	[illegible]	[illegible]	[illegible]
F7	[illegible]	[illegible]	[illegible]	[illegible]	[illegible]	[illegible]	[illegible]	[illegible]	[illegible]	[illegible]
F8	[illegible]	[illegible]	[illegible]	[illegible]	[illegible]	[illegible]	[illegible]	[illegible]	[illegible]	[illegible]
F9	[illegible]	[illegible]	[illegible]	[illegible]	[illegible]	[illegible]	[illegible]	[illegible]	[illegible]	[illegible]
FA	[illegible]	[illegible]	[illegible]	[illegible]	[illegible]	[illegible]	[illegible]	[illegible]	[illegible]	[illegible]
FB	[illegible]	[illegible]	[illegible]	[illegible]	[illegible]	[illegible]	[illegible]	[illegible]	[illegible]	[illegible]
FC	[illegible]	[illegible]	[illegible]	[illegible]	[illegible]	[illegible]	[illegible]	[illegible]	[illegible]	[illegible]
FD	[illegible]	[illegible]	[illegible]	[illegible]	[illegible]	[illegible]	[illegible]	[illegible]	[illegible]	[illegible]
FE	[illegible]	[illegible]	[illegible]	[illegible]	[illegible]	[illegible]	[illegible]	[illegible]	[illegible]	[illegible]

9636

	30	31	32	33	34	35	36	37	38	39
81	[illegible]	[illegible]	[illegible]	[illegible]	[illegible]	[illegible]	[illegible]	[illegible]	[illegible]	[illegible]
82	[illegible]	[illegible]	[illegible]	[illegible]	[illegible]	[illegible]	[illegible]	[illegible]	[illegible]	[illegible]
83	[illegible]	[illegible]	[illegible]	[illegible]	[illegible]	[illegible]	[illegible]	[illegible]	[illegible]	[illegible]
84	[illegible]	[illegible]	[illegible]	[illegible]	[illegible]	[illegible]	[illegible]	[illegible]	[illegible]	[illegible]
85	[illegible]	[illegible]	[illegible]	[illegible]	[illegible]	[illegible]	[illegible]	[illegible]	[illegible]	[illegible]
86	[illegible]	[illegible]	[illegible]	[illegible]	[illegible]	[illegible]	[illegible]	[illegible]	[illegible]	[illegible]
87	[illegible]	[illegible]	[illegible]	[illegible]	[illegible]	[illegible]	[illegible]	[illegible]	[illegible]	[illegible]
88	[illegible]	[illegible]	[illegible]	[illegible]	[illegible]	[illegible]	[illegible]	[illegible]	[illegible]	[illegible]
89	[illegible]	[illegible]	[illegible]	[illegible]	[illegible]	[illegible]	[illegible]	[illegible]	[illegible]	[illegible]
8A	[illegible]	[illegible]	[illegible]	[illegible]	[illegible]	[illegible]	[illegible]	[illegible]	[illegible]	[illegible]
8B	[illegible]	[illegible]	[illegible]	[illegible]	[illegible]	[illegible]	[illegible]	[illegible]	[illegible]	[illegible]
8C	[illegible]	[illegible]	[illegible]	[illegible]	[illegible]	[illegible]	[illegible]	[illegible]	[illegible]	[illegible]
8D	[illegible]	[illegible]	[illegible]	[illegible]	[illegible]	[illegible]	[illegible]	[illegible]	[illegible]	[illegible]
8E	[illegible]	[illegible]	[illegible]	[illegible]	[illegible]	[illegible]	[illegible]	[illegible]	[illegible]	[illegible]
8F	[illegible]	[illegible]	[illegible]	[illegible]	[illegible]	[illegible]	[illegible]	[illegible]	[illegible]	[illegible]
90	[illegible]	[illegible]	[illegible]	[illegible]	[illegible]	[illegible]	[illegible]	[illegible]	[illegible]	[illegible]
91	[illegible]	[illegible]	[illegible]	[illegible]	[illegible]	[illegible]	[illegible]	[illegible]	[illegible]	[illegible]
92	[illegible]	[illegible]	[illegible]	[illegible]	[illegible]	[illegible]	[illegible]	[illegible]	[illegible]	[illegible]
93	[illegible]	[illegible]	[illegible]	[illegible]	[illegible]	[illegible]	[illegible]	[illegible]	[illegible]	[illegible]
94	[illegible]	[illegible]	[illegible]	[illegible]	[illegible]	[illegible]	[illegible]	[illegible]	[illegible]	[illegible]
95	[illegible]	[illegible]	[illegible]	[illegible]	[illegible]	[illegible]	[illegible]	[illegible]	[illegible]	[illegible]

9636

	30	31	32	33	34	35	36	37	38	39
96	𤖪	𤖫	𤖬	𤖭	𤖮	𤖯	𤖰	𤖱	𤖲	𤖳
97	𤖴	𤖵	𤖶	𤖷	𤖸	𤖹	𤖺	𤖻	𤖼	𤖽
98	𤖾	𤖿	𤗀	𤗁	𤗂	𤗃	𤗄	𤗅	𤗆	𤗇
99	𤗈	𤗉	𤗊	𤗋	𤗌	𤗍	𤗎	𤗏	𤗐	𤗑
9A	𤗒	𤗓	𤗔	𤗕	𤗖	𤗗	𤗘	𤗙	𤗚	𤗛
9B	𤗜	𤗝	𤗞	𤗟	𤗠	𤗡	𤗢	𤗣	𤗤	𤗥
9C	𤗦	𤗧	𤗨	𤗩	𤗪	𤗫	𤗬	𤗭	𤗮	𤗯
9D	𤗰	𤗱	𤗲	𤗳	𤗴	𤗵	𤗶	𤗷	𤗸	𤗹
9E	𤗺	𤗻	𤗼	𤗽	𤗾	𤗿	𤘀	𤘁	𤘂	𤘃
9F	𤘄	𤘅	𤘆	𤘇	𤘈	𤘉	𤘊	𤘋	𤘌	𤘍
A0	𤘎	𤘏	𤘐	𤘑	𤘒	𤘓	𤘔	𤘕	𤘖	𤘗
A1	𤘘	𤘙	𤘚	𤘛	𤘜	𤘝	𤘞	𤘟	𤘠	𤘡
A2	𤘢	𤘣	𤘤	𤘥	𤘦	𤘧	𤘨	𤘩	𤘪	𤘫
A3	𤘬	𤘭	𤘮	𤘯	𤘰	𤘱	𤘲	𤘳	𤘴	𤘵
A4	𤘶	𤘷	𤘸	𤘹	𤘺	𤘻	𤘼	𤘽	𤘾	𤘿
A5	𤙀	𤙁	𤙂	𤙃	𤙄	𤙅	𤙆	𤙇	𤙈	𤙉
A6	𤙊	𤙋	𤙌	𤙍	𤙎	𤙏	𤙐	𤙑	𤙒	𤙓
A7	𤙔	𤙕	𤙖	𤙗	𤙘	𤙙	𤙚	𤙛	𤙜	𤙝
A8	𤙞	𤙟	𤙠	𤙡	𤙢	𤙣	𤙤	𤙥	𤙦	𤙧
A9	𤙨	𤙩	𤙪	𤙫	𤙬	𤙭	𤙮	𤙯	𤙰	𤙱
AA	𤙲	𤙳	𤙴	𤙵	𤙶	𤙷	𤙸	𤙹	𤙺	𤙻

9636

	30	31	32	33	34	35	36	37	38	39
AB	⿱執牛	⿰牜尚	⿰牜并	⿰牜舌	⿰牜采	⿰角斗	⿰牜匋	⿰牜虒	⿰牜⿱日且	⿰牜辛
AC	⿰牜減	⿰牜夌	⿰牜娄	⿱取牛	⿰牜柰	⿰牜念	犀	⿰牜蚩	⿰牜俞	⿰牜重
AD	⿰牜苗	⿰牜射	⿰牜京	⿱艹犮	⿰牜交	⿰牜垔	⿰牜姜	⿰牜宣	⿰牜要	⿰牜奂
AE	⿰牜毒	⿰牜面	⿱㓞牛	⿰牜皇	⿰牜出	特	⿰牜嬰	⿰牜度	⿰牜帝	⿰牜室
AF	⿰牜眉	⿰牜合	⿰牜柬	⿱罒⿱丰牛	⿰牜叚	⿰牜秦	⿰牜毘	⿰牜唐	⿰牜倉	⿰牜䍃
B0	⿰牜享	⿰牜臭	⿰牜旁	⿰牜骨	⿰⿳士冖牛殳	⿰牜虎	⿰牜馬	⿰牜啻	⿰糹犀	⿰卓牛
B1	⿱章牛	⿰牜聿	⿰牜𦐇	⿱兟言	⿱非牛	⿰牜尃	⿰牜辱	⿰牜辰	⿰牜尌	⿰牜昷
B2	⿰牜鬼	⿰牜翏	⿰牜脊	⿰牜畜	⿸尸⿱非牛	⿰牜眞	⿱亼⿱非牛	⿱⿰丰丰牛	⿰牜習	⿰牜堂
B3	⿰牜尌	⿰牜崔	⿱⿰車殳牛	⿰牜盧	⿰牜區	⿰牜庸	⿰牜曷	⿱殸牛	⿰牜曼	⿰牜斛
B4	⿱𣪊牛	⿱毄牛	⿰牜荓	⿰𦥔牛	⿱隶牛	⿰牜脩	⿰牜副	⿱覀⿱早牛	⿰牜閒	⿰牜㒼
B5	⿰牜婁	⿰牜漆	⿰牜曾	⿰牜翕	⿰牜黍	⿰牜黄	⿰牜厥	⿰牜尋	⿰牜焉	⿰牜肴
B6	⿰牜耄	⿰牜葦	⿰牜貫	⿰牜牛	⿰牜勞	⿰牜蜀	⿰牜韋	⿱⿱𦥑冖牛	⿰牜嵬	⿰牜解
B7	⿰牜葛	⿰牜嬰	⿰牜萬	⿰牜嗇	⿰牜感	⿰牜翟	⿰牜繫	⿰牜臧	⿰牜黎	⿰牜聶
B8	⿰牜憂	⿰⿱丿米牛	⿰牜韋	⿰釒感	⿱衛牛	⿰牜幸	⿰牜褱	⿰牜霍	⿰牜龍	⿰牜毚
B9	⿰牜善	⿰牜嬰	⿰牜需	⿰牜魯	⿰牜暴	⿰牜雚	⿰牜麗	⿰牜嚚	⿰牜藏	⿰牜罷
BA	⿰牜董	⿰牜雝	⿱翟牛	⿰牜霸	⿰牜纍	⿰牜蠢	⿸广斛	⿰牜靈	⿱⺈工	犸
BB	⿰犭力	⿰犭几	⿰犭八	⿰犭丩	⿰犭乃	⿰犭卩	⿰犭卂	⿰犭也	⿰犭乇	⿰犭叉
BC	⿰犭凡	帙	⿰犭乜	⿰犭勿	⿰犭亡	⿰犭又	⿰犭山	⿰犭子	⿰犭寸	⿰犭及
BD	⿰犭今	⿰犭巴	⿰木犬	狮	犹	⿰犭开	狐	⿰犭互	⿰犭厄	⿰大犬
BE	⿰犭正	⿰犭比	⿰犭勺	⿰犭内	⿰犭共	⿰犭风	⿰犬犬	⿰犭太	⿰犭朮	⿰犭玄
BF	⿰犭毛	⿰犭公	⿰犭欠	⿰犭攵	⿰犭殳	⿰犭予	⿰犭卆	⿰犭攴	⿰犭元	⿰犭日

9636

	30	31	32	33	34	35	36	37	38	39
C0	狣	𤞾	𤝯	𤝟	狜	㹰	狛	𤞎	𤝕	㹨
C1	㹝	狟	狆	狏	犮	狳	狇	𤟵	㹽	𤝙
C2	狢	𤝎	狔	狱	狗	狗	犺	犼	𤟥	𤞈
C3	狝	狴	𤞷	狱	狢	㹤	㹬	狎	𤟁	狌
C4	𤝗	狰	㹪	狭	狊	㹫	狛	律	狍	狂
C5	狁	㺊	狂	㹧	狭	㹮	犺	𤞃	狂	狨
C6	狦	猂	狠	猰	猻	猠	猝	狪	狱	狨
C7	狨	狸	猍	猏	狂	狩	猜	𤟚	猗	猇
C8	猞	𤞡	猻	猘	猈	𤟻	猡	猱	猳	猭
C9	猵	猎	猖	狨	猏	猊	猔	猫	猱	猪
CA	猝	猫	猏	猔	猙	𤟴	猢	猵	猎	猞
CB	猶	猛	猩	猢	𤠆	猾	猬	猭	猺	獂
CC	獗	猴	猿	猜	獆	獗	猦	猲	猸	獎
CD	獏	猴	獎	猷	猖	猾	猱	猨	猹	獃
CE	獀	猦	獻	獢	獄	猜	猾	猩	獻	獏
CF	獋	猩	獊	獵	獁	獟	獉	獴	獜	獒
D0	獣	獮	獭	獲	獲	獳	獷	獻	獸	獶
D1	獭	獮	獯	獰	獱	獵	獸	獹	獼	獾
D2	獿	獭	獢	猛	猄	獐	獬	獭	獻	獲
D3	獼	獭	獿	獵	獦	獙	獄	獭	獨	獪
D4	獆	獵	獾	獳	獉	獴	獯	獭	獶	獦

9636

	30	31	32	33	34	35	36	37	38	39
D5	猿	獈	[illegible]	猴	[illegible]	[illegible]	獥	[illegible]	[illegible]	[illegible]
D6	[illegible]	㟷	猲	獬	獡	㺜	猼	猴	獃	[illegible]
D7	猔	[illegible]	獖	[illegible]	[illegible]	[illegible]	猈	獝	[illegible]	獩
D8	獳	[illegible]	㺒	獙	獹	獭	[illegible]	[illegible]	獵	[illegible]
D9	[illegible]	獏	獟	[illegible]	㺇	[illegible]	[illegible]	[illegible]	獪	獛
DA	[illegible]	獗	獝	獡	[illegible]	猣	獶	[illegible]	獗	獰
DB	[illegible]	猅	獲	[illegible]	獂	獦	獝	獹	獳	獯
DC	獮	[illegible]	[illegible]	[illegible]	獢	[illegible]	獖	[illegible]	獤	獦
DD	[illegible]	獖	獮	[illegible]	[illegible]	[illegible]	[illegible]	獫	獴	[illegible]
DE	[illegible]	[illegible]	獨	[illegible]	[illegible]	[illegible]	獼	獺	[illegible]	獢
DF	[illegible]	[illegible]	獝	[illegible]	獠	[illegible]	獦	獙	[illegible]	獥
E0	獣	獰	獾	[illegible]	獻	獼	[illegible]	獸	獟	[illegible]
E1	獯	[illegible]	[illegible]	獫	獸	[illegible]	[illegible]	獶	獦	[illegible]
E2	[illegible]	[illegible]	獷	獱	[illegible]	獡	獷	[illegible]	[illegible]	[illegible]
E3	獯	[illegible]	[illegible]	[illegible]	[illegible]	[illegible]	[illegible]	[illegible]	獟	獼
E4	[illegible]	[illegible]	獠	[illegible]	[illegible]	[illegible]	[illegible]	[illegible]	[illegible]	[illegible]
E5	[illegible]	獵	異	獪	[illegible]	[illegible]	[illegible]	[illegible]	[illegible]	[illegible]
E6	[illegible]	[illegible]	㺍	獳	玃	獻	[illegible]	獹	[illegible]	玃
E7	[illegible]	玂	[illegible]	[illegible]	[illegible]	[illegible]	[illegible]	[illegible]	[illegible]	[illegible]
E8	[illegible]	[illegible]	玁	[illegible]	玃	[illegible]	[illegible]	玄	玆	[illegible]
E9	[illegible]	王	[illegible]	[illegible]	[illegible]	玐	玒	玐	玒	玘

9636

	30	31	32	33	34	35	36	37	38	39
EA	玐	玗	宝	玹	舌	玫	玤	玾	瓝	玬
EB	𡨄	玥	玹	玶	玧	玪	玗	玭	玬	玏
EC	玡	玦	玹	玅	玏	[illegible]	玩	玩	釜	玻
ED	珎	玔	玻	玤	玣	玸	珐	珉	玺	玴
EE	珋	珏	珯	珁	珗	珩	玦	珂	珂	珓
EF	珠	珠	珊	珃	珦	珩	珊	珦	珈	珚
F0	珓	球	𤦡	珦	珋	珝	珏	珧	玺	珀
F1	珠	珠	珰	班	珻	珍	珩	珀	珍	珞
F2	珓	珱	珠	洲	珥	珵	珮	珩	珋	珋
F3	珋	珚	琁	璽	珪	珬	珛	琴	璺	琚
F4	琔	琊	瑗	瑗	琗	琅	瑗	琫	瑕	琙
F5	琉	琇	琣	琓	琜	琭	琟	琚	琢	琔
F6	琱	琀	琫	琿	琀	琹	琄	瑍	璽	琨
F7	琺	琰	琊	瑬	瑘	[illegible]	瑍	瑒	瑲	瑽
F8	瑧	瑖	璧	璺	璽	璽	瑱	琲	瑫	瑠
F9	瑮	璺	瑎	瑧	瑄	瑪	瑜	瑲	瑖	瑰
FA	璽	瑑	瑨	瑝	琶	琴	瑎	瑛	琪	琩
FB	琣	琕	琸	璽	琴	琴	基	琥	琨	琡
FC	斑	琭	璧	琣	琼	琜	琀	琎	琟	琡
FD	瑑	瑠	璺	瑽	瑫	瑴	瑳	瑜	瑹	瑱
FE	琦	境	璽	瑊	瑈	瑢	琪	璪	琴	瑸

9637

	30	31	32	33	34	35	36	37	38	39
81	瓔	琕	琹	瑺	瑾	瑧	瑳	瑘	瓏	玲
82	璆	瑆	瑴	瓲	瑥	瑦	瓋	璭	璟	瑀
83	璠	玦	璁	瑞	瓓	瑓	璞	琁	瑇	瑯
84	瑯	瑔	瓺	瑆	瑔	璧	瑯	瑿	琰	瑁
85	瑿	瑸	璨	瑍	瑟	瑀	瑟	瑅	珙	瑼
86	璦	瑔	璕	璌	瑄	瑅	瑅	瑑	瓏	瑞
87	瑜	瑨	瑭	琪	瑧	瑃	琨	瑋	瑞	瓏
88	瑎	玲	瑰	璈	瑑	瑣	璺	瑫	璁	琜
89	環	瑡	瑰	璣	璉	璗	璀	瑳	瑄	瑟
8A	璩	璥	瑝	瑚	璞	璧	珍	琦	瑜	璬
8B	璶	瑳	璨	璁	瑀	瑭	瑞	琦	琥	璫
8C	瑔	瑞	璟	瑔	瑓	瑔	瑞	璾	瑹	臺
8D	璋	璽	瑻	璊	璥	璩	璗	瓏	璵	瑢
8E	瓖	瑥	瑀	瓃	璄	璚	瑅	瑨	琱	瑆
8F	璌	璣	璂	瑎	瓃	璠	瑢	瑮	璽	瑟
90	瓛	瓓	瑻	璚	璦	璠	瑢	璃	瑝	瑂
91	璺	璘	璨	璭	瑔	璣	瑑	瑰	瓈	琥
92	璥	璽	瓌	璺	瑪	瑣	璥	瑻	璞	瑢
93	璞	璧	瓙	瑡	瑣	瓛	瑠	璁	瓔	瓔
94	璁	瓊	瓏	璠	瑋	璺	璧	璧	玲	璽
95	瓅	瑋	璺	璘	璺	瓊	瓅	璯	瑨	瓓

9637

	30	31	32	33	34	35	36	37	38	39
96	𤪖	𤪗	𤪘	𤪙	𤪚	𤪛	𤪜	𤪝	𤪞	𤪟
97	𤪠	𤪡	𤪢	𤪣	𤪤	𤪥	𤪦	𤪧	𤪨	𤪩
98	𤪪	𤪫	𤪬	𤪭	𤪮	𤪯	𤪰	𤪱	𤪲	𤪳
99	𤪴	𤪵	𤪶	𤪷	𤪸	𤪹	𤪺	𤪻	𤪼	𤪽
9A	𤪾	𤪿	𤫀	𤫁	𤫂	𤫃	𤫄	𤫅	𤫆	𤫇
9B	𤫈	𤫉	𤫊	𤫋	𤫌	𤫍	𤫎	𤫏	𤫐	𤫑
9C	𤫒	𤫓	𤫔	𤫕	𤫖	𤫗	𤫘	𤫙	𤫚	𤫛
9D	𤫜	𤫝	𤫞	𤫟	𤫠	𤫡	𤫢	𤫣	𤫤	𤫥
9E	𤫦	𤫧	𤫨	𤫩	𤫪	𤫫	𤫬	𤫭	𤫮	𤫯
9F	𤫰	𤫱	𤫲	𤫳	𤫴	𤫵	𤫶	𤫷	𤫸	𤫹
A0	𤫺	𤫻	𤫼	𤫽	𤫾	𤫿	𤬀	𤬁	𤬂	𤬃
A1	𤬄	𤬅	𤬆	𤬇	𤬈	𤬉	𤬊	𤬋	𤬌	𤬍
A2	𤬎	𤬏	𤬐	𤬑	𤬒	𤬓	𤬔	𤬕	𤬖	𤬗
A3	𤬘	𤬙	𤬚	𤬛	𤬜	𤬝	𤬞	𤬟	𤬠	𤬡
A4	𤬢	𤬣	𤬤	𤬥	𤬦	𤬧	𤬨	𤬩	𤬪	𤬫
A5	𤬬	𤬭	𤬮	𤬯	𤬰	𤬱	𤬲	𤬳	𤬴	𤬵
A6	𤬶	𤬷	𤬸	𤬹	𤬺	𤬻	𤬼	𤬽	𤬾	𤬿
A7	𤭀	𤭁	𤭂	𤭃	𤭄	𤭅	𤭆	𤭇	𤭈	𤭉
A8	𤭊	𤭋	𤭌	𤭍	𤭎	𤭏	𤭐	𤭑	𤭒	𤭓
A9	𤭔	𤭕	𤭖	𤭗	𤭘	𤭙	𤭚	𤭛	𤭜	𤭝
AA	𤭞	𤭟	𤭠	𤭡	𤭢	𤭣	𤭤	𤭥	𤭦	𤭧

9637

	30	31	32	33	34	35	36	37	38	39
AB	𤭨	𤭩	𤭪	𤭫	𤭬	𤭭	𤭮	𤭯	𤭰	𤭱
AC	𤭲	𤭳	𤭴	𤭵	𤭶	𤭷	𤭸	𤭹	𤭺	𤭻
AD	𤭼	𤭽	𤭾	𤭿	𤮀	𤮁	𤮂	𤮃	𤮄	𤮅
AE	𤮆	𤮇	𤮈	𤮉	𤮊	𤮋	𤮌	𤮍	𤮎	𤮏
AF	𤮐	𤮑	𤮒	𤮓	𤮔	𤮕	𤮖	𤮗	𤮘	𤮙
B0	𤮚	𤮛	𤮜	𤮝	𤮞	𤮟	𤮠	𤮡	𤮢	𤮣
B1	𤮤	𤮥	𤮦	𤮧	𤮨	𤮩	𤮪	𤮫	𤮬	𤮭
B2	𤮮	𤮯	𤮰	𤮱	𤮲	𤮳	𤮴	𤮵	𤮶	𤮷
B3	𤮸	𤮹	𤮺	𤮻	𤮼	𤮽	𤮾	𤮿	𤯀	𤯁
B4	𤯂	𤯃	𤯄	𤯅	𤯆	𤯇	𤯈	𤯉	𤯊	𤯋
B5	𤯌	𤯍	𤯎	𤯏	𤯐	𤯑	𤯒	𤯓	𤯔	𤯕
B6	𤯖	𤯗	𤯘	𤯙	𤯚	𤯛	𤯜	𤯝	𤯞	𤯟
B7	𤯠	𤯡	𤯢	𤯣	𤯤	𤯥	𤯦	𤯧	𤯨	𤯩
B8	𤯪	𤯫	𤯬	𤯭	𤯮	𤯯	𤯰	𤯱	𤯲	𤯳
B9	𤯴	𤯵	𤯶	𤯷	𤯸	𤯹	𤯺	𤯻	𤯼	𤯽
BA	𤯾	𤯿	𤰀	𤰁	𤰂	𤰃	𤰄	𤰅	𤰆	𤰇
BB	𤰈	𤰉	𤰊	𤰋	𤰌	𤰍	𤰎	𤰏	𤰐	𤰑
BC	𤰒	𤰓	𤰔	𤰕	𤰖	𤰗	𤰘	𤰙	𤰚	𤰛
BD	𤰜	𤰝	𤰞	𤰟	𤰠	𤰡	𤰢	𤰣	𤰤	𤰥
BE	𤰦	𤰧	𤰨	𤰩	𤰪	𤰫	𤰬	𤰭	𤰮	𤰯
BF	𤰰	𤰱	𤰲	𤰳	𤰴	𤰵	𤰶	𤰷	𤰸	𤰹

9637

	30	31	32	33	34	35	36	37	38	39
C0	畓	苗	畔	畖	明	昒	畏	畉	眃	眛
C1	眯	眲	眮	畚	畒	眏	笛	畊	眻	䀛
C2	眑	眎	眐	畞	畜	畠	畡	眠	畠	里
C3	匙	眜	留	眎	香	畣	眕	眦	昭	畾
C4	眺	畘	畛	畦	眺	畭	畊	眺	書	畏
C5	眴	畬	畏	睕	脈	截	琚	眹	眨	畚
C6	畎	睔	細	畤	畚	眶	脤	畦	畦	畢
C7	粤	睔	畈	畢	畟	畜	農	富	覓	暑
C8	是	愛	畊	畎	睇	睆	異	畤	畊	睐
C9	睛	睔	睇	醫	睖	畬	睐	畬	畢	畨
CA	畬	睛	睟	睘	留	睫	睥	畫	睥	睖
CB	睠	睒	睖	暖	瞑	畾	睲	畫	瞐	廼
CC	壘	禺	瞄	瞔	甥	畱	蕾	瞈	瞘	瞙
CD	畟	瞂	疆	畫	畿	瞇	瞉	瞍	瞏	畾
CE	瞉	耪	瞗	瞙	瞞	畬	瞜	黽	瞔	畾
CF	瞝	瞟	瞟	翟	膰	瞤	瞨	播	瞪	曉
D0	瞲	疇	瞸	瞷	疆	瞹	瞺	瞼	瞽	矔
D1	瞿	矇	疉	瞿	疅	瞵	曆	矂	矄	矅
D2	膽	矙	疊	矌	矑	畾	矓	疊	矎	矏
D3	矐	疊	矑	矒	矔	矓	疆	矕	矖	疊
D4	矗	矘	囂	矙	矚	囂	矘	矚	矙	矡

9637

	30	31	32	33	34	35	36	37	38	39
D5	[illegible]	尌	[illegible]	[illegible]	[illegible]	[illegible]	[illegible]	[illegible]	[illegible]	疋
D6	⿱丕疋	⿱山疌	⿱人疌	⿰齒疋	⿰車疋	⿱東疋	⿲木疋木	⿱惠疋	⿱壴疋	⿱艹⿱壴疋
D7	⿱將疋	⿱壹疋	⿱埶疋	⿱辟疋	⿱霝疋	⿸疒乞	⿸疒凡	⿸疒又	⿸疒殳	⿸疒卜
D8	⿸疒几	⿸疒干	⿸疒方	⿸疒八	⿸疒刀	⿸疒丸	⿸疒亢	⿸疒毛	⿸疒开	⿸疒子
D9	⿸疒元	⿸疒氏	⿸疒王	⿸疒木	⿸疒气	⿸疒市	⿸疒冗	⿸疒夾	⿸疒欠	⿸疒夸
DA	⿸疒斤	⿸疒冉	⿸疒先	症	⿸疒必	⿸疒并	⿸疒厷	⿸疒囟	⿸疒勾	⿸疒芳
DB	⿸疒予	⿸疒太	⿸疒屯	⿸疒云	⿸疒少	⿸疒午	⿸疒亢	⿸疒兮	⿸疒勿	⿸疒衣
DC	⿸疒殳	⿸疒艮	⿸疒允	⿸疒亏	⿸疒百	⿸疒希	⿸疒必	⿸疒生	⿸疒奄	⿸疒至
DD	⿸疒尒	⿸疒每	⿸疒坴	⿸疒叟	⿸疒卯	⿸疒乎	⿸疒丘	⿸疒平	⿸疒民	⿸疒未
DE	⿸疒承	⿸疒艮	⿸疒夷	⿸疒施	⿸疒臽	⿸疒宗	⿸疒发	⿸疒甬	⿸疒灰	⿸疒㐬
DF	⿸疒臽	⿸疒房	⿸疒忝	⿸疒奉	⿸疒壮	⿸疒聿	⿸疒号	⿸疒复	⿸疒夆	⿸疒吉
E0	⿸疒曳	⿸疒宛	⿸疒向	⿸疒更	⿸疒宅	⿸疒西	⿸疒亥	⿸疒老	⿸疒害	⿸疒兆
E1	⿸疒任	⿸疒侯	⿸疒茁	痏	⿸疒酉	⿸疒申	⿸疒会	⿸疒色	⿸疒癸	⿸疒亘
E2	⿸疒朱	⿸疒光	⿸疒寿	⿸疒因	⿸疒虫	⿸疒盾	瘵	⿸疒香	⿸疒孛	⿸疒宾
E3	⿸疒言	⿸疒作	⿸疒呈	⿸疒邑	⿸疒冊	⿸疒忽	⿸疒夆	⿸疒麦	⿸疒余	⿸疒斛
E4	⿸疒宣	⿸疒役	⿸疒娄	⿸疒族	⿸疒弄	⿸疒贞	⿸疒急	⿸疒求	⿸疒羊	⿸疒祭
E5	⿸疒東	⿸疒呆	⿸疒虎	⿸疒賣	⿸疒温	⿸疒帝	⿸疒皇	⿸疒告	⿸疒尋	⿸疒密
E6	⿸疒狂	⿸疒君	⿸疒娜	⿸疒高	⿸疒欲	⿸疒見	[illegible]	⿸疒孝	⿸疒客	⿸疒享
E7	⿸疒匡	⿸疒室	⿸疒肥	[illegible]	⿸疒卷	⿸疒兒	⿸疒柬	⿸疒臧	⿸疒祭	⿸疒亟
E8	⿸疒瓦	⿸疒豕	⿸疒取	⿸疒其	⿸疒阜	⿸疒窒	⿸疒看	⿸疒吾	⿸疒卑	⿸疒欣
E9	⿸疒侖	⿸疒采	⿸疒婁	⿸疒南	⿸疒卓	⿸疒尊	⿸疒彔	⿸疒冏	⿸疒套	⿸疒岳

9637

	30	31	32	33	34	35	36	37	38	39
EA	𤷞	𤷟	𤷠	𤷡	𤷢	𤷣	𤷤	𤷥	𤷦	𤷧
EB	𤷨	𤷩	𤷪	𤷫	𤷬	𤷭	𤷮	𤷯	𤷰	𤷱
EC	𤷲	𤷳	𤷴	𤷵	𤷶	𤷷	𤷸	𤷹	𤷺	𤷻
ED	𤷼	𤷽	𤷾	𤷿	𤸀	𤸁	𤸂	𤸃	𤸄	𤸅
EE	𤸆	𤸇	𤸈	𤸉	𤸊	𤸋	𤸌	𤸍	𤸎	𤸏
EF	𤸐	𤸑	𤸒	𤸓	𤸔	𤸕	𤸖	𤸗	𤸘	𤸙
F0	𤸚	𤸛	𤸜	𤸝	𤸞	𤸟	𤸠	𤸡	𤸢	𤸣
F1	𤸤	𤸥	𤸦	𤸧	𤸨	𤸩	𤸪	𤸫	𤸬	𤸭
F2	𤸮	𤸯	𤸰	𤸱	𤸲	𤸳	𤸴	𤸵	𤸶	𤸷
F3	𤸸	𤸹	𤸺	𤸻	𤸼	𤸽	𤸾	𤸿	𤹀	𤹁
F4	𤹂	𤹃	𤹄	𤹅	𤹆	𤹇	𤹈	𤹉	𤹊	𤹋
F5	𤹌	𤹍	𤹎	𤹏	𤹐	𤹑	𤹒	𤹓	𤹔	𤹕
F6	𤹖	𤹗	𤹘	𤹙	𤹚	𤹛	𤹜	𤹝	𤹞	𤹟
F7	𤹠	𤹡	𤹢	𤹣	𤹤	𤹥	𤹦	𤹧	𤹨	𤹩
F8	𤹪	𤹫	𤹬	𤹭	𤹮	𤹯	𤹰	𤹱	𤹲	𤹳
F9	𤹴	𤹵	𤹶	𤹷	𤹸	𤹹	𤹺	𤹻	𤹼	𤹽
FA	𤹾	𤹿	𤺀	𤺁	𤺂	𤺃	𤺄	𤺅	𤺆	𤺇
FB	𤺈	𤺉	𤺊	𤺋	𤺌	𤺍	𤺎	𤺏	𤺐	𤺑
FC	𤺒	𤺓	𤺔	𤺕	𤺖	𤺗	𤺘	𤺙	𤺚	𤺛
FD	𤺜	𤺝	𤺞	𤺟	𤺠	𤺡	𤺢	𤺣	𤺤	𤺥
FE	𤺦	𤺧	𤺨	𤺩	𤺪	𤺫	𤺬	𤺭	𤺮	𤺯

9638

	30	31	32	33	34	35	36	37	38	39
81	𤺰	𤺱	𤺲	𤺳	𤺴	𤺵	𤺶	𤺷	𤺸	𤺹
82	𤺺	𤺻	𤺼	𤺽	𤺾	𤺿	𤻀	𤻁	𤻂	𤻃
83	𤻄	𤻅	𤻆	𤻇	𤻈	𤻉	𤻊	𤻋	𤻌	𤻍
84	𤻎	𤻏	𤻐	𤻑	𤻒	𤻓	𤻔	𤻕	𤻖	𤻗
85	𤻘	𤻙	𤻚	𤻛	𤻜	𤻝	𤻞	𤻟	𤻠	𤻡
86	𤻢	𤻣	𤻤	𤻥	𤻦	𤻧	𤻨	𤻩	𤻪	𤻫
87	𤻬	𤻭	𤻮	𤻯	𤻰	𤻱	𤻲	𤻳	𤻴	𤻵
88	𤻶	𤻷	𤻸	𤻹	𤻺	𤻻	𤻼	𤻽	𤻾	𤻿
89	𤼀	𤼁	𤼂	𤼃	𤼄	𤼅	𤼆	𤼇	𤼈	𤼉
8A	𤼊	𤼋	𤼌	𤼍	𤼎	𤼏	𤼐	𤼑	𤼒	𤼓
8B	𤼔	𤼕	𤼖	𤼗	𤼘	𤼙	𤼚	𤼛	𤼜	𤼝
8C	𤼞	𤼟	𤼠	𤼡	𤼢	𤼣	𤼤	𤼥	𤼦	𤼧
8D	𤼨	𤼩	𤼪	𤼫	𤼬	𤼭	𤼮	𤼯	𤼰	𤼱
8E	𤼲	𤼳	𤼴	𤼵	𤼶	𤼷	𤼸	𤼹	𤼺	𤼻
8F	𤼼	𤼽	𤼾	𤼿	𤽀	𤽁	𤽂	𤽃	𤽄	𤽅
90	𤽆	𤽇	𤽈	𤽉	𤽊	𤽋	𤽌	𤽍	𤽎	𤽏
91	𤽐	𤽑	𤽒	𤽓	𤽔	𤽕	𤽖	𤽗	𤽘	𤽙
92	𤽚	𤽛	𤽜	𤽝	𤽞	𤽟	𤽠	𤽡	𤽢	𤽣
93	𤽤	𤽥	𤽦	𤽧	𤽨	𤽩	𤽪	𤽫	𤽬	𤽭
94	𤽮	𤽯	𤽰	𤽱	𤽲	𤽳	𤽴	𤽵	𤽶	𤽷
95	𤽸	𤽹	𤽺	𤽻	𤽼	𤽽	𤽾	𤽿	𤾀	𤾁

9638

	30	31	32	33	34	35	36	37	38	39
96	[illegible]	[illegible]	[illegible]	[illegible]	[illegible]	[illegible]	[illegible]	[illegible]	[illegible]	[illegible]
97	[illegible]	[illegible]	[illegible]	[illegible]	[illegible]	[illegible]	[illegible]	[illegible]	[illegible]	[illegible]
98	[illegible]	[illegible]	[illegible]	[illegible]	[illegible]	[illegible]	[illegible]	[illegible]	[illegible]	[illegible]
99	[illegible]	[illegible]	[illegible]	[illegible]	[illegible]	[illegible]	[illegible]	[illegible]	[illegible]	[illegible]
9A	[illegible]	曜	[illegible]	[illegible]	[illegible]	[illegible]	[illegible]	[illegible]	[illegible]	[illegible]
9B	[illegible]	[illegible]	[illegible]	[illegible]	[illegible]	[illegible]	[illegible]	[illegible]	[illegible]	[illegible]
9C	[illegible]	[illegible]	[illegible]	[illegible]	[illegible]	[illegible]	[illegible]	[illegible]	[illegible]	[illegible]
9D	[illegible]	[illegible]	[illegible]	[illegible]	[illegible]	[illegible]	[illegible]	[illegible]	[illegible]	[illegible]
9E	[illegible]	[illegible]	[illegible]	[illegible]	[illegible]	[illegible]	[illegible]	[illegible]	[illegible]	[illegible]
9F	[illegible]	[illegible]	[illegible]	[illegible]	[illegible]	[illegible]	[illegible]	[illegible]	[illegible]	[illegible]
A0	[illegible]	[illegible]	[illegible]	[illegible]	[illegible]	[illegible]	[illegible]	[illegible]	[illegible]	[illegible]
A1	[illegible]	[illegible]	[illegible]	[illegible]	[illegible]	[illegible]	[illegible]	[illegible]	[illegible]	[illegible]
A2	[illegible]	[illegible]	[illegible]	[illegible]	[illegible]	[illegible]	[illegible]	[illegible]	[illegible]	[illegible]
A3	[illegible]	[illegible]	[illegible]	[illegible]	[illegible]	[illegible]	[illegible]	[illegible]	[illegible]	[illegible]
A4	[illegible]	[illegible]	[illegible]	[illegible]	[illegible]	[illegible]	[illegible]	[illegible]	[illegible]	[illegible]
A5	[illegible]	[illegible]	[illegible]	[illegible]	[illegible]	[illegible]	[illegible]	[illegible]	[illegible]	[illegible]
A6	[illegible]	[illegible]	[illegible]	[illegible]	[illegible]	[illegible]	[illegible]	[illegible]	[illegible]	[illegible]
A7	[illegible]	[illegible]	[illegible]	[illegible]	[illegible]	[illegible]	[illegible]	[illegible]	[illegible]	[illegible]
A8	[illegible]	[illegible]	[illegible]	[illegible]	[illegible]	[illegible]	[illegible]	[illegible]	[illegible]	[illegible]
A9	[illegible]	[illegible]	[illegible]	[illegible]	[illegible]	[illegible]	[illegible]	[illegible]	[illegible]	[illegible]
AA	[illegible]	[illegible]	[illegible]	[illegible]	[illegible]	[illegible]	[illegible]	[illegible]	[illegible]	[illegible]

9638

	30	31	32	33	34	35	36	37	38	39
AB	盵	⿱凶皿	盅	⿱宀⿱乂皿	盞	⿱任皿	⿱⿷匚召皿	⿱丞皿	⿱垂皿	⿱⿱丿丞皿
AC	⿱聿皿	⿱列皿	盖	⿱⿰氵言皿	⿱否皿	盗	⿱⿰氵召皿	⿱吕皿	盛	盒
AD	⿱⿰夕攵皿	⿱⿰氵舌皿	⿱丞皿	⿱表皿	⿱皀皿	⿱次皿	⿱攸皿	⿱呆皿	⿱罒皿	⿱金皿
AE	⿱沙皿	⿱⿰氵谷皿	⿱吻皿	⿱⿰氵申皿	⿱亞皿	⿱⿰氵舌皿	⿱養皿	⿱林皿	⿱⿰臣夕皿	⿱⿰目亡皿
AF	⿱⿰辵乎皿	⿱叔皿	⿱⿰臣大皿	⿱⿰氵含皿	盟	⿱⿰土卤皿	⿱敄皿	⿱逢皿	監	⿱萱皿
B0	⿱遙皿	⿱⿰壴巳皿	⿱⿰氵甫皿	⿰木監	⿱喜皿	⿱途皿	⿱⿰木咨皿	器	⿱敖皿	⿱般皿
B1	⿱般皿	⿱彩皿	⿱寓皿	⿱麻皿	⿱習皿	⿱執皿	⿱遂皿	⿱盟皿	⿱⿰酉夕皿	⿱奮皿
B2	盭	盡	⿱僉皿	⿱畲皿	⿱⿰糸糸皿	盤	監	⿱壺皿	⿱⿰敖攵皿	⿱鄞皿
B3	⿱⿰臼⿱十土皿	⿱燧皿	⿱⿰谷攵皿	⿱⿰酉臣皿	⿱翟皿	⿱⿴囗禺皿	⿱散皿	⿱發皿	⿱壹皿	監
B4	⿱墨皿	⿱蕰皿	盬	⿱釐皿	⿱盤皿	⿱⿺辶馬皿	⿱墓皿	⿱逮皿	⿱壹皿	⿱⿰豈斤皿
B5	⿱樹皿	⿱⿰酉直皿	⿰馬監	⿱盧皿	⿱盧皿	⿱亂皿	⿱綏皿	⿱蕾皿	⿱壹皿	⿱熱皿
B6	⿱壹皿	⿱燧皿	⿱⿰酉殹皿	⿱鏤皿	鹽	⿱畾皿	盧	⿱⿰臣敀皿	⿱㪅皿	⿰言鳥
B7	⿱⿰言⿱艹豕皿	⿱㦰皿	⿱⿰婁攵皿	⿱⿰婁殳皿	⿱盧皿	⿱般皿	⿱錢皿	⿱虚皿	⿱暨皿	⿱⿰言吉皿
B8	⿱⿰鬲⿱⿰臼臼皿	⿱⿰食皿	⿱⿰臼臼⿱爨皿	⿰言贈	⿰言監	⿱⿰番皿	⿱⿰糸糸⿱臼皿	⿱疊皿	⿰言鬲	盤
B9	⿰骨監	鹽	⿰黽監	⿱⿰盡盡盡	⿰目乚	⿰目丂	⿱合目	⿰目丩	⿰目卜	⿱目巳
BA	早	⿰目又	⿰彐目	⿱十目	⿱亼目	見	⿱亠目	⿰目人	⿱目廾	盱
BB	⿰目凡	⿰目几	⿰目几	⿱目寸	⿰目也	⿰目川	⿱目儿	省	⿰目幺	⿰目工
BC	⿰目土	⿱目王	⿱目比	⿱目长	直	⿱⿱一冖目	⿰目爪	⿰目户	⿰目乇	⿱氏目
BD	⿱⿱亠厶目	⿱目灬	⿱目开	⿰目内	⿰目卆	⿰目介	⿱目夂	⿰目支	⿱目攴	⿰目夫
BE	⿰目比	⿱禾目	⿰目市	⿱廿目	⿰目令	⿰目叉	⿱谷目	⿰目爪	⿰目爪	⿰目予
BF	⿰目午	⿰目出	眮	⿱谷目	⿰目勾	眒	⿰目木	⿰目欠	⿰目旦	⿱⿱丿龶目

9638

	30	31	32	33	34	35	36	37	38	39
C0	䀕	𥃴	䀐	䀜	𥄉	䀣	䀠	䀡	𥄋	䀆
C1	盳	𣇓	罝	罙	䀗	眛	䀝	䀘	聊	䀙
C2	䀑	䀔	䀛	䀟	𥄘	䀤	𥄏	䀹	𥄳	䀚
C3	𥄑	𥄅	𥄢	𥄦	䀧	𥄱	𥄲	𥄠	𥄜	𥄤
C4	䀦	𥅃	𥅆	𥅄	䀰	𥅈	𥅋	𥅌	𥅑	𥅒
C5	𥅔	𥅕	𥅖	𥅗	𥅘	𥅙	𥅚	𥅛	𥅜	𥅝
C6	𥅞	𥅟	𥅠	䁆	𥅡	𥅢	𥅣	𥅤	𥅥	𥅦
C7	𥅧	𥅨	𥅩	𥅪	𥅫	𥅬	𥅭	𥅮	𥅯	𥅰
C8	𥅱	𥅲	𥅳	𥅴	𥅵	𥅶	𥅷	𥅸	𥅹	𥅺
C9	𥅻	𥅼	𥅽	𥅾	𥅿	𥆀	𥆁	𥆂	𥆃	𥆄
CA	𥆅	𥆆	𥆇	𥆈	𥆉	𥆊	𥆋	𥆌	𥆍	𥆎
CB	𥆏	𥆐	𥆑	𥆒	𥆓	𥆔	𥆕	𥆖	𥆗	𥆘
CC	𥆙	𥆚	𥆛	𥆜	𥆝	𥆞	𥆟	𥆠	𥆡	𥆢
CD	𥆣	𥆤	𥆥	𥆦	𥆧	𥆨	𥆩	𥆪	𥆫	𥆬
CE	𥆭	𥆮	𥆯	𥆰	𥆱	𥆲	𥆳	𥆴	𥆵	𥆶
CF	𥆷	𥆸	𥆹	𥆺	𥆻	𥆼	𥆽	𥆾	𥆿	𥇀
D0	𥇁	𥇂	𥇃	𥇄	𥇅	𥇆	𥇇	𥇈	𥇉	𥇊
D1	𥇋	𥇌	𥇍	𥇎	𥇏	𥇐	𥇑	𥇒	𥇓	𥇔
D2	𥇕	𥇖	𥇗	𥇘	𥇙	𥇚	𥇛	𥇜	𥇝	𥇞
D3	𥇟	𥇠	𥇡	𥇢	𥇣	𥇤	𥇥	𥇦	𥇧	𥇨
D4	𥇩	𥇪	𥇫	𥇬	𥇭	𥇮	𥇯	𥇰	𥇱	𥇲

9638

	30	31	32	33	34	35	36	37	38	39
D5	䀡	䁊	䀭	䁔	䀼	豝	髦	䁥	䀕	䁞
D6	䁢	䁯	𥉂	𥈜	䁉	䁳	𥉮	䀹	䀽	䁅
D7	䀿	𥇧	䁆	𥆞	䁋	睺	瞵	䀮	䁙	䁪
D8	睳	䁌	䁁	䁓	䀰	䁕	爽	䁻	䁼	睃
D9	䁣	䁤	䁹	䁺	䁰	䀾	䁗	䀜	䁱	䀯
DA	𥆨	𥈿	䁝	䁨	䁩	䁚	䁷	䁟	䁸	䁒
DB	䁧	䁑	䁲	𦓤	䁍	䁶	䁐	䁏	䁮	䁜
DC	䁖	䁛	䁾	𥈭	䁒	䁵	䁡	䁠	𦒿	䁴
DD	䁭	䁬	䁫	䁿	䂀	䂁	䂂	䂃	䂄	䂅
DE	䂆	䂇	䂈	䂉	䂊	䂋	䂌	䂍	䂎	䂏
DF	䂐	䂑	䂒	䂓	䂔	䂕	䂖	䂗	䂘	䂙
E0	䂚	䂛	䂜	䂝	䂞	䂟	䂠	䂡	䂢	䂣
E1	䂤	䂥	䂦	䂧	䂨	䂩	䂪	䂫	䂬	䂭
E2	䂮	䂯	䂰	䂱	䂲	䂳	䂴	䂵	䂶	䂷
E3	䂸	䂹	䂺	䂻	䂼	䂽	䂾	䂿	䃀	䃁
E4	䃂	䃃	䃄	䃅	䃆	䃇	䃈	䃉	䃊	䃋
E5	䃌	䃍	䃎	䃏	䃐	䃑	䃒	䃓	䃔	䃕
E6	䃖	䃗	䃘	䃙	䃚	䃛	䃜	䃝	䃞	䃟
E7	䃠	䃡	䃢	䃣	䃤	䃥	䃦	䃧	䃨	䃩
E8	䃪	䃫	䃬	䃭	䃮	䃯	䃰	䃱	䃲	䃳
E9	䃴	䃵	䃶	䃷	䃸	䃹	䃺	䃻	䃼	䃽

9638

	30	31	32	33	34	35	36	37	38	39
EA	矯	䁵	瞰	䁉	䁦	䁢	䁗	瞬	䁯	𥍊
EB	䁻	䁪	䁔	瞮	䁫	䁨	蔞	䁷	䁤	䁰
EC	𥌗	曦	䁶	罾	䁹	瞶	䒻	䁙	䁴	瞲
ED	聽	䂊	䂍	瞿	䂋	䁿	瞻	瞻	䁺	䂀
EE	䁼	䁾	瞸	矙	䂂	䂃	矋	䂄	䂅	矉
EF	䂆	䂇	䂈	䂉	䁽	矊	矍	矎	矏	䂌
F0	矃	矁	矑	矕	矘	矇	矈	矆	矐	矌
F1	矓	矔	矕	矖	矗	矙	矚	矛	矜	矞
F2	矟	矠	矡	矢	矣	矤	知	矦	矧	矨
F3	矩	矪	矫	矬	短	矮	矯	矰	矱	矲
F4	矴	矵	矶	矷	矸	矹	矺	矻	矼	矽
F5	矾	矿	砀	码	砂	砃	砄	砅	砆	砇
F6	砈	砉	砊	砋	砌	砍	砎	砏	砐	砑
F7	砒	砓	研	砕	砖	砗	砘	砙	砚	砛
F8	矉	矊	矋	矌	矍	矎	矏	丞	矛	殺
F9	矜	矝	矞	矟	矠	矡	𥍮	𥍯	𥍰	矞
FA	𥍲	𥍳	𥍴	𥍵	𥍶	𥍷	𥍸	𥍹	𥍺	𥍻
FB	𥍼	𥍽	𥍾	𥍿	𥎀	𥎁	𥎂	𥎃	𥎄	𥎅
FC	𥎆	𥎇	𥎈	𥎉	𥎊	𥎋	𥎌	𥎍	𥎎	𥎏
FD	𥎐	𥎑	𥎒	𥎓	𥎔	𥎕	𥎖	𥎗	𥎘	𥎙
FE	𥎚	𥎛	𥎜	𥎝	𥎞	𥎟	𥎠	𥎡	𥎢	𥎣

9639

	30	31	32	33	34	35	36	37	38	39
81	𥎜	𥎝	𥎞	𥎟	𥎠	𥎡	𥎢	𥎣	𥎤	𥎥
82	𥎦	𥎧	𥎨	𥎩	𥎪	𥎫	𥎬	𥎭	𥎮	𥎯
83	𥎰	𥎱	𥎲	𥎳	𥎴	𥎵	𥎶	𥎷	𥎸	𥎹
84	𥎺	𥎻	𥎼	𥎽	𥎾	𥎿	𥏀	𥏁	𥏂	𥏃
85	𥏄	𥏅	𥏆	𥏇	𥏈	𥏉	𥏊	𥏋	𥏌	𥏍
86	𥏎	𥏏	𥏐	𥏑	𥏒	𥏓	𥏔	𥏕	𥏖	𥏗
87	𥏘	𥏙	𥏚	𥏛	𥏜	𥏝	𥏞	𥏟	𥏠	𥏡
88	𥏢	𥏣	𥏤	𥏥	𥏦	𥏧	𥏨	𥏩	𥏪	𥏫
89	𥏬	𥏭	𥏮	𥏯	𥏰	𥏱	𥏲	𥏳	𥏴	𥏵
8A	𥏶	𥏷	𥏸	𥏹	𥏺	𥏻	𥏼	𥏽	𥏾	𥏿
8B	𥐀	𥐁	𥐂	𥐃	𥐄	𥐅	𥐆	𥐇	𥐈	𥐉
8C	𥐊	𥐋	𥐌	𥐍	𥐎	𥐏	𥐐	𥐑	𥐒	𥐓
8D	𥐔	𥐕	𥐖	𥐗	𥐘	𥐙	𥐚	𥐛	𥐜	𥐝
8E	𥐞	𥐟	𥐠	𥐡	𥐢	𥐣	𥐤	𥐥	𥐦	𥐧
8F	𥐨	𥐩	𥐪	𥐫	𥐬	𥐭	𥐮	𥐯	𥐰	𥐱
90	𥐲	𥐳	𥐴	𥐵	𥐶	𥐷	𥐸	𥐹	𥐺	𥐻
91	𥐼	𥐽	𥐾	𥐿	𥑀	𥑁	𥑂	𥑃	𥑄	𥑅
92	𥑆	𥑇	𥑈	𥑉	𥑊	𥑋	𥑌	𥑍	𥑎	𥑏
93	𥑐	𥑑	𥑒	𥑓	𥑔	𥑕	𥑖	𥑗	𥑘	𥑙
94	𥑚	𥑛	𥑜	𥑝	𥑞	𥑟	𥑠	𥑡	𥑢	𥑣
95	𥑤	𥑥	𥑦	𥑧	𥑨	𥑩	𥑪	𥑫	𥑬	𥑭

9639

	30	31	32	33	34	35	36	37	38	39
96	砧	砘	砹	砮	砠	砯	硋	砲	硃	砄
97	砃	硦	砽	硄	砦	砨	硑	硝	砎	硎
98	砅	硞	硃	硖	硡	硻	硿	硱	硌	硈
99	砳	硇	硶	硬	砉	硅	硉	硂	硟	硝
9A	砺	硜	碀	硝	碙	硜	硹	硫	硸	砦
9B	砉	硱	碅	碊	碓	碜	碑	硟	碕	碓
9C	碎	碠	碌	碇	碮	碪	碔	碋	碳	碕
9D	碰	碥	碌	碲	碕	碴	碃	碉	碭	碧
9E	碚	碝	碢	碗	碦	碮	碨	碣	碧	碧
9F	碎	碱	碩	碶	碷	碧	碵	碌	碡	碶
A0	碚	碑	碐	磋	碟	碜	碭	碧	碱	磁
A1	碁	碱	碅	磆	碣	碯	磋	碳	磓	碣
A2	碥	碧	碞	碚	磋	碢	碧	碑	碯	碣
A3	碠	碰	碷	碱	碳	碱	碢	碘	磅	磃
A4	碧	磅	碟	碟	磁	碃	磡	碥	碹	碱
A5	碮	碑	磁	磙	碎	磢	磐	碥	磜	磁
A6	碕	碧	磕	磙	磁	磡	磲	磁	磦	磁
A7	磵	磃	磚	磑	磻	磦	磕	磼	磮	磬
A8	磷	磯	磮	磻	磘	磕	磟	磬	礀	磼
A9	磄	磒	磃	磈	磟	磵	磚	磬	磬	磁
AA	磽	礁	磷	礇	礈	碧	礐	礚	礦	礌

9639

	30	31	32	33	34	35	36	37	38	39
AB	𥕀	𥕁	𥕂	𥕃	𥕄	𥕅	𥕆	𥕇	𥕈	𥕉
AC	𥕊	𥕋	𥕌	𥕍	𥕎	𥕏	𥕐	𥕑	𥕒	𥕓
AD	𥕔	𥕕	𥕖	𥕗	𥕘	𥕙	𥕚	𥕛	𥕜	𥕝
AE	𥕞	𥕟	𥕠	𥕡	𥕢	𥕣	𥕤	𥕥	𥕦	𥕧
AF	𥕨	𥕩	𥕪	𥕫	𥕬	𥕭	𥕮	𥕯	𥕰	𥕱
B0	𥕲	𥕳	𥕴	𥕵	𥕶	𥕷	𥕸	𥕹	𥕺	𥕻
B1	𥕼	𥕽	𥕾	𥕿	𥖀	𥖁	𥖂	𥖃	𥖄	𥖅
B2	𥖆	𥖇	𥖈	𥖉	𥖊	𥖋	𥖌	𥖍	𥖎	𥖏
B3	𥖐	𥖑	𥖒	𥖓	𥖔	𥖕	𥖖	𥖗	𥖘	𥖙
B4	𥖚	𥖛	𥖜	𥖝	𥖞	𥖟	𥖠	𥖡	𥖢	𥖣
B5	𥖤	𥖥	𥖦	𥖧	𥖨	𥖩	𥖪	𥖫	𥖬	𥖭
B6	𥖮	𥖯	𥖰	𥖱	𥖲	𥖳	𥖴	𥖵	𥖶	𥖷
B7	𥖸	𥖹	𥖺	𥖻	𥖼	𥖽	𥖾	𥖿	𥗀	𥗁
B8	𥗂	𥗃	𥗄	𥗅	𥗆	𥗇	𥗈	𥗉	𥗊	𥗋
B9	𥗌	𥗍	𥗎	𥗏	𥗐	𥗑	𥗒	𥗓	𥗔	𥗕
BA	𥗖	𥗗	𥗘	𥗙	𥗚	𥗛	𥗜	𥗝	𥗞	𥗟
BB	𥗠	𥗡	𥗢	𥗣	𥗤	𥗥	𥗦	𥗧	𥗨	𥗩
BC	𥗪	𥗫	𥗬	𥗭	𥗮	𥗯	𥗰	𥗱	𥗲	𥗳
BD	𥗴	𥗵	𥗶	𥗷	𥗸	𥗹	𥗺	𥗻	𥗼	𥗽
BE	𥗾	𥗿	𥘀	𥘁	𥘂	𥘃	𥘄	𥘅	𥘆	𥘇
BF	𥘈	𥘉	𥘊	𥘋	𥘌	𥘍	𥘎	𥘏	𥘐	𥘑

9639

	30	31	32	33	34	35	36	37	38	39
C0	𥘅	衩	𥘉	衎	𥙀	䄠	𥙑	𥘼	祕	𥘔
C1	衱	䘕	衿	𥘮	袣	祏	袨	祟	䘮	𥘩
C2	衼	䘝	袧	袧	袢	袔	袚	袿	袧	袜
C3	袒	祝	祖	祇	袢	袒	袖	祕	袦	袓
C4	袛	袪	袗	袢	祭	秦	袪	袘	袛	袙
C5	袮	袂	袪	袉	褐	袷	祭	袦	袟	神
C6	裖	祩	裖	祧	裓	裀	袶	裃	袸	裕
C7	裀	祪	裖	裤	祧	祧	袿	裀	裖	裭
C8	袷	裥	裩	裎	絮	裪	裸	裐	裤	裀
C9	裑	裢	裼	裯	裺	裾	裢	補	褪	裷
CA	裤	補	裩	裬	裟	裕	裨	裨	褎	裕
CB	裨	褶	裬	裡	褳	褬	褪	褵	裨	褴
CC	裢	凱	裸	褐	綜	褉	褮	裾	褋	褲
CD	褓	褙	褓	褕	褧	褯	褫	褪	褐	褙
CE	神	褬	褥	禁	崇	褶	褦	褪	褫	褸
CF	褚	褙	齋	褡	褟	褣	褿	褐	褣	褡
D0	褷	褳	褪	襇	褡	襀	褸	襛	襕	襦
D1	襜	襢	襥	襆	襤	魍	襀	襁	襄	襦
D2	襩	襬	襩	襭	襮	襙	襀	襪	襫	襬
D3	襤	襦	襦	齡	襨	襬	襫	襯	襌	襶
D4	襨	覊	襤	襱	襬	襬	襽	襢	襟	襻

9639

	30	31	32	33	34	35	36	37	38	39
D5	䫙	襈	褾	𧞤	䙕	襔	襛	𧝆	絫	𧝹
D6	襎	𧞪	襍	䰍	䙅	𧝟	禛	䙈	𧝓	䙟
D7	𧝽	𧞫	襘	襰	襭	襧	襘	襢	䠞	襩
D8	𩕂	襗	𧟀	襶	𪆴	襼	襥	襣	襡	襝
D9	襖	𧞾	襔	襣	襱	襹	襽	襤	襬	䙪
DA	襻	襦	覃	䙭	襷	纇	襺	襭	覉	襮
DB	襛	襹	襴	襸	襳	襸	襹	襦	襶	襵
DC	禮	襶	襷	襸	襺	襻	襹	顬	襺	襻
DD	襹	襼	襻	䴡	襸	驤	羅	禸	禽	离
DE	离	萬	禼	禺	䴤	蠆	萬	禹	禺	禺
DF	禺	禺	禺	禺	禾	秃	𥝌	礼	秓	𥝢
E0	𥝖	𥝘	秄	𥝚	𥝛	𥝜	秀	秀	秀	䄏
E1	𥝩	季	𥝬	䄭	𥝧	𥝱	䄔	𥝲	𥝦	𥝻
E2	䄏	𥝸	𥞉	采	秔	秆	秔	秧	秐	秊
E3	秫	秄	秔	秞	秋	秎	秘	秥	秝	秖
E4	秢	秛	秝	秜	秪	秵	秭	秞	秿	秷
E5	秥	秕	秦	秮	秬	秡	秣	秪	香	秴
E6	秭	䄯	秮	秭	秜	秬	秪	秼	秱	稉
E7	秿	稀	稃	稂	稌	稅	稙	稆	稖	稀
E8	稇	渠	稾	犁	稢	稀	稢	稩	秼	乘
E9	稄	稈	稲	稡	稓	渠	稝	稕	秸	稧

9639

	30	31	32	33	34	35	36	37	38	39
EA	䅣	䅿	䅰	粱	䅾	䅶	䅬	䅼	䅖	犂
EB	稜	䅺	稤	稟	䅳	稟	稃	稌	稑	稊
EC	稖	稦	稙	稗	稌	稏	稩	稗	穟	稓
ED	稞	稧	黎	稗	稫	穌	稬	穓	棃	稃
EE	稃	穌	稭	稯	稶	稜	稦	稶	黎	穊
EF	稐	稼	稵	稟	稨	稘	稍	稅	稒	稴
F0	粱	稃	稰	稽	稫	稆	棃	稄	稔	穋
F1	稀	稯	稭	䅟	程	稝	稼	穖	稐	稥
F2	稸	穆	稗	稧	稚	稗	稾	稱	穖	稭
F3	穓	稸	稀	穗	稕	稐	黎	稴	稞	稙
F4	稑	稷	稬	稘	稛	穌	稾	穗	穛	稕
F5	稟	穊	稘	稗	穋	稼	粲	穘	稜	穌
F6	穪	稫	穆	穮	穘	稍	穇	穗	穛	稲
F7	穅	穙	稫	稽	穜	穢	穫	穧	穨	黎
F8	穗	穢	穐	穣	穆	穦	穪	穧	穩	穫
F9	穐	穬	穱	穯	穳	穲	穧	穛	穞	穲
FA	穱	穚	穛	穌	穜	穝	穩	穠	穡	穧
FB	穤	穥	稡	穫	穬	穗	穪	穜	穯	穮
FC	穖	穃	穇	穈	穉	穌	穌	穚	穕	穖
FD	稽	穗	穘	穩	穙	穛	穞	穌	稿	穟
FE	穪	穫	穜	穝	穠	穧	穨	穩	穦	穬

9640

	30	31	32	33	34	35	36	37	38	39
81	稪	耕	積	穭	穑	稡	穙	穃	稩	黏
82	䅮	穐	穫	穄	穌	穚	穘	穎	穏	穒
83	秲	黀	稾	稦	穤	稬	積	穋	穈	稽
84	穭	穖	穆	穇	穊	穧	穪	穬	穦	穦
85	穲	穭	穖	穡	穆	嬴	穭	穧	穏	穳
86	穡	穄	穠	穇	穜	穧	穓	稷	穌	穌
87	穆	穊	穤	穘	穙	穧	穲	穱	穮	穪
88	穃	穊	穯	穛	穂	穖	穉	穔	穥	穆
89	穲	穄	穈	穟	穙	穙	穫	穛	穭	穲
8A	稹	穀	穦	黎	穉	穦	穲	穖	穦	穬
8B	穩	穮	穪	穋	穆	穡	穲	穭	穗	穆
8C	穳	穌	穭	穮	穜	穎	穗	穲	穮	穡
8D	穓	穧	穰	穤	穙	穠	穮	穋	穮	穭
8E	穫	穮	穓	穟	穊	穦	穡	穛	穦	穩
8F	穮	穮	穌	穠	穫	穫	穲	穮	穤	穳
90	穱	穲	穮	穮	内	穸	穵	窀	安	空
91	窔	窊	字	官	窉	窀	突	窔	穽	穽
92	窣	窦	穽	窑	窍	窕	完	窔	窜	窒
93	窊	窃	窍	窣	穴	窓	实	窅	窃	窕
94	窈	窂	窋	窜	窐	窋	实	突	窉	窜
95	宜	窣	窡	宗	窖	宦	窖	竜	窠	窃

9640

	30	31	32	33	34	35	36	37	38	39
96	[illegible]	[illegible]	[illegible]	[illegible]	[illegible]	[illegible]	[illegible]	[illegible]	[illegible]	[illegible]
97	[illegible]	[illegible]	[illegible]	[illegible]	[illegible]	[illegible]	[illegible]	[illegible]	[illegible]	[illegible]
98	[illegible]	[illegible]	[illegible]	[illegible]	[illegible]	[illegible]	[illegible]	[illegible]	[illegible]	[illegible]
99	[illegible]	[illegible]	[illegible]	[illegible]	[illegible]	[illegible]	[illegible]	[illegible]	[illegible]	[illegible]
9A	[illegible]	[illegible]	[illegible]	[illegible]	[illegible]	[illegible]	[illegible]	[illegible]	[illegible]	[illegible]
9B	[illegible]	[illegible]	[illegible]	[illegible]	[illegible]	[illegible]	[illegible]	[illegible]	[illegible]	[illegible]
9C	[illegible]	[illegible]	[illegible]	[illegible]	[illegible]	[illegible]	[illegible]	[illegible]	[illegible]	[illegible]
9D	[illegible]	[illegible]	[illegible]	[illegible]	[illegible]	[illegible]	[illegible]	[illegible]	[illegible]	[illegible]
9E	[illegible]	[illegible]	[illegible]	[illegible]	[illegible]	[illegible]	[illegible]	[illegible]	[illegible]	[illegible]
9F	[illegible]	[illegible]	[illegible]	[illegible]	[illegible]	[illegible]	[illegible]	[illegible]	[illegible]	[illegible]
A0	[illegible]	[illegible]	[illegible]	[illegible]	[illegible]	[illegible]	[illegible]	[illegible]	[illegible]	[illegible]
A1	[illegible]	[illegible]	[illegible]	[illegible]	[illegible]	[illegible]	[illegible]	[illegible]	[illegible]	[illegible]
A2	[illegible]	[illegible]	[illegible]	[illegible]	[illegible]	[illegible]	[illegible]	[illegible]	[illegible]	[illegible]
A3	[illegible]	[illegible]	[illegible]	[illegible]	[illegible]	[illegible]	[illegible]	[illegible]	[illegible]	[illegible]
A4	[illegible]	[illegible]	[illegible]	[illegible]	[illegible]	[illegible]	[illegible]	[illegible]	[illegible]	[illegible]
A5	[illegible]	[illegible]	[illegible]	[illegible]	[illegible]	[illegible]	[illegible]	[illegible]	[illegible]	[illegible]
A6	[illegible]	[illegible]	[illegible]	[illegible]	[illegible]	[illegible]	[illegible]	[illegible]	[illegible]	[illegible]
A7	[illegible]	[illegible]	[illegible]	[illegible]	[illegible]	[illegible]	[illegible]	[illegible]	[illegible]	[illegible]
A8	[illegible]	[illegible]	[illegible]	[illegible]	[illegible]	[illegible]	[illegible]	[illegible]	[illegible]	[illegible]
A9	[illegible]	[illegible]	[illegible]	[illegible]	[illegible]	[illegible]	[illegible]	[illegible]	[illegible]	[illegible]
AA	[illegible]	[illegible]	[illegible]	[illegible]	[illegible]	[illegible]	[illegible]	[illegible]	[illegible]	[illegible]

9640

	30	31	32	33	34	35	36	37	38	39
AB	竆	[illegible]	[illegible]	[illegible]	[illegible]	[illegible]	[illegible]	[illegible]	[illegible]	[illegible]
AC	[illegible]	[illegible]	[illegible]	[illegible]	[illegible]	[illegible]	[illegible]	[illegible]	[illegible]	[illegible]
AD	[illegible]	[illegible]	[illegible]	[illegible]	[illegible]	[illegible]	[illegible]	[illegible]	[illegible]	[illegible]
AE	[illegible]	[illegible]	[illegible]	[illegible]	[illegible]	[illegible]	[illegible]	[illegible]	[illegible]	[illegible]
AF	[illegible]	竎	竍	竞	竘	[illegible]	竑	[illegible]	[illegible]	[illegible]
B0	竘	竏	[illegible]	竬	[illegible]	[illegible]	[illegible]	[illegible]	[illegible]	[illegible]
B1	[illegible]	[illegible]	站	竟	[illegible]	[illegible]	竒	竫	[illegible]	[illegible]
B2	竧	竢	[illegible]	竮	竟	[illegible]	[illegible]	[illegible]	[illegible]	[illegible]
B3	[illegible]	[illegible]	竫	[illegible]	[illegible]	[illegible]	[illegible]	[illegible]	端	[illegible]
B4	[illegible]	韵	[illegible]	[illegible]	[illegible]	逯	[illegible]	[illegible]	[illegible]	[illegible]
B5	[illegible]	[illegible]	[illegible]	[illegible]	[illegible]	[illegible]	竜	[illegible]	[illegible]	[illegible]
B6	[illegible]	竪	竴	[illegible]	[illegible]	[illegible]	童	竪	[illegible]	[illegible]
B7	竸	[illegible]	竷	[illegible]	竪	[illegible]	竱	[illegible]	[illegible]	[illegible]
B8	竴	[illegible]	竸	[illegible]	[illegible]	[illegible]	[illegible]	[illegible]	[illegible]	[illegible]
B9	[illegible]	[illegible]	[illegible]	[illegible]	[illegible]	童	[illegible]	[illegible]	[illegible]	[illegible]
BA	[illegible]	[illegible]	[illegible]	[illegible]	[illegible]	[illegible]	[illegible]	[illegible]	[illegible]	[illegible]
BB	[illegible]	[illegible]	[illegible]	[illegible]	[illegible]	[illegible]	[illegible]	[illegible]	[illegible]	[illegible]
BC	[illegible]	⺮	竹	竽	[illegible]	竺	笅	笔	竽	[illegible]
BD	[illegible]	[illegible]	笈	[illegible]	[illegible]	笔	笙	[illegible]	[illegible]	[illegible]
BE	笆	[illegible]	笔	[illegible]	[illegible]	笜	[illegible]	[illegible]	[illegible]	[illegible]
BF	笫	笑	[illegible]	[illegible]	[illegible]	[illegible]	笎	[illegible]	[illegible]	[illegible]

9640

	30	31	32	33	34	35	36	37	38	39
C0	笅	笘	筼	筝	笧	筊	笔	筲	笄	笑
C1	笟	笱	笇	笭	笸	笜	筞	竽	笚	筑
C2	笈	笏	笺	筩	笯	笎	筽	筥	笙	笁
C3	笝	笛	笨	筴	笃	笤	笺	笳	笻	笪
C4	笋	笠	笡	笢	筏	筓	笫	筣	箪	筹
C5	筬	筦	筿	筅	箄	箒	筑	筫	筡	箕
C6	箕	笓	筣	箩	箭	筍	筠	箂	筦	筨
C7	筷	箸	箪	筿	筒	签	筬	箩	笔	笑
C8	箺	笻	箒	箂	箘	笳	箌	箃	筋	箨
C9	箒	箛	箸	箇	箢	箹	箐	筴	箸	箎
CA	箅	箟	箽	箠	箺	箪	箢	筒	箧	箊
CB	箆	箜	箘	篯	篥	篮	篁	篗	筚	篛
CC	箬	箴	筱	箩	箮	箸	篆	篚	箪	箴
CD	箹	筏	箬	箟	範	箦	简	箏	筭	篃
CE	箬	篖	箸	篁	筭	箅	篙	箸	箔	篟
CF	篂	篼	篁	箳	篜	箾	篇	箰	篛	篦
D0	簋	篮	箌	篕	篒	篥	篸	簕	箇	簑
D1	篸	篟	箵	簡	篡	箑	篥	箕	篡	篦
D2	簀	箮	篠	篻	篂	箸	簋	篚	簈	篰
D3	箷	簂	篸	簒	簽	簇	篞	簻	簇	簷
D4	箛	簙	簘	簕	簌	簡	箎	簸	簦	簯

9640

	30	31	32	33	34	35	36	37	38	39
D5	篆	簞	籖	箕	篙	篡	箧	簨	節	笏
D6	簵	簬	簣	笑	箣	箈	篻	篦	箏	篾
D7	箠	簹	篷	箯	箆	箭	篓	簝	箅	筰
D8	筫	簾	簋	箳	箂	篣	篓	簓	箬	箶
D9	箨	筭	籸	箳	篵	箐	篬	篝	篖	簇
DA	箖	篳	筍	箳	箒	箭	篧	篌	箚	簪
DB	箓	箣	簍	箨	篩	篦	篘	箥	箟	篦
DC	篢	箷	篚	箴	箾	簩	簌	箟	箅	簑
DD	篏	簸	篇	籀	簱	簺	簏	篙	箚	箅
DE	箨	簦	箚	箠	簩	箵	箅	簹	箕	籒
DF	篡	箚	箸	籀	簮	簸	篓	篡	篥	篪
E0	管	篥	簩	箅	簾	箋	簽	箅	箽	篑
E1	箭	簑	篨	簗	簇	簰	箐	簨	箽	篤
E2	箨	箱	簋	箕	篠	篾	篠	箴	簠	箱
E3	箨	箨	簌	箬	箬	篾	篾	簦	篸	篠
E4	箨	篆	篆	箐	篙	簦	箚	箊	篓	篟
E5	箨	箬	簍	節	箳	箵	篋	箸	篮	箕
E6	箸	簃	簟	篶	箘	篪	簞	篇	箳	篾
E7	箹	簋	簻	簌	篱	簿	簃	簖	篮	簪
E8	箨	篾	籍	簣	簗	簟	簹	簗	箴	箻
E9	篆	籌	篠	箹	籚	簸	篕	箹	篁	箜

9640

	30	31	32	33	34	35	36	37	38	39
EA	[illegible]	[illegible]	[illegible]	[illegible]	[illegible]	[illegible]	[illegible]	[illegible]	[illegible]	[illegible]
EB	[illegible]	[illegible]	[illegible]	[illegible]	[illegible]	[illegible]	[illegible]	[illegible]	[illegible]	[illegible]
EC	[illegible]	[illegible]	[illegible]	[illegible]	[illegible]	[illegible]	[illegible]	[illegible]	[illegible]	[illegible]
ED	[illegible]	[illegible]	[illegible]	[illegible]	[illegible]	[illegible]	[illegible]	[illegible]	[illegible]	[illegible]
EE	[illegible]	[illegible]	[illegible]	[illegible]	[illegible]	[illegible]	[illegible]	[illegible]	[illegible]	[illegible]
EF	[illegible]	[illegible]	[illegible]	[illegible]	[illegible]	[illegible]	[illegible]	[illegible]	[illegible]	[illegible]
F0	[illegible]	[illegible]	[illegible]	[illegible]	[illegible]	[illegible]	[illegible]	[illegible]	[illegible]	[illegible]
F1	[illegible]	[illegible]	[illegible]	[illegible]	[illegible]	[illegible]	[illegible]	[illegible]	[illegible]	[illegible]
F2	[illegible]	[illegible]	[illegible]	[illegible]	[illegible]	[illegible]	[illegible]	[illegible]	[illegible]	[illegible]
F3	[illegible]	[illegible]	[illegible]	[illegible]	[illegible]	[illegible]	[illegible]	[illegible]	[illegible]	[illegible]
F4	[illegible]	[illegible]	[illegible]	[illegible]	[illegible]	[illegible]	[illegible]	[illegible]	[illegible]	[illegible]
F5	[illegible]	[illegible]	[illegible]	[illegible]	[illegible]	[illegible]	[illegible]	[illegible]	[illegible]	[illegible]
F6	[illegible]	[illegible]	[illegible]	[illegible]	[illegible]	[illegible]	[illegible]	[illegible]	[illegible]	[illegible]
F7	[illegible]	[illegible]	[illegible]	[illegible]	[illegible]	[illegible]	[illegible]	[illegible]	[illegible]	[illegible]
F8	[illegible]	[illegible]	[illegible]	[illegible]	[illegible]	[illegible]	[illegible]	[illegible]	[illegible]	[illegible]
F9	[illegible]	[illegible]	[illegible]	[illegible]	[illegible]	[illegible]	[illegible]	[illegible]	[illegible]	[illegible]
FA	[illegible]	[illegible]	[illegible]	[illegible]	[illegible]	[illegible]	[illegible]	[illegible]	[illegible]	[illegible]
FB	[illegible]	[illegible]	[illegible]	[illegible]	[illegible]	[illegible]	[illegible]	[illegible]	[illegible]	[illegible]
FC	[illegible]	[illegible]	[illegible]	[illegible]	[illegible]	[illegible]	[illegible]	[illegible]	[illegible]	[illegible]
FD	[illegible]	[illegible]	[illegible]	[illegible]	[illegible]	[illegible]	[illegible]	[illegible]	[illegible]	[illegible]
FE	[illegible]	[illegible]	[illegible]	[illegible]	[illegible]	[illegible]	[illegible]	[illegible]	[illegible]	[illegible]

9641

	30	31	32	33	34	35	36	37	38	39
81	簚	簒	簪	籦	簥	篠	簊	籮	簭	簋
82	籦	篹	簻	簌	簓	簩	籟	簹	簡	簮
83	籁	簨	簦	簸	簏	簩	籂	簡	簡	簧
84	簈	籠	簏	簷	簃	簶	簋	簪	簪	簁
85	簟	簿	簋	簕	簃	簥	簠	簳	簕	簫
86	簣	簹	簸	簓	簮	簬	簚	簝	簼	籓
87	簷	簚	簪	籈	簺	簽	籍	籑	籛	籍
88	籅	簳	簽	籞	籙	簡	籌	簶	籓	籐
89	籥	簾	簸	籛	籒	籞	籧	籣	籇	籫
8A	籲	籪	籜	籗	籐	籤	籉	籘	籏	籟
8B	籊	籋	籍	籃	籅	籌	籅	籃	籄	籏
8C	籀	籆	籍	籍	籈	籊	籗	籮	籖	籂
8D	籗	籔	籍	籥	籤	籫	籓	籡	籍	籠
8E	籯	籃	籍	籦	籅	籧	籉	籌	籠	籚
8F	籉	籬	籢	籔	籓	籧	籠	籢	籌	籎
90	籟	籙	籆	籣	籐	籯	籗	籍	籑	籋
91	籤	籞	籚	籠	籔	籠	籟	籄	籟	籝
92	籟	籃	籦	籍	籰	籬	籲	籾	籸	籿
93	粈	粄	类	粐	粚	粪	粸	粀	粁	粎
94	粅	粆	粇	粌	粋	粏	粪	粒	粘	粡
95	粏	粍	粑	粜	粐	粨	粯	粣	粢	粥

9641

	30	31	32	33	34	35	36	37	38	39
96	䉾	𥹷	𥹳	𥻆	𥹾	粭	𥹵	𥹂	𥹎	粲
97	𥺁	粓	𥹉	𥹃	𥹺	𥺀	𥹊	𥹖	𥹟	𥹸
98	粔	𥹜	𥹶	粡	𥺇	𥹈	粚	𥹬	𥹑	粣
99	粣	𥺂	粱	𥺌	𥹰	粚	𥹿	粖	𥺐	粱
9A	𥺋	粿	𥺏	粅	粜	𥺅	𥹝	𥺅	𥺃	𥻦
9B	𥹒	𥻔	𥻕	𥻣	𥺞	𥺤	𥺟	𡎝	𥺦	𥺢
9C	粡	𥺡	𥺧	𥺰	粻	𥺸	𥺯	𥺬	粭	𥻒
9D	粽	𥺾	𥺻	𥻂	𥹘	𥻌	𥻃	粺	粢	粑
9E	粩	粞	䊟	䉼	𥻐	粺	𥻢	粡	䊔	棐
9F	棗	𥻙	𥻡	𥻟	𥻞	𥻝	𥻘	糠	糖	𥼈
A0	𥻬	𥻫	𥻩	䉿	糌	𥻭	𥻯	𥻶	𥻷	𥻱
A1	糉	糈	䊐	䊐	糈	䊩	𥻺	𥻸	𥻹	糋
A2	精	𥻻	糌	糍	糎	𥻼	糌	糐	𥻻	𥼍
A3	糕	糏	𥽊	𥼤	𥼢	精	𥼧	糔	𥼩	䊾
A4	糘	糙	𥼭	𥼮	𥼲	𥼯	𥼰	䊾	䊏	𥼷
A5	糞	糖	糨	𥼼	𥼾	䊳	𥽁	𥽀	䊬	𥽄
A6	𥽇	糠	𥻿	𥽋	𥽌	𥽍	𥽎	糖	𥽐	糄
A7	𥽓	糗	糣	𥽗	𥽘	𥼉	𥼀	𥽛	𥽞	𥽟
A8	𥽡	𥽢	𥽤	𥽥	𥽦	䊍	䊗	𥽪	䊧	䊞
A9	𥽯	𥽰	𥽱	𥽲	𥽳	𥽴	𥽵	𥻜	𥽷	䊏
AA	𥽹	𥽺	𥽻	𥽼	𥽽	𥻗	𥽿	𥾀	𥾁	𥾂

9641

	30	31	32	33	34	35	36	37	38	39
AB	𥽃	粶	𥻿	𥽫	𥼾	𥽪	𥻘	𥼶	𥻺	𥽌
AC	𥽢	𥼑	𥼰	𥽐	𥽈	𥼯	𥽅	𥼷	𥼎	𥼺
AD	𥽜	𥽏	𥽣	𥽉	𥽄	𥼹	𥽘	𥽁	𥼠	𥽧
AE	𥽓	𥽡	𥽒	𥽔	𥽞	𥽍	𥽩	𥽙	𥽖	𥽮
AF	𥼮	𥽗	𥽲	𥽛	𥽊	𥽇	𥽋	𥽆	𥽥	𥽟
B0	𥽷	𥽯	𥽠	𥽰	𥽭	𥽸	𥽹	𥽺	𥽻	𥽴
B1	𥽶	𥽵	𥾀	𥽱	𥽼	𥽽	𥾁	𥽳	𥽬	𥾂
B2	𥽾	𥾃	𥾄	𥾅	𥾆	𥾇	𥾈	𥾉	𥾊	𥾋
B3	𥾌	𥾍	𥾎	𥾏	𥾐	𥾑	𥾒	𥾓	𥾔	𥾕
B4	𥾖	𥾗	𥾘	𥾙	𥾚	𥾛	𥾜	𥾝	𥾞	𥾟
B5	𥾠	𥾡	𥾢	𥾣	𥾤	𥾥	𥾦	𥾧	𥾨	𥾩
B6	糺	𥾪	𥾫	𥾬	𥾭	𥾮	𥾯	𥾰	𥾱	𥾲
B7	𥾳	𥾴	紂	紒	納	𥾵	紃	𥾶	𥾷	𥾸
B8	𥾹	紉	𥾺	𥾻	𥾼	𥾽	𥾾	𥾿	𥿀	𥿁
B9	𥿂	𥿃	𥿄	𥿅	𥿆	𥿇	紷	𥿈	𥿉	𥿊
BA	𥿋	𥿌	紺	𥿍	𥿎	𥿏	純	𥿐	𥿑	𥿒
BB	𥿓	𥿔	𥿕	𥿖	紵	𥿗	𥿘	𥿙	𥿚	𥿛
BC	𥿜	𥿝	紙	𥿞	𥿟	𥿠	𥿡	𥿢	𥿣	𥿤
BD	𥿥	結	𥿦	𥿧	絝	𥿨	𥿩	絽	綾	𥿪
BE	𥿫	𥿬	𥿭	𥿮	𥿯	𥿰	𥿱	𥿲	𥿳	𥿴
BF	𥿵	𥿶	𥿷	𥿸	𥿹	𥿺	𥿻	𥿼	𥿽	𥿾

9641

	30	31	32	33	34	35	36	37	38	39
C0	綂	絼	絣	緌	絨	緪	繅	綒	絽	緫
C1	綀	綘	緉	緆	絺	綊	綏	緀	䌶	綬
C2	紵	索	素	緣	裁	綈	絪	緈	絡	經
C3	綄	絿	緽	綝	絈	綖	絗	緻	綻	綢
C4	綒	緈	縛	絕	緈	綠	緌	緔	緹	紗
C5	緋	緼	絙	綮	綉	綄	綻	綮	纍	纍
C6	綿	綮	緉	綴	緗	綊	綟	絡	縫	緺
C7	綎	緜	綰	緕	絓	緯	綑	緵	綟	紺
C8	緟	緻	緔	結	綝	緄	綪	緥	絆	綸
C9	綡	綗	縺	綸	絺	綾	綷	裁	繪	縕
CA	緒	綺	緬	綷	緬	緻	綉	總	緰	緲
CB	縈	繞	繼	縩	緤	繇	縈	緢	繃	縰
CC	綻	緉	總	緬	緀	縊	緶	緾	緓	緊
CD	繇	縗	綯	綯	緕	綪	縹	緰	紳	縚
CE	縺	緫	綸	縗	緢	緷	緻	緪	綦	緸
CF	縷	緣	縍	縡	縖	線	繧	縷	綪	緬
D0	緮	繰	繫	緖	繫	緦	緱	縉	緰	縟
D1	繶	緭	縏	縈	繰	縷	縮	繩	縫	縎
D2	緜	縈	繚	縫	縛	繃	緶	緣	縮	繐
D3	縮	縺	縳	繐	縹	綺	緭	縿	緞	繻
D4	緉	緊	綱	縱	綺	緺	縋	緋	縮	緋

9641

	30	31	32	33	34	35	36	37	38	39
D5	緅	繽	縺	縶	綍	纈	緊	縏	纆	貉
D6	貉	縭	緁	綉	緤	繐	縵	繂	縅	綴
D7	繇	綄	緈	緇	緺	繱	綱	繄	緩	纍
D8	縈	繃	緉	緖	總	絲	緢	縧	繄	縞
D9	縶	緹	絜	緝	緆	縷	緱	繬	縮	緺
DA	緌	緘	繩	縫	緣	縂	緡	緦	維	繩
DB	緘	縚	緱	緄	縜	縐	綗	緸	縞	緥
DC	緶	縉	繩	緎	緾	緹	綤	縏	縈	綿
DD	繳	緛	緩	緔	縻	繕	緆	緦	縿	緋
DE	縩	績	繠	綻	繼	緇	繫	縰	絅	編
DF	綮	繻	縝	綷	緘	纊	縐	繒	繞	織
E0	縕	縷	縐	綉	縉	繫	縚	緩	縮	綿
E1	緰	繿	緗	縚	緞	綽	綳	繢	緮	繰
E2	縿	纆	縟	緒	緺	繀	緻	繜	繥	縗
E3	綍	纚	縉	繐	縢	繤	縳	繻	纇	緍
E4	綠	縹	纍	緈	繪	縩	絅	緌	繇	縟
E5	縛	緒	纖	縆	縄	綡	繐	繖	繝	繩
E6	縉	緘	纇	繪	縈	緰	繁	緣	綷	縛
E7	縵	緋	繼	縥	綼	纖	縭	縖	繇	繇
E8	繿	縲	繪	縈	繁	縪	縤	羸	繩	繳
E9	繶	纗	縑	繕	縞	縛	纏	纘	纕	纏

9641

	30	31	32	33	34	35	36	37	38	39
EA	繹	繕	[illegible]	纏	[illegible]	織	縷	[illegible]	繽	[illegible]
EB	[illegible]	[illegible]	[illegible]	[illegible]	[illegible]	[illegible]	[illegible]	[illegible]	[illegible]	[illegible]
EC	[illegible]	[illegible]	[illegible]	[illegible]	[illegible]	[illegible]	[illegible]	[illegible]	[illegible]	[illegible]
ED	[illegible]	[illegible]	[illegible]	[illegible]	[illegible]	[illegible]	[illegible]	繞	[illegible]	[illegible]
EE	[illegible]	[illegible]	[illegible]	[illegible]	[illegible]	[illegible]	[illegible]	[illegible]	[illegible]	[illegible]
EF	[illegible]	繳	[illegible]	[illegible]	[illegible]	[illegible]	繫	[illegible]	[illegible]	[illegible]
F0	緷	[illegible]	[illegible]	[illegible]	[illegible]	[illegible]	[illegible]	[illegible]	[illegible]	繼
F1	[illegible]	[illegible]	[illegible]	[illegible]	[illegible]	[illegible]	[illegible]	[illegible]	編	[illegible]
F2	[illegible]	[illegible]	[illegible]	繼	[illegible]	[illegible]	[illegible]	變	[illegible]	[illegible]
F3	[illegible]	[illegible]	[illegible]	[illegible]	[illegible]	[illegible]	[illegible]	[illegible]	[illegible]	[illegible]
F4	[illegible]	[illegible]	[illegible]	[illegible]	[illegible]	[illegible]	[illegible]	[illegible]	緋	[illegible]
F5	[illegible]	[illegible]	[illegible]	[illegible]	[illegible]	[illegible]	[illegible]	[illegible]	[illegible]	[illegible]
F6	[illegible]	[illegible]	[illegible]	[illegible]	[illegible]	[illegible]	[illegible]	[illegible]	[illegible]	缗
F7	[illegible]	[illegible]	[illegible]	[illegible]	绡	[illegible]	[illegible]	[illegible]	[illegible]	[illegible]
F8	[illegible]	[illegible]	[illegible]	[illegible]	[illegible]	[illegible]	[illegible]	[illegible]	[illegible]	[illegible]
F9	[illegible]	[illegible]	[illegible]	[illegible]	[illegible]	[illegible]	[illegible]	[illegible]	[illegible]	[illegible]
FA	[illegible]	[illegible]	[illegible]	[illegible]	[illegible]	[illegible]	[illegible]	[illegible]	[illegible]	鋶
FB	[illegible]	[illegible]	[illegible]	[illegible]	[illegible]	[illegible]	[illegible]	錦	[illegible]	鍉
FC	[illegible]	鍱	[illegible]	[illegible]	[illegible]	[illegible]	[illegible]	[illegible]	鎛	[illegible]
FD	[illegible]	[illegible]	鑵	[illegible]	[illegible]	[illegible]	[illegible]	鎢	[illegible]	[illegible]
FE	[illegible]	鐃	[illegible]	[illegible]	[illegible]	[illegible]	[illegible]	[illegible]	[illegible]	鏑

9732

	30	31	32	33	34	35	36	37	38	39
81	[illegible]	[illegible]	[illegible]	[illegible]	[illegible]	[illegible]	[illegible]	[illegible]	[illegible]	[illegible]
82	[illegible]	[illegible]	[illegible]	[illegible]	[illegible]	[illegible]	[illegible]	[illegible]	[illegible]	[illegible]
83	[illegible]	[illegible]	[illegible]	[illegible]	[illegible]	[illegible]	[illegible]	[illegible]	[illegible]	[illegible]
84	[illegible]	[illegible]	[illegible]	[illegible]	[illegible]	[illegible]	[illegible]	[illegible]	罡	[illegible]
85	[illegible]	[illegible]	[illegible]	[illegible]	[illegible]	[illegible]	[illegible]	[illegible]	[illegible]	[illegible]
86	[illegible]	[illegible]	[illegible]	罝	[illegible]	[illegible]	[illegible]	[illegible]	[illegible]	[illegible]
87	[illegible]	[illegible]	[illegible]	[illegible]	[illegible]	[illegible]	[illegible]	[illegible]	[illegible]	[illegible]
88	[illegible]	[illegible]	[illegible]	[illegible]	[illegible]	[illegible]	[illegible]	[illegible]	[illegible]	[illegible]
89	[illegible]	[illegible]	[illegible]	[illegible]	[illegible]	[illegible]	[illegible]	[illegible]	[illegible]	[illegible]
8A	[illegible]	[illegible]	[illegible]	[illegible]	[illegible]	[illegible]	[illegible]	[illegible]	[illegible]	[illegible]
8B	[illegible]	[illegible]	[illegible]	[illegible]	[illegible]	[illegible]	[illegible]	[illegible]	[illegible]	[illegible]
8C	[illegible]	[illegible]	[illegible]	[illegible]	[illegible]	[illegible]	[illegible]	[illegible]	[illegible]	[illegible]
8D	置	[illegible]	[illegible]	罪	[illegible]	[illegible]	[illegible]	[illegible]	[illegible]	[illegible]
8E	[illegible]	[illegible]	[illegible]	[illegible]	[illegible]	[illegible]	[illegible]	[illegible]	[illegible]	[illegible]
8F	[illegible]	[illegible]	[illegible]	[illegible]	[illegible]	[illegible]	[illegible]	[illegible]	[illegible]	[illegible]
90	[illegible]	[illegible]	[illegible]	[illegible]	[illegible]	[illegible]	[illegible]	[illegible]	[illegible]	[illegible]
91	[illegible]	[illegible]	[illegible]	[illegible]	[illegible]	[illegible]	[illegible]	[illegible]	[illegible]	[illegible]
92	[illegible]	[illegible]	[illegible]	[illegible]	[illegible]	[illegible]	[illegible]	[illegible]	[illegible]	[illegible]
93	[illegible]	[illegible]	[illegible]	[illegible]	罾	[illegible]	[illegible]	[illegible]	[illegible]	[illegible]
94	[illegible]	[illegible]	[illegible]	[illegible]	[illegible]	[illegible]	[illegible]	[illegible]	[illegible]	[illegible]
95	[illegible]	[illegible]	[illegible]	[illegible]	[illegible]	[illegible]	[illegible]	[illegible]	[illegible]	[illegible]

9732

	30	31	32	33	34	35	36	37	38	39
96	𦌲	𦌳	𦌴	𦌵	𦌶	𦌷	𦌸	𦌹	𦌺	𦌻
97	𦌼	𦌽	𦌾	𦌿	𦍀	𦍁	𦍂	𦍃	𦍄	𦍅
98	𦍆	𦍇	𦍈	𦍉	𦍊	𦍋	𦍌	𦍍	𦍎	𦍏
99	𦍐	𦍑	𦍒	𦍓	𦍔	𦍕	𦍖	𦍗	𦍘	𦍙
9A	𦍚	𦍛	𦍜	𦍝	𦍞	𦍟	𦍠	𦍡	𦍢	𦍣
9B	𦍤	𦍥	𦍦	𦍧	𦍨	𦍩	𦍪	𦍫	𦍬	𦍭
9C	𦍮	𦍯	𦍰	𦍱	𦍲	𦍳	𦍴	𦍵	𦍶	𦍷
9D	𦍸	𦍹	𦍺	𦍻	𦍼	𦍽	𦍾	𦍿	𦎀	𦎁
9E	𦎂	𦎃	𦎄	𦎅	𦎆	𦎇	𦎈	𦎉	𦎊	𦎋
9F	𦎌	𦎍	𦎎	𦎏	𦎐	𦎑	𦎒	𦎓	𦎔	𦎕
A0	𦎖	𦎗	𦎘	𦎙	𦎚	𦎛	𦎜	𦎝	𦎞	𦎟
A1	𦎠	𦎡	𦎢	𦎣	𦎤	𦎥	𦎦	𦎧	𦎨	𦎩
A2	𦎪	𦎫	𦎬	𦎭	𦎮	𦎯	𦎰	𦎱	𦎲	𦎳
A3	𦎴	𦎵	𦎶	𦎷	𦎸	𦎹	𦎺	𦎻	𦎼	𦎽
A4	𦎾	𦎿	𦏀	𦏁	𦏂	𦏃	𦏄	𦏅	𦏆	𦏇
A5	𦏈	𦏉	𦏊	𦏋	𦏌	𦏍	𦏎	𦏏	𦏐	𦏑
A6	𦏒	𦏓	𦏔	𦏕	𦏖	𦏗	𦏘	𦏙	𦏚	𦏛
A7	𦏜	𦏝	𦏞	𦏟	𦏠	𦏡	𦏢	𦏣	𦏤	𦏥
A8	𦏦	𦏧	𦏨	𦏩	𦏪	𦏫	𦏬	𦏭	𦏮	𦏯
A9	𦏰	𦏱	𦏲	𦏳	𦏴	𦏵	𦏶	𦏷	𦏸	𦏹
AA	𦏺	𦏻	𦏼	𦏽	𦏾	𦏿	𦐀	𦐁	𦐂	𦐃

9732

	30	31	32	33	34	35	36	37	38	39
AB	𦐄	𦐅	𦐆	𦐇	𦐈	𦐉	𦐊	𦐋	𦐌	𦐍
AC	𦐎	𦐏	𦐐	𦐑	𦐒	𦐓	𦐔	𦐕	𦐖	𦐗
AD	𦐘	𦐙	𦐚	𦐛	𦐜	𦐝	𦐞	𦐟	𦐠	𦐡
AE	𦐢	𦐣	𦐤	𦐥	𦐦	𦐧	𦐨	𦐩	𦐪	𦐫
AF	𦐬	𦐭	𦐮	𦐯	𦐰	𦐱	𦐲	𦐳	𦐴	𦐵
B0	𦐶	𦐷	𦐸	𦐹	𦐺	𦐻	𦐼	𦐽	𦐾	𦐿
B1	𦑀	𦑁	𦑂	𦑃	𦑄	𦑅	𦑆	𦑇	𦑈	𦑉
B2	𦑊	𦑋	𦑌	𦑍	𦑎	𦑏	𦑐	𦑑	𦑒	𦑓
B3	𦑔	𦑕	𦑖	𦑗	𦑘	𦑙	𦑚	𦑛	𦑜	𦑝
B4	𦑞	𦑟	𦑠	𦑡	𦑢	𦑣	𦑤	𦑥	𦑦	𦑧
B5	𦑨	𦑩	𦑪	𦑫	𦑬	𦑭	𦑮	𦑯	𦑰	𦑱
B6	𦑲	𦑳	𦑴	𦑵	𦑶	𦑷	𦑸	𦑹	𦑺	𦑻
B7	𦑼	𦑽	𦑾	𦑿	𦒀	𦒁	𦒂	𦒃	𦒄	𦒅
B8	𦒆	𦒇	𦒈	𦒉	𦒊	𦒋	𦒌	𦒍	𦒎	𦒏
B9	𦒐	𦒑	𦒒	𦒓	𦒔	𦒕	𦒖	𦒗	𦒘	𦒙
BA	𦒚	𦒛	𦒜	𦒝	𦒞	𦒟	𦒠	𦒡	𦒢	𦒣
BB	𦒤	𦒥	𦒦	𦒧	𦒨	𦒩	𦒪	𦒫	𦒬	𦒭
BC	𦒮	𦒯	𦒰	𦒱	𦒲	𦒳	𦒴	𦒵	𦒶	𦒷
BD	𦒸	𦒹	𦒺	𦒻	𦒼	𦒽	𦒾	𦒿	𦓀	𦓁
BE	𦓂	𦓃	𦓄	𦓅	𦓆	𦓇	𦓈	𦓉	𦓊	𦓋
BF	𦓌	𦓍	𦓎	𦓏	𦓐	𦓑	𦓒	𦓓	𦓔	𦓕

9732

	30	31	32	33	34	35	36	37	38	39
C0	醲	巇	彲	𠩤	扁	饍	䫼	𠩤	䏺	鍴
C1	酾	麡	𪓔	齾	耒	耓	𦓒	𦓐	耙	䎋
C2	𦓡	𦓥	𦓤	䎀	耕	𦓨	𦓫	𦓬	𦓯	䎈
C3	𦔀	𦓼	𦔃	𦔅	𦔈	𦔆	𦔋	𦔗	𦔌	𦔐
C4	𦓾	𦔍	𦔎	𦔏	𦔓	𦔔	𦔑	𦔒	𦔕	𦔖
C5	𦔘	𦔙	𦔚	𦔛	𦔜	𦔝	耧	𦔞	𦔟	𦔠
C6	𦔡	𦔢	𦔣	𦔤	𦔥	𦔦	𦔧	𦔨	𦔩	𦔪
C7	𦔫	𦔬	𦔭	𦔮	𦔯	𦔰	𦔱	𦔲	𦔳	𦔴
C8	𦔵	𦔶	𦔷	𦔸	耬	𦔹	𦕀	𦔺	耴	𦔻
C9	𦔼	𦕅	𦕆	𦕍	𦔽	𦔾	𦕐	𦕑	𦕒	𦕔
CA	𦕕	𦕖	𦕘	𦕙	𦕚	𦕛	𦕞	𦕟	耷	𦕢
CB	𦕣	聊	𦕤	聈	𦕥	耸	聁	𦕨	𦕩	𦕪
CC	聆	𦕫	𦕬	聜	𦕭	𦕮	聍	𦕯	𦕰	𦕱
CD	𦕲	𦕳	𦕴	𦕵	𦕶	𦕷	聆	𦕸	𦕹	𦕺
CE	𦕻	𦖀	𦕼	𦕽	𦕾	聝	𦖂	𦖄	𦖅	𦖆
CF	𦖇	𦖃	聘	联	𦖈	𦖉	𦖊	𦖋	𦖁	𦖌
D0	𦖍	𦖎	𦖏	𦖐	𦖑	𦖒	𦖓	𦖔	𦖕	𦖖
D1	𦖗	𦖘	𦖙	𦖚	𦖛	𦖜	聰	𦖝	𦖞	𦖟
D2	𦖠	𦖡	𦖢	𦖣	𦖤	𦖥	𦖦	𦖧	𦖨	𦖩
D3	𦖪	𦖫	𦖬	𦖭	𦖮	𦖯	𦖰	𦖱	𦖲	𦖳
D4	𦖴	聦	𦖵	𦖶	𦖷	𦖸	𦖹	𦖺	𦖻	𦖼

9732

	30	31	32	33	34	35	36	37	38	39
D5	𦗀	䎸	聧	䏃	𦖴	聉	聺	𦗏	聚	職
D6	䎺	聘	聳	𦗖	聜	䎻	聧	聰	𦗩	䎿
D7	䏆	聳	聺	𦖳	䐜	䎸	聴	𦗙	聠	聢
D8	䏙	𦖷	𦗏	𦖠	聲	䏁	聧	𦗛	𦖿	聯
D9	𦗐	聧	聯	𦗔	𦗡	䏉	聊	𦗑	𦗘	𦗒
DA	𦗣	䏁	聳	𦗤	𦗥	聽	𦗦	𦗧	𦗨	𦗩
DB	𦗪	聲	𦗫	聸	𦗬	𦗭	𦗮	𦗯	聞	𦗰
DC	𦗱	聸	𦗲	𦗳	𦗴	聵	聻	𦗵	𦗶	𦗷
DD	職	𦗸	聾	𦗹	𦗺	𦗻	𦗼	𦗽	𦗾	𦗿
DE	聯	𦘀	𦘁	𦘂	𦘃	𦘄	𦘅	𦘆	𦘇	𦘈
DF	𦘉	𦘊	𦘋	聽	𦘌	𦘍	聿	𦘎	肀	𦘏
E0	𦘐	𦘑	𦘒	𦘓	𦘔	𦘕	𦘖	𦘗	肆	肇
E1	𦘘	肅	𦘙	𦘚	𦘛	𦘜	𦘝	𦘞	𦘟	肑
E2	肔	肏	𦘨	肐	肔	肱	肟	肞	肏	肶
E3	肗	肮	肒	肱	肱	胐	肥	𦘫	𦘬	𦘭
E4	𦘮	股	肵	胚	𦘯	胃	𦘰	肻	胝	胇
E5	胦	胐	𦘱	胣	𦘲	肴	𦘳	胮	胎	𦘴
E6	胖	胈	胥	胮	𦘵	胚	胘	脉	𦘶	肫
E7	胒	肸	脑	𦘷	胫	𦘸	𦘹	脉	胮	胞
E8	胁	𦘺	胇	𦘻	肩	脡	脠	胗	脘	胥
E9	胜	𦘼	𦘽	胨	胜	胥	胡	脈	朋	服

9732

	30	31	32	33	34	35	36	37	38	39
EA	胷	脥	背	𦝼	脛	脱	䏶	胘	脧	肬
EB	脺	胥	䐿	𦚩	䏍	脊	䏞	胃	肩	育
EC	胡	育	𦙶	肩	胠	胖	𦚈	𦙃	𦘺	𦙟
ED	脔	𦚍	朏	肭	脒	脉	脏	脰	胒	䘏
EE	䐀	脤	腴	䑛	脛	朐	𦞲	𦛊	𦙺	肤
EF	脺	䏲	脔	胤	脇	胮	䐌	脘	脊	脑
F0	膏	脔	䏕	𦙬	腱	𦞐	胐	肥	膏	肺
F1	䐹	腦	脔	胳	脔	䐃	脔	脔	腴	脪
F2	膀	𦙝	肆	腩	脞	腔	肐	屈	䏛	胉
F3	腚	𦛕	䑔	𦙾	䐓	䐦	䑂	胖	脍	脔
F4	肥	腰	腥	脉	腘	䏝	肑	胖	䏻	胲
F5	膀	䐧	脚	胥	胥	腓	脫	胥	腱	胳
F6	腩	胸	胸	膉	脚	䑍	腩	胾	䐚	胕
F7	膑	肣	䏟	䏵	腻	䐆	腈	腂	腹	脚
F8	䐔	腒	膝	髀	䐘	腡	䐪	腕	䐒	腺
F9	脘	脔	䐍	腇	䐬	臆	䐐	脔	䑋	膆
FA	膂	膈	脔	臍	䐿	腊	䑀	脧	膌	睦
FB	腈	䐏	腮	肥	腈	膍	腜	膎	膟	䐵
FC	胯	䐢	䐦	脸	膾	䐑	膂	腊	膈	䐥
FD	膪	胥	腰	膻	膈	腌	脔	䏺	膝	䐂
FE	䐭	𦞄	腠	脸	𦞂	䐿	腆	䐉	䐴	們

9733

	30	31	32	33	34	35	36	37	38	39
81	𦝌	𦝍	𦝎	𦝏	𦝐	𦝑	𦝒	𦝓	𦝔	𦝕
82	𦝖	𦝗	𦝘	𦝙	𦝚	𦝛	𦝜	𦝝	𦝞	𦝟
83	𦝠	𦝡	𦝢	𦝣	𦝤	𦝥	𦝦	𦝧	𦝨	𦝩
84	𦝪	𦝫	𦝬	𦝭	𦝮	𦝯	𦝰	𦝱	𦝲	𦝳
85	𦝴	𦝵	𦝶	𦝷	𦝸	𦝹	𦝺	𦝻	𦝼	𦝽
86	𦝾	𦝿	𦞀	𦞁	𦞂	𦞃	𦞄	𦞅	𦞆	𦞇
87	𦞈	𦞉	𦞊	𦞋	𦞌	𦞍	𦞎	𦞏	𦞐	𦞑
88	𦞒	𦞓	𦞔	𦞕	𦞖	𦞗	𦞘	𦞙	𦞚	𦞛
89	𦞜	𦞝	𦞞	𦞟	𦞠	𦞡	𦞢	𦞣	𦞤	𦞥
8A	𦞦	𦞧	𦞨	𦞩	𦞪	𦞫	𦞬	𦞭	𦞮	𦞯
8B	𦞰	𦞱	𦞲	𦞳	𦞴	𦞵	𦞶	𦞷	𦞸	𦞹
8C	𦞺	𦞻	𦞼	𦞽	𦞾	𦞿	𦟀	𦟁	𦟂	𦟃
8D	𦟄	𦟅	𦟆	𦟇	𦟈	𦟉	𦟊	𦟋	𦟌	𦟍
8E	𦟎	𦟏	𦟐	𦟑	𦟒	𦟓	𦟔	𦟕	𦟖	𦟗
8F	𦟘	𦟙	𦟚	𦟛	𦟜	𦟝	𦟞	𦟟	𦟠	𦟡
90	𦟢	𦟣	𦟤	𦟥	𦟦	𦟧	𦟨	𦟩	𦟪	𦟫
91	𦟬	𦟭	𦟮	𦟯	𦟰	𦟱	𦟲	𦟳	𦟴	𦟵
92	𦟶	𦟷	𦟸	𦟹	𦟺	𦟻	𦟼	𦟽	𦟾	𦟿
93	𦠀	𦠁	𦠂	𦠃	𦠄	𦠅	𦠆	𦠇	𦠈	𦠉
94	𦠊	𦠋	𦠌	𦠍	𦠎	𦠏	𦠐	𦠑	𦠒	𦠓
95	𦠔	𦠕	𦠖	𦠗	𦠘	𦠙	𦠚	𦠛	𦠜	𦠝

9733

	30	31	32	33	34	35	36	37	38	39
96	[illegible]	[illegible]	[illegible]	[illegible]	[illegible]	[illegible]	[illegible]	[illegible]	[illegible]	[illegible]
97	[illegible]	[illegible]	[illegible]	[illegible]	[illegible]	[illegible]	[illegible]	[illegible]	[illegible]	[illegible]
98	[illegible]	[illegible]	[illegible]	[illegible]	[illegible]	[illegible]	[illegible]	[illegible]	[illegible]	[illegible]
99	[illegible]	[illegible]	[illegible]	[illegible]	膝	[illegible]	[illegible]	[illegible]	[illegible]	[illegible]
9A	[illegible]	[illegible]	[illegible]	[illegible]	[illegible]	[illegible]	[illegible]	[illegible]	[illegible]	[illegible]
9B	[illegible]	[illegible]	[illegible]	[illegible]	[illegible]	[illegible]	[illegible]	[illegible]	[illegible]	[illegible]
9C	[illegible]	[illegible]	[illegible]	[illegible]	[illegible]	[illegible]	[illegible]	[illegible]	[illegible]	[illegible]
9D	[illegible]	[illegible]	[illegible]	[illegible]	[illegible]	[illegible]	[illegible]	[illegible]	[illegible]	[illegible]
9E	[illegible]	[illegible]	[illegible]	[illegible]	[illegible]	[illegible]	[illegible]	[illegible]	[illegible]	[illegible]
9F	[illegible]	[illegible]	[illegible]	[illegible]	[illegible]	[illegible]	[illegible]	[illegible]	[illegible]	[illegible]
A0	[illegible]	[illegible]	[illegible]	[illegible]	[illegible]	[illegible]	[illegible]	[illegible]	[illegible]	[illegible]
A1	[illegible]	[illegible]	[illegible]	[illegible]	[illegible]	[illegible]	[illegible]	[illegible]	[illegible]	[illegible]
A2	[illegible]	[illegible]	[illegible]	[illegible]	[illegible]	[illegible]	[illegible]	[illegible]	[illegible]	[illegible]
A3	[illegible]	[illegible]	[illegible]	[illegible]	[illegible]	[illegible]	[illegible]	[illegible]	[illegible]	[illegible]
A4	[illegible]	[illegible]	[illegible]	[illegible]	[illegible]	[illegible]	[illegible]	[illegible]	[illegible]	[illegible]
A5	[illegible]	[illegible]	[illegible]	[illegible]	[illegible]	[illegible]	[illegible]	[illegible]	[illegible]	[illegible]
A6	[illegible]	[illegible]	[illegible]	[illegible]	[illegible]	[illegible]	[illegible]	[illegible]	[illegible]	[illegible]
A7	[illegible]	[illegible]	[illegible]	[illegible]	[illegible]	[illegible]	[illegible]	[illegible]	[illegible]	[illegible]
A8	[illegible]	[illegible]	[illegible]	[illegible]	[illegible]	[illegible]	[illegible]	[illegible]	[illegible]	[illegible]
A9	[illegible]	[illegible]	[illegible]	[illegible]	[illegible]	[illegible]	[illegible]	[illegible]	[illegible]	[illegible]
AA	[illegible]	[illegible]	[illegible]	[illegible]	臨	[illegible]	[illegible]	[illegible]	[illegible]	[illegible]

9733

	30	31	32	33	34	35	36	37	38	39
AB	齜	瞔	覵	瞧	翳	矍	䁻	矖	鑑	㠯
AC	自	百	𦣻	直	皃	臬	臭	臮	𦤎	皇
AD	首	苩	𦤀	䑁	臮	舩	䑔	眉	泉	臯
AE	臬	皛	皐	皋	臱	罩	臱	䑝	臯	䑢
AF	臺	䑕	䑖	鼻	䑗	皛	䑘	䑙	䑚	䑛
B0	䑜	𦤶	䑞	䑟	䑠	䑡	䑣	䑤	䑥	䑦
B1	䑧	䑨	䑩	䑪	䑫	䑬	䑭	至	㚈	㚉
B2	致	致	䑒	䑓	䑔	䑕	臺	䑗	䑘	臺
B3	臻	䑚	臺	䑜	臺	䑞	臺	臻	臺	䑢
B4	臺	䑤	䑥	䑦	䑧	臺	䑩	臼	凶	𡆧
B5	臾	臾	臿	舁	舁	臾	舁	臿	舀	舀
B6	䑲	䑳	䑴	䑵	䑶	䑷	舅	䑸	䑹	䑺
B7	䑻	䑼	䑽	臿	䑿	䒀	䒁	舁	䒂	䒃
B8	舂	䒄	舃	舀	䒅	與	舉	舉	䒆	䒇
B9	䒈	䒉	䒊	䒋	䒌	䒍	䒎	䒏	䒐	䒑
BA	䒒	䒓	䒔	輿	䒖	䒗	䒘	䒙	䒚	䒛
BB	䒜	䒝	䒞	䒟	䒠	䒡	䒢	䒣	䒤	舉
BC	䒦	䒧	䒨	䒩	舉	䒫	䒬	學	䒮	䒯
BD	䒰	䒱	䒲	䒳	䒴	䒵	興	䒷	䒸	䒹
BE	䒺	䒻	䒼	䒽	與	䒿	䓀	䓁	䓂	䓃
BF	䓄	䓅	䓆	䓇	䓈	䓉	䓊	䓋	䓌	舋

9733

	30	31	32	33	34	35	36	37	38	39
C0	䑲	𦦾	𦧀	𦧁	舌	𦧆	𦧇	𦧈	𦧉	𦧊
C1	𦧋	𦧌	𦧍	𦧎	𦧏	𦧐	𦧑	𦧒	𦧓	𦧔
C2	𦧕	𦧖	𦧗	𦧘	𦧙	𦧚	𦧛	𦧜	𦧝	𦧞
C3	𦧟	𦧠	𦧡	𦧢	𦧣	𦧤	𦧥	𦧦	𦧧	𦧨
C4	𦧩	𦧪	𦧫	𦧬	𦧭	𦧮	𦧯	𦧰	𦧱	𦧲
C5	𦧳	𦧴	𦧵	𦧶	𦧷	𦧸	𦧹	𦧺	𦧻	𦧼
C6	𦧽	𦧾	𦧿	𦨀	𦨁	𦨂	𦨃	𦨄	𦨅	𦨇
C7	𦨈	𦨉	𦨊	𦨋	舥	𦨌	𦨍	𦨎	𦨏	𦨐
C8	𦨑	𦨒	𦨓	𦨔	𦨕	𦨖	𦨗	𦨘	𦨙	𦨚
C9	𦨛	𦨜	𦨝	𦨞	𦨟	𦨠	𦨡	𦨢	𦨣	𦨤
CA	𦨥	𦨦	𦨧	𦨨	𦨩	𦨪	𦨫	𦨬	𦨭	𦨮
CB	𦨯	𦨰	𦨱	𦨲	𦨳	𦨴	𦨵	𦨶	𦨷	𦨸
CC	𦨹	𦨺	𦨻	𦨼	𦨽	𦨾	𦨿	𦩀	𦩁	𦩂
CD	𦩃	𦩄	𦩅	𦩆	𦩇	𦩈	𦩉	𦩊	𦩋	𦩌
CE	𦩍	𦩎	𦩏	𦩐	𦩑	𦩒	𦩓	𦩔	𦩕	𦩖
CF	𦩗	𦩘	𦩙	𦩚	𦩛	𦩜	𦩝	𦩞	𦩟	𦩠
D0	𦩡	𦩢	𦩣	𦩤	𦩥	𦩦	𦩧	𦩨	𦩩	𦩪
D1	𦩫	𦩬	𦩭	𦩮	𦩯	𦩰	𦩱	𦩲	𦩳	𦩴
D2	𦩵	𦩶	𦩷	𦩸	𦩹	𦩺	𦩻	𦩼	𦩽	𦩾
D3	𦩿	𦪀	𦪁	𦪂	𦪃	𦪄	𦪅	𦪆	𦪇	𦪈
D4	𦪉	𦪊	𦪋	𦪌	𦪍	𦪎	𦪏	𦪐	𦪑	𦪒

9733

	30	31	32	33	34	35	36	37	38	39
D5	𦫂	艂	䑺	𦪸	𦫊	艙	䑹	艞	𦫍	艨
D6	艢	艕	艧	艣	艝	䑼	𦫙	艜	艡	艥
D7	𦫞	艠	艩	艪	艬	艠	艠	艫	𦫧	𦫨
D8	艭	艨	艬	艦	艟	艪	艩	𦫫	艭	艧
D9	艪	艫	艪	𦫴	艫	艪	艫	艫	艬	艭
DA	艬	艭	艬	𦫻	艫	𦫻	𦫼	𦫽	𦫾	𦫿
DB	𦬀	𦬁	𦬂	𦬃	𦬄	𦬅	𦬆	𦬇	𦬈	𦬉
DC	𦬊	𦬋	𦬌	𦬍	𦬎	𦬏	𦬐	𦬑	𦬒	𦬓
DD	𦬔	𦬕	𦬖	𦬗	𦬘	𦬙	𦬚	𦬛	𦬜	𦬝
DE	𦬞	𦬟	𦬠	𦬡	𦬢	䒑	𦬤	𦬥	𦬦	𦬧
DF	艾	𦬩	𦬪	𦬫	𦬬	𦬭	𦬮	𦬯	𦬰	𦬱
E0	𦬲	𦬳	𦬴	𦬵	𦬶	𦬷	𦬸	𦬹	𦬺	𦬻
E1	𦬼	𦬽	𦬾	𦬿	𦭀	𦭁	𦭂	𦭃	𦭄	𦭅
E2	𦭆	𦭇	𦭈	𦭉	𦭊	𦭋	𦭌	𦭍	𦭎	𦭏
E3	𦭐	𦭑	𦭒	𦭓	𦭔	𦭕	𦭖	𦭗	𦭘	𦭙
E4	𦭚	𦭛	𦭜	𦭝	𦭞	𦭟	𦭠	𦭡	𦭢	𦭣
E5	𦭤	𦭥	𦭦	𦭧	𦭨	𦭩	𦭪	𦭫	𦭬	𦭭
E6	𦭮	𦭯	𦭰	𦭱	𦭲	𦭳	𦭴	𦭵	𦭶	𦭷
E7	𦭸	𦭹	𦭺	𦭻	𦭼	𦭽	𦭾	𦭿	𦮀	𦮁
E8	𦮂	𦮃	𦮄	𦮅	𦮆	𦮇	𦮈	𦮉	𦮊	𦮋
E9	𦮌	𦮍	𦮎	𦮏	𦮐	𦮑	𦮒	𦮓	𦮔	𦮕

9733

	30	31	32	33	34	35	36	37	38	39
EA	茥	𦬠	苧	苙	萄	䓘	带	茸	茜	菡
EB	菝	莘	蒻	蓊	𦬸	芊	莌	革	苒	荥
EC	𦭲	苢	芰	莌	茁	荐	荛	苹	萓	菲
ED	茜	菷	蕞	菜	蓐	苐	荳	葴	萴	萄
EE	萁	菵	葵	菩	茵	菿	葦	荼	菱	菌
EF	莽	蘩	芸	萩	苹	茫	荣	菽	茂	蒜
F0	药	莳	葸	莫	茆	莑	茎	花	苓	荽
F1	葄	荻	茯	前	苏	萄	礼	莶	苇	蒹
F2	蒻	莫	莫	苍	菘	菁	葸	菩	莂	蓟
F3	茎	茵	菻	蒿	菲	萨	菲	莧	蔓	菬
F4	茠	萁	蕊	萉	茵	葹	菪	草	茚	菹
F5	萧	荣	荳	菁	菱	葤	蓉	莽	苋	萘
F6	莆	萼	菇	蕙	葀	萓	萶	莹	萈	菜
F7	葬	葼	菂	菡	荼	菃	蓬	菌	菪	萑
F8	荛	莽	献	莧	荷	莏	葺	蕊	荽	菽
F9	荦	葽	蓄	菰	萎	荸	萩	莽	苓	蒿
FA	葢	萛	蓁	萼	莩	莞	董	萘	萝	蔡
FB	苓	葽	菪	莓	菉	菻	葹	華	蔗	葬
FC	茯	菞	蓨	萼	莜	莞	莽	菲	荊	菧
FD	苇	菶	菽	菜	菔	莫	菡	菳	幕	莲
FE	菴	菇	蒟	茼	萌	莓	莎	荊	蓍	蓯

9734

	30	31	32	33	34	35	36	37	38	39
81	菀	菱	草	萩	萨	菠	菴	蓚	菁	菈
82	䓀	葢	菰	萿	菀	菿	荼	菴	菶	萓
83	菡	菻	萮	萝	菢	菗	萩	萆	菔	菏
84	菸	菩	萄	菑	芸	莫	菂	菊	莓	萲
85	莽	萷	菹	菹	萆	菫	堇	萊	菾	菽
86	薑	萬	莖	葬	蒹	葿	菿	草	萬	菌
87	菲	菌	萮	菸	菫	莽	菤	蒸	菧	菌
88	菶	萩	菪	菀	菂	菟	萼	菶	萵	莽
89	莽	菴	萝	萲	菸	菸	萝	萻	萧	萘
8A	萐	菸	菽	莅	菳	菣	菱	萛	菻	菶
8B	菜	莓	萁	莉	葩	菑	菉	萉	菻	菑
8C	菽	萕	菈	菸	莫	萧	菻	菁	菧	萎
8D	菞	莽	菽	萀	萩	菭	萙	菈	萮	萩
8E	菣	菫	菇	菸	菇	菢	萊	菶	萮	菲
8F	菣	菓	莞	桔	菎	菵	菌	萮	葸	菰
90	葙	萙	萘	葉	萋	萬	菠	萆	萶	菑
91	萓	萩	葚	菷	萶	葛	葬	萚	葼	萲
92	萺	萛	葴	葩	葴	萨	菰	萳	萛	萩
93	萳	萳	菓	菠	菎	葍	葪	葉	葬	萮
94	葷	萏	菡	菧	萾	菲	菘	葟	菀	萩
95	萶	萲	菲	萦	萵	葵	萵	萗	若	菰

9734

	30	31	32	33	34	35	36	37	38	39
96	莢	蔓	蓼	䖢	蕟	荓	䒚	葙	菖	蔍
97	䓘	萊	莤	蒷	蕊	葝	逪	葍	惡	蓮
98	萸	葪	菌	蔯	蔙	菉	萰	蒱	蓉	蕟
99	葅	菩	蔙	蒒	菕	蒗	葏	菱	葬	蘑
9A	蔓	䓬	萎	蔭	蒣	萑	菡	葳	蓁	菡
9B	蓁	荃	蕚	苓	菌	葪	蓈	葱	萯	蒕
9C	蕌	蔥	菂	蓳	蒀	蒱	蔽	蕺	茗	蕤
9D	蓳	蒟	蒜	蔐	蒩	葿	蒜	蒔	萋	蔳
9E	慈	菗	蒳	蕣	莊	蒂	蓀	营	蓐	菌
9F	蔻	蔽	薇	蒗	蔽	蕕	蘞	蒸	菲	蔹
A0	薛	蓍	蕾	蓆	蕢	葡	菜	菌	菜	蒹
A1	蕺	薊	菜	蓍	蔀	莧	蕃	蒯	蔦	蒑
A2	葩	菎	蓪	葀	蒩	菲	萮	蔬	蒪	萹
A3	蕄	菰	萃	蓷	葸	蒻	菏	蕻	菔	蓍
A4	蕖	蓺	葬	蕰	蒶	蕢	蒞	蒹	蕿	蓺
A5	蓛	蒨	蓅	蔲	蒢	蕺	蔀	蓑	蓤	蓋
A6	葺	葉	蔆	蕣	蕓	葬	蒆	蒺	蔻	蕫
A7	莧	蒜	蒲	蕍	蓁	蓎	蓂	蓋	莎	蒢
A8	蒩	蘽	蒢	蕥	蒔	蕹	蓑	蓌	蔦	蔘
A9	蒺	蕍	蕍	蕙	蓉	蓛	蓖	蒞	蘯	蕼
AA	蒳	蒸	蘆	菡	蒱	蕫	蕆	萜	蒠	蒯

9734

	30	31	32	33	34	35	36	37	38	39
AB	蕧	蒚	萗	蒏	蔎	䔲	蕙	蓂	葚	蔌
AC	蓉	䓤	蔱	蓕	蕿	蕮	蔲	蕓	蓓	蕸
AD	蒪	𦱊	蔡	蒉	蓫	蔽	蕣	蓫	蔡	蕌
AE	蒓	薇	葬	蔀	蔕	蓪	蕃	蓝	蔡	蓝
AF	蓧	蔻	蕞	蘅	蓏	蓏	蕃	蕇	蔙	蔙
B0	蒔	萑	蔭	蔓	蕎	蔡	蔰	蔋	蕴	蕨
B1	蔓	蔀	蔧	蕖	蔷	蒸	蓥	葬	蔇	蕡
B2	蕭	蔏	蕞	蓄	蓺	蔓	蕫	蔁	蒔	藁
B3	蕈	蕃	藏	蕖	蓬	蔐	蓨	葬	蔵	蔫
B4	蔁	蕀	蕣	蕣	蕖	蔗	蕤	薫	蔯	蕞
B5	蕌	蕖	蕀	蓓	蕴	蕶	蔓	蓬	葬	蕣
B6	蕈	蔑	蔥	葬	蔥	蕉	蔀	蓥	蔓	蕫
B7	蔌	蔪	蔡	蘋	蓄	蕃	蕄	蕚	蕸	蔥
B8	蕀	蘄	蕻	蕣	蓮	蔔	蕷	蔯	蓥	蔹
B9	蘂	蔛	蕞	蕣	蕤	蔬	蔆	蕇	蕫	蕲
BA	蕰	蕎	蕤	蕲	蕲	蓓	蕇	蓬	蕎	蕰
BB	蕹	蕇	蔓	薇	蕀	藻	蔦	萬	蔀	蘑
BC	蕈	藩	蕖	蕙	蕘	蕿	蘐	蕍	蔃	蕲
BD	蕿	蕝	蔡	蕲	蘞	蕿	蕎	蕣	藏	蕫
BE	蔦	蕤	蕣	藍	蕳	蔓	蕲	蕚	蕺	蕡
BF	蕤	蕃	蕣	蔚	蕤	蕺	蕣	蕿	蕤	蕿

9734

	30	31	32	33	34	35	36	37	38	39
C0	蕨	蕂	蓧	薔	薔	蓍	蕉	藂	薾	蕺
C1	蕣	蓼	薨	蔽	蔭	蓭	蕸	蘵	蒵	蔀
C2	蓘	藋	蕼	蘼	蓁	薏	藚	蘢	蓃	蔓
C3	蓳	薰	藒	蕚	蕈	蔙	墓	蕛	蕡	蘟
C4	蒟	蓶	蓉	蕺	蘛	蒃	藻	蕺	蘷	薢
C5	蕃	葬	蓟	蕣	蕾	葬	葬	蕉	蕣	薹
C6	蕈	蓑	蘄	蘫	虢	蘸	蕣	蕓	薀	蓸
C7	蕿	勤	蔄	蕑	夢	蕜	蘭	蒯	蘉	蕳
C8	蔕	蕾	蓜	藉	蕼	蒯	蔸	蘔	蘇	蕊
C9	蕉	藿	蔆	蓫	蕅	蔬	蔏	蘁	蕊	蕕
CA	蕠	蕵	蓘	蕖	蕬	薜	蘆	蕮	蘌	蔆
CB	蕟	藸	蕃	蕵	蔺	蘇	蘄	蘡	薍	藷
CC	蘯	蕢	蔮	藿	蕔	蒙	蘊	藫	蘚	蘧
CD	藹	蔫	蕾	蘠	蕩	蘢	蘩	藪	蒿	蕈
CE	蔵	薇	蘚	蘱	蕃	蕷	藾	蕸	蘓	蕭
CF	蘞	蔄	蘖	蘳	蘸	蔱	蘮	蒟	蕌	蕌
D0	藧	蔦	蕻	蕁	蕆	蘐	蕠	獻	蕌	蔽
D1	蘫	蘧	蘷	蕿	薈	蔜	蘸	蕸	蔌	蔷
D2	薹	蔌	蘐	蓁	蔓	蕎	蘄	蓁	蕌	蔵
D3	蕣	蓄	蘷	蘛	蕚	蕣	蘘	蕙	蘜	蔆
D4	蘓	蕼	蘖	蘼	蓻	蕣	蘽	蘃	蘊	蔷

9734

	30	31	32	33	34	35	36	37	38	39
D5	䕉	蕣	蕯	蕴	蕿	藜	蕓	藕	藁	蔦
D6	蔐	蕣	蓬	蔡	蔆	蕼	藍	蕳	蕺	蕚
D7	蔺	蔨	薹	蔷	蔆	蕣	蕆	蘐	蘋	蒼
D8	蕴	薹	蕖	蘵	蕻	蘿	蕊	蓳	蘡	著
D9	蘗	蕟	蘷	蘖	蘙	蘠	蘇	蘤	藫	蘱
DA	蕒	蕻	蘩	蘗	蘄	蓼	蕩	蘨	蕭	蕙
DB	蓮	蓮	蓬	藉	藉	蕌	蔫	蓡	蕅	薦
DC	蕩	蘛	蕭	蘁	蘆	蕮	蕮	蘠	蔌	蘷
DD	蕺	蘚	蓁	蕺	蔽	藥	蘪	蘦	蘊	蕢
DE	薳	蓿	蕢	蔽	蕙	蕎	蕫	蘂	蘩	蕁
DF	蕈	蕈	薊	蕆	蕾	蕈	蓬	蕗	蘮	蕅
E0	蕤	蘞	蔫	藏	蔫	藝	蕃	蘡	藭	蘢
E1	蓳	蕃	藜	蕣	蘓	蘋	蘩	蘳	蘯	蕭
E2	蒜	蕀	蘮	蘽	蘴	蘭	蘦	蘨	蕠	蘼
E3	蘩	蘫	蕎	蕤	蘶	蘳	蘥	蘬	蘢	蘟
E4	蕼	蘦	蕢	蕉	蘫	蘥	蕾	藤	蘪	蘯
E5	蕠	蕉	蘮	蘓	蘠	蘴	蕾	蘷	蘭	蘱
E6	蘋	蕩	藤	蘡	蕔	蕃	蘦	蕙	蘭	蕼
E7	蘑	蘄	蕫	蕁	蕨	蔗	蕷	蕃	蘗	蘊
E8	蕭	蘡	蘇	蕙	蘧	蕃	蘭	蘂	蘳	蕪
E9	蕓	蘢	蕙	蕙	蕾	蘸	蘦	蓳	蘩	蕬

9734

	30	31	32	33	34	35	36	37	38	39
EA	蕼	𧂐	蘆	𦻏	藰	蕈	𧁤	蕃	蘲	藆
EB	蕙	蘠	蒜	𧂄	蘮	蕭	蔦	蕇	蕌	蘭
EC	薰	蘭	蕻	蒐	藮	葆	蘅	葺	蘅	蘊
ED	蔓	蔽	蘄	蘢	薊	蕪	蘆	蘳	蘪	蘵
EE	蒧	蕼	蘟	蘧	蘆	蘮	蘋	蘵	蘶	蘸
EF	蘭	蓼	蘞	蕁	藻	藩	蘳	蘪	蘩	蘬
F0	蕘	蘧	蕭	蕣	蕉	蘐	蔻	薹	蘁	蕁
F1	藼	蕮	蘊	蕓	蘡	蘱	蘂	蘋	蘧	蕙
F2	藷	蔻	蘚	蘇	蘒	蕩	薹	蘊	藏	蘍
F3	藾	蘦	蘨	蘊	薵	蘗	蘜	蕈	蘿	蘳
F4	蘬	蘪	蘗	蘞	蘴	蘱	蕎	蘳	蘼	蘟
F5	蠖	蘭	蘸	蘚	蘮	蘙	蘓	蘠	蘜	蘋
F6	蕃	蘇	蘧	蘡	蘚	蘞	蘤	蘳	蘘	蘛
F7	蘿	蘿	蘸	藍	蘆	蘬	蘟	蘵	蘼	蘸
F8	蕢	蕒	蘢	藻	蘵	蘽	蕃	蘡	蘿	蘪
F9	蘊	蘛	蘜	蘛	蘞	蘜	蘚	蘗	蘡	蘐
FA	蘼	蘙	蘊	蘡	蘩	蘥	蘙	蘵	蘢	蘴
FB	蘥	蘟	藥	蘠	蘖	蘐	蘘	蘛	蘛	蘡
FC	蘞	蘅	蘈	蘟	蘱	蘜	蘳	蘜	蘨	蘡
FD	蘡	蘊	蘡	蘳	蘵	蘵	蘴	蘛	蘙	蘦
FE	蘻	蘥	蘮	蘸	蘮	蘴	蘛	蘬	蘰	蘵

9735

	30	31	32	33	34	35	36	37	38	39
81	𧄤	𧄥	𧄦	𧄧	𧄨	𧄩	𧄪	𧄫	𧄬	𧄭
82	𧄮	𧄯	𧄰	𧄱	𧄲	𧄳	𧄴	𧄵	𧄶	𧄷
83	𧄸	𧄹	𧄺	𧄻	𧄼	𧄽	𧄾	𧄿	𧅀	𧅁
84	𧅂	𧅃	𧅄	𧅅	𧅆	𧅇	𧅈	𧅉	𧅊	𧅋
85	𧅌	𧅍	𧅎	𧅏	𧅐	𧅑	𧅒	𧅓	𧅔	𧅕
86	𧅖	𧅗	𧅘	𧅙	𧅚	𧅛	𧅜	𧅝	𧅞	𧅟
87	𧅠	𧅡	𧅢	𧅣	𧅤	𧅥	𧅦	𧅧	𧅨	𧅩
88	𧅪	𧅫	𧅬	𧅭	𧅮	𧅯	𧅰	𧅱	𧅲	𧅳
89	𧅴	𧅵	𧅶	𧅷	𧅸	𧅹	𧅺	𧅻	𧅼	𧅽
8A	𧅾	𧅿	𧆀	𧆁	𧆂	𧆃	𧆄	𧆅	𧆆	𧆇
8B	𧆈	𧆉	𧆊	𧆋	𧆌	𧆍	𧆎	𧆏	𧆐	𧆑
8C	𧆒	𧆓	𧆔	𧆕	𧆖	𧆗	𧆘	𧆙	𧆚	𧆛
8D	𧆜	𧆝	𧆞	𧆟	𧆠	𧆡	𧆢	𧆣	𧆤	𧆥
8E	𧆦	𧆧	𧆨	𧆩	𧆪	𧆫	𧆬	𧆭	𧆮	𧆯
8F	𧆰	𧆱	𧆲	𧆳	𧆴	𧆵	𧆶	𧆷	𧆸	𧆹
90	𧆺	𧆻	𧆼	𧆽	𧆾	𧆿	𧇀	𧇁	𧇂	𧇃
91	𧇄	𧇅	𧇆	𧇇	𧇈	𧇉	𧇊	𧇋	𧇌	𧇍
92	𧇎	𧇏	𧇐	𧇑	𧇒	𧇓	𧇔	𧇕	𧇖	𧇗
93	𧇘	𧇙	𧇚	𧇛	𧇜	𧇝	𧇞	𧇟	𧇠	𧇡
94	𧇢	𧇣	𧇤	𧇥	𧇦	𧇧	𧇨	𧇩	𧇪	𧇫
95	𧇬	𧇭	𧇮	𧇯	𧇰	𧇱	𧇲	𧇳	𧇴	𧇵

9735

	30	31	32	33	34	35	36	37	38	39
96	𧇶	𧇷	𧇸	𧇹	𧇺	𧇻	𧇼	𧇽	𧇾	𧇿
97	𧈀	𧈁	𧈂	𧈃	𧈄	𧈅	𧈆	𧈇	𧈈	𧈉
98	𧈊	𧈋	𧈌	𧈍	𧈎	𧈏	𧈐	𧈑	𧈒	𧈓
99	𧈔	𧈕	𧈖	𧈗	𧈘	𧈙	𧈚	𧈛	𧈜	𧈝
9A	𧈞	𧈟	𧈠	𧈡	𧈢	𧈣	𧈤	𧈥	𧈦	𧈧
9B	𧈨	𧈩	𧈪	𧈫	𧈬	𧈭	𧈮	𧈯	𧈰	𧈱
9C	𧈲	𧈳	𧈴	𧈵	𧈶	𧈷	𧈸	𧈹	𧈺	𧈻
9D	𧈼	𧈽	𧈾	𧈿	𧉀	𧉁	𧉂	𧉃	𧉄	𧉅
9E	𧉆	𧉇	𧉈	𧉉	𧉊	𧉋	𧉌	𧉍	𧉎	𧉏
9F	𧉐	𧉑	𧉒	𧉓	𧉔	𧉕	𧉖	𧉗	𧉘	𧉙
A0	𧉚	𧉛	𧉜	𧉝	𧉞	𧉟	𧉠	𧉡	𧉢	𧉣
A1	𧉤	𧉥	𧉦	𧉧	𧉨	𧉩	𧉪	𧉫	𧉬	𧉭
A2	𧉮	𧉯	𧉰	𧉱	𧉲	𧉳	𧉴	𧉵	𧉶	𧉷
A3	𧉸	𧉹	𧉺	𧉻	𧉼	𧉽	𧉾	𧉿	𧊀	𧊁
A4	𧊂	𧊃	𧊄	𧊅	𧊆	𧊇	𧊈	𧊉	𧊊	𧊋
A5	𧊌	𧊍	𧊎	𧊏	𧊐	𧊑	𧊒	𧊓	𧊔	𧊕
A6	𧊖	𧊗	𧊘	𧊙	𧊚	𧊛	𧊜	𧊝	𧊞	𧊟
A7	𧊠	𧊡	𧊢	𧊣	𧊤	𧊥	𧊦	𧊧	𧊨	𧊩
A8	𧊪	𧊫	𧊬	𧊭	𧊮	𧊯	𧊰	𧊱	𧊲	𧊳
A9	𧊴	𧊵	𧊶	𧊷	𧊸	𧊹	𧊺	𧊻	𧊼	𧊽
AA	𧊾	𧊿	𧋀	𧋁	𧋂	𧋃	𧋄	𧋅	𧋆	𧋇

9735

	30	31	32	33	34	35	36	37	38	39
AB	[illegible]	[illegible]	蛍	蜈	[illegible]	蜥	[illegible]	蛂	蝀	[illegible]
AC	[illegible]	[illegible]	[illegible]	蜠	[illegible]	[illegible]	[illegible]	蜪	[illegible]	[illegible]
AD	[illegible]	[illegible]	[illegible]	[illegible]	蚤	蝈	[illegible]	[illegible]	[illegible]	[illegible]
AE	[illegible]	蛭	[illegible]	[illegible]	[illegible]	[illegible]	[illegible]	蛵	[illegible]	[illegible]
AF	[illegible]	[illegible]	[illegible]	[illegible]	[illegible]	[illegible]	[illegible]	[illegible]	[illegible]	[illegible]
B0	[illegible]	蛒	[illegible]	[illegible]	[illegible]	[illegible]	[illegible]	[illegible]	[illegible]	[illegible]
B1	[illegible]	螋	[illegible]	[illegible]	[illegible]	[illegible]	[illegible]	蝍	[illegible]	[illegible]
B2	[illegible]	蜡	[illegible]	[illegible]	[illegible]	[illegible]	[illegible]	[illegible]	[illegible]	[illegible]
B3	[illegible]	[illegible]	[illegible]	[illegible]	[illegible]	[illegible]	[illegible]	[illegible]	[illegible]	[illegible]
B4	[illegible]	[illegible]	[illegible]	[illegible]	[illegible]	[illegible]	[illegible]	[illegible]	[illegible]	[illegible]
B5	[illegible]	[illegible]	[illegible]	[illegible]	[illegible]	[illegible]	[illegible]	蜰	[illegible]	[illegible]
B6	[illegible]	[illegible]	[illegible]	[illegible]	[illegible]	[illegible]	[illegible]	蜅	[illegible]	[illegible]
B7	[illegible]	[illegible]	[illegible]	[illegible]	[illegible]	[illegible]	[illegible]	[illegible]	[illegible]	[illegible]
B8	[illegible]	[illegible]	蛁	[illegible]	[illegible]	[illegible]	[illegible]	[illegible]	[illegible]	[illegible]
B9	[illegible]	[illegible]	[illegible]	[illegible]	[illegible]	[illegible]	[illegible]	[illegible]	[illegible]	[illegible]
BA	[illegible]	[illegible]	[illegible]	[illegible]	[illegible]	[illegible]	[illegible]	[illegible]	[illegible]	[illegible]
BB	[illegible]	[illegible]	[illegible]	[illegible]	[illegible]	[illegible]	蝙	[illegible]	[illegible]	蝗
BC	[illegible]	[illegible]	[illegible]	[illegible]	[illegible]	[illegible]	[illegible]	蝒	[illegible]	[illegible]
BD	[illegible]	[illegible]	[illegible]	[illegible]	[illegible]	[illegible]	[illegible]	[illegible]	[illegible]	[illegible]
BE	[illegible]	[illegible]	[illegible]	[illegible]	[illegible]	[illegible]	[illegible]	[illegible]	[illegible]	融
BF	[illegible]	[illegible]	[illegible]	[illegible]	[illegible]	[illegible]	螺	[illegible]	[illegible]	[illegible]

9735

	30	31	32	33	34	35	36	37	38	39
C0	[illegible]	[illegible]	[illegible]	[illegible]	[illegible]	[illegible]	[illegible]	[illegible]	[illegible]	[illegible]
C1	[illegible]	[illegible]	[illegible]	[illegible]	[illegible]	[illegible]	[illegible]	[illegible]	[illegible]	[illegible]
C2	[illegible]	[illegible]	[illegible]	[illegible]	[illegible]	[illegible]	[illegible]	[illegible]	[illegible]	[illegible]
C3	[illegible]	[illegible]	[illegible]	[illegible]	[illegible]	[illegible]	[illegible]	[illegible]	[illegible]	[illegible]
C4	[illegible]	[illegible]	[illegible]	[illegible]	[illegible]	[illegible]	[illegible]	[illegible]	[illegible]	[illegible]
C5	[illegible]	[illegible]	[illegible]	[illegible]	[illegible]	[illegible]	[illegible]	[illegible]	[illegible]	[illegible]
C6	[illegible]	[illegible]	[illegible]	[illegible]	[illegible]	[illegible]	[illegible]	[illegible]	[illegible]	[illegible]
C7	[illegible]	[illegible]	[illegible]	[illegible]	[illegible]	[illegible]	[illegible]	[illegible]	[illegible]	[illegible]
C8	[illegible]	[illegible]	[illegible]	[illegible]	[illegible]	[illegible]	[illegible]	[illegible]	[illegible]	[illegible]
C9	[illegible]	[illegible]	[illegible]	[illegible]	[illegible]	[illegible]	[illegible]	[illegible]	[illegible]	[illegible]
CA	[illegible]	[illegible]	[illegible]	[illegible]	[illegible]	[illegible]	[illegible]	[illegible]	[illegible]	[illegible]
CB	[illegible]	[illegible]	[illegible]	[illegible]	[illegible]	[illegible]	[illegible]	[illegible]	[illegible]	[illegible]
CC	[illegible]	[illegible]	[illegible]	[illegible]	[illegible]	[illegible]	[illegible]	[illegible]	[illegible]	[illegible]
CD	[illegible]	[illegible]	[illegible]	[illegible]	[illegible]	[illegible]	[illegible]	[illegible]	[illegible]	[illegible]
CE	[illegible]	[illegible]	[illegible]	[illegible]	[illegible]	[illegible]	[illegible]	[illegible]	[illegible]	[illegible]
CF	[illegible]	[illegible]	[illegible]	[illegible]	[illegible]	[illegible]	[illegible]	[illegible]	[illegible]	[illegible]
D0	[illegible]	[illegible]	[illegible]	[illegible]	[illegible]	[illegible]	[illegible]	[illegible]	[illegible]	[illegible]
D1	[illegible]	[illegible]	[illegible]	[illegible]	[illegible]	[illegible]	[illegible]	[illegible]	[illegible]	[illegible]
D2	[illegible]	[illegible]	[illegible]	[illegible]	[illegible]	[illegible]	[illegible]	[illegible]	[illegible]	[illegible]
D3	[illegible]	[illegible]	[illegible]	[illegible]	[illegible]	[illegible]	[illegible]	[illegible]	[illegible]	[illegible]
D4	[illegible]	[illegible]	[illegible]	[illegible]	[illegible]	[illegible]	[illegible]	[illegible]	[illegible]	[illegible]

9735

	30	31	32	33	34	35	36	37	38	39
D5	[illegible]	[illegible]	[illegible]	蟄	[illegible]	[illegible]	[illegible]	[illegible]	[illegible]	螝
D6	[illegible]	[illegible]	[illegible]	蜡	[illegible]	[illegible]	[illegible]	[illegible]	[illegible]	[illegible]
D7	[illegible]	[illegible]	[illegible]	[illegible]	[illegible]	[illegible]	蟳	蝫	[illegible]	[illegible]
D8	[illegible]	[illegible]	[illegible]	[illegible]	[illegible]	[illegible]	[illegible]	[illegible]	[illegible]	[illegible]
D9	[illegible]	[illegible]	[illegible]	[illegible]	[illegible]	[illegible]	[illegible]	[illegible]	[illegible]	[illegible]
DA	蝟	[illegible]	[illegible]	[illegible]	[illegible]	[illegible]	[illegible]	[illegible]	[illegible]	[illegible]
DB	[illegible]	[illegible]	[illegible]	[illegible]	[illegible]	[illegible]	[illegible]	[illegible]	[illegible]	[illegible]
DC	蠊	螟	[illegible]	[illegible]	[illegible]	[illegible]	[illegible]	[illegible]	[illegible]	[illegible]
DD	[illegible]	[illegible]	[illegible]	[illegible]	[illegible]	[illegible]	[illegible]	[illegible]	[illegible]	[illegible]
DE	[illegible]	[illegible]	[illegible]	[illegible]	[illegible]	[illegible]	[illegible]	[illegible]	[illegible]	[illegible]
DF	[illegible]	[illegible]	[illegible]	[illegible]	[illegible]	[illegible]	[illegible]	[illegible]	[illegible]	[illegible]
E0	[illegible]	[illegible]	[illegible]	[illegible]	[illegible]	[illegible]	[illegible]	[illegible]	[illegible]	[illegible]
E1	[illegible]	[illegible]	[illegible]	[illegible]	[illegible]	[illegible]	[illegible]	[illegible]	[illegible]	[illegible]
E2	[illegible]	[illegible]	[illegible]	[illegible]	蟻	[illegible]	[illegible]	[illegible]	[illegible]	[illegible]
E3	[illegible]	[illegible]	[illegible]	[illegible]	[illegible]	[illegible]	[illegible]	[illegible]	[illegible]	[illegible]
E4	[illegible]	[illegible]	[illegible]	[illegible]	[illegible]	[illegible]	[illegible]	[illegible]	[illegible]	[illegible]
E5	[illegible]	[illegible]	[illegible]	[illegible]	[illegible]	[illegible]	[illegible]	[illegible]	[illegible]	[illegible]
E6	[illegible]	[illegible]	[illegible]	[illegible]	[illegible]	[illegible]	[illegible]	[illegible]	[illegible]	[illegible]
E7	[illegible]	[illegible]	[illegible]	[illegible]	[illegible]	[illegible]	[illegible]	[illegible]	[illegible]	[illegible]
E8	[illegible]	[illegible]	[illegible]	[illegible]	[illegible]	[illegible]	[illegible]	[illegible]	[illegible]	[illegible]
E9	[illegible]	[illegible]	[illegible]	蠷	[illegible]	[illegible]	[illegible]	[illegible]	[illegible]	[illegible]

9735

	30	31	32	33	34	35	36	37	38	39
EA	𧔾	𧔿	𧕀	𧕁	𧕂	𧕃	𧕄	𧕅	𧕆	𧕇
EB	𧕈	𧕉	𧕊	𧕋	𧕌	𧕍	𧕎	𧕏	𧕐	𧕑
EC	𧕒	𧕓	𧕔	𧕕	𧕖	𧕗	𧕘	𧕙	𧕚	𧕛
ED	𧕜	𧕝	𧕞	𧕟	𧕠	𧕡	𧕢	𧕣	𧕤	𧕥
EE	𧕦	𧕧	𧕨	𧕩	𧕪	𧕫	𧕬	𧕭	𧕮	𧕯
EF	𧕰	𧕱	𧕲	𧕳	𧕴	𧕵	𧕶	𧕷	𧕸	𧕹
F0	𧕺	𧕻	𧕼	𧕽	𧕾	𧕿	𧖀	𧖁	𧖂	𧖃
F1	𧖄	𧖅	𧖆	𧖇	𧖈	𧖉	𧖊	𧖋	𧖌	𧖍
F2	𧖎	𧖏	𧖐	𧖑	𧖒	𧖓	𧖔	𧖕	𧖖	𧖗
F3	𧖘	𧖙	𧖚	𧖛	𧖜	𧖝	𧖞	𧖟	𧖠	𧖡
F4	𧖢	𧖣	𧖤	𧖥	𧖦	𧖧	𧖨	𧖩	𧖪	𧖫
F5	𧖬	𧖭	𧖮	𧖯	𧖰	𧖱	𧖲	𧖳	𧖴	𧖵
F6	𧖶	𧖷	𧖸	𧖹	𧖺	𧖻	𧖼	𧖽	𧖾	𧖿
F7	𧗀	𧗁	𧗂	𧗃	𧗄	𧗅	𧗆	𧗇	𧗈	𧗉
F8	𧗊	𧗋	𧗌	𧗍	𧗎	𧗏	𧗐	𧗑	𧗒	𧗓
F9	𧗔	𧗕	𧗖	𧗗	𧗘	𧗙	𧗚	𧗛	𧗜	𧗝
FA	𧗞	𧗟	𧗠	𧗡	𧗢	𧗣	𧗤	𧗥	𧗦	𧗧
FB	𧗨	𧗩	𧗪	𧗫	𧗬	𧗭	𧗮	𧗯	𧗰	𧗱
FC	𧗲	𧗳	𧗴	𧗵	𧗶	𧗷	𧗸	𧗹	𧗺	𧗻
FD	𧗼	𧗽	𧗾	𧗿	𧘀	𧘁	𧘂	𧘃	𧘄	𧘅
FE	𧘆	𧘇	𧘈	𧘉	𧘊	𧘋	𧘌	𧘍	𧘎	𧘏

9736

	30	31	32	33	34	35	36	37	38	39
81	𧘐	𧘑	𧘒	𧘓	𧘔	𧘕	𧘖	𧘗	𧘘	𧘙
82	𧘚	𧘛	𧘜	𧘝	𧘞	𧘟	𧘠	𧘡	𧘢	𧘣
83	𧘤	𧘥	𧘦	𧘧	𧘨	𧘩	𧘪	𧘫	𧘬	𧘭
84	𧘮	𧘯	𧘰	𧘱	𧘲	𧘳	𧘴	𧘵	𧘶	𧘷
85	𧘸	𧘹	𧘺	𧘻	𧘼	𧘽	𧘾	𧘿	𧙀	𧙁
86	𧙂	𧙃	𧙄	𧙅	𧙆	𧙇	𧙈	𧙉	𧙊	𧙋
87	𧙌	𧙍	𧙎	𧙏	𧙐	𧙑	𧙒	𧙓	𧙔	𧙕
88	𧙖	𧙗	𧙘	𧙙	𧙚	𧙛	𧙜	𧙝	𧙞	𧙟
89	𧙠	𧙡	𧙢	𧙣	𧙤	𧙥	𧙦	𧙧	𧙨	𧙩
8A	𧙪	𧙫	𧙬	𧙭	𧙮	𧙯	𧙰	𧙱	𧙲	𧙳
8B	𧙴	𧙵	𧙶	𧙷	𧙸	𧙹	𧙺	𧙻	𧙼	𧙽
8C	𧙾	𧙿	𧚀	𧚁	𧚂	𧚃	𧚄	𧚅	𧚆	𧚇
8D	𧚈	𧚉	𧚊	𧚋	𧚌	𧚍	𧚎	𧚏	𧚐	𧚑
8E	𧚒	𧚓	𧚔	𧚕	𧚖	𧚗	𧚘	𧚙	𧚚	𧚛
8F	𧚜	𧚝	𧚞	𧚟	𧚠	𧚡	𧚢	𧚣	𧚤	𧚥
90	𧚦	𧚧	𧚨	𧚩	𧚪	𧚫	𧚬	𧚭	𧚮	𧚯
91	𧚰	𧚱	𧚲	𧚳	𧚴	𧚵	𧚶	𧚷	𧚸	𧚹
92	𧚺	𧚻	𧚼	𧚽	𧚾	𧚿	𧛀	𧛁	𧛂	𧛃
93	𧛄	𧛅	𧛆	𧛇	𧛈	𧛉	𧛊	𧛋	𧛌	𧛍
94	𧛎	𧛏	𧛐	𧛑	𧛒	𧛓	𧛔	𧛕	𧛖	𧛗
95	𧛘	𧛙	𧛚	𧛛	𧛜	𧛝	𧛞	𧛟	𧛠	𧛡

9736

	30	31	32	33	34	35	36	37	38	39
96	[illegible]	[illegible]	[illegible]	[illegible]	[illegible]	[illegible]	[illegible]	[illegible]	[illegible]	[illegible]
97	[illegible]	[illegible]	[illegible]	[illegible]	[illegible]	[illegible]	[illegible]	[illegible]	[illegible]	[illegible]
98	[illegible]	[illegible]	[illegible]	[illegible]	[illegible]	[illegible]	[illegible]	[illegible]	[illegible]	[illegible]
99	[illegible]	[illegible]	[illegible]	[illegible]	[illegible]	[illegible]	[illegible]	[illegible]	[illegible]	[illegible]
9A	[illegible]	[illegible]	[illegible]	[illegible]	[illegible]	[illegible]	[illegible]	[illegible]	[illegible]	[illegible]
9B	[illegible]	[illegible]	[illegible]	[illegible]	[illegible]	[illegible]	[illegible]	[illegible]	[illegible]	[illegible]
9C	[illegible]	[illegible]	[illegible]	[illegible]	[illegible]	[illegible]	[illegible]	[illegible]	[illegible]	[illegible]
9D	[illegible]	[illegible]	[illegible]	[illegible]	[illegible]	[illegible]	[illegible]	[illegible]	[illegible]	[illegible]
9E	[illegible]	[illegible]	[illegible]	[illegible]	[illegible]	[illegible]	[illegible]	[illegible]	[illegible]	[illegible]
9F	[illegible]	[illegible]	[illegible]	[illegible]	[illegible]	[illegible]	[illegible]	[illegible]	[illegible]	[illegible]
A0	[illegible]	[illegible]	[illegible]	[illegible]	[illegible]	[illegible]	[illegible]	[illegible]	[illegible]	[illegible]
A1	[illegible]	[illegible]	[illegible]	[illegible]	[illegible]	[illegible]	[illegible]	[illegible]	[illegible]	[illegible]
A2	[illegible]	[illegible]	[illegible]	[illegible]	[illegible]	[illegible]	[illegible]	[illegible]	[illegible]	[illegible]
A3	[illegible]	[illegible]	[illegible]	[illegible]	[illegible]	[illegible]	[illegible]	[illegible]	[illegible]	[illegible]
A4	[illegible]	[illegible]	[illegible]	[illegible]	[illegible]	[illegible]	[illegible]	[illegible]	[illegible]	[illegible]
A5	[illegible]	[illegible]	[illegible]	[illegible]	[illegible]	[illegible]	[illegible]	[illegible]	[illegible]	[illegible]
A6	[illegible]	[illegible]	[illegible]	[illegible]	[illegible]	[illegible]	[illegible]	[illegible]	[illegible]	[illegible]
A7	[illegible]	[illegible]	[illegible]	[illegible]	[illegible]	[illegible]	[illegible]	[illegible]	[illegible]	[illegible]
A8	[illegible]	[illegible]	[illegible]	[illegible]	[illegible]	[illegible]	[illegible]	[illegible]	[illegible]	[illegible]
A9	[illegible]	[illegible]	[illegible]	[illegible]	[illegible]	[illegible]	[illegible]	[illegible]	[illegible]	[illegible]
AA	[illegible]	[illegible]	[illegible]	[illegible]	[illegible]	[illegible]	[illegible]	[illegible]	[illegible]	[illegible]

9736

	30	31	32	33	34	35	36	37	38	39
AB	䙫	襰	襺	襶	襩	䙽	䙾	䙿	襶	襹
AC	襳	襹	襫	襼	襺	襺	襄	襘	襺	襴
AD	襆	襉	襮	襤	襹	襬	襘	䙵	襱	襺
AE	襛	襬	襘	襲	襳	襻	襄	襺	襹	襲
AF	襟	襻	襻	襲	襾	西	覀	覂	覄	覅
B0	覅	要	覄	覀	覃	覇	覃	覈	覃	覊
B1	覅	覇	覆	覇	覃	覇	覇	覀	覃	覃
B2	覆	覃	覆	覊	覆	覃	覈	醶	覈	覆
B3	覉	覊	見	垷	覍	覎	覓	覕	覘	覗
B4	覘	覛	覜	覝	現	覓	覞	覟	覠	覡
B5	覢	覣	覤	覥	覦	覧	覨	覩	覫	覬
B6	覭	覮	覯	覰	覱	覲	覴	覵	覶	覷
B7	覸	覹	覺	覻	覼	覽	覾	覿	觀	觍
B8	覞	覝	覟	覠	覡	覢	覣	覤	覥	覦
B9	覧	覨	覩	覫	覬	覭	覮	覯	覰	覱
BA	覲	覴	覵	覶	覷	覸	覹	覺	覻	覼
BB	覽	覾	覿	觀	觍	覞	覝	覟	覠	覡
BC	覢	覣	覤	覥	覦	覧	覨	覩	覫	覬
BD	覭	覮	覯	覰	覱	覲	覴	覵	覶	覷
BE	覸	覹	覺	覻	覼	覽	覾	覿	觀	觍
BF	覽	賴	覞	親	覝	覟	覠	覡	覢	覣

9736

	30	31	32	33	34	35	36	37	38	39
C0	[illegible]	[illegible]	[illegible]	[illegible]	[illegible]	[illegible]	[illegible]	[illegible]	[illegible]	[illegible]
C1	[illegible]	覵	[illegible]	[illegible]	[illegible]	[illegible]	[illegible]	[illegible]	[illegible]	[illegible]
C2	[illegible]	[illegible]	[illegible]	[illegible]	[illegible]	[illegible]	[illegible]	[illegible]	[illegible]	[illegible]
C3	[illegible]	[illegible]	[illegible]	[illegible]	[illegible]	觀	[illegible]	[illegible]	[illegible]	[illegible]
C4	[illegible]	[illegible]	[illegible]	[illegible]	[illegible]	[illegible]	[illegible]	[illegible]	[illegible]	[illegible]
C5	舡	[illegible]	[illegible]	[illegible]	[illegible]	舭	[illegible]	[illegible]	[illegible]	[illegible]
C6	[illegible]	舥	[illegible]	[illegible]	[illegible]	般	[illegible]	[illegible]	[illegible]	[illegible]
C7	[illegible]	[illegible]	舷	[illegible]	[illegible]	[illegible]	[illegible]	[illegible]	[illegible]	[illegible]
C8	舵	舚	[illegible]	[illegible]	[illegible]	[illegible]	[illegible]	舴	[illegible]	[illegible]
C9	[illegible]	[illegible]	[illegible]	[illegible]	[illegible]	[illegible]	[illegible]	[illegible]	[illegible]	[illegible]
CA	艄	[illegible]	[illegible]	[illegible]	[illegible]	[illegible]	[illegible]	[illegible]	[illegible]	[illegible]
CB	[illegible]	[illegible]	[illegible]	[illegible]	[illegible]	[illegible]	[illegible]	艍	[illegible]	[illegible]
CC	[illegible]	[illegible]	[illegible]	[illegible]	[illegible]	[illegible]	[illegible]	[illegible]	[illegible]	[illegible]
CD	艓	[illegible]	[illegible]	[illegible]	[illegible]	[illegible]	[illegible]	[illegible]	[illegible]	[illegible]
CE	[illegible]	[illegible]	[illegible]	[illegible]	[illegible]	[illegible]	[illegible]	[illegible]	[illegible]	[illegible]
CF	艑	[illegible]	艕	[illegible]	[illegible]	[illegible]	[illegible]	[illegible]	[illegible]	[illegible]
D0	[illegible]	[illegible]	[illegible]	[illegible]	[illegible]	[illegible]	[illegible]	[illegible]	[illegible]	[illegible]
D1	[illegible]	[illegible]	[illegible]	[illegible]	[illegible]	[illegible]	[illegible]	[illegible]	[illegible]	[illegible]
D2	[illegible]	[illegible]	[illegible]	[illegible]	[illegible]	[illegible]	[illegible]	[illegible]	[illegible]	[illegible]
D3	[illegible]	[illegible]	[illegible]	[illegible]	艦	[illegible]	[illegible]	[illegible]	[illegible]	[illegible]
D4	[illegible]	[illegible]	[illegible]	[illegible]	[illegible]	[illegible]	[illegible]	[illegible]	[illegible]	[illegible]

9736

	30	31	32	33	34	35	36	37	38	39
D5	鬻	鬳	鬻	言	言	訇	訃	訂	詒	這
D6	訔	訌	訙	訾	訏	詹	詘	訧	訐	訖
D7	訊	訢	訮	訝	訬	訣	訾	訨	訯	詛
D8	註	訖	許	訲	訩	訇	訟	訾	訞	訾
D9	設	訡	訽	訏	詆	詎	詗	詁	訬	訶
DA	詈	詠	評	詏	詔	詀	詘	詂	詑	詍
DB	詓	詖	詑	詣	詷	詈	詤	詾	詒	評
DC	詬	詃	詎	訴	詡	詼	詏	詹	詤	詩
DD	詠	詡	詧	詬	詧	詤	詨	詩	詘	詧
DE	詧	詯	詧	詶	話	詾	誩	誄	証	誇
DF	詠	詠	誄	誏	詆	詧	詠	誩	誒	誁
E0	誀	誂	誃	誇	誆	誂	誅	誒	誎	誓
E1	誠	誓	誎	誗	誚	誖	誙	說	誔	誽
E2	誓	誜	誦	誧	誽	誐	誩	誝	誜	誦
E3	誐	誧	誨	誓	誗	誷	誾	誵	誓	誶
E4	誸	誯	誸	誾	誷	誶	誻	誾	誼	誺
E5	誹	誓	誹	誹	誼	誶	誰	誓	誽	誓
E6	誷	誻	誷	誓	誺	誷	誓	誼	誹	調
E7	誾	誓	諆	諠	諉	諄	諈	諍	諘	諊
E8	諭	諛	諮	諯	諻	諿	諿	諝	諛	喜
E9	諓	諾	諿	諲	諻	諧	論	諳	諯	諊

9736

	30	31	32	33	34	35	36	37	38	39
EA	諸	誶	諯	䜯	諄	諫	𧪍	謕	謍	諱
EB	諍	誣	諆	誚	䛟	䛔	䜈	䜂	𧩥	謝
EC	諃	話	誃	嫐	謪	䛤	誙	謼	諟	䜔
ED	䜨	諫	誇	䜳	謚	誤	諹	䜁	諕	䛭
EE	誨	認	諱	諼	諿	謊	詡	謴	諑	謣
EF	諜	詶	譼	諗	諷	詗	諧	譑	諭	誓
F0	謳	護	誒	謑	認	謬	謓	請	諓	謙
F1	䛌	䛺	諫	譁	譟	諵	謖	認	諍	謎
F2	詪	謉	譢	諄	譼	譔	謼	謳	謼	諂
F3	詣	謥	詩	諱	諭	諑	詁	謎	諚	諨
F4	謠	諤	評	譛	謶	謁	詈	譭	誠	諴
F5	謎	謝	譆	謁	謝	謙	謔	謀	謏	諸
F6	諷	譴	謔	謝	謁	謖	謌	諰	謐	謉
F7	䜌	謅	譊	諲	謷	謞	謞	謥	謹	魑
F8	諄	訢	講	諄	論	譾	諛	語	謎	講
F9	謬	諒	謝	謦	謏	謔	說	譖	謽	誌
FA	譇	謺	諭	諻	諗	謷	諸	譈	諄	讞
FB	誰	謲	譨	謸	競	譸	謷	議	譻	謏
FC	譌	謨	諶	諄	謹	警	譯	譾	醫	譎
FD	譜	講	譧	識	譬	譜	譛	譮	譴	譚
FE	譾	誡	謹	譱	譎	警	譈	讔	譆	譲

9737

	30	31	32	33	34	35	36	37	38	39
81	𧫼	𧫽	𧫾	𧫿	𧬀	𧬁	𧬂	𧬃	𧬄	𧬅
82	𧬆	𧬇	𧬈	𧬉	𧬊	𧬋	𧬌	𧬍	𧬎	𧬏
83	𧬐	𧬑	𧬒	𧬓	𧬔	𧬕	𧬖	𧬗	𧬘	𧬙
84	𧬚	𧬛	𧬜	𧬝	𧬞	𧬟	𧬠	𧬡	𧬢	𧬣
85	𧬤	𧬥	𧬦	𧬧	𧬨	𧬩	𧬪	𧬫	𧬬	𧬭
86	𧬮	𧬯	𧬰	𧬱	𧬲	𧬳	𧬴	𧬵	𧬶	𧬷
87	𧬸	𧬹	𧬺	𧬻	𧬼	𧬽	𧬾	𧬿	𧭀	𧭁
88	𧭂	𧭃	𧭄	𧭅	𧭆	𧭇	𧭈	𧭉	𧭊	𧭋
89	𧭌	𧭍	𧭎	𧭏	𧭐	𧭑	𧭒	𧭓	𧭔	𧭕
8A	𧭖	𧭗	𧭘	𧭙	𧭚	𧭛	𧭜	𧭝	𧭞	𧭟
8B	𧭠	𧭡	𧭢	𧭣	𧭤	𧭥	𧭦	𧭧	𧭨	𧭩
8C	𧭪	𧭫	𧭬	𧭭	𧭮	𧭯	𧭰	𧭱	𧭲	𧭳
8D	𧭴	𧭵	𧭶	𧭷	𧭸	𧭹	𧭺	𧭻	𧭼	𧭽
8E	𧭾	𧭿	𧮀	𧮁	𧮂	𧮃	𧮄	𧮅	𧮆	𧮇
8F	𧮈	𧮉	𧮊	𧮋	𧮌	𧮍	𧮎	𧮏	𧮐	𧮑
90	𧮒	𧮓	𧮔	𧮕	𧮖	𧮗	𧮘	𧮙	𧮚	𧮛
91	𧮜	𧮝	𧮞	𧮟	𧮠	𧮡	𧮢	𧮣	𧮤	𧮥
92	𧮦	𧮧	𧮨	𧮩	𧮪	𧮫	𧮬	𧮭	𧮮	𧮯
93	𧮰	𧮱	𧮲	𧮳	𧮴	𧮵	𧮶	𧮷	𧮸	𧮹
94	𧮺	𧮻	𧮼	𧮽	𧮾	𧮿	𧯀	𧯁	𧯂	𧯃
95	𧯄	𧯅	𧯆	𧯇	𧯈	𧯉	𧯊	𧯋	𧯌	𧯍

9737

	30	31	32	33	34	35	36	37	38	39
96	[illegible]	[illegible]	[illegible]	[illegible]	[illegible]	[illegible]	[illegible]	[illegible]	[illegible]	[illegible]
97	[illegible]	[illegible]	[illegible]	豈	[illegible]	[illegible]	[illegible]	[illegible]	[illegible]	[illegible]
98	[illegible]	[illegible]	[illegible]	[illegible]	[illegible]	[illegible]	[illegible]	[illegible]	[illegible]	[illegible]
99	[illegible]	[illegible]	[illegible]	[illegible]	[illegible]	[illegible]	[illegible]	[illegible]	[illegible]	[illegible]
9A	[illegible]	[illegible]	[illegible]	[illegible]	[illegible]	[illegible]	[illegible]	豊	[illegible]	[illegible]
9B	[illegible]	[illegible]	[illegible]	[illegible]	[illegible]	[illegible]	[illegible]	[illegible]	[illegible]	[illegible]
9C	[illegible]	[illegible]	[illegible]	[illegible]	[illegible]	[illegible]	[illegible]	[illegible]	[illegible]	[illegible]
9D	[illegible]	[illegible]	禮	[illegible]	[illegible]	[illegible]	[illegible]	[illegible]	[illegible]	[illegible]
9E	[illegible]	[illegible]	[illegible]	[illegible]	[illegible]	[illegible]	[illegible]	[illegible]	[illegible]	[illegible]
9F	[illegible]	[illegible]	[illegible]	[illegible]	[illegible]	[illegible]	[illegible]	[illegible]	[illegible]	[illegible]
A0	[illegible]	豦	[illegible]	[illegible]	[illegible]	[illegible]	[illegible]	[illegible]	[illegible]	[illegible]
A1	[illegible]	[illegible]	[illegible]	[illegible]	[illegible]	[illegible]	[illegible]	[illegible]	[illegible]	[illegible]
A2	[illegible]	[illegible]	[illegible]	[illegible]	[illegible]	[illegible]	[illegible]	[illegible]	[illegible]	[illegible]
A3	[illegible]	[illegible]	[illegible]	[illegible]	[illegible]	[illegible]	[illegible]	[illegible]	[illegible]	[illegible]
A4	[illegible]	[illegible]	[illegible]	[illegible]	[illegible]	[illegible]	[illegible]	[illegible]	[illegible]	[illegible]
A5	[illegible]	[illegible]	[illegible]	[illegible]	[illegible]	[illegible]	[illegible]	[illegible]	[illegible]	[illegible]
A6	[illegible]	[illegible]	[illegible]	[illegible]	[illegible]	[illegible]	[illegible]	[illegible]	[illegible]	[illegible]
A7	[illegible]	[illegible]	[illegible]	[illegible]	[illegible]	[illegible]	[illegible]	[illegible]	[illegible]	[illegible]
A8	[illegible]	[illegible]	[illegible]	[illegible]	[illegible]	[illegible]	[illegible]	[illegible]	[illegible]	[illegible]
A9	[illegible]	[illegible]	[illegible]	[illegible]	[illegible]	[illegible]	[illegible]	[illegible]	[illegible]	[illegible]
AA	[illegible]	[illegible]	[illegible]	[illegible]	[illegible]	[illegible]	[illegible]	[illegible]	[illegible]	[illegible]

9737

	30	31	32	33	34	35	36	37	38	39
AB	𧲠	𧲡	𧲢	𧲣	𧲤	𧲥	𧲦	𧲧	𧲨	𧲩
AC	𧲪	𧲫	𧲬	𧲭	𧲮	𧲯	𧲰	𧲱	𧲲	𧲳
AD	𧲴	𧲵	𧲶	𧲷	𧲸	𧲹	𧲺	𧲻	𧲼	𧲽
AE	𧲾	𧲿	𧳀	𧳁	𧳂	𧳃	𧳄	𧳅	𧳆	𧳇
AF	𧳈	𧳉	𧳊	𧳋	𧳌	𧳍	𧳎	𧳏	𧳐	𧳑
B0	𧳒	𧳓	𧳔	𧳕	𧳖	𧳗	𧳘	𧳙	𧳚	𧳛
B1	𧳜	𧳝	𧳞	𧳟	𧳠	𧳡	𧳢	𧳣	𧳤	𧳥
B2	𧳦	𧳧	𧳨	𧳩	𧳪	𧳫	𧳬	𧳭	𧳮	𧳯
B3	𧳰	𧳱	𧳲	𧳳	𧳴	𧳵	𧳶	𧳷	𧳸	𧳹
B4	𧳺	𧳻	𧳼	𧳽	𧳾	𧳿	𧴀	𧴁	𧴂	𧴃
B5	𧴄	𧴅	𧴆	𧴇	𧴈	𧴉	𧴊	𧴋	𧴌	𧴍
B6	𧴎	𧴏	𧴐	𧴑	𧴒	𧴓	𧴔	𧴕	𧴖	𧴗
B7	𧴘	𧴙	𧴚	𧴛	𧴜	𧴝	𧴞	𧴟	𧴠	𧴡
B8	𧴢	𧴣	𧴤	𧴥	𧴦	𧴧	𧴨	𧴩	𧴪	𧴫
B9	𧴬	𧴭	𧴮	𧴯	𧴰	𧴱	𧴲	𧴳	𧴴	𧴵
BA	𧴶	𧴷	𧴸	𧴹	𧴺	𧴻	𧴼	𧴽	𧴾	𧴿
BB	𧵀	𧵁	𧵂	𧵃	𧵄	𧵅	𧵆	𧵇	𧵈	𧵉
BC	𧵊	𧵋	𧵌	𧵍	𧵎	𧵏	𧵐	𧵑	𧵒	𧵓
BD	𧵔	𧵕	𧵖	𧵗	𧵘	𧵙	𧵚	𧵛	𧵜	𧵝
BE	𧵞	𧵟	𧵠	𧵡	𧵢	𧵣	𧵤	𧵥	𧵦	𧵧
BF	𧵨	𧵩	𧵪	𧵫	𧵬	𧵭	𧵮	𧵯	𧵰	𧵱

9737

	30	31	32	33	34	35	36	37	38	39
C0	[illegible]	[illegible]	[illegible]	[illegible]	[illegible]	[illegible]	[illegible]	[illegible]	[illegible]	賦
C1	[illegible]	[illegible]	[illegible]	[illegible]	[illegible]	[illegible]	[illegible]	[illegible]	[illegible]	[illegible]
C2	[illegible]	[illegible]	[illegible]	[illegible]	[illegible]	[illegible]	[illegible]	[illegible]	[illegible]	[illegible]
C3	[illegible]	[illegible]	[illegible]	[illegible]	[illegible]	[illegible]	[illegible]	[illegible]	[illegible]	[illegible]
C4	[illegible]	[illegible]	[illegible]	[illegible]	[illegible]	[illegible]	[illegible]	[illegible]	[illegible]	[illegible]
C5	[illegible]	[illegible]	[illegible]	[illegible]	[illegible]	[illegible]	[illegible]	[illegible]	[illegible]	[illegible]
C6	[illegible]	[illegible]	[illegible]	[illegible]	[illegible]	[illegible]	[illegible]	[illegible]	[illegible]	[illegible]
C7	[illegible]	[illegible]	[illegible]	[illegible]	[illegible]	賜	[illegible]	[illegible]	[illegible]	[illegible]
C8	[illegible]	[illegible]	[illegible]	[illegible]	[illegible]	[illegible]	[illegible]	[illegible]	[illegible]	[illegible]
C9	[illegible]	[illegible]	[illegible]	[illegible]	[illegible]	[illegible]	[illegible]	[illegible]	[illegible]	[illegible]
CA	[illegible]	[illegible]	[illegible]	[illegible]	[illegible]	[illegible]	[illegible]	[illegible]	[illegible]	[illegible]
CB	[illegible]	[illegible]	[illegible]	[illegible]	[illegible]	[illegible]	[illegible]	[illegible]	[illegible]	[illegible]
CC	[illegible]	[illegible]	[illegible]	[illegible]	[illegible]	[illegible]	[illegible]	[illegible]	[illegible]	[illegible]
CD	[illegible]	[illegible]	[illegible]	[illegible]	[illegible]	[illegible]	[illegible]	[illegible]	[illegible]	[illegible]
CE	[illegible]	[illegible]	[illegible]	[illegible]	[illegible]	[illegible]	[illegible]	[illegible]	[illegible]	[illegible]
CF	[illegible]	[illegible]	[illegible]	[illegible]	[illegible]	[illegible]	[illegible]	[illegible]	[illegible]	[illegible]
D0	[illegible]	賭	[illegible]	[illegible]	[illegible]	[illegible]	[illegible]	[illegible]	[illegible]	[illegible]
D1	[illegible]	[illegible]	[illegible]	[illegible]	[illegible]	[illegible]	[illegible]	[illegible]	[illegible]	[illegible]
D2	[illegible]	[illegible]	[illegible]	[illegible]	[illegible]	[illegible]	[illegible]	[illegible]	[illegible]	[illegible]
D3	[illegible]	[illegible]	[illegible]	[illegible]	[illegible]	[illegible]	[illegible]	[illegible]	[illegible]	[illegible]
D4	[illegible]	[illegible]	[illegible]	[illegible]	[illegible]	[illegible]	[illegible]	[illegible]	[illegible]	[illegible]

9737

	30	31	32	33	34	35	36	37	38	39
D5	[illegible]	[illegible]	[illegible]	[illegible]	[illegible]	[illegible]	[illegible]	[illegible]	[illegible]	攢
D6	贖	[illegible]	[illegible]	[illegible]	[illegible]	[illegible]	賬	[illegible]	[illegible]	[illegible]
D7	赤	[illegible]	[illegible]	[illegible]	[illegible]	赨	[illegible]	[illegible]	[illegible]	[illegible]
D8	[illegible]	[illegible]	[illegible]	[illegible]	[illegible]	[illegible]	[illegible]	[illegible]	[illegible]	[illegible]
D9	[illegible]	[illegible]	[illegible]	[illegible]	[illegible]	[illegible]	[illegible]	[illegible]	[illegible]	[illegible]
DA	[illegible]	[illegible]	[illegible]	[illegible]	[illegible]	[illegible]	[illegible]	[illegible]	[illegible]	[illegible]
DB	[illegible]	[illegible]	[illegible]	[illegible]	[illegible]	[illegible]	[illegible]	[illegible]	[illegible]	[illegible]
DC	[illegible]	[illegible]	[illegible]	[illegible]	[illegible]	[illegible]	[illegible]	[illegible]	[illegible]	[illegible]
DD	[illegible]	[illegible]	[illegible]	[illegible]	[illegible]	[illegible]	[illegible]	[illegible]	[illegible]	趄
DE	[illegible]	[illegible]	[illegible]	[illegible]	[illegible]	[illegible]	[illegible]	[illegible]	[illegible]	[illegible]
DF	[illegible]	[illegible]	[illegible]	[illegible]	[illegible]	[illegible]	[illegible]	[illegible]	[illegible]	越
E0	[illegible]	[illegible]	[illegible]	[illegible]	[illegible]	[illegible]	[illegible]	[illegible]	[illegible]	[illegible]
E1	[illegible]	超	[illegible]	[illegible]	[illegible]	[illegible]	[illegible]	[illegible]	[illegible]	[illegible]
E2	[illegible]	[illegible]	[illegible]	[illegible]	[illegible]	[illegible]	[illegible]	[illegible]	[illegible]	[illegible]
E3	[illegible]	[illegible]	[illegible]	[illegible]	[illegible]	[illegible]	[illegible]	[illegible]	[illegible]	[illegible]
E4	[illegible]	[illegible]	[illegible]	[illegible]	[illegible]	[illegible]	[illegible]	[illegible]	[illegible]	[illegible]
E5	[illegible]	[illegible]	[illegible]	[illegible]	[illegible]	[illegible]	[illegible]	[illegible]	[illegible]	[illegible]
E6	[illegible]	[illegible]	[illegible]	[illegible]	[illegible]	[illegible]	[illegible]	[illegible]	[illegible]	[illegible]
E7	[illegible]	[illegible]	[illegible]	[illegible]	[illegible]	[illegible]	[illegible]	[illegible]	[illegible]	[illegible]
E8	[illegible]	[illegible]	[illegible]	[illegible]	[illegible]	[illegible]	[illegible]	[illegible]	[illegible]	[illegible]
E9	[illegible]	[illegible]	[illegible]	[illegible]	[illegible]	[illegible]	[illegible]	[illegible]	[illegible]	[illegible]

9737

	30	31	32	33	34	35	36	37	38	39
EA	[illegible]	[illegible]	[illegible]	[illegible]	[illegible]	[illegible]	[illegible]	[illegible]	[illegible]	[illegible]
EB	[illegible]	[illegible]	[illegible]	[illegible]	[illegible]	[illegible]	[illegible]	[illegible]	[illegible]	[illegible]
EC	[illegible]	[illegible]	[illegible]	[illegible]	[illegible]	[illegible]	[illegible]	[illegible]	[illegible]	[illegible]
ED	[illegible]	[illegible]	[illegible]	[illegible]	[illegible]	[illegible]	[illegible]	[illegible]	[illegible]	[illegible]
EE	[illegible]	[illegible]	[illegible]	[illegible]	[illegible]	[illegible]	[illegible]	[illegible]	[illegible]	[illegible]
EF	[illegible]	[illegible]	[illegible]	[illegible]	[illegible]	[illegible]	[illegible]	[illegible]	[illegible]	[illegible]
F0	[illegible]	[illegible]	[illegible]	[illegible]	[illegible]	[illegible]	[illegible]	[illegible]	[illegible]	[illegible]
F1	[illegible]	[illegible]	[illegible]	[illegible]	[illegible]	[illegible]	[illegible]	[illegible]	[illegible]	[illegible]
F2	[illegible]	[illegible]	[illegible]	[illegible]	[illegible]	[illegible]	[illegible]	[illegible]	[illegible]	[illegible]
F3	[illegible]	[illegible]	[illegible]	[illegible]	[illegible]	[illegible]	[illegible]	[illegible]	[illegible]	[illegible]
F4	[illegible]	[illegible]	[illegible]	[illegible]	[illegible]	[illegible]	[illegible]	[illegible]	[illegible]	[illegible]
F5	[illegible]	[illegible]	[illegible]	[illegible]	[illegible]	[illegible]	[illegible]	[illegible]	[illegible]	[illegible]
F6	[illegible]	[illegible]	[illegible]	[illegible]	[illegible]	[illegible]	[illegible]	[illegible]	[illegible]	[illegible]
F7	[illegible]	[illegible]	[illegible]	[illegible]	[illegible]	[illegible]	[illegible]	[illegible]	[illegible]	[illegible]
F8	[illegible]	[illegible]	[illegible]	[illegible]	[illegible]	[illegible]	[illegible]	[illegible]	[illegible]	[illegible]
F9	[illegible]	[illegible]	[illegible]	[illegible]	[illegible]	[illegible]	[illegible]	[illegible]	[illegible]	[illegible]
FA	[illegible]	𧾷	[illegible]	[illegible]	[illegible]	[illegible]	[illegible]	[illegible]	[illegible]	[illegible]
FB	[illegible]	[illegible]	[illegible]	[illegible]	[illegible]	[illegible]	跁	[illegible]	[illegible]	[illegible]
FC	[illegible]	[illegible]	[illegible]	[illegible]	[illegible]	[illegible]	[illegible]	[illegible]	[illegible]	[illegible]
FD	[illegible]	[illegible]	[illegible]	[illegible]	趼	[illegible]	[illegible]	[illegible]	[illegible]	[illegible]
FE	[illegible]	[illegible]	[illegible]	跃	[illegible]	[illegible]	[illegible]	跐	[illegible]	[illegible]

9738

	30	31	32	33	34	35	36	37	38	39
81	𧿨	𧿩	𧿪	𧿫	𧿬	𧿭	𧿮	𧿯	𧿰	𧿱
82	𧿲	𧿳	𧿴	𧿵	𧿶	𧿷	𧿸	𧿹	𧿺	𧿻
83	𧿼	𧿽	𧿾	𧿿	𨀀	𨀁	𨀂	𨀃	𨀄	𨀅
84	𨀆	𨀇	𨀈	𨀉	𨀊	𨀋	𨀌	𨀍	𨀎	𨀏
85	𨀐	𨀑	𨀒	𨀓	𨀔	𨀕	𨀖	𨀗	𨀘	𨀙
86	𨀚	𨀛	𨀜	𨀝	𨀞	𨀟	𨀠	𨀡	𨀢	𨀣
87	𨀤	𨀥	𨀦	𨀧	𨀨	𨀩	𨀪	𨀫	𨀬	𨀭
88	𨀮	𨀯	𨀰	𨀱	𨀲	𨀳	𨀴	𨀵	𨀶	𨀷
89	𨀸	𨀹	𨀺	𨀻	𨀼	𨀽	𨀾	𨀿	𨁀	𨁁
8A	𨁂	𨁃	𨁄	𨁅	𨁆	𨁇	𨁈	𨁉	𨁊	𨁋
8B	𨁌	𨁍	𨁎	𨁏	𨁐	𨁑	𨁒	𨁓	𨁔	𨁕
8C	𨁖	𨁗	𨁘	𨁙	𨁚	𨁛	𨁜	𨁝	𨁞	𨁟
8D	𨁠	𨁡	𨁢	𨁣	𨁤	𨁥	𨁦	𨁧	𨁨	𨁩
8E	𨁪	𨁫	𨁬	𨁭	𨁮	𨁯	𨁰	𨁱	𨁲	𨁳
8F	𨁴	𨁵	𨁶	𨁷	𨁸	𨁹	𨁺	𨁻	𨁼	𨁽
90	𨁾	𨁿	𨂀	𨂁	𨂂	𨂃	𨂄	𨂅	𨂆	𨂇
91	𨂈	𨂉	𨂊	𨂋	𨂌	𨂍	𨂎	𨂏	𨂐	𨂑
92	𨂒	𨂓	𨂔	𨂕	𨂖	𨂗	𨂘	𨂙	𨂚	𨂛
93	𨂜	𨂝	𨂞	𨂟	𨂠	𨂡	𨂢	𨂣	𨂤	𨂥
94	𨂦	𨂧	𨂨	𨂩	𨂪	𨂫	𨂬	𨂭	𨂮	𨂯
95	𨂰	𨂱	𨂲	𨂳	𨂴	𨂵	𨂶	𨂷	𨂸	𨂹

9738

	30	31	32	33	34	35	36	37	38	39
96	跨	𨂽	𨂿	𨃞	踊	踁	𨄔	𨃼	𨆃	𨄌
97	𨃰	𨁏	𨇊	𨄍	踡	𨃤	𨂂	𨂘	𨃤	𨄚
98	𨆋	𨄊	𨃲	𨂴	𨆂	𨅋	𨄦	𨄕	𨄷	𨄞
99	𨄑	𨄙	𨃳	𨆛	𨆌	𨂲	𨄿	𨆓	𨄈	𨄧
9A	𨅀	𨄯	𨄏	𨆊	𨄤	𨄏	𨄼	𨅝	𨅡	𨅲
9B	𨂍	𨆛	𨅞	𨃓	𨄻	𨅄	𨅅	𨆍	𨃅	𨆈
9C	𨃯	𨄝	𨄠	𨃵	𨃸	𨅉	𨃖	𨅟	𨅓	𨅽
9D	𨄡	𨄮	𨆙	𨆗	𨆣	𨅥	𨄬	𨅪	𨅮	𨅖
9E	𨅋	𨅳	𨅀	𨅚	𨅜	𨅳	𨆃	𨅍	𨆍	𨅯
9F	𨅛	𨅫	𨅽	𨅶	𨆇	𨆁	𨅾	𨆀	𨆊	𨆋
A0	𨆌	𨆎	𨆏	𨆐	𨆑	𨆒	𨆔	𨆕	𨆖	𨆘
A1	𨆚	𨆜	𨆝	𨆞	𨆟	𨆠	𨆡	𨆢	𨆤	𨆥
A2	𨆦	𨆧	𨆨	𨆩	𨆪	𨆫	𨆬	𨆭	𨆮	𨆯
A3	𨆰	𨆱	𨆲	𨆳	𨆴	𨆵	𨆶	𨆷	𨆸	𨆹
A4	𨆺	𨆻	𨆼	𨆽	𨆾	𨆿	𨇀	𨇁	𨇂	𨇃
A5	𨇄	𨇅	𨇆	𨇇	𨇈	𨇉	𨇋	𨇌	𨇍	𨇎
A6	𨇏	𨇐	𨇑	𨇒	𨇓	𨇔	𨇕	𨇖	𨇗	𨇘
A7	𨇙	𨇚	𨇛	𨇜	𨇝	𨇞	𨇟	𨇠	𨇡	𨇢
A8	𨇣	𨇤	𨇥	𨇦	𨇧	𨇨	𨇩	𨇪	𨇫	𨇬
A9	𨇭	𨇮	𨇯	𨇰	𨇱	𨇲	𨇳	𨇴	𨇵	𨇶
AA	𨇷	𨇸	𨇹	𨇺	𨇻	𨇼	𨇽	𨇾	𨇿	𨈀

9738

	30	31	32	33	34	35	36	37	38	39
AB	蹞	⿰足曷	⿰足臧	⿰足遂	⿰足遴	⿰足⿺辶定	⿰足隼	⿰足禽	⿰足過	蹩
AC	⿰足雩	⿰足粵	⿰足僉	⿰足瑟	躋	⿰足遁	⿱煙足	⿰足會	⿰足農	⿰足堇
AD	⿰足⿱艹癸	⿰足葉	⿰足雷	⿰足萬	⿰足⿰牜羊	⿱⿰臣又足	⿰足賁	⿱⿰敖足	⿰足盧	⿰足⿺辶扁
AE	⿱⿰臣殳足	⿰足亶	⿱⿰亠亠足	⿰足⿱臼方	⿰足⿰牜昔	⿰足業	⿰足鼠	⿰足虎	⿰足⿱𠂤言	⿰足辟
AF	⿰足粦	⿰足顛	⿰足蒲	⿰足對	⿰足⿸厂鬼	⿰足⿰來來	⿰足票	⿱⿺辶韭足	⿰足⿵門𢆶	⿰足⿸广雁
B0	⿰足察	⿰足閣	⿰足⿺辶盧	⿰足廣	⿰足徹	⿰足贊	⿰足⿺辶叟	⿰足暴	⿰足厲	⿰足賣
B1	⿰足亶	⿰足尞	⿰足喬	⿰足覃	⿱⿰林殳足	⿰足華	⿱䍃足	⿰足⿺辶巠	⿱⿰夸殳足	⿰足還
B2	⿰足囂	⿱⿰亻堂足	⿰足⿰幺幺	⿰足喬	⿰足盧	⿰足遲	⿱龍足	⿰足膚	⿰足貫	⿱⿰毛毛足
B3	⿱⿰殸殳足	⿰足閻	⿰足幾	⿰足燕	⿰足⿺辶運	⿰足閭	⿰足唐	⿰足覽	⿰足鮮	⿰足蹇
B4	⿰足職	⿰足闌	⿰足薜	⿰足⿺辶鬼	⿰足類	⿰足巷	⿰足蒙	⿸麻足	⿰足鬥	⿰足婁
B5	⿰足斷	⿰足⿺辶婁	⿰足閻	⿰足⿰祁乚	⿰足羅	⿰足⿰齊力	⿰足⿸广敫	⿰足巍	⿰足晉	⿰足鷹
B6	⿰足齋	⿰足靡	⿰足⿰幺幺	⿰足羅	⿰足樂	⿰足藕	⿰足顛	⿰足籍	⿰足難	⿰足巔
B7	⿰足藏	⿰足藹	⿰足蘭	⿰足覽	⿰足豐	⿰足⿺辶麗	⿰足彎	⿰足藺	⿰足戀	⿰足瞿
B8	⿰足鷹	⿻身卜	身	⿱自丿	⿰身卜	⿰身小	⿰身凡	⿰身阝	⿱身口	⿱身男
B9	⿰身少	⿰身支	⿰身比	⿰身支	⿰身冊	⿰身丹	⿰身𠬝	⿰身戈	⿰身殳	⿰身文
BA	⿰身亢	⿰身尤	⿰身元	⿰身毛	⿰身欠	⿰身引	⿰身亢	⿰身皮	⿰身只	⿰身主
BB	⿰身丘	⿰身冉	⿰身申	⿰身予	⿰身古	⿰身旦	⿰身今	⿰身句	⿰身台	⿰身皮
BC	⿰身母	⿰身它	⿰身舌	⿰身同	⿰身老	⿰身自	⿰身祭	⿰身关	⿰身并	⿱身享
BD	⿰身卒	⿰身尧	⿰身甹	⿱⿰亻身寸	⿰身侖	⿰身弁	⿰身色	⿰身炎	⿰身廷	⿰身坐
BE	⿰身業	⿰身兑	⿰身足	⿰身貝	⿰身辰	⿰身免	⿰身我	⿰身呈	⿰身炎	⿰身俞
BF	⿰身卓	⿰身侯	⿵門身	⿰身宝	⿰身延	⿰身咸	⿰身奄	⿰身侯	⿰身周	⿰身宛

9738

	30	31	32	33	34	35	36	37	38	39
C0	躷	⿰身命	⿰身非	⿰身垂	⿰身重	⿰身叚	⿰身皇	⿰身面	⿰身骨	⿰身咸
C1	⿰身段	⿰身春	⿰身曷	⿰身匐	⿰身亭	⿰身眉	⿰身嵬	⿰身甹	⿰身鄉	⿰身弱
C2	⿰身高	⿰身翁	⿰身茸	⿰身鬼	⿰身差	⿰身容	⿰身馬	⿰身國	⿰身貞	⿰身欶
C3	⿰身惡	⿰身壘	⿰身貨	⿰身需	⿰身粤	⿰身養	⿰身焦	⿰身翰	⿰身番	⿰身堯
C4	⿰身薩	⿰身黃	⿰身覃	⿰身義	⿰身害	⿰身買	⿰身粦	⿰身詹	⿰身寧	⿰身善
C5	⿰身過	⿰身畺	⿰身蜀	⿰身寧	⿰身監	⿰身賓	⿰身屢	⿰身詹	⿱軀心	⿰身藏
C6	⿰身扇	⿰身歷	⿰身毳	⿰身豐	⿰身聶	⿱䜌身	⿰車巳	⿰車丁	⿱車云	⿰車卜
C7	⿰車八	⿻車中	⿱⺈車	⿰車工	⿰車彡	⿰車巛	⿱車去	⿰車亍	⿱人車	⿰車寸
C8	⿰車丂	⿰車乇	⿰車乞	⿰車千	⿰車己	⿰車心	⿰車攵	⿰車勾	軓	⿰車勺
C9	⿰車月	⿰車巴	⿰車止	⿰車幵	⿰車尹	⿰車攴	⿰車冈	⿰車殳	⿰車丑	⿰車反
CA	⿰車分	⿰車殳	⿰車冘	⿱非車	⿰車互	⿰車玄	⿱車氺	⿱北車	⿰車勿	⿰車予
CB	⿴衣車	⿰車尤	⿰車尔	軨	⿱車凶	⿱非車	⿰車弁	⿰車石	軖	⿰車卯
CC	⿰車卿	⿰車尼	⿰車乍	⿰車申	⿰車反	⿰車他	⿰車卮	⿰車肋	⿰車市	⿱垂車
CD	⿰車亢	⿱韭車	⿰車立	⿰車丙	⿰車占	⿰車弗	⿰車匍	⿱尸車	⿰車艮	⿰車伏
CE	⿰車夅	⿰車兆	⿱羊車	⿰車色	軥	⿰車曳	⿰車次	⿰車白	⿰車米	⿰車因
CF	⿰車安	⿰車束	⿰車𤣩	輊	⿰車夫	⿰車网	⿰日車	⿰車殳	⿰車伞	⿰車羊
D0	⿰車羽	⿱⺮車	⿰車耳	⿰車旨	⿰車圭	⿰車狂	輩	⿱𦍌車	⿰車宏	⿰車豖
D1	⿰車身	⿰車肙	⿰車定	⿰車呂	⿰車危	⿰車辛	⿰車余	載	⿰車妻	⿰車辰
D2	⿰車告	⿰車貝	⿰車兌	⿰車念	⿰車脊	⿱非車	⿰車夋	⿰車㐬	⿰車牟	⿰車柬
D3	⿺走車	⿰車并	⿰車却	⿰車麻	⿰車彔	⿰車那	⿰車争	⿰車两	⿱韭車	⿲王車王
D4	⿰車卑	⿰車奄	⿰車匋	⿰車肖	⿰車怱	⿰車卷	⿰車卓	⿰車沓	⿰車庶	⿰車育

9738

	30	31	32	33	34	35	36	37	38	39
D5	[illegible]	[illegible]	[illegible]	[illegible]	[illegible]	[illegible]	[illegible]	[illegible]	[illegible]	[illegible]
D6	[illegible]	[illegible]	[illegible]	[illegible]	[illegible]	[illegible]	[illegible]	[illegible]	[illegible]	[illegible]
D7	[illegible]	[illegible]	[illegible]	[illegible]	[illegible]	[illegible]	[illegible]	[illegible]	[illegible]	[illegible]
D8	[illegible]	[illegible]	[illegible]	[illegible]	[illegible]	[illegible]	[illegible]	[illegible]	[illegible]	[illegible]
D9	[illegible]	[illegible]	[illegible]	[illegible]	[illegible]	[illegible]	[illegible]	[illegible]	[illegible]	[illegible]
DA	[illegible]	[illegible]	[illegible]	[illegible]	[illegible]	[illegible]	[illegible]	[illegible]	[illegible]	[illegible]
DB	[illegible]	[illegible]	[illegible]	[illegible]	[illegible]	[illegible]	[illegible]	[illegible]	[illegible]	[illegible]
DC	[illegible]	[illegible]	[illegible]	[illegible]	[illegible]	[illegible]	[illegible]	[illegible]	[illegible]	[illegible]
DD	[illegible]	[illegible]	[illegible]	[illegible]	[illegible]	[illegible]	[illegible]	[illegible]	[illegible]	[illegible]
DE	[illegible]	[illegible]	[illegible]	[illegible]	[illegible]	[illegible]	[illegible]	[illegible]	[illegible]	[illegible]
DF	[illegible]	[illegible]	[illegible]	[illegible]	[illegible]	[illegible]	[illegible]	[illegible]	[illegible]	[illegible]
E0	[illegible]	[illegible]	[illegible]	[illegible]	[illegible]	[illegible]	[illegible]	[illegible]	[illegible]	[illegible]
E1	[illegible]	[illegible]	[illegible]	[illegible]	[illegible]	[illegible]	[illegible]	[illegible]	[illegible]	[illegible]
E2	[illegible]	[illegible]	[illegible]	[illegible]	[illegible]	[illegible]	[illegible]	[illegible]	[illegible]	[illegible]
E3	[illegible]	[illegible]	[illegible]	[illegible]	[illegible]	[illegible]	[illegible]	[illegible]	[illegible]	[illegible]
E4	[illegible]	[illegible]	[illegible]	[illegible]	[illegible]	[illegible]	[illegible]	[illegible]	[illegible]	[illegible]
E5	[illegible]	[illegible]	[illegible]	[illegible]	[illegible]	[illegible]	[illegible]	[illegible]	[illegible]	[illegible]
E6	[illegible]	[illegible]	[illegible]	[illegible]	[illegible]	[illegible]	[illegible]	[illegible]	[illegible]	[illegible]
E7	[illegible]	[illegible]	[illegible]	[illegible]	[illegible]	[illegible]	[illegible]	[illegible]	[illegible]	[illegible]
E8	[illegible]	[illegible]	[illegible]	[illegible]	[illegible]	[illegible]	[illegible]	[illegible]	[illegible]	[illegible]
E9	[illegible]	[illegible]	[illegible]	[illegible]	[illegible]	[illegible]	[illegible]	[illegible]	[illegible]	[illegible]

9738

	30	31	32	33	34	35	36	37	38	39
EA	[illegible]	[illegible]	[illegible]	[illegible]	[illegible]	[illegible]	[illegible]	[illegible]	[illegible]	辛
EB	辛	[illegible]	[illegible]	[illegible]	[illegible]	[illegible]	[illegible]	辟	[illegible]	[illegible]
EC	[illegible]	[illegible]	[illegible]	[illegible]	[illegible]	[illegible]	[illegible]	[illegible]	[illegible]	[illegible]
ED	[illegible]	[illegible]	[illegible]	[illegible]	辣	[illegible]	[illegible]	[illegible]	[illegible]	[illegible]
EE	[illegible]	[illegible]	壁	[illegible]	[illegible]	[illegible]	辧	辦	辭	[illegible]
EF	[illegible]	[illegible]	[illegible]	[illegible]	[illegible]	[illegible]	[illegible]	[illegible]	[illegible]	譬
F0	[illegible]	[illegible]	[illegible]	[illegible]	[illegible]	辰	辰	[illegible]	[illegible]	[illegible]
F1	[illegible]	[illegible]	[illegible]	[illegible]	農	[illegible]	[illegible]	[illegible]	[illegible]	[illegible]
F2	[illegible]	[illegible]	起	[illegible]	[illegible]	[illegible]	迣	迅	迄	[illegible]
F3	还	[illegible]	[illegible]	[illegible]	[illegible]	[illegible]	[illegible]	[illegible]	[illegible]	[illegible]
F4	[illegible]	[illegible]	[illegible]	[illegible]	[illegible]	[illegible]	[illegible]	[illegible]	[illegible]	[illegible]
F5	[illegible]	[illegible]	[illegible]	[illegible]	[illegible]	[illegible]	迮	[illegible]	[illegible]	[illegible]
F6	[illegible]	[illegible]	[illegible]	[illegible]	[illegible]	[illegible]	[illegible]	[illegible]	[illegible]	迷
F7	[illegible]	[illegible]	[illegible]	[illegible]	[illegible]	[illegible]	迴	[illegible]	[illegible]	进
F8	[illegible]	[illegible]	[illegible]	[illegible]	[illegible]	[illegible]	[illegible]	[illegible]	[illegible]	週
F9	速	[illegible]	[illegible]	途	[illegible]	[illegible]	[illegible]	[illegible]	鉥	[illegible]
FA	逃	[illegible]	[illegible]	逸	迎	[illegible]	[illegible]	[illegible]	速	[illegible]
FB	[illegible]	[illegible]	[illegible]	[illegible]	[illegible]	[illegible]	[illegible]	[illegible]	[illegible]	過
FC	[illegible]	[illegible]	[illegible]	[illegible]	[illegible]	[illegible]	[illegible]	[illegible]	递	迺
FD	[illegible]	[illegible]	[illegible]	[illegible]	[illegible]	[illegible]	[illegible]	[illegible]	[illegible]	[illegible]
FE	[illegible]	[illegible]	[illegible]	[illegible]	[illegible]	[illegible]	[illegible]	[illegible]	[illegible]	[illegible]

9739

	30	31	32	33	34	35	36	37	38	39
81	𨓔	𨓕	𨓖	𨓗	𨓘	𨓙	𨓚	𨓛	𨓜	𨓝
82	𨓞	𨓟	𨓠	𨓡	𨓢	𨓣	𨓤	𨓥	𨓦	𨓧
83	𨓨	𨓩	𨓪	𨓫	𨓬	𨓭	𨓮	𨓯	𨓰	𨓱
84	𨓲	𨓳	𨓴	𨓵	𨓶	𨓷	𨓸	𨓹	𨓺	𨓻
85	𨓼	𨓽	𨓾	𨓿	𨔀	𨔁	𨔂	𨔃	𨔄	𨔅
86	𨔆	𨔇	𨔈	𨔉	𨔊	𨔋	𨔌	𨔍	𨔎	𨔏
87	𨔐	𨔑	𨔒	𨔓	𨔔	𨔕	𨔖	𨔗	𨔘	𨔙
88	𨔚	𨔛	𨔜	𨔝	𨔞	𨔟	𨔠	𨔡	𨔢	𨔣
89	𨔤	𨔥	𨔦	𨔧	𨔨	𨔩	𨔪	𨔫	𨔬	𨔭
8A	𨔮	𨔯	𨔰	𨔱	𨔲	𨔳	𨔴	𨔵	𨔶	𨔷
8B	𨔸	𨔹	𨔺	𨔻	𨔼	𨔽	𨔾	𨔿	𨕀	𨕁
8C	𨕂	𨕃	𨕄	𨕅	𨕆	𨕇	𨕈	𨕉	𨕊	𨕋
8D	𨕌	𨕍	𨕎	𨕏	𨕐	𨕑	𨕒	𨕓	𨕔	𨕕
8E	𨕖	𨕗	𨕘	𨕙	𨕚	𨕛	𨕜	𨕝	𨕞	𨕟
8F	𨕠	𨕡	𨕢	𨕣	𨕤	𨕥	𨕦	𨕧	𨕨	𨕩
90	𨕪	𨕫	𨕬	𨕭	𨕮	𨕯	𨕰	𨕱	𨕲	𨕳
91	𨕴	𨕵	𨕶	𨕷	𨕸	𨕹	𨕺	𨕻	𨕼	𨕽
92	𨕾	𨕿	𨖀	𨖁	𨖂	𨖃	𨖄	𨖅	𨖆	𨖇
93	𨖈	𨖉	𨖊	𨖋	𨖌	𨖍	𨖎	𨖏	𨖐	𨖑
94	𨖒	𨖓	𨖔	𨖕	𨖖	𨖗	𨖘	𨖙	𨖚	𨖛
95	𨖜	𨖝	𨖞	𨖟	𨖠	𨖡	𨖢	𨖣	𨖤	𨖥

9739

	30	31	32	33	34	35	36	37	38	39
96	[illegible]	[illegible]	[illegible]	[illegible]	[illegible]	[illegible]	[illegible]	[illegible]	[illegible]	[illegible]
97	[illegible]	[illegible]	[illegible]	[illegible]	[illegible]	[illegible]	[illegible]	[illegible]	[illegible]	[illegible]
98	[illegible]	[illegible]	[illegible]	[illegible]	[illegible]	[illegible]	[illegible]	[illegible]	[illegible]	[illegible]
99	[illegible]	[illegible]	[illegible]	[illegible]	[illegible]	[illegible]	[illegible]	[illegible]	[illegible]	[illegible]
9A	[illegible]	[illegible]	[illegible]	[illegible]	[illegible]	[illegible]	[illegible]	[illegible]	[illegible]	[illegible]
9B	[illegible]	[illegible]	[illegible]	[illegible]	[illegible]	[illegible]	[illegible]	[illegible]	[illegible]	[illegible]
9C	[illegible]	[illegible]	[illegible]	[illegible]	[illegible]	[illegible]	[illegible]	[illegible]	[illegible]	[illegible]
9D	[illegible]	[illegible]	[illegible]	[illegible]	[illegible]	[illegible]	[illegible]	[illegible]	[illegible]	[illegible]
9E	[illegible]	[illegible]	[illegible]	[illegible]	[illegible]	[illegible]	[illegible]	[illegible]	[illegible]	[illegible]
9F	[illegible]	[illegible]	[illegible]	[illegible]	[illegible]	[illegible]	[illegible]	[illegible]	[illegible]	[illegible]
A0	[illegible]	[illegible]	[illegible]	[illegible]	[illegible]	[illegible]	[illegible]	[illegible]	[illegible]	[illegible]
A1	[illegible]	[illegible]	[illegible]	[illegible]	[illegible]	[illegible]	[illegible]	[illegible]	[illegible]	[illegible]
A2	[illegible]	[illegible]	[illegible]	[illegible]	[illegible]	[illegible]	[illegible]	[illegible]	[illegible]	[illegible]
A3	[illegible]	[illegible]	[illegible]	[illegible]	[illegible]	[illegible]	[illegible]	[illegible]	[illegible]	[illegible]
A4	[illegible]	[illegible]	[illegible]	[illegible]	[illegible]	[illegible]	[illegible]	[illegible]	[illegible]	[illegible]
A5	[illegible]	[illegible]	[illegible]	[illegible]	[illegible]	[illegible]	[illegible]	[illegible]	[illegible]	[illegible]
A6	[illegible]	[illegible]	[illegible]	[illegible]	[illegible]	[illegible]	[illegible]	[illegible]	[illegible]	[illegible]
A7	[illegible]	[illegible]	[illegible]	[illegible]	[illegible]	[illegible]	[illegible]	[illegible]	[illegible]	[illegible]
A8	[illegible]	[illegible]	[illegible]	[illegible]	[illegible]	[illegible]	[illegible]	[illegible]	[illegible]	[illegible]
A9	遷	[illegible]	邁	[illegible]	邑	[illegible]	[illegible]	[illegible]	邵	[illegible]
AA	[illegible]	[illegible]	邦	[illegible]	[illegible]	[illegible]	[illegible]	[illegible]	[illegible]	[illegible]

9739

	30	31	32	33	34	35	36	37	38	39
AB	郊	[illegible]	邳	[illegible]	[illegible]	邻	[illegible]	[illegible]	祁	邪
AC	[illegible]	[illegible]	[illegible]	[illegible]	[illegible]	[illegible]	[illegible]	[illegible]	[illegible]	[illegible]
AD	[illegible]	[illegible]	[illegible]	[illegible]	[illegible]	[illegible]	[illegible]	[illegible]	[illegible]	[illegible]
AE	[illegible]	[illegible]	[illegible]	[illegible]	[illegible]	[illegible]	邦	[illegible]	[illegible]	[illegible]
AF	[illegible]	[illegible]	[illegible]	[illegible]	[illegible]	[illegible]	[illegible]	[illegible]	邵	邴
B0	[illegible]	[illegible]	[illegible]	[illegible]	[illegible]	[illegible]	[illegible]	[illegible]	[illegible]	[illegible]
B1	[illegible]	[illegible]	[illegible]	[illegible]	[illegible]	[illegible]	[illegible]	[illegible]	[illegible]	[illegible]
B2	[illegible]	[illegible]	[illegible]	[illegible]	[illegible]	[illegible]	[illegible]	[illegible]	[illegible]	[illegible]
B3	[illegible]	[illegible]	[illegible]	[illegible]	[illegible]	[illegible]	[illegible]	[illegible]	[illegible]	[illegible]
B4	[illegible]	[illegible]	[illegible]	[illegible]	[illegible]	[illegible]	[illegible]	[illegible]	[illegible]	[illegible]
B5	[illegible]	[illegible]	[illegible]	[illegible]	[illegible]	[illegible]	都	[illegible]	[illegible]	[illegible]
B6	[illegible]	[illegible]	[illegible]	[illegible]	邱	[illegible]	[illegible]	[illegible]	[illegible]	[illegible]
B7	[illegible]	[illegible]	[illegible]	[illegible]	[illegible]	[illegible]	[illegible]	[illegible]	[illegible]	[illegible]
B8	[illegible]	[illegible]	[illegible]	[illegible]	[illegible]	[illegible]	[illegible]	[illegible]	[illegible]	[illegible]
B9	[illegible]	[illegible]	[illegible]	[illegible]	[illegible]	[illegible]	[illegible]	[illegible]	[illegible]	[illegible]
BA	[illegible]	[illegible]	[illegible]	[illegible]	[illegible]	[illegible]	[illegible]	[illegible]	[illegible]	[illegible]
BB	[illegible]	[illegible]	[illegible]	[illegible]	[illegible]	[illegible]	[illegible]	[illegible]	[illegible]	[illegible]
BC	[illegible]	[illegible]	[illegible]	[illegible]	[illegible]	[illegible]	[illegible]	[illegible]	[illegible]	[illegible]
BD	[illegible]	[illegible]	[illegible]	[illegible]	[illegible]	[illegible]	[illegible]	部	[illegible]	[illegible]
BE	[illegible]	[illegible]	[illegible]	[illegible]	[illegible]	[illegible]	[illegible]	[illegible]	[illegible]	[illegible]
BF	[illegible]	[illegible]	[illegible]	[illegible]	[illegible]	[illegible]	[illegible]	[illegible]	[illegible]	[illegible]

9739

	30	31	32	33	34	35	36	37	38	39
C0	𨝊	𨝋	𨝌	𨝍	𨝎	𨝏	𨝐	𨝑	𨝒	𨝓
C1	𨝔	𨝕	𨝖	𨝗	𨝘	𨝙	𨝚	𨝛	𨝜	𨝝
C2	𨝞	𨝟	𨝠	𨝡	𨝢	𨝣	𨝤	𨝥	𨝦	𨝧
C3	𨝨	𨝩	𨝪	𨝫	𨝬	𨝭	𨝮	𨝯	𨝰	𨝱
C4	𨝲	𨝳	𨝴	𨝵	𨝶	𨝷	𨝸	𨝹	𨝺	𨝻
C5	𨝼	𨝽	𨝾	𨝿	𨞀	𨞁	𨞂	𨞃	𨞄	𨞅
C6	𨞆	𨞇	𨞈	𨞉	𨞊	𨞋	𨞌	𨞍	𨞎	𨞏
C7	𨞐	𨞑	𨞒	𨞓	𨞔	𨞕	𨞖	𨞗	𨞘	𨞙
C8	𨞚	𨞛	𨞜	𨞝	𨞞	𨞟	𨞠	𨞡	𨞢	𨞣
C9	𨞤	𨞥	𨞦	𨞧	𨞨	𨞩	𨞪	𨞫	𨞬	𨞭
CA	𨞮	𨞯	𨞰	𨞱	𨞲	𨞳	𨞴	𨞵	𨞶	𨞷
CB	𨞸	𨞹	𨞺	𨞻	𨞼	𨞽	𨞾	𨞿	𨟀	𨟁
CC	𨟂	𨟃	𨟄	𨟅	𨟆	𨟇	𨟈	𨟉	𨟊	𨟋
CD	𨟌	𨟍	𨟎	𨟏	𨟐	𨟑	𨟒	𨟓	𨟔	𨟕
CE	𨟖	𨟗	𨟘	𨟙	𨟚	𨟛	𨟜	𨟝	𨟞	𨟟
CF	𨟠	𨟡	𨟢	𨟣	𨟤	𨟥	𨟦	𨟧	𨟨	𨟩
D0	𨟪	𨟫	𨟬	𨟭	𨟮	𨟯	𨟰	𨟱	𨟲	𨟳
D1	𨟴	𨟵	𨟶	𨟷	𨟸	𨟹	𨟺	𨟻	𨟼	𨟽
D2	𨟾	𨟿	𨠀	𨠁	𨠂	𨠃	𨠄	𨠅	𨠆	𨠇
D3	𨠈	𨠉	𨠊	𨠋	𨠌	𨠍	𨠎	𨠏	𨠐	𨠑
D4	𨠒	𨠓	𨠔	𨠕	𨠖	𨠗	𨠘	𨠙	𨠚	𨠛

9739

	30	31	32	33	34	35	36	37	38	39
D5	酦	酥	酌	酐	酟	酛	䣿	酲	醎	酡
D6	酸	晒	酢	熏	醉	酨	酕	窨	酗	醎
D7	酱	酶	酯	酸	酾	酰	酡	酱	醒	醂
D8	醇	酝	醁	醎	截	醆	酳	醍	醯	醉
D9	醅	醚	醇	醧	醂	酸	醊	酷	酵	醋
DA	酓	酣	醬	酮	醄	醬	醬	醇	醞	酵
DB	醐	醇	醑	醜	醑	醢	醎	醚	醑	醖
DC	醬	醬	醣	醅	醓	醚	醩	醱	醨	醰
DD	醢	醬	醲	醨	醽	醋	醋	醘	醋	醢
DE	醬	醬	醂	醁	醳	醋	醢	醑	醍	醢
DF	醇	醸	醵	醛	醜	醉	醿	醽	醋	醴
E0	醵	醬	醣	醋	醒	醫	醬	醸	醫	醅
E1	醋	醂	醋	醅	醟	醰	醬	醬	醡	醓
E2	醬	醜	醠	醳	醭	醵	醬	醧	醩	醡
E3	醜	醻	醳	醲	醾	醶	醬	醬	醞	醬
E4	醨	醋	醶	醱	醇	醵	醨	醫	醑	醲
E5	醨	醷	醹	醰	醭	醺	醾	醺	醬	醷
E6	醷	醽	醷	醲	醹	醶	醰	醕	醞	醔
E7	醨	醉	醱	醬	醴	醽	醟	醫	醽	醴
E8	醲	醋	醻	醦	醶	醵	釋	醬	醛	醛
E9	醂	醿	釅	醕	醾	醬	醷	醵	醼	醿

9739

	30	31	32	33	34	35	36	37	38	39
EA	醽	醥	醹	醿	䤈	醻	醾	酇	醰	醼
EB	醵	醫	醂	醬	醸	醱	䤊	醲	醹	醆
EC	醬	醶	醷	灂	䤄	醩	罍	醲	醿	醻
ED	醸	醽	醹	㮚	㮾	䅿	黳	香	㐬	䅧
EE	馦	香	馫	馞	馩	馠	馪	馫	䅾	稗
EF	䅳	穥	煋	童	馳	量	皇	黪	慬	堂
F0	堇	童	董	童	黲	銅	鑼	題	釐	蓮
F1	鞬	黲	鍾	罌	釐	鞢	鼖	霾	韉	釓
F2	金	釱	金	釵	釾	鈦	金	鈙	欽	釺
F3	釲	鈾	釳	鈃	鉦	鎡	鈲	釜	鈨	鉳
F4	鋈	鋻	鉚	鉉	鑫	鋆	鈔	鉼	鉔	鉦
F5	鈇	鈲	鈐	鈴	鉀	鈧	鑋	崟	鈩	鈔
F6	鈽	鉉	鈩	鈲	鈄	鋈	鋈	鉥	鉥	鉱
F7	鈷	錮	鋈	鉥	鋆	鈧	鉞	銓	鉤	鉋
F8	鉛	鈹	鈧	銅	鉼	鈣	鉚	鉗	鉲	鏁
F9	銙	錼	鋸	鈌	鈾	鍊	龕	釜	鎊	鉅
FA	鋳	鏺	鈹	鋽	鐞	銈	鋈	鉶	鉶	鋏
FB	錡	銐	鋘	銊	鋘	鎊	銷	鋒	鋈	鉾
FC	鋏	鋭	鐃	鍦	鋅	鉾	鐲	錂	鉚	鋼
FD	鑿	鋅	鋈	鍛	鉀	鉋	鍬	錎	錖	鉉
FE	鉄	鐅	銃	鋣	鋁	鐋	錆	鉻	鋉	鋓

9740

	30	31	32	33	34	35	36	37	38	39
81	鉥	鋈	釧	銡	鉀	鋛	銛	鉮	鋘	鋄
82	鍙	鋻	銙	鍜	鍳	錕	銽	銍	鎣	鐙
83	鍪	鐯	錸	鉩	鉶	鋁	鋘	鉄	鉡	鉭
84	鎯	鍃	鉼	鋸	錋	鋶	錞	鍇	鐾	鎵
85	鍮	錇	鍄	錚	鏤	鍫	鑒	鍦	錼	鐍
86	錑	鑿	鍛	鑘	鍘	鍬	鑋	鏰	鐮	鎡
87	鎊	鍷	鐖	鏊	錠	錠	鋪	鍎	鍁	鋮
88	鍔	鎧	鏺	鍩	鏶	錛	鍉	鑢	鄉	鈹
89	鍇	鍫	鋑	鏻	鍋	鏒	鑋	鏧	鋷	鏂
8A	錟	鉌	鋨	錇	鋅	鍯	鋾	鏉	鍁	鎮
8B	鍅	鎵	鏉	鋑	鉦	鍯	鍘	鎵	鎏	鐖
8C	鏴	鏲	鏮	鐯	錊	鎐	鍶	鏰	鋤	鏆
8D	鏇	鐘	鑿	鏺	鍪	鐓	鐾	鏰	鏃	鑍
8E	鍪	鍺	鍉	鉷	鍼	鋪	錆	鍈	鏑	鍏
8F	鏌	鎂	鏡	鋒	鏤	鎮	鐑	鑾	鉥	鏨
90	銙	鍓	鏄	鑑	鏁	鐱	鏄	鏄	鍕	鏴
91	錯	鍔	鏞	鎰	鍔	鐑	鎬	鐪	鍣	鍓
92	鑑	鏈	鐭	鎗	鍽	鐴	鏠	鎊	鎔	鎈
93	鏻	鐻	鏓	鍛	鐉	鑒	鐓	鏺	鍉	鐻
94	鏸	鐔	鍱	鏤	鎵	鐓	鑒	鑾	錡	鎒
95	鎞	鑢	鎐	鎒	鍺	鏠	鐵	鏃	鐙	鐝

9740

	30	31	32	33	34	35	36	37	38	39
96	[illegible]	鍩	鏊	[illegible]	[illegible]	[illegible]	錣	[illegible]	[illegible]	鎱
97	鍶	鎼	鏞	鎝	鐵	[illegible]	[illegible]	鏧	鎉	[illegible]
98	鎍	[illegible]	[illegible]	[illegible]	[illegible]	鍣	鍏	鏠	[illegible]	[illegible]
99	錘	[illegible]	鍤	[illegible]	鐟	[illegible]	鍝	鍓	錘	[illegible]
9A	[illegible]	[illegible]	[illegible]	鍠	[illegible]	鎦	[illegible]	鏺	鏐	鋅
9B	[illegible]	錀	[illegible]	[illegible]	[illegible]	[illegible]	鏢	鎮	鏳	鏸
9C	鑫	[illegible]	鏗	[illegible]	鏞	鐬	鏨	[illegible]	鐊	鐭
9D	鎐	鍑	鐞	[illegible]	鐐	鏟	[illegible]	[illegible]	鑵	鍵
9E	鏑	[illegible]	鏑	[illegible]	[illegible]	鎦	[illegible]	[illegible]	鏌	[illegible]
9F	[illegible]	[illegible]	鐵	[illegible]	鐉	鐸	[illegible]	[illegible]	鑄	鐹
A0	[illegible]	[illegible]	[illegible]	[illegible]	[illegible]	錐	[illegible]	鐸	[illegible]	[illegible]
A1	鑴	[illegible]	[illegible]	[illegible]	[illegible]	[illegible]	[illegible]	[illegible]	[illegible]	鏙
A2	[illegible]	[illegible]	鎧	[illegible]	[illegible]	[illegible]	[illegible]	[illegible]	[illegible]	[illegible]
A3	[illegible]	[illegible]	[illegible]	[illegible]	[illegible]	鐯	[illegible]	[illegible]	[illegible]	[illegible]
A4	[illegible]	[illegible]	[illegible]	[illegible]	[illegible]	鐯	[illegible]	[illegible]	[illegible]	[illegible]
A5	鐘	[illegible]	[illegible]	[illegible]	[illegible]	錨	[illegible]	[illegible]	[illegible]	[illegible]
A6	鑢	鑢	[illegible]	鐸	鑵	[illegible]	鐻	[illegible]	鐫	鑄
A7	[illegible]	[illegible]	[illegible]	鐵	[illegible]	[illegible]	[illegible]	鐣	[illegible]	鏽
A8	[illegible]	鑂	鐑	[illegible]	鑽	鑏	[illegible]	[illegible]	鑏	[illegible]
A9	鐔	[illegible]	[illegible]	鐵	[illegible]	鐙	鐘	鐀	鑼	[illegible]
AA	[illegible]	[illegible]	[illegible]	[illegible]	[illegible]	[illegible]	[illegible]	[illegible]	[illegible]	[illegible]

9740

	30	31	32	33	34	35	36	37	38	39
AB	鑇	鐷	𨮍	鑋	𨯶	鐁	𨮐	𨮱	鎫	𨭥
AC	鑉	𨰴	𨮫	𨯛	鑪	鐥	鏬	𨮚	𨯔	𨰃
AD	鐵	鏚	鏉	鍪	鐐	鑴	鐍	鍲	鐫	鏄
AE	鑻	鑒	鐮	鐶	鑍	鍼	鐓	鏭	鍿	鑰
AF	鑕	鐔	鑥	鐰	鏂	鏙	鏠	鏷	鑍	鑆
B0	鑍	鐪	鐀	鐻	鑹	鏐	鏨	鑿	鑢	鏌
B1	鑪	鎢	鐳	鐔	鐕	鑅	鑢	鏼	鐛	鐿
B2	鑋	鏗	鑄	鏩	鐔	鐵	鐏	鍿	鏊	鐎
B3	鐼	鐌	鏢	鐑	鐂	鏑	鐕	鏈	鐖	鏐
B4	鑄	鐯	鐇	鐪	鐶	鐓	鑖	鑄	鐥	鐴
B5	鐐	鏋	鑂	鐓	鏈	鑿	鑿	鑄	鏗	鐿
B6	鐵	鏍	鑸	鐽	鏽	鎣	鐱	鐰	鑯	鐞
B7	鑍	鑓	鑸	鑺	鐨	鑰	鏱	鐭	鑷	鑞
B8	鐵	鐨	鐼	鐕	鐻	鐩	鐶	鐉	鐸	鑙
B9	鐤	鐵	鑕	鑿	鐛	鐭	鐫	鐙	鑕	鐎
BA	鐰	鑐	鑪	鑴	鑮	鑑	鑵	鑵	鑣	鑍
BB	鐶	鑣	鑔	鐓	鑻	鏩	鐍	鑗	鑿	鐆
BC	鐧	鐗	鐶	鑵	鑿	鐦	鑏	鐵	鑁	鑑
BD	鑚	鑾	鑊	鑏	鐏	鐏	鑵	鑼	鑷	鑸
BE	鑿	鑼	鑠	鑕	鑴	鑨	鑁	鑿	鐸	鐵
BF	鑴	鑮	鐓	鑿	鐍	鑾	鑬	鐔	鑲	鑿

9740

	30	31	32	33	34	35	36	37	38	39
C0	鑤	鑚	鑯	鑒	鑾	鑫	鑾	鑽	钨	钇
C1	钜	鈠	鈋	鈲	鈯	鏒	钺	銶	鋉	鍄
C2	錇	錂	鐨	鐮	鍮	鎝	鍽	鐄	鏾	鐎
C3	鐏	鑈	鑯	镸	兵	镹	镺	镻	镼	镽
C4	镾	长	镽	镺	镻	镼	镹	镾	长	镻
C5	镻	镼	镽	镺	镻	镼	镹	镾	长	镽
C6	镾	长	镽	镺	镻	镼	镹	镾	长	镽
C7	镾	长	镽	镺	镻	镼	镹	镾	长	镽
C8	镾	长	镽	镺	镻	镼	镹	镾	长	镽
C9	镾	长	镽	镺	镻	镼	镹	镾	长	镽
CA	镾	长	镽	镺	镻	镼	镹	镾	长	镽
CB	镾	长	镽	镺	镻	镼	镹	镾	长	镽
CC	镾	长	镽	镺	镻	镼	镹	镾	长	镽
CD	镾	长	镽	镺	镻	镼	镹	镾	长	镽
CE	镾	长	镽	镺	镻	門	門	閃	閃	閃
CF	閂	閄	閆	閂	閔	閅	閌	閃	閂	閉
D0	閖	閎	閘	閒	閔	閔	閜	閏	閏	閖
D1	閙	閞	閑	閅	閙	閅	閟	閥	関	開
D2	閙	閌	閏	閒	閦	閗	閗	钔	閒	閨
D3	閡	閒	閬	閪	閫	閞	関	閲	閳	間
D4	閣	閉	間	閘	開	閉	閛	闢	閞	閾

9740

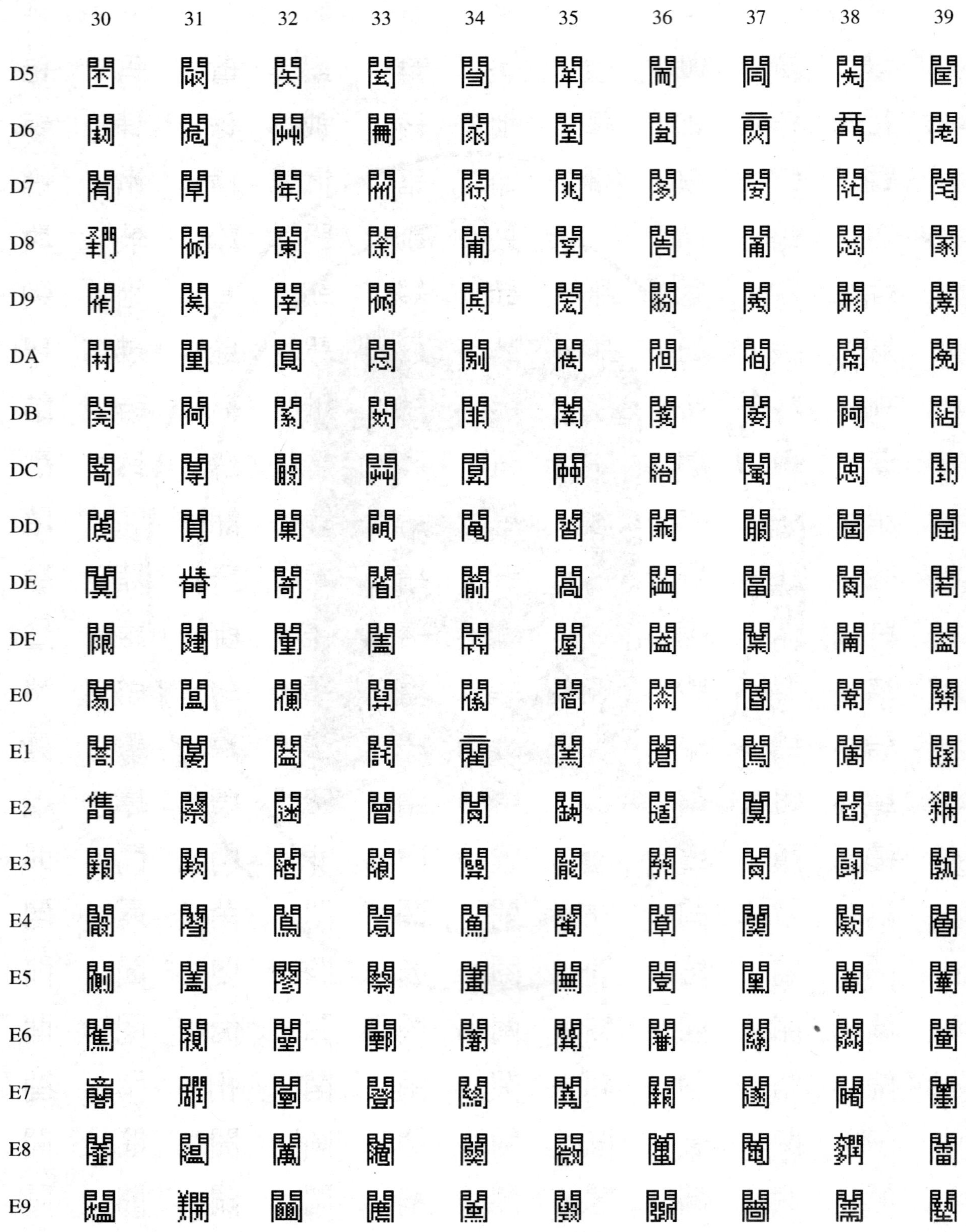

	30	31	32	33	34	35	36	37	38	39
D5	[illegible]	[illegible]	[illegible]	[illegible]	[illegible]	[illegible]	[illegible]	[illegible]	[illegible]	[illegible]
D6	[illegible]	[illegible]	[illegible]	[illegible]	[illegible]	[illegible]	[illegible]	[illegible]	[illegible]	[illegible]
D7	[illegible]	[illegible]	[illegible]	[illegible]	[illegible]	[illegible]	[illegible]	[illegible]	[illegible]	[illegible]
D8	[illegible]	[illegible]	[illegible]	[illegible]	[illegible]	[illegible]	[illegible]	[illegible]	[illegible]	[illegible]
D9	[illegible]	[illegible]	[illegible]	[illegible]	[illegible]	[illegible]	[illegible]	[illegible]	[illegible]	[illegible]
DA	[illegible]	[illegible]	[illegible]	[illegible]	[illegible]	[illegible]	[illegible]	[illegible]	[illegible]	[illegible]
DB	[illegible]	[illegible]	[illegible]	[illegible]	[illegible]	[illegible]	[illegible]	[illegible]	[illegible]	[illegible]
DC	[illegible]	[illegible]	[illegible]	[illegible]	[illegible]	[illegible]	[illegible]	[illegible]	[illegible]	[illegible]
DD	[illegible]	[illegible]	[illegible]	[illegible]	[illegible]	[illegible]	[illegible]	[illegible]	[illegible]	[illegible]
DE	[illegible]	[illegible]	[illegible]	[illegible]	[illegible]	[illegible]	[illegible]	[illegible]	[illegible]	[illegible]
DF	[illegible]	[illegible]	[illegible]	[illegible]	[illegible]	[illegible]	[illegible]	[illegible]	[illegible]	[illegible]
E0	[illegible]	[illegible]	[illegible]	[illegible]	[illegible]	[illegible]	[illegible]	[illegible]	[illegible]	[illegible]
E1	[illegible]	[illegible]	[illegible]	[illegible]	[illegible]	[illegible]	[illegible]	[illegible]	[illegible]	[illegible]
E2	[illegible]	[illegible]	[illegible]	[illegible]	[illegible]	[illegible]	[illegible]	[illegible]	[illegible]	[illegible]
E3	[illegible]	[illegible]	[illegible]	[illegible]	[illegible]	[illegible]	[illegible]	[illegible]	[illegible]	[illegible]
E4	[illegible]	[illegible]	[illegible]	[illegible]	[illegible]	[illegible]	[illegible]	[illegible]	[illegible]	[illegible]
E5	[illegible]	[illegible]	[illegible]	[illegible]	[illegible]	[illegible]	[illegible]	[illegible]	[illegible]	[illegible]
E6	[illegible]	[illegible]	[illegible]	[illegible]	[illegible]	[illegible]	[illegible]	[illegible]	[illegible]	[illegible]
E7	[illegible]	[illegible]	[illegible]	[illegible]	[illegible]	[illegible]	[illegible]	[illegible]	[illegible]	[illegible]
E8	[illegible]	[illegible]	[illegible]	[illegible]	[illegible]	[illegible]	[illegible]	[illegible]	[illegible]	[illegible]
E9	[illegible]	[illegible]	[illegible]	[illegible]	[illegible]	[illegible]	[illegible]	[illegible]	[illegible]	[illegible]

9740

	30	31	32	33	34	35	36	37	38	39
EA	闠	闦	鬭	闘	闗	闛	闡	闟	闞	闤
EB	闥	闢	闣	闤	闡	闙	闚	鐠	闒	闦
EC	鬮	闠	闓	闋	闔	闖	闕	闗	闁	闥
ED	闑	鬩	闤	闍	闕	闥	鬮	门匆	闭	门口
EE	闶	闱	门艮	门至	门畐	门更	门关	门咨	阙	门罡
EF	门壹	门卤	门爾	𠂤	阝乃	阝丂	阝九	阝刀	阝几	阝又
F0	阝工	阡	阝广	阝卩	阝及	阝气	阝殳	阺	阝玄	阝区
F1	阝支	阝井	阝斤	阝分	阝勾	阝井	阝开	阝互	阝冊	阝攵
F2	阝先	阝玄	阝申	阝巨	阝台	阝瓜	阝氏	阝冉	阝市	阝孚
F3	阝市	阝乞	阝平	阝皀	阝由	阝丕	阝甲	阝各	阝必	阝夌
F4	阝兆	阝丕	阝此	阝虫	阝兆	阝桀	阝呆	阝臽	阝有	阝咸
F5	阝佥	阝余	阝佥	阝匋	阝内	阝交	阝艮	阝宅	阝向	阝全
F6	阝咸	阝夅	阝色	阝咅	阝定	阝并	阝亭	阝舌	阝咸	阝坴
F7	阝亘	阝邑	阝臽	阝西	阝夌	阝夆	阝巠	阝尼	阝垂	阝弟
F8	阝呆	阝夌	阝艮	阝矣	阝兑	阝坐	阝吕	阝百	阝赤	阝旁
F9	阝田	阝坒	阝参	阝秀	阝孚	阝卷	阝侌	阝麦	阝星	阝朋
FA	阝阜	阝典	阝枼	阝罔	阝炎	阝登	阝寺	阝果	阝函	阝匋
FB	阝星	阝昌	阝吴	阝建	阝夸	阝条	阝亭	阝宛	阝其	阝奄
FC	阝复	阝敫	阝得	阝卓	阝异	阝奎	阝帚	阝夸	阝尧	阝走
FD	阝延	阝兒	阝备	阝奎	阝帚	阝燚	阝酉	阝员	阝甫	阝叟
FE	阝風	阝段	阝畐	阝完	阝凌	阝酋	阝咢	阝建	阝垂	眢

9741

	30	31	32	33	34	35	36	37	38	39
81	𨼆	陋	隊	隠	隡	隥	隅	𨻵	陰	䧞
82	陵	隔	隖	隙	陝	陷	隆	隕	陘	陾
83	隗	隐	陽	陘	隩	隂	隴	陪	隕	陘
84	陸	陘	陠	隉	陵	隆	陘	隝	隇	陪
85	隋	障	隞	隟	隢	隗	隆	隔	隉	陰
86	隑	隁	隉	隨	陝	隙	陵	隚	隆	隭
87	隕	隭	隊	隥	隩	隍	隞	隓	陳	隬
88	隙	隲	隮	隺	隙	隒	隮	隘	隕	隩
89	陛	隟	隆	隮	隆	隆	隉	隴	階	陸
8A	隱	隆	陪	隴	隯	隇	隞	障	隢	隭
8B	隮	隔	陴	隮	陽	隮	隔	隔	隗	隟
8C	隑	隣	隆	隔	陶	隩	隮	隝	隋	陴
8D	隞	陽	陘	隮	隗	隮	陡	隙	隬	隮
8E	隮	陬	隆	隬	隆	陘	隌	階	險	隑
8F	隆	隇	隣	陵	陘	隳	隣	隊	隱	隟
90	隟	隣	隬	隴	隥	隨	隘	隮	隮	隋
91	隟	隮	隣	隮	隮	隯	隙	隮	隮	隮
92	隱	隮	隮	隴	隮	隮	隮	隮	隮	隨
93	隮	隮	隮	隟	隮	隮	隮	隴	隮	隮
94	隴	隮	隮	隴	隴	隴	隮	隮	隮	隮
95	隮	隴	𦘒	隶	隷	隷	隸	隸	隸	隸

9741

	30	31	32	33	34	35	36	37	38	39
96	[illegible]	[illegible]	[illegible]	[illegible]	[illegible]	[illegible]	[illegible]	[illegible]	[illegible]	[illegible]
97	[illegible]	[illegible]	[illegible]	[illegible]	[illegible]	[illegible]	[illegible]	[illegible]	[illegible]	[illegible]
98	[illegible]	[illegible]	[illegible]	[illegible]	[illegible]	[illegible]	[illegible]	[illegible]	[illegible]	[illegible]
99	[illegible]	[illegible]	[illegible]	[illegible]	[illegible]	[illegible]	[illegible]	[illegible]	[illegible]	[illegible]
9A	[illegible]	[illegible]	[illegible]	[illegible]	[illegible]	[illegible]	[illegible]	[illegible]	[illegible]	[illegible]
9B	[illegible]	[illegible]	[illegible]	[illegible]	[illegible]	[illegible]	[illegible]	[illegible]	[illegible]	[illegible]
9C	[illegible]	[illegible]	[illegible]	[illegible]	[illegible]	[illegible]	[illegible]	[illegible]	[illegible]	[illegible]
9D	[illegible]	[illegible]	[illegible]	[illegible]	[illegible]	[illegible]	[illegible]	[illegible]	[illegible]	[illegible]
9E	[illegible]	[illegible]	[illegible]	[illegible]	[illegible]	[illegible]	[illegible]	[illegible]	[illegible]	[illegible]
9F	[illegible]	[illegible]	[illegible]	[illegible]	[illegible]	[illegible]	[illegible]	[illegible]	[illegible]	[illegible]
A0	[illegible]	[illegible]	[illegible]	[illegible]	[illegible]	[illegible]	[illegible]	[illegible]	[illegible]	[illegible]
A1	[illegible]	[illegible]	[illegible]	[illegible]	[illegible]	[illegible]	[illegible]	[illegible]	[illegible]	[illegible]
A2	[illegible]	[illegible]	[illegible]	[illegible]	[illegible]	[illegible]	[illegible]	[illegible]	[illegible]	[illegible]
A3	[illegible]	[illegible]	[illegible]	[illegible]	[illegible]	[illegible]	[illegible]	[illegible]	[illegible]	[illegible]
A4	[illegible]	[illegible]	[illegible]	[illegible]	[illegible]	[illegible]	[illegible]	[illegible]	[illegible]	[illegible]
A5	[illegible]	[illegible]	[illegible]	[illegible]	[illegible]	[illegible]	[illegible]	[illegible]	[illegible]	[illegible]
A6	[illegible]	[illegible]	[illegible]	[illegible]	[illegible]	[illegible]	[illegible]	[illegible]	[illegible]	[illegible]
A7	[illegible]	[illegible]	[illegible]	[illegible]	[illegible]	[illegible]	[illegible]	[illegible]	[illegible]	[illegible]
A8	[illegible]	[illegible]	[illegible]	[illegible]	[illegible]	[illegible]	[illegible]	[illegible]	[illegible]	[illegible]
A9	[illegible]	[illegible]	[illegible]	[illegible]	[illegible]	[illegible]	[illegible]	[illegible]	[illegible]	[illegible]
AA	[illegible]	[illegible]	[illegible]	[illegible]	[illegible]	[illegible]	[illegible]	[illegible]	[illegible]	[illegible]

9741

	30	31	32	33	34	35	36	37	38	39
AB	[illegible]	[illegible]	[illegible]	[illegible]	[illegible]	[illegible]	[illegible]	[illegible]	[illegible]	[illegible]
AC	[illegible]	[illegible]	[illegible]	[illegible]	[illegible]	[illegible]	[illegible]	[illegible]	[illegible]	[illegible]
AD	[illegible]	[illegible]	[illegible]	[illegible]	[illegible]	[illegible]	[illegible]	[illegible]	[illegible]	[illegible]
AE	[illegible]	[illegible]	[illegible]	[illegible]	[illegible]	[illegible]	[illegible]	[illegible]	[illegible]	[illegible]
AF	[illegible]	[illegible]	[illegible]	[illegible]	[illegible]	雩	雯	[illegible]	[illegible]	[illegible]
B0	[illegible]	[illegible]	[illegible]	[illegible]	[illegible]	零	[illegible]	[illegible]	[illegible]	[illegible]
B1	[illegible]	[illegible]	[illegible]	[illegible]	[illegible]	[illegible]	[illegible]	[illegible]	[illegible]	[illegible]
B2	[illegible]	[illegible]	[illegible]	[illegible]	[illegible]	[illegible]	[illegible]	[illegible]	[illegible]	[illegible]
B3	[illegible]	[illegible]	[illegible]	[illegible]	[illegible]	[illegible]	[illegible]	[illegible]	[illegible]	[illegible]
B4	[illegible]	[illegible]	電	[illegible]	[illegible]	[illegible]	[illegible]	[illegible]	[illegible]	[illegible]
B5	[illegible]	[illegible]	[illegible]	[illegible]	[illegible]	[illegible]	[illegible]	[illegible]	[illegible]	[illegible]
B6	[illegible]	[illegible]	[illegible]	[illegible]	[illegible]	[illegible]	[illegible]	[illegible]	霆	[illegible]
B7	[illegible]	[illegible]	[illegible]	[illegible]	[illegible]	[illegible]	[illegible]	[illegible]	[illegible]	[illegible]
B8	[illegible]	[illegible]	[illegible]	[illegible]	[illegible]	[illegible]	[illegible]	[illegible]	[illegible]	[illegible]
B9	[illegible]	[illegible]	[illegible]	[illegible]	[illegible]	[illegible]	[illegible]	[illegible]	[illegible]	[illegible]
BA	[illegible]	[illegible]	[illegible]	[illegible]	[illegible]	[illegible]	[illegible]	[illegible]	[illegible]	[illegible]
BB	[illegible]	[illegible]	[illegible]	[illegible]	[illegible]	[illegible]	[illegible]	[illegible]	[illegible]	[illegible]
BC	[illegible]	[illegible]	[illegible]	[illegible]	[illegible]	[illegible]	[illegible]	[illegible]	[illegible]	[illegible]
BD	[illegible]	[illegible]	[illegible]	[illegible]	[illegible]	[illegible]	[illegible]	需	[illegible]	[illegible]
BE	[illegible]	[illegible]	[illegible]	[illegible]	[illegible]	[illegible]	[illegible]	[illegible]	[illegible]	[illegible]
BF	[illegible]	[illegible]	[illegible]	[illegible]	[illegible]	[illegible]	[illegible]	[illegible]	[illegible]	[illegible]

9741

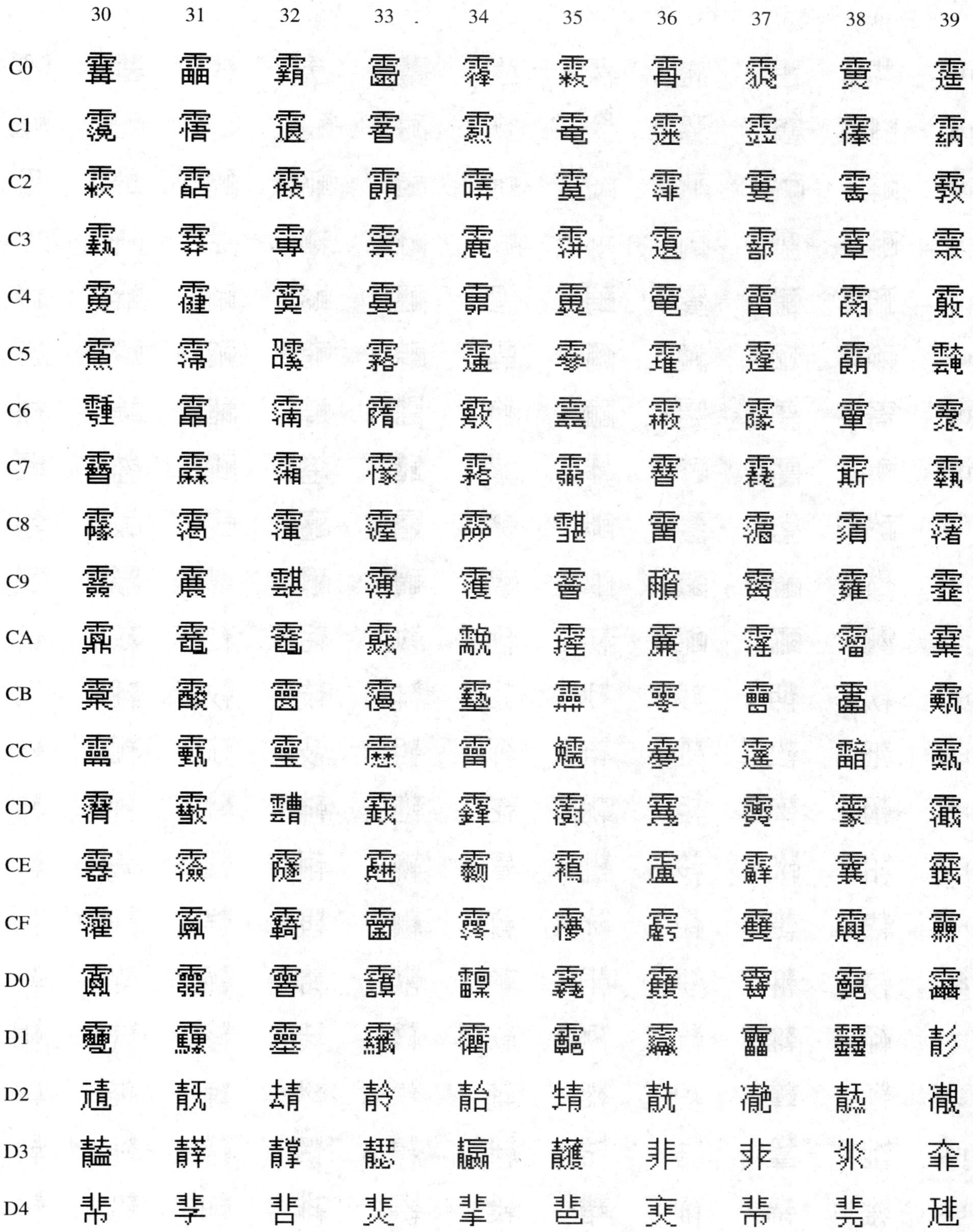

	30	31	32	33	34	35	36	37	38	39
C0	䨻	靁	霸	靈	霵	霰	霄	霮	霣	霆
C1	霓	霤	霣	霫	霨	雹	霯	霚	霪	霛
C2	霰	霑	霞	霘	霹	霙	霏	霎	霌	霧
C3	霸	霁	霉	霋	霡	霈	霞	霜	霍	霂
C4	霣	霍	霓	霱	霏	霓	雹	雷	霶	霰
C5	霠	霈	[illegible]	霧	霆	雾	霍	霆	霸	[illegible]
C6	霻	靁	霈	霽	霰	靄	霰	霦	霤	霚
C7	霫	霖	霜	霧	霧	靄	霫	霾	霹	靄
C8	霦	霭	霍	霪	霹	[illegible]	雷	霜	霜	霜
C9	靄	靃	[illegible]	靅	靃	霫	[illegible]	霫	霺	靈
CA	霸	霾	靄	霰	[illegible]	[illegible]	靡	霪	霤	靇
CB	霂	霰	靁	霞	靈	霖	零	靁	靁	靇
CC	靁	靇	靈	靀	靁	[illegible]	霎	靂	霝	靇
CD	霽	靉	[illegible]	靉	霹	[illegible]	靄	霽	雺	靄
CE	靇	靄	[illegible]	[illegible]	[illegible]	霭	靁	霹	靇	靉
CF	霾	靄	靏	靁	霧	靆	靂	靉	靃	靊
D0	靄	靁	靁	靁	[illegible]	靄	靂	靁	靇	靐
D1	靋	靁	靈	靉	靋	靇	靎	靁	靐	彭
D2	靖	靘	靕	靔	靗	靖	靘	靚	靛	靚
D3	靝	靜	靚	靛	靐	靝	非	非	[illegible]	奞
D4	[illegible]	[illegible]	[illegible]	斐	辈	[illegible]	[illegible]	[illegible]	[illegible]	[illegible]

9741

	30	31	32	33	34	35	36	37	38	39
D5	[illegible]	[illegible]	[illegible]	[illegible]	[illegible]	[illegible]	[illegible]	悲	[illegible]	[illegible]
D6	[illegible]	[illegible]	[illegible]	[illegible]	[illegible]	[illegible]	[illegible]	[illegible]	[illegible]	[illegible]
D7	[illegible]	[illegible]	[illegible]	[illegible]	[illegible]	[illegible]	[illegible]	[illegible]	[illegible]	[illegible]
D8	[illegible]	[illegible]	[illegible]	[illegible]	[illegible]	[illegible]	[illegible]	[illegible]	[illegible]	[illegible]
D9	[illegible]	[illegible]	[illegible]	[illegible]	[illegible]	[illegible]	[illegible]	[illegible]	[illegible]	[illegible]
DA	[illegible]	麺	[illegible]	[illegible]	[illegible]	[illegible]	[illegible]	[illegible]	[illegible]	[illegible]
DB	[illegible]	[illegible]	[illegible]	[illegible]	[illegible]	[illegible]	[illegible]	[illegible]	[illegible]	[illegible]
DC	[illegible]	[illegible]	[illegible]	[illegible]	[illegible]	[illegible]	[illegible]	[illegible]	[illegible]	[illegible]
DD	[illegible]	[illegible]	[illegible]	[illegible]	[illegible]	[illegible]	[illegible]	[illegible]	[illegible]	[illegible]
DE	[illegible]	[illegible]	[illegible]	[illegible]	[illegible]	[illegible]	[illegible]	[illegible]	[illegible]	[illegible]
DF	[illegible]	[illegible]	[illegible]	靭	[illegible]	[illegible]	[illegible]	[illegible]	[illegible]	[illegible]
E0	[illegible]	[illegible]	[illegible]	[illegible]	[illegible]	[illegible]	[illegible]	[illegible]	[illegible]	[illegible]
E1	[illegible]	[illegible]	[illegible]	[illegible]	[illegible]	[illegible]	[illegible]	[illegible]	[illegible]	[illegible]
E2	鞀	[illegible]	[illegible]	[illegible]	[illegible]	[illegible]	[illegible]	[illegible]	[illegible]	[illegible]
E3	[illegible]	[illegible]	[illegible]	[illegible]	[illegible]	[illegible]	[illegible]	[illegible]	[illegible]	鞊
E4	[illegible]	[illegible]	[illegible]	[illegible]	[illegible]	[illegible]	[illegible]	[illegible]	[illegible]	[illegible]
E5	鞍	[illegible]	[illegible]	[illegible]	[illegible]	[illegible]	[illegible]	[illegible]	[illegible]	[illegible]
E6	[illegible]	[illegible]	[illegible]	[illegible]	[illegible]	[illegible]	[illegible]	[illegible]	[illegible]	[illegible]
E7	[illegible]	[illegible]	[illegible]	[illegible]	[illegible]	[illegible]	[illegible]	[illegible]	[illegible]	[illegible]
E8	鞉	[illegible]	[illegible]	[illegible]	[illegible]	[illegible]	[illegible]	[illegible]	[illegible]	[illegible]
E9	[illegible]	[illegible]	[illegible]	[illegible]	[illegible]	[illegible]	[illegible]	[illegible]	[illegible]	[illegible]

9741

	30	31	32	33	34	35	36	37	38	39
EA	[illegible]	[illegible]	[illegible]	[illegible]	[illegible]	[illegible]	[illegible]	[illegible]	[illegible]	[illegible]
EB	[illegible]	[illegible]	[illegible]	[illegible]	[illegible]	[illegible]	[illegible]	[illegible]	[illegible]	[illegible]
EC	[illegible]	[illegible]	[illegible]	[illegible]	[illegible]	[illegible]	[illegible]	[illegible]	[illegible]	[illegible]
ED	[illegible]	[illegible]	[illegible]	[illegible]	[illegible]	[illegible]	[illegible]	[illegible]	[illegible]	[illegible]
EE	[illegible]	[illegible]	[illegible]	[illegible]	[illegible]	[illegible]	[illegible]	[illegible]	[illegible]	[illegible]
EF	[illegible]	[illegible]	[illegible]	[illegible]	[illegible]	[illegible]	[illegible]	[illegible]	[illegible]	[illegible]
F0	[illegible]	[illegible]	[illegible]	[illegible]	[illegible]	[illegible]	[illegible]	[illegible]	[illegible]	[illegible]
F1	[illegible]	[illegible]	[illegible]	[illegible]	[illegible]	[illegible]	[illegible]	[illegible]	[illegible]	[illegible]
F2	[illegible]	[illegible]	[illegible]	[illegible]	[illegible]	[illegible]	[illegible]	[illegible]	[illegible]	[illegible]
F3	[illegible]	[illegible]	[illegible]	[illegible]	[illegible]	[illegible]	[illegible]	[illegible]	[illegible]	[illegible]
F4	[illegible]	[illegible]	[illegible]	[illegible]	[illegible]	[illegible]	[illegible]	[illegible]	[illegible]	[illegible]
F5	[illegible]	[illegible]	[illegible]	[illegible]	[illegible]	[illegible]	[illegible]	[illegible]	[illegible]	[illegible]
F6	[illegible]	[illegible]	[illegible]	[illegible]	[illegible]	[illegible]	[illegible]	[illegible]	[illegible]	[illegible]
F7	[illegible]	[illegible]	[illegible]	[illegible]	[illegible]	[illegible]	[illegible]	[illegible]	[illegible]	[illegible]
F8	[illegible]	[illegible]	[illegible]	[illegible]	[illegible]	[illegible]	[illegible]	[illegible]	[illegible]	[illegible]
F9	[illegible]	[illegible]	[illegible]	[illegible]	[illegible]	[illegible]	[illegible]	[illegible]	[illegible]	[illegible]
FA	[illegible]	[illegible]	[illegible]	[illegible]	[illegible]	[illegible]	[illegible]	[illegible]	[illegible]	[illegible]
FB	[illegible]	[illegible]	[illegible]	[illegible]	[illegible]	[illegible]	[illegible]	[illegible]	[illegible]	[illegible]
FC	[illegible]	[illegible]	[illegible]	[illegible]	[illegible]	[illegible]	[illegible]	[illegible]	[illegible]	[illegible]
FD	[illegible]	[illegible]	[illegible]	[illegible]	[illegible]	[illegible]	[illegible]	[illegible]	[illegible]	[illegible]
FE	[illegible]	[illegible]	[illegible]	[illegible]	[illegible]	[illegible]	[illegible]	[illegible]	[illegible]	[illegible]

9832

	30	31	32	33	34	35	36	37	38	39
81	𩎘	𩎙	𩎚	𩎛	𩎜	𩎝	𩎞	𩎟	𩎠	𩎡
82	𩎢	𩎣	𩎤	𩎥	𩎦	𩎧	𩎨	𩎩	𩎪	𩎫
83	𩎬	𩎭	𩎮	𩎯	𩎰	𩎱	𩎲	𩎳	𩎴	𩎵
84	𩎶	𩎷	𩎸	𩎹	𩎺	𩎻	𩎼	𩎽	𩎾	𩎿
85	𩏀	𩏁	𩏂	𩏃	𩏄	𩏅	𩏆	𩏇	𩏈	𩏉
86	𩏊	𩏋	𩏌	𩏍	𩏎	𩏏	𩏐	𩏑	𩏒	𩏓
87	𩏔	𩏕	𩏖	𩏗	𩏘	𩏙	𩏚	𩏛	𩏜	𩏝
88	𩏞	𩏟	𩏠	𩏡	𩏢	𩏣	𩏤	𩏥	𩏦	𩏧
89	𩏨	𩏩	𩏪	𩏫	𩏬	𩏭	𩏮	𩏯	𩏰	𩏱
8A	𩏲	𩏳	𩏴	𩏵	𩏶	𩏷	𩏸	𩏹	𩏺	𩏻
8B	𩏼	𩏽	𩏾	𩏿	𩐀	𩐁	𩐂	𩐃	𩐄	𩐅
8C	𩐆	𩐇	𩐈	𩐉	𩐊	𩐋	𩐌	𩐍	𩐎	𩐏
8D	𩐐	𩐑	𩐒	𩐓	𩐔	𩐕	𩐖	𩐗	𩐘	𩐙
8E	𩐚	𩐛	𩐜	𩐝	𩐞	𩐟	𩐠	𩐡	𩐢	𩐣
8F	𩐤	𩐥	𩐦	𩐧	𩐨	𩐩	𩐪	𩐫	𩐬	𩐭
90	𩐮	𩐯	𩐰	𩐱	𩐲	𩐳	𩐴	𩐵	𩐶	𩐷
91	𩐸	𩐹	𩐺	𩐻	𩐼	𩐽	𩐾	𩐿	𩑀	𩑁
92	𩑂	𩑃	𩑄	𩑅	𩑆	𩑇	𩑈	𩑉	𩑊	𩑋
93	𩑌	𩑍	𩑎	𩑏	𩑐	𩑑	𩑒	𩑓	𩑔	𩑕
94	𩑖	𩑗	𩑘	𩑙	𩑚	𩑛	𩑜	𩑝	𩑞	𩑟
95	𩑠	𩑡	𩑢	𩑣	𩑤	𩑥	𩑦	𩑧	𩑨	𩑩

9832

	30	31	32	33	34	35	36	37	38	39
96	[illegible]	[illegible]	[illegible]	[illegible]	[illegible]	[illegible]	[illegible]	[illegible]	[illegible]	[illegible]
97	[illegible]	[illegible]	[illegible]	[illegible]	[illegible]	[illegible]	[illegible]	[illegible]	[illegible]	[illegible]
98	[illegible]	[illegible]	[illegible]	[illegible]	[illegible]	[illegible]	[illegible]	[illegible]	[illegible]	[illegible]
99	[illegible]	[illegible]	[illegible]	[illegible]	[illegible]	[illegible]	[illegible]	[illegible]	[illegible]	[illegible]
9A	[illegible]	[illegible]	[illegible]	[illegible]	[illegible]	[illegible]	[illegible]	[illegible]	[illegible]	[illegible]
9B	[illegible]	[illegible]	[illegible]	[illegible]	[illegible]	[illegible]	[illegible]	[illegible]	[illegible]	[illegible]
9C	[illegible]	[illegible]	[illegible]	[illegible]	[illegible]	[illegible]	[illegible]	[illegible]	[illegible]	[illegible]
9D	[illegible]	[illegible]	[illegible]	[illegible]	[illegible]	[illegible]	[illegible]	[illegible]	[illegible]	[illegible]
9E	[illegible]	[illegible]	[illegible]	[illegible]	[illegible]	[illegible]	[illegible]	[illegible]	[illegible]	[illegible]
9F	[illegible]	[illegible]	[illegible]	[illegible]	[illegible]	[illegible]	[illegible]	[illegible]	[illegible]	[illegible]
A0	[illegible]	[illegible]	[illegible]	[illegible]	[illegible]	[illegible]	[illegible]	[illegible]	[illegible]	[illegible]
A1	[illegible]	[illegible]	[illegible]	[illegible]	[illegible]	[illegible]	[illegible]	[illegible]	[illegible]	[illegible]
A2	[illegible]	[illegible]	[illegible]	[illegible]	[illegible]	[illegible]	[illegible]	[illegible]	[illegible]	[illegible]
A3	[illegible]	[illegible]	[illegible]	[illegible]	[illegible]	[illegible]	[illegible]	[illegible]	[illegible]	[illegible]
A4	[illegible]	[illegible]	[illegible]	[illegible]	[illegible]	[illegible]	[illegible]	[illegible]	[illegible]	[illegible]
A5	[illegible]	[illegible]	[illegible]	[illegible]	[illegible]	[illegible]	[illegible]	[illegible]	[illegible]	[illegible]
A6	[illegible]	[illegible]	[illegible]	[illegible]	[illegible]	[illegible]	[illegible]	[illegible]	[illegible]	[illegible]
A7	[illegible]	[illegible]	[illegible]	[illegible]	[illegible]	[illegible]	[illegible]	[illegible]	[illegible]	[illegible]
A8	[illegible]	[illegible]	[illegible]	[illegible]	[illegible]	[illegible]	[illegible]	[illegible]	[illegible]	[illegible]
A9	[illegible]	[illegible]	[illegible]	[illegible]	[illegible]	[illegible]	[illegible]	[illegible]	[illegible]	[illegible]
AA	[illegible]	[illegible]	[illegible]	[illegible]	[illegible]	[illegible]	[illegible]	[illegible]	[illegible]	[illegible]

9832

	30	31	32	33	34	35	36	37	38	39
AB	[illegible]	[illegible]	[illegible]	[illegible]	[illegible]	[illegible]	[illegible]	[illegible]	[illegible]	[illegible]
AC	[illegible]	[illegible]	[illegible]	[illegible]	[illegible]	[illegible]	[illegible]	[illegible]	[illegible]	[illegible]
AD	[illegible]	[illegible]	[illegible]	[illegible]	[illegible]	[illegible]	[illegible]	[illegible]	[illegible]	[illegible]
AE	[illegible]	[illegible]	[illegible]	[illegible]	[illegible]	[illegible]	[illegible]	[illegible]	[illegible]	[illegible]
AF	[illegible]	[illegible]	[illegible]	[illegible]	[illegible]	[illegible]	[illegible]	[illegible]	[illegible]	[illegible]
B0	[illegible]	[illegible]	[illegible]	[illegible]	[illegible]	[illegible]	[illegible]	[illegible]	[illegible]	[illegible]
B1	[illegible]	[illegible]	[illegible]	[illegible]	[illegible]	[illegible]	[illegible]	[illegible]	[illegible]	[illegible]
B2	[illegible]	[illegible]	[illegible]	[illegible]	[illegible]	[illegible]	[illegible]	[illegible]	[illegible]	[illegible]
B3	[illegible]	[illegible]	[illegible]	[illegible]	[illegible]	[illegible]	[illegible]	[illegible]	[illegible]	[illegible]
B4	[illegible]	[illegible]	[illegible]	[illegible]	[illegible]	[illegible]	[illegible]	[illegible]	[illegible]	[illegible]
B5	[illegible]	[illegible]	[illegible]	[illegible]	[illegible]	[illegible]	[illegible]	[illegible]	[illegible]	[illegible]
B6	[illegible]	[illegible]	[illegible]	[illegible]	[illegible]	[illegible]	[illegible]	[illegible]	[illegible]	[illegible]
B7	[illegible]	[illegible]	[illegible]	[illegible]	[illegible]	[illegible]	[illegible]	[illegible]	[illegible]	[illegible]
B8	[illegible]	[illegible]	[illegible]	[illegible]	[illegible]	[illegible]	[illegible]	[illegible]	[illegible]	[illegible]
B9	[illegible]	[illegible]	[illegible]	[illegible]	[illegible]	[illegible]	[illegible]	[illegible]	[illegible]	[illegible]
BA	[illegible]	[illegible]	[illegible]	[illegible]	[illegible]	[illegible]	[illegible]	[illegible]	[illegible]	[illegible]
BB	[illegible]	[illegible]	[illegible]	[illegible]	[illegible]	[illegible]	[illegible]	[illegible]	[illegible]	[illegible]
BC	[illegible]	[illegible]	[illegible]	[illegible]	[illegible]	[illegible]	[illegible]	[illegible]	[illegible]	[illegible]
BD	[illegible]	[illegible]	[illegible]	[illegible]	[illegible]	[illegible]	[illegible]	[illegible]	[illegible]	[illegible]
BE	[illegible]	[illegible]	[illegible]	[illegible]	[illegible]	[illegible]	[illegible]	[illegible]	[illegible]	[illegible]
BF	[illegible]	[illegible]	[illegible]	[illegible]	[illegible]	[illegible]	[illegible]	[illegible]	[illegible]	[illegible]

9832

	30	31	32	33	34	35	36	37	38	39
C0	𩘎	𩘏	𩘐	𩘑	𩘒	𩘓	𩘔	𩘕	𩘖	𩘗
C1	𩘘	𩘙	𩘚	𩘛	𩘜	𩘝	𩘞	𩘟	𩘠	𩘡
C2	𩘢	𩘣	𩘤	𩘥	𩘦	𩘧	𩘨	𩘩	𩘪	𩘫
C3	𩘬	𩘭	𩘮	𩘯	𩘰	𩘱	𩘲	𩘳	𩘴	𩘵
C4	𩘶	𩘷	𩘸	𩘹	𩘺	𩘻	𩘼	𩘽	𩘾	𩘿
C5	𩙀	𩙁	𩙂	𩙃	𩙄	𩙅	𩙆	𩙇	𩙈	𩙉
C6	𩙊	𩙋	𩙌	𩙍	𩙎	𩙏	𩙐	𩙑	𩙒	𩙓
C7	𩙔	𩙕	𩙖	𩙗	𩙘	𩙙	𩙚	𩙛	𩙜	𩙝
C8	𩙞	𩙟	𩙠	𩙡	𩙢	𩙣	𩙤	𩙥	𩙦	𩙧
C9	𩙨	𩙩	𩙪	𩙫	𩙬	𩙭	𩙮	𩙯	𩙰	𩙱
CA	𩙲	𩙳	𩙴	𩙵	𩙶	𩙷	𩙸	𩙹	𩙺	𩙻
CB	𩙼	𩙽	𩙾	𩙿	𩚀	𩚁	𩚂	𩚃	𩚄	𩚅
CC	𩚆	𩚇	𩚈	𩚉	𩚊	𩚋	𩚌	𩚍	𩚎	𩚏
CD	𩚐	𩚑	𩚒	𩚓	𩚔	𩚕	𩚖	𩚗	𩚘	𩚙
CE	𩚚	𩚛	𩚜	𩚝	𩚞	𩚟	𩚠	𩚡	𩚢	𩚣
CF	𩚤	𩚥	𩚦	𩚧	𩚨	𩚩	𩚪	𩚫	𩚬	𩚭
D0	𩚮	𩚯	𩚰	𩚱	𩚲	𩚳	𩚴	𩚵	𩚶	𩚷
D1	𩚸	𩚹	𩚺	𩚻	𩚼	𩚽	𩚾	𩚿	𩛀	𩛁
D2	𩛂	𩛃	𩛄	𩛅	𩛆	𩛇	𩛈	𩛉	𩛊	𩛋
D3	𩛌	𩛍	𩛎	𩛏	𩛐	𩛑	𩛒	𩛓	𩛔	𩛕
D4	𩛖	𩛗	𩛘	𩛙	𩛚	𩛛	𩛜	𩛝	𩛞	𩛟

9832

	30	31	32	33	34	35	36	37	38	39
D5	[illegible]	[illegible]	[illegible]	[illegible]	[illegible]	[illegible]	[illegible]	[illegible]	[illegible]	[illegible]
D6	[illegible]	[illegible]	[illegible]	[illegible]	[illegible]	[illegible]	[illegible]	[illegible]	[illegible]	[illegible]
D7	[illegible]	[illegible]	[illegible]	[illegible]	[illegible]	[illegible]	[illegible]	[illegible]	[illegible]	[illegible]
D8	[illegible]	[illegible]	[illegible]	[illegible]	[illegible]	[illegible]	[illegible]	[illegible]	[illegible]	[illegible]
D9	[illegible]	[illegible]	[illegible]	[illegible]	[illegible]	[illegible]	[illegible]	[illegible]	[illegible]	[illegible]
DA	[illegible]	[illegible]	[illegible]	[illegible]	[illegible]	[illegible]	[illegible]	[illegible]	[illegible]	[illegible]
DB	[illegible]	[illegible]	[illegible]	[illegible]	[illegible]	[illegible]	[illegible]	[illegible]	[illegible]	[illegible]
DC	[illegible]	[illegible]	[illegible]	[illegible]	[illegible]	[illegible]	[illegible]	[illegible]	[illegible]	[illegible]
DD	[illegible]	[illegible]	[illegible]	[illegible]	[illegible]	[illegible]	[illegible]	[illegible]	[illegible]	[illegible]
DE	[illegible]	[illegible]	[illegible]	[illegible]	[illegible]	[illegible]	[illegible]	[illegible]	[illegible]	[illegible]
DF	[illegible]	[illegible]	[illegible]	[illegible]	[illegible]	[illegible]	[illegible]	[illegible]	[illegible]	[illegible]
E0	[illegible]	[illegible]	[illegible]	[illegible]	[illegible]	[illegible]	[illegible]	[illegible]	[illegible]	[illegible]
E1	[illegible]	[illegible]	[illegible]	[illegible]	[illegible]	[illegible]	[illegible]	[illegible]	[illegible]	[illegible]
E2	[illegible]	[illegible]	[illegible]	[illegible]	[illegible]	[illegible]	[illegible]	[illegible]	[illegible]	[illegible]
E3	[illegible]	[illegible]	[illegible]	[illegible]	[illegible]	[illegible]	[illegible]	[illegible]	[illegible]	[illegible]
E4	[illegible]	[illegible]	[illegible]	[illegible]	[illegible]	[illegible]	[illegible]	[illegible]	[illegible]	[illegible]
E5	[illegible]	[illegible]	[illegible]	[illegible]	[illegible]	[illegible]	[illegible]	[illegible]	[illegible]	[illegible]
E6	[illegible]	[illegible]	[illegible]	[illegible]	[illegible]	[illegible]	[illegible]	[illegible]	[illegible]	[illegible]
E7	[illegible]	[illegible]	[illegible]	[illegible]	[illegible]	[illegible]	[illegible]	[illegible]	[illegible]	[illegible]
E8	[illegible]	[illegible]	[illegible]	[illegible]	[illegible]	[illegible]	[illegible]	[illegible]	[illegible]	[illegible]
E9	[illegible]	[illegible]	[illegible]	[illegible]	[illegible]	[illegible]	[illegible]	[illegible]	[illegible]	[illegible]

9832

	30	31	32	33	34	35	36	37	38	39
EA	⿰食昔	⿰食奉	⿰食韋	⿰食壴	⿰食蘇	⿰食畐	⿰食票	餮	⿱殹食	⿰食舜
EB	⿰食尞	⿰食發	⿰食蜀	⿰食感	⿰食雍	⿰食睘	⿰食過	⿰食粤	⿰食熙	⿰食僉
EC	⿰食道	⿰食奥	⿰食當	⿰食蜀	⿰食農	⿰食詹	⿰食蒺	⿰食圍	⿰食喿	⿰食盡
ED	⿰食達	⿰食粦	⿰食寥	⿰食蒦	⿰食祭	⿰食壽	⿰食堯	⿱衛食	⿰食蒸	⿰食戴
EE	饔	⿰食尃	⿰食蔬	⿰食盡	⿰食夢	⿰食虘	⿰食廙	⿰食尌	⿰食蒲	⿰食虘
EF	⿰食盧	⿰食雋	⿰食截	⿰食業	⿱殹食	⿰食寮	⿰食贊	⿰食審	⿰食霝	⿰食龍
F0	⿰食褱	⿰食霍	⿰食賣	⿰食貴	⿰食會	⿰食廬	⿰食韱	⿰食巂	⿰食識	⿱贊食
F1	⿱賓食	⿰食瞿	⿰食監	⿰食纍	⿰食羅	⿰食靈	⿰饣氏	⿰饣内	⿰饣巴	⿰饣甘
F2	⿰饣㐌	⿰饣夹	⿰饣束	⿰饣达	⿰饣定	⿰饣迅	⿰饣念	⿰饣卷	⿰饣耑	⿰饣胥
F3	⿰饣送	⿰饣旋	⿰饣曹	⿰饣堂	⿱丷首	⿺丁首	⿰女首	⿰首乞	⿰首毛	⿰首犮
F4	⿰火首	⿺尢首	⿱首豕	⿰山首	⿰首亥	⿰首匝	⿰首首	⿰首巨	⿰日首	⿱耶木
F5	⿰首会	⿰首巨	⿰足首	⿰火首	⿰首甫	⿰首首	⿰肖首	⿰首局	⿱皆首	⿰首敫
F6	⿰产首	⿰革首	⿰首首	⿰首屋	⿱首襄	⿰首麗	⿱首豊	⿰首追	⿰首國	⿰首隹
F7	⿰首會	⿰首熏	⿱鄉首	⿱髟首	⿰首雋	⿱斷首	⿱禾亘	⿰香令	香	⿰香木
F8	⿸疒香	⿰香未	⿰香米	⿰香令	⿰香兆	⿰香申	⿰香禾	⿰香朱	⿱香乙	⿰香辛
F9	⿰香肖	⿰香芬	⿱替香	⿰香黍	⿱秦香	⿰香犬	⿰香幽	⿰香郁	⿰香舌	⿰多香
FA	⿰香勃	⿰香翁	⿰香吉	⿰齐香	⿰香發	⿰香臭	馥	⿰香莆	⿰香盍	⿱香暑
FB	⿱香翕	⿰香覃	⿰香賁	⿰香蒲	⿱香春	⿰香徹	⿱香熏	⿰香發	⿰香蓋	⿰香賣
FC	⿰香稟	馬	馬	⿰馬儿	⿰忄馬	⿵几馬	⿰馬乂	⿰馬卜	⿰馬人	⿰馬丁
FD	⿰馬凡	⿱大馬	⿰馬刃	⿱刀馬	⿰馬干	⿰爪馬	⿰馬土	⿱夰馬	⿰馬帀	⿰馬乞
FE	⿰馬介	⿰馬夭	⿰馬亦	⿰爿馬	⿰馬少	⿱山馬	⿰馬屯	⿱艹馬	⿱羽馬	⿰馬殳

9833

	30	31	32	33	34	35	36	37	38	39
81	𩢄	𩢅	𩢆	𩢇	𩢈	𩢉	𩢊	𩢋	𩢌	𩢍
82	𩢎	𩢏	𩢐	𩢑	𩢒	𩢓	𩢔	𩢕	𩢖	𩢗
83	𩢘	𩢙	𩢚	𩢛	𩢜	𩢝	𩢞	𩢟	𩢠	𩢡
84	𩢢	𩢣	𩢤	𩢥	𩢦	𩢧	𩢨	𩢩	𩢪	𩢫
85	𩢬	𩢭	𩢮	𩢯	𩢰	𩢱	𩢲	𩢳	𩢴	𩢵
86	𩢶	𩢷	𩢸	𩢹	𩢺	𩢻	𩢼	𩢽	𩢾	𩢿
87	𩣀	𩣁	𩣂	𩣃	𩣄	𩣅	𩣆	𩣇	𩣈	𩣉
88	𩣊	𩣋	𩣌	𩣍	𩣎	𩣏	𩣐	𩣑	𩣒	𩣓
89	𩣔	𩣕	𩣖	𩣗	𩣘	𩣙	𩣚	𩣛	𩣜	𩣝
8A	𩣞	𩣟	𩣠	𩣡	𩣢	𩣣	𩣤	𩣥	𩣦	𩣧
8B	𩣨	𩣩	𩣪	𩣫	𩣬	𩣭	𩣮	𩣯	𩣰	𩣱
8C	𩣲	𩣳	𩣴	𩣵	𩣶	𩣷	𩣸	𩣹	𩣺	𩣻
8D	𩣼	𩣽	𩣾	𩣿	𩤀	𩤁	𩤂	𩤃	𩤄	𩤅
8E	𩤆	𩤇	𩤈	𩤉	𩤊	𩤋	𩤌	𩤍	𩤎	𩤏
8F	𩤐	𩤑	𩤒	𩤓	𩤔	𩤕	𩤖	𩤗	𩤘	𩤙
90	𩤚	𩤛	𩤜	𩤝	𩤞	𩤟	𩤠	𩤡	𩤢	𩤣
91	𩤤	𩤥	𩤦	𩤧	𩤨	𩤩	𩤪	𩤫	𩤬	𩤭
92	𩤮	𩤯	𩤰	𩤱	𩤲	𩤳	𩤴	𩤵	𩤶	𩤷
93	𩤸	𩤹	𩤺	𩤻	𩤼	𩤽	𩤾	𩤿	𩥀	𩥁
94	𩥂	𩥃	𩥄	𩥅	𩥆	𩥇	𩥈	𩥉	𩥊	𩥋
95	𩥌	𩥍	𩥎	𩥏	𩥐	𩥑	𩥒	𩥓	𩥔	𩥕

9833

	30	31	32	33	34	35	36	37	38	39
96	𩥖	𩥗	𩥘	𩥙	𩥚	𩥛	𩥜	𩥝	𩥞	𩥟
97	𩥠	𩥡	𩥢	𩥣	𩥤	𩥥	𩥦	𩥧	𩥨	𩥩
98	𩥪	𩥫	𩥬	𩥭	𩥮	𩥯	𩥰	𩥱	𩥲	𩥳
99	𩥴	𩥵	𩥶	𩥷	𩥸	𩥹	𩥺	𩥻	𩥼	𩥽
9A	𩥾	𩥿	𩦀	𩦁	𩦂	𩦃	𩦄	𩦅	𩦆	𩦇
9B	𩦈	𩦉	𩦊	𩦋	𩦌	𩦍	𩦎	𩦏	𩦐	𩦑
9C	𩦒	𩦓	𩦔	𩦕	𩦖	𩦗	𩦘	𩦙	𩦚	𩦛
9D	𩦜	𩦝	𩦞	𩦟	𩦠	𩦡	𩦢	𩦣	𩦤	𩦥
9E	𩦦	𩦧	𩦨	𩦩	𩦪	𩦫	𩦬	𩦭	𩦮	𩦯
9F	𩦰	𩦱	𩦲	𩦳	𩦴	𩦵	𩦶	𩦷	𩦸	𩦹
A0	𩦺	𩦻	𩦼	𩦽	𩦾	𩦿	𩧀	𩧁	𩧂	𩧃
A1	𩧄	𩧅	𩧆	𩧇	𩧈	𩧉	𩧊	𩧋	𩧌	𩧍
A2	𩧎	𩧏	𩧐	𩧑	𩧒	𩧓	𩧔	𩧕	𩧖	𩧗
A3	𩧘	𩧙	𩧚	𩧛	𩧜	𩧝	𩧞	𩧟	𩧠	𩧡
A4	𩧢	𩧣	𩧤	𩧥	𩧦	𩧧	𩧨	𩧩	𩧪	𩧫
A5	𩧬	𩧭	𩧮	𩧯	𩧰	𩧱	𩧲	𩧳	𩧴	𩧵
A6	𩧶	𩧷	𩧸	𩧹	𩧺	𩧻	𩧼	𩧽	𩧾	𩧿
A7	𩨀	𩨁	𩨂	𩨃	𩨄	𩨅	𩨆	𩨇	𩨈	𩨉
A8	𩨊	𩨋	𩨌	𩨍	𩨎	𩨏	𩨐	𩨑	𩨒	𩨓
A9	𩨔	𩨕	𩨖	𩨗	𩨘	𩨙	𩨚	𩨛	𩨜	𩨝
AA	𩨞	𩨟	𩨠	𩨡	𩨢	𩨣	𩨤	𩨥	𩨦	𩨧

9833

	30	31	32	33	34	35	36	37	38	39
AB	𩨨	𩨩	𩨪	𩨫	𩨬	𩨭	𩨮	𩨯	𩨰	𩨱
AC	𩨲	𩨳	𩨴	𩨵	𩨶	𩨷	𩨸	𩨹	𩨺	𩨻
AD	𩨼	𩨽	𩨾	𩨿	𩩀	𩩁	𩩂	𩩃	𩩄	𩩅
AE	𩩆	𩩇	𩩈	𩩉	𩩊	𩩋	𩩌	𩩍	𩩎	𩩏
AF	𩩐	𩩑	𩩒	𩩓	𩩔	𩩕	𩩖	𩩗	𩩘	𩩙
B0	𩩚	𩩛	𩩜	𩩝	𩩞	𩩟	𩩠	𩩡	𩩢	𩩣
B1	𩩤	𩩥	𩩦	𩩧	𩩨	𩩩	𩩪	𩩫	𩩬	𩩭
B2	𩩮	𩩯	𩩰	𩩱	𩩲	𩩳	𩩴	𩩵	𩩶	𩩷
B3	𩩸	𩩹	𩩺	𩩻	𩩼	𩩽	𩩾	𩩿	𩪀	𩪁
B4	𩪂	𩪃	𩪄	𩪅	𩪆	𩪇	𩪈	𩪉	𩪊	𩪋
B5	𩪌	𩪍	𩪎	𩪏	𩪐	𩪑	𩪒	𩪓	𩪔	𩪕
B6	𩪖	𩪗	𩪘	𩪙	𩪚	𩪛	𩪜	𩪝	𩪞	𩪟
B7	𩪠	𩪡	𩪢	𩪣	𩪤	𩪥	𩪦	𩪧	𩪨	𩪩
B8	𩪪	𩪫	𩪬	𩪭	𩪮	𩪯	𩪰	𩪱	𩪲	𩪳
B9	𩪴	𩪵	𩪶	𩪷	𩪸	𩪹	𩪺	𩪻	𩪼	𩪽
BA	𩪾	𩪿	𩫀	𩫁	𩫂	𩫃	𩫄	𩫅	𩫆	𩫇
BB	𩫈	𩫉	𩫊	𩫋	𩫌	𩫍	𩫎	𩫏	𩫐	𩫑
BC	𩫒	𩫓	𩫔	𩫕	𩫖	𩫗	𩫘	𩫙	𩫚	𩫛
BD	𩫜	𩫝	𩫞	𩫟	𩫠	𩫡	𩫢	𩫣	𩫤	𩫥
BE	𩫦	𩫧	𩫨	𩫩	𩫪	𩫫	𩫬	𩫭	𩫮	𩫯
BF	𩫰	𩫱	𩫲	𩫳	𩫴	𩫵	𩫶	𩫷	𩫸	𩫹

9833

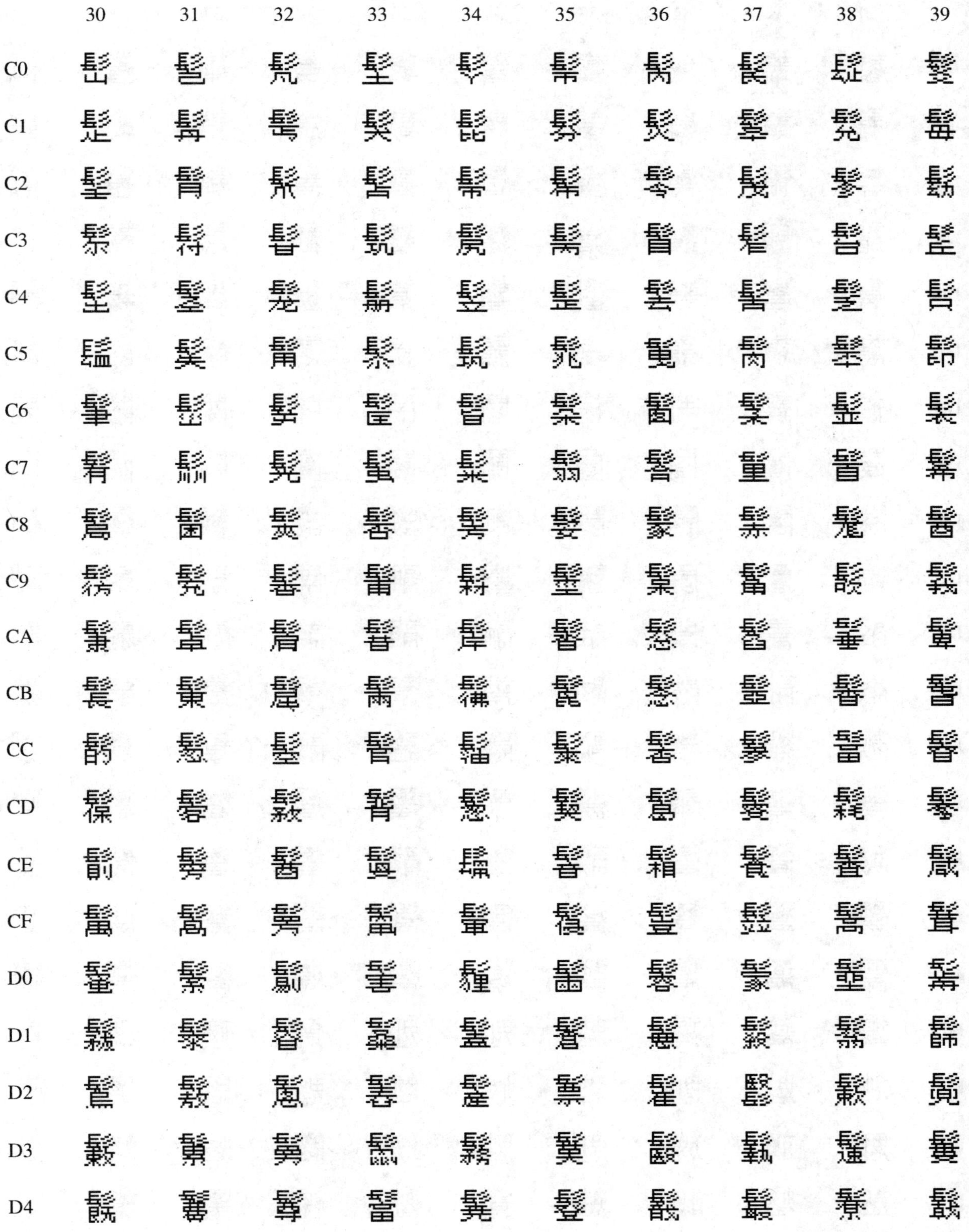

	30	31	32	33	34	35	36	37	38	39
C0	𩫺	𩫻	𩫼	𩫽	𩫾	𩫿	𩬀	𩬁	𩬂	𩬃
C1	𩬄	𩬅	𩬆	𩬇	𩬈	𩬉	𩬊	𩬋	𩬌	𩬍
C2	𩬎	𩬏	𩬐	𩬑	𩬒	𩬓	𩬔	𩬕	𩬖	𩬗
C3	𩬘	𩬙	𩬚	𩬛	𩬜	𩬝	𩬞	𩬟	𩬠	𩬡
C4	𩬢	𩬣	𩬤	𩬥	𩬦	𩬧	𩬨	𩬩	𩬪	𩬫
C5	𩬬	𩬭	𩬮	𩬯	𩬰	𩬱	𩬲	𩬳	𩬴	𩬵
C6	𩬶	𩬷	𩬸	𩬹	𩬺	𩬻	𩬼	𩬽	𩬾	𩬿
C7	𩭀	𩭁	𩭂	𩭃	𩭄	𩭅	𩭆	𩭇	𩭈	𩭉
C8	𩭊	𩭋	𩭌	𩭍	𩭎	𩭏	𩭐	𩭑	𩭒	𩭓
C9	𩭔	𩭕	𩭖	𩭗	𩭘	𩭙	𩭚	𩭛	𩭜	𩭝
CA	𩭞	𩭟	𩭠	𩭡	𩭢	𩭣	𩭤	𩭥	𩭦	𩭧
CB	𩭨	𩭩	𩭪	𩭫	𩭬	𩭭	𩭮	𩭯	𩭰	𩭱
CC	𩭲	𩭳	𩭴	𩭵	𩭶	𩭷	𩭸	𩭹	𩭺	𩭻
CD	𩭼	𩭽	𩭾	𩭿	𩮀	𩮁	𩮂	𩮃	𩮄	𩮅
CE	𩮆	𩮇	𩮈	𩮉	𩮊	𩮋	𩮌	𩮍	𩮎	𩮏
CF	𩮐	𩮑	𩮒	𩮓	𩮔	𩮕	𩮖	𩮗	𩮘	𩮙
D0	𩮚	𩮛	𩮜	𩮝	𩮞	𩮟	𩮠	𩮡	𩮢	𩮣
D1	𩮤	𩮥	𩮦	𩮧	𩮨	𩮩	𩮪	𩮫	𩮬	𩮭
D2	𩮮	𩮯	𩮰	𩮱	𩮲	𩮳	𩮴	𩮵	𩮶	𩮷
D3	𩮸	𩮹	𩮺	𩮻	𩮼	𩮽	𩮾	𩮿	𩯀	𩯁
D4	𩯂	𩯃	𩯄	𩯅	𩯆	𩯇	𩯈	𩯉	𩯊	𩯋

9833

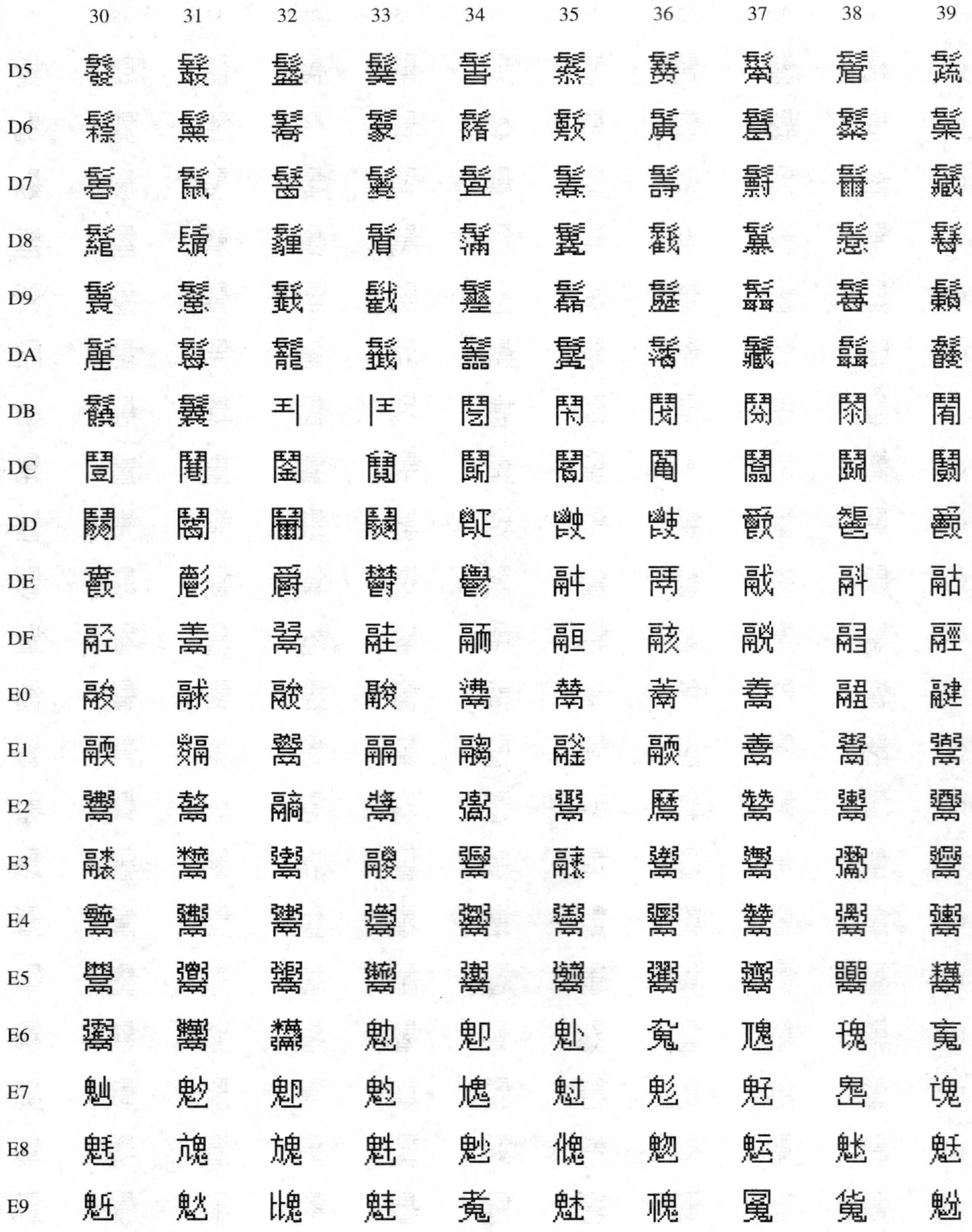

	30	31	32	33	34	35	36	37	38	39
D5	[illegible]	[illegible]	[illegible]	[illegible]	[illegible]	[illegible]	[illegible]	[illegible]	[illegible]	[illegible]
D6	[illegible]	[illegible]	[illegible]	[illegible]	[illegible]	[illegible]	[illegible]	[illegible]	[illegible]	[illegible]
D7	[illegible]	[illegible]	[illegible]	[illegible]	[illegible]	[illegible]	[illegible]	[illegible]	[illegible]	[illegible]
D8	[illegible]	[illegible]	[illegible]	[illegible]	[illegible]	[illegible]	[illegible]	[illegible]	[illegible]	[illegible]
D9	[illegible]	[illegible]	[illegible]	[illegible]	[illegible]	[illegible]	[illegible]	[illegible]	[illegible]	[illegible]
DA	[illegible]	[illegible]	[illegible]	[illegible]	[illegible]	[illegible]	[illegible]	[illegible]	[illegible]	[illegible]
DB	[illegible]	[illegible]	[illegible]	[illegible]	[illegible]	[illegible]	[illegible]	[illegible]	[illegible]	[illegible]
DC	[illegible]	[illegible]	[illegible]	[illegible]	[illegible]	[illegible]	[illegible]	[illegible]	[illegible]	[illegible]
DD	[illegible]	[illegible]	[illegible]	[illegible]	[illegible]	[illegible]	[illegible]	[illegible]	[illegible]	[illegible]
DE	[illegible]	[illegible]	[illegible]	[illegible]	[illegible]	[illegible]	[illegible]	[illegible]	[illegible]	[illegible]
DF	[illegible]	[illegible]	[illegible]	[illegible]	[illegible]	[illegible]	[illegible]	[illegible]	[illegible]	[illegible]
E0	[illegible]	[illegible]	[illegible]	[illegible]	[illegible]	[illegible]	[illegible]	[illegible]	[illegible]	[illegible]
E1	[illegible]	[illegible]	[illegible]	[illegible]	[illegible]	[illegible]	[illegible]	[illegible]	[illegible]	[illegible]
E2	[illegible]	[illegible]	[illegible]	[illegible]	[illegible]	[illegible]	[illegible]	[illegible]	[illegible]	[illegible]
E3	[illegible]	[illegible]	[illegible]	[illegible]	[illegible]	[illegible]	[illegible]	[illegible]	[illegible]	[illegible]
E4	[illegible]	[illegible]	[illegible]	[illegible]	[illegible]	[illegible]	[illegible]	[illegible]	[illegible]	[illegible]
E5	[illegible]	[illegible]	[illegible]	[illegible]	[illegible]	[illegible]	[illegible]	[illegible]	[illegible]	[illegible]
E6	[illegible]	[illegible]	[illegible]	[illegible]	[illegible]	[illegible]	[illegible]	[illegible]	[illegible]	[illegible]
E7	[illegible]	[illegible]	[illegible]	[illegible]	[illegible]	[illegible]	[illegible]	[illegible]	[illegible]	[illegible]
E8	[illegible]	[illegible]	[illegible]	[illegible]	[illegible]	[illegible]	[illegible]	[illegible]	[illegible]	[illegible]
E9	[illegible]	[illegible]	[illegible]	[illegible]	[illegible]	[illegible]	[illegible]	[illegible]	[illegible]	[illegible]

9833

	30	31	32	33	34	35	36	37	38	39
EA	[illegible]	[illegible]	[illegible]	[illegible]	[illegible]	[illegible]	[illegible]	[illegible]	[illegible]	[illegible]
EB	[illegible]	[illegible]	[illegible]	[illegible]	[illegible]	[illegible]	[illegible]	[illegible]	[illegible]	[illegible]
EC	[illegible]	[illegible]	[illegible]	[illegible]	[illegible]	[illegible]	[illegible]	[illegible]	[illegible]	[illegible]
ED	[illegible]	[illegible]	[illegible]	[illegible]	[illegible]	[illegible]	[illegible]	[illegible]	[illegible]	[illegible]
EE	[illegible]	[illegible]	[illegible]	[illegible]	[illegible]	[illegible]	[illegible]	[illegible]	[illegible]	[illegible]
EF	[illegible]	[illegible]	[illegible]	[illegible]	[illegible]	[illegible]	[illegible]	[illegible]	[illegible]	[illegible]
F0	[illegible]	[illegible]	[illegible]	[illegible]	[illegible]	[illegible]	[illegible]	[illegible]	[illegible]	[illegible]
F1	[illegible]	[illegible]	[illegible]	[illegible]	[illegible]	[illegible]	[illegible]	[illegible]	[illegible]	[illegible]
F2	[illegible]	[illegible]	[illegible]	[illegible]	[illegible]	[illegible]	[illegible]	[illegible]	[illegible]	[illegible]
F3	[illegible]	[illegible]	[illegible]	[illegible]	[illegible]	[illegible]	[illegible]	[illegible]	[illegible]	[illegible]
F4	[illegible]	[illegible]	[illegible]	[illegible]	[illegible]	[illegible]	[illegible]	[illegible]	[illegible]	[illegible]
F5	[illegible]	[illegible]	[illegible]	[illegible]	[illegible]	[illegible]	[illegible]	[illegible]	[illegible]	[illegible]
F6	[illegible]	[illegible]	[illegible]	[illegible]	[illegible]	[illegible]	[illegible]	[illegible]	[illegible]	[illegible]
F7	[illegible]	[illegible]	[illegible]	[illegible]	[illegible]	[illegible]	[illegible]	[illegible]	[illegible]	[illegible]
F8	[illegible]	[illegible]	[illegible]	[illegible]	[illegible]	[illegible]	[illegible]	[illegible]	[illegible]	[illegible]
F9	[illegible]	[illegible]	[illegible]	[illegible]	[illegible]	[illegible]	[illegible]	[illegible]	[illegible]	[illegible]
FA	[illegible]	[illegible]	[illegible]	[illegible]	[illegible]	[illegible]	[illegible]	[illegible]	[illegible]	[illegible]
FB	[illegible]	[illegible]	[illegible]	[illegible]	[illegible]	[illegible]	[illegible]	[illegible]	[illegible]	[illegible]
FC	[illegible]	[illegible]	[illegible]	[illegible]	[illegible]	[illegible]	[illegible]	[illegible]	[illegible]	[illegible]
FD	[illegible]	[illegible]	[illegible]	[illegible]	[illegible]	[illegible]	[illegible]	[illegible]	[illegible]	[illegible]
FE	[illegible]	[illegible]	[illegible]	[illegible]	[illegible]	[illegible]	[illegible]	[illegible]	[illegible]	[illegible]

9834

	30	31	32	33	34	35	36	37	38	39
81	𩵰	𩵱	𩵲	𩵳	𩵴	𩵵	𩵶	𩵷	𩵸	𩵹
82	𩵺	𩵻	𩵼	𩵽	𩵾	𩵿	𩶀	𩶁	𩶂	𩶃
83	𩶄	𩶅	𩶆	𩶇	𩶈	𩶉	𩶊	𩶋	𩶌	𩶍
84	𩶎	𩶏	𩶐	𩶑	𩶒	𩶓	𩶔	𩶕	𩶖	𩶗
85	𩶘	𩶙	𩶚	𩶛	𩶜	𩶝	𩶞	𩶟	𩶠	𩶡
86	𩶢	𩶣	𩶤	𩶥	𩶦	𩶧	𩶨	𩶩	𩶪	𩶫
87	𩶬	𩶭	𩶮	𩶯	𩶰	𩶱	𩶲	𩶳	𩶴	𩶵
88	𩶶	𩶷	𩶸	𩶹	𩶺	𩶻	𩶼	𩶽	𩶾	𩶿
89	𩷀	𩷁	𩷂	𩷃	𩷄	𩷅	𩷆	𩷇	𩷈	𩷉
8A	𩷊	𩷋	𩷌	𩷍	𩷎	𩷏	𩷐	𩷑	𩷒	𩷓
8B	𩷔	𩷕	𩷖	𩷗	𩷘	𩷙	𩷚	𩷛	𩷜	𩷝
8C	𩷞	𩷟	𩷠	𩷡	𩷢	𩷣	𩷤	𩷥	𩷦	𩷧
8D	𩷨	𩷩	𩷪	𩷫	𩷬	𩷭	𩷮	𩷯	𩷰	𩷱
8E	𩷲	𩷳	𩷴	𩷵	𩷶	𩷷	𩷸	𩷹	𩷺	𩷻
8F	𩷼	𩷽	𩷾	𩷿	𩸀	𩸁	𩸂	𩸃	𩸄	𩸅
90	𩸆	𩸇	𩸈	𩸉	𩸊	𩸋	𩸌	𩸍	𩸎	𩸏
91	𩸐	𩸑	𩸒	𩸓	𩸔	𩸕	𩸖	𩸗	𩸘	𩸙
92	𩸚	𩸛	𩸜	𩸝	𩸞	𩸟	𩸠	𩸡	𩸢	𩸣
93	𩸤	𩸥	𩸦	𩸧	𩸨	𩸩	𩸪	𩸫	𩸬	𩸭
94	𩸮	𩸯	𩸰	𩸱	𩸲	𩸳	𩸴	𩸵	𩸶	𩸷
95	𩸸	𩸹	𩸺	𩸻	𩸼	𩸽	𩸾	𩸿	𩹀	𩹁

9834

	30	31	32	33	34	35	36	37	38	39
96	[illegible]	[illegible]	[illegible]	[illegible]	[illegible]	[illegible]	[illegible]	[illegible]	[illegible]	[illegible]
97	[illegible]	[illegible]	[illegible]	[illegible]	[illegible]	[illegible]	[illegible]	[illegible]	[illegible]	[illegible]
98	[illegible]	[illegible]	[illegible]	[illegible]	[illegible]	[illegible]	[illegible]	[illegible]	[illegible]	[illegible]
99	[illegible]	[illegible]	[illegible]	[illegible]	[illegible]	[illegible]	[illegible]	[illegible]	[illegible]	[illegible]
9A	[illegible]	[illegible]	[illegible]	[illegible]	[illegible]	[illegible]	[illegible]	[illegible]	[illegible]	[illegible]
9B	[illegible]	[illegible]	[illegible]	[illegible]	[illegible]	[illegible]	[illegible]	[illegible]	[illegible]	[illegible]
9C	[illegible]	[illegible]	[illegible]	[illegible]	[illegible]	[illegible]	[illegible]	[illegible]	[illegible]	[illegible]
9D	[illegible]	[illegible]	[illegible]	[illegible]	[illegible]	[illegible]	[illegible]	[illegible]	[illegible]	[illegible]
9E	[illegible]	[illegible]	[illegible]	[illegible]	[illegible]	[illegible]	[illegible]	[illegible]	[illegible]	[illegible]
9F	[illegible]	[illegible]	[illegible]	[illegible]	[illegible]	[illegible]	[illegible]	[illegible]	[illegible]	[illegible]
A0	[illegible]	[illegible]	[illegible]	[illegible]	[illegible]	[illegible]	[illegible]	[illegible]	[illegible]	[illegible]
A1	[illegible]	[illegible]	[illegible]	[illegible]	[illegible]	[illegible]	[illegible]	[illegible]	[illegible]	[illegible]
A2	[illegible]	[illegible]	[illegible]	[illegible]	[illegible]	[illegible]	[illegible]	[illegible]	[illegible]	[illegible]
A3	[illegible]	[illegible]	[illegible]	[illegible]	[illegible]	[illegible]	[illegible]	[illegible]	[illegible]	[illegible]
A4	[illegible]	[illegible]	[illegible]	[illegible]	[illegible]	[illegible]	[illegible]	[illegible]	[illegible]	[illegible]
A5	[illegible]	[illegible]	[illegible]	[illegible]	[illegible]	[illegible]	[illegible]	[illegible]	[illegible]	[illegible]
A6	[illegible]	[illegible]	[illegible]	[illegible]	[illegible]	[illegible]	[illegible]	[illegible]	[illegible]	[illegible]
A7	[illegible]	[illegible]	[illegible]	[illegible]	[illegible]	[illegible]	[illegible]	[illegible]	[illegible]	[illegible]
A8	[illegible]	[illegible]	[illegible]	[illegible]	[illegible]	[illegible]	[illegible]	[illegible]	[illegible]	[illegible]
A9	[illegible]	[illegible]	[illegible]	[illegible]	[illegible]	[illegible]	[illegible]	[illegible]	[illegible]	[illegible]
AA	[illegible]	[illegible]	[illegible]	[illegible]	[illegible]	[illegible]	[illegible]	[illegible]	[illegible]	[illegible]

9834

	30	31	32	33	34	35	36	37	38	39
AB	鰜	鱫	鰜	鱃	鰔	鰝	鯽	鰴	鱝	鰖
AC	鱸	鱱	鱉	鰲	鱉	鰃	鰾	鞠	鰈	鰭
AD	鱁	鱗	瀯	鯺	鱒	鰲	鰟	鱓	鱋	鱮
AE	鱣	鱤	鱉	鰻	鰼	鱒	鰲	鱟	鱠	鱸
AF	鱷	鱳	鱶	鱈	鱧	鱸	鱜	鱢	鱣	鱵
B0	鱶	鰻	鱠	鰻	鰩	鱳	鱯	鱹	鱣	鱧
B1	鱶	鱉	鱷	鰲	鱨	鱯	鱯	鱊	鞠	鱣
B2	鱲	鱅	鱸	鱙	鱳	鱺	鱥	鱶	鱫	鱶
B3	鱥	鱳	鱷	鱶	鱗	鱹	鱮	鯺	鱫	鱸
B4	鱴	鱫	鱹	鱹	鱧	鱶	鱲	鱊	鱣	鱹
B5	鱵	魬	鴂	鮫	鮮	鮀	鮟	鮗	鮎	鮇
B6	鮭	鮸	鮰	鮸	鯢	鯱	鯫	鮧	鯖	鯚
B7	鰊	鰶	鰻	鳶	鳦	鳥	鳭	鳴	鳩	鳱
B8	鳥	鳷	鳺	鳦	鳭	鳩	鳧	鳱	鳹	鳶
B9	鴻	鴄	鳶	鴬	鴣	鴿	鳫	鴅	鴈	鴕
BA	鴦	鴆	鴻	鴦	鴿	鴻	鴫	鴥	鴒	鴨
BB	鴭	鴟	鴰	鴽	鴎	鴬	鵃	鴿	鵁	鴓
BC	鵊	鵋	鵎	鴃	鵏	鵑	鵩	鵌	鵠	鵫
BD	鵮	鵯	鵬	鵰	鵲	鵳	鵴	鵟	鵵	鵶
BE	鵷	鵸	鵹	鵺	鵻	鵼	鵽	鵾	鵿	鶃
BF	鶄	鶅	鶆	鶇	鶈	鶊	鶋	鶌	鶍	鶎

9834

	30	31	32	33	34	35	36	37	38	39
C0	[illegible]	[illegible]	[illegible]	[illegible]	[illegible]	[illegible]	[illegible]	[illegible]	[illegible]	[illegible]
C1	[illegible]	[illegible]	[illegible]	[illegible]	[illegible]	[illegible]	[illegible]	[illegible]	[illegible]	[illegible]
C2	[illegible]	[illegible]	[illegible]	[illegible]	[illegible]	[illegible]	[illegible]	[illegible]	[illegible]	[illegible]
C3	[illegible]	[illegible]	[illegible]	[illegible]	[illegible]	[illegible]	[illegible]	[illegible]	[illegible]	[illegible]
C4	[illegible]	[illegible]	[illegible]	[illegible]	[illegible]	[illegible]	[illegible]	[illegible]	[illegible]	[illegible]
C5	[illegible]	[illegible]	[illegible]	[illegible]	[illegible]	[illegible]	[illegible]	[illegible]	[illegible]	[illegible]
C6	[illegible]	[illegible]	[illegible]	[illegible]	[illegible]	[illegible]	[illegible]	[illegible]	[illegible]	[illegible]
C7	[illegible]	[illegible]	[illegible]	[illegible]	[illegible]	[illegible]	[illegible]	[illegible]	[illegible]	[illegible]
C8	[illegible]	[illegible]	[illegible]	[illegible]	[illegible]	[illegible]	[illegible]	[illegible]	[illegible]	[illegible]
C9	[illegible]	[illegible]	[illegible]	[illegible]	[illegible]	[illegible]	[illegible]	[illegible]	[illegible]	[illegible]
CA	[illegible]	[illegible]	[illegible]	[illegible]	[illegible]	[illegible]	[illegible]	[illegible]	[illegible]	[illegible]
CB	[illegible]	[illegible]	[illegible]	[illegible]	[illegible]	[illegible]	[illegible]	[illegible]	[illegible]	[illegible]
CC	[illegible]	[illegible]	[illegible]	[illegible]	[illegible]	[illegible]	[illegible]	[illegible]	[illegible]	[illegible]
CD	[illegible]	[illegible]	[illegible]	[illegible]	[illegible]	[illegible]	[illegible]	[illegible]	[illegible]	[illegible]
CE	[illegible]	[illegible]	[illegible]	[illegible]	[illegible]	[illegible]	[illegible]	[illegible]	[illegible]	[illegible]
CF	[illegible]	[illegible]	[illegible]	[illegible]	[illegible]	[illegible]	[illegible]	[illegible]	[illegible]	[illegible]
D0	[illegible]	[illegible]	[illegible]	[illegible]	[illegible]	[illegible]	[illegible]	[illegible]	[illegible]	[illegible]
D1	[illegible]	[illegible]	[illegible]	[illegible]	[illegible]	[illegible]	[illegible]	[illegible]	[illegible]	[illegible]
D2	[illegible]	[illegible]	[illegible]	[illegible]	[illegible]	[illegible]	[illegible]	[illegible]	[illegible]	[illegible]
D3	[illegible]	[illegible]	[illegible]	[illegible]	[illegible]	[illegible]	[illegible]	[illegible]	[illegible]	[illegible]
D4	[illegible]	[illegible]	[illegible]	[illegible]	[illegible]	[illegible]	[illegible]	[illegible]	[illegible]	[illegible]

9834

	30	31	32	33	34	35	36	37	38	39
D5	鷙	鶀	鶏	鶪	鷙	鷁	鵮	鶗	鷊	鷖
D6	鷟	鶔	鶚	鷃	鵱	鶏	鷞	鷅	鷄	鷋
D7	鶍	鶡	鶬	鶪	鵭	鶥	鶶	鶭	鶘	鶒
D8	鶓	鶤	鷔	鶕	鵔	鶖	鶛	鶒	鶓	鷇
D9	鷙	鶟	鶝	鷭	鷇	鶫	鵬	鷖	鶦	鶨
DA	鶂	鶈	鶮	鶯	鷗	鶡	鶫	鷉	鶴	鷰
DB	鶺	鷤	鷥	鵿	鷦	鷖	鷨	鷩	鶿	鸂
DC	鸋	鸇	鷩	鸍	鷑	鷑	鸂	鷩	鸓	鶏
DD	鵌	鶹	鵬	鵽	鶇	鶻	鷙	鶉	鶉	鶈
DE	鷙	鶷	鶇	鷯	鶴	鶷	鶮	鷪	鶣	鶊
DF	鸍	鶂	鶵	鷛	鸂	鷢	鶬	鸂	鶴	鶻
E0	鷫	鷇	鸄	鷝	鷙	鷟	鷙	鶔	鸅	鷙
E1	鷂	鷸	鷸	鶩	鷔	鷖	鸓	鸛	鷏	鶂
E2	鶷	鷮	鸙	鶔	鶟	鶟	鷤	鶂	鶳	鷅
E3	鶇	鷲	鷸	鶯	鷂	鵾	鷄	鷊	鶔	鸂
E4	鷂	鷟	鷤	鶄	鷟	鷦	鶗	鷤	鶴	鷟
E5	鷒	鶖	鷖	鷜	鷥	鶂	鷙	鷛	鶔	鷚
E6	鷌	鶴	鷖	鷐	鷛	鷦	鶩	鷚	鷲	鷙
E7	鷹	鷟	鷸	鸂	鷟	鸝	鷂	鸅	鷄	鷩
E8	鷩	鷤	鷙	鷥	鷽	鷦	鷹	鸅	鸛	鷖
E9	鸑	鷻	鸂	鷙	鷦	鷦	鷤	鸇	鷦	鸛

9834

	30	31	32	33	34	35	36	37	38	39
EA	[illegible]	[illegible]	[illegible]	[illegible]	[illegible]	[illegible]	[illegible]	[illegible]	[illegible]	[illegible]
EB	[illegible]	[illegible]	[illegible]	[illegible]	[illegible]	[illegible]	[illegible]	[illegible]	[illegible]	[illegible]
EC	[illegible]	[illegible]	[illegible]	[illegible]	[illegible]	[illegible]	[illegible]	[illegible]	[illegible]	[illegible]
ED	[illegible]	[illegible]	[illegible]	[illegible]	[illegible]	[illegible]	[illegible]	[illegible]	[illegible]	[illegible]
EE	[illegible]	[illegible]	[illegible]	[illegible]	[illegible]	[illegible]	[illegible]	[illegible]	[illegible]	[illegible]
EF	[illegible]	[illegible]	[illegible]	[illegible]	[illegible]	[illegible]	[illegible]	[illegible]	[illegible]	[illegible]
F0	[illegible]	[illegible]	[illegible]	[illegible]	[illegible]	[illegible]	[illegible]	[illegible]	[illegible]	[illegible]
F1	[illegible]	[illegible]	[illegible]	[illegible]	[illegible]	[illegible]	[illegible]	[illegible]	[illegible]	[illegible]
F2	[illegible]	[illegible]	[illegible]	[illegible]	[illegible]	[illegible]	[illegible]	[illegible]	[illegible]	[illegible]
F3	[illegible]	[illegible]	[illegible]	[illegible]	[illegible]	[illegible]	[illegible]	[illegible]	[illegible]	[illegible]
F4	[illegible]	[illegible]	[illegible]	[illegible]	[illegible]	[illegible]	[illegible]	[illegible]	[illegible]	[illegible]
F5	[illegible]	[illegible]	[illegible]	[illegible]	[illegible]	[illegible]	[illegible]	[illegible]	[illegible]	[illegible]
F6	[illegible]	[illegible]	[illegible]	[illegible]	[illegible]	[illegible]	[illegible]	[illegible]	[illegible]	[illegible]
F7	[illegible]	[illegible]	[illegible]	[illegible]	[illegible]	[illegible]	[illegible]	[illegible]	[illegible]	[illegible]
F8	[illegible]	[illegible]	[illegible]	[illegible]	[illegible]	[illegible]	[illegible]	[illegible]	[illegible]	[illegible]
F9	[illegible]	[illegible]	[illegible]	[illegible]	[illegible]	[illegible]	[illegible]	[illegible]	[illegible]	[illegible]
FA	[illegible]	[illegible]	[illegible]	[illegible]	[illegible]	[illegible]	[illegible]	[illegible]	[illegible]	[illegible]
FB	[illegible]	[illegible]	[illegible]	[illegible]	[illegible]	[illegible]	[illegible]	[illegible]	[illegible]	[illegible]
FC	[illegible]	[illegible]	[illegible]	[illegible]	[illegible]	[illegible]	[illegible]	[illegible]	[illegible]	[illegible]
FD	[illegible]	[illegible]	[illegible]	[illegible]	[illegible]	[illegible]	[illegible]	[illegible]	[illegible]	[illegible]
FE	[illegible]	[illegible]	[illegible]	[illegible]	[illegible]	[illegible]	[illegible]	[illegible]	[illegible]	[illegible]

9835

	30	31	32	33	34	35	36	37	38	39
81	𪉜	𪉝	𪉞	𪉟	𪉠	𪉡	𪉢	𪉣	𪉤	𪉥
82	𪉦	𪉧	𪉨	𪉩	𪉪	𪉫	𪉬	𪉭	𪉮	𪉯
83	𪉰	𪉱	𪉲	𪉳	𪉴	𪉵	𪉶	𪉷	𪉸	𪉹
84	𪉺	𪉻	𪉼	𪉽	𪉾	𪉿	𪊀	𪊁	𪊂	𪊃
85	𪊄	𪊅	𪊆	𪊇	𪊈	𪊉	𪊊	𪊋	𪊌	𪊍
86	𪊎	𪊏	𪊐	𪊑	𪊒	𪊓	𪊔	𪊕	𪊖	𪊗
87	𪊘	𪊙	𪊚	𪊛	𪊜	𪊝	𪊞	𪊟	𪊠	𪊡
88	𪊢	𪊣	𪊤	𪊥	𪊦	𪊧	𪊨	𪊩	𪊪	𪊫
89	𪊬	𪊭	𪊮	𪊯	𪊰	𪊱	𪊲	𪊳	𪊴	𪊵
8A	𪊶	𪊷	𪊸	𪊹	𪊺	𪊻	𪊼	𪊽	𪊾	𪊿
8B	𪋀	𪋁	𪋂	𪋃	𪋄	𪋅	𪋆	𪋇	𪋈	𪋉
8C	𪋊	𪋋	𪋌	𪋍	𪋎	𪋏	𪋐	𪋑	𪋒	𪋓
8D	𪋔	𪋕	𪋖	𪋗	𪋘	𪋙	𪋚	𪋛	𪋜	𪋝
8E	𪋞	𪋟	𪋠	𪋡	𪋢	𪋣	𪋤	𪋥	𪋦	𪋧
8F	𪋨	𪋩	𪋪	𪋫	𪋬	𪋭	𪋮	𪋯	𪋰	𪋱
90	𪋲	𪋳	𪋴	𪋵	𪋶	𪋷	𪋸	𪋹	𪋺	𪋻
91	𪋼	𪋽	𪋾	𪋿	𪌀	𪌁	𪌂	𪌃	𪌄	𪌅
92	𪌆	𪌇	𪌈	𪌉	𪌊	𪌋	𪌌	𪌍	𪌎	𪌏
93	𪌐	𪌑	𪌒	𪌓	𪌔	𪌕	𪌖	𪌗	𪌘	𪌙
94	𪌚	𪌛	𪌜	𪌝	𪌞	𪌟	𪌠	𪌡	𪌢	𪌣
95	𪌤	𪌥	𪌦	𪌧	𪌨	𪌩	𪌪	𪌫	𪌬	𪌭

9835

	30	31	32	33	34	35	36	37	38	39
96	𪌮	𪌯	𪌰	𪌱	𪌲	𪌳	𪌴	𪌵	𪌶	𪌷
97	𪌸	𪌹	𪌺	𪌻	𪌼	𪌽	𪌾	𪌿	𪍀	𪍁
98	𪍂	𪍃	𪍄	𪍅	𪍆	𪍇	𪍈	𪍉	𪍊	𪍋
99	𪍌	𪍍	𪍎	𪍏	𪍐	𪍑	𪍒	𪍓	𪍔	𪍕
9A	𪍖	𪍗	𪍘	𪍙	𪍚	𪍛	𪍜	𪍝	𪍞	𪍟
9B	𪍠	𪍡	𪍢	𪍣	𪍤	𪍥	𪍦	𪍧	𪍨	𪍩
9C	𪍪	𪍫	𪍬	𪍭	𪍮	𪍯	𪍰	𪍱	𪍲	𪍳
9D	𪍴	𪍵	𪍶	𪍷	𪍸	𪍹	𪍺	𪍻	𪍼	𪍽
9E	𪍾	𪍿	𪎀	𪎁	𪎂	𪎃	𪎄	𪎅	𪎆	𪎇
9F	𪎈	𪎉	𪎊	𪎋	𪎌	𪎍	𪎎	𪎏	𪎐	𪎑
A0	𪎒	𪎓	𪎔	𪎕	𪎖	𪎗	𪎘	𪎙	𪎚	𪎛
A1	𪎜	𪎝	𪎞	𪎟	𪎠	𪎡	𪎢	𪎣	𪎤	𪎥
A2	𪎦	𪎧	𪎨	𪎩	𪎪	𪎫	𪎬	𪎭	𪎮	𪎯
A3	𪎰	𪎱	𪎲	𪎳	𪎴	𪎵	𪎶	𪎷	𪎸	𪎹
A4	𪎺	𪎻	𪎼	𪎽	𪎾	𪎿	𪏀	𪏁	𪏂	𪏃
A5	𪏄	𪏅	𪏆	𪏇	𪏈	𪏉	𪏊	𪏋	𪏌	𪏍
A6	𪏎	𪏏	𪏐	𪏑	𪏒	𪏓	𪏔	𪏕	𪏖	𪏗
A7	𪏘	𪏙	𪏚	𪏛	𪏜	𪏝	𪏞	𪏟	𪏠	𪏡
A8	𪏢	𪏣	𪏤	𪏥	𪏦	𪏧	𪏨	𪏩	𪏪	𪏫
A9	𪏬	𪏭	𪏮	𪏯	𪏰	𪏱	𪏲	𪏳	𪏴	𪏵
AA	𪏶	𪏷	𪏸	𪏹	𪏺	𪏻	𪏼	𪏽	𪏾	𪏿

9835

	30	31	32	33	34	35	36	37	38	39
AB	𪐀	𪐁	𪐂	𪐃	𪐄	𪐅	𪐆	𪐇	𪐈	𪐉
AC	𪐊	𪐋	𪐌	𪐍	𪐎	𪐏	𪐐	𪐑	𪐒	𪐓
AD	𪐔	𪐕	𪐖	𪐗	𪐘	𪐙	𪐚	𪐛	𪐜	𪐝
AE	𪐞	𪐟	𪐠	𪐡	𪐢	𪐣	𪐤	𪐥	𪐦	𪐧
AF	𪐨	𪐩	𪐪	𪐫	𪐬	𪐭	𪐮	𪐯	𪐰	𪐱
B0	𪐲	𪐳	𪐴	𪐵	𪐶	𪐷	𪐸	𪐹	𪐺	𪐻
B1	𪐼	𪐽	𪐾	𪐿	𪑀	𪑁	𪑂	𪑃	𪑄	𪑅
B2	𪑆	𪑇	𪑈	𪑉	𪑊	𪑋	𪑌	𪑍	𪑎	𪑏
B3	𪑐	𪑑	𪑒	𪑓	𪑔	𪑕	𪑖	𪑗	𪑘	𪑙
B4	𪑚	𪑛	𪑜	𪑝	𪑞	𪑟	𪑠	𪑡	𪑢	𪑣
B5	𪑤	𪑥	𪑦	𪑧	𪑨	𪑩	𪑪	𪑫	𪑬	𪑭
B6	𪑮	𪑯	𪑰	𪑱	𪑲	𪑳	𪑴	𪑵	𪑶	𪑷
B7	𪑸	𪑹	𪑺	𪑻	𪑼	𪑽	𪑾	𪑿	𪒀	𪒁
B8	𪒂	𪒃	𪒄	𪒅	𪒆	𪒇	𪒈	𪒉	𪒊	𪒋
B9	𪒌	𪒍	𪒎	𪒏	𪒐	𪒑	𪒒	𪒓	𪒔	𪒕
BA	𪒖	𪒗	𪒘	𪒙	𪒚	𪒛	𪒜	𪒝	𪒞	𪒟
BB	𪒠	𪒡	𪒢	𪒣	𪒤	𪒥	𪒦	𪒧	𪒨	𪒩
BC	𪒪	𪒫	𪒬	𪒭	𪒮	𪒯	𪒰	𪒱	𪒲	𪒳
BD	𪒴	𪒵	𪒶	𪒷	𪒸	𪒹	𪒺	𪒻	𪒼	𪒽
BE	𪒾	𪒿	𪓀	𪓁	𪓂	𪓃	𪓄	𪓅	𪓆	𪓇
BF	𪓈	𪓉	𪓊	𪓋	𪓌	𪓍	𪓎	𪓏	𪓐	𪓑

9835

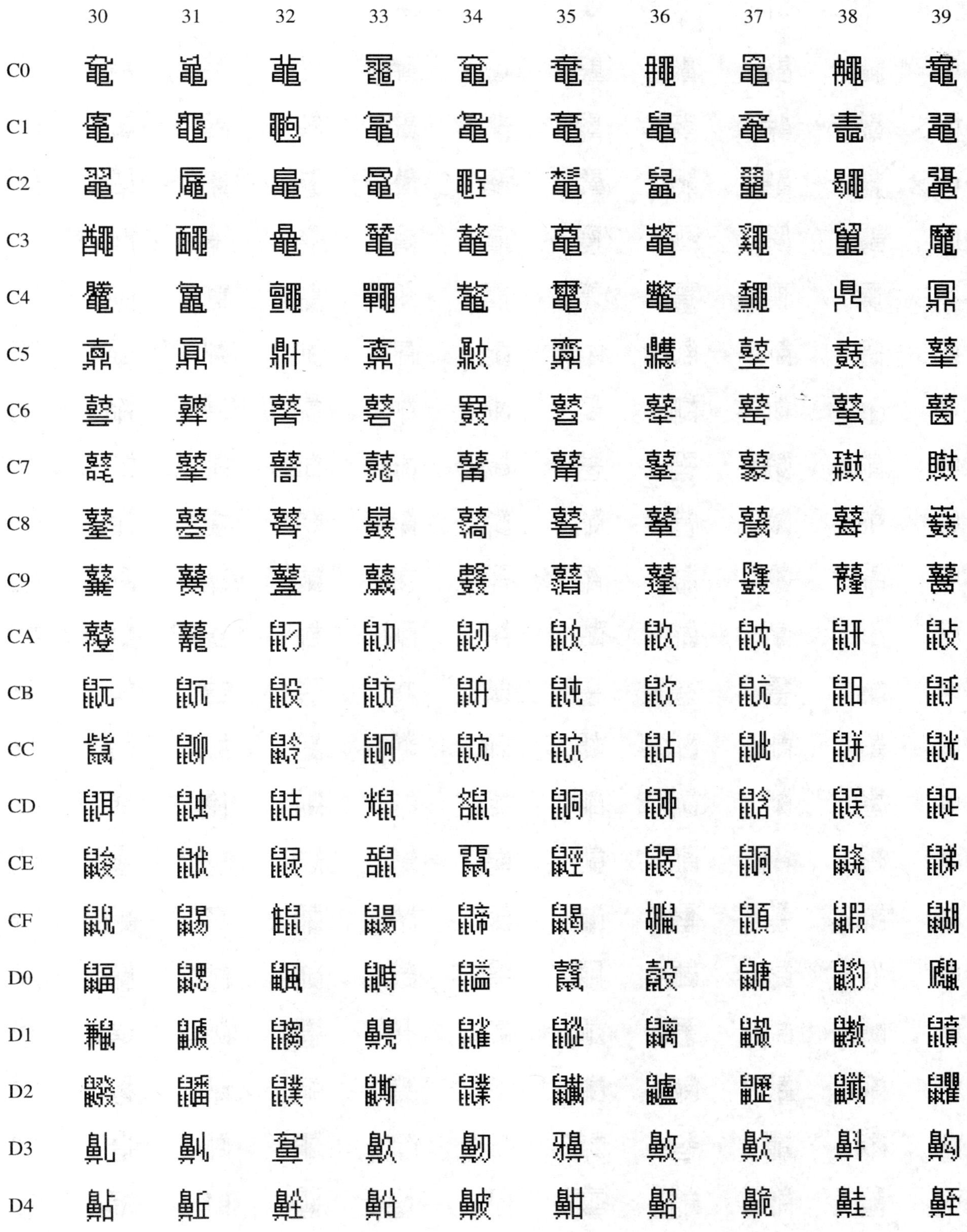

	30	31	32	33	34	35	36	37	38	39
C0	[illegible]	[illegible]	[illegible]	[illegible]	[illegible]	[illegible]	[illegible]	[illegible]	[illegible]	[illegible]
C1	[illegible]	[illegible]	[illegible]	[illegible]	[illegible]	[illegible]	[illegible]	[illegible]	[illegible]	[illegible]
C2	[illegible]	[illegible]	[illegible]	[illegible]	[illegible]	[illegible]	[illegible]	[illegible]	[illegible]	[illegible]
C3	[illegible]	[illegible]	[illegible]	[illegible]	[illegible]	[illegible]	[illegible]	[illegible]	[illegible]	[illegible]
C4	[illegible]	[illegible]	[illegible]	[illegible]	[illegible]	[illegible]	[illegible]	[illegible]	[illegible]	[illegible]
C5	[illegible]	[illegible]	[illegible]	[illegible]	[illegible]	[illegible]	[illegible]	[illegible]	[illegible]	[illegible]
C6	[illegible]	[illegible]	[illegible]	[illegible]	[illegible]	[illegible]	[illegible]	[illegible]	[illegible]	[illegible]
C7	[illegible]	[illegible]	[illegible]	[illegible]	[illegible]	[illegible]	[illegible]	[illegible]	[illegible]	[illegible]
C8	[illegible]	[illegible]	[illegible]	[illegible]	[illegible]	[illegible]	[illegible]	[illegible]	[illegible]	[illegible]
C9	[illegible]	[illegible]	[illegible]	[illegible]	[illegible]	[illegible]	[illegible]	[illegible]	[illegible]	[illegible]
CA	[illegible]	[illegible]	[illegible]	[illegible]	[illegible]	[illegible]	[illegible]	[illegible]	[illegible]	[illegible]
CB	[illegible]	[illegible]	[illegible]	[illegible]	[illegible]	[illegible]	[illegible]	[illegible]	[illegible]	[illegible]
CC	[illegible]	[illegible]	[illegible]	[illegible]	[illegible]	[illegible]	[illegible]	[illegible]	[illegible]	[illegible]
CD	[illegible]	[illegible]	[illegible]	[illegible]	[illegible]	[illegible]	[illegible]	[illegible]	[illegible]	[illegible]
CE	[illegible]	[illegible]	[illegible]	[illegible]	[illegible]	[illegible]	[illegible]	[illegible]	[illegible]	[illegible]
CF	[illegible]	[illegible]	[illegible]	[illegible]	[illegible]	[illegible]	[illegible]	[illegible]	[illegible]	[illegible]
D0	[illegible]	[illegible]	[illegible]	[illegible]	[illegible]	[illegible]	[illegible]	[illegible]	[illegible]	[illegible]
D1	[illegible]	[illegible]	[illegible]	[illegible]	[illegible]	[illegible]	[illegible]	[illegible]	[illegible]	[illegible]
D2	[illegible]	[illegible]	[illegible]	[illegible]	[illegible]	[illegible]	[illegible]	[illegible]	[illegible]	[illegible]
D3	[illegible]	[illegible]	[illegible]	[illegible]	[illegible]	[illegible]	[illegible]	[illegible]	[illegible]	[illegible]
D4	[illegible]	[illegible]	[illegible]	[illegible]	[illegible]	[illegible]	[illegible]	[illegible]	[illegible]	[illegible]

9835

	30	31	32	33	34	35	36	37	38	39
D5	𪖤	𪖥	𪖦	𪖧	𪖨	𪖩	𪖪	𪖫	𪖬	𪖭
D6	𪖮	𪖯	𪖰	𪖱	𪖲	𪖳	𪖴	𪖵	𪖶	𪖷
D7	𪖸	𪖹	𪖺	𪖻	𪖼	𪖽	𪖾	𪖿	𪗀	𪗁
D8	𪗂	𪗃	𪗄	𪗅	𪗆	𪗇	𪗈	𪗉	𪗊	𪗋
D9	𪗌	𪗍	𪗎	𪗏	𪗐	𪗑	𪗒	𪗓	𪗔	𪗕
DA	𪗖	𪗗	𪗘	𪗙	𪗚	𪗛	𪗜	𪗝	𪗞	𪗟
DB	𪗠	𪗡	𪗢	𪗣	𪗤	𪗥	𪗦	𪗧	𪗨	𪗩
DC	𪗪	𪗫	𪗬	𪗭	𪗮	𪗯	𪗰	𪗱	𪗲	𪗳
DD	𪗴	𪗵	𪗶	𪗷	𪗸	𪗹	𪗺	𪗻	𪗼	𪗽
DE	𪗾	𪗿	𪘀	𪘁	𪘂	𪘃	𪘄	𪘅	𪘆	𪘇
DF	𪘈	𪘉	𪘊	𪘋	𪘌	𪘍	𪘎	𪘏	𪘐	𪘑
E0	𪘒	𪘓	𪘔	𪘕	𪘖	𪘗	𪘘	𪘙	𪘚	𪘛
E1	𪘜	𪘝	𪘞	𪘟	𪘠	𪘡	𪘢	𪘣	𪘤	𪘥
E2	𪘦	𪘧	𪘨	𪘩	𪘪	𪘫	𪘬	𪘭	𪘮	𪘯
E3	𪘰	𪘱	𪘲	𪘳	𪘴	𪘵	𪘶	𪘷	𪘸	𪘹
E4	𪘺	𪘻	𪘼	𪘽	𪘾	𪘿	𪙀	𪙁	𪙂	𪙃
E5	𪙄	𪙅	𪙆	𪙇	𪙈	𪙉	𪙊	𪙋	𪙌	𪙍
E6	𪙎	𪙏	𪙐	𪙑	𪙒	𪙓	𪙔	𪙕	𪙖	𪙗
E7	𪙘	𪙙	𪙚	𪙛	𪙜	𪙝	𪙞	𪙟	𪙠	𪙡
E8	𪙢	𪙣	𪙤	𪙥	𪙦	𪙧	𪙨	𪙩	𪙪	𪙫
E9	𪙬	𪙭	𪙮	𪙯	𪙰	𪙱	𪙲	𪙳	𪙴	𪙵

9835

	30	31	32	33	34	35	36	37	38	39
EA	鬡	齴	齷	齸	齥	齱	齾	齪	齬	齹
EB	齤	齧	齵	齻	齺	齛	齹	齰	齼	齫
EC	齸	齾	齵	壟	龘	龂	礱	龏	襱	㺜
ED	龔	龕	巃	𣨼	朧	龕	龖	龏	龔	攏
EE	聾	櫳	襲	龕	龔	龖	龗	龖	龜	龜
EF	竈	𪛅	爖	龝	龞	龞	腿	龜	龞	燋
F0	朧	龜	龜	竈	龞	竈	龜	龜	龜	龜
F1	龜	龜	龜	龜	龜	龜	龜	龜	鼉	龜
F2	鼈	龜	鼉	龟	龥	龠	龥	龢	龤	龠
F3	龢	龢	龣	龡	龥	龢	龥			

附 录 A
（资料性附录）
汉字字型整理规范

本标准设计的信息系统用15×16点阵汉字字型，是以我国现行规范汉字字形为基础并依据现行规范汉字字形整理原则制定，所参照字型基础和整理规范依据下列三个法规文件。

《第一批异体字整理表》	中华人民共和国文化部、中国文字改革委员会	1955年12月22日
《简化字总表》	中国文字改革委员会、中华人民共和国文化部、中华人民共和国教育部 （1986年10月10日国家语言文字工作委员会重新发表）	1964年3月7日
《现代汉字通用字表》	国家语言文字工作委员会、中华人民共和国新闻出版署	1988年3月25日

附 录 B
（资料性附录）
减少笔画处理的汉字

GB 18030—2005 中有些汉字笔画较多，因 15×16 点阵字型受栅格数的限制，不能完整地表现这些字的笔画，故在保留原字型特征的基础上，进行了必要的减少笔画处理。

减少笔画处理的汉字属非规范字，只限于在本标准和有关的信息设备中使用，不得在正式印刷出版物中出现。减少笔画处理的汉字共 7 444 个，如下所示：

50F5	5293	53E0	56CA	56D4	5B17	5EEA	6206	6479	64C5	64E4	6525	652B	652E	66E6	66E9
BDA9	D8E6	B5FE	C4D2	E0EC	E6D3	E2DE	EDB0	C4A1	C9C3	DFA9	DFAC	BEF0	DFAD	EAD8	EAD9
僵	劓	叠	囊	囔	嬗	廪	戆	摹	擅	擤	攥	攫	攮	曦	曩
僵	劓	叠	囊	囔	嬗	廪	戆	摹	擅	擤	攥	攫	攮	曦	曩
6A50	6A80	6C07	6C30	6FB6	6FDE	705E	7228	7586	766F	77BD	77CD	77D7	7913	7BDD	7C1F
E9D2	CCB4	EBAA	C7E8	E5A4	E5A8	E5B1	ECE0	BDAE	F1B3	EEAD	DBC7	B4A3	EDE4	F3F4	F4A1
橐	檀	氇	氰	澶	濞	灞	爨	疆	癯	瞽	瞿	矗	礓	篝	簟
橐	檀	氇	氰	澶	濞	灞	爨	疆	癯	瞽	瞿	矗	礓	篝	簟
7E82	7E9B	7F30	7FB9	8071	818F	81BA	81BB	84E6	8513	8548	855E	85B9	85C1	85FF	8627
D7EB	F4EE	E7D6	B8FE	F1FA	B8E0	E2DF	EBFE	DDEB	C2FB	DEA6	DEA9	DEB7	DEBB	DEBD	DEBE
纂	纛	缰	羹	聱	膏	膺	膻	蓦	蔓	蕈	蕞	薹	藁	藿	蘧
纂	纛	缰	羹	聱	膏	膺	膻	蓦	蔓	蕈	蕞	薹	藁	藿	蘧
8638	865E	8822	8839	883C	8986	89F3	8B07	8B26	8B66	8B6C	907D	917E	9190	91A2	91AF
D5BA	D3DD	B4C0	F3BC	F3BD	B8B2	ECB2	E5C0	F6A5	BEAF	C6A9	E5E1	F5A7	F5AD	F5B0	F5B5
蘸	虞	蠢	蠹	蠼	覆	觳	謇	謦	警	譬	遽	酾	醐	醢	醯
蘸	虞	蠢	蠹	蠼	覆	觳	謇	謦	警	譬	遽	酾	醐	醢	醯
91B5	91BA	91CF	96B3	972D	9730	9738	973E	98A4	992E	9954	9955	9995	99A8	9AEF	9AFB
F5B6	F5B8	C1BF	E3C4	F6B0	F6B1	B0D4	F6B2	B2FC	F7D1	F7D3	F7D2	E2CE	DCB0	F7D7	F7D9
醵	醺	量	隳	霭	霰	霸	霾	颤	餮	饔	饕	馕	馨	髯	髻
醵	醺	量	隳	霭	霰	霸	霾	颤	餮	饔	饕	馕	馨	髯	髻
9B03	9B08	9B13	9B1F	9B23	9B3B	9CCC	9CD8	9E66	9E67	9E70	9E9D	9F0D	9F19	9F3B	9F3D
D7D7	F7DC	F7DE	F7DF	F7E0	E5F7	F7A1	F7AA	F0D0	F0D1	D3A5	F7EA	F6BE	DCB1	B1C7	F7FC
鬃	鬈	鬓	鬟	鬣	鬻	鳌	鳘	鹦	鹧	鹰	麝	鼍	鼙	鼻	鼽
鬃	鬈	鬓	鬟	鬣	鬻	鳌	鳘	鹦	鹧	鹰	麝	鼍	鼙	鼻	鼽
9F3E	9F44	4EB6	4EB9	5103	5113	511F	5122	5125	512A	5133	513B	513D	513E	51DF	5283
F7FD	F7FE	818D	8190	837B	8388	8394	8396	8399	839E	83A7	83AF	83B1	83B2	8445	849D
鼾	齄	亶	亹	儃	儓	償	儢	儥	優	儳	儻	儽	儾	凟	劃
鼾	齄	亶	亹	儃	儓	償	儢	儥	優	儳	儻	儽	儾	凟	劃
5296	529A	52EF	52F4	52F6	5331	5335	5336	5337	53B4	53B5	5617	5673	568A	5690	5698
84AD	84B1	84E9	84ED	84EF	8554	8558	8559	855A	8598	8599	874C	8789	879B	879F	87A6
劖	劚	勯	勴	勶	匱	匵	匶	匷	厴	厵	嘗	噳	嚊	嚐	嚘
劖	劚	勯	勴	勶	匱	匵	匶	匷	厴	厵	嘗	噳	嚊	嚐	嚘
56A2	56A7	56B5	56BD	56C2	56C4	56C6	56C8	56D0	56D1	56D2	56D5	5715	5716	571A	571D
87B0	87B4	87C1	87C7	87CC	87CE	87D0	87D2	87D9	87DA	87DB	87DD	8843	8844	8848	884A
嚢	嚧	嚵	嚽	囂	囄	囆	囈	囐	囑	囒	囕	圕	圖	圚	圝
嚢	嚧	嚵	嚽	囂	囄	囆	囈	囐	囑	囒	囕	圕	圖	圚	圝
571E	58AE	58AF	58C3	58C7	58D3	58DA	58DC	58DD	58DF	58E9	58EA	5901	5910	596E	5AFF
884B	8999	899A	89AC	89AF	89BA	89C0	89C2	89C3	89C5	89CE	89CF	89DF	89E9	8A5E	8BBD
圞	墮	墯	壃	壇	壓	壚	壜	壝	壟	壩	壪	夁	夐	奮	嫿
圞	墮	墯	壃	壇	壓	壚	壜	壝	壟	壩	壪	夁	夐	奮	嫿

5B2E 8BE9	5B2F 8BEA	5B36 8BEF	5B39 8BF1	5B3B 8BF3	5B44 8BFB	5B4E 8C46	5B4F 8C47	5BE0 8C8A	5BE6 8C8D	5BF3 8C97	5BF6 8C9A	5BF7 8C9B	5C35 8CBE	5C62 8CD2	5C68 8CD5
嬮	嬯	嬶	嬹	嬻	孄	孎	孏	寠	實	寳	寶	寷	尵	屢	屨
嬮	嬯	嬶	嬹	嬻	孄	孎	孏	寠	實	寳	寶	寷	尵	屢	屨

5C69 8CD6	5C6B 8CD8	5C6C 8CD9	5C6D 8CDA	5D9E 8DFC	5DA5 8E44	5DC9 8E66	5DCE 8E6A	5DD3 8E6F	5DD6 8E72	5DD8 8E74	5DD9 8E75	5DDA 8E76	5E5A 8EC0	5E6B 8ECD	5E71 8ED3
屩	屫	屬	屭	嶞	嶥	巉	巎	巓	巖	巘	巙	巚	幚	幫	幱
屩	屫	屬	屭	嶞	嶥	巉	巎	巓	巖	巘	巙	巚	幚	幫	幱

5EC8 8F42	5ED4 8F49	5EE9 8F5B	5EEC 8F5D	5EED 8F5E	5EF2 8F63	5F4A 8F99	5F4E 8F9D	5F4F 8F9E	5F59 8FA1	5F5A 8FA2	5FC1 8FDE	616E 915D	6182 916E	6199 9183	61BB 919F
廈	廔	廩	廬	廭	廲	彊	彎	彏	彙	彚	忁	慮	憂	憙	憻
廈	廔	廩	廬	廭	廲	彊	彎	彏	彙	彚	忁	慮	憂	憙	憻

61C3 91A5	61D5 91B1	61DB 91B7	61EE 91C9	61EF 91CA	6203 91DC	6204 91DD	6207 91DF	6483 93C4	6489 93C7	64C4 93EF	64CA 93F4	64E1 9445	64EA 944B	64FE 945F	6504 9464
懃	懕	懛	懮	懯	戃	戄	戇	撃	撉	擄	擊	擡	擪	擾	攄
懃	懕	懛	懮	懯	戃	戄	戇	撃	撉	擄	擊	擡	擪	擾	攄

650E 946D	6514 9472	6519 9476	651F 947C	6521 947E	6523 9481	6529 9486	652A 9487	652C 9488	657B 94B8	6595 94CC	6596 94CD	65B8 94E1	65DC 94F6	665D 9583	6688 959E
攎	攔	攙	攟	攡	攣	攩	攪	攬	敻	斕	斖	斸	旜	晝	暈
攎	攔	攙	攟	攡	攣	攩	攪	攬	敻	斕	斖	斸	旜	晝	暈

66A0 95B1	66C7 95D2	66DF 95E6	66E1 95E8	66E5 95EC	66ED 95F2	66EF 95F4	6A7F 995E	6A83 9961	6AAF 9985	6ABF 9995	6AC3 9999	6ACB 99A1	6ACC 99A2	6AD6 99AC	6ADC 99B2
暠	曇	曟	曡	曥	曭	曯	橿	檃	檯	檿	櫃	櫋	櫌	櫖	櫜
暠	曇	曟	曡	曥	曭	曯	橿	檃	檯	檿	櫃	櫋	櫌	櫖	櫜

6ADD 99B3	6AE8 99BE	6AFD 99D3	6B03 99D9	6B04 99DA	6B0C 99E2	6B13 99E9	6B14 99EA	6B16 99EC	6B17 99ED	6B18 99EE	6B19 99EF	6B1B 99F1	6B1C 99F2	6B1D 99F3	6BAD 9A99
櫝	櫨	櫽	欃	欄	欌	欓	欔	欖	欗	欘	欙	欛	欜	欝	殭
櫝	櫨	櫽	欃	欄	欌	欓	欔	欖	欗	欘	欙	欛	欜	欝	殭

6BB0 9A9C	6BCA 9AAE	6BDA 9AB4	6C08 9AD6	6C0A 9AD8	6C0E 9ADB	6C31 9AE7	6F85 9DB1	6F9E 9DC4	6FC5 9DE4	6FFE 9E56	7000 9E58	7006 9E5E	7018 9E6F	7022 9E77	7030 9E85
殰	毊	毚	氈	氊	氎	氱	澅	澞	濅	濾	瀀	瀆	瀘	瀢	瀰
殰	毊	毚	氈	氊	氎	氱	澅	澞	濅	濾	瀀	瀆	瀘	瀢	瀰

703A 9E8D	703E 9E91	704B 9E9E	704E 9EA0	7057 9EA8	7059 9EAA	705A 9EAB	705C 9EAD	705F 9EAF	7060 9EB0	7061 9EB1	7062 9EB2	7063 9EB3	7065 9EB5	7067 9EB7	7068 9EB8
瀺	瀾	灋	灎	灗	灙	灚	灜	灟	灠	灡	灢	灣	灥	灧	灨
瀺	瀾	灋	灎	灗	灙	灚	灜	灟	灠	灡	灢	灣	灥	灧	灨

7069 9EB9	706A 9EBA	71FE A063	7208 A06C	7210 A074	7214 A078	721B A080	7221 A085	7223 A087	7224 A088	7225 A089	7226 A08A	7229 A08C	7234 A093	7258 A0A9	72A2 A0D9
灩	灪	燾	爈	爐	爔	爛	爡	爣	爤	爥	爦	爩	爴	牘	犢
灩	灪	燾	爈	爐	爔	爛	爡	爣	爤	爥	爦	爩	爴	牘	犢

72A7	72A9	7376	7379	737B	737C	7383	7497	74AE	74C4	74C7	74CA	74D0	74D3	74D9	74DB
A0DE	A0E0	AB44	AB47	AB49	AB4A	AB50	AD54	AD66	AD7B	AD7E	AD82	AD88	AD8A	AD90	AD92
犧	犩	獶	獹	獻	獼	玃	璗	璮	瓄	瓇	瓊	瓐	瓓	瓙	瓛
犧	犩	獶	獹	獻	獼	玃	璗	璮	瓄	瓇	瓊	瓐	瓓	瓙	瓛

750C	7517	756B	7575	757A	7585	7589	758A	75F2	763B	7651	765B	765D	765F	7662	7668
AE54	AE5B	AE8B	AE93	AE96	AE9F	AF41	AF42	AF71	AF9C	B04A	B052	B053	B054	B057	B05C
甌	甗	畫	畵	畺	疅	疉	疊	痲	瘻	癑	癛	癝	癟	癢	癨
甌	甗	畫	畵	畺	疅	疉	疊	痲	瘻	癑	癛	癝	癟	癢	癨

766A	766E	7673	7674	7675	76BD	76BE	76E7	76EB	76ED	77CE	77CF	77D1	77D5	77D8	77DA
B05E	B061	B065	B066	B067	B09C	B09D	B152	B156	B158	B28F	B290	B292	B296	B298	B29A
癪	癮	癳	癴	癵	皽	皾	盧	盫	盭	矎	矏	矑	矕	矘	矚
癪	癮	癳	癴	癵	皽	皾	盧	盫	盭	矎	矏	矑	矕	矘	矚

77E1	790A	791F	7927	7928	792E	7931	7A3E	7A52	7AB4	7AB6	7AC1	7AC3	7AC7	7AC8	7AC9
B29F	B49E	B550	B557	B558	B55E	B561	B758	B769	B84B	B84D	B857	B859	B85D	B85E	B85F
矡	礊	礟	礧	礨	礮	礱	稾	穒	窴	窶	竁	竃	竇	竈	竉
矡	礊	礟	礧	礨	礮	礱	稾	穒	窴	窶	竁	竃	竇	竈	竉

7BDF	7BF9	7C00	7C0D	7C23	7C25	7C3C	7C44	7C46	7C47	7C49	7C4C	7C51	7C54	7C57	7C5A
BA52	BA65	BA6A	BA74	BA88	BA8A	BA9D	BB41	BB43	BB44	BB46	BB49	BB4D	BB50	BB53	BB56
篟	篹	簀	簍	簣	簥	簼	籄	籆	籇	籉	籌	籑	籔	籗	籚
篟	篹	簀	簍	簣	簥	簼	籄	籆	籇	籉	籌	籑	籔	籗	籚

7C5D	7C60	7C67	7C69	7C6B	7C6D	7C6F	7C70	7C71	7C72	7CE7	7CF3	7CF7	7E4B	7E63	7E64
BB59	BB5C	BB63	BB65	BB67	BB69	BB6B	BB6C	BB6D	BB6E	BC5A	BC64	BC68	BF8E	C045	C046
籝	籠	籧	籩	籫	籭	籯	籰	籱	籲	糧	糳	糷	繋	繣	繤
籝	籠	籧	籩	籫	籭	籯	籰	籱	籲	糧	糳	糷	繋	繣	繤

7E6B	7E6E	7E75	7E8B	7E8C	7E8D	7E91	7E94	7E9C	7E9D	7E9E	7F4A	7F4D	7F4E	7F4F	7F7F
C04D	C050	C057	C06C	C06D	C06E	C072	C075	C07C	C07D	C07E	C099	C09C	C09D	C09E	C15A
繫	繮	繵	纋	續	纍	纑	纔	纜	纝	纞	罊	罍	罎	罏	罿
繫	繮	繵	纋	續	纍	纑	纔	纜	纝	纞	罊	罍	罎	罏	罿

7F83	7F88	7FB6	7FF5	8030	8072	807B	807E	819A	81DA	81DD	81DF	81E1	81F1	81FA	8263
C15D	C162	C183	C24A	C269	C295	C29E	C340	C477	C546	C549	C54B	C54D	C558	C55F	C59B
羃	羈	羶	翵	耰	聲	聻	聾	膚	臚	臝	臟	臡	臱	臺	艣
羃	羈	羶	翵	耰	聲	聻	聾	膚	臚	臝	臟	臡	臱	臺	艣

826B	826C	84F3	8516	851E	8536	8562	857D	8591	8593	85A7	85AB	85B2	85B5	85C4	85C6
C641	C642	C993	CA50	CA56	CA6A	CA89	CA9D	CB4B	CB4D	CB5E	CB60	CB64	CB67	CB73	CB75
艫	艬	蓳	蔖	蔞	蔶	蕢	蕽	薑	薓	薧	薫	薲	薵	藄	藆
艫	艬	蓳	蔖	蔞	蔶	蕢	蕽	薑	薓	薧	薫	薲	薵	藄	藆

85D1	85D6	85D8	85DA	85EA	85EB	85EC	85F3	85FC	8606	8609	860E	8612	8618	861F	8622
CB7D	CB81	CB83	CB85	CB92	CB93	CB94	CB9B	CC42	CC4A	CC4D	CC52	CC55	CC5A	CC61	CC64
藑	藖	藘	藚	藪	藫	藬	藳	藼	蘆	蘉	蘎	蘒	蘘	蘟	蘢
藑	藖	藘	藚	藪	藫	藬	藳	藼	蘆	蘉	蘎	蘒	蘘	蘟	蘢

8624	862F	8630	8632	8634	863B	863D	8641	8642	8645	8646	8649	864A	864B	864C	865C
CC66	CC6F	CC70	CC72	CC74	CC7A	CC7B	CC80	CC81	CC84	CC85	CC88	CC89	CC8A	CC8B	CC94
蘤	蘯	蘰	蘲	蘴	蘻	蘽	虁	虂	虅	虆	虉	虊	虋	虌	虜
蘤	蘯	蘰	蘲	蘴	蘻	蘽	虁	虂	虅	虆	虉	虊	虋	虌	虜
866A	87D7	87E1	87E9	87FA	87FF	8806	881D	8826	8827	882A	882D	883D	883E	884B	892D
CCA0	CF62	CF6A	CF71	CF80	CF84	CF8A	CF9C	D042	D043	D046	D049	D056	D057	D061	D199
虪	蟗	蟡	蟩	蟺	蟿	蠆	蠝	蠦	蠧	蠪	蠭	蠽	蠾	衋	褭
虪	蟗	蟡	蟩	蟺	蟿	蠆	蠝	蠦	蠧	蠪	蠭	蠽	蠾	衋	褭
8962	8963	8969	8972	8974	897A	897C	897D	8988	898A	89A7	89B1	89BA	89BD	89BF	89F1
D266	D267	D26C	D275	D277	D27D	D27E	D280	D287	D289	D345	D34F	D358	D35B	D35D	D376
襢	襣	襩	襲	襴	襺	襼	襽	覈	覊	覧	覱	覺	覽	覿	觱
襢	襣	襩	襲	襴	襺	襼	襽	覈	覊	覧	覱	覺	覽	覿	觱
89F7	89FA	89FC	8AC5	8B08	8B29	8B37	8B3A	8B3D	8B4C	8B4D	8B60	8B65	8B76	8B7B	8B7C
D37B	D37E	D381	D582	D663	D684	D692	D695	D698	D746	D747	D75A	D75F	D76E	D773	D774
觷	觺	觼	諅	謈	謩	謷	謺	謽	譌	譍	譠	譥	譶	譻	譼
觷	觺	觼	諅	謈	謩	謷	謺	謽	譌	譍	譠	譥	譶	譻	譼
8B7D	8B80	8B82	8B86	8B89	8B8B	8B8F	8B90	8B92	8B95	8B9B	8B9C	8B9E	8B9F	8C44	8C53
D775	D778	D77A	D77E	D782	D784	D788	D789	D78B	D78E	D794	D795	D797	D798	D84B	D856
譽	讀	讂	讆	讉	讋	讏	讐	讒	讕	讛	讜	讞	讟	豄	豓
譽	讀	讂	讆	讉	讋	讏	讐	讒	讕	讛	讜	讞	讟	豄	豓
8C54	8C9C	8CDE	8CE1	8CE3	8CE8	8CEE	8CF7	8CFD	8D00	8D01	8D04	8D05	8D0B	8D0F	8D13
D857	D88F	D970	D973	D975	D97A	D981	D98A	D990	D993	D994	D997	D998	D99E	DA41	DA45
豔	貜	賞	賡	賣	賨	賮	賷	賽	贀	贁	贄	贅	贋	贏	贓
豔	貜	賞	賡	賣	賨	賮	賷	賽	贀	贁	贄	贅	贋	贏	贓
8D14	8D15	8D16	8D17	8D18	8D19	8D1B	8D1C	8DAB	8E54	8E89	8E97	8E9B	8E9D	8EA9	8EAA
DA46	DA47	DA48	DA49	DA4A	DA4B	DA4D	DA4E	DA88	DB8A	DC4F	DC5A	DC5E	DC5F	DC6A	DC6B
贔	贕	贖	贗	贘	贙	贛	贜	趫	蹔	躉	躗	躛	躝	躩	躪
贔	贕	贖	贗	贘	贙	贛	贜	趫	蹔	躉	躗	躛	躝	躩	躪
8EC9	8F29	8F42	8F5A	8F5D	8F5F	8F60	8F64	8F65	9085	908A	908D	908E	912C	913E	9141
DC86	DD85	DD9E	DE55	DE58	DE5A	DE5B	DE5F	DE60	DF81	DF85	DF87	DF88	E08C	E09B	E09E
軉	輩	轂	轚	轝	轟	轠	轤	轥	邅	邊	邍	邎	鄬	鄾	酁
軉	輩	轂	轚	轝	轟	轠	轤	轥	邅	邊	邍	邎	鄬	鄾	酁
918E	91A7	91B1	91BB	91BC	91BD	91BE	91BF	91C1	91C2	91C3	91C4	91C5	91D0	93E8	941C
E15F	E171	E177	E17E	E180	E181	E182	E183	E185	E186	E187	E188	E189	E18D	E759	E78E
醎	醧	醱	醻	醼	醽	醾	醿	釁	釂	釃	釄	釅	釐	鏨	鐜
醎	醧	醱	醻	醼	醽	醾	醿	釁	釂	釃	釄	釅	釐	鏨	鐜
942A	944B	944E	945C	945F	9462	946A	946D	9470	9471	9476	947E	947F	9480	9481	9482
E79C	E85B	E85E	E86C	E86F	E872	E87A	E87C	E880	E881	E886	E88E	E88F	E890	E891	E892
鐪	鑋	鑎	鑜	鑟	鑢	鑪	鑭	鑰	鑱	鑶	鑾	鑿	钀	钁	钂
鐪	鑋	鑎	鑜	鑟	鑢	鑪	鑭	鑰	鑱	鑶	鑾	鑿	钀	钁	钂

9483	9484	9575	95C8	95D0	95E0	95E3	95E5	95E6	95E7	96DF	96E7	9705	970B	970C	9723
E893	E894	E94B	E99D	EA44	EA54	EA57	EA59	EA5A	EA5B	EB76	EB7D	EB90	EB92	EB93	EC42
钃	钄	镵	闈	闐	闠	闣	闥	闦	闧	雟	雧	霅	霋	霌	霣
钃	钄	镵	闈	闐	闠	闣	闥	闦	闧	雟	雧	霅	霋	霌	霣

9724	9725	9727	9728	9729	972B	972C	972E	972F	9731	9733	9735	9736	9737	973B	973D
EC43	EC44	EC46	EC47	EC48	EC49	EC4A	EC4B	EC4C	EC4D	EC4E	EC50	EC51	EC52	EC54	EC56
霤	霥	霧	霨	霩	霫	霬	霮	霯	霱	霳	霵	霶	霷	霻	霽
霤	霥	霧	霨	霩	霫	霬	霮	霯	霱	霳	霵	霶	霷	霻	霽

973F	9740	9741	9742	9744	9747	974A	974B	974C	974D	974E	974F	9750	9768	978C	97A4
EC57	EC58	EC59	EC5A	EC5C	EC5F	EC62	EC63	EC64	EC65	EC66	EC67	EC68	EC76	EC94	ED44
霿	靀	靁	靂	靄	靇	靊	靋	靌	靍	靎	靏	靐	靨	鞌	鞤
霿	靀	靁	靂	靄	靇	靊	靋	靌	靍	靎	靏	靐	靨	鞌	鞤

97AA	97B6	97B7	97C1	97C7	97CA	97CF	97E5	97FE	97FF	986B	9870	9871	9872	98AE	98B2
ED4A	ED51	ED52	ED5C	ED62	ED65	ED6A	ED81	ED90	ED91	EE9D	EF41	EF42	EF43	EF52	EF56
鞪	鞶	鞷	韁	韇	韊	韏	韥	韾	響	顫	顰	顱	顲	颮	颲
鞪	鞶	鞷	韁	韇	韊	韏	韥	韾	響	顫	顰	顱	顲	颮	颲

98B4	98B5	98B6	98B7	98B8	98B9	98BA	98BB	98BC	98BD	98BE	98BF	98C0	98C1	98C2	98C3
EF58	EF59	EF5A	EF5B	EF5C	EF5D	EF5E	EF5F	EF60	EF61	EF62	EF63	EF64	EF65	EF66	EF67
颴	颵	颶	颷	颸	颹	颺	颻	颼	颽	颾	颿	飀	飁	飂	飃
颴	颵	颶	颷	颸	颹	颺	颻	颼	颽	颾	颿	飀	飁	飂	飃

98C4	98C5	98C6	98C7	98C8	98C9	98CA	98CB	98CC	98CD	98DD	994F	9957	9958	995C	995E
EF68	EF69	EF6A	EF6B	EF6C	EF6D	EF6E	EF6F	EF70	EF71	EF79	F085	F08B	F08C	F090	F092
飄	飅	飆	飇	飈	飉	飊	飋	飌	飍	飝	饏	饗	饘	饜	饞
飄	飅	飆	飇	飈	飉	飊	飋	飌	飍	飝	饏	饗	饘	饜	饞

9962	99AB	99B3	99B6	99BA	99BC	99BE	99C0	99C4	99C5	99C6	99C8	99C9	99CA	99D9	99DA
F096	F151	F159	F15C	F160	F162	F164	F166	F16A	F16B	F16C	F16E	F16F	F170	F180	F181
饢	馫	馳	馶	馺	馼	馾	駀	駄	駅	駆	駈	駉	駊	駙	駚
饢	馫	馳	馶	馺	馼	馾	駀	駄	駅	駆	駈	駉	駊	駙	駚

99DC	99DE	99DF	99E0	99E2	99E3	99E5	99E7	99EA	99EB	99ED	99EE	99EF	99F0	99F1	99F2
F183	F185	F186	F187	F189	F18A	F18C	F18E	F191	F192	F194	F195	F196	F197	F198	F199
駜	駞	駟	駠	駢	駣	駥	駧	駪	駫	駭	駮	駯	駰	駱	駲
駜	駞	駟	駠	駢	駣	駥	駧	駪	駫	駭	駮	駯	駰	駱	駲

99F3	99F4	99F5	99F6	99F7	99F8	99F9	99FA	99FC	99FE	99FF	9A00	9A01	9A03	9A04	9A05
F19A	F19B	F19C	F19D	F19E	F19F	F1A0	F240	F242	F244	F245	F246	F247	F249	F24A	F24B
駳	駴	駵	駶	駷	駸	駹	駺	駼	駾	駿	騀	騁	騃	騄	騅
駳	駴	駵	駶	駷	駸	駹	駺	駼	駾	駿	騀	騁	騃	騄	騅

9A06	9A07	9A08	9A09	9A0A	9A0B	9A0C	9A0D	9A0E	9A10	9A11	9A12	9A13	9A14	9A15	9A17
F24C	F24D	F24E	F24F	F250	F251	F252	F253	F254	F256	F257	F258	F259	F25A	F25B	F25D
騆	騇	騈	騉	騊	騋	騌	騍	騎	騐	騑	騒	験	騔	騕	騗
騆	騇	騈	騉	騊	騋	騌	騍	騎	騐	騑	騒	験	騔	騕	騗

9A18	9A19	9A1A	9A1B	9A1C	9A1D	9A1E	9A1F	9A20	9A21	9A22	9A23	9A24	9A25	9A26	9A27
F25E	F25F	F260	F261	F262	F263	F264	F265	F266	F267	F268	F269	F26A	F26B	F26C	F26D
騘	騙	騚	騛	騜	騝	騞	騟	騠	騡	騢	騣	騤	騥	騦	騧
騘	騙	騚	騛	騜	騝	騞	騟	騠	騡	騢	騣	騤	騥	騦	騧
9A28	**9A29**	**9A2A**	**9A2B**	**9A2C**	**9A2D**	**9A2E**	**9A2F**	**9A31**	**9A32**	**9A33**	**9A34**	**9A35**	**9A36**	**9A37**	**9A38**
F26E	F26F	F270	F271	F272	F273	F274	F275	F277	F278	F279	F27A	F27B	F27C	F27D	F27E
騨	騩	騪	騫	騬	騭	騮	騯	騱	騲	騳	騴	騵	騶	騷	騸
騨	騩	騪	騫	騬	騭	騮	騯	騱	騲	騳	騴	騵	騶	騷	騸
9A39	**9A3A**	**9A3B**	**9A3C**	**9A3D**	**9A3E**	**9A3F**	**9A40**	**9A41**	**9A42**	**9A43**	**9A44**	**9A45**	**9A46**	**9A47**	**9A48**
F280	F281	F282	F283	F284	F285	F286	F287	F288	F289	F28A	F28B	F28C	F28D	F28E	F28F
騹	騺	騻	騼	騽	騾	騿	驀	驁	驂	驃	驄	驅	驆	驇	驈
騹	騺	騻	騼	騽	騾	騿	驀	驁	驂	驃	驄	驅	驆	驇	驈
9A49	**9A4A**	**9A4B**	**9A4C**	**9A4D**	**9A4E**	**9A4F**	**9A50**	**9A51**	**9A52**	**9A53**	**9A54**	**9A55**	**9A56**	**9A57**	**9A58**
F290	F291	F292	F293	F294	F295	F296	F297	F298	F299	F29A	F29B	F29C	F29D	F29E	F29F
驉	驊	驋	驌	驍	驎	驏	驐	驑	驒	驓	驔	驕	驖	驗	驘
驉	驊	驋	驌	驍	驎	驏	驐	驑	驒	驓	驔	驕	驖	驗	驘
9A59	**9A5A**	**9A5B**	**9A5C**	**9A5D**	**9A5E**	**9A5F**	**9A60**	**9A61**	**9A62**	**9A63**	**9A64**	**9A65**	**9A66**	**9A67**	**9A68**
F2A0	F340	F341	F342	F343	F344	F345	F346	F347	F348	F349	F34A	F34B	F34C	F34D	F34E
驙	驚	驛	驜	驝	驞	驟	驠	驡	驢	驣	驤	驥	驦	驧	驨
驙	驚	驛	驜	驝	驞	驟	驠	驡	驢	驣	驤	驥	驦	驧	驨
9A69	**9A6A**	**9A6B**	**9AD7**	**9AE5**	**9AE9**	**9AF1**	**9AF4**	**9AF6**	**9AFA**	**9AFC**	**9AFE**	**9B00**	**9B02**	**9B04**	**9B05**
F34F	F350	F351	F37A	F386	F389	F38E	F391	F393	F396	F397	F399	F39B	F39D	F39E	F39F
驩	驪	驫	髗	髥	髩	髱	髴	髶	髺	髼	髾	鬀	鬂	鬄	鬅
驩	驪	驫	髗	髥	髩	髱	髴	髶	髺	髼	髾	鬀	鬂	鬄	鬅
9B07	**9B09**	**9B0A**	**9B0B**	**9B0C**	**9B0E**	**9B10**	**9B11**	**9B12**	**9B14**	**9B15**	**9B16**	**9B17**	**9B18**	**9B19**	**9B1A**
F440	F441	F442	F443	F444	F446	F447	F448	F449	F44A	F44B	F44C	F44D	F44E	F44F	F450
鬇	鬉	鬊	鬋	鬌	鬎	鬐	鬑	鬒	鬔	鬕	鬖	鬗	鬘	鬙	鬚
鬇	鬉	鬊	鬋	鬌	鬎	鬐	鬑	鬒	鬔	鬕	鬖	鬗	鬘	鬙	鬚
9B1B	**9B1C**	**9B1D**	**9B1E**	**9B20**	**9B21**	**9B22**	**9B24**	**9B2E**	**9B30**	**9B31**	**9B33**	**9B39**	**9B58**	**9B59**	**9BEF**
F451	F452	F453	F454	F455	F456	F457	F458	F462	F463	F464	F465	F46B	F47C	F47D	F653
鬛	鬜	鬝	鬞	鬠	鬡	鬢	鬤	鬮	鬰	鬱	鬳	鬹	魘	魙	鯯
鬛	鬜	鬝	鬞	鬠	鬡	鬢	鬤	鬮	鬰	鬱	鬳	鬹	魘	魙	鯯
9BF3	**9BFB**	**9C04**	**9C14**	**9C1E**	**9C22**	**9C24**	**9C32**	**9C33**	**9C35**	**9C38**	**9C50**	**9C56**	**9C5C**	**9C5F**	**9C61**
F657	F65F	F668	F678	F683	F687	F689	F697	F698	F69A	F69D	F754	F75A	F760	F763	F765
鯳	鯻	鰄	鰔	鰞	鰢	鰤	鰲	鰳	鰵	鰸	鱐	鱖	鱜	鱟	鱡
鯳	鯻	鰄	鰔	鰞	鰢	鰤	鰲	鰳	鰵	鰸	鱐	鱖	鱜	鱟	鱡
9C63	**9C64**	**9C68**	**9C6D**	**9C72**	**9C73**	**9C75**	**9C77**	**9C78**	**9C7B**	**9CE3**	**9CF5**	**9CFB**	**9D0B**	**9D0C**	**9D0D**
F767	F768	F76C	F771	F776	F777	F779	F77B	F77C	F780	F840	F852	F858	F868	F869	F86A
鱣	鱤	鱨	鱭	鱲	鱳	鱵	鱷	鱸	鱻	鳣	鳵	鳻	鴋	鴌	鴍
鱣	鱤	鱨	鱭	鱲	鱳	鱵	鱷	鱸	鱻	鳣	鳵	鳻	鴋	鴌	鴍

9D0F	9D13	9D16	9D1A	9D1D	9D1F	9D22	9D23	9D25	9D26	9D2E	9D2F	9D30	9D34	9D35	9D36
F86C	F870	F873	F877	F87A	F87C	F880	F881	F883	F884	F88C	F88D	F88E	F892	F893	F894
鴏	鴓	鴖	鴚	鴝	鴟	鴢	鴣	鴥	鴦	鴮	鴯	鴰	鴴	鴵	鴶
鴏	鴓	鴖	鴚	鴝	鴟	鴢	鴣	鴥	鴦	鴮	鴯	鴰	鴴	鴵	鴶
9D37	9D3A	9D3B	9D40	9D42	9D46	9D49	9D4A	9D4B	9D4C	9D4D	9D4E	9D4F	9D53	9D54	9D57
F895	F898	F899	F89E	F8A0	F943	F946	F947	F948	F949	F94A	F94B	F94C	F950	F951	F954
鴷	鴺	鴻	鵀	鵂	鵆	鵉	鵊	鵋	鵌	鵍	鵎	鵏	鵓	鵔	鵗
鴷	鴺	鴻	鵀	鵂	鵆	鵉	鵊	鵋	鵌	鵍	鵎	鵏	鵓	鵔	鵗
9D58	9D5A	9D5C	9D5D	9D5E	9D5F	9D60	9D61	9D64	9D65	9D66	9D68	9D69	9D6C	9D6E	9D70
F955	F957	F959	F95A	F95B	F95C	F95D	F95E	F961	F962	F963	F965	F966	F969	F96B	F96D
鵘	鵚	鵜	鵝	鵞	鵟	鵠	鵡	鵤	鵥	鵦	鵨	鵩	鵬	鵮	鵰
鵘	鵚	鵜	鵝	鵞	鵟	鵠	鵡	鵤	鵥	鵦	鵨	鵩	鵬	鵮	鵰
9D72	9D73	9D74	9D75	9D76	9D77	9D78	9D79	9D7A	9D7B	9D7D	9D7E	9D7F	9D81	9D82	9D83
F96F	F970	F971	F972	F973	F974	F975	F976	F977	F978	F97A	F97B	F97C	F97E	F980	F981
鵲	鵳	鵴	鵵	鵶	鵷	鵸	鵹	鵺	鵻	鵽	鵾	鵿	鶁	鶂	鶃
鵲	鵳	鵴	鵵	鵶	鵷	鵸	鵹	鵺	鵻	鵽	鵾	鵿	鶁	鶂	鶃
9D84	9D88	9D8A	9D8B	9D8C	9D8D	9D8E	9D92	9D94	9D96	9D98	9D99	9D9B	9D9D	9D9E	9DA0
F982	F986	F988	F989	F98A	F98B	F98C	F990	F992	F994	F996	F997	F999	F99B	F99C	F99E
鶄	鶈	鶊	鶋	鶌	鶍	鶎	鶒	鶔	鶖	鶘	鶙	鶛	鶝	鶞	鶠
鶄	鶈	鶊	鶋	鶌	鶍	鶎	鶒	鶔	鶖	鶘	鶙	鶛	鶝	鶞	鶠
9DA1	9DA2	9DA3	9DA5	9DA6	9DA7	9DA9	9DAB	9DAC	9DAD	9DAE	9DAF	9DB0	9DB1	9DB2	9DB3
F99F	F9A0	FA40	FA42	FA43	FA44	FA46	FA48	FA49	FA4A	FA4B	FA4C	FA4D	FA4E	FA4F	FA50
鶡	鶢	鶣	鶥	鶦	鶧	鶩	鶫	鶬	鶭	鶮	鶯	鶰	鶱	鶲	鶳
鶡	鶢	鶣	鶥	鶦	鶧	鶩	鶫	鶬	鶭	鶮	鶯	鶰	鶱	鶲	鶳
9DB4	9DB5	9DB6	9DB7	9DB8	9DB9	9DBA	9DBB	9DBC	9DBF	9DC0	9DC1	9DC2	9DC3	9DC4	9DC5
FA51	FA52	FA53	FA54	FA55	FA56	FA57	FA58	FA59	FA5C	FA5D	FA5E	FA5F	FA60	FA61	FA62
鶴	鶵	鶶	鶷	鶸	鶹	鶺	鶻	鶼	鶿	鷀	鷁	鷂	鷃	鷄	鷅
鶴	鶵	鶶	鶷	鶸	鶹	鶺	鶻	鶼	鶿	鷀	鷁	鷂	鷃	鷄	鷅
9DC6	9DC7	9DC8	9DC9	9DCA	9DCB	9DCC	9DCE	9DCF	9DD0	9DD1	9DD2	9DD3	9DD4	9DD5	9DD6
FA63	FA64	FA65	FA66	FA67	FA68	FA69	FA6B	FA6C	FA6D	FA6E	FA6F	FA70	FA71	FA72	FA73
鷆	鷇	鷈	鷉	鷊	鷋	鷌	鷎	鷏	鷐	鷑	鷒	鷓	鷔	鷕	鷖
鷆	鷇	鷈	鷉	鷊	鷋	鷌	鷎	鷏	鷐	鷑	鷒	鷓	鷔	鷕	鷖
9DD7	9DD8	9DD9	9DDA	9DDB	9DDC	9DDD	9DDF	9DE0	9DE1	9DE2	9DE3	9DE5	9DE6	9DE7	9DE8
FA74	FA75	FA76	FA77	FA78	FA79	FA7A	FA7C	FA7D	FA7E	FA80	FA81	FA83	FA84	FA85	FA86
鷗	鷘	鷙	鷚	鷛	鷜	鷝	鷟	鷠	鷡	鷢	鷣	鷥	鷦	鷧	鷨
鷗	鷘	鷙	鷚	鷛	鷜	鷝	鷟	鷠	鷡	鷢	鷣	鷥	鷦	鷧	鷨
9DE9	9DEA	9DEB	9DEC	9DED	9DEE	9DEF	9DF0	9DF1	9DF2	9DF3	9DF4	9DF5	9DF6	9DF7	9DF8
FA87	FA88	FA89	FA8A	FA8B	FA8C	FA8D	FA8E	FA8F	FA90	FA91	FA92	FA93	FA94	FA95	FA96
鷩	鷪	鷫	鷬	鷭	鷮	鷯	鷰	鷱	鷲	鷳	鷴	鷵	鷶	鷷	鷸
鷩	鷪	鷫	鷬	鷭	鷮	鷯	鷰	鷱	鷲	鷳	鷴	鷵	鷶	鷷	鷸

9DF9	9DFA	9DFB	9DFC	9DFD	9DFE	9DFF	9E00	9E01	9E02	9E03	9E04	9E05	9E06	9E07	9E08
FA97	FA98	FA99	FA9A	FA9B	FA9C	FA9D	FA9E	FA9F	FAA0	FB40	FB41	FB42	FB43	FB44	FB45
鷹	鷺	鷻	鷼	鷽	鷾	鷿	鸀	鸁	鸂	鸃	鸄	鸅	鸆	鸇	鸈
鷹	鷺	鷻	鷼	鷽	鷾	鷿	鸀	鸁	鸂	鸃	鸄	鸅	鸆	鸇	鸈

9E09	9E0A	9E0B	9E0C	9E0D	9E0E	9E0F	9E10	9E11	9E12	9E13	9E14	9E15	9E16	9E17	9E18
FB46	FB47	FB48	FB49	FB4A	FB4B	FB4C	FB4D	FB4E	FB4F	FB50	FB51	FB52	FB53	FB54	FB55
鸉	鸊	鸋	鸌	鸍	鸎	鸏	鸐	鸑	鸒	鸓	鸔	鸕	鸖	鸗	鸘
鸉	鸊	鸋	鸌	鸍	鸎	鸏	鸐	鸑	鸒	鸓	鸔	鸕	鸖	鸗	鸘

9E19	9E1A	9E1B	9E1C	9E1D	9E1E	9E6F	9E79	9E85	9E86	9E8C	9E8D	9E8E	9E8F	9E90	9E91
FB56	FB57	FB58	FB59	FB5A	FB5B	FB72	FB79	FB83	FB84	FB87	FB88	FB89	FB8A	FB8B	FB8C
鸙	鸚	鸛	鸜	鸝	鸞	鹯	鹹	麅	麆	麌	麍	麎	麏	麐	麑
鸙	鸚	鸛	鸜	鸝	鸞	鹯	鹹	麅	麆	麌	麍	麎	麏	麐	麑

9E94	9E95	9E96	9E98	9E99	9E9A	9E9B	9E9C	9E9E	9EA0	9EA1	9EA2	9EA3	9EA4	9EB7	9EC2
FB8D	FB8E	FB8F	FB91	FB92	FB93	FB94	FB95	FB96	FB97	FB98	FB99	FB9A	FB9B	FC4B	FC52
麔	麕	麖	麘	麙	麚	麛	麜	麞	麠	麡	麢	麣	麤	麷	黂
麔	麕	麖	麘	麙	麚	麛	麜	麞	麠	麡	麢	麣	麤	麷	黂

9ECC	9EE8	9EEC	9EF3	9EF4	9EF6	9EF7	9EF8	9F01	9F02	9F03	9F04	9F05	9F07	9F08	9F09
FC5A	FC68	FC6A	FC70	FC71	FC73	FC74	FC75	FC7A	FC7B	FC7C	FC7D	FC7E	FC81	FC82	FC83
黌	黨	黬	黳	黴	黶	黷	黸	鼁	鼂	鼃	鼄	鼅	鼇	鼈	鼉
黌	黨	黬	黳	黴	黶	黷	黸	鼁	鼂	鼃	鼄	鼅	鼇	鼈	鼉

9F0A	9F0C	9F15	9F18	9F1A	9F1B	9F1C	9F1D	9F1E	9F1F	9F3A	9F3C	9F3F	9F40	9F41	9F42
FC84	FC85	FC8A	FC8C	FC8D	FC8E	FC8F	FC90	FC91	FC92	FD46	FD47	FD48	FD49	FD4A	FD4B
鼊	鼌	鼕	鼘	鼚	鼛	鼜	鼝	鼞	鼟	鼺	鼼	鼿	齀	齁	齂
鼊	鼌	鼕	鼘	鼚	鼛	鼜	鼝	鼞	鼟	鼺	鼼	鼿	齀	齁	齂

9F43	9F45	9F46	9F47	9F48	9F49	9F4E	9F4F	9F79	9F7E	9F8F	9F91	9F92	9F94	9F95	9F97
FD4C	FD4D	FD4E	FD4F	FD50	FD51	FD56	FD57	FD80	FD85	FD8A	FD8C	FD8D	FD8F	FD90	FD92
齃	齅	齆	齇	齈	齉	齎	齏	齹	齾	龏	龑	龒	龔	龕	龗
齃	齅	齆	齇	齈	齉	齎	齏	齹	齾	龏	龑	龒	龔	龕	龗

9F98	9F9E	9FA1	9FA2	9FA3	9FA4	9FA5	3423	3426	342F	34A7	350A	3527	3536	35F2	3606
FD93	FD96	FD97	FD98	FD99	FD9A	FD9B	8139F234	8139F237	8139F336	82308134	82308B33	82308E32	82308F37	8230A234	8230A434
龘	龞	龡	龢	龣	龤	龥	㐣	㐦	㐯	㒧	㔊	㔧	㔶	㗲	㘆
龘	龞	龡	龢	龣	龤	龥	㐣	㐦	㐯	㒧	㔊	㔧	㔶	㗲	㘆

360A	3610	3612	3613	3614	361B	3676	367A	367F	3682	3684	3736	373B	373C	376F	3770
8230A438	8230A533	8230A535	8230A536	8230A537	8230A633	8230AF34	8230AF38	8230B033	8230B036	8230B038	8230C236	8230C331	8230C332	8230C833	8230C834
㘊	㘐	㘒	㘓	㘔	㘛	㙶	㙺	㙿	㚂	㚄	㜶	㜻	㜼	㝯	㝰
㘊	㘐	㘒	㘓	㘔	㘛	㙶	㙺	㙿	㚂	㚄	㜶	㜻	㜼	㝯	㝰

3772	37F9	37FA	3810	3820	3828	386A	3892	3899	389A	389E	38F6	3972	398C	398E	399E
8230C836	8230D631	8230D632	8230D834	8230DA30	8230DA38	8230E134	8230E534	8230E631	8230E632	8230E636	8230EF34	8230FB36	8230FE32	8230FE34	82318230
㝲	㟹	㟺	㠐	㠠	㠨	㡪	㢒	㢙	㢚	㢞	㣶	㥲	㦌	㦎	㦞
㝲	㟹	㟺	㠐	㠠	㠨	㡪	㢒	㢙	㢚	㢞	㣶	㥲	㦌	㦎	㦞

39A8 82318330	3A3B 82319134	3A47 82319236	3A56 82319431	3A75 82319731	3A77 82319733	3A78 82319734	3A79 82319735	3AAD 82319C37	3AC2 82319E38	3B19 8231A735	3B27 8231A839	3B2A 8231A932	3B2E 8231A936	3BD0 8231B937	3BD4 8231BA31
3BED 8231BC36	3BEF 8231BC38	3BF1 8231BD30	3BFB 8231BE30	3C06 8231BF31	3C0D 8231BF38	3C15 8231C036	3C16 8231C037	3C1A 8231C131	3C4A 8231C539	3C4D 8231C632	3C58 8231C733	3C7A 8231CA36	3CB2 8231D032	3CB7 8231D037	3D07 8231D836
3D6F 8231E330	3D94 8231E637	3D97 8231E730	3D98 8231E731	3D9C 8231E735	3D9E 8231E737	3D9F 8231E738	3DA0 8231E739	3DED 8231EF36	3E11 8231F332	3E25 8231F532	3E54 8231F939	3E94 82328233	3EA5 82328430	3EA7 82328432	3F10 82328E37
3F14 82328F31	3F4C 82329437	3FC9 8232A132	3FCF 8232A138	3FD2 8232A231	3FD6 8232A235	3FD9 8232A238	3FDB 8232A330	3FDC 8232A331	3FE9 8232A434	4009 8232A736	400C 8232A739	400D 8232A830	4074 8232B232	4080 8232B334	4081 8232B335
4084 8232B338	4085 8232B339	40DE 8232BC38	40E3 8232BD33	40E6 8232BD36	40E7 8232BD37	40EA 8232BE30	40F9 8232BF35	40FB 8232BF37	411F 8232C333	4120 8232C334	4123 8232C337	4183 8232CD32	4184 8232CD33	4187 8232CD36	418B 8232CE30
4190 8232CE35	41AC 8232D133	41AF 8232D136	41B4 8232D231	41BD 8232D330	423D 8232DF38	424A 8232E131	425D 8232E330	4261 8232E334	4266 8232E339	426F 8232E438	4274 8232E533	4275 8232E534	4277 8232E536	4279 8232E538	432B 8232F736
4331 8232F832	4334 8232F835	4335 8232F836	4363 8232FD31	4438 82339431	4444 82339533	444A 82339539	444C 82339631	4453 82339638	451A 8233AA36	454A 8233AF34	454F 8233AF39	4555 8233B035	4557 8233B037	455A 8233B130	4566 8233B232
456C 8233B238	4572 8233B334	457A 8233B432	457B 8233B433	457C 8233B434	457E 8233B436	457F 8233B437	4580 8233B438	4582 8233B530	4584 8233B532	4585 8233B533	4586 8233B534	4587 8233B535	4599 8233B733	459A 8233B734	45EC 8233BF36
45F5 8233C035	4601 8233C137	4608 8233C234	460D 8233C239	460E 8233C330	4619 8233C431	465A 8233CA35	4670 8233CC36	4671 8233CC37	4696 8233D034	46AB 8233D235	46D0 8233D632	4710 8233DC36	4721 8233DE33	4774 8233E634	4784 8233E739
4787 8233E832	4788 8233E833	47C5 8233EE33	47CA 8233EE38	47CB 8233EE39	47CD 8233EF31	47D1 8233EF35	4831 8233F931	4840 8233FA36	485E 8233FD36	4864 8233FE32	4868 8233FE36	4870 82348134	487B 82348235	487C 82348236	487E 82348238

4888	48AA	48B1	48B2	48D6	48E3	48E4	490D	4910	4912	4914	4915	4916	4917	4918	4919
82348338	82348732	82348739	82348830	82348B36	82348C39	82348D30	82349131	82349134	82349136	82349138	82349139	82349230	82349231	82349232	82349233
䢈	䢪	䢱	䢲	䣖	䣣	䣤	䤍	䤐	䤒	䤔	䤕	䤖	䤗	䤘	䤙
䢈	䢪	䢱	䢲	䣖	䣣	䣤	䤍	䤐	䤒	䤔	䤕	䤖	䤗	䤘	䤙

4962	4970	4972	4973	4986	49B0	49B1	49B2	49E6	49EF	4A0A	4A11	4A16	4A17	4A18	4A1D
82349935	82349A39	82349B31	82349B32	84318937	8234A035	8234A036	8234A037	8234A537	8234A636	8234A933	8234AA30	8234AA35	8234AA36	8234AA37	8234AB32
䥢	䥰	䥲	䥳	䦆	䦰	䦱	䦲	䧦	䧯	䨊	䨑	䨖	䨗	䨘	䨝
䥢	䥰	䥲	䥳	䦆	䦰	䦱	䦲	䧦	䧯	䨊	䨑	䨖	䨗	䨘	䨝

4A1E	4A20	4A22	4A23	4A25	4A26	4A28	4A2A	4A2B	4A2E	4A2F	4A30	4A31	4A33	4A34	4A35
8234AB33	8234AB35	8234AB37	8234AB38	8234AC30	8234AC31	8234AC33	8234AC35	8234AC36	8234AC39	8234AD30	8234AD31	8234AD32	8234AD34	8234AD35	8234AD36
䨞	䨠	䨢	䨣	䨥	䨦	䨨	䨪	䨫	䨮	䨯	䨰	䨱	䨳	䨴	䨵
䨞	䨠	䨢	䨣	䨥	䨦	䨨	䨪	䨫	䨮	䨯	䨰	䨱	䨳	䨴	䨵

4A36	4A37	4A38	4A39	4A3A	4A3B	4A41	4A4B	4A66	4A82	4A8B	4A8C	4A8D	4AF5	4AFA	4AFC
8234AD37	8234AD38	8234AD39	8234AE30	8234AE31	8234AE32	8234AE38	8234AF38	8234B235	8234B533	8234B632	8234B633	8234B634	8234C038	8234C133	8234C135
䨶	䨷	䨸	䨹	䨺	䨻	䩁	䩋	䩦	䪂	䪋	䪌	䪍	䫵	䫺	䫼
䨶	䨷	䨸	䨹	䨺	䨻	䩁	䩋	䩦	䪂	䪋	䪌	䪍	䫵	䫺	䫼

4AFE	4B00	4B01	4B02	4B03	4B04	4B05	4B06	4B07	4B08	4B09	4B0A	4B0B	4B0C	4B0D	4B0E
8234C137	8234C139	8234C230	8234C231	8234C232	8234C233	8234C234	8234C235	8234C236	8234C237	8234C238	8234C239	8234C330	8234C331	8234C332	8234C333
䫾	䬀	䬁	䬂	䬃	䬄	䬅	䬆	䬇	䬈	䬉	䬊	䬋	䬌	䬍	䬎
䫾	䬀	䬁	䬂	䬃	䬄	䬅	䬆	䬇	䬈	䬉	䬊	䬋	䬌	䬍	䬎

4B0F	4B10	4B11	4B12	4B13	4B14	4B15	4B16	4B17	4B18	4B19	4B1A	4B1B	4B1C	4B1D	4B1E
8234C334	8234C335	8234C336	8234C337	8234C338	8234C339	8234C430	8234C431	8234C432	8234C433	8234C434	8234C435	8234C436	8234C437	8234C438	8234C439
䬏	䬐	䬑	䬒	䬓	䬔	䬕	䬖	䬗	䬘	䬙	䬚	䬛	䬜	䬝	䬞
䬏	䬐	䬑	䬒	䬓	䬔	䬕	䬖	䬗	䬘	䬙	䬚	䬛	䬜	䬝	䬞

4B1F	4B21	4B55	4B6A	4B6E	4B73	4B75	4B76	4B78	4B79	4B7A	4B7B	4B7E	4B7F	4B80	4B81
8234C530	8234C532	8234CA34	8234CC35	8234CC39	8234CD34	8234CD36	8234CD37	8234CD39	8234CE30	8234CE31	8234CE32	8234CE35	8234CE36	8234CE37	8234CE38
䬟	䬡	䭕	䭪	䭮	䭳	䭵	䭶	䭸	䭹	䭺	䭻	䭾	䭿	䮀	䮁
䬟	䬡	䭕	䭪	䭮	䭳	䭵	䭶	䭸	䭹	䭺	䭻	䭾	䭿	䮀	䮁

4B82	4B83	4B85	4B86	4B87	4B89	4B8A	4B8B	4B8C	4B8E	4B8F	4B90	4B91	4B92	4B93	4B94
8234CE39	8234CF30	8234CF32	8234CF33	8234CF34	8234CF36	8234CF37	8234CF38	8234CF39	8234D031	8234D032	8234D033	8234D034	8234D035	8234D036	8234D037
䮂	䮃	䮅	䮆	䮇	䮉	䮊	䮋	䮌	䮎	䮏	䮐	䮑	䮒	䮓	䮔
䮂	䮃	䮅	䮆	䮇	䮉	䮊	䮋	䮌	䮎	䮏	䮐	䮑	䮒	䮓	䮔

4B95	4B96	4B97	4B98	4B99	4B9A	4B9B	4B9C	4B9D	4B9E	4B9F	4BA0	4BA1	4BA2	4BA3	4BA4
8234D038	8234D039	8234D130	8234D131	8234D132	8234D133	8234D134	8234D135	8234D136	8234D137	8234D138	8234D139	8234D230	8234D231	8234D232	8234D233
䮕	䮖	䮗	䮘	䮙	䮚	䮛	䮜	䮝	䮞	䮟	䮠	䮡	䮢	䮣	䮤
䮕	䮖	䮗	䮘	䮙	䮚	䮛	䮜	䮝	䮞	䮟	䮠	䮡	䮢	䮣	䮤

4BA5	4BA6	4BA8	4BA9	4BAA	4BAB	4BAC	4BAD	4BAE	4BAF	4BB0	4BB1	4BB2	4BB3	4BB4	4BB5
8234D234	8234D235	8234D237	8234D238	8234D239	8234D330	8234D331	8234D332	8234D333	8234D334	8234D335	8234D336	8234D337	8234D338	8234D339	8234D430
䮥	䮦	䮨	䮩	䮪	䮫	䮬	䮭	䮮	䮯	䮰	䮱	䮲	䮳	䮴	䮵
䮥	䮦	䮨	䮩	䮪	䮫	䮬	䮭	䮮	䮯	䮰	䮱	䮲	䮳	䮴	䮵

Unicode	GB 18030	字形
4BB6	8234D431	䮶
4BB7	8234D432	䮷
4BB8	8234D433	䮸
4BB9	8234D434	䮹
4BBA	8234D435	䮺
4BBB	8234D436	䮻
4BBC	8234D437	䮼
4BBD	8234D438	䮽
4BBE	8234D439	䮾
4BBF	8234D530	䮿
4BC0	8234D531	䯀
4BC1	8234D532	䯁
4BC2	8234D533	䯂
4BE2	8234D835	䯢
4BE9	8234D932	䯩
4BEC	8234D935	䯬
4BF4	8234DA33	䯴
4BF6	8234DA35	䯶
4BF9	8234DA38	䯹
4BFA	8234DA39	䯺
4BFB	8234DB30	䯻
4BFD	8234DB32	䯽
4BFE	8234DB33	䯾
4C00	8234DB35	䰀
4C01	8234DB36	䰁
4C02	8234DB37	䰂
4C04	8234DB39	䰄
4C05	8234DC30	䰅
4C06	8234DC31	䰆
4C07	8234DC32	䰇
4C08	8234DC33	䰈
4C09	8234DC34	䰉
4C0A	8234DC35	䰊
4C0B	8234DC36	䰋
4C0D	8234DC38	䰍
4C0E	8234DC39	䰎
4C0F	8234DD30	䰏
4C10	8234DD31	䰐
4C11	8234DD32	䰑
4C12	8234DD33	䰒
4C13	8234DD34	䰓
4C14	8234DD35	䰔
4C15	8234DD36	䰕
4C16	8234DD37	䰖
4C17	8234DD38	䰗
4C18	8234DD39	䰘
4C1E	8234DE35	䰞
4C25	8234DF32	䰥
4C31	8234E034	䰱
4C59	8234E434	䱙
4C68	8234E539	䱨
4C6E	8234E635	䱮
4C77	84318A38	䱷
4C7F	8234E831	䱿
4C80	8234E832	䲀
4C81	8234E833	䲁
4C82	8234E834	䲂
4C84	8234E836	䲄
4C85	8234E837	䲅
4C89	8234E931	䲉
4C8A	8234E932	䲊
4C8C	8234E934	䲌
4C8E	8234E936	䲎
4C90	8234E938	䲐
4C92	8234EA30	䲒
4C94	8234EA32	䲔
4C96	8234EA34	䲖
4C97	8234EA35	䲗
4C99	8234EA37	䲙
4C9A	8234EA38	䲚
4C9C	8234EB30	䲜
4CA3	84318A34	䲣
4CAB	8234EC30	䲫
4CAC	8234EC31	䲬
4CAD	8234EC32	䲭
4CAF	8234EC34	䲯
4CB2	8234EC37	䲲
4CB3	8234EC38	䲳
4CBE	8234ED39	䲾
4CBF	8234EE30	䲿
4CC0	8234EE31	䳀
4CC1	8234EE32	䳁
4CC2	8234EE33	䳂
4CC3	8234EE34	䳃
4CC4	8234EE35	䳄
4CC7	8234EE38	䳇
4CC8	8234EE39	䳈
4CCD	8234EF34	䳍
4CD0	8234EF37	䳐
4CD1	8234EF38	䳑
4CD2	8234EF39	䳒
4CD3	8234F030	䳓
4CD4	8234F031	䳔
4CD6	8234F033	䳖
4CD7	8234F034	䳗
4CD8	8234F035	䳘
4CD9	8234F036	䳙
4CDB	8234F038	䳛
4CDC	8234F039	䳜
4CDD	8234F130	䳝
4CDE	8234F131	䳞
4CDF	8234F132	䳟
4CE0	8234F133	䳠
4CE1	8234F134	䳡
4CE3	8234F136	䳣
4CE4	8234F137	䳤
4CE7	8234F230	䳧
4CEA	8234F233	䳪
4CEB	8234F234	䳫
4CED	8234F236	䳭
4CEE	8234F237	䳮
4CEF	8234F238	䳯
4CF0	8234F239	䳰
4CF1	8234F330	䳱
4CF2	8234F331	䳲
4CF3	8234F332	䳳
4CF4	8234F333	䳴
4CF5	8234F334	䳵
4CF6	8234F335	䳶
4CF7	8234F336	䳷
4CF8	8234F337	䳸
4CF9	8234F338	䳹
4CFA	8234F339	䳺
4CFB	8234F430	䳻
4CFC	8234F431	䳼
4CFD	8234F432	䳽
4CFE	8234F433	䳾
4CFF	8234F434	䳿
4D00	8234F435	䴀
4D01	8234F436	䴁
4D02	8234F437	䴂
4D03	8234F438	䴃
4D04	8234F439	䴄
4D05	8234F530	䴅
4D06	8234F531	䴆
4D07	8234F532	䴇
4D08	8234F533	䴈
4D09	8234F534	䴉
4D0A	8234F535	䴊
4D0B	8234F536	䴋
4D0C	8234F537	䴌
4D0D	8234F538	䴍
4D0E	8234F539	䴎
4D0F	8234F630	䴏
4D10	8234F631	䴐
4D11	8234F632	䴑
4D12	8234F633	䴒
4D26	8234F736	䴦
4D29	8234F739	䴩
4D2A	8234F830	䴪
4D45	8234FA37	䵅
4D49	8234FB31	䵉
4D6B	8234FE35	䵫
4D75	82358135	䵵
4D7C	82358232	䵼
4D7D	82358233	䵽
4D80	82358236	䶀
4D81	82358237	䶁
4D8A	82358336	䶊
4D8B	82358337	䶋

4D8C	4D8D	4D8E	4D8F	4D90	4D91	4DA0	4DA2	4DAB	4DAC	4DB2	4DB3	4DB4	4DB5	2004E	20052
82358338	82358339	82358430	82358431	82358432	82358433	82358538	82358630	82358639	82358730	82358735	82358736	82358737	82358738	95328A34	95328A38
2005E	200FB	2010A	2010B	2013F	20177	20178	2017F	20180	20181	20186	2018C	2018E	20192	2019C	2019D
95328C30	95329B37	95329D32	95329D33	9532A235	9532A831	9532A832	9532A839	9532A930	9532A931	9532A936	9532AA32	9532AA34	9532AA38	9532AB38	9532AB39
2019E	2019F	201A0	201A1	2035C	2035F	2037B	203A8	203E6	203F5	2040E	20416	20419	20421	20428	20431
9532AC30	9532AC31	9532AC32	9532AC33	9532D836	9532D839	9532DB37	9532E032	9532E634	9532E739	9532EA34	9532EB32	9532EB35	9532EC33	9532ED30	9532ED39
20432	20433	20443	2044D	2044F	20452	20453	2045A	2045D	20462	20463	20465	20469	2046D	20470	20471
9532EE30	9532EE31	9532EF37	9532F037	9532F039	9532F132	9532F133	9532F230	9532F233	9532F238	9532F239	9532F331	9532F335	9532F339	9532F432	9532F433
20473	20474	20475	204CF	204DA	204F9	204FD	204FF	2052C	20538	2053A	2053B	20570	20597	2059A	2059C
9532F435	9532F436	9532F437	9532FD37	9532FE38	95338339	95338433	95338435	95338930	95338A32	95338A34	95338A35	95338F38	95339337	95339430	95339432
205A6	2060C	20610	20614	20617	2061C	20621	20622	20626	20658	20672	2069F	206A2	20774	2080A	2081A
95339532	95339F34	95339F38	9533A032	9533A035	9533A130	9533A135	9533A136	9533A230	9533A730	9533A936	9533AE31	9533AE34	9533C334	9533D234	9533D430
2081E	20820	20821	20824	20825	2082D	2082E	2082F	20878	208A5	208AE	208B8	208C0	208C3	208C4	208C5
9533D434	9533D436	9533D437	9533D530	9533D531	9533D539	9533D630	9533D631	9533DD34	9533E139	9533E238	9533E338	9533E436	9533E439	9533E530	9533E531
208C7	208C8	208C9	208CA	208CB	208F8	20907	2091E	20924	2092A	2095B	20960	20966	2096B	2096C	20978
9533E533	9533E534	9533E535	9533E536	9533E537	9533EA32	9533EB37	9533EE30	9533EE36	9533EF32	9533F431	9533F436	9533F532	9533F537	9533F538	9533F730
20979	2097A	209C8	209C9	209CB	209D1	20A05	20A08	20A0B	20A0C	20AB5	20AB7	20AC2	20AC8	20AD0	20AD1
9533F731	9533F732	95348130	95348131	95348133	95348139	95348731	95348734	95348737	95348738	95349837	95349839	95349A30	95349A36	95349B34	95349B35
20AD2	20B0E	20B10	20B18	20B19	20B59	20B69	20B75	20B88	20B95	20B97	20B98	20DCE	20EB6	20EBB	20F1C
95349B36	9534A136	9534A138	9534A236	9534A237	9534A931	9534AA37	9534AB39	9534AD38	9534AF31	9534AF33	9534AF34	9534E830	95358132	95358137	95358B34

20F21	20F5A	20F89	20FDB	20FDE	20FE6	21009	21012	2102C	2103F	21053	2105B	21065	21067	210A6	210A7
95358B39	95359136	95359633	95359E35	95359E38	95359F36	9535A331	9535A430	9535A636	9535A835	9535AA35	9535AB33	9535AC33	9535AC35	9535B238	9535B239
210A9	210BD	210BF	210CC	210CF	210D0	210D6	210DF	210E1	210E5	210E8	210EB	210EC	210EE	210F3	210F7
9535B331	9535B531	9535B533	9535B636	9535B639	9535B730	9535B736	9535B835	9535B837	9535B931	9535B934	9535B937	9535B938	9535BA30	9535BA35	9535BA39
210F8	21101	21105	21108	21109	2110F	21112	21114	21117	21119	2111C	2111E	21120	21123	21128	2112C
9535BB30	9535BB39	9535BC33	9535BC36	9535BC37	9535BD33	9535BD36	9535BD38	9535BE31	9535BE33	9535BE36	9535BE38	9535BF30	9535BF33	9535BF38	9535C032
21130	21132	21135	2113C	2113F	21140	21142	21146	2114D	21151	2115A	2115B	2115C	2115D	2115E	2115F
9535C036	9535C038	9535C131	9535C138	9535C231	9535C232	9535C234	9535C238	9535C335	9535C339	9535C438	9535C439	9535C530	9535C531	9535C532	9535C533
21166	21168	21169	2116D	21171	21172	21176	21179	2117A	2117E	2117F	21180	21182	21188	2118A	2118B
9535C630	9535C632	9535C633	9535C637	9535C731	9535C732	9535C736	9535C739	9535C830	9535C834	9535C835	9535C836	9535C838	9535C934	9535C936	9535C937
2118C	2118D	2118E	2118F	21191	21193	21194	21195	21196	21197	21199	2119A	2119B	2119C	2119D	2119E
9535C938	9535C939	9535CA30	9535CA31	9535CA33	9535CA35	9535CA36	9535CA37	9535CA38	9535CA39	9535CB31	9535CB32	9535CB33	9535CB34	9535CB35	9535CB36
2119F	21208	21227	21229	2122F	21233	21235	21237	21238	2123A	2123B	21366	21395	2140F	21432	21434
9535CB37	9535D632	9535D933	9535D935	9535DA31	9535DA35	9535DA37	9535DA39	9535DB30	9535DB32	9535DB33	9535F932	9535FD39	95368C31	95368F36	95368F38
21445	21446	21449	2144F	21454	21479	2147C	2147E	21480	214A4	214A9	214BC	214D1	214D3	214D4	214D7
95369135	95369136	95369139	95369235	95369330	95369637	95369730	95369732	95369734	95369B30	95369B35	95369D34	95369F35	95369F37	95369F38	9536A031
214E3	214E6	214E7	214ED	214F0	214F1	214F5	214F7	214F9	214FA	21505	21506	21508	2150A	2150B	2150C
9536A133	9536A136	9536A137	9536A233	9536A236	9536A237	9536A331	9536A333	9536A335	9536A336	9536A437	9536A438	9536A530	9536A532	9536A533	9536A534
2150D	2150E	2150F	21510	21511	21512	21513	21514	21515	21516	21518	21519	2151A	21534	21538	2153C
9536A535	9536A536	9536A537	9536A538	9536A539	9536A630	9536A631	9536A632	9536A633	9536A634	9536A636	9536A637	9536A638	9536A934	9536A938	9536AA32

2153E	21540	21542	21544	21545	21548	21549	2154A	2154B	2154D	2154E	2156A	2156D	21573	2157E	21580
9536AA34	9536AA36	9536AA38	9536AB30	9536AB31	9536AB34	9536AB35	9536AB36	9536AB37	9536AB39	9536AC30	9536AE38	9536AF31	9536AF37	9536B038	9536B130

21582	21583	2165C	2166E	21670	21676	21678	2167F	21680	21688	21692	21699	2169B	2169C	2169D	2169E
9536B132	9536B133	9536C730	9536C838	9536C930	9536C936	9536C938	9536CA35	9536CA36	9536CB34	9536CC34	9536CD31	9536CD33	9536CD34	9536CD35	9536CD36

2169F	216A0	216A5	217BF	2184B	21859	2185A	21888	21896	218A2	218A9	218AF	218B9	218CC	218D3	218ED
9536CD37	9536CD38	9536CE33	9536EA35	9536F835	9536F939	9536FA30	9536FE36	95378230	95378332	95378339	95378435	95378535	95378734	95378831	95378A37

218F0	218F4	218FC	21900	21906	2190E	21910	21913	21917	2191B	2191D	2191E	21923	21926	21928	21929
95378B30	95378B34	95378C32	95378C36	95378D32	95378E30	95378E32	95378E35	95378E39	95378F33	95378F35	95378F36	95379031	95379034	95379036	95379037

2192B	2192C	2192D	2192F	21930	21931	21932	21934	21936	21938	2193A	2193B	219A9	219AC	219AD	219AF
95379039	95379130	95379131	95379133	95379134	95379135	95379136	95379138	95379230	95379232	95379234	95379235	95379D35	95379D38	95379D39	95379E31

219B1	219B2	219B3	219B5	219B7	219B8	21A60	21A66	21A86	21A8F	21AA2	21AA3	21AAB	21AC5	21ACF	21AD2
95379E33	95379E34	95379E35	95379E37	95379E39	95379F30	9537AF38	9537B034	9537B336	9537B435	9537B634	9537B635	9537B733	9537B939	9537BA39	9537BB32

21AD4	21AD5	21AD6	21AE3	21AE4	21AE7	21AE9	21AEA	21AF9	21AFB	21B02	21B06	21B0B	21B0C	21B0E	21B11
9537BB34	9537BB35	9537BB36	9537BC39	9537BD30	9537BD33	9537BD35	9537BD36	9537BF31	9537BF33	9537C030	9537C034	9537C039	9537C130	9537C132	9537C135

21B12	21B13	21B15	21B16	21B19	21B1A	21B1B	21B1C	21B45	21B46	21B4F	21BBF	21BC0	21C1F	21C20	21C21
9537C136	9537C137	9537C139	9537C230	9537C233	9537C234	9537C235	9537C236	9537C637	9537C638	9537C737	9537D239	9537D330	9537DC35	9537DC36	9537DC37

21C22	21CBB	21CC4	21CC6	21CDA	21CDF	21CEB	21CEC	21CEE	21CEF	21CF0	21CF4	21CF7	21CFB	21CFD	21DBA
9537DC38	9537EC31	9537ED30	9537ED32	9537EF32	9537EF37	9537F039	9537F130	9537F132	9537F133	9537F134	9537F138	9537F231	9537F235	9537F237	95388736

21E2A	21E3A	21E96	21F06	21F09	21F12	21F29	21F2C	21F45	21F50	21F5C	21F63	21F66	21F67	21F69	21F74
95389238	95389434	95389D36	9538A838	9538A931	9538AA30	9538AC33	9538AC36	9538AF31	9538B032	9538B134	9538B231	9538B234	9538B235	9538B237	9538B338

21F78	21F84	21F85	21F8A	21F98	21F9E	21F9F	21FA2	21FA4	21FA7	21FA9	21FAA	21FAD	21FAF	21FB4	21FB7
9538B432	9538B534	9538B535	9538B630	9538B734	9538B830	9538B831	9538B834	9538B836	9538B839	9538B931	9538B932	9538B935	9538B937	9538BA32	9538BA35
21FBF	21FC4	21FC8	21FC9	21FCB	21FD3	21FD4	21FD5	21FD6	21FD7	21FD9	21FDA	21FDB	21FDC	21FDD	21FDE
9538BB33	9538BB38	9538BC32	9538BC33	9538BC35	9538BD33	9538BD34	9538BD35	9538BD36	9538BD37	9538BD39	9538BE30	9538BE31	9538BE32	9538BE33	9538BE34
21FDF	21FE1	21FE2	21FE3	21FE5	22003	22008	2200E	2200F	22010	2202D	22030	2204D	22050	2211B	22136
9538BE35	9538BE37	9538BE38	9538BE39	9538BF31	9538C231	9538C236	9538C332	9538C333	9538C334	9538C633	9538C636	9538C935	9538C938	9538DE31	9538E038
2213F	22142	22145	2214D	22152	2215A	22160	22163	22167	2216F	22171	22179	2217C	22180	22182	22183
9538E137	9538E230	9538E233	9538E331	9538E336	9538E434	9538E530	9538E533	9538E537	9538E635	9538E637	9538E735	9538E738	9538E832	9538E834	9538E835
22184	22186	22188	221A1	221AA	221AE	221D4	222B5	222B7	222C0	222C2	222C3	222C5	222D2	222D5	222DB
9538E836	9538E838	9538E930	9538EB35	9538EC34	9538EC38	9538F036	95398931	95398933	95398A32	95398A34	95398A35	95398A37	95398C30	95398C33	95398C39
222DD	222DF	222E2	222E3	222E5	222E9	222ED	222F1	222F4	222F8	222FC	222FD	222FE	22300	22304	22305
95398D31	95398D33	95398D36	95398D37	95398D39	95398E33	95398E37	95398F31	95398F34	95398F38	95399032	95399033	95399034	95399036	95399130	95399131
22306	22307	22309	2230D	2230E	22310	22311	22312	22313	22314	22315	22316	2236C	22375	22377	22378
95399132	95399133	95399135	95399139	95399230	95399232	95399233	95399234	95399235	95399236	95399237	95399238	95399B34	95399C33	95399C35	95399C36
22395	22399	22409	22413	2242C	2242F	22431	22438	22439	2243B	2243D	22440	22445	22449	2244B	2244C
95399F35	95399F39	9539AB31	9539AC31	9539AE36	9539AE39	9539AF31	9539AF38	9539AF39	9539B031	9539B033	9539B036	9539B131	9539B135	9539B137	9539B138
2244D	2244E	22462	2246D	22477	22478	22479	2247F	2259E	225A6	225A7	225A8	22739	2278A	227AF	227D5
9539B139	9539B230	9539B430	9539B531	9539B631	9539B632	9539B633	9539B639	9539D336	9539D434	9539D435	9539D436	9539FC37	96308638	96308A35	96308E33
22835	22862	22863	22871	22873	22879	2289B	2289E	228A2	228A7	228B1	228B3	228BF	228C3	228DD	228DE
96309739	96309C34	96309C35	96309D39	96309E31	96309E37	9630A231	9630A234	9630A238	9630A333	9630A433	9630A435	9630A537	9630A631	9630A837	9630A838

228E6 9630A936	228EA 9630AA30	228FD 9630AB39	228FF 9630AC31	22901 9630AC33	22905 9630AC37	22908 9630AD30	22909 9630AD31	2290E 9630AD36	2290F 9630AD37	22913 9630AE31	22914 9630AE32	22916 9630AE34	22919 9630AE37	22924 9630AF38	22926 9630B030
2292C 9630B036	2292D 9630B037	22930 9630B130	22936 9630B136	2293D 9630B233	22941 9630B237	22942 9630B238	22944 9630B330	22947 9630B333	22948 9630B334	2294A 9630B336	2294B 9630B337	2294E 9630B430	22951 9630B433	2295B 9630B533	22966 9630B634
22970 9630B734	22972 9630B736	22976 9630B830	22977 9630B831	22979 9630B833	2297B 9630B835	2297C 9630B836	2297D 9630B837	2297F 9630B839	22980 9630B930	22981 9630B931	22982 9630B932	22983 9630B933	22986 9630B936	22987 9630B937	22988 9630B938
22989 9630B939	2298A 9630BA30	2298B 9630BA31	229F7 9630C439	229F8 9630C530	22A0B 9630C639	22A0E 9630C732	22A1A 9630C834	22A1B 9630C835	22A1F 9630C839	22A22 9630C932	22A60 9630CF34	22A62 9630CF36	22B9C 9630EF30	22C28 9630FD30	22CA9 96318B39
22CB4 96318D30	22CC5 96318E37	22D33 96319937	22D60 96319E32	22D64 96319E36	22D70 96319F38	22D7F 9631A133	22D88 9631A232	22D96 9631A336	22D97 9631A337	22D9C 9631A432	22D9D 9631A433	22DA1 9631A437	22DA3 9631A439	22DB3 9631A635	22DC6 9631A834
22DD0 9631A934	22DF1 9631AC37	22E06 9631AE38	22E07 9631AE39	22E0A 9631AF32	22E0B 9631AF33	22E0F 9631AF37	22E28 9631B232	22E2D 9631B237	22E36 9631B336	22E39 9631B339	22E3E 9631B434	22E41 9631B437	22E4E 9631B630	22E4F 9631B631	22E59 9631B731
22E5A 9631B732	22E5E 9631B736	22E65 9631B833	22E67 9631B835	22E6D 9631B931	22E72 9631B936	22E81 9631BB31	22E82 9631BB32	22E83 9631BB33	22E88 9631BB38	22E89 9631BB39	22E8A 9631BC30	22E8B 9631BC31	22E90 9631BC36	22E96 9631BD32	22E9B 9631BD37
22E9D 9631BD39	22E9E 9631BE30	22E9F 9631BE31	22EA1 9631BE33	22EA2 9631BE34	22EA4 9631BE36	22EA5 9631BE37	22EA6 9631BE38	22EA8 9631BF30	22EA9 9631BF31	22EAA 9631BF32	22EAB 9631BF33	22EAC 9631BF34	22EAD 9631BF35	22EAE 9631BF36	22EAF 9631BF37
22EB2 9631C030	22EB3 9631C031	22EB4 9631C032	22FDF 9631DE31	23004 9631E138	23011 9631E331	2301A 9631E430	2301C 9631E432	2301E 9631E434	2301F 9631E435	23021 9631E437	23023 9631E439	23026 9631E532	2302D 9631E539	23034 9631E636	23035 9631E637
23036 9631E638	23038 9631E730	2303A 9631E732	2303B 9631E733	2303C 9631E734	2303D 9631E735	2303E 9631E736	2303F 9631E737	23040 9631E738	23064 9631EB34	23066 9631EB36	23067 9631EB37	23068 9631EB38	2306A 9631EC30	2308D 9631EF35	230BD 9631F433

230C2 9631F438	230CE 9631F630	230D5 9631F637	23116 9631FD32	23122 9631FE34	2312A 96328132	2313A 96328238	231D7 96329235	231E3 96329337	2322F 96329B33	23251 96329E37	2326E 9632A136	23270 9632A138	23284 9632A338	23291 9632A531	232A6 9632A732
232B9 9632A931	232BC 9632A934	232C3 9632AA31	232CA 9632AA38	232CD 9632AB31	232CE 9632AB32	232D3 9632AB37	232D4 9632AB38	232E3 9632AD33	232E6 9632AD36	232F4 9632AF30	232F7 9632AF33	23305 9632B037	23308 9632B130	23309 9632B131	23310 9632B138
23317 9632B235	23318 9632B236	2331A 9632B238	2331B 9632B239	2331D 9632B331	23320 9632B334	23349 9632B735	23353 9632B835	2335A 9632B932	2335B 9632B933	2335C 9632B934	233A4 9632C036	233A9 9632C131	233AA 9632C132	233AE 9632C136	233B0 9632C138
233B2 9632C230	2356E 9632EE34	2362F 96338337	23672 96338A34	23686 96338C34	23687 96338C35	23691 96338D35	236BF 96339231	236C0 96339232	236DB 96339439	23714 96339A36	23716 96339A38	23717 96339A39	23719 96339B31	23738 96339E32	23750 9633A036
23753 9633A039	23756 9633A132	2375D 9633A139	23767 9633A239	23768 9633A330	23769 9633A331	23772 9633A430	23775 9633A433	23777 9633A435	2377B 9633A439	23788 9633A632	23789 9633A633	2378B 9633A635	2378C 9633A636	23797 9633A737	2379D 9633A833
237B9 9633AB31	237BD 9633AB35	237BE 9633AB36	237C1 9633AB39	237C4 9633AC32	237C5 9633AC33	237C9 9633AC37	237CF 9633AD33	237D8 9633AE32	237F0 9633B036	237F4 9633B130	237F6 9633B132	237F7 9633B133	237F9 9633B135	237FA 9633B136	23800 9633B232
2380D 9633B335	23810 9633B338	23814 9633B432	2381A 9633B438	2381F 9633B533	23823 9633B537	23825 9633B539	23828 9633B632	2382A 9633B634	2382D 9633B637	2382F 9633B639	23837 9633B737	23839 9633B739	2383B 9633B831	2383C 9633B832	23840 9633B836
23841 9633B837	23844 9633B930	23848 9633B934	2384A 9633B936	2384C 9633B938	2384F 9633BA31	23850 9633BA32	23854 9633BA36	23856 9633BA38	23857 9633BA39	2385A 9633BB32	2385B 9633BB33	2385D 9633BB35	2385E 9633BB36	2385F 9633BB37	23860 9633BB38
23861 9633BB39	23862 9633BC30	23863 9633BC31	23864 9633BC32	23865 9633BC33	23866 9633BC34	23867 9633BC35	23868 9633BC36	23869 9633BC37	2386A 9633BC38	2386B 9633BC39	2386C 9633BD30	2386D 9633BD31	2386E 9633BD32	2386F 9633BD33	23870 9633BD34
23871 9633BD35	23873 9633BD37	23874 9633BD38	23875 9633BD39	23876 9633BE30	23877 9633BE31	23878 9633BE32	23879 9633BE33	2387A 9633BE34	2387B 9633BE35	2387C 9633BE36	2387E 9633BE38	2387F 9633BE39	238DC 9633C832	238F2 9633CA34	23914 9633CD38

23923	23926	2392E	2392F	23933	23939	2393C	2393E	2393F	23940	23941	239A4	23A7E	23A81	23ABE	23AC2
9633CF33	9633CF36	9633D034	9633D035	9633D039	9633D135	9633D138	9633D230	9633D231	9633D232	9633D233	9633DC32	9633F230	9633F233	9633F834	9633F838
23AC9	23ACC	23AD9	23ADC	23ADD	23ADF	23AE0	23AE1	23AE3	23AE4	23AE5	23AE6	23AE8	23AE9	23AEA	23AFB
9633F935	9633F938	9633FB31	9633FB34	9633FB35	9633FB37	9633FB38	9633FB39	9633FC31	9633FC32	9633FC33	9633FC34	9633FC36	9633FC37	9633FC38	9633FE35
23B01	23B12	23B14	23B15	23B1A	23C12	23C17	23C18	23C1C	23C1D	23C22	23C2A	23C2C	23C2D	23C31	23C38
96348131	96348238	96348330	96348331	96348336	96349C34	96349C39	96349D30	96349D34	96349D35	96349E30	96349E38	96349F30	96349F31	96349F35	9634A032
23C3A	23C3D	23C3E	23C41	23C42	23C43	23C44	23C67	23C6D	23C6E	23C70	23DD6	23E73	23EAA	23EC0	23EE3
9634A034	9634A037	9634A038	9634A131	9634A132	9634A133	9634A134	9634A439	9634A535	9634A536	9634A538	9634C936	9634D933	9634DE38	9634E130	9634E435
23EF1	23F0C	23F5D	23FAD	23FEF	24003	2400C	24030	24034	24037	24045	2405F	24073	2407F	24089	240AD
9634E539	9634E836	9634F037	9634F837	96358133	96358333	96358432	96358738	96358832	96358835	96358939	96358C35	96358E35	96358F37	96359037	96359433
240AE	240B8	240B9	240BA	240C5	240C8	240D2	240D4	240D5	240DB	240DE	240E2	240F5	240F8	240FA	240FB
96359434	96359534	96359535	96359536	96359637	96359730	96359830	96359832	96359833	96359839	96359932	96359936	96359B35	96359B38	96359C30	96359C31
240FE	24104	24106	2410B	2410D	24110	24116	24121	24126	2412A	24133	24134	2413C	2413D	2413E	24144
96359C34	96359D30	96359D32	96359D37	96359D39	96359E32	96359E38	96359F39	9635A034	9635A038	9635A137	9635A138	9635A236	9635A237	9635A238	9635A334
24147	2414A	2414B	2414E	24152	24155	24157	2415A	2415C	2415D	2415E	24160	24163	24164	24165	24166
9635A337	9635A430	9635A431	9635A434	9635A438	9635A531	9635A533	9635A536	9635A538	9635A539	9635A630	9635A632	9635A635	9635A636	9635A637	9635A638
24167	24168	24169	2416A	2416B	2416C	2416D	2416F	24171	24172	24173	24174	24176	24179	2417B	2417C
9635A639	9635A730	9635A731	9635A732	9635A733	9635A734	9635A735	9635A737	9635A739	9635A830	9635A831	9635A832	9635A834	9635A837	9635A839	9635A930
2417D	2417E	2417F	24180	24181	242EB	24398	243A7	243AD	243B2	243B6	243BF	243CD	243D1	243DC	243EE
9635A931	9635A932	9635A933	9635A934	9635A935	9635CD37	9635DF30	9635E035	9635E131	9635E136	9635E230	9635E239	9635E433	9635E437	9635E538	9635E736

243F4	243FF	24400	24433	2443D	24445	2444E	24452	24453	24464	24465	2446E	24474	24478	2447F	24480
9635E832	9635E933	9635E934	9635EE35	9635EF35	9635F033	9635F132	9635F136	9635F137	9635F334	9635F335	9635F434	9635F530	9635F534	9635F631	9635F632
24489	24493	24497	2449C	244A2	244A6	244AB	244AC	244B0	244B2	244B5	244BD	244C4	244C7	244C9	244CA
9635F731	9635F831	9635F835	9635F930	9635F936	9635FA30	9635FA35	9635FA36	9635FB30	9635FB32	9635FB35	9635FC33	9635FD30	9635FD33	9635FD35	9635FD36
244D9	244DA	244DB	244DE	244E0	244E1	244E2	244E4	244E5	244E6	244E8	244E9	244EA	244EB	244EC	244ED
96368131	96368132	96368133	96368136	96368138	96368139	96368230	96368232	96368233	96368234	96368236	96368237	96368238	96368239	96368330	96368331
244EE	24529	2452B	2452C	24530	2453A	2453F	24549	2454A	2454B	2454C	24594	245A0	245A4	245A5	245A6
96368332	96368931	96368933	96368934	96368938	96368A38	96368B33	96368C33	96368C34	96368C35	96368C36	96369338	96369530	96369534	96369535	96369536
245A7	245FF	24604	24612	2467B	246B8	246D2	246F3	246F4	24700	24701	24702	24703	24707	24708	2470B
96369537	96369E35	96369F30	9636A034	9636AA39	9636B130	9636B336	9636B639	9636B730	9636B832	9636B833	9636B834	9636B835	9636B839	9636B930	9636B933
24710	24712	24713	24714	24716	24717	24718	24800	24884	2488F	24898	248AC	248B9	248C9	248CF	248D0
9636B938	9636BA30	9636BA31	9636BA32	9636BA34	9636BA35	9636BA36	9636D138	9636DF30	9636E031	9636E130	9636E330	9636E433	9636E539	9636E635	9636E636
248D4	248D7	248DA	248DD	248DE	248DF	248E1	248E2	248E3	2498D	249CE	24A47	24A48	24A64	24A6F	24A86
9636E730	9636E733	9636E736	9636E739	9636E830	9636E831	9636E833	9636E834	9636E835	9636F935	96378230	96378E31	96378E32	96379130	96379231	96379434
24AA7	24ABF	24AC2	24AC6	24ACA	24ACD	24ACF	24AD2	24AD4	24AD7	24AD8	24AE3	24AE4	24AE5	24AE6	24AE7
96379737	96379A31	96379A34	96379A38	96379B32	96379B35	96379B37	96379C30	96379C32	96379C35	96379C36	96379D37	96379D38	96379D39	96379E30	96379E31
24AE8	24B0E	24B19	24B1A	24B1B	24B1C	24B1D	24B21	24B22	24B23	24B24	24B25	24B73	24B88	24B8B	24B8D
96379E32	9637A230	9637A331	9637A332	9637A333	9637A334	9637A335	9637A339	9637A430	9637A431	9637A432	9637A433	9637AC31	9637AE32	9637AE35	9637AE37
24B92	24B94	24B9B	24B9C	24B9D	24BA2	24BA3	24BA5	24BA6	24BA7	24BA8	24BA9	24BAB	24BAD	24BAE	24BAF
9637AF32	9637AF34	9637B031	9637B032	9637B033	9637B038	9637B039	9637B131	9637B132	9637B133	9637B134	9637B135	9637B137	9637B139	9637B230	9637B231

24BB2 9637B234	24BB5 9637B237	24BB6 9637B238	24BB7 9637B239	24BB8 9637B330	24BB9 9637B331	24BD2 9637B536	24BFD 9637B939	24C00 9637BA32	24C0A 9637BB32	24C0B 9637BB33	24C10 9637BB38	24C11 9637BB39	24CA5 9637CA37	24CAF 9637CB37	24CB3 9637CC31
24CBF 9637CD33	24CCD 9637CE37	24CEA 9637D136	24CFC 9637D334	24CFE 9637D336	24D01 9637D339	24D02 9637D430	24D03 9637D431	24D05 9637D433	24D06 9637D434	24D07 9637D435	24D08 9637D436	24D09 9637D437	24D0C 9637D530	24D0D 9637D531	24D0E 9637D532
24D0F 9637D533	24D10 9637D534	24D11 9637D535	24D12 9637D536	24D24 9637D734	24E2A 9637F136	24E63 9637F733	24E6B 9637F831	24E75 9637F931	24E84 9637FA36	24E92 9637FC30	24E9C 9637FD30	24EA1 9637FD35	24EAB 9637FE35	24EB2 96388132	24EB6 96388136
24EBA 96388230	24EBF 96388235	24EC3 96388239	24EC9 96388335	24ECD 96388339	24ED6 96388438	24ED8 96388530	24ED9 96388531	24EE1 96388539	24EF1 96388735	24EF6 96388830	24EFA 96388834	24EFC 96388836	24F00 96388930	24F01 96388931	24F02 96388932
24F08 96388938	24F0C 96388A32	24F0F 96388A35	24F11 96388A37	24F12 96388A38	24F14 96388B30	24F17 96388B33	24F18 96388B34	24F19 96388B35	24F1A 96388B36	24F1B 96388B37	24F1C 96388B38	24F20 96388C32	24F21 96388C33	24F23 96388C35	24F24 96388C36
24F8A 96389638	24F92 96389736	24FA6 96389936	24FAF 96389A35	24FBB 96389B37	24FC2 96389C34	24FC3 96389C35	24FC4 96389C36	2500D 9638A339	25021 9638A539	25027 9638A635	2502C 9638A730	25035 9638A739	25037 9638A831	25039 9638A833	2503A 9638A834
2503B 9638A835	2503C 9638A836	2503D 9638A837	2503E 9638A838	2509B 9638B231	2509C 9638B232	250A1 9638B237	250A2 9638B238	250A6 9638B332	250AC 9638B338	250B3 9638B435	250B5 9638B437	250B8 9638B530	250BD 9638B535	250C0 9638B538	250C2 9638B630
250C8 9638B636	250CA 9638B638	250CE 9638B732	250D0 9638B734	250D3 9638B737	250D8 9638B832	250DD 9638B837	250DF 9638B839	250E0 9638B930	250E2 9638B932	250E3 9638B933	25243 9638DC35	252AE 9638E732	252B9 9638E833	252C0 9638E930	252E1 9638EC33
252E4 9638EC36	252FB 9638EE39	252FF 9638EF33	25305 9638EF39	25312 9638F132	25315 9638F135	25316 9638F136	25320 9638F236	25332 9638F434	25341 9638F539	25348 9638F636	2534A 9638F638	25354 9638F738	25355 9638F739	25356 9638F830	25357 9638F831
25359 9638F833	2535A 9638F834	2535B 9638F835	2535C 9638F836	2538E 9638FD36	2539F 96398133	253A4 96398138	253A5 96398139	25404 96398B34	2540F 96398C35	25412 96398C38	254E8 9639A232	25572 9639B030	25596 9639B336	255A7 9639B533	255AC 9639B538

255B3	255B8	255BC	255C4	255D4	255DA	255DF	255E0	255E3	255E4	255E7	255E8	255E9	255EA	255EC	255ED
9639B635	9639B730	9639B734	9639B832	9639B938	9639BA34	9639BA39	9639BB30	9639BB33	9639BB34	9639BB37	9639BB38	9639BB39	9639BC30	9639BC32	9639BC33

255EE	255EF	255F6	255FA	255FB	255FC	255FD	255FE	25600	25602	25604	256FA	25712	25718	2571C	25720
9639BC34	9639BC35	9639BD32	9639BD36	9639BD37	9639BD38	9639BD39	9639BE30	9639BE32	9639BE34	9639BE36	9639D732	9639D936	9639DA32	9639DA36	9639DB30

25722	25723	25726	25727	25729	2572C	2572D	2572E	2572F	25731	25732	25734	25735	25737	25738	25739
9639DB32	9639DB33	9639DB36	9639DB37	9639DB39	9639DC32	9639DC33	9639DC34	9639DC35	9639DC37	9639DC38	9639DD30	9639DD31	9639DD33	9639DD34	9639DD35

25743	25745	25747	2574A	2574B	25824	2587E	258BA	258C0	258CC	258CD	258D0	258D8	258E8	258EC	258F7
9639DE35	9639DE37	9639DE39	9639DF32	9639DF33	9639F530	9639FE30	97308630	97308636	97308738	97308739	97308832	97308930	97308A36	97308B30	97308C31

258FC	25901	25902	25904	25907	2590D	2590E	25910	25911	25917	25918	25919	2591A	2591B	2591C	2591D
97308C36	97308D31	97308D32	97308D34	97308D37	97308E33	97308E34	97308E36	97308E37	97308F33	97308F34	97308F35	97308F36	97308F37	97308F38	97308F39

2591F	25920	25921	259D2	259ED	259F1	259FB	25A0E	25A26	25A2C	25A36	25A40	25A4B	25A4F	25A50	25A52
97309031	97309032	97309033	9730A230	9730A437	9730A531	9730A631	9730A830	9730AA34	9730AB30	9730AC30	9730AD30	9730AE31	9730AE35	9730AE36	9730AE38

25A53	25A54	25AA0	25ABD	25ABF	25AC8	25AC9	25ACD	25AD0	25BEA	25BFF	25C03	25C42	25C4E	25C50	25C6B
9730AE39	9730AF30	9730B636	9730B935	9730B937	9730BA36	9730BA37	9730BB31	9730BB34	9730D736	9730D937	9730DA31	9730E034	9730E136	9730E138	9730E435

25C85	25C89	25C8D	25C91	25C93	25C94	25C99	25C9E	25CAB	25CB2	25CB9	25CBA	25CBE	25CC8	25CD4	25CD8
9730E731	9730E735	9730E739	9730E833	9730E835	9730E836	9730E931	9730E936	9730EA39	9730EB36	9730EC33	9730EC34	9730EC38	9730ED38	9730EF30	9730EF34

25CE3	25CEB	25CF6	25CFB	25D00	25D01	25D02	25D0C	25D1E	25D20	25D21	25D27	25D30	25D31	25D33	25D36
9730F035	9730F133	9730F234	9730F239	9730F334	9730F335	9730F336	9730F436	9730F634	9730F636	9730F637	9730F733	9730F832	9730F833	9730F835	9730F838

25D3F	25D40	25D42	25D4A	25D4C	25D51	25D52	25D59	25D5A	25D5B	25D5E	25D60	25D61	25D6B	25D6C	25D6D
9730F937	9730F938	9730FA30	9730FA38	9730FB30	9730FB35	9730FB36	9730FC33	9730FC34	9730FC35	9730FC38	9730FD30	9730FD31	9730FE31	9730FE32	9730FE33

25D6F	25D75	25D78	25D7D	25D7E	25D89	25D8A	25D8C	25D90	25D91	25D93	25D95	25D98	25D99	25DA0	25DA3
9730FE35	97318131	97318134	97318139	97318230	97318331	97318332	97318334	97318338	97318339	97318431	97318433	97318436	97318437	97318534	97318537
25DA6	25DA7	25DA9	25DAC	25DB0	25DB4	25DB8	25DB9	25DBB	25DBD	25DC4	25DC6	25DC8	25DD1	25DD4	25DDA
97318630	97318631	97318633	97318636	97318730	97318734	97318738	97318739	97318831	97318833	97318930	97318932	97318934	97318A33	97318A36	97318B32
25DDB	25DDC	25DDD	25DDE	25DE0	25DE4	25DE6	25DEA	25DEE	25DF0	25DF1	25DF2	25DF3	25DF4	25DF5	25DF6
97318B33	97318B34	97318B35	97318B36	97318B38	97318C32	97318C34	97318C38	97318D32	97318D34	97318D35	97318D36	97318D37	97318D38	97318D39	97318E30
25DFB	25DFC	25DFE	25E00	25E01	25E02	25E03	25E05	25E06	25E07	25E08	25E09	25E0B	25E0D	25E0E	25E0F
97318E35	97318E36	97318E38	97318F30	97318F31	97318F32	97318F33	97318F35	97318F36	97318F37	97318F38	97318F39	97319031	97319033	97319034	97319035
25E10	25E11	25E12	25E13	25E14	25E15	25E16	25E17	25E18	25E1A	25E1B	25E1E	25E1F	25E20	25E21	25E22
97319036	97319037	97319038	97319039	97319130	97319131	97319132	97319133	97319134	97319136	97319137	97319230	97319231	97319232	97319233	97319234
25E23	25E24	25ED8	25EF0	25F1B	25F37	25F4E	25F52	25F5C	25F63	25F6F	25F72	25F73	25F76	25F78	25F7B
97319235	97319236	9731A436	9731A730	9731AB33	9731AE31	9731B034	9731B038	9731B138	9731B235	9731B337	9731B430	9731B431	9731B434	9731B436	9731B439
25F7C	25F7E	25F81	25F82	25F83	25F84	25FCC	26077	26086	26097	260A3	260AB	260B4	260C1	260CE	260CF
9731B530	9731B532	9731B535	9731B536	9731B537	9731B538	9731BD30	9731CE31	9731CF36	9731D133	9731D235	9731D333	9731D432	9731D535	9731D638	9731D639
260D6	260EF	26104	26106	26108	2610C	2610E	2611A	2611F	26120	26124	2612F	26130	26138	2613A	26142
9731D736	9731DA31	9731DC32	9731DC34	9731DC36	9731DD30	9731DD32	9731DE34	9731DE39	9731DF30	9731DF34	9731E035	9731E036	9731E134	9731E136	9731E234
26144	26163	26164	2616D	26171	26174	2617E	2617F	26183	26184	26189	2618A	26190	26193	2619C	2619D
9731E236	9731E537	9731E538	9731E637	9731E731	9731E734	9731E834	9731E835	9731E839	9731E930	9731E935	9731E936	9731EA32	9731EA35	9731EB34	9731EB35
261A1	261A2	261A9	261AE	261B6	261BA	261C2	261C4	261C6	261CA	261CD	261CE	261D2	261D5	261D6	261DA
9731EB39	9731EC30	9731EC37	9731ED32	9731EE30	9731EE34	9731EF32	9731EF34	9731EF36	9731F030	9731F033	9731F034	9731F038	9731F131	9731F132	9731F136

Unicode	GB 18030
261DC	9731F138
261DF	9731F231
261E0	9731F232
261E1	9731F233
261E4	9731F236
261E5	9731F237
261E7	9731F239
261E8	9731F330
261E9	9731F331
261EB	9731F333
261EC	9731F334
261ED	9731F335
261EE	9731F336
261EF	9731F337
261F2	9731F430
261F3	9731F431
261F4	9731F432
261F5	9731F433
261F7	9731F435
261F8	9731F436
261F9	9731F437
261FC	9731F530
261FD	9731F531
261FE	9731F532
261FF	9731F533
26201	9731F535
26203	9731F537
26204	9731F538
26205	9731F539
26206	9731F630
26207	9731F631
26261	97328131
26262	97328132
26263	97328133
26265	97328135
26267	97328137
26268	97328138
26269	97328139
262E2	97328E30
262EA	97328E38
262F1	97328F35
262F8	97329032
262FF	97329039
26301	97329131
26302	97329132
26304	97329134
26311	97329237
2631C	97329338
26329	97329531
2632D	97329535
26331	97329539
26337	97329635
26339	97329637
2633C	97329730
2633D	97329731
2633F	97329733
26340	97329734
26341	97329735
26343	97329737
26344	97329738
26346	97329830
26347	97329831
26348	97329832
26349	97329833
2634A	97329834
2638D	97329F31
263A7	9732A137
263AB	9732A231
263C5	9732A437
263DF	9732A733
263E1	9732A735
263E7	9732A831
263EA	9732A834
263EB	9732A835
263EC	9732A836
263ED	9732A837
263EE	9732A838
263EF	9732A839
263F1	9732A931
26445	9732B135
26456	9732B332
26462	9732B434
2646E	9732B536
26474	9732B632
2647F	9732B733
26487	9732B831
26490	9732B930
2649A	9732BA30
2649B	9732BA31
2649C	9732BA32
2649D	9732BA33
2649E	9732BA34
264A4	9732BB30
264AB	9732BB37
264AD	9732BB39
264AF	9732BC31
264C0	9732BD38
264C1	9732BD39
264C2	9732BE30
264C3	9732BE31
264C6	9732BE34
264C7	9732BE35
264CC	9732BF30
264E2	9732C132
2651A	9732C638
2652A	9732C834
2657A	9732D034
265AF	9732D537
265DA	9732DA30
265ED	9732DB39
265F6	9732DC38
265FA	9732DD32
2660C	9732DF30
2660E	9732DF32
26618	9732E032
26619	9732E033
2661A	9732E034
2661F	9732E039
26620	9732E130
26623	9732E133
26625	9732E135
26626	9732E136
26627	9732E137
2676B	97338431
26776	97338532
2677D	97338539
267C6	97338D32
267CA	97338D36
267D6	97338E38
26802	97339332
26821	97339633
2683D	97339931
26848	97339A32
26851	97339B31
2685A	97339C30
2687B	97339F33
26880	97339F38
26883	9733A031
2688C	9733A130
2688F	9733A133
26896	9733A230
26899	9733A233
2689A	9733A234
2689B	9733A235
268A6	9733A336
268AC	9733A432
268AD	9733A433
268AF	9733A435
268B3	9733A439
268B5	9733A531
268B9	9733A535
268BC	9733A538
268BD	9733A539
268C4	9733A636
268C9	9733A731
268CA	9733A732
268CB	9733A733
268CD	9733A735
268CF	9733A737
268D1	9733A739

268D2	268D3	268D4	268D5	268D6	268D8	268D9	268DA	268DB	268DC	268F4	268F5	268F8	26918	26932	26942
9733A830	9733A831	9733A832	9733A833	9733A834	9733A836	9733A837	9733A838	9733A839	9733A930	9733AB34	9733AB35	9733AB38	9733AF30	9733B136	9733B332
26948	2698D	26994	2699C	269A6	269B1	269B4	269B8	269BA	269BB	269BD	269BE	269C0	269C1	269C2	269C3
9733B338	9733BA37	9733BB34	9733BC32	9733BD32	9733BE33	9733BE36	9733BF30	9733BF32	9733BF33	9733BF35	9733BF36	9733BF38	9733BF39	9733C030	9733C031
269C4	269C5	269FB	269FD	26A88	26A98	26AB0	26AB1	26ABF	26AC0	26AC1	26AC3	26AC7	26AC9	26ACA	26AE0
9733C032	9733C033	9733C537	9733C539	9733D338	9733D534	9733D738	9733D739	9733D933	9733D934	9733D935	9733D937	9733DA31	9733DA33	9733DA34	9733DC36
26AF2	26BC8	26CE9	26CF3	26D3E	26D72	26D77	26D95	26DFB	26E1C	26E25	26E28	26E29	26E2C	26E2D	26E52
9733DE34	9733F338	97349237	97349337	97349B32	9734A034	9734A039	9734A339	9734AE31	9734B134	9734B233	9734B236	9734B237	9734B330	9734B331	9734B638
26E53	26E64	26E7E	26E85	26E9A	26EA1	26EAD	26EC4	26EE0	26EEA	26F2B	26F39	26F3A	26F4F	26F61	26F62
9734B639	9734B836	9734BB32	9734BB39	9734BE30	9734BE37	9734BF39	9734C232	9734C530	9734C630	9734CC35	9734CD39	9734CE30	9734D031	9734D139	9734D230
26F66	26F6D	26F77	26F79	26F81	26F94	26F9A	26F9D	26FA4	26FA5	26FA7	26FB0	26FBB	26FBC	26FBF	26FC2
9734D234	9734D331	9734D431	9734D433	9734D531	9734D730	9734D736	9734D739	9734D836	9734D837	9734D839	9734D938	9734DA39	9734DB30	9734DB33	9734DB36
26FC9	26FCA	26FD3	26FD5	26FD7	26FD9	26FDC	26FE0	26FE2	26FE3	26FE4	26FE9	26FEA	26FF2	26FF6	26FF7
9734DC33	9734DC34	9734DD33	9734DD35	9734DD37	9734DD39	9734DE32	9734DE36	9734DE38	9734DE39	9734DF30	9734DF35	9734DF36	9734E034	9734E038	9734E039
26FF9	27007	2700E	27013	27025	27027	2702B	2702E	27034	27035	27036	2703B	2703E	27047	27049	2704E
9734E131	9734E235	9734E332	9734E337	9734E535	9734E537	9734E631	9734E634	9734E730	9734E731	9734E732	9734E737	9734E830	9734E839	9734E931	9734E936
2704F	27050	27053	27059	2705C	2705D	27063	27065	27067	2706F	27070	27072	27073	27078	2707B	2707C
9734E937	9734E938	9734EA31	9734EA37	9734EB30	9734EB31	9734EB37	9734EB39	9734EC31	9734EC39	9734ED30	9734ED32	9734ED33	9734ED38	9734EE31	9734EE32
2707E	27084	27085	2708A	2708E	27091	27094	27095	2709B	2709C	270A0	270A1	270A2	270A7	270A8	270AE
9734EE34	9734EF30	9734EF31	9734EF36	9734F030	9734F033	9734F036	9734F037	9734F133	9734F134	9734F138	9734F139	9734F230	9734F235	9734F236	9734F332

270AF	270B0	270B3	270B6	270BC	270BF	270C1	270CA	270D2	270D5	270DA	270DC	270DE	270DF	270E2	270E4
9734F333	9734F334	9734F337	9734F430	9734F436	9734F439	9734F531	9734F630	9734F638	9734F731	9734F736	9734F738	9734F830	9734F831	9734F834	9734F836
270E6	270E7	270EF	270F0	270F1	270F7	270FB	270FC	270FE	27101	27109	2710C	2710E	2710F	27110	27112
9734F838	9734F839	9734F937	9734F938	9734F939	9734FA35	9734FA39	9734FB30	9734FB32	9734FB35	9734FC33	9734FC36	9734FC38	9734FC39	9734FD30	9734FD32
27117	27119	2711A	2711F	27122	27123	27124	27129	2712C	2712E	2712F	27131	27135	27138	2713C	2713D
9734FD37	9734FD39	9734FE30	9734FE35	9734FE38	9734FE39	97358130	97358135	97358138	97358230	97358231	97358233	97358237	97358330	97358334	97358335
2713E	2713F	27140	27141	27144	27145	27146	27147	2714A	2714B	2714C	2714D	2714E	2714F	27150	27151
97358336	97358337	97358338	97358339	97358432	97358433	97358434	97358435	97358438	97358439	97358530	97358531	97358532	97358533	97358534	97358535
27153	27155	27156	27157	2715A	2715D	2715E	27163	27164	27165	27166	27167	27169	2716A	2716B	2716E
97358537	97358539	97358630	97358631	97358634	97358637	97358638	97358733	97358734	97358735	97358736	97358737	97358739	97358830	97358831	97358834
2716F	27170	27171	27173	27174	27175	27176	27177	27178	27179	2717A	2717B	2717C	2717D	2717E	2717F
97358835	97358836	97358837	97358839	97358930	97358931	97358932	97358933	97358934	97358935	97358936	97358937	97358938	97358939	97358A30	97358A31
27181	27183	27185	27186	27188	27189	2718A	2718B	2718C	2718D	2718F	27190	27191	27192	27193	27194
97358A33	97358A35	97358A37	97358A38	97358B30	97358B31	97358B32	97358B33	97358B34	97358B35	97358B37	97358B38	97358B39	97358C30	97358C31	97358C32
27196	27197	27198	27199	2719A	271AA	271B4	271BF	271CF	271D0	271D5	271D7	271DC	271E5	271E9	271EA
97358C34	97358C35	97358C36	97358C37	97358C38	97358E34	97358F34	97359035	97359231	97359232	97359237	97359239	97359334	97359433	97359437	97359438
271EC	271F1	271F4	271FD	27200	27202	27206	27209	2720C	27211	27213	27214	27215	27216	27217	27218
97359530	97359535	97359538	97359637	97359730	97359732	97359736	97359739	97359832	97359837	97359839	97359930	97359931	97359932	97359933	97359934
27219	2721A	2721B	2721C	2735A	2738C	273AF	273CB	273E8	27418	27430	27438	27458	2747E	27481	2749B
97359935	97359936	97359937	97359938	9735B936	9735BE36	9735C231	9735C439	9735C738	9735CC36	9735CF30	9735CF38	9735D330	9735D638	9735D731	9735D937

2749C	274A4	274BC	274BE	274C0	274C3	274C7	274C9	274D4	274D5	274D7	274E2	274E3	274E4	274ED	274EE
9735D938	9735DA36	9735DD30	9735DD32	9735DD34	9735DD37	9735DE31	9735DE33	9735DF34	9735DF35	9735DF37	9735E038	9735E039	9735E130	9735E139	9735E230

274EF	274F1	274F7	274F8	274FB	274FC	274FD	27501	27504	27509	27512	27516	27517	2751A	27520	27521
9735E231	9735E233	9735E239	9735E330	9735E333	9735E334	9735E335	9735E339	9735E432	9735E437	9735E536	9735E630	9735E631	9735E634	9735E730	9735E731

27522	27524	27527	27528	2752B	2752C	2752E	2752F	27530	27531	27533	2753A	2753C	2753F	27541	27543
9735E732	9735E734	9735E737	9735E738	9735E831	9735E832	9735E834	9735E835	9735E836	9735E837	9735E839	9735E936	9735E938	9735EA31	9735EA33	9735EA35

27545	27546	27548	27549	2754B	27550	27551	27552	27554	27555	27559	2755B	2755C	2755D	2755E	27561
9735EA37	9735EA38	9735EB30	9735EB31	9735EB33	9735EB38	9735EB39	9735EC30	9735EC32	9735EC33	9735EC37	9735EC39	9735ED30	9735ED31	9735ED32	9735ED35

27562	27563	27564	27566	27567	27568	2756A	2756B	2756E	27570	27571	27572	27573	27574	27575	27576
9735ED36	9735ED37	9735ED38	9735EE30	9735EE31	9735EE32	9735EE34	9735EE35	9735EE38	9735EF30	9735EF31	9735EF32	9735EF33	9735EF34	9735EF35	9735EF36

27577	27578	27579	2757B	2757C	2757D	2757E	2757F	27580	27581	27582	27583	27584	27585	27586	27587
9735EF37	9735EF38	9735EF39	9735F031	9735F032	9735F033	9735F034	9735F035	9735F036	9735F037	9735F038	9735F039	9735F130	9735F131	9735F132	9735F133

27588	27589	2758A	2758B	2758C	2758D	2758E	2758F	27590	27591	27592	27593	27594	27595	27596	27597
9735F134	9735F135	9735F136	9735F137	9735F138	9735F139	9735F230	9735F231	9735F232	9735F233	9735F234	9735F235	9735F236	9735F237	9735F238	9735F239

27598	27599	2759A	2759B	2759C	2759E	2759F	275A0	275A1	275A2	275A3	275A4	275A5	275A6	275C1	275D2
9735F330	9735F331	9735F332	9735F333	9735F334	9735F336	9735F337	9735F338	9735F339	9735F430	9735F431	9735F432	9735F433	9735F434	9735F731	9735F838

275D6	275D9	275DA	275DB	275DC	27605	2768D	27709	2771A	2773B	27755	27756	27757	27765	2777F	2778A
9735F932	9735F935	9735F936	9735F937	9735F938	9735FD39	97368D35	97369939	97369B36	97369E39	9736A135	9736A136	9736A137	9736A331	9736A537	9736A638

27792	277A1	277A2	277A3	277A8	277AD	277AF	277B9	277BA	277BB	277BE	277C0	277C1	277C2	277C5	277C7
9736A736	9736A931	9736A932	9736A933	9736A938	9736AA33	9736AA35	9736AB35	9736AB36	9736AB37	9736AC30	9736AC32	9736AC33	9736AC34	9736AC37	9736AC39

277CE 9736AD36	277D0 9736AD38	277D1 9736AD39	277D4 9736AE32	277D5 9736AE33	277D6 9736AE34	277D7 9736AE35	277D8 9736AE36	277D9 9736AE37	277DA 9736AE38	277DB 9736AE39	277DC 9736AF30	277DD 9736AF31	277DE 9736AF32	277DF 9736AF33	277F9 9736B139
277FB 9736B231	277FF 9736B235	27802 9736B238	27803 9736B239	27805 9736B331	27886 9736C030	27893 9736C133	27899 9736C139	2789F 9736C235	278A2 9736C238	278A3 9736C239	278A5 9736C331	278A6 9736C332	278AD 9736C339	278AE 9736C430	278AF 9736C431
278B0 9736C432	278B1 9736C433	27905 9736CC37	2790A 9736CD32	27911 9736CD39	27934 9736D134	27939 9736D139	2793C 9736D232	27940 9736D236	27945 9736D331	27946 9736D332	2794A 9736D336	2794E 9736D430	27951 9736D433	27953 9736D435	27954 9736D436
27957 9736D439	27958 9736D530	27959 9736D531	2795A 9736D532	279DC 9736E232	27A01 9736E539	27A05 9736E633	27A08 9736E636	27A1F 9736E839	27A2D 9736EA33	27A32 9736EA38	27A5E 9736EF32	27A65 9736EF39	27A7E 9736F234	27A94 9736F436	27AB0 9736F734
27AC3 9736F933	27AC8 9736F938	27ACB 9736FA31	27ACF 9736FA35	27ADC 9736FB38	27AE3 9736FC35	27AE6 9736FC38	27AEC 9736FD34	27AEF 9736FD37	27AF2 9736FE30	27AF7 9736FE35	27B09 97378233	27B0A 97378234	27B11 97378331	27B13 97378333	27B23 97378439
27B30 97378632	27B36 97378638	27B3D 97378735	27B3E 97378736	27B41 97378739	27B43 97378831	27B4C 97378930	27B4F 97378933	27B50 97378934	27B52 97378936	27B54 97378938	27B5C 97378A36	27B66 97378B36	27B67 97378B37	27B68 97378B38	27B6B 97378C31
27B6D 97378C33	27B73 97378C39	27B76 97378D32	27B79 97378D35	27B7A 97378D36	27B7B 97378D37	27B7D 97378D39	27B7F 97378E31	27B80 97378E32	27B88 97378F30	27B8A 97378F32	27B8C 97378F34	27B8E 97378F36	27B90 97378F38	27B91 97378F39	27B92 97379030
27B93 97379031	27B95 97379033	27B97 97379035	27B98 97379036	27B99 97379037	27B9A 97379038	27B9D 97379131	27B9E 97379132	27BA1 97379135	27BA2 97379136	27BA3 97379137	27BA4 97379138	27BA5 97379139	27BA6 97379230	27BA7 97379231	27BA8 97379232
27BA9 97379233	27BD7 97379639	27BD8 97379730	27BD9 97379731	27C08 97379B38	27C11 97379C37	27C1B 97379D37	27C23 97379E35	27C25 97379E37	27C84 9737A832	27C87 9737A835	27C8A 9737A838	27C94 9737A938	27C95 9737A939	27C97 9737AA31	27C99 9737AA33
27C9B 9737AA35	27C9C 9737AA36	27C9D 9737AA37	27C9E 9737AA38	27C9F 9737AA39	27D11 9737B633	27D15 9737B637	27D1B 9737B733	27D1D 9737B735	27D6F 9737BF37	27D81 9737C135	27DA0 9737C436	27DA4 9737C530	27DC4 9737C832	27DC5 9737C833	27DC7 9737C835

27DCB 9737C839 | 27DD3 9737C937 | 27DD7 9737CA31 | 27DE0 9737CB30 | 27DE2 9737CB32 | 27DE7 9737CB37 | 27DE9 9737CB39 | 27DF4 9737CD30 | 27DF7 9737CD33 | 27E06 9737CE38 | 27E07 9737CE39 | 27E14 9737D032 | 27E1B 9737D039 | 27E1F 9737D133 | 27E2C 9737D236 | 27E37 9737D337

27E38 9737D338 | 27E39 9737D339 | 27E3B 9737D431 | 27E3E 9737D434 | 27E41 9737D437 | 27E42 9737D438 | 27E4A 9737D536 | 27E4B 9737D537 | 27E4E 9737D630 | 27E7A 9737DA34 | 27E7C 9737DA36 | 27E7F 9737DA39 | 27E83 9737DB33 | 27F2F 9737EC35 | 27F69 9737F233 | 27F6A 9737F234

27F75 9737F335 | 27F76 9737F336 | 27F78 9737F338 | 27F7B 9737F431 | 27F8D 9737F539 | 27F9B 9737F733 | 27F9C 9737F734 | 27FA1 9737F739 | 27FA3 9737F831 | 27FA6 9737F834 | 27FA7 9737F835 | 27FA8 9737F836 | 27FA9 9737F837 | 27FAB 9737F839 | 27FAE 9737F932 | 27FAF 9737F933

27FB1 9737F935 | 27FB3 9737F937 | 27FB4 9737F938 | 27FB5 9737F939 | 27FB6 9737FA30 | 280AC 97389436 | 280E8 97389A36 | 280F2 97389B36 | 280FA 97389C34 | 28121 9738A033 | 2812F 9738A137 | 2814C 9738A436 | 28158 9738A538 | 2815A 9738A630 | 28161 9738A637 | 28174 9738A836

28181 9738A939 | 2818A 9738AA38 | 28195 9738AB39 | 281A5 9738AD35 | 281A7 9738AD37 | 281AA 9738AE30 | 281B1 9738AE37 | 281BB 9738AF37 | 281C2 9738B034 | 281CC 9738B134 | 281CE 9738B136 | 281D6 9738B234 | 281D8 9738B236 | 281DB 9738B239 | 281DC 9738B330 | 281E6 9738B430

281E9 9738B433 | 281EB 9738B435 | 281ED 9738B437 | 281EE 9738B438 | 281F0 9738B530 | 281F3 9738B533 | 281F9 9738B539 | 281FC 9738B632 | 281FF 9738B635 | 28204 9738B730 | 28205 9738B731 | 28206 9738B732 | 28207 9738B733 | 28208 9738B734 | 28209 9738B735 | 2820A 9738B736

2820B 9738B737 | 2820C 9738B738 | 2820D 9738B739 | 2820E 9738B830 | 2823F 9738BC39 | 28291 9738C531 | 28296 9738C536 | 28299 9738C539 | 2829C 9738C632 | 2829D 9738C633 | 2829F 9738C635 | 282D0 9738CB34 | 282DF 9738CC39 | 282E7 9738CD37 | 282EC 9738CE32 | 282F9 9738CF35

28304 9738D036 | 28305 9738D037 | 2830F 9738D137 | 28317 9738D235 | 28324 9738D338 | 28331 9738D531 | 28341 9738D637 | 28342 9738D638 | 28343 9738D639 | 2834E 9738D830 | 28352 9738D834 | 28354 9738D836 | 28357 9738D839 | 2836F 9738DB33 | 28376 9738DC30 | 2838C 9738DE32

28390 9738DE36 | 28391 9738DE37 | 28396 9738DF32 | 283AF 9738E137 | 283B1 9738E139 | 283BC 9738E330 | 283C3 9738E337 | 283C4 9738E338 | 283C7 9738E431 | 283C9 9738E433 | 283CA 9738E434 | 283D0 9738E530 | 283D6 9738E536 | 283DA 9738E630 | 283DC 9738E632 | 283DD 9738E633

283DE 9738E634 | 283E1 9738E637 | 283E2 9738E638 | 283E4 9738E730 | 283E7 9738E733 | 283E9 9738E735 | 283EE 9738E830 | 283EF 9738E831 | 283F1 9738E833 | 283F2 9738E834 | 283F5 9738E837 | 283F6 9738E838 | 283F7 9738E839 | 283F8 9738E930 | 283F9 9738E931 | 283FA 9738E932

283FB	283FC	283FE	283FF	28400	28401	28402	28403	28404	28436	2843D	28441	28442	2844C	28568	28572
9738E933	9738E934	9738E936	9738E937	9738E938	9738E939	9738EA30	9738EA31	9738EA32	9738EF32	9738EF39	9738F033	9738F034	9738F134	97398F38	97399038
2857D	28588	2858A	285B2	285B9	285C3	285CD	285D0	285DF	285E5	285E7	285E8	285F5	285FE	28608	28609
97399139	97399330	97399332	97399732	97399739	97399839	97399939	97399A32	97399B37	97399C33	97399C35	97399C36	97399D39	97399E38	97399F38	97399F39
2860D	28612	28613	28618	28619	2861D	28620	28621	28626	2862A	2862B	28635	2863C	2863E	28645	28646
9739A033	9739A038	9739A039	9739A134	9739A135	9739A139	9739A232	9739A233	9739A238	9739A332	9739A333	9739A433	9739A530	9739A532	9739A539	9739A630
28647	28648	28649	2864A	2864D	2864F	28650	28651	28653	28654	28657	2865A	2865C	2865F	28660	28661
9739A631	9739A632	9739A633	9739A634	9739A637	9739A639	9739A730	9739A731	9739A733	9739A734	9739A737	9739A830	9739A832	9739A835	9739A836	9739A837
28662	28664	28665	28666	28667	286BB	286DA	286FE	2875D	2875F	28769	2876C	2876D	28789	287A5	287B2
9739A838	9739A930	9739A931	9739A932	9739A933	9739B137	9739B438	9739B834	9739C139	9739C231	9739C331	9739C334	9739C335	9739C633	9739C931	9739CA34
287BC	287BD	287BE	287C4	287CD	287CF	287D0	287D4	287D7	287DC	287E1	287E3	287E8	287E9	287EB	287EC
9739CB34	9739CB35	9739CB36	9739CC32	9739CD31	9739CD33	9739CD34	9739CD38	9739CE31	9739CE36	9739CF31	9739CF33	9739CF38	9739CF39	9739D031	9739D032
287ED	287EE	2882E	28837	28847	28858	28863	2886A	2887C	28882	2888B	28892	2889A	2889B	288A4	288AB
9739D033	9739D034	9739D638	9739D737	9739D933	9739DB30	9739DC31	9739DC38	9739DE36	9739DF32	9739E031	9739E038	9739E136	9739E137	9739E236	9739E333
288AF	288BA	288BB	288CA	288D7	288DA	288DD	288DF	288E4	288E7	288E8	288E9	288EA	288EB	288F0	288F2
9739E337	9739E438	9739E439	9739E634	9739E737	9739E830	9739E833	9739E835	9739E930	9739E933	9739E934	9739E935	9739E936	9739E937	9739EA32	9739EA34
288F3	288F4	288F6	288F7	288F9	288FA	288FB	288FD	288FE	288FF	28902	28903	28905	28906	28907	28908
9739EA35	9739EA36	9739EA38	9739EA39	9739EB31	9739EB32	9739EB33	9739EB35	9739EB36	9739EB37	9739EC30	9739EC31	9739EC33	9739EC34	9739EC35	9739EC36
28909	2890A	2890B	2890C	2890D	2890E	2891A	2891D	28932	28938	2893A	2893B	2893C	289CA	289D5	289F3
9739EC37	9739EC38	9739EC39	9739ED30	9739ED31	9739ED32	9739EE34	9739EE37	9739F038	9739F134	9739F136	9739F137	9739F138	98308230	98308331	98308631

28A2C 98308B38	28A3A 98308D32	28A3C 98308D34	28A55 98308F39	28A5B 98309035	28AA3 98309737	28AF4 98309F38	28B07 9830A137	28B1E 9830A430	28B33 9830A631	28B37 9830A635	28B51 9830A931	28B56 9830A936	28B5F 9830AA35	28B74 9830AC36	28B77 9830AC39
28B7D 9830AD35	28B82 9830AE30	28B95 9830AF39	28B9A 9830B034	28B9C 9830B036	28BA1 9830B131	28BA2 9830B132	28BA3 9830B133	28BA6 9830B136	28BA7 9830B137	28BA8 9830B138	28BA9 9830B139	28BAA 9830B230	28BB2 9830B238	28BCD 9830B535	28BCE 9830B536
28BD4 9830B632	28BDC 9830B730	28BDE 9830B732	28BE2 9830B736	28BE4 9830B738	28BEB 9830B835	28BEC 9830B836	28BF3 9830B933	28BF5 9830B935	28BFA 9830BA30	28BFB 9830BA31	28BFC 9830BA32	28C00 9830BA36	28C05 9830BB31	28C08 9830BB34	28C0C 9830BB38
28C0E 9830BC30	28C12 9830BC34	28C19 9830BD31	28C21 9830BD39	28C22 9830BE30	28C28 9830BE36	28C29 9830BE37	28C2C 9830BF30	28C2E 9830BF32	28C2F 9830BF33	28C31 9830BF35	28C32 9830BF36	28C33 9830BF37	28C34 9830BF38	28C35 9830BF39	28C37 9830C031
28C38 9830C032	28C39 9830C033	28C3A 9830C034	28C3C 9830C036	28C3D 9830C037	28CB5 9830CC37	28CB7 9830CC39	28CBC 9830CD34	28CBF 9830CD37	28CC2 9830CE30	28CC5 9830CE33	28CC6 9830CE34	28D4F 9830DC31	28D5C 9830DD34	28D69 9830DE37	28D6D 9830DF31
28D6E 9830DF32	28D71 9830DF35	28D76 9830E030	28D7D 9830E037	28D7E 9830E038	28D81 9830E131	28D84 9830E134	28D88 9830E138	28D8E 9830E234	28D91 9830E237	28D9D 9830E339	28D9E 9830E430	28D9F 9830E431	28DA0 9830E432	28DA1 9830E433	28DA4 9830E436
28DA6 9830E438	28DA7 9830E439	28DAA 9830E532	28DAC 9830E534	28DAE 9830E536	28DB6 9830E634	28DBB 9830E639	28DBE 9830E732	28DC5 9830E739	28DC6 9830E830	28DC8 9830E832	28DC9 9830E833	28DCA 9830E834	28DCC 9830E836	28DCD 9830E837	28DCF 9830E839
28DD3 9830E933	28DD4 9830E934	28DD7 9830E937	28DD8 9830E938	28DD9 9830E939	28DDA 9830EA30	28DDB 9830EA31	28DDC 9830EA32	28DDF 9830EA35	28DE0 9830EA36	28DE1 9830EA37	28DE2 9830EA38	28DE4 9830EB30	28DE5 9830EB31	28DE6 9830EB32	28DE7 9830EB33
28DE8 9830EB34	28DEA 9830EB36	28DEC 9830EB38	28DED 9830EB39	28DEF 9830EC31	28DF0 9830EC32	28DF2 9830EC34	28DF3 9830EC35	28DF4 9830EC36	28DF5 9830EC37	28DF7 9830EC39	28DF8 9830ED30	28DF9 9830ED31	28DFA 9830ED32	28DFB 9830ED33	28DFC 9830ED34
28DFD 9830ED35	28E0D 9830EF31	28EAB 9830FE39	28ED1 98318437	28F21 98318C37	28F4B 98319039	28F4C 98319130	28F54 98319138	28F5A 98319234	28F5C 98319236	28F65 98319335	28F68 98319338	28F6A 98319430	28F6F 98319435	28F70 98319436	28F73 98319439

28F82	2901D	29027	29036	29049	2904C	29052	29053	29056	2905A	2905B	2905C	29061	29063	29064	29068
98319634	9831A539	9831A639	9831A834	9831AA33	9831AA36	9831AB32	9831AB33	9831AB36	9831AC30	9831AC31	9831AC32	9831AC37	9831AC39	9831AD30	9831AD34
29069	2906B	2906C	2906E	29070	29072	29073	29074	29075	290AC	290B5	290BC	290BD	290BE	290BF	290C4
9831AD35	9831AD37	9831AD38	9831AE30	9831AE32	9831AE34	9831AE35	9831AE36	9831AE37	9831B432	9831B531	9831B538	9831B539	9831B630	9831B631	9831B636
290C9	290CA	290CF	290D2	290D4	290D6	290D7	290D8	290D9	290E2	290E9	290EE	290F3	290F9	290FA	290FF
9831B731	9831B732	9831B737	9831B830	9831B832	9831B834	9831B835	9831B836	9831B837	9831B936	9831BA33	9831BA38	9831BB33	9831BB39	9831BC30	9831BC35
29100	29104	29105	29106	29107	2910A	2910C	2910E	2910F	29112	29113	29115	29116	29118	29119	2911A
9831BC36	9831BD30	9831BD31	9831BD32	9831BD33	9831BD36	9831BD38	9831BE30	9831BE31	9831BE34	9831BE35	9831BE37	9831BE38	9831BF30	9831BF31	9831BF32
2911B	2911C	2911D	2911F	29121	29122	29125	29126	29128	29129	2912A	2912D	2912E	2912F	29131	29134
9831BF33	9831BF34	9831BF35	9831BF37	9831BF39	9831C030	9831C033	9831C034	9831C036	9831C037	9831C038	9831C131	9831C132	9831C133	9831C135	9831C138
2913A	2913B	2913D	2913E	2913F	29141	29142	29143	29144	29146	29147	29148	29149	2914A	2914B	2914C
9831C234	9831C235	9831C237	9831C238	9831C239	9831C331	9831C332	9831C333	9831C334	9831C336	9831C337	9831C338	9831C339	9831C430	9831C431	9831C432
2914D	2914E	2914F	29150	29151	29153	29154	29155	29159	2915B	2915F	29160	29161	29162	29163	29166
9831C433	9831C434	9831C435	9831C436	9831C437	9831C439	9831C530	9831C531	9831C535	9831C537	9831C631	9831C632	9831C633	9831C634	9831C635	9831C638
29167	29168	2916B	2916E	29170	29173	29174	29175	29178	29179	2917A	2917B	2917D	2917F	29180	29181
9831C639	9831C730	9831C733	9831C736	9831C738	9831C831	9831C832	9831C833	9831C836	9831C837	9831C838	9831C839	9831C931	9831C933	9831C934	9831C935
29183	29184	29185	29186	29187	29188	29189	2918B	2918C	2918D	2918E	2918F	29190	29191	29192	29193
9831C937	9831C938	9831C939	9831CA30	9831CA31	9831CA32	9831CA33	9831CA35	9831CA36	9831CA37	9831CA38	9831CA39	9831CB30	9831CB31	9831CB32	9831CB33
29194	29196	29197	29198	29199	2919B	2919C	2919D	2919E	291A0	291A1	291A3	291A4	291A5	291A7	291A8
9831CB34	9831CB36	9831CB37	9831CB38	9831CB39	9831CC31	9831CC32	9831CC33	9831CC34	9831CC36	9831CC37	9831CC39	9831CD30	9831CD31	9831CD33	9831CD34

291A9 9831CD35 | 291AA 9831CD36 | 291AB 9831CD37 | 291AC 9831CD38 | 291AD 9831CD39 | 291AE 9831CE30 | 291AF 9831CE31 | 291B0 9831CE32 | 291B1 9831CE33 | 291B2 9831CE34 | 291B3 9831CE35 | 291B4 9831CE36 | 291B5 9831CE37 | 291B6 9831CE38 | 291B7 9831CE39 | 291B8 9831CF30

291B9 9831CF31 | 291BA 9831CF32 | 291BB 9831CF33 | 291BC 9831CF34 | 291BD 9831CF35 | 291BE 9831CF36 | 291BF 9831CF37 | 291C0 9831CF38 | 291C1 9831CF39 | 291C2 9831D030 | 291C3 9831D031 | 291C4 9831D032 | 291C5 9831D033 | 291C6 9831D034 | 291C7 9831D035 | 291C8 9831D036

291C9 9831D037 | 291CA 9831D038 | 291CB 9831D039 | 291CC 9831D130 | 291CD 9831D131 | 291CE 9831D132 | 291CF 9831D133 | 291D0 9831D134 | 291D1 9831D135 | 291D2 9831D136 | 291D3 9831D137 | 291D4 9831D138 | 291E4 9831D334 | 2923A 9831DC30 | 2923B 9831DC31 | 2923D 9831DC33

2923E 9831DC34 | 29240 9831DC36 | 29242 9831DC38 | 29246 9831DD32 | 29247 9831DD33 | 2924A 9831DD36 | 2924C 9831DD38 | 2924D 9831DD39 | 2924E 9831DE30 | 2924F 9831DE31 | 29251 9831DE33 | 29252 9831DE34 | 29254 9831DE36 | 29255 9831DE37 | 29256 9831DE38 | 29259 9831DF31

2925A 9831DF32 | 29284 9831E334 | 29288 9831E338 | 292C6 9831EA30 | 2930A 9831F038 | 29325 9831F335 | 29330 9831F436 | 29332 9831F438 | 29342 9831F634 | 29347 9831F639 | 2934C 9831F734 | 29354 9831F832 | 29355 9831F833 | 29364 9831F938 | 2936F 9831FA39 | 29377 9831FB37

2937B 9831FC31 | 2937C 9831FC32 | 29384 9831FD30 | 29386 9831FD32 | 29387 9831FD33 | 2938A 9831FD36 | 2938B 9831FD37 | 2938C 9831FD38 | 2938D 9831FD39 | 2938E 9831FE30 | 2938F 9831FE31 | 29390 9831FE32 | 29391 9831FE33 | 293AE 98328332 | 293B2 98328336 | 293B3 98328337

293C9 98328539 | 293DC 98328738 | 293F4 98328A32 | 293F6 98328A34 | 293F7 98328A35 | 293F8 98328A36 | 293F9 98328A37 | 293FA 98328A38 | 293FB 98328A39 | 2940D 98328C37 | 29410 98328D30 | 29411 98328D31 | 29413 98328D33 | 29414 98328D34 | 29415 98328D35 | 29416 98328D36

2943E 98329136 | 29441 98329139 | 29445 98329233 | 29449 98329237 | 2944A 98329238 | 2950E 9832A634 | 2953C 9832AB30 | 29540 9832AB34 | 2955B 9832AE31 | 29575 9832B037 | 29578 9832B130 | 2957D 9832B135 | 29581 9832B139 | 2958A 9832B238 | 2958C 9832B330 | 29590 9832B334

29593 9832B337 | 29594 9832B338 | 2959B 9832B435 | 2959C 9832B436 | 2959D 9832B437 | 2959E 9832B438 | 295A0 9832B530 | 295A1 9832B531 | 295A2 9832B532 | 295A4 9832B534 | 295A5 9832B535 | 295A7 9832B537 | 295A8 9832B538 | 295A9 9832B539 | 295AA 9832B630 | 295AB 9832B631

295AD 9832B633 | 295AF 9832B635 | 295B1 9832B637 | 295B4 9832B730 | 295B5 9832B731 | 295B6 9832B732 | 295B7 9832B733 | 295B8 9832B734 | 295B9 9832B735 | 295BA 9832B736 | 295BB 9832B737 | 295BC 9832B738 | 295BD 9832B739 | 295BE 9832B830 | 295C1 9832B833 | 295C2 9832B834

295C4	295C5	295C6	295C7	295C8	295C9	295CA	295CB	295CC	295CD	295CE	295CF	295D0	295D1	295D2	295D3
9832B836	9832B837	9832B838	9832B839	9832B930	9832B931	9832B932	9832B933	9832B934	9832B935	9832B936	9832B937	9832B938	9832B939	9832BA30	9832BA31

295D4	295D5	295D6	295D7	295D8	295D9	295DA	295DB	295DC	295DD	295DE	295DF	295E0	295E1	295E2	295E3
9832BA32	9832BA33	9832BA34	9832BA35	9832BA36	9832BA37	9832BA38	9832BA39	9832BB30	9832BB31	9832BB32	9832BB33	9832BB34	9832BB35	9832BB36	9832BB37

295E4	295E5	295E6	295E7	295E8	295E9	295EA	295EB	295EC	295ED	295EE	295EF	295F0	295F1	295F2	295F3
9832BB38	9832BB39	9832BC30	9832BC31	9832BC32	9832BC33	9832BC34	9832BC35	9832BC36	9832BC37	9832BC38	9832BC39	9832BD30	9832BD31	9832BD32	9832BD33

295F4	295F5	295F6	295F7	295F8	295F9	295FA	295FB	295FC	295FD	295FE	295FF	29600	29601	29602	29603
9832BD34	9832BD35	9832BD36	9832BD37	9832BD38	9832BD39	9832BE30	9832BE31	9832BE32	9832BE33	9832BE34	9832BE35	9832BE36	9832BE37	9832BE38	9832BE39

29604	29605	29606	29607	29608	29609	2960A	2960B	2960C	2960D	2960E	2960F	29610	29611	29612	29613
9832BF30	9832BF31	9832BF32	9832BF33	9832BF34	9832BF35	9832BF36	9832BF37	9832BF38	9832BF39	9832C030	9832C031	9832C032	9832C033	9832C034	9832C035

29614	29615	29616	29617	29618	29619	2961A	2961B	2961C	2961D	2961E	2961F	29620	29621	29622	29623
9832C036	9832C037	9832C038	9832C039	9832C130	9832C131	9832C132	9832C133	9832C134	9832C135	9832C136	9832C137	9832C138	9832C139	9832C230	9832C231

29624	29625	29626	29627	29628	29629	2962A	2962B	2962C	2962D	2962E	2962F	29630	29631	29632	29633
9832C232	9832C233	9832C234	9832C235	9832C236	9832C237	9832C238	9832C239	9832C330	9832C331	9832C332	9832C333	9832C334	9832C335	9832C336	9832C337

29634	29635	29636	29637	29638	29639	2963A	2963B	2963C	2963D	2963E	2963F	29640	29641	29642	29643
9832C338	9832C339	9832C430	9832C431	9832C432	9832C433	9832C434	9832C435	9832C436	9832C437	9832C438	9832C439	9832C530	9832C531	9832C532	9832C533

29644	29645	29646	29647	29648	29649	2964A	2964B	2964C	2964D	2964E	2964F	29650	29651	29652	29653
9832C534	9832C535	9832C536	9832C537	9832C538	9832C539	9832C630	9832C631	9832C632	9832C633	9832C634	9832C635	9832C636	9832C637	9832C638	9832C639

29654	29655	29656	29657	29658	29659	2965A	2965B	2965C	2965D	2965E	2965F	29660	29661	29662	29663
9832C730	9832C731	9832C732	9832C733	9832C734	9832C735	9832C736	9832C737	9832C738	9832C739	9832C830	9832C831	9832C832	9832C833	9832C834	9832C835

29664 9832C836	29677 9832CA35	29678 9832CA36	2967A 9832CA38	2967C 9832CB30	2967E 9832CB32	2969C 9832CE32	296DB 9832D435	296F0 9832D636	29712 9832DA30	29725 9832DB39	29728 9832DC32	2972C 9832DC36	2973B 9832DE31	29756 9832E038	2976B 9832E239
29776 9832E430	29780 9832E530	29782 9832E532	29787 9832E537	2978C 9832E632	29790 9832E636	29795 9832E731	2979F 9832E831	297A0 9832E832	297A3 9832E835	297A4 9832E836	297A5 9832E837	297A8 9832E930	297AF 9832E937	297B9 9832EA37	297BA 9832EA38
297CD 9832EC37	297D1 9832ED31	297D7 9832ED37	297DA 9832EE30	297DF 9832EE35	297E8 9832EF34	297EB 9832EF37	297F0 9832F032	297F4 9832F036	297F7 9832F039	297F8 9832F130	297FB 9832F133	297FC 9832F134	297FD 9832F135	29836 9832F732	29837 9832F733
29839 9832F735	2984C 9832F934	2984E 9832F936	29859 9832FA37	2985B 9832FA39	2985C 9832FB30	29860 9832FB34	29865 9832FB39	29866 9832FC30	29869 9832FC33	2986B 9832FC35	2986E 9832FC38	2986F 9832FC39	29870 9832FD30	29872 9832FD32	29874 9832FD34
29875 9832FD35	29876 9832FD36	29878 9832FD38	29879 9832FD39	2987B 9832FE31	2987E 9832FE34	29880 9832FE36	29883 9832FE39	29884 98338130	29885 98338131	29886 98338132	29887 98338133	29888 98338134	2988A 98338136	2988B 98338137	2988D 98338139
2988E 98338230	29890 98338232	29891 98338233	29892 98338234	29894 98338236	29895 98338237	29896 98338238	29898 98338330	2989A 98338332	2989B 98338333	2989C 98338334	2989D 98338335	2989E 98338336	2989F 98338337	298A1 98338339	298A2 98338430
298A3 98338431	298A4 98338432	298A6 98338434	298A8 98338436	298A9 98338437	298AA 98338438	298AC 98338530	298AD 98338531	298AE 98338532	298AF 98338533	298B0 98338534	298B1 98338535	298B2 98338536	298B3 98338537	298B4 98338538	298B5 98338539
298B6 98338630	298B7 98338631	298B8 98338632	298B9 98338633	298BA 98338634	298BC 98338636	298BF 98338639	298C0 98338730	298C1 98338731	298C2 98338732	298C3 98338733	298C4 98338734	298C6 98338736	298C7 98338737	298C8 98338738	298CA 98338830
298CB 98338831	298CC 98338832	298CD 98338833	298CE 98338834	298D0 98338836	298D1 98338837	298D2 98338838	298D3 98338839	298D4 98338930	298D5 98338931	298D6 98338932	298D7 98338933	298D8 98338934	298D9 98338935	298DA 98338936	298DB 98338937
298DC 98338938	298DD 98338939	298DE 98338A30	298E0 98338A32	298E1 98338A33	298E2 98338A34	298E3 98338A35	298E4 98338A36	298E5 98338A37	298E6 98338A38	298E7 98338A39	298E8 98338B30	298E9 98338B31	298EA 98338B32	298EB 98338B33	298EC 98338B34

Code	GB 18030
298ED	98338B35
298EE	98338B36
298EF	98338B37
298F0	98338B38
298F1	98338B39
298F2	98338C30
298F3	98338C31
298F4	98338C32
298F5	98338C33
298F7	98338C35
298F8	98338C36
298F9	98338C37
298FA	98338C38
298FB	98338C39
298FC	98338D30
298FD	98338D31
298FE	98338D32
298FF	98338D33
29900	98338D34
29901	98338D35
29902	98338D36
29903	98338D37
29905	98338D39
29907	98338E31
29908	98338E32
29909	98338E33
2990A	98338E34
2990B	98338E35
2990C	98338E36
2990D	98338E37
2990E	98338E38
2990F	98338E39
29910	98338F30
29911	98338F31
29912	98338F32
29913	98338F33
29914	98338F34
29915	98338F35
29916	98338F36
29917	98338F37
29918	98338F38
29919	98338F39
2991A	98339030
2991B	98339031
2991C	98339032
2991D	98339033
2991E	98339034
2991F	98339035
29920	98339036
29921	98339037
29922	98339038
29923	98339039
29924	98339130
29925	98339131
29926	98339132
29927	98339133
29928	98339134
29929	98339135
2992A	98339136
2992B	98339137
2992C	98339138
2992D	98339139
2992E	98339230
2992F	98339231
29930	98339232
29931	98339233
29932	98339234
29933	98339235
29934	98339236
29935	98339237
29936	98339238
29937	98339239
29938	98339330
29939	98339331
2993B	98339333
2993C	98339334
2993D	98339335
2993E	98339336
2993F	98339337
29940	98339338
29941	98339339
29942	98339430
29943	98339431
29944	98339432
29945	98339433
29946	98339434
29947	98339435
29948	98339436
29949	98339437
2994A	98339438
2994B	98339439
2994C	98339530
2994D	98339531
2994E	98339532
2994F	98339533
29950	98339534
29951	98339535
29952	98339536
29953	98339537
29955	98339539
29956	98339630
29957	98339631
29958	98339632
29959	98339633
2995A	98339634
2995B	98339635
2995C	98339636
2995D	98339637
2995E	98339638
2995F	98339639
29960	98339730
29961	98339731
29962	98339732
29963	98339733
29964	98339734
29965	98339735
29966	98339736
29967	98339737
29968	98339738
29969	98339739
2996A	98339830
2996B	98339831
2996C	98339832
2996D	98339833
2996E	98339834
2996F	98339835
29970	98339836
29971	98339837
29972	98339838
29973	98339839
29974	98339930
29975	98339931
29976	98339932
29977	98339933
29978	98339934
29979	98339935
2997A	98339936
2997B	98339937
2997C	98339938
2997D	98339939
2997E	98339A30
2997F	98339A31
29980	98339A32
29981	98339A33
29982	98339A34
29983	98339A35
29984	98339A36
29985	98339A37
29986	98339A38
29987	98339A39
29988	98339B30
29989	98339B31
2998A	98339B32
2998B	98339B33
2998C	98339B34
2998D	98339B35
2998E	98339B36
2998F	98339B37
29990	98339B38
29991	98339B39

29992 98339C30	29993 98339C31	29994 98339C32	29995 98339C33	29996 98339C34	29997 98339C35	29998 98339C36	29999 98339C37	2999A 98339C38	2999B 98339C39	2999C 98339D30	2999D 98339D31	2999E 98339D32	2999F 98339D33	299A0 98339D34	299A1 98339D35
299A2 98339D36	299A3 98339D37	299A4 98339D38	299A5 98339D39	299A6 98339E30	299A7 98339E31	299A8 98339E32	299A9 98339E33	299AA 98339E34	299AB 98339E35	299AC 98339E36	299AD 98339E37	299AE 98339E38	299AF 98339E39	299B0 98339F30	299B1 98339F31
299B2 98339F32	299B3 98339F33	299B4 98339F34	299B5 98339F35	299B6 98339F36	299B7 98339F37	299B8 98339F38	299B9 98339F39	299BA 9833A030	299BB 9833A031	299BC 9833A032	299BD 9833A033	299BE 9833A034	299BF 9833A035	299C0 9833A036	299C1 9833A037
299C2 9833A038	299C3 9833A039	299C4 9833A130	299C5 9833A131	299C6 9833A132	299C7 9833A133	299C8 9833A134	299C9 9833A135	299CA 9833A136	299CB 9833A137	299CC 9833A138	299CD 9833A139	299CE 9833A230	299CF 9833A231	299D0 9833A232	299D1 9833A233
299D2 9833A234	299D3 9833A235	299D4 9833A236	299D5 9833A237	299D6 9833A238	299D7 9833A239	299D8 9833A330	299D9 9833A331	299DA 9833A332	299DB 9833A333	299DC 9833A334	299DD 9833A335	299DE 9833A336	299DF 9833A337	299E0 9833A338	299E1 9833A339
299E2 9833A430	299E3 9833A431	299E4 9833A432	299E5 9833A433	29A2E 9833AB36	29A31 9833AB39	29A58 9833AF38	29A5C 9833B032	29A74 9833B236	29A8B 9833B439	29A8D 9833B531	29A90 9833B534	29A94 9833B538	29A97 9833B631	29A99 9833B633	29A9C 9833B636
29AA0 9833B730	29AA1 9833B731	29AA8 9833B738	29AA9 9833B739	29AAC 9833B832	29AB2 9833B838	29AB5 9833B931	29AB7 9833B933	29AB8 9833B934	29ABA 9833B936	29ABD 9833B939	29ABE 9833BA30	29AC0 9833BA32	29AC2 9833BA34	29AC3 9833BA35	29AC7 9833BA39
29AC9 9833BB31	29ACA 9833BB32	29ACC 9833BB34	29ACD 9833BB35	29ACE 9833BB36	29ACF 9833BB37	29AD2 9833BC30	29AD3 9833BC31	29AD5 9833BC33	29AD6 9833BC34	29AD7 9833BC35	29ADA 9833BC38	29ADE 9833BD32	29AE0 9833BD34	29AE1 9833BD35	29AE6 9833BE30
29AE7 9833BE31	29AE8 9833BE32	29AE9 9833BE33	29AEA 9833BE34	29AEB 9833BE35	29AED 9833BE37	29AEE 9833BE38	29AEF 9833BE39	29AF0 9833BF30	29AF1 9833BF31	29AF2 9833BF32	29AF3 9833BF33	29B03 9833C039	29B06 9833C132	29B0B 9833C137	29B0C 9833C138
29B0D 9833C139	29B0F 9833C231	29B14 9833C236	29B16 9833C238	29B18 9833C330	29B1C 9833C334	29B1E 9833C336	29B20 9833C338	29B21 9833C339	29B23 9833C431	29B24 9833C432	29B28 9833C436	29B2A 9833C438	29B2D 9833C531	29B2E 9833C532	29B31 9833C535

29B32 9833C536	29B33 9833C537	29B34 9833C538	29B35 9833C539	29B36 9833C630	29B39 9833C633	29B3A 9833C634	29B3B 9833C635	29B3C 9833C636	29B3D 9833C637	29B40 9833C730	29B45 9833C735	29B46 9833C736	29B47 9833C737	29B48 9833C738	29B49 9833C739
29B4A 9833C830	29B4B 9833C831	29B4C 9833C832	29B4D 9833C833	29B4E 9833C834	29B4F 9833C835	29B50 9833C836	29B51 9833C837	29B52 9833C838	29B53 9833C839	29B54 9833C930	29B55 9833C931	29B57 9833C933	29B59 9833C935	29B5A 9833C936	29B5B 9833C937
29B5D 9833C939	29B5E 9833CA30	29B5F 9833CA31	29B60 9833CA32	29B61 9833CA33	29B62 9833CA34	29B63 9833CA35	29B64 9833CA36	29B65 9833CA37	29B66 9833CA38	29B67 9833CA39	29B68 9833CB30	29B69 9833CB31	29B6A 9833CB32	29B6B 9833CB33	29B6C 9833CB34
29B6D 9833CB35	29B6E 9833CB36	29B6F 9833CB37	29B70 9833CB38	29B71 9833CB39	29B72 9833CC30	29B73 9833CC31	29B75 9833CC33	29B78 9833CC36	29B79 9833CC37	29B7A 9833CC38	29B7B 9833CC39	29B7C 9833CD30	29B7D 9833CD31	29B7E 9833CD32	29B7F 9833CD33
29B80 9833CD34	29B81 9833CD35	29B82 9833CD36	29B83 9833CD37	29B84 9833CD38	29B85 9833CD39	29B86 9833CE30	29B87 9833CE31	29B88 9833CE32	29B89 9833CE33	29B8A 9833CE34	29B8B 9833CE35	29B8C 9833CE36	29B8D 9833CE37	29B8E 9833CE38	29B8F 9833CE39
29B90 9833CF30	29B91 9833CF31	29B92 9833CF32	29B93 9833CF33	29B94 9833CF34	29B95 9833CF35	29B96 9833CF36	29B97 9833CF37	29B98 9833CF38	29B99 9833CF39	29B9A 9833D030	29B9B 9833D031	29B9C 9833D032	29B9D 9833D033	29B9E 9833D034	29B9F 9833D035
29BA0 9833D036	29BA1 9833D037	29BA2 9833D038	29BA3 9833D039	29BA4 9833D130	29BA5 9833D131	29BA6 9833D132	29BA7 9833D133	29BA8 9833D134	29BA9 9833D135	29BAA 9833D136	29BAB 9833D137	29BAC 9833D138	29BAD 9833D139	29BAE 9833D230	29BAF 9833D231
29BB0 9833D232	29BB1 9833D233	29BB2 9833D234	29BB3 9833D235	29BB4 9833D236	29BB5 9833D237	29BB6 9833D238	29BB7 9833D239	29BB8 9833D330	29BB9 9833D331	29BBA 9833D332	29BBB 9833D333	29BBC 9833D334	29BBD 9833D335	29BBE 9833D336	29BBF 9833D337
29BC0 9833D338	29BC1 9833D339	29BC2 9833D430	29BC3 9833D431	29BC4 9833D432	29BC5 9833D433	29BC6 9833D434	29BC7 9833D435	29BC8 9833D436	29BC9 9833D437	29BCA 9833D438	29BCB 9833D439	29BCC 9833D530	29BCD 9833D531	29BCE 9833D532	29BCF 9833D533
29BD0 9833D534	29BD1 9833D535	29BD2 9833D536	29BD3 9833D537	29BD4 9833D538	29BD5 9833D539	29BD6 9833D630	29BD7 9833D631	29BD8 9833D632	29BD9 9833D633	29BDA 9833D634	29BDB 9833D635	29BDC 9833D636	29BDD 9833D637	29BDE 9833D638	29BDF 9833D639

29BE0 9833D730	29BE1 9833D731	29BE2 9833D732	29BE3 9833D733	29BE4 9833D734	29BE5 9833D735	29BE6 9833D736	29BE7 9833D737	29BE8 9833D738	29BE9 9833D739	29BEA 9833D830	29BEB 9833D831	29BEC 9833D832	29BED 9833D833	29BEE 9833D834	29BEF 9833D835
29BF0 9833D836	29BF1 9833D837	29BF2 9833D838	29BF3 9833D839	29BF4 9833D930	29BF5 9833D931	29BF6 9833D932	29BF7 9833D933	29BF8 9833D934	29BF9 9833D935	29BFA 9833D936	29BFB 9833D937	29BFC 9833D938	29BFD 9833D939	29BFE 9833DA30	29BFF 9833DA31
29C00 9833DA32	29C01 9833DA33	29C02 9833DA34	29C03 9833DA35	29C04 9833DA36	29C05 9833DA37	29C06 9833DA38	29C07 9833DA39	29C08 9833DB30	29C09 9833DB31	29C18 9833DC36	29C19 9833DC37	29C1C 9833DD30	29C1D 9833DD31	29C1E 9833DD32	29C1F 9833DD33
29C23 9833DD37	29C26 9833DE30	29C27 9833DE31	29C28 9833DE32	29C29 9833DE33	29C2A 9833DE34	29C31 9833DF31	29C32 9833DF32	29C3E 9833E034	29C3F 9833E035	29C40 9833E036	29C41 9833E037	29C46 9833E132	29C4B 9833E137	29C4C 9833E138	29C4D 9833E139
29C4E 9833E230	29C4F 9833E231	29C51 9833E233	29C52 9833E234	29C53 9833E235	29C54 9833E236	29C55 9833E237	29C56 9833E238	29C57 9833E239	29C59 9833E331	29C5A 9833E332	29C5C 9833E334	29C5E 9833E336	29C5F 9833E337	29C60 9833E338	29C61 9833E339
29C62 9833E430	29C63 9833E431	29C64 9833E432	29C65 9833E433	29C66 9833E434	29C67 9833E435	29C68 9833E436	29C69 9833E437	29C6A 9833E438	29C6B 9833E439	29C6C 9833E530	29C6D 9833E531	29C6E 9833E532	29C6F 9833E533	29C70 9833E534	29C71 9833E535
29C72 9833E536	29C73 9833E537	29C74 9833E538	29C75 9833E539	29C76 9833E630	29C77 9833E631	29C78 9833E632	29C98 9833E934	29C9B 9833E937	29CA2 9833EA34	29CC4 9833ED38	29CDD 9833F033	29CE4 9833F130	29CE7 9833F133	29CF9 9833F331	29D04 9833F432
29D06 9833F434	29D07 9833F435	29D12 9833F536	29D14 9833F538	29D15 9833F539	29D18 9833F632	29D1E 9833F638	29D21 9833F731	29D23 9833F733	29D27 9833F737	29D29 9833F739	29D2A 9833F830	29D30 9833F836	29D35 9833F931	29D37 9833F933	29D39 9833F935
29D3B 9833F937	29D3C 9833F938	29D40 9833FA32	29D41 9833FA33	29D42 9833FA34	29D45 9833FA37	29D46 9833FA38	29D47 9833FA39	29D48 9833FB30	29D49 9833FB31	29D4A 9833FB32	29D52 9833FC30	29D6A 9833FE34	29D7A 98348230	29D7C 98348232	29D81 98348237
29D8E 98348430	29D99 98348531	29D9B 98348533	29DA0 98348538	29DA9 98348637	29DAB 98348639	29DB5 98348739	29DB6 98348830	29DC1 98348931	29DC2 98348932	29DC5 98348935	29DCE 98348A34	29DD7 98348B33	29DD9 98348B35	29DE0 98348C32	29DE4 98348C36

29DE9 98348D31	29DF0 98348D38	29DF1 98348D39	29DF3 98348E31	29DF4 98348E32	29DFA 98348E38	29DFF 98348F33	29E00 98348F34	29E01 98348F35	29E02 98348F36	29E05 98348F39	29E0D 98349037	29E10 98349130	29E12 98349132	29E14 98349134	29E24 98349330
29E26 98349332	29E29 98349335	29E2A 98349336	29E2D 98349339	29E2F 98349431	29E30 98349432	29E31 98349433	29E34 98349436	29E39 98349531	29E3B 98349533	29E46 98349634	29E48 98349636	29E4A 98349638	29E51 98349735	29E52 98349736	29E58 98349832
29E5C 98349836	29E5D 98349837	29E5E 98349838	29E5F 98349839	29E60 98349930	29E65 98349935	29E66 98349936	29E67 98349937	29E68 98349938	29E69 98349939	29E6C 98349A32	29E6D 98349A33	29E6F 98349A35	29E70 98349A36	29E71 98349A37	29E74 98349B30
29E76 98349B32	29E77 98349B33	29E7B 98349B37	29E7D 98349B39	29E7E 98349C30	29E82 98349C34	29E83 98349C35	29E85 98349C37	29E87 98349C39	29E88 98349D30	29E89 98349D31	29E8D 98349D35	29E90 98349D38	29E95 98349E33	29E96 98349E34	29E9B 98349E39
29E9C 98349F30	29E9D 98349F31	29E9E 98349F32	29E9F 98349F33	29EA1 98349F35	29EA3 98349F37	29EA4 98349F38	29EA6 9834A030	29EA7 9834A031	29EA8 9834A032	29EAA 9834A034	29EAC 9834A036	29EAE 9834A038	29EB1 9834A131	29EB4 9834A134	29EB6 9834A136
29EB7 9834A137	29EBA 9834A230	29EBB 9834A231	29EBC 9834A232	29EBD 9834A233	29EBE 9834A234	29EBF 9834A235	29EC0 9834A236	29EC2 9834A238	29EC3 9834A239	29EC5 9834A331	29EC7 9834A333	29EC8 9834A334	29EC9 9834A335	29ECD 9834A339	29ECE 9834A430
29ECF 9834A431	29ED0 9834A432	29ED1 9834A433	29ED3 9834A435	29ED4 9834A436	29ED5 9834A437	29ED6 9834A438	29ED7 9834A439	29ED8 9834A530	29EDA 9834A532	29EDB 9834A533	29EDC 9834A534	29EDD 9834A535	29EDF 9834A537	29EE1 9834A539	29EE3 9834A631
29EE4 9834A632	29EE5 9834A633	29EE6 9834A634	29EE7 9834A635	29EE8 9834A636	29EE9 9834A637	29EEA 9834A638	29EEB 9834A639	29EED 9834A731	29EEF 9834A733	29EF0 9834A734	29EF1 9834A735	29EF2 9834A736	29EF3 9834A737	29EF5 9834A739	29EF7 9834A831
29EF8 9834A832	29EFA 9834A834	29EFB 9834A835	29EFC 9834A836	29EFD 9834A837	29EFE 9834A838	29EFF 9834A839	29F00 9834A930	29F01 9834A931	29F03 9834A933	29F05 9834A935	29F07 9834A937	29F08 9834A938	29F09 9834A939	29F0A 9834AA30	29F0B 9834AA31
29F0C 9834AA32	29F0D 9834AA33	29F0E 9834AA34	29F0F 9834AA35	29F11 9834AA37	29F12 9834AA38	29F14 9834AB30	29F15 9834AB31	29F16 9834AB32	29F17 9834AB33	29F18 9834AB34	29F1A 9834AB36	29F1B 9834AB37	29F1C 9834AB38	29F1F 9834AC31	29F20 9834AC32

29F21	29F22	29F23	29F24	29F26	29F28	29F29	29F2A	29F2C	29F2D	29F2F	29F30	29F31	29F32	29F33	29F34
9834AC33	9834AC34	9834AC35	9834AC36	9834AC38	9834AD30	9834AD31	9834AD32	9834AD34	9834AD35	9834AD37	9834AD38	9834AD39	9834AE30	9834AE31	9834AE32
29F37	29F38	29F3A	29F3B	29F3C	29F3D	29F3E	29F3F	29F40	29F41	29F42	29F43	29F45	29F46	29F47	29F48
9834AE35	9834AE36	9834AE38	9834AE39	9834AF30	9834AF31	9834AF32	9834AF33	9834AF34	9834AF35	9834AF36	9834AF37	9834AF39	9834B030	9834B031	9834B032
29F49	29F4A	29F4B	29F4D	29F4E	29F4F	29F50	29F52	29F53	29F54	29F56	29F57	29F5A	29F5D	29F5F	29F60
9834B033	9834B034	9834B035	9834B037	9834B038	9834B039	9834B130	9834B132	9834B133	9834B134	9834B136	9834B137	9834B230	9834B233	9834B235	9834B236
29F61	29F62	29F63	29F64	29F65	29F66	29F67	29F68	29F6A	29F6B	29F6C	29F6D	29F6E	29F6F	29F70	29F71
9834B237	9834B238	9834B239	9834B330	9834B331	9834B332	9834B333	9834B334	9834B336	9834B337	9834B338	9834B339	9834B430	9834B431	9834B432	9834B433
29F72	29F73	29F74	29F75	29F76	29F77	29F78	29F96	29F9C	29F9E	29FA2	29FA5	29FA7	29FA8	29FA9	29FAC
9834B434	9834B435	9834B436	9834B437	9834B438	9834B439	9834B530	9834B830	9834B836	9834B838	9834B932	9834B935	9834B937	9834B938	9834B939	9834BA32
29FAD	29FAE	29FB1	29FB2	29FB3	29FB4	29FB5	29FB6	29FB7	29FB8	29FB9	29FBB	29FBC	29FBD	29FBE	29FBF
9834BA33	9834BA34	9834BA37	9834BA38	9834BA39	9834BB30	9834BB31	9834BB32	9834BB33	9834BB34	9834BB35	9834BB37	9834BB38	9834BB39	9834BC30	9834BC31
29FC0	29FC1	29FC2	29FC3	29FC4	29FC5	29FC6	29FC8	29FC9	29FCA	29FCB	29FCD	29FCF	29FD0	29FD1	29FD2
9834BC32	9834BC33	9834BC34	9834BC35	9834BC36	9834BC37	9834BC38	9834BD30	9834BD31	9834BD32	9834BD33	9834BD35	9834BD37	9834BD38	9834BD39	9834BE30
29FD3	29FD4	29FD8	29FD9	29FDA	29FDC	29FDD	29FDE	29FDF	29FE0	29FE4	29FE5	29FE6	29FE8	29FE9	29FEA
9834BE31	9834BE32	9834BE36	9834BE37	9834BE38	9834BF30	9834BF31	9834BF32	9834BF33	9834BF34	9834BF38	9834BF39	9834C030	9834C032	9834C033	9834C034
29FEB	29FEC	29FED	29FF0	29FF3	29FF4	29FF5	29FF6	29FF8	29FF9	29FFA	29FFB	29FFC	29FFD	29FFE	29FFF
9834C035	9834C036	9834C037	9834C130	9834C133	9834C134	9834C135	9834C136	9834C138	9834C139	9834C230	9834C231	9834C232	9834C233	9834C234	9834C235
2A000	2A001	2A002	2A003	2A004	2A005	2A006	2A007	2A008	2A009	2A00A	2A00B	2A00C	2A00D	2A00E	2A00F
9834C236	9834C237	9834C238	9834C239	9834C330	9834C331	9834C332	9834C333	9834C334	9834C335	9834C336	9834C337	9834C338	9834C339	9834C430	9834C431

2A010	2A011	2A012	2A013	2A014	2A015	2A016	2A017	2A019	2A01A	2A01B	2A01C	2A01D	2A01E	2A01F	2A020
9834C432	9834C433	9834C434	9834C435	9834C436	9834C437	9834C438	9834C439	9834C531	9834C532	9834C533	9834C534	9834C535	9834C536	9834C537	9834C538
𪀐	𪀑	𪀒	𪀓	𪀔	𪀕	𪀖	𪀗	𪀙	𪀚	𪀛	𪀜	𪀝	𪀞	𪀟	𪀠
𪀐	𪀑	𪀒	𪀓	𪀔	𪀕	𪀖	𪀗	𪀙	𪀚	𪀛	𪀜	𪀝	𪀞	𪀟	𪀠

2A021	2A022	2A023	2A024	2A025	2A026	2A027	2A028	2A029	2A02C	2A02D	2A02E	2A02F	2A031	2A032	2A033
9834C539	9834C630	9834C631	9834C632	9834C633	9834C634	9834C635	9834C636	9834C637	9834C730	9834C731	9834C732	9834C733	9834C735	9834C736	9834C737
𪀡	𪀢	𪀣	𪀤	𪀥	𪀦	𪀧	𪀨	𪀩	𪀬	𪀭	𪀮	𪀯	𪀱	𪀲	𪀳
𪀡	𪀢	𪀣	𪀤	𪀥	𪀦	𪀧	𪀨	𪀩	𪀬	𪀭	𪀮	𪀯	𪀱	𪀲	𪀳

2A034	2A035	2A037	2A038	2A039	2A03A	2A03B	2A03C	2A03D	2A03E	2A03F	2A040	2A041	2A042	2A043	2A044
9834C738	9834C739	9834C831	9834C832	9834C833	9834C834	9834C835	9834C836	9834C837	9834C838	9834C839	9834C930	9834C931	9834C932	9834C933	9834C934
𪀴	𪀵	𪀷	𪀸	𪀹	𪀺	𪀻	𪀼	𪀽	𪀾	𪀿	𪁀	𪁁	𪁂	𪁃	𪁄
𪀴	𪀵	𪀷	𪀸	𪀹	𪀺	𪀻	𪀼	𪀽	𪀾	𪀿	𪁀	𪁁	𪁂	𪁃	𪁄

2A046	2A047	2A048	2A049	2A04B	2A04C	2A04D	2A04E	2A04F	2A050	2A051	2A052	2A053	2A054	2A056	2A057
9834C936	9834C937	9834C938	9834C939	9834CA31	9834CA32	9834CA33	9834CA34	9834CA35	9834CA36	9834CA37	9834CA38	9834CA39	9834CB30	9834CB32	9834CB33
𪁆	𪁇	𪁈	𪁉	𪁋	𪁌	𪁍	𪁎	𪁏	𪁐	𪁑	𪁒	𪁓	𪁔	𪁖	𪁗
𪁆	𪁇	𪁈	𪁉	𪁋	𪁌	𪁍	𪁎	𪁏	𪁐	𪁑	𪁒	𪁓	𪁔	𪁖	𪁗

2A058	2A059	2A05A	2A05B	2A05C	2A05D	2A05E	2A05F	2A060	2A061	2A062	2A063	2A064	2A065	2A066	2A067
9834CB34	9834CB35	9834CB36	9834CB37	9834CB38	9834CB39	9834CC30	9834CC31	9834CC32	9834CC33	9834CC34	9834CC35	9834CC36	9834CC37	9834CC38	9834CC39
𪁘	𪁙	𪁚	𪁛	𪁜	𪁝	𪁞	𪁟	𪁠	𪁡	𪁢	𪁣	𪁤	𪁥	𪁦	𪁧
𪁘	𪁙	𪁚	𪁛	𪁜	𪁝	𪁞	𪁟	𪁠	𪁡	𪁢	𪁣	𪁤	𪁥	𪁦	𪁧

2A068	2A069	2A06A	2A06B	2A06C	2A06D	2A06E	2A06F	2A070	2A071	2A072	2A073	2A074	2A075	2A076	2A077
9834CD30	9834CD31	9834CD32	9834CD33	9834CD34	9834CD35	9834CD36	9834CD37	9834CD38	9834CD39	9834CE30	9834CE31	9834CE32	9834CE33	9834CE34	9834CE35
𪁨	𪁩	𪁪	𪁫	𪁬	𪁭	𪁮	𪁯	𪁰	𪁱	𪁲	𪁳	𪁴	𪁵	𪁶	𪁷
𪁨	𪁩	𪁪	𪁫	𪁬	𪁭	𪁮	𪁯	𪁰	𪁱	𪁲	𪁳	𪁴	𪁵	𪁶	𪁷

2A078	2A079	2A07A	2A07B	2A07C	2A07D	2A07F	2A080	2A081	2A082	2A083	2A084	2A085	2A086	2A087	2A088
9834CE36	9834CE37	9834CE38	9834CE39	9834CF30	9834CF31	9834CF33	9834CF34	9834CF35	9834CF36	9834CF37	9834CF38	9834CF39	9834D030	9834D031	9834D032
𪁸	𪁹	𪁺	𪁻	𪁼	𪁽	𪁿	𪂀	𪂁	𪂂	𪂃	𪂄	𪂅	𪂆	𪂇	𪂈
𪁸	𪁹	𪁺	𪁻	𪁼	𪁽	𪁿	𪂀	𪂁	𪂂	𪂃	𪂄	𪂅	𪂆	𪂇	𪂈

2A089	2A08A	2A08B	2A08C	2A08E	2A08F	2A090	2A091	2A092	2A093	2A094	2A095	2A096	2A097	2A098	2A099
9834D033	9834D034	9834D035	9834D036	9834D038	9834D039	9834D130	9834D131	9834D132	9834D133	9834D134	9834D135	9834D136	9834D137	9834D138	9834D139
𪂉	𪂊	𪂋	𪂌	𪂎	𪂏	𪂐	𪂑	𪂒	𪂓	𪂔	𪂕	𪂖	𪂗	𪂘	𪂙
𪂉	𪂊	𪂋	𪂌	𪂎	𪂏	𪂐	𪂑	𪂒	𪂓	𪂔	𪂕	𪂖	𪂗	𪂘	𪂙

2A09A	2A09B	2A09D	2A09E	2A0A0	2A0A1	2A0A2	2A0A3	2A0A4	2A0A5	2A0A6	2A0A7	2A0A8	2A0AB	2A0AC	2A0AD
9834D230	9834D231	9834D233	9834D234	9834D236	9834D237	9834D238	9834D239	9834D330	9834D331	9834D332	9834D333	9834D334	9834D337	9834D338	9834D339
𪂚	𪂛	𪂝	𪂞	𪂠	𪂡	𪂢	𪂣	𪂤	𪂥	𪂦	𪂧	𪂨	𪂫	𪂬	𪂭
𪂚	𪂛	𪂝	𪂞	𪂠	𪂡	𪂢	𪂣	𪂤	𪂥	𪂦	𪂧	𪂨	𪂫	𪂬	𪂭

2A0AE	2A0AF	2A0B0	2A0B1	2A0B2	2A0B3	2A0B4	2A0B5	2A0B6	2A0B7	2A0B8	2A0B9	2A0BA	2A0BB	2A0BC	2A0BD
9834D430	9834D431	9834D432	9834D433	9834D434	9834D435	9834D436	9834D437	9834D438	9834D439	9834D530	9834D531	9834D532	9834D533	9834D534	9834D535
𪂮	𪂯	𪂰	𪂱	𪂲	𪂳	𪂴	𪂵	𪂶	𪂷	𪂸	𪂹	𪂺	𪂻	𪂼	𪂽
𪂮	𪂯	𪂰	𪂱	𪂲	𪂳	𪂴	𪂵	𪂶	𪂷	𪂸	𪂹	𪂺	𪂻	𪂼	𪂽

2A0BE	2A0BF	2A0C0	2A0C1	2A0C2	2A0C4	2A0C5	2A0C6	2A0C7	2A0C8	2A0C9	2A0CB	2A0CC	2A0CD	2A0CE	2A0CF
9834D536	9834D537	9834D538	9834D539	9834D630	9834D632	9834D633	9834D634	9834D635	9834D636	9834D637	9834D639	9834D730	9834D731	9834D732	9834D733
𪂾	𪂿	𪃀	𪃁	𪃂	𪃄	𪃅	𪃆	𪃇	𪃈	𪃉	𪃋	𪃌	𪃍	𪃎	𪃏
𪂾	𪂿	𪃀	𪃁	𪃂	𪃄	𪃅	𪃆	𪃇	𪃈	𪃉	𪃋	𪃌	𪃍	𪃎	𪃏

2A0D0	2A0D1	2A0D2	2A0D3	2A0D4	2A0D5	2A0D6	2A0D7	2A0D8	2A0D9	2A0DA	2A0DB	2A0DC	2A0DD	2A0DE	2A0DF
9834D734	9834D735	9834D736	9834D737	9834D738	9834D739	9834D830	9834D831	9834D832	9834D833	9834D834	9834D835	9834D836	9834D837	9834D838	9834D839
𪃐	𪃑	𪃒	𪃓	𪃔	𪃕	𪃖	𪃗	𪃘	𪃙	𪃚	𪃛	𪃜	𪃝	𪃞	𪃟
𪃐	𪃑	𪃒	𪃓	𪃔	𪃕	𪃖	𪃗	𪃘	𪃙	𪃚	𪃛	𪃜	𪃝	𪃞	𪃟

2A0E0	2A0E1	2A0E2	2A0E3	2A0E4	2A0E5	2A0E6	2A0E7	2A0E8	2A0E9	2A0EA	2A0EB	2A0EC	2A0ED	2A0EE	2A0EF
9834D930	9834D931	9834D932	9834D933	9834D934	9834D935	9834D936	9834D937	9834D938	9834D939	9834DA30	9834DA31	9834DA32	9834DA33	9834DA34	9834DA35
𪃠	𪃡	𪃢	𪃣	𪃤	𪃥	𪃦	𪃧	𪃨	𪃩	𪃪	𪃫	𪃬	𪃭	𪃮	𪃯
𪃠	𪃡	𪃢	𪃣	𪃤	𪃥	𪃦	𪃧	𪃨	𪃩	𪃪	𪃫	𪃬	𪃭	𪃮	𪃯

2A0F0	2A0F1	2A0F2	2A0F3	2A0F4	2A0F5	2A0F6	2A0F7	2A0F8	2A0F9	2A0FA	2A0FB	2A0FC	2A0FD	2A0FE	2A0FF
9834DA36	9834DA37	9834DA38	9834DA39	9834DB30	9834DB31	9834DB32	9834DB33	9834DB34	9834DB35	9834DB36	9834DB37	9834DB38	9834DB39	9834DC30	9834DC31
𪃰	𪃱	𪃲	𪃳	𪃴	𪃵	𪃶	𪃷	𪃸	𪃹	𪃺	𪃻	𪃼	𪃽	𪃾	𪃿
𪃰	𪃱	𪃲	𪃳	𪃴	𪃵	𪃶	𪃷	𪃸	𪃹	𪃺	𪃻	𪃼	𪃽	𪃾	𪃿

2A100	2A101	2A102	2A103	2A104	2A105	2A106	2A107	2A108	2A109	2A10A	2A10B	2A10C	2A10D	2A10E	2A10F
9834DC32	9834DC33	9834DC34	9834DC35	9834DC36	9834DC37	9834DC38	9834DC39	9834DD30	9834DD31	9834DD32	9834DD33	9834DD34	9834DD35	9834DD36	9834DD37
𪄀	𪄁	𪄂	𪄃	𪄄	𪄅	𪄆	𪄇	𪄈	𪄉	𪄊	𪄋	𪄌	𪄍	𪄎	𪄏
𪄀	𪄁	𪄂	𪄃	𪄄	𪄅	𪄆	𪄇	𪄈	𪄉	𪄊	𪄋	𪄌	𪄍	𪄎	𪄏

2A110	2A111	2A112	2A113	2A114	2A115	2A116	2A117	2A118	2A119	2A11A	2A11B	2A11C	2A11D	2A11E	2A11F
9834DD38	9834DD39	9834DE30	9834DE31	9834DE32	9834DE33	9834DE34	9834DE35	9834DE36	9834DE37	9834DE38	9834DE39	9834DF30	9834DF31	9834DF32	9834DF33
𪄐	𪄑	𪄒	𪄓	𪄔	𪄕	𪄖	𪄗	𪄘	𪄙	𪄚	𪄛	𪄜	𪄝	𪄞	𪄟
𪄐	𪄑	𪄒	𪄓	𪄔	𪄕	𪄖	𪄗	𪄘	𪄙	𪄚	𪄛	𪄜	𪄝	𪄞	𪄟

2A120	2A121	2A122	2A123	2A124	2A125	2A126	2A127	2A128	2A129	2A12A	2A12B	2A12C	2A12D	2A12E	2A12F
9834DF34	9834DF35	9834DF36	9834DF37	9834DF38	9834DF39	9834E030	9834E031	9834E032	9834E033	9834E034	9834E035	9834E036	9834E037	9834E038	9834E039
𪄠	𪄡	𪄢	𪄣	𪄤	𪄥	𪄦	𪄧	𪄨	𪄩	𪄪	𪄫	𪄬	𪄭	𪄮	𪄯
𪄠	𪄡	𪄢	𪄣	𪄤	𪄥	𪄦	𪄧	𪄨	𪄩	𪄪	𪄫	𪄬	𪄭	𪄮	𪄯

2A130	2A131	2A132	2A133	2A134	2A135	2A136	2A137	2A138	2A139	2A13A	2A13B	2A13C	2A13D	2A13E	2A13F
9834E130	9834E131	9834E132	9834E133	9834E134	9834E135	9834E136	9834E137	9834E138	9834E139	9834E230	9834E231	9834E232	9834E233	9834E234	9834E235
𪄰	𪄱	𪄲	𪄳	𪄴	𪄵	𪄶	𪄷	𪄸	𪄹	𪄺	𪄻	𪄼	𪄽	𪄾	𪄿
𪄰	𪄱	𪄲	𪄳	𪄴	𪄵	𪄶	𪄷	𪄸	𪄹	𪄺	𪄻	𪄼	𪄽	𪄾	𪄿

2A140	2A141	2A142	2A143	2A144	2A145	2A146	2A147	2A148	2A149	2A14A	2A14B	2A14C	2A14D	2A14E	2A14F
9834E236	9834E237	9834E238	9834E239	9834E330	9834E331	9834E332	9834E333	9834E334	9834E335	9834E336	9834E337	9834E338	9834E339	9834E430	9834E431
𪅀	𪅁	𪅂	𪅃	𪅄	𪅅	𪅆	𪅇	𪅈	𪅉	𪅊	𪅋	𪅌	𪅍	𪅎	𪅏
𪅀	𪅁	𪅂	𪅃	𪅄	𪅅	𪅆	𪅇	𪅈	𪅉	𪅊	𪅋	𪅌	𪅍	𪅎	𪅏

2A150	2A151	2A152	2A153	2A154	2A155	2A156	2A157	2A158	2A159	2A15A	2A15B	2A15C	2A15D	2A15E	2A15F
9834E432	9834E433	9834E434	9834E435	9834E436	9834E437	9834E438	9834E439	9834E530	9834E531	9834E532	9834E533	9834E534	9834E535	9834E536	9834E537
𪅐	𪅑	𪅒	𪅓	𪅔	𪅕	𪅖	𪅗	𪅘	𪅙	𪅚	𪅛	𪅜	𪅝	𪅞	𪅟
𪅐	𪅑	𪅒	𪅓	𪅔	𪅕	𪅖	𪅗	𪅘	𪅙	𪅚	𪅛	𪅜	𪅝	𪅞	𪅟

2A160	2A161	2A162	2A163	2A164	2A165	2A166	2A167	2A168	2A169	2A16A	2A16B	2A16C	2A16D	2A16E	2A16F
9834E538	9834E539	9834E630	9834E631	9834E632	9834E633	9834E634	9834E635	9834E636	9834E637	9834E638	9834E639	9834E730	9834E731	9834E732	9834E733
𪅠	𪅡	𪅢	𪅣	𪅤	𪅥	𪅦	𪅧	𪅨	𪅩	𪅪	𪅫	𪅬	𪅭	𪅮	𪅯
2A170	2A171	2A172	2A173	2A174	2A175	2A176	2A177	2A178	2A179	2A17A	2A17B	2A17C	2A17D	2A17E	2A17F
9834E734	9834E735	9834E736	9834E737	9834E738	9834E739	9834E830	9834E831	9834E832	9834E833	9834E834	9834E835	9834E836	9834E837	9834E838	9834E839
𪅰	𪅱	𪅲	𪅳	𪅴	𪅵	𪅶	𪅷	𪅸	𪅹	𪅺	𪅻	𪅼	𪅽	𪅾	𪅿
2A180	2A181	2A182	2A183	2A184	2A185	2A186	2A187	2A188	2A189	2A18A	2A18B	2A18C	2A18D	2A18E	2A18F
9834E930	9834E931	9834E932	9834E933	9834E934	9834E935	9834E936	9834E937	9834E938	9834E939	9834EA30	9834EA31	9834EA32	9834EA33	9834EA34	9834EA35
𪆀	𪆁	𪆂	𪆃	𪆄	𪆅	𪆆	𪆇	𪆈	𪆉	𪆊	𪆋	𪆌	𪆍	𪆎	𪆏
2A190	2A191	2A192	2A193	2A194	2A195	2A196	2A197	2A198	2A199	2A19A	2A19B	2A19C	2A19D	2A19E	2A19F
9834EA36	9834EA37	9834EA38	9834EA39	9834EB30	9834EB31	9834EB32	9834EB33	9834EB34	9834EB35	9834EB36	9834EB37	9834EB38	9834EB39	9834EC30	9834EC31
𪆐	𪆑	𪆒	𪆓	𪆔	𪆕	𪆖	𪆗	𪆘	𪆙	𪆚	𪆛	𪆜	𪆝	𪆞	𪆟
2A1A0	2A1A1	2A1A2	2A1A3	2A1A4	2A1A5	2A1A6	2A1A7	2A1A8	2A1A9	2A1AA	2A1AB	2A1AC	2A1AD	2A1AE	2A1AF
9834EC32	9834EC33	9834EC34	9834EC35	9834EC36	9834EC37	9834EC38	9834EC39	9834ED30	9834ED31	9834ED32	9834ED33	9834ED34	9834ED35	9834ED36	9834ED37
𪆠	𪆡	𪆢	𪆣	𪆤	𪆥	𪆦	𪆧	𪆨	𪆩	𪆪	𪆫	𪆬	𪆭	𪆮	𪆯
2A1B0	2A1B1	2A1B2	2A1B3	2A1B4	2A1B5	2A1B6	2A1B7	2A1B8	2A1B9	2A1BA	2A1BB	2A1BC	2A1BD	2A1BE	2A1BF
9834ED38	9834ED39	9834EE30	9834EE31	9834EE32	9834EE33	9834EE34	9834EE35	9834EE36	9834EE37	9834EE38	9834EE39	9834EF30	9834EF31	9834EF32	9834EF33
𪆰	𪆱	𪆲	𪆳	𪆴	𪆵	𪆶	𪆷	𪆸	𪆹	𪆺	𪆻	𪆼	𪆽	𪆾	𪆿
2A1C0	2A1C1	2A1C2	2A1C3	2A1C4	2A1C5	2A1C6	2A1C7	2A1C8	2A1C9	2A1CA	2A1CB	2A1CC	2A1CD	2A1CE	2A1CF
9834EF34	9834EF35	9834EF36	9834EF37	9834EF38	9834EF39	9834F030	9834F031	9834F032	9834F033	9834F034	9834F035	9834F036	9834F037	9834F038	9834F039
𪇀	𪇁	𪇂	𪇃	𪇄	𪇅	𪇆	𪇇	𪇈	𪇉	𪇊	𪇋	𪇌	𪇍	𪇎	𪇏
2A1D0	2A1D1	2A1D2	2A1D3	2A1D4	2A1D5	2A1D6	2A1D7	2A1D8	2A1D9	2A1DA	2A1DB	2A1DC	2A1DD	2A1DE	2A1DF
9834F130	9834F131	9834F132	9834F133	9834F134	9834F135	9834F136	9834F137	9834F138	9834F139	9834F230	9834F231	9834F232	9834F233	9834F234	9834F235
𪇐	𪇑	𪇒	𪇓	𪇔	𪇕	𪇖	𪇗	𪇘	𪇙	𪇚	𪇛	𪇜	𪇝	𪇞	𪇟
2A1E0	2A1E1	2A1E2	2A1E3	2A1E4	2A1E5	2A1E6	2A1E7	2A1E8	2A1E9	2A1EA	2A1EB	2A1EC	2A1ED	2A1EE	2A1EF
9834F236	9834F237	9834F238	9834F239	9834F330	9834F331	9834F332	9834F333	9834F334	9834F335	9834F336	9834F337	9834F338	9834F339	9834F430	9834F431
𪇠	𪇡	𪇢	𪇣	𪇤	𪇥	𪇦	𪇧	𪇨	𪇩	𪇪	𪇫	𪇬	𪇭	𪇮	𪇯
2A1F0	2A1F1	2A1F2	2A1F3	2A1F4	2A1F5	2A1F6	2A1F7	2A1F8	2A1F9	2A1FA	2A1FB	2A1FC	2A1FD	2A1FE	2A1FF
9834F432	9834F433	9834F434	9834F435	9834F436	9834F437	9834F438	9834F439	9834F530	9834F531	9834F532	9834F533	9834F534	9834F535	9834F536	9834F537
𪇰	𪇱	𪇲	𪇳	𪇴	𪇵	𪇶	𪇷	𪇸	𪇹	𪇺	𪇻	𪇼	𪇽	𪇾	𪇿

2A200	2A201	2A202	2A203	2A204	2A205	2A206	2A207	2A208	2A209	2A20A	2A20B	2A20C	2A20D	2A20E	2A20F
9834F538	9834F539	9834F630	9834F631	9834F632	9834F633	9834F634	9834F635	9834F636	9834F637	9834F638	9834F639	9834F730	9834F731	9834F732	9834F733
2A210	2A211	2A212	2A213	2A214	2A215	2A216	2A217	2A218	2A219	2A21A	2A21B	2A21C	2A21D	2A21E	2A21F
9834F734	9834F735	9834F736	9834F737	9834F738	9834F739	9834F830	9834F831	9834F832	9834F833	9834F834	9834F835	9834F836	9834F837	9834F838	9834F839
2A220	2A221	2A222	2A223	2A224	2A225	2A226	2A227	2A228	2A229	2A22A	2A22B	2A22C	2A22D	2A22E	2A22F
9834F930	9834F931	9834F932	9834F933	9834F934	9834F935	9834F936	9834F937	9834F938	9834F939	9834FA30	9834FA31	9834FA32	9834FA33	9834FA34	9834FA35
2A230	2A231	2A232	2A233	2A234	2A235	2A236	2A237	2A238	2A239	2A23A	2A23B	2A23C	2A23D	2A23E	2A23F
9834FA36	9834FA37	9834FA38	9834FA39	9834FB30	9834FB31	9834FB32	9834FB33	9834FB34	9834FB35	9834FB36	9834FB37	9834FB38	9834FB39	9834FC30	9834FC31
2A240	2A251	2A26B	2A270	2A271	2A272	2A275	2A277	2A284	2A292	2A297	2A2A3	2A2A4	2A2A5	2A2A6	2A2A7
9834FC32	9834FD39	98358235	98358330	98358331	98358332	98358335	98358337	98358530	98358634	98358639	98358831	98358832	98358833	98358834	98358835
2A2A8	2A2A9	2A2AA	2A2AB	2A2B1	2A2B2	2A2B5	2A2B9	2A2BC	2A2BD	2A2BE	2A2C0	2A2C1	2A2C2	2A2C4	2A2C5
98358836	98358837	98358838	98358839	98358935	98358936	98358939	98358A33	98358A36	98358A37	98358A38	98358B30	98358B31	98358B32	98358B34	98358B35
2A2C6	2A2C7	2A2C8	2A2C9	2A2CA	2A2CC	2A2CE	2A2CF	2A2D0	2A2D4	2A2D5	2A2D6	2A2D9	2A2DB	2A2DC	2A2DD
98358B36	98358B37	98358B38	98358B39	98358C30	98358C32	98358C34	98358C35	98358C36	98358D30	98358D31	98358D32	98358D35	98358D37	98358D38	98358D39
2A2DE	2A2E0	2A2E2	2A2E3	2A2E4	2A2E5	2A2E6	2A2E7	2A2E8	2A2E9	2A2EA	2A2EC	2A2EE	2A2EF	2A2F0	2A2F1
98358E30	98358E32	98358E34	98358E35	98358E36	98358E37	98358E38	98358E39	98358F30	98358F31	98358F32	98358F34	98358F36	98358F37	98358F38	98358F39
2A2F3	2A2F4	2A2F5	2A2F6	2A2F7	2A2F8	2A2F9	2A2FA	2A2FB	2A353	2A360	2A362	2A363	2A36B	2A36C	2A371
98359031	98359032	98359033	98359034	98359035	98359036	98359037	98359038	98359039	98359937	98359B30	98359B32	98359B33	98359C31	98359C32	98359C37
2A37E	2A381	2A382	2A383	2A385	2A386	2A387	2A390	2A3A7	2A3A8	2A3AD	2A3AE	2A3AF	2A3B1	2A3B2	2A3D9
98359E30	98359E33	98359E34	98359E35	98359E37	98359E38	98359E39	98359F38	9835A231	9835A232	9835A237	9835A238	9835A239	9835A331	9835A332	9835A731

2A3EC 9835A930	2A3F0 9835A934	2A3FD 9835AA37	2A405 9835AB35	2A412 9835AC38	2A414 9835AD30	2A415 9835AD31	2A450 9835B330	2A451 9835B331	2A458 9835B338	2A45C 9835B432	2A45F 9835B435	2A464 9835B530	2A46A 9835B536	2A472 9835B634	2A47C 9835B734
2A47F 9835B737	2A481 9835B739	2A483 9835B831	2A489 9835B837	2A48B 9835B839	2A492 9835B936	2A493 9835B937	2A495 9835B939	2A497 9835BA31	2A49B 9835BA35	2A49E 9835BA38	2A4A0 9835BB30	2A4A1 9835BB31	2A4A5 9835BB35	2A4A8 9835BB38	2A4A9 9835BB39
2A4AA 9835BC30	2A4AE 9835BC34	2A4AF 9835BC35	2A4B1 9835BC37	2A4B3 9835BC39	2A4B4 9835BD30	2A4B5 9835BD31	2A4B6 9835BD32	2A4B9 9835BD35	2A4BC 9835BD38	2A4BF 9835BE31	2A4C2 9835BE34	2A4C4 9835BE36	2A4C5 9835BE37	2A4C6 9835BE38	2A4C7 9835BE39
2A4C8 9835BF30	2A4C9 9835BF31	2A4CA 9835BF32	2A4CC 9835BF34	2A4DC 9835C130	2A4DF 9835C133	2A4E0 9835C134	2A4E1 9835C135	2A4E2 9835C136	2A4E3 9835C137	2A4E4 9835C138	2A4E5 9835C139	2A4E6 9835C230	2A4E7 9835C231	2A4E8 9835C232	2A4E9 9835C233
2A4EB 9835C235	2A4EC 9835C236	2A4ED 9835C237	2A4EF 9835C239	2A4F2 9835C332	2A4F4 9835C334	2A4F5 9835C335	2A4F6 9835C336	2A4F8 9835C338	2A4FA 9835C430	2A4FB 9835C431	2A4FC 9835C432	2A4FE 9835C434	2A4FF 9835C435	2A500 9835C436	2A501 9835C437
2A508 9835C534	2A509 9835C535	2A50A 9835C536	2A50D 9835C539	2A50E 9835C630	2A510 9835C632	2A511 9835C633	2A513 9835C635	2A514 9835C636	2A515 9835C637	2A516 9835C638	2A517 9835C639	2A518 9835C730	2A519 9835C731	2A51A 9835C732	2A51C 9835C734
2A51D 9835C735	2A51E 9835C736	2A51F 9835C737	2A522 9835C830	2A523 9835C831	2A524 9835C832	2A525 9835C833	2A526 9835C834	2A527 9835C835	2A528 9835C836	2A529 9835C837	2A52A 9835C838	2A52B 9835C839	2A52C 9835C930	2A52D 9835C931	2A52E 9835C932
2A52F 9835C933	2A530 9835C934	2A531 9835C935	2A532 9835C936	2A533 9835C937	2A534 9835C938	2A535 9835C939	2A536 9835CA30	2A537 9835CA31	2A567 9835CE39	2A56E 9835CF36	2A570 9835CF38	2A574 9835D032	2A577 9835D035	2A578 9835D036	2A57D 9835D131
2A581 9835D135	2A58C 9835D236	2A58E 9835D238	2A592 9835D332	2A59A 9835D430	2A59B 9835D431	2A59C 9835D432	2A59D 9835D433	2A59E 9835D434	2A59F 9835D435	2A5A1 9835D437	2A5A2 9835D438	2A5A3 9835D439	2A5A4 9835D530	2A5A5 9835D531	2A5A6 9835D532
2A5A7 9835D533	2A5A8 9835D534	2A5A9 9835D535	2A5AA 9835D536	2A5AB 9835D537	2A5AC 9835D538	2A5AD 9835D539	2A5AE 9835D630	2A5AF 9835D631	2A5B0 9835D632	2A5B1 9835D633	2A5B2 9835D634	2A5B3 9835D635	2A5B4 9835D636	2A5B5 9835D637	2A5B6 9835D638

2A5B7 9835D639	2A5B8 9835D730	2A5B9 9835D731	2A5BA 9835D732	2A5BB 9835D733	2A5BC 9835D734	2A5BD 9835D735	2A5BE 9835D736	2A5BF 9835D737	2A5C0 9835D738	2A5C1 9835D739	2A5C2 9835D830	2A5C3 9835D831	2A5C7 9835D835	2A5C8 9835D836	2A5C9 9835D837
2A5CC 9835D930	2A5CD 9835D931	2A5CE 9835D932	2A5CF 9835D933	2A5D0 9835D934	2A5D1 9835D935	2A5D2 9835D936	2A5D3 9835D937	2A5D4 9835D938	2A5D7 9835DA31	2A5D8 9835DA32	2A5D9 9835DA33	2A5DA 9835DA34	2A5DB 9835DA35	2A5DC 9835DA36	2A5DD 9835DA37
2A5DE 9835DA38	2A5DF 9835DA39	2A5E0 9835DB30	2A5E1 9835DB31	2A5E2 9835DB32	2A5E3 9835DB33	2A5E4 9835DB34	2A5E5 9835DB35	2A5E6 9835DB36	2A5E7 9835DB37	2A5E8 9835DB38	2A5E9 9835DB39	2A5EA 9835DC30	2A5EB 9835DC31	2A5EE 9835DC34	2A5EF 9835DC35
2A5F0 9835DC36	2A5F3 9835DC39	2A5F4 9835DD30	2A5F5 9835DD31	2A5F7 9835DD33	2A5F8 9835DD34	2A5F9 9835DD35	2A5FA 9835DD36	2A5FB 9835DD37	2A5FC 9835DD38	2A5FD 9835DD39	2A5FE 9835DE30	2A5FF 9835DE31	2A600 9835DE32	2A601 9835DE33	2A603 9835DE35
2A604 9835DE36	2A605 9835DE37	2A606 9835DE38	2A607 9835DE39	2A608 9835DF30	2A609 9835DF31	2A60A 9835DF32	2A60B 9835DF33	2A60C 9835DF34	2A60D 9835DF35	2A60E 9835DF36	2A60F 9835DF37	2A610 9835DF38	2A611 9835DF39	2A612 9835E030	2A616 9835E034
2A617 9835E035	2A619 9835E037	2A61B 9835E039	2A61C 9835E130	2A61D 9835E131	2A61E 9835E132	2A61F 9835E133	2A620 9835E134	2A621 9835E135	2A622 9835E136	2A623 9835E137	2A624 9835E138	2A625 9835E139	2A627 9835E231	2A628 9835E232	2A629 9835E233
2A62A 9835E234	2A62B 9835E235	2A62C 9835E236	2A62D 9835E237	2A62E 9835E238	2A62F 9835E239	2A630 9835E330	2A631 9835E331	2A632 9835E332	2A633 9835E333	2A634 9835E334	2A635 9835E335	2A636 9835E336	2A638 9835E338	2A639 9835E339	2A63A 9835E430
2A63B 9835E431	2A63D 9835E433	2A63E 9835E434	2A63F 9835E435	2A640 9835E436	2A641 9835E437	2A642 9835E438	2A643 9835E439	2A644 9835E530	2A645 9835E531	2A646 9835E532	2A647 9835E533	2A649 9835E535	2A64A 9835E536	2A64B 9835E537	2A64C 9835E538
2A64D 9835E539	2A64E 9835E630	2A64F 9835E631	2A650 9835E632	2A651 9835E633	2A652 9835E634	2A653 9835E635	2A655 9835E637	2A656 9835E638	2A657 9835E639	2A658 9835E730	2A659 9835E731	2A65A 9835E732	2A65B 9835E733	2A65C 9835E734	2A65D 9835E735
2A65E 9835E736	2A65F 9835E737	2A660 9835E738	2A661 9835E739	2A662 9835E830	2A663 9835E831	2A665 9835E833	2A666 9835E834	2A667 9835E835	2A668 9835E836	2A669 9835E837	2A66A 9835E838	2A66B 9835E839	2A66C 9835E930	2A66D 9835E931	2A66E 9835E932

2A66F 9835E933	2A670 9835E934	2A671 9835E935	2A672 9835E936	2A673 9835E937	2A674 9835E938	2A675 9835E939	2A676 9835EA30	2A677 9835EA31	2A678 9835EA32	2A679 9835EA33	2A67A 9835EA34	2A67B 9835EA35	2A67C 9835EA36	2A67D 9835EA37	2A67E 9835EA38
2A67F 9835EA39	2A680 9835EB30	2A681 9835EB31	2A682 9835EB32	2A683 9835EB33	2A684 9835EB34	2A685 9835EB35	2A686 9835EB36	2A687 9835EB37	2A688 9835EB38	2A689 9835EB39	2A68A 9835EC30	2A68B 9835EC31	2A68C 9835EC32	2A68D 9835EC33	2A68E 9835EC34
2A691 9835EC37	2A694 9835ED30	2A695 9835ED31	2A699 9835ED35	2A69B 9835ED37	2A69C 9835ED38	2A69E 9835EE30	2A69F 9835EE31	2A6A0 9835EE32	2A6A1 9835EE33	2A6A2 9835EE34	2A6A3 9835EE35	2A6A4 9835EE36	2A6A5 9835EE37	2A6A6 9835EE38	2A6A7 9835EE39
2A6A8 9835EF30	2A6AB 9835EF33	2A6AE 9835EF36	2A6AF 9835EF37	2A6B0 9835EF38	2A6B3 9835F031	2A6B5 9835F033	2A6B7 9835F035	2A6B8 9835F036	2A6BA 9835F038	2A6BB 9835F039	2A6BC 9835F130	2A6BD 9835F131	2A6BE 9835F132	2A6BF 9835F133	2A6C0 9835F134
2A6C2 9835F136	2A6C3 9835F137	2A6C4 9835F138	2A6C5 9835F139	2A6C6 9835F230	2A6C7 9835F231	2A6C8 9835F232	2A6CA 9835F234	2A6CB 9835F235	2A6CC 9835F236	2A6CD 9835F237	2A6CE 9835F238	2A6CF 9835F239	2A6D0 9835F330	2A6D1 9835F331	2A6D2 9835F332
2A6D3 9835F333	2A6D4 9835F334	2A6D5 9835F335	2A6D6 9835F336												

附 录 C
（规范性附录）
15×16 点阵字型数据

C.1 点阵字型数据的表示

本标准中，汉字及图形字符的字型可由其点阵数据来表示。每个字型的点阵数据为 15×16（横行点数×纵列点数），共 240 个二进制位，占 32 个字节。

C.2 点阵字型数据的记录格式

15×16 点阵字型数据的 32 个字节排列次序是以 0 字节开始至 31 字节结束，均用十六进制表示，每行 2 字节（最后一位补 0），其记录格式如下：

列数 行数	0	1	2	3	4	5	6	7	8	9	10	11	12	13	14	15
0	0 字节								1 字节							0
1 2 ⋮ ⋮ 14	2 字节 ⋮ ⋮ ⋮ ⋮								3 字节 ⋮ ⋮ ⋮ ⋮							0 0 ⋮ ⋮ 0
15	30 字节								31 字节							0

C.3 15×16 点阵字型数据举例

啊 B0A1(554A)	阿 B0A2 (963F)	埃 B0A3 (57C3)	挤 BCB7 (6324)
00 00	00 00	20 40	10 80
0E FC	7D FE	20 80	10 40
EA 08	44 08	21 10	17 FE
AA 08	48 08	22 08	12 08
AA E8	49 E8	27 FC	FD 10
AA A8	51 28	F9 04	10 A0
AC A8	49 28	21 00	14 40
AA A8	49 28	23 F8	19 B0
AA A8	45 28	24 40	36 0E
AA A8	45 28	20 40	D1 10
EA E8	45 E8	27 FE	11 10
AA A8	69 28	38 40	11 10
0C 08	50 08	E0 A0	11 10
08 08	40 08	41 10	12 10
08 28	40 28	02 08	52 10
08 10	40 10	0C 06	24 10